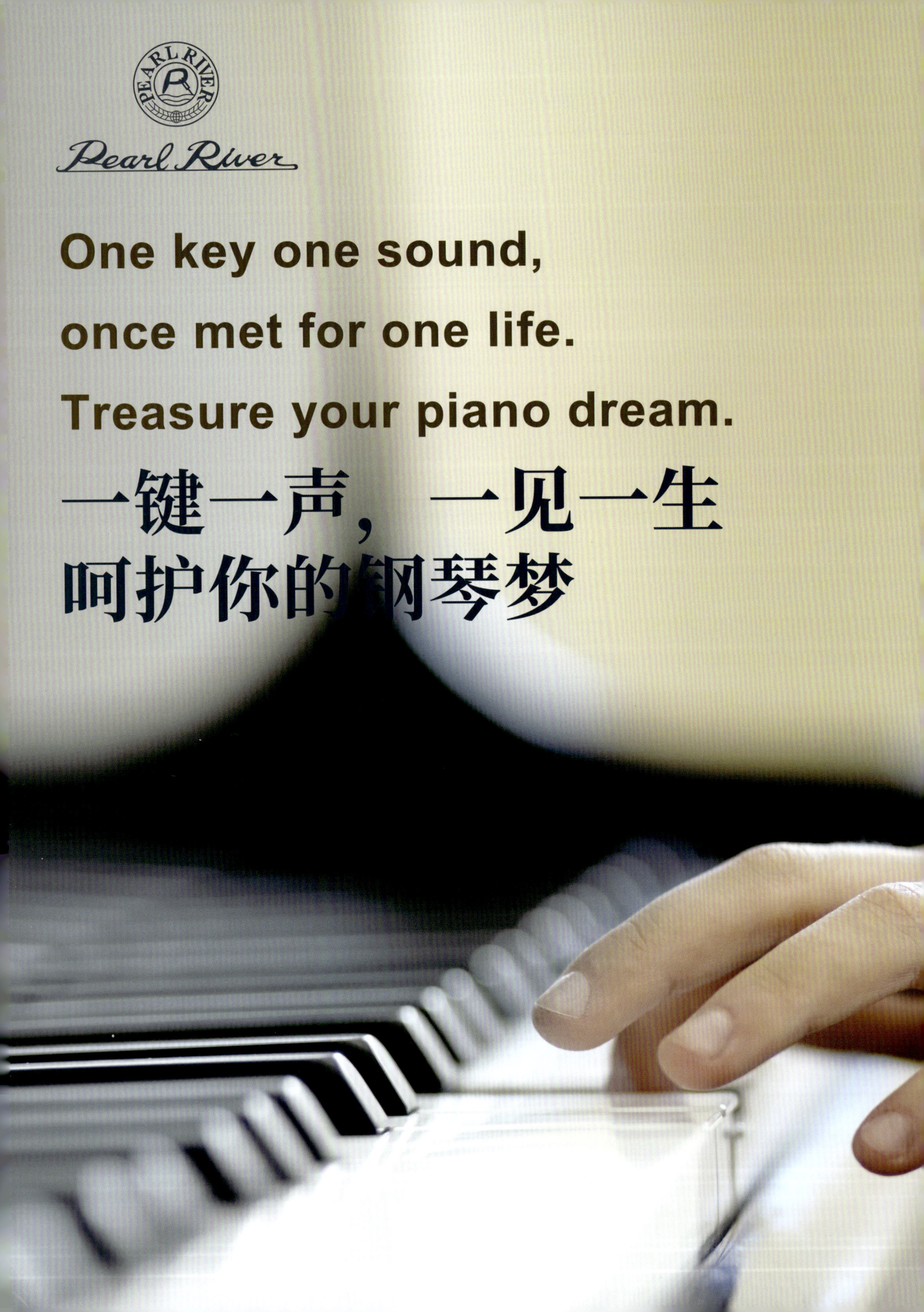

PEARL RIVER
Pearl River

SCHIMMEL
PIANOS

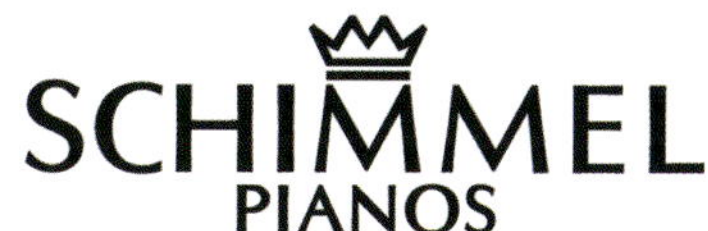

PEGASUS

THE GRAND

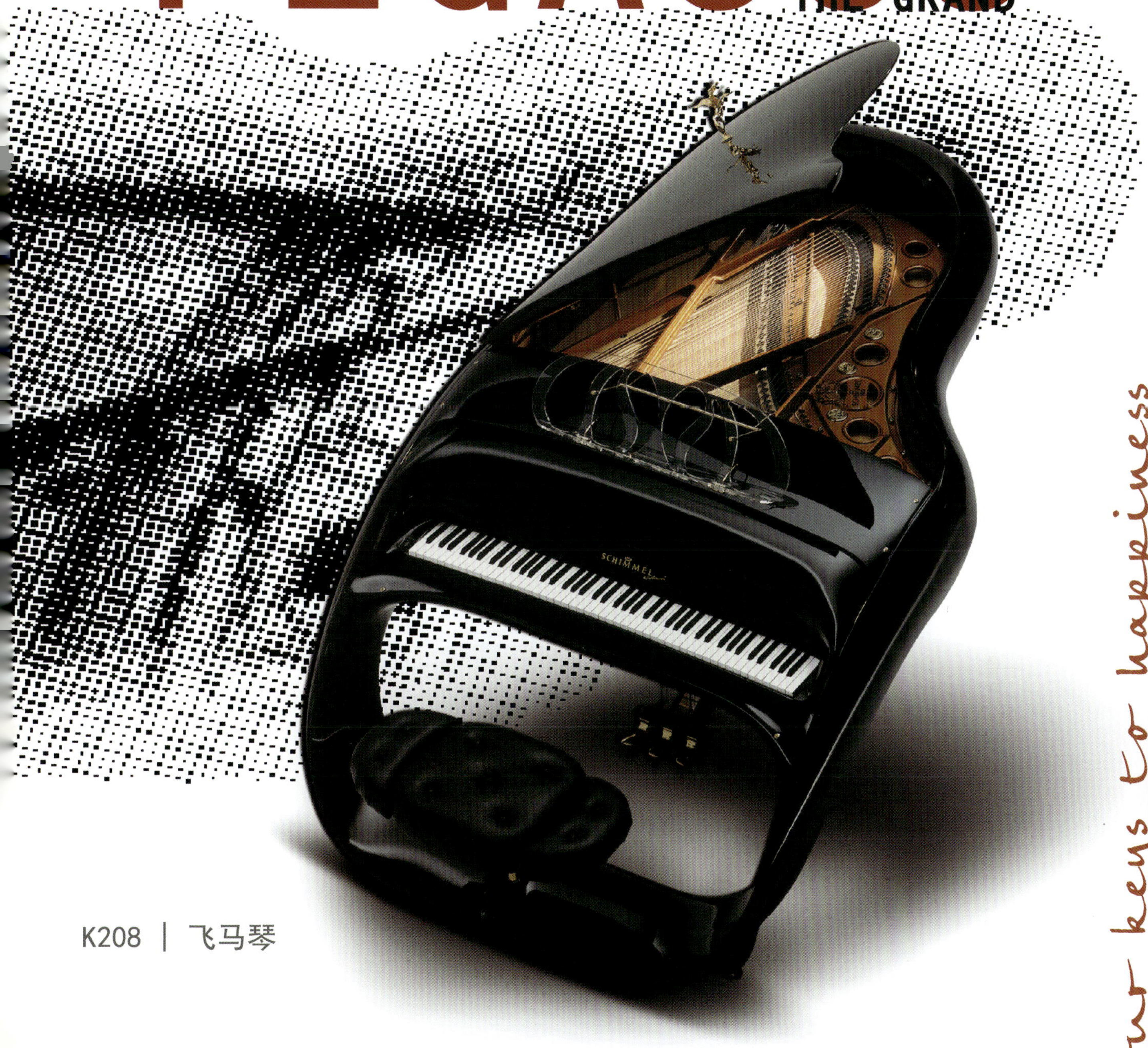

K208 | 飞马琴

SCHIMMEL钢琴始创于1885年，

是德国百年钢琴品牌，历经家族四代传承，秉持传统工匠精神，恪守德式严谨工艺，悉心打造具有艺术情感的钢琴精品，致力于让所有的音乐人都能从德国SCHIMMEL钢琴享受到演奏的快乐。

Your keys to happiness

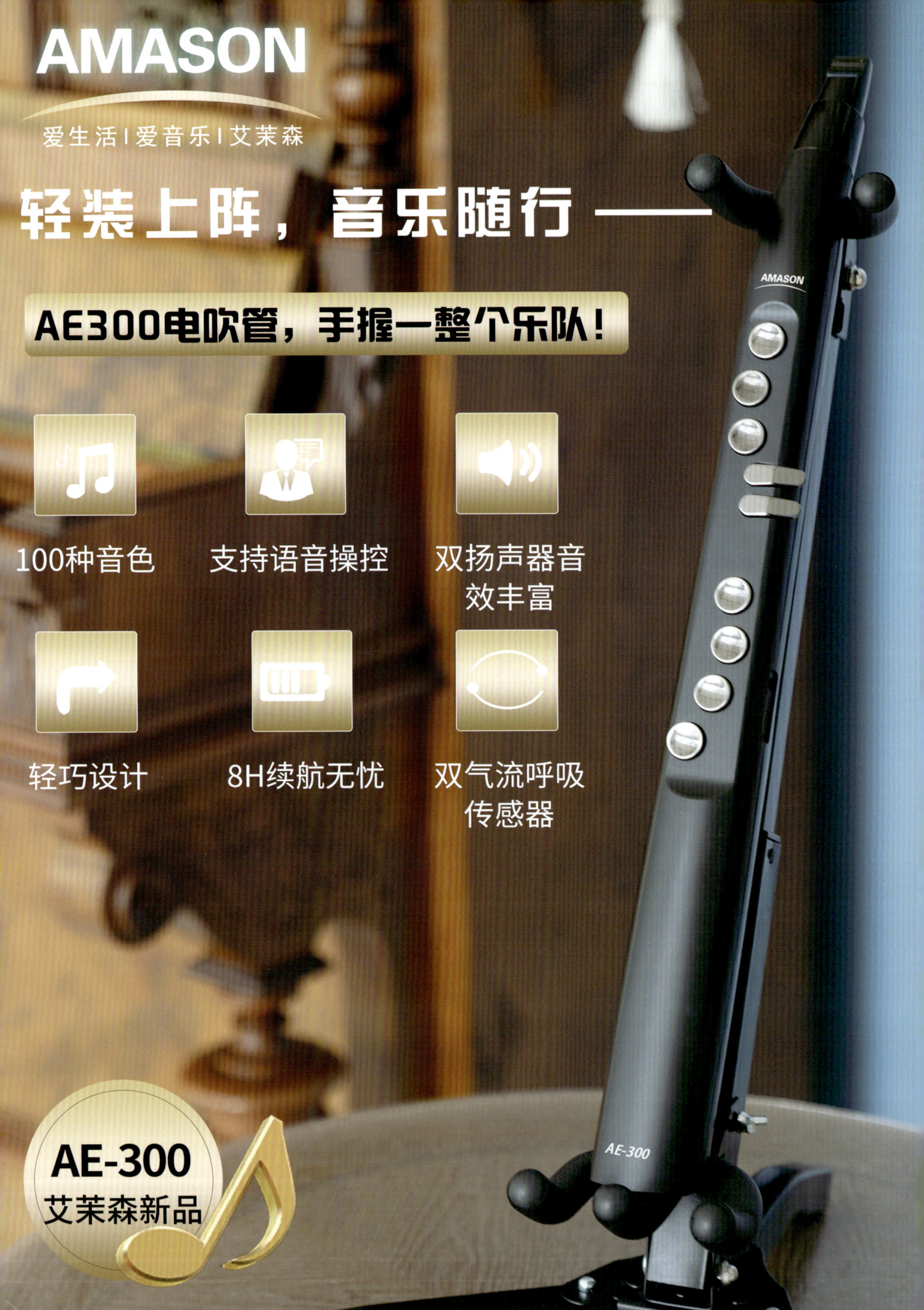

AMASON
爱生活 | 爱音乐 | 艾茉森
轻装上阵，音乐随行——
AE300电吹管，手握一整个乐队！
100种音色
支持语音操控
双扬声器音效丰富
轻巧设计
8H续航无忧
双气流呼吸传感器
AMASON
AE-300
AE-300
艾茉森新品

上海民族樂器一廠有限公司
Shanghai No.1 National Musical Instrument Co.,Ltd.

星耀未来——2024敦煌之星青少年古筝艺术展演开幕音乐会

熠熠星河——民族室内乐专场音乐会

未来之星——获奖选手音乐会

“敦煌之星”系列活动是“敦煌”品牌文化活动体系的重要内容之一，是上海民族乐器一厂有限公司面向广大民乐爱好者，为团结和服务于海内外民乐资源而打造的传承、弘扬、发展中国民族乐器文化和音乐文化的重要平台。自2024年3月起，2024“敦煌之星”青少年古筝艺术展演以公平、公正、公开的原则在全国范围内开展分赛区选拔赛，4000余名民乐爱好者、学习者同台竞技。8月，共有1000余名选手齐聚上海，参与全国总决赛。

2024青少年古筝艺术展演

展演期间，企业组织开展了名家专场音乐会、名家讲座、特色敦煌研学等活动，深入践行中国乐器协会“产学研教演培”一体化发展的思路，响应落实上海市“社会大美育”计划。本次“敦煌之星”活动以古筝艺术展演为契机，为更多民乐爱好者、学习者搭建了交流对话的平台，发现、展示民乐未来之星，助力新时代中国民乐演奏人才的培养，为中国民族乐器文化和音乐文化的繁荣发展注入新活力。

“敦煌之星”名家讲座——何占豪

“敦煌之星”名家讲座——邓翊群

“敦煌国乐·弦弦私语”古筝研学活动

上海民族乐器一厂有限公司的前身为成立于1958年的上海民族乐器一厂，2021年改制为有限公司，是中国民族乐器制造行业的领军企业。旗下拥有中华老字号、上海品牌“敦煌牌”。主要生产古筝、琵琶、二胡、柳琴、扬琴、月琴、阮、笛、箫等民族乐器，产品销往全国各省、自治区、直辖市及香港、澳门地区，并远销日本、美国、加拿大、新加坡、马来西亚等国家。企业以弘扬民族乐器文化为己任，坚持创新发展，获得中国非物质文化遗产保护单位、全国工业品牌培育示范企业、全国轻工行业先进集体等荣誉称号。

在文化传承发展之路上，“敦煌”始终砥砺前行，初心不改，以民族乐器为载体讲述中国故事，在交流互鉴中不断推动中国民族乐器文化和音乐文化走出国门、走向世界。2024年，“敦煌”与故宫文化、老凤祥等IP联名上新，走过故宫的红墙黄瓦，跨越古今与文物对话；随凤鸟乘风而行，探索绮丽的珐琅世界；穿越茫茫大漠，找寻千年丝路瑰宝；行走在童心世界，笑声肆意飞扬。来一场说走就走的音乐之旅，开启一段与民族乐器的浪漫邂逅。

江山多娇
Jiangshan
Duojiao
限量版
江山多娇系列乐器
敦煌乐器·CCTV音乐频道指定乐器品牌

長江
Yangtze River
影响世界 感动生命

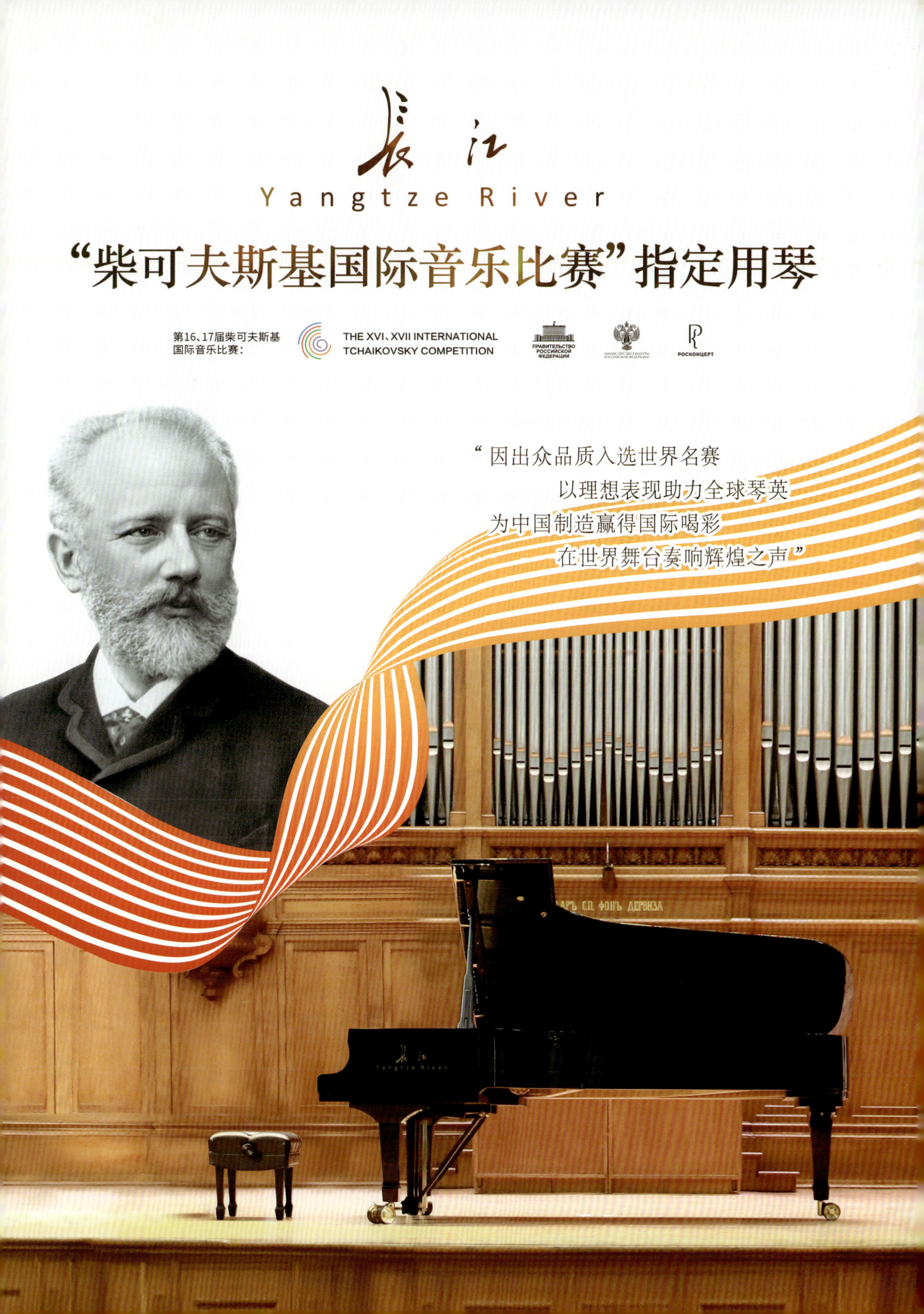

長江
Yangtze River
“柴可夫斯基国际音乐比赛”指定用琴
第16、17届柴可夫斯基国际音乐比赛：
THE XVI、XVII INTERNATIONAL TCHAIKOVSKY COMPETITION
ПРАВИТЕЛЬСТВО РОССИЙСКОЙ ФЕДЕРАЦИИ
РОСКОНЦЕРТ
“因出众品质入选世界名赛
以理想表现助力全球琴英
为中国制造赢得国际喝彩
在世界舞台奏响辉煌之声”

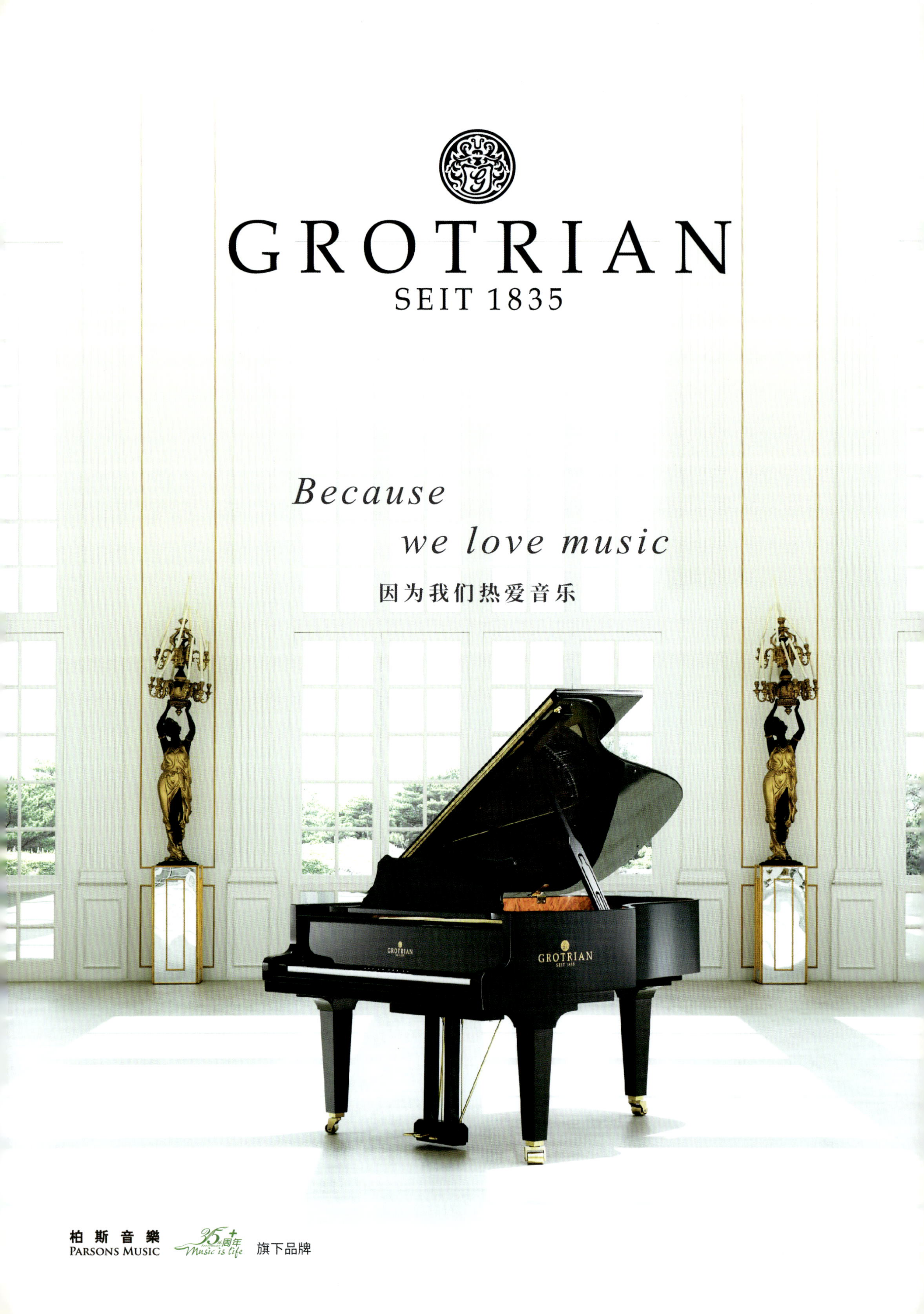
GROTRIAN
SEIT 1835
Because
we love music
因为我们热爱音乐
柏斯音樂
PARSONS MUSIC
35周年
Music is life
旗下品牌

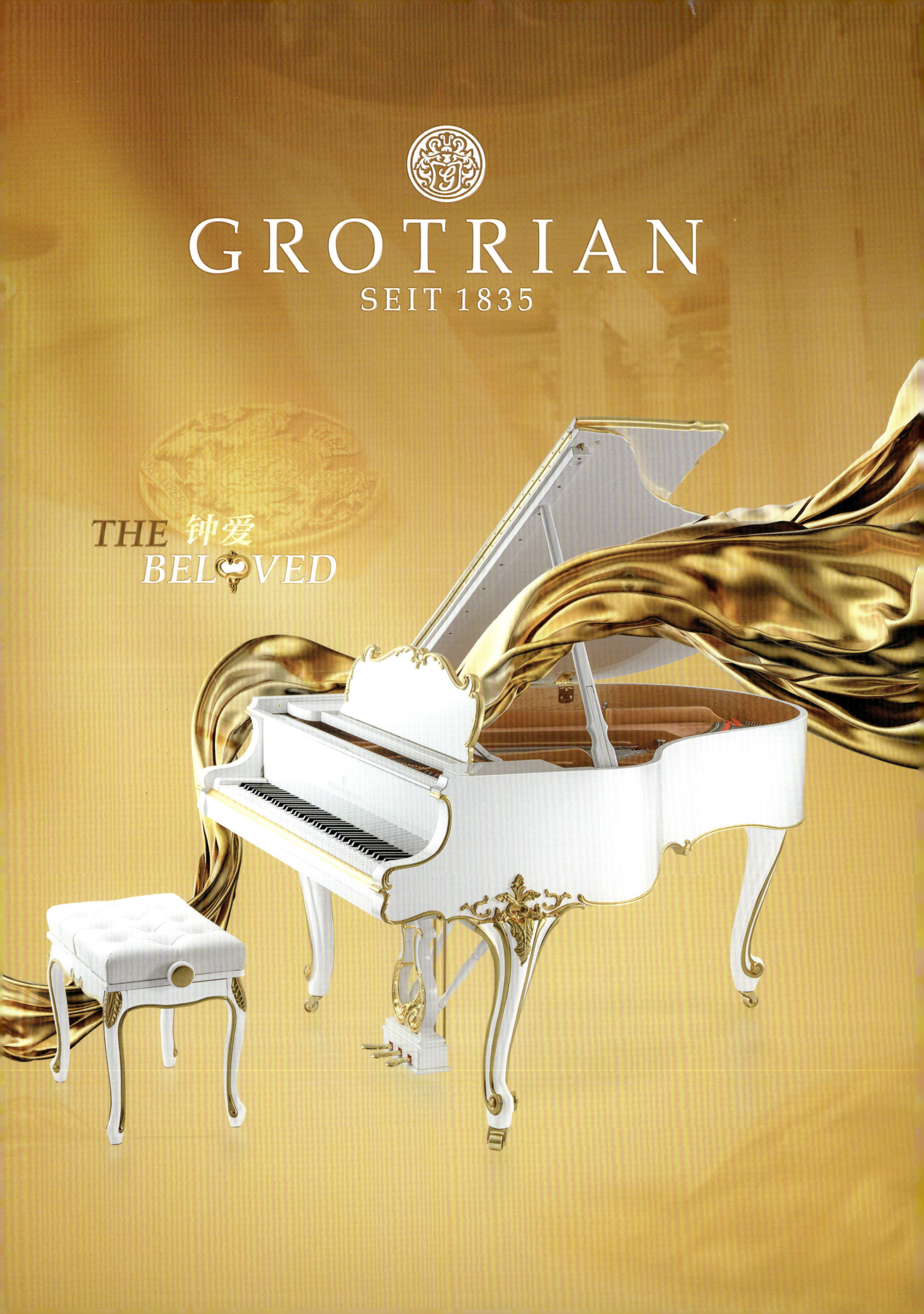
GROTRIAN
SEIT 1835
THE 钟爱
BELOVED

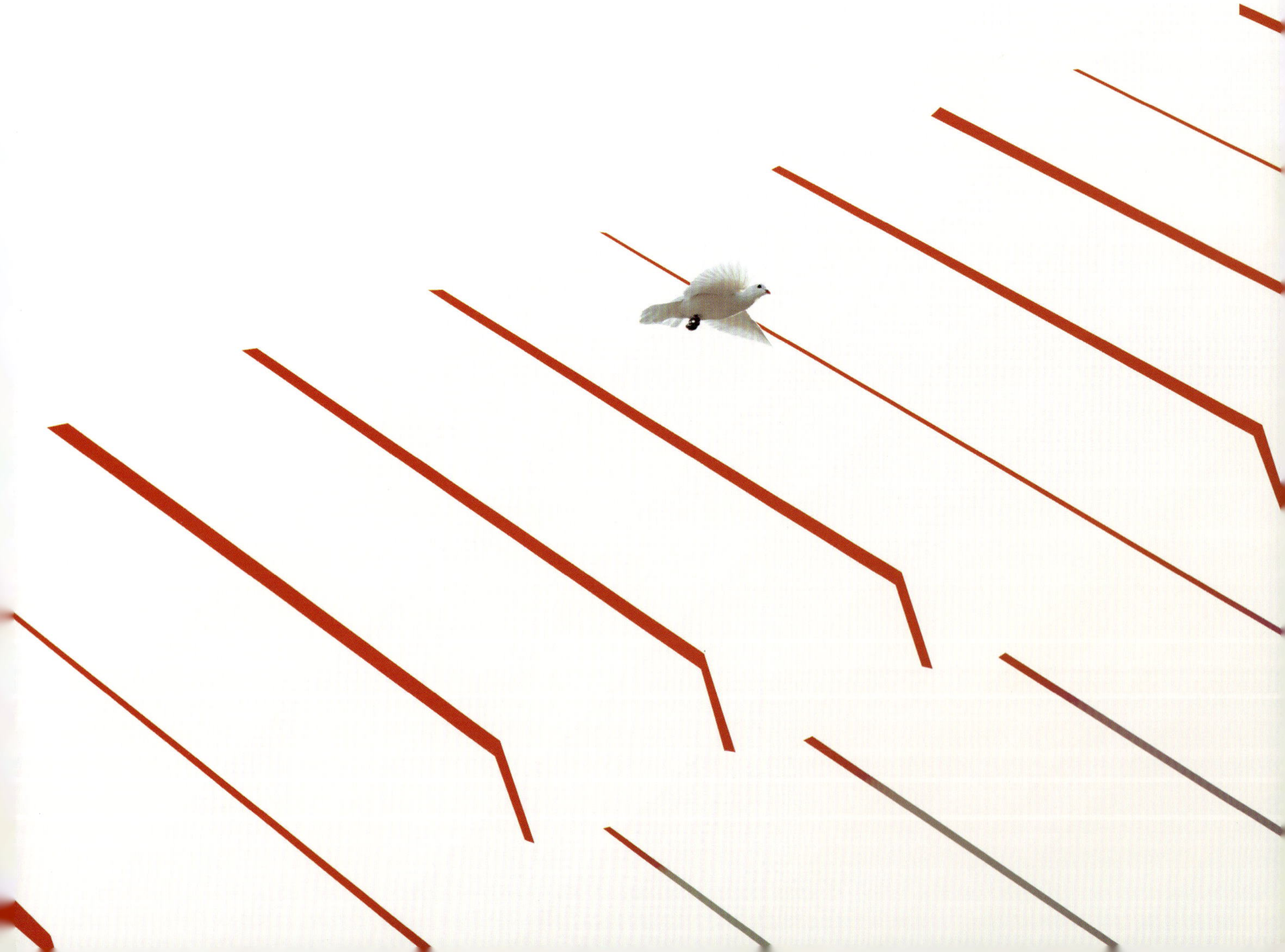

国家轻工业乐器质量
监督检测中心参照样琴

国家钢琴标准
起草修订单位之一

金音叉欧洲钢琴家盲测
国际六星评价

奥地利创新大奖
尚彼德奖

四次荣获美国MMR年度声学钢琴大奖
美国MMR终身成就奖，入列MMR“名琴堂”

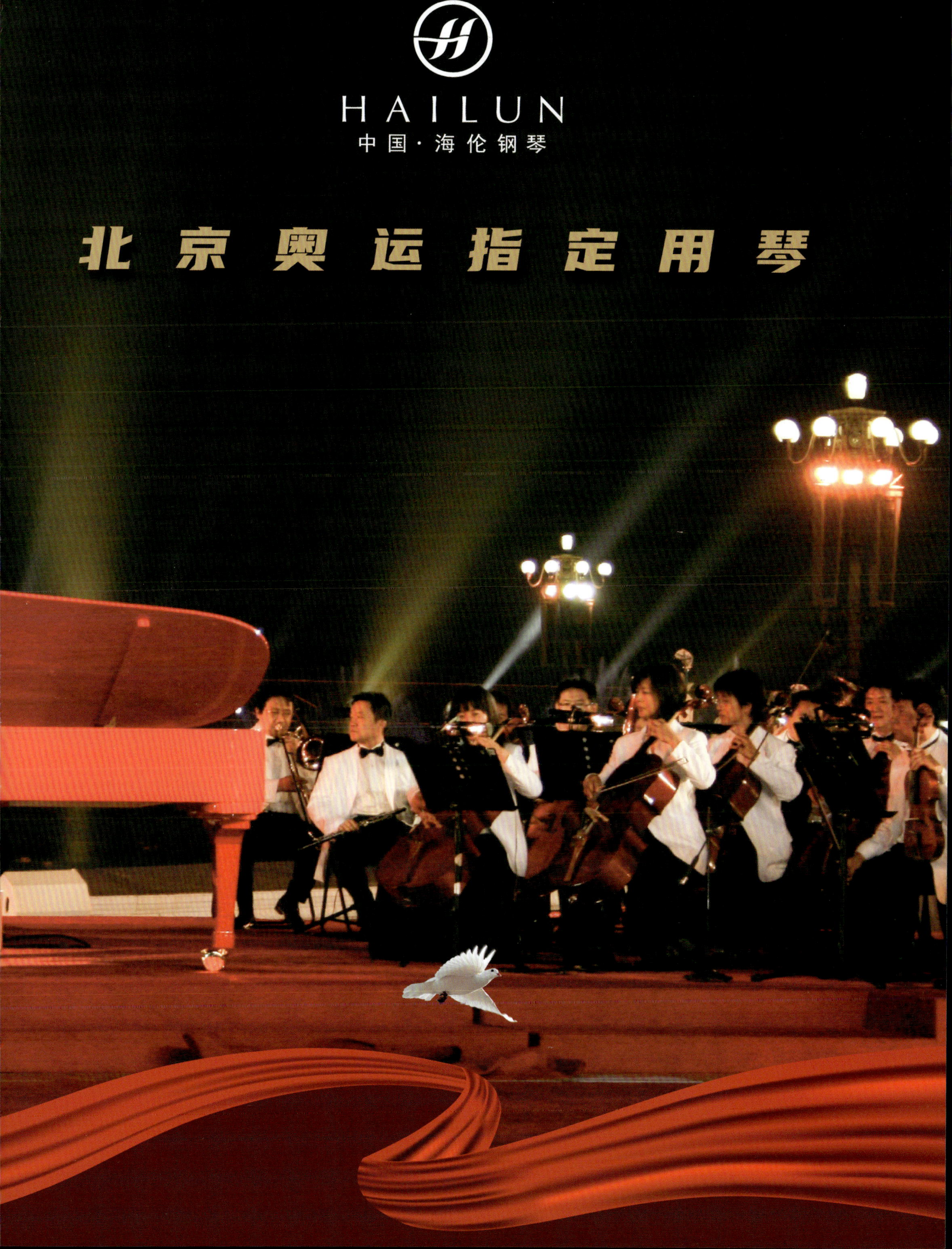
HAILUN
中国·海伦钢琴
北京奥运指定用琴

JINBAO

9系马林巴 MARIMBA

JINBAO 9系马林巴 由津宝打击乐工程师与音乐学院教授共同研发设计，全新升级手摇一体升降系统，精选洪都拉斯玫瑰木音板与框架，框架设计快速拆卸和组装，动态流线型音筒造型有较强视觉冲击力、共鸣饱满浑厚，发音轻快灵动。

它灵敏得如同一个灵动的音符，

随着演奏者的气息和手指的舞动，
瞬间绽放出绚丽的音乐之花。

音色清脆如银铃摇曳，

在空气中荡漾出一串串美妙的音符。
那空灵的声响，似林间微风轻拂，
温柔而缥缈，每一个旋律都如羽毛般轻盈，
给人带来一种宁静与舒畅。

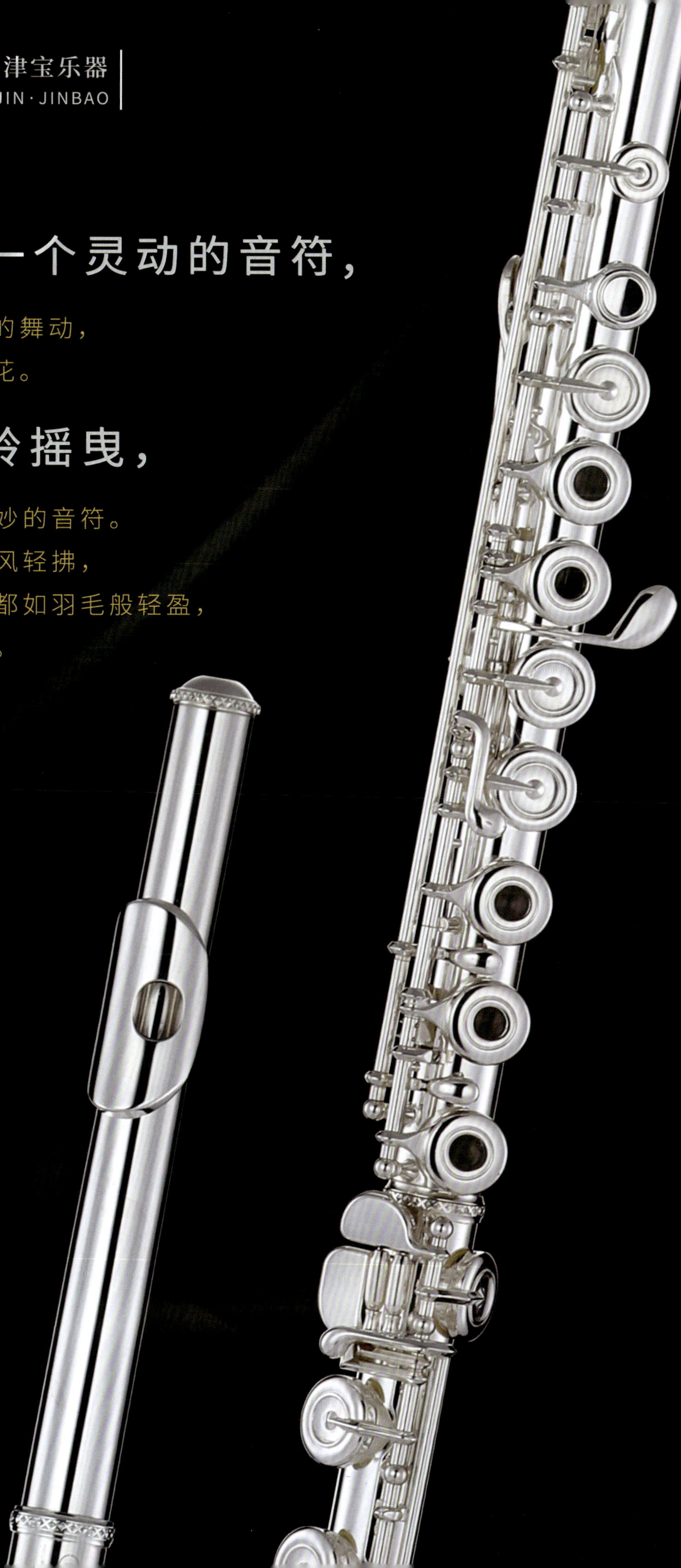

700NS

HY-700NS

B尾

精选阿尔卑斯云杉

SPRUCE

SINCE-1968

电吹管乐团
数字化教学+练习系统

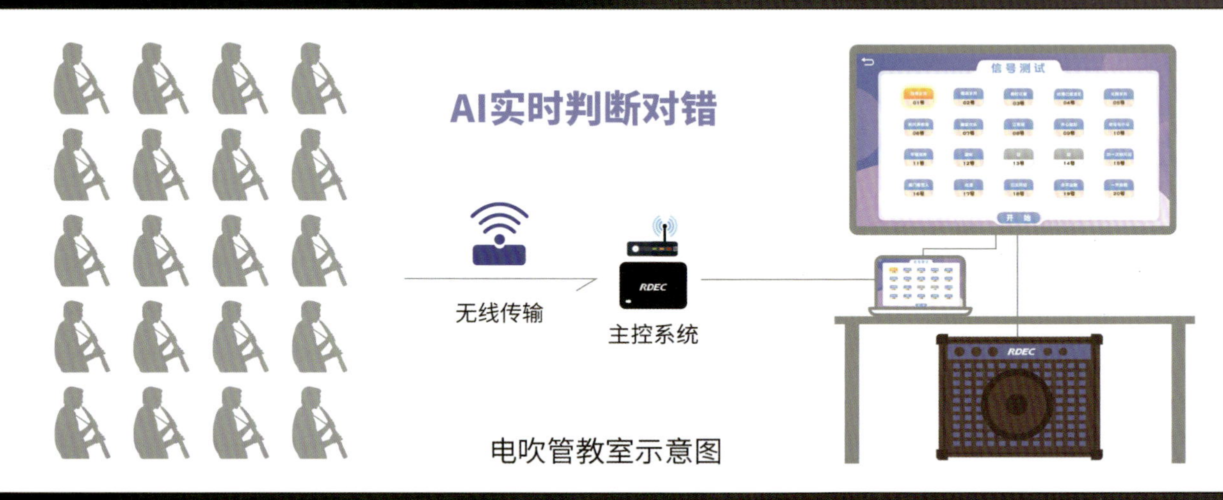

配套专业教材

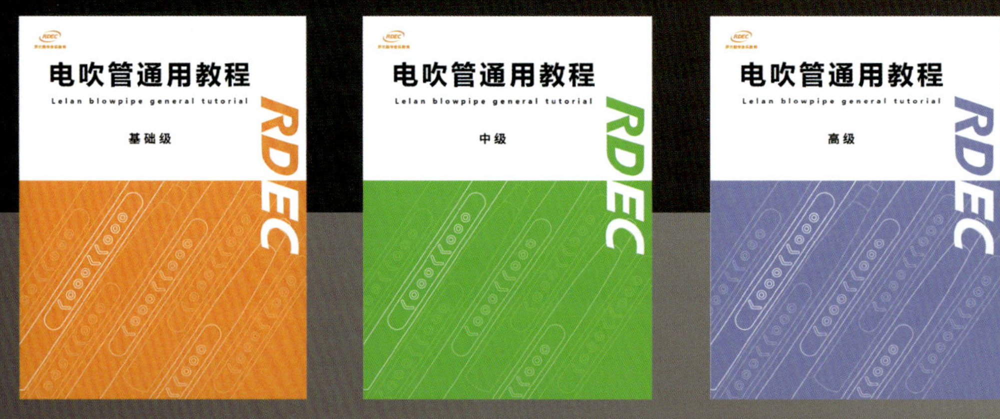

学员家庭练习APP

JINY

MU

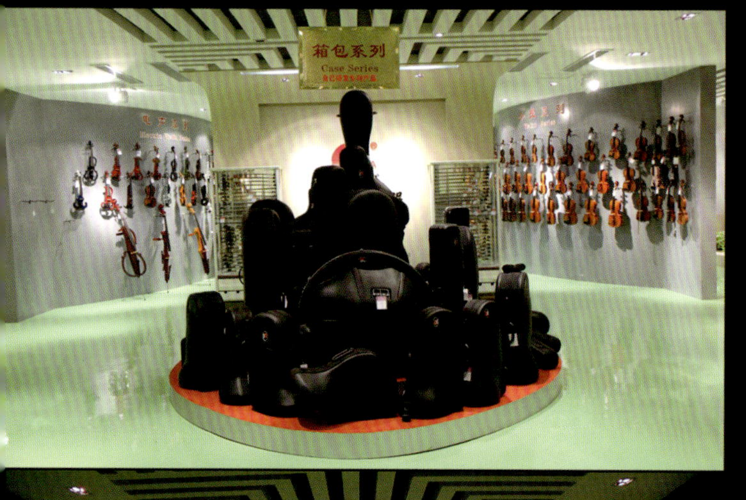

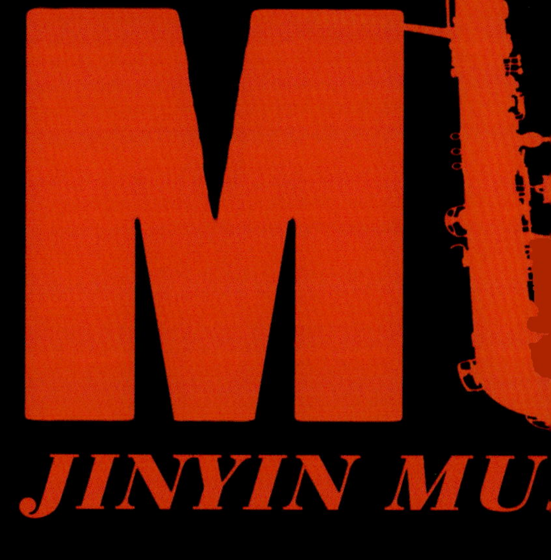

JINYIN MU

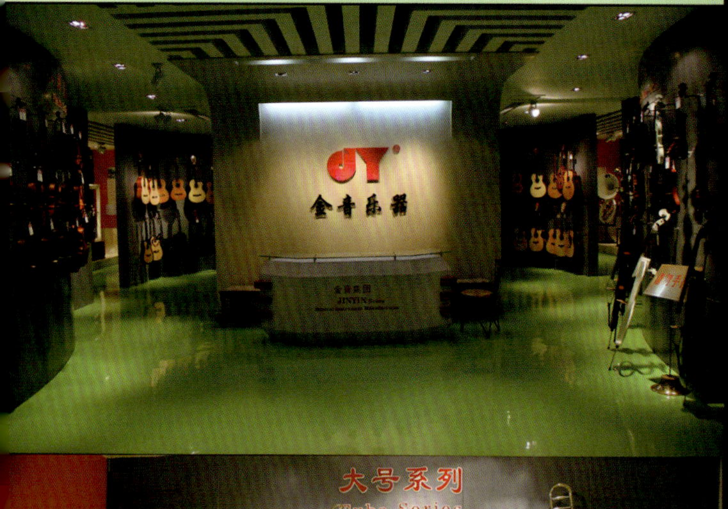

河北

金音集团创始于1989年

借中国改革开放的春风，秉

迅速发展成为中国乐器产业

品种的西洋乐器；从乐器制

乐器箱包类产品年产量超过

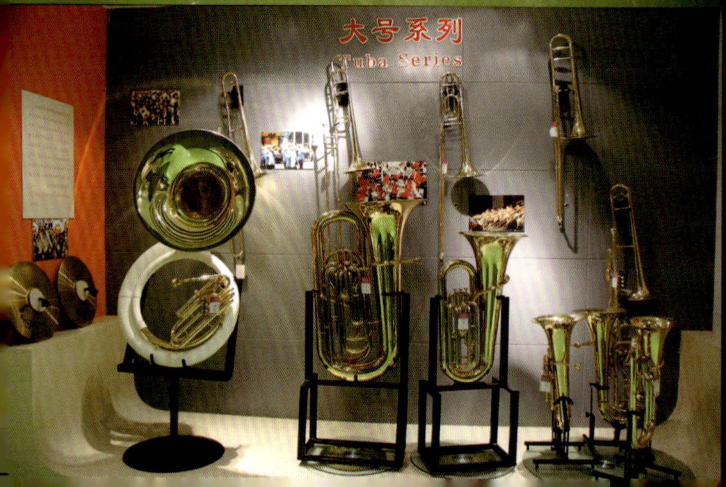

全国统一服务热线：400-698-9696

音乐器集团有限公司

拥有8家子公司，在职职工2300多名，在过去的三十年中，金音
奉献、锐意创新的企业精神，从无到有，从小到大，从大到强。
佼者。集团主要生产木管、铜管、提琴、吉他四大系列六百多个
面基本涵盖了管弦乐器的所有品种，乐器年产量超过80万件，
件。

金杯乐器

GOLDENCUP

江阴金杯安琪乐器有限公司坐落于江苏省江阴市申港街道亚包大道128号。公司设有“全国手风琴簧片研发基地”“国家标准化技术委员会手风琴工作组”，是我国主要的手风琴专业研发、生产基地。公司经过30多年持续稳定发展，已成为我国手风琴行业的“领跑者”，公司凭借雄厚的研发能力、创新能力及长期的技术积累，成为中国乐器协会副会长单位、中国乐器协会手风琴专业委员会会长单位。先后完成了《手风琴通用技术条件》《自由低音手风琴》《手风琴规格划分及命名方法》《手风琴零部件名称》等手风琴行业标准的起草工作。公司连续多年被评为“中国乐器行业50强”“国家文化出口重点企业”，2019年被评为“中国乐器协会30 周年科技功勋企业”“中国乐器协会30 周年社会公益先进企业”。

联系我们

0510-86623733/86623605

info@chinagoldencup.com

江苏省江阴市申港街道亚包大道128号

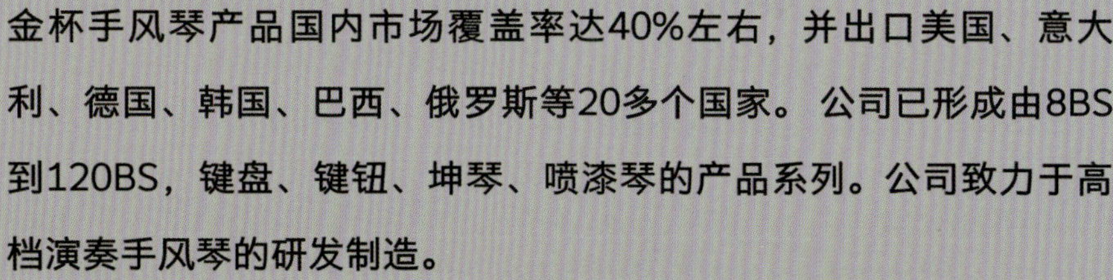

About Us

关于我们

金杯手风琴产品国内市场覆盖率达40%左右，并出口美国、意大利、德国、韩国、巴西、俄罗斯等20多个国家。公司已形成由8BS到120BS，键盘、键钮、坤琴、喷漆琴的产品系列。公司致力于高档演奏手风琴的研发制造。

在全国率先推出的120BS键盘自由低音手风琴和大波音流行手风琴，得到国内外手风琴演奏家的一致好评，并通过了江苏省科技厅的科技成果鉴定以及江苏省经贸委的新产品、新技术鉴定，106BS-64自由低音手风琴获中国轻工联合会科学技术进步奖，格兰德JH1812HC41K120BS手风琴，入选2020Music China全球业界新品首发活动之“最佳新品”。一体式贝司机、串键、内置中框、个性化定制等特有的技术和服务及GH5396P、GH1896P等高端手风琴的推出为金杯手风琴锦上添花，更为广大用户提供了更多更好的选择。

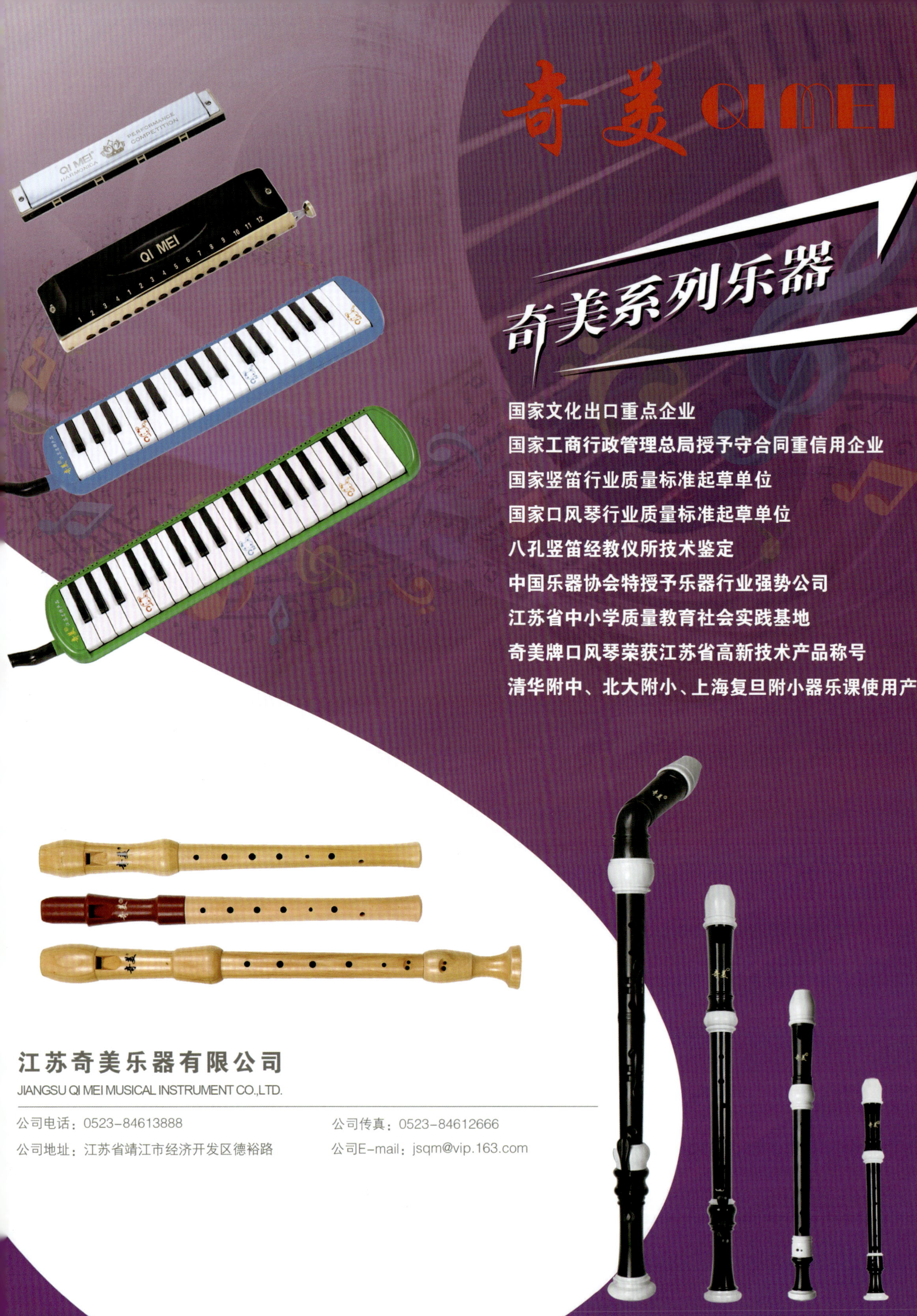
奇美 QIMEI
奇美系列乐器
国家文化出口重点企业
国家工商行政管理总局授予守合同重信用企业
国家竖笛行业质量标准起草单位
国家口风琴行业质量标准起草单位
八孔竖笛经教仪所技术鉴定
中国乐器协会特授予乐器行业强势公司
江苏省中小学质量教育社会实践基地
奇美牌口风琴荣获江苏省高新技术产品称号
清华附中、北大附小、上海复旦附小器乐课使用产
QI MEI
江苏奇美乐器有限公司
JIANGSU QI MEI MUSICAL INSTRUMENT CO.,LTD.
公司电话：0523-84613888
公司传真：0523-84612666
公司地址：江苏省靖江市经济开发区德裕路
公司E-mail：jsqm@vip.163.com

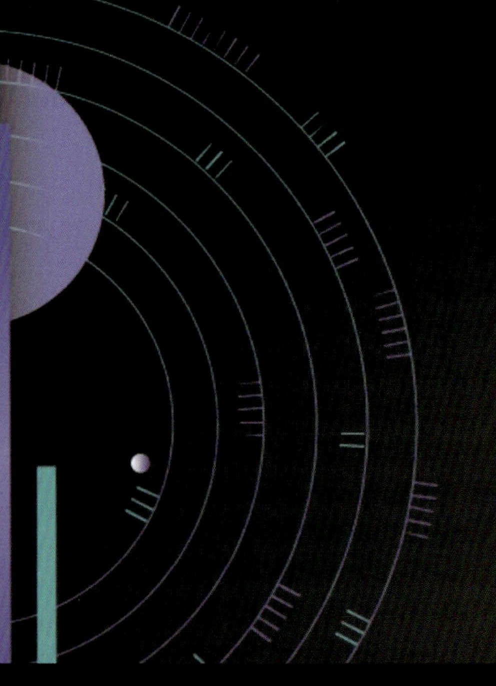

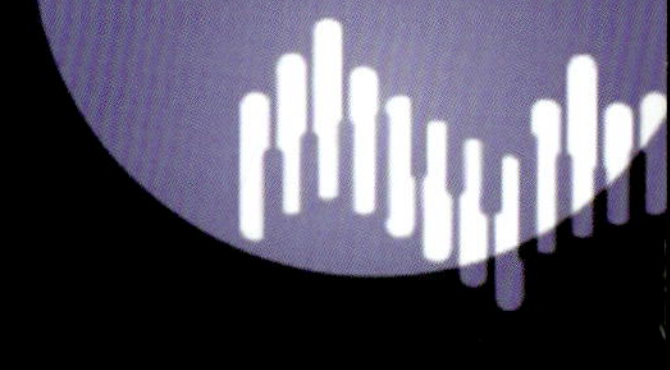

吟飞科技（江苏）有限公司

吟飞®
Ringway

吟飞科技（江苏）有限公司是一家致力于电子乐器、数字音频设备及音源专用集成电路研发、设计、生产、销售、服务于一体的文化科技企业，是国内乐器十强企业。公司拥有核心技术自主知识产权71件，制定完成国家标准8项，行业标准2项，团体标准1项。

公司积极投身于音乐教育普及事业。举办电子琴、电钢琴、电子管风琴全国性及各分省市地区的各类赛事和培训活动；成功承办三届中国音乐小金钟——“吟飞杯”全国电子键盘展演活动；先后圆满举办八届“吟飞国际电子管风琴比赛”；在全国开展七百余场电子管风琴师资培训活动，培育了上万名学员；在音乐院校创建吟飞电子键盘教学中心；创编上万首曲目，完整覆盖少儿初级入门到成人高等教育。

公司专注产品研发与创新，积极整合国内外优质资源。在美、德、日、英等国建有自己的研发团队，在全球拥有近百位资深专业工程师和音乐家。为适应行业发展创建有：“吟飞”“吟飞教师俱乐部”“朱磊音乐教育丛书”“中国电子管风琴教育”“音乐家之友”“吟飞多媒体数字音频大赛”等品牌和平台。

以科技为基石，以产品为依托，以普及音乐文化为载体，公司在电子音乐发展的道路上不断开拓创新，积极推动着我国音乐教育普及和音乐教育文化事业的发展。

吟飞科技（江苏）有限公司

自主创新 科技赋能

- 江苏省文化和旅游重点实验室
- 江苏省电鸣乐器设计与制造工程技术研究中心
- 江苏省企业技术中心
- 江苏省工业设计中心
- 中国轻工业电鸣乐器工程技术研究中心

与上海音乐学院共建“吟飞集成电路联合实

吟飞科技（江苏）有限公司

企业简介

- 国家文化出口重点企业
- 国家高新技术企业
- 国家级消费品标准化试点
- 江苏省专精特新小巨人企业
- 中国轻工业乐器行业十强

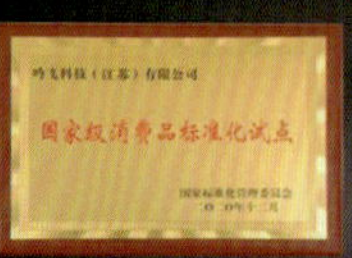

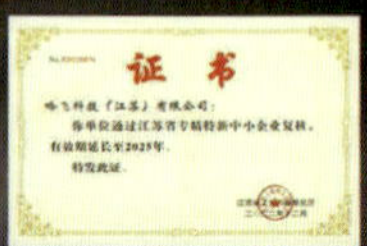

RINGWAY
吟飞电子管风琴
800T/TF
1000T/TF

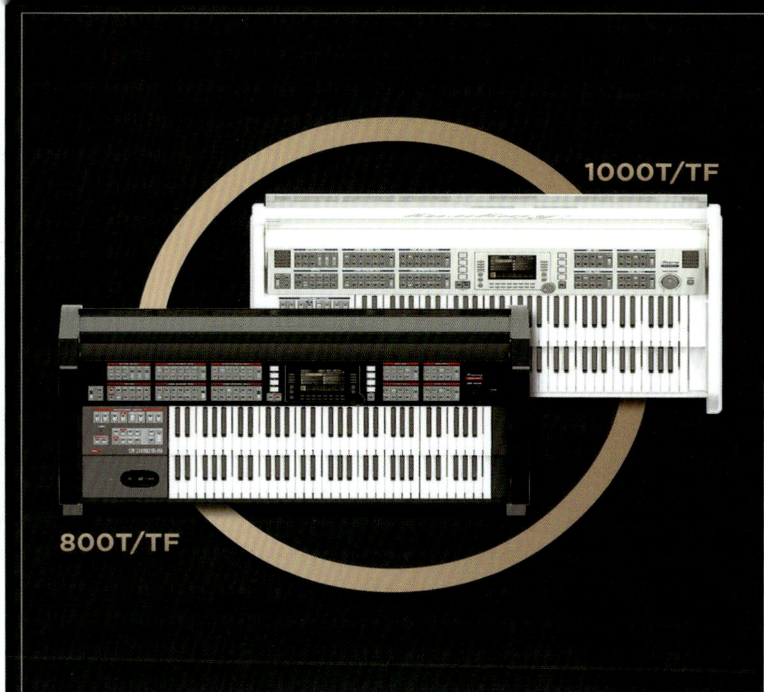
1000T/TF
800T/TF

RS520

RS760

M
1
2
3

珠海市蔚科科技开发有限公司

近30年专注乐器行业，创新从未停止

蔚科科技始于1997年，是中国进行数字音乐设备自主研发的企业之一。历经近30年的发展与创新，已成为享誉全球的电声乐器与音乐设备品牌与制造商。公司分支机构遍布深圳、珠海、中山、北京、上海、西安、美国洛杉矶、日本东京和阿联酋迪拜等地，并与超过150个国家或地区的专业伙伴建立了紧密的合作关系，为全球音乐人及爱好者提供优异的产品与服务。

蔚科科技旗下拥有“Cherub小天使”“NUX纽克斯”“musedo妙事多”三大品牌，产品线涵盖音箱、效果器、无线系统、打击乐器、键盘乐器、管乐器、音频设备、校音器、节拍器及乐器配件等。经过多年的自主研发技术积累，蔚科科技在物理建模算法、数据压缩与编码技术等核心领域均已达到国际领先水平，持有超过100项知识产权，并被授予“国家高新技术企业”“中国轻工业乐器行业十强”“专精特新企业”等荣誉。

1997 年成立
历经近30年的发展与创新

3 大旗下品牌
Cherub小天使/NUX纽克斯/musedo妙事多

150+ 国家与地区
建立紧密的合作关系

100+ 项知识产权
自主研发技术积累成果

2024年部分新产品展示

NUX B-7PRO
2.4GHz无线个人监听系统

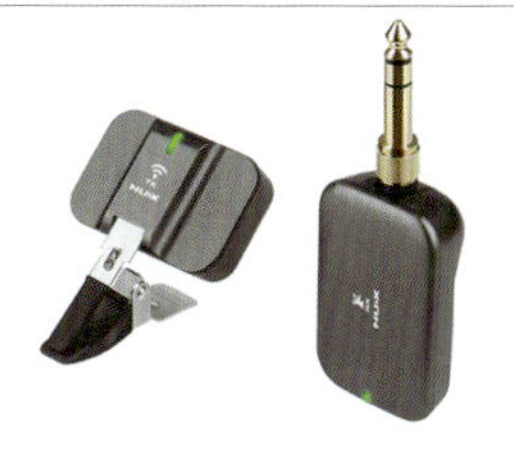

NUX C-9
5.8GHz古筝/二胡无线系统

NUX NSS-6
箱体&后级模拟效果器

NUX NCA-1
音箱工作室单块效果器

NUX NCC-2
模拟压缩单块效果器

NUX NCO-2
八合一过载单块效果器

NUX NAI-24
音频接口

NUX NPA-100
监听音箱

NUX MIGHTY 20/40/60 MKII
数字吉他音箱

NUX DM-300
全网面电鼓

NUX NTK-37/49/61
MIDI键盘控制器

Cherub WST-915Li
自定义彩屏校音器

Cherub WMT-241Li
便携节拍校音器

NUX NCK-330
立式电钢琴

Cherub DP-970
哑鼓练习器

Cherub WGS-10
折叠吉他架

NUX NWA-10
10瓦电吹管音箱

NUX NES-1
无线数码电吹管

Cherub CGC-1
双子星变调夹

Cherub CGT-1US
多功能卷弦器

广州市罗曼士乐器制造有限公司创建于 1999 年，是一家集研发、生产、销售于一体的琴弦民营科技企业。一直坚持“以品质赢市场以品牌创效益”的经营理念，凭着二十多年制造琴弦的丰富经验，吸收国外的先进管理及技术，凭借自身技术力量及多年潜心研究，自主研发、设计、制造出一代又一代专业生产设备，2003 年研制单层自动数控缠弦机，2007 年研制双层自动数控缠弦机，2010 又研发出全自动数控拧珠机等，现生产设备 1000 多台，自动化超过 90%。

自建厂以来，“罗曼士”人通过自己的努力，2008 年通过 ISO9001: 2008 质量管理体系认证，严格执行质量管理体系要求；2013 年古典弦、民谣弦、电吉他弦均达到国际标准水平；2010 年至今，荣获广东省著名商标、广东省名牌产品、中国乐器行业前 50 强、广州市企业研发机构、广州市科技小巨人、高新技术企业等荣誉称号，高新技术培育入库，并拥有各项专利 43 项。

公司“Alice”品牌琴弦产品工艺精良，具有发音灵敏、音调准确等特点，音色达到音乐会用弦国际标准；并且产品品种丰富，例如：古典弦、民谣弦、电吉他弦、贝司弦、提琴弦、吉他乐团专用弦，以及中国民乐弦（如古筝弦、二胡弦、扬琴弦等），热销于国内各大吉他工厂、琴行、院校及世界各国地区，深受海内外用户欢迎。

广州市罗曼士乐器制造有限公司

地址：广州市花都区狮岭镇育才路 13 号
电话 Tel：+86-20-66615388
传真 Fax：+86-20-86984893 66615393
E-mail:zheng@romance-alice.com
邮编 Post Code：510860

高品质琴弦，选爱丽丝

专业演奏用弦

AC148古典吉他弦

高音清脆，低音明亮，
泛音丰富

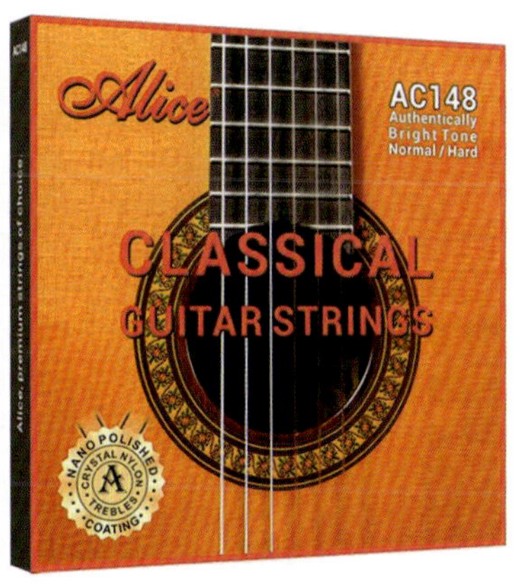

AC158古典吉他弦

水晶+碳素弦，音色
饱满均匀，手感舒适

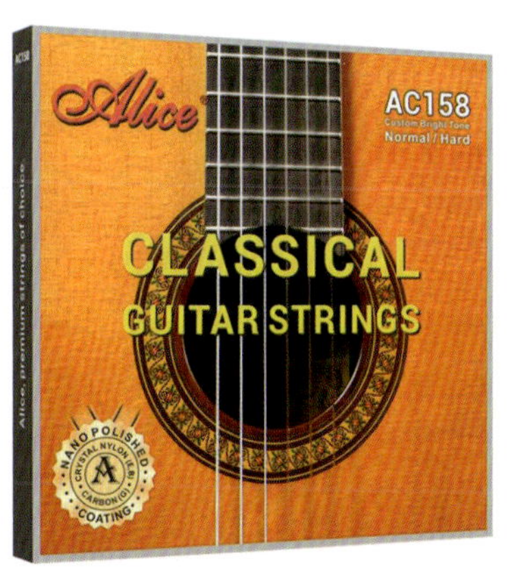

AWR19T古典吉他弦

高音清脆带有颗粒感，
低音浑厚饱满,手感舒适

AWR49J民谣吉他弦

全套金色覆膜，为演奏
增添一抹亮色，音色温
暖而明亮

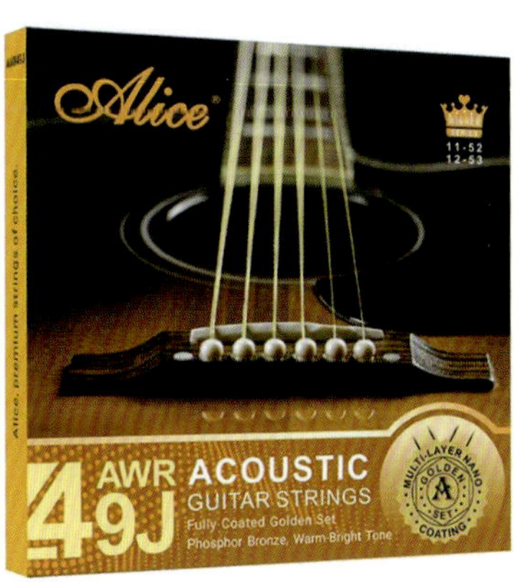

AWR486民谣吉他弦

音色沉稳明亮，全新
纳米抛光覆膜工艺，
抗氧化能力强

AWR588电吉他弦

声音厚实洪亮，耐用
稳定，具有强大的穿
透力

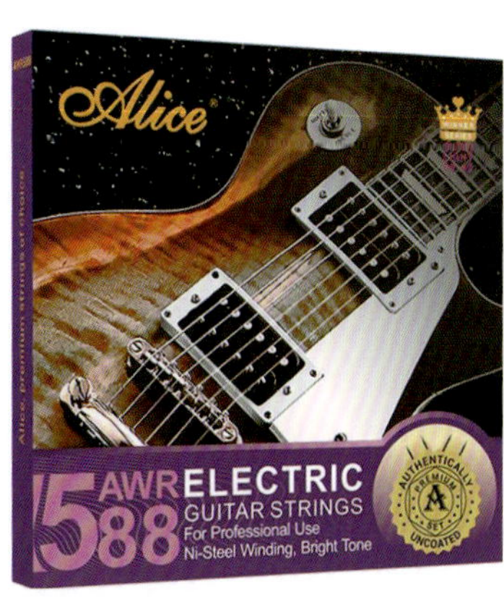

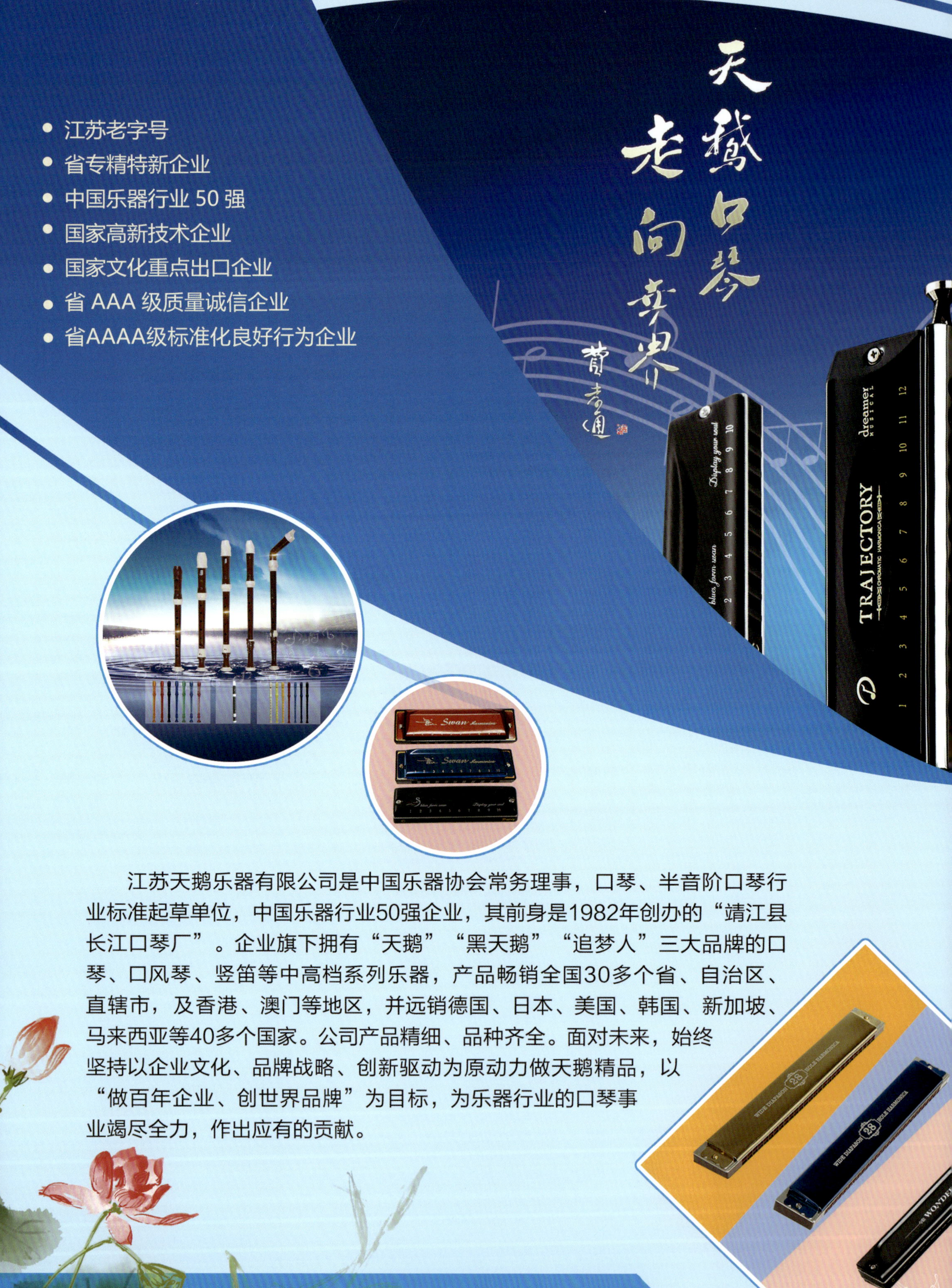

天鹅口琴
走向世界
• 江苏老字号
• 省专精特新企业
• 中国乐器行业 50 强
• 国家高新技术企业
• 国家文化重点出口企业
• 省 AAA 级质量诚信企业
• 省AAAA级标准化良好行为企业
dreamer MUSICAL
TRAJECTORY
CHROMATIC HARMONICA
Display your soul
blues form swan
Swan
江苏天鹅乐器有限公司是中国乐器协会常务理事，口琴、半音阶口琴行业标准起草单位，中国乐器行业50强企业，其前身是1982年创办的“靖江县长江口琴厂”。企业旗下拥有“天鹅”“黑天鹅”“追梦人”三大品牌的口琴、口风琴、竖笛等中高档系列乐器，产品畅销全国30多个省、自治区、直辖市，及香港、澳门等地区，并远销德国、日本、美国、韩国、新加坡、马来西亚等40多个国家。公司产品精细、品种齐全。面对未来，始终坚持以企业文化、品牌战略、创新驱动为原动力做天鹅精品，以“做百年企业、创世界品牌”为目标，为乐器行业的口琴事业竭尽全力，作出应有的贡献。
WIDE DIAPASON 28 HOLE HARMONICA

天鹅 TianE
SWAN 天鹅乐器
江苏天鹅乐器有限公司
公司地址：江苏省靖江市马桥振兴北路 12 号
电话：0523-84582508、84580163、84580155
邮箱：info@harmonicas.com.cn
追梦人系列
MEMORY48
1982
ADVENTURE
40th Anniversary
SUPREMACY
CHROMATIC HARMONICA

山东省雅特乐器股份有限公司

山东省雅特乐器股份有限公司，自2003年成立以来，不断发展壮大，现已成为一家占地面积达9000余平方米的综合性全生态企业，业务涵盖设计研发、生产销售、教育培训及艺术演艺等多个领域。其产品畅销于130多个国家和地区，并拥有21个国家代理。经过21 年的发展，雅特乐器凭借深厚的行业积累和持续创新的精神，在国内电吉他行业占据重要地位。

行业经验

21年

厂房面积

9000㎡

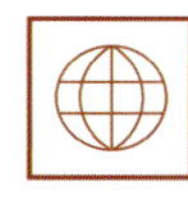

中国乐器行业

50强

产品远销

130个国家地区

售后服务站

360个

国货之光 民族品牌崛起

雅特乐器于 2018 年入选国礼品牌；2020 年雅特拓展国际市场，无头吉他受到广泛关注，2021 年入围中国乐器行业 50 强，是电声乐器产业基地重要企业之一；2023 年获得 “山东手造·潍有尚品” 称号和科技创新先进单位，2024 年荣获 “好品山东”、全球业界最佳新品奖等荣誉。

赵卫国
雅特乐器品牌创始人

文化传承与教育创新

在教育领域，雅特乐器与山东工艺美术学院、济南大学、潍坊学院、山东昌乐技师学院等多所高等院校联合办学并建立产业学院，成为实践和就业基地。同时，雅特致力于电吉他文化的普及与发展，举办“雅特杯”全国电吉他大赛、电吉他“产学研用”高峰论坛、国际 EART CUP（雅特杯）电吉他演奏（视频）大赛等活动。

此外，雅特乐器还汇聚众多顶尖艺术家，如国家一级作曲家、演奏家卞留念先生作为签约艺术家，“格莱美奖”前主席尼尔·波特诺作为特邀艺术顾问，青年演奏家吴琳为品牌代言人，共同为艺术品位和教育质量保驾护航。

展望未来，雅特乐器将继续秉承创新精神，以现代企业管理制度为契机，不断优化企业构架，寻求可持续发展战略，走多元化道路，与社会各界共创美好未来，共同书写全球电吉他行业的新篇章。

国管弦网签约艺术家团队与奥维斯乐器强强联手

打造真正属于中国人的民族西洋乐器品牌

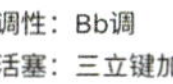

调性：Bb调
活塞：三立键加一侧立键
管径：15~16.8mm
喇叭口：310mm（全新卷边工艺）
外观处理：喷漆和镀银可选择
音程补偿系统：8521G带有音程补偿系统，确保使用第四活塞的低音音程关系的准确
主调音管扳机：8521G特有的主调音管扳机，可以随时修正上低音号普遍偏高的音准

Key: Bb
Valves: 4 compensating valves (3+1) in stainless steel
Bore: 15~16.8mm
Bell: 310mm
Color Choose: Clear lacquer finish & Silver-plated finish
Compensating System
Main tuning slide trigger

HEP-8521G
上低音号
UPHONIUM

塞设计：专门设计的轻量化按键，手感舒适，回弹反馈敏，新的活塞静音系统与静音弹簧设计，确保使用过程活塞的安静

音振动导向贴片：经过多次试验及声音反馈，声音振动向贴片可以更快地传递振动点，从而提高声音反馈的灵度，尤其是泛音的反馈非常灵敏

四活塞加重下盖：8521G特有的第四活塞加重下盖可以高声音的稳定性，加深声音的穿透性

lves design: Specially designed lightweight key, nfortable feeling, sensitive response feedback, the v valves and spings silent system, to guaranteed the etness when playing

und vibration guided patch: After many ts and sound feedback, the sound vibration guided ch can transmit vibration faster, so as to improve sensitivity of sound feedback, especially when play ibilities

urth valve heavy caps: The unique fourth valve vy cap increase the sound stability and giving more etration of instrument

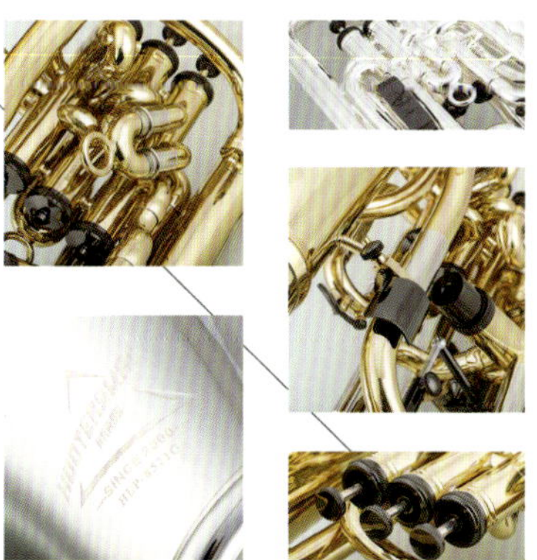

HEP-7521G
上低音号
EUPHONIUM

调性：Bb调
活塞：三立键加一侧立键
管径：15~16.8mm
喇叭口：300mm（全新卷边工艺）
外观处理：喷漆和镀银可选择
音程补偿系统：7521G带有音程补偿系统，确保使用第四活塞的低音音程关系的准确

Key: Bb
Valves: 4 compensating valves (3+1) in stainless steel
Bore: 15~16.8mm
Bell: 300mm
Color Choose: Clear lacquer finish & Silver-plated finish
Compensating System

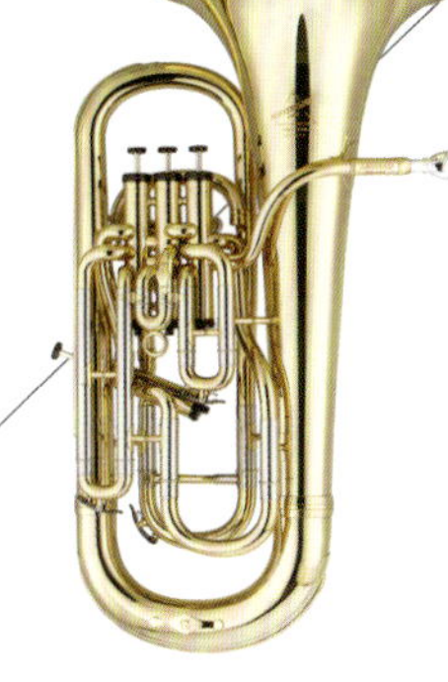
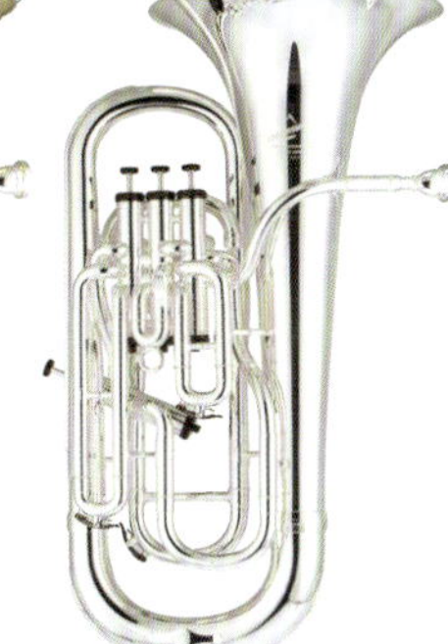

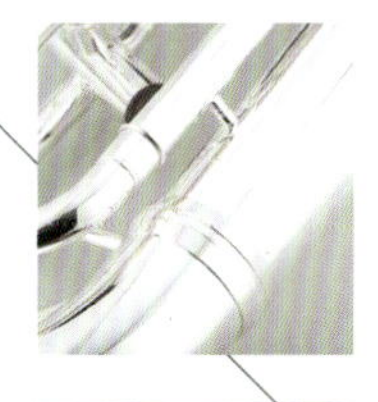
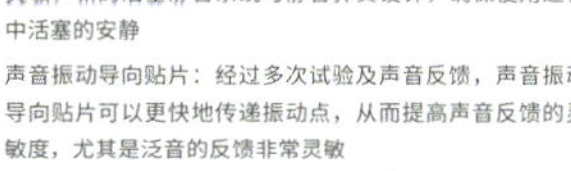
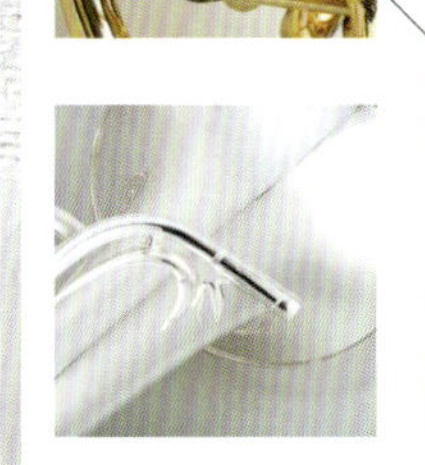

活塞设计：专门设计的轻量化按键，手感舒适，回弹反馈灵敏，新的活塞静音系统与静音弹簧设计，确保使用过程中活塞的安静

声音振动导向贴片：经过多次试验及声音反馈，声音振动导向贴片可以更快地传递振动点，从而提高声音反馈的灵敏度，尤其是泛音的反馈非常灵敏

Valves design: Specially designed lightweight key, comfortable feeling, sensitive response feedback, the new valves and spings silent system, to guaranteed the quietness when playing

Sound vibration guided patch: After many tests and sound feedback, the sound vibration guided patch can transmit vibration faster, so as to improve the sensitivity of sound feedback, especially when play flexibilities

数据化管理
乐器物联网新篇

- 全过程识取用户行为及演奏音频数据，支持云端共享。
- 轻松实现远程管控与用户行为分析，助力乐器企业精准决策。

智能化升级
重塑学习体验

- 百万数据样本赋能，构建知识图谱与算法体系。
- 为每位学习者提供个性化的AI纠错与测评服务，实时分析演奏细节，即时反馈，让错误无所遁形进步清晰可见。

AI魔法小黑盒 A系列

古筝版　乐器通用版

练琴数据，尽在掌握

全过程记录学习演奏数据，支持数据共享点评。

AI练琴小白盒 TX系列

钢琴版

开启智能练琴新时代

智能跟弹纠错、分手分段练习、AI全曲测评，满足各类练琴需求。

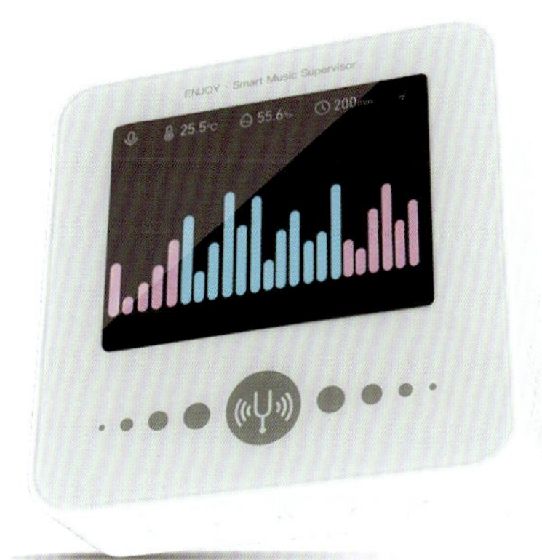

中国乐器数据化AI音频时代正式来临！

琴有“芯”，更放心！

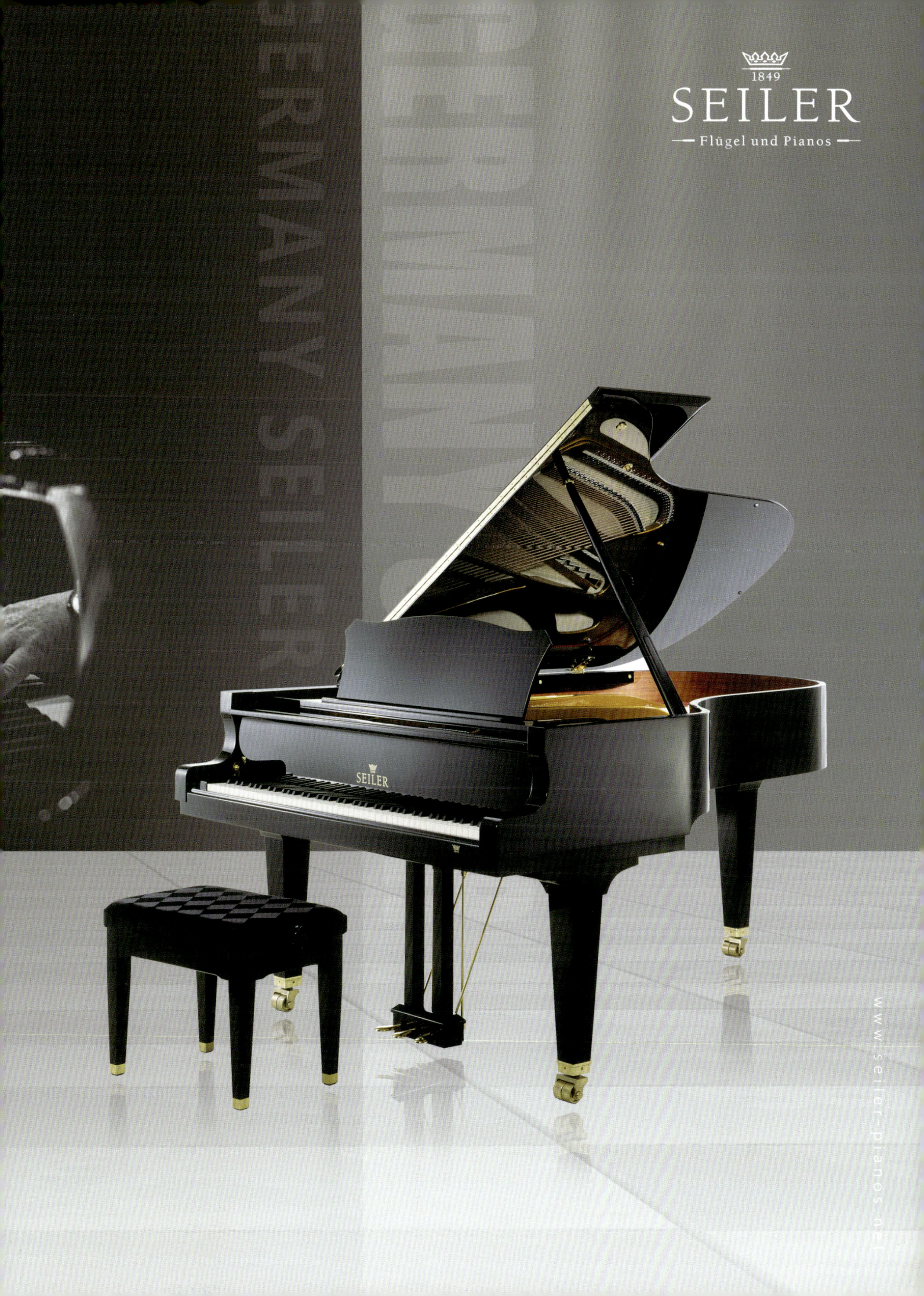
1849
SEILER
Flügel und Pianos
GERMANY SEILER
www.seiler-pianos.net

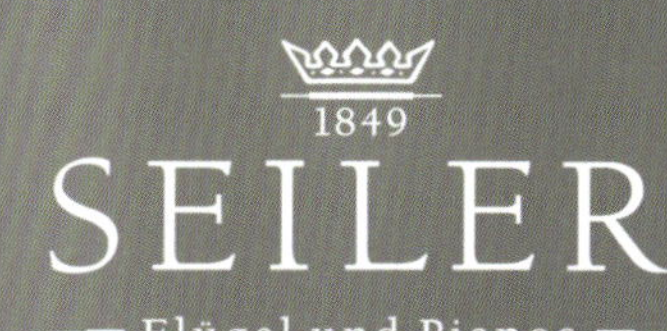

中国乐器年鉴

2024

中国乐器协会　编

CHINA MUSICAL INSTRUMENT YEARBOOK

2024

中国轻工业出版社

中国乐器年鉴（2024）
CHINA MUSICAL INSTRUMENT YEARBOOK

主办单位：中国乐器协会

协办单位：广州珠江钢琴集团股份有限公司

支持单位：上海民族乐器一厂有限公司
海伦钢琴股份有限公司
江苏凤灵乐器集团
河北金音乐器集团有限公司
江苏奇美乐器有限公司
深圳市蔚科电子科技开发有限公司
江苏天鹅乐器有限公司
天津奥维斯乐器有限公司
赛乐尔三益乐器（上海）有限公司
柏斯音乐集团
天津市津宝乐器有限公司
北京罗兰盛世音乐教育科技有限公司
江阴金杯安琪乐器有限公司
吟飞科技（江苏）有限公司
广州市罗曼士乐器制造有限公司
山东省雅特乐器股份有限公司
乐合数据信息科技江苏有限公司

地　　址：北京市丰台区顺三条 21 号嘉业大厦二期 1 号楼 708 室
电　　话：010-67665718
传　　真：010-67666220
邮　　编：100079
网　　址：www.cmia.com.cn
电子邮箱：zgyq@vip.sina.com

《中国乐器年鉴（2024）》编辑委员会

编 辑 说 明

《中国乐器年鉴》是由中国乐器协会主办，中国乐器协会信息部编撰的综合性、公报性年刊，每年出版1卷。本书以汇总乐器行业年度经济运行主要指标数据、发展特点、大事记及趋势预测为主，囊括当年度全行业管理、生产、经营、进出口等主要方面发展的基本情况，国内各省市乐器制造业及市场信息、国外乐器发展动态等重要内容，翔实、全面、系统地反映上年度我国乐器行业的发展脉络，是一本为乐器行业及社会相关部门和单位提供最新资讯服务的大型权威性行业工具书。

《中国乐器年鉴（2024）》是继《中国乐器年鉴（2023）》之后第十八次出版发行。年鉴编辑部以乐器行业发展为主线，按时间顺序，力求客观真实记载展现年度乐器行业发展脉络和特点，配合方便查阅的分类设置，尽可能详尽的数据图表展示，希望能在编辑的内容和形式上有所突破，突出特色，编出新意，以更好地满足读者不断提升的要求。

《中国乐器年鉴（2024）》在内容框架方面不断完善，设有"行业篇""指标数据篇""协会工作篇""科技创新篇""职业技能篇""产业集群篇""海外信息篇"七个栏目，各篇框架体系逐步充实。

2023年，我国乐器行业全面贯彻党的二十大精神并在习近平新时代中国特色社会主义思想的指引下，稳步前行。面对国内外复杂多变的经济环境，乐器市场波动敏感，内需恢复呈现慢热态势，而外销则展现出多元化并提速的特征。民众对于乐器产品的娱乐化需求日益提高，人均消费潜力巨大。面对非刚性需求大件乐器商品的下行压力，以及教育装备采购数量减少、艺术特长生及艺考政策调整等因素的影响，全行业积极寻找新的增长点。乐器行业在面对市场竞争加剧、消费者需求变化等挑战时的应对策略与成效。一方面，非刚性需求大件商品购买力下降是导致内需市场下行的主要原因之一；另一方面，外销市场展现出多元化提速趋势，特别是对"一带一路"沿线国家以及东盟、RCEP成员国等国家的出口保持增长态势。此外，行业内部也在积极寻找新的增长点，如针对银发群体和年轻消费群体的定制化服务、中高端乐器产品的持续开发等，这些系列举措有望为行业带来新的发展机遇。

在年鉴编辑工作中，鉴于时间仓促、能力所限，将乐器行业年度重要新闻事件和相关资讯收录本集确有难度。今后，我们将持续加强信息汇集工作，不断提高年鉴编辑质量和水平。我们真诚希望社会各界同仁继续关心和支持年鉴的编辑出版工作，针对内容编撰的不足之处，敬请提出批评和修订意见，使之日臻完善。

《中国乐器年鉴（2024）》在组稿、编辑、出版过程中得到乐器生产企业、经营单位、音乐艺术教育单位以及我国台湾、香港、澳门地区的同仁、朋友们的大力支持和帮助，在此谨表示衷心感谢！

《中国乐器年鉴》编辑部

2024年9月

目录

行业篇

指标数据篇

协会工作篇

科技创新篇

职业技能篇

产业集群篇

海外信息篇

Contents

Industry

Statistical Data

Tasks of Association

Science &Technology

Career Skills

Industry Clusters

Overseas Information

中国乐器

年鉴

2024

CHINA MUSICAL
INSTRUMENT YEARBOOK
2024

新闻综述

2023年中国乐器行业十大要闻

1．深入调研　排难前行

在中国轻工业联合会党委领导下，中国乐器协会（CMIA）党支部深入开展主题教育，组织两次行业专题调研，覆盖16个省（自治区、市）、10个产业集群，召开23场座谈会，涉及近290家企业，形成5篇综合报告。针对下行压力，中国乐器协会提出稳增长、稳定位、稳市场、稳投资、稳品质、稳现金流的“六稳”对策安排，全力推进相关措施落地，并通过诉求反映与提出政策建议，为企业争取有利经营环境，推动行业环比转正、健康发展。

2．乐器出口　逆势上扬

2023年，国家外贸政策红利持续释放，乐器行业多元出口在逆势上扬，企业“双循环”效果不断显现，对共建“一带一路”国家出口产品增幅超过20%，对《区域全面经济伙伴关系协定》（RCEP）成员国增长3%，对非洲及拉丁美洲等新兴市场的开拓顺利，出口产品平均增幅超15%。过去一年，行业企业抓商机、拓市场，乐器外贸呈现多元化、区域化的新亮点。

3．创新体系　有效完善

2023年，乐器行业积极打造科技创新平台，取得显著成效。乐器行业科创平台已达到68家，同比增长23.6%；行业相关研究成果获得中国轻工业联合会科技二等奖2项、三等奖3项；7项升级消费品和8项创新消费品入选《升级和创新消费品指南（轻工 第十批）》，在轻工各行业中均居首位；全年申报专利2109项，同比增长45.1%；申报软件著作权55项，同比增长37.5%；制修订标准20多项，列入复审标准达110多项，强制性国家标准得到集中宣传与贯彻；成功举办乐器学研究高峰论坛、第二届专业技术人才高级研修班，新评出35位“科技之星”，并考评鉴定660多名钢琴调律师，职业技能考评员和裁判员培训效果显著，中国乐器协会获得“轻工职业能力评价工作先进单位”荣誉。目前，行业已拥有103位中国乐器协会专家委员、193位“科技之星”、29位“行业工匠”，进一步完善了创新人才体系建设。

4．高端品牌　尽显风采

2023年，中国乐器协会持续强化品牌培育，恺撒堡钢琴荣获“广东知名品牌”称号，敦煌民乐入选2023年度“上海轻工卓越品牌”，长江钢琴再次入选“第十七届柴可夫斯基国际音乐比赛”用琴，50架海伦钢琴在维也纳音乐厅奏响华章，星海集团“燕京八绝”古乐器亮相第六届进博会，乐海古筝亮相亚洲运动会开幕式，美得理AKX10编曲键盘入选MusicRadar最佳编曲键盘Top10，吟飞电子管风琴亮相长三角国际文化产业博览会并获评数字文创奖，蔚科B-6萨克斯风无线系统获得德国IF产品设计奖，津宝行进乐器亮相人民海军成立七十四周年庆典等。

5．首发平台　赋能创新

10月11日，111件新品在2023中国（上海）国际乐器展览会（Music China）全球业界新品首发活动上集中亮相。这些新品来自63家国内外企业，涵盖了九大类乐器产品，经过专家严格评选，35件产品荣获“最佳新品”称号。一系列新产品的上市，彰显出乐器行业创新研发的能力和勇于参与市场博弈的信心。此次活动成功搭建起全球业界新品首发平台，有效促进了行业科技创新和高质量发展。

6．佳节好物　全球推介

在文化和旅游部产业发展司的指导下，中国乐器协会在上海举办了“多彩中国·佳节好物”文旅贸易促进活动，扎实推进文化强国、贸易强国、制造强国建设。活动以“享受音乐，悦动中国”为主题，征集到来自37家企业的九大类80件精品乐器，经过专家评审，70件产品的介绍手册被编辑成中英文版，通过各大主流媒体向全世界发布推介，有效推动了乐器行业优秀文化和品牌产品“走出去”。

7．古琴大赛　完美落幕

4月15日，由中国乐器协会主办，中央音乐学院和兰考县人民政府支持的首届古琴制作大赛在河南兰考举办。来自16个省（区、市）的企业、工坊和个人共选送了169张古琴参赛，参赛琴基本都是五年内制作的，可以反映出当前国内中青年斫琴师的总体水平。大赛旨在推动斫琴技艺传承与创新，推动斫琴师职业技能评价有序展开，促进民族乐器产业与器乐文化融合发展。大赛同期举办了民族乐器产业融合发展论坛和获奖古琴颁奖音乐会。

8．音教盛会　亮点纷呈

6月，中国乐器协会主导的“6・21国际乐器演奏日”活动以“玩乐器，交朋友”为主题，在200多座城市举办演出3000多场，惠及300万名观众和3亿线上爱乐人士。7月，国民音乐教育大会唱响蓉城，1723名体制内外音乐教师齐聚川蜀，156位音教、演奏大咖聚焦“学乐器，为生活增色”主题，开展了113场论坛讲座、乐器课堂等活动。音乐教育盛会引导和挖掘了乐器客户群体，“让乐器成为家庭标配，让音乐成为生活刚需”的理念获得各界广泛认同。

9．上海展会　强势回归

10月11日至14日，2023 Music China强势回归，吸引了来自23个国家和地区的1832家展商和157个国内外核心买家团。此次展会面积达到12万平方米，来自全球92个国家和地区的122184名采购商和观众积极参与，京东乐器线上展曝光量达到235万人次。作为全球乐器产业风向标，上海展有序推动国际乐器商贸服务，繁荣全球音乐文化制品市场，激发产业发展新动能，订货效果可观。

10．多国签署　上海共识

2023年，中国乐器协会着力巩固和扩大全球朋友圈，与美国国际音乐制品协会、欧洲音乐产业联盟、美国MIDI制造商协会、巴西乐器工业协会等分别签署“上海共识”或备忘录，共促乐器科技合作与国际乐器贸易，加速中国乐器品牌国际化发展进程，持续强化我国乐器制造大国、出口大国和消费大国的地位。

政策汇编

2023年中国乐器行业发展相关政策汇编

全球化浪潮与国内经济转型的交汇点上，面对复杂多变的国内外环境，中国政府以高瞻远瞩的战略眼光和坚定不移的决心，出台了一系列全面而精准的惠企政策，旨在稳经济、促发展、激活力，为国内外企业构建了一个更加坚实的发展平台。

这些政策的制定和实施，不仅体现了中国政府对经济形势的深刻洞察和对企业需求的精准把握，更彰显了中国在新时代背景下推动经济高质量发展的决心和信心。政策内容广泛，涵盖税收减免、财政补贴、金融支持、营商环境优化等多个维度，形成了一套全面、系统的支持企业发展的政策体系。

在税收减免方面，以更大的力度、更广的覆盖面，对符合条件的企业实施所得税、增值税等税种的减免政策，有效降低了企业运营成本，提升了市场竞争力；财政补贴作为政府直接支持企业的重要手段，不仅缓解了企业的资金压力，更为其后续发展提供了有力保障；在金融领域，推动金融机构加大对中小企业的信贷支持力度，通过低利率贷款、信用贷款等多种方式，破解企业融资难题。同时，政府还积极引导金融机构创新金融产品和服务模式，满足企业多元化、个性化的融资需求；在优化营商环境方面，政府持续推进“放管服”改革，简化企业注册、审批等流程，提高政府服务效率和质量。通过打造更加公平、透明、可预期的营商环境，为企业提供了更加广阔的发展空间和更加便捷的服务体验。

1．商务部等五部门联合印发《中华老字号示范创建管理办法》

为立足新发展阶段，完整、准确、全面贯彻新发展理念，促进老字号创新发展，充分发挥老字号在商贸流通、消费促进、质量管理、技术创新、品牌建设、文化传承等方面的示范引领作用，服务构建以国内大循环为主体、国内国际双循环相互促进的新发展格局，1月6日，商务部、文化和旅游部、国家市场监督管理总局、国家文物局、国家知识产权局联合印发《中华老字号示范创建管理办法》。

2．财政部、国家税务总局发布《关于实施小微企业和个体工商户所得税优惠政策的公告》

为支持小微企业和个体工商户发展，3月26日，财政部、国家税务总局发布《关于实施小微企业和个体工商户所得税优惠政策的公告》，规定自2023年1月1日至2024年12月31日，对小型微利企业年应纳税所得额不超过100万元的部分，减按25%计入应纳税所得额后，按20%的税率缴纳企业所得税。

3．财政部、国家税务总局、科学技术部发布《关于进一步完善研发费用税前加计扣除政策的公告》

3月27日，财政部、国家税务总局、科学技术部发布《关于进一步完善研发费用税前加计扣除政策的公告》，规定小型微利企业年应纳税所得额不超过100万元的部分，原先减按12.5%计入应纳税所得额，按20%的税率缴纳企业所得税。现新政策执行后，小型微利企业年应纳税所得额300万元以内税负为5%。

4．国家发展和改革委员会等部门发布《关于实施促进民营经济发展近期若干举措的通知》

为深入贯彻中共中央、国务院关于促进民营经济发展壮大的决策部署，全面落实《中共中央、国务院关于促进民营经济发展壮大的意见》，推动破解民营经济发展中面临的突出问题，激发民营经济发展活力，提振民营经济发展信心，7月28日，国家发展和改革委员会等部门印发《关于实施促进民营经济发展近期若干举措的通知》。

5．工业和信息化部等五部门发布《关于开展“一链一策一批”中小微企业融资促进行动的通知》

8月1日，工业和信息化部、中国人民银行、国家金融监督管理总局、中国证券监督管理委员会、财政部发布《关于开展“一链一策一批”中小微企业融资促进行动的通知》。行动围绕制造业重点产业链，建立“政府-企业-金融机构”对接协作机制，全面梳理产业链上中小微企业名单，了解企业融资需求，鼓励金融机构结合产业链特点，立足业务特长，“一链一策”提供有针对性的多元化金融支持举措，优质高效服务一批链上中小微企业，持续提升中小微企业融资便利度和可得性，加大金融支持中小微企业专精特新发展力度。

6．财政部、国家税务总局发布《关于进一步支持小微企业和个体工商户发展有关税费政策的公告》

为进一步支持小微企业和个体工商户发展，8月2日，财政部、国家税务总局发布《关于进一步支持小微企业和个体工商户发展有关税费政策的公告》。其中涉及多个不同市场主体的增值税等多个税种的减免，有力支持小微企业、个体工商户及初创科技型企业发展。

7．财政部、国家税务总局发布《关于支持小微企业融资有关税收政策的公告》

8月3日，财政部、国家税务总局发布《关于支持小微企业融资有关税收政策的公告》，对金融机构向小型企业、微型企业及个体工商户发放小额贷款取得的利息收入，免征增值税。金融机构应将相关免税证明材料留存备查，单独核算符合免税条件的小额贷款利息收入，按现行规定向主管税务机关办理纳税申报；未单独核算的，不得免征增值税。对金融机构与小型企业、微型企业签订的借款合同免征印花税。

8．财政部、国家税务总局发布《关于延续执行农户、小微企业和个体工商户融资担保增值税政策的公告》

8月4日，为进一步支持农户、小微企业和个体工商户融资，财政部、国家税务总局发布《关于延续执行农户、小微企业和个体工商户融资担保增值税政策的公告》，该公告执行至2027年12月31日。

9．财政部发布《关于加强财税支持政策落实 促进中小企业高质量发展的通知》

8月20日，财政部发布《关于加强财税支持政策落实促进中小企业高质量发展的通知》（以下简称《通知》）。《通知》从五个方面提出多项具体举措，如落实落细减税降费政策，减轻小微企业税费负担；强化财政金融政策协同，保障中小企业融资需求；发挥财政资金引导作用，支持中小企业创新发展；落实政府采购、稳岗就业等扶持政策，助力中小企业加快发展；健全工作机制和管理制度，提高财税政策效能。

10．中共中央委员会办公厅、国务院办公厅印发《关于进一步加强青年科技人才培养和使用的若干措施》

8月27日，为深入贯彻党的二十大精神，落实中央人才工作会议部署，全方位培养和用好青年科技人才，中共中央委员会办公厅、国务院办公厅印发了《关于进一步加强青年科技人才培养和使用的若干措施》（以下简称《若干措施》）。要求各级党委和政府要把青年科技人才工作作为战略性工作，为青年科技人才加快成长和更好发挥作用创造良好条件。在新一轮科技革命和产业变革的大背景下，抓好《若干措施》落地落实，夯实科技创新人才根基，是各级党委、政府义不容辞之责。

11．工业和信息化部印发《制造业技术创新体系建设和应用实施意见》

为全面准确把握产业技术现状，有效开展技术攻关、成果转化和先进适用技术推广工作。8月29日，工业和信息化部印发《制造业技术创新体系建设和应用实施意见》（以下简称《意见》）。《意见》明确，到2025年，形成一套科学适用、标准规范的制造业技术创新体系构建方法，基本建立涵盖制造业各门类重点产业典型产品的技术体系，分类分级建立短板技术攻关库、长板技术储备库及先进适用技术推广库。到2027年，建成先进的制造业技术创新体系，全面形成横向协同、纵向联通的技术体系网络。

12．工业和信息化部、国家知识产权局联合印发《知识产权助力产业创新发展行动方案（2023—2027年）》

9月5日，工业和信息化部、国家知识产权局联合印发《知识产权助力产业创新发展行动方案（2023—2027年）》（以下简称《方案》）。《方案》提出，到2027年，知识产权促进工业和信息化领域重点产业高质量发展成效更加显著，重点产业高价值专利创造能力明显增强，规模以上制造业重点领域企业每亿元营业收入高价值专利数接近4件；知识产权运用机制更加健全，企业知识产权运用能力显著提升；知识产权保护水平稳步提高，保护规则更加完善；知识产权服务机构专业化、市场化、国际化程度不断加强，知识产权服务业高质量发展格局初步形成，知识产权公共服务供给显著增强。

13．国家市场监督管理总局印发《市场监管部门开展小微企业个体工商户专业市场党建工作指引》

为全面贯彻党中央决策部署，在中央组织部和中央社会工作部指导下做好新形势下小微企业个体工商户专业市场（简称"小个专"）党建工作，持续推进"小个专"党的组织和工作有效覆盖，更好发挥基层党组织战斗堡垒作用和党员先锋模范作用，充分激发"小个专"的内生动力和发展活力，9月8日，国家市场监督管理总局印发《市场监管部门开展小微企业个体工商户专业市场党建工作指引》（简称《指引》）。《指引》共分九个方面，提出39项具体要求和措施。

14．人力资源社会保障部印发《关于强化人社支持举措助力民营经济发展壮大的通知》

11月30日，人力资源社会保障部印发《关于强化人社支持举措助力民营经济发展壮大的通知》（以下简称《通知》），推出一系列促进民营经济做大做优做强的政策举措，积极助推民营经济高质量发展。为进一步强化支持举措，助力民营经济发展壮大，《通知》指出，将从扩大民营企业技术技能人才供给、优化民营企业就业创业服务、推动民营企业构建和谐劳动关系以及加大社会保险惠企支持力度四个方面展开。

15．工业和信息化部等八部门发布《关于加快传统制造业转型升级的指导意见》

12月29日，工业和信息化部、国家发展和改革委员会、教育部、财政部、中国人民银行、国家税务总局、国家金融监督管理总局、中国证券监督管理委员会发布《关于加快传统制造业转型升级的指导意见》（以下简称《意见》）。《意见》提出，到2027年，传统制造业高端化、智能化、绿色化、融合化发展水平明显提升，有效支撑制造业比重保持基本稳定，在全球产业分工中的地位和竞争力进一步巩固增强。工业企业数字化研发设计工具普及率、关键工序数控化率分别超过90%、70%，工业能耗强度和二氧化碳排放强度持续下降，万元工业增加值用水量较2023年下降13%左右，大宗工业固体废物综合利用率超过57%。

16．教育部印发《关于全面实施学校美育浸润行动的通知》

12月22日，教育部印发《关于全面实施学校美育浸润行动的通知》。为深入学习贯彻党的二十大精神，进一步加强学校美育工作，强化学校美育的育人功能，教育部决定全面实施学校美育浸润行动。包括实施美育教学改革深化行动、教师美育素养提升行动、艺术实践活动普及行动等，进一步加强学校美育工作，强化学校美育的育人功能。

年度报告

2023年中国乐器行业年度报告

2023年，我国乐器行业在全面贯彻党的二十大精神与习近平新时代中国特色社会主义思想的指引下，稳步前行。面对国内外复杂多变的经济环境，乐器市场波动敏感，内需恢复呈现慢热态势，而外销则展现出多元化且提速的特征。民众对于乐器产品的个性化需求日益提高，人均消费潜力巨大。面对非刚性需求大件乐器的下行压力，以及受教育装备采购数量减少、艺术特长生及艺考政策调整等因素的影响，全行业积极寻找新的增长点。其中，“银发群体”在乐器消费市场的持续增长尤为显著，同时“90后、00后”群体对乐器市场的个性化需求也显著增长，中高端乐器产品市场持续扩大。

一、乐器行业发展概况与经济运行分析

2023年，我国乐器行业在复杂多变的市场环境中维稳前行。行业规模持续扩大，全年规模以上企业数量达到233家，较2022年增加了6家，这一数据反映出乐器市场主体规模的不断壮大。在行业规模扩大的同时，乐器经济运行也面临着不同程度的挑战。全年营业收入同比下降12.35%，利润总额下降30.43%，显示出全行业承压运行的总体特征。

从细分领域来看，西乐器市场表现引人关注。作为乐器行业的重要组成部分，西乐器营收同比下降15.50%，利润总额下降57.33%，利润率为3.28%，反映出企业盈利水平明显减弱。相比之下，中乐器市场展现出较强韧性，虽然营收下降26.57%，但利润率仍保持在15.73%的高位，明显高于乐器及轻工行业平均水平，显示出传统民族乐器在当前市场中的创新活力和发展潜力。电子乐器市场则呈现出不同的特点，营收虽然下降10.17%，但利润却实现了11.50%的增长，利润率达到6.18%，盈利能力好于其他分支行业，这主要得益于电子乐器在技术创新和智能化方面的发展优势。

在行业骨干企业表现方面，82家骨干企业累计完成营业收入93.08亿元，同比下降11.50%，降幅有所缩窄；实现利润总额6.32亿元，同比下降37.33%，降幅相对明显。尽管如此，骨干企业的利润率仍达到6.79%，高于同期规模以上乐器企业及全国轻工行业平均水平，显示出骨干企业在行业中的引领作用。

经济运行数据背后，反映出乐器行业在面对市场竞争加剧、消费者需求变化等挑战时的应对策略及其成效。一方面，非刚性需求大件商品购买力下降是导致内需市场下行的主要原因之一；另一方面，外销市场展现出多元化提速趋势，特别是对“一带一路”沿线国家以及东盟、RCEP成员国等区域的出口保持增长态势。此外，行业内部也在积极寻找新的增长点，如针对银发群体和年轻消费群体的定制化服务、中高端乐器产品的持续开发等，这些系列举措有望为行业带来新的发展机遇。

二、乐器行业进出口概况与数据分析

2023年，我国乐器行业的进出口形势复杂多变，总体呈现出惯性收缩态势，但在新兴市场中展现出积极的增长潜力。海关总署数据显示，全年乐器行业出口总额为20.82亿美元，同比下降3%，反映出全球经济增长放缓及外需市场的不确定性对乐器出口的影响。值得注意的是，尽管整体出口面临压力，我国乐器行业在“一带一路”沿线国家的出口额却显著增长，同比增长16.89%，尤其是对东盟和RCEP成员国的出口分别增长了21.01%和3.11%，这表明乐器出口市场正逐步向多元化和区域化方向发展。

进口方面，乐器行业全年进口总额为4.99亿美元，同比下降11.48%。钢琴作为进口的主要商品，其进口占比接近四成，也同样受全球经济波动的影

响，进口额出现下滑。除打击乐器进口额同比增长10.22%外，其他乐器及零件的进口额均出现不同程度的收缩，显示出进口市场的趋缓态势。

面对乐器进出口形势，我国乐器行业展现出一定的韧性和适应能力。企业纷纷调整出口策略，加大新兴市场开拓力度，同时注重提升产品质量和服务水平，以应对国际市场的激烈竞争。此外，政府政策的支持也为乐器行业的进出口提供了有力保障，如共建“一带一路”倡议及RCEP的推进，为乐器行业的外贸发展注入了新的动力。

进出口数据显示，我国乐器行业面临全球经济波动、贸易保护主义等出口市场风险，因此需要深入分析国际市场，及时调整策略。为降低市场依赖，应布局多元化市场特别是“一带一路”沿线国家，并加强与国际品牌的合作。同时，提升产品质量和服务水平是关键，要建立完善的管理体系，注重创新研发，以满足客户需求。通过这些措施，乐器行业可有效应对市场风险，实现出口的稳定增长。

三、产业集群布局优化，展现区域产业链生态优势

2023年，我国乐器行业产业集群展现出强劲的发展势头，成为推动全行业高质量发展的重要力量。截至目前，我国乐器行业已形成多个具有鲜明地域特色和完整产业链的区域集群，如江苏黄桥的“中国提琴产业之都”、贵州正安的“中国吉他之都”等。这些特色集群不仅汇聚了大量的乐器生产企业，还带动了上下游相关产业的发展，形成了完整的产业链生态体系。2023年，经过调研论证和系统评审，乐器行业又新增了“中国北方乐器之都·肃宁”和“中国民族乐器之乡·兰考”两个产业集群。至此，全行业共有11个产业集群，从行业特色、区域分布、产业链延伸等多方面分析，这一布局更有利于全行业的高质量发展。

产业集群的发展不仅提高了生产效率和产品质量，还促进了技术创新和品牌建设。在集群内部，企业之间的合作与交流日益频繁，技术共享、资源互补成为常态。例如，江苏黄桥依托“中国提琴产业之都”的优势资源，在打造“绿岛”项目的同时，率先推动乐器中小企业集聚区建设，部分企业已入驻投产。此外，黄桥还成功推进了音乐教育“三进工程”，全镇中小学在校学生音乐教育普及率达到100%，其中各类乐器普及率超过了75%，并连续七届承担“6·21国际乐器演奏日”中国主会场开幕式任务，实现了产业扩量、创新增效、音教普及、艺术惠民的产业融合良性循环发展。

河北肃宁规划了占地1000亩的国乐小镇和乐器工业园区，健全产业链，为企业发展提供税收减免和减轻负担等方面的服务。该地区利用“中国北方乐器之都”和“互联网小镇”的双重优势，创新发展了线下体验、线上销售相结合的乐器“新零售”，乐器产品线上销售率增长到60%，线上销售额同比增长25%。河南兰考全力打造“中国民族乐器之乡”，县委县政府分两期建设了乐器工业园区，健全产业链，并将原有的一期乐器产业园改造成为“前店后厂”的新型产业园区，取得了良好的成效。其他如江苏扬州围绕“中国琴筝产业之都”文化传承核心要素，打造了中国民族器乐文化氛围和乐器类“非遗”产业；贵州正安作为“中国吉他之都”，建设了三个乐器产业园区，为革命老区培育出特色产业，助力了乡村振兴；山东郿部作为“中国电声乐器产业基地”，持续培植“跨境电商平台”+“物流综合体”，在美国、英国等13个国家设立代理商21家，建立海外仓48个；河北饶阳县则打造“饶阳民乐”高端品牌，为产业高质量持续发展提供技术与技能方面的有力支撑。

总体而言，随着乐器市场的不断扩大和消费者需求的持续升级，我国乐器行业产业集群的发展前景更加广阔。各地政府和企业应继续加强合作，共同推动产业集群的高质量发展，为我国乐器行业的繁荣贡献力量。

四、行业高质量发展进程加速，科技创新成关键驱动力

2023年，我国乐器行业在科技创新方面取得了显著成果，为行业的持续健康发展注入了强劲动力。全行业积极响应国家“科技是第一生产力、人才是第一资源、创新是第一动力”的发展理念，不断加大研发投入，推动技术创新与产业升级。据统

计数据，截至2023年末，我国乐器行业规模以上企业数量稳步增长，全行业资产总计达到241.87亿元，高新技术领域的电子乐器资产同比增长4.68%。在行业固定资产投资方面，重心正逐步向设备升级、智能化改造、绿色制造转移，这一趋势进一步推动了全行业的高质量发展进程。

2023年，乐器行业的科技创新成果丰硕。全行业获得认定的科技平台数量达到46个，其中国家级平台2个、省级平台28个，为企业技术创新提供了有力支撑。近两年来，科技平台申报并发布了发明专利50项、实用新型专利407项、软件著作权55项，以及各类产品与创新成果奖项75项，充分展现了行业在科技创新方面的实力和成果。此外，还有15项新品入选《升级和创新消费品指南（轻工 第十批）》，35件产品在全球业界新品首发活动中荣获“最佳新品”称号，进一步提升了我国乐器产品的国际影响力。

在定制化服务与个性化需求方面，乐器行业也取得了显著进展。企业根据消费者的需求和喜好，提供个性化的产品设计和服务方案，满足了市场的多元化需求。这种服务模式不仅提高了消费者的满意度和忠诚度，还为企业带来了更高的附加值和利润空间。乐器行业的科技创新不仅体现在技术层面，还体现在产业融合与人才培养方面。例如，中国乐器协会与南京艺术学院联合举办的全国乐器学研究高峰论坛，征集并交流了大量高质量的科研成果论文，促进了乐器学理论与产业实践的深度融合。同时，行业还积极推动科技创新与产业发展大会的召开，表彰了年度“科技十强企业”“专利成果奖”等优秀企业和个人，激发了行业内部的创新活力。

五、职业技能培训机制完善，人才队伍建设再上新台阶

在乐器行业的持续发展进程中，技能人才队伍建设扮演着至关重要的角色。近年来，中国乐器协会积极响应国家关于加强技能人才队伍建设的号召，通过一系列举措，不断推动乐器行业技能人才水平的提升，为行业的创新发展提供坚实的人才保障。

首先，职业技能培训、考评、鉴定机制逐步完善，为乐器行业技能人才成长搭建了坚实的平台。据统计，乐器行业全年开展督导员培训，合格发证11人；考评员培训，合格发证60人；裁判员培训，合格发证47人，为全面实施职业技能考评、鉴定工作奠定了坚实的基础。

其次，国家职业技能标准制定工作全面推进，为乐器行业技能人才的培养提供了标准化依据。截至目前，全行业已完成钢琴调律师、钢琴制作工、打击乐器制作工等多个职业的技能标准初稿编写和修订工作。这些标准的出台，将进一步规范行业技能人才的培养和评价，促进技能人才队伍整体素质的提升。

在技能人才队伍建设过程中，中国乐器协会注重发挥行业内的示范带动作用。通过举办中国民族乐器（古琴）制作大赛、乐器行业专业技术人员高级研修班等活动，展示行业技能人才的精湛技艺，激发人才投身乐器行业的热情。例如，首届中国民族乐器（古琴）制作大赛吸引了来自16个省（区、市）的98个企业、工坊或个人参赛，评选出的优秀作品彰显了古琴文化的传承与发展。

此外，中国乐器协会还积极推动社会音乐教师培训工作，全年共有513人次参加并顺利取得培训证书，涵盖钢琴、手风琴、提琴、吉他等多个乐器种类。这一举措不仅提高了社会音乐教育的整体水平，也为乐器行业输送了大量高素质的教育人才。

值得一提的是，乐器行业技能人才队伍建设的成果显著。以钢琴调律师为例，全年考评鉴定达953人次，累计完成钢琴调律师专业考评鉴定超过万人次。这些数据充分证明了乐器行业在技能人才队伍建设方面所取得的积极进展。

2023年，中国乐器协会持续加大技能人才队伍建设的力度，通过完善培训机制、优化评价体系、加强国际交流合作等方式，不断提升乐器行业技能人才的专业素养和创新能力，为行业的持续健康发展提供坚实的人才支撑。同时，中国乐器协会也将积极引导和鼓励企业重视技能人才队伍建设，共同推动乐器行业向更高水平迈进。

六、音教助力高质量发展，国际交流拓展品牌影响

2023年，中国乐器协会在音乐教育领域持续发力，通过举办国民音乐教育大会、推广“6·21国际

乐器演奏日”等活动，有效助推产业发展。同时，中国乐器行业积极参与国际交流，第二十届中国（上海）国际乐器展览会（Music China）的成功举办，彰显了中国乐器品牌的实力与创新，拓宽了国际视野。

音乐教育是美育的重要组成部分，亦是乐器产业高质量发展的一个重要平台。2023年，中国乐器协会持续在音乐教育领域发力，助推产业发展。中国乐器协会与中央音乐学院等单位共同主办的2024国民音乐教育大会于7月上旬在成都举办。大会以“学乐器，为生活增色”为主题，设立了8个分会场，汇集了156位享誉业界的音乐教育专家，呈现了113场主题讲座、高峰论坛、音乐教育工作坊和成果展演。这些活动集中交流展示了音乐教育理念、科学教学方法、优秀教学成果以及乐器教材和设备，共吸引了1750多名一线音乐教师、院校学生、艺培机构及相关人士到场参与。

“6・21国际乐器演奏日”引入中国已是第八个年头，乐器演奏者和音乐爱好者表现出了极大的热情和参与度。2023年全国共有129家联合主办单位参与，覆盖城市超过200个，举办了3000多场演出，直接参与人数近40万人次，现场观众超过300万人次，线上观众更是超过了3.3亿人次。

第九届中国（重庆）国际低音铜管艺术节于8月初在重庆举办，来自美国、意大利、荷兰、日本、韩国、智利等国家和国内各大音乐学院、各大乐团的近200名低音铜管专家和艺术家参加了此次艺术节。来自全国各地的近千名学生与低音铜管乐器爱好者进行了交流学习。

中国乐器行业积极参与国际乐器展览和文化交流活动，成功走向世界舞台。第二十届中国（上海）国际乐器展览会（Music China）汇聚了来自23个国家和地区的1823家国内外企业，其中国际展商288家，展示了中国乐器行业的实力与创新。本届展会展位面积达到12万平方米，设有十大室内展馆和三大室外展区，展品和互动项目琳琅满目、精彩纷呈。与2019年相比，参展企业恢复到76%、展位面积恢复到83%，恢复性增长速度显著。

上海国际乐器展览会不仅为中国乐器品牌提供了展示平台，还促进了与国际同行的深入交流与合作。另外，国内外企业以展团形式参展也逐步恢复常态，德国、意大利、捷克、西班牙、法国、日本等国均组织了展团，国内的扬州、正安、黄桥、确山、兰考、饶阳、肃宁、梅村等地都以产业集群的方式组团参展，产业影响大、品牌合力强。

同时，中国乐器协会与世界20多个国家的行业组织建立了常态化的联络渠道，通过多边贸易与合作探讨，为中国乐器品牌开辟了更广阔的国际市场。在Music China举办期间，中国乐器协会与国际乐器行业组织举行专题座谈，就促进乐器产业发展、合力拉动乐器经济等问题达成共识，为中国乐器品牌走向世界奠定了坚实基础。在全球化背景下，中国乐器行业通过品牌文化建设与国际交流的深度融合，实现了品牌价值的提升与国际市场的拓展。

未来，中国乐器行业将继续加强与国际同行的合作与交流，为我国乐器行业的持续高质量发展注入新的动力。中国乐器协会将继续发挥引领作用，推动乐器品牌走向更加辉煌的明天。

七、年度总结与展望

2023年，中国乐器行业在复杂多变的市场环境中展现出强大的韧性和适应能力。面对内需恢复缓慢和外销市场多元提速的双重挑战，行业通过灵活调整策略、创新产品和提升服务质量，有效应对了市场波动。尤其值得注意的是，银发群体的持续增长和对个性化需求的增加，为行业带来了新的增长点，这些变化不仅体现了消费者需求的多样化，也为乐器企业提供了转型升级的新方向。

展望未来，创新驱动将成为乐器行业发展的核心动力。技术创新与产业升级将推动乐器产品向智能化、高附加值方向迈进，从而提升行业整体竞争力。在市场拓展方面，多元化市场布局与国际化战略将成为行业共识，通过积极拓展新兴市场、深化国际合作，中国乐器品牌在全球市场的影响力将得到进一步提升。同时，加强技能人才队伍建设，提升行业整体技术水平和服务质量，也是行业持续发展的关键。在品牌建设方面，通过提升品牌影响力与国际参与度，实现更高质量的发展。

面对未来，中国乐器行业有信心通过创新驱动、市场拓展、人才培养和品牌建设等多方面的努力，将实现更加辉煌的发展成就，迈进高质量发展新征程。

民族乐器部分

2023年，全国宣传思想文化工作会议首次提出习近平新时代中国特色社会主义思想中的文化思想，为我国民族乐器产业发展提出新时代新征程的文化使命，树立文化自信，为民族乐器产业创新发展提供广阔的空间和机遇。本报告通过全面梳理和总结民族乐器行业的经济运行情况，揭示行业的发展趋势和特点，为政府决策、企业发展和学术研究提供参考。同时，本报告的意义在于推动民族乐器产业的持续发展，传承和弘扬中华优秀传统文化，提升国家文化软实力。

一、民族乐器行业总体经济运行概况

2023年，我国民族乐器产业在全球经济环境复杂多变和国内经济增长放缓的双重压力下，展现出较强的韧性和适应性，但整体经济运行状况仍面临诸多挑战。根据最新数据，乐器行业规模以上企业共计233家，其中民族乐器企业占比为10.30%。这一数据反映了民族乐器企业在全乐器行业中的稳定地位。

2023年，民族乐器规模以上企业的主营业务收入同比下降26.57%，相较于2019年下降55.82%。数据揭示了行业收入显著下滑，利润总额同比下降25.14%，与2019年相比下降35.65%。尽管如此，行业利润率却实现微幅增长，达到15.73%，同比增长0.3%，比2019年增长4.97%。表明尽管行业整体面临压力，但企业在成本控制方面取得一定成效。在国际贸易方面，民族乐器行业出口交货值同比下降21.35%，数据凸显了国际市场需求的疲软和出口环境的严峻。从总资产方面来看，尽管较2022年有所下降（9.7%），但与2019年相比仍有1.15%增长，表明行业在资产积累方面仍具有一定的基础和潜力。

全球经济形势的复杂多变和国内经济增长的放缓，对民族乐器行业产生了深远的影响。一方面，全球经济增速放缓导致市场需求不足，特别是高端乐器市场受到较大冲击；另一方面，国内消费能力的下降和消费者信心的不足，也限制了乐器市场的增长空间。此外，教育部“双减政策”减少中小学生参加校外艺术培训的时间，进一步压缩乐器消费市场。同时，世界政治形势的紧张加剧全球经济的不确定性，对民族乐器行业的出口和国际市场开拓带来了不利影响。面对消费紧缩的市场环境，大多数民族乐器企业采取裁员、压缩非生产人员等措施以降低生产成本。这些措施虽然短期内给企业带来一定的阵痛，但长期来看有助于提升企业的竞争力和盈利能力。同时，企业还加强了市场拓展和产品创新力度，以适应市场需求的变化和消费者的多元化需求。

二、民族乐器产业集群稳步发展，多地展现独特优势

近年来，我国民族乐器产业集群发展迅猛，形成了多个具有鲜明特色和亮点的区域。以河南兰考为例，目前，兰考共有乐器生产及配套企业219家，规模以上企业19家，主要生产古筝、古琴、琵琶、阮等20多个品种，以及音板、琴桌、琴凳等配套产品，年产销各种民族乐器70万台（把），其中音板占全国市场份额的95%，年产值30亿元，带动就业1.8万余人。兰考民族乐器产业园的建设，进一步推动了产业集聚和升级，形成了从原材料供应到成品制造、销售的完整产业链。

苏州作为中国民族乐器的另一重要产地，其民族乐器一厂在兰考建立生产基地，深化了区域间的产业合作。苏州与兰考的合作不仅提升了产品质量，还促进了技术创新和市场拓展，为两地民族乐器产业的协同发展树立了典范。此外，河北饶阳作为“中国民族乐器之乡”，依托其深厚的历史底蕴和丰富的生产经验，形成了以二胡、扬琴等为主导产品的民族乐器产业集群。现拥有民族乐器生产经营企业及作坊摊点105家，形成以“全国二胡科研生产基地”“中国音协扬琴研制中心”为依托的民乐产业集群，产品涵盖弹拨、拉弦、打击三大系列300多个品种，年产各类乐器20余万件，产值逾5亿元其生产的乐器不仅畅销国内市场，还远销海外，展现

了强大的市场竞争力和品牌影响力。山东临沂则以二胡制作闻名，庙山镇乐泉村几乎家家户户掌握二胡制作手艺，形成了独特的产业生态。制作户达105户，占全村总户数85%以上，年产值达4亿元。这种家庭作坊式的生产模式，不仅保留了传统手工艺的精髓，还通过规模化生产降低了成本，提高了市场竞争力。各地政府也积极出台政策扶持民族乐器产业发展，如建设产业园区、提供税收优惠、举办乐器展览会等，为民族乐器企业搭建了展示和交流的平台，进一步促进了产业的繁荣和发展。这些特色亮点不仅展示了我国民族乐器产业的深厚底蕴和广阔前景，也为未来产业的发展指明了方向。

三、科技创新成果显著，标准化工作稳步推进

2023年，我国民族乐器行业在科技创新方面取得了显著成果，为推动产业高质量发展注入了强劲动力。国家知识产权局数据显示，全年共发布民族乐器专利561项，尽管同比下降14.09%，但仍展现出行业的持续创新活力。其中，发明专利占比10.22%，实用新型专利和外观设计专利分别占34.39%和54.32%，显示了多样化的创新方向。

从乐器类别来看，弹拨乐器专利发布数量最多，古筝专利尤为突出，彰显了其在民族乐器中的重要地位。区域分布上，上海、江苏、山东等地成为创新高地，企业、院校和个人共同推动技术创新，形成了多元化的创新主体格局。具体企业方面，上海民族乐器一厂有限公司以79项专利领跑，苏州礼乐乐器、乐海乐器等紧随其后，展现了龙头企业在科技创新中的引领作用。这些企业通过整合社会资源，与艺术家、高校及研究机构深度合作，不断推出新品，提升品牌影响力。

此外，民族乐器标准工作也取得新进展，全国乐器标准化技术委员会制定了多项乐器标准修订计划，为行业规范化发展提供了有力支撑。杭州市发布的《地理标志产品 中泰竹笛》标准，更是推动了地方特色乐器的标准化生产，增强了市场竞争力。2023年，全国乐器标准化技术委员会制定包括民族吹管乐器、气鸣乐器等的通用技术条件修订，以及马头琴等新乐器的制定标准计划。这些标准化工作的推进，为民族乐器产业的健康发展奠定了坚实基础。

四、民族乐器产业创新升级，品牌文化与市场建设并进

2023年，民族乐器企业近年来积极拓展国内外市场，通过参加各类乐器展览会展示最新产品和技术成果，并与经销商和消费者深入互动。为应对市场变化，企业采用线上线下相结合的方式拓展销售渠道，通过电商平台、社交媒体等新兴渠道触达年轻消费群体，推动市场年轻化、时尚化。同时，企业积极响应国家政策号召，推动民族乐器进校园、进社区，普及艺术知识，培育潜在消费群体，并借助政策扶持和市场推广活动进一步扩大市场影响力。

上海民族乐器一厂有限公司作为行业领军企业，继续与社会上有影响力的艺术名家和团体机构合作，推出了80余件新品乐器，如融贯东西、花开敦煌等系列，受到了消费者的广泛关注。同时，上海民族乐器一厂与上海大学美术学院签署了战略合作协议，聚焦美术和设计领域的创意产业合作。多款经典产品更是亮相央视及各大庆典活动，荣获多项行业和社会殊荣。

北京星海钢琴集团公司主打“天坛牌”扬琴，以其精湛的工艺和卓越的音质赢得了广泛好评。公司在新品开发和古乐器修复方面也取得了重要进展，成功入选国家社会科学基金资助项目，并有新产品正式进入市场。乐海乐器有限公司在2023年申请了多项专利，其乐器博物馆也被认定为“河北省科普示范基地”。公司荣获中国乐器行业多项荣誉，展现了其在科技创新方面的实力。扬州金韵乐器和扬州民族乐器研制厂在研发和专利申请方面也取得了显著成果。金韵乐器的多项新产品和技术荣获行业奖项，而民族乐器研制厂则在新厂建设和新品研发方面取得了重要突破。

河北饶阳乐之洋乐器有限公司在扬琴和箜篌的研发上取得了重要进展，推出了多款适合不同需求的新产品。河南久鼎乐器科技有限公司则对箜篌博物馆进行了升级改造，打造了六馆集群的箜篌文化展示平台。河南中州民族乐器有限公司将民族乐器制作工艺与非物质文化遗产传统技艺相结合，推出

了新品整木挖筝，并获得了市场的喜爱。同时，加强了校企合作，推广民乐文化。深圳佳音科技乐器有限公司在2023年新建立了多条乐器生产线，并扩大了生产车间规模，为公司的进一步发展奠定了坚实基础。

2023年，民族乐器产业在多家企业的共同努力下，实现了创新升级和高质量发展。这些企业通过不断研发新产品、拓展合作领域、加强品牌建设等措施，不仅提升了自身的市场竞争力，也为整个产业的繁荣发展做出了积极贡献。

五、行业展望

展望未来，随着国家对民族文化传承和发展的重视日益增强，以及全球经济环境的逐步回暖，我国民族乐器产业迎来新的发展机遇。政府将继续出台更多支持民族乐器产业发展的政策措施，为民族乐器企业提供更加有利的发展环境。民族乐器企业需不断加大研发投入，提升自主创新能力，推动产业升级和高质量发展。在品牌建设方面，企业更加注重品牌打造和文化创新，致力于推出具有中国特色的民族乐器品牌。值得一提的是，绿色发展与可持续发展理念在民族乐器产业中深入人心，实现经济效益与社会效益的双赢。展望未来，随着政策支持力度的加大、科技创新的推动、品牌建设的加强以及市场拓展的加速，我国民族乐器产业有望迎来更加广阔的发展前景。

钢琴部分

2023年，随着全球经济形势波动、国际贸易环境复杂化以及消费者需求结构的变化，钢琴行业步入深刻调整期。全球经济增速放缓、贸易保护主义抬头以及地缘政治冲突等因素，对钢琴行业出口市场造成不同程度影响。同时，国内市场非刚性需求下降以及教育装备采购政策调整，进一步加剧行业调整压力。面对前所未有的挑战与机遇，中国钢琴行业展现出顽强的韧性和积极的应变能力，通过转型升级、技术创新和市场拓展举措，努力寻求新的增长点和发展空间。

本报告通过复盘2023年度钢琴行业经济运行数据，分析骨干企业在科技创新、人才建设与品牌创新方面的成果，力求全面、客观地呈现2023年中国钢琴行业发展状况。同时，对行业面临的挑战与机遇进行深入剖析，并提出相应的应对策略和发展建议，以期为行业的未来发展提供参考和借鉴。

一、钢琴行业经济运行总体概况

2023年，我国西乐器全年营业收入同比下降15.50%，利润总额降幅57.33%，利润率降至3.28%。钢琴行业总产量降幅显著，从上年30万架降至约16万架。在生产端，从骨干企业到外资企业，再到中小企业，采取减产措施以求化解运营压力。为应对市场消费疲软困境，企业纷纷探索新型营销模式，如线上销售和直播带货，同时加强与教育机构和音乐学院的合作，通过提供综合音乐教育解决方案来拓宽销售渠道，缓解库存压力。系列调整与创新举措，为钢琴行业未来发展奠定坚实基础，预示行业在变革中孕育着新的机遇与希望。

2023年，乐器行业总体市场规模继续保持稳定增长，但钢琴市场因其特殊性，面临更为复杂的挑战。数据显示，2023年钢琴进口额占乐器总进口额的39.51%，具体金额为197379022美元，显示出钢琴市场在国内仍有一定的高端消费需求。从市场份额来看，国际品牌凭借其品牌影响力、技术优势和良好的售后服务，在高端市场占据主导地位；而国内品牌则通过不断提升产品质量、加强品牌建设、优化营销策略等方式，谋求企业的转型升级。

在出口方面，2023年我国钢琴出口总量为18556架，同比下降20.36%，显示出国际市场需求的波动和不确定性。从出口市场结构来看，俄罗斯、美国、澳大利亚等传统市场依然是中国钢琴出口的主要目的地。同时，新兴市场如东南亚、非洲等地区也展现出巨大的潜力，成为中国钢琴企业拓展出口市场的新方向。值得注意的是，随着《区域全面经济伙伴关系协定》（RCEP）的正式生效，钢琴企业进一步拓展与东盟国家的贸易合作，提升出口竞争力。同时，加强品牌建设、提升产品质量和服务水平也是提升我国钢琴在国际市场竞争力的重要途径。

二、品牌力量引领钢琴市场新潮流

在复杂多变的国内外经济环境中，钢琴骨干企业展现出非凡的韧性和灵活适应能力。骨干企业积极调整市场策略，拓展国内外市场，取得令人瞩目的业绩。

广州珠江钢琴集团作为行业领头羊，连续三年荣获“制造业单项冠军示范企业”称号，品牌价值高达56.29亿元，品牌强度达到917，不仅巩固了其在国内外市场的领先地位，更彰显其强大的市场影响力和品牌价值。海伦钢琴股份有限公司则在挑战中稳步前行，通过加强市场开拓和技术创新，不断巩固市场地位，并计划加大数字化转型力度，进一步提升市场竞争力。柏斯音乐集团则在乐器制造领域取得新突破，推出的长江古筝、长江钢琴冠军系列等科技创新成果荣获多项行业大奖，品牌影响力显著提升。烟台博斯纳钢琴制造有限公司在钢琴出口受阻的情况下，通过自主创新和品质提升，成功研发出专业演奏级最大尺寸GBT276三角钢琴，赢得国内外音乐人士的高度赞誉。

为适应市场需求变化，钢琴企业纷纷进行产品结构调整和技术创新。智能钢琴、多功能钢琴等新型产品的推出，不仅丰富了产品线，还满足了消费者对产品个性化和智能化的需求。同时，民族钢琴品牌频繁亮相国际舞台，多次在国内主场国际外交文艺晚会、国庆广场联欢、国际知名大赛等重要场合展示中国钢琴制造的实力与魅力。

2023年，品牌集中化趋势在钢琴市场中愈发明显。珠江钢琴凭借全面的产品线、先进的技术实力和完善的销售网络，持续巩固和扩大市场份额，品牌影响力持续增强。此外，新兴品牌和小众品牌也凭借个性化和差异化设计在细分市场中赢得了一席之地。总体而言，钢琴行业骨干企业在面对挑战时展现出强大的韧性和创新能力，通过品牌建设和市场拓展引领行业新潮流。

三、科技创新引领钢琴产业转型升级

2023年，面对复杂多变的市场环境，钢琴企业加大科技创新力度，推动产品与技术全面升级。广州珠江钢琴集团通过持续强化技术创新，荣获乐器行业专利成果一等奖等多项荣誉。珠江钢琴不仅成功推出绿色环保产品，还实现了乐器产品的多样化发展，软硬件生态初步形成。海伦钢琴股份有限公司紧跟时代步伐，不断升级互联网应用，推出彩色灯光键盘新品钢琴，显著提升了产品的舞台表现力。此外，海伦钢琴还加强了在线推广与销售合作，构建了直播营销矩阵，有效拓宽市场渠道。柏斯音乐集团全面贯彻国家科教兴国战略，推出长江钢琴冠军系列等多项科技创新成果。创新成果不仅荣获中国乐器行业“科技十强企业”等称号，还进一步巩固柏斯音乐集团在行业内的领先地位。

随着市场需求的不断变化，智能钢琴作为新兴产品的代表，不仅具备传统钢琴的演奏功能，还融入先进的音频识别、自动伴奏、教学辅助等功能，为学习者提供了更加丰富和便捷的学习体验。新兴产品的推出不仅满足了消费者对高品质生活的追求，也推动了钢琴市场的多元化发展。在技术创新方面，钢琴企业注重材料科学、声学设计、制造工艺等方面的研究与应用。通过采用新型材料、优化结构设计、提升制造工艺等手段，不断提升产品的音质、手感和耐用性。例如，烟台博斯纳钢琴制造有限公司凭借独立自主的研发能力，成功制造出专业演奏级最大尺寸GBT276三角钢琴，获得国内外音乐界的高度认可。这一成果不仅展示了企业在技术创新方面的实力，也为提升中国钢琴品牌的国际影响力做出积极贡献。

四、人才建设专业化、系统化加速推进

在钢琴行业持续快速发展的背景下，人才建设已成为推动企业技术进步和市场拓展的关键因素。近年来，我国钢琴行业在人才技能建设方面取得了显著进展，通过完善职业技能培训体系、加强专业考评鉴定、制定国家职业技能标准以及举办高级研修班等一系列措施，实现人才建设的专业化与系统化。

1．职业技能培训考评体系日益完善

为提升钢琴行业从业人员的专业技能水平，各钢

琴企业及相关机构不断加强职业技能培训、考评与鉴定机制的建设。一年来，成功举办多项培训活动，包括督导员、考评员和裁判员的培训，为行业输送大量合格专业人才。

2．调律师专业考评钢琴鉴定成果显著

在钢琴调律师专业考评鉴定方面，各鉴定站积极响应市场需求，迅速组织培训与鉴定活动。全年考评鉴定人数达到663人次，较上年实现了显著增长。截至目前，钢琴调律师专业的考评与鉴定累计已完成10973人次，标志着该领域人才技能建设的显著成效。

3．国家职业技能标准制定工作稳步推进

为进一步规范行业人才发展，乐器行业的11个国家职业技能标准制定工作正在稳步推进。各编写小组严格按照人社部发布的最新规程进行修订工作，目前已完成钢琴调律师、钢琴制作工等多个关键岗位的标准初稿编写和修订。国家职业技能标准的制定，为行业人才的培养与评价提供统一标准，推动行业人才建设规范化发展。

4．企业强化人才建设促行业发展

在钢琴行业人才建设方面，骨干企业发挥重要作用。广州珠江钢琴集团通过持续优化人才队伍结构、加强专业技能培训等措施，不断提升员工的综合素质和专业能力。海伦钢琴股份有限公司则注重知识产权保护和人才激励政策的实施，成功吸引了大量优秀人才加入企业。柏斯音乐集团通过校企合作、技能大赛和师徒制模式等多种途径积极培养高层次音乐人才和技能人才，确保企业在技术、工艺上的领先地位。

五、品牌文化建设，音乐赛事活动绽放异彩

2023年，我国钢琴行业骨干企业在品牌文化建设上持续发力，通过举办丰富多彩的音乐活动和赛事，不仅展示了企业的品牌形象和产品实力，也有效提升品牌影响力。广州珠江钢琴集团作为行业领军者，积极承担社会责任，全年举办了超过300场重大音乐文化活动，并联合打造了多个公益惠民音乐平台，惠及近50万人次。同时，珠江钢琴集团还在全国15个省份投放了超过50台公益雕塑钢琴，以实际行动践行文化强企、文化惠民的理念。

海伦钢琴股份有限公司则计划通过持续的音乐会巡演，包括在欧洲演奏世界著名作曲家哈斯的作品《11000根琴弦》以及在国内举办大师班等活动，进一步提升品牌影响力，让更多人感受到海伦钢琴的艺术魅力。柏斯音乐集团同样不甘示弱，成功举办了长江钢琴音乐节、马祖耶夫拉赫玛尼诺夫音乐会等大型活动，并签约了众多钢琴艺术家和青少年艺术家，为推动音乐艺术的发展贡献了力量。

此外，烟台金斯波格钢琴有限公司、杭州嘉德威钢琴有限公司等其他钢琴行业骨干企业也积极参与各类音乐比赛和文化活动，通过展示卓越的产品品质和精湛的技艺，赢得了广泛赞誉，进一步提升了品牌知名度和美誉度。这些活动不仅丰富了人民群众的精神文化生活，也为我国钢琴行业的持续健康发展注入了新的活力。

六、从同质化到差异化，钢琴产业应对举措

2023年，钢琴市场既面临全球经济不确定性、教育政策调整、国际市场竞争加剧及产品同质化严重等多重挑战，也迎来消费者需求多样化、文化产业政策扶持以及国际市场拓展的诸多机遇。面对复杂的市场环境，钢琴企业积极采取应对策略，推动行业持续健康发展。

针对市场需求下降和购买力减弱的问题，钢琴企业深化市场调研，精准定位市场，推出符合消费者新需求的产品。如智能钢琴、便携式钢琴等创新产品的问世，不仅满足个性化需求，也为企业开辟新增长点。同时，企业加强品牌建设，通过参与国内外知名展会、举办音乐活动等形式提升品牌知名度和美誉度，增强市场竞争力。

技术创新成为企业应对挑战、把握机遇的关键。钢琴企业加大研发投入，与科研机构、高校等合作，引入智能技术、新材料等先进元素，提升产品智能化水平和音质效果。创新举措有效提升产品竞争力，也推动了行业的整体技术进步。

在销售渠道方面，钢琴企业实现多元化营销，积极拓展线上线下多种销售渠道。线上通过电商平台、社交媒体等渠道优化用户体验；线下则优化实体店布局和服务质量，提升购物体验。此外，企业还密切关注政策动态，利用国家政策扶持和出口退税等政策机遇降低运营成本、提高市场竞争力。

总体而言，随着全球经济不确定性的增加，钢琴行业在2023年步入显著的行业调整期。市场需求呈现出周期性波动，消费者购买力下降，尤其是对非刚性需求的大件商品如钢琴的购买意愿降低，导致市场销量急剧下滑。然而，挑战也促使产业内部的深刻结构优化，市场份额逐渐向具有品牌优势、技术创新能力和市场适应能力的企业集中。在此期间，钢琴企业积极响应市场需求变化，加大研发投入，推动技术创新和产品升级，智能钢琴、环保材料及个性化定制等新型产品应运而生，成为行业发展的新趋势。同时，面对国际贸易环境的复杂性和不确定性，钢琴企业在开拓新兴市场及利用“一带一路”倡议带来的机遇方面展现出灵活应对的能力，为行业的未来发展奠定了坚实基础。

七、行业展望

2023年，钢琴行业经历显著的行业调整期，面对挑战，钢琴企业积极应对，通过技术创新、产品升级和市场多元化策略，实现了逆境中的稳步前行。对于未来发展，钢琴企业需持续提升产品品质，优化生产流程，提高服务水平，以满足消费者对高品质生活的追求。同时，随着消费者需求的多样化，智能钢琴、个性化定制等新型产品逐渐成为市场主流，引领行业向智能化、个性化趋势发展。此外，钢琴企业还要加强全球化布局，积极拓展国际市场，提高国际竞争力，并关注文化与教育的融合，为行业带来新的增长点。

展望未来，随着全球经济的逐步复苏和消费需求的回暖，钢琴行业有望迎来新的发展机遇。然而，要实现行业的可持续发展，仍需企业不断创新、优化管理、提升服务，共同推动钢琴行业向高质量发展迈进。我们相信，在全体行业同仁的共同努力下，钢琴行业将迎来更加辉煌的明天。

电鸣乐器部分

面对2023年全球经济、政治的复杂形势与多重挑战，电鸣乐器企业积极应对，调整经营策略，加大研发投入，推动数字化转型，增强自主品牌竞争力，展现出了强大的韧性与创新能力。

尽管传统市场面临挑战，但数字化、网络化的浪潮却为电鸣乐器行业开辟了前所未有的新机遇。AI技术的融入，让电鸣乐器的发展潜力得以空前释放，智能音乐教学设备与电子乐器的广泛普及，正引领着市场向更加多元化、智能化的方向迈进。品牌国际化战略的深入实施，以及消费者对绿色环保产品需求的日益增长，加之在线音乐教育模式的兴起，共同构成了推动电鸣乐器行业持续健康发展的强大动力。在这个快速变化的时代，只有不断创新才能保持竞争优势，未来已来，不变则退。

一、2023年电鸣乐器行业运行数据

2023年，我国乐器行业在复杂多变的市场环境中维稳前行。行业规模持续扩大，全年规模以上企业数量达到233家，较2022年增加了6家。在行业规模扩大的同时，乐器经济运行也面临着不同程度的挑战。全年营业收入同比下降12.35%，利润总额下降30.43%，显示出全行业承压运行的总体特征。

从细分领域来看，电鸣乐器市场呈现出不同的特点，营收虽然下降10.17%，但利润却实现了11.50%的增长，利润率达到6.18%，盈利能力好于其他分支行业，这主要得益于电鸣乐器在技术创新和智能化方面的发展优势。

据海关总署数据，全年乐器行业出口总额为20.82亿美元，同比下降3%。电鸣乐器进口额同比增长21.37%，出口额同比下降7.34%。

2023年，中国电鸣乐器行业在变革中焕发活力，创新驱动引领行业突破，营销策略的海外拓展助力逆势增长，传统乐器的电声化转型加速数字化进程，标准化建设取得显著成果，以及会员单位的增加，共同推动了行业的高质量发展和国际竞争力的提升。

二、2023年电鸣乐器行业运行特征

（一）科技引领，多项荣誉彰显实力

2023年，电鸣乐器行业取得的一系列成就不仅体现了中国乐器行业的技术创新与市场拓展能力，也预示着行业未来的蓬勃发展态势。

在2023年工业和信息化部消费品司指导下开展的《升级和创新消费品指南（轻工 第十批）》审定工作中，乐器行业有15项产品入选。电鸣乐器企业中，吟飞科技（江苏）有限公司的智能电子鼓、深圳市蔚科电子科技开发有限公司的蓝牙立体声数字无线音箱、广州珠江艾茉森数码乐器股份有限公司数码钢琴（P-60）入选升级消费品，得理乐器（珠海）有限公司的便携面板鼓（DD325），长沙幻音电子科技有限公司的综合数字效果器（GP-200）入选创新消费品。根据中国轻工业联合会发布的关于2023年度中国轻工业联合会科学技术奖建议获奖项目的公示，江苏集萃碳纤维及复合材料应用技术研究院有限公司与江苏天鹅乐器有限公司联合开发的项目入选2023年度中国轻工业联合会技术发明奖；吟飞科技（江苏）有限公司、广州珠江恺撒堡钢琴有限公司、扬州金韵乐器御工坊有限公司、深圳市蔚科电子科技开发有限公司入选2023年度中国轻工业联合会科技进步奖。

在第二十届中国（上海）国际乐器展览会期间，中国乐器协会组织征集的“全球首发新品”数量大幅增加，63家企业研发的111件新品参与评选，涵盖了钢琴、民乐、电鸣乐器等九大类乐器产品。经专家委员会评审，电鸣乐器行业中，上海锣钹信息科技有限公司、长沙幻音电子科技有限公司、卡瓦依乐器（中国）有限公司、北京视感科技有限公司、吟飞科技（江苏）有限公司、美得理电子（深圳）有限公司、深圳市蔚科电子科技开发有限公司、惠州市恩雅乐器有限公司、赛乐尔三益乐器（上海）有限公司、激声博韵（上海）乐器贸易有限公司的产品荣获“最佳新品”称号。

2023年，电鸣乐器企业展现了强劲的发展势头和国际竞争力。吟飞科技在标准化工作中取得显著进展，启动了全国乐器标准化技术委员会电鸣乐器分技术委员会的申请工作，为电鸣乐器的规范化发展贡献力量；得理乐器不仅荣获“珠海文化企业十强”，其MK37电子琴更在“珠海礼物”评选中脱颖而出。此外，ASM合成器与AKX10编曲键盘分别在“未来音乐产品”奖及国际编曲键盘Top10评选中大放异彩，进一步巩固了中国乐器品牌在国际舞台上的地位；武汉艾立卡主导制定了13项国家和行业标准，其创新产品更荣获30余项国家专利及软件著作权，2023年，艾立卡被评为“国家文化出口重点企业”，彰显了其强劲竞争力；蔚科科技则以技术创新为核心驱动力，自主研发了TS/AC白盒建模算法、三传感器键盘等先进技术，并成功推出“NUX纽克斯”“Cherub小天使”两大品牌的多款热销电声乐器及调音设备，广受国内外好评。2023年初，蔚科及其产品荣获多项省级荣誉；浙江友谊电子有限公司凭借其优秀表现，成功入选温州市重点文化企业名单，为地方文化产业的发展贡献了重要力量。

（二）行业共振，助力企业发展前行

5月8日，中国乐器协会电鸣乐器分会工作会在湖南长沙召开。与会代表积极发言，分享了企业经营情况以及积极措施，讨论了海外销售情况以及国内市场面临的挑战。会议强调了产品研发和技术创新的重要性，并提出了文化营销策略，以增强品牌影响力。

为了深度融入科技进步的潮流，促进数字技术赋能乐器制造业，中国乐器协会于10月11日，在上海新国际博览中心举行未来音乐科技专业委员会成立仪式，标志着中国乐器行业在科技创新的道路上迈出了坚实的一步。未来，该委员会将致力于借助科技力量推动乐器产业的创新发展，探索可持续发展的新路径，打造音乐科技的前沿阵地。

标准与科技创新犹如并驾齐驱的双轮为经济社会的发展提供了不竭动力。11月15日至16日，全国乐器行业标准审定会在重庆斯特威钢琴公司圆满落幕。会上成功审定了《电鸣乐器用效果器通用技术条件》这一重要行业标准。该标准由长沙幻音电子科技有限公司、深圳市蔚科电子科技开发有限公司、武汉艾立卡电子有限公司、得理乐器（珠海）有限公司及吟飞科技（江苏）有限公司等公司共同修订完成，其内容涵盖了效果器的分级、技术要

求、回收利用、测试方法、检验规则以及包装、运输、贮存等全方位规范，旨在进一步推动电鸣乐器行业的创新与经济发展。

12月12日，中国乐器协会电鸣分会2023年会在珠海召开，会议探讨了电鸣乐器行业在数字技术和人工智能领域的投入增长、高学历复合型人才的重要性，以及校企合作促进乐器营销的新路径。

在推动行业发展的进程中，产业集群的协同效应不容忽视。全国范围内形成了11个各具特色的乐器产业集群，它们在整体规划布局与产业融合发展方面做出了积极努力。其中山东郿部作为“中国电声乐器产业基地”，在多个重要场合展示了其独特的魅力与发展活力。从亮相山东春晚的“郿部吉他”到参与第十五届全国电吉他高质量发展工作会议，再到成功举办跨境电商业务交流会、“雅特杯”全国乐器展演汇报演出，以及参加第四届中国国际文化旅游博览会，郿部镇被认定为山东省特色服务出口基地，通过培植跨境电商平台与物流综合体、设立海外仓与代理商、组织企业开展线上销售等措施，有效提升了国际竞争力与品牌影响力。

（三）融新汇智，品牌风采闪耀舞台

2023年，企业举办的各类活动，作为行业内技术交流和合作的重要平台，不仅促进了知识和经验的共享，还加速了创新技术的应用和推广。这些活动不仅加深了行业内的技术交流和合作，也为广大音乐爱好者提供了学习和体验的机会，进一步推动了中国乐器行业的繁荣发展。

9月，MEDELI集团庆祝了其四十周年庆典，全国经销商和合作伙伴共聚一堂，回顾了四十年来的风雨历程与辉煌成就。这一年，MEDELI与音乐人安雨和五条人乐队的仁科签约，为品牌注入新活力，并倡导音乐回归本质，积极与网易放刺合作推广电音教育与合成器文化。此外，MEDELI还举办了第十届魔鲨电鼓秀和广西电子键盘乐器大赛，促进了音乐文化传播，推动了乐器行业的发展。

2023年，吟飞科技积极参与国内外多项音乐活动，展现了其在电子音乐领域的专业实力。1月，青年音乐家矫婕携吟飞电子管风琴在希腊雅典举行的“中国希腊青年音乐家音乐会”上精彩演出；7月，上海市文学艺术界联合会“文艺两新”展演中，吟飞艺术中心呈现创新合奏；8月，常州2023中国音乐小金钟——“吟飞杯”第三届全国电子键盘展演圆满结束；国庆期间，第八届国际电子管风琴大赛再掀高潮；此外，吟飞还参加了第四届长三角国际文化产业博览会，荣获了“金灯塔奖”——数字文创奖，并在第二十届中国（常州）国际动漫艺术周暨数字伙伴生态链接大会上签约未来数字乐器联合研发项目。

艾茉森在2023年积极参与多项音乐活动，展现了其在电子音乐领域的专业实力。4月22日，第四届“艾茉森奖”国际流行钢琴大赛总决赛及颁奖音乐会在广州举行，汇聚全球260余位选手，共襄盛举；6月27日，艾茉森再次助力2023第七届“金湾奖”音乐颁奖盛典及广东省音协流行钢琴艺术委员会换届大会，GP6100数码钢琴成为活动亮点。11月，“湾区有新声”2023粤港澳大湾区青年流行歌手大赛选手训练营在广州增城启动，艾茉森作为支持单位，其GP系列大三角数码钢琴成为官方用琴。

2023年，包括蔚科、幻音、罗兰等在内的众多乐器企业积极参与并举办了各种活动，展现了行业的活力与创新能力。蔚科科技在乐器行业科技创新与产业发展大会上展现了公司在推动音乐与科技融合方面的努力。长沙幻音则以其人才培养、科技创新为动力，赢得了国内外市场的广泛认可，尤其在职业乐手与乐器发烧友群体中建立了专业口碑。罗兰公司则通过线上音乐会的形式，携手知名艺术家演绎经典曲目，展现了其高端乐器的卓越音质。

（四）协作共赢，跨界融合携手共进

人才是第一资源，企业通过与院校合作，联合进行技术攻关、培养创新型人才，拓展音乐艺术发展空间的深度和广度，并共同推进企业与学校的全面技术合作，形成专业、企业相互促进，共同发展的局面，努力实现“校企合作、产学双赢”的目标。

吟飞科技在推动音乐文化和教育方面发挥了积极作用。通过与上海飞悦友文化科技有限公司和新疆丝路乐舞文化传播有限公司的合作，向新疆的多所职业技术学院捐赠了电子管风琴RS800，以弘扬音乐文化、培养优秀人才，并推动校企合作。此外，吟飞科

技还开展了全国电子管风琴师资培训，包括线上和线下的长期课程，进一步提升了音乐教育水平。

得理乐器特别关注老年群体的音乐文化传承与发展，向怀化市老干部大学捐赠了音乐教室系统和智能电子鼓，支持老年音乐教育，让更多老年人能够享受音乐带来的乐趣。此外，在2023 乐器行业科技创新与产业发展大会上，得理乐器（珠海）有限公司与北京理工大学珠海学院签署了合作协议，共同研发基于大模型的多模态生成式AI智能谱曲电钢琴。这一项目将利用大型语言模型和多模态输入技术，开发能够理解并生成音乐的人工智能系统，预示着AI在音乐创作和演奏中的重要作用，引领音乐产业的创新发展。这些合作项目的成功签约，展示了乐器行业在追求更高性能和更佳音质方面的不懈努力，以及科技在推动传统艺术与现代创新融合中的巨大潜力。

珠江艾茉森在10月18日受邀访问华商教育集团广州财经大学华商学院，双方就未来人才培养战略合作进行了深入交流，并举办了签约仪式。另外，在2023年，艾茉森的智能钢琴入驻了多所院校，为音乐教育的传播和普及开辟了新途径。

三、行业展望

新一年，电鸣乐器行业依然充满挑战与机遇，也是创新与品质深化的关键一年。面对全球经济波动与国内消费滞缓的双重挑战，全球经济波动叠加国内消费转型，促使企业必须在研发、营销及生产制造等核心环节深化创新，灵活应对市场变局，抢占发展先机。随着数字技术与人工智能的深度融合，高学历复合型人才成为推动行业科技进步的关键力量，加速电鸣乐器向智能化、个性化转型。企业需紧跟技术潮流，加大研发投入，同时注重环保材料的应用，以高品质、智能化的产品满足多元化市场需求，引领电鸣乐器行业迈向更加繁荣的未来。

西洋管打击乐器部分

2023年，在全球经济波动与国内消费趋势变化的双重影响下，我国乐器行业展现出坚韧复苏态势。随着国家文化政策的持续推动，音乐教育普及程度的提升，以及节假日经济效应的显现，国内乐器市场需求呈现慢热回暖态势。网络购物兴起更为乐器销售开辟新的渠道，加速行业的数字化转型。西洋管乐器与打击乐器，作为乐器行业中既具经典韵味又充满现代活力的两大品类，其生产运营与进出口情况不仅反映出行业技术进步与市场动态，更预示了未来乐器市场的发展方向。2023年，西洋管乐器凭借其独特的音色与表现力，继续在国内外音乐市场占据重要位置；而打击乐器则凭借其丰富的节奏感和多样化表现形式，赢得了更广泛的受众群体。西洋管乐器与打击乐器的协同发展，为我国乐器行业注入创新活力。

一、西洋管打击乐器行业总体运行概况

2023年，我国西洋乐器全年累计营收达到100.42亿元，同比下降15.50%，利润总额为3.29亿元，同比下降57.33%，利润率为3.28%，企业盈利水平明显下降，西洋管打击乐器行业承压前行。尽管如此，西洋管乐器，特别是打击乐器，在进出口数据中表现出正增长，反映出国内生产有所扩大以满足国内外市场需求的良性态势。企业通过优化生产流程、提升自动化水平等措施，有望进一步提高生产效率和产品质量。

海关总署数据显示，2023年铜管乐器出口量达到1276826只，出口金额累计为119635154美元，显示出强劲的增长趋势。与此同时，其他管乐器（不包括游艺场风琴及手摇风琴）的出口量也颇为可观，达到10915302只，出口金额为91128345美元，尽管平均单价相对较低，但总体出口量依旧庞大。在打击乐器方面，出口数量高达13784257只，位居各类乐器之首，且出口金额达到222252321美元，充分展示了打击乐器在国内外市场的强劲需求和广泛接受度。这些数据勾勒出2023年西洋管打击乐器出口市场的利好态势。

在进口市场方面，2023年我国管乐器进口市场呈现出多样化特点。据海关总署公布的最新数据，铜管乐器进口量为3316只，与上年相比下降52.74%，显示出该类别乐器进口数量的调整。尽管

如此，其进口金额达到5110373美元，表明铜管乐器的进口单价相对较高，反映出市场对高品质铜管乐器的需求依然强劲。

另一方面，其他管乐器（不包括游艺场风琴及手摇风琴）的进口量表现出不同的趋势。具体而言，这类乐器的进口量达到524056只，同比下降19.77%，显示出市场需求有所调整。然而，其进口金额依然高达30139075美元，表明尽管进口量有所减少，但该类乐器的整体市场价值仍然相当可观。

综合来看，铜管乐器和其他管乐器的进口量虽有波动，但总体上仍保持相对稳定的市场表现，反映出管乐器在音乐教育、演出及专业领域中的持续稳定需求。特别是铜管乐器的高单价，进一步证明市场对高品质乐器的追求在不断增强。因此，乐器制造商应继续关注产品质量和性能的提升，以满足市场对高品质管乐器的不断增长的需求。

2023年，打击乐器（如鼓、木琴、响板、响葫芦）进口量1017845只，同比下降5.61%，尽管有所下降，但仍是进口量最大的乐器类别。进口金额为14908727美元，显示出该类乐器的广泛市场接受度和商业价值。数据显示，国内市场对打击乐器需求依然强劲，特别是在音乐教育、音乐活动及演出等领域。随着音乐文化的普及和消费者偏好的多元化，打击乐器种类不断丰富，市场竞争也日益激烈，制造商需不断创新，以满足多样化市场需求。

二、西洋管打击乐器行业发展形势与特点

2023年，西洋管打击乐器行业骨干企业凭借完善的企业管理和品牌运营策略，不仅巩固了自身的市场地位，更为乐器行业创新与发展树立了标杆。

（一）西洋管乐器技术创新与工艺升级成效显著

2023年，西洋管乐器市场面临着消费者日益增长的品质与个性化需求。在此背景下，技术创新与工艺升级成为企业提升竞争力的关键。津宝乐器以“从管理要数字，以数字促改善”为核心理念，全年累计投入技改资金超过1000万元，重点对企业资源计划（ERP）系统进行升级和完善。这一举措不仅实现了核心业务数据的实时采集、分析与共享，还极大地提升了生产管理的精细化水平。通过优化生产流程，津宝乐器自主研造了多种智能化生产线和设备，如鼓腔桁架线、伺服送料型铜铝切断机等，实现了乐器制造设备的集成化设计，从而在产品品质、标准化程度及成本控制等方面取得了显著提升。

金音集团同样在技术创新上不遗余力。秉承“融合中外，树立有价值的民族品牌”的理念，金音集团不断与国际同行探索合作新模式，加大技术研发力度。通过引进国外先进技术并结合本土市场需求，金音成功推出了一系列具有国际领先水平的新品，不仅提升了产品的技术含量，更在设计中融入了中西文化的精髓，赢得了市场的广泛好评。

（二）品牌建设双引擎，差异化策略引领行业创新

在品牌建设方面，骨干企业展现出高度的战略眼光和市场敏锐度。津宝乐器通过积极参与国内外各类乐器展会、论坛及音乐文化活动，不仅提升了品牌知名度，还加深了与行业内外的交流与合作。公司还注重通过线上线下相结合的营销手段，拓宽销售渠道，增强品牌影响力。

金音集团则积极响应国家“一带一路”倡议，将市场拓展至哈萨克斯坦、吉尔吉斯斯坦等中亚国家，通过在这些国家设立“金音艺术馆”，不仅传播了中国文化，还进一步提升了品牌的国际影响力。在国内市场，其他骨干企业同样不遗余力地推广自身品牌，通过赞助音乐赛事、音乐节等活动，加强与消费者的互动与沟通，塑造了积极向上的品牌形象。

面对激烈的市场竞争，西洋管打击乐器行业骨干企业采取差异化竞争策略，注重产品的性价比和用户体验，通过不断提升产品品质和服务水平来赢得市场。同时，注重品牌文化的打造和传播，通过中西文化融合的设计理念来吸引更多年轻消费者。

（三）积极履行社会责任，助力音乐教育普及与发展

在履行社会责任方面，行业骨干企业展现出担当与情怀。津宝乐器不仅在安全生产和环保方面投入巨资进行设备升级和改造，还积极参与公益慈善事业，通过捐赠物资等方式回馈社会。此外，公司

还注重职工福利的改善和文化活动的举办，增强了员工的归属感和幸福感。

金音集团则长期坚持实施“乐器进校园”计划，通过向学校捐赠乐器、举办音乐讲座等方式推广音乐教育。这一举措不仅为青少年提供了接触和学习音乐的机会，还促进了校园文化的繁荣发展。同时，金音集团还通过与国际知名音乐学府的合作与交流，引进国外先进的教育理念和方法，为中国音乐教育事业的发展贡献力量。

随着音乐教育的普及和学校对音乐装备的需求增加，打击乐器在教育装备市场中的份额逐渐扩大。行业骨干企业敏锐地捕捉到了这一市场机遇，通过提供高品质、高性价比的打击乐器以及定制化的服务方案，满足了学校对音乐装备的需求。同时，积极与学校合作开展音乐教育项目，为学生提供实践机会和展示平台，进一步推动了打击乐器在音乐教育中的应用和发展。

（四）打击乐器市场多元化发展，企业引领创新风潮与电商拓展

随着音乐教育的普及和音乐风格的多元化发展，打击乐器的市场需求呈现出多样化趋势。津宝乐器作为打击乐器行业的领军企业，紧密关注市场变化并聚焦客户需求进行产品创新。公司投入大量资金用于新品开发和工艺改进，成功推出了一系列具有市场竞争力的新品，如军鼓等。这些新品不仅满足了不同消费群体的需求，还为企业带来了新的利润增长点。

在销售渠道方面，行业骨干企业积极拓展电商渠道。通过搭建自有电商平台、入驻第三方电商平台以及利用社交媒体进行营销等方式，两家企业成功地将线上与线下销售相结合，实现了销售模式的创新与升级。通过电商平台的大数据分析和精准营销，两家企业能够更好地了解消费者需求，并提供更加个性化的产品和服务。在品牌建设方面，骨干企业均注重通过电商渠道提升品牌影响力。通过在电商平台进行品牌推广、开展促销活动以及加强与消费者的互动与沟通等方式，两家企业成功吸引了大量年轻消费者的关注，并提升了品牌忠诚度。

三、行业展望

2023年，我国西洋管打击乐器行业贯彻实施技术创新与工艺升级双轮驱动战略，品牌建设与市场拓展齐头并进，不仅巩固了骨干企业的市场领先地位，更为整个乐器行业的未来绘制繁荣多元发展蓝图。展望未来，随着全球经济的稳步复苏以及“一带一路”倡议的深入实施，我国西洋管乐器与打击乐器行业正站在新的历史起点上，一方面，行业企业需继续秉承创新精神，加大研发投入，不断突破技术壁垒，提升产品品质和技术含量，以满足日益增长的消费需求；另一方面，应积极拓展国内外市场，特别是加大对新兴市场的探索与布局，通过精准的市场定位与有效的营销策略，进一步巩固和扩大市场份额。

尤为关键的是，品牌建设与文化输出将成为行业未来发展的重要驱动力。企业应注重品牌文化的塑造与传播，通过线上线下多渠道的品牌推广与营销活动，增强品牌影响力和美誉度，吸引更多消费者的关注与认同。随着音乐教育的普及与消费者需求的多样化发展，行业企业还需密切关注市场动态，灵活调整产品结构与服务模式，以更加个性化、差异化的产品和服务满足消费者的多元化需求。特别是针对青少年音乐教育与学校音乐装备市场，企业应积极探索校企合作模式，推出符合教育需求的高品质乐器产品与服务方案，共同推动中国音乐教育的普及与发展。

手风琴、口琴部分

手风琴、口琴作为融合传统与现代的独特音乐工具，在全球音乐市场中占据一席之地。本报告深入剖析2023年手风琴、口琴行业的生产经营、进出口数据及行业发展，旨在为相关行业未来发展提供洞察与指导。

一、手风琴、口琴行业总体运行概况

根据国家统计局及行业内部数据，2023年我国乐器行业规模以上企业数量稳步增长，资产总计达

到一定规模。然而，由于全球经济环境的不确定性以及国内消费市场的波动，乐器行业生产经营面临一定挑战。尽管如此，手风琴、口琴等小众乐器在细分市场中仍保持相对稳定发展态势。

2023年，手风琴生产企业继续优化产品结构，提升产品质量，以满足不同消费群体的需求。部分企业通过技术创新，推出具备更多功能的新款产品，进一步拓宽市场空间。口琴作为入门级的吹奏乐器，市场需求稳定。生产企业通过丰富产品线、提升品牌影响力等措施，保持良好的市场份额。同时，部分高端口琴品牌通过精准定位，满足专业演奏者的需求。口风琴生产企业通过创新设计和市场推广，成功吸引了更多年轻消费者的关注。然而，由于市场认知度相对较低，口风琴行业仍需加大品牌建设和市场推广力度。

海关总署数据显示，2023年手风琴及类似乐器的出口数量达到251408只，较2022年增长38.09%，显示出强劲的增长势头。尽管与2019年相比，出口数量仍有所下降（-7.05%），但出口金额实现显著增长，同比增长17.55%，达到15663847美元，与2019年相比更是增长了47.41%，显示出良好的经济效益。

口琴的出口数量在2023年达到了6419239只，同比大幅增长40.78%，显示出市场需求的强劲增长。与2019年相比，出口数量也增长27.42%，表明市场持续复苏。出口金额的增长更为显著，同比增幅达到74.15%，总额为21381269美元，与2019年相比几乎翻了一番，增幅高达109.16%，反映出口市场的巨大潜力和口琴在全球范围内的受欢迎程度。

在进口方面，2023年中国进口手风琴及类似乐器的数量为5163只，与2022年的5145只相比，仅增长了0.35%，表明进口量基本保持稳定。然而，进口金额却大幅增长65.38%，达到3257610美元，源于进口乐器平均单价的提升或进口乐器品质的提升。

与此同时，2023年中国进口口琴的数量为88505只，较2022年的108020只下降了18.07%。尽管进口数量有所下降，但进口金额同步减少，减少了37.29%，达到1886673美元，表明市场可能正在转向更高价值的产品。

二、手风琴、口琴行业运营特点与分析

（一）技术创新与市场推广并重，引领手风琴行业新风尚

近年来，随着复古风潮的兴起，手风琴的市场需求有所回升。消费者对手风琴的需求逐渐多元化，不再局限于专业演奏者，越来越多的音乐爱好者和教育用户开始关注手风琴。高品质、具有个性化设计的手风琴更受市场欢迎。

江阴金杯安琪乐器有限公司作为行业骨干企业，2023年推出了适应市场的GH-1896、碳纤维GH-1880以及1.5米大规格展示琴等新品种，并对现有产品进行了改进，获得了市场的认可。公司加强了品质管理，将抽检改为全检，确保产品质量。通过与南京艺术学院乐器研究所、意大利帕斯克公司等机构的合作，金杯乐器在产品质量和生产工艺方面取得了显著提升。此外，公司还积极参加国内外音乐展会，如Music China，并荣获了“最佳新品”奖项。通过策划举办全国中老年手风琴大赛等活动，金杯乐器增强了品牌的市场影响力，并提高了用户满意度和品牌忠诚度。

（二）智造升级与品牌培育齐驱，共筑口琴市场新篇章

口琴作为一种便携、易学的乐器，在市场上拥有广泛的受众群体，尤其受到音乐爱好者、初学者以及户外爱好者的喜爱。随着生活水平的提高和音乐教育的普及，消费者对口琴的品质、外观设计和个性化需求日益增长。高品质、多功能、易于携带的口琴更受市场欢迎。

江苏奇美乐器有限公司作为口琴行业的骨干企业，2023年在生产经营方面取得了显著成果。公司引进了智能智造设备，提高了模具产品的精确度，并升级改造了自动化装备，完善了口风琴流水化生产线。通过与南京师范大学中北学院的校企合作，奇美乐器在技术创新和人才培养方面取得了新突破。此外，公司还加大了与科研院校的合作力度，推出了多款优质新款中高端产品。在品牌运营方面，奇美乐器注重线上线下市场的培育，除了通过传统电商平台进行销售外，还积极利用抖音、快手

等短视频平台进行直播带货和互动直播，有效提高了品牌的知名度和影响力。同时，公司还持续加强音乐培训市场的拓展，联合各地教委举办音乐教师培训和器乐比赛，推广音乐艺术培训。

三、行业展望

回望2023年，手风琴、口琴及口风琴行业在全球音乐市场中展现出独特的魅力与活力。尽管面临全球经济环境的不确定性和国内消费市场的波动，但这些乐器凭借深厚的文化底蕴、独特的音色以及广泛的受众基础，依然保持了相对稳定的发展态势。行业骨干企业通过技术创新、品质提升、品牌建设和市场推广等多重策略，不仅巩固了传统市场份额，还成功开拓了新的市场空间。

展望未来，随着生活品质的提升和音乐教育的普及，手风琴、口琴及口风琴等乐器将继续迎来新的发展机遇。消费者对乐器品质、外观设计和个性化的需求将不断增强，高品质、多功能、易于携带的乐器将成为市场主流。国际市场方面，骨干企业应抓住机遇，积极拓展海外市场，提升国际竞争力。同时，也应关注进口市场动态，引进更多高品质、高价值的乐器，满足国内消费者多元化、个性化的需求。行业企业需要继续以创新为驱动，以品质为核心，以品牌为引领，共筑乐器市场新篇章，为全球音乐爱好者带来更多美妙的音乐体验。

材料配件部分

2023年，中国乐器行业在“稳中求进”的总原则下，通过“两翼发力、六轮驱动”策略，不仅推动了“增品种、提品质、创品牌”的三品战略的实施，更在产业升级转型方面取得了显著成效。科技创新成为行业发展的强大引擎，行业科技平台的建设促进了产学研教演培的跨界融合，提升了乐器标准化水平和人才建设质量，增强了产业的核心竞争力。

面对全球经济下行、国际政治经济格局变动及成本上涨、乐器销量波动等多重考验，材料配件行业展现出了适应力与应变能力。企业通过灵活调整生产模式、优化供应链管理、控制成本等一系列举措，成功克服了外部环境带来的挑战，在确保了行业稳定发展的同时，也为整体乐器制造业的高端化、品质化升级提供了坚实支撑。

一、2023年材料配件行业运行特征

（一）协同发展，提升产业竞争力

2023年，中国乐器协会通过与国际组织合作，引领产业向高质量发展迈进。通过搭建多元化平台促进信息共享、技术交流，旨在加速新材料、新工艺的研发与应用，推动乐器材料配件行业迈向高质量发展阶段。

2023年10月，中国乐器协会（CMIA）与欧洲音乐产业联盟（CAFIM）及美国MIDI制造商协会相继在上海举办高规格座谈会。会上，各方达成共识，将通过搭建信息共享、技术交流及新品发布等多元化平台，深化合作，促进新技术、新工艺、新材料的研发与应用，实现资源共享与互利共赢。

2023年5月9日，中国乐器协会材料配件分会换届会议在长沙举行，会议通过选举产生了新一届领导班子。成都川雅木业有限公司董事长张华君任主任，宁波四海琴业有限公司总经理何四海、宁波市北仑乐器配件制造有限公司总经理俞兆祥、广州市罗曼士乐器制造有限公司副总经理陈丽萍、漳州汉旗乐器有限公司董事长林天福任副主任；成都川雅木业有限公司张蕾任秘书长。新一届领导班子的诞生，标志着材料配件分会将进一步加强配件与整机、资源企业间的互动，优化国际供应链，提升产业竞争力，引领行业向高端、稳健、可持续的方向迈进。

（二）科研突破，创新驱动发展

2023年，材料配件行业的科技创新能力显著增强，科研投入持续加大。在中国轻工业联合会党委的指导下，中国乐器协会积极组织会员企业参与各类科技奖项申报，取得了可喜成果。材料配件行业中，江苏集萃碳纤维及复合材料应用技术研究院有限公司的“碳纤维复合材料哨笛系列产品研究与应用”、宁波四海琴业有限公司的“一种琴锁机构”，均成功入围2023年中国轻工业联合会科学技术奖。

其中的“碳纤维复合材料哨笛系列产品研究与

应用”项目，不仅实现了碳纤维材料声学性能的突破性应用，还构建了完善的理论体系与高效的生产流程，让乐器音色设计成为可能，极大地提升了乐器的综合性能。该项目的成功市场化，不仅带来了显著的经济与社会效益，更为碳纤维材料在乐器领域的广泛应用开辟了广阔前景，其成果顺利通过了中国轻工业联合会的科技成果鉴定。

作为“创新融合年”，2023年的中国乐器行业在科技创新与产业融合的道路上迈出了坚实的步伐。行业内外紧密合作，共同搭建科技平台、深化技术研发、培育行业人才。为表彰先进，激励更多创新实践，中国乐器协会对在科技创新、专利成果、平台建设等方面表现突出的企业和个人进行了隆重表彰。其中，宁波四海琴业有限公司荣获2023乐器行业科技创新平台先进单位三等奖，及2023中国乐器协会“创新融合年”先进单位称号，公司的樊建能入选2023乐器行业“科技之星”；在专利成果方面，广州市罗曼士乐器制造有限公司与宁波四海琴业有限公司，同获2023中国乐器行业专利成果奖三等奖。他们的成就不仅是个人荣誉的象征，更是中国乐器行业创新精神的集中体现。

此外，广州市罗曼士乐器制造有限公司与宁波四海琴业有限公司在省级、市级层面也收获了殊荣。2023年1月，罗曼士公司荣获了“广东省专精特新中小企业”荣誉称号；而宁波四海琴业有限公司则成功入选了宁波市专精特新“小巨人”重点培育企业名单。

（三）融合赋能，产业融合加速

聚焦新材料、新工艺，中国乐器协会在2023年举办的活动深度聚焦乐器材料配件行业的核心议题。这些活动不仅为行业专业人士搭建了深入了解乐器材料配件领域最新进展的桥梁，更促进了学术界与产业界的深度融合，为行业的持续创新与繁荣发展开辟了更加广阔的空间。

4月26日，由中国乐器协会与南京艺术学院联合主办的2023全国乐器学研究论坛成功召开。与会专家学者、行业代表围绕乐器学理论与专业建设、乐器史学与乐器改良、乐器声学、乐器分类学、乐器图像学、乐器文献学与乐器新材料、新工艺和乐器产业研究与发展对策等10多个专业领域进行了深入探讨。在乐器新材料、新工艺方面，论坛展示了多项前沿研究成果，如新型环保材料的开发应用、传统材料改良后的音质提升等，这些具体案例为乐器材料配件行业提供了宝贵的实践经验和创新思路。

8月8日至11日，在中国珠江创梦园圆满结束的中国乐器行业第二届专业技术人员高级研修班，为行业人才的培养与成长提供了重要平台。为期4天的研修班邀请了6位资深专家，围绕乐器声学、材料学、数字化等前沿领域进行了深入浅出的授课与操作演示。来自乐器行业30余家企业的负责人及专业技术骨干积极参与了全程学习与交流，不仅提升了自身的理论素养与实践能力，更激发了整个行业的创新活力与潜力。

在产学研合作方面，中国乐器协会及多家企业与研究机构共同推动了一系列重大项目落地。在“2023乐器行业科技创新与产业发展大会”上，“中国民族乐器大数据中心”“碳纤维复合材料在手风琴产品上的研究与应用”“基于大模型的多模态生成式AI智能谱曲电钢琴”三大产学研合作项目成功签约，标志着高科技与传统艺术的深度融合进入新阶段。特别是江阴金杯手风琴与江苏集萃碳纤维技术研究院的合作，不仅探索了碳纤维在手风琴制造中的创新应用，更预示着乐器音质与耐用性的显著提升，展示了科技在推动传统艺术与现代创新融合中的巨大潜力。

（四）破局求变，驱动品牌升级

面对经济下行压力，广大乐器企业不断转换经营思路，提高管理水平，加大研发投入，增强技术储备，做强自主品牌，持续推动企业数字转型。

面对内销市场压力，宁波四海琴业有限公司采取了积极的应对措施，优化产品结构，通过深入市场调研，精准定位消费者需求，调整产品线，推出更符合市场趋势和消费者偏好的产品；同时，积极拓展市场领域，开拓线上市场，提升品牌影响力。这些举措为企业的长远发展奠定了坚实基础，也体现了企业在复杂环境下的应变能力和持续发展的决心。

在琴弦制造领域，广州罗曼士乐器制造有限公司（罗曼士）成功助力南京艺术学院“中澳古典吉他交流会”、第二十二届中国珠海科宾杯吉他大赛及第六届秦岭国际吉他艺术节等活动，进一步扩大品牌影响力。罗曼士公司不仅在自动化生产与自主研发方面取得了显著成就，其生产设备自动化率超过90%，自主研发设备占比高达85%以上，为公司的稳定发展提供了坚实的保障。

漳州汉旗乐器有限公司，以其卓越的工艺和深厚的艺术底蕴，成功地为众多鼓者量身打造了专属定制的鼓棒设计。这些鼓棒不仅精准贴合每位鼓手的独特需求与演奏风格，更在材质选择、重量平衡、手感舒适度等方面达到了极致，成为职业鼓手们舞台上的得力助手与必选项。汉旗乐器以其不断创新的精神和对品质的执着追求，赢得了国内外鼓手们的广泛赞誉与信赖，引领着鼓棒定制领域的新风尚。

在乐器制造行业中，木材资源的稳定供应与高效利用是每一家企业都必须面对的挑战。川雅木业作为行业的木材资源保障企业，凭借其对市场趋势的敏锐洞察和对资源的科学管理，成功应对了这一挑战。在市场需求萎缩的困境下，川雅木业果断选择“储备”战略，全力提高优质木材的储备量。与此同时，川雅木业还积极寻求新的市场机遇，将业务范围拓展至中西乐器全域配件领域，例如与德国品牌合作开发的高端钢琴共鸣盘获得成功，同时推出了一系列声学木材文创衍生品，提升了企业的国际影响力。

二、行业展望

2023年，材料配件行业在全球市场波动中展现出了韧性与活力。随着消费需求的提升和环保意识的增强，以及技术进步的推动，行业迎来了新的发展机遇与挑战。展望未来，乐器行业将朝着高附加值、高品质、高环保的方向发展。智能化配件和组件的研发、高端材料的广泛应用、环保材料的普及，以及数字化技术的应用，都将成为未来发展的重点。在此背景下，企业要积极调整结构，加快转型升级，通过提高产品质量和服务水平，增强市场竞争力。同时，加强与国际市场的交流与合作，拓宽国际视野，努力打造具有竞争力的品牌，推动行业高质量发展，为乐器行业的繁荣与发展奠定坚实基础。

专题

击鼓催征　砥砺奋进　迈进“创新融合年”

新春伊始，卯兔似锦开新局。展望新年图景，2023年是全面贯彻落实党的二十大精神的开局之年，乐器行业要以中央经济工作会议提出的“稳字当头、稳中求进”精神为统领，按照“深入推进三个创新、深化统筹三个融合、持续扩大两个比重”的总体思路，持续深化科技创新和人才建设工作，努力在“两翼发力、六轮驱动”的具体实践中谋求突破，击鼓催征，砥砺奋进，迈进“创新融合年”。

一、强化党建引领，提升政治站位

新春启程，中国乐器协会工作要点指出，以习近平新时代中国特色社会主义思想为指导，全面贯彻落实党的二十大和中央有关精神，强化党建引领，准确把握行业创新融合发展新要求，围绕乐器行业“十四五”规划总体目标任务，以“创新融合年”为抓手，不断增强行业企业科技能力和创新水平，深化“两翼发力、六轮驱动”，持续构建“产学研用”全产业链融合发展新格局。

全行业要提升政治站位，在思想和行动上将行业服务工作摆进国家发展战略大局。党员群众要紧密联系行业实际，重点学习贯彻党的二十届一中全会、中央经济工作会议、全国两会重要会议精神，不断提升业务能力、综合素质。会员企业党支部要坚持党员学习制度，形成专题学、集中学、相互学、自己学的四位一体学习模式，坚持组织生活会制度，组织“七一”和“十一”主题党日活动。通过党建和团建活动，不断提升党员群众政治素养，助力产业高质量转型升级。

二、夯实人才建设，赓续工匠精神

展望新春，遵循高标准、高技能、高素质人才培养导向，职业技能标准制定工作全面启动，除钢琴调律师和其他4项已有标准职业外，其余6项标准年内或将完成编制、审定工作，所有职业教材、题库编写工作同步启动。职业技能培训工作有序拓展，职业标准、题库、培训教材建设工作抓紧落实，中国乐器协会各职业能力评价站、培训基地评价工作所需配套设施目录及管理办法将陆续完善。

夯实人才建设，高技能人才考评、鉴定、认证工作加速推进，人才培养紧迫感、使命感显著增强。中国乐器协会轻工业职业能力评价总站总体部署全局工作，按照成熟一批认证一批的工作思路，各鉴定站力争年度认证技能人才同比增加15%以上。职业技能与人才培养创新合作模式，持续夯实各专业技能评价鉴定工作的根基。

赓续工匠精神，构建高素质人才培养体系。“行业专业技术人才高级研修班”特别策划针对性课程，旨在满足行业高素质专业人才培养需求；按照高标准培育、严要求评选标准，工业和信息化部、中国轻工业联合会、乐器行业奖项评比在原有规模上继续推进，“科技之星”“行业工匠”谱写工匠精神主旋律；钢琴调律师、国际提琴与琴弓制作、中国吉他制作、IEMC电子音乐各类大赛紧锣密鼓有条不紊推进中，开放、规范、高质量赛事助推行业构建高素质人才培养平台。

三、推动“创新融合”，促进产业发展

“创新”“融合”是新年行业工作重要思路与路径，坚持引导企业“创新”出成果，“融合”见效益，持续完善科技创新体系，成为行业年度工作关键节点。

首先，立足55家各级科技创新平台，科技创新要以企业为主体，以专家委员会为支撑，以项目为切入点，细化分工。推动市场化运作，逐步形成有平台、有机制、有投入、有目标、有成效、有考核的科

技平台市场化运营模式。通过中国乐器协会现有服务平台，引导企业研究国家相关政策，把握政策机遇期、红利点，着力打通科技成果转化通路，拓宽企业科研融资渠道，加快培育制造业优质企业，力求企业科技投入力度同比增长2个百分点；围绕多出成果、多转化成果、多产生效益的目标，年度申报科技奖项目力求同比增长20%以上，科技成果转化率超过60%；同时，加大标准特别是团标与专利成果工作力度，力求2023年标准制修订总量超过40个，专利授权总量努力突破1500个，发明专利占比超过20%。

其次，深度融合音乐教育产业。全行业要深刻领会国家推动美育教育工作政策，领会音乐教育对于乐器全产业链发展的重要意义，积极推进乐器“进校园、进社区、进家庭”三进工程，拓展产品创新与音乐教育融合发展新途径；依托“创新融合”思想，发挥专家委员会指导和分支机构作用，利用行业服务平台，加大规划推动、项目服务、中高端产品研发工作力度，推动成果产业化，更好地突出“产学研用”融合效果，不断激发市场活力，有效提高中高端产品比重，扩大音乐消费人口，创造乐器消费新增量。

四、完善工作平台，丰富内容实效

聚焦行业服务平台建设，专项会议平台力求扩规模、强联动、谋跨界。理事扩大会诚邀产业集群管理机构、地方行业组织、院校科研院所代表参加，群策群力，开拓思路；国民音乐教育大会科学梳理论坛、对话、大师工坊项目选题，增强联动效益，构建会中会、会中展、会中演、会中赛新格局；科技创新与产业发展大会注重嘉宾、参会代表跨界融合，持续推进科技创新成果转化落地，使大会成效积极向产业链拓展延伸。

信息服务平台立足中国乐器协会官网、官微、杂志、视频号，扩大行业信息服务范畴，加大行业现状调研范围、频率，推出“创新融合”杂志专栏，组织宣传行业先进范例；咨询服务平台充分依靠并发挥专家队伍作用，制定标准，形成规范，为服务对象提供专业性咨询服务。

2023年，中国（上海）国际乐器展览会喜迎二十周年庆典，依托展会行业展示平台，技术讲座、教育大师班、音乐缤纷季等活动策划依旧亮点频出，新品首发、行业论坛等重头戏，助力企业拓展线上线下市场；“6·21国际乐器演奏日”鼓励合作单位深度融合教育体系，努力做好“产、展、销、教、演、培”产业链一体化融合，构建全方位、立体式融合发展新体系。

展望新年图景，3月，南京艺术学院乐器学论坛举办在即，校企合作将继续推进科技成果落地转化；钢琴调律师、中国吉他制作大赛、古琴制作大赛赛事日程敲定，全行业技术比武展现劳动者创造智慧，汇聚中国工匠精神力量。击鼓催征，砥砺奋进。中国乐器协会号召行业同仁以习近平新时代中国特色社会主义思想为指导，认真学习并领会习近平总书记关于新时代中国特色社会主义的重要论述，科学认清宏观形势与产业发展态势，正确认识和把握行业全产业链高质量融合发展的新要求，以创新思维与融合方式，在困难条件下谋求突破机遇，持续推动乐器行业高质量发展迈向新征程，以实际行动助力第二个百年奋斗目标的实现。

激发产业发展动能　推动产业结构转型
——2023年一季度乐器行业经济运行企稳向好

为全面贯彻落实党的二十大精神和中央经济工作会议精神，坚持稳字当头、稳中求进，坚持供需双向发力，有效推进全行业“创新融合年”工作，中国乐器协会从准确了解行业运行情况和面临的困难与诉求、交流2023年行业工作重点、促进全产业链高质量融合发展角度出发，开展为期1个月的行业调研。调研采取企业现场考察、集中座谈、专题交流、问卷调查等方式，聚焦运行态势、内外订单、科研投入、经验建议，力求做到全面、精准、落实、有效。

中国轻工业联合会党委副书记、中国乐器协会理事长王世成首先率调研组重点考察、调研长三角地区的部分乐器企业和产业集群，中国乐器协会副理事长孙瑞勇、陈晋武，秘书长刘勇随后分组赴珠三角、京津冀以及川贵、河南地区，调研走访各地会员企业和产业集群。自2月21日至3月10日，调研覆盖上海、无锡、扬州、广州、珠海、贵州正安、四川成都、河南兰考、北京平谷区，天津宝坻区、静海区，河北省肃宁县、饶阳县、武强县多地会员企业，召开10次座谈会，共计96家乐器企业和9个地区产业集群负责人参加调研座谈，介绍企业生产销售、品牌建设、集群创建及音教市场拓展情况，并对用户需求变化和市场发展进行分析预判。从调研总体情况来看，长三角、珠三角、京津冀地区以及贵州正安、河南兰考等地乐器企业年后复工较好，企业普遍措施得力，经济运行企稳向好。上游材料配件产业紧扣市场需求，克服原料采购和物流困难，尽量满足下游产业所需。各地产业集群启动早、生产势头旺，音乐教育市场在恢复与完善中调整定位，积极应对市场变化需求。

一、2022—2023 年乐器行业经济运行特点

调研显示，2022年暨2023年一季度长三角、珠三角、京津冀地区乐器产业运行状态不尽相同，下半年行业经济下行压力普遍增大，各地企业综合效益出现不同程度的波动，在产品、品牌、市场、营销体系等方面各有千秋，经济运行总体呈现外销快内销慢、高端快低端慢、新品快传统产品慢的“三快三慢”特点。

1. 各行业发展特色鲜明

调研显示，因产品分类不同，各分支行业主营业务收入波动程度不同。一是民族乐器地区化差异明显，上海民族乐器一厂营收与利润同比分别增长76.5%和119%，苏州民族乐器一厂营收与利润同比分别增长近10%和12%，河北饶阳地区民族乐器企业2023年订单充足，而扬州地区大部分企业营收同比持平、部分企业降幅超过20%；二是电鸣乐器乐观预判发展，受访企业表示营收同比虽然有所下降，但普遍反映新年两个月均呈现快速健康发展态势；三是口琴行业逆势上扬，奇美乐器（含国光）、东方乐器营收同比增幅均超过15%，利润同比增长10%以上；四是高级提琴国际市场快速恢复，广州格雷蒙娜提琴、北京华东乐器生产处于供不应求状态，中高端产品外贸订单已经排到明年上半年；五是三个分支行业降幅明显，首先是钢琴行业普遍降幅较大，相关企业降幅在28%左右，2023年，星海钢琴、河北隆尼施钢琴处于产能逐步释放过程，德清钢琴产业集聚区内产成品和配件总量同比降幅近50%；黄桥地区的吉他产品降幅超过30%，贵州正安地区吉他年度总产量490万把，较2019年前下降近17%；受“双减”政策等影响，琴行和艺培行业降幅明显，长三角地区同比降幅近50%。上海知音琴行作为业内领军企业，上半年成功控制住了下滑趋势，下半年通过调整运营策略，业绩不断回升，实现平稳收官。

2. 市场外销快内销慢

随着国际市场回暖升温和国内政策的全面调整，乐器行业回稳向上态势明显。就外销市场而言，由于国外市场较早恢复正常运营，所以管乐、口琴、打击乐、提琴等产品2022年下半年的出口呈恢复性增长，特别是管乐类产品增幅明显超过其他产品；吟飞科技以外销市场为主体，今年上半年订单已经排满，预计全年营收会达到或超过2021年规模；天津津宝乐器外销订单充足，生产基本处于满负荷状态；凤灵提琴、金杯手风琴、奇美、东方、天鹅外销订单都已排到上半年，但内销单量稍显迟滞；民族乐器普遍反映一季度订单不足，预计二季度订单会陆续增加。调研显示，受“双减”因素等影响，全行业下行压力较大。琴行（艺培）业是整个内销市场的晴雨表，教培行业要想回到2019年前水平，还需要一个很长的恢复期。

3. 中高端产品热销市场

调研显示，各企业里中高端产品、定制款、签

名款、名优品牌产品渐成销售热点。为庆祝何占豪先生九十生辰，上海民族乐器一厂与上海博物馆共同推出限量联名款耄耋童心古筝，该产品设计、选材、工艺均堪称一绝，推出后订购一空；鹦鹉手风琴收购意大利布加里品牌，建立形成从鹦鹉-世纪鹦鹉-罗尼-布加里的多品牌战略，市场占有率稳步提升；金杯乐器开发“格兰德系列自由低音高端手风琴”畅销欧洲市场，金韵乐器研发的“电筝”已成功打入美国市场，中昊乐器与同济大学电信学院合作研发“智能音律”系统成功植入到古筝、古琴产品的教学中，开启未来乐器新思维。另外，知音琴行、南京爱韵琴行反映，今年电声乐器（含电钢琴）的销售量明显大于传统乐器产品，无论是线上浏览、还是线下体验，对中高端产品的咨询明显多于低端产品，国外客户对国内中高端乐器询价频率升高。

4．数字赋能乐器产业

调研显示，融合发展已经成为乐器行业普遍共识，注重产学研用融合，充分利用高等院校与科研院所科研优势，助推企业科技创新，增加产业链条附加值。此次调研中的珠江钢琴、星海钢琴、亚东钢琴，都在这方面做了有意的尝试，并收到较好效果。同时，企业普遍加大了新媒体推广力度，于微信公众号、抖音、视频号、小红书等推广平台创建账号坚持输出，致力可行性推广，增加品牌曝光度，增强企业与客户的信任感。大型企业以音乐文化为要素，在盘活固定资产、带动销售并取得一定综合效益方面，成效突出。不到一年时间，珠江创梦园14万平方米面积中只剩下2万平方米处于空置状态，同时引进“国乐大典”等一大批经典项目，人气非常旺，去年产值接近2000万元；星海亦庄厂区入住率亦快速提升。从以线下艺术培训为主，转为线上。广东朗育科技文化公司，在琴行与艺培机构受较大冲击情况下，利用数字技术赋能，自主开发数字平台，2022年一年内，网络培训考级突破1万人，辐射到广东21个地级市，构建了从陪伴型培训到线上考级软件开发的一个相对完整的艺术培训系统，在重重困难下，创出一条新路径。

二、产业集群共建现状与发展规划

2023年，国内各地产业集群在春节后全力组织复工复产，抓住市场回稳机遇，各地政府在集群规划、政策引导上持续发力，助力区域乐器产业企稳恢复。

1．集群发展现状及面临瓶颈

2月23日下午，集群调研座谈会首先在扬州中兴天诚大酒店召开，王世成理事长在上海、无锡江阴、扬州等地多家企业考察调研基础上，对各地产业集群暨会员企业在春节后全力组织复工复产取得的成绩，特别是市场回稳向上给予充分肯定。各参会企业聚焦“运行态势、内外订单、科改投入、经验建议”四个要素展开讨论。座谈会气氛热烈、务实有效。

黄桥镇党委副书记丁春兵围绕“琴韵小镇”建设、“绿岛”项目试运行、产业招商推进等取得的成就做了经验分享。他表示，2022年黄桥提琴产品总量下滑其实只有5%左右，但效益下滑远远超过10%；吉他产品总量下滑20%以上，但效益下滑远远超过30%。导致这种现象的根源在于产品档次低、劳动生产率低、生产成本高。年初镇政府召开专项会议，邀请知名国际贸易公司和部分乐器骨干企业共同参与，从产品升级、品质创优、市场拓展等方面共商对策，目前全镇乐器企业复工正常，订单已趋于平稳；浙江省德清洛社镇副镇长周淼强表示，2022年受教培市场及外部不利因素综合影响，德清钢琴产业运行陷入瓶颈，钢琴内外订单不足巅峰时期的50%，营收下滑严重。分析发展中存在问题时他认为主要有三个方面，一是科技创新投入不足、产品核心竞争力薄弱，二是品牌影响力不高、产业营销能力不足，三是高端人才储备不足、产业技术支撑能力单薄。扬州琴筝协会会长李同志总结回顾2022年全市琴筝产业的运行现状，规模企业和骨干企业比较平稳，降幅在10%以内，大部分中小型企业降幅超过了20%；除了教培市场等影响外，更主要还是地区产品的“同质化”比较高，名优产品占比小，品牌影响力不足等因素。

目前，贵州正安吉他产业集群聚集106家生产吉他或者相关配套企业，以吉他制造为主的企业占比50%，带动就业15000人，吉他制造成为正安县核心支柱产业。三年以来，正安吉他产业经历了2020年的“订单正常，生产正常，阶段性运输问题”，到2021年的“订单充足甚至达到超负荷运转”，转至2022年，行业不得不面临“去库存”的压力。但总体来看，2022年上半年生产销售形势较好，基本完成全年任务。近年来，经开区大力支持“大师工作室”建设，目前园区内有吉他大师工作室12个：分别是1个省级吉他大师工作室、11个市级吉他大师工作室，对推动自主品牌发展起到积极的推动作用。

2．乐器产业集群发展规划

调研显示，各地产业集群负责人表示，搭建公共服务平台、推动行业科技创新、强化品牌建设、培育高素质人才队伍、致力文化传承成为特色产业集群瓶颈突破的现实问题。本次调研走访的乐器产业集群所在地方政府负责人都表示将加大支持力度，进一步推动当地乐器产业在乡村振兴中的发展。

丁春兵表示，黄桥镇将在加速推进“琴韵小镇”后期功能性建设，规划实施乐器产业“中小型企业集聚区”建设，完善“小镇客厅”与“古镇景区”功能，策划实施“6・21”系列音乐节庆活动等方面，加大人力、物力、财力的投入，做好“中国提琴之都”产业提升、文旅融合工作的全面推进。“好在扬州几代琴筝人呕心沥血传承和弘扬‘广陵派’古琴文化，加上新生代开拓创新的精神，才赢来了扬州琴筝今天的产业规模。”李同志表示，将紧紧围绕注重技术创新、强化自主品牌建设，推进市场多元化、拓展新的市场渠道，发挥扬州琴筝协会职能，在引导行业借力发展，积极拓展产业业态，融合关联产业发展，注重制琴人才培养，提升制作技术水平等五个方面开展行之有效的服务。

平谷区东高村镇党委书记崔苠表示，尽管当地提琴制造产业萎缩，今后将调整发展思路，从以生产为主调整为文化交流、生产服务为主，以“乐谷”概念为中心，组织策划音乐培训、教育、演出、文化交流等系列活动，打造乐器文化特色产业集群。肃宁县县长杨玲表示，肃宁县将依据当地乐器产业存在的问题，有针对性地出台扶持政策，帮助企业解决困难。同时加快推进中国北方乐器之都建设，推动乐器进校园、打造国乐小镇、与国内知名高校及科研机构合作建立乐器研究中心，加大乐器人才培养力度。

饶阳县副县长牛荣霞表示，针对饶阳县企业体量小、地域分散、品牌不强等情况，县政府将再次推动乐器产业园区项目，提升企业生产条件和整体形象，满足企业进一步发展需求。并将通过邀请知名艺术家，组织高水平文化活动，打造饶阳乐器整体品牌，提升品牌知名度和影响力。武强县委统战部部长刘永增表示，武强县计划2035年打造成“中国乐器名城”，助力国家文化振兴和乡村振兴战略，加大对乐器企业的扶持力度，支持武强本地乐器企业走出去。县工信局联合河北科技大学、衡水学院等高校，对本地乐器企业提供技术支持，提高生产工艺，提高自动化程度，助力中高端产品研发。县文旅局也围绕乐器产业重点打造文旅活动，利用好周窝音乐小镇，将乐器生产和创意文化旅游相结合，推广当地文旅和乐器品牌。

调研显示，国内发展势头良好的产业集群都体现出产业链完整合理，产业格局定位准确，产品质量稳定，人才队伍建设稳健，科技创新与产业升级后劲十足的鲜明特点。但局部产业集群在产业定位、自主品牌、产品品质、整体产业布局等方面仍有提升空间，需要适时做好产业转型升级，方能符合当前市场多元化和个性化的消费需求。

三、乐器行业科改投入与品牌建设成果

虽然2022年下半年行业经济下行压力增大，各企业综合效益波动很大，但全行业科技创新与技改投入势头不减，去年年底中国乐器协会对22家规模以上企业科技创新与技改两项投入进行了抽样统计，科改投入强度达到5.23%的较好水平。全年校企合作推进科技创新与产业链融合，品牌建设趋向中高端结构调整，高素质人才培育提升企业核心竞争力，企业数字化、智能化转型成果显著，为今后发展夯实基础。

1. 品牌建设成果显著

调研显示，名优品牌在这一轮的经济下滑态势中发挥了很大的作用。敦煌、虎丘、国光、奇美、东方鼎等品牌产品，在三年经济复杂形势下业绩持续增长，成为同类产品中的佼佼者；吟飞、凤灵、金杯等品牌在2022年能够抓得住外销市场，保持销售平稳。充分说明了高品质、名品牌产品在市场竞争中具有强大的影响力。“敦煌”作为“中华老字号”品牌，总结提炼出了“文化营销”加“品牌建设”，再加“创新驱动”，形成了“一体两翼”相互支撑、相互促进的格局，成就了“敦煌”产品突破重围、高位增长的好势头；“国光”作为“上海老字号”品牌，与奇美乐器完成战略整合后，在国内外市场开启了“全网覆盖”“品牌整合”“市场细分”三位一体的营销模式，保持了三年持续增长的好势头。对于吟飞、凤灵、金杯等企业直接把营销平台建到国外去的做法，东方、爱韵等企业跨境电商体系的完善，知音琴行推行“线上种草”与“线下体验”客户转化方式，以及“绿叶帮”在线音乐活动等拉动市场的方式，都值得借鉴，利于推广。

2. 坚持科技创新，积攒企业发展后劲

几年来，乐器行业科技创新已经形成一种态势，座谈会上各企业负责人一致认为，即使在市场低潮的形势下，技术创新投入也必须做到持续增加，才能驾驭市场，更好地发展。珠江保持了5%的研发投入比，涂料研发有突破，水性漆的应用效果很好，受到市场欢迎；海伦在智能仓储方面有所突破；得理围绕生产效率和绿色环保，推动精益生产，改善立式电钢琴生产线连续流改造工作，预计可以提升效率10%。同时，完成了81款产品的水性漆改造，成本从最初较油性漆高30%下降了一半，外观也较油性漆有所改善；川雅木业派专门技术攻关小组赴日本雅马哈钢琴公司和卡瓦依钢琴公司学习，主攻钢琴音源部分加工品质提升，有效解决加工选材、制作、工艺流程、专用工具等制造理念与工艺问题；深圳蔚科进一步提升制造体系自动化建设，企业在不断积累算法、更新无线方案等核心技术基础上，利用更新算法迭代硬件将产品朝着更高端、高单价产品方向转型；广州爱丽丝每年创新研发投入占营收的10%到20%，其自动拧珠机，研发到了第三代，用工由原来的100多人减少到不足10人，以前50人的产量，现在5台自动化设备就能达到，但只需要一人就可以完成，产品质量亦得到更好的控制。

当前，乐器企业普遍越来越重视科技提升和品牌文化建设。如中昊乐器与同济大学电信学院合作研发的“智能音律”系统、金韵乐器“电筝”项目助推民乐电声化；华东乐器专门建立名师工作室，生产高端产品；津宝乐器近几年持续投入科研经费共3000万元；嘉华乐器投入大量资金引进机器人生产线，同时通过与国外高端品牌合作，获取品牌、技术和市场占有率；比如正欧乐器加大产品研发和科研力度，研制次中音号、学生用树脂乐器以及奥维斯乐器的低音大号、萨克斯等，均处于同类产品领先地位，获得市场认可；乐海乐器和华中科技大学、上海工业设计院合作，在乐器声学材料研究、产品结构设计等方面进行合作研发，提高产品品质。同时和国内多位知名艺术家签约，提升品牌影响力；饶阳北方乐器、振鹏乐器、好望角乐器等也都采取与知名专家合作的方式，提高产品质量和品牌知名度。天韵乐器投资开发的“古琴博物馆”和“音乐游学”项目挖掘与弘扬“广陵派”古琴历史文化。

四、建议诉求

通过调研，企业家们和集群负责人在校企合作与推动产、学、研、用有机融合，有效拓展国内外市场，产业政策引导等方面分享交流了成功经验，并就发展中碰到的关于对艺培机构监管过度、相关乐器出口退税、招标乱象、价格恶性竞争、环保压力大、专业技术人才需求与培育不足、创新产品推广与评价机制不健全等问题进行了充分交流，旨在探讨问题根源、梳理解决思路、指导途径方法。

在调研过程中，各地企业和政府都提出突破人才匮乏瓶颈的诉求，希望中国乐器协会尽快推进“乐器工匠学院”，培养更多懂音乐、会乐器的技能型人才。珠三角地区会员企业暨艺培机构针对《乐器有害物质限量》国家标准的宣贯工作、核心技术的攻关、建立行业人才流动信息平台、养老系列的乐器产品推广等提出良性建议，并希望协会在国家扶持

政策、降低琴行和艺培机构的政策门槛等方面，继续向有关政府部门反映行业诉求。

同时，河北武强多家企业都反映遇到油漆质量不稳定、铜材供应不足等问题，希望中国乐器协会能够进一步了解行业内相关企业的需求，协助建立行业稳定的供应渠道。另外，地方政府也希望能够在招商引资、特色化集群建设、提升区域品牌影响力、乐器进校园等方面得到协会的支持。针对上述问题，中国乐器协会将会同其他调研组收集到的反馈信息，认真梳理研究，制定解决方案，让行业调研工作更有实效。针对"簧片"研发、《乐器有害物质限量》国家标准宣贯与施行期衔接、与地方政府对接协调等问题，王世成理事长要求全行业共同配合，协调资源重点落实，并要求协会随行工作人员做好备案，负责跟踪和服务工作。

结束语：综观本次调研，三年来，乐器行业历经人工和原材料成本不断上涨，校外音乐培训受阻，乐器产业转移订单外流等不利因素，乐器企业、琴行以及艺培机构积极适应产业调整转型，根据市场需求的变化，打造专精特新的战略路线，运用电商平台增强用户黏性，极大地拓展了市场空间，形成了乐器产业个性化优势和独有的竞争力，获得了消费者和市场的认可。后续乐器产业还需努力提升"产业动能和消费动能"的能力，整合全产业链资源，在做强乐器制造业方面，彰显迈向现代化强国的奋进步伐。

研判国内外市场形势，王世成理事长希望会员企业要充分抓住市场复苏的机遇，全力以赴抓当前、谋长远。要切实制定发展规划，认真研究中国乐器协会部署的"创新融合年"工作，把"三创新、三融合、两提升"具体目标落到实处、抓出实效。围绕全年和今后一个阶段的工作，王世成理事长提出了"六个着力、六个稳"总体思路，为全行业加速实现经济稳步增长把脉支招。一是着力提振信心、稳增长；二是着力顶层设计、稳定位；三是着力早抓订单、稳市场；四是着力创新引领、稳投资；五是着力品牌价值、稳品质；六是着力把握预期、稳现金流。

围绕集群建设，王世成理事长建议会员企业需秉持求真务实的态度，立足"三个坚持"：一是坚持特色建群、优势强群，做精"特色、优势"大文章，真正以"特"立足且差异化发展，以比较优势和竞争优势铸就集群的核心竞争力；二是坚持"产业为基、文化为魂、融合为径、人才为本"发展原则，以产业集群建设推动生产、生活、生态融合发展，加快形成以产促城、以城兴产、产城融合的态势；三是坚持"完善一平台六中心"，在产业集群平台上，持续建好制造中心、研发中心、标准中心、检测中心、物流中心、信息中心，向着现代产业集群平台的智能制造中心、创新创业中心、国际对标中心、检测追溯中心、智慧物流中心、投资决策中心的方向执着发展，加快布局建设一批产业创新中心等创新平台，逐步推动集群发展壮大。

把握"六稳"核心要素　聚力市场回稳向好——中国乐器协会开展2023年主题教育学习之乐器行业调研

2023年，中国乐器协会党支部按照中国轻工业联合会党委统一安排，紧紧围绕主题教育"学思想、强党性、重实践、建新功"的总要求，组织全体党员干部认真学习、深刻领会习近平新时代中国特色社会主义思想，并在务实践行上，把行业调查研究作为重点抓落实，有针对性地奔赴各地，以探讨上半年运行下滑症结、下半年预期与举措、技创投入与产业融合经验、政策建议与诉求落地等议题为切入点，开展了调研与交流。

本次调研覆盖全国主要乐器产业集群和企业集聚区共10个，覆盖京津冀、珠三角、长三角等地。调研从2023年初至年中历时近6个月，采取实地走访、座谈讨论、问卷调查等形式，先后走访钢琴、民族乐器、提琴、电鸣乐器等各具代表性乐器企业近100家，组织专题座谈会议19场次，参与企业近260家。此外，调研组走访多所高等院校、职业院校和培训机构，并与从业者开展座谈交流。通过调研分析预判行业发展趋势，帮助企业制定发展策略，为政府制定产业政策提供参考。

一、聚焦行业全局　把握特点　科学研判

8月8日下午，来自珠三角、长三角、京津冀等地区的30多位乐器企业代表参加了中国轻工业联合会党委副书记、中国乐器协会理事长王世成主持召开的企业调研座谈会。参会代表涵盖了钢琴、提琴、民乐、电鸣乐、管乐、吉他、口琴、乐器配件以及乐器国际贸易等行业从业人员，广东省乐器协会负责人也应邀参加会议。

作为电鸣行业代表，蔚科科技有限公司董事长赵哲反映，在内销大幅度下降情况下，他们凭借自主品牌与自主研发的优势，在国际市场上的销售直线上升。上半年主营业务收入同比增长26.8%，毛利率保持了同比上升的好势头。研发投入亦持续在7%以上。对于电鸣乐器行业的基本运行状况，得理、吟飞、幻音等企业普遍反映内销均呈下行趋势，个别企业降幅甚至在40%以上，而外销市场普遍上升。此外，除部分高端产品利润率上升，其他产品毛利率基本持平或呈微降状态。电鸣乐器行业整体已经呈现出回稳向上的良好态势，特别由于汇率的上调，极大刺激了出口市场。幻音电子副总经理曹强认为，公司之所以能够保持30%的增长，得益于高端产品占比超过40%、研发投入保持13%以上的高位增长、人才培养力度持续加大三人举措。

对于钢琴行业来说，珠江钢琴总经理肖巍、星海钢琴副总经理赵秀伟、海伦钢琴技术部经理贾国杰、和声钢琴副总经理陈新等普遍反映上半年下行压力有增无减。他们提出内需乏力、购买力下滑、琴行和艺培机构大幅缩减等成因，同时也分享了下半年求新、求变、求效的具体思路和举措。肖巍围绕经济下行大趋势，建议行业企业要注重有效化解市场、环保、用工、综合成本等压力，并在政策杠杆的运用、基础性研发投入、工匠精神弘扬以及科技工作者的担当与使命等方面提出了想法和建议。

2023年，民族乐器市场表现参差不齐、差异较大。龙头企业和部分地区表现出了平稳上扬势头，但大部分企业处于非常态下行趋势。金韵乐器董事长熊立群、乐海乐器副总经理宋营彬一致认为是国内消费力疲软、琴行与艺培机构减少、政策性调控与支持力度在乐器行业反应不明显等原因所致。乐海乐器今年在艺术类院校合作、降本增效、技改投入、材料研究等方面都加大力度，营收与利润保持了同比持平的业绩，而且下半年的增长势头已非常明显，全年增长预期是能够实现的。

对于出口比例较高的提琴行业，格利蒙那提琴总经理关尚持反映，今年提琴产品订单增幅较明显，普遍在20%以上，中高端产品比重也明显增多，利润也高于同期10%以上。而广州吉他行业的威柏乐器董事长梁庆宝、声凯乐器副总经理何海平则认为，除有些地区因为园区集聚化带来的订单增加，其他地区吉他企业的海外订单都呈下降趋势，有些企业降幅超过40%。河北金音副总经理陈鹏则反映，自2022年下半年以来，西管乐器订单基本稳定，而且中高端产品出口增幅超过15%。东方口琴副总经理季新卫交流时强调，公司近两年订单一直饱和，主要得益于跨境电商平台和高端产品的市场。四海琴业副总经理徐海宏认为，由于各类乐器内销市场疲软，导致乐器配件企业经营压力加大。与会代表的交流发言，客观反映了行业发展真实现状，并普遍认可中国乐器协会提出的“六个着力、六个稳”破解之策是可行的、有效的。从市场宏观走势和各地部分企业生产不饱和的现状看，既有特殊性、也有普遍性，上半年整体效益下滑是客观的。

从行业统计数据分析看，王世成理事长认为总体呈现出“三降、两增、一多、一转变”的态势，“三降”即营业收入下降20.02%，出口下降4.90%，利润下降45.95%，效益指数低位运行；“一多”表现在规模以上企业数234家，多于去年同期11家，产业规模持

续扩大；“两增”是指中乐器利润增长125.40%，利润率达20.23%，明显高于乐器和轻工行业平均水平；另一增是指提琴、管乐等产品出口额平均增速超20%，海外市场需求旺盛，发展态势强劲；“一转变”表现在贸易结构发生转变，中国对传统贸易伙伴如美国、欧盟、日本等国家和地区的进出口增速明显放缓，甚至出现负增长。而对新兴市场和发展中国家如RCEP成员国、“一带一路”沿线国家、东盟等的进出口增速则明显加快，平均增幅超过30%，反映了乐器行业外贸的国别多元化和区域差异化趋势。结合座谈交流情况和行业统计数据，上半年乐器行业的运行总体表现出六个特征，一是运行震荡下行，二是内外需求不足，三是经营难度加大，四是盈利水平下降，五是不平衡性明显，六是企业承压前行。

二、聚焦产业集群　助力区域经济发展

中国轻工业联合会、中国乐器协会与地方政府共建的11个乐器产业集群，主要分布于京津冀、苏浙鲁、豫贵等地，涉及乐器企业达到1662家，从业人员逾15万，每年产值接近140亿元。这些数据与其背后的发展势头充分展现产业集群的规模效应在推动区域经济发展，促进乡村振兴以及提升国民音乐文化素养所起到的积极作用。地方政府支持和协会引导均为产业聚集提供了强有力的支撑。特色产业集群的健康发展，凸显了资源整合的效益和公共服务平台的重要性。

调研显示，我国乐器产业集群呈现五大鲜明特点：一是全产业链配套，体现坚实的产业基础与成熟的发展水平；二是完备的职业技能人才培训体系，确保产业的持续繁荣；三是产业结构与乐器生态高度契合，标志产业健康和发展韧性；四是行业活动丰富，进一步拓展音乐的生活化边界，也为产业链增加附加值；五是在科技创新与数字化转型中，乐器产业寻找到新的增长动力，确保产业未来的持续增长。

数据显示，与去年同期相比，尽管产业集群的企业数量和从业人数都在增长，但年产值略有下滑。这可能与产品库存压力、市场需求下滑等因素有关。因此，为确保乐器行业的持续、稳定发展，企业应更加关注质量、成本控制以及制定更精准的市场策略，并在管理和文化活动等多个层面持续创新和提升。另外，乐器产业也要注意从人口数量优势转向质量优势，充分整合品牌、技术、系统和资源。对于产业集群来说，充分发挥公共服务平台作用，深入了解并深刻理解市场，结合实际需求持续创新，是确保未来做大做强集群，稳健发展的关键所在。

三、聚焦校企合作　深化人才队伍建设

乐器产业发展离不开高素质人才的支撑。经调研，受访高校在校企合作都有出色的实践成果。南京艺术学院在数字乐器、新材料及高端乐器制造设计方面领跑，建立多个研究中心，并培育大量的复合型乐器人才。同时，乐器学研究论坛助力学科与产业的共同进步；沈阳音乐学院拥有悠久的乐器工艺教育传统，与企业紧密合作，推进产教融合，通过论坛和技能竞赛加强行业交流；河南师范大学音乐舞蹈学院与钢琴调律师专业委员会紧密合作，强化专业建设，培养多才多艺的人才，并期待与中国乐器协会更深入的合作；郑州铁路职业技术学院为乐器行业输送众多专业人才，其钢琴调律专业历史悠久，且在社会培训和职业评价方面成果斐然；湖南艺术职业学院是湖南唯一的钢琴调修人才培养基地，举办多次全国钢琴调律技能竞赛，贡献大量行业精英。上述学院都为乐器产业贡献了宝贵的人才与教学资源，为完善人才培养模式提供了有力的教育资源保障。

调研发现，相关院校普遍呈现如下特点：一是院校人才培养体系、模式、课程设置等开始加速向企业靠拢，努力培养企业、社会需要的技能型人才；二是高校科研工作更加贴近产业需求，产学研合作力度加大，与乐器企业建立紧密型合作关系已然成为趋势；三是普通高校与职业院校，从学科建设与发展、人才培养角度综合考量与中国乐器协会合作的愿望强烈，希望与协会、与行业进一步密切联系，夯实产学研融合发展基础。聚焦21家制造型企业人才储备结构，大型企业如吟飞等大专以上学历员工占比在10%～20%。仅有不到10%的企业每年有系统的员工技能培训，尽管企业认识到人才培养的重要性，但受制于多重因素，如经济下行导致的人员流失和对人才培养投入的担忧，大部分乐器企业在人才培养上还未形成机制。这种情况在民营企业尤为严重，他们担心

即使投入培养，也留不住人才。为解决人才短缺问题，中国乐器协会需要发挥更大作用，如增强对行业先进人才的宣传和奖励，推动职业能力评价制度的建立，制定更多工种的职业标准，并开展相关培训。此外，协会还需扩展职业技能比赛的种类，提升技能竞赛的影响力，从而促进行业人才的培养和有序发展。

四、聚焦市场动态　精准施策　务求实效

随着社会经济的快速发展，音乐消费群体呈现出广泛的参与度和较大的年龄跨度，乐玩乐器的消费者越来越多。调研中发现，消费者观念已经发生了明显变革，对于产品的需求呈现出高端化、个性化、娱乐化趋势。例如，手风琴的市场需求明显向高端化倾斜，吉他和电吉他更偏向个性化需求，乐玩乐器的消费者则呈现出低龄化与高龄化的同时增长态势。这种市场变化和消费者心态的转变促使行业需要做出应对，尤其是传统的老字号品牌在继承和传承的基础上，需融入新国潮元素，让传统的品牌文化与现代审美相结合，焕发出新的生机与活力。围绕下半年乐器行业的发展态势，我们认为下行压力大是显然的，特别是内销降幅前所未有，这与国内需求整体不足密切相关。

当然，从全行业的统计数据分析看，部分产品市场已经稳步回升，且增速明显加快，增幅超过预期，给全行业带来了希望。在调研总结会上，王世成理事长指出，下半年乐器行业要以中央政治局会议对下半年经济工作的指示精神为统领，认真研究国内外经济动态性恢复增长的客观形势，精准施策、稳步发展。下半年全行业着力点和企业发展策略要继续牢牢把握“六稳”，一要坚定信心稳增长，二要坚守初心稳定位，三要抢抓订单稳市场，四要创新融合稳投资，五要精益管理稳品质，六要把握预期稳现金流。当前，“六稳”的核心要素是拓展市场和抢抓订单，这是压倒一切的大事，要充分运用信息平台全方位展示品牌营销的魅力，更要把握中小学校开学后的校园采购、上海国际乐器展览会等机遇，全面展示新品种、高品质、名品牌。

为响应行业持续、健康发展的号召，中国乐器协会提出，乐器企业要考虑采纳四大策略：一是紧密结合国家经济方针和市场趋势，深入洞察消费者需求，寻找最合适的发展路径；二是放弃“低端、走量”的传统模式，转向中高端市场，重视品牌建设和市场多元化；三是继承并创新传统文化，尤其对老字号产品进行现代化的改造，增加其市场吸引力；四是积极推进产业融合，筹办音乐文化活动，拓宽消费人群，刺激乐器销售。总体来看，面临变革的乐器行业需深度转型、持续创新，才能走在时代前沿，确保长期竞争力。面对国内需求不足、行业经济震荡下行的挑战，调研小组用“挺住”“稳住”“把住”“管住”四个关键词勉励全行业，要把挺住市场变化压力，稳住品质、创新、品牌与人才，把住政策机遇点，管住成本与现金流作为长期而系统的工作抓严、抓实，坚定信心、把握大势、缓中蓄势、稳中求进。

五、聚焦科学决策　把握调研系统效应

全面、精准把握调查研究工作的有效性，关键在于目标定位和措施有力。一是目标明确是根本，把问题导向贯穿于调研全过程，今年第一阶段确立的“四个聚焦”和第二阶段围绕的“四个探讨”调研目标，都为调研工作定了基调。二是方法正确是保障，调研工作是一个系统工程，方法不能千篇一律，会务、电话、微信、调查问卷等线上线下相结合的方式均可采用，但对于当前经济下行的特定形势，采取企业现场考察、集中座谈、专题交流，才是最行之有效的。三是决策结果是目的，在各调研组充分讨论研究基础上，形成了行业调研综合报告5篇，两个阶段的行业集中调研和日常工作中的个案交流，成果明显，为企业发展提供了科学决策依据，也为行业企业高质量发展增强了信心与决心。

深入开展调查研究将成为中国乐器协会推动各项工作的重要手段，无论是“标配刚需”愿景目标、“两个比重扩大”重点任务、“三进工程”加快推进、“创新融合”顶层布局，还是“三品战略”持续实施等，协会都是在全行业深入调查研究，听取企业意见的基础上形成和演进的，并通过调研不断完善和深化。如将在推动“创新融合”工作中，系统研究产业延伸与跨界合作的科学性，努力使科技创新与产业发展大会更具务实性和引领性；将在“6·21国际

乐器演奏日”、国民音教大会、艺术展示展演等重点工作上，广泛征求意见，动态创意决策，确保工作的精准性、实效性等。党的十八大以来，以习近平同志为核心的党中央高度重视调查研究工作，总书记强调指出，调查研究是谋事之基、成事之道，没有调查就没有发言权，没有调查就没有决策权；正确的决策离不开调查研究，正确的贯彻落实同样也离不开调查研究；调查研究是获得真知灼见的源头活水，是做好工作的基本功；要在全党大兴调查研究之风。习近平总书记这些重要指示，深刻阐明了调查研究的极端重要性，为全党大兴调查研究、做好各项工作提供了根本遵循。李强总理指出：“坐在办公室碰到的都是问题，下去调研看到的全是方法，高手在民间”。在今后的工作中，中国乐器协会将一如既往地定期开展调查研究，并着重推动调研交流和成果转化，发挥解剖麻雀、典型引路、系统分析、指导全局之功效，为全面实现乐器行业高质量发展谱新篇、立新功。

触键未来：中国钢琴产业调整与高质量发展之道

编者按： 当今全球经济波动成为新常态，中国钢琴产业近期走势受到广泛关注。综合多种因素的叠加影响引发传统钢琴销量的周期性波动，促使钢琴行业提前从高速增长阶段进入调整期，在高质量发展转型的关键时期，中国钢琴产业正在经历一场深刻的产业结构调整与市场变革。岁末年初，为探研我国钢琴行业高质量发展创新路径，中国乐器协会在京举办钢琴产业健康发展媒体沟通会。中国轻工业联合会党委副书记、中国乐器协会理事长王世成，中央音乐学院教授、著名音乐教育家周海宏，中国音乐家协会钢琴学会副会长兼秘书长、中国音乐学院原钢琴系主任李民以及北京星海钢琴集团有限公司董事长孟宇，河北秦川文体乐器有限公司董事长秦川，以及来自各大主流媒体记者莅临参会。与会领导、专家、媒体从教育政策调整、社会消费模式转变等多个维度，共同探研中国钢琴市场机遇与挑战，达成交流共识。在全球视野下，中国钢琴产业发展不再局限于传统边界，将朝着品牌化、中高端化、智能化和多元化方向迈进。作为世界钢琴制造、出口和消费的大国，中国正在重新定义钢琴产业的全球版图。

一、以史为鉴，产业调整符合历史发展规律

回溯世界钢琴三百多年发展历史，产业中心历经四次迁徙，钢琴从1709年在意大利诞生，二十世纪上半叶在美国快速发展，第二次世界大战后日本钢琴产业崛起，20世纪90年代我国成为全球钢琴业生产中心。

纵观钢琴工业化历史发展进程，王世成理事长表示，欧洲、美国、日本等国钢琴产业发展均没有逃脱30万架的产量拐点，而后进入行业深度调整转型阶段。中国钢琴销量下滑现象，实际上是典型的钢琴产业发展周期中的必然阶段。这一现象更可以通过钢琴产业发展的四个阶段加以佐证。

1. 起步阶段

20世纪初至80年代末90年代初，中国钢琴产业从上海起步，逐渐兴起制造、消费和培训，依托土地资源、人工成本和庞大的消费市场优势。这一阶段的发展是渐进的，为后续高速发展奠定基础。

2. 高速发展阶段

随着中国改革开放深入推进，钢琴产业经历技术革新和市场扩张。文化市场繁荣和教育需求增长推动市场扩大。2003年，我国钢琴年产能突破30万架，2019年达39万架，占全球市场份额75%，我国跻身世界钢琴制造、出口和消费大国行列。

3．调整阶段

2020年下半年起，受全球经济变化等影响，我国钢琴产销量出现明显下滑。2019年钢琴主营收入占比全行业20.36%，2022年下降至17.77%。这不是中国独有的现象，欧洲、美国和日本等国家也有类似调整经历。这一阶段标志产业从快速增长向深度转型和优化结构转型。

4．高质量发展阶段

我国钢琴行业历经高速发展后，行业进入以质量为导向的新阶段。行业发展要求企业强力推动科技创新，强化人才培养和结构调整升级，全力让乐器行业高质量发展行稳致远。

以史为鉴，当前钢琴销量周期性下滑反映的是市场的成熟和产业结构的优化，应该从发展和战略角度理性看待这一现象，认识到它是产业发展的必然阶段，是钢琴产业迈向高质量发展的必由之路。

二、叠加因素促调整，钢琴产业经济多维度分析

从教育政策的调整到社会消费模式的转变，从二手钢琴到电子乐器消费升温，叠加要素共同推动钢琴产业深度调整。王世成理事长认为，我国钢琴行业受多种因素影响促使钢琴行业调整期提前到来。

面对挑战，钢琴行业并没有选择退缩，而是选择主动适应和深度转型，通过提前布局和深度调研，积极应对市场变化。早在两个多月前，中国乐器协会就已启动“中国钢琴制造业调整升级对策研究”，旨在号召会员企业主动应对市场变化。

当前市场特征与中央对经济形势的判断相吻合，即需求收缩、供给冲击和预期减弱。钢琴产销量下滑反映了客观现实，包括周期性因素和大环境影响，如非刚性需求大件商品购买下降、教育装备采购减少、社会消费降级导致购买力下降。特别是艺培机构和琴行经营困难，成为钢琴销售疲软的另一个主要原因。

此外，二手钢琴冲击销售空间，中高考政策调整，以及电子键盘乐器整体互补和乐器消费多元化分流，多重叠加因素引发传统钢琴消费市场分流现象。尽管西乐器和电子乐器市场份额有所变化，但提升品质、增强品牌影响力成为钢琴产业升级现实路径。事实证明，近年来民族钢琴品牌频繁进殿堂、入大赛，多次亮相国内主场国际外交文艺晚会、国庆广场联欢、国际知名大赛等，生动彰显中国钢琴制造力量。

“钢琴行业高速发展、调整发展与高质量发展是交叉融合的过程，尽管调整期伴随阵痛，但通过转型升级、开拓新市场、挖掘不同年龄层的需求，以及推动艺术教育政策，钢琴市场有望成功闯关。”王世成理事长坚信，将音乐和乐器融入生活和家庭，将成为推动市场发展不可阻挡的时代潮流。

“在知识经济的时代背景下，全面提升国民审美素养和创造力是培养符合时代要求的新人才的关键。”周海宏教授认为，加快行业调整，把握初心使命，推动钢琴产业和音乐教育领域共同发展，是为国家培养具有国际视野和全球竞争力人才的重要路径。

李民教授同样表示，钢琴教育在培养音乐素养和传承艺术文化中发挥着重要作用。随着全社会对音乐教育的重视程度不断提高，钢琴行业未来仍具有广阔发展空间。

三、钢琴产业新境界，高质量发展引领行业未来

在一个多元化和技术驱动的时代，中国钢琴产业正站在关键的转型十字路口。在中国乐器协会领导、著名专家和主流媒体记者的深入探讨交流中，从银发经济的兴起到数字技术的革新，从民乐消费的升温和二手市场的规范，这些热点议题预示钢琴行业未来将更加趋向多元和创新活力。

首先，银发经济正成为推动钢琴市场增长的新动力。随着老龄人口增加和生活品质提升，越来越多老年人追求品质生活和文化底蕴，中高端钢琴需求日益增长。秦川反馈显示，消费者愿意为高品质和独特消费体验买单，老年教育市场成为乐器行业的新蓝海。

其次，数字技术为钢琴行业带来了新机遇。互联网技术普及为钢琴爱好者提供广阔展示和交流平台，而人工智能发展则为钢琴教育带来革命性变化。孟宇指出，外部环境变化促使行业进行供给侧改革和创新，钢琴企业更需要灵活调整产品结构，拓展新品类，加强品牌建设，以满足不同消费群体的需求。

中国乐器协会专职副理事长陈晋武和李民教授分别表示，完善民族乐器制造国家标准体系和质量体系，建设音乐文化小镇，积极推动民族乐器消费增长。钢琴教育行业积极探索与民乐融合，促进中国音乐文化传播和发展。同时，中国乐器协会积极推动二手钢琴相关政策出台和实施，以打造良好交易环境，为消费者提供更多消费选择和安全保障。

面对钢琴市场下行压力和调整任务加大客观情况，中国乐器协会呼吁主流媒体积极反馈乐器行业政策建议诉求：进一步加大稳增长政策力度，支持优质钢琴企业发展；鼓励民族品牌钢琴积极参与乐器进校园活动，支持中高端民族钢琴品牌发展，给予税收政策支持；加强进口旧钢琴监管，打击翻新造假行为；关注校外音乐教育培训，明确管理标准，实行针对性分类管理，避免“一刀切”，为校外音乐教培行业创造良好的市场环境。

展望未来，中国城镇家庭钢琴拥有率相比国际市场仍有较大增长空间；国内钢琴制造业在产业链、技术装备和人才方面具有优势，且成本竞争力强；国家高度重视美育工作将对行业发展产生深远影响；中老年人群对钢琴的兴趣日增，中高端钢琴市场或成消费新蓝海。王世成理事长最后强调，在国家政策引导和行业支持下，预计钢琴年产销将保持在20万～25万架，占据全球市场50%以上份额。在文化自信和文化强国大背景下，“让乐器成为家庭标配、音乐成为生活刚需”的愿景目标不容置疑，将成为不可阻挡的时代潮流。中国钢琴产业的这场变奏，不仅仅是产量和销售数字的变化，更是中国在全球钢琴产业版图中的一次深刻变革。它不仅体现了市场的成熟和技术的进步，更预示着中国乐器行业在全球舞台上日益增强的影响力。

变奏：中国钢琴行业发展洞察与媒体透视

编者按：在全球经济波动成为新常态背景下，中国钢琴产业近期走势引发社会关注。1月26日中国乐器协会举办的钢琴产业健康发展媒体沟通会上，行业领导、专家学者和主流媒体记者，从多个维度分析了钢琴行业现状，探研钢琴产业未来发展图景。在综合叠加因素影响下，传统钢琴销量经历周期性波动，促使行业从高速增长步入调整期，迎来产业结构调整与市场的变革。会后，协会领导、头部企业、音教专家和自媒体从业者，分别以短文、短视频等形式发声，从多个维度，分析钢琴制造与市场变革，探研音乐教育本质和社会文化深层次变迁。中国钢琴产业当前正站在转型升级十字路口，高质量发展不仅是行业自身发展需要，更是适应市场变革、满足社会多元文化需求的必然选择，中国钢琴行业正在迈向品牌化、中高端化、智能化、多元化的高质量发展阶段。

当前，全球经济增速放缓、消费信心不足、政治经济形势的不确定性增加，叠加经济因素交汇促成乐器产业波动，引发钢琴消费市场周期性波动。同时，随着消费模式转变和乐器消费个性化、多元化趋势，以及教育政策调整，促成社会家庭传统钢琴学习不同程度的降温现象。这些变化深刻反映出全球经济环境对钢琴行业的深远影响。尽管如此，挑战背后总蕴藏着机遇，中国高端钢琴市场逆势增长，预示行业发展重心从数量扩张转向品质深耕。面对市场新变局，从业者需洞察宏观经济趋势，灵活调整策略，以适应新市场环境。在应对多重挑战中，谋求行业创新发展增量空间。

一、行业洞察：市场消费多元，创新智造钢琴新时代

面对“钢琴销量波动下滑”的言论引发社会各界热议，周海宏、李民两位教授关于音乐教育重要性的探讨，珠江钢琴、海伦钢琴、秦川艺校以及自媒体对产业现状的解读剖析，形成社会各界对钢琴产业生产、销售乃至于音乐教育和社会文化深层变迁的全面讨论。

1．协会发力

引导行业调整，直面挑战机遇。在当前复杂钢琴行业背景下，中国乐器协会认为，钢琴行业正处于向高质量发展转型的关键调整阶段。协会强调通过国家政策支持和从业者共同努力，在挑战中发现创新增长点，推动行业可持续发展。钢琴不仅是传递音乐的工具，更是文化传承和审美教育的载体。钢琴产业的发展超越经济利益，对文化价值和国家软实力至关重要。面对市场需求多样化、二手钢琴市场兴起和全球经济环境变化，中国乐器协会提倡加强内部合作、产品创新和品牌影响力提升，以适应市场变化。尽管面临挑战，但创新策略为中国钢琴行业带来新发展机遇，助力钢琴行业由量到质的可持续发展。

2．专家启迪

音乐教育力量，塑造未来文化。在钢琴行业关键调整期，音教专家聚焦钢琴教育，表达鲜明教育观念。中央音乐学院教授、著名音乐教育家周海宏认为，通过钢琴学习不仅能提升技能，更能培养审美情趣、情操和创新意识。通过钢琴学习，可以让孩子们体验音乐之美，促进健康成长。中国音乐学院原钢琴系主任李民教授则强调钢琴作为全音域乐器，为学习者提供了完整的音乐体验。它不仅是学习音乐的首要教具，更为学习者提供了一个全面、直观且易于理解的音乐世界。专家观点共同指向钢琴教育作为音乐教育过程的重要性，强调它在培养孩子情感、审美和创造力方面的积极作用。

3．企业回声

直面市场变革，拥抱未来挑战。钢琴头部企业和经销商代表对行业未来信心坚定，强调适应市场变化和技术创新的重要性。珠江钢琴集团董事长李建宁认为，钢琴行业从原来的粗放型发展，转向高质量发展是大势所趋，行业正在经历最佳的调整时机，珠江钢琴看好钢琴行业在环保、低碳趋势下的可持续增长，并强调提升品牌和品质以适应新的市场需求是关键。海伦钢琴董事长陈海伦则在国家强调音乐艺术教育的背景下，我国的钢琴家庭拥有率为6.59%，而欧美、日本等发达国家家庭钢琴拥有率超过20%，中国钢琴行业未来仍具有广阔发展空间。秦川文体乐器董事长秦川专注于行业创新和多元化，强调迎合高端市场的品质需求是未来创新发展方向。从业者观点共同指出，尽管面临挑战，通过适应市场变化、提升品质、创新产品和服务，钢琴行业仍展现出广阔发展前景。

4．自媒体新声

适应年轻消费需求，拥抱数字化营销。蓝调小生认为，当前是钢琴行业优化产品和服务、适应互联网和人工智能趋势的机遇。连云港一生琴行创始人周明则从内部角度分析，强调针对“90后”消费者加强品牌和培训机构的升级，建议钢琴行业采取灵活创新策略，适应年轻消费者需求，拥抱数字化营销，同时提升产品和服务质量，为从业者提供可行的应对策略，引领行业思维转变。

可以说，面临销量下滑和市场调整，中国钢琴产业正迎来创新机遇和技术革新。中国乐器协会领导呼吁信心与应对策略，音乐教育专家强调艺术审美的重要性，企业代表专注于产品创新和品质提升，自媒体倡导数字化营销新思维，各方观点突显行业适时调整新的市场消费策略的必要性。

二、媒体透视：钢琴市场结构性变革与未来趋势

在当代中国钢琴产业多维剖析中，主流媒体从政策引导、文化贡献，到技术创新和市场脉动，报道精准捕捉行业脉搏，揭示正处于转型升级的钢琴产业生态。主流媒体一致认为，中国钢琴产业正经历深刻的产业结构调整和市场变革，行业正在由单一增长驱动向更复杂、成熟阶段演进。市场需求从音乐学习工具的简单模式转变为文化艺术的象征，重心从数量向质量、从普及向个性化和高端定制转移。这些转变反映家庭教育观念的转变，从注重技能成就到强调兴趣培养和全面发展，推动市场向多元化和细分化方向发展。面对国内外经济环境的挑战，行业亟需重新定位创新增长策略。

1．人民日报：钢琴产业政策影响与文化发展角色

人民日报立足国家政策和社会文化角度，深入分析了钢琴产业现状，强调政策支持在推动行业发

展中的关键作用，包括教育、文化及产业政策。报道凸显钢琴在培养国民艺术修养和提升国家文化软实力中的角色，将钢琴视为传播中国文化和促进文化多样性的重要符号。此外，强调钢琴教育在全面提升国民素质、激发青少年创造力和审美能力方面的重要性。

2．新华网：钢琴产业文化影响力与全球化发展

新华网着眼宏观经济和国际视野，强调钢琴行业全球化发展思路。报道集中于钢琴的社会文化价值和教育意义，探讨钢琴在中国社会文化中的地位和在教育理念中的作用。新华网指出，钢琴不仅是音乐教育的重要组成，也是文化传承的关键之一。此外，新华网还强调钢琴行业在促进文化交流和国际合作中的潜力，展望了中国民族钢琴在全球文化产业中的影响力。

3．光明网：钢琴教育的社会与个人发展贡献

光明网从教育和社会发展角度，深入探讨钢琴教育在中国社会进步和个人发展中的重要作用。报道强调钢琴教育对提升公民文化素养、推动社会和谐及文化多样性的贡献。同时，探讨了钢琴教育在解决社会问题，如学业压力和心理健康方面的潜在作用，以及作为跨文化交流桥梁，提升中国国际文化影响力的能力。

4．中国工业报：钢琴产业生产效率与可持续创新

中国工业报从工业制造视角深入分析了钢琴产业，着重于生产效率、成本控制和供应链管理。报告强调，在原材料成本上升和市场竞争加剧的情况下，钢琴制造商需通过生产流程优化、新技术应用来降低成本、提升质量。同时，有效的供应链管理被视为应对全球市场变化的关键策略。此外，报告指出钢琴行业面临的技术创新挑战，特别是数字化和自动化技术的融入，以提高生产效率和满足市场需求。

5．财经杂志：钢琴市场变革与消费者行为新动向

财经杂志通过市场经济和消费者行为分析，深入探讨了钢琴产业的市场趋势和消费者行为变化。报道强调消费者偏好的变化，特别是对个性化、定制化钢琴产品的需求增加，要求制造商关注产品个性化和创新设计。同时，分析了经济环境下对中端钢琴市场的影响，反映消费者在大宗消费品上的谨慎态度。财经杂志指出，从业者需在产品和服务上进行创新，适应消费需求变化，如加强数字化和智能化技术应用，同时关注电子钢琴和新型键盘乐器市场趋势，提示制造商关注新兴市场动态。

6．中国经济网：宏观政策影响下的钢琴产业走向

中国经济网从宏观经济角度分析了政策对钢琴产业的影响。报道凸显国内外经济环境变化，如GDP增速和消费者信心对钢琴市场的影响，指出这些因素如何塑造行业状态和方向。特别关注教育政策变动，如艺术加分取消，对钢琴学习需求的影响，以及国际贸易和关税政策对出口的挑战和机遇。此外，报告分析了特定细分市场的增长潜力，提出钢琴制造商需在市场策略上实现更精细化。

7．消费日报：钢琴市场转型与消费者行为新趋势

消费日报从独特的角度分析中国钢琴产业，聚焦消费者行为和市场需求演变，为行业挑战和发展提供关键洞察。报道指出，消费者购买行为正从价格导向转向品质、艺术价值和个性化服务，迫使钢琴制造商调整市场策略，注重产品差异化和创新。同时，消费日报通过消费数据分析，提出钢琴行业可通过开发多样化产品和服务来吸引消费者。

结束语：在销售下滑、市场挑战和消费者行为转变的大市场背景下，主流媒体的报道凸显了中国钢琴产业面临的复杂性和考验。从市场细分到技术进步，从政策导向到文化影响，各方人士也提供了重要行业洞察。社会各界人士和新闻媒体的视角勾勒出中国钢琴产业迎来全面竞争的新时代，产业发展需要深刻理解市场需求和政策导向，积极创新并不断调整战略，以应对挑战并抓住机遇。总体而言，钢琴产业发展并非质的衰退，而是趋向一个复杂且充满多元变化的关键调整阶段。面对这一转折点，产业需要的不仅仅是应对，更是一种主动的、创新的转型。只有通过创新实践，才能在变革浪潮中把握产业未来的发展脉搏。

贯彻落实“两会”精神　推进行业“六进六稳”
——中国乐器协会开展行业调研

为全面贯彻落实中央经济工作会议和全国“两会”精神，切实把握行业、企业发展难点、痛点与堵点，部署全行业“创新与品质提升年”的重点工作，中国乐器协会于2024年3月组织开展了深入广泛的调研。此次调研分成四组，分赴京津冀、珠三角、浙沪、江苏等地，围绕企业复工达产情况、订单价格变动、市场调整趋势、科技创新能力提升等多个专题，进行了深入考察与研究。调研采用现场考察、专题交流、集中座谈、专项报告等多种形式。调研结果显示，乐器企业年后复工达产态势保持稳定，企业应对市场变化能力增强，效益有所回升，2024年市场整体形势向好。

一、中国乐器行业全景扫描：地域特色与发展趋势

2月26日至3月26日，中国轻工业联合会党委副书记、中国乐器协会理事长王世成率先带领调研组重点考察、调研了京津冀地区的部分乐器企业和产业集群。随后，中国乐器协会副理事长孙瑞勇、陈晋武、秘书长刘勇分别带队前往珠三角、浙沪以及江苏地区，对会员企业和产业集群进行调研走访。调研组实地考察了北京通州、天津宝坻和静海、河北武强和肃宁，广东广州、惠阳，上海，浙江萧山、宁波、杭州，以及江苏扬州、常州、泰州、靖江、江阴、淮安等地的35家乐器企业和7个乐器产业集群。同时，观摩了5座乐器博物馆，并欣赏了一所学校“乐器进校园”的成果展示。调研期间，共召开13次现场座谈会，与当地政府领导、产业集群负责人以及企业家代表等240余人次进行深入交流与座谈。

京津冀地区乐器产业历经多年积累与发展，已形成多样化、特色化的产业格局。2023年，该地区乐器行业整体表现稳定，春节后复工情况良好，订单数量充足。特别是钢琴、吉他及一些民乐品类等产品的市场表现稳健，为市场前景注入乐观预期。乐器强企科技创新势头强劲，研发投入连续保持增长，推动整个乐器行业的创新和转型升级。

广东作为国内乐器制造的重要基地，近年来产业发展稳健，规模持续扩大，总产值逐年上升。其主要产品如钢琴、吉他、电子乐器等享誉国内外。广东乐器行业紧跟数字化、智能化的发展趋势，通过引进自动化生产线、机器人技术等先进设备，不断提高生产效率和产品质量。同时，该地区还加强了产业集聚和品牌建设，提升了市场竞争力。

浙沪地区位于中国经济文化的核心地带，当地乐器产业已逐步发展为多元化、品牌化、创新化的重要产业集群。该地区乐器产业结构多元化，品牌竞争激烈，国内外品牌并驾齐驱。由于该地区乐器企业拥有强大的生产能力，因此能够确保产品的高品质和高效能。同时，电子乐器和新兴乐器的快速发展，以及企业自主研发能力的不断提升，都彰显了该地区技术创新的活跃度。

江苏乐器行业同样展现出强大发展势头。扬州琴筝产业和黄桥提琴产业是该地区的两大特色。尽管面临挑战，但扬州琴筝企业通过增加创新研发投入和技术革新来重新占据市场优势。黄桥提琴产业稳定增长，为地区经济的繁荣做出了贡献。此外，江苏的其他乐器企业也在智能制造、产学研合作和销售策略创新等方面不断探索与发展。

调研显示，国内乐器行业竞争加剧且有多元化发展态势。如珠江、星海等知名品牌依靠其影响力和质量主导着市场，而中小企业和地方品牌则凭借灵活销售策略、地域文化和亲民价格赢得消费者喜爱。同时，线上销售已成为新的趋势，不仅降低了运营成本，还为消费者提供了便捷的购物体验。总体来看，乐器行业的发展态势是积极的，未来将面临更多的机遇和挑战。企业需要持续创新，适应市场变化，满足消费者多样化需求，以应对激烈的市场竞争。

二、乐器产业多维创新：会员企业引领行业蓬勃发展

经过深入调研，调研组发现四大地区的乐器产业在技术创新、市场拓展及政策扶持层面呈现共性发展特质。各地均高度重视技术创新，以满足多样化消费需求。市场拓展方面，各地积极参与展会，与文化旅游相结合，加强国际联系，并举办音乐节等活动以促进销售。同时，政府也通过税收减免和资金支持等政策，为产业创新与发展提供有力支撑。此外，各地区呈现出其独特优势：广东地区以强大的制造业基础和完善的供应链体系在电声乐器和现代乐器的出口制造方面表现出色；江苏地区则依托丰富的木竹材料资源和深厚的文化底蕴，在民族乐器制造领域占据领先地位；浙沪地区的乐器产业以高端制造和创新设计为特色；京津冀地区则专注于传统乐器的销售和文化推广。这些地区的个性化发展特质丰富了我国乐器市场的多样性，为乐器产业的发展注入生机活力和竞争力。

复盘四个地区的骨干企业创新成果如下：

1．京津冀地区

创新驱动产业结构升级。天津市津宝乐器在打击乐和管乐领域取得显著成绩，其营收和利润增幅均超过10%。星海钢琴集团通过调整产业与产品结构，将制造重心移至肃宁，北京总部专注文化创意与营销，同时推出创新产品和普及音乐教育软件。2024年第一季度，星海钢琴营收超6800万元，成功扭亏为盈。河北金音乐器的铜管乐器和木管乐器收入也呈现出显著增长，展示其产品多样化的发展成果。河北正欧乐器通过开发新材料和关注全球管乐教育市场，实现了30%的收入增长。乐海乐器则通过多元化营销策略，实现了营收和利润的双重增长。天津奥维斯乐器在2023年的主营收入同比增长了34%，产品出口比例超过95%，创下了历史最高水平。乐器强企通过不断创新、提升产品品质、拓展市场，共同推动京津冀乐器行业高质量发展。

2．广东地区

多维创新彰显品牌实力。2023年，广州珠江钢琴集团股份有限公司全面推进高质量发展，连续三次荣获“制造业单项冠军示范企业”称号，被商务部认定为“中华老字号”，品牌强度高达917，品牌价值达56.29亿元。珠江钢琴创梦园通过数字化和智能化转型，集聚120余家企业，出租率高达80%，园区通过引入数字化和智能化技术，为传统乐器制造注入新的活力。广州珠江艾茉森数码乐器股份有限公司拥有112项专利技术，创新技术涵盖从声音合成到智能互动等多个关键领域。深圳市蔚科电子科技开发有限公司在2023年的营业收入达到了3.15亿元，该公司成功实现了从生产型企业向技术研发、品牌营销和服务型企业的转型。得理乐器（珠海）有限公司作为一家深耕乐器行业四十年的港澳台外资企业，2023年研发投入超过3000万，研发经费占比达到13%，同时在品牌推广和全球化战略上也取得重要进展。广州市罗曼士乐器制造有限公司的“爱丽丝”系列琴弦的品牌建设以及惠阳乐器行业的品牌创新等举措均展示了广东乐器企业在多个领域的突破和发展。

3．浙沪地区

民族与电鸣乐器创新并进。浙沪地区的乐器行业在多个细分市场也展现出强劲发展势头。在民族乐器方面，上海民族乐器一厂的数据尤为亮眼。2023年古筝的年产量为6万台，二胡为2.5万只。上海民族乐器一厂在民族乐器市场的强劲表现使其主营业务收入达到3.4亿元，虽然还未恢复到正常年份的4亿元水平，但这一数字已经足以证明民族乐器市场的稳健和复苏趋势。爱尔科公司和锣钹科技公司在电鸣乐器领域的创新和发展展现了数字技术赋能乐器制造业的未来前景。

4．江苏地区

文化智造赋能高质量发展。江苏乐器行业在文化+制造协同发展、绿色创新与可持续发展、智造与新媒体融合以及文化赋能与跨界合作等方面表现突出。扬州民族乐器研制厂和扬州天韵琴筝有限公司在文化传承和旅游结合方面进行有益的尝试；江苏凤灵乐器集团和黄桥乐器文化产业园在绿色生产方面展现创新精神；江苏奇美乐器和江苏天鹅乐器在智能制造和新媒体融合方面取得了先进的实践经验；

而江苏东方乐器和吟飞科技则在跨界合作方面有着突出的表现。这些都充分展示了江苏乐器行业在多维度上的发展成就。

总体看，各地区乐器强企通过不断创新和优化，不仅提升了自身的市场竞争力，也为我国乐器行业的创新发展树立了典范。无论是在产品多样化、技术创新还是在文化传承和绿色发展方面，这些企业的卓越表现都充分展示了中国乐器行业的蓬勃活力和发展潜力。

三、国内乐器产业集群蓬勃发展，四大区域各展所长

本次行业调研中，中国乐器协会调研组相继实地考察了四大地区的7个主要产业集群。这些集群涉及电声乐器、民族乐器、高端钢琴等多个细分领域。各地的乐器产业集群均展现出地理集聚、专业化分工、浓厚的创新氛围以及资源共享等特点，这些因素共同推动了乐器行业的持续发展和技术进步。

1．京津冀乐器产业集群

京津冀地区乐器产业的迅速崛起与政府的深度关注和大力推动密不可分。河北肃宁县被誉为“中国北方乐器之都”，得到了政府在多个方面的支持，包括鼓励企业间的合作与兼并、提供招商引资的优惠政策以及税收减免等。此外，政府还设立了乐器产业基金，推动了电商与产业的深度融合，并通过乡村振兴政策等措施，全面促进了乐器产业的蓬勃发展。天津市静海区的“中国乐器产业基地”则通过集中研发、生产和销售等环节，配合技术人才培训和产业链的完善，有效提升了产业集聚度和市场竞争力。

2．珠三角乐器产业集群

广东珠三角地区代表性品牌如珠江钢琴和艾茉森数码钢琴等，在全球市场上均享有盛誉。技术创新和智能制造的广泛应用不仅提升了产品的品质，还提高了生产效率。产业集聚效应和完善的产业链条成为该地区乐器产业的一大亮点。同时，品牌建设的不断加强进一步提升了广东乐器产业的市场竞争力和国际知名度。值得注意的是，尽管近年来惠阳吉他的产量有所下滑，但其仍保持着较大的生产规模，总产值超过30亿元。目前，惠阳吉他产业链已拥有120余家相关企业，尤克里里的全球市场占有率高达40%～50%，形成了从原材料供应到吉他数控设备制造的完整产业链条，彰显了其在全球吉他制造领域的重要地位。

3．浙沪乐器产业集群

浙沪地区的乐器产业，国际品牌和本土品牌并存的格局有效激发了市场竞争和产业进步。市场复苏呈现出稳健的态势，尤其是传统民族乐器的市场需求增长显著。同时，该地区的技术创新活动十分活跃，为新兴乐器市场的发展注入了新的活力。此外，政府对乐器进出口市场的政策调整也在一定程度上影响了行业的发展走向。

4．江苏乐器产业集群

2023年，扬州琴筝产业虽然面临了一定的挑战，如订单减少、收入下降和利润率缩水等问题，同时产品成本也有所上升；但当地企业通过积极创新和转型来应对这些挑战，显著增加了创新研发以及艺术教育与文旅项目的投资力度，为2024年的产业复苏和产能提升奠定了坚实的基础。黄桥提琴产业则保持着稳定的增长态势，并且高度重视环保生产；通过实施“绿岛”项目等举措，实现了产业的环保和高效发展。值得一提的是江苏凤灵乐器集团在推动产业全球化布局和环保创新方面所取得的显著成果。

综上所述，四个地区的乐器产业集群各具特色、优势互补，涵盖了从传统手工艺到现代智能制造的多个领域。政府的支持、技术创新、品牌建设以及市场扩展策略等因素共同推动了这些地区乐器产业的持续发展和繁荣。

四、中国乐器市场应变挑战，创新驱动发展

调研显示，我国乐器市场需求在稳步增长，消费需求主要集中在教育、专业演奏和业余爱好三大领域。消费者越来越趋向于选择品牌产品，个性化需求也在持续增强。线上购买已成为一种趋势，同时消费者对售后服务的重视程度也在提升。价格因

素呈现多元化，而销售渠道则包括线下专卖店、电商平台、与教育机构合作以及社交媒体。面对这样的市场变化，乐器企业需要不断调整策略，以满足市场需求。灵活的策略和创新思维被看作是应对这些挑战并推动整个行业向前发展的关键。

值得注意的是，全球经济通胀导致原材料成本上涨，进而造成制造商运营成本增加。与此同时，消费者在购买乐器时变得更为审慎。此外，来自低成本生产国家的激烈竞争正在挤压我国乐器产品在市场中的份额和利润空间。

技术创新和产业升级也是当前行业所面临的重要挑战。传统乐器制造方式已逐渐不能满足现代市场需求，行业迫切需要转向高技术含量、智能化和自动化的生产方式。但创新型人才的匮乏限制了新技术的研发和应用，由此对行业的长期竞争力构成威胁。在全球化和数字化的乐器市场中，品牌建设和市场营销显得尤为重要。随着电商平台的迅速兴起，乐器企业正面临着如何维护品牌形象和提升服务质量的全新挑战。此外，供应链的不稳定性和物流成本上升等问题也在影响着企业的市场响应速度和产品成本，进而对企业的市场竞争力产生影响。

面对上述挑战，业界同仁达成了共识，即技术创新是提升行业竞争力和应对市场变化的关键所在。为此，企业需要加大创新力度，提升产品的技术含量，以便更好地适应市场需求。此外，加强与科研机构和高等院校的合作，培养和引进高端人才，将对行业的长期发展起到至关重要的作用。

在提升产品质量和服务水平方面，受访的企业代表强调优化生产工艺和加强质量控制的重要性。同时，完善售后服务和客户关系管理体系也被视为提高市场竞争力的有效手段。在市场拓展方面，受访企业表示将积极利用“一带一路”倡议和《区域全面经济伙伴关系协定》（RCEP）等机遇，努力开拓国际市场。同时，挖掘国内中西部及农村市场的潜力也被视为拓展市场份额的重要途径。在推动行业可持续发展方面，企业代表普遍认为提高绿色生产和环保意识刻不容缓。实施环保生产措施、降低能耗和减少排放将有助于推动整个行业向绿色、低碳方向发展。

为了加强行业内部的协作，逐步提升行业标准，广大企业呼吁要进一步促进行业资源共享和优势互补，并制定更为严格的行业标准和市场准入门槛，以提升行业整体的竞争力。来自上海、江浙地区的企业代表特别强调了与海关等监管部门合作的重要性，以确保行业的合规经营，并维护一个良好的市场秩序和公平的竞争环境。

五、调研结论与发展策略：推动乐器智能化、个性化发展

调研显示，乐器行业正迈向技术创新与智能化发展的新阶段。随着科技的不断进步，传统乐器已融入现代科技，变身为多功能智能设备。智能乐器能记录分析演奏习惯，提供个性化学习建议，助力演奏技艺提升。同时，VR和AR技术为乐器学习演奏带来新体验，数字化技术让乐器与互联网更紧密连接，实现远程教学和在线演奏会等新型音乐交流。此外，个性化与定制化成为乐器行业新趋势，消费者可定制独一无二的乐器，满足多样化需求。面对市场竞争和消费者需求，乐器行业将更注重整合与跨界合作，通过资源整合提高效率，降低成本，并加强与教育、文化、旅游等领域合作，以拓展新的应用场景和市场空间，为消费者提供更丰富的音乐体验。

经过深入调研和分析，调研组认为，中国乐器行业总体呈现出稳定的发展趋势。虽然内需恢复较慢、外销市场多元且增速各异，但行业整体发展仍然稳定。面对市场波动，乐器行业已经展现出了一定的韧性和适应能力。同时，调研组也发现了行业的一些新增长点，如成人和银发群体的乐器消费持续增长，以及中高端产品的市场份额持续扩大。这些都为行业的未来发展提供了有力支撑。基于以上评估，中国乐器协会提出以下策略建议以促进行业的发展：

1．研判敏感波动市场，致力服务行业

面对乐器市场的敏感波动，虽然行业总体发展稳定，但内需恢复缓慢、外销市场多元化且增速各异，低端市场受挫等现状仍不容忽视。王世成理事长认为，造成内销市场下行的原因有多方面，其中非刚性需求大件商品购买力下降是主要原因，特别

是钢琴市场表现尤为明显；另外，教育装备采购的减少，特长生以及艺考政策的调整等，都对乐器市场造成了一定的影响。然而，新的增长点也在出现，比如成人、银发群体的乐器消费持续增长，中高端产品也在持续增长。在出口方面，2023年，中国乐器行业总体出口下降了3个百分点，其中对美欧日等国家的出口下降明显，但是对“一带一路”沿线国家的出口上升了16.89%、对东盟国家的出口上升了21%，对RCEP 15个成员国的出口上升了3.1%。另外，受俄乌冲突的影响，俄罗斯市场对中国的依赖程度有所提高，中俄贸易持续增长。因此，乐器企业需要及时把握好市场动向，并进行相应调整。

2．坚持科学发展理念，落实“六进六稳”

王世成理事长要求全行业坚持科学发展的理念，按照中央经济工作会议奠定的经济发展总基调，审时度势、精准施策，摆脱传统的经济增长方式，以科技创新推动产业创新。对于今后一个阶段的工作，他提出了“六进六稳”的基本思路。

一进是在巩固复工达产，稳良性运转。要重视关键岗位的到岗率、重要设备的运转率和企业劳动生产率。同时，从扩大中高端市场份额的角度考虑，急需培育和造就一大批新产业工人。希望集群所在地政府和行业企业要建立人才保障机制，及早规划和布局。

二进是在拓展内外市场，稳订单增长。重点在于提升中高端市场的覆盖率、增加高附加值订单的占比以及保障订单的可持续性。目前，国内大部分产品仍处于中低端水平。因此，龙头企业和骨干企业要率先思考如何调整产品结构，向高档次、高品质、高附加值、高效益的方向发展。

三进是在调控成本体系，稳利润空间。要重点关注主要原材料成本的波动、人力资源成本的升以及产品价格的动态变化，通过有效的成本管控来提高利润空间。

四进是在链式多元融合，稳调整升级。需要全面提升企业的核心竞争力，并着力推进“三品”战略：通过增加产品种类来拓展市场；通过提高产品品质来稳定市场；通过打造产品品牌来提升影响力。同时，我们还需要在校园艺术、银发市场以及宗教场所等方面做出足够的努力。在推进中高端产品的同时，也要研究适合老年人和儿童使用的专项产品。此外，还需要将艺术教育与文化创意产业高度融合起来，以更好地服务于学校的美育浸润行动。

五进是在加大科创投入，稳重点项目。继续推动自动化、智能化和数字化的流程再造创新活动，并不断完善企业的科技创新体制机制。同时，还将突出对重点项目的投入与管控。在这一方面，我们需要认真研究和深刻理解习近平总书记所提出的“新质生产力”的论断。总书记强调指出，“新质生产力”的特点是创新、关键是质优、本质是先进生产力。因此，我们需要共同研究和推动乐器产业全要素生产率的大幅度提高。

六进是在用好政策资源，稳长远战略。需要认真学习和深入理解国家的各项产业政策，例如最近工业和信息化部等十八个部门刚刚部署的2024年“一起益企”中小微企业服务行动、学校美育浸润行动等文件。通过灵活运用和巧妙运用政策杠杆来超前谋划“十四五”后两年以及长期的发展规划。

展望未来，中国乐器协会认为中国乐器市场将继续保持稳定的发展趋势。随着国内政策的支持和市场需求的增长，乐器行业将迎来更多的发展机遇。同时，随着科技的不断进步和创新能力的提升，乐器行业也将呈现出更加多元化、智能化的发展趋势。相信在全行业的共同努力下，中国乐器行业将迎来更加美好的未来。

校企合作开新篇　大师签约助发展

编者按：为积极践行制造强国、质量强国、技能强国战略，助力中国式现代化建设，汇聚全行业、全产业链高质量发展强大合力。中国乐器协会一直以来积极倡导产学研用跨界融合，扩大中高端产品比重，推动企业技术创新与品牌建设。按照乐器行业“创新融合年”工作导向，为加速企业技术创新步伐，加大人才培养力度，创意讲好品牌故事，中国乐器协会信息部特别策划校企合作和大师签约典型案例征集活动，并依托中国乐器协会官微、官网、《中国乐器》杂志信息发布平台，集中展现行业最新技术创新与品牌文化建设成果，全力推动“十四五”中后期乐器经济实现质的有效提升和量的合理增长。

典型案例：按照专题策划工作导向，中国乐器协会信息部先期对26家骨干企业进行了校企合作和大师签约项目征集与新闻事件汇编工作。其中，副理事长单位16家，常务理事单位6家，理事单位3家，产业集群1家。通过对典型案例的分类梳理，当前骨干企业校企合作、大师签约项目发展势头很好，呈现以下六类典型案例。

一、协同攻关——校企名家跨界合作，开展“卡脖子”核心技术攻关

会员企业联合艺术院校与科研院所，聘请名家为企业技术顾问，整合院团名家和社会科研院所资源，提升产品声学品质，推动产业链延伸拓展，助力民族乐器品牌中高端转型升级。典型案例：

（1）上海民族乐器一厂有限公司与上海研究院签署战略合作协议，旨在推广中国传统文化，推动产学研项目合作。同时，依托上海研究院文化发展研究中心平台开展系列民乐沙龙活动，邀请知名民乐演奏家、教育家、非物质文化遗产传承人助推传统国乐文化传播。

（2）江阴金杯乐器创立“手风琴簧片研究所”，利用校企合作服务科技创新，与南京艺术学院、上海师范大学、天津音乐学院、四川音乐学院、北京乐器研究所、南京大学声学研究所等单位形成紧密合作关系，致力于手风琴声学品质提升。

（3）吟飞科技开展数字音源技术开发，积极整合国内外优质资源，在美、德、日、英等国建有自己的研发团队，在全球拥有近百位资深专业工程师和音乐家。

（4）海伦钢琴与北京北邮信息网络产业技术研究院签署产学研合作协议，成立北京北邮信息网络产业技术研究院—海伦数字文化研究所，致力开展数码钢琴、电鼓教学系统研发。

（5）近年，天津津宝乐器签约中央音乐学院管弦系主任、著名长号演奏家、教育家赵瑞林，星海音乐学院管弦系铜管教研室主任郭铮、沈阳音乐学院管弦系副主任刘兵、中国国家交响乐团首席长号刘洋、中国大号长号联合会副秘书长赵欣齐为津宝特聘管乐艺术家。同时，聘请天津交响乐团首席曹国良、中央音乐学院巴松教授李岚松，天津音乐学院李今鹏教授为企业技术顾问，校企名家合作致力演奏级别管乐产品声学品质攻关，取得显著科研创新成果。

（6）2022年，乐海乐器和中央音乐学院周望、中国音乐学院张尊连、中国音乐学院沈诚、中央广播民族乐团崔军淼等签约艺术家共同研发创新推出海之尊系列高胡、中胡、胡琴、柳琴以及海铭蓝系列古筝、琵琶、柳琴等新一代民族乐器精品。以精良工艺、专业品质、高性价比定位，全方位满足专业市场需求。

（7）2022年7月，星臣吉他第四代发布，由日本合作团队品牌设计师藤尾真司亲自操刀，开启星臣新的品牌运营方向。企业搭建自媒体矩阵，与吉他头部音乐人达成合作，以吉他音乐人冈崎伦典、井草圣二、Okapi、董运昌加盟助阵，助力星臣吉他向高品质、高价位区间突破转型。

（8）2022年，苏州民族乐器一厂建立产品研发、制作中心。由国家级非物质文化遗产技艺传承人封明君领衔，为乐器制作师间的互相交流，技艺传授，精品制作提供平台，带动了企业品牌影响力的不断提升。

二、文创园区——塑造拓展品牌文化IP，培育特色文创园区

骨干企业打造主题文创园区项目，引进名家、非遗项目工作室，依托名家社会影响力，拓展钢琴市场，推动开放式职业继续教育与器乐文化建设，塑造企业品牌文化IP。典型案例：

（1）州珠江钢琴创梦园引进叶小钢、金铁霖、

马秋华工作室，签约吴牧野为恺撒堡全球钢琴大师，通过系列文创项目提升珠江钢琴品牌文化附加值，打造珠江钢琴品牌文化IP。

（2）2022年，星海钢琴集团通过建设高端钢琴制造中心、技术研发中心、乐器大师工坊、星海技能学校、乐器博物馆等，将星海产业园打造为集“高端制造、研发基地、综合办公”于一体的智慧园区，成为北京市国有资产监督管理委员会下属企业与经济技术开发区合作开发的标杆园区。

三、深化音教——推进特色校园乐器项目，满足院校教育装备需求

依托校企合作机制，骨干企业在艺术高校推进特色校园乐器项目，满足院校教学装备需求。企业提供专业化教学设备服务，提升校企合作紧密度，强化院校市场国产品牌文化认同，拓展乐器品牌在院校市场的影响力。典型案例：

（1）2021年9月以来，珠江艾茉森推出数码钢琴音乐教室、电子鼓音乐教室项目，项目成功进驻江苏省泰州技师学院、辽宁何氏医学院、四川工业科技学院、聊城大学音乐与舞蹈学院、河南开封科技传媒学院、德州高级师范学校。企业通过签约教师，以音乐教育带动乐器销售，由乐器销售培养教育市场发展。

（2）近年来，吟飞科技在各大音乐院校创建吟飞电子键盘教学中心，邀请中国音乐协会电子键盘学会会长芦小鸥、副会长王晓莲，上海音乐学院教授朱磊开设培训班，采用线下加线上直播相结合方式，活动观看人次达4万。

（3）2022年，海伦钢琴推出“海伦钢琴工作室”“文德隆钢琴工作室”项目，提供由杨鸣先生领衔的专家团线上授课。同年，海伦钢琴旗下公司“海伦鼓尚”与乐斯教育达成合作，推出“海伦原声鼓教室”项目，助力全国范围内海伦鼓尚客户业务开展、提升渠道能力。

（4）2022年9月，为激发孩子们对民族器乐文化的兴趣，上海民族乐器一厂有限公司携手海音艺术进修学校，推出“敦煌国乐进校园”活动，助力上海市北京东路小学学生民乐团的成立，传承、弘扬与发展中国民族器乐和音乐文化。

（5）为推进乐器进校园工程，天津华韵乐器手风琴进校园项目进驻6所学校、40余个班级，每年百余场展演活动惠及3000余名学生。2022年，华韵乐器再度开展天津手风琴进校园项目，覆盖3所学校、9个班级、近400名学生。

（6）近年来，江苏奇美牌竖笛、口风琴、口琴以优质品质被国内各省（区）直辖市教育部门认定为音乐课推荐使用学具，并在清华大学附属中学、北京大学附属小学、北京101中学、上海复旦大学附属小学等我国名校音乐课堂和校内比赛和培训中使用，受到国内广大师生欢迎。

四、节庆助市——杯赛助力院校市场品牌推广，建设校企互利共赢合作平台

骨干企业面向国内艺术院校创办杯赛及奖学金制度，创办器乐文化艺术节，助力院校挖掘培育艺术人才，创意社会新闻热点，强化品牌与院校市场消费黏性，制造器乐文化消费热点，建设校企互利共赢关系良好平台。典型案例：

（1）珠江钢琴面向与星海音乐学院、武汉音乐学院、哈尔滨音乐学院、广西艺术学院、广西科技大学等国内高校推动“珠江·恺撒堡”奖学金项目，面向院校植入民族钢琴品牌文化，有序推动校企合作项目的广度与深度。

（2）2022年，百场“长江钢琴非凡音乐课堂”“第七届KAWAI亚洲钢琴大赛”“第四届李斯特国际青少年钢琴大赛”“2022白玉兰国际音乐节钢琴比赛”“长江钢琴音乐奖学金比赛”，齐聚国内外名师传道授业，助力艺术人才培养。赛事覆盖武汉音乐学院、厦门大学艺术学院、深圳大学，助力高校选拔优秀音乐人才，推动高等艺术教育发展。

（3）星海杯全国少儿钢琴赛事由中央音乐学院、国家大剧院、北京星海钢琴集团有限公司联合主办。自1985年创办以来，已成为国内历史最长、影响力最大、权威性最高、覆盖面最广的重要比赛。参赛的选手几乎覆盖了全国各省（区）直辖市，比赛的获奖选手代表了中国少年儿童业余及专业钢琴教育的现状和水平。

（4）2022海伦钢琴MTPC音才奖国际钢琴大赛集结全国百个赛区同时开赛，数万选手蓄势待发，成为一场极具规模、层次、影响力的权威艺术盛典。

（5）2022年，第五届“敦煌杯”中国二胡演奏比赛70位评委规模再创历史新高。本届赛事特设日本、新加坡、北美海外赛区，加拿大总理特鲁多、著名音乐家谭盾、日本日中协会理事长濑野清水、新加坡华乐团行政总监何伟山等国内外政界、艺术界人士特别向“敦煌杯”二胡比赛致以贺信。

（6）2022年7月，第十届门德尔松国际钢琴大赛亚太总决赛在青岛圆满落幕。大赛由中央音乐学院原钢琴系主任、博士生导师吴迎教授担任评委主席，特邀国内各大音乐学院钢琴专家、学者组成高规格的评审团，吸引了来自国内新加坡、韩国、俄罗斯等38个赛区近千名选手参赛。

（7）自津宝国际音乐节于2015年创办以来，津宝乐器依托打击乐、铜管乐、木管乐生产基地硬件优势，按照世界标准持续打造国际音乐赛事。六届嘉宾评委超过400人，参加音乐节人数8000余人。津宝国际音乐节为海内外音乐家和爱好者提供了交流平台，成为天津重要文化名片。

（8）2021年，第六届“美得理-魔鲨Muza中国电鼓秀”成功举办，赛事有力推动全国打击乐演奏水平，挖掘、培养打击乐演奏艺术人才，更促进青少年全面素质的提高，展示出电子鼓教育蓬勃发展的姿态。

（9）2022年8月，第八届“吟飞”国际电子管风琴江苏赛区成功举办。该赛事旨在促进电子管风琴作品创作，选拔电子管风琴演奏人才、推动电子管风琴普及教育，以促进电子管风琴事业健康、快速的发展。

（10）2021年，第七届天津（静海）“鹦鹉杯”全国手风琴艺术节比赛成功举办，该赛事为打造地域品牌，做大做强天津乐器产业，扩大天津静海“乐器产业示范基地”品牌影响力，繁荣手风琴艺术做出了积极的社会贡献。

（11）2020年，由广东声凯乐器有限公司主办的第六届“星臣杯”全国吉他弹唱大赛成功举办，大赛以线上线下双赛道“网络视频+现场直播”形式举办，意在传播吉他音乐文化，持续增强“星臣”吉他的品牌影响力和市场占有率。

五、名家代言——名家签约提升品牌文化附加值，驱动企业品牌结构转型升级

会员企业聘请名家品牌代言，依托名家社会影响力，塑造品牌文化IP，创意讲述品牌文化故事，提升品牌文化附加值，驱动品牌向中高端市场转型。典型案例：

（1）2023年2月24日，国际钢琴艺术家吴牧野被聘为珠江·恺撒堡钢琴全球品牌代言人。吴牧野曾与珠江钢琴多次合作，曾在G20杭州峰会、国际电影节颁奖礼、央视春晚、《财富》全球论坛、庆祝改革开放40周年文艺晚会等大型活动中多次弹奏珠江·恺撒堡钢琴。

（2）2023年3月16日，柏斯音乐集团艺术家签约仪式暨保利剧院与柏斯音乐战略合作签约仪式举办。柏斯音乐与保利剧院签署了战略合作协议，“长江钢琴艺术家”项目签约10位演奏家，“长江钢琴全国青少年艺术家培养计划”项目吸纳21位优秀青少年钢琴才俊，“GROTRIAN高天钢琴艺术家”项目签约15位演奏家。从音乐文化的推广、音乐人才的培育，到民族品牌的打造，柏斯音乐全方位布局推动音乐文化高质量发展的新蓝图。

（3）2023年2月，为扩大山东手造——郿郚吉他产业品牌效应，雅特乐器签约艺术家，国家一级作曲家、演奏家、东方歌舞团音乐总监卞留念在美国约见格莱美主席等著名音乐人，推广雅特乐器品牌。此次线下推广使得雅特乐器与全世界的流行趋势接轨，让全世界都能听见中国民族品牌“雅特”的声音。

（4）2022年，海伦钢琴股份有限公司聘请杨鸣教授为海伦钢琴制造与演艺研发中心主任，聘期三年。海伦钢琴顺势推出“海伦钢琴工作室”和“文德隆钢琴工作室”项目，提供由杨鸣先生领衔的专家团线上课程，积极采取多种举措支持音乐教育工作。

（5）2021年3月，津宝乐器与旅德国际打击乐音乐家林喆在津宝文化艺术培训学校举行了隆重的签约仪式。为民族品牌代言，为中国乐器制造行业的发展助力。

（6）为塑造区域乐器文化名片，黄桥乐器产业集群聘请“国际提琴制作大师”郑荃为黄桥“琴韵小镇”名誉镇长、技术总顾问，并在黄桥开办提琴制作培训班。聘请国际著名小提琴演奏大师吕思清为形象代言人，聘请国际著名小提琴演奏家迈克·嘉玛尼斯和大提琴演奏家莎拉·梅尔为凤灵提琴国际文化大使。

（7）2022年，深圳蔚科电子乐器相继签约著名吉他手陈磊、潘高峰、索尼音乐旗下制作人光泽，以及中国台湾鼓手陈曼青为数码产品代言。通过海内外职业音乐人以及音乐爱好者的产品评测与音色分享，蔚科品牌在流媒体与社群中获得良好口碑，不断制造国货数码乐器消费新热点。

六、人才培养——加强高素质人才培育，助力制造业中高端转型

骨干企业积极推动校企合作，为艺术高校创办社会实践基地，院校按照企业需求进行定向人才培育，校企合作化解高校艺术人才就业问题，助力企业高素质人才队伍建设，推动乐器行业高质量转型发展。典型案例：

（1）2022年9月，广州美术学院城市学院荔湾校区落户珠江钢琴创梦园，旨在打造开放式继续教育平台，探索校企资源共享、合作研发的新模式。2023年2月9日，珠江钢琴继续与济南大学围绕基础教育中心实践基地、就业实习基地和教学实践基地项目展开合作，校企联合搭建高水平产学研校企合作平台。

（2）2022年，“武汉音乐学院钢琴系校外实训基地”揭牌仪式在柏斯音乐（武汉）长江钢琴艺术家中心圆满礼成。同年，柏斯音乐集团与湖北艺术职业学院合作签约揭牌仪式成功举办。依托现代学徒制，校企联合共同助力人才培养，向着校企深度融合、创新人才培养模式迈出重要一步。

（3）2022年，得理乐器注重劳模和工匠人才培养，成功申报验收珠海市高技能人才培养基地。同年9月，公司4人顺利获评广东省乐器制造业正高级职称专业技术人才，实现乐器制造业高级别人才“零”的突破，为提升乐器行业产品供给品质、促进行业高质量发展带来更多新的机遇。

（4）2022年，长沙幻音电子科技有限公司与星海音乐学院乐器工程系双方建立长期、紧密的合作关系，幻音选派企业内部专家和技术骨干，作为星海乐器工程系相关专业课程的兼职导师，进行专业课程授课和组织专业讲座，定向培养音乐技术专业人才。星海乐器工程系学生在学习期间或毕业后，可自由选择到幻音进行实习或就业，并具有优先录用的资格。

（5）2022年，乐海乐器相继在河南师范大学、华中科技大学艺术学院设立“乐海奖学金”，更进一步履行对我国音乐艺术教育的企业社会责任，联合培养专业人才，共同推动产教融合共同发展。

（6）2023年3月，山东省雅特乐器股份有限公司与北京科技运营管理学院合作项目签约完成。双方合作在电吉他制造专业和维修专业方向，开设定向班级，培养专业人才，后续工作将陆续有效推进。

（7）近年来，福州和声钢琴相继与沈阳音乐学院、福建艺术职业学院达成合作共识，校企双方共同推进专业人才培养、学生实习实训项目合作。和声公司依托“文化产业示范基地”资源优势，积极探索高校实用型人才培养创新模式。

（8）2022年9月，罗兰数字音乐教育品牌与伦敦圣三一考试院正式达成战略合作。在精英教育崛起大背景下，精准把握未来社会人才需求，在教学资源上实现共享，为全国罗兰校区的学员提供更专业，更国际化的考级平台，更好地助力学员升学及出国深造。

复盘乐器行业骨干企业校企合作、大师签约实践成果，第一批26家会员企业与国内九大音乐艺术学府、25所综合类艺术院校展开技术创新、人才培育和品牌建设项目合作，共与58位器乐大师、演艺名家签约合作，助力乐器品牌文化建设，推动乐器行业技术创新和高质量发展。当前，中国乐器协会信息部将按照上述六类校企合作、大师签约典型案例，在原有新闻事件基础上，继续向副理事长、常务理事单位发出约稿函，深挖创新案例与项目细节，并依托协会官网、官微、杂志平台，陆续刊登连载文稿，助力“创新融合年”的推进工作，推动骨干企业的产品优化升级，助力乐器行业高质量发展。

“玩乐器，交朋友”，2023“6·21国际乐器演奏日”主打“全民同乐”

“6·21国际乐器演奏日”作为一个国际化、公益化、大众化的音乐文化节日，现已遍及全球120多个国家和地区。2023年是“6·21国际乐器演奏日”进入中国的第八年。随着国内健康状况的持续改善以及防控政策全面优化调整，音乐培训和文化消费全面复苏，中国乐器协会今年继续在全国范围内举办2023年“中国6·21国际乐器演奏日”活动。今年的活动主题是“玩乐器，交朋友”，围绕这一主题，全国各地组织开展了丰富多彩的活动。

一、10所学校代表中国发声

今年，“6·21国际乐器演奏日”面向全球主要国家的学校征集特色演奏项目。最终，有来自中国、印度、英国、美国、澳大利亚、意大利、泰国、巴基斯坦等29个国家的76所学校入选。

其中，中国地区共有10所学校入选，分别是：北京小学大兴分校、江苏省泰兴市黄桥小学教育集团、杭州市萧山区瓜沥镇长沙小学、哈尔滨博音手风琴艺术学校、北京市中杉学校、江阴市实验小学、新乡市红旗区和平路小学、重庆市特殊教育中心、湖南郴州莽山民族学校、北京第二实验小学。上述学校积极准备，录制了精彩的演奏视频，得到了“6·21国际乐器演奏日”组委会及中国乐器协会的高度评价。

国际乐器演奏日组委会高级顾问Rob Guest专门录制了视频向中国的10所学校及中国组委会表示感谢。Rob Guest表示：“今年‘6·21国际乐器演奏日’活动期间，中国小学生们展示了精彩的乐器演奏，并与来自世界多国的小朋友们共同分享。很高兴欣赏中国小学的乐器表演，特别是来自中国各地的莘莘学子，满怀音乐热情倾情演绎了富有本国特色的乐器，也让我深深领略到中国民族乐器的魅力。在此谨向所有参与的中国小学表示由衷感谢！”

二、40万人打造全球最大乐器狂欢节

从2016年开始，中国乐器协会开始在中国地区运作“6·21国际乐器演奏日”活动，至今已经八个年头。经过前几年的推广和宣传，“6·21”的理念已经深入人心，乐器演奏者和音乐爱好者表现出了极大热情和参与度。据统计，今年全国共有129家联合主办单位参与，覆盖城市超过200座，3000多场演出，直接参与人数近40万人次，现场观众超过300万人次，线上受众超过3亿人次。

对此，“6·21国际乐器演奏日”中国地区组委会主席、中国乐器协会理事长王世成表示：“我们期望通过‘6·21国际乐器演奏日’这个平台，更进一步弘扬民族文化，提高人民文化素养、审美水平和艺术修养。为实现‘让乐器成为家庭标配，让音乐成为生活刚需’的目标愿景，为扩大音乐人口、增加乐器演奏群体发挥着重要的作用，推动音乐和器乐文化走向千家万户。”

三、200多座城市奉献3000多场演出

6月21日上午，2023“6·21国际乐器演奏日”黄桥主会场活动在“琴韵小镇”城市客厅广场正式启幕。作为“6·21”活动的常客，黄桥镇政府从2016年就开始组织策划“6·21”的活动。今年黄桥镇将围绕“玩乐器·交朋友”（Make Music，Make Friend）主题，开展“梦想之城·琴韵之旅”音乐节系列活动，整个活动策划为三部分内容，历时1个月，预计参与演奏及各项活动人员超过6000人，观众将累计达到7万～8万人次。

6月20日晚，“经典点亮阜宁艺术浸润人生”——“6·21国际乐器演奏日”专场音乐会在阜宁县实验初中滨湖校区大礼堂举行。来自中央音乐学院、南京艺术学院、江苏省戏剧学校、江苏省音乐家协会

的专家教授、青年演奏家、歌唱家们施展才华，登台献艺。每个节目都在观众的热情期待中开启，在热烈掌声中结束。整场音乐会受到了当地中小学校分管领导、音乐教师、学生及家长等千余名观众的好评。

在山西陵川，有着“太行山红色文艺轻骑兵”之称的陵川县盲人曲艺宣传队2023年已是第六个年头在山西省陵川县分会场主办“6・21国际器乐演奏日”活动。当天，在曲艺队精心组织下，演员登上太行云鼎王莽岭，阵阵鼓声响彻云霄，绘制出一幅美丽壮观的画卷。6月21日下午，由中共陵川县委宣传部指导，陵川县文化和旅游局主办，陵川县文化馆承办的2023年“6・21国际乐器演奏日”中国・陵川主会场在陵川县崇安寺广场举行，共有来自10余个不同社会艺术团体40余名乐器演奏者分别用小提琴、琵琶、萨克斯、电钢、架子鼓、唢呐等多种乐器为现场的观众带来了一场视听盛宴，随着《爱我中华》《万疆》等一首首名曲的演奏，将现场的气氛推向了高潮。

浙江桐乡，在桐乡市屠甸镇汇丰村康馨文化园的大草坪上，曾获国际声乐歌剧比赛第一名的中国歌唱家吴艳彧、有“小郎朗”之称的钢琴演奏家李俊杰、曾在纽约国家歌剧中心举办过钢琴独奏会的武暄翔、出生音乐世家、6岁就举办过个人独奏音乐会的应悦等优秀音乐家，共同奉献了一场精彩的“音乐之夜”。电吹管演奏、独唱歌曲、钢琴演奏……各种表演精彩纷呈。

四、共享演奏快乐，广交音乐之友

6月21日晚，2023“奏响新时代乐动河洛情”——“6・21国际乐器演奏日”洛阳站演奏会在河洛古城精彩上演。“6・21”活动由洛阳市音乐家协会引进承办，2023年已经是第三届。2023年“6・21国际乐器演奏日”洛阳站的主题为“奏响新时代，乐动河洛情”，活动整合了中国乐器协会各专委会演奏家及多方音乐参与者，演奏者有的来自专业院团，有的来自社会机构，还有来自新文艺群体等，既展现专业风采，又有业余从业者倾情演绎，真正遵循了国际乐器演奏日的根本宗旨：“公益化、大众化”，力争打造真正属于洛阳乐器演奏者的音乐文化盛典。

广东省阳江市阳西县青少年宫举行以“音乐启蒙放飞梦想”为主题的“6・21国际乐器演奏日”小钟琴专场演奏活动，来自全县幼儿园、小学的30多名孩子参加了活动。活动中，小朋友们表演了《小宝贝》《早安隆回》等节目，小钟琴与非洲鼓美妙混奏，一首首动听的音乐旋律让大家领略了乐器演奏的魅力。

在山西省运城市中条山文化博览园，6月21日上午，来自山西、河南、陕西的3支电吹管团队分别演奏了《山丹丹开花红艳艳》《欢迎进行曲》《美丽的山庄》《斯拉夫女人的告别》《老友进行曲》，电吹管联奏《保卫黄河-大虎上山-少林少林》以及独唱《美丽家园》等节目，主办方也安排了威风锣鼓进行助兴，精彩的演奏博得了阵阵掌声，现场气氛十分热烈。最近几年，国内群众电吹管艺术活动迅速发展，安徽、河南、天津、贵州、宁夏、湖南、福建、江西、陕西、湖北、山西、辽宁、浙江、吉林、甘肃、重庆、江苏、四川、山东、新疆、上海、广东等，共28个地市成立了管友群，拥有乐（团）队180多支，经常参加活动的管友约1.2万人。6・21期间，除了山西运城之外，在广东、山东、四川、辽宁等地，管友们也同时组织了丰富多彩电吹管演奏活动，为“国际乐器演奏日”增光添彩。

在深圳，“第六届深圳乐器文化节暨‘6・21国际乐器演奏日’”活动在深圳职业技术大学留仙洞校区举办。活动由下午的“游园会”与晚上的“溪湖音乐会”两部分组成。游园会现场，有节奏欢快的手鼓舞、奇幻的电吹管双重奏、文雅高端的古琴独奏、悠扬的吉他演奏、振奋人心的架子鼓表演等，并为同学们进行乐器知识讲解，许多同学纷纷现场体验了起来。晚上7点，“溪湖音乐会”在深圳职业技术大学音乐厅上演，同时在微信视频号直播间、哔哩哔哩直播间同步直播。演出团队由深圳职业技术大学师生和深圳市乐器行业协会特约嘉宾共同组成。深圳职业技术大学古筝社、幻小提琴工作室、管乐团和合唱团都是该校优秀的器乐、声乐高水平团队，曾多次在国际国内大赛上获奖。在两个小时的精彩演出中，获得了阵阵掌声，线上直播平台也吸引了2万多人在线观看。“6·21国际乐器演奏日”活动在深圳已经连续成功举办七年，组委会通过“玩乐、赏乐、论乐、淘乐”等环节，贯彻国家美育教育方针，推广“音乐让生活更美好”的理念。

此外，音舌鼓文化发展联盟、罗兰数字音乐教育、海伦艺术教育、天鹅口琴、京珠钢琴、郎朗音乐巴士等单位和机构，以及全国各地的音乐爱好者们，都依据各自情况组织了各具特色的活动，“6·21国际乐器演奏日”已经真正深入人心。

“玩乐器，交朋友”，进入中国八年的“6·21国际乐器演奏日”，正在传递着一种“全民同乐”的态度，让更多的人共享演奏的快乐，广交音乐之友。正如王世成理事长所说：“我们期望通过‘6·21国际乐器演奏日’这个平台，更进一步弘扬民族文化，提高人民文化素养、审美水平和艺术修养。今日中国，乐器演奏已经融入国家美育教育和全民素质教育，成为中华文化传承发展中的有效载体，将迎来更大的推展与繁荣。”

围绕“四个聚焦” 共商复苏之策
——王世成理事长赴长三角地区乐器行业调研

为全面贯彻落实党的二十大精神和中央经济工作会议精神，坚持稳字当头、稳中求进，坚持供需双向发力，有效推进全行业“创新融合年”的工作，中国乐器协会从准确了解行业运行情况和面临的困难与诉求，交流2023年行业工作重点，促进全产业链高质量融合发展角度出发，从2月中旬开始，开展为期1个月的调研。调研采取企业现场考察、集中座谈、专题交流、问卷调查等方式，聚焦运行态势、聚焦内外订单、聚焦科改投入、聚焦经验建议，力求做到全面、精准、落地、有效。

中国轻工业联合会党委副书记、中国乐器协会理事长王世成率调研组重点考察、调研长三角地区的部分乐器企业和产业集群。自2月21日起4天时间，分别在上海、无锡、扬州等地考察了多家企业，召开了4次座谈会，40多家乐器企业和3地产业集群负责人分别参加了座谈。从调研的总体情况来看，长三角地区乐器企业年后复工较好，企业普遍措施得力，士气高昂，效益回稳。

一、聚焦运行态势　探讨特点找准亮点

2022年，长三角地区乐器产业运行状态不尽相同，在产品、品牌、市场、营销体系等方面各有千秋。

1．产品本身各具特色

因产品的不同而体现出来的主营业务收入差异化很明显，一是民族乐器地区化差异很大，上海民族乐器一厂营收与利润同比分别增长76.5%和119%，苏州民族乐器一厂营收与利润同比分别增长近10%和12%，而扬州地区大部分企业营收同比持平、部分企业降幅超过20%。二是口琴行业逆势上扬，奇美乐器（含国光）、东方乐器营收同比增幅均超过15%，利润同比增长10%以上。三是处于黄桥地区的提琴和江阴金杯手风琴、吟飞电鸣乐器、天鹅乐器等保持了平稳微降态势，同比下降在10%以内。四是降幅较大的三个行业，首先是钢琴行业普遍降幅较大，相关企业降幅在28%左右，德清钢琴产业集聚区内产成品和配件总量同比降幅近50%；黄桥地区的吉他产品降幅超过30%；琴行和艺培行业，长三角地区与全国相似，同比降幅近50%。上海知音琴行作为业内领军企业，上半年成功控制住了下滑趋势，下半年通过调整运营策略，业绩不断回升，实现平稳收官。

2．品牌效益充分显现

名优品牌在这一轮的经济下滑态势中发挥了很大的作用。敦煌、虎丘、国光、奇美、东方鼎等品牌产品，在三年特殊挑战形势下业绩持续增长，成

为同类产品中的佼佼者；吟飞、凤灵、金杯等品牌在2022年能够抓得住外销市场，保持销售平稳。充分说明了高品质、名品牌产品在市场竞争中具有强大的影响力。

3．内外市场参差不齐

不同的产品在国内外市场上消费敏感度明显有差异。就外销市场而言，由于国外对公共卫生管理措施的调整与放宽较国内早，所以管乐、口琴、打击乐、提琴等产品2022年下半年的出口呈现恢复性增长，特别是管乐类产品增幅明显超过其他产品；海伦钢琴在俄罗斯等市场的销售增长了8.2%；而吉他产品由于2020年下半年与2021年下半年均一度出现爆发性增长，在全球消费普遍疲软的情况下，国外经销商库存消化缓慢，导致2022下半年订单断崖式下降。就内销市场而言，受管控措施和“双减”政策两大因素的影响，全行业下行压力较大。琴行（艺培）业的萎缩就是整个内销市场的晴雨表；另外比较典型的现象就是黄桥的吉他产品、扬州古筝产品、德清钢琴产品等“同质化”程度较高的行业，竞争优势不明显，市场影响较大。

4．营销模式各领风骚

“敦煌”作为“中华老字号”品牌，总结提炼出了“文化营销”加“品牌建设”，再加“创新驱动”，形成了“一体两翼”相互支撑、相互促进的格局，成就了“敦煌”产品特殊时期突破重围、高位增长的好势头；“国光”作为“上海老字号”品牌，与奇美乐器完成战略整合后，在国内外市场开启了“全网覆盖”“品牌整合”“市场细分”三位一体的营销模式，保持了三年持续增长的好势头。对吟飞、凤灵、金杯等企业直接把营销平台建到国外去的做法，对东方、爱韵等企业跨境电商体系的完善，对知音琴行在特殊时期推行“线上种草”与“线下体验”客户转化方式以及“绿叶帮”在线音乐活动等拉动市场的方式都值得借鉴，利于推广。

二、聚焦内外订单　市场回稳前景可期

随着国际市场的回暖升温和国内公共卫生管理政策的全面调整，乐器行业回稳向上的态势明显。春节刚过，各企业已步入紧张而有序的复工生产、抓单交货良性轨道。2023年市场响应速度总体呈现“三慢三快”的特点。一是“外销快内销慢”。吟飞科技以外销市场为主体，今年上半年订单已经排满，预计全年营收会达到或超过2021年的规模；凤灵提琴、金杯手风琴外销的订单都排到5月份，但内销的单量明显不足；奇美、东方、天鹅的外销订单上半年也都到位，有的甚至到了8月份，但内销的单量同样慢了半个节拍；民族乐器普遍的情况是一季度订单不足，但二季度往后的订单已陆续增加；一些企业认为，需要给消费者一个适应期，二季度市场恢复预计向好、下半年全面上升是完全可能的，但内销市场要想回到之前的状态，还需要一个很长的恢复期，琴行艺培机构是关键。二是“高端快低端慢”，各企业里中高端产品、定制款、签名款、名优品牌产品渐成销售热点。为庆祝何占豪先生九十生辰，上海民族乐器一厂与上海博物馆共同推出限量联名款耄耋童心古筝，该产品设计、选材、工艺均堪称一绝，推出后订购一空；知音琴行春节以来，无论是线上浏览、还是线下体验，对中高端产品的咨询明显多于低端产品；南京爱韵是行业内专业从事国际贸易的公司，他们也反映2023年国外客户对中国的中高端乐器询价频率比较高。三是“新品快传统产品慢”，金杯乐器开发的“格兰德系列自由低音高端手风琴”畅销欧洲市场，金韵乐器研发的“电筝”已成功打入美国市场，中昊乐器与同济大学电信学院合作研发的“智能音律”系统已成功植入到古筝、古琴产品的教学中，开启了未来乐器的新思维，另外从知音琴行销售统计发现，今年电声乐器（含电钢）的销售量明显大于传统乐器产品。

三、聚焦科改投入　持续增量后势强劲

尽管2022年下半年行业经济下行压力增大，各企业综合效益波动也很大，但全行业科技创新与技改投入势头不减，2022年底中国乐器协会对22家规模以上企业科技创新与技改两项投入进行了抽样统计，科改投入强度达到5.23%的较好水平。座谈会

上各企业负责人一致认为，即使在市场低潮的形势下，技术创新投入也必须做到持续增加，才能驾驭市场，更好地发展。陈海伦董事长介绍说：“2022年海伦公司产品研发和音乐教育课程研发等投入占了营收的4.2%，设备以及智能生产线的技改投入也不断加大，这似乎给企业当年的运营带来了负担，但其实不然，科技创新投入恰恰是为企业2023年的高质量发展增添了后劲。”范廷国总经理介绍说：“吟飞2021年市场直线上升，但2022年下半年也一路下滑，我们沉下心来抓研发、创新品，全年研发投入占了营收的10%以上，效果很好，为2023年占领高端市场打下了基础。”朱文玉董事长介绍说：“2022年知音对8个门店做了改造、扩建，投资也很大，但却充分展现了企业文化，大大提升了品牌影响力，也为2023年提高客户到访率打下了基础。”吟飞、奇美、东方、金杯、天韵、中昊等企业负责人都分别介绍企业在科技创新方面的投入情况，特别是中高端产品和智能化、数字化方面的投入，为今后的发展夯实了基础。

四、聚焦经验建议　问题导向举措到位

调研和座谈中，企业家们和集群负责人在校企合作与推动产、学、研、用有机融合，有效拓展国内外市场，产业政策引导等方面的许多成功经验上，都做了交流分享。就发展中碰到的关于对艺培机构监管过度、相关乐器出口退税问题、招标乱象、价格恶性竞争、环保压力、专业技术人才需求与培育、创新产品的推广与评价等问题，王世成理事长与大家做了充分的交流，探讨问题根源，梳理解决思路，指导途径方法。特别就“簧片”研发、《乐器有害物质限量》国家标准宣贯与施行期衔接、与地方政府对接协调等问题，理事长要求全行业共同配合，协调资源重点落实，并要求中国乐器协会随行工作人员做好备案，负责跟踪和服务。

座谈会上，王世成理事长对与会企业提出了任务、要求和希望，要充分研判国内外市场形势，牢牢抓住市场复苏的机遇，全力以赴抓当前、谋长远。指出要切实制定发展规划，认真研究中国乐器协会部署的“创新融合年”工作，把“三创新、三融合、两提升”具体目标落到实处、抓出实效。围绕全年和今后一个阶段的工作，王世成理事长提出了“六个着力、六个稳”总体思路，为全行业加速实现经济稳步增长把脉支招。一是着力提振信心、稳增长，二是着力顶层设计、稳定位，三是着力早抓订单、稳市场，四是着力创新引领、稳投资，五是着力品牌价值、稳品质，六是着力把握预期、稳现金流。

王世成理事长对长三角地区乐器行业的发展寄予厚望，对各位企业家三年来面对挑战，抓市场、忙生产、保稳定、谋发展所作出的努力表示亲切慰问，并向为本次调研活动做好精心准备工作的相关企业、地方政府相关部门、行业组织以及产业集群表示衷心的感谢。

赋能产业集群务实推动高质量发展——全国乐器产业集群工作现场交流推进会在黄桥举办

2024年6月21日下午，全国乐器产业集群工作现场交流推进会在江苏黄桥召开。中国轻工业联合会党委副书记、中国乐器协会理事长王世成，中国乐器协会专职副理事长孙瑞勇，泰兴市委常委、黄桥镇党委书记蒋益公，以及来自全国11家乐器产业集群——江苏黄桥、扬州，河北肃宁、武强、饶阳，贵州正安，北京平谷，天津静海，山东郿部，河南兰考，浙江德清洛社、余杭中泰等地的政府领导、

产业集群相关负责人、行业组织代表以及骨干企业领导参加会议。正在申报乐器产业集群的河北武强县领导也参加了会议。

座谈会上，与会代表逐一发言，介绍了各自集群工作上的好经验，好做法，并针对下一步工作，提出了建议。几年来，乐器产业集群规模持续扩大。自2005年11月起，中国乐器协会开始在行业内对产业集群进行培育和共建工作，在中国轻工业联合会的指导和统筹下，乐器行业产业集群规模持续扩大，结构布局更加优化，发展趋势日益向好，质量效益显著提升，已形成多种因地制宜、特色鲜明的集群发展模式，在行业发展中占有重要位置。截至2024年6月，乐器行业产业集群共有11家，包括4个“之都”、3个“基地”，4个“之乡”。以上11个集群分布在7个省（区、市），主要产品涵盖钢琴、提琴、铜管、木管、吉他、电吉他、手风琴、古筝、扬琴、琵琶、二胡、民族打击乐、竹笛、葫芦丝等中西乐器。中国乐协统计，2023年国内11个乐器产业集群内共有乐器企业2028家，从业人数约10.6万人，年销售收入约136.68亿元，同比上升8.31%，在整个行业发展中占有重要位置。

各具特色亮点纷呈：近年来，11个集群所在地政府都非常重视乐器产业链的融合发展，多措并举、精准施策，推动集群经济做大做强。河北肃宁县充分利用在京津冀地区的区位优势，加大对外引资和对内培育的政策扶持力度，强化服务保障，使得乐器产业发展势头强劲。特别是自2021年共建“中国北方乐器之都”以来，从扩大规模、优化政策、振兴乡村、促进电商四个方面着手，强化弱项、补齐短板，努力推动乐器产业发展壮大。县委县政府还成立专班接续引导支持乐器产业转型发展。天津市静海区乐器产业主要分布在蔡公庄镇、中旺镇和子牙镇三个区域，其中蔡公庄镇主要生产西洋管乐，鹦鹉手风琴坐落在中旺镇，子牙镇主要生产笙、管、笛、箫、葫芦丝等小件类民族乐器。政府在人员技术培训，补强产业链等方面加大支持力度，为企业发展创造良好环境。利用中旺大集策划人才招聘会，帮助华韵乐器解决了用工紧张的问题。华韵乐器在组织“鹦鹉手风琴艺术节”的过程中，也得到静海区文旅局和中旺镇政府的大力支持。子牙镇为解决葫芦丝的原材料问题，专门建了葫芦种植园，政府还在乐器产销、音乐教育及文化旅游等方面给予支持，致力打造出“音乐乡村”的概念。江苏黄桥镇，由政府投资5000多万元建设的“绿岛”环保项目，规划设计了全自动欧米伽静电喷涂生产线和自动化抛光、打磨设施。新征项目用地，新建标准厂房，年底前投产运行，年可完成35万只提琴系列产品表面处理，基本满足全镇中小型乐器企业的生产配套需求。山东郿郚镇，引导成立乐器小微电商企业124家，通过阿里巴巴国际站、亚马逊等平台，对接国际用户和订单，年完成国际订单2.5万笔、营业额突破3.6亿元；引导乐器企业发展国外代理、建设海外专仓，进一步提升物流配送时效。贵州正安县举办了中国吉他制作大赛、吉他音乐节及贵州正安吉他展览会，进一步提升了园区吉他生产水平，有效促进了吉他工业、吉他文化、吉他旅游三位一体融合发展和产业转型升级，逐步实现“吉他制造”向“吉他文化”的链式发展。河南兰考县，将乐器产业发展作为区域经济重头戏，从机构助力—政策惠及—活动平台—价值链延伸—企业品牌培育等形成了闭环发展。兰考作为2023年首届全国古琴制作大赛举办地，共有来自16个省（区、市）的98个企业、工坊或个人选送的169张古琴报名参赛。这些精美的参赛作品不仅规格高、价值高，且形制风格丰富多样。据统计，共有42种不同形制的古琴参赛，展现了目前中国古琴制作技艺的水平，亦彰显古琴文化的传承发展与匠心之美。北京平谷区，在疏解非首都功能大环境下，逐步调整集群结构，务实推进产业升级。目前全部完成煤改清洁能源。涉粉尘车间全部完成防爆、降尘升级改造，比改造前减排将近60%。基地龙头企业研发植物漆替代化工漆，实现提琴上色的“绿色革命”。2024年5月，第五届中国国际提琴与琴弓制作大赛在平谷举行，共有10个国家及国内24个省（区、市）的261名选手参赛，共提交456件作品，创历届最高。扬州琴筝之都，打造琴筝非遗文化产业园，定期组织琴筝爱好者进行游学，定期举办琴筝教师培训班等。杭州余杭的竹笛之乡、德清洛舍的钢琴之乡、衡水饶阳的民乐之乡突出区域特色，探索实现路径，积极推动发展。11个产业集群各具特色，很有借鉴价值。

座谈会上，中国乐器协会理事长王世成作重要讲话。他首先对产业集群工作进行了点评与总结。他指出，几年来，乐器产业集聚效应显著，激发区域经济创新活力。一是产业集聚驱动高质量发展引擎。通过乐器产业集群内地方政府、行业组织和骨干企业的深入座谈交流，我国乐器产业集群展现出鲜明共性特征：显著的产业集聚效应优化了资源配置，降低了成本，从而大幅提升了整体竞争力；完整的产业链条，确保了产品品质的稳定性和市场供应的多样性；持续的技术革新，推动了产业升级，满足了市场对高品质乐器的追求；积极的品牌建设策略，增强了消费者的信任和市场的认可度；而政府的大力支持，则为集群的稳健发展提供了坚实保障，推动了行业的全面转型升级。这些特征共同助力中国乐器产业集群，向更高质量、更高水平迈进。二是特色集群创建发展，工业、文化、旅游融合展新貌。近年来，中国乐器产业集群，以强劲发展势头和独特区域发展模式，为地方经济注入新活力。东部黄桥镇的“中国提琴产业之都”，以其提琴的规模化生产和全球销售网络而著称；“中国乐谷”则依托深厚的提琴制造底蕴，成功拓展音乐教育、文化旅游等多元产业，构建了产学研用一体化创新模式。贵州省正安县作为全球最大吉他生产基地，通过“工业、文化、旅游”的融合发展，有效推动地方经济的繁荣。河北肃宁县以“星海”“乐海”等知名品牌为引领，技术研发和标准化建设走在行业前列，荣获“中国乐器行业先进产业集群”称号。天津静海区的乐器产业，以手风琴和各类西洋、民族乐器为主导，通过提升产业知名度和发展音乐教育，实现了高质量发展。昌乐县鄌郚镇的电声乐器产量占全国前列，注重品牌和文化附加值的提升，成为国内外知名的乐器生产基地。此外，河南兰考、德清洛社、余杭中泰、河北饶阳和扬州琴筝产业等集群也各具特色，通过政府支持、精准施策和企业创新，实现了持续健康发展。这些集群不仅在产品制造上追求卓越，还积极探索文化旅游、音乐教育等多元化发展路径，推动了乐器产业的全面升级，同时传承和弘扬了地方文化。三是集群面临共性挑战，谋求突破发展瓶颈。当前市场竞争加剧，要求企业不断提升产品品质、控制成本和增强创新能力。原材料价格波动和劳动力成本上升，给企业带来成本压力。乐器制造技术的快速更新换代，要求企业持续投入研发。国际贸易环境的变化，对出口型企业构成风险，要求企业灵活应变。此外，高级技术人才和管理人才的缺乏，也成为制约集群发展的关键因素。为应对这些挑战，各乐器产业集群需积极寻求转型升级之路，通过技术创新、品牌建设、市场拓展等措施，推动产业持续健康发展。

作为世界乐器制造、消费及出口大国，王世成会长强调，中国乐器行业近年来保持了稳健的发展步伐，产业集群规模也在持续扩大。当前行业发展趋势主要呈现五大特征。市场虽有所波动，但整体趋势渐趋平稳；内需复苏步伐虽缓，但外销渠道多元化且增速提升；低端市场逐渐萎缩，而高端市场需求持续增长；技术创新为行业注入新动力，品牌优势日益显现；娱乐需求日渐旺盛，人均消费潜力巨大。他强调，乐器行业在经历了2023年的低位运行后，现已呈现出企稳回升态势，行业效益有望提升。2023年1月至4月，乐器行业运行状况明显改善。具体表现在以下五个方面：一是行业规模逐步扩大，生产活动回升向好，工业增加值同比增长0.7%，环比增长16个百分点。二是市场需求虽仍不畅，导致主营收入略有下滑，但降幅正在逐步收窄，营收同比下降3.39%。三是盈利状况不断改善，行业复苏趋势分化明显，利润增长达34.79%。其中，西乐市场仍呈下滑趋势，但电子乐器市场表现强劲，同比增长高达498.81%，中乐器市场也实现16.24%的增长，利润率达20.95%。四是出口市场持续向好，尤其是新兴市场表现亮眼，累计出口增长14.28%，连续四个月保持正增长。高附加值产品如弦乐器、打击乐器、电子乐器等继续保持高速增长。对亚太经济合作组织（APEC）成员国、《区域全面经济伙伴关系协定》（RCEP）成员国以及欧盟、东盟和“一带一路”沿线国家的出口，均实现显著增长。五是由于内需减弱，进口受到一定抑制，同比下降27.43%，其中钢琴等产品降幅超过30%。尽管整体趋势积极，但西乐市场，尤其是钢琴市场，仍面临较大压力。

在当前复杂多变的市场环境下，为确保乐器行业的持续健康发展，王世成理事长强调，各产业集群必须全面贯彻落实中央“稳中求进、以进促稳、先立后破”的总体要求，同时积极响应乡村振兴和区域发展战略。他进一步强调“六进六稳”的工作思路。一是推进在央地政策叠加，稳定企业信心。面对供给冲击、需求收缩、预期减弱等困难，建议集群所在地政府充分利用国家各项产业政策，出台区域性的支持政策，如奖励创新、激励专精特新、鼓励乐器进校园等，以政策叠加效应激发企业发展信心，实现逆势增长。二是推进在群内企业抱团，稳定良性运转。集群企业应充分认识到命运共同体关系的重要性，加强上下游企业间的合作与联动，实现资源共享、优势互补。地方政府、集群管委会和中国乐器协会应给予更多服务支持，促进企业间的经验交流和市场分享，共同应对市场风险。三是推进在拓展内外市场，稳定订单增长。通过主动开展市场调研，搭建线上线下销售通道，重点提高中高端市场覆盖率和高附加值订单占比。领军企业需持续调整结构，提升产品品质，实现有效益的增长。同时，需关注原材料成本、人力资源成本等因素，提高利润空间。四是推进在加大研发投入，稳定创新支撑。持续加大创新研发力度，围绕产品创新、管理创新和渠道创新，推动自动化、智能化、绿色化流程再造。完善企业科技创新体制机制，培育新质生产力，加大培训力度，培养中高端市场所需的新产业工人。五是推进在链式融合发展，稳定竞争优势。运用融合思维，坚持“产业为基、文化为魂、融合为径、人才为本”原则，探索产业链与价值链的深度融合。可尝试双品牌融合发展、校园艺术市场拓展、制造业与文旅业结合等模式，打造特色竞争优势。六是推进集群持续增值，稳定发展。作为行业发展的重要平台，各集群需不断完善“一平台六中心”建设，即智能制造中心、创新创业中心、国际对标中心、检测追溯中心、智慧物流中心、投资决策中心。应因地制宜地发展跨境电商平台，确保集群经济的持续增值和健康发展。

座谈会由孙瑞勇主持，蒋益公致欢迎辞。

推动乐器行业高质量发展
奏响乐器科技新时代华章
——2023乐器行业科技创新与产业发展大会专题综述

编者按：岁末时节，2023 乐器行业科技创新与产业发展大会在珠海圆满闭幕，专家学者、业界领军人物、企业代表等齐聚一堂，共话创新科技与乐器行业深度融合，致力推动乐器行业高质量发展。复盘本次会议，王世成理事长立足行业发展全局，总结年度科技创新工作，谋划2024新战略；白春礼院士阐述未来科技趋势的独到之见；69键家庭学习钢琴、智能演奏电吹管、敦煌低音筝和音乐密码学习机四件创新产品展现乐器科研创新方向与阶段性成果；“中国民族乐器大数据中心”“碳纤维复合材料在手风琴产品上的研究与应用”“基于大模型的多模态生成式AI智能谱曲电钢琴”产学研合作项目成功签约，积极助力器乐文化普及和行业创新发展。在互动交流中，业界同仁探讨科技创新成果转化为市场竞争力的发展共识，推动乐器行业迈向高质量发展新征程。

一、科技引领乐器行业高质量发展新路径

本届大会以“创新·融合品质·品牌”为主题，聚焦乐器行业的科技创新与“三品”建设，旨在通过科技力量巩固产业发展。2023年，全行业在中国

轻工业联合会领导下，实施了“两翼发力、六轮驱动”的工作思路，取得了实质性成果。王世成理事长在年度工作报告中对2023年度行业科技创新工作做了全面总结和梳理，并就构建科创新体系、优化融合新路径、提升品质新动能、塑造品牌新活力四个方面对未来行业科技工作和产业发展做了分析和部署。王世成理事长的报告综合分析了行业当前运行情况与发展特征，指出市场的波动性与内需恢复的挑战，同时强调科技创新和品牌建设的重要性，明确2024年“创新与品质提升年”新目标，并从优化体系建设、产业政策驱动、品质提升机制、品牌战略完善等方面，提出实现全年目标的详细策略，旨在提升乐器行业的综合竞争力，应对市场波动，激发创新潜力，以实现“十四五”规划的全面战略目标。

大会期间，白春礼院士和格力电器副总裁方祥建共同强调了科技创新在推动音乐文化和乐器产业发展中的核心作用。在《世界前沿科技发展趋势》报告中，白春礼院士从宇宙起源探索到量子技术、生命科学以及信息技术的飞速发展，全面解读了科技前沿的发展态势。他的讲座深入浅出，涵盖了科技在社会经济发展中的广泛应用，特别是人工智能技术如何推动经济社会向数字化转型。白院士还强调了新材料、先进机器人、工业互联网技术以及mRNA技术和脑科学研究的最新进展，为乐器制造业如何借鉴和应用创新技术提供了宝贵的启示。

格力电器作为中国家电行业的翘楚，其在技术创新、质量管理和环保责任方面的实践，从企业角度展示了高科技企业在推动行业创新中的重要作用。方祥建详细介绍了格力电器强劲的研发实力、严格的质量管理体系以及在标准创新方面的努力。近年来，格力电器通过不断探索新技术、新材料和新工艺，实现了自身的转型升级，同时推动了家电行业的进步。他的分享不仅展示了格力电器的发展历程和未来计划，也为乐器制造业提供了转型升级的有益借鉴。

在科技迅猛发展的当下，乐器制造业面临着如何应用新科技、新材料、智能和数字技术的挑战。白院士的全面解读和格力电器的实践案例，为行业同仁开拓了思路，指明了乐器产业高水平融合和高质量发展的方向。这些洞见和实践无疑将激发行业内外更多的讨论和探索，推动乐器行业在科技创新的浪潮中锐意前行。

二、创新科技、用户体验驱动乐器产业新时代

聚焦本次大会四项新品创新成果展示，69键家庭学习钢琴、智能演奏电吹管、敦煌低音筝和音乐密码学习机，生动彰显科技在优化产品设计、提升用户体验和满足市场需求中的重要性，也预示着乐器制造业在迎接新技术、新材料、智能化和数字化领域的新挑战和机遇。创新家庭音乐消费体验，广州珠江钢琴集团股份有限公司和四川音乐学院合作推出的【珠江UP100】69键家用钢琴，成为家庭和琴房的理想选择，凭借其创新设计和实用功能，满足了现代家庭对音乐学习和欣赏的需求。通过减少键数，该款钢琴既节省了空间又降低了成本，同时保持了传统钢琴的优良音质和手感。可以说，这款钢琴不仅为家庭带来艺术美感，还体现出环保和资源节约的设计理念。

智能乐器引领银发经济新潮流，深圳市蔚科科技开发有限公司的NES-1智能演奏电吹管以其便携性、易学性和丰富音色获得了中老年群体的喜爱，标志着智能乐器在银发经济中的巨大潜力。电吹管的物理按键和扬声器系统，以及与移动设备的兼容性，为各年龄段用户提供了便利和乐趣。该款乐器的设计不仅满足了功能性和音质的双重需求，也展示了科技与艺术的创意融合。

聚焦民族低音乐器改革，上海民族乐器一厂李素芳和中央音乐学院的曹媛老师共同展示了敦煌低音筝新品，向与会代表汇报了民族低音乐器改革创新的阶段性成果。敦煌低音筝的设计理念和技术挑战，不仅扩展了传统古筝的音域，更提供了丰富和深沉的音效。这项研究不仅丰富了民族音乐的表现力，也为传统乐器的现代化和国际化开辟了新路径。

智能乐器创新研发助力器乐普及推广，北京视感科技有限公司的音乐密码学习机代表了智能乐器和音乐教育的创新方向。骆石川先生的讲话强调了人工智能和音乐交互方式在降低学习门槛、推动音乐普及方面的重要性。音乐密码学习机不仅使键盘乐器学习更加高效有趣，也预示了音乐教育和普及

的未来趋势。

透过新品的展示，创意设计理念和多模态融合技术共同勾勒出乐器产业科技发展的未来轮廓，彰显了产业协同合作和创新思维在实现行业高质量发展中的重要性。新的创意设计理念共同勾勒出一个由科技驱动、以用户为中心的乐器产业新时代。

三、大数据、碳纤维和AI技术引领未来音乐发展

在“2023乐器行业科技创新与产业发展大会”上，三个重要的产学研合作项目路演签约仪式同步成功举行，旨在将高科技技术应用于乐器制造和音乐教育领域，推动传统艺术与现代科技的融合。

北京乐界乐与扬州生态科技城签署了建设“中国民族乐器大数据中心”的项目合作协议。这一创新项目将利用互联网、云计算和大数据技术，为民族乐器行业的数字化转型提供强有力的支持。通过广泛的数据收集、分析和应用，中心旨在推动产业协同合作、加快民族乐器的创新发展，并促进民族音乐文化的传承与普及。项目的成功实施将标志着中国民乐繁荣发展和产业生态升级的重要一步。

江阴金杯手风琴与江苏集萃碳纤维技术研究院签订了“碳纤维复合材料在手风琴产品上研究与应用”的项目合作协议。该项目致力于探索碳纤维这一高科技材料在手风琴制造上的应用，旨在通过提升手风琴的性能和生产效率，开创手风琴制造的新篇章。碳纤维的轻质、高强度和耐腐蚀性特点有望大幅提升手风琴的音质和耐用性，同时为乐器设计带来更多自由度，预示着手风琴及其他乐器的制造和演奏将迎来更多令人激动的可能性。

得理乐器（珠海）有限公司与北京理工大学珠海学院签署了“基于大模型的多模态生成式AI智能谱曲电钢琴”的项目合作协议。这一前沿项目将基于大型语言模型和多模态输入技术，研究并开发一种能够理解并生成音乐的人工智能系统。通过这种技术，生成的音乐不仅将准确清晰，而且能够匹配不同情绪、曲风和场景，极大地丰富音乐创作的可能性。该项目的实施预示着AI在音乐创作和演奏中将发挥越来越重要的作用，引领音乐产业的创新发展。

可以说，三个项目的成功签约，不仅体现了乐器行业在追求更高性能和更佳音质方面的不懈努力，也展示了科技在推动传统艺术与现代创新融合中的巨大潜力。

结束语：回顾2023乐器行业科技创新与产业发展大会，大会强调科技创新在推动音乐文化普及和乐器产业发展中的核心作用，鼓励行业同仁共同努力，实现科技与艺术的高度融合。面向未来，乐器行业将扣创新主题，探索更多创新路径，融合音乐文化产业链，全面助力全行业高质量发展。

转型升级谋新局　应对市场新挑战、新机遇
——钢琴产业交流座谈会在扬州成功举办

2024年4月22日，在全球经济新常态与钢琴行业面临深度调整的背景下，中国钢琴产业交流座谈会，于中国乐器协会八届二次会员代表大会前期在江苏扬州成功举办。中国轻工业联合会党委副书记、中国乐器协会理事长王世成，中国乐器协会专职副理事长陈晋武，专家委员会副主任曾泽民，以及珠江、海伦、长江、星海、东北、福州和声、烟台金斯波格、博兰斯勒等钢琴企业的代表到会交流座谈。面对传统钢琴销量周期性波动和市场多元化需求，座谈会深入探讨钢琴产业创新路径与可持续发展策略，与会代表就智能钢琴新型产品研发、市场开拓、教育质量提升、银发经济进行热烈讨论，并达成有序促进行业高质量发展的合作共识。座谈会的成功举办不仅为业内交流与合作提供对话交流平台，更为中国钢琴产业的转型升级指明方向，标志钢琴产业在主动进入产业结构性调整、追求品质

与创新道路上迈出坚实步伐。

一、解析钢琴市场趋势，应对行业变革与挑战

座谈会上，王世成理事长从四个层面对钢琴市场进行了深入分析。第一，王世成理事长回顾了近二十年来钢琴行业的快速发展，强调钢琴在音乐教育中的重要地位，并指出当前市场需求正在发生变化，钢琴产业将继续领军乐器行业，为音乐教育贡献力量。第二，国内外乐器消费需求潜力巨大，虽然当前钢琴产业面临阶段性困难，但是暂时性的。去年11月份从产业调研入手，中国乐器协会陆续起草完善《中国钢琴制造业转型升级对策研究》，力求用科学方法分析问题、解决问题，把握方向，明确共识，引导产业主动调结构，做好产业升级。在本届理事会上，中国乐器协会特别推出《中国乐器之歌》，以提振产业发展信心，激发行业同仁应对挑战的自信。王世成理事长坚信，乐器成为家庭标配、音乐成为生活刚需是不可逆转的宏观趋势。第三，多重因素导致市场调整期提前到来，包括经济预期的变化等。王世成理事长详细列举了影响钢琴市场的几个关键因素，如艺培机构的问题、大件商品购买力下降等影响因素。第四，王世成理事长对艺培机构整顿、二手钢琴、中高考政策调整等热点问题进行深入剖析，并提出针对性的建议。他强调，会员企业应根据自身情况灵活调整策略，以适应市场变化。

“协会与会员企业是一个紧密合作的大家庭，需要共同面对挑战”，中国乐器协会专职副理事长陈晋武表示，协会长期关注二手钢琴问题，与海关总署和国家主管部门保持沟通，并支持海关总署对钢琴进出口产品的规范管理，包括设立明确分类和规定以便于管理，以及海关总署对二手钢琴企业进行产业调研和税收查询等，以促进整个行业的健康与持续发展。

曾泽民指出，当前全球钢琴市场趋于饱和，中国钢琴市场面临挑战，建议通过行业抱团、抓住专业考级市场和开发中老年市场等策略来应对。他强调产品创新和市场需求的重要性，如关注电钢琴的潜力，并建议根据消费需求进行细分市场的产品创新。

二、共克时艰，探索创新发展之道

座谈会上，多家骨干企业代表就钢琴行业现状与应对举措进行深入交流和探讨。会议透露出钢琴行业虽然经历严峻市场考验，但同时展现业内企业积极应对、团结协作的精神面貌。

与会企业反映，近年来钢琴生产和销售量出现周期性下滑，企业生产运营增压。海伦钢琴董事长陈海伦在讲话中提到，受国际国内经济形势、奢侈品市场受压以及国家政策导向等多重因素影响，钢琴行业正面临前所未有的周期性波动。然而，面对困境，各企业并未选择退缩，而是积极寻求创新应对举措。在创新发展路径上，企业展示出各自的特色和优势。例如，珠江钢琴集团在国际技术研发方面取得显著成就，填补了民族钢琴品牌在国际高档钢琴市场的空缺。海伦钢琴已经开始在智能钢琴和艺术教育领域进行布局，寻求新的增长点。

在市场和品牌建设方面，多家企业开始探索新的销售渠道和营销策略。星海钢琴赋能产业链上下游，以确保产业链的稳固发展。东北钢琴则通过与营口传媒中心合作，利用新媒体平台进行销售，开拓新的市场领域。

值得一提的是，各企业在面对挑战时，不仅关注自身的发展，还积极承担社会责任。柏斯音乐集团高级经理雷建军提到教培行业面临的困境，并建议相关部门优化管理模式，以促进行业的健康发展。烟台金斯波格钢琴总经理王勇强强调保护传统行业的重要性，并呼吁业界同仁群策群力，有效化解市场下行压力。总体来看，虽然钢琴行业当前面临严峻挑战，但业内企业展现出顽强的拼搏精神和创新能力。通过团结协作、共商发展大计，相信钢琴行业能够渡过难关，迎来新的发展机遇。

三、“四化”谋篇布局，指引产业创新路径

座谈会接近尾声之际，王世成理事长在倾听各骨干企业的深入交流后，进行了总结性发言。他指出，随着全球经济形势不确定因素增加以及人口老龄化加剧、新生儿数量的持续减少，钢琴产业正迎来前所未有的社会挑战。为应对形势变化，产业内

部正在积极开展细分市场的探索，不断创新消费场景，力求通过团结合作来共谋发展之路。在产业结构调整与转型升级的大背景下，企业之间的紧密合作与深度交流显得愈发关键。尽管各企业在发展中选择的路径有所相似，但真正决定成败的在于谁能更敏锐地捕捉市场先机，谁能更精准地深化市场布局。此外，王世成理事长强调，拓展新的业务领域并不一定会引发资金链紧张，关键在于企业如何精准地平衡风险与机遇，巧妙地管理潜在的风险。而此次面对面的座谈会正是业内加强沟通、凝聚共识的一个重要平台，大家携手并进，共同推动钢琴产业走向持续健康的发展轨道。

对于钢琴产业的调整路径，王世成理事长提出四点建议：

第一，要深刻认识到钢琴产业的历史贡献与需求潜力，坚定围绕乐器行业发展钢琴产业的初心，持续为行业贡献力量，同时积极寻求国际合作，担当行业发展的重任。

第二，要相信钢琴企业能够度过特定历史阶段，积累应对挑战的经验，为未来发展奠定坚实基础。

第三，王世成理事长强调了战略决策的重要性。企业需具备战略定力，审慎选择发展路径，优化资源配置，提升产业效率。海伦钢琴的合作案例展示了合作对产业发展的促进作用，值得业内同仁深思。

第四，王世成理事长倡导企业转型升级，走品牌化、中高端化、智能化、多元化的发展路径，这是提升竞争力的关键。品牌化能提升市场影响力，中高端化满足高品质需求，智能化是创新方向，多元化则满足市场多样化需求。这“四化”建设相辅相成，共同推动钢琴产业的创新发展。

王世成理事长强调，钢琴企业需要重点关注细分市场，从制造角度精细化满足各年龄段和层次的消费者需求。例如，针对中小学生推出教学级别的钢琴，针对银发市场推出适配的电钢琴。同时，今年的上海国际乐器展览会推出“双十五”战略，将组织不同主题活动来推动市场的发展。座谈最后，理事长鼓励企业在逆境中展现真功，积极寻找解决方案，兼顾长远利益，调整策略以应对挑战。他将与中国乐器协会共同支持企业，坚定信心，共同努力克服困难，创造辉煌的明天。在这个过程中，协会始终与企业站在一起，共同应对挑战，推动钢琴市场的持续发展。

突破传统，拥抱创新
——琴行分会论坛助力行业转型升级

中国乐器协会琴行分会、音教分会论坛作为2024国民音乐教育大会重要板块，于7月5日在华东师范大学大零号湾艺术中心举办。中国轻工业联合会党委副书记，中国乐器协会理事长王世成、专职副理事长孙瑞勇、陈晋武，秘书长刘勇；中央音乐学院原党委书记，中国乐器协会专家委员会常务副主任、研究员赵旻；著名音乐教育家，中央音乐学院原副院长周海宏等出席论坛。

一、美育强国，传统琴行迎接“三新”市场挑战

王世成在开篇讲话中，强调音乐教育对推动文化强国建设的重要作用。他从三个维度分析了当前琴行与艺培机构市场的运行特点：第一，音乐教育产业市场总量持续攀升。数据显示，2023年音乐教育产业总产值达到1616.7亿元，同比增长14.6%；音乐考级人数达到421万人次，同比增长25.3%；中小学生学习乐器人数从2019年的3233万人增至2023年的3551万人，增长9.8%。第二，传统琴行艺培机构面临挑战，2019年，线下社会音乐培训机构约67万家，到2023年底降至35万家，降幅接近50%；线下音乐培训收入从937亿元降至435亿元，降幅超过50%。第三，“三新”市场的崛起势不可挡。所谓“三新”，即新生派、新产品和新平台。以“90后、

00后”为代表的新生派经营者，凭借资本优势和与年轻父母需求高度契合的音乐教育背景，迅速在市场上占据一席之地。与此同时，新产品如电声乐器和智能乐器风靡市场，成为乐器行业利润增长的重要驱动力。此外，新平台的崛起也为乐器行业带来巨大改变。全民直播等新媒体电商在特殊环境下快速普及，仅用不到五年时间便实现了传统电商十多年的磨合成果。“三新”市场的崛起不仅推动了乐器行业快速发展，也为整个音乐教育行业带来新的机遇和挑战。王世成呼吁传统琴行和艺培机构积极适应市场变化，拥抱新模式，共同推动音乐教育事业的发展。

周海宏在论坛上围绕“快乐教育”在艺术培训中的应用，强调遵循心理发展规律的重要性。他呼吁琴行教师关注学生心理需求，通过创意和趣味性的教学活动，激发学生的学习兴趣，让他们在感受音乐之美的同时，体验到学习乐器的乐趣和成就感。孙瑞勇表示，中国乐器协会将继续向相关部委反映诉求并提出建议。例如，对积极参与乐器进校园的优秀民族品牌钢琴，建议降低或减免相关税收，鼓励企业为学校美育教育作贡献；对进口旧钢琴的“原产地证明”和“生产日期”（五年以内）实行监控；在学校教育装备采购时，建议大力支持中高端民族钢琴品牌。他相信，尽管市场环境有所变化，但钢琴产业依然有望稳步实现高质量发展。立足人口结构、强国建设、产业链完善三个视角。陈晋武指出，从人口结构来看，2024年高考报名人数达1343万，艺考报名人数为101万，音乐艺考人数23万，占艺考人数比例为22.8%，显示出音乐教育专业的调整需求。随着我国新出生人口逐年减少，社会音乐培训机构需从量的增长转向质的提升。从强国建设的角度，我国作为世界第二大经济体和音乐文化消费市场，音乐教育在新时代中扮演关键角色。通过完善教学体系和培训流程，培养高质量专业人才，提升国民综合素养和创新能力大势所趋。在产业链完善方面，我国乐器产业已形成全产业链、多元融合的发展常态。陈晋武呼吁业界同仁立足产业，构建艺培机构新业态，推动乐器行业和音乐教育的可持续健康发展。

二、直面困境机遇，业界同仁共谋行业发展

琴行经营与艺术培训主题论坛环节，多位艺培机构负责人探讨了行业面临的三大困境：培训场地与预付费限制导致的现金流压力、乐器销售市场瓶颈以及少儿音乐教育向银发经济市场转型的迫切需求。海伦艺术教育总经理顾菁分享了“智慧音乐生活”理念，通过乐器进学校、进社区、进家庭的市场布局，拓宽渠道，取得显著成效。她介绍，海伦钢琴通过与学校合作开设音乐课程，在社区举办音乐活动，为家庭提供智能化音乐解决方案，提升了企业的市场影响力。尚典琴行创办人乔建津提出精准推流作为吸引客户的有效方式，通过设计引流课程包和体验流程，引导客户进店并完成体验与转化。广东韵声琴行负责人杨志刚强调，提升琴行专业度可有效吸引更多学员。四川省艺声文化艺术发展有限公司总经理杨清通过创新性的弹唱教学课程吸引学员，并将其转化为钢琴学员，同时紧抓银发经济市场，为琴行开辟新增长点。武汉琴行代表武海波通过与教师保持紧密联系，在维护关系中软性植入推荐内容，并扩大比赛规模增加收益，形成双赢局面。华艺文化传媒总经理陶佳佳提出，通过提升教师形象和精准短视频制作吸引客户，并借助私域运营推广课程，为琴行招生与品牌建设开辟新路径。

三、精准市场定位，行业专家分享增收策略

在业内大咖分享环节，业界同仁分享了运营方案提升增收方式的成功经验。中国乐器协会琴行分会副秘书长杨明认为，智能乐器与电声乐器崛起将是行业新风口，鼓励从业者以创新思维把握银发市场机遇。布咚音乐创始人沈永生分享，通过自媒体平台强化琴行机构负责人个人品牌形象，带动音乐教育产品销量与升级。中国琴行分会副秘书长贾建伟强调AI时代的数据力量，通过精准把控学生练琴过程的数据提升产品竞争力，并利用数字化手段拓宽收益渠道。星海艺术中心校长王珊珊介绍，星海集团不仅教授孩子唱歌技巧，更将美育融入综合素养课程，全面塑造孩子人格品质，提升市场竞

争力。琴行商学院特聘导师陈亚鹏剖析行业洗牌现象，认为洗牌带来挑战也是淬炼优质企业的契机，呼吁从业者精准定位，不断创新教学模式与经营策略应对变革。来自浙江、山东等地的多位机构负责人分享了各自在经济困难中破局的有效方法，或聚焦课程创新，或注重市场拓展，或强化内部管理，展现了音乐教育行业的韧性与活力，论坛为琴行和艺术培训行业提供了宝贵经验和启示，积极助力行业发展。

四、三条建议、六大举措助力琴行（艺培）行业复苏

针对当前传统艺培机构（琴行）运行不畅问题，王世成提出三点建议：一是要正确理解市场的“老与新”。艺培机构（琴行）是市场的产物，有需求就会有供给。尽管信息时代带来了智能技术和数字技术的新市场模式，但艺术培训的体验式、沉浸式消费方式仍不可替代。因此，新市场不是否定老市场，而是对其进行完善、创新与提升。二是深入研究业态的“守与变”。许多百年品牌和中华老字号因守住品质、品牌与文化而长盛不衰。在艺培行业也是如此，例如克雷莫纳的提琴商店和香港通利琴行等老字号代表了“守”的沉淀。然而，随着天猫、京东、抖音和小红书等平台的兴起，音乐教育与乐器营销已全面融入互联网和数字经济，市场份额快速增长。三是科学定位模式的“破与立”。传统艺培机构的运营模式普遍为“售琴—教培—考级—展演”，但已出现僵化问题，需要突破。不能让定位不准、服务质量低、过于依赖乐器销售等问题继续影响发展。

王世成提出六大建议措施，以加快推动行业复苏进程：

一是加快实施结构调整。传统艺培（琴行）业因其品质、品牌和文化传承，在线下体验销售方面依然具有顽强生命力。但随着新市场载体的飞速发展，必须加快转型升级，推进销售、培训和文化活动三位一体，打造线上线下相结合的新模式，升级为音乐艺术空间体验馆，提供全方位的艺术体验。

二是超前优化市场布局。艺培（琴行）业应超前谋划，深入实施“乐器音教三进工程”，即进校园、进社区、进家庭。随着学校美育浸润行动的全面推进和银发市场的兴起，市场空间巨大。要在定制产品、课程开发、教学设施配备和师资支持方面提供多样化服务，主动融入新一轮产业回升高潮。

三是推动艺培精细管理。在激烈竞争中，艺培机构必须从战略规划入手，建立现代化、体系化、精细化的管理体系。推行全业务链顾问式营销，打造精品课程和特色项目，关注家教化、工作室化的发展趋势，提供从调试到维保的保姆式服务。

四是实施人才选育机制。面对新的消费群体，艺培（琴行）业需要注重专业化、年轻化、多能化的人才。要推行聘、评、培、用循环选育机制，发现并培养热爱艺培（琴行）的人才，打造一支艺培专家、市场精英和管理行家团队，适应新政策、新经济、新知识和新形势。

五是融合推进链式延伸。艺培机构应做好上游制造业的创新引导与品质合作，推进教材、教学和教程的编制定制，为终端消费群体量身定制培训计划。全面参与或开展各类艺术展示、展演活动，积极组织行业专项活动，展示实力、提升品牌、增加效益。

六是研用政策以进促稳。王世成表示，中国乐器协会积极反映行业诉求，在税收优惠、创新激励等方面争取政策支持。钢琴市场危机救市行动取得了一定成效，中国乐器协会通过专题调研和综合企业诉求，向国家权威机构和有关部委提出政策建议。艺培（琴行）企业应与所在地政府政策挂钩，研究并享受文旅融合、文化兴市、文化惠民等政策红利，艺培（琴行）产业的恢复增长需要一定时期的坚持。在国家美育教育的深入推进和各项产业政策的扶持下，艺培（琴行）行业必将迎来充满生机活力的明天。

论坛的成功举办，不仅为琴行和艺培机构在新时代的转型升级提供了宝贵的经验和指导，更为整个艺术教育行业注入了新的活力和动力。与会者一致认为，只有突破传统，拥抱创新，才能实现高质量发展，迎接更加光明的未来。通过此次深度交流与探讨，琴行与艺培行业将继续携手前行，共同推动中国音乐教育事业迈向新的高度。

名企对话

党建引领　文化赋能 珠江钢琴国际影响力显著提升

李建宁

（中国乐器协会副理事长、钢琴分会主任、广州珠江钢琴集团股份有限公司党委书记、董事长）

2023年是充满机遇和挑战的一年，广州珠江钢琴集团始终坚持稳中求进工作总基调，以“提质、增效、降耗”为抓手，走在前、开新局，强化党组织建设，加大市场开拓，加快技术创新，加速产业拓展，加强管理提升，全面推进高质量发展。连续三次卫冕“制造业单项冠军示范企业”称号，通过商务部“中华老字号”认定，珠江钢琴集团品牌强度为917，品牌价值为56.29亿元。

这一年，企业深学细悟，夯实党建。深入开展学习主题教育，紧扣目标要求、突出贯通融合、强化问题导向、狠抓落地见效，组建主题教育讲师团开展音乐党课宣讲，拓展主题教育新形式。高质量完成党委换届选举，深化组织标准化建设，持续开展匠心领航项目，党建赋能企业高质量发展。

这一年，企业深耕市场，奋勇争先。拓展渠道宽度和深度，营销渠道模式进一步夯实，“恺撒堡音乐工作室”项目顺利开展，校企合作联系日益紧密，线上线下活动两面开花，品牌活力充分释放，国外新兴市场开拓步伐加快，国际影响力日益增强。

这一年，企业立足创新，内生发展。专业技能人才培养结出硕果，人才队伍结构进一步完善，持续释放创新成果转化效能，绿色环保产品相继推出。科研实力获行业肯定，荣获乐器行业专利成果一等奖、乐器行业“科技创新平台”创建工作一等奖、乐器行业科技十强企业、乐器行业创新融合年先进单位等奖项。乐器产品多样化发展，软硬件生态初步形成。

这一年，企业开拓赛道，蓄势谋远。文创品牌稳步发展，推出音乐礼盒、琴音匠酒等多款新品，匠心精神融合传统文化，广受好评。珠江钢琴文化科技大楼正式动工，文化产业板块再添新动能。

这一年，企业担当使命，出新出彩。举办重大音乐文化活动超300场，联合打造多个公益惠民音乐平台，辐射近50万人次，在全国15个省份投放公益雕塑钢琴超50台，担起文化强企、文化惠民之责。创梦园引入音乐艺术名家工作室、非遗集聚区项目，为湾区绘就文化产业高质量发展的盛景注入强劲动力。音乐教室助力乡村振兴，传文化扬新风。

征程万里风正劲，重任千钧再奋蹄。2024年是新中国成立七十五周年，是实现“十四五”规划目标任务的关键一年。我们将更加紧密地团结在以习近平同志为核心的党中央周围，坚持稳中求进工作总基调，围绕集团“十四五”发展规划，继续攻坚克难、开拓进取，为实现“造世界最好的钢琴，做世界最强的乐器企业”这一目标注入更加强劲的动力。

品牌升级　技术革新
敦煌民乐拓展市场新机遇

王国振

（中国乐器协会副理事长、民族乐器分会主任、
上海民族乐器一厂有限公司总经理）

2023年，上海民族乐器一厂有限公司着重在品牌力、产品力、管理力上布局规划，充分发挥老字号品牌溢出效应，取得平稳发展。企业荣获中国乐器行业科技创新平台先进单位、创新融合年先进单位、专利成果一等奖、科技十强企业等荣誉，“敦煌牌”乐器获上海轻工卓越品牌（产品）称号，其中礼品版小乐器获得2023“上海礼物”、第二届“海派生活”非遗衍生品一等奖等殊荣。

企业积极响应中央提出的“推动产业链价值链融合创新”要求，与中国乐器协会等开展深度合作，策划了多个具有社会影响力的文化活动，包括“敦煌杯”中国古筝艺术菁英展演、中国弹拨乐演奏比赛、“敦煌国乐·浦江”国风音乐节、北京国际民族器乐大赛等展演活动，以及名家巡演和专场音乐会等。这些活动旨在挖掘整合社会优质资源，聚焦品牌宣传，共建了良好的生态圈，提升了“敦煌”品牌的品格、价值和竞争力。

一、积极借助展会平台，紧抓合作契机

企业积极参与多个大型展会，通过多元化内容如乐器展示、民乐演出、讲座沙龙等，以及直播形式的“云逛展”，推动品牌建设和渠道拓展，实现强品牌、觅商机、促发展的目标。2023年，企业参加了多个重要展会，包括中国国际进口博览会、中国（上海）国际乐器展览会、世界设计之都大会、中国品牌博览会、中国-东盟博览会、上海跨境电商交易会等。在中国（上海）国际乐器展览会上，企业不仅展示了百余款新品、精品乐器，还举办了34场音乐展演、讲座和沙龙活动，吸引了超过10万人次的线上观展人数。

二、持续推进新品研发工作，在创造价值上推陈出新

2023年，企业与艺术名家、团体机构如常沙娜和英国国家美术馆等合作，推出80余件新品乐器，融合东西方元素，包括岩彩、刺绣、漆画、雕银丝光等民间工艺和非遗技艺，广受消费者关注。与中央民族乐团、上海大学美术学院签署战略合作协议，推进创意产业合作。企业的经典产品多次亮相央视等大型活动，2023年获得上海市“银鸽奖”最佳设计奖，入选“上海设计100+”榜单。

三、聚焦技术改进，提高乐器专业度与竞争力

2023年，企业推出了可填补古筝中低音区域空白的低音筝，与传统古筝相比，低音筝进一步优化琴体体积、减轻琴体重量、增加琴弦弦重，实现了质感更佳的低音。该款低音筝已由研发团队在中国（上海）国际乐器展览会、乐器行业年度会议等平台上作专题报告、讲座。此外，企业嫁接3D打印技术，推出了3D打印琵琶，新工艺技术、新材料的运用，不仅让琵琶具有较强的耐用性和稳定性、还减轻了重量，更便于展现创意的无限可能。目前，企业有效专利数已近300项。

2024年，上海民族乐器一厂有限公司将更加关注质量与技术，探寻更精准的市场策略，并在品牌活动和内部管理等多个层面持续创新和提升，把握发展大势、坚持稳中求进，为开创新局面蓄势聚能。同时，将继续以文化为主线，引领企业高质量发展。

中国琴　中国心
海伦钢琴向世界展示中国制造

陈海伦
（中国乐器协会副理事长、钢琴分会副主任、海伦钢琴股份有限公司董事长）

2023年，受国际环境、国内经济因素和“双减”政策多方因素影响，国内钢琴行业发展滞缓，钢琴生产、销售以及教培行业面临挑战。企业坚信，音乐拥有强大力量，随着国家政策支持，2024年经济复苏预期向好。作为钢琴制造企业，海伦钢琴将专注创新和品质提升，强化科技和自主知识产权，加速企业数字化转型，在参与国际技术经济合作和人才培养方面迈出坚实步伐。

一、加强科技创新，加快数字化转型步伐

在产品创新方面，海伦钢琴升级互联网应用“海伦智能课堂”和“钢琴·家”的服务，同时推出彩色灯光键盘新品钢琴，提升产品舞台表现力。在线上推广与销售渠道创新方面，海伦钢琴扩展更多新媒体渠道，产出多样化内容，优化推广效果。重点将北美荣耀特优系列钢琴引入线上销售官方店，与核心经销商加强在线推广与销售合作，构建直播营销矩阵，深度传达产品优势，增强用户认知，为市场和社会提供更好的服务。

二、健全自身知识产权体系

2024年，海伦钢琴将继续以技术研发、专利保护、品牌维权为抓手，保护好自身知识产权。海伦钢琴累计已获得知识产权108项，其中发明专利4项、实用新型专利92项、软著专利6项、外观设计专利6项；海伦钢琴委托了专业的律师团队，并在技术鉴定领域有能力迅速跟进技术领域的侵权行为，快速固定侵权证据，协同律师进行品牌保护；针对网销平台的知识产权侵权行为，海伦委托专业的第三方机构，每周检索，根据平台规则及时投诉处理维权行为，避免知识产权受到不利使用。

三、强化国际技术经济合作

2024年，海伦钢琴将致力于技术创新和国际合作，引进全数控高科技钢琴专用设备和生产线，聘请来自维也纳传承百年家族造琴技术经验的钢琴制作大师彼德·维莱茨基、美国钢琴工业研发设计大师乔治·弗兰克·爱默生、奥地利整音与调音权威大师兹拉科维奇·斯宾、日本钢琴专家江间茂等专家来公司长期指导组装、生产工艺，实现现代科技与传统工艺的融合。同时，海伦钢琴重视人才培育，将住房纳入人才激励机制，以吸引、留住并激励人才。同时，海伦钢琴将继续推进多渠道品牌推广，注重文化创新，巩固品牌实力。坚持自主品牌发展，与多个国际钢琴品牌展开合作，追求共赢。

海伦钢琴将不断提升产品质量和性能，推出新产品，加强音乐会巡演和新媒体内容推广，提高品牌影响力。海伦钢琴计划继续音乐会巡演，包括在欧洲演奏世界著名作曲家哈斯的作品《11000根琴弦》，并在国内举办大师班。通过这些举措，海伦钢琴将继续夯实内实力，提升品牌影响力，为音乐消费人口增加贡献。推动中国制造在世界舞台上发光发热，让更多人了解中国乐器，将音乐带入千家万户。

2024年，海伦钢琴将继续以“中国琴、中国心”为口号，以“成为全球一流的钢琴制造企业”为愿景，践行乐器行业高质量发展理念。公司计划进一步提升加大研发投入，研发推出更高品质更加高端的钢琴产品，进一步扩大自身影响力，加强品牌辐射效应，推动钢琴行业健康持续发展，成为中国民族品牌的骄傲。海伦钢琴力求将“制造”与“智造”有机结合，传统工艺与新兴技术的碰撞，必将奏响新时代乐章。未来的海伦钢琴，将让更多的中国人了解中国制造，让中国乐器走进千家万户。

进而有为 再攀新高
柏斯音乐集团开辟新赛道

吴天延

（中国乐器协会副理事长、钢琴分会副主任、柏斯音乐集团总裁）

时光镌刻历史的年轮，奋斗绘写壮美的华章。2023年，柏斯音乐集团紧随时代脉搏，韧劲尽显，行稳致远。集团持续深耕制造、销售、教育、文化等领域，注重科技创新，夯实品质基石，蓄力品牌价值，展现出强大的韧劲和可持续发展的能力。

一、2023年，集团乐器制造开辟新赛道，进而有为

柏斯音乐集团全面贯彻落实国家科教兴国战略，推进科技创新与乐器制造的深度融合，推出长江古筝、长江钢琴冠军系列“肖邦纪念款”、高天钢琴专业系列等科技创新成果，荣获中国乐器行业“科技十强企业”“创新融合年先进单位”“科技创新平台”创建工作二等奖、“专利成果二等奖”“科技之星”等诸多奖项，为推进乐器制造行业高质量发展起到了积极促进作用。

二、2023年，长江钢琴再攀新高，闪耀世界

积跬步，至千里。这一年是中国品牌高质量发展的奋进之年。作为中国民族钢琴品牌的代表，长江钢琴用一个个亮眼的成绩，汇聚成“让中国钢琴制造走向世界”的磅礴之力。这一年，长江钢琴更加务实，在选材、工艺、技术、声学品质等方面精耕细作，产品品质备受国内外音乐大师的认可；这一年，长江钢琴再登新舞台，成为“第十七届柴可夫斯基国际音乐比赛”“首届拉赫马尼诺夫国际青年钢琴比赛”“第五届深圳国际钢琴协奏曲音乐周”等赛事的比赛用琴，通过与世界级赛场的联动，长江钢琴进一步提升了中国钢琴品牌的全球知名度、影响力和竞争力。

三、2023年，音乐IP枝繁叶茂，繁荣发展

“用音乐美好生活”，柏斯音乐集团坚守并耕耘了近四十年。企业在2023年成功举办多项大型活动，包括长江钢琴音乐节、马祖耶夫拉赫玛尼诺夫音乐会等，为音乐界创造许多引人注目的时刻。此外，集团签约众多钢琴艺术家和青少年艺术家，推动音乐艺术的发展，成为中国音乐的推动力量。同年，柏斯音乐集团举办多项音乐比赛，为数万青少年提供展示自己才华的机会。集团积极拓展合作伙伴关系，与保利剧院、四川音乐学院、上海视觉艺术学院等高校达成战略合作，共育高层次音乐人才。2023年，柏斯音乐集团用一个个落到实处的大IP项目，助推音乐文化的繁荣发展。

四、2023年，音乐服务全新升级，乐美生活

在这一年，柏斯音乐集团积极应对市场变局，扩展乐器品类，拓展内需和海外市场。柏斯音乐集团在国内开设了10家新门店，推出了长江钢琴天猫官方旗舰店和柏斯音乐京东旗舰店。柏斯音乐集团因卓越的售后服务而荣获多项荣誉，包括“全国售后服务行业TOP100”和“全国国标五星级售后服务企业”，将高品质乐器和音乐带给更多人。在2023年，柏斯音乐集团还展开了一系列公益活动。集团启动了“中国儿童少年基金会柏斯音乐教育信息化”试点项目，为儿童提供音乐教育资源，还向中国儿基会捐赠乐器，并邀请学生代表参加音乐节。柏斯音乐集团以音乐作为媒介，传递爱心，将美好的能量传播到更多地方。

展望2024，柏斯音乐集团将继续振奋精神，不懈奋斗，谱写中国乐器行业壮丽发展的新华章，在中国式现代化的新征程上写下更多新的辉煌。

数智建设　绿色发展
津宝乐器奏响高质量发展乐章

刘运斌

（中国乐器协会副理事长、打击乐器分会主任、天津津宝乐器有限公司总经理）

岁序更新，日月峥嵘。尽管阴霾逐渐消散，但2023年国际政治经济形势依旧复杂，经济发展呈现波浪复苏态势，乐器行业在此背景下锐意前行。津宝乐器着力推进“企业数字化建设”工作，为经营形势持续向好奠定基础，为进一步实现高质量发展注入动力。

一、打造乐器产业信息化和工业化融合新亮点

津宝乐器以“从管理要数字，以数字促改善，从现场要数字，以数字促效率”为目标，全年累计投入技改资金1000余万元，重点升级并完善企业资源计划（ERP）系统。实现核心业务数据采集、分析、共享功能，完善看板分析、检验提醒等功能，以及材料、工时、零部件往来账等成本监控功能，提升了产业信息化管理能力。装备开发升级方面，公司以优化产品工艺为出发点，以智能化工厂建设为落脚点，推动生产装备从量到质新的转变，自主研造多种尺寸鼓腔桁架线、伺服送料型铜铝切断机等生产线和设备，以乐器制造设备集成化设计，实现产品品质、标准化程度、成本控制等管理指标再上新台阶。

二、围绕创新产品与升级工艺激发“三品”活力

作为乐器生产和服务商，津宝时刻关注市场变化、聚焦客户需求，改进产品与服务，瞄准目标市场需求趋势变化与应用痛点，实施产品改进和创新。公司投入新品开发及改进资金上百万元，完成新品军鼓、705降E调抱号、JBTS-700次中音萨克斯等多款新品的市场投放，为公司带来毛利达百万元以上。产品和工艺创新为企业带来新增专利34项，其中发明专利10项，目前，公司累计拥有专利351项。

三、着力提升品牌形象与企业价值观契合度

2023年，津宝乐器积极参与多项乐器行业和政府主办的活动，共计23场次，包括2023国民音乐教育大会、2023中国乐器协会科技创新与产业发展大会、2023哈尔滨国际音乐文化产业博览会等，为激发应用领域的活力做出积极贡献。同时，积极助力地方展会活动，如2023中国民营企业投融资洽谈会、十三届中国旅游产业博览会、宝坻之宝特色风情展，旨在推动社会经济繁荣。为了发挥国家文化产业基地的作用，津宝乐器成功恢复中断三年的津宝音乐节线下活动，通过以乐器为主题的文化交流，促进了产业发展，宣传了国家建设成就，推动了区域经济建设。

四、守底线、做贡献践行企业责任

安全生产、环保生产是企业高质量发展的基本要求，是企业对社会、国家最基本的责任。2023年我们在安全生产和环保方面投入资金700万元，以落实安全生产标准化及排污许可证管理要求为重点，开展了粉尘设备、喷漆废气处理设施等设备设施的升级改造；依规开展了职业健康检测、环境自行监测，实施企业信息公开；完成企业排污许可证变更，企业环保和安全管理进一步规范。实现企业价值方面，要对外坚持公益慈善投入，今年累计捐赠物资上百万元；对内做好职工福利改善与文化活动工作，提高职工参与公司建设的获得感和成就感。

日月其迈，时盛岁新。2024年是乐器产业实现高质量发展的关键一年，我们要时刻谨记荣誉与责任并存、自豪和使命同在、奋斗与业绩相依，希望在新的一年里大家凝心聚力不断开创乐器产业新局面。

心声和鸣　技术坚守
MEDELI致力于音乐体验创新

顾冰峰

（中国乐器协会副理事长、电鸣乐器分会主任、得理乐器（珠海）有限公司总经理）

2023年，美得理（MEDELI）迎来创立四十周年的重要发展里程碑。四十年风雨兼程，MEDELI面对国际市场环境的复杂多变，深感企业发展的压力和责任，但也更加坚信，挑战既是考验，更是新的机遇。

一、品牌的坚韧之路

在四十年的光阴里，MEDELI秉持着对音乐的热爱和执着，不断追求卓越品质和自主创新。我们制作了纪录片《我在中国做乐器》，讲述一代代MEDELI人在四十年里的坚持和自主创新精神。希望更多人了解MEDELI的历史，感受到得理人对音乐和行业的热情。

面对未来，MEDELI将继续坚定前行，为打造“百年企业”而不懈努力，贯彻着品牌的“较劲”精神，这个理念得到业内伙伴的赞誉认可。2023年9月，MEDELI集团召开四十周年庆典，全国经销商和合作伙伴齐聚一堂，共庆盛举。四十年风雨同舟，我们不仅积累了丰富的经验，更赢得了用户和伙伴的信任和支持。

二、音乐创新之路，MEDELI 的技术坚守

2023年，面对激烈的行业竞争和市场变革，我们保持坚定信念和敏锐市场洞察力。我们不惜成本地研发优秀产品，提升技术水平并积极参与科技创新合作。MEDELI参与了“2023乐器行业科技创新与产业发展大会”，荣获中国乐器行业“科技十强企业”等殊荣。

在9月的“拒绝标签·新声”发布会上，我们推出了旗舰电钢产品UP805、GP805和旗舰电子鼓MZ928等产品，备受赞誉。在10月的上海国际乐器展览上，MZ928荣获“MUSIC CHINA最佳新品”奖，ASM Hydrasynth Deluxe获得了Teach+Music Lab“未来音乐产品”奖。AKX10编曲键盘也在国际上获得了认可，入选MusicRadar最佳编曲键盘Top10。

MEDELI产品备受用户认可，有人积极寻求合作机会，有人自发宣传我们的产品，还有人期待入手我们的产品。这一切源于我们对产品的严苛追求。未来，我们将继续致力于推出更多优秀产品，提供更完美的音乐体验。

三、心声与和鸣，MEDELI 与音乐人共创

2023年是充满挑战的一年，MEDELI与音乐人安雨和五条人乐队的仁科签约，为品牌注入新活力，鼓励用户真实表达自我。企业倡导去除标签，让音乐回归本质，积极与网易放刺合作，提供音色制作教程，推广电音教育与合成器文化。举办第十届魔鲨电鼓秀、广西电子键盘乐器大赛，促进音乐文化传播，推动乐器行业发展。企业相信，品牌与音乐人合作将创造更多有价值的音乐作品，丰富音乐文化。

四、心手相牵，美得理的社会责任之光

MEDELI积极推动音乐文化传承与发展，特别关注老年群体。得理乐器捐赠了音乐教室系统和智能电子鼓给怀化市老干部大学，支持老年音乐教育，让更多老年人享受音乐的乐趣。同时，MEDELI向

中国音协电子键盘学会艺术家们多年的扶持表达敬意，认识到音乐能跨越年龄和文化，连接心灵，带来内心的平静与美好。企业将继续积极参与社会公益，为构建更美好社会贡献力量。

展望未来，MEDELI将不断推出更多优秀的产品和服务。乐器承载的不仅仅是机械的物理声音，还有个体的情绪表达和群体的文化表达，这种表达不因国界分别而受阻，不因时间流逝而消逝。企业将继续致力于为全球用户提供高品质的音乐体验，让生活因音乐而更加美好。

跨界合作　文化布局
星海钢琴构建双轮驱动新格局

孟　宇

（中国乐器协会副理事长、钢琴分会副主任、北京星海钢琴集团有限公司党委书记、董事长）

时序恒流转，开元景气新。2023年，星海集团通过大胆创新，为乐器制造与销售、文化园区拓展与艺术培训注入无穷的灵感与艺术之美。

一、科研实力不断增强，创新转化成果丰硕

2023年，星海集团迎来蝶变跃升，投入1500余万元研发费用，研发34项新产品，包括15项数码智能乐器和15项传统乐器。公司获得1项软件著作权，1项实用新型专利和7项外观设计专利。星海被授予北京市“专精特新”中小企业称号，以及多项行业大奖，如中国轻工业联合会的“2021—2022年度全国轻工行业标准化工作先进集体”，中国乐器协会的2023年度“科技创新平台”一等奖和“科技十强企业”等。星海集团的C-1型立式钢琴、“凯旋”系列立式钢琴（K30，K50，K60，K70型）和星海·央音系列（XY-6E，XY-6CE，G57）乐器被选为中国轻工业联合会编制的《升级和创新消费品指南》第八、九、十批入围产品，并获创新消费品奖。

在市场策略和产品上，星海集团推出传统钢琴、高端民乐、新品管乐和多功能智能乐器，亮相广州、南昌、天津和上海国际乐器展览会。在上海国际乐器展览会上，星海集团接待了来自10多个国家和地区的20余名海外客商，以及国内30个省（区、市）的100多位经销商。星海·央音EDUCATION钢琴荣获2023全球业界新品首发活动“最佳新品”奖，天坛国乐的“轧筝”和“筑”获“入围新品”奖。星海集团还在2023中关村论坛展出了融合现代科技与传统制作工艺的智能钢琴，展示其高端科研能力和精湛工艺。

二、实施创新驱动发展战略，做好产业链延展

在乐器制造业方面，星海集团通过与中央音乐学院联手，打造爆款高端定制钢琴，推出数码乐器和“TupTup星海弹弹”音乐教育平台，结合硬件、软件、内容和服务，推广智能乐器和配套App，实现游戏化音乐教育。此外，联合科研单位复原古乐器“轧筝”和“筑”，推动“天坛”高端品牌复苏。

在文化产业方面，2023年10月，首家星海艺术中心在北京开业，标志着其在全民艺术教育领域的扩张和文化产业发展的加速。秉持“红色传承，中国声音”理念，推进“星海”产品品牌、“星海杯”及“星海艺术中心”文化品牌的融合。通过“星海杯”全国钢琴比赛、第二届中国作品作曲比赛等文化活动，筹建曲库，推动星海文化工程的发展。同时，利用乐器类职业教育优势，助力台湖演艺小镇人才培养，为首都文化中心建设贡献力量。

三、深化市场化选人用人机制，推动主业蓬勃发展

星海集团重视人才队伍建设，根据业务发展需要，在音乐艺术教育、智能数码乐器研发、园区建设及物业管理等领域，市场化选聘70余名专业人才，为公司发展注入新活力。

技能人才培养方面，星海集团采取多项措施：通过“大师工坊”培养首席技师和专业领域带头人，提升技能队伍素质；建立师徒制模式，传承工匠精神，促进高技能人才成长；通过技能大赛选拔技能人才；实施校企合作，强化人才与产业的衔接，支撑星海集团双轮驱动新格局。

展望2024年，星海集团将守正创新、锐意进取，围绕核心战略（提升运营效率、深化战略研判、推动产业再造）和主业定位（乐器制造与销售、文化园区拓展与艺术培训），构建“先进制造业”与“现代服务业”双轮驱动新格局。

创新智造　砥砺前行
吟飞科技引领行业智能化变革

范廷国

（中国乐器协会副理事长、电鸣乐器分会副主任、吟飞科技（江苏）有限公司总经理）

2023年，作为中国轻工业乐器行业十强企业，吟飞科技在中国乐器协会的正确领导和亲切关怀下，不断深化认识，统一思想，接续奋斗、砥砺前行。公司积极促进文化艺术、数字科技、音乐教育产业的协同发展，向着“乐器成为家庭标配，音乐成为生活刚需”的目标方向努力前行。

创新智造是企业发展的生命力，吟飞一直致力于开展乐器领域标准制修订工作，开展具有自主知识产权的技术标准研究，以音乐器具为载体，以音乐内容为媒介，助力音乐教育普及和音乐文化传播，探索文化、科技、教育跨界融合。2023年，吟飞科技启动了申请筹建全国乐器标准化技术委员会电鸣乐器分技术委员会的工作，并荣获了“2023年度中国乐器行业科技十强企业”“2023年度乐器行业科技创新平台创新工作一等奖”等称号，涌现了一批行业的“科技之星”，这充分体现了企业在加快推进“智改数转”战略，全面提升企业在设计、生产、管理等各环节的智能化水平的信心和决心。

吟飞科技还致力于打造品牌比赛与展演舞台，为全国的电子键盘音乐爱好者提供切磋交流的平台，推新作，推新人，推新品，为电子键盘音乐事业的社会普及和专业发展汇集力量。2023年8月，第三届全国电子键盘展演在常州大剧院圆满落幕，吸引了270余名优秀选手参与，奉献了16场精彩演出，规格与影响力均超往届。国庆期间，第八届吟飞国际电子管风琴大赛总决赛也成功举办，21个赛区、2600余位选手参与，历时一年，再次激发了行业热情。本届大赛亮点在于与中国乐器协会的战略合作及常州传媒中心的支持，提升了比赛的专业度和影响力。

吟飞科技致力于为电子键盘音乐事业发展贡献力量，未来将继续与全国音乐及教育工作者合作，稳固大众普及基础，为行业发展奠定坚实基础。同时，作为有代表性的文化企业，吟飞科技还致力于打造有特色的品牌IP，积极参与各类文化活动与展览，如上海国际乐器展览会、长三角国际文化产业博览会等，并获得了多项荣誉。

2024年是中华人民共和国成立七十五周年，是实现“十四五”规划目标任务的关键一年。吟飞将顺应时代潮流，服务国家发展之大局，以实干铸就伟业，以奋斗开创辉煌。在新的一年里，公司将继续秉承“音乐艺术与数字科技相融合”的发展理念，持续加大人才梯队的建设力度，不断迭代数字科技融合创新核心竞争力，深入探索构建“产、学、研、用”融合发展新格局，为实现民族品牌在国际电子音乐市场上更大话语权而砥砺前行。

匠心筑梦　国乐复兴
乐海乐器携手名家共谱新篇章

宋从甲

（中国乐器协会副理事长、民族乐器分会副主任、乐海乐器有限公司董事长）

冬至阳生，岁回律转；日月其迈，时盛岁新。2023年，乐海乐器取得了令人瞩目的成绩，不仅在产品研发、品牌推广和市场拓展方面取得重大突破，还积极参与社会公益事业，为传统音乐文化的传承和发展贡献了一份力量。在全球经济下行的压力下，乐海乐器秉承匠心之精神，打破工业传统，与专业院校的教授和业内专家共同研发推出了多款创新产品，如特级奥氏黄檀木演奏级琵琶、海铭蓝演奏级古筝、16弦钢丝筝等。这些产品凭借其卓越的创新性和实用性获得了行业认可，成功入选《升级和创新消费品指南》第九、十批。同时，乐海乐器以用户为中心，致力于提供关怀与温暖的音乐体验，成就了用户忠诚的品牌。2022年，乐海乐器荣获中国民族乐器“十大改革乐器”等殊荣。在未来，乐海乐器将继续努力，不断探索，为音乐文化的传承和发展贡献更多力量。

泱泱中华，历史何其悠久，文化何其博大。2023年，乐海乐器积极与国乐名家合作，推动国乐传承与发展。与琵琶演奏家、中国音乐学院教授杨靖教授合作，举办《“紫云桐声”浙江·杨靖教授琵琶大师班》，旨在提升琵琶演奏水平，推广琵琶音乐和国乐文化；同时，与古筝演奏家、中央音乐学院教授周望教授合作，在莫干山举办了《“雲和筝赋”系列——浙江·周望传统筝韵研修班》，培养古筝艺术人才，传承古筝文化。这些活动为国乐的传承和复兴注入了强大动力。

以华夏之声传众生之情，乐海乐器还与国内各专业团体紧密合作，协办了《“石光筝荣”大型古筝广场音乐会》《乐海阮族中原品鉴会》《“旋音·回响”——扬琴系列专场音乐会（四）山西站》《“关东杯”东北地区民乐艺术节》《“筝韵之音·文化传承”2023年第二届公益古筝师资培训》《2024“祥龙纳瑞·乐海之夜”新年民族音乐会》等一系列丰富多彩的音乐活动。这些活动不仅汇集了众多国乐名师名家，更展现了国乐文化的独特魅力，为国乐艺术的发展注入了新的活力。此外，乐海乐器以弘扬中华优秀传统文化为宗旨，以传播民族音乐瑰宝，增强民族文化自信为理念，联合主办了《乐海杯·国乐艺术节暨2023全国民族器乐展演》系列活动，不仅为国乐艺术学习交流提供了高起点的平台，更加推动了国乐艺术的传承与发展。

作为国内领先的乐器制造商，乐海乐器不仅在产品研发和市场拓展方面取得了显著成就，还积极投身社会公益、演艺和教育领域。乐海乐器将坚守初心，为传承国乐经典、弘扬中华文化继续努力。在新的一年，乐海乐器愿与合作伙伴和国乐事业的朋友们携手前行，秉承“传承、团结、创新、务实”的理念，不断探索国乐艺术的可能性，为中华文化的繁荣发展贡献力量。

展望未来，乐海人击鼓催征奋楫扬帆，发挥生龙活虎的干劲，将积极拥抱科技发展的新机遇，运用先进的技术手段为国乐艺术注入新的活力。乐海乐器将以匠人之心研器乐之美，打造出更多具有时代特色的国乐精品，让世界领略中华文化的博大精深。同时，也将继续深化产业融合，拓展国际市场，提升国乐品牌的影响力，让世界聆听中国民族器乐之美！

服务升级　拓展增量
盛音乐器探索品质提升新路径

黄茂强

（中国乐器协会副理事长、琴行分会主任、四川盛音乐器有限公司董事长）

2023年，面对国内外经济逐渐复苏但消费者信心仍然不足的背景，中国乐器制造业、琴行业、音乐教培业经历了前所未有的挑战。四川盛音乐器在这一年中，同样感受到了行业的严峻考验，但企业始终坚信，随着国民经济的持续复苏，音乐教育市场和演出活动市场定会呈现较快的复苏势头。

在这一年里，盛音乐器积极举办了多达 百多场的音乐类活动，线上线下参与人数近50万人。其中，钢琴类活动在我们自己的音乐厅举行了60余场，参与人数达6万多人。同时，我们还与高端品牌跨界合作，举行了10场艺术家音乐会，参与人数上万人。此外，我们还成功举办了多个青少年钢琴比赛和公开赛，参赛选手上千人，关注人数上万人。

值得一提的是，2023年7月，盛音乐器受邀在成都协办了国民音乐教育大会。尽管面临成都世界大学生运动会准备期间的限制，企业仍全力以赴，得到了领导和老师们的大力支持。此次大会规模庞大，气氛热烈，为成都乃至西部的音乐教育带来了新的活力。

为了完善社会音乐教育服务平台的功能，盛音乐器成立了具备商业演出许可的文化公司和具备研学夏令营资质的旅游公司。2023年，盛音乐器举办的活动包括音乐会演出、研学、公益讲座、组织各类比赛等，形成了中小学校内普及、校外提升、赛事展演的教育闭环。目前，盛音乐器整体业务分为三大板块：乐器销售、乐器培训和活动演出。乐器销售涵盖钢琴、西洋乐器和民族乐器；培训部分则涉及西洋管弦乐、课堂普及型乐器和民族乐器，学员总数达8000余人。

在开拓银发经济方面，盛音乐器与多个街道社区联动公益培训，与市内各知名中老年管乐团、交响乐团、合唱团多次联袂演出，取得了非常好的社会影响力。此外，盛音乐器还积极推广国乐艺术，邀请知名专家教授举办讲座，累计上千人次参与学习；同时举办和参与多场千人盛大国乐音乐会，弘扬中国文化，传承国乐艺术。

同时盛音乐器也意识到在当今竞争激烈的市场环境下，专业的售后服务已经成为企业实现差异化竞争的重要工具之一。因此，从2024年开始，企业将在民乐售后服务中为用户提供更有价值的增值服务，通过为老客户补贴现金、提供古筝保养服务等方式，提升售后服务质量。盛音乐器相信，这将带来客户满意度的提高，从而为企业带来更多的商机和口碑传播。

此外，盛音乐器还将继续举办各类公益学术讲座和专题研学夏令营等活动，拉近与音乐老师、音乐爱好者的距离，与客户建立起良好的互动，增强彼此的信任和忠诚度，树立良好的品牌形象。通过这些活动，盛音乐器将直接或间接地拉动销售，实现预定的目标任务，同时在扩大音乐人口、普及音乐艺术教育方面做出更大的贡献。

展望2024年，龙腾虎跃，四川盛音乐器将继续凝心聚力、锐意进取，砥砺前行，希望能够成为音乐爱好者们音乐道路的引路人。盛音乐器也将始终坚守初心，在“创新与品质提升年”中不断探索，不断学习，持续优化融合新路径，与行业同仁们共同创造更广阔的音乐天地。

对标国际　人才为本
金杯乐器寻求融合发展新机遇

时建明

（中国乐器协会副理事长、手风琴分会主任、江阴金杯安琪乐器有限公司董事长）

2023年，金杯乐器迎来了创立的第三十二个年头。这一年，企业在科技创新、人才建设、品牌创新、产业链融合等方面不懈努力，取得了显著成果。产销同比增加14%，保就业方面也取得了积极成果，新增员工比例达到10.4%。同时，企业推出了三款手风琴新品，进一步提升了市场占有率。与2022年相比，江阴金杯安琪乐器有限公司的产销同样实现了14%的同比增长，全年未出现裁员现象，员工队伍保持稳定，并新开发了三个手风琴品种，手风琴的产量、销量和市场占有率均有所增加。

一、创新引领、人才为本

2023年，江阴金杯安琪乐器有限公司紧跟市场需求，研发了适应市场的GH-1896、碳纤维GH-1880以及1.5米大规格展示琴。同时，企业对GH-5050后背变音器、TK座板音簧进行了改进，获得了市场的认可。碳纤维材料的应用为解决手风琴体积和重量问题提供了新路径。人才是企业发展的关键。2023年，公司引进了3名硕士毕业生，增强了研发团队的实力。同时，晋升了3名员工，提高了科技人员的比例。企业还加强了与江阴职业技术学院的合作，对员工进行了标准化生产、6S管理、识图、机械加工、装配、质量检验等岗位的技术培训，提升了员工的技术素质，为科技发展奠定了基础。

二、品质优先，研企合作

2023年，企业加强了品质管理，将原来的抽检改为全检，不允许不合格产品进入下一环节。每周举行品质分析会，共同解决问题。同时，企业与南京艺术学院乐器研究所、意大利帕斯克公司、江阴职业技术学院组成了合作联盟，加强了对手风琴研发制造的投入。在簧片的加工、生产工艺的改善、产品的检测、现场管理等方面都取得了很大的进展，产品质量得到了明显提升。手风琴的整体观感、使用者的手感、音色音质等方面都得到了手风琴演奏家、教育家及广大手风琴爱好者的好评。这些努力缩小了国产手风琴与国际高端手风琴之间的差距，奠定了国产手风琴追赶国际高端手风琴的基础。

三、品牌建设、融合发展

2023年，金杯手风琴荣获了“中国驰名商标”和“江苏省著名商标”的荣誉称号。公司积极参加上海国际乐器展览会，推出了新品GH-1896，并荣获了上海国际乐器展览会全球业界新品首发活动“最佳新品”荣誉。同年，企业还策划举办了全国中老年手风琴大赛，增强了品牌的市场影响力。面对劳动用工紧张的制约，企业整合内外资源优势，走出江阴寻求融合发展的机遇。2023年初，企业组织考察团赴泰兴乐器产业园进行调研考察，充分利用泰兴乐器产业园的环保基础设施和当地劳动力资源优势，转移产能，进一步壮大了企业规模。

展望2024年，江阴金杯安琪乐器有限公司将继续坚持创新驱动的发展战略，在“双循环”的经济运行模式下，持续推进品牌建设，对标国际顶级手风琴品牌，多出精品、新品，满足广大群众对高品质文化生活的需求。

中西融合　滋“润”生活
金音集团助力艺术教育创新发展

陈学孔

（中国乐器协会副理事长、中国乐器协会管乐专业委员会副主任、河北金音乐器集团有限公司总经理）

春风润大地，心想事成。金音集团带着2023年沉甸甸的收获，迎着风雨脚踏实地砥砺前行，奔向“隆”年实现自己的既定目标努力工作着……

在过去的一年里，从国家层面到各级地方政府，尤其是乐器行业，在中国乐器协会的正确领导下，王世成理事长与班子成员周密部署，兵分几路到全国有代表性的企业实地考察调研。他们发挥大数据力量，并结合国内经济运行规律和特点，征集广大乐器厂商存在的实际问题，反应会员企业关切与诉求，疏解困难，解放思想，发挥一事一策，以发展促经济，以经济惠民生，促进乐器行业良性稳健可持续发展。

回看金音集团，取得成果发展颇丰，这与行业同仁以及庞大体量的音乐爱好者们的支持与厚爱密不可分。金音集团积极响应并努力践行“助力冀粤港澳文化协同发展”的国家战略。通过这一战略，促进了区域内的文化交流和发展，为大湾区文化的多样性和繁荣贡献了自己的力量。金音集团诚挚邀请了多位大湾区的优秀人才加入团队，通过工作与交流，使得金音这块金字招牌更加闪耀。为了更好地服务每一位音乐爱好者，金音集团致力于点亮艺术之灯，照亮他们的艺术人生。

金音集团始终秉承“融合中外，树立有价值的民族品牌”的核心理念。金音集团与国际同行业积极探索共赢的新模式，不断加大业务的深度和广度。特别是在“一带一路”沿线国家，注重本地市场的经营和开拓。金音集团在哈萨克斯坦、吉尔吉斯斯坦及中亚诸国市场上取得了显著的进展。在2023年良好的共赢基础上，金音集团计划在未来五年内在这些国家合作开设80至100家“金音艺术馆”。目标是通过这些艺术馆传播中国2025年的新模式，向世界展示“智造”中国的实力和企业产品的国际领先水平。

在推动文化发展的同时，金音集团一直致力于社会责任的实践。长期以来坚持实施中国乐器协会的“乐器进校园”计划。与河北省和其他相邻省市地区的学校合作，在企业、学校和地方政府的支持下，开展了一系列“校园艺术团”项目。这些项目为学生们提供了宝贵的艺术教育机会，同时也促进了当地文化的发展。例如，与衡水街关中学的深度合作，成功地组建了一个100人的行进乐团。这个乐团运行了一年多的时间，受到了学生、家长及社会的广泛认可。凭借这一成功经验，金音集团计划在新的一年中举办更多规模的文化展演，以进一步强化文化自信，提升民族艺术素养。

除了在文化推广和社会责任方面的努力，金音集团在产品创新和技术研发方面也取得了显著成果。金音集团的研发团队不断探索和实践，推出了一系列创新产品。这些产品不仅在技术上领先，更在设计上体现了中西文化的融合，受到了市场的广泛欢迎。

在未来，金音集团将继续秉承核心价值观，不断创新，追求卓越。继续与各界合作伙伴一道，共同推动文化的发展和传播，让更多的人享受到音乐的美好。

蔚你而来　音你出彩　蔚科科技引领电声乐器新潮流

赵　哲

（中国乐器协会副理事长、电鸣乐器分会副主任、深圳市蔚科电子科技开发有限公司董事长）

作为中国电声乐器设备的自主品牌，蔚科科技在过去20余年中始终坚持自主研发，致力于通过技术创新创造更优秀的国产电声乐器产品。2023年，蔚科科技旗下多项技术和产品再次实现了新的突破。

在吉他音箱与效果器方面，蔚科科技2023年新推出的NUX纽克斯TRIDENT三叉戟复合型效果器全面应用了NUX最新一代4K级白盒物理建模算法（TS/AC-4K）。这款效果器搭载了全新的硬件平台和两个高性能DSP芯片，是一款适用于现场的录音级效果器。同时，SA-100大响度100瓦路演音箱也备受关注，它通过纯A类分立式晶体管放大器搭建了话筒、原声吉他、标准乐器三个通道，并支持OTG手机直播及内录。音箱配备了一支8寸全频扬声器和四支2.5寸高音扬声器，能够搭建丰富的声场。

在无线系统方面，蔚科科技继C-5RC吉他无线系统、B-6萨克斯风无线系统、B-7PSM无线入耳式监听等备受好评的产品之后，最新发布的B-8专业无线系统再次将NUX无线技术推到了全新高度。B-8传输24bit 48kHz高质量音频，信号传输延迟可低至2.5ms，通信距离可长达50米，适配各种类型的电吉他、电箱吉他、贝斯以及各类带有电声拾音器的乐器。

此外，NUX纽克斯DP-2000电子打击板与NEK-100电子键盘也在2023年末上市。DP-2000拥有八个高灵敏感应独立触发打击垫，不仅包含了与NUX旗舰电鼓DM-8相同的高品质原声鼓音色采样，同时也加入了民族打击乐和电子效果音色样本。用户还可以通过使用U盘导入自己的音色样本来扩展声音库。NEK-100则是一款电池电源双供电、内含500种高品质音色的61键电子键盘，内置100种节奏，涵盖多种音乐风格。

值得一提的是，NUX的第一款电吹管NES-1也在上海乐器展上隆重亮相。NES-1是一款内含50种高品质采样音色的数码吹奏乐器，有萨克斯和小号两种指法选择，搭载仿哨片压力控制器，可精细控制音色。它还设置了民乐特殊演奏技法，使旋律更加真实灵动。同时，NES-1自带蓝牙音频功能，并搭载双扬声系统及无线声音传输系统，操作简单，扩声不再是问题。

2023年，Cherub小天使品牌也推出了多款创新产品，受到广泛欢迎。其中WMT-565系列五合一校音节拍器包括节拍器、调音器、定音器、温度计和湿度计功能，分为565W（管乐）、565B（民乐）、565C（弦乐）三个版本，适应不同乐器。WMT-560夹式三合一集节拍器、调音器和定音器于一身，便于夹在琴头使用。而WMT-665V夹式三合一则专为提琴设计，配备特殊拾音夹，方便稳固地夹取，且支持tap tempo自定义节拍。

同年，蔚科科技还成功承办了乐器行业科技创新与产业发展大会，并创意策划了“蔚你而来音你出彩”暖冬音乐会，吸引了众多知名艺术家如卞留念、章红艳、陈磊等参与，现场座无虚席。在中国（上海）国际乐器展览会及广州国际乐器展览会期间，蔚科科技携手代言人和合作艺术家，如Vinai T、Abim Finger、潘高峰等，使用NUX纽克斯产品进行了精彩演艺。

展望未来，蔚科科技将继续加大自主研发投入和品牌创新力度，致力于打造优秀国潮品牌乐器，推动民族品牌的创新发展。

川雅齐驱三驾马车
乐器、居住、文化产业共谱新篇章

张华君

（中国乐器协会常务理事、材料配件分会主任、川雅木业有限公司总裁）

回首旧年，这是机遇与挑战并存的一年。川雅木业一边稳固服务传统市场，维护既有用户，一边精练内功，寻求新的发展模式。企业坚持“高处立，宽处行”的原则，深知“小事不做，大事难成”，因此致力于做深做优乐器配件延伸品和文创衍生品，逐步向文化服务企业转型。在此过程中，继续深化管理、节约开支、维稳前行。

一、保供应、稳资源

作为行业木材资源的保障企业，面对需求萎缩的困境，川雅木业毫不犹豫地选择了“储备”，竭尽全力提高优质木材的储备量。企业坚信，当市场复苏时，川雅木业一定能为行业提供更优的材料保障，成为乐器制造用户们的坚实后盾。

二、开拓市场、狠抓成本

2023年，川雅木业将开源节流作为头等大事。一方面致力于提升乐器配件的质量和性能，保持现有高端客户的需求稳定；另一方面积极探寻其他乐器产品的市场机遇，拓展至中西乐器全域配件领域。内部严格执行节能降耗政策，确保全员在执行任务前先进行成本核算。

三、提升品质、坚持创新

2023年，由川雅木业与德国某些钢琴品牌共同研发的两款中型尺寸高端定制三角琴共鸣盘成功面世，并在美国阿纳海姆国际乐器舞台灯光展览会和中国（上海）国际乐器展览会上大放异彩，其美妙动听的声音获得了业界的普遍赞誉。这一成功不仅增强了企业的国际影响力，也必将为企业创造更广阔的市场空间。

四、文化转型，拓宽活法

基于对钢琴、吉他及其木材声学性能的理解，川雅木业开发出一系列声学木材文创衍生品，用功能性木材实现数字音乐，产品令人耳目一新，已经成功面市。为促进企业文化转型，川雅木业还完成了川雅博物馆新馆的建设，并对市民和团体预约开放。

五、弘扬工匠精神、培养高技能人才

2023年，川雅木业有了更多的时间潜心学习培训。在国际专家和公司工匠团队的带领下，组织公司技能型人才进行集中培训、实操、考核，在公司各个岗位都培养出一批具有严苛工匠精神的技能型人才。

展望2024，高质量发展是必由之路：川雅木业将握紧乐器制作大师们的手，加大工作力量，将三角琴共鸣盘推向更加高端、个性、多元的方向，并适度进行批量化生产。同时，企业将把创新经验成果分享并应用到其他中西乐器领域。大举向文化产业转型：借助成都市建设“三城三都”的机遇，将推升“川雅博物馆”的形象，以城市地标性博物馆为依托，开展音乐文化、建筑文化、文创文化、企业文化的交流和推广。搭建文化交流平台：将搭建国际和国内、政府和民间的文化交流平台，使川雅木业在文化事业的发展上取得突破性进展，为企业创造新活力。发展木结构文化建筑：川雅木业将继续发展木结构文化建筑，把预制的微型音乐室、小型音乐厅推向市场。同时，与乐器产业互相融合，推出高端木结构功能性建筑居住制品。未来，川雅乐器产业、居住产业、文化产业将成为企业的三套马车，并驾齐驱、共同发力，带动川雅木业奋进前行。

产品升级　渠道创新
星臣重构“人、货、场”市场布局

黄志康

（中国乐器协会副理事长、吉他分会主任、广东声凯乐器有限公司董事长）

2023年，吉他行业终于迎来了复苏。在这一背景下，星臣品牌以全新面貌出现，从产品、渠道到推广和文化输出都进行了品牌思维的转变。过去主要依赖合板产品和传统运作思维已不能满足市场需求，因此星臣近年来确定了转型方向，将以产品、推广渠道、服务和文化输出为核心，塑造未来品牌思维，以应对市场变化。

一、产品创新是一项低效却极其有意义的投入

星臣品牌在产品创新上不断突破，2022年推出的“86+”系列面单产品广受好评。随后，公司研发出“Fidelity系列”（简称“F系列”），2023年8月亮相即引起轰动。不满足于量产琴，星臣进军高端市场，年底推出两款手工全单产品R60和GA60，挑战市场。在研发中，星臣历经36个版本、216个样品的声学测试，耗时18个月，同时优化外观、工艺和供应链。作为三十年老牌企业，星臣克服惯性，选择创新。这些努力为品牌未来发展打下坚实基础。展望2024，星臣将继续创新，为消费者带来更优产品与服务。

二、渠道创新在于如何重构“人、货、场”

自媒体日渐发达，星臣过往的渠道和推广策略已经显得落伍。对于吉他品牌来说，在什么地方展现自己的产品，需要了解清楚自己的消费者会出现在哪里。正所谓“人”在哪里，“场”就在哪里。2023年星臣的一个重大的投入在于将“场”逐渐从线下铺设到线上，现在各大自媒体平台如抖音、哔哩哔哩、小红书等，都会逐渐出现星臣品牌和产品的身影。企业以与行业博主合作或自己创作内容等形式，将品牌端需要跟消费者沟通的内容，以高效的形式传播。而效果也是显而易见的，更多的年轻一代消费者了解到了星臣，并成为消费者。而这也正好匹配了企业对于星臣的品牌定位策略。结合2023年的推广效果，企业后续也会在渠道上进行一系列改革，将有自媒体宣传能力的商家作为渠道铺设的重点对象，这是星臣2024年需要发力的点。企业需要根据市场的变化，重新建立一套能迎合市场的“人、货、场”策略。

三、品牌人设打造是品牌年轻化的重要策略

自从2022年广州品牌运营中心建立起，星臣的团队注入了不少新鲜的血液。吉他产品的受众群体普遍在14～28岁年龄阶段为主，这也注定了这个行业必须持续地进行坚持年轻化策略。除了产品设计语言，企业传达的内容、视觉效果等，必须要紧跟着这一代人的步伐进行调整。2023年星臣对外输出的内容还是得到了不少正面反馈，广州乐展及上海乐展两次重大的线下交流机会普遍反馈回来一个信息，大家对星臣品牌有了很大的认知改变。过往星臣给予大家都是过于传统企业的印象，现在大家会觉得品牌相当具有朝气，也极具包容性。

2024年对于星臣将是极具历史意义的一年，企业在改革路上走过了好几个年头，正是期待着在这么一年收获一张成绩单。星臣面前依然会存在一个又一个挑战，但星臣还会凭着那一份热情不断投入。2024年，砥砺前行！

品牌创建　互联互通
知音文化谋划乐器新零售

朱文玉

（中国乐器协会副理事长、琴行分会副主任、上海知音音乐文化股份有限公司董事长）

岁聿云暮，一元复始。在这个辞旧迎新的时刻，知音文化向大家致以新年的祝福。2023年，乐器行业仍面临诸多挑战，如新生人口下降、人口老龄化、琴童比例减少、乐器消费变缓、消费降级等。在这样的市场环境下，知音锐意进取，探索发展之路，在暗潮涌动的市场下，提振员工信心，凝聚共识，开拓创新。

在科技和市场多元化的背景下，乐器行业正经历新零售的转变。电商的崛起和消费者消费理念的改变推动了乐器线上销售的普及。自媒体平台的兴起改变了销售方式，消费者越来越依赖高质量的内容来做购买决策，同时对乐器品质的要求日渐提高，品牌效应变得更为重要。丰富的自媒体内容让消费者更容易信任线上购买，从而推动了“线上购买乐器”的趋势。

2023年，知音文化注重乐器“新零售”的转型，加强电商平台的建设、管理与运营，从消费者的角度出发，了解消费者需要什么，从而提高转换率。同时加强品牌建设，精准定位消费者，取得消费者的信任，提升客户的满意度。知音文化不断加强线下销售人员的互联网思维，通过产品培训、自媒体运营培训等，提升专业度，转变销售思路。并通过对流量、转化、留存等数据的分析，不断优化经营策略，最终提高销售系统转换价值。

随着教育部实施美育教学改革深化行动、教师美育素养提升行动、艺术实践活动普及行动等，美育教育的重要意义再一次得到凸显和强调。音乐教育作为美育教育的重要元素，更加强调学习音乐、学习乐器不仅仅是掌握一门技术，而是要更加注重培养学生的人文素质，丰富学生的精神内涵，注重展演展示活动。知音文化在办学过程中，始终以“快乐音乐创造快乐人生”为理念，注重学员的学习体验、教学质量与舞台展示。送别阴霾，线下音乐活动一经恢复，乐器消费市场回暖升温。2023年，知音文化承办的音乐赛事报名人数皆创新高，各类师生音乐会、音乐沙龙、大师班接踵而来，全年共计150余场音乐活动，从专业艺术家到业余琴童、中老年爱乐者，为更多人提供音乐的舞台，尽享音乐带来的喜悦。

展望2024，璀璨过往皆序章。ChatGPT时代已经来临，人工智能、大数据变革商业场景正在进行时。尽管市场的各种不确定性因素仍然存在，但随着人们对精神生活越来越注重，文化需求高品质、个性化的特点更加明显，未来乐器消费、音乐学习需求仍具备很大的成长潜力，知音文化对未来仍旧充满信心。

1997年至今，知音文化始终为客户提供有保障的乐器和音乐教育，勇于承担社会责任，坚持公益事业，普及音乐文化，将最美好的音乐带入千家万户，向更多人传递音乐的快乐。秉承着这样的企业价值观，知音文化以科技赋能作为深化改革之路，完成“乐器新零售”的转型，打通线上与线下，在不断变化的市场中谋划新的发展之路。

奋楫争先　赓续前行　博斯纳钢琴再攀高峰

孙　强

（中国乐器协会副理事长、钢琴分会副主任、烟台博斯纳钢琴制造有限公司总裁）

龙吟国瑞，景泰春和。新年伊始，烟台博斯纳钢琴制造有限公司对长期以来给予博斯纳大力支持、帮助的国内外朋友和业界同仁，表示衷心的感谢，并致以崇高的敬意与新春祝福！

2023年，国际局势诡谲多变、动荡不安，钢琴出口遭受重大影响。国内经济虽持续向好，但钢琴消费购买力度大不如前，企业发展严重受阻。在困难重重、压力巨大的情况下，博斯纳钢琴迎难而上，在产品创新研发领域攻坚克难，取得了众多收获与殊荣。

从某个角度上说，钢琴的工业制造水平可以衡量一个国家的轻工业制造水平；钢琴的使用和普及状况则能够在一定程度上体现出当地的物质文化水平和艺术修养程度。党中央、国务院一再强调：中国必须由工业制造大国转向制造强国，要从靠扩大规模、扩大产量来满足人们的生活需要，转移到提高质量，满足人们向往美好生活的需要。这既是伟大的战略转移，也是实现中国式现代化的必由之路。

博斯纳钢琴于1871年诞生于德国，至今已有151年的悠久历史。烟台博斯纳钢琴一直遵循着“品质卓越、性价比高”的宗旨，坚定不移地走独立自主、创新发展的道路。企业独立自主设计、精心研发制造的大型专业演奏级GBT217三角钢琴，不仅获得了国内外众多著名钢琴家的高度赞扬与喜爱，而且继2020年荣获“中国轻工业联合会科学技术进步奖”之后，又于2022年荣获山东省“省长杯”工业设计大赛大奖，特别是荣获了“中国优秀工业设计奖”国家级大奖，实属来之不易。2023年，博斯纳钢琴又独立自主成功研发制造出专业演奏级最大尺寸GBT276（9尺）三角钢琴。

岁月更替，华章日新。2024年，烟台博斯纳钢琴制造有限公司将以党的二十大精神为指引，继续提升技术创新能力，深化驱动品质核心动能，为完成既定的“创建世界钢琴行业中的高端企业，制造世界钢琴领域中的高端产品”的目标而奋楫争先，赓续前行！

精进笃行　扩展银龄
罗兰为数字音乐教育注新动力

程建铜

（中国乐器协会副理事长、罗兰数字音乐教育集团董事长）

日月其迈，时盛岁新。2023年，面对复杂多变的世界经济形势和充满变数的乐器、音乐教育行业发展现状，全体罗兰人逆势前行，深入落实“高质量发展”工作方针，在变化中逐风搏浪，在风雨中砥砺前行，交出了一份饱含智慧与汗水的亮丽答卷。

这一年，罗兰教育精进笃行，勇开新局。罗兰教育坚持了“精确务实、稳健增长”的经营理念，努力优化现有市场格局，同时开拓新市场领域，深度挖掘潜在机遇。面对日益激烈的市场竞争现状，罗兰教育凭借不懈的创新精神和卓越品质，成功亮相于中国（上海）国际乐器展览会、国民音乐教育大会等多场业界顶尖展会，展示罗兰数字音乐教育品牌的影响力和创新活力，同时建立深厚合作关系。2024年，企业将重点打造“罗兰数字音乐教育官方抖音直播间”，建立多维度、多渠道的直播矩阵，以丰富的内容和专业的讲解吸引更多潜在客户，促进校区转化和增长。罗兰教育致力于不断创新，为数字音乐教育领域的发展贡献更多力量。

这一年，罗兰教育深耕不辍，践行使命。罗兰数字音乐教育积极参与社会公益事业，构筑了多个重要公益项目。与中国乐器协会合作，向“南京小红花艺术团”捐赠了罗兰数字音乐教室和器材，提升学生的艺术素养。联合中国乐器协会发起“第八届罗兰音乐季‘音爱而生，以乐传情’公益慈善活动”，资助贫困少数民族儿童接受数字音乐教育。同时，在中国重阳节当天，向上海市嘉定新城老年大学捐赠了一间电吹管数字音乐教室，帮助老年人享受音乐乐趣。这些公益活动不仅体现了企业社会责任，也成了罗兰数字音乐教育的重要文化组成部分。2024年，罗兰数字音乐教育将继续践行公益使命，为爱前行，航向更加波澜壮阔的星辰大海。

这一年，罗兰教育行稳致远，造梦无限。2023年，罗兰数字音乐教育成功举办了“第八届罗兰音乐季暨2023精英乐手计划”活动，展示了全国数字音乐教育的教学成果并选拔出优秀音乐精英。活动自3月至8月在全国近200座城市启动，吸引了超过5000名学员报名参与。经过城市突围赛的选拔，近500名罗兰少年在上海上音歌剧院的舞台上展示出高水平的专业能力，得到了行业内顶尖乐手评委的高度认可。

面向2024年，罗兰数字音乐教育将继续努力在升级教学课件和打造高端展演舞台等领域发展，深度融合行业应用场景，利用大数据和本地生活直播等先进模式，构建学员、校区和总部之间的完美沟通与解决方案，持续更新升级，共同步入数字化时代。

以人为本　转换动能
金斯波格钢琴谱写发展新篇章

王勇强

（中国乐器协会副理事长、烟台金斯波格钢琴有限公司总经理）

金斯波格钢琴，历经三十五载风雨洗礼，始终坚守“以质量求生存，以信誉谋发展”的理念。一代又一代的金斯波格人不断创新、开拓，将公司打造成以品质为战略导向的高新技术企业。

面对当前复杂多变的市场环境，金斯波格钢琴紧扣时代的节拍，积极应对挑战。在中国乐器协会的引导及合作伙伴的共同努力下，企业通过强化管理、培养人才队伍、技术创新、加强质量控制、调整产品结构等举措，取得了一系列可喜的佳绩。连续十二年荣获“中国乐器五十强企业”称号，荣获中国乐器协会成立三十周年“功勋单位”“企业信用评价AAA级信用企业”“高新技术企业”等荣誉，还被评为“第六批山东省重点文化产业项目”，在“山东手造·烟台好礼”2022年“烟台手造”创新创意大赛中荣获“烟台手造十佳品牌奖”。

在市场运营方面，金斯波格钢琴更加注重自主创新、保护知识产权，加大技术投入，逐步放弃低价竞争的商业思维模式，走品牌自主创新之路，重塑品牌文化价值。产品中、高端市场品牌延伸，优化产品结构，使中、高端产品投入占总产量的70%以上。通过材料的精选、产品工艺的提升、欧洲传统技术的引进以及碳纤维材料的使用，钢琴的品质得到了明显的提升，赢得了更多消费者的青睐和对品牌文化价值的认同。

中国乐器市场仍然是世界最活跃的乐器市场之一，国内钢琴市场的竞争加剧。金斯波格钢琴推出的KF高端精品系列钢琴销售量逐年递增，产品逐步获得市场认可。企业的发展并非依赖产量的扩增，而是通过加强高附加值产品的投入实现良性发展。企业通过高点布局、高标准要求，大力推动企业文化理念升级、企业品牌战略升级、营销模式转型、强化技术研发与创新能力建设等措施，全力推动企业高质量发展。

在企业管理上，金斯波格钢琴提出向管理要效益，开展节能降耗、清洁生产等措施，顺利完成公司新旧动能的转换。在人才培养上，始终秉承“以人为本”的企业文化理念，不断加强人才的培养。同时，配备全套键盘、击弦机、音源数控加工设备，采用恒温恒湿设备保证产品的精确性和高品质要求。

在产品创新方面，金斯波格钢琴创新性地推出了高端精品“克劳斯·芬纳”系列，以及KS、KH系列产品。采用数控化、自动化的新型设备和严谨的操作要求，结合传统的德国工艺和德国钢琴设计大师的设计精髓，有效提高产品制造工艺精度。同时保留高技能人才手工工艺技术，如手工弦槌整音、击弦机零件手工组装等，坚持传统自然干燥的色木陈木选材工艺，丰富产品品种，满足不同领域消费者的学习、演奏需求。

在品牌宣传方面，金斯波格钢琴积极与国内外多所知名院校开展合作，组织钢琴比赛、音乐会、名师讲堂、艺术沙龙等多种宣传活动，扩大品牌宣传，拓展乐器消费群体和潜在需求。

展望未来，金斯波格钢琴将继续秉承“以质量求生存，以信誉谋发展”的经营理念，以更加饱满的热情、科学的理念和务实的态度，继续打造具有鲜明特色的金斯波格“有色彩的音色”钢琴品牌，谱写金斯波格钢琴发展的新篇章。

校企合作　销售多元
奇美乐器荣誉满载开启新征程

张龙贵

（中国乐器协会副理事长、口琴分会主任、江苏奇美乐器有限公司董事长）

玉兔辞旧岁，祥龙送春来，值此新春佳节之际，谨代表江苏奇美乐器有限公司致以社会各界、同仁朋友最诚挚的祝福和问候。2023年，奇美乐器在中国乐器协会、市委、市政府的领导和关怀下，社会各界的关心和支持下，取得了骄人成绩。2024年，奇美乐器将以全新的面貌开启高质量发展、创新融合的新征程。

一、校企合作，科技再创新，再获新荣誉

2023年，奇美乐器引进了智能智造设备，增加了模具产品的精确度，升级改造了自动化装备，完善了口风琴流水化生产线。企业加大了技改投入，技改、研发费用等较2022年增长了10%左右。预计2024年，投入研发费用将再增加10%左右。此外，奇美公司与南京师范大学中北学院签订了产教融合校企合作协议，双方将在推动资源统筹与共享、技术创新与服务、人才交流与培养、学生就业与创业等方面增强有力互动，最终实现校企“产、学、研、用”协同发展。2023年，在获评“专精特新”泰州市科技“小巨人”企业的基础上，奇美乐器首次获评“江苏省专精特新中小企业”荣誉称号。在2023年度乐器行业科技创新与产业发展大会上，奇美乐器还获评了“行业科技十强企业”“创新融合年”先进单位、“科技之星”等荣誉称号。

二、强强联合占市场，呈现1+1>3效应

奇美乐器在保持奇美品牌市场领先的同时，加大了与科研院校的合作，引进了优秀人才和技术，

推出了奇美限量版、演奏级、收藏级口琴、宽音域电子口风琴、低音口风琴等多款优质新款中高端产品。奇美乐器继续和上海国光口琴厂进行深度合作，出品了“国之梦”“领跑者”系列新口琴，并联合黄金珠宝老字号品牌“老凤祥”、福州非遗技术，打造出了“国色天香”、十二生肖等多款具有文化底蕴和收藏意义的联名款国光口琴。奇美乐器与国光的强强联合，充分利用了协同效应，对内协调好了生产营销管理各个环节阶段，对外整合了集群互融共生，将资源实现了最大化，实现了“1+1>3”甚至远超预期的效果。

三、持之以恒占据音乐培训市场

2024年，音乐培训市场将成为奇美乐器的重要领域。奇美乐器将积极加强产品和品牌概念，适应市场经济发展，提升竞争力。多年来，企业联合各地教委举办音乐教师培训和器乐比赛，推广音乐艺术培训，以市场需求为导向，结合科学和艺术原则，取得了显著成果。目前，奇美竖笛、口风琴在国内市场份额约占70%，未来奇美乐器将继续致力于音乐培训市场的拓展。此举将有助于转变人们观念，提升奇美品牌影响力，促进音乐文化的普及和发展。

四、增强线上销售多元化

2023年，奇美电子商务线上市场的发展取得了显著成效。除了通过淘宝、天猫、京东、拼多多等原有平台外，奇美乐器还联合抖音、快手等短视频平台推出了当下时兴的直播带货、互动直播等模式。这些举措牢牢抓住了已有线上客户，挖掘了潜在客户，使奇美品牌传播速度更快、销售途径更广。2024年，企业将继续增强线上销售的多元化发展，为全年市场的稳定增长保驾护航。

2024年，奇美乐器信心满怀，将继续以高质量发展为主线，注重线上线下市场培育，加大创新和技改的投入，进一步完善对技能人才的培养机制，推进员工技能培训工作，提升员工队伍的综合素质。同时，企业还将开展人才交流合作活动，加强人才队伍建设，不断提升对消费者的服务水平，完善售后体系。奇美乐器将不忘初心、牢记使命、履行社会责任和担当。

数字引领　惠民惠城　秦川乐器引领音乐新风尚

秦　川

（中国乐器协会常务理事、琴行分会副主任、河北秦川文体乐器有限公司董事长）

春始风华，万象启新，过去的2023年是具有里程碑意义的一年。经济逐步复苏，乐器行业在不断探索创新发展路径中实现逆势突围。秦川乐器在国家政策引领与行业助力中，走过了一段信心提振、活力迸发的不凡之路。这一年，尽管面临种种压力，秦川乐器依然向外而行，向内而生，内外兼修，在不辍进取、砥砺前行中交上了一份年度答卷。

向外拓展，秦川乐器致力于打造极具影响力的文化品牌，实现惠民惠城。作为首批被中共石家庄市委宣传部、石家庄市文学艺术界联合会命名并挂牌的“城市人文公共空间·名家工作室”之一，秦川乐器积极发挥自身优势，助力石家庄市文化服务领域的发展。企业通过一系列文化艺术活动提升影响力，如“我们的中国梦–文化进万家”、省会“彩色周末”文化惠民工程、中国乐器协会“6·21国际乐器演奏日”等，走进社区和商圈进行惠民演出。同时，企业还策划了多类型活动，如“钢琴奇遇记”、“烛光音乐会”等，推广音乐文化，受到了广泛认可。其中，“腾飞·石家庄”百架钢琴音乐会还登上了CCTV4中文国际频道《传奇中国节·中秋》节目。

2023年，石家庄市着力打造“摇滚之城”，秦川乐器积极响应政策。企业通过举办大型文化活动，如“慷慨击歌”百人架子鼓、百人吉他、多乐队演出等，推动了摇滚文化的兴起，使其深植在市民心中，点燃了市民对音乐文化的热情。

向内赋能，秦川乐器实现了管理体系的全面优化升级，夯实了根基。这一年，企业实现了客户管理、教学管理、团队管理和数据管理的优化升级，用数字化、信息化引领行业趋势。在客户管理上，我们从引流、意向、到店、体验、成交，到客户细分、续费转化、升学指导环节，形成了完整的“沙漏”管理模型。企业重点完善了艺校体验课流程，提高了成交率；另外，通过激励机制提升了留存率。在教学管理上，企业投入人力、财力研发各专业课程标准化，教师按标准化课程书写教学日志，即时上传家长端，形成了良好的家校互动。企业还设置了美育储存金，开展高附加值教学实践活动，根据年度活动计划保证活动的均衡性和多元化，吸引学员参加。在团队管理上，企业将艺校管理关键岗位分为运营总监和教学总监，通过两种不同指标来评价管理团队，提升了专业性。从客户管理、教学管理到团队管理，企业都是依靠数字化来实现的。因此，在数据管理上，企业借助自主研发的鲸果通艺校管理系统来完成各项数据的录入、统计和分析。鲸果通艺校管理系统能够实现各环节的精细化管理，统筹艺校课程、学员和商品管理。同时，数字化系统还可以同时管理琴行系统乐器商品的采、销、调、存，大力优化了工作流程，提质增效，增强了竞争力。

在新的一年里，秦川乐器将继续响应政策，积极探索公共文化服务模式，引入高规格的文化交流和艺术家活动。企业计划筹备2024郎朗钢琴音乐会和2024乐队中国青少年音乐节河北地区展演，为文化产业的繁荣发展做出贡献，助力石家庄市成为“摇滚之城”。

“音”为牵手“乐”与共进
天目琴行擘画行业发展新蓝图

刘为明

（中国乐器协会常务理事、琴行分会副主任兼秘书长、浙江天目琴行有限公司董事长）

2024年是天目琴行的三十二周年，企业见证了行业的重要发展和变革。这一年，企业不仅面临着诸多的挑战，也迎来了许多机遇。天目琴行注重融合共赢，聚能擘画蓝图，积极组织资源形成联动效应，合力促进行业发展。

2023年，天目琴行一直坚持开展系列品牌文化交流活动。“人老不失戎马志向，余热生辉耀九重”。3月，企业组织选送了6名老年爱好者参加广州珠江·恺撒堡全国乐龄钢琴大赛，并获得了1金2铜3优秀的优异成绩。5月，企业组织了旅德钢琴家郑洁博士的钢琴教学与示范培训，获得了众多教师的肯定。8月，企业特邀青年钢琴家李天拓针对杭州、衢州、桐庐、平湖四地进行巡回演出，为各地音乐爱好者提供了感受音乐艺术魅力的机会。9月，雅马哈签约艺术家胡辉的萨友见面会点燃了杭城的萨克斯热情。期间，国际友人、美国音乐作曲家Mr.Don Rechtman先生慕名而来，为本次见面会增添了浓墨重彩的一笔。11月，第二届雅马哈“芳华岁月”管弦乐展演（杭州站）成功举办。12月，在浙江老年大学的校园内，“常青音乐会”无论是优美的旋律还是那坚实的声音，都在大家的心里留下了深刻印象。

天目琴行拓展思路创新探索，不忘初心。孩子是文化教育的种子，“音”为牵手，“乐”与共进，音乐教育是培养人的综合素质和塑造灵魂的重要途径。企业走进校园，设立了“杭州第二中学·天目琴行音乐创作基地”。在这份企业的担当中，基地实现了优势互补、互惠互利、服务社会的积极作用。它不仅提供了交流学习的平台，更搭建起一座传承精神、助力艺术振兴的桥梁。校企双方通过音乐创作基地将充分发挥各自在资源、教育等方面的优势，构建发展艺术教育的新模式，为高品质办学构筑又一里程碑。天目琴行将进一步强化艺术特色项目建设，形成更多艺术特色品牌，为校内艺术教育乃至杭州艺术教育作出引领作用。

甲辰龙年即将来临，杭州建兰中学交响乐团与天目琴行共创“领航艺术风采，共迎龙腾盛世”新年音乐会。通过对乐团全方位的支持，企业不断致力于“立德树人”的核心教育目标。以艺术的光芒照亮学子们的成长之路，用每一次演出证明艺术的力量。他们的表演不仅仅是对音乐传承的尊重，更是对创新精神的不懈探索。

三十二年来，天目琴行坚守初心，积极投身公益事业。2022年，企业向新疆理工学院捐赠了电钢琴、古筝和架子鼓，建立了多个音乐教室，并获得了学院的感激证书。在传承音乐文化的同时，创始人刘为明董事长的书法展也在杭州师范大学举办，弘扬了中华书法文化。

展望未来，天目琴行将致力于国际音乐教育合作。2024年，企业计划引进乌克兰导师，分享教育资源与经验，加强师资队伍建设，培养具备国际背景和双语能力的专业人才。同时，企业将与全球音乐类院校建立交流渠道，搭建留学项目，共同培养适应全球经济需求的复合型人才。

新的一年，天目琴行将继续守初心、担使命，以提升综合能力、推动音乐活动为重点，结合线上线下模式，促进行业创新发展。通过不断拓展国际合作，共享全球教育资源，天目琴行将努力为音乐教育与文化传播做出更大贡献，回馈社会，践行企业社会责任。

品牌营销　拓展市场
嘉德威钢琴持续创新驱动

陈莲琴

（中国乐器协会常务理事、杭州嘉德威钢琴有限公司总经理）

过去的2023年，嘉德威钢琴在不断努力下取得了显著的成绩。嘉德威钢琴持续加大科技创新投入，不断提升产品品质与性能。通过对传统钢琴制造技术的改进和突破，成功研发了一系列具有自主知识产权的新款钢琴，不仅提升了产品竞争力，也为中国乐器行业的技术与设计进步做出了贡献。全新系列钢琴，每一架都独具特色，如饱含着无垠浩瀚的GF12日月星辰大海；象征着阳光、温暖和希望的GF13向阳；还有充满生命力画卷的GF11春以及奢华与浪漫气息并存的三角钢琴——浪漫巴黎。同时，嘉德威钢琴在用材上也进行了全面升级，采用德国进口顶级紫芯呢毡、红木榔头、实木沙扶档、实木联动杆、实木键盘、实木音板，以及独具匠心的嘉德威专属定制实木顶盖支撑等。嘉德威钢琴从内到外全方位的提升，将独到的创新理念以及前沿的研发技术都发挥到了极致。

2023年经济开始复苏，嘉德威钢琴凭借敏锐的洞察力，结合音乐教育的变革，时刻把握市场动向，精准调整营销策略，抢占市场先机，成功出圈带动产品销量。在市场拓展与品牌建设方面，过去的一年中，嘉德威钢琴积极开拓国内外市场，进一步提升了品牌知名度和影响力。通过参加全国各类形式的展览会、音乐会、招商会等，嘉德威钢琴展现出了卓越的品质和精湛的技艺，赢得了广大消费者和业内人士的认可与赞誉。

嘉德威钢琴高度重视人才的培养和团队建设，通过定期培训、技能提升等方式，不断提升员工的专业素质和综合能力。同时，公司积极营造良好的企业文化氛围，激发员工的创新热情和工作动力，为企业的长远发展奠定了坚实基础。

2024年，嘉德威钢琴将继续坚持创新驱动的发展战略，积极应对挑战，抢抓机遇。面对未来，嘉德威钢琴将重点开展几方面的工作：首先，持续推进科技创新，2024年嘉德威钢琴将继续加大科技创新投入，不断优化产品设计和制造工艺，致力于研发更多具有自主知识产权的核心技术，提升产品的核心竞争力，为中国乐器行业的科技进步做出更大贡献；其次，拓展国际市场，面对全球经济复苏的机遇，嘉德威钢琴将积极拓展国际市场，进一步提升品牌影响力，积极参加国际知名乐器展览，加强与国际同行的交流与合作，提升嘉德威钢琴在国际市场的地位和话语权；最后，加强品牌营销与推广，为了进一步提升品牌知名度和美誉度，嘉德威钢琴将加大品牌营销与推广力度，通过多种渠道和形式，如线上营销、音乐会举办等，提高嘉德威钢琴在消费者心中的认知度和忠诚度，更加注重品牌形象的塑造和维护，不断提升品牌价值和影响力。

展望未来，嘉德威钢琴将继续秉持“有理想的，有人文情怀的，有温度的，有品味的，精致的，创新的”品牌精神，以科技创新为引擎，以市场拓展和品牌建设为抓手，不断提升产品品质和服务水平。努力突破瓶颈期，迎接下一个增长期，嘉德威钢琴将迎来更加美好的明天！

优化管理　以赛促学
门德尔松打造市场核心竞争力

郑明统

（中国乐器协会常务理事、门德尔松钢琴（上海）有限公司董事长）

挥手间，已告别2023年。门德尔松钢琴在中国乐器协会的关心指导下顺势而为，逆流奋进，适时调整战略，积极融合资源，在创新中寻求突破、在探索中勇毅前行。

面对大环境需求不足、消费投资信心偏弱、产品供需失衡等多重压力，企业及时调整管理战略，对内部进行有效优化改革和结构调整。企业多次让德国工程师通过视频远程对生产车间各作业岗位进行精准培训，让国内作业标准和德国技术进一步契合同步。通过组织重建、职能融合、赋能培训等多重内部管理举措，激发了员工更多的工作潜力，激活团队新的动力，为应战更大风险夯下了坚实的基础。

2023年，面对乐器市场的新形势，门德尔松钢琴积极调研，推出新产品并升级技术，淘汰落后型号，从源头确保产品品质与独特性。生产过程严格管控，确保每件产品都是精品，形成未来市场的核心竞争力。此外，团队还针对特殊客户推出个性化定制服务，并大胆尝试跨界融合，如房车钢琴、酒店餐桌钢琴等创新项目，实现资源共享与优势互补，推动乐器领域的创意发展。门德尔松钢琴团队以前瞻性的思维和创新的行动，引领着乐器行业的潮流和发展方向。

门德尔松钢琴长期以来一直致力于社会公益，以回馈社会为己任。2023年先后向温州大学、瑞安八中等学校和机构捐赠了高品质钢琴，帮助莘莘学子实现音乐梦想；在暑期主办举行了6场德国钢琴家大师班和音乐会，通过文化交流，让琴童零距离接触国际钢琴大师、聆听精彩演奏，学习先进钢琴演奏知识，开阔学习视野、汲取艺术养分，为追求音乐艺术的道路点亮前行的明灯；2023年，门德尔松钢琴还积极参与了青岛大学三十周年校庆、上海外国语大学毕业晚会、拉赫玛尼诺夫一百五十周年专题音乐会等多场重要活动，用卓越的品质展示艺术的力量，用音符传递爱心与温暖。

2023年7月25日，第十一届门德尔松国际钢琴大赛亚太总决赛在青岛成功举行。众多专业院校选手的参与使比赛更具专业水平。国际知名钢琴家伊奈萨·辛克维奇和尤里·迪登科首次担任评委，对比赛的正规严谨、规范公正给予高度评价。连续十一届的成功举办，门德尔松国际钢琴比赛已成为亚太地区具有影响力的钢琴赛事之一，为钢琴艺术的交流与发展搭建了重要平台。

面对2024年的挑战与机遇，门德尔松钢琴将围绕创新与品质提升，持续优化产品与服务，投入研发智能技术，通过多元渠道增强与消费者互动，提升服务品质与客户体验。作为乐器人，我们怀揣热爱，坚定信念，勇往直前。

破局提升　携手并进　吉他中国紧跟时代新机遇

姜　伟

（中国乐器协会理事、吉他分会副主任、北京琴国乐器有限公司首席执行官）

回首2023年，乐器经济增长趋势放缓，挑战依旧重重。然而，吉他中国和魔菇音乐凭借着完善的活动体系、专业的教学与培训体系，以及高效的活动团队，与全国分部紧密合作，共同为吉他事业的破局、实力的提升和竞争力的增强而努力。企业韬光养晦，携手并进，以饱满的热情乘风破浪，迎接新挑战，龙腾虎跃，展望未来!

2023年，吉他中国奉献了众多精彩纷呈的吉他活动。企业与北京乐器展携手举办了第十一届吉他中国木吉他大赛，与GIBSON、上海国际乐器展览会合作举办了第二届GIBSON电吉他大赛，还与民族品牌JOYO合作了JOYO第一届直播与录音设备大赛。此外，企业还与国际品牌DW爵士鼓合作了DW第七届全国爵士鼓大赛，以及与美得理合作的第十季MUZA电鼓秀等众多大赛。这些大赛规模庞大、规格高端、专业度强，口碑卓越，为吉他爱好者提供了展示才华的舞台，也推动了吉他事业的蓬勃发展。

2023年，魔菇音乐大家庭也迎来了共同奋斗、共同成长的一年。面对各种挑战和困难，企业始终保持着坚定的信念和积极的态度，依靠团队的力量战胜了困难，取得了显著的成绩。作为总部负责人，深感自豪地走访了众多分部，与各地负责人深入探讨了吉他和鼓培训在新形势下的机遇和发展。企业共同解决问题，努力打造更美好的未来!

在过去的一年里，魔菇音乐举办了全国第二十六届师资培训大会暨春季誓师大会，旨在提升整体师资水平并确立2023年的发展计划。企业还在成都成立了吉他中国直播基地，并成功举办了首届乐器（吉他）直播电商培训大会，为行业注入新的活力。5月份，企业在洛阳召开了魔鼓/魔菇第二届爵士专题鼓师资培训大会，吸引了来自全国各地的30多名优秀鼓教师齐聚一堂，共同提升技术能力和专业知识。下半年，企业更是举办了众多比赛活动，如魔菇音乐夏令营盛会、上海乐展参展以及魔菇新疆行巡演等，为学员们提供了展示才华的机会，也推动了音乐的交流与传播。

展望未来，2024年将是吉他中国龙年精神奕奕、继续奋发向前的一年。企业要保持谦虚、进取的精神，不断学习新知识、新技能，提高自身素质和能力。企业要继续发扬魔菇精神，提升魔菇音乐人的素养和综合素质，以更加饱满的热情和更加扎实的工作作风投入到新一年的工作中去。企业要为联盟的总体长远发展目标贡献自己的力量，共同创造更加美好的未来!

在新的一年里，魔菇音乐已经部分发布了上半年的众多活动计划。企业将继续抓学习、抓人才培养，为学员们提供更多的展示平台和发展机会。企业相信只要认真教学、培养人才，就一定能够取得更加优异的成绩和招生形象。2024年将是另一个变革之年，企业将面临更多的机遇和挑战。企业要紧跟时代发展的步伐，抓住机遇、迎接挑战，以创新为动力、以质量为核心，不断提升联盟的核心竞争力。吉他中国一起携手并进、共同努力，为吉他事业和音乐事业的发展贡献自己的力量，以更加坚定的信心、更加务实的作风共同创造更加美好的未来！

品质至上　客户为先
赛乐尔三益乐器坚守经营理念

李炯国

（中国乐器协会理事、赛乐尔三益乐器（上海）有限公司董事长）

回首2023年，那是一个充满挑战与机遇的年份。面对各种不确定性与困难，赛乐尔三益乐器的每一位成员都展现出了惊人的韧性与决心。在企业各部门的统一领导下，与经销商、合作伙伴、销售人员、钢琴老师们紧密合作，形成了一股不可阻挡的力量，共同推动赛乐尔三益乐器各项事业取得了令人瞩目的成就。

第五届“言子杯”赛乐尔·三益青少年钢琴大赛的成功举办，不仅挖掘了众多音乐新星，更为音乐教育事业注入了新的活力。调律师培训、第十季赛乐尔·三益之音巡回音乐会及大师讲座的顺利举行，进一步提升了赛乐尔三益乐器在行业内的专业地位与影响力。同时，企业还积极与各大音乐院校名师合作，通过线上线下相结合的方式，举办了多场音乐活动，为广大音乐爱好者提供了宝贵的学习与交流机会。

展望未来，2024年将是赛乐尔三益乐器团结一心、奋发有为的一年。在这一年里，企业将迎来更多精彩纷呈的音乐盛事。赛乐尔国际音乐节、柴可夫斯基国际音乐选拔赛等大型活动的举办，将为企业搭建起更广阔的音乐舞台，让世界感受到中国音乐的魅力与实力。此外，企业还将举办各种类型的培训、巡回讲座、师生音乐会、经销商产品推荐会等活动，为音乐事业的繁荣与发展贡献力量。

值得一提的是，赛乐尔三益乐器还计划在全国范围内开设更多家赛乐尔钢琴工作室，为广大音乐爱好者提供更便捷、更专业的服务。同时，企业将加大在自媒体平台上的宣传与曝光力度，让更多的人了解并喜爱上赛乐尔三益乐器。我们相信，通过这些努力，赛乐尔三益乐器将进一步扩大市场占有率，提高品牌知名度与美誉度，为音乐文化的全面发展注入新的活力。

在追求事业发展的同时，赛乐尔三益乐器始终牢记“品质第一，客户至上”的经营理念。企业将继续加大对门店、品牌、服务、创新及技术开发的投入力度，积极拓宽全新发展领域。在保持传统制琴工艺的同时，企业将不断自主研发与创新，为广大客户提供更优质的产品以及更舒心的服务体验。特别是在中高端产品上，企业将加足马力进行研发与生产，以满足全国乃至全球音乐爱好者对高品质乐器产品的需求。

新的一年带来新的希望与挑战。赛乐尔三益乐器深知前行的路上还有许多困难与险阻，但企业坚信只要团结一心、携手并进就没有克服不了的困难。赛乐尔三益乐器愿与行业的同仁们共同携手开启2024年的美好新征程，在这新的一年里携手共进、再创辉煌！

乐器展览

关于举办第二十届“2023中国（上海）国际乐器展览会”的通知

各会员单位及有关企业：

中国（上海）国际乐器展览会由中国乐器协会、上海国展展览中心有限公司、法兰克福展览（香港）有限公司共同主办。深耕行业二十载，展会不仅成为了业界首选商贸平台，集行业交流、科技创新、教育普及、文化演绎等多元属性，更是广大海内外行业人士齐聚的年度盛会。

2023年，随着各项政策的陆续出台和持续优化，国际国内商贸活动将在更安全通畅的环境中迎来新一轮变化与发展。紧抓“双循环发展”和新时代经济复苏的重要时刻，世界百强商展也将踏上新征程，积蓄的行业交流需求被成倍释放，行业贸易往来的热情也将重燃。

组委会愈加潜心打磨展会主题活动，继续举办全球业界新品首发、行业论坛、经销商培训课程、音乐教育等内容，引领音乐消费需求正向增长，为企业提供前瞻资讯，深度挖掘市场商机。与此同时，主办方还将着重加强国内外买家的邀请与贸易对接工作，尤其是通过二十年来不断积淀的高质量买家群体和全球宣传网络，定向邀约买家观展，组织买团现场采购，线上对接精准配对相结合，最大化企业参展效果。

我们愿与广大乐器展商和相关单位并肩同行，突出重围。翘首以盼金秋十月，2023年10月11日至14日，第二十届中国（上海）国际乐器展览会与您再次相聚上海新国际博览中心！

咨询联系方式：

中国乐器协会　　上海国展展览中心有限公司

联系人：高萍　　联系人：戎晓娴

电话：010-67665718　电话：021-62096149

中国乐器协会

2023年2月13日

2023中国（上海）国际乐器展览会总结报告

一、展会概况

随着积蓄已久的行业交流的需求释放，全球贸易往来的热情重燃，国内外乐器品牌回归参展意愿高涨，2023中国（上海）国际乐器展览会持续扩容，展会规模达120000平方米，横跨上海新国际博览中心十大展馆及室外展区。共有来自23个国家和地区的1832家国内外企业参展，来自德国、意大利、捷克、西班牙、法国、日本的6个国家和中国台湾地区的展团共同亮相。在充满挑战的经济形势之下，乐器企业尤为看重上海国际乐器展览会的行业聚拢力，珠江、海伦、敦煌、柏斯、凤灵、星海、津宝、得理、乐海、吟飞、金音、超拨、功学社等国内骨干企业以及施坦威、雅马哈、吉华、隆尼施、三益、贝希施坦、Kawai、Gibson、Martin、Fender、Taylor、Pioneer DJ等国外知名乐器企业和品牌携新品、精品展示。扬州、确山、正安、饶阳、兰考、肃宁、梅村等7个国内产业基地也积极组团参展，展示乐器产品的同时，展现了当地的文化特色与产业集群。

阔别两年，2023年的第二十届展览会虽然来得迟了些，但在万众期待中圆满落幕，4天展期共吸引了来自92个国家和地区的122184名观众参观，其中海外及港澳台观众共5414人，参观总人次达150582次。从展商调研的情况来看，76%的展商对现场订单表示满意，84%的展商通过展会建立了新的业务关系，85%的展商对观众质量表示满意，80%的展商对观众数量予以肯定。

二、展会观众数量超出预期，进一步拉动行业的国际商贸交流

本届乐器展共吸引了全球122184名观众到场，其中超过75%的到场观众为今年新增观众，国内观众约50%来自华东地区，人数排名前五的省（区）直辖市为上海、江苏、浙江、山东及广东。2023年海外观众情况超出预期，共有来自92个国家和地区的海外买家到场，数量较2019年增长19.2%。其中亚洲东盟地区是最具潜力的市场，涵盖日韩、泰国、马来西亚、印度和港澳台等国家和地区，增幅超过2019年20%的国家包括菲律宾、越南和印度尼西亚。国际占比排第二的欧洲地区买家数量比2019年上涨38.7%。

主办方对现场专业买家进行了调研，报告显示本届观众对展会效果持积极肯定意见，观众满意度达8.7分（满分10分）。服务行业贸易仍是展会的强势属性，经销代理商、音乐教育及文艺演出相关的专业观众数量依旧保持领先水平，贸易类观众占比接近80%；同时，新增的电商买家团数量也呈持续上升趋势；看样订货，收集市场产品信息，寻求合作伙伴仍然是大部分买家最主要的需求。可见，展会作为商贸平台在推动贸易洽谈、促进国际合作，汇聚同行交流的作用上越来越显著。

三、线上线下、点面结合，高效组织与拓新展会观众，服务供求双方

数年的挑战与变革对行业产生了深远影响，展会观众群体也随之有所变化。为更高效地吸引新买家到场，主办方今年在数字化营销方面做了很多新探索，具体做法包括：在微信公众号超过30万的粉丝中做私域营销和激活，并在微博、小程序中设定裂变营销；在小红书、抖音、视频号中加大内容产出，并提高内容质量，为不同类型的买家进行兴趣招募邀约；同时还在腾讯生态和字节生态里做了展会较为完整的营销闭环，为招募新观众奠定了坚实基础。同时，利用海内外社交媒体矩阵（Facebook，Twitter，Ins，YouTube）在展前高频率互动，内容不仅涵盖展商产品，还包括展会活动亮点；展会期间，主办方还进行了海内外官方直播，通过视频号及海外社交媒体直播，全球观看人数达152.9万人，尤其得到了印度尼西亚、泰国、菲律宾、马来西亚、越南等多个东南亚国家买家的热切关注和持续观看。另外，海内外逾百家媒体报道展会，其中60多家来自国内电视广播媒体和网络媒体（大众与垂类平台），其中央视财经频道对乐器展和产业进行了高质量的专题深度报道。

在2023年展会的筹备期间，主办方不惜投入，对专业买家的采购需求进行深挖与商贸对接，并成功组织了包括音乐学院、专业乐团、国内外经销商三大类别的买家团组，共157名带着具体采购需求的核心买家团到场。另外，主办方还成功邀请到了国际学校、青少年宫及老年大学买家代表，以及电商采购团与广大参展企业共洽合作。为了吸引更多的乐展粉丝及广大音乐爱好者，主办方还策划了展会同期主题性的观众互动活动，设计了三条网红观展打卡路线，不仅提升了展会品牌影响力，还增加了观众与展商的互动性。今年展会与京东乐器亦成功合作，同期京东乐器线上展曝光量为235万，有效促进了多家展商的线上线下流量转化，从而实现品牌参展的效益最大化。

四、举办多场展会品牌活动，传播正能量，推动行业高质量发展

1．举全力推广与放大创新成果，引领乐器产业健康发展

展会倾力打造的“全球业界新品首发活动”，旨在提升乐器企业科创研发能力，将展会打造成行业

的新品聚集区、发布首选地和创新助推器，自2018年推出即受到了行业广泛关注。2023年申报新品分为民族乐器、钢琴、电子电声、音乐制作及周边等八大板块。自活动开启，企业踊跃参与，共有111件新品申报，数量创历史之最。展会特邀14位行业专家、演奏家、教育家、专业媒体人组成评委会，从创新理念、产品工艺、产品设计、市场预期四大维度进行评审，在众多入围新品中优选出了35件“最佳新品”，于展会首日盛大发布，并入驻展期特设的首发新品展示区，为企业提供了产品路演、媒体专访等一系列强势宣传，最大化地为新产品的发布提供曝光渠道。

2．搭建各类商贸专业交流活动平台，“智”启行业新未来

作为全球百强商展之一，展会致力于为行业提供资讯分享和技术交流平台，打造了“行业论坛”“经销商培训课程”“钢琴高级调律师培训讲座”等经典商贸类活动，汇聚业界领袖，洞悉行业格局，为企业发展提供前瞻性的启发与针对性的指导。2023年的行业论坛聚焦新形势下乐器市场的新思考，深入探讨行业面临的新形势，引领业界人士开拓品牌建设新策略；经销商培训课程则着眼于琴行艺校经营者在当前面临的诸多问题，以商贸实战课堂的形式，分享琴行艺校发展良策。2023年，主办方还在文旅部指导下举办了“多彩中国·佳节好物”主题活动，为中国乐器出海提供了新的推广渠道。本届展会共计举办24场次的商贸交流活动，吸引了超过2400位观众参与。

3．汇中外音乐潮品，场景式玩乐，拓展垂直用户市场

旨在培育国内音乐科技用户市场，展会推出的音乐科技系列活动，包含“Tech+Music Lab音乐科技实验室”“未来音乐科技国际MIDI发展论坛”等内容。酷炫的活动区设置了互动展示区、MIDI创新体验区、舞台分享区，涵盖音乐制作、创作、科技、服务等产业相关内容。业内国际大牌强势入驻，重磅嘉宾互动分享，还有用户评选活动为观众带来国际最前沿的音乐科技产品，使之成为业内行家交流的集聚地。MIDI发展论坛广邀国际协会嘉宾、知名企业技术负责人等，围绕MIDI 2.0在产品研发中的应用、技术发展趋势等议题展开热烈讨论。展期共举办包括产品路演、新品发布、玩家分享、技术论坛等形式在内的活动共计23场，为国内音乐科技产品的创新发展推波助澜。

4．打造文化教育活动阵地，助音乐普及与专业提升齐头并进

展会在二十余年的发展历程中，不仅精心打造业内高端商贸平台，促进行业贸易交流，也始终注重促进国民艺术素养的培育，依托名家名师的专业性，积极推广器乐文化与音乐艺术。“名家讲坛”汇聚国内外乐坛知名演奏家、艺术家，聚焦中西乐器的审美赏析，推动公众艺术素养的提升。“教育大师研”“音乐分享课”“music | Talks™音乐教育主题论坛”等多个教育专题活动，各有侧重，分别引入音乐领域的权威专家和资深人士，从院校教育、社会培训、教材使用、职业发展等多重视角，以丰富的分享形式，全方位的解读，为中国音乐教育工作者与未来从业者打造具有国际视野的成长课堂。2023年展会呈现了近40场文化教育类活动，共吸引了逾3500位观众现场参与。

五、挖掘企业需求、运用科技手段，加速建设与完善展商服务网络

在特殊时期，展会也未曾“缺席”。主办方大力打造了全年的线上平台，联通国内外乐器市场，实现市场供需跨地域、跨时区的精准对接。自2020年起，向所有参展商免费开放上海展官网、微信、微博等自媒体平台，免费为企业发布动态新闻、产品资讯、活动信息，展商一键即可上传展品，为企业提供了更多线上推广宣传的渠道与平台。2022开年，为期一周的“Music China云上乐器周”通过展品直播、线上课程、新品甄选、买家对接等多个板块，呈现了特殊时期的线上聚会，通过网络的加速传播，观众互动的即时多变，产品直播的跨时跨地，为企业提供了更多展示互动，与行业的链接从未停滞。

2023年随着展会的盛大回归，主办方深化了数字化的展商在线服务平台，高效链接产业，便捷企业参展。展商在线服务平台已日趋成熟，完善了在线展位预订、提交资料、上传展品介绍及视频、在线邀请客户免费观展、获取展会资讯等多项便捷服务，同时，链接了参展商和展会观众的互动联系，为展商提供了365天不落幕的展示空间。展会现场更是运用了手机在线查询系统，观众不仅可以通过移动式的查询，获取企业信息，规划参观路线，也能在展后查询企业信息，一次参展可获取全年的采购机会。更多数字化的手段不仅优化了展商服务，也进一步提升了企业参展效果。

历经数年的筹备与等待，本届展会成功落地，实属不易，主办方由衷感恩一路陪伴与支持展会的各界朋友们。2024年10月10日至13日，期待大家再次相聚申城，共谱乐器行业的华彩乐章！

中国（上海）国际乐器展览会组委会

2023年11月

2023年中国（上海）国际乐器展览会展会知识产权工作报告

2023年10月11日至14日，上海市国际贸易促进委员会受展会主办方的委托，作为本届展览会知识产权办公室的成员，协助主办方在展会期间对知识产权侵权纠纷进行了调查、取证、协调、处理、咨询等项工作。涉及侵权的事由主要为：外观设计侵权和商标侵权。

本次展会共受理三项知识产权投诉，共计处理三起投诉案件。

1. 知识产权类别：外观设计

专利名称：圆头吉他音阶品线

专利号：ZL201930270161.6

权利人：佛山市盈展乐器有限公司

投诉人：佛山市盈展乐器有限公司

展位号：W4A17

被投诉人：广州市罗曼士乐器制造有限公司

展位号：W3C60

投诉日期：2023年10月11日

投诉内容：投诉人在展会中发现被投诉人在其展位号处以生产经营为目的，大量销售许诺销售侵害投诉人外观设计专利权的产品

处理结果：被投诉人书面回复不存在侵权行为，现场无法进一步比对是否存在侵权

2. 知识产权类别：外观设计

专利名称：吉他包

专利号：ZL202030184831.5

权利人：王硕

投诉人：王硕

展位号：非展商

被投诉人：天津圣光若霞乐器有限公司

展位号：W4A62

投诉日期：2023年10月13日

投诉内容：投诉人在展会中发现被投诉人在其展位号处以生产经营为目的，大量销售许诺销售侵害投诉人外观设计专利权的产品

处理结果：被投诉人书面回复不存在侵权行为，现场无法进一步比对是否存在侵权

3. 知识产权类别：商标

商标名称：龍韵商标

商标注册号：3505716

权利人：北京盛世中翔文化发展有限公司

投诉人：北京盛世中翔文化发展有限公司

展位号：E3B72

被投诉人：扬州龙韵古琴坊

展位号：E3A40

投诉日期：2023年10月13日

投诉内容：投诉人发现被投诉人扬州龙韵古琴坊未经授权使用龙韵商标

处理结果：被投诉人认为不侵权，初步比对商标，无法得出存在侵权嫌疑的结论，投诉人的商标为图形商标

上述为本次展会涉及的知识产权投诉具体案件情况，本次展会投诉数量为三件，最后一件商标案件的投诉人实际提交材料的时间为2023年10月14日上午，办公室仍为其向被投诉人进行了送达，但受时间限制，被投诉人仅做了口头答复，并未进行书面答复，因而特此说明。

现就今年知识产权现场投诉处理情况提供如下意见，仅供主办单位参考。

（一）2023年展会现场知识产权投诉案件数量较往年有大幅下降

2023年展会现场的知识产权投诉案件数量仅为3件，案件的数量近年来总体呈逐步下降的趋势，远不及往年展会投诉数量的零头。本年度投诉数量下降可归纳为三个原因：其一，本次展会是防控政策重大转变后首届大型乐器展会，固有的市场格局存在着翻天覆地的变化和不确定性，故参展商都将其精力更多的放在对于市场的重新熟悉和适应过程中，以及维护老客户和开拓新客户方面，而非维权方便。其二，绝大多数展商知识产权维权意识和法治理念的不断增强，经过主办方多年的展商培训、相关知识产权法律法规的普及教育以及主办方展前相关工作的铺垫，展商们对于知识产权保护意识和维权意识都有了明显的提高。其三，多数展商对于自身产品都已经申请且获得了外观设计或实用新型的专利证书，从过去被动角色转化为主动角色，成为了相关知识产权的维护者和既得利益者。

（二）案件投诉人对于自身权益的认识存在缺陷

在本次受理的3个案件中，经知识产权投诉办公室的初步判断，投诉侵权案件均无法成立。投诉人对于侵权事实的判断与办公室的初步判断大相径庭，笔者认为可归因于几点：第一，对于自身权益的认识存在偏差。展商们拿到相应的专利权证书无疑是欢欣鼓舞的，觉得自己的产品有了法律的保障，但事实真如他们所想的那样吗？他们对于自身权利证书的内容是否了解？以目前投诉案件来看，答案是否定的。展商手中的证书基本属于外观设计和实用新型类，这两项证书相关职能部门在授权时只进行形式审查，而不进行任何的实质性审查。故展商获取的这两项专利证书只是一种形式文件，这种保障很容易被推翻和重置，只要对方有任何的证据证明相关专利内容的不一致或新颖性不足，这张专利证书就不能起到真正的保护作用。第二，我国目前只对专利中的发明实行实质性审查，因此只有发明证书的含金量是毋庸置疑的。第三，展商对于上述专利种类和保护内容的不同难以真正理解，故这个过程需要相对专业的人士进行解释和正确引导。第四，展商目前处理投诉的人员均为非法律或非专业人士，故对专利实际内容的理解是片面的或按有利于自身方向理解的。这也导致目前的投诉绝大部分是无效的。

（三）政府职能部门对于展会现场知识产权问题的处理不具有真正的强制性

虽然主办方并不拥有知识产权纠纷的现场强制执法权，但即使在知识产权局相关工作人员或市场监督部门相关人员驻场的情况下，展会现场纠纷解决仍然以协商为主，无法做出强制执行。商标的政府主管部门为市场监督管理局，在展馆现场已设立了临时工商所，但从过往展会实践经验而言，临时工商所接到投诉后仍联系主办方协商处理，其原因就在于行使执法权必须是合法的，即相关行政部门包括知识产权局现场执法必须符合法定的程序，行政处罚必须受行政处罚法的约束。即使通过简易程序做出行政处罚也必须符合法定程序，这个过程在展会短短几天时间内是不可能完成的，故无论是知识产权局或市场监督管理局都无法在如此短的时间内完成行政处罚程序，得到一张合法的行政处罚决定书，因而不能对被投诉人进行执法，因为执法依据并不存在。但委员会仍然建议2024年的投诉表格中不再设立商标的投诉选项。当然基于权威性和专业性，相关行政部门的介入是有助于现场纠纷的处理的。

综上所述，作为展会的一个临时性机构，委员会也充分认识到知识产权办公室的责任在于协调知识产权投诉，保障展会的平稳正常运行。在现场纠纷的处理过程中，主办方与展商良好的沟通，相关招展人员给予了必要的联络和协商，极大地助力了投诉问题的解决，希望这种良性互助做法也在之后的展会中能予以保留。

上海市国际贸易促进委员会

2023年10月23日

2023年国内乐器展览会概况

2023年，中国的乐器展会以其卓越的艺术魅力和深远的文化影响力，成为全球音乐与文化交流的重要平台。乐器展已成为推动音乐产业发展、促进国际文化交流的重要引擎。展会现场，传统与现代交织，东方与西方对话，汇聚了全球顶尖的乐器制造商、音乐家、教育从业者和音乐爱好者，共同探讨和展示乐器产业的最新技术、设计理念和未来趋势。

一、2023中国（上海）国际乐器展览会

2023年10月11日至14日，由中国乐器协会、上海国展展览中心有限公司、法兰克福展览（香港）有限公司联合主办的2023中国（上海）国际乐器展览会在上海新国际博览中心举办。展会规模达120000平方米，横跨上海新国际博览中心10大展馆及室外展区。4天展期共吸引了来自92个国家和地区的122184名观众参观，其中海外及港澳台观众共5414人，参观总人次达150582人。

共有来自23个国家和地区的1832家国内外企业参展，来自德国、意大利、捷克、西班牙、法国、日本、中国台湾在内的7个国家和地区展团共同亮相。扬州、确山、正安、饶阳、兰考、肃宁、梅村等7个国内产业基地组团参展。

展会倾力打造的“全球业界新品首发活动”，共有111件新品申报，最终选出了35件“最佳新品”，并于展会首日盛大发布。会期举办了“行业论坛”“经销商培训课程”“钢琴高级调律师培训讲座”“Tech+Music Lab音乐科技实验室”“未来音乐科技国际MIDI发展论坛”“名家讲坛”“教育大师班”“音乐分享课”和“music+Talks™音乐教育主题论坛”等活动。

二、2023广州国际乐器展览会

2023年5月22日至25日，第十九届广州国际乐器展览会在中国进出口商品交易会展馆B区举办。展会共开设四大展厅，40000平方米展览面积，吸引了662家企业参展。48125名经销商、音教从业者、乐器爱好者等到场参观、听会、采购。

展会同期举办了“经营管理论坛”“音乐教育论坛”“行业峰会”“技术研讨会”“乐器制作工坊”等五大板块50多场行业论坛、会议、音乐教育相关讲座。

三、2023中国国际乐器展览会

2023年6月29日至7月2日，由中国演艺设备技术协会主办，北京演艺展业广告有限公司承办的第三十届中国国际乐器展览会在中国国际展览中心（静安庄）举办。

展览会展览面积达35000平方米，有来自国内外的600余家企业参展，开设有民族弹拨乐器、民族吹管乐器、民族拉弦乐器、提琴、电声乐器、键盘乐器、打击乐器、音乐教育等八大展馆。

三天半展期共吸引了来自国内外的40000多名观众参观展会。同期举行了“同行三十载携手创未来——2023北京国际乐器展系列表彰及展演活动”“中国演艺设备技术协会向内蒙古文旅厅赠送乐器仪式”“中国乐手文化艺术节”“木吉他大赛”及

“中国民族改良乐器精品展”等近30场讲座、论坛、展演活动。

四、2023哈尔滨国际音乐文化产业博览会

2023年9月8日至11日，由文化和旅游部产业发展司、文化和旅游部艺术司、黑龙江省委宣传部和黑龙江省文化和旅游厅共同指导，哈尔滨市人民政府、中国舞台美术学会、中国录音师协会共同主办，中国乐器协会、中国文化娱乐行业协会、北京声光视讯行业协会、广东演艺设备行业商会等单位支持的2023哈尔滨国际音乐文化产业博览会在哈尔滨国际会展中心举行。

总展出面积为12000平方米，共设有八大展区，包括主形象展区（哈尔滨音乐历史文化和音乐文创展区）、演艺设备展区、声光视讯展区、舞台美术设计展区、音乐创作及教育展区、音乐版权及数字音乐展区、国外音乐文化展区和中西乐器展区。

会期举办了乐器品牌推广会、经典大师课等30余项近100场特色配套活动。

五、2023郑州乐器展览会

2023年11月4日至7日，由济南弘博会展服务有限公司主办的2023年首届郑州乐器展览会在郑州中原博览中心盛大开幕。展品涵盖二胡、古筝、管乐器、弦乐器等。

六、2023成都国际乐器展览会

2023年11月22日至25日，2023第三届成都国际乐器展览会在成都世纪城新国际会展中心4号馆隆重召开。200多家乐器厂商参展，展区面积12000平方米。

七、2023中部湖南（国际）乐器展览会

2023年12月8日至11日，2023第四届中部湖南（国际）乐器展览会在湖南省展览馆举办。参展企业200多家，展会期间还举办了老年人艺术节、青少年器乐展演以及名师专场演奏会等活动。

2023年世界乐器展览会概况

2023年，国际经济形势错综复杂，国际乐器行业呈现缓慢复苏态势。亚洲、北美洲、欧洲和南美洲等各大洲内乐器行业协会主办一系列重要的国际性乐器展览会，对于促进行业国际交流，活跃区域乐器市场发展起到重要推动作用。

4月13日至15日，2023年美国National Association of Music Merchants（NAMM）国际乐器展在阿纳海姆会展中心落下帷幕。此次展会为期三天，是特殊时期后的经济背景下美国国际音乐制品协会再度搭建的行业交流平台。2023年美国NAMM国际乐器展会期间共有1200多家展商，展出产品品牌3500余个。

来自中国、南美洲、欧洲、北美洲等国家和地区的业内人士齐聚一堂。雅马哈、马丁、哈曼、泰勒、芬达、伊斯曼、舒尔、JBL等国际知名乐器、音响公司现场展示了最新产品与前沿技术。

据主办方数据，2023年美国NAMM国际乐器展共有来自世界120个国家和地区的46711名观众参展，人员来源类别广泛，涵盖美国国内外乐器零售商和经销商，乐器公司展商、员工，乐器技术、灯光音响工程师，买家、业界媒体、艺术家等。随着全球旅行限制的解除，国际买家数量大幅增加，国际观众数量同比增长64%。

在NAMM的政府游说公关和主要会员努力下，行业正在逐步走出过去三年带来的影响，音乐教育的重要性提升到了空前的高度。时任NAMM总裁兼首席执行官拉蒙德表示，音乐制品行业正在迎着希望之光从阴霾笼罩中快速走出。在行业面临选择的十字路口之时，展会为参展人员展示新品、开拓业务、谋求发展提供了有效平台，创造了令人兴奋的商业机会。新任NAMM总裁兼首席执行官梅林扎克

表示，展商参展积极性已超出主办方预期，参展展商已然感受到了行业跃动脉搏。NAMM主席曼奇表示，全球乐器行业齐聚阿纳海姆，会见老朋友，了解新技术、新产品，只有会员间增强团结凝聚，行业才能真正强大。

围绕市场营销和公司传承两大突出热点，4月12日展会前一天，主办方美国国际音乐制品协会专题策划NAMM市场营销高峰论坛。历经全球性挑战之后，NAMM不少会员公司面临后续传承与接力发展问题，NAMM举办了公司发展传承高峰论坛。除主题论坛外，NAMM国际乐器展举办了200余场教育培训类课程，分享展示商业战略，激发市场活力，共同探讨音乐制品行业未来发展趋势和机遇。

本届NAMM国际乐器展受到中国乐器和音响展商关注。中国驻美国洛杉矶总领事馆领事刘非、副领事崔屹东莅临展会现场，现场调研上海华新、广州蓝深科技、深圳卓乐、深圳明佳创新、北京797、乐森黑马、深圳爱尚达等参展企业，了解2023年美国NAMM乐器展中国参展企业在美贸易情况、市场份额，并与企业深入交流。来自贵州正安吉他产业园的38家企业在贵州省商务厅及贵州正安经济开发区管理委员会的组织下“组团出海”，进军美国NAMM国际乐器展。贵州正安吉他产业园区企业之一的神曲乐器制造有限公司负责人表示，“组团出海”有利于展示产业园的整体形象和竞争力，向国际客户展现完整产业链。

面对复杂多变的国际形势，根据市场变化，2023年度德国法兰克福国际乐器展览会不再举办。但作为欧洲地区性的重要展会，2023意大利克雷蒙娜国际乐器、专业提琴展于9月22日至24日在意大利克蕾蒙娜举行。展会汇聚世界各地品质乐器，已成功举办三十四届。“2023克雷莫纳国际乐器展与音乐节”由克雷莫纳市政府、克雷莫纳商会、克雷莫纳省政府、行业协会以及在伦巴第大区政府和意大利对外贸易委员会、意大利外交和国际合作部的支持下成功举办。

展会共由五个板块组成，包括第三十四届克雷莫纳国际著名手工乐器展、第十一届国际钢琴展、第八届国际吉他展、第七届克雷莫纳管乐展及第四届国际手风琴展。克雷莫纳国际乐器展多年来持续致力于高品质乐器展示，每年汇聚最新创想与历史经典，已成为世界上最重要的乐器展之一。

本届展会在意大利对外贸易委员会的大力支持下展览规模超前，展会期间在展览场馆和克雷莫纳市中心城区共举办了181场精彩纷呈音乐活动，包括专项音乐会、大师班培训、演奏比赛和世界级音乐家的讲座；展会吸引来自62个国家和地区的20083名专业人士、音乐家和观众。作为国际重要的高品质提琴制作展，展会汇聚全球技艺领先的制琴师、小提琴制作工匠、经销商、音乐出版商以及乐器配件制造商等在展会现场会面、洽谈，有效满足国际买家及欧洲各地专业和业余音乐家的需求。通过提供多形式、多层次的表演和娱乐，不断培养、影响更广泛的受众增进管乐器的喜爱，并以此成为行业的新坐标，为推动欧洲乐器事业发展做出了贡献。

2023年第二十届中国（上海）国际乐器展览会于10月在上海新国际博览中心举行。展会规模达到12万平方米，横跨十大展馆及室外展区。共有来自23个国家和地区的1832家企业参展，其中包括德国、意大利、捷克、西班牙、法国、日本、中国台湾等国家和地区展团。

2023年度上海国际乐器展览会共吸引来自92个国家和地区的122184名观众参观，海外及港澳台观众共5414人，其中超过75%的到场观众为年度新增观众。76%的展商对现场订单表示满意，84%的展商通过展会建立了新的业务关系，85%的展商对观众质量表示满意，80%的展商对观众数量予以肯定。

2023年各国乐器展览会为知名乐器企业搭建了品牌推广、新品展示、业界交流的互动平台，对于促进行业交流，推动市场发展起到积极促进作用。

品牌建设

乐器产品品牌建设情况

中国驰名商标

品牌（商标）名称	商标注册人	认定商品或服务项目
星海XINGHAI及图形	北京星海钢琴集团有限公司	钢琴
津宝及图形	天津津宝乐器有限公司	爵士鼓、军鼓、萨克斯
鹦鹉YINGWU及图形	天津鹦鹉乐器有限公司	手风琴、提琴
乐海The Ocean of Music及图形	河北乐海乐器有限责任公司	扬琴、琵琶
爱迪Aidi及图形	香河天音乐器有限公司	西乐器
奇美	江苏奇美乐器有限公司	竖笛、口风琴、口琴
天鹅及图形	江苏天鹅乐器有限公司	口琴、口风琴
金杯及图形	江阴市金杯安琪乐器有限公司	手风琴、簧（管）乐器等
凤灵fitness及图形	泰兴凤灵乐器有限公司	小提琴、中提琴等
润韵	扬州天韵琴筝有限公司	筝、乐器、弦乐器、七弦琴、弹拨乐器、木琴、电子乐器、乐器键盘、乐器弦轴、乐器盒
吟飞Ringway	吟飞科技（江苏）有限公司	乐器
HAILUN及图形	海伦钢琴股份有限公司	钢琴
嘉德威	杭州嘉德威钢琴有限公司	钢琴
Orient	宁波森隆乐器股份有限公司	钢琴部件
Taishan	山东泰山管乐器有限公司	管乐器
芳鸥及图形	武汉市海平乐器制造有限公司	铜锣等
珠江	广州珠江钢琴集团股份有限公司	钢琴
YAMAHA及图形	雅马哈株式会社	钢琴
卡西欧CASIO	日商·樫尾计算机株式会社	计算器、手表、电子音乐仪器等

老字号品牌

<table>
<tr><th colspan="2">分类</th><th>品牌</th><th>企业</th></tr>
<tr><td colspan="2" rowspan="7">中华老字号</td><td>星海</td><td>北京星海钢琴集团有限公司</td></tr>
<tr><td>鹦鹉</td><td>天津鹦鹉乐器有限公司</td></tr>
<tr><td>敦煌</td><td>上海民族乐器一厂有限公司</td></tr>
<tr><td>STRAUSS</td><td>上海钢琴有限公司</td></tr>
<tr><td>国光</td><td>上海国光口琴厂有限公司</td></tr>
<tr><td>老天华</td><td>福州台江老天华乐器行</td></tr>
<tr><td>珠江钢琴</td><td>广州珠江钢琴集团股份有限公司</td></tr>
<tr><td rowspan="13">地方老字号</td><td>北京市</td><td>星海钢琴</td><td>北京星海钢琴集团有限公司</td></tr>
<tr><td>天津市</td><td>鹦鹉乐器</td><td>天津鹦鹉乐器有限公司</td></tr>
<tr><td>上海市</td><td>国光</td><td>上海国光口琴厂有限公司</td></tr>
<tr><td rowspan="3">江苏省</td><td>天鹅</td><td>江苏天鹅乐器有限公司</td></tr>
<tr><td>赵氏琴坊</td><td>丹阳市赵氏二胡有限公司</td></tr>
<tr><td>虎丘牌</td><td>苏州民族乐器一厂有限公司</td></tr>
<tr><td>福建省</td><td>老天华</td><td>福州台江老天华乐器行</td></tr>
<tr><td rowspan="2">河南省</td><td>魏晋战鼓</td><td>偃师市鸿运乐器有限公司</td></tr>
<tr><td>海鸥</td><td>襄城县海鸥乐器有限公司</td></tr>
<tr><td rowspan="2">湖北省</td><td>高洪太</td><td>武汉高洪太铜响乐器有限公司</td></tr>
<tr><td>波衣也</td><td>武汉波衣也琴行有限公司</td></tr>
<tr><td rowspan="2">广东省</td><td>珠江</td><td>广州珠江钢琴股份有限公司</td></tr>
<tr><td>张长合</td><td>汕头市龙湖区张长合乐器店</td></tr>
</table>

高新技术企业

<table>
<tr><th>省（区、市）</th><th>企业名称</th></tr>
<tr><td rowspan="5">北京市</td><td>北京华彩龙韵钢琴有限公司</td></tr>
<tr><td>北京乐界乐科技有限公司</td></tr>
<tr><td>北京罗兰盛世音乐教育科技有限公司</td></tr>
<tr><td>北京星海钢琴集团有限公司</td></tr>
<tr><td>北京珠江钢琴制造有限公司</td></tr>
<tr><td rowspan="5">天津市</td><td>比扬（天津）乐器制造股份有限公司</td></tr>
<tr><td>天津德誉乐器有限公司</td></tr>
<tr><td>天津翰轩乐器配件有限公司</td></tr>
<tr><td>天津华一乐器有限公司</td></tr>
<tr><td>天津市佰笛乐器有限公司</td></tr>
</table>

续表

省（区、市）	企业名称
天津市	天津市顶酷乐器有限公司
	天津市津宝乐器有限公司
	天津优尼柯乐器有限公司
河北省	河北华声乐器制造有限公司
	河北金音乐器集团有限公司
	河北隆尼施钢琴有限公司
	衡水金声乐器有限公司
	廊坊九洲乐器有限公司
	廊坊市斯尔曼乐器有限公司
	乐海乐器有限公司
	深州市笛光乐器有限责任公司
	深州市腾飞乐器有限公司
	武强嘉华乐器有限公司
	武强县海艺乐器有限公司
	香河天音乐器有限公司
	正欧乐器有限公司
	涿州东奇天华乐器科技有限公司
	涿州市赵家笙乐器科技有限公司
辽宁省	阿托拉斯乐器制造（大连）有限公司
	大连圣约乐器有限公司
	可尔特乐器（大连）有限公司
黑龙江省	黑龙江省典匠乐器配件制造有限公司
	黑龙江省联宇乐器有限公司
	牡丹江和音乐器有限公司
上海市	艾美克斯（上海）乐器有限公司
	得理电子（上海）有限公司
	上海博尊钢琴有限公司
	上海东音乐器有限公司
	上海华新乐器有限公司
江苏省	常熟市先锋乐器有限公司
	江苏东方乐器有限公司
	江苏容顺祥乐器有限公司
	江苏天鹅乐器有限公司
	江阴嘉德瑞乐器有限公司

续表

省（区、市）	企业名称
江苏省	乐工坊文化产业（江苏）有限公司
	泰兴市美音乐器有限公司
	泰兴市琴海乐器有限公司
	无锡斯坦梅尔钢琴有限公司
浙江省	海伦钢琴股份有限公司
	杭州爱尔科乐器有限公司
	嘉华乐器（嘉善）有限公司
	宁波四海琴业有限公司
	森鹤乐器股份有限公司
	台州市均华乐器股份有限公司
	浙江卡罗德钢琴制造有限公司
	浙江乐韵钢琴有限公司
安徽省	安徽哈瓦娜斯乐器制造有限公司
	淮南市乐森黑马乐器有限公司
福建省	福建桓韵乐器有限公司
	福建亚东钢琴有限公司
	泉州摩音乐器有限公司
	钰丰乐器（福建）有限公司
	漳州汉旗乐器有限公司
	漳州市昱恒乐器有限公司
江西省	江西美丽达乐器有限公司
	鹰潭吉声乐器有限公司
内蒙古自治区	内蒙古鑫龙哈斯乐器有限公司
山东省	济南鼓韵打击乐器有限公司
	龙口金鸣乐器有限公司
	青岛北方原野乐器有限公司
	青岛吉燕乐器包装有限公司
	青岛美嘉乐器有限公司
	青岛美乐克乐器有限公司
	烟台金斯波格钢琴有限责任公司
	枣庄奥森乐器有限公司
河南省	河南昊韵乐器有限公司
湖北省	湖北华都钢琴制造股份有限公司
	湖北云羽乐器有限公司

续表

省（区、市）	企业名称
湖北省	武汉艾立卡电子有限公司
	武汉市海平乐器制造有限公司
	宜昌金宝乐器制造有限公司
	云羽钢琴制造（武汉）有限公司
湖南省	长沙幻音电子科技有限公司
	湖南卡罗德钢琴有限公司
	湖南南华乐器有限公司
	湖南瑞声乐器制造有限公司
	湖南省泰源乐器有限公司
	湖南省永州市永晟乐器制造有限公司
	怀化市新谱乐器有限公司
广东省	得理乐器（珠海）有限公司
	佛山市南海音源乐器板材制造有限公司
	佛山市盈展乐器有限公司
	广东玛丁尼乐器文化股份有限公司
	广东声凯乐器有限公司
	广东泰玛乐器科技有限公司
	广州阿塔米得拉乐器有限公司
	广州欧米勒钢琴有限公司
	广州市罗曼士乐器制造有限公司
	广州市拿火信息科技有限公司
	广州市桐馨乐器制造有限公司
	广州市威柏乐器制造有限公司
	广州珠江艾茉森数码乐器股份有限公司
	广州珠江恺撒堡钢琴有限公司
	惠州金宏乐器有限公司
	惠州尚亿乐器科技有限公司
	惠州市柏斯特乐器有限公司
	惠州市晨升乐器有限公司
	惠州市恩雅乐器有限公司
	惠州市丰铃音乐器材有限公司
	惠州市格尔斯乐器有限公司
	惠州市明丰乐器有限公司
	惠州市乔辉乐器有限公司

续表

省（区、市）	企业名称
广东省	惠州市赛雅乐器有限公司
	惠州市汤姆乐器有限公司
	惠州市缘丰乐器有限公司
	南雄市海伦罗曼钢琴有限公司
	深圳市阿诺玛乐器有限公司
	深圳市魔耳乐器有限公司
	深圳市蔚科电子科技开发有限公司
	深圳市伊诺乐器有限公司
	深圳市卓乐科技有限公司
	四会市华风乐器有限公司
	宇声乐器（惠州）有限公司
	肇庆市华悦钢琴乐器有限公司
	肇庆市华韵乐器制品有限公司
	肇庆盈海乐器制造有限公司
	珠海市蔚科科技开发有限公司
重庆市	重庆斯威特钢琴有限公司
四川省	成都美悦声乐器有限公司
贵州省	贵州金韵乐器有限公司
	贵州谦梦乐器制造有限公司
	贵州萨伽乐器有限公司
	贵州音格乐器制造有限公司
	贵州正安娜塔莎乐器制造有限公司
	遵义麦格纳乐器制造有限公司
陕西省	汉中哈瓦娜乐器文化有限公司

创新型中小企业

省（区、市）	企业名称
北京市	北京华彩龙韵钢琴有限公司
	北京星海钢琴集团有限公司
	玖月音乐科技（北京）有限公司
天津市	天津华一乐器有限公司
	天津迈迪乐器有限公司
	天津市顶酷乐器有限公司

续表

省（区、市）	企业名称
河北省	河北华声乐器制造有限公司
	河北金音乐器集团有限公司
	河北隆尼施钢琴有限公司
	衡水好望角乐器有限公司
	吉克乐器河北有限公司
	廊坊九洲乐器有限公司
	廊坊市斯尔曼乐器有限公司
	深州市笛光乐器有限责任公司
	深州市腾飞乐器有限公司
	武强县海艺乐器有限公司
	香河天音乐器有限公司
	星海钢琴（河北）有限公司
	正欧乐器有限公司
内蒙古自治区	内蒙古鑫龙哈斯乐器有限公司
黑龙江省	黑龙江省联宇乐器有限公司
	牡丹江和音乐器有限公司
上海市	得理电子（上海）有限公司
	森兰信息科技（上海）有限公司
	上海博尊钢琴有限公司
	上海华新乐器有限公司
	上海民族乐器一厂有限公司
	得理电子（上海）有限公司
江苏省	江苏东方乐器有限公司
	江苏凤灵乐器有限公司
	江苏浩派乙乐器有限公司
	江苏容顺祥乐器有限公司
	江阴杰麦尔乐器有限公司
	江阴金杯安琪乐器有限公司
	江阴市孔声乐器有限公司
	乐工坊文化产业（江苏）有限公司
	乐合数据信息科技江苏有限公司
	苏州民族乐器一厂有限公司
	泰兴市通灵乐器有限公司
	无锡斯坦梅尔钢琴有限公司
	吟飞科技（江苏）有限公司

续表

省（区、市）	企业名称
浙江省	杭州爱尔科乐器有限公司
	宁波四海琴业有限公司
	台州市均华乐器股份有限公司
	浙江卡罗德钢琴制造有限公司
	浙江珠江德华钢琴有限公司
安徽省	淮南市乐森黑马乐器有限公司
福建省	泉州摩音乐器有限公司
	雅歌乐器（漳州）有限公司
	钰丰乐器（福建）有限公司
江西省	赣州飞煌乐器有限公司
	江西佳音王文化科技有限公司
山东省	济南原声社乐器制造有限公司
	临清市森源博乐器配件制造有限公司
	龙口金鸣乐器有限公司
	青岛柏思顿乐器有限公司
	山东中艺音美器材有限公司
	烟台金斯波格钢琴有限责任公司
	枣庄奥森乐器有限公司
河南省	扶沟县鑫泰乐器有限公司
	河南昊韵乐器有限公司
	河南酷斯乐器有限公司
	河南省天骄乐器股份有限公司
	河南省洲洋乐器有限公司
	河南中州民族乐器有限公司
	开封悦音乐器有限公司
	兰考焦桐乐器股份有限公司
	兰考县成源乐器音板有限公司
	兰考县君谊民族乐器有限公司
	兰考县韵音乐器有限公司
	兰考鑫音民族乐器有限公司
	内乡县新乐美艺乐器包装有限公司
	襄城县宏声乐器有限公司
	许昌市玖韵乐器有限公司
湖北省	湖北云羽乐器有限公司

续表

省（区、市）	企业名称
湖北省	武汉市海平乐器制造有限公司
	云羽之音智能乐器（武汉）有限公司
湖南省	长沙幻音电子科技有限公司
	湖南卡罗德钢琴有限公司
	湖南南华乐器有限公司
	湖南省泰源乐器有限公司
广东省	得理乐器（珠海）有限公司
	德尚音乐（广东）股份有限公司
	佛山市南海音源乐器板材制造有限公司
	广东声凯乐器有限公司
	广州蓝深科技有限公司
	广州欧米勒钢琴有限公司
	广州市罗曼士乐器制造有限公司
	广州市拿火信息科技有限公司
	广州市桐馨乐器制造有限公司
	广州市威柏乐器制造有限公司
	广州珠江艾茉森数码乐器股份有限公司
	惠州声柏乐器有限公司
	惠州市阿诺玛科技有限公司
	惠州市恩雅乐器有限公司
	惠州市宏声乐器有限公司
	惠州市赛雅乐器有限公司
	惠州市汤姆乐器有限公司
	惠州市缘丰乐器有限公司
	揭西县小天使电子电器有限公司
	南雄市海伦罗曼钢琴有限公司
	深圳市蔚科电子科技开发有限公司
	深圳市伊诺乐器有限公司
	深圳视感文化科技有限公司
	宇声乐器（惠州）有限公司
	珠海市蔚科科技开发有限公司
重庆市	重庆斯威特钢琴有限公司
贵州省	贵州萨伽乐器有限公司
	贵州正安娜塔莎乐器制造有限公司
	遵义中立精工制造有限公司

技术创新示范企业

省（区、市）	企业名称
河北省	河北金音乐器集团有限公司
山东省	威海光威复合材料股份有限公司

隐形冠军企业

省（区、市）	企业名称
湖北省	宜昌金宝乐器制造有限公司

“专精特新”中小企业

省（区、市）	企业名称
北京市	北京乐界乐科技有限公司
	北京罗兰盛世音乐教育科技有限公司
	北京星海钢琴集团有限公司
	北京珠江钢琴制造有限公司
	小叶子（北京）科技有限公司
天津市	天津奥维斯乐器有限公司
河北省	河北华声乐器制造有限公司
	河北金音乐器集团有限公司
	河北隆尼施钢琴有限公司
	乐海乐器有限公司
	武强嘉华乐器有限公司
	武强县海艺乐器有限公司
黑龙江省	黑龙江省联宇乐器有限公司
	牡丹江和音乐器有限公司
上海市	得理电子（上海）有限公司
江苏省	吟飞科技（江苏）有限公司
浙江省	海伦钢琴股份有限公司
	宁波四海琴业有限公司
	森鹤乐器股份有限公司
山东省	临清市森源博乐器配件制造有限公司
	龙口金鸣乐器有限公司
	青岛柏思顿乐器有限公司
	青岛吉森乐器有限公司
	烟台金斯波格钢琴有限责任公司

续表

省（区、市）	企业名称
河南省	开封悦音乐器有限公司
	兰考县鸣韵乐器有限公司
湖南省	长沙幻音电子科技有限公司
	湖南南华乐器有限公司
广东省	得理乐器（珠海）有限公司
	德尚音乐（广东）股份有限公司
	东莞市美派电子科技有限公司
	广州蓝深科技有限公司
	广州欧米勒钢琴有限公司
	广州市罗曼士乐器制造有限公司
	广州市拿火信息科技有限公司
	广州市威柏乐器制造有限公司
	广州珠江艾茉森数码乐器股份有限公司
	惠州声柏乐器有限公司
	惠州市恩雅乐器有限公司
	惠州市铭仕电子制品有限公司
	南雄市海伦罗曼钢琴有限公司
	深圳市阿诺玛乐器有限公司
	深圳市佳音王科技股份有限公司
	深圳市魔耳乐器有限公司
	深圳市蔚科电子科技开发有限公司
	深圳市卓乐科技有限公司
	宇声乐器（惠州）有限公司
	珠海市蔚科科技开发有限公司
重庆市	重庆斯威特钢琴有限公司
贵州省	贵州萨伽乐器有限公司
	贵州音格乐器制造有限公司
	贵州正安娜塔莎乐器制造有限公司

企业技术中心

省（区、市）	企业名称
北京市	北京星海钢琴集团有限公司
天津市	天津市津宝乐器有限公司
河北省	武强嘉华乐器有限公司
	乐海乐器有限公司
江苏省	吟飞科技（江苏）有限公司
浙江省	森鹤乐器股份有限公司
河南省	河南东方名琴乐器有限公司
湖北省	宜昌金宝乐器制造有限公司
湖南省	湖南卡罗德音乐集团有限公司
广东省	得理乐器（珠海）有限公司
	广州珠江钢琴集团股份有限公司

国家文化出口重点企业

省（区、市）	企业名称
天津市	天津奥维斯乐器有限公司
	天津市津宝乐器有限公司
河北省	河北金音乐器集团有限公司
	武强嘉华乐器有限公司
	正欧乐器有限公司
辽宁省	东北钢琴乐器有限公司
江苏省	江苏凤灵乐器有限公司
	江苏天鹅乐器有限公司
	泰兴斯坦特乐器有限公司
	吟飞科技（江苏）有限公司
浙江省	音王电声股份有限公司
	海伦钢琴股份有限公司
山东省	山东乐易乐器科技有限公司
	山东山石麦尔乐器有限公司
湖北省	武汉艾立卡电子有限公司
	宜昌金宝乐器制造有限公司
广东省	广州蓝深科技有限公司
	广州珠江钢琴集团股份有限公司
贵州省	正安县创韵乐器有限公司

国家文化产业示范基地（示范园区）

省（区、市）	企业名称
北京市	北京钧天坊古琴文化艺术传播有限公司
天津市	天津华韵乐器有限公司
	天津市津宝乐器有限公司
河北省	河北金音乐器集团有限公司
	乐海乐器有限责任公司
吉林省	吉林省中筝文化传播有限公司
	江苏泰兴凤灵乐器有限公司
浙江省	海伦钢琴股份有限公司
	音王电声股份有限公司
福建省	龙人古琴文化投资（长泰）有限公司
河南省	兰考县成源乐器音板有限公司
湖北省	武汉艾立卡电子有限公司
广东省	东莞市三基音响科技有限公司
	广州市锐丰音响科技股份有限公司
	广州珠江钢琴集团股份有限公司
贵州省	贵州正安娜塔莎乐器制造有限公司

制造业单项冠军企业

省（区、市）	企业名称
天津市	天津市津宝乐器有限公司
广东省	广州珠江钢琴集团股份有限公司

注：以上发布的信息来源于商务部、工业和信息化部、国家市场监督管理总局、各地方商务厅的公告信息，如有遗漏，请相关企业与中国乐器协会取得联系，进行信息补充和更正。

中国乐器年鉴 2024

CHINA MUSICAL
INSTRUMENT YEARBOOK
2024

2023年中国乐器行业经济运行分析

2023年，中国国内生产总值（GDP）同比增长5.2%，主要预期目标圆满实现，增速比2022年加快2.2个百分点。从主要经济指标看，按照可比价格计算，同期中国经济增量超6万亿元，相当于一个中等国家一年经济总量。

观察中国经济表现，不仅要对照自己“纵向比”，也要对照其他国家和地区“横向比”。国家统计局局长康义在2023年3月，国务院新闻办公室发布会上说，2023年我国经济增速高于全球3%左右的预计增速。有如下四个方面特点：

特点一：社零总额创历史新高，“主引擎”作用更加凸显

作为推动经济增长的“主引擎”，2023年我国消费市场恢复向好：社会消费品零售总额47.15万亿元，创历史新高，比上年增长7.2%。

特点二：固定资产投资同比增长3%，高技术产业投资增势较好

2023年，全国固定资产投资（不含农户）50.3万亿元，比上年增长3%；扣除价格因素影响，增长6.4%。分领域看，基础设施投资增长5.9%，制造业投资增长6.5%，房地产开发投资下降9.6%。

特点三：进出口同比增长0.2%，外贸运行总体平稳

2023年我国外贸运行总体平稳：货物贸易进出口总值41.76万亿元，同比增长0.2%。其中，一季度、二季度、三季度规模逐季抬升，四季度向好态势明显，10月、11月、12月三个月同比增幅逐月扩大，12月当月进出口规模创历史新高。

特点四：全国规模以上工业增加值同比增长4.6%，推动经济稳步回升

工业在稳定宏观经济大盘中发挥着“压舱石”作用。2023年，全国规模以上工业增加值较2022年增长4.6%。其中，规模以上装备制造业增加值同比增长6.8%，对推动工业经济稳步回升发挥了关键作用。但从目前实际情况分析，我国工业发展仍处在由大变强、爬坡过坎的重要关口。

2023年12月中旬，中央经济工作会议召开。会议将2024年工作总基调确定为“稳中求进、以进促稳、先立后破”。从以往更强调“稳”，到今年更强调“进”和“立”，传递出更为积极的政策信号。“以进促稳”讲的是，确立更适宜的目标、出台更统一的政策，通过发展来解决稳定问题。“先立后破”讲的是，做好新旧模式之间的衔接和切换，避免之前出现过的盲目求快或一刀切的做法。

2023年4月16日国家统计局公布数据显示，一季度，国民经济总体上延续了去年以来回升向好态势，生产需求主要指标回升向好。2023年一季度以来，国家加大宏观政策实施力度，政策靠前发力，狠抓落实，推动了一季度国民经济持续回升、开局良好。

从一季度数据来看，相关政策措施取得了积极成效。市场提质升级，产业向新而行，中国经济向上生长、向好突破的力量持续进发。从历年数据看，一季度占全年经济的比重虽然不足四分之一，但指向性意义明显。

2023年，中国乐器市场敏感波动，内需恢复慢热，外销多元提速，低端市场受挫、高端市场上扬，百姓对于乐器产品娱乐化需求提高，人均消费潜力巨大。造成内销市场下行的原因有多方面，但非刚性需求大件商品购买力下降是主体，特别是钢琴市场体现尤为明显。另外，教育装备采购数量下降，艺术特长生以及艺考政策调整等，都对乐器市场销售形成一定的影响。与此同时，新的增长点也在出现，比如“银发”群体在乐器消费市场的持续增长，“90后、00后”群体对乐器市场个性化需求增长、中高端乐器产品持续增长等。下面从四个方面具体分析。

一、乐器行业经济运行概况

2023年，乐器行业规模以上企业233家，较2022年增加6家，产业规模继续扩大。全年营业收入同比下降12.35%，利润总额同比下降30.43%，全行业利润率5.31%。分行业来看，西乐器同比下降15.50%，利润总额下降57.33%，利润率3.28%，企业盈利水平明显减弱；中乐器营收下降26.57%，利润下降25.14%，利润率15.73%，明显高于乐器及轻工行业平均水平；电子乐器营收下降10.17%，利润增长11.50%，利润率6.18%，盈利能力好于其他分行业。

海关总署发布数据显示，我国乐器行业累计出口额20.82亿美元，同比下降3%；进口额4.99亿美元，同比下降11.48%。海外需求疲软是导致出口处于低位的主要原因。

全行业82家骨干企业累计完成营业收入93.08亿元，同比下降11.50%，降幅缩窄；实现利润总额6.32亿元，同比下降37.33%，降幅明显；利润率6.79%，高于同期规模以上乐器企业及全国轻工行业的平均水平（骨干企业主营业务收入占规模以上乐器企业总额47.19%，具有一定代表性）。

二、乐器行业经济运行特点

2023年，乐器行业总体处于低位运行区间，当前已进入触底回暖阶段，经济运行呈现出“一扩大、两回落、三增长、四下降”的特点。

“一扩大”即产业规模不断扩大，2023年乐器行业规模以上企业数233家，同比2022年增加6家。规模以上企业数量的稳步增长，进一步壮大乐器市场主体规模，有力支撑经济平稳健康发展，为全行业平稳运行打牢坚实的基础。

随着政策持续发力显效，节假日需求释放、“双十一”网络购物拉动、上海乐器展订单增加等，三季度尤其是10月当月市场表现积极，西乐器和电子乐器环比二季度呈两位数增长。但是，短期刺激消费取得部分效果的同时，也透支了后期消费。四季度，西乐器和电子乐器营业收入“两回落”，环比三季度明显下降，仅为4.42%和0.77%。

“三下降”即2023年规模以上企业营业收入累计同比下降12.35%，利润下降30.73%，出口下降3.00%，经济运行仍处于承压状态，在这个周期中，钢琴销售影响最大、政策性因素不容小视。

“四增长”这说的是环比三季度，营收增长10.67%，利润增长31.90%，其中，中乐器营收和利润环比三季度均超过60%；利润率逐季向好，四季度较一季度增长了2.84个百分点；尽管2023年外贸进出口整体呈下降态势，但我国乐器行业对“一带一路”沿线国家外贸出口保持增长，同比增长16.89%，其中对东盟、RCEP成员国出口分别增长21.01%和3.11%。

总的来说，2023年一季度乐器行业不断释放出积极信号，低位运行的趋势得到缓解，回稳复增显现，效益上扬可期。

三、乐器行业经济运行分析

（一）景气趋冷震荡，但产业规模逐步扩大向好

据中国轻工业信息中心编制的中轻乐器景气指数，月度指数走势持续位于“过冷”区间震荡；第四季度呈明显上升态势；12月较年初上升7.42。从分项指数走势看，2023年乐器行业主营业务收入景气指数和利润景气指数持续在“过冷”区间运行，尤其利润景气指数持续低位运行，为乐器行业综合景气度的主要拖累项；出口景气指数波动较大，全年横跨“过冷”“趋冷”“稳定”三个景气区间，9月达到本年度最高值；资产景气指数相对稳定，持续在“趋冷”区间顶部至“稳定”区间运行（表1）。

表1　2023年乐器行业月度景气指数

月份	中轻乐器	资产	主营业务收入	利润	出口
2月	69.05	91.09	74.94	36.97	81.06
3月	69.12	89.08	73.30	44.12	77.77
4月	69.98	85.55	74.55	43.59	86.31
5月	69.94	85.42	74.19	44.04	87.14
6月	67.79	86.72	71.38	44.10	78.24
7月	66.48	85.94	70.65	41.04	76.83
8月	67.70	85.92	70.11	43.80	86.93
9月	69.09	87.30	70.26	46.22	93.44
10月	73.86	94.05	75.94	52.16	87.17
11月	74.72	93.76	76.34	53.57	91.22
12月	76.47	95.75	78.23	56.51	89.08

国家统计局数据显示，截至2023年末，中国乐器行业规模以上企业数量稳步增长，行业主体规模进一步壮大。全行业资产总计241.87亿元，与2019年前持平，其中，高新技术领域的电子乐器资产同比增长4.68%，投资增势较好。行业固定资产投资重心，正在向设备升级、智能化改造、绿色制造以及高技术产业等方面主动调整与转移。

（二）行业承压不减，但分季度回暖态势向好

2023年，乐器行业营业收入同比下降12.35%，同期轻工行业营业收入平均增长1.63%。从2023年的营业收入月度走势看，上半年产能过剩和生产收缩态势相对2022年非常明显，全年大部分月份营业收入较去年同期下降，与过去两年相比，仍未达到2021—2022年同月水平（图1、图2）。

2023年乐器全行业利润率为5.31%，同比下降1.41个百分点。从产品类别分析，西乐器利润率较去年同期显著下降，利润率仅为3.28%，同比下降3.21个百分点，为乐器行业整体利润率下降的主要因素。其他子行业利润率较去年同期均有提高，其中，中乐器利润率为15.73%，远高于其他乐器品类及轻工行业平均值，中乐器企业正在通过品牌来提升企业的核心竞争力及利润空间，实现产品溢价。电子乐器利润率6.18%，同比提高1.2个百分点（图3、图4、表2）。

虽然乐器行业整体运行仍处于承压状态，但分季度来看呈现回暖态势，下半年明显高于上半年，呈现更多积极变化。随着政策持续发力、节假日需求释放、“双十一”网络购物拉动、上海乐器展订单增加等，三季度市场表现积极，营业收入环比二季度增长24.52%，利润率增长1.85个百分点，回升态势明显。回暖一直延续到四季度，环比三季度，营收增长10.67%，利润增长31.90%。

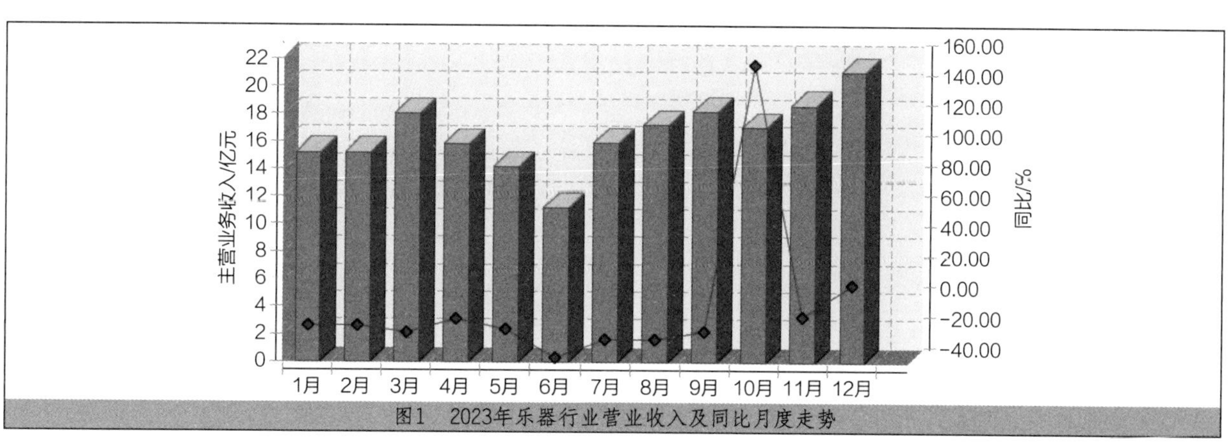

图1　2023年乐器行业营业收入及同比月度走势

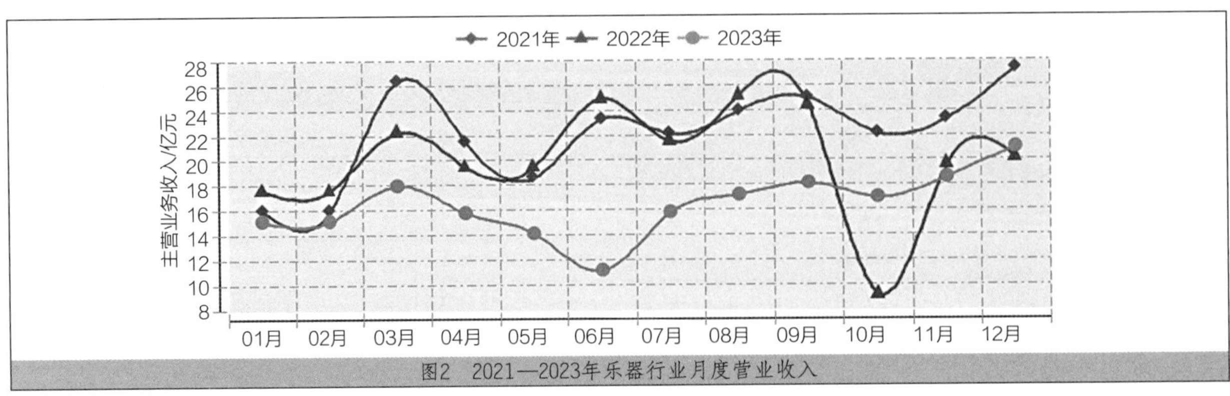

图2 2021—2023年乐器行业月度营业收入

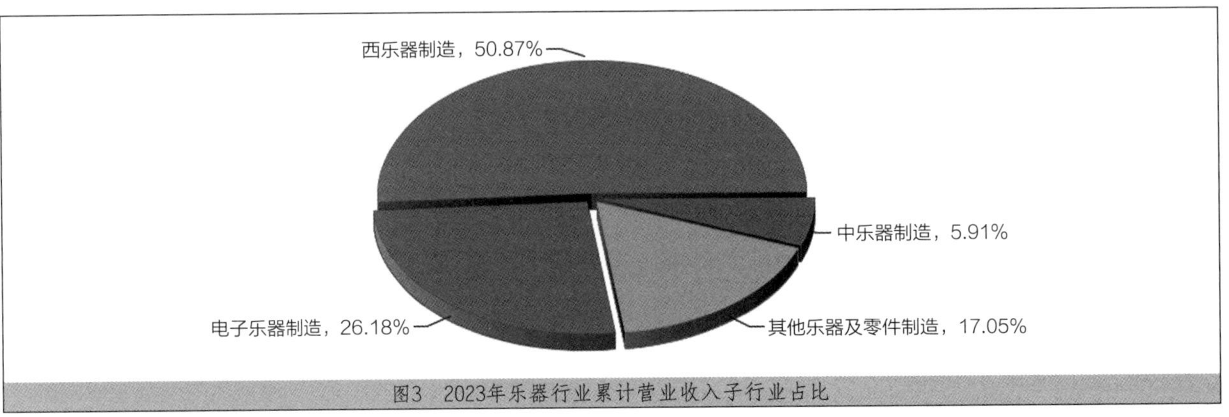

图3 2023年乐器行业累计营业收入子行业占比

表2 2019—2023年乐器行业利润率与轻工行业对比

年份	累计营业收入利润率/%	
	轻工行业	乐器行业
2019	6.54	7.23
2020	6.85	6.35
2021	6.30	6.74
2022	6.37	6.50
2023	6.26	5.31

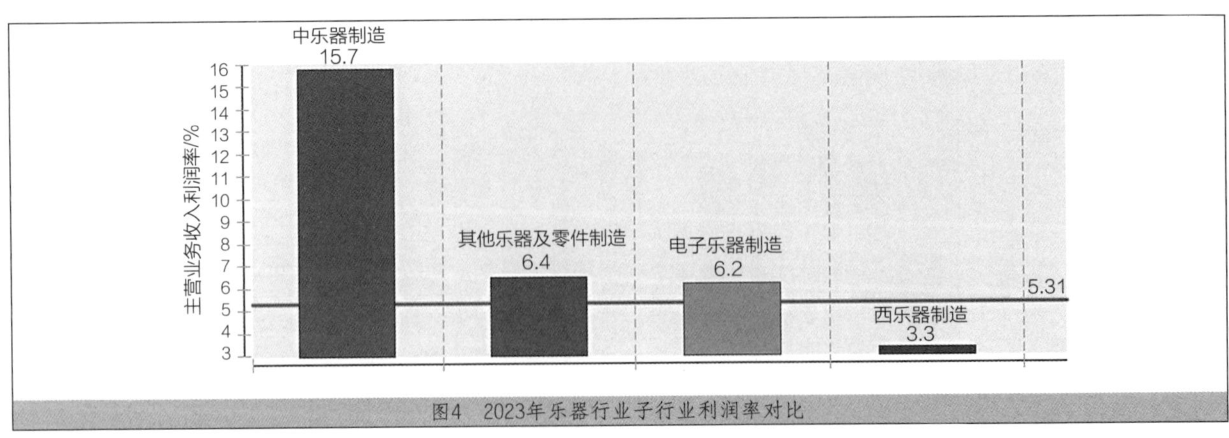

图4 2023年乐器行业子行业利润率对比

（三）盈利依然偏弱，但效益呈分化式复苏向好

运行质效方面，市场需求不畅销售增速回落、原料端价格高企挤压利润空间、钢琴产业利润下降拉动作用明显、个别企业大幅计提资产减值损失等综合因素，导致全年乐器行业主要经济效益指标延续2022年的下滑态势，行业盈利压力依然突出，行业亏损面仍处于高位。2023年，乐器行业利润总额同比下降30.73%，大幅低于同期轻工行业3.83%的同比增速。从月度利润总额变化看，下半年乐器行业盈利较上半年明显回升。总的来说，企业效益逐步改善，乐器行业低位运行的趋势得到缓解（图5、图6）。

尽管行业盈利依然偏弱，但呈现出分化式复苏，结构性改善明显。处于现代技术领域的电鸣乐器企业，具备渠道优势，运营管理能力强；线上方面，这些企业在天猫、京东等传统电商平台持续优化店铺矩阵保持稳定增长，在拼多多、抖音等新兴渠道获得快速增长以贡献增量；此外，这些企业产品具有竞争力，通过不断创新与优化产品结构，为销售带来可持续增量，全年实现利润同比增长11.5%。与此同时，由于西乐器、中乐器中部分产品需求不足，处在景气偏低阶段，降幅明显，利润分别下降57.33%和25.14%（图7）。

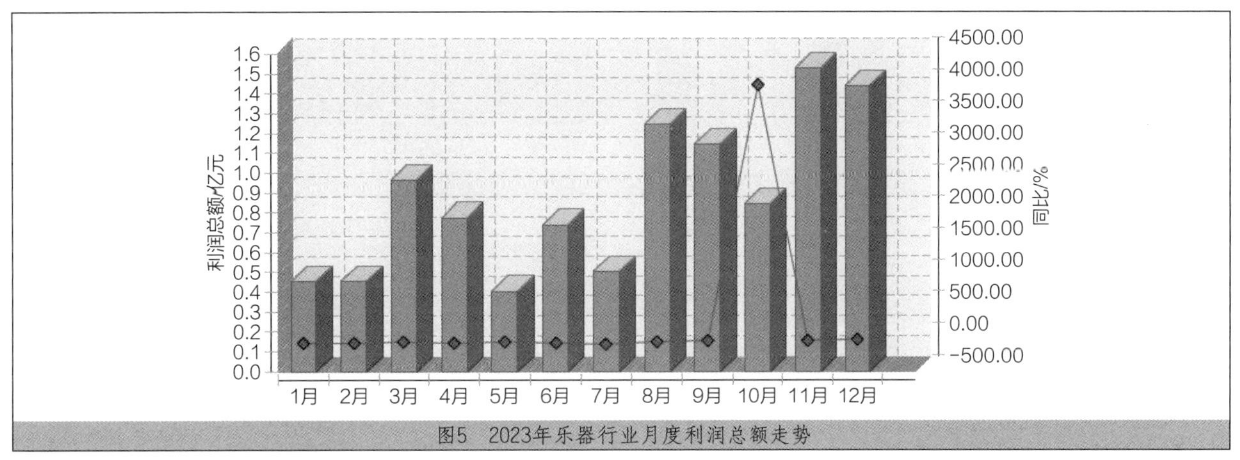

图5 2023年乐器行业月度利润总额走势

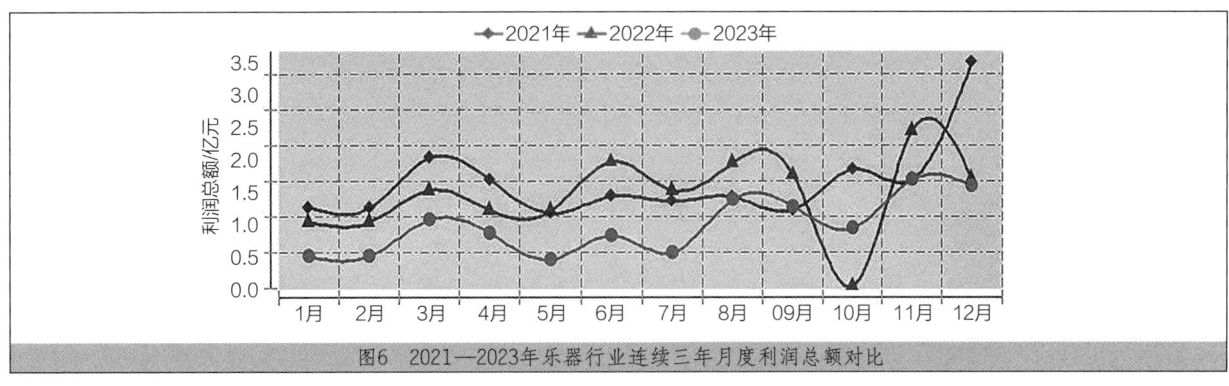

图6 2021—2023年乐器行业连续三年月度利润总额对比

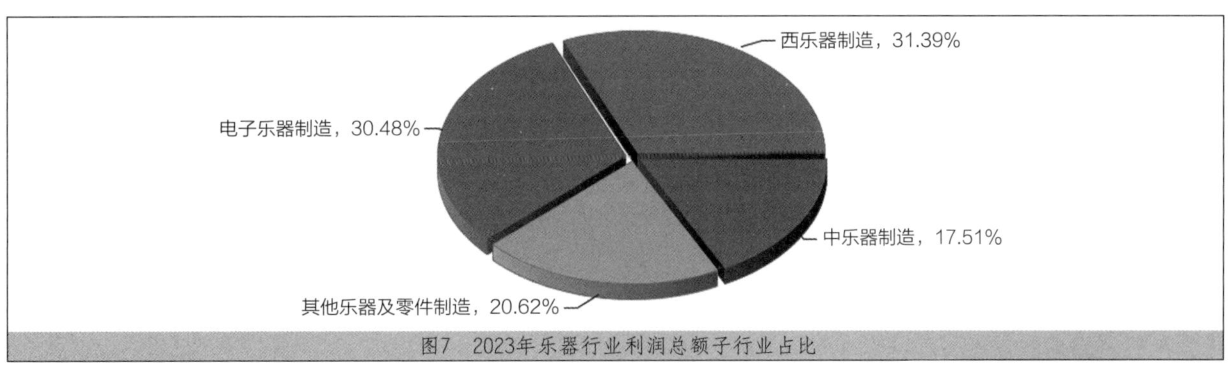

图7 2023年乐器行业利润总额子行业占比

（四）库存持续加压，但新动能蓄势聚力持续向好

在经济形势低迷的情况下，企业销售产值不变时，多数存在库存高企的问题。

2023年，乐器行业累计产成品库存小幅波动，库存水平超过前一年。累计产成品存货23.33亿元，同比增长6.73%，高于全国轻工行业-0.4%平均水平的7.13个百分点，大部分月份库存同比增长5%～7%。2023年库存水平较2021年、2022年有明显的增长（图8、图9、图10）。

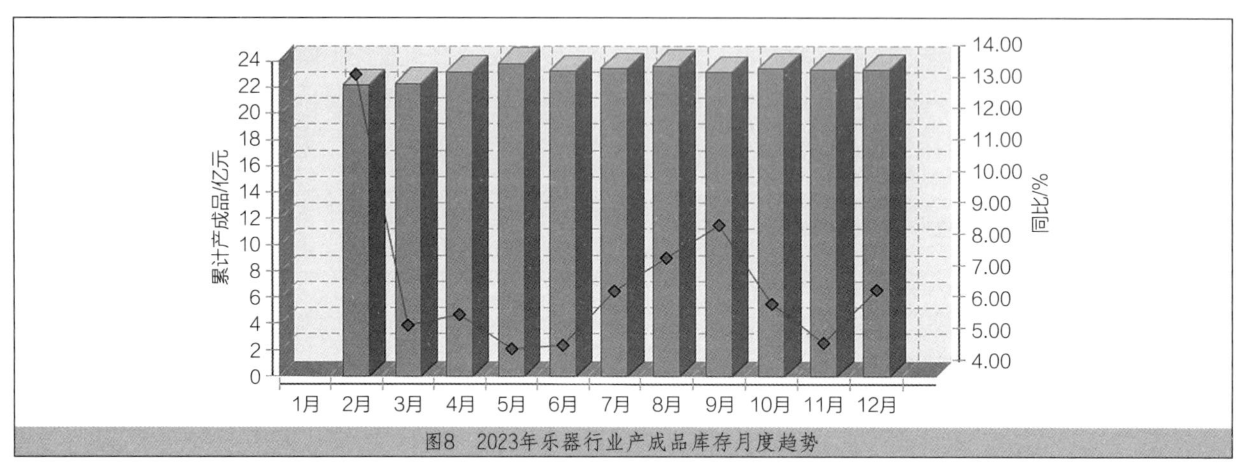

图8　2023年乐器行业产成品库存月度趋势

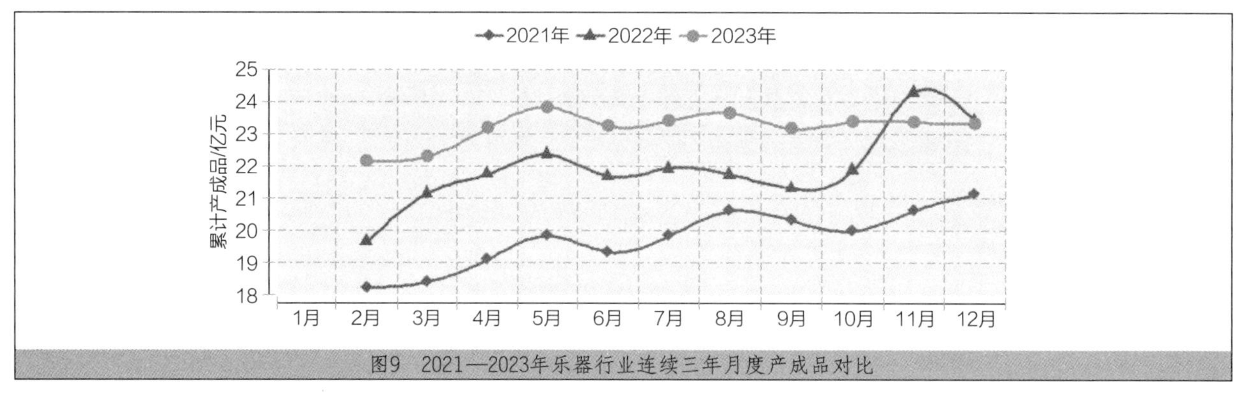

图9　2021—2023年乐器行业连续三年月度产成品对比

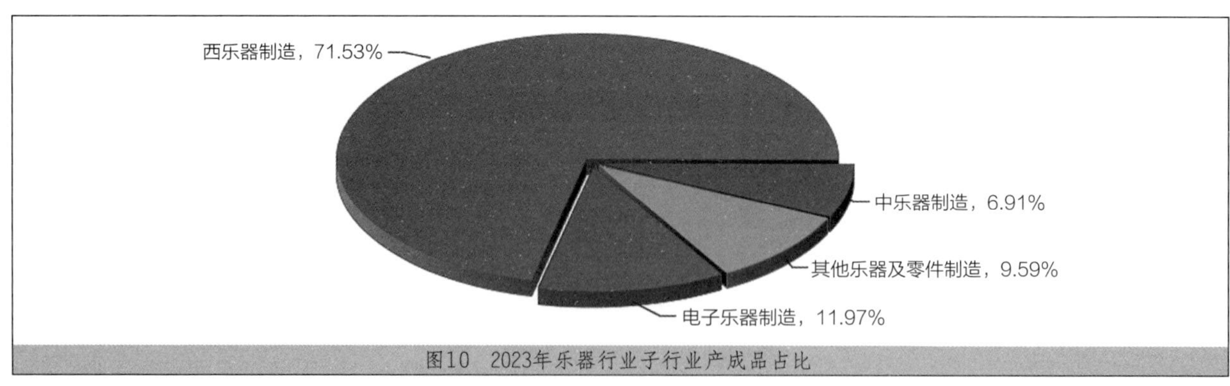

图10　2023年乐器行业子行业产成品占比

经历了三年全球性挑战，行业整体处于调整性恢复态势，但即使在这样的情况下，全行业骨干企业、规模企业的凝聚新动能，科技创新、品牌创建、产品创优的“三创”工作始终占据主导地位，中国乐器行业网络直报数据显示，全行业研发投入连续保持同比增幅5%的状态，部分企业甚至达到了10%以上；从行业整体看，这个指标一直在超过全国轻工行业平均水平。乐器企业坚持技术创新与产品原创融合发力，在推进“三品战略”和坚持实施“三创”中“尝到了甜头”，行业蓄势聚力发展持续向好。

（五）出口惯性下降，但新兴市场逐步拓展向好

2023年，乐器行业进出口惯性下降，据海关总署发布的数据，2023年乐器行业出口总额20.82亿美元，同比下降3.00%；进口总额4.99亿美元，同比下降11.48%。

出口方面，外需市场挑战加剧，全球经济增长放缓，国际市场需求复苏前景仍存在较高的不确定性。但中国乐器行业却呈现出一定的发展韧性，降幅逐年收窄。2023年，全行业总体出口下降3%，但较2019年增长19.77%。2023年中国针对前三大主要乐器出口市场均呈下降态势；对美国出口同比下降13.49%、对德国出口同比下降9.54%，对日本出口下降12.23%。另外，受俄乌冲突影响，俄罗斯市场对中国的依赖程度增高，同比增长58.26%，中俄贸易额持续上升（图11）。

共建“一带一路”倡议及《区域全面经济伙伴关系协定》（RCEP）在促进外贸，促稳提质方面功不可没，政策红利持续放。全年对共建“一带一路”国家，乐器出口额为5.32亿美元，增长16.89%；对东盟出口3.21亿美元，同比增长21.01；对RCEP其他成员国出口5.85亿美元，同比增长3.11%；对非洲、拉丁美洲等新兴市场开拓顺利，分别增长17.80%和7.47%。对欧盟及亚太经合组织的出口仍疲软，分别下降8.86%和3.33%。乐器行业外贸趋势继续呈现出多元化和区域化的特点（表3）。

出口的22类产品中，电子乐器和弦乐器市场占比较高，但出口额同比分别下降7.22%和15.12%，拖累乐器行业出口额全面下降；口琴、弓弦乐器、打击乐器、手风琴、铜管乐器等出口态势较好，增幅超20%，其中口琴的出口额增长74.15%，出口量增长40.78%。

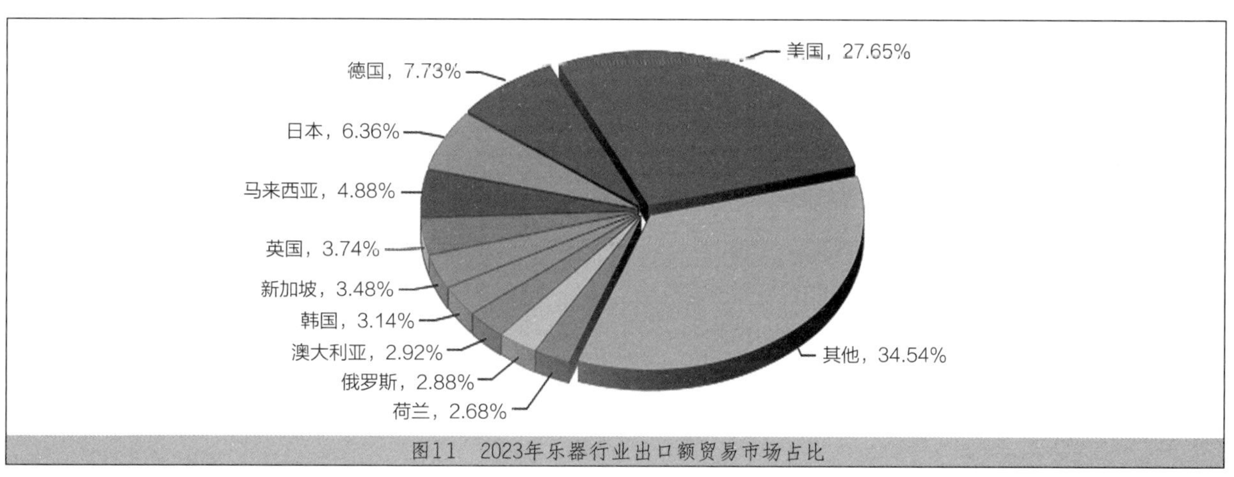

图11　2023年乐器行业出口额贸易市场占比

表3　2023年乐器行业出口额主要贸易国家统计

	出口额/美元	同期额/美元	同比	占比
美国	575991170	665787850	−13.49%	27.65%
德国	161013254	177997419	−9.54%	7.73%
日本	132413366	150856132	−12.23%	6.36%
马来西亚	101676586	64080512	58.67%	4.88%
英国	77802932	75030739	3.69%	3.74%
新加坡	72456009	47571227	52.31%	3.48%
韩国	65467002	81764807	−19.93%	3.14%
澳大利亚	60801807	63623347	−4.43%	2.92%
俄罗斯	59981799	37900668	58.26%	2.88%
荷兰	55807689	56664911	−1.51%	2.68%
贸易国合计	2082953326	2147471606	−3.00%	100.00%

进口方面，国内稳增长政策使得进口需求改善，支撑进口降幅也在收窄。2023年乐器行业进口总额下降11.48%。其中，钢琴进口占比接近四成；与去年同期相比，除打击乐器进口额同比增长10.22%外，其他商品进口较去年下降，钢琴、弦乐器、其他乐器及零附件进口额出现两位数降幅（图12、图13、表4、表5）。

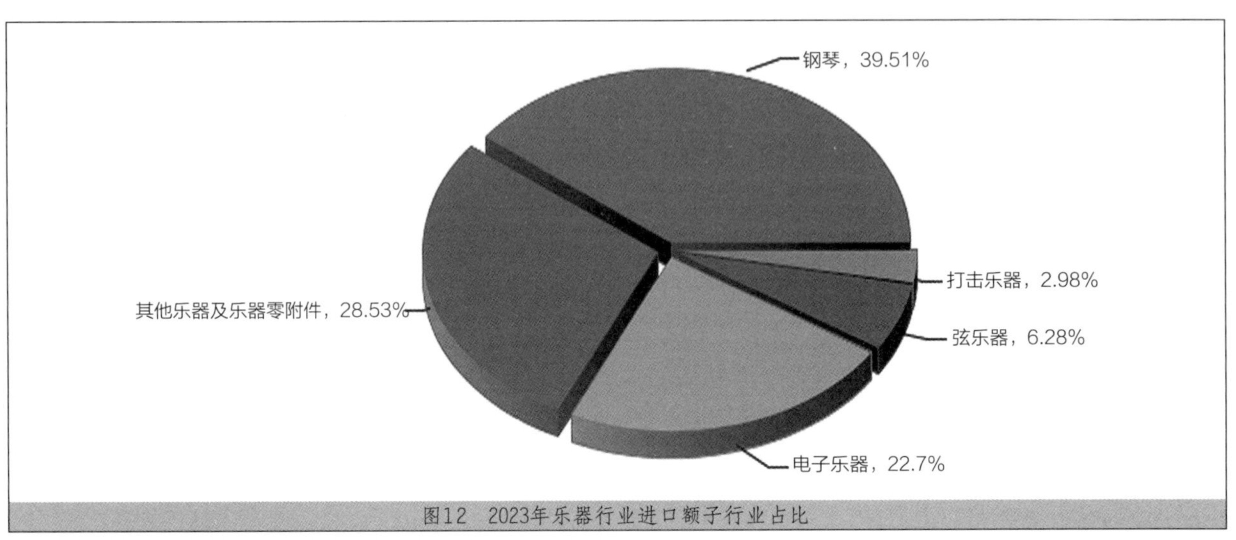

图12 2023年乐器行业进口额子行业占比

表4 2023年乐器行业进口额子行业统计

	进口额/美元	同期额/美元	同比	占比
乐器	499572338	564335217	−11.48%	100.00%
钢琴	197379022	224553407	−12.10%	39.51%
电子乐器	113399526	122319866	−7.29%	22.70%
弦乐器	31374676	37687385	−16.75%	6.28%
打击乐器	14908727	13525770	10.22%	2.98%

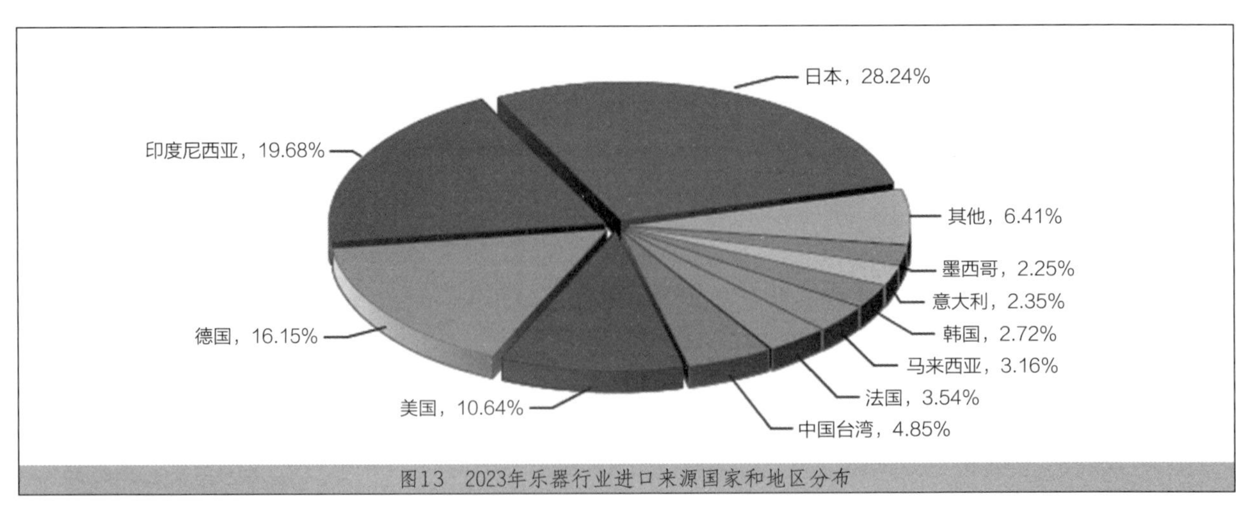

图13 2023年乐器行业进口来源国家和地区分布

表5　2023年乐器行业进口额主要国家和地区贸易市场统计

	进口额/美元	同期额/美元	同比	占比
日本	141056304	165705776	−14.88%	28.24%
印度尼西亚	98307653	140658000	−30.11%	19.68%
德国	80697753	75140210	7.40%	16.15%
美国	53160540	52665789	0.94%	10.64%
其他	32028582	25091887	27.65%	6.41%
中国台湾	24237565	22545548	7.50%	4.85%
法国	17696191	17442584	1.45%	3.54%
马来西亚	15798184	20114735	−21.46%	3.16%
韩国	13595133	20268957	−32.93%	2.72%
意大利	11764908	8690365	35.38%	2.35%
墨西哥	11229525	16011366	−29.87%	2.25%
合计	499572338	564335217	−11.48%	100.00%

（六）市场持续加压，但经营状况逐步行稳向好

中国乐器行业网络直报数据显示，全行业82家骨干企业累计完成营业收入93.08亿元，同比下降11.50%，降幅缩窄；实现利润总额6.32亿元，同比下降37.33%，降幅明显；利润率6.79%，高于同期规模以上乐器企业及全国轻工行业的平均水平，总体来说，骨干企业在负压前行。

在市场持续加压形势下，骨干企业抗压韧性明显增强，“四率”（利润率、负债率、劳产率和研发投入强度）为应对行业短期压力提供了一定的支撑：2023年骨干企业利润率达6.79%，尽管较2022年低了2个百分点，但仍高于乐器行业规模以上企业和轻工行业平均水平，行业高质量发展成效显著；42%的骨干企业资产负债率在30%～60%，处于比较良性的状态，债务风险可控在控；骨干企业员工激情活力并存，全员劳动生产率同比提高6.54%；乐器制造业尤其是骨干企业的研发投入强度持续增加；其中，电声企业技改强度明显高于传统乐器制造企业，平均超过13%，研发费用增速超过同期营收增速，传统乐器制造企业研发技改强度平均值低于4%。面对严峻的外部环境，骨干企业体现出了强劲的抗压能力，坚守、传承、创新、发展，企业经营状况逐步行稳向好。

四、乐器行业经济运行展望

中央经济工作会议对2024年经济工作进行了全面系统部署，会议强调，进一步推动经济回升向好，需要克服一些困难和挑战，要增强忧患意识，有效应对和解决问题。综合起来看，我国发展面临的有利条件强于不利因素，经济回升向好、长期向好的基本趋势没有改变，要增强信心和底气。

面对全球乐器市场敏感波动，中国乐器行业总体走势向稳，内需恢复慢热、外销多元提速，低端市场受挫等现状，造成内销市场下行的原因有多方面，但非刚性需求大件商品购买力下降是主体，特别是钢琴市场尤为明显。但随着“五一”等假期的到来和假日经济的拉动，国内市场需求会明显改善。

国家统计局最新发布的数据显示，2024年1月至2月，乐器行业增加值增速0.1%，扭转2023年一直呈负增长的局面，营收下降4.55%，降幅大幅收窄，利润增长118.40%，利润率6.81%；供需关系朝着平衡方向改善；我们明显看出，相关政策措施取得了积极成效。预期中国乐器行业将保持合理规模，结构更趋优化，产业提质升级，向新而行，确保经济运行在合理区间。

2024年，按照中央经济工作会议确立的经济发展总基调，中国乐器行业应审时度势、精准施策，摆脱传统的经济增长方式，以科技创新推动产业创新；要坚持科学发展观，落实“六进六稳”。一是进在巩固复工达产，稳良性运转。二是进在拓展内外市场，稳订单增长。三是进在调控成本体系，稳利润空间。四是进在链式多元融合，稳调整升级。五是进在加大科创投入，稳重点项目。六是进在用好政策资源，稳长远战略。力求在充满不确定因素的市场中，攻坚克难，赢得发展的主动权。

新的历史起点，也是重大历史关口。2024年是中华人民共和国成立七十五周年，也是实现“十四五”规划目标任务的关键一年。看清行业，精准施策，努力发展新质生产力，在“新制造、新服务、新业态”三个方面，做好结构调整与产业升级，用新的生产力理论指导新的发展实践，一个经过主动性结构调整的中国乐器行业，一定会呈现出勃勃生机，在高质量发展中行稳致远。

2023年中国乐器海关出口量值统计情况

商品名称	单位	数量							金额（美元）						
		2023年	2022年	2021年	2020年	2019年	同比（2022年）（%）	同比（2019年）（%）	2023年	2022年	2021年	2020年	2019年	同比（2022年）（%）	同比（2019年）（%）
竖式钢琴（包括自动钢琴）	台	14178	17622	19634	12933	17000	−19.54	−16.60	23224359	29238616	32086575	19947380	25583443	−20.57	−9.22
大钢琴（包括自动钢琴）	台	4378	5679	5082	3451	8731	−22.91	−49.86	27307787	33311554	28011984	22045571	21996209	−18.02	24.15
拨弦古钢琴及其他键盘弦乐器	台	178880	164650	78100	62422	58393	8.64	206.34	6781913	5357791	3078205	3049774	2122749	26.58	219.49
弓弦乐器	只	1973274	1608883	1368810	1198908	1540632	22.65	28.08	112499129	88434837	76242598	61202936	77840621	27.21	44.52
其他弦乐器（如：吉他、小提琴、竖琴）	只	8890898	9711530	14127669	12313350	11954134	−8.45	−25.62	322105967	423584332	539881774	426899921	343756335	−23.96	−6.30
铜管乐器	只	1276826	1030652	760699	703480	792425	23.89	61.13	119635154	103104090	77105903	73357324	93492407	16.03	27.96
键盘管风琴；簧风琴及类似的游离金属簧片键盘乐器	只	1671888	938212	604612	1205071	1493129	78.20	11.97	11261593	8912759	6000960	7785620	10002435	26.35	12.59
手风琴及类似乐器	只	251408	182063	281278	201069	270476	38.09	−7.05	15663847	13325726	12660642	10445632	10626036	17.55	47.41
口琴	只	6419239	4559894	4161754	3572968	5037976	40.78	27.42	21381269	12277641	10830236	9403690	10222542	74.15	109.16
其他管乐器，但游艺场风琴及手摇风琴除外	只	10915302	7554059	5280879	6321153	9031665	44.50	20.86	91128345	77183681	57445235	56091613	71602138	18.07	27.27
打击乐器（如鼓、木琴、响板、响葫芦）	只	13784257	10770021	9535126	7756536	9198990	27.99	49.85	222252321	186516061	163400568	121053576	127294343	19.16	74.60

续表

商品名称	单位	数量							金额（美元）						
		2023年	2022年	2021年	2020年	2019年	同比（2022年）（%）	同比（2019年）（%）	2023年	2022年	2021年	2020年	2019年	同比（2022年）（%）	同比（2019年）（%）
通过电产生或扩大声音的键盘乐器	只	6469873	6748141	8887839	7786958	6850234	−4.12	−5.55	404041653	435035154	632403324	545210195	456041252	−7.12	−11.40
其他通过电产生或扩大声音的乐器（如：电吉他）	个	4011815	3907655	4090357	3098956	2569986	2.67	56.10	291116259	314183219	284004868	223229776	173917896	−7.34	67.39
百音盒	个	13254182	14180866	13718424	11702251	17563332	−6.53	−24.53	68390309	65672255	63345256	47556004	48047120	4.14	42.34
未列名的其他乐器	个	84801408	59721072	62307723	82586471	76855375	42.00	10.34	54051508	44927335	36020886	23062897	20149519	20.31	168.25
乐器用弦	千克	676398	541220	432810	417218	379801	24.98	78.09	26252861	19665103	11973938	8581080	6066143	33.50	332.78
钢琴的零件、附件	千克	3038966	4666373	6003472	4149236	8540952	−34.88	−64.42	29827446	41787305	42204181	30159530	49719080	−28.62	−40.01
弓弦乐器的零件、附件	千克	5458928	5091432	6826710	5646147	4875631	7.22	11.96	68154493	64842050	80832337	57764282	46555818	5.11	46.39
电子乐器的零件、附件	千克	5678501	6583918	8802063	7445471	6780578	−13.75	−16.25	56623255	67337718	79234331	55367043	55402250	−15.91	2.20
节拍器、音叉及定音管	千克	168526	129589	124020	119275	130049	30.05	29.59	5026772	4028361	3278453	2499601	3229792	24.78	55.64
百音盒的机械装置	千克	267687	309844	194492	209835	369343	−13.61	−27.52	3990071	4881308	2861577	3023660	4339075	−18.26	−8.04
未列名乐器的零件、附件	千克	10378023	10882716	12283002	10632210	11723641	−4.64	−11.48	102237015	103864710	93142602	76061734	81134002	−1.57	26.01
合计									2082953326	2147471606	2336046433	1883798839	1739141205	−3.00	19.77

（数据来源：海关总署　中国轻工业信息中心　中国乐器协会信息部）

2023年中国乐器出口世界各洲统计情况

地区	占比(%)	数量(件)				金额(美元)			
		2023年	2022年	2021年	同比(%)	2023年	2022年	2021年	同比(%)
亚洲	30.81	75163322	55393555	61203249	35.69	683289789	650352180	663225038	5.06
北美洲	32.55	32675473	33421857	34768579	−2.23	607193064	705461145	731624288	−13.93
欧洲	24.25	34058126	30684574	40550179	10.99	513486841	527000958	670343211	−2.56
拉丁美洲	7.28	18265201	12472015	10333808	46.45	168840560	157106088	164662715	7.47
大洋洲	3.34	3276375	3457481	3105322	−5.24	67592641	71428943	67559162	−5.37
非洲	1.76	16146337	13876609	9933418	16.36	42550421	36122292	38632019	17.80

2023年中国乐器出口国际贸易组织统计情况

组织机构	金额(美元)				
	2023年	2022年	2021年	2020年	同比(2022年)(%)
亚太经合组织	1368512315	1415637023	1458108441	1146554382	−3.33
RCEP	585627031	567948583	567917621	136965847	3.11
一带一路	532751165	455787298	446217397	201109847	16.89
欧盟	369070673	404937184	509074940	458955957	−8.86
东盟	321159452	265388560	240951435	372424204	21.01
金砖	187709904	166861852	144156808	400821726	12.49

2023年中国乐器出口贸易方式统计情况

贸易方式	金额（美元）				
	2023年	2022年	2021年	2020年	同比（2022年）（%）
一般贸易	1419189525	1365928241	1442502614	1144288030	3.90
进料加工贸易	400602341	500461620	555508824	467885836	−19.95
海关特殊监管区域物流货物	110082314	110955248	132707510	112601307	−0.79
其他	102461522	124130708	161515705	111042305	−17.46
保税监管场所进出境货物	35746432	35588941	31147930	35863463	0.44
边境小额贸易	11974307	7169372	7667372	8819496	67.02
来料加工贸易	2895313	3187747	4430676	3165237	−9.17
对外承包工程出口货物	1270	41807	22553	—	−96.96
国家间、国际组织无偿援助和赠送的物资	—	3603	434398	7	−100.00
租赁贸易	302	4319	—	—	−93.01

2023年中国乐器出口国家和地区统计情况

排名	国家和地区	数量（件）							金额（美元）						
		2023年	2022年	2021年	2020年	2019年	同比（2022年）（%）	同比（2019年）（%）	2023年	2022年	2021年	2020年	2019年	同比（2022年）（%）	同比（2019年）（%）
1	美国	30973198	31350657	32526692	28976434	31671751	−1.20	−2.21	575991170	665787850	681953124	533219295	505132467	−13.49	14.03
2	德国	7396306	8270532	16291869	8476311	8616655	−10.57	−14.16	161013254	177997419	221558376	183874312	169713291	−9.54	−5.13
3	日本	7667388	7955942	7935025	8691768	9542536	−3.63	−19.65	132413366	150856132	164237324	140599574	108390959	−12.23	22.16
4	马来西亚	3574922	3840153	6119446	4536894	4358723	−6.91	−17.98	101676586	64080512	97187039	67234928	59049780	58.67	72.19
5	英国	5602979	5196787	6210434	5879692	5683346	7.82	−1.41	77802932	75030739	106964008	118697879	87860569	3.69	−11.45
6	新加坡	3447343	2304026	12816478	7429622	10259987	49.62	−66.40	72456009	47571227	73240529	50915964	68352971	52.31	6.00
7	韩国	4717448	5051224	3042586	2215950	1999653	−6.61	135.91	65467002	81764807	60436402	37197190	33190155	−19.93	97.25
8	澳大利亚	2911301	3083543	2676235	2011929	1835851	−5.59	58.58	60801807	63623347	58078375	44683789	36624809	−4.43	66.01
9	俄罗斯	2948168	2268245	3287263	2414466	2757029	29.98	6.93	59981799	37900668	84005117	53545957	47801401	58.26	25.48
10	荷兰	2823929	2560448	2390804	1794201	1968822	10.29	43.43	55807689	56664911	60072635	46452370	46882036	−1.51	19.04
11	印度尼西亚	6744133	7512600	531588	1298728	816565	−10.23	725.92	53702032	69257431	18300633	29643319	34626487	−22.46	55.09
12	巴西	3553183	2837709	2621973	2437595	2982306	25.21	19.14	51199578	46373112	53184631	45987566	50004847	10.41	2.39
13	法国	2045659	2043814	6441980	4755908	10618352	0.09	−80.73	50254504	51491201	44968156	33951120	35458795	−2.40	41.73
14	墨西哥	3498002	2642972	2241887	2552515	2875388	32.35	21.65	44518023	34779804	49671164	42087278	36128311	28.00	23.22
15	印度	8541260	7233103	2252057	1934066	1985653	18.09	330.15	38990641	43069870	40205279	36121831	24268847	−9.47	60.66
16	泰国	2060532	1616627	1513996	1303647	1320706	27.46	56.02	38568874	35240231	37349471	37372820	21163949	9.45	82.24
17	菲律宾	5348385	3129274	2303664	1831269	4554624	70.91	17.43	35410187	32566760	28773162	19899009	24981273	8.73	41.75
18	加拿大	1702253	2071197	2084163	1756218	3284891	−17.81	−48.18	31201667	39673260	31533372	22397700	19762375	−21.35	57.88
19	比利时	773070	713445	975331	822971	2144327	8.36	−63.95	27562621	24400582	34850426	23885404	27483183	12.96	0.29
20	中国香港	944480	1082243	901369	1321394	2586501	−12.73	−63.48	26854731	26042576	22157172	22549536	16321231	3.12	64.54

续表

排名	国家和地区	数量（件）							金额（美元）						
		2023年	2022年	2021年	2020年	2019年	同比（2022年）（%）	同比（2019年）（%）	2023年	2022年	2021年	2020年	2019年	同比（2022年）（%）	同比（2019年）（%）
21	土耳其	4993202	1251695	1751013	1168980	2870378	298.92	73.96	20711955	15643011	34104213	22413270	18444632	32.40	12.29
22	阿联酋	8651422	1836688	968639	741522	1221056	371.03	608.52	18577638	19072101	20343417	16781759	19958046	−2.59	−6.92
23	智利	2124881	1334040	1925935	1208953	2868382	59.28	−25.92	17595466	15694848	23786272	19534261	16829047	12.11	4.55
24	中国台湾	1521295	995944	515426	596295	1053670	52.75	44.38	17121434	16720482	16376608	14240592	15281499	2.40	12.04
25	越南	2236639	1050501	2288516	3484471	2837158	112.91	−21.17	16367441	12711780	14005177	16540583	13560857	28.76	20.70
26	意大利	1797932	1459402	1752563	889022	1718265	23.20	4.64	15757950	21982487	25739222	10812269	15763170	−28.32	−0.03
27	西班牙	3394987	1764001	673472	712464	1196065	92.46	183.85	14538766	19431326	13830762	8377176	9807054	−25.18	48.25
28	尼日利亚	3886520	2022059	1498891	1660710	1529036	92.21	154.18	12807970	10838338	17741831	21650965	14125290	18.17	−9.33
29	波兰	1207069	1074361	842367	1292912	1082857	12.35	11.47	11901221	12145955	15942157	14221478	9500414	−2.01	25.27
30	秘鲁	1919013	1071021	667305	637192	954863	79.18	100.97	11656021	14053132	9381015	8063119	8814716	−17.06	32.23
31	哥伦比亚	2451523	1236897	2285115	4230655	4166911	98.20	−41.17	8877203	8966924	12623428	8697141	9843829	−1.00	−9.82
32	朝鲜	346328	992	514057	570231	891565	34812.10	−61.16	8105596	269793	8446472	8384487	6946841	2904.38	16.68
33	阿根廷	1010137	932680	794293	974598	1414638	8.30	−28.59	5998039	9217912	9142869	6881984	7094807	−34.93	−15.46
34	哈萨克斯坦	339922	272920	372797	369197	402794	24.55	−15.61	5948847	4268771	11085375	8947434	8879356	39.36	−33.00
35	以色列	493193	531549	616451	464246	713899	−7.22	−30.92	5846725	7353118	8240927	7544923	5721499	−20.49	2.19
36	新西兰	239108	274945	314479	245577	572826	−13.03	−58.26	5785404	6315737	4977342	3215978	5296427	−8.40	9.23
37	瑞典	295073	333036	319279	206696	248200	−11.40	18.89	5733166	8956697	7563297	5327819	4715075	−35.99	21.59
38	危地马拉	766170	386787	782821	634640	1420033	98.09	−46.05	5545185	6196139	5798742	3940486	6617340	−10.51	−16.20
39	捷克	442511	796326	190348	238135	406296	−44.43	8.91	5500855	11701969	5604075	4119933	5311545	−52.99	3.56
40	巴拿马	573352	337806	468755	811791	1199214	69.73	−52.19	5051452	5745380	4167530	2367777	2840092	−12.08	77.86
41	厄瓜多尔	726913	488927	216384	243035	433905	48.68	67.53	4867382	4293334	3337154	2289923	4042570	13.37	20.40
42	南非	1691915	1418946	181665	348011	178391	19.24	848.43	4540703	5824439	2894721	3372480	2528447	−22.04	79.58

续表

排名	国家和地区	数量（件）							金额（美元）						
		2023年	2022年	2021年	2020年	2019年	同比（2022年）（%）	同比（2019年）（%）	2023年	2022年	2021年	2020年	2019年	同比（2022年）（%）	同比（2019年）（%）
43	希腊	1924555	719851	433056	434625	659368	167.35	191.88	4241842	3705846	5510169	3472701	3888166	14.46	9.10
44	加纳	674691	484460	156174	110870	266296	39.27	153.36	3767320	4322393	3266008	2886719	1901504	−12.84	98.12
45	埃及	606540	981348	349330	297968	351066	−38.19	72.77	3707825	1891988	3494891	2520110	1536372	95.98	141.34
46	坦桑尼亚	1123679	975425	63568	17520	27093	15.20	4047.49	3188017	2401256	1588086	383972	550134	32.76	479.50
47	白俄罗斯	542057	441411	328511	1286264	652849	22.80	−16.97	3049807	3548485	3439004	8215507	3589157	−14.05	−15.03
48	乌拉圭	250856	138085	877133	436653	469985	81.67	−46.62	2974726	3834716	2087213	826013	1580127	−22.43	88.26
49	沙特阿拉伯	634451	423494	356804	506439	552351	49.81	14.86	2952605	2748193	1689067	2445883	1866585	7.44	58.18
50	肯尼亚	780256	1500547	810240	996323	547042	−48.00	42.63	2765916	2610530	1412348	662760	716512	5.95	286.03
51	爱尔兰	104863	128822	197105	218301	277244	−18.60	−62.18	2674375	2483138	3086020	2267252	1846178	7.70	44.86
52	斯洛文尼亚	172872	172471	101927	81539	129517	0.23	33.47	2591391	2464858	2616836	1952152	2056280	5.13	26.02
53	斯里兰卡	429891	191456	249140	286878	415862	124.54	3.37	2466557	2059418	3435926	4004815	3439859	19.77	−28.29
54	吉尔吉斯斯坦	229660	517804	10224560	37051957	17476613	−55.65	−98.69	2420318	1253280	2326403	1115866	541497	93.12	346.97
55	罗马尼亚	283984	199028	601572	574464	1084600	42.69	−73.82	2012832	1548791	3372501	2657660	3050898	29.96	−34.02
56	洪都拉斯	305216	82490	307755	191278	303532	270.00	0.55	1852854	849832	5523625	2794702	1658331	118.03	11.73
57	缅甸	117819	139969	1212243	2640191	439343	−15.82	−73.18	1818861	3106882	1194391	1060762	1095417	−41.46	66.04
58	拉脱维亚	37964	30585	295016	264178	437568	24.13	−91.32	1719541	1241526	2562374	2860649	1973578	38.50	−12.87
59	萨尔瓦多	164820	106522	135713	111810	212886	54.73	−22.58	1639678	1173909	1654477	1071746	1245298	39.68	31.67
60	尼泊尔	154145	54683	44875	39433	95748	181.89	60.99	1563741	1162330	1406167	1076143	1112879	34.54	40.51
61	葡萄牙	463099	186864	932486	467969	267135	147.83	73.36	1474592	1038551	1797652	1786326	2020985	41.99	−27.04
62	安哥拉	491410	401778	220762	228117	238666	22.31	105.90	1431118	534645	1138397	801973	1266963	167.68	12.96
63	伊朗	873228	271203	29922	28791	149506	221.98	484.08	1420388	728309	1016576	552826	962426	95.03	47.58
64	摩洛哥	680152	497182	21074	823	53733	36.80	1165.80	1399116	1151153	589101	171712	96413	21.54	1351.17

续表

排名	国家和地区	数量（件）							金额（美元）						
		2023年	2022年	2021年	2020年	2019年	同比（2022年）（%）	同比（2019年）（%）	2023年	2022年	2021年	2020年	2019年	同比（2022年）（%）	同比（2019年）（%）
65	塞尔维亚	51503	26506	39912	80753	60198	94.31	−14.44	1353676	562552	1046587	965779	798401	140.63	69.55
66	瑞士	448407	1205764	92186	55345	81075	−62.81	453.08	1336911	1484188	1727696	1343417	1230551	−9.92	8.64
67	巴基斯坦	9157314	5647919	110612	188714	189319	62.14	4736.98	1304771	2095822	1261526	473502	1612392	−37.74	−19.08
68	哥斯达黎加	176404	317003	183967	221926	232290	−44.35	−24.06	1195312	894294	1012369	908613	807710	33.66	47.99
69	丹麦	232502	248977	104597	288663	271272	−6.62	−14.29	1182830	1619258	1668728	2057422	1897520	−26.95	−37.66
70	孟加拉国	118606	146527	45253	38941	32738	−19.06	262.29	1140064	1655248	634224	681171	309057	−31.12	268.88
71	巴拉圭	26844	30098	68433	60815	62308	−10.81	−56.92	1092526	645239	933542	760987	660427	69.32	65.43
72	伊拉克	549462	643719	81823	187657	143577	−14.64	282.69	1082756	2506258	930059	874119	783955	−56.80	38.11
73	斯洛伐克	80410	54105	41428	42154	67631	48.62	18.90	1079606	876585	1482353	1100294	1232906	23.16	−12.43
74	玻利维亚	36123	39699	54173	24256		−9.01		1059904	836691	1269673	771412		26.68	
75	多米尼加	182553	96210	520822	421560	252306	89.74	−27.65	1045159	652970	395185	285703	125275	60.06	734.29
76	奥地利	97251	40183	89667	71674	121433	142.02	−19.91	970170	1511948	1516379	556461	1220884	−35.83	−20.54
77	波多黎各	197855	183140	199134	356490	425416	8.03	−53.49	915374	1427003	1539081	910028	941614	−35.85	−2.79
78	科特迪瓦	347472	151979	111313	119134	106109	128.63	227.47	911129	477927	684730	221998	282320	90.64	222.73
79	黎巴嫩	146737	59948	63651	40009	61488	144.77	138.64	887082	662491	983929	585215	695810	33.90	27.49
80	尼加拉瓜	63265	112070	71608	79093	96253	−43.55	−34.27	858524	977911	520207	1412683	183265	−12.21	368.46
81	吉布提	1398645	795105	516190	613742	1103953	75.91	26.69	836049	450580	1155938	746198	1541351	85.55	−45.76
82	格鲁吉亚（2023年起）	54174		176503	245140				755178		289412	166847			
83	莫桑比克	297901	529179	151510	198170	245651	−43.71	21.27	722128	654136	654237	1039039	833976	10.39	−13.41
84	柬埔寨	57580	78059	16635	24507	192607	−26.24	−70.10	716666	756981	321386	148779	1062876	−5.33	−32.57
85	阿塞拜疆（2023年起）	53985		72938	97057	178474		−69.75	691767		600341	359525	675496		2.41

续表

排名	国家和地区	数量（件）							金额（美元）						
		2023年	2022年	2021年	2020年	2019年	同比（2022年）（%）	同比（2019年）（%）	2023年	2022年	2021年	2020年	2019年	同比（2022年）（%）	同比（2019年）（%）
86	刚果民主共和国	828676	973880	23731	25688	92303	−14.91	797.78	685415	615814	531864	221128	703688	11.30	−2.60
87	约旦	164305	136314	27311	1888	14470	20.53	1035.49	682394	699854	652106	241840	383769	−2.49	77.81
88	芬兰	51884	50425	130023	131008	128221	2.89	−59.54	662922	1177059	243497	243240	163102	−43.68	306.45
89	乌克兰	44420	114177	25044	52947	54044	−61.10	−17.81	640818	1762382	620529	424802	290543	−63.64	120.56
90	科威特	73727	61414	116350			20.05		635393	786759	323990			−19.24	
91	克罗地亚	171388	92902	27481	24840	18804	84.48	811.44	606420	455681	832888	667405	307616	33.08	97.14
92	卡塔尔	62145	49721	326338	152866	287094	24.99	−78.35	604283	536007	722917	354465	393359	12.74	53.62
93	多哥	174924	88689	26054	41984	48586	97.23	260.03	578140	219869	382562	550233	417200	162.95	38.58
94	巴布亚新几内亚	89651	62740	81957	85852	75241	42.89	19.15	569306	938502	1210221	569591	543153	−39.34	4.82
95	毛里求斯	42018	9351	41553	79235	95749	349.34	−56.12	564551	100260	568481	582933	1232145	463.09	−54.18
96	塞内加尔	583355	456563	45566	75074	85519	27.77	582.13	556124	182612	662377	716544	526022	204.54	5.72
97	匈牙利	227510	153737	197722	161859	204251	47.99	11.39	533810	731872	589074	421166	356037	−27.06	49.93
98	乌兹别克斯坦	80583	171619	418619	553130	396318	−53.05	−79.67	485286	578046	821639	582387	336871	−16.05	44.06
99	塔吉克斯坦	61382	584	69690	26384	105512	10410.62	−41.82	483979	54920	426782	300779	393255	781.24	23.07
100	喀麦隆	633020	1048112	8721	3286	1060	−39.60	59618.87	468250	814973	34987	19037	11120	−42.54	4110.88
101	中国澳门	20407	3582	15722	17857	26082	469.71	−21.76	464132	373040	249005	462446	253436	24.42	83.14
102	阿曼	37817	31200	7442	12792		21.21		420798	405682	467525	617256		3.73	
103	突尼斯	90905	75297	328255	41046	228973	20.73	−60.30	418912	361693	769740	259882	410587	15.82	2.03
104	几内亚	450051	15200	68520	132789	117530	2860.86	282.92	405485	57698	645760	760215	573782	602.77	−29.33
105	马达加斯加	122981	174374	7	5073	524511	−29.47	−76.55	395651	375591	52600	358830	3225701	5.34	−87.73
106	立陶宛	88116	148326	7594	24733	99174	−40.59	−11.15	381275	515135	39958	48223	62663	−25.99	508.45
107	文莱	21480	1985	13093	13722	990	982.12	2069.70	373990	57937	205456	202818	101619	545.51	268.03

续表

排名	国家和地区	数量（件）							金额（美元）						
		2023年	2022年	2021年	2020年	2019年	同比（2022年）（%）	同比（2019年）（%）	2023年	2022年	2021年	2020年	2019年	同比（2022年）（%）	同比（2019年）（%）
108	保加利亚	105369	40581	8901	15821	18948	159.65	456.10	373604	425356	237393	309070	335850	−12.17	11.24
109	蒙古	19580	22594	110329	73086	169322	−13.34	−88.44	370838	287542	210159	169688	168422	28.97	120.18
110	刚果共和国	86067	107318	66733	63602	123856	−19.80	−30.51	354903	125955	289672	206186	259568	181.77	36.73
111	塞浦路斯	30559	17548	584236	213075	300718	74.15	−89.84	349313	267732	266096	210114	151871	30.47	130.01
112	埃塞俄比亚	270145	22495	16780	10408	25543	1100.91	957.61	340688	35260	587132	60961	181034	866.22	88.19
113	挪威	83977	53087	247125	234881	169504	58.19	−50.46	327058	515388	380984	118984	219809	−36.54	48.79
114	亚美尼亚（2023年起）	7678		8097	12736	23489		−67.31	255259		97843	133985	132089		93.25
115	牙买加	15173	14949	21819	4445	2858	1.50	430.90	239136	204630	99849	63387	31845	16.86	650.94
116	巴林	27832	12968	3621	723	2532	114.62	999.21	221376	131977	95408	14163	63786	67.74	247.06
117	委内瑞拉	122304	30010	14503	5940	10503	307.54	1064.47	217911	25905	41724	25146	47827	741.19	355.62
118	贝宁	41792	39944	244937	186321	226325	4.63	−81.53	215134	263039	1062763	887942	1056421	−18.21	−79.64
119	斐济	10221	18827	15300	12462	7018	−45.71	45.64	205969	218210	103438	88777	73300	−5.61	180.99
120	也门	304390	1015989	11612	2006	53	−70.04	574220.75	204176	627273	80392	10260	796	−67.45	25550.25
121	阿尔巴尼亚	60023	20544	9571	9018	24535	192.17	144.64	203919	107976	93194	201979	140102	88.86	45.55
122	利比亚	65778	76178	42789	9073	21200	−13.65	210.27	198697	203890	71130	31828	16322	−2.55	1117.36
123	阿尔及利亚	300006	81676	37909	20909	37877	267.31	692.05	185328	158956	59311	139544	139305	16.59	33.04
124	马约特	2828	140	24875	26935	53375	1920.00	−94.70	163517	5288	238318	186401	323596	2992.23	−49.47
125	加蓬	28888	26163	827	6998	6763	10.42	327.15	153314	148368	7628	159779	118230	3.33	29.67
126	巴哈马	3483	1654	6453	8298	8257	110.58	−57.82	116428	2764	106879	126473	83449	4112.30	39.52
127	特立尼达和多巴哥	53022	12867	4045	2956	4203	312.08	1161.53	112043	65658	100577	69664	41432	70.65	170.43
128	马耳他	46602	266	1307	5017	5912	17419.55	688.26	111545	53226	11365	17763	42265	109.57	163.92

续表

排名	国家和地区	数量（件）							金额（美元）						
		2023年	2022年	2021年	2020年	2019年	同比（2022年）（%）	同比（2019年）（%）	2023年	2022年	2021年	2020年	2019年	同比（2022年）（%）	同比（2019年）（%）
129	利比里亚	45401	19039	5798	2386	620	138.46	7222.74	97949	152294	52186	31997	15403	−35.68	535.91
130	塞拉利昂	93127	127557	26163	4615	13703	−26.99	579.61	76967	36689	20720	113830	39505	109.78	94.83
131	新喀里多尼亚	4506	3056	27626	6776	44080	47.45	−89.78	73211	79810	137233	45620	153446	−8.27	−52.29
132	马提尼克	431	212	119714	133107	51030	103.30	−99.16	72647	24186	123609	83635	39877	200.37	82.18
133	瓦努阿图	13528	1486	923	90	23168	810.36	−41.61	71576	78878	79267	3400	43500	−9.26	64.54
134	老挝	3413	1772	1176	6131	10943	92.61	−68.81	68806	38819	10621	11611	44653	77.25	54.09
135	乌干达	2913	8414	10066	1987	6348	−65.38	−54.11	61978	138181	708472	161672	133678	−55.15	−53.64
136	东帝汶	7205	3290	465	297	3927	119.00	83.47	60399	200881	34176	8761	5642	−69.93	970.52
137	苏丹	123374	453595	5670	1969	13813	−72.80	793.17	54306	213341	75974	44267	75036	−74.54	−27.63
138	马尔代夫	1570	2188	1097	64	134	−28.24	1071.64	52254	38134	18027	7601	8034	37.03	550.41
139	赤道几内亚	21337	4347	33232	44719	15430	390.84	38.28	48222	2392	18964	17869	11270	1915.97	327.88
140	卢旺达	354	2542	42046	45141	12091	−86.07	−97.07	47415	12014	20774	23706	2624	294.66	1706.97
141	伯利兹	1845	772	4	4080	4158	138.99	−55.63	43840	9269	8	9824	8215	372.97	433.66
142	土库曼斯坦	11148	1636	900	2401		581.42		43828	17636	741	4630		148.51	
143	苏里南	1969	1388	1933	1947	2319	41.86	−15.09	43770	4196	54455	48906	36215	943.14	20.86
144	毛里塔尼亚	37981	60291	212	247	2017	−37.00	1783.04	43009	42881	1962	3411	7577	0.30	467.63
145	纳米比亚	30153	16296	57	108		85.03		42279	64290	687	924		−34.24	
146	法属波利尼西亚	3966	865	2358	12550	71431	358.50	−94.45	42028	26705	25219	82630	108154	57.38	−61.14
147	阿富汗	21712	18123	3520	3275	1786	19.80	1115.68	38900	12301	87588	70145	37703	216.23	3.17
148	留尼汪	5487	1328				313.18		37912	7083				435.25	
149	博茨瓦纳	9670	7366	19866	628	13049	31.28	−25.89	37739	54831	49668	4967	57765	−31.17	−34.67
150	赞比亚	3061	1598	447	584	169	91.55	1711.24	37040	5656	43440	756	793	554.88	4570.87

续表

排名	国家和地区	数量（件）							金额（美元）						
		2023年	2022年	2021年	2020年	2019年	同比（2022年）（%）	同比（2019年）（%）	2023年	2022年	2021年	2020年	2019年	同比（2022年）（%）	同比（2019年）（%）
151	尼日尔	308	4752	72	117	304	−93.52	1.32	30261	15420	4710	20793	25130	96.25	20.42
152	不丹	1045	9	2334	2642	4868	11511.11	−78.53	29350	134	33373	4140	12848	21802.99	128.44
153	爱沙尼亚	2106	3912	1554		90	−46.17	2240.00	27502	47988	17065		1871	−42.69	1369.91
154	马里	2559		1331	13	255		903.53	26501		21511	455	5301		399.92
155	所罗门群岛	1464	3463				−57.72		25602	38655				−33.77	
156	布隆迪	956	1733	925	70	2156	−44.84	−55.66	25291	26649	4205	73	70415	−5.10	−64.08
157	津巴布韦	20979	23464	10010	6006	30194	−10.59	−30.52	25036	415903	60917	13112	92851	−93.98	−73.04
158	圭亚那	29325	5717	4047	1453	2006	412.94	1361.86	24823	12958	44852	4326	7733	91.57	221.00
159	塞舌尔	2494	382	42445	38574	15960	552.88	−84.37	22488	17852	20835	13018	6895	25.97	226.15
160	摩尔多瓦	900	208	1186	15		332.69		22413	22580	5588	196		−0.74	
161	索马里	18558	109406	7150	14507	3005	−83.04	517.57	21614	12666	1460	31911	7580	70.65	185.15
162	佛得角	12064	764	16323	20185	19706	1479.06	−38.78	18864	20914	9110	13331	12833	−9.80	47.00
163	黑山	1932	681	61297	96614	33685	183.70	−94.26	17880	4636	10900	18600	18403	285.68	−2.84
164	布基纳法索	1682	23	295	3927	10685	7213.04	−84.26	14179	40800	1656	22454	3882	−65.25	265.25
165	冈比亚	971	3344	2229	7193	2576	−70.96	−62.31	11685	3486	22315	71237	8631	235.20	35.38
166	海地	1688	9511	1544	2143	33710	−82.25	−94.99	11054	11673	9642	109108	96944	−5.30	−88.60
167	波斯尼亚和黑塞哥维那	309	2229				−86.14		10024	2646				278.84	
168	北马其顿	5270	4365	180	108	42	20.73	12447.62	7876	12506	1413	640	210	−37.02	3650.48
169	冰岛	827	1319	4085	2697	5535	−37.30	−85.06	7271	47692	38102	9366	40140	−84.75	−81.89
170	卢森堡	121	8				1412.50		7077	87				8034.48	
171	汤加	1194	3062	588	541	2359	−61.01	−49.39	5841	12718	18671	697	1937	−54.07	201.55

续表

排名	国家和地区	数量（件）							金额（美元）						
		2023年	2022年	2021年	2020年	2019年	同比（2022年）（%）	同比（2019年）（%）	2023年	2022年	2021年	2020年	2019年	同比（2022年）（%）	同比（2019年）（%）
172	萨摩亚	749	1120	357	393		−33.13		4344	10281	4888	2529		−57.75	
173	叙利亚	48	348	30		380	−86.21	−87.37	4320	2745	1778		464	57.38	831.03
174	多米尼克	1444	1826	6577	16819	3623	−20.92	−60.14	4286	35310	4135	3286	6454	−87.86	−33.59
175	基里巴斯	254	718	5308	560	1746	−64.62	−85.45	3732	3433	38561	18160	29720	8.71	−87.44
176	科摩罗	382		50001	15836	15010		−97.46	3669		13252	27091	7028		−47.79
177	瓜德罗普	806	3	136	62	30	26766.67	2586.67	2425	15	193	1305	76	16066.67	3090.79
178	格林纳达	192	4	1452	69070	712474	4700.00	−99.97	2351	8	4215	235912	590041	29287.50	−99.60
179	欧洲其他国家（地区）	136		3500	841				2065		2750	15605			
180	巴巴多斯	2332	2357				−1.06		1996	1038				92.29	
181	马拉维	9004	76950				−88.30		1956	11538				−83.05	
182	圣卢西亚	2864	2344				22.18		1605	3720				−56.85	
183	库克群岛	121	30	345	273	3069	303.33	−96.06	1450	3800	1980	2148	8997	−61.84	−83.88
184	关岛（2023年起增列）	55		403	777				1142		2385	1752			
185	法属圭亚那	64	338	95	133	242	−81.07	−73.55	1127	522	156	1056	2096	115.90	−46.23
186	加那利群岛	10		236	4	827		−98.79	937		3580	1809	1157		−19.01
187	巴勒斯坦	352	409				−13.94		897	10947				−91.81	
188	美属萨摩亚（2023年起增列）	216		135	4107	17017		−98.73	834		2641	27141	29384		−97.16
189	几内亚比绍	1053		166					767		3003				
190	古巴	900	12841				−92.99		678	86072				−99.21	
191	圣多美和普林西比	1765	26				6688.46		535	650				−17.69	

续表

排名	国家和地区	数量（件）							金额（美元）						
		2023年	2022年	2021年	2020年	2019年	同比（2022年）（%）	同比（2019年）（%）	2023年	2022年	2021年	2020年	2019年	同比（2022年）（%）	同比（2019年）（%）
192	阿鲁巴	22	98				−77.55		533	1925				−72.31	
193	法属圣马丁	208							495						
194	美属维尔京群岛（2023年起）	7		1174	19	2590		−99.73	490		2827	1133	1520		−67.76
195	安道尔	33	1	120		289	3200.00	−88.58	482	123	1628		2152	291.87	−77.60
196	莱索托	79							422						
197	列支敦士登	42		7142	1260	704		−94.03	347		35114	96	20214		−98.28
198	北马里亚纳群岛（2023年起）	32		1					270		16800				
199	百慕大	22	2	938	30		1000.00		227	30	14231	1380		656.67	
200	布维岛（2023年起增列）	1		5	19				226		9208	9500			
201	直布罗陀	11		4	1	160		−93.13	203		2476	15152	1181		−82.81
202	开曼群岛	6	1	75	95	1	500.00	500.00	167	44	975	2861	67	279.55	149.25
203	瑙鲁	3		167		4		−25.00	87		378		40		117.50
204	圣文森特和格林纳丁斯	4		9	167				70		65	1183			
205	安提瓜和巴布达	1	703	12	420		−99.86		53	1329	60	524		−96.01	
206	纽埃（2023年起增列）	1		5	7500				32		10	465			
207	国家（地区）不明	1							10						
208	帕劳	5							6						
209	阿塞拜疆（2023年起停用）		38958							616676					

续表

排名	国家和地区	数量（件）							金额（美元）						
		2023年	2022年	2021年	2020年	2019年	同比（2022年）（%）	同比（2019年）（%）	2023年	2022年	2021年	2020年	2019年	同比（2022年）（%）	同比（2019年）（%）
210	格鲁吉亚（2023年起停用）		16555							519870					
211	亚美尼亚（2023年起停用）		7329							192399					
212	大洋洲其他国家（地区）		3409							66679					
213	密克罗尼西亚联邦		85							7907					
214	社会群岛（2023年起停用）		126							3930					
215	库拉索		264							1716					
216	图瓦卢		6							351					
217	斯威士兰		3							76					
218	南苏丹		1							35					
219	格陵兰		1							5					

2023年立式钢琴出口国家和地区统计情况

（按出口金额排序）

排名	国家和地区	数量（架）							金额（美元）						
		2023年	2022年	2021年	2020年	2019年	同比（2022年）（%）	同比（2019年）（%）	2023年	2022年	2021年	2020年	2019年	同比（2022年）（%）	同比（2019年）（%）
1	朝鲜	3343	50	3401	2025	2623	6586.00	27.45	7045335	154745	6004033	3346275	4454117	4452.87	58.18
2	美国	1089	3494	2380	1643	1634	−68.83	−33.35	1905178	6771609	3837168	2258981	2354432	−71.87	−19.08
3	俄罗斯	615	449	731	179	236	36.97	160.59	1557180	858929	1315540	300761	365699	81.29	325.81
4	德国	862	1868	1060	620	847	−53.85	1.77	1269669	3035446	1844769	1012144	1418572	−58.17	−10.50
5	新加坡	505	600	908			−15.83		1196205	1441408	1897402			−17.01	
6	荷兰	529	860	1058	746	565	−38.49	−6.37	842823	1496529	2671922	1819369	1193224	−43.68	−29.37
7	中国香港	688	585	1055	501	435	17.61	58.16	831749	1432307	1489037	615690	588821	−41.93	41.26
8	日本	361	199	1154	562	797	81.41	−54.71	686385	500468	1593945	804511	1705133	37.15	−59.75
9	马来西亚	386	436	332	654	339	−11.47	13.86	640924	639660	511993	950295	514450	0.20	24.58
10	澳大利亚	298	497	862	553	865	−40.04	−65.55	487013	1132579	1021195	644902	955003	−57.00	−49.00
11	波兰	322	672	173	272	409	−52.08	−21.27	440858	826733	365971	573705	828253	−46.67	−46.77
12	加拿大	227	246	860	368	331	−7.72	−31.42	439592	550334	581336	374017	409169	−20.12	7.44
13	比利时	256	270	399	316	496	−5.19	−48.39	429052	492274	576940	404881	463523	−12.84	−7.44
14	法国	244	803	648	210	191	−69.61	27.75	420460	1198165	1016070	325337	282907	−64.91	48.62
15	意大利	314	444	413	272	482	−29.28	−34.85	418523	601255	864461	473011	786520	−30.39	−46.79
16	阿联酋	303	352	181	127		−13.92		407382	496025	266477	172753		−17.87	
17	泰国	176	99	739	592	681	77.78	−74.16	382687	290956	1281810	709045	936403	31.53	−59.13
18	越南	1366	200	539	399	577	583.00	136.74	380230	310399	782305	547311	366116	22.50	3.86
19	中国台湾	59	69	15	38	60	−14.49	−1.67	369055	330780	27292	67967	84280	11.57	337.89
20	土耳其	316	259	67	115		22.01		367804	292475	322040	219334		25.76	

续表

排名	国家和地区	数量（架）							金额（美元）						
		2023年	2022年	2021年	2020年	2019年	同比（2022年）（%）	同比（2019年）（%）	2023年	2022年	2021年	2020年	2019年	同比（2022年）（%）	同比（2019年）（%）
21	印度	181	156	121	143	125	16.03	44.80	338407	272480	353937	247504	237121	24.20	42.71
22	韩国	120	356	278	176	285	−66.29	−57.89	231930	660093	296069	214654	316603	−64.86	−26.74
23	巴西	250	320	130	63	116	−21.88	115.52	204061	247863	186009	129943	171229	−17.67	19.17
24	英国	121	286	145	69	148	−57.69	−18.24	174836	399105	237537	209521	235345	−56.19	−25.71
25	捷克	100	1204	168	125	173	−91.69	−42.20	173411	2032541	280218	183528	256947	−91.47	−32.51
26	菲律宾	44	261	359	170	318	−83.14	−86.16	161580	194862	283880	136949	228701	−17.08	−29.35
27	新西兰	44	135	106	123	97	−67.41	−54.64	122745	222529	300730	347741	243933	−44.84	−49.68
28	伊朗	63	76	46	127	42	−17.11	50.00	108322	134288	66318	89404	60424	−19.34	79.27
29	以色列	75	119	1	157	1200	−36.97	−93.75	108048	158888	2800	211400	1874210	−32.00	−94.24
30	丹麦	75		76	26	19		294.74	95010		95161	49277	22535		326.05
31	中国澳门	57	143	159	162		−60.14		81342	165668	232287	237152		−50.90	
32	印度尼西亚	45	1027	208	118	101	−95.62	−55.45	68443	89690	286606	170404	139672	−23.69	−51.00
33	墨西哥	151	114	36	90	42	32.46	259.52	65096	169938	60516	157678	69887	−61.69	−6.86
34	亚美尼亚（2023年起）	44		148	105	116		−62.07	64940		184270	118610	107096		−39.36
35	哈萨克斯坦	51	54	37	28	270	−5.56	−81.11	62697	70777	92432	66683	428801	−11.42	−85.38
36	奥地利	36	167	94	41	72	−78.44	−50.00	55749	252561	139882	40496	85809	−77.93	−35.03
37	摩洛哥	16	14	24	20	66	14.29	−75.76	54136	19436	31518	32923	90851	178.53	−40.41
38	塞浦路斯	37	42	47	73	71	−11.90	−47.89	53258	66223	69379	102949	106899	−19.58	−50.18
39	爱尔兰	36	74				−51.35		46080	105910				−56.49	
40	阿塞拜疆（2023年起）	27		24	46	41		−34.15	36779		30496	47969	49976		−26.41
41	突尼斯	28	15	12	14	58	86.67	−51.72	35764	20900	22708	24302	82702	71.12	−56.76

续表

排名	国家和地区	数量（架）							金额（美元）						
		2023年	2022年	2021年	2020年	2019年	同比（2022年）（%）	同比（2019年）（%）	2023年	2022年	2021年	2020年	2019年	同比（2022年）（%）	同比（2019年）（%）
42	格鲁吉亚（2023年起）	22		9	31	248		−91.13	26895		10935	50546	303638		−91.14
43	玻利维亚	18	6	14	2	17	200.00	5.88	25710	7820	16287	1891	18843	228.77	36.44
44	阿尔巴尼亚	13	14	41		50	−7.14	−74.00	23195	17810	55367		66433	30.24	−65.09
45	南非	6	7				−14.29		22376	9476				136.13	
46	智利	22	23	18	13		−4.35		21569	37161	32953	19844		−41.96	
47	希腊	13	29	5	10	61	−55.17	−78.69	20791	46910	7228	13412	80811	−55.68	−74.27
48	秘鲁	34	43	15	6		−20.93		19276	53937	11595	589		−64.26	
49	西班牙	16	15				6.67		18490	334411				−94.47	
50	马耳他	14	12	68		34	16.67	−58.82	17272	18744	77384		40385	−7.85	−57.23
51	文莱	9	6	1	15	5	50.00	80.00	17142	13317	1425	20772	4000	28.72	328.55
52	约旦	13							16840						
53	尼日利亚	6	1	13		14	500.00	−57.14	16225	6450	21651		17524	151.55	−7.41
54	蒙古	3	6	10	10	10	−50.00	−70.00	14568	30630	12568	11086	13645	−52.44	6.76
55	苏里南	9		14	46	28		−67.86	13270		23060	72752	42381		−68.69
56	阿曼	8	12	6	16		−33.33		12962	19568	7905	21520		−33.76	
57	加纳	6	9				−33.33		10604	13319				−20.38	
58	巴拿马	2	37	4	10		−94.59		9206	41700	6071	12927		−77.92	
59	沙特阿拉伯	6		16	8	12		−50.00	6470		33932	16038	28010		−76.90
60	多哥	1		4					6100		18296				
61	罗马尼亚	4	12	12	11	1	−66.67	300.00	5380	17910	19313	16126	680	−69.96	691.18
62	巴拉圭	2	3				−33.33		4620	4140				11.59	

续表

排名	国家和地区	数量（架）							金额（美元）						
		2023年	2022年	2021年	2020年	2019年	同比（2022年）（%）	同比（2019年）（%）	2023年	2022年	2021年	2020年	2019年	同比（2022年）（%）	同比（2019年）（%）
63	博茨瓦纳	3		15	8				4394		18350	11280			
64	缅甸	6	95				−93.68		4304	7160				−39.89	
65	卡塔尔	1		8					4140		10975				
66	黎巴嫩	3	12	17		21	−75.00	−85.71	4079	27679	24048		9374	−85.26	−56.49
67	哥伦比亚	1	24	2		39	−95.83	−97.44	2267	36420	2965		79842	−93.78	−97.16
68	瑞士	1	31	13		24	−96.77	−95.83	2183	54304	7277		28200	−95.98	−92.26
69	坦桑尼亚	2							2161						
70	厄瓜多尔	1	29	17			−96.55		2011	40560	21190			−95.04	
71	安哥拉	2							2008						
72	斐济	1							1950						
73	科特迪瓦	1							1350						
74	科威特	2							740						
75	刚果民主共和国	1							655						
76	肯尼亚	1	5				−80.00		550	6180				−91.10	
77	保加利亚	1							519						
78	吉尔吉斯斯坦	63		17		13		384.62	305		40950		22751		−98.66
79	埃及	1	26	10	8	32	−96.15	−96.88	44	37164	14700	11710	46110	−99.88	−99.90
80	阿塞拜疆（2023年起停用）		77	11		29				87067	11730		33975		
81	阿根廷		26	7	8	16				43930	10461	16800	21204		
82	牙买加		4	20						20858	9000				
83	波多黎各		13	31		1				19118	8190		250		

续表

排名	国家和地区	数量（架）							金额（美元）						
		2023年	2022年	2021年	2020年	2019年	同比（2022年）（%）	同比（2019年）（%）	2023年	2022年	2021年	2020年	2019年	同比（2022年）（%）	同比（2019年）（%）
84	马达加斯加		9	7		3				8987	7890		3300		
85	乌克兰		2	4	2	4				6890	5000	2466	5603		
86	格鲁吉亚（2023年起停用）		4	3		2				6020	4200		2845		
87	亚美尼亚（2023年起停用）		4	1	5					5776	2770	7888			
88	莫桑比克		2	3		5				5670	2389		7697		
89	危地马拉		3	1						3865	1886				
90	老挝		1	1						2700	1680				
91	乌兹别克斯坦		1	1						1950	385				
92	阿鲁巴		1	1	4	6				1867	110	4652	8535		
93	瑞典		1							1520					
94	乌干达		1							1500					
95	津巴布韦		1							1300					

2023年三角钢琴出口国家和地区统计情况

（按出口金额排序）

排名	国家或地区	数量（架）							金额（美元）						
		2023年	2022年	2021年	2020年	2019年	同比（2022年）（%）	同比（2019年）（%）	2023年	2022年	2021年	2020年	2019年	同比（2022年）（%）	同比（2019年）（%）
1	美国	934	2483	2335	1216	1588	−62.38	−41.18	4105555	10131982	8858571	4633448	5839600	−59.48	−29.69
2	澳大利亚	101	246	166	143	194	−58.94	−47.94	2720702	3052104	1713092	1938775	1221862	−10.86	122.67
3	中国香港	173	50	154	41	189	246.00	−8.47	2289213	1802543	1357013	1550888	2220097	27.00	3.11
4	新加坡	101	92	84	68	1898	9.78	−94.68	1941011	2173933	2919022	2199543	466615	−10.71	315.98
5	中国台湾	45	38	76	71	245	18.42	−81.63	1637571	902955	468611	1306800	452374	81.36	261.99
6	德国	311	313	213	363	328	−0.64	−5.18	1622099	1462128	1108733	1824635	1343636	10.94	20.72
7	马来西亚	109	72	274	162	405	51.39	−73.09	1529876	691067	1667002	789338	1325940	121.38	15.38
8	新西兰	38	36	48	48	67	5.56	−43.28	1297543	372316	321121	653888	552089	248.51	135.02
9	俄罗斯	830	155	77	54	218	435.48	280.73	1272128	611909	388155	307219	1166383	107.89	9.07
10	泰国	67	45	37	26	419	48.89	−84.01	1247883	1126773	1398627	1029095	1087655	10.75	14.73
11	日本	117	150	139	64	283	−22.00	−58.66	925021	1779977	552195	649675	272484	−48.03	239.48
12	捷克	185	337	50	43	202	−45.10	−8.42	871684	1476537	585588	455142	524905	−40.96	66.07
13	荷兰	218	104	81	78	427	109.62	−48.95	617710	534660	414374	371646	297490	15.53	107.64
14	印度尼西亚	24	16	71			50.00		501594	245755	282978			104.10	
15	越南	75	30	191	80	169	150.00	−55.62	475667	309658	953527	477420	453167	53.61	4.97
16	英国	182	117	158	151	376	55.56	−51.60	463111	476864	692971	628070	526339	−2.88	−12.01
17	阿联酋	116	126	117	82	115	−7.94	0.87	458661	611312	386737	266275	337722	−24.97	35.81
18	印度	49	36	29	25	22	36.11	122.73	451512	257496	357016	386435	355660	75.35	26.95
19	韩国	70	168	60	20	173	−58.33	−59.54	319884	923766	227378	75407	158468	−65.37	101.86
20	巴西	84	138	11	28	25	−39.13	236.00	289155	438841	144077	488950	389014	−34.11	−25.67

续表

排名	国家或地区	数量（架）							金额（美元）						
		2023年	2022年	2021年	2020年	2019年	同比（2022年）（%）	同比（2019年）（%）	2023年	2022年	2021年	2020年	2019年	同比（2022年）（%）	同比（2019年）（%）
21	加拿大	56	222	25	27	49	−74.77	14.29	283113	868481	131977	124218	171086	−67.40	65.48
22	波兰	41	36	69	7	151	13.89	−72.85	190162	166617	324837	38766	228162	14.13	−16.65
23	法国	39	61	22	38	22	−36.07	77.27	186947	283734	382578	78877	109255	−34.11	71.11
24	菲律宾	27	29	15	1	27	−6.90	0.00	153767	128517	174955	7665	96655	19.65	59.09
25	意大利	37	80	35	23	33	−53.75	12.12	150044	334770	117685	78795	99354	−55.18	51.02
26	蒙古	1	2	42	39	65	−50.00	−98.46	107655	32620	224955	167841	237207	230.03	−54.62
27	比利时	19	24	15			−20.83		106340	125927	72800			−15.55	
28	土耳其	29	63	68	60	61	−53.97	−52.46	105654	205671	183630	157820	174511	−48.63	−39.46
29	墨西哥	28	7	12	8	224	300.00	−87.50	103259	27680	82113	27043	102093	273.05	1.14
30	伊朗	17	11	32	20	33	54.55	−48.48	74334	47335	119421	67766	119222	57.04	−37.65
31	奥地利	14	59	41	230	86	−76.27	−83.72	63557	297988	232687	358283	391230	−78.67	−83.75
32	阿塞拜疆（2023年起）	17		47	10	26		−34.62	54980		164775	36199	63354		−13.22
33	白俄罗斯	11	30	8	4	1	−63.33	1000.00	52386	137355	41147	16510	4939	−61.86	960.66
34	塞浦路斯	10	5	12	7	5	100.00	100.00	38174	20663	30824	31067	27063	84.75	41.06
35	哈萨克斯坦	8	14	2		5	−42.86	60.00	35730	51050	14740		24661	−30.01	44.88
36	朝鲜	17	4	1	5	15	325.00	13.33	31826	21458	13513	16932	53039	48.32	−40.00
37	格鲁吉亚（2023年起）	35		2	10	10		250.00	30064		10000	35708	38995		−22.90
38	以色列	9	38				−76.32		29938	118564				−74.75	
39	爱尔兰	8	38	5	11	5	−78.95	60.00	28800	129080	28798	42102	22334	−77.69	28.95
40	南非	8	26	11		1	−69.23	700.00	28365	101731	64812		3176	−72.12	793.10
41	厄瓜多尔	4	7				−42.86		25859	30124				−14.16	

续表

排名	国家或地区	数量（架）							金额（美元）						
		2023年	2022年	2021年	2020年	2019年	同比（2022年）（%）	同比（2019年）（%）	2023年	2022年	2021年	2020年	2019年	同比（2022年）（%）	同比（2019年）（%）
42	阿曼	6	3				100.00		24296	12580				93.13	
43	约旦	7		4		7			23671		16600		25364		−6.67
44	中国澳门	10	13	16	11	70	−23.08	−85.71	22553	59339	56487	39507	23769	−61.99	−5.12
45	巴拿马	2	6	1	1	3	−66.67	−33.33	21183	17640	185	11316	13620	20.09	55.53
46	罗马尼亚	5	3	72	2		66.67		20515	12670	162217	6570		61.92	
47	黎巴嫩	4	5	4	1	21	−20.00	−80.95	18732	26515	18735	3460	32097	−29.35	−41.64
48	加纳	5	4	2		6	25.00	−16.67	17808	13574	10280		35590	31.19	−49.96
49	安哥拉	3	2	3	8	4	50.00	−25.00	17168	10946	13898	30353	16791	56.84	2.25
50	西班牙	2		14	1	2		0.00	15538		57046	2735	8902		74.55
51	智利	3	6	9	6	9	−50.00	−66.67	15070	23800	38740	30609	35277	−36.68	−57.28
52	突尼斯	4	1				300.00		14185	3533				301.50	
53	沙特阿拉伯	2		1					13710		6505				
54	卡塔尔	1	1						12300	22647				−45.69	
55	布基纳法索	1		3	1	2		−50.00	12000		12850	5580	14368	#DIV/0!	−16.48
56	希腊	3	3				0.00		11692	11801				−0.92	
57	缅甸	4							11282						
58	亚美尼亚（2023年起）	3		6	24	2		50.00	10540		24960	87899	7818		34.82
59	秘鲁	3	6	3	5	6	−50.00	−50.00	9835	20243	11160	21590	16904	−51.42	−41.82
60	科特迪瓦	1	1	34	3		0.00		9240	3900	109368	10517		136.92	
61	特立尼达和多巴哥	1		14		16		−93.75	9196		1260		123734		−92.57
62	阿尔巴尼亚	3	2	2	1	2	50.00	50.00	8650	8348	6820	3260	3158	3.62	173.91

续表

排名	国家或地区	数量（架）							金额（美元）						
		2023年	2022年	2021年	2020年	2019年	同比（2022年）（%）	同比（2019年）（%）	2023年	2022年	2021年	2020年	2019年	同比（2022年）（%）	同比（2019年）（%）
63	尼日利亚	1	2				−50.00		8100	21631				−62.55	
64	摩洛哥	23	6	5	3	5	283.33	360.00	7678	44156	33611	11216	22448	−82.61	−65.80
65	马耳他	2	6	2			−66.67		6487	22380	10946			−71.01	
66	玻利维亚	1	1	1					6210	4860	9697			27.78	
67	吉尔吉斯斯坦	3		1					5830		10500				
68	刚果民主共和国	1							5170						
69	苏里南	1							4960						
70	塞拉利昂	1							4430						
71	保加利亚	1							4178						
72	立陶宛	1	1						4000	8320				−51.92	
73	斯洛伐克	1							4000						
74	埃及	1	5				−80.00		3440	14873				−76.87	
75	科威特	1	3				−66.67		3000	10470				−71.35	
76	挪威	1							2500						
77	瑞士	1	10				−90.00		58	54352				−99.89	
78	斐济	1							48						
79	阿塞拜疆（2023年起停用）		35							127947					
80	哥伦比亚		11	12	5					52318	18640	11370			
81	刚果共和国		1							38571					
82	格鲁吉亚（2023年起停用）		6							26384					
83	古巴		3	11	21	24				19662	45324	94114	57121		

续表

排名	国家或地区	数量（架）							金额（美元）						
		2023年	2022年	2021年	2020年	2019年	同比（2022年）（%）	同比（2019年）（%）	2023年	2022年	2021年	2020年	2019年	同比（2022年）（%）	同比（2019年）（%）
84	利比亚		2	2						14442	29360				
85	阿根廷		4	4		7				14080	22190		22793		
86	波多黎各		4	5		1				13660	17745		4705		
87	乌兹别克斯坦		1	4		1				12780	14180		7000		
88	塞尔维亚		1	1						10000	13489				
89	孟加拉国		1	2	3	1				9685	10460	9690	5230		
90	巴布亚新几内亚		2	1	1	29				8200	4150	3300	23777		
91	埃塞俄比亚		1	1	3	1				7968	3900	30190	26173		
92	大洋洲其他国家（地区）		1	1						5298	3637				
93	莫桑比克		1	3	5	137				4000	2129	43350	1014		
94	瑞典		1	1		1				3640	1000		4999		
95	伊拉克		3	1						1140	680				
96	柬埔寨		2	1						760	200				
97	肯尼亚		1							500					

2023年中国乐器海关进口量值统计情况

商品名称	单位	数量							金额（美元）						
		2023年	2022年	2021年	2020年	2019年	同比（2022年）（%）	同比（2019年）（%）	2023年	2022年	2021年	2020年	2019年	同比（2022年）（%）	同比（2019年）（%）
竖式钢琴（包括自动钢琴）	台	91311	133695	178334	149872	189515	−31.70	−51.82	94882479	126695749	170151934	137127940	182475895	−25.11	−48.00
大钢琴（包括自动钢琴）	台	8250	9284	9808	7656	8874	−11.14	−7.03	101975038	97274688	101686435	79447866	85883133	4.83	18.74
拨弦古钢琴及其他键盘弦乐器	台	359	389	287	697	433	−7.71	−17.09	521505	582970	704064	1313457	1118468	−10.54	−53.37
弓弦乐器	只	2946	2563	4333	1755	1203	14.94	144.89	2093034	1390451	1908347	769047	1404385	50.53	49.04
其他弦乐器（如：吉他、小提琴、竖琴）	只	163579	234864	264258	169152	216958	−30.35	−24.60	29281642	36296934	29998036	18152815	20187856	−19.33	45.05
铜管乐器	只	3316	7017	8632	4644	8305	−52.74	−60.07	5110373	5045877	5015287	4072342	8195135	1.28	−37.64
键盘管风琴；簧风琴及类似的游离金属簧片键盘乐器	乐只	660	4005	169	275	417	−83.52	58.27	512125	436857	1383357	1506817	862020	17.23	−40.59
手风琴及类似乐器	只	5163	5145	2651	884	3213	0.35	60.69	3257610	1969819	1681802	691673	1073629	65.38	203.42
口琴	只	88505	108020	124107	89613	71248	−18.07	24.22	1886673	3008692	3424308	2443539	1810983	−37.29	4.18
其他管乐器，但游艺场风琴及手摇风琴除外	只	524056	653185	443495	330240	384311	−19.77	36.36	30139075	28215672	25013257	16026911	13743126	6.82	119.30
打击乐器（如鼓、木琴、响板、响葫芦）	只	1017845	1078364	1663260	1220873	1845437	−5.61	−44.85	14908727	13525770	17201384	11288101	20812347	10.22	−28.37

续表

商品名称	单位	数量							金额（美元）						
		2023年	2022年	2021年	2020年	2019年	同比（2022年）（%）	同比（2019年）（%）	2023年	2022年	2021年	2020年	2019年	同比（2022年）（%）	同比（2019年）（%）
通过电产生或扩大声音的键盘乐器	只	81025	113788	227958	133860	114498	−28.79	−29.23	50704126	70662420	62905792	54175481	57889044	−28.24	−12.41
其他通过电产生或扩大声音的乐器（如：电吉他）	个	141464	122012	91787	68561	77797	15.94	81.84	62695400	51657446	31711043	22070480	20470901	21.37	206.27
百音盒	个	82756	7057	32487	22946	22622	1072.68	265.82	512014	795285	1020385	941408	760447	−35.62	−32.67
未列名的其他乐器	个	6781818	721246	713401	467581	508968	840.29	1232.46	673837	920043	1282067	586302	902070	−26.76	−25.30
乐器用弦	千克	262141	479099	545069	547901	397678	−45.28	−34.08	11530651	16263999	14473080	11405530	10688443	−29.10	7.88
钢琴的零件、附件	千克	2253789	4910096	5879700	4866645	6891965	−54.10	−67.30	18189539	30302874	29689475	25357236	31027317	−39.97	−41.38
弓弦乐器的零件、附件	千克	199857	349365	365004	487779	309909	−42.79	−35.51	9231103	10195672	9238683	7443820	7226202	−9.46	27.74
电子乐器的零件、附件	千克	981751	1808257	2481162	1719109	2160598	−45.71	−54.56	20040579	26325956	33416924	23536127	24201445	−23.88	−17.19
节拍器、音叉及定音管	千克	29132	36673	46373	47904	43514	−20.56	−33.05	1384129	1593827	2077102	2009484	1839659	−13.16	−24.76
百音盒的机械装置	千克	2846	13209	972	16194	88656	−78.45	−96.79	91632	421838	20243	75724	340888	−78.28	−73.12
未列名乐器的零件、附件	千克	703393	856828	828542	703004	1149899	−17.91	−38.83	39951047	40752378	27727070	23291321	35417760	−1.97	12.80
合计									499572338	564335217	571730075	443733421	528331153	−11.48	−5.44

（数据来源：海关总署　中国轻工业信息中心　中国乐器协会信息部）

2023年中国乐器进口国家和地区统计情况

排名	国家和地区	数量（件）							金额（美元）						
		2023年	2022年	2021年	2020年	2019年	同比（2022年）（%）	同比（2019年）（%）	2023年	2022年	2021年	2020年	2019年	同比（2022年）（%）	同比（2019年）（%）
1	日本	2725183	5508740	6531889	5312743	7226483	−50.53	−62.29	141056304	165705776	188843710	154497482	170470280	−14.88	−17.25
2	印度尼西亚	1863691	2606617	3249348	2096331	3140104	−28.50	−40.65	98307653	140658000	134408644	92685025	138990811	−30.11	−29.27
3	德国	339881	534227	694910	653609	678231	−36.38	−49.89	80697753	75140210	78447191	65582307	64261691	7.40	25.58
4	美国	200400	233880	239653	408612	276369	−14.32	−27.49	53160540	52665789	34590544	22786808	25573468	0.94	107.87
5	中国台湾	683676	971840	933251	778910	1486751	−29.65	−54.02	24237565	22545548	20350415	15394170	22934565	7.50	5.68
6	法国	29859	38860	525455	486550	521569	−23.16	−94.28	17696191	17442584	19499349	20712936	18488408	1.45	−4.28
7	马来西亚	119030	332534	372719	286737	299812	−64.21	−60.30	15798184	20114735	30993033	25962249	35083990	−21.46	−54.97
8	韩国	166117	249557	37554	24461	27582	−33.44	502.27	13595133	20268957	17034873	10683647	9973967	−32.93	36.31
9	意大利	208376	242572	21412	16559	29880	−14.10	597.38	11764908	8690365	6522908	4948749	6999519	35.38	68.08
10	墨西哥	25978	36535	298625	182139	93791	−28.90	−72.30	11229525	16011366	8854956	5123710	5574669	−29.87	101.44
11	中国	6578123	136255	3857	3391	4193	4727.80	156783.45	5079541	3569653	4788105	4177544	6139562	42.30	−17.27
12	印度	59318	16040	165886	139188	193760	269.81	−69.39	3856265	1280057	6195699	5056751	6589920	201.26	−41.48
13	捷克	3019	4447	42499	2904	3521	−32.11	−14.26	3559821	4041808	1468455	377067	371080	−11.93	859.31
14	奥地利	37542	1080	2284	8956	5123	3376.11	632.81	2938893	1773037	2610076	2943284	2098953	65.75	40.02
15	越南	69737	67215	3625	2593	3190	3.75	2086.11	2841333	1969048	1973969	1501328	2224148	44.30	27.75
16	荷兰	2646	3919	206	379	4214	−32.48	−37.21	2304164	1699999	1004322	2128849	2249462	35.54	2.43
17	朝鲜	3946	3867	90984	154392	159549	2.04	−97.53	1713665	419551	2131607	1580704	2155107	308.45	−20.48
18	加拿大	11398	125332	122531	265663	25571	−90.91	−55.43	1673806	1445498	2448961	1578333	241880	15.79	592.00
19	波兰	262	324	71198	64378	74358	−19.14	−99.65	1225284	1654908	2301906	1785543	2222976	−25.96	−44.88
20	丹麦	1476	1058	60561	56314	68369	39.51	−97.84	1182773	707406	598646	419180	508568	67.20	132.57
21	英国	36667	85026	367274	53625	29222	−56.88	25.48	995526	808631	1009021	169401	76150	23.11	1207.32

续表

排名	国家和地区	数量（件）							金额（美元）						
		2023年	2022年	2021年	2020年	2019年	同比（2022年）（%）	同比（2019年）（%）	2023年	2022年	2021年	2020年	2019年	同比（2022年）（%）	同比（2019年）（%）
22	瑞典	3098	2263	42497	32242	79708	36.90	−96.11	910615	802076	1225075	711268	948631	13.53	−4.01
23	泰国	64944	25801	5148	3591	5820	151.71	1015.88	689799	1036411	952040	745155	925264	−33.44	−25.45
24	西班牙	24703	141453	927	604	678	−82.54	3543.51	588632	877701	875807	636386	598082	−32.93	−1.58
25	尼泊尔	129767	255437	314	140	129	−49.20	100494.57	431617	816493	9027	17688	7930	−47.14	5342.84
26	土耳其	3709	3464	1373	310	2455	7.07	51.08	381780	277723	441369	152233	160160	37.47	138.37
27	瑞士	1139	1642	4087	3409	6060	−30.63	−81.20	212454	143110	408920	296828	476490	48.46	−55.41
28	巴西	1254	938	1938	1032	748	33.69	67.65	153409	49917	362808	119181	72326	207.33	112.11
29	拉脱维亚	10		641	36	413		−97.58	135586		177146	52457	116163		16.72
30	罗马尼亚	811	806	747	1141	2757	0.62	−70.58	125912	196265	109515	318894	560450	−35.85	−77.53
31	阿根廷	874	745	247	72	603	17.32	44.94	123749	74426	39198	24234	92522	66.27	33.75
32	斯洛文尼亚	953	281	606	640	843	239.15	13.05	106477	58259	93295	94423	70134	82.76	51.82
33	俄罗斯	476	648	112	83	45	−26.54	957.78	104014	150334	8053	33139	2507	−30.81	4048.94
34	突尼斯	1959	34	1109	1463	1076	5661.76	82.06	56529	2511	82643	61126	82339	2151.25	−31.35
35	比利时	264	159	559	315	260	66.04	1.54	55579	49101	84729	50278	55405	13.19	0.31
36	几内亚	1582	1457	186	79	47	8.58	3265.96	48086	35182	57602	12206	9147	36.68	425.70
37	智利	7274	5506	2507	585	357	32.11	1937.54	44544	33935	99665	54758	43069	31.26	3.42
38	匈牙利	305	319	139	47	71	−4.39	329.58	43403	63043	25456	5014	14380	−31.15	201.83
39	葡萄牙	59	68	500	189	501	−13.24	−88.22	41568	35107	44377	12085	9288	18.40	347.55
40	埃及	658	481	1018	3	14	36.80	4600.00	38666	45482	11734	3418	12025	−14.99	221.55
41	保加利亚	1309	1075	1614	663	2643	21.77	−50.47	38338	28141	26595	14840	22319	36.24	71.77
42	芬兰	28	83	57	17	47	−66.27	−40.43	34793	100258	21015	6976	19424	−65.30	79.12
43	克罗地亚	529	521	2285	250	1666	1.54	−68.25	30800	23925	6061	844	5840	28.74	427.40
44	缅甸	975	1294	2359	1404	2445	−24.65	−60.12	28748	17467	74542	51014	79408	64.58	−63.80

续表

排名	国家和地区	数量（件）							金额（美元）						
		2023年	2022年	2021年	2020年	2019年	同比（2022年）（%）	同比（2019年）（%）	2023年	2022年	2021年	2020年	2019年	同比（2022年）（%）	同比（2019年）（%）
45	新加坡	339	2633	75	1832	1168	−87.12	−70.98	26921	422019	49889	26458	87163	−93.62	−69.11
46	澳大利亚	266	689	2			−61.39		22760	132009	2087			−82.76	
47	爱尔兰	6600	1722				283.28		21262	6478				228.22	
48	菲律宾	160	755				−78.81		20734	109194				−81.01	
49	塞内加尔	1170	795	36	121	8	47.17	14525.00	20661	11855	1872	7314	1283	74.28	1510.37
50	斯洛伐克	53	49	49	195	115	8.16	−53.91	18536	45186	7585	14761	9314	−58.98	99.01
51	以色列	49	123				−60.16		18424	7803				136.11	
52	中国香港	46	346	909	5713	9741	−86.71	−99.53	15711	27115	10327	32465	12962	−42.06	21.21
53	新西兰	350	3	630	40	11937	11566.67	−97.07	9393	1714	2114	180	11224	448.02	−16.31
54	巴基斯坦	129	42				207.14		8081	1920				320.89	
55	秘鲁	1725	1080	641	133	368	59.72	368.75	7089	5736	8190	2384	10393	23.59	−31.79
56	塞尔维亚	5	26	1	154		−80.77		6293	373	354	8055		1587.13	
57	哈萨克斯坦	66	11	9		785	500.00	−91.59	5999	821	1045		15741	630.69	−61.89
58	斯里兰卡	960		1	2				5921		20	110			
59	伊朗	23	48	84	209	442	−52.08	−94.80	4343	8267	6692	8253	32273	−47.47	−86.54
60	马里	240		108		68		252.94	3478		7696		6137		−43.33
61	波斯尼亚和黑塞哥维那	80	2	1680		2936	3900.00	−97.28	2745	3624	3978		15329	−24.25	−82.09
62	科特迪瓦	19	21	6	83	38	−9.52	−50.00	2500	2486	10308	7853	12676	0.56	−80.28
63	巴拉圭	101	237				−57.38		2200	7225				−69.55	
64	阿塞拜疆（2023年起）	8		71	59				2150		3965	1097			
65	加纳	375	830				−54.82		1813	1526				18.81	

续表

排名	国家和地区	数量（件）							金额（美元）						
		2023年	2022年	2021年	2020年	2019年	同比（2022年）（%）	同比（2019年）（%）	2023年	2022年	2021年	2020年	2019年	同比（2022年）（%）	同比（2019年）（%）
66	爱沙尼亚	1	16	1	227		−93.75		1411	528	301	18227		167.23	
67	立陶宛	8	2	39	26		300.00		1074	568	1247	5956		89.08	
68	白俄罗斯	1	1	10		10	0.00	−90.00	780	532	235855		204128	46.62	−99.62
69	希腊	2	0						745	40				1762.50	
70	哥伦比亚	5	1				400.00		400	1116				−64.16	
71	南非	4	2	97	10	32	100.00	−87.50	317	147	3843	1565	6570	115.65	−95.18
72	阿联酋	8	2				300.00		212	1066				−80.11	
73	布基纳法索	157		1					201		361				
74	摩纳哥	1							119						
75	卡塔尔	1		51		22		−95.45	82		47620		33833		−99.76
76	埃塞俄比亚	5		61	710				58		5860	6441			
77	乌克兰		252	493		2980	−100.00	−100.00		3109	2057		13548	−100.00	−100.00
78	柬埔寨		13	1		6	−100.00	−100.00		1995	1900		720	−100.00	−100.00
79	吉尔吉斯斯坦		47	1			−100.00			727	500			−100.00	
80	坦桑尼亚		11	4			−100.00			152	371			−100.00	
81	安道尔		0	2						70	255			−100.00	
82	博茨瓦纳		2	10	1		−100.00			23	200	61		−100.00	

2023年立式钢琴进口国家和地区统计情况

（按进口金额排序）

排名	国家和地区	数量（架）							金额（美元）						
		2023年	2022年	2021年	2020年	2019年	同比（2022年）（%）	同比（2019年）（%）	2023年	2022年	2021年	2020年	2019年	同比（2022年）（%）	同比（2019年）（%）
1	印度尼西亚	6968	11594	76375	69152	81771	−39.90	−91.48	15924684	27456580	95908728	82019782	91580235	−42.00	−82.61
2	日本	47401	63663	18975	12194	24188	−25.54	95.97	59749987	75975926	40744613	25116991	49296464	−21.36	21.21
3	德国	611	603	80042	66114	80294	1.33	−99.24	8153756	6160070	21408043	18856048	28137417	32.36	−71.02
4	韩国	35616	56563	680	635	728	−37.03	4792.31	8057480	12825692	6965714	6241138	7379915	−37.18	9.18
5	捷克	348	488	795	674	878	−28.69	−60.36	1737879	2378134	3195540	2569081	3575032	−26.92	−51.39
6	波兰	115	194	97	266	241	−40.72	−52.28	750726	1272695	678944	1663619	1419172	−41.01	−47.10
7	美国	29	58	519	296	367	−50.00	−92.10	149519	109453	321132	164783	182859	36.61	−18.23
8	中国	123	277	512	275	615	−55.60	−80.00	91489	227744	384132	188981	406483	−59.83	−77.49
9	奥地利	7	6	71	37	61	16.67	−88.52	79227	43789	73842	27396	166541	80.93	−52.43
10	法国	22	24	10	1	15	−8.33	46.67	75328	41654	133726	38565	54723	80.84	37.65
11	拉脱维亚	3		73	23	31		−90.32	45433		119752	24091	24007		89.25
12	丹麦	23	2	69	61	76	1050.00	−69.74	20832	6906	92313	46149	90253	201.65	−76.92
13	英国	21	50				−58.00		19916	34809				−42.78	
14	中国台湾	17	154				−88.96		15513	113874				−86.38	
15	荷兰	2	8	5	9	10	−75.00	−80.00	7890	9735	35517	16736	14711	−18.95	−46.37
16	马来西亚	1	1	10	2	2	0.00	−50.00	852	502	11017	1996	400	69.72	113.00
17	白俄罗斯	1		1	1				780		1430	2249			
18	芬兰	1	1	1			0.00		418	866	1000			−51.73	
19	瑞士	1		8	5	4		−75.00	418		5383	6468	3225		−87.04
20	瑞典	1	1	2			0.00		352	1000	1499			−64.80	

续表

排名	国家和地区	数量（架）							金额（美元）						
		2023年	2022年	2021年	2020年	2019年	同比（2022年）（%）	同比（2019年）（%）	2023年	2022年	2021年	2020年	2019年	同比（2022年）（%）	同比（2019年）（%）
21	斯洛文尼亚		1	1	3					14430	501	4332			
22	斯洛伐克		1	22	77	112				10701	11350	86328	101270		
23	澳大利亚		3	51		16				4899	47620		29000		
24	中国香港		1	8	29	29				4695	4422	29422	36803		
25	意大利		2	3	5	13				1595	2125	2931	2575		

2023年三角钢琴进口国家和地区统计情况

（按进口金额排序）

排名	国家和地区	数量（架）							金额（美元）						
		2023年	2022年	2021年	2020年	2019年	同比（2021年）（%）	同比（2019年）（%）	2023年	2022年	2021年	2020年	2019年	同比（2021年）（%）	同比（2019年）（%）
1	德国	733	777	891	716	628	−5.66	16.72	52402579	47631728	49614080	39448167	36830091	10.02	42.28
2	日本	5587	5955	6417	5186	5383	−6.18	3.79	33325290	31563847	35882622	28968460	29887617	5.58	11.50
3	印度尼西亚	1610	2147	1962	1376	2241	−25.01	−28.16	9717015	12857635	10427135	7162025	11300605	−24.43	−14.01
4	意大利	33	14	98	65	120	135.71	−72.50	2750104	1028773	583238	509202	2488230	167.32	10.52
5	美国	60	102	75	92	117	−41.18	−48.72	1361531	1915553	1140609	1259744	1699454	−28.92	−19.88
6	捷克	52	69	23	10	16	−24.64	225.00	1049235	1094504	2164658	763154	902607	−4.14	16.24
7	奥地利	8	30	15	10	15	−73.33	−46.67	543817	697709	653029	535239	1054488	−22.06	−48.43
8	波兰	22	20	19	27	49	10.00	−55.10	385183	307893	314471	461218	812730	25.10	−52.61
9	丹麦	1		237	115	222		−99.55	88865		197194	108660	191274		−53.54
10	拉脱维亚	1		11	17	18		−94.44	87848		15258	82344	102052		−13.92
11	韩国	117	135	15	3	10	−13.33	1070.00	81035	77540	68541	23120	58386	4.51	38.79
12	荷兰	2	2	26	12	18	0.00	−88.89	61609	5889	112067	70225	193978	946.17	−68.24
13	中国	7	13	1			−46.15		47718	38760	26863			23.11	
14	法国	4	8				−50.00		33853	33414				1.31	
15	英国	10	9	1		1	11.11	900.00	31168	14291	5722		50686	118.10	−38.51
16	澳大利亚	1	1						4711	2799				68.31	
17	匈牙利	1	1	10		10		−90.00	2066	3632	235855		204128	−43.12	−98.99
18	爱沙尼亚	1		1					1411		145290				
19	加拿大		1	4	1	1				721	98267	2689	281		

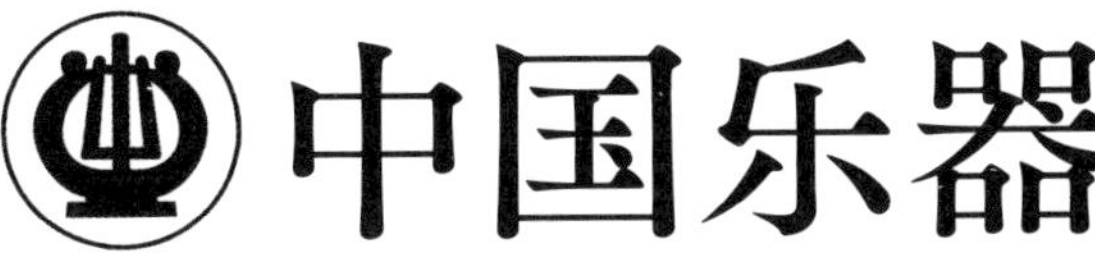

年鉴

2024

CHINA MUSICAL
INSTRUMENT YEARBOOK
2024

工作要点

中国乐器协会2023年工作总结

2023年，是全面贯彻党的二十大精神，认真践行习近平新时代中国特色社会主义思想，努力实现党中央的各项战略部署，向着中国式现代化强国不断迈进的关键之年。中国乐器协会（简称协会）在国务院国有资产监督管理委员会党委和中国轻工业联合会（简称轻工联）党委领导下，以党建工作为统领，持续围绕“乐器成为家庭标配，音乐成为生活刚需”愿景目标，以“扩大乐器中高端产品比重”和“扩大音乐人口”为宗旨，不断加强自身服务能力和制度建设，持续夯实三个基础，完善六大平台；按照“创新融合年”工作整体规划，积极开展“产学研教演培”各项活动，不断增强企业科技创新能力和市场应变水平，全行业坚持稳中求进，供需双向发力，有序推进全产业链高质量发展。现从四个方面加以总结。

一、党建引领促发展　行业企稳谱新篇

1．学教结合，主题教育扎实推进

一是按照中央精神、国务院国资委部署和中国轻工联党委具体要求，协会党支部认真组织主题教育活动。先后组织大家学习中央政治局经济工作会议报告等15篇相关文章，传达中央社会工作部全国性行业协会商会主题教育推进会暨党风廉政警示教育课的会议精神，下达中国轻工联党委工作部署。参加民政部组织召开的“全国性社会组织规范管理政策宣讲培训班”和“行业协会商会经济发展指数工作经验分享会”。对协会党建宣传栏进行升级，改造成数字化宣传栏，丰富了宣传内容和形式，有助于协会全员了解有关党建和行业工作内容。与中国塑料加工工业协会、中国文教体育用品协会、中国羽绒工业协会等四个党支部一起，组织了集中学习活动。中国轻工联党委副书记、中国乐器协会党支部书记王世成紧密结合当前轻工业发展实际，紧扣“学习贯彻习近平新时代中国特色社会主义思想努力使轻工业为人民美好生活增添绚丽色彩”主题进行领学，使全体党员进一步明确主题教育的目的意义。二是协会党支部和兰考县委共同组织来自全国各地的斫琴技能人才和民族乐器行业企业家代表参观了焦裕禄纪念馆，并举办了学习焦裕禄精神、重温入党誓词的主题党日活动。弘扬焦裕禄同志艰苦奋斗、全心全意为人民服务的公仆精神、奉献精神。三是组织召开主题教育专题民主生活会，明确主题教育的内容和重要意义，在以学铸魂，以学增智，以学正风，以学促干方面取得切实成效，从根本上做好行业服务工作，助力产业高质量发展。

2．注重实践，行业调研务实求真

以习近平同志为核心的党中央高度重视调查研究工作。年初，中国乐器协会党支部根据中国轻工联党委统一安排，紧紧围绕主题教育“学思想、强党性、重实践、建新功”的总要求，组织全体党员干部认真学习、深刻领会，并在务实践行上把行业调查研究作为重点抓落实。2月份和8月份两次组织为期1个月的行业调研活动，分别按照“四个聚焦”和“四个探讨”调研目标，分组奔赴全国乐器产业相对集聚的地区，深入企业、走进车间，了解数据、探讨市场，研判形势、支招献策。调研团队同志们先后到过16个省（区、市），参与调研活动的产业集群10个，走访企业近130家，专题座谈会议23场次，参与的企业290多家。在各调研组充分研究的基础上，形成了行业调研综合报告5篇，针对国内外经济动态性恢复增长的客观形势，对全行业工作提出了把握“六稳”的具体要求，并特别就创新融合稳投资、精益管理稳品质两大核心要素做了重点部署。

3．聚焦回稳，理事大会精准施策

中国乐器协会5月9日至11日在湖南长沙召开了第八届四次理事（扩大）会议，来自全国19个省（区、市）的112家企业、机构的180多位代表参加会议。大会客观、准确、系统总结了2022“人才建设年”的各项工作，并按照2023“创新融合年”工作的总目标，从深入开展行业调查研究、加快智能化数字化进程、健全人才培育多元体系、引导“三品战略”提档升级、促进知识产权“三位一体”、发挥集群经济引领作用、畅通渠道激发市场活力、探讨国际交流互动机制、促进音乐人口比重扩大、提升协会综合服务水平等十个方面部署全年工作要求。来自乐器行业的全国人大代表分享了两会精神，四家企业代表分享了创新融合发展经验，九家企业代表就“琴行与艺培市场突围路径”“产学研教演培”跨界融合进行了座谈交流，大会表彰了2022年度中国乐器行业“先进分支机构”和产业集群，会议同期宣贯《乐器有害物质限量》强制标准。国务院参事室特约研究员，国家统计局原总经济师姚景源从国家战略层面，为与会代表解读了《中国经济的内外挑战与政策选择》，开拓了与会代表的发展思路，提振了会员企业的发展信心，为我国乐器产业的中长期发展提供了具有价值的思维借鉴与参考。

二、谋篇创新融合年　凝心聚力见实效

1．科技创新出实招见实效

2023年，在中国轻工业联合会的领导下，全行业贯彻落实“科技是第一生产力、人才是第一资源、创新是第一动力”的发展理念，巩固和优化“两翼发力、六轮驱动”科技创新工作整体思路，围绕创新与融合各项工作出实招、求实效。一是科技创新综合实力进一步增强。按照协会统筹布置和分会协调助力、专家委系统指导、企业创新机制配套的“三联动”原则务实推动，全行业科技创新综合实力进一步得到增强。全行业获得认定的科技平台46个，其中国家级2个、省级28个、地市级6个、院校合作平台10个（不含18个企业自建平台）；再加上协会与南京艺术学院共建的“产学研用合作基地”，和科技大会三签约的3个合作平台，总数达到68个，比上年增长23.6%。科技投入方面，协会对21家骨干企业科技研发投入进行了抽样统计，虽然总量有所下降，但投入强度仍平均达到6.05%，比去年高出0.82个百分点，超过了年度6%的目标。二是创新成果及转化率进一步增强。近二年来由科技平台申报并已发布的发明专利50个，实用新型专利407项，软件著作权55项，各类（各级别）产品与创新成果奖项75项，参与标准制（修）订35项次。协会积极组织并指导企业申报中国轻工业科学技术奖，2023年推荐的14个项目初审全部入围，从项目创新性来看，科技含量显著提升，涉及数字化、智能化、发明类的项目就有10个，占到71.5%，经专家组评审及终审，其中，2个项目荣获二等奖、3个项目荣获三等奖。同时，行业科研成果鉴定工作2023年正式启动，乐器已实现零的突破。4月底协会与南京艺术学院合作，成功举办了全国乐器学研究高峰论坛，论坛议题涉及乐器学理论、乐器史学、乐器声学、乐器产业研究等10多个专业领域；征集论文103篇，其中，乐器行业28篇，占总数的32.6%，而且这些成果都已经完成转化并进入市场。三是创新产品市场影响力进一步增强。2023年工业和信息化部、中国轻工业联合会组织开展的《升级和创新消费品指南（轻工 第十批）》工作，33项乐器新产品通过初审；15项新品入选，其中升级消费品7项，创新消费品8项，入选比例大幅度提高，分别比去年增长66.7%、75%和60%，分别占整个轻工行业入选总量和各分项的14%、14.3%和13.7%，初审和入选数量排名轻工各行业首位。在第二十届上海国际乐器展览会期间，中国乐器协会组织征集的“全球首发新品”大幅增加，63家企业研发的111件新品参与评选，涵盖了钢琴、民乐、电鸣等九大类乐器产品。经专家委员会评审，最终35件首发新品荣获“最佳新品”称号，分别比上一届增长40.5%和34.6%。在文旅部产业发展司指导下，中国乐器协会与上海国展展览中心有限公司等共同主办了“多彩中国 佳节好物”文化和旅游贸易（乐器专题）促进活动，以“乐动中国，享受音乐”为主题，利用本届乐器展会全球化贸易平台进行展示推广。活动共计征集到九大类80件精品乐器参与，经专家评审，70件产品入围展示，展示效果得到国家部委有关领导和与会各界朋友高度赞誉，并编辑

成中英文对应的产品手册向全世界推广。四是知识产权创新与保护意识进一步增强。国家知识产权局发布的专利成果统计，2023年度乐器行业累计授权专利2109项，同比增长45.1%，为历年之最；发明专利和实用新型专利两项达到1471项，占专利总量的69.7%，同比增长30.2%；涉及研究与创新类的专利739项，占总量的35%，同比增长53.3%。乐器行业专利创新水平再创历史新高。不仅如此，本年度软件著作权已有55件，同比增长37.5%，同样也为历年之最。五是标准研发与推广体系进一步完善。全年修订行业标准9项、国家标准1项，制定标准5项，其中《键盘乐器智能功能等级评价》《绿色设计产品评价技术规范（电子钢琴）》两项团体标准已正式发布，分两批集中对实施五年及以上时间的行业标准进行复审。同时，加大了标准宣贯力度，特别是强制性国家标准的宣贯，做到有计划、有重点的抓落实，5月份在长沙理事（扩大）会议期间，专门举办了《GB 28489—2022 乐器有害物质限量》标准专项培训班。六是科技创新评价评优机制进一步完善。协会推动的旨在提升会员企业创新能力的各类奖项经过三年的修订、完善和优化，形成了定性与定量相结合评价细则、积分参数和积分统计方法。2023年共评出“科技创新平台”先进单位一等奖4家、二等奖7家、三等奖8家；评出“创新融合年”先进单位20家；评出“专利成果”一等奖3家、二等奖9家、三等奖17家；行业“科技十强企业”评出15家，涉及钢琴、电鸣乐、打击乐、民乐、管乐、口琴六大类，可喜的是，2023年有4家中型企业也跻身其中，占26.7%，体现了全行业科技发展势头看好。

2．产业融合多元化，国际化

一是音乐产业融合。按照“产、展、销、教、演、培”一体化融合联动的思路，全行业已逐步形成了全方位、立体式的产业链融合发展新体系。“6·21 国际乐器演奏日”围绕“玩乐器，交朋友”这一主题，继续在全国范围内举办此项国际性的“全民爱乐”活动。全国共有129家联合主办单位参与，覆盖城市超过200座，3000多场演出，直接参与人数近40万人次，现场观众超过300万人次，线上受众超过3亿人次，均超过了任何一届的规模，也反映出乐器市场的内生活力。另外，国际组委会面向全球主要参与国征集特色演奏项目，最终，包括中国在内29个国家的76所学校入选，协会推荐有10所学校入选。2023年的“国民音乐教育大会”在成都天府国际会议中心成功举办。3天的活动，引起了国内国际音乐教育、出版、乐器制造、培训及相关行业的广泛关注和热情参与，累计共有113场活动，156位演讲嘉宾，与会的1723名观众包括了体制内外、音教全产业链机构、全年龄段受众，其中琴行艺培人员占到50%以上，预计国外音教专家疫后参与会稳增。大会以“学乐器、为生活增色”为主题，分别以主题演讲、工作坊、专题论坛、互动教学等形式举行。本届大会成为了国内规模最大、规格最高、涉及门类最广、内容最丰富的综合性音乐教育行业盛会。同时，与音乐艺术产业的融合已逐步浸润到骨干企业中，据统计，截至目前规模企业拥有自主艺培学校或艺术团（中心）的22家，琴行分会的头部企业发挥了示范和联动作用。从2022年年底至今各种跨年音乐会以及有企业主办和联办的各类音乐会、展示展演、艺术沙龙、专业论坛等活动已突破200场次。规模越来越大、层次越来越高、影响力越来越强，引导和挖掘了乐器客户群体。二是国内外市场融合。随着乐器市场国际化程度日趋提高，协会引导全行业主动深化内循环融合外循环，走出了乐器行业创新品、拓市场，去库存、稳增长的新路子。第二十届上海国际乐器展览会，来自23个国家和地区的1823家国内外企业携精品乐器参展，其中国际展商288家。本届展位面积12万平方米，十大室内展馆和三大室外展区的展品和互动项目琳琅满目、精彩纷呈，与2019年相比，参展企业恢复到76%、展位面积恢复到83%，恢复性增长速度非常明显。另外，国内外企业以展团形式参展也逐步恢复常态，德国、意大利、捷克、西班牙、法国、日本等国均组织了国际展团，国内的扬州、正安、黄桥、确山、兰考、饶阳、肃宁、梅村等地都以产业集群的方式组团参展，产业影响大、品牌合力强。同时，中国乐器协会始终保持与全球20多个乐器以及音乐制品的同业组织强化沟通交流，本着“平等互信、资源共享，合作共赢、促进发展”的原则，疫后强化国外朋友圈的拓展与扩大，有计划、有目标地开展多边贸易与合作探讨，并就市场恢复增长与上海国际乐器展会等事宜重点探讨，努力发挥好“民间大使”的作用。上海国际乐器展会期间，分别与美国国际音乐制品协会、欧洲音乐产业联盟及德国英国法国捷克等乐器协会、美国MIDI制造商协会、巴西乐器工业协会等国际乐器行业组织举行了专题会谈，并就各方共同关注的促进乐器产业发展、合力拉动展会经济、推动产业科技创新、保持各方良性互动等问题分别形成“上海共识”或合作备忘录。始终鼓励和帮助企业主动走出去，加速恢复国际市场份额和覆盖率，2023年美国NAMM国际乐器展览会上，协会积极助力，中国近百家乐器企业参展。

3．人才建设专业化系统化

一是职业技能培训、考评、鉴定机制逐步完善，重点推动了考评团队建设，全年开展督导员培训、合格取证11人；考评员培训、合格取证60人；裁判员培训、合格取证47人。为全面实施职业技能考评、鉴定工作打好基础。二是钢琴调律师评价工作，各鉴定站积极组织培训与评价，全年评价达663人次，比上年增长11%；截止到目前已累计完成钢琴调律师专业评价10973人次。三是乐器行业11个国家职业技能标准制定工作自去年底全面启动，2023年9月15日，人社部更新了2023版技能类《国家职业标准编制规程》和申报条件，行业各编写小组均按新规程落实修订。截止到目前，已完成标准初稿编写和修订的有钢琴调律师、钢琴制作工、打击乐器、斫琴师、管乐器制作工和民族弹拨、拉弦乐器制作工。四是乐器行业第二届专业技术人员高级研修班在珠江创梦园成功举办，来自全行业的40多位企业负责人和专业技术人员参加进修。6位资深专家围绕乐器声学、材料学、数字化等领域精心授课，用新知识、新技能、新理念为乐器行业注入新活力。五是在河南兰考举办首届中国民族乐器（古琴）制作大赛，来自16个省（区、市）的98个企业、工坊或个人选送的42种形制169张古琴报名参赛。本次比赛最终评选出17个奖项。大赛期间还举行了专家讲座、论坛、颁奖音乐会等活动。六是社会音乐教师培训工作规范有序，全年有513人次参加并顺利取得培训证书，专业涵盖钢琴、手风琴、提琴、吉他、电爵士鼓、电吹管等，对提高社会音乐教育的整体水平做出了应有的贡献。七是行业的人才评价、评优机制日趋完善，形成了定性与定量相结合的评价细则。在专家委的指导下，2023年中国乐器协会共评出年度科技之星35名。截至目前全行业科技之星193名。

三、强化服务多元化　引领行业强基础

1．研究政策，反映行业发展诉求

针对艺培行业普遍反馈的问题与相关诉求，协会在认真调研基础上，结合专家意见，及时撰写建议函，并通过中国轻工业联合会向文化和旅游部、教育部、工业和信息化部等上级有关部门积极反馈，并进行沟通交流。目前此项工作仍在积极推进中。

2．文化活动，助力行业拉动内需

为了从客户端繁荣乐器市场，中国乐器协会对会员单位开展的文化普及，器乐演出，音乐教育，产品推广等全产业链活动都全力给予支持。包括主办的“敦煌杯”民族器乐大赛、“万叶杯”音教论文评选、校园器乐教学成果征集与展演、普通高校美育教学论文及微课视频征集、低音铜管艺术节、电吹管培训班等，支持“雅特杯”“鹦鹉杯”“云冈杯”“白玉兰（民乐）”等器乐展演活动，以及2023哈尔滨国际音乐文化产业博览会等。

3．注重实际，系统研判国际市场

受国家文化和旅游部产业发展司委托，协会开展了“中国乐器文化海外发展形势与对策分析”调研项目，经过近9个月的调研、撰写、修订，最终形成了75000余字的调研报告，报告从国内外乐器市场、乐器品牌概况特点，到发展形势分析、方法途径、对策研究共五大部分项目进行了综合论述，并给出了六条政策建议，顺利通过审核。

4．务求实效，咨询项目有序推进

目前，中国乐器协会与行业相关单位合作的三个产业咨询项目按期按要求推进。黄桥的“绿岛”

项目技术服务、文化艺术活动指导以及乐器中小企业集聚区规划指导都按高标准推动；天鹅公司的"十四五发展战略"咨询项目，完成战略规划编制，并正式进入系统辅导期，2023年该公司在市场恢复提升以及科技创新方面走在了同行业前列；静海的乐器文化创意基地咨询项目，创意方案已论证定稿，软件类和文化艺术类的项目按期推进，地区整体规划调整的项目也在逐步跟进。

四、巩固基础强职能　多措并举促发展

1．整合资源，助推集群区域经济

2023年经调研论证和系统评审，乐器行业新增"中国北方乐器之都·肃宁"和"中国民族乐器之乡·兰考"两个产业集群，目前全行业11个产业集群，从行业特色、区域分布、产业链延伸等多方面分析，更利于全行业的高质量发展。各集群虽然发展模式各有特色，政策措施各有千秋，但都在集群的整体规划布局以及与产业全方位融合发展方面做出了不懈努力。围绕协会提出的持续建好"一平台六中心"的建议意见，各地积极出台特色政策，为集群做优做强融合发展保驾护航。江苏黄桥依托"中国提琴产业之都"的优势资源，在打造好"绿岛"项目的同时，率先推动乐器中小企业集聚区建设，进展顺利，目前部分企业已入驻投产；还融合协会及各方资源，成功推进音乐教育"三进工程"，全镇中小学在校学生音乐教育普及率达到100%，其中各类乐器普及率超过了75%；并连续7届承担"6·21国际乐器演奏日"中国主会场开幕式任务；较好的实现了产业扩量、创新增效、音教普及、艺术惠民的产业融合良性循环发展。河北肃宁规划了占地1000亩的国乐小镇和乐器工业园区，健全产业链，为企业发展提供税收和减轻负担等方面的服务；该地区利用"中国北方乐器之都"和"互联网小镇"的双重优势，将乐器产品纳入"肃心匠作"区域公共品牌，在淘宝、天猫，建立肃心匠作臻选商城，创新发展线下体验、线上销售相结合的乐器"新零售"，乐器产品线上销售率增长到60%，线上销售额同比增长25%。河南兰考全力打造"中国民族乐器之乡"，县委县政府分两期建设了乐器工业园区，健全产业链。政府还出资将原有的一期乐器产业园改造成为"前店后厂"的新型产业园区，取得了良好的成效；与协会合作着力打造高质量发展产业链和音乐小镇建设，并精心组织"古琴制作大赛""桐花音乐节"等系列活动；"河南兰考百台古筝进央音"活动，弘扬传承了"焦裕禄精神"，焦桐的妙用慰藉了老书记、惠及了百姓，34家企业的产品精彩展示，央视全程录播，取得非常好的效果。江苏扬州围绕"中国琴筝产业之都"文化传承核心要素，着力打造中国民族器乐文化氛围和乐器类"非遗"产业，颇具特色、效果明显。贵州正安作为"中国吉他之都"，建设了A、B、C三个乐器产业园区，政府为入驻企业提供"保姆式"服务，减轻企业负担，提供良好的营商环境，吉他的发展为革命老区培育出特色产业，助力了乡村振兴。山东郎部作为"中国电声乐器产业基地"，镇政府近年来持续培植"跨境电商平台"+"物流综合体"，在美国、英国等13个国家设立代理商21家，建立海外仓48个。组织50多家乐器企业分别在淘宝、天猫、抖音等平台开设网店、开设直播间。联手著名演奏家着力做足中高端文章。河北饶阳县打造"饶阳民乐"高端品牌，建立饶阳高端民族乐器精品展厅，培育和打造一批知名工匠和非遗传承人，为产业高质量持续发展，提供技术与技能方面的有力支撑。

2．挖掘潜能，地方协会互动共赢

中国乐器协会始终坚守"为行业谋高质量发展、为企业谋竞争力提升、为协会谋公信力增强、为消费者谋美好生活"的初心使命，注重融合地方乐器行业组织的资源，聚合力服务于全行业。前年"三位一体"工作会议后，全国20多家地方行业协会主动与中国乐协沟通交流，部分地方协会还成为中国乐器协会的团体会员，按照协会统一部署并结合当地资源开展了一系列工作。北京乐器学会有系统的开展古琴、古筝、琵琶、京胡等民族乐器大师课，在全国产生很大影响力；广东省乐器协会组织提琴、吉他制作大赛，举办国家标准宣贯培训班、系统推进乐器系统"工艺美术大师"职称评定，助推行业高质量发展；上海市乐器协会围绕当前内销市场疲软状况，组织行业调

研，召开专项座谈会，为长三角地区乐器产业把脉支招；江苏省乐器技术专业委员会致力服务于产业发展，在泰州黄桥、扬州、苏州、无锡等地都建立了以乐器特色为主题的市级乐器协会，形成特色化的集聚效益；深圳市乐器协会常年组织各类艺术展示、展演活动，并系统组织参与每年一度的“6·21活动”；在河南兰考、河北肃宁、天津静海、辽宁营口等几十个地区都形成了乐器行业组织的凝聚力，联动效果也在持续增值。

3．紧扣主题，信息宣传全面服务

全年制作发行《中国乐器》12期，共14400册，内容覆盖两会精神学习宣贯、“创新融合年”工作推动、行业党建工作、市场数据分析、行业暨全球乐器报告、国家政策解读、科技创新系列征文、乐器专利发布以及新闻动态信息等。完成《中国乐器文化海外发展形势与对策分析调研报告》《中国工业史·轻工业卷》（乐器行业篇）二审修订工作以及《中国乐器年鉴（2023）》等的撰写，文字总量近150万字。

全年微信平台共推送203组总计849篇文章，较去年增长12%，其中中国乐器协会相关信息235条、企业信息329条、政策与行业信息127条、产业集群信息68条、其他类信息90条。全年共计203019人次访问微信公众号，增长21%，关注人数17963人，增长30%。视频号发布视频66个，全年共计45409人次访问。

中国乐器协会八届四次理事（扩大）会议在湖南长沙召开

2023年5月9日，中国乐器协会八届四次理事（扩大）会议在湖南长沙隆重召开。中国轻工业联合会党委副书记、中国乐器协会理事长王世成，国务院参事室特约研究员、著名经济学家、国家统计局原总经济师姚景源，国际提琴制作大师、大国工匠郑荃，国家一级作曲家、演奏家卞留念，中国乐器协会专职副理事长孙瑞勇、陈晋武，原常务副理事长、专家委员会副主任曾泽民，原副理事长、专家委员会顾问专家王松美等国内行业顾问专家、乐器行业全国人大代表、副理事长、常务理事、理事，各产业集群属地相关领导以及来自全国19个省（区、市）的112家企业、机构的180多位代表莅临参加会议。

大会审议通过2022年度理事会工作报告、财务报告、会员服务发展报告及中国乐器协会第八届理事会理事调整两项议案等，来自乐器行业的全国人大代表分享了两会精神，四家企业代表分享了创新融合发展经验，九家企业代表就“琴行与艺培市场突围路径”“产学研教演培”跨界融合进行了座谈交流，大会表彰了2022年度中国乐器行业先进分支机构和产业集群，会议同期宣贯《乐器有害物质限量》强制标准。

会议前期，中国乐器协会音乐教育专业委员会、琴行分会、材料配件分会及电鸣分会、吉他分会分别召开了年会和工作会。本次理事大会由长沙幻音电子科技有限公司承办，中国乐器协会专职副理事长孙瑞勇主持大会。

一、工作报告——跨界融合谋发展　勠力同心开新篇

王世成理事长做理事会工作报告，他表示，2022年是党的二十大胜利召开之年，也是落实“十四五”规划关键之年。面对风高浪急的国际环境与复杂多变的外部形势，中国乐器协会在中国轻工联党委领导下，坚持以习近平新时代中国特色社会主义思想为指导，贯彻落实新发展理念，积极构建新发展格局。面对世纪坏境起伏跌宕，外部环境复杂严峻，全国乐器行业勠力同心、务实笃行，贯彻落实党中央决策部署，难中求进、稳中有进。

2022年，中国乐器协会以“人才建设年”为工作主线，汇聚全行业创业智慧，取得阶段性发展成

果：按照“高技能、高素质、高标准”原则，统筹推进人才培养与职业能力评价体系建设工作；积聚科技创新原动力，实现科创综合实力、标准专利成果、中高端产品比重、数字应用技术、“专精特新”创争、行业大项目投资增量显著提高；持续聚焦产业高质量发展，扩大音乐人口，推进“产、学、研、教、演、培”六位一体跨界融合发展；不断完善行业架构布局，会员团队数量质量持续增强，名家大师助力行业高质量发展；深入开展行业调研，探讨市场复苏之策，“制造强国”“质量强国”理念凝聚行业发展共识。

围绕2023年乐器行业工作思路，王世成理事长提出十点建议：（1）深入开展行业调查研究；（2）加快智能化数字化进程；（3）健全人才培育多元体系；（4）引导“三品战略”提档升级；（5）促进知识产权“三位一体”；（6）发挥集群经济引领作用；（7）畅通渠道激发市场活力；（8）探讨国际交流互动机制；（9）促进音乐人口比重扩大；（10）提升协会综合服务平。

王世成理事长强调，2023年是实施“十四五”规划关键之年。乐器行业要以习近平新时代中国特色社会主义思想为指导，全面贯彻党的二十大精神，坚持稳中求进工作总基调，围绕“创新融合年”目标要求，在“两翼发力、六轮驱动”的具体实践中努力实现新突破，以高度的政治自觉、思想自觉和行动自觉，做好协会各项工作，务实推动乐器行业创新融合发展，奋力开创乐器产业高质量发展新局面，为全面实现“十四五”规划目标而努力奋斗。（王世成理事长讲话全文详见中国乐器协会官微）

二、经济研判——拓宽产业发展格局　提振乐器经济自信

国务院参事室特约研究员，国家统计局原总经济师姚景源从国家战略层面，为与会代表解读了《中国经济的内外挑战与政策选择》。姚景源研究员立足构建制造工业大格局，拓宽乐器产业发展经济与政策背景，开拓了与会代表的发展思路，提振了会员企业的发展信心，为我国乐器产业的中长期发展提供了有价值的参考。

专职副理事长陈晋武向与会代表做2022年乐器经济运行分析。他介绍，乐器行业是全国经济的组成部分，从行业整体形势分析，在经历2021年的恢复性高增长后，2022年全行业发展震荡下行，运行压力显著加大，运行质效水平趋于下滑，总体呈现“三降、两增、两高、一提升”发展态势，“三降”即工业增加值下降9.0%，规模以上企业营业收入下降12.41%，利润下降13.68%；“两增”是指规模以上企业数量增长10.19%，中乐器营收增长12.31%；“两高”即骨干企业利润率8.98%、产业集群利润率10.91%，均高于规模以上企业平均值；“一提升”即生产效率提升，营业成本同比下降12.17%。总体而言，乐器经济运行持续放缓，但行业稳释放发展韧性。

从行业实际看经济运行特点，2022年乐器行业经济运行呈现六大特点：乐器景气指数渐冷，但产业规模逐步扩大向好；行业运行压力加大，但生产需求逐步恢复向好；成本压力持续，但经营状态逐步改善向好；库存压力不减，但创新动能逐步增强向好；产销形势不均，但新业态逐步加力向好；外贸活力减弱，但新兴市场逐步拓展向好。

2023年，随着社会生产生活秩序恢复正常，市场需求逐步恢复，产销衔接水平提高，艺培机构正常运转，基数效应影响减弱，预计2023年乐器行业运行指数将逐步回升，盈利能力有所改善；行业固定资产投资的重心将向设备升级、智能化改造以及绿色制造等方面转移；但全球经济增长放缓，国际市场需求复苏前景仍存在较高的不确定性。最后，陈晋武表示，新的一年面对严峻复杂的外部环境和艰巨繁重的稳定任务，我国乐器行业保持恢复性增长的压力依然较大，坚持深化转型升级，提高产业韧性和抗风险能力仍将是行业发展的核心。

三、名家助力——演艺大咖加盟协会　助推产业高质量发展

按照中国乐器协会“产学研教演培”六位一体融合发展思路，本次理事会努力拓展平台，科学整合产业链资源，在特邀著名音乐人卞留念、长号演奏家赵瑞林分别担任未来音乐科技专委会副主任和管乐专委会主任基础上，继续特邀国际著名小提琴演奏艺术家吕思清担任中国乐器协会名誉副理事

长，钢琴家、中央音乐学院钢琴系原主任吴迎教授、中央音乐学院民乐系主任、博士生导师章红艳教授担任中国乐器协会副理事长，依托名家大咖的社会影响力和器乐文化演艺专业经验，指导、助力乐器产业中高端乐器的研制与开发。

著名音乐人卞留念现场畅谈产教融合、名家助力行业高质量转型升级的现实意义，并祝贺本次理事大会成功举办。国际著名小提琴演奏家吕思清通过网络视频发表受聘感言，他表示，非常荣幸受聘中国乐器协会名誉副理事长。多次接触乐器协会，深切感受到，多年来，中国乐器协会一直尽心为行业谋发展，尽力为企业办实事，作为行业组织的政策高度、思维宽度、服务温度与会同仁有目共睹。回溯历史，中国乐器协会和中央音乐学院2010年联合举办首届国际提琴制作比赛，作为大赛评委，吕思清成为中国提琴制作行业的魅力与快速发展的见证者。他表示，期待着在未来工作中，能够在中国乐器协会大家庭中，与业界同仁携手共进，为推动中国音乐事业的发展贡献自己的力量。王世成理事长代表协会向吕思清先生颁发聘书，并由经纪人刘益生先生代为上台接受聘任。

据悉，2022年，在中国乐器协会的积极倡导下，乐器行业26家头部企业已与国内34所高校建立产学研跨界合作，与58位演奏家、科研专家签约，依托大师名家社会影响力努力推进乐器“三进”工作，助力新时代乐器行业高质量发展。

四、论坛交流——直面产业发展瓶颈　凝心聚力勠力前行

4月28日，中共中央政治局召开会议分析研判当前经济形势和经济工作。会议指出，2023年以来，在以习近平同志为核心的党中央坚强领导下，各地区各部门更好统筹国内国际两个大局，我国防控取得重大决定性胜利，经济社会全面恢复常态化运行，需求收缩、供给冲击、预期转弱三重压力得到缓解，经济发展呈现回升向好态势，经济运行实现良好开局。

在国家“科教兴国、人才强国、创新驱动”战略思想指引下，理事大会特邀来自乐器行业的全国人大代表东北钢琴乐器有限公司董事长张晓文、柏斯音乐高级钢琴整音师雷春华畅谈了参会感受，并对老字号乐器品牌的转型升级、高素质调律技术人才的培养分享了成功经验。

在我国乐器产业高质量转型升级关键历史节点，四家乐器强企代表分享了企业创新融合经验：上海民族乐器一厂有限公司常务副总经理周力、广州市罗曼士乐器制造有限公司副总经理陈丽萍、天津市津宝乐器有限公司副总经理刘珈旭、江苏奇美乐器有限公司总经理张敏分别以《以文化为主线推动高质量发展》《自主研发融合创新发展》《数字化和智能化推动企业高质量发展》《数字经济赋能经典品牌魅力》为题，分享了企业科创融合发展的阶段性成果。

面对“双减”政策等对线下教培机构的影响，琴行和教培机构要逆势突围。四川盛音乐器有限公司董事长黄茂强，江西宏声文化艺术发展有限公司总经理刘宏，长春市新博乐乐器有限公司董事长周洲，安徽合肥杰克斯乐器有限公司总经理杨明，广州惠州市润声文化发展有限公司总经理杨志刚现场进行了论坛交流。

为整合校企优质资源，促进校企科研联合创新，广州珠江钢琴集团原总经理助理、现技术顾问冯汉辉，北京星海钢琴集团有限公司董事长孟宇，乐海乐器有限公司董事长宋从甲，海伦钢琴股份有限公司副总经理陈斌卓就“产学研教演培”融合发展路径进行了交流探索。

结束语：本次大会由长沙幻音电子科技有限公司承办，郭润博总经理在致辞中表示，一直以来，中国乐器协会致力全面推进乐器行业科学发展，在中国乐器行业内部切实起到凝心聚力、统筹大局的组织引领作用。历经十一年的创新发展，幻音公司已成长为国内专注于乐器和效果器研发、制造、推广为一体的高新科技企业。未来，幻音公司还将会在中国乐器协会指导下，紧跟时代潮流，顺应发展大局，精准认识和把握行业发展的新形势、新要求，与业界同仁凝心聚力，不负韶光，砥砺前行。

纵观本次理事大会，会议各项议程信息维度丰富，节奏频度紧凑，是一次提振行业发展信心的盛会。大会号召乐器产业全体同仁和会员单位，要以

习近平新时代中国特色社会主义思想为指导，认真学习贯彻党的二十大、全国两会和中共中央政治局会议精神，以“创新融合”为主线脉络，努力拼搏，真抓实干，齐心协力，闯关突围，加快乐器产业高质量融合发展的步伐，为实现“乐器成为家庭标配，音乐成为生活刚需”的愿景目标而努力奋斗！

大会次日，与会代表集体参观了长沙威胜信息技术有限公司、三诺生物传感有限公司，在参观学习中拓宽乐器产业发展新思维、新格局，业界同仁勠力同心推动乐器行业高质量融合发展。

王世成理事长在中国乐器协会八届四次理事（扩大）会议上的讲话

（2023年5月9日）

各位专家、各位理事、各位同仁：

大家上午好！

我们终于在长沙见面。首先代表中国乐器协会，向承办这次大会的长沙幻音电子科技有限公司表示感谢，向在座各位理事、会员致以诚挚问候。现在，我代表中国乐器协会向大会报告理事会工作，请予审议。

第一部分　2022年乐器行业工作回顾

2022年是党的二十大胜利召开之年，也是落实“十四五”规划关键之年。面对风高浪急的国际环境与复杂多变的外部形势，中国乐器协会在中国轻工联党委领导下，坚持以习近平新时代中国特色社会主义思想为指导，贯彻落实新发展理念，积极构建新发展格局，引领和凝聚全行业以“人才建设年”为主线，统筹防控，化解市场下行压力，较好的实现了行业的稳步发展。

2022年，在经历了上一年恢复性增长之后，全行业发展呈现震荡下行，上游制约成本高企，琴行艺培线下受阻，运行压力明显加大。227家规模以上企业工业增加值增速为-9.0%，低于同期轻工行业2.4%的平均水平；营业收入同比下降12.41%，利润同比下降13.68%；利润率6.50%，略高于同期全国轻工行业6.37%的平均水平。另从中国乐器行业直报系统内的89家骨干企业经济运行情况看，累计完成营业收入117.96亿元（占规模以上乐器企业48.79%），同比下降12.02%，实现利润总额10.59亿元、同比下降9.18%，利润率8.98%、高于同期规模以上乐器企业及全国轻工行业的平均水平。再从海关进出口贸易情况看，累计进出口贸易总额27.53亿美元、同比下降5.46%，其中出口额21.90亿美元、同比下降6.25%，进口额5.63亿美元、同比下降1.37%。总体看，基本呈现“增降有度、逐步复苏”的向稳态势。

一年来，主要做了以下工作：

一、紧扣“人才建设年”主题，突出“三高”抓落实

围绕“高技能”完善职业能力评价体系——随着人社部2022年9月公布《国家职业分类大典》中，“斫琴师”和“乐器设计师”两个新职业竞争位列其中。至此，乐器行业已有累计11个职业被列入《国家职业分类大典》，基本涵盖了乐器各专业门类。目前，各个职业门类标准、教材与题库都已由相关分支机构领题编制。

一年来，专业技能竞赛效果不错，“中国吉他之都”正安成功举办了中国吉他技能大赛，吉他音乐节及贵州正安吉他展览会，进一步提升了园区吉他生产的整体水平。提琴制作师分会与上海音乐学院合作，2023年4月份在上海举办了“优秀提琴制作师作品展”，93名提琴和琴弓制作师携精品参展，最终

8把小提琴、4把中提琴、3把大提琴成为了专场音乐会演奏家们的精选作品。特别是2023年4月中旬在河南兰考举办的“中国民族乐器（古琴）制作大赛”活动，来自全国16个省（区、市）的98名选手报名参赛，42个形制共169张古琴参加比赛，展现了目前中国古琴制作技艺的水平，亦彰显古琴文化的传承发展与匠心之美。最终评选出17个奖项。大赛还同期举办了“民族乐器产业融合发展高峰论坛”。

围绕“高素质”推动人才培养工作——大力弘扬工匠精神。中国乐器协会认真贯彻落实习近平总书记重要指示，一年来持续开展乐器行业“技能强国、创新有我”主题征文活动，轻工大国工匠、行业科技之星、民乐制作技艺非遗传承人的代表，郑荃、陈德然等20余位行业先进科技工作者积极撰文，体现了锐意创新的精神，彰显了大国工匠的情怀，也激励了行业同仁守正创新、责任担当和强烈的使命感。

有序推动高素质人才培训活动。乐器行业“专业技术人才高级研修班”7月下旬在江苏黄桥举办。按照“定位要准、水平要高、效果要好”的总体要求，研修班取得了预期效果。参培的47名学员中，总经理、技术副总人数超过了60%，行业骨干企业都派员参与，有的企业老总亲自带队、组团参加，体现出全行业对科技创新、人才培养工作的高度重视，令人欣慰。黄桥镇政府从人、财、物、社会资源等各方面给予了大力支持。

着力提升社会音乐教育师资水平。践行中央办公厅、国务院办公厅及教育部有关“全面加强和改进新时代美育教育”等有关政策措施要求，协会持续稳步开展社会音乐教师培训工作，为扩大音乐人口打基础。2022年共开展14期培训班，培训各专业音乐教师545人次，累计已达到3000多人次。

围绕“高标准”推进人才评价工作——逐步健全高端人才培育评价体系。2022年协会重点完善了由“科技之星”到“行业工匠”、再到“轻工大国工匠”高端人才培育评价体系。2022年度协会评选出科技之星31名，行业工匠24名；到目前乐器行业已拥有大国工匠2名，行业工匠51名，行业科技之星158名，培育出一批科技创新精英团队、行家里手。

钢琴调律师职业能力等级评价工作稳步开展。各鉴定站发挥区域优势，全年考评鉴定达到1012人次，比上年增长11.2%；截至目前累计完成钢琴调律师职业能力评价10310人次，突破了万人大关。

二、积聚科技创新原动力，努力实现六个提高

科技创新综合实力进一步提高——协会以行业专家委为支撑，多点指导发挥作用，从规划、卡脖子技术编论到承担文旅部课题，从为茱莉亚音乐学院购琴咨询到南艺论文评选、高峰论坛，从为企业中高端乐器研发签约到高研班授课辅导等，整体工作成效显著；全行业科技创新平台从47个增加到56个，增长19%，其中天津津宝的设计中心被工信部命名为“国家级工业设计中心”，上海民族乐器一厂设计创新中心，被授予“2022年度上海市级设计创新中心”，其余7个也为省级研发平台；去年，乐器行业获得中国轻工联科技进步一等奖1个，二等奖2个，三等奖4个，科技发明三等奖1个；去年各地受特殊环境和成本高企影响，企业综合效益波动很大，但全行业科技创新的投入势头不减，前不久协会对22家规模以上企业的科技研发投入进行了抽样统计，创新投入强度达到5.23%的较高水平。

标准与专利研发能力进一步提高——全年按计划完成了21项标准的审定和报批工作，另有21项标准将陆续研发报批。其中强制性国家标准《GB 28489—2022 乐器有害物质限量》已由国标委公告发布，并将于2024年1月1日全面实施。本次理事会上，将把强标宣贯工作列入重要议程，大会后还专门安排了培训环节，全面系统的在全行业进行强标普及培训。

另外，在中轻联申报备案在研的6项团标中，2022年9月对《电子钢琴绿色设计产品评价技术规范》《电鸣乐器智能功能等级评价》两项团标进行了审定，今年4月17日正式发布；2022年国家知识产权局发布乐器行业专利1453项，同比增长11.7%，其中发明专利和实用新型专利两项达到1130项，占专利总量的77.8%，同比增长10.6%；涉及研究与创新类的专利482项，占总量的33.2%，为历年之最，充分表明乐器行业专利创新水平在不断提高。

中高端产品研发与市场比重进一步提高——钢

琴行业通过“技术引进、品牌合作、人才交流、兼并整合”等系列举措，中高端产品占三分之一以上的市场份额；弦乐器、管乐器、打击乐的中高端产品占40%左右；民族乐器中高档产品约占50%，电子乐器拥有自主品牌和自主知识产权的中高端产品也达到了30%以上；在2022年工业和信息化部消费品司指导开展的轻工第九批《升级和创新消费品指南》审定工作中，乐器行业有9项中高端新品入选，其中升级消费品4项，创新消费品5项，分别占轻工入围产品总量的6.9%和8.6%；这两年协会组织征集的“全球首发新品”逐年增加，近70家企业研发的110多项新品申报参与评选，其中的优秀新品将在今年上海国际乐器展览会期间对外发布。

数字化技术应用能力进一步快速提高——珠江钢琴全自动生产线体系，吟飞的云数字音乐共享平台及MIDI智能数字音乐工作站建立，天津津宝的鼓圈与鼓腔、铜管乐器气缸与萨克斯管体全自动生产线以及机械人喷涂技术应用，得理的智联云采及智联云仓等数字技术应用项目都相继投入使用。推动全行业向自动化、高端化、数字化方向发展迈进了一大步。珠江、得理、吟飞、津宝4家企业获中国轻工业“数字化转型先进单位”荣誉称号，珠江李建宁、得理顾冰峰、吟飞范廷国、蔚科赵哲四位同志被授予中国轻工业“数字化转型领军人物”。

全行业“专精特新”创争进一步提高——去年初协会研究并制定了《关于在全行业内加强和推广“专精特新”工作的实施意见》，引导全行业企业聚焦关键技术和重点产品，致力专业化、精细化、特色化、新颖化发展。目前全行业已有吟飞、幻音、奇美、艾立卡等8家企业被认定为省（市）级“专精特新‘小巨人’企业”，海伦、吟飞、乐海、北京珠江、北京罗兰盛世、乐界乐、森鹤、奥维斯、罗曼士、创智等40家企业被认定为省（市）级“专精特新中小企业”；2022年工业和信息化部组织开展的第七批制造业单项冠军企业培育遴选中，天津市津宝乐器有限公司榜上有名；珠江钢琴集团作为第一批单项冠军产品入选企业再次通过复评。

行业大项目投资增量进一步提高——珠江的文化产业创新创业孵化园、海伦的钢琴及钢琴配件项目、宜昌金宝的旅游工厂及夷陵生产基地、天津津宝的研发与生产基地都相继投入，星海的肃宁产业基地项目已正式投产，乐海的文化产业园项目也启动运营，上民一、苏民一在肃宁、兰考等新产业基地也都签约实施。

不仅如此，各产业集群也是实招频出，“中国提琴产业之都”——黄桥的“绿岛”项目已投入生产。“中国北方乐器之都”——肃宁实施的“三海”联盟发展新战略已全面启动。“中国电声乐器产业基地”——郾鄗，打造的乐器跨境电商平台已成规模。

三、聚焦高质量发展，持续构建“产、学、研”联动体系

组织开展“产、学、研”高峰论坛活动。协会与南京艺术学院合作，开展以“视野·视角　理论·技术”为主题的乐器学研究征文活动，共征集到包括乐器声学、乐器制造等十多个专业领域的论文103篇。被遴选录入论文集的85篇论文中，有28篇来自乐器行业，占总量的33%，这不仅反映行业的较高参与度，也充分说明行业骨干企业在乐器研究、创新、创优和培育技术与高层次技能人才培养方面，迈出了坚实的步伐。4月底在南京艺术学院举办了“全国乐器学研究高峰论坛”活动，协会和校方党政主要领导联袂助阵，卞留念、杨军等4位嘉宾主旨报告引发热议，近60位专家学者、企业家现场参与研究成果分享，来自全国各地的论文作者、南艺相关专业的老师、学生共200余人参与了论坛活动，我国乐器学研究领域迄今为止最具规模、最负盛名的高峰论坛。

着力推进“校企合作”新模式。在南京艺术学院的高峰论坛会上，双方代表共同签署了“产学研用”战略合作协议，双方主要领导也共同为“产学研用”战略合作基地揭牌；这标志着乐器行业与南京艺术学院在乐器学研究、乐器设计交流、乐器优质产品孵化、乐器科技未来创新等多方面战略合作已正式拉开了帷幕。

初步统计，全行业中目前已有26家骨干企业与国内九大专业音乐艺术院校、25所综合类艺术院校展开技术创新、人才培育和品牌建设项目合作；有58位演艺名家、院校教授、科研专家、制作大师分

别受聘在企业担任顾问或首席专家；他们在核心技术攻关、艺术教培展演、高素质人才培育、产学研用平台搭建等多个领域架起了友谊的桥梁。名家加盟、校企合作必将为乐器产业的创新转型和高质量发展注入内生动力和升级活力。

四、聚焦“扩大音乐人口”，融合推进“教、演、培”项目

“6·21国际乐器演奏日”活动已成品牌。“6·21国际乐器演奏日”活动在我国始终未停下脚步，并已打造成为品牌的“全民爱乐”活动。2022年以传承红色基因、展示美育风采、彰显“三进”成果等为主题的活动在各地纷纷登场，当天的活动报道超过了500场次。该活动自2016年协会成功引入中国七年来，联合主办单位已达到110多家，全国共有200多个城市参与，演出总场次超过15000场，直接参与人数累计达到200万，在线观众人数超过3.7亿人次。

国民音乐教育大会越办越具特色。以“相信音乐，热爱生活”为主题的2022国民音教大会，8月初在北京国图艺术中心开幕，主讲嘉宾达到80多位，专业老师代表达到700多名。五年来，参加演讲嘉宾累计达到650余位，各种论坛、讲座、工作坊共计420余场，专业听课代表达到5000人次，线上观看人数超过100万人次。

“万叶杯”论文征选活动内涵丰富。音乐教育大会期间，协会与中国音乐教育杂志社合作，开展了第三届“万叶杯”音乐教育论文和教案征集评选活动。参选论文累计2500多篇，评选出优秀论文750篇，并择优在音教大会上进行专场宣讲，后期还在《中国音乐教育》杂志上分期发表，促进了广大基层音乐教育工作者的理论水平的提高和实践能力的提升。

五、完善行业架构布局，适应产业链融合发展

不断优化“产业集群”布局。2022年，经中国轻工业联合会和中国乐器协会共同组织的行业专家组审核，中国轻工联向河南兰考正式授予“中国民族乐器之乡·兰考”荣誉称号。目前，乐器行业已累计共建产业集群11个，分别分布在北京、江苏、浙江、天津、河北、河南、山东等乐器生产较为集聚的地区，涵盖了提琴、钢琴、民乐、管乐、吉他等相关行业。各集群在共建中始终坚持“产业为基、文化为魂、融合为径、人才为本”的发展思路，以产城融合助力乡村振兴。

适时因需增加中国乐器协会分支机构。为了更好地传承中华传统文化，推动“斫琴师”新职业技能的系统工作，中国乐器协会适时增设了“古琴专业委员会”；为了超前布局，推进数字化、国际化转型，全方位融合音乐产业，协会在原有MIDI工作组基础上，链接多方资源，成立了“未来音乐科技专业委员会”；这既完善了行业产业布局，也为培育特色技能人才提供保障、打下基础。

会员团队数量质量持续增强。2022年新入会32家，来自全国11个省（区、市），其中6家主营业务收入达到亿元以上，为行业增添了新的活力。到去年底，单位会员643家，规模以上企业数量逐年增；钢琴调律师、提琴制作师、器乐文化和古琴等分支机构个人会员2000余人。据统计，会员企业主营业务收入在3000万元以上的有67家，其中亿元以上的单位有36家，2亿元以上的有20家，上市公司有5家。

助推中高端增设专家理事。为了全面推进创新融合发展，发挥科学家艺术家对行业企业中高端发展的蝴蝶效应，协会从产业链延伸整合和产品研发升级的角度出发，增补了卞留念、赵瑞林、杨军同志为协会副理事长，在民乐电声化、管乐品质提升与舞台呈现、乐器声学品质提升等多个领域开展合作，效果明显。本次理事会期间还将聘请国际小提琴演奏家吕思清、中央音乐学院教授吴迎、章红艳等艺术家担任协会名誉副理事长和副理事长。相信有名人名家的携艺加盟，乐器行业的创新发展将会迎来更加务实的成果。

六、探讨市场复苏之策，深入开展行业调研

为摸清底数、寻求复苏之策，协会按照“四个聚焦”的要求，从2月下旬开始，开展为期20多天的调研。五个调研小组先后分赴长三角、珠三角、京津冀、云贵川、中部省区等企业和集群，围绕运行态势、内外订单、科改投入、经验建议，召开十多

场次座谈会，96家乐器企业和9个地区产业集群负责人参加调研座谈。协会针对调研情况提出了“六个着力、六个稳”的应对思路，为全行业加速实现经济稳步增长出谋划策，在协会官微已动态反馈，通过座谈交流、分析研讨和典型带动，引发行业共鸣与共振。协会特别注重调研诉求的协调破解，3月份以来，围绕调研诉求，分类整理、统筹资源、协调跟进抓落实，如促进区域特色乐器与当地政府支持的问题得到助推；重点企业发明专利和单项冠军事宜协调有效；涉及的簧片技术攻关、琴弦材料研究等项目，已对接校企合作的相关事项；有关集群提出的产业政策、宣传报道、贯标培训、参展组织等问题，已妥善解决并及时回应；涉及重点企业相关知识产权保护等事宜，相关部门正在协调解决中；行业多个企业间的技术交流和市场支持工作，正稳步推进等。后期，协会将密切关注、主动作为，会同诉求单位力求好的效果。

同时，中国乐器协会围绕行业发展大局，加大信息服务力度。协会“官微、官网、杂志”三大信息服务主阵地，始终围绕行业大局，积极主动开展行业调研、人物采访以及专题征文、数据分析等工作。年累计发布信息681条，同比增长19%，撰写行业调研报告，数据分析报告累计16篇，翻译海外信息5条。平台阅读量251865人次，同比增长23%，公众号关注人数13818，同比增长38%。年内还完成了85万字的《中国乐器年鉴（2022）》编辑发行，扩大了协会的影响力和会员企业的知名度。

各位同仁，过去的一年，世界环境起伏跌宕，外部环境复杂严峻，全国乐器行业勠力同心、务实笃行，贯彻落实党中央决策部署，难中求进、稳中有进，工作在务实中推展，感情在沟通中增值，效果在拼搏中呈现。特别是让我们共同感到欣慰的是，协会推动的多项重点工作与国家有关决策部署高度契合，如持续推动的乐器“进殿堂，入大赛”和“扩大中高端产品比重”与中央“制造强国”“质量强国”的总要求完全契合；协会倡导的“让音乐成为生活刚需、让乐器成为家庭标配”目标取向与中央“扩大内需”战略高度匹配；率先搭建的“全球业界新品首发”平台与“中国国际进口博览会”第三届以来的专题项目相吻合；在全行业持续推进并取得了一定成效的“国民音乐教育大会”“6·21国际乐器演奏日”及“三进工程”等活动，都与2020年10月中共中央办公厅、国务院办公厅印发的《关于全面加强和改进新时代学校美育工作的意见》指示精神相契合；行业科技大会推动的“产学研教演培”融合创新和大师签约提升研发品质，践行了中央提出的“推动产业链价值链融合创新”；迅速组织五个调研组，于龙抬头的2月21日启动与中共中央办公厅3月19日印发的《关于在全党大兴调查研究的工作方案》精神完全契合；在兰考举办首届古琴大赛与总书记在广州松园邀马克龙聆听千年古琴演奏《高山流水》难得契合！

在此，我代表中国乐器协会向关心支持乐器行业发展的社会各界，致以崇高的敬意！向奋斗在乐器行业的各位同事表示衷心的感谢，并道一声：大家辛苦了！

第二部分　2023年乐器行业工作思路

2023年是全面贯彻落实党的二十大精神开局之年，是实施“十四五”发展规划关键之年，乐器行业要以习近平新时代中国特色社会主义思想为指导，全面贯彻党的二十大精神，坚持稳中求进工作总基调，围绕“创新融合年”目标要求，在“两翼发力、六轮驱动”的具体实践中努力实现新突破，以奋发有为的精神状态和求真务实的工作作风，推动乐器经济高质量发展。

一、深入开展行业调查研究

李强总理出席记者会时指出：“坐在办公室碰到的都是问题，下去调研看到的全是方法”。当前乐器行业正处于探索回稳向上新路径的关键时刻，做好行业深度调研，务实服务，势在必行。通过前一阶段的调研，我们清醒地认识到，市场的回升需要一个理性过程，终端消费增长与商业载体消化库存是有周期规律的。从4月份美国阿纳海姆乐器舞台灯光展览会获悉，会场人气较往年大幅度上升，各类活动也非常火爆，但是订单的形成却反应迟钝。因此下一阶段的调研要重心转移，从“城市消费敏感度、市场回升响应度、集群发展平衡度”等方面多调查、多研究。积极引导行业间的相互交流，借鉴成功经验，它山之石可以攻玉，鼓励行业间资源共享、联动作战。

二、加快智能化数字化进程

推动科技创新是行业企业永恒的主题，加大科技研发投入是企业实现持续发展的保障。对于年度科技创新面上的工作，科技大会上已经做了部署，有关量化要求不再赘述。关于集中组织“行业卡脖子技术”攻关事项，希望行业骨干企业负责牵头落实，协会组织力量配合、支持；要加快推动生产全流程体系智能化和数字技术研究与应用，使之成为“十四五”中后期全行业转型升级的重要抓手，骨干企业、高新技术企业和电鸣行业要充当先行者，围绕芯片研发、数字乐器研发、音乐云教育平台研发等努力加大力度提高水平；条件成熟的企业可以通过“技术+市场+资本”的方式，构建战略性平台经济。广大乐器企业要在数字技术应用上求突破，提升产品科技含量，提高全要素生产率。

三、健全人才培育多元体系

人才的培育是一项系统工程，需要创新思维，围绕高素质、高技能、高标准筑牢根基。职业技能标准的制定工作，各承担任务的分支机构要组织好落实，除了钢琴调律师和其他4项已有标准的职业外，其余6项标准年内务必完成编制和审定工作，并同步启动所有职业的教材和题库的编写工作；要加速推进技能评价工作，按照成熟一批评价一批的工作思路，各鉴定站要主动配合鉴定总站的部署和要求，确保年评价人才同比增加15%以上；要着力推进高素质人才培养体系，加大与专业院校的衔接与合作。继续组织开展“行业专业技术人才高级研修班”，做好针对性调研和课程开发，缺什么补什么，满足行业对高素质专业人才的需求；要大力弘扬创新精神和工匠精神，加大评价评选比重，坚持高标准培育、严要求评选。今年“科技之星”评选计划达到40人左右，“行业工匠”评选20人以上。为完成行业“十四五”人才规划打好基础，也为赋能行业科技创新和产业发展奠定坚实的人才基础。

四、引导“三品战略”提档升级

要加大力度持续推动增品种、提品质、创品牌“三品战略”行动，行业企业要始终强化自主品牌的创建工作，在巩固以往成绩基础上，不断引导全行业“三品战略”提档升级，持续提高中高端产品比重。要充分利用文化和旅游部产业发展司主导并委托协会主办的“多彩中国，佳节好物”契机，将行业优质产品与服务“走出去”，不断扩大中国乐器品牌国际影响力。2023年轻工业升级创新消费品申报和入选产品要力争同比增加30%左右，行业骨干企业获得省级以上质量奖再增加1～2个，市级质量奖再增加2～4个。

五、促进知识产权“三位一体”

标准、专利以及知识产权的创争与保护，构成企业核心管理的“铁三角”。行业标准化工作紧紧围绕“十四五”规划，深入研究已确立的10项重点标准，确保新申请报批研发的标准与国际接轨，提高一致性比重。近两年在团体标准的制修订方面要跑出加速度；要全方位构建知识产权新模式，专利、版权、著作权、非遗传承要统筹兼顾；年度专利授权总量要同比增长15%左右，发明专利和实用新型专利占比要超过80%，并在创造型发明和产品高端化方面多下功夫；要在专精特新培育上打好组合拳，通过加快培育优质企业，到“十四五”期间末，培育省（市）级以上“专精特新‘小巨人’企业”和“专精特新中小企业”总数努力实现翻番，培育制造业单项冠军企业达到4家以上，应享尽享有关优惠政策，期待全行业特别是骨干企业要“三位一体”定目标，共同努力，借势发展，争取有更多突破。

六、发挥集群经济引领作用

乐器行业共建的11个产业集群，要认真贯彻落实5月5日国务院常务会议关于“把发展先进制造业集群摆在更加突出位置”的要求精神，在发挥各自特色功能的同时，围绕产业集群整体布局，统筹规划好区域优势产业与行业的全方位融合；要充分认识发展水平的差异性，坚持特色建群优势兴群，积极探索双品牌战略，在优与强上下大功夫，发挥集群经济的示范引领作用；要持续建好“六中心”，尤其是加快布局创新中心，融区域科研优势助推集群创新水平；希望区域政府加强对国家产业和科技政策的研究与落地执行，做好与区域性特色政策的融合，为集群做优做强保驾护航，协会将全力配合共同发力。

七、畅通渠道激发市场活力

全行业要坚守制造业本源，围绕“两翼和六轮”放大内核效应，同时做好“产学研教演培”一体化融合联动的大文章，务实推动各项举措落地见效；要以展会的平台和全球首发新品等折子戏助力创新、疏通产销通道，为企业多拿新品订单服好务。上海国际乐器展览会无疑已经成为全球乐器的顶级服务与贸易平台，因特殊时期停展两年，今年将接续二十届的整体策划，通过线上线下的互动，把国内外采购商、政府与学校采买团、消费终端群体等全方位、多渠道地链接到展会平台上来。并组织开展一系列商务互动，努力让参展企业和商家“展示充分、交流广泛、品牌彰显、收益更多”。要让民族品牌高端乐器持续绽放出创新风采，目前看报名踊跃。

各位同事，为激发市场活力，打出平台节奏，持续为企业扩大销售，力解渠道之困，协会和上海国展展览中心有限公司在大量调研，对接地方政府及有关部门的基础上，商定抢占西南大市场，于明年春季4月26日至28日在成都举办中国（成都）国际乐器展览会暨燃机音乐节（初定名），与上海国际乐器展览会形成差异定位、春秋联动、区域互补、以销促展。具体正在精细策划中，尽快官宣，期待行业企业共同助势。我们对上海展、成都展信心满满。

八、探讨国际交流互动机制

要充分利用中国乐器协会与国际同业组织联系的广泛性，积极与全球20多个乐器以及音乐制品的同业组织强化沟通交流互动，本着“平等互信、资源共享，合作共赢、促进发展”的原则，有计划、有目标的开展多边贸易与合作探讨，为全行业内外融合做好服务；同时，协会将协同会员单位尝试对接政府、院团，院校，深入搭建对话平台和机制，推动器乐教育“三进工程”和集团订购的增量，必要时牵头组团，运用与乐器主产国和地区的已有渠道，创造性地开展工作，订单、招商与合作并举。

九、促进音乐人口比重扩大

全行业要持续巩固艺术教育成果，规范推动社会音乐教师师资培训、品牌艺术展演等系列活动，连接政府和社会各界资源，在业界各方面的大力支持下，不断取得扩大音乐人口比重的新成效；要拓宽“6·21国际乐器演奏日”活动的视野，加大宣传力度，提升活动影响力，力争申报合作城市、演出场次、参与演出人数等均能同比增长20%以上，线上线下参与互动的观众人数有较大增长；要放大“国民音乐教育大会”的品牌效应，既体现全民参与更突出专业水准，既强调活动公益性也融入项目市场化。今年的大会定在天府成都举办，当地党委政府和相关部门高度配合、大力支持。协会将努力提高办会质量和品牌影响力，为提高全民艺术素养、培育乐器消费客户群发挥积极作用。

十、提升协会综合服务水平

中国乐器协会将进一步优化服务体系，充分发挥行业引领作用，始终按照“立足一个目标、突出两个重点、夯实三个基础、落实四个机制、提升五个能力、完善六大平台”的工作总思路，持续提升服务质量与水平。要急会员企业之所急、想会员企业之所想、干会员企业之所需，坚持把协会当事业干，把会员当家人待，协会和分支机构要牢牢把握“生命力在于有质量的活动”的原则和理念，踔厉奋发、勇毅前行，精细服务、担当作为，致力打造一流行业组织。

各位专家、各位理事、各位同仁，让我们更加紧密地团结在以习近平同志为核心的党中央周围，落实党中央、国务院决策部署，以高度的政治自觉、思想自觉和行动自觉，做好协会各项工作，务实推动乐器行业创新融合发展，奋力开创乐器产业高质量发展新局面，为全面实现“十四五”规划目标而努力奋斗。

协会活动

中国乐器协会在兰考召开行业交流座谈会

2月14日至15日，中国乐器协会副理事长陈晋武、秘书长刘勇在中国民族乐器之乡·兰考进行工作调研，主要与兰考县政府有关领导进行有关工作研究并与当地骨干企业进行座谈交流。确定将于2023年4月中旬在兰考举办“中国民族乐器（古琴）制作大赛”。

陈晋武副理事长强调，随着我国防控政策的调整，全国各行各业都有序恢复正常的生产秩序，乐器产业也将迎来全面复苏，各企业机构应当认真筹划，积极面对乐器消费市场需求，从科技、人才和创新上寻求新突破，在全面推进中国式现代化建设进程中，体现责任担当，发出大国强音。为乐器成为家庭标配，音乐成为生活刚需的目标实现做出积极贡献。

王世成理事长调研长三角地区乐器行业

中国轻工业联合会党委副书记、中国乐器协会理事长王世成率调研组重点考察、调研长三角地区的部分乐器企业和产业集群。自2月21日起4天时间，分别在上海、无锡、扬州等地考察了多家企业，召开了4次座谈会，40多家乐器企业和3地产业集群负责人分别参加了座谈。

王世成理事长对长三角地区乐器行业发展寄予厚望，对各位企业家三年来抓市场、忙生产、保稳定、谋发展所作出的努力表示亲切慰问，并向为本次调研活动做好精心准备工作的相关企业、地方政府相关部门、行业组织以及产业集群表示衷心的感谢。

中国乐器协会党支部认真组织学习全国两会精神

3月13日，全国两会圆满完成各项议程，在北京胜利闭幕。十四届全国人大一次会议闭幕会上，习近平总书记发表重要讲话。中国乐器协会党支部第一时间召开支部扩大会议，组织协会党员和工作人员实时收看习近平总书记重要讲话和十四届全国人大一次会议闭幕会现场直播。中国轻工业联合会党委副书记、中国乐器协会党支部书记、理事长王世成在协会会议室与大家一同收看直播。

王世成理事长紧密结合乐器行业当前实际，要求协会全体人员要提高站位、服务大局，通过学习深刻理解习近平总书记重要讲话和两会重要精神，提升综合素养，为把我国建设成为富强民主文明和谐美丽的社会主义现代化强国贡献乐器行业的智慧和力量。

全国乐器行业标准审定会在北京召开

3月29日至3月31日，为期3天的全国乐器行业标准审定会在北京万方苑国际酒店举行。中国乐器协会专职副理事长兼全国乐器标准化技术委员会（简称乐器标委会）主任孙瑞勇，中国乐器协会专家委员会副主任曾泽民，中国乐器协会秘书长刘勇，乐器标委会副主任肖巍、张小川、范廷国、张鑫，秘书长王伟以及来自全国各地的乐器标委会委员共52人参加了会议，相关标准研发单位领导及工程技术人员也应邀列席了会议。中国轻工业联合会党委副书记、中国乐器协会理事长王世成专程到会慰问参会代表并做专题讲话。

北京星海钢琴集团有限公司承办了此次会议，会议由全国乐器标准化技术委员会副主任张小川主持。

中国乐器协会理事长王世成一行调研福州和声钢琴股份有限公司

4月12日，中国轻工业联合会党委副书记、中国乐器协会理事长王世成，中国乐器协会专职副理事长孙瑞勇一行调研福州和声钢琴股份有限公司。和声钢琴党支部书记、董事长刘小汀及和声钢琴领导班子成员陪同调研。

调研期间，正值福州和声钢琴股份有限公司2023年全国经销商/供应商洽谈大会顺利召开，王世成理事长、专职副理事长孙瑞勇作为特邀嘉宾出席会议，与来自全国各地的130多名经销商、供应商齐聚一堂，共同围绕“传承创新、聚力共赢”会议主题展开深入交流讨论。

首届古琴制作大赛在兰考圆满落幕

4月15日，由中国乐器协会主办，中央音乐学院、兰考县人民政府作为支持单位，中共兰考县委组织部、北京轻工技师学院（北京乐器研究所）、兰考三农职业学院、中国乐器协会民族乐器分会、中国乐器协会古琴专业委员会、中国乐器协会器乐文化专业委员会、北京乐器学会、扬州市琴筝协会、兰考民族乐器协会、兰考民族乐器发展研究院作为协办单位的“中国民族乐器（古琴）制作大赛暨中国民族乐器产业融合发展高峰论坛”在兰考焦裕禄干部学院艺术中心成功落下帷幕。

由中央音乐学院、浙江音乐学院民族乐器演奏家、教育家，以及古琴非遗传承人、制作名家组建的权威评审团，公正评判来自16个省（区、市）的98个企业、工坊或个人选送的169张古琴，从42种不同形制中严选出17张获奖古琴作品，展现了目前中国古琴制作技艺的水平。

中国轻工业联合会党委副书记、中国乐器协会理事长王世成，中央音乐学院党委书记、研究员赵旻等相关领导与评审专家出席论坛和颁奖典礼。近百位参赛选手，以及来自全国各地的斫琴师、乐器产业的企业代表、民族乐器制作与教育方面的专家、学者共计500余人一同参加。

中国乐器协会党支部在焦裕禄纪念馆开展主题党日活动

4月15日，为弘扬焦裕禄同志艰苦创业、全心全意为人民服务的公仆精神、奋斗精神、奉献精神，首届中国民族乐器（古琴）制作大赛举办期间，中国乐器协会党支部和兰考县委共同组织来自全国各地的斫琴技能人才和民族乐器行业企业家代表参观了焦裕禄纪念馆，并举办了学习焦裕禄精神、重温入党誓词的主题党日活动。

参观学习后，中国轻工业联合会党委副书记、中国乐器协会理事长王世成指出，乐器行业党员干部要“不忘初心、牢记使命”，深入贯彻落实习近平总书记视察兰考时的重要指示精神，深刻领悟总书记重大要求的实践伟力，大力学习弘扬焦裕禄精神，发扬焦裕禄同志的“三股劲”，坚定决心做焦裕禄式的好干部，持续推动乐器全产业链科技创新迈向新征程，为实现乐器制造大国成为乐器强国宏伟目标而共同奋斗。

2023全国乐器学研究论坛在南京成功举办

4月26日，由中国乐器协会、南京艺术学院联合主办的“2023全国乐器学研究论坛”在南京艺术学院成功举办。

中国轻工业联合会党委副书记、中国乐器协会理事长王世成，南京艺术学院党委书记俞锋，党委副书记、副校长谢建明教授，中央音乐学院教授、国际提琴制作大师、大国工匠郑荃，中国科学院声学研究所副所长、博士生导师杨军，国家一级作曲家兼演奏家、东方歌舞团音乐总监及音乐指挥卞留念，中国乐器协会专职副理事长孙瑞勇等领导、嘉宾，国内20家科研院所、35所高校专家学者，以及15家乐器强企经理人和技术总监、南艺流行音乐学院师生百余名代表出席论坛活动。中央电视台音乐频道、CCTV 15、《消费日报》《音乐周报》《乐器》《中国乐器》等媒体对活动予以采访报道。

中国乐器协会八届四次理事（扩大）会议在长沙召开

5月9日，中国乐器协会八届四次理事（扩大）会议在湖南长沙隆重召开。中国轻工业联合会党委副书记、中国乐器协会理事长王世成，国务院参事室特约研究员、著名经济学家、国家统计局原总经济师姚景源，国际提琴制作大师、大国工匠郑荃，国家一级作曲家、演奏家卞留念，中国乐器协会专职副理事长孙瑞勇、陈晋武，原常务副理事长、专家委员会副主任曾泽民，原副理事长、专家委员会顾问专家王松美等国内行业顾问专家、乐器行业全国人大代表、副理事长、常务理事、理事，各产业集群属地相关领导以及来自全国19个省（区、市）的112家企业、机构的180多位代表莅临参加会议。

本次理事大会由长沙幻音电子科技有限公司承办，中国乐器协会专职副理事长孙瑞勇主持大会。

王世成理事长强调，2023年是实施“十四五”规划关键之年。乐器行业要在“两翼发力、六轮驱动”的具体实践中努力实现新突破，以高度的政治自觉、思想自觉和行动自觉，做好协会各项工作，务实推动乐器行业创新融合发展，奋力开创乐器产业高质量发展新局面，为全面实现“十四五”规划目标而努力奋斗。

《乐器有害物质限量》国家标准培训班在长沙举办

5月10日，由中国乐器协会和全国乐器标准化技术委员会共同组织的《乐器有害物质限量》国家标准培训班，在湖南省长沙市成功举办。中国乐器协会专职副理事长、全国乐器标准化技术委员会主任孙瑞勇出席会议并讲话。全国乐器标准化技术委员会副主任范廷国、张鑫、秘书长王伟全程参与了培训班活动。培训班特邀吟飞科技（江苏）有限公司副总经理秦宏伟、武汉艾立卡电子有限公司总工程师庄严等业内专家为学员们授课、答疑。培训班由中国乐器协会副秘书长、业务部主任钱富民主持。

孙瑞勇主任在讲话中着重介绍了《乐器有害物质限量》强制性国家标准培训班的重要性、必要性和具体任务。他指出，《乐器有害物质限量》强制性国家标准即将于2024年初正式施行，此项标准对乐器行业未来发展意义深远，影响重大。

中国乐器协会理事长王世成率队一行调研长沙幻音电子科技有限公司

5月10日下午，中国轻工业联合会党委副书记、中国乐器协会理事长王世成，国际提琴制作大师、大国工匠郑荃，中国乐器协会专职副理事长陈晋武，中国乐器协会秘书长刘勇，中国乐器协会原常务副理事长、专家委员会副主任曾泽民，中国乐器协会原副理事长、专家委员会顾问专家王松美以及乐器协会工作人员一行调研长沙幻音电子科技有限公司。幻音公司总经理郭润博、CTO曹强陪同调研。

王世成理事长一行首先实地考察了长沙幻音的生产车间。随后的座谈会上，听取完长沙幻音公司总经理郭润博和CTO曹强领导班子工作汇报后，王世成理事长首先感谢幻音公司为本次理事会提供的精心服务以及对协会工作的大力支持。

最后，王世成理事长希望幻音公司能继续扩大核心优势，扎实推进民族效果器品牌进驻中高端市场领域，最终形成技术领跑态势，让小产品领导大市场。

中国乐器协会专职副理事长孙瑞勇一行赴湖南艺术职业学院考察调研

5月12日，中国乐器协会专职副理事长孙瑞勇一行赴湖南艺术职业学院考察调研。

调研过程中，孙瑞勇一行参观了音乐学院钢琴调律实训场地，详细了解钢琴调律专业建设有关实际情况。校长周邦春、副校长周文清，音乐学院党支部书记杨翠红等领导和骨干教师，陪同考察调研。

参观结束后，孙瑞勇一行与学院领导进行了座谈交流。孙瑞勇首先感谢学院多年来为乐器产业输送了一批人才，为产业特别是钢琴产业发展做出了贡献，并对学院的办学理念、办学思路、学科建设给予充分肯定。他表示，协会可以在企业与学院专业建设之间，搭建桥梁与平台，助力学生成才的同时，促进产业发展。

中国乐器协会等四个党支部联合组织主题党课学习

5月22日，按照中央有关精神、国有资产监督管理委员会部署和中国轻工业联合会党委具体要求，中国乐器协会、中国塑料加工工业协会、中国文教体育用品协会、中国羽绒工业协会等党支部在京联合组织了集中学习活动。中国轻工业联合会党委副书记、中国乐器协会党支部书记王世成为四个支部全体党员领学主题党课。

王世成紧密结合当前轻工业发展实际，紧扣“学习贯彻习近平新时代中国特色社会主义思想努力使轻工业为人民美好生活增添绚丽色彩”主题进行领学。

党课结束后，中国乐器协会党支部副书记孙瑞勇要求支部全体党员紧密结合乐器行业高质量发展和协会科学发展，认真领会此次主题党课精神，定期为全体党员提供学习材料，并要求全体党员一定将主题教育与当前工作紧密结合，在工作实践中不断深化对习近平新时代中国特色社会主义思想的理解与认识，让主题教育在全年工作中发挥引领作用。

王世成一行调研北京轻工技师学院（北京乐器研究所）

6月2日，中国轻工业联合会党委副书记、中国乐器协会理事长王世成一行赴北京轻工技师学院（北京乐器研究所）参观调研。实地考察了该院天桥校区和北京乐器研究所，并就新时代职业技术教育发展，加快推进乐器行业产、学、研、会各要素协同联动发展，助推乐器行业高技能人才队伍建设进行了座谈交流。北京一轻控股有限责任公司（以下简称一轻控股）党委常委、纪委书记王佃宝，纪委副书记白永利，北京星海钢琴集团党委书记、董事长孟宇，北京轻工技师学院党委书记、院长张根岭，副院长朱砚如，北京乐器研究所所长张鑫等全程陪同。

王世成一行实地考察了北京乐器研究所环境仓实验室、声学消声室、主观鉴定室，并就碳纤维击弦机研制、古乐器“筑”与“轧筝”复原、乐器科技论文汇编项目工作，与乐研所相关项目负责人进行了交流。座谈收获甚多，在职业技术教育和乐器科研领域工作拓展中提升了新的认识。

中国乐器协会专职副理事长孙瑞勇、陈晋武，中国乐器协会副秘书长、业务部主任钱富民，中国乐器协会信息部副主任黄伟一起参加了调研活动。

2023“6·21国际乐器演奏日”黄桥主会场盛装启幕

6月21日上午，2023“6·21国际乐器演奏日”黄桥主会场活动在“琴韵小镇”城市客厅广场正式启幕。活动由中国乐器协会、泰兴市人民政府主办，黄桥镇人民政府、泰兴市文体广电和旅游局承办。中国乐器协会专职副理事长孙瑞勇、江苏省旅游协会秘书长许家闻、泰兴市人民政府市长刘文荣、泰兴市委常委、黄桥镇党委书记蒋益公，长三角旅游协会等相关领导嘉宾及新闻媒体、旅游达人近万人，共同参加开幕式活动。

在这特殊的日子里，华夏大地200多座城市，40万爱乐民众，倾情奉献3000多场器乐展演，预计超过300万线下乐器粉丝，以及3亿多人次在线网民共赴夏日音乐盛宴，与世界各地音乐爱好者们一起分享音乐的喜悦，感受文化碰撞，共同谱写中华民族现代文明的艺术交响。

2023国民音乐教育大会在成都隆重开幕

7月9日，由中国乐器协会、中央音乐学院、上海国展展览中心有限公司、人民音乐出版社、华夏未来文化艺术基金会联合主办的2023国民音乐教育大会在成都天府国际会议中心隆重开幕。本届大会主题为：学乐器，为生活增色。

中国轻工业联合会党委副书记、中国乐器协会理事长，国民音乐教育大会组委会主席王世成，原文化部党组副书记、副部长，中国政策科学研究会顾问赵少华，中央音乐学院党委书记赵旻，天津华夏未来文化艺术基金会党委书记刘长喜、党委委员靳润成、副理事长兼秘书长赵骞，四川省音乐家协会主席林戈尔，上海国展展览中心有限公司董事长兼总经理吴江红，人民音乐出版社副总编辑李向颖，人民教育出版社音乐教研室主任张莹莹，四川省教委体育卫生与艺术处处长唐克红，成都市博览局副局长田霞，成都市文旅局副局长李天昊，天府新区文创和会展局副局长卢乾胜，著名专家学者吴斌、周海宏、吴迎、郑莉、杜亚雄，国际提琴制作大师、大国工匠郑荃，著名音乐人卞留念，中国音乐家协会管乐学会副主席姜斯文等出席开幕式。

中央编制委员办公室原副主任、中国轻工业联合会党委书记张崇和通过视频高度评价中国乐器协会在推动国民音乐教育事业方面所做的工作，并祝贺大会开幕。王世成、赵少华、刘长喜、赵旻、吴斌、林戈尔、吴江红、李向颖等领导和嘉宾共同按下启动按钮，正式拉开2023国民音乐教育大会序幕。开幕式由中国乐器协会专职副理事长孙瑞勇主持。

大会从7月9日持续到11日，会期举办了多个分论坛、专题报告、工作坊、展览展示等活动，涵盖各个领域和层面的音乐教育内容。大会全程通过云相册直播，首日点击已超过40万人次。

中国乐器协会参加2023全国轻工行业职业能力评价工作会

7月13日，2023年全国轻工行业职业能力评价工作会暨第二期督导员培训会在河南郑州召开。中国乐器协会专职副理事长孙瑞勇出席了会议。

乐器行业13位业内从事职业能力评价工作人员参加了督导员培训。中国乐器协会获得“2022年度轻工业职业能力评价工作先进单位”称号，中国乐器协会副秘书长、综合部主任刘金荣获得“2022年度轻工职业能力评价工作优秀个人”称号，沈阳音乐学院秦敏静获得“2022年度轻工职业能力评价优秀考评员”称号。

中国轻工业联合会会长张崇和，中国财贸轻纺烟草工会一级巡视员王双清，中国轻工业联合会党委副书记徐祥楠、副会长刘江毅、秘书长郭永新等领导出席了大会。

张崇和会长在会上做重要讲话。张会长在讲话中指出，培养技能人才、建设技能轻工，是中国轻工业联合会推动行业高质量发展的重要举措。

会议同期，举办了第二批轻工职业能力评价工作督导员培训。

第二届专业技术人员高级研修班在广州成功举办

8月8日至11日，为期4天的中国乐器行业第二届专业技术人员高级研修班在珠江创梦园圆满收官，新知识、新技能、新理念为乐器行业注入了新活力。

中国轻工业联合会党委副书记、中国乐器协会理事长王世成，中国音乐学院教授韩宝强、东北林业大学教授刘镇波、南京艺术学院副教授刘文荣等领导、专家齐聚广州，共同见证第二届专业技术人员高级研修班的开班仪式。开班仪式由协会副秘书长钱富民主持。

中国乐器协会理事长王世成在开班仪式上讲话，他从推进行业系统调研、坚持创新求突破、人才创新出实招、品牌创新抓重点、融合创新见实效5个方面与专家和学员们分享了乐器协会上半年推动的一系列工作。对本届研修班各项筹备工作给予了充分肯定。

研修班结业仪式上，中国乐器协会专职副理事长孙瑞勇为全体学员颁发了结业证书，并勉励大家要认真学习领会王理事长的讲话精神，把学到的知识用到生产实践中去，为企业科技创新、品质提高、品牌提升发挥作用，也为推动行业高质量发展做贡献。

中国乐器协会理事长王世成调研柏斯音乐集团

9月21日，中国轻工业联合会党委副书记、中国乐器协会理事长王世成对柏斯音乐集团宜昌钢琴生产基地进行实地参观考察，并出席“2023柏斯音乐集团新品发布会”。

王世成理事长强调，中国乐器协会提出“立足一个目标、突出二个重点、夯实三个基础、完善六大平台”的工作总思路，其中“一个目标”就是“让乐器成为家庭的标配，让音乐成为生活的刚需”。要求我们通过不断努力，不断提高乐器中高端的比重，提高中国的音乐人人口。

新品发布会上肖邦纪念款钢琴的隆重推出，得到了王世成理事长的祝贺与肯定，他表示，对柏斯音乐集团的发展前景充满信心，并相信在政府、企业和社会各界的共同努力下，中国民族品牌将不断创新、发展，必将在国际市场上谱写出更加辉煌的篇章。

2023中国（上海）国际乐器展览会圆满收官

10月10日，第二十届中国（上海）国际乐器展览会开幕庆典在沪隆重举行。中央机构编制委员会办公室原副主任、中国轻工业联合会党委书记、会长张崇和，原文化部党组副书记、副部长、中国政策科学研究会顾问赵少华，中国轻工业联合会党委副书记、中国乐器协会理事长王世成，天津市委原常委、统战部部长、华夏未来文化艺术基金会党委书记刘长喜，上海国际贸易促进委员会副会长顾春霆，与上海国际乐器展览会主办方负责人、上海国展展览中心有限公司董事长、总经理吴江红，德国法兰克福展览（香港）有限公司执行董事李庆新一起出席开幕庆典，并与中央音乐学院原党委书记赵旻，企业代表广州珠江钢琴集团股份有限公司董事长李建宁一起，为本届展会揭幕。

天津经济技术开发区党委书记、管理委员会主任书记洪世聪，中国交响乐发展基金会理事长陈光宪，中国音乐家协会管乐学会主席于海，著名音乐教育家吴斌教授，中国民族管弦乐学会会长吴玉霞，著名国家一级作曲家卞留念，国际提琴制作大师郑荃教授，中科院声学研究所所长杨军，上海音乐家协会副主席郭强辉，浙江省音乐家协会主席翁持更，金利来（中国）有限公司副总经理黄玺嘉女士等各界人士，与来自国内十个产业集群党政领导、国内各大乐团团长和嘉宾，以及国内外相关机构、展商代表近300人共同出席了开幕庆典。

本届展会总展览面积12万平方米，横跨新国际博览中心十大室内展馆和3大室外展区，来自23个国家及地区的1800余家海内外企业携新品参展，共襄盛会。

2023 Music China全球业界新品首发式在上海举行

10月11日，由上海国际乐器展览会组委会倾力打造的2023 Music China全球业界新品首发式在上海新国际博览中心隆重举行。

中央机构编制委员会办公室原副主任，中国轻工业联合会党委书记、会长张崇和；原文化部党组副书记、副部长，中国政策科学研究会顾问赵少华；中国轻工业联合会党委副书记、中国乐器协会理事长王世成；天津市委原常委、统战部部长，华夏未来文化艺术基金会党委书记刘长喜；中央音乐学院原党委书记赵旻；上海国展展览中心有限公司董事长、总经理吴江红；德国法兰克福展览（香港）有限公司执行董事李庆新出席首发仪式并揭幕。

中国乐器协会理事长王世成在讲话中指出，全球业界新品首发活动，是中国乐器协会和上海国际乐器展览会组委会精心打造的一个助推行业科技创新、高质量发展的重要平台。今年的新品首发活动聚焦于乐器产品创新和技术创新，以“创新型”“实用性”“时代感”为关键词，面向国内外征集行业新品。

首发新品的涌现，不仅为消费者带来了全新的体验，更为行业注入了新的活力，激发了整个乐器生态圈的创新潜能。首发式由中国乐器协会专职副理事长孙瑞勇主持。

2023乐器行业高峰论坛在上海成功举办

10月11日，由上海国际乐器展览会组委会精心策划、倾力打造的2023乐器行业高峰论坛在上海国际乐器展期间成功举办。论坛以“新形势下乐器市场的新思考”为主题。来自北京、广州、上海、南京、东莞等地乐器企业负责人、乐器制造商、经销商及专业媒体近百人参加论坛活动。论坛由中国乐器协会专职副理事长陈晋武主持。

中国轻工业联合会党委副书记、中国乐器协会理事长王世成，美国国际音乐制品协会首席执行官牧佑航出席论坛并做主旨发言。

王世成理事长着重分析乐器行业市场状况、市场变化、市场模式，强调要在自信自立自强基础上保持开放，坚持勇于创新善于创新持续创新，扎实快速推进全产业链数字化应用，进一步提升人才队伍的整体素质等诸多方面赋能乐器行业发展。当前乐器市场总的趋势将是一个波浪式发展、曲折式前进的过程，整个过程将呈现出恢复性发展的态势。

本次论坛系2023年第二十届上海国际乐器展览会期间举办的重要活动，重量级嘉宾齐聚论坛，通过面对面交流分享理念，互鉴观点，围绕新形势下乐器市场发展热点进行了深入探讨。各位嘉宾见解精彩纷呈，有效助力广大参会人员拓展思路，共同为乐器市场发展赋予新动能。

“多彩中国　佳节好物”文旅贸易促进活动（乐器专题）走进上海乐器展

10月11日，由文化和旅游部产业发展司、上海市文化和旅游局指导开展的“多彩中国佳节好物”文化和旅游贸易促进活动（乐器专题）在上海举办。

活动以“享受音乐　悦动中国”为主题，设置启动仪式、现场推介等环节，集中展示、推荐、交易一批具有中国特色、中国风格并受国际国内市场欢迎的优质乐器及相关产品和服务。现场还特设“多彩中国　佳节好物”文化和旅游贸易促进活动展示专区，对古筝、琵琶、小号、电子管风琴等优质乐器进行展示，吸引众多观众驻足参观、对接洽谈。

本次活动由中国乐器协会、国家对外文化贸易基地（上海）主办，上海国展展览中心有限公司、中国人民大学创意产业技术研究院承办，中央音乐学院、中央民族乐团、中国旅游报社、国家对外文化贸易基地（哈尔滨）、国家对外文化贸易基地（衡水）、新浪微博支持。

中国乐器协会电吹管培训班暨研讨会举行

10月12日至13日，“中国乐器协会电吹管演奏教学培训班暨电吹管产业发展研讨会”在上海新国际博览中心举行。

本次活动由中国乐器协会主办，中国乐器协会音教专委会、中国乐器协会电吹管艺术实践基地和山西运城管乐文化艺术协会共同承办。活动邀请了天津音乐学院副教授王恒以及周勇、李高阳、果齐、仲晋江等几位优秀的青年管乐演奏家共同组成讲师团队。本次培训共有来自全国23个省市和地区的90多位学员报名参加。

中国乐器协会专职副理事长陈晋武，作曲家、演奏家卞留念，音乐教育家吴斌等领导嘉宾出席了10月12日上午举行的开班仪式。

陈晋武在会议上表示，电吹管作为一项新兴的乐器，其标准的建立势在必行。他指出，这次研讨会有这么多管友和企业参与，是一个良好的开端。未来，中国乐器协会将继续致力于推动电吹管事业的发展。

百台兰考古筝进央音奏响乡村乐器经济新时代乐章

11月15日上午，“河南兰考百台古筝进央音”活动在中央音乐学院醇亲王府南大殿前隆重举行。

本次活动由中央音乐学院、中国乐器协会、兰考县委、兰考县人民政府主办，全国政协文化文史和学习委员会办公室支持。中国文联副主席、书记处书记、中央音乐学院院长俞峰，全国政协文化文史和学习委员会办公室副主任闫晶明，中国轻工业联合会党委副书记、中国乐器协会理事长王世成，开封市委常委、兰考县委书记陈维忠，中央音乐学院党委书记于红梅、兰考县常务副县长张卫波、中国乐器协会秘书长刘勇等领导和嘉宾莅临这一文化盛会。

中国乐器协会专职副理事长陈晋武一行赴浙江考察调研

11月15日至16日，中国乐器协会专职副理事长陈晋武、协会专家委员会副主任曾泽民一行，前往浙江省钢琴产业聚集区调研，就当前该地区钢琴及配套企业发展现状、产业面临困难、行业发展趋势等进行实地考察。

调研期间，陈晋武一行还实地走访杭州雅马哈乐器公司，参观了钢琴生产车间、吉他生产车间和产品展厅；并与总经理铃木诚一、部长白柳荣一以及品质保证部副部长倪菁共同进行了情况交流与座谈，深入了解杭州雅马哈钢琴企业的生产经营现状、产业链供应链情况、科技创新及产业发展前瞻，并对如何推进钢琴产业科技创新、产业链和创新链融合发展等方面内容进行深入探讨。

中国乐器协会党支部传达学习中央社会工作部全国性行业协会商会主题教育推进会暨党风廉政警示教育课会议精神

12月4日上午，中国乐器协会党支部书记王世成主持召开全体党员干部会议，传达了中共中央委员会社会工作部全国性行业协会商会主题教育推进会暨党风廉政警示教育课会议精神和中国轻工联党委工作部署，并对协会党支部下一步学习贯彻落实提出要求。

会议要求协会党支部和全体党员干部，要进一步强化党建引领。深入学习习近平新时代中国特色社会主义思想，旗帜鲜明讲政治，坚定不移听党话跟党走，持续夯实党建基础，努力发挥“两个作用”。

党员干部特别是负责同志，要守好红线与底线，不断增强爱岗敬业、勤学上进的责任感和主动性、自觉性，持续提升自身综合素养，把协会当事业干。要进一步强化持续发展。要坚持协会做优做久，养成调查研究的好习惯，练好基本功，不断完善协会发展理念和工作思路，创新服务平台，注重分类指导，以协会高质量工作务实推动乐器行业高质量发展。

2023年乐器行业科技创新与产业发展大会在珠海召开

12月12日至14日，2023年乐器行业科技创新与产业发展大会在广东省珠海市成功召开。会议由珠海市蔚科科技开发有限公司承办。中国轻工业联合会党委副书记、中国乐器协会理事长王世成，珠海高新技术产业开发区管理委员会副主任侯彪，中国乐器协会副理事长、中央音乐学院教授、轻工大国工匠、国际提琴制作大师郑荃，中国乐器协会顾问专家、人民音乐出版社原社长、著名音乐教育家吴斌，中国乐器协会副理事长、著名音乐家，北京奥运会闭幕式、广州亚运会、南京青奥会开闭幕式音乐总设计卞留念，中国乐器协会副理事长、中央音乐学院教授、著名琵琶演奏家章红艳出席大会。中国科学院院士、中国科学院原院长、“一带一路”国际科学组织联盟首任主席白春礼，珠海格力电器股份有限公司副总裁方祥建应邀出席并做专题报告。

王世成表示，中国乐器协会将2024年确定为乐器行业“创新与品质提升年”。希望行业各界共同努力，扎实推进2024年乐器行业的各项工作，为全面实现“十四五”规划目标而努力奋斗。在具体工作的部署上，高度概括为“新体系、新路径、新动能、新活力”。

会议同期召开了中国乐器协会八届八次常务理事会，讨论通过了相关议案，并通报了科技创新与产业发展大会主要内容。此外，音教专委会和电鸣分会，在会议期间分别召开了工作研讨会和年会。

国际交流

2023年中国乐器协会国际交流与合作

2023年，面对全球经济发展面临的不确定性，乐器行业谋合作、促发展的诉求较为迫切。为进一步加强国际交流与合作，中国乐器协会主动构建并完善国际乐器朋友圈，在原有良好合作基础上不断提升国际交流合作层次，“以乐为媒”丰富合作内涵。

（1）6月21日，国际乐器演奏日组委会高级顾问Rob Guest向中国参选的10所小学表示感谢。2023年6月21日国际乐器演奏日活动主题是“玩乐器　交朋友”。在6月21日夏至日这一天，通过乐器建立友谊，加深了解，扩大合作，以乐为媒，结交朋友，促进各国音乐文化互鉴。2023年，国际乐器演奏日组委会在世界主要国家选取76所有代表性的小学参与活动。来自中国、澳大利亚、美国、英国、意大利、德国、巴基斯坦、泰国、阿根廷、加纳、土耳其、肯尼亚、南非等国家的中小学参与“6·21国际乐器演奏日”活动并录制了富有各国特色的乐器演奏视频，与来自世界各国的同学们一起共享音乐快乐，广交音乐之友。

中国选取北京、江苏、河南、浙江等省（区）直辖市的10所乐器特色学校分别录制了欢迎视频和演奏视频，以乐为媒承载友谊，传递音乐之声，展示民乐之美，受到国际组委会高度重视。6月21日当天，各国乐器演奏视频将通过网络和社交媒体面向参与国的学校公开展示，向世界各地的爱乐人展示乐器演奏魅力。来自中国的莘莘学子，满怀音乐热情倾情演绎了富有本国特色的乐器，中国小学生们展示了精彩的乐器演奏，并与来自印度、英国、美国、澳大利亚、意大利、泰国、巴基斯坦等世界多国的小朋友们共同分享，也让各国朋友深深领略到中国民族乐器的魅力。值得一提的是，此次协会推选的重庆特殊教育中心学生管乐团，在管乐演奏中超越了自我，学会了合作，收获了不一样的幸福与快乐。他们以特殊方式诠释着艺术，以真挚情感传递着友爱，以顽强意志激励着人生，展示了学生们对未来美好生活的憧憬和信心。组委会组织的“玩乐器 交朋友”项目有效助力残疾人艺术事业，既丰富了残疾人音乐生活，也为残疾人朋友展示才艺提供了广阔舞台。

国际乐器演奏日联盟高级顾问Rob Guest负责与世界各国学校联合开展“玩乐器 交朋友”活动项目，向各国尤其是中国参与的10所学校表达诚挚问候，向所有参与“玩乐器 交朋友”这一特色项目的国家和学校致以诚挚谢意，希望大家尽享音乐盛宴，度过一个美好的国际乐器演奏日！

（2）2023年第二十届上海国际乐器展览会期间，中国乐器协会与美国国际音乐制品协会、欧洲音乐产业联盟、美国MIDI制造商协会、巴西乐器工业协会等国际乐器行业组织分别形成共识或达成备忘。

上海国际乐器展览会为中国和国际乐器展商搭建了专业交流平台。随着行业综合发展出现新变化，结合乐器行业新情况新特点，协会强化乐器市场开发与音乐教育拓展，得到各国积极响应。美国、欧盟及南美有关国家乐器行业组织表示愿与中国乐器行业继续深化交流合作。面向未来，协会将进一步拓展国际乐器行业信息交流和科创合作，不断提升乐器企业品牌影响力和国际参与度，助力更多中国品牌走向世界。

10月10日下午，中国乐器协会与欧洲音乐产业联盟在上海举行第十五次座谈会。中国轻工业联合会党委副书记、中国乐器协会理事长王世成、欧洲音乐产业联盟主席、捷克乐器协会会长苏珊娜·佩卓夫等出席会议。相关企业和专委会负责人广州珠江钢琴集团肖巍、北京星海钢琴集团孟宇、协会管乐专委会姜斯文、未来音乐分会赵易天。会议由中国乐器协会专职副理事长陈晋武主持。双方围绕中欧乐器行业共同关心的议题广泛、深入交换意见。

10月10日晚，中国（上海）国际乐器展览会20周年欢迎晚宴在上海举行。王世成理事长代表展会组委会向欧盟、捷克、法国、美国MIDI、巴西、英国等国际乐器行业组织和乐器行业协会颁发“国际合作奖”。

10月11日，由上海国际乐器展览会组委会精心策划、倾力打造的2023乐器行业高峰论坛在上海国际乐器展期间成功举办。论坛以“新形势下乐器市场的新思考”为主题，凝聚业界力量，汇集业内大咖，各位重量级乐器嘉宾聚焦主题，深入探讨当前乐器产业发展现状、共同分享研判未来发展趋势。来自北京、广州、上海、南京、东莞等地乐器企业负责人、乐器制造商、经销商及专业媒体近百人参加论坛活动。论坛由中国乐器协会专职副理事长陈晋武主持。中国轻工业联合会党委副书记、中国乐器协会理事长王世成，美国国际音乐制品协会首席执行官牧佑航出席论坛并做主旨发言。

10月12日，中国乐器协会（CMIA）、上海国展展览中心有限公司（Intex Shanghai）、法兰克福（香港）展览公司（MFHK）与美国国际音乐制品协会（NAMM）在上海召开座谈会。

中国乐器协会理事长王世成，专职副理事长陈晋武、秘书长刘勇、NAMM总裁兼首席执行官牧佑航（John Mlynczak）、NAMM国际部副主任狄懿羚（Elena De Lange）、NAMM国际部原主任石碧天（Betty Heywood）上海国展展览中心有限公司总经理吴江红、副总经理王蕾、法兰克福（香港）展览公司执行董事李庆新、法兰克福（上海）展览公司总经理张菁等四方机构领导参加座谈。

四方一致认为，中美两国是世界有重要影响力的大国，要加强中美乐器协会间良性互动，丰富产业发展内涵。对于下一阶段四方合作，在以下几个方面形成备忘：一是四方共同落实中美四方会谈会议达成的成果，推动中美乐器协会间及行业间的交流，恢复四方每年保持一次对话机制。二是保持乐器行业和市场信息交流。中美是世界最重要的两大乐器市场，乐器行业发展和走势，对全球乐器市场都是一种晴雨表。中美要在原有良好信息合作基础上继续保持中美乐器信息双向交流互动。延续并坚持CMIA每年上半年向NAMM提供中国上年度乐器行业发展报告，NAMM每年下半年向CMIA提供全球乐器发展报告，持续加强中美乐器行业信息交流、互通。三是进一步加强中美乐器技术和经济方面交流，在乐器中高端新品发布、新技术推广及应用方面探索合作与共享。由协会搭台，组织中美知名乐器企业组织技术交流。四是促进中美乐器贸易稳定发展和良性运转，约定各方服务责任、推动履行责任，增强协调程度，推动诉求及时解决，为中美乐器贸易增添发展信心和实际效果。

10月12日，中国乐器协会（CMIA）与美国MIDI制造商协会在上海举行座谈会。双方一致认为，中美MIDI行业多年来保持了顺畅沟通和愉快的多方位合作。时隔4年再度会面，中美MIDI行业发展格局出现新的变化，展现出新的生机与活力，双方对未来中美MIDI乐器行业振兴和发展充满期待。双方本着平等互惠原则，就进一步交流合作达成共识。

10月12日，中国乐器协会与巴西乐器工业协会在上海举行座谈。中国乐器协会理事长王世成出席座谈并讲话，巴西乐器工业协会会长、巴西《乐器市场》杂志主编丹尼尔·纳维斯与中国乐器协会等相关领导一起参加座谈。

巴方对上海国际乐器展览会二十周年表示祝贺并积极评价上海国际乐器展对于促进乐器产业发展的重要推动作用。巴方认为，中国乐器是全球产业链的重要组成部分，对于稳定全球乐器供应链发挥了重要作用。巴方愿与协会在乐器信息交流、乐器品牌建设、乐器绿色工厂、乐器供应链稳定方面建立可相互信任的协作伙伴关系。巴方期待协会邀请其参加中国乐器行业论坛或其他相关活动。

会员名录

中国乐器协会团体会员名录

（截至2024年7月31日）

（排序按协会任职和地址）

序号	企业名称	会员证号	地址	联系人	协会任职
1	功学社（天津）商贸有限公司	0219	北京市朝阳区朝阳门外大街26号朝外MEN写字中心B座21层	林志明	副理事长
2	北京中音中音科技有限公司	0486	北京市朝阳区建国路88号10号楼712号	赵易天	副理事长
3	北京乐器研究所	0002	北京市朝阳区南新园西路甲6号	张鑫	副理事长
4	北京罗兰盛世音乐教育科技有限公司	0522	北京市朝阳区西大望路63号阳光财富大厦3层	程建铜	副理事长
5	北京星海钢琴集团有限公司	0001	北京市通州区光机电一体化产业基地科创东五街8号	孟宇	副理事长
6	福州和声钢琴股份有限公司	0119	福建省福州市仓山区金山工业集中区浦上工业园B区红江路2号	刘小汀	副理事长
7	广州珠江钢琴集团股份有限公司	0030	广东省广州市增城永宁街香山大道38号	李建宁	副理事长
8	深圳市蔚科电子科技开发有限公司	0279	广东省深圳市南山区蛇口南海意库1栋507室	赵哲	副理事长
9	广东声凯乐器有限公司	0073	广东省肇庆市四会市城中街道三棵榕	黄志康	副理事长
10	得理乐器（珠海）有限公司	0311	广东省珠海金湾区联港工业区大林山片区双林东路2号得理工业园	顾冰峰	副理事长
11	乐海乐器有限公司	0152	河北省沧州市肃宁县德善街1号	宋从甲	副理事长
12	河北金音乐器集团有限公司	0076	河北省武强县周窝乡工业区金音街8号	陈学孔	副理事长
13	武汉艾立卡电子有限公司	0124	湖北省武汉市东西湖将军五路12号	张琳	副理事长
14	柏斯音乐集团股份有限公司	0146	湖北省宜昌市宜昌东山经济技术开发区珠海路1号	吴天延	副理事长
15	吟飞科技（江苏）有限公司	0240	江苏省常州市新北区汉江西路101号	范廷国	副理事长
16	江阴金杯安琪乐器有限公司	0251	江苏省江阴市申港镇亚包大道128号	时建明	副理事长
17	江苏奇美乐器有限公司	0178	江苏省靖江市经济开发区德裕路3号	张龙贵	副理事长
18	江苏凤灵乐器集团	0114	江苏省泰兴市溪桥镇华溪中路18号	李书	副理事长
19	烟台博斯纳钢琴制造有限公司	0188	山东省烟台市高新区博斯纳东路3号	孙强	副理事长
20	烟台金斯波格钢琴有限责任公司	0052	山东省烟台市经济技术开发区长白山路5号	王勇强	副理事长
21	西安朱雀乐器有限公司	0224	陕西省西安市高陵区西高路丝路融豪工业城内103，104号	张小东	副理事长

续表

序号	企业名称	会员证号	地址	联系人	协会任职
22	上海钢琴有限公司	0019	上海市宝山区宝扬路2222号	罗予人	副理事长
23	上海艾克斯尔乐器音响有限公司	0126	上海市嘉定区徐行镇新建一路2411号	刘卫国	副理事长
24	上海民族乐器一厂有限公司	0020	上海市闵行区七宝镇联明路400号	王国振	副理事长
25	上海知音音乐文化股份有限公司	0138	上海市长宁路1200号贝多芬广场3楼	朱文玉	副理事长
26	四川盛音乐器有限公司	0310	四川省成都市新生路6号	黄茂强	副理事长
27	天津市津宝乐器有限公司	0094	天津市宝坻区迎熏街1-2号	刘运斌	副理事长
28	森鹤乐器股份有限公司	0050	浙江省慈溪市逍林镇樟新公路1928号（胜山镇沙滩路）	罗建峰	副理事长
29	海伦钢琴股份有限公司	0118	浙江省宁波市北仑区龙潭山路36号	陈海伦	副理事长
30	北京华东乐器有限公司	0010	北京市平谷区东高村镇大旺务西路21号	刘凯	常务理事
31	北京中加海资曼钢琴有限公司	0003	北京市通州区光机电一体化产业基地科创东五街8号	谭宝利	常务理事
32	北京韵源天地文化有限公司	1126	北京市通州区台湖镇金福湿地公园　曹卫东乐器工作室	曹卫东	常务理事
33	钰丰乐器（福建）有限公司	0313	福建省漳州市南靖县丰田镇华侨经济开发区	陈永茂	常务理事
34	福建亚东钢琴有限公司	0669	福建省漳州市芗城区北斗工业园福建亚东钢琴有限公司	洪亚东	常务理事
35	漳州汉旗乐器有限公司	0846	福建省漳州市芗城区北斗工业园金华路1号	林天福	常务理事
36	广州格利蒙那提琴有限公司	0208	广东省广州市番禺区大石街涌口工业区工业三路	关尚持	常务理事
37	广东省乐器协会	0470	广东省广州市越秀区署前路33号2号楼905室	李爱群	常务理事
38	广州珠江艾茉森数码乐器股份有限公司	0426	广东省广州市增城区香山大道38号1号楼	刘春清	常务理事
39	美得理电子（深圳）有限公司	0128	广东省深圳市福田区中康路卓越城1期4-505	徐俊	常务理事
40	遵义神曲乐器制造有限责任公司	1046	贵州省遵义市正安县经济开发区B区	郑传玖	常务理事
41	大厂回族自治县华丰铸造有限责任公司	0252	河北省大厂回族自治县夏兴街808号	杨山	常务理事
42	河北省怀来镠厂	0055	河北省怀来县新保安镇幸福村	张利强	常务理事
43	饶阳北方民族乐器制造有限责任公司	0129	河北省饶阳县大官厅	杨俊朋	常务理事
44	饶阳成乐民族乐器有限责任公司	0143	河北省饶阳县大官厅开发区	李铁成	常务理事
45	河北华声乐器制造有限公司	0213	河北省深州市前么头工业区	张立根	常务理事
46	河北秦川文体乐器有限公司	0137	河北省石家庄市建设北大街38号	秦传功	常务理事
47	河南中州民族乐器有限公司	0186	河南省兰考县堌阳镇中州路003号	代胜民	常务理事
48	长沙幻音电子科技有限公司	0688	湖南省长沙市高新开发区谷苑路186号湖大科技园孵化大楼东栋201	郭润博	常务理事

续表

序号	企业名称	会员证号	地址	联系人	协会任职
49	长春市新博乐乐器有限公司	0894	吉林省长春市朝阳区同志街东清华路南汇华大厦107号	周洲	常务理事
50	江苏东方乐器有限公司	0090	江苏省江阴市祝塘云顾路8号	孔文忠	常务理事
51	江苏天鹅乐器有限公司	0045	江苏省靖江市马桥镇北首	陈滔	常务理事
52	苏州公爵琴业有限公司	0134	江苏省昆山市锦溪开发区锦裕路158号	李嘉龙	常务理事
53	南京舒曼钢琴制造有限公司	0112	江苏省南京市雨花经济开发区龙藏大道9号	戴巧茹	常务理事
54	南京新辉琴行有限公司	0266	江苏省南京市中山北路42号	刘小辉	常务理事
55	苏州民族乐器一厂有限公司	0043	江苏省苏州市平江区学士街梵门桥弄15号	张礼东	常务理事
56	江苏凤灵乐器有限公司	1110	江苏省泰兴市黄桥镇华溪中路1号	李晓晨	常务理事
57	江苏大风乐器有限公司	0480	江苏省徐州市沛县张庄镇工业区	徐宝华	常务理事
58	扬州金韵乐器御工坊有限公司	0095	江苏省扬州开发区鸿扬路8号	熊立群	常务理事
59	扬州市天艺民族乐器厂	0173	江苏省扬州市邗江区甘泉镇姚湾村	汪扬	常务理事
60	扬州民族乐器研制厂有限公司	0071	江苏省扬州市隋杨路槐泗工业园	田泉	常务理事
61	江苏雅韵琴筝有限公司	0159	江苏省扬州市西区新盛街道蜀岗果园	刘成	常务理事
62	扬州天韵琴筝有限公司	0299	江苏省扬州市仪征刘集盘古工业园	李同志	常务理事
63	大连铜管乐器有限公司	0106	辽宁省大连市中山区鲁迅路88号308室	焦永达	常务理事
64	山东省雅特乐器股份有限公司	0876	山东省昌乐县唐吾工业园雅特乐器股份有限公司	赵卫国	常务理事
65	上海市乐器行业协会	0123	上海市黄浦区中山南路917号5A	叶辉	常务理事
66	上海国光口琴厂有限公司	0023	上海市浦东金港路211号一号楼1105室	周伟义	常务理事
67	上海华新乐器有限公司	0109	上海市浦东新区沈梅路600号C栋	林伯龙	常务理事
68	门德尔松钢琴（上海）有限公司	0162	上海市松江区叶榭镇浦亭路88号	郑明统	常务理事
69	上海国际展览中心有限公司	0199	上海市长宁区娄山关路55号新虹桥大厦11楼	吴江红	常务理事
70	成都川雅木业有限公司	0132	四川省成都市龙泉驿区驿都西路4361号	张华君	常务理事
71	天津市津宝蓝魔文化传播有限公司	1109	天津市宝坻区钰华街道南环西路与朝霞路交口东210米	刘珈旭	常务理事
72	天津圣乐乐器有限公司	0284	天津市静海县蔡公庄镇四党口中村	王玉辉	常务理事
73	天津华韵乐器有限公司	0087	天津市静海县中旺镇	罗金琦	常务理事
74	浙江天目琴行有限公司	0151	浙江省杭州市拱墅区润园街135号	刘为明	常务理事
75	杭州嘉德威钢琴有限公司	0184	浙江省杭州市江干区丁桥镇临丁路1191号	陈莲琴	常务理事
76	浙江乐韵钢琴有限公司	0389	浙江省湖州市德清县洛舍工业园顺达路18号	金文英	常务理事
77	厦门斯坦伯格钢琴有限公司	0622	福建省厦门市湖里区金山路国贸新天地3450号	叶灯阳	常务理事
78	宁波四海琴业有限公司	0211	浙江省宁波鄞州区云龙镇前后陈村	何四海	常务理事
79	北京琴国乐器有限公司	0835	北京市朝阳区豆各庄乡黄厂路易心堂文创园艺佰联腾3层	姜伟	理事

续表

序号	企业名称	会员证号	地址	联系人	协会任职
80	北京育鹏乐器有限公司	0436	北京市朝阳区慧忠北里110号楼	张鹏	理事
81	小叶子（北京）科技有限公司	0687	北京市朝阳区叶青大厦北园1层	薄峰峰	理事
82	北京长安乐器有限公司	0153	北京市海淀区西四环北路15号依思特大厦610室	马雪松	理事
83	北京天力提琴有限公司	0092	北京市通州区张家湾小耕垡	赵云	理事
84	北京过云楼文化传媒有限公司	0937	北京市西城区百花深处胡同16号	郭怀瑾	理事
85	晋江力达电子有限公司	0288	福建省晋江市安海镇第二工业区力达工业楼	吴希达	理事
86	福建省爱乐钢琴有限公司	0147	福建省南平市顺昌县双溪镇货场路142、144号	柯晟	理事
87	广州欧米勒钢琴有限公司	0655	广东省广州市白云区江高镇神山工业园振兴路77号厂区2号厂房	方扬	理事
88	广州市威柏乐器制造有限公司	0962	广东省广州市花都区花东镇丰园路1号（空港花都）	梁庆宝	理事
89	广州市罗曼lı乐器制造有限公司	0241	广东省广州市花都区狮领镇育才路13号	郑晓明	理事
90	广州蓝深科技有限公司	1107	广东省广州市黄埔区南翔一路50号四栋432房	温毅明	理事
91	广州市大同琴行有限公司	0397	广东省广州市越秀区东川路37号	佟伟彦	理事
92	汕头市乐童乐器有限公司	0488	广东省汕头市丹阳庄东区59栋802	孙丽松	理事
93	深圳市魔耳乐器有限公司	0593	广东省深圳市宝安区留仙二路敬航工业园D栋6楼	唐镇宇	理事
94	广东创智智能装备有限公司	1108	广东省肇庆市迎宾大道2号	严长志	理事
95	南宁市鑫金冠文化传播有限责任公司	0781	广西壮族自治区南宁市星湖路37号	陈振华	理事
96	广州恒声检测有限公司	0172	广州市荔湾区中南街渔尾西路8号五栋7008室	徐刚	理事
97	北京晨语筝业教育科技有限公司	0884	河北省秦皇岛市海港区秦皇东大街236号沃金商厦B座301	李君	理事
98	河北乐之洋乐器制造有限责任公司	0191	河北省饶阳县大官厅工业园566号	郭广哲	理事
99	河北学艺乐器有限公司	0931	河北省石家庄长安区体育北大街19号中山路体育大街北行300米路西	张建立	理事
100	开封悦音乐器有限公司	0640	河南省兰考县闫楼乡郭庄村	吴扎根	理事
101	武汉银可可琴行有限责任公司	0303	湖北省武汉市彭刘杨路228号金榜名苑一楼	蒋迟	理事
102	长沙飞达琴行有限公司	0289	湖南省长沙市芙蓉区东牌楼新世界商贸西1号	劳绍立	理事
103	南京爱韵乐器有限公司	0433	江苏省南京市玄武区同仁西街7号北楼2层	顾萍	理事
104	南通星海乐器有限公司	0929	江苏省南通市人民中路8号	汪祖洪	理事
105	泰兴斯坦特乐器有限公司	0041	江苏省泰兴市黄桥镇华溪西路2号	李荣富	理事
106	江苏新基因文化发展有限公司	0733	江苏省泰兴市黄桥镇华溪中路18号（黄桥乐器文化产业园内）	尹波	理事
107	扬州市思美民族乐器厂	0282	江苏省扬州江都市武坚镇黄思工业区	胡思林	理事

续表

序号	企业名称	会员证号	地址	联系人	协会任职
108	扬州风华国乐琴筝（音美尔）有限公司	0312	江苏省扬州市江都区邵伯工业文化产业园振兴路东首向北200米	刘庆阳	理事
109	扬州市正声民族乐器厂	0145	江苏省扬州市江阳工业园西湖双塘东路28号	周平	理事
110	大连福音乐器有限公司	0654	辽宁省大连市西岗区中山路236号	李大川	理事
111	龙口锦盛乐器有限公司	0084	山东省龙口市东莱街道大李村	李传术	理事
112	山东永聚才国际文化传媒有限公司	0242	山东省青岛市江西路98号乙	潘紫艺	理事
113	山东摩亚文化产业有限公司	0544	山东省滕州市善国北路人才市场对过	梁景永	理事
114	陕西省文化物资公司	0502	陕西省西安市龙首北路东段4号	张忠民	理事
115	赛乐尔三益乐器（上海）有限公司	0269	上海市静安区大田路129号嘉兴大厦B幢6B	施容	理事
116	温克尔曼（上海）乐器有限公司	0467	上海市南汇坦直工业园古翠路33号	应利星	理事
117	上海威堡钢琴有限公司	0239	上海市普陀区凯旋北路1188号环球港写字楼B座11楼	蒋维国	理事
118	卡西欧（中国）贸易有限公司	0554	上海市青浦区练塘工业园区蒸夏路200-8号	陆舒吟	理事
119	上海灵江乐器有限公司	0598	上海市松江区沪亭北路218号F115-117室	黄道周	理事
120	上海和乐钢琴有限公司	0337	上海市松江区沪亭北路218号F115-117 德国哈罗德钢琴	姚建芳	理事
121	英昌乐器（中国）有限公司	0335	天津市东丽区崔家码头东侧	赵勇光	理事
122	天津奥维斯乐器有限公司	0354	天津市静海县蔡公庄镇四党口中村	张国民	理事
123	天津盛兴元乐器有限公司	0103	天津市静海县子牙镇潘庄子	王泽云	理事
124	乐合数据信息科技江苏有限公司	0899	扬州市生态科技新城文昌东路201号扬州软件园G座一层	凌新爱	理事
125	昆明乐器用品有限责任公司	0064	云南省昆明市东风西路289号	伍俊武	理事
126	杭州爱尔科乐器有限公司	0406	浙江省杭州市萧山区闻堰街道长安村祥大房388号	蒋峰	理事
127	杭州顺和盛电子科技有限公司	0530	浙江省杭州市余杭区临平南街道高地工业园	沈国水	理事
128	德清县中德利钢琴有限公司	0136	浙江省湖州市德清县关西郊路158号	王惠林	理事
129	湖州华谱钢琴制造股份有限公司	0174	浙江省湖州市德清县洛舍经济开发区	潘鸿凯	理事
130	浙江爱森纳赫钢琴有限公司	0171	浙江省湖州市德清县洛舍经济开发区文明东路18号	王惠忠	理事
131	湖州杰士德钢琴有限公司	0176	浙江省湖州市德清县洛舍镇杨树湾工业园区	韩智杰	理事
132	浙江珠江德华钢琴有限公司	0229	浙江省湖州市德清县武康镇丰庆街788号	何建超	理事
133	浙江友谊电子有限公司	0262	浙江省乐清市经济开发区纬19路268号	陈特	理事
134	宁波市北仑乐器配件制造有限公司	0203	浙江省宁波市北仑区大矸镇俞王村	俞兆祥	理事
135	宁波市五角阻尼股份有限公司	0321	浙江省宁波市鄞州区明珠路428号3A五角阻尼二楼	蔡赋勇	理事

续表

序号	企业名称	会员证号	地址	联系人	协会任职
136	重庆斯威特钢琴有限公司	0089	重庆市北碚区童家溪镇建设村新房组天成小学旁	王建华	理事
137	安庆新华书店有限公司	0617	安徽省安庆市集贤南路2号	肖金和	
138	亳州市冠中琴行经营部	0714	安徽省亳州市谯城区建安路与光明路交叉口南二十米路东	陈冠中	
139	合肥海知音乐器销售有限责任公司	0583	安徽省合肥市庐阳区长江路276号	李扬秋	
140	合肥市乐海琴行有限公司	0717	安徽省合肥市寿春路88号	邵坚	
141	安徽麒泽教育装备有限公司	0945	安徽省合肥市蜀山区南二环路3818号合肥天鹅湖万达广场1−8幢8−办1512	沈萍	
142	安徽省吉利琴行有限公司	0627	安徽省合肥市蜀山区潜山路与皖河支路交口商之都三楼	王欣	
143	安徽省国声琴行有限公司	0596	安徽省合肥市桐城路77号1号门面	杨保海	
144	安徽健洋体育产业股份有限公司	0818	安徽省淮北市杜集经济开发区202省道以北腾飞路以西	张峰	
145	淮北市兴华家具有限公司	0820	安徽省淮北市杜集经济开发区众诚路2号	郭吉文	
146	安徽吉祥科教设备有限公司	0819	安徽省淮北市杜集经济开发区紫藤路北侧	王飞	
147	淮北市云飞商贸有限责任公司	0823	安徽省淮北市杜集区高岳镇B2−105幢109号	李林军	
148	安徽世鹏教学设备有限公司	0821	安徽省淮北市杜集区滂汇工业区	郭彬	
149	淮北市力得科技发展有限公司	0822	安徽省淮北市相山区相山水路55−11号	张学勇	
150	淮南市海之声乐器销售有限公司	0912	安徽省淮南市田家庵区龙湖中路西段顺峰大厦三层	王宋梅	
151	惠州市天音乐器有限公司	0958	广东省惠州市大亚湾西区开城大道南11号之一	张又文	
152	惠州市汤姆乐器有限公司	0959	广东省惠州市惠阳区淡水街道古屋村地段阿诺玛工业园厂房B栋	谢宝舰	
153	安徽凯瑞教育设备有限公司	0923	安徽省六安市解放南路恒生阳光城商务中心68A1405室	张炜	
154	安徽精正家具制造有限公司	0995	安徽省六安市金安区经济开发区纵二路	杨永宽	
155	安徽邦胜德信息技术有限公司	1053	安徽省六安市棚场街京都豪园门面房138号	陈德胜	
156	舒城吉特育乐用品有限公司	0992	安徽省六安市舒城县棠树乡峰西村凌西路舒城经纬机械有限公司3幢	石发能	
157	安徽中领信息科技有限公司	0990	安徽省六安市小华山街道恒生国际商务中心68A幢1405室	彭化瑞	
158	安徽标音电子科技有限公司	1100	安徽省六安市裕安区金裕大道高新技术产业园15号1−2层	李梅	
159	宿州新华书店有限公司	0625	安徽省宿州市淮海中路79号	邓琼	
160	安徽拂晓教育装备有限公司	0947	安徽省宿州市灵璧县经济开发区红卫庄（西集）西边	朱柏	

续表

序号	企业名称	会员证号	地址	联系人	协会任职
161	安徽和信教学仪器设备有限公司	0514	安徽省宿州市武夷商业城B1区210-222室	陈静	
162	北京音悦荚科技有限责任公司	0972	北京市昌平区回龙观昌发展科教中心-5层	刘任凭	
163	北京智慧启明星教育咨询有限公司	1017	北京市昌平区回龙观新龙城40-5-101	肖阳	
164	北京爱芝音教教学设备有限公司	0425	北京市昌平区马池口镇乃干屯村203号	宁爱中	
165	六艺星空（北京）文化传播有限公司	0556	北京市朝阳区百子湾石门村路5号创美东朝时代创意园西区1-118室	周鹏	
166	北京世纪万合信息咨询有限公司	1133	北京市朝阳区创远路36号院3号楼	赵广飞	
167	盛美华源国际文化发展（北京）有限公司	1010	北京市朝阳区东大桥路甲8号尚都国际2910	孙赫	
168	北京声藏文化传媒有限公司	1002	北京市朝阳区垡头金蝉北里21号院21-2幢3层386号	陆晗	
169	赛尔玛亚洲(北京)销售有限公司	1084	北京市朝阳区工体东路丙2号12层1202	胡奕	
170	北京时代众乐琴行有限公司	0667	北京市朝阳区慧忠里304号楼1层304-2	刘小涌	
171	北京中音中音科技有限公司	0486	北京市朝阳区建国路88号SOHO现代城D座0711-0712室	赵易天	
172	北京爱新聚福电子音乐设备有限公司	0969	北京市朝阳区科学园南里中街京辰大厦B1	刘福新	
173	北京唐采文化发展有限公司	0943	北京市朝阳区六里屯北里	王小亚	
174	北京正音乐器进出口有限公司	1173	北京市朝阳区民族园路2号3幢丰宝恒大厦3033、3035	邓岳梅	
175	北京华宜天成乐器进出口有限公司	1098	北京市朝阳区苹果社区北区2号楼A座2515	蒋永建	
176	北京春秋博乐文化传播有限公司	0946	北京市朝阳区青年路西里国峰时代106	翟翀	
177	北京库客音乐股份有限公司	1097	北京市朝阳区三间房南里四号院96栋	余赫	
178	北京柏通乐器有限公司	1137	北京市朝阳区十里堡路1号103号楼1层111	杨海平	
179	北京银河润泰科技有限公司	0843	北京市朝阳区曙光西里甲6	闫文闻	
180	乐斯（北京）教育投资有限公司	0907	北京市朝阳区四惠东华腾世纪总部公园	张峰赫	
181	北京快乐神州科技有限公司	0811	北京市朝阳区望京东路8号锐创国际1号楼16F	彭锡涛	
182	北京诺宝文化艺术有限责任公司	0731	北京市朝阳区向军北里瀚海文化大厦809室	李薇	
183	北京葡橙朵朵文化艺术有限公司（北京琴学社）	0900	北京市大兴区黄村观音寺街31号	贾建伟	
184	北京福韵国际工贸有限公司	0492	北京市大兴区青云店镇垡上电镀厂院内	李宝红	
185	伊索（北京）国际贸易有限公司	1009	北京市大兴区兴泰街五号院首邑溪谷小区1-1-307	郝晓玉	
186	北京天昱文化发展有限公司	0988	北京市大兴区宣颐路7号 学而音乐艺术中心	方思国	
187	北京瑞音天地文化艺术有限公司	0875	北京市东城区广渠门内大街88-12	时瑞滨	
188	北京盛世雅歌琴行有限公司	0746	北京市东城区交道口东大街6-6号	于效威	

续表

序号	企业名称	会员证号	地址	联系人	协会任职
189	威柏尔乐器（北京）有限公司	0454	北京市东城区王府井大街277号好友写字楼2518室	刘勇	
190	北京星海福音琴业有限公司	0278	北京市东城区夕照寺中街四号星海宏昌大厦A座609室	胆美珍	
191	北京兆森乐器有限公司	0484	北京市房山区韩村河镇西东村南	孙伟	
192	北京杜兰德科技有限公司	0867	北京市房山区绿地启航国际商务办公区三期13号楼603室	郭树	
193	北京吕建华民族乐器文化有限公司	1123	北京市丰台区巴庄子139号33幢2108A室	吕建华	
194	北京敦善文化艺术股份有限公司	0259	北京市丰台区大红门西马厂甲14号集美文化产业园4号楼3层A08	于添	
195	北京大音文化艺术有限公司	1147	北京市丰台区南方庄安富大厦103室	代冰	
196	北京德勇乐器有限公司	0729	北京市丰台区南三环东路6号嘉业大厦B座1104室	闫丕勇	
197	北京索达文化传播有限公司	0500	北京市丰台区南四环西路188号总部基地2区6号楼3层	叶彩萍	
198	北京卓邦乐米文化传播有限公司	0526	北京市丰台区南四环西路188号总部基地十一区27号楼6层	张新峰	
199	北京梓树钢琴有限公司	1120	北京市丰台区宋家庄正华商城二层梓树钢琴艺术中心	王兆琳	
200	北京乐器学会	0857	北京市丰台区怡海花园恒丰园3号-203	刘正辉	
201	北京华夏璇音艺术传播中心	1129	北京市海淀区北三环西路48号3号楼1层1C-3	杜怡璇	
202	北京龙羽时代科技有限公司	0351	北京市海淀区北三环中路77号27号楼509室	魏剑羽	
203	北京诺健科技发展有限公司	0592	北京市海淀区复兴路甲36号百朗园1218号	李腊	
204	北京金三惠科技有限公司	1096	北京市海淀区上庄镇东马坊19号	魏宏惠	
205	北京视感科技有限公司	1143	北京市海淀区学清路甲18号中关村东升科技园学院园二层C区372室	张博涵	
206	北京家训马林巴文化艺术中心	0850	北京市海淀区紫竹院路100号	王家训	
207	北京安平乐乐器有限责任公司	0539	北京市海淀区紫竹院路88号紫竹花园小区底商	安青	
208	北京梦潼文化传媒有限公司	1165	北京市顺义区金航中路3号院1号楼1单元6层601室（天竺综合保税区）	晏新刚	
209	北京市产品质量监督检验院	0255	北京市顺义区顺兴路9号	孙路伟	
210	金蓝国际乐器（北京）有限公司	0828	北京市通州区东燕郊开发区东贸国际16号楼2单元2011室	吕占武	
211	世音百纳（北京）文化发展有限公司	1085	北京市通州区富力中心B02栋1015	雷虹	
212	北京管乐器厂	0004	北京市通州区光机电一体化产业基地科创东五街8号	赵彤	

续表

序号	企业名称	会员证号	地址	联系人	协会任职
213	北京珠江钢琴制造有限公司	0836	北京市通州区经济开发区东区靓丽5街8号	冯汉辉	
214	北京乐臻文化科技有限公司	1160	北京市通州区经济开发区南区漷兴三街1号-A905	冯军	
215	贵州律动文化发展股份有限公司	0765	北京市通州区梨园镇九棵树西路90号弘祥1979文化产业创意园B 座3层律动乐器8355室	韦永勇	
216	乐器空间	0508	北京市通州区李庄佳苑5号楼2单元902	赵文广	
217	玮萨乐器（北京）有限公司	1080	北京市通州区潞苑南大街甲560号B区110-B31	叶伟	
218	北京中艺乐器有限公司	0722	北京市通州区马驹桥镇联东U谷中试区75号楼	李建明	
219	环球乔治布莱耶（北京）乐器有限公司	0940	北京市通州区运河西大街乔庄路18号	杨宝玉	
220	北京卡丹萨文化艺术有限公司	0998	北京市西城区鲍家街43号	张庆海	
221	北京箭丽辉煌商贸集团有限公司	1153	北京市西城区广安门外大街168号1幢10层2-1103A	赵剑平	
222	北京星海钢琴集团有限公司北京民族乐器厂	0104	北京市西城区槐柏树街乙9号楼地下室	宋从甲	
223	北京德西玛扬琴文化传播有限责任公司	1114	北京市西城区黄寺大街24号院19号楼B座603室	于微微	
224	北京荟萃乐平乐器有限公司	1171	北京市西城区南新华街58号一层101	李乐平	
225	福建合声钢琴工业制造有限公司	0832	福建省东山县西埔镇拜师街泽园路342号开发区办公室602室	谢福志	
226	福州市拉维斯文化发展有限公司	0915	福建省福州市仓山区建新镇建新北路161号2号楼1层	廖俊伟	
227	福建音桥电子科技有限公司	0965	福建省福州市台江区五一中路132号抽纱大厦二层	陈雪萍	
228	晋江市法莱斯特乐器有限公司	0896	福建省晋江市安海镇安平开发区嘉禄路2号	陈茂桂	
229	晋江市锦乐电子科技有限公司	0970	福建省晋江市安海镇安平开发区嘉盛路147号、149号	俞亮生	
230	晋江市美固展示柜有限公司	0928	福建省晋江市罗山梧安社区113号	李雪芳	
231	晋江贝斯特电子科技有限公司	1150	福建省晋江市内坑镇前洪村锦安路7号	吴仔丽	
232	泉州海丝蔓电子科技有限公司	0924	福建省晋江市五里经济开发区长安路22号	柯俊雄	
233	泉州摩音乐器有限公司	1012	福建省泉州市晋江经济开发区五里园丰灵路10号	苏炳坤	
234	泉州耐特克钢琴集团有限公司	0974	福建省泉州市晋江市东石镇井林新村（60-74）号	高泉猛	
235	泉州市博兰仕电子科技有限公司	1119	福建省泉州市晋江市经济开发区（五里园）中路华26号-2栋三楼	何秋燕	
236	泉州合乐电子有限公司	0883	福建省泉州市南安市水头镇五里桥大道1268号	高铭胜	

续表

序号	企业名称	会员证号	地址	联系人	协会任职
237	厦门律动钢琴有限公司	0510	福建省泉州市迎津街建材公寓B幢501室	彭清燕	
238	厦门标旗文化传播有限公司	1023	福建省厦门市湖里区湖里大道10-12号421#	李恒生	
239	美森翰林（厦门）钢琴有限公司	0938	福建省厦门市湖里区五缘西二里21号1502	黄大柯	
240	圆古洲（厦门）集团有限公司	1051	福建省厦门市思明区莲岳路1号1004室之01室	陈卫伟	
241	厦门唐基文化艺术有限公司	0905	福建省厦门市思明区龙山中路8号66总部大楼一楼钢琴公司	杨晓杰	
242	厦门市华成琴行有限公司	0774	福建省厦门市四明东路9号	伊道生	
243	漳州市龙吟乐器有限公司	0674	福建省漳州市北斗工业园金华路1号	段性皓	
244	玉丰乐器（漳州）有限公司	0954	福建省漳州市芗城区金峰开发区玉丰乐器	李水发	
245	弗莱契尔（厦门）乐器有限公司	0973	福建自由贸易试验区厦门片区（保税港区）海景东路10号4层	钟文俊	
246	白银辰睿新理念艺术传播有限公司	0770	甘肃省白银市白银区观澜商业街5楼B座辰睿新理念钢琴艺术中	赵辰睿	
247	广州吉声琴业有限公司	0067	广东省从化市鳌头镇岭南村古塘村106国道边	梁泽敏	
248	东莞市乐手时代乐器有限公司	0776	广东省东莞市高埗镇振兴北路米兰财富园（欧邓办公楼旁）三楼	何冬君	
249	东莞市华锦礼品有限公司	0847	广东省东莞市厚街镇下汴村汴康西路鑫浩源科技园一区	姜平	
250	东莞市名品旅行用品有限公司	1125	广东省东莞市寮步镇寮步岭安街81号	钟红梅	
251	东莞市乾方音响设备有限公司	0750	广东省东莞市南城区水濂山绿色路澎峒工业区第1栋3楼	董夷	
252	深圳市众邺科技有限公司	0889	广东省东莞市松山湖高新开发区新竹路万科松湖中心濮园903	许杏生	
253	东莞市增旺精密五金有限公司	0531	广东省东莞市塘厦镇莆心湖大道北七号	姜有文	
254	佛山市小钟琴文化传播有限公司	0881	广东省佛山市禅城区南庄镇商业广场4座808	李康勇	
255	佛山市盈展乐器有限公司	0986	广东省佛山市南海里水镇邓岗南隅村工业二路18号四楼之一	康伟光	
256	佛山市佰添乐器有限公司	0686	广东省佛山市南海区里水镇和顺官和路金星工业区东门39-7	陈祝军	
257	佛山安炜达金属制品有限公司	1020	广东省佛山市南海区里水镇河村巫庄工业区巫庄北路2号安炜达	冯永高	
258	佛山市南海区海韵乐器制造有限公司	0520	广东省佛山市南海区狮山镇莲子塘湖塘口路厂房之五	胡冬花	
259	佛山市三水龙声乐器制造有限公司	0362	广东省佛山市三水区白坭镇白沙南街一号	李庆炎	
260	佛山市万正涂料有限公司	0390	广东省佛山市三水区西南镇金本工业园B区	肖亚亮	
261	广州纳声乐器有限公司	1177	广东省广州市白云区白云湖街夏茅村第十五工业区盛旺工业园三号内A栋4楼A404房	田惠中	

续表

序号	企业名称	会员证号	地址	联系人	协会任职
262	广州华丰乐器制造有限公司	0852	广东省广州市白云区人和镇汉塘村汉塘北路自编19号	李概文	
263	广州吉琴社乐器有限公司	0901	广东省广州市白云区人和镇穗禾名庭	洪银山	
264	广州市和必括乐器制造有限公司	0553	广东省广州市白云区石井红星工业路10号B座2号	黄斌	
265	广州华亦乐器有限公司	1005	广东省广州市白云区石井石沙路88号石井国际大厦13A	杨广	
266	广州诗帝堡乐器有限公司	0891	广东省广州市番禺区大北路150号华兴商贸大厦16层13号	谢春南	
267	广州诺英德曼钢琴股份有限公司	0919	广东省广州市番禺区沙湾镇福冠路福正西街15号B103	靳伟明	
268	广州悠哈乐器有限公司	0978	广东省广州市番禺区市桥富华中路39号503	黄成贤	
269	广州市笛美音响设备有限公司	1130	广东省广州市番禺区市桥街富华东路341号三层	朱佰乐	
270	广州市普迪立信科技有限公司	1105	广东省广州市高新技术产业开发区科学城掬泉路3号广州国际企业孵化器A区A206，A208房	霍涛	
271	英氏婴童用品有限公司	0859	广东省广州市海珠区广州大道南788号自编7栋	高峰	
272	广东红棉乐器股份有限公司	0038	广东省广州市海珠区基立道10号二楼	邹耿机	
273	广州市润博乐器箱包制造有限公司	1180	广东省广州市花都区花东镇阳升村阳升路31号	王美兰	
274	广州市泰源乐器制造有限公司	0955	广东省广州市花都区花山镇永乐村菊花石大道自编100号之六	张冬美	
275	广州市恒胜箱包有限公司	0606	广东省广州市花都区新华街团结村塘口四队机场安置区商业街	彭兰	
276	广州市鸣雅玛丁尼乐器制造有限公司	0587	广东省广州市花都区新华镇凤凰北路三东工业区	汪宏齐	
277	广州二诺信息科技有限公司	0877	广东省广州市黄埔区黄埔大道东933号2层	肖志伟	
278	广东琴趣网络科技有限公司	0812	广东省广州市黄埔区茅岗村坑田大街32号鱼珠智谷E306	麦燕玉	
279	广州市益友箱包皮具有限公司	0980	广东省广州市经济技术开发区萝岗联合上围村中街5号	李振标	
280	广州市雅迪数码科技有限公司	0496	广东省广州市荔湾区桥中中路186号爱国者一楼自编45号	胡伟	
281	德国博兰斯勒钢琴（中国）有限公司	0541	广东省广州市天河北路595–599号创新科技广场二楼	方扬	
282	广州弦尚文化传播有限公司	0501	广东省广州市天河区黄村路51号粤安工业园A栋6楼	隋细华	

续表

序号	企业名称	会员证号	地址	联系人	协会任职
283	广州闻乐教育科技有限公司	1058	广东省广州市天河区黄埔大道中662号604室	符吉聪	
284	广州市新艺宝乐器有限公司	0309	广东省广州市天河区黄浦大道西177号二楼	凌建聪	
285	广州千陆文化创意发展有限公司	0975	广东省广州市天河区凌塘新街16-2号新远景创业科技园5楼	秦千和	
286	广州传音乐器有限公司	0168	广东省广州市天河区天河路228号之1510	苏常青	
287	广东科展国际展览有限公司	1158	广东省广州市越秀区东风西路207号亚洲金融中心A座8楼	蔡景锋	
288	广州市拿火信息科技有限公司	0707	广东省广州市越秀区解放北路568号	陆子天	
289	广州市天樱电子有限公司	0763	广东省广州市越秀区明月一路20号明月阁806房	张继发	
290	惠州全丰育乐用品有限公司	0234	广东省惠阳区秋长镇长兴路鹏岭工业城	蔡赖丰	
291	深圳市巴罗克文化艺术发展有限公司（BARROCO乐器）	0898	广东省惠州市惠城区长湖苑1期9栋2单元1号琴行	王浩然	
292	惠州市惠阳区吉他行业协会	0831	广东省惠州市惠阳区大剧院1楼右侧办公室	闫兴为	
293	惠州市乐音乐器有限公司	0672	广东省惠州市惠阳区淡水镇铁湖路玉兰别墅D9-10栋	彭爱平	
294	宇声乐器（惠州）有限公司	0904	广东省惠州市惠阳区秋长街道金秋大道75号	蔡国宏	
295	惠州德尚乐器有限公司	0851	广东省惠州市惠阳区秋长益发工业区A栋	钟文辉	
296	惠州市铭仕电子制品有限公司	0785	广东省惠州市惠阳区秋长镇西湖边水村铭仕电子制品有限公司	赵建萍	
297	惠州市惠阳区新圩曼棱乐器厂	0540	广东省惠州市惠阳区新圩镇塘口工业区	李秋云	
298	惠州声柏乐器有限公司	0697	广东省惠州市惠阳区长街道秋长镇岭湖工业区亚来路39号	王振中	
299	惠州市思琪特科技有限公司	0918	广东省惠州市仲恺高新区陈江街道办五一大道日通达大楼1栋3楼	邱宇鹏	
300	鹤山市挚雅乐器有限公司	0602	广东省江门市鹤山市龙口镇北环路6号	杨建勋	
301	揭西县美科电子电器厂	0206	广东省揭西市县城环城路西段	张远青	
302	揭阳市卡巴特乐器有限公司	1006	广东省揭阳市揭东区玉湖镇玉联村工业西片区	刘森归	
303	揭西县美乐斯电子电器厂实业有限公司	0537	广东省揭阳市揭西县河婆街道北环一路中段（国税大楼后面）	张伟雄	
304	揭西县小天使电子电器有限公司	1136	广东省揭阳市揭西县河婆镇工业开发区	彭作捶	
305	开平市圣诺电子有限公司	0609	广东省开平市三埠长沙光明路82号102	黄美娴	
306	广东龙健乐器有限公司	0987	广东省廉江经济开发区龙健高新科技产业园	戴平	
307	南雄市海伦罗曼钢琴有限公司	0664	广东省南雄市珠玑镇二塘村国道G323线旁	李晓勇	
308	广东天谱科技集团有限公司	1178	广东省清远市清城区横荷街道高新技术产业开发区创兴六路19号广东天谱电器有限公司1号厂房1-6层	吴宪忠	

续表

序号	企业名称	会员证号	地址	联系人	协会任职
309	深圳市卓乐科技有限公司	0521	广东省深圳市宝安28区陆氏工业大厦2楼	李国飞	
310	深圳市中艺盈科电子有限公司	0355	广东省深圳市宝安35区安华工业区一巷8栋A5	钟永津	
311	深圳市阿诺玛乐器有限公司	0658	广东省深圳市宝安区宝田三路宝田工业区56栋6楼	陈海华	
312	深圳市搜罗乐器有限公司	1082	广东省深圳市宝安区航城街道九围社区九围第三工业区5号B栋厂房5层	欧阳斌	
313	深圳市小草音乐网络科技有限公司	0858	广东省深圳市宝安区沙井街道锦程路2070号石厦港联工业园C栋2楼	梁海	
314	深圳市伏荣科技开发有限公司	0459	广东省深圳市宝安区西乡西城工业区12栋2楼	李胜	
315	深圳市宏伟顺科技发展有限公司	0599	广东省深圳市宝安区新安街道44区富源商贸中心B1403	段建军	
316	深圳市和普乐器有限公司	0341	广东省深圳市福田区八卦岭八卦五路五街543栋4楼433房	亓苏梅	
317	深圳戎马广告有限公司（琴行经营报）	0578	广东省深圳市福田区车公庙泰然六路泰然物业大厦207栋301室	林凯	
318	深圳市和乐文化传播有限公司	0740	广东省深圳市福田区福中一路2016号深圳音乐厅首层施坦威钢 琴专卖店	翁环	
319	中孚泰文化建筑股份有限公司	1163	广东省深圳市福田区园岭街道上林社区八卦四路10号中浩大厦1406	黄水兰	
320	尼凯乐器（深圳）有限公司	0932	广东省深圳市光明新区公明街道将石新围第一工业区1栋	宋燕刚	
321	深圳市伊诺乐器有限公司	0300	广东省深圳市龙岗区宝龙街道诚信路2号天亨达产业园7楼	袁雁	
322	深圳市双华鑫电子有限公司	0864	广东省深圳市龙岗区布吉中元路4号楼32栋A305	江中华	
323	深圳市佳音王科技股份有限公司	1117	广东省深圳市龙岗区龙城街道清林西路龙岗天安数码城1号大厦A座1102 室	王福	
324	创尊科技（深圳）有限公司	0966	广东省深圳市龙岗区龙岗街道南联社区圳埔领路2号F栋202	张又文	
325	深圳市杰高乐器有限公司	0971	广东省深圳市龙岗区平湖街道新木里花半里欣悦广场C栋609	赵进荣	
326	深圳市维尔晶科技有限公司	1179	广东省深圳市龙华区福城街道章阁社区章阁路142号	罗福光	
327	深圳市巴丽乐器有限公司	1174	广东省深圳市龙华区龙华街道玉翠社区狮头岭龙观路鸿宇大厦16层1601	陈子君	
328	惠州壹号琴行有限责任公司	0747	广东省深圳市罗湖区太白路太阳新城6B	王浩然	

续表

序号	企业名称	会员证号	地址	联系人	协会任职
329	岩手一全科技（深圳）有限公司	0941	广东省深圳市南山区大新路88号金龙工业区63栋西309	Tomokazu Kawamura	
330	深圳金色田园教育科技股份有限公司	0773	广东省深圳市南山区高新技术园区南区A8音乐大厦905室	史斌	
331	深圳市艾伦易登文化发展有限公司	0868	广东省深圳市南山区前海星空科技园A栋401	秦健	
332	深圳市新众玩网络科技有限公司	0960	广东省深圳市南山区软件园1期3栋	许乐平	
333	深圳市乐器行业协会	0933	广东省深圳市坪山区坪山办事处汤坑社区同富西路67号家德马峦工业园一区7栋3楼	袁雁	
334	深圳鱼尾狮音教信息科技有限公	1131	广东省深圳市前海港合作区前湾一路1号A栋201室	杨冉	
335	鲍德温（中山）钢琴乐器有限公司	0032	广东省中山市东升镇观栏村工业区	周有恩	
336	中山市笛驰文体用品科技有限公司	0967	广东省中山市三乡镇麻斗工业区锚金大道19号	陆嘉诚	
337	珠海汇吉洋电子科技有限公司	0532	广东省珠海市斗门区白蕉工业园新科二路26号	王超	
338	珠海笙科智能科技有限公司	1162	广东省珠海市金湾区红旗镇机场北路总装车间D车间-2	董艺	
339	帕多瓦乐器（珠海）有限公司	0964	广东省珠海市香洲区湾仔华声工业园G座4楼	黄国城	
340	广西文化物资有限责任公司	1157	广西壮族自治区南宁市江南区星光大道4号23层	江勇	
341	南宁市嘉诚琴行有限公司	0546	广西壮族自治区南宁市教育路7-2号	林李斌	
342	广西中国-东盟文化艺术交流促进会	1122	广西壮族自治区南宁市青秀区新民路4号华星时代广场名仕阁1611室	郭军颖	
343	贵州萨伽乐器有限公司	1169	贵州省安顺市普定县工业大道贵州萨伽乐器有限公司	田家树	
344	贵州毕节松柏乐器制造有限公司	1079	贵州省毕节市金海湖新区小坝镇工业园区A5栋	彭士泳	
345	贵州声猛商贸有限公司	1146	贵州省贵阳市观山湖区长岭北路8号美的林城时代第E-03，F01栋5层10号房	张迪	
346	玉屏侗族自治县箫笛行业协会	0865	贵州省铜仁市玉屏侗族自治县箫笛厂内	杨永华	
347	贵州融合音源乐器有限公司	1028	贵州省遵义市正安县经济开发区	王建	
348	贵州正音文化科技有限公司	1032	贵州省遵义市正安县经济开发区	王学	
349	贵州贝加尔乐器有限公司	1043	贵州省遵义市正安县经济开发区	赵山	
350	贵州馨音乐器制造有限公司	1025	贵州省遵义市正安县经济开发区A区	卢纶焘	
351	遵义麦格纳乐器制造有限公司	1034	贵州省遵义市正安县经济开发区A区	郑传勇	
352	钰丰乐器（正安）有限公司	1047	贵州省遵义市正安县经济开发区A区	陈水茂	
353	贵州斯柏卓尔乐器有限公司	1048	贵州省遵义市正安县经济开发区A区	黄绍勇	
354	正安县盛雅乐器有限公司	1050	贵州省遵义市正安县经济开发区A区	郑俊	
355	贵州木源乐器制造有限公司	1045	贵州省遵义市正安县经济开发区A区3号楼	尹大鹏	
356	贵州谦梦乐器制造有限公司	1049	贵州省遵义市正安县经济开发区A区4小区	丁盛	

续表

序号	企业名称	会员证号	地址	联系人	协会任职
357	贵州金韵乐器有限公司	1027	贵州省遵义市正安县经济开发区A区吉他园	刘江波	
358	贵州凯丰乐器有限公司	1029	贵州省遵义市正安县经济开发区B区	黄宏楷	
359	贵州正安吉他实业有限公司	1031	贵州省遵义市正安县经济开发区B区	陶剑峰	
360	贵州律谦乐器有限公司	1039	贵州省遵义市正安县经济开发区C区2号楼	赵和兵	
361	贵州正安娜塔莎乐器制造有限公司	1030	贵州省遵义市正安县经济开发区C区二组团	赵建峰	
362	正安县博丰木业有限公司	1042	贵州省遵义市正安县经济开发区C区一组团一号楼	李祖才	
363	遵义市马氏吉他制造有限公司	1035	贵州省遵义市正安县经济开发区电子商务信息产业园	马大树	
364	贵州潮艺乐器制造有限公司	1036	贵州省遵义市正安县经济开发区国际吉他产业园A区新发展厂区D栋	卢波	
365	惠州市恒生乐器有限公司	0800	贵州省遵义市正安县经济开发区凯丰乐器	邓忠兵	
366	正安显勇乐器制造有限公司	1044	贵州省遵义市正安县经济开发区塞维尼亚乐器厂B栋	祝显勇	
367	正安县旭日乐器有限公司	1037	贵州省遵义市正安县经济开发区台湾产业园8栋	许朝阳	
368	贵州华茂乐器有限公司	1040	贵州省遵义市正安县经济开发区一组团二栋5楼501	赵和兵	
369	正安县吉他协会	1026	贵州省遵义市正安县经济开发区综合服务大楼	魏友兵	
370	贵州塞维尼亚乐器制造有限公司	1033	贵州省遵义市正安县瑞濠工业园B区	魏友兵	
371	海南大蟒科技有限公司	0572	海南省海口市美兰区海甸五西路兆南绿岛家园绿轩17-18A	胡建智	
372	霸州市威名乐器有限公司	0177	河北省霸州市大高各庄工业区	张维明	
373	北京东奇众科技术有限公司	0788	河北省保定市涿州市义和庄镇长安城村东口东奇公司收	郭学成	
374	赞凯尔松钢琴河北有限公司	0957	河北省沧州市肃宁县德善街	张振环	
375	沧州市金狮乐器有限公司	0227	河北省沧州市纸房头工业区	吕宝合	
376	定州市即兴音乐培训学校	0778	河北省定州市北城区大道观小学西行50米	佘会凤	
377	河北铭泽文体用品有限公司	0751	河北省定州市大奇工业区	张江伟	
378	定州市定海体育器材有限公司	0715	河北省定州市唐河循环经济产业园区	李增甫	
379	高碑店市金川乐器箱包制造有限责任公司	0383	河北省高碑店市白沟新工业城	李金祥	
380	高碑店市佰格乐器箱包厂	0760	河北省高碑店市南大街152号	邓印明	
381	衡水好望角乐器有限公司	1061	河北省衡水市饶阳县留楚乡屯里村北	焦虎星	
382	正欧乐器有限公司	1161	河北省衡水市武强县经济开发区	沈佳策	
383	廊坊市圣爱工艺品有限公司	0699	河北省廊坊市安次区仇庄乡景村工业区	邓岳梅	

续表

序号	企业名称	会员证号	地址	联系人	协会任职
384	廊坊市永信实业有限公司	0261	河北省廊坊市安次区杨税务	刘家庆	
385	廊坊市胜达润东乐器有限公司	1170	河北省廊坊市安次区杨税务镇西固城村	寇国润	
386	廊坊市斯尔曼乐器有限公司	0659	河北省廊坊市安次区祖各庄西口光辉巷	王颂	
387	霸州市特瑞森企业管理有限公司	1118	河北省廊坊市霸州市煎茶铺镇大高庄村706号	王先宇	
388	香河天音乐器有限公司	0060	河北省廊坊市香河县香河经济技术开发区运泰路	曹振民	
389	永清县嫦月乐器有限公司	1132	河北省廊坊市永清县三圣口乡小朱庄村	李嫦月	
390	饶阳县振鹏民族乐器厂	1060	河北省饶阳县大尹村镇大迁民村村东68号	常鹏龙	
391	饶阳县海之韵乐器有限公司	0597	河北省饶阳县东草芦村七区46号	李广敖	
392	三河市龙洋乐器有限公司	0393	河北省三河市新集镇	艾永青	
393	阿玛提（北京）乐器有限公司	0917	河北省石家庄桥西区裕华西路192号世纪公馆23楼	张立营	
394	河北康喜乐器制造有限公司	0756	河北省石家庄市新华区杜兆乡西营村和乐巷4号	张喜	
395	河北锦瑟乐器有限公司	1016	河北省石家庄市长安区嘉和广场2-1905	郭万军	
396	唐山市明艺教育科技有限公司	1059	河北省唐山市路北区君瑞花园0007楼1单元0539号（新华一号2 号大堂538艺智道）	田蕾	
397	廊坊韵迪乐器有限公司	0170	河北省文安县新镇镇工业区	王景川	
398	河北鑫欧泰教学设备制造有限公司	0784	河北省盐山县南环路	徐淑英	
399	吉克乐器河北有限公司	0999	河北省张家口市蔚县经济开发区工业街5号	郭玉成	
400	兰考县纬易乐器有限公司	1127	河南省开封市兰考县城区车站路210号	胡亚敏	
401	河南省唐响乐器有限公司	1124	河南省开封市兰考县城区中山北街北段西侧无号	齐亚斌	
402	河南高山流水乐器有限公司	1071	河南省开封市兰考县堌阳镇范场村	陈佰善	
403	兰考县雅音民族乐器有限公司	1115	河南省开封市兰考县堌阳镇范场村四组	徐二航	
404	河南中弘乐器有限公司	0985	河南省开封市兰考县堌阳镇工业园区	范慧敏	
405	兰考恋音乐器有限公司	1063	河南省开封市兰考县堌阳镇乐器工业园区	王海波	
406	河南省九韶乐器有限公司	1064	河南省开封市兰考县堌阳镇乐器工业园区内1号	刘春玉	
407	兰考县雯华乐器厂	1116	河南省开封市兰考县堌阳镇文化站南100米路东	赵艳娜	
408	兰考墨武古琴文化传播有限公司	1065	河南省开封市兰考县堌阳镇徐场民族乐器村	王二鱼	
409	河南中艺乐器有限公司	1113	河南省兰考县堌阳镇范场村四组	徐卫彪	
410	兰考县成源乐器音板有限公司	0848	河南省兰考县堌阳镇工业区3号	王凤枝	
411	河南三好乐器有限责任公司	1066	河南省兰考县堌阳镇堌牛路东侧	吴大平	

续表

序号	企业名称	会员证号	地址	联系人	协会任职
412	兰考县华韵乐器有限公司	1068	河南省兰考县堌阳镇工业园区	徐顺海	
413	兰考大河乐器有限公司	1072	河南省兰考县堌阳镇工业园区	何素英	
414	兰考县君谊民族乐器有限公司	1076	河南省兰考县堌阳镇工业园区	赵尚功	
415	兰考祥音民族乐器有限公司	1077	河南省兰考县堌阳镇工业园区	范慧敏	
416	兰考县华音民族乐器有限公司	1078	河南省兰考县堌阳镇工业园区	汪胜丽	
417	河南鸿鹄民族乐器有限公司	1074	河南省兰考县堌阳镇工业园区展厅北侧	徐登辉	
418	兰考县鸣韵乐器有限公司	0642	河南省兰考县堌阳镇乐器工业园区	徐会争	
419	兰考县韵音乐器有限公司	0643	河南省兰考县堌阳镇乐器工业园区	张巧芳	
420	兰考县古韵乐器配件厂	0641	河南省兰考县堌阳镇梁场村	马鹏	
421	河南省洲洋乐器有限公司	1070	河南省兰考县堌阳镇西关二村堌牛路西侧	冯会宾	
422	兰考焦桐乐器股份有限公司	0910	河南省兰考县堌阳镇月起工业园（民族乐器展厅）	王刚	
423	兰考县忠音民族乐器厂	1073	河南省兰考县关乡陈寨村东路南	许超	
424	兰考桐韵民族乐器有限公司	0680	河南省兰考县文明路16号	袁玉刚	
425	河南弦情乐器有限公司	1067	河南省兰考县闫楼乡梧桐工业园区桐音路1号	肖世腾	
426	兰考中正皇韵乐器有限公司	1075	河南省兰考县闫楼乡梧桐家居配套产业园	黄万顺	
427	兰考县怡轩乐器厂	1069	河南省兰考县怡轩乐器厂	陈国胜	
428	久鼎文化产业发展有限责任公司	1106	河南省新乡市经济技术开发区支一路与支二路丁字路口西南角	郝志辉	
429	新乡市安洛克乐器有限公司	1154	河南省新乡市卫滨区平原镇金家营549号	董喜瑞	
430	襄城县宏声乐器有限公司	0993	河南省许昌市襄城县麦岭镇欧营村	欧阳长伟	
431	郑州星艺新琴行有限公司	0775	河南省郑州市北二七路96号（金水路和东明路交叉口东30米路南）	翟莲花	
432	宁波海伦睿卡教育科技有限公司	0887	河南省郑州市管城区商城路东明路交叉口茂祥大厦17楼	樊国领	
433	巴彦县善林木业有限公司	1008	黑龙江省巴彦镇兴隆镇兴林林农路	卢花善	
434	哈尔滨七星乐器有限公司	0845	黑龙江省哈尔滨市道里区森林朝阳胡同6号2单元1层4号	王世秋	
435	黑龙江宗耀乐器有限公司	1138	黑龙江省哈尔滨市松北区左岸大街1758号	赵宗阳	
436	牡丹江和音乐器有限公司	0650	黑龙江省牡丹江市西安区海浪路199号	贾酝	
437	湖北华都钢琴制造股份有限公司	0427	湖北省广水市广办西河路二路2号	汪其见	
438	随州市曾侯乙编钟编磬文化有限公司	0830	湖北省随州市舜井大街305-2号	项绍清	
439	武汉市乐王乐器有限公司	0293	湖北省武汉市东湖高新技术开发区武大科技园路7号武大航域办公楼A8栋6楼	邢福志	

续表

序号	企业名称	会员证号	地址	联系人	协会任职
440	武汉工控艺术制造有限公司	0698	湖北省武汉市东西湖将军路万家墩东村59号	高力强	
441	武汉市海平乐器制造有限公司	0125	湖北省武汉市江岸区云林街65号观湖铂金公寓321房	王志军	
442	武汉致嘉乐器销售有限公司	0100	湖北省武汉市经济开发区民营科技工业园12号M栋	周致嘉	
443	武汉大音唐韵乐器有限责任公司	0873	湖北省武汉市武昌彭刘杨路229号	唐志雄	
444	武汉余晓维金手指文化艺术咨询有限公司	0726	湖北省武汉市武昌区和平大道绿地国际金融城B2栋2611室	余小维	
445	安斯特早教投资管理湖北有限公司	0737	湖北省武汉市武昌区积玉桥万达公馆五栋1单元502室	蔡德武	
446	常德市武陵区多尔乐器厂	1018	湖南省常德市武陵区滨湖路西城水恋小区北门	王晓冬	
447	武汉钢的琴音乐文化发展有限公司	0748	湖北省武汉市武昌区彭刘杨路228号	伍海波	
448	长沙斗牛士乐器有限公司	1091	湖南省长沙经济技术开发区东八路南段77号金科亿达科技城84 栋4单元604	何北	
449	湖南三创演艺有限公司	1024	湖南省长沙市开福区德雅路542号湖南电视节目中心3号楼	吴选作	
450	湖南纽比特文化艺术有限公司	1081	湖南省长沙市开福区芙蓉北路街道金泰路119号富湾国际1栋	刘甜	
451	湖南莱拉乐器有限公司	1093	湖南省株洲市醴陵市经济开发区标准厂房6号栋第六层	周晶	
452	延吉市民族乐器研究所	0154	吉林省延吉市北山街爱丹路125-2号	赵基德	
453	长春新威琴行有限公司	0369	吉林省长春市朝阳区工农大路1796号	周宝强	
454	长春市恒兴华科技有限公司	0663	吉林省长春市南关区大马路吉塔公寓998号	崔京宜	
455	江苏集萃碳纤维及复合材料应用技术研究院有限公司	1151	江苏省常州市新北区东海路202号	张晋华	
456	彤松钢琴培训工作室	0833	江苏省常州市新北区三井街道绿都万和城三区商业广场彤松钢琴培训工作室	叶立宇	
457	淮安市经纬教学设备有限公司	0552	江苏省淮安市楚州区施河镇德福北路186号	成鹏	
458	淮安市翔声民族乐器厂	0897	江苏省淮安市楚州区翔宇大道1003号易郡龙腾3号商住楼101室（售楼处旁）	贾洪海	
459	淮安市众兴教学设备有限公司	0856	江苏省淮安市淮安区泾口镇光明居委会	钱国军	
460	江苏润晨科教设备有限公司	0816	江苏省淮安市淮安区施河镇 政和路	王顺国	
461	淮安市成达教学用品有限公司	0813	江苏省淮安市淮安区施河镇德福北路16号	马俊成	
462	江苏宇辉教学用品有限公司	0618	江苏省淮安市淮安区施河镇德福南路	刘红兵	
463	江苏华丰教学装备有限公司	0704	江苏省淮安市淮安区施河镇工业园区	刘长军	
464	江苏乾坤教学设备有限公司	0534	江苏省淮安市淮安区施河镇工业园区	董玉乾	

续表

序号	企业名称	会员证号	地址	联系人	协会任职
465	江苏远恒教学设备有限公司	0916	江苏省淮安市淮安区施河镇工业园区	刘金云	
466	江苏强众科教设备有限公司	0736	江苏省淮安市淮安区施河镇工业园区29号	查永安	
467	江苏万里科教设备有限公司	0814	江苏省淮安市淮安区施河镇工业园区淮河路18号	施守英	
468	江苏祥信科教设备有限公司	0976	江苏省淮安市淮安区施河镇工业园区黄山路南首	刘娟	
469	江苏大鹏科教设备有限公司	0621	江苏省淮安市淮安区施河镇淮河路	刘宝珍	
470	江苏百宇兴事业有限公司	0753	江苏省淮安市淮安区施河镇淮河路1号	钱国强	
471	江苏星杨月科教设备有限公司	0645	江苏省淮安市淮安区施河镇世纪大道	杨如忠	
472	江苏兴特教学设备有限公司	0701	江苏省淮安市淮安区施河镇世纪大道	施信忠	
473	淮安市长三角科教设备有限公司	0815	江苏省淮安市淮安区施河镇世纪大道13号	施守江	
474	淮安市迅腾教学设备有限公司	0844	江苏省淮安市淮安区施河镇世纪大道16#	宋平安	
475	江苏月星科教设备有限公司	0646	江苏省淮安市淮安区施河镇世纪大道2号	葛彩珍	
476	江苏华光科教设备有限公司	0571	江苏省淮安市淮安区施河镇世纪大道8号	吴斌	
477	江苏安琪尔科教设备有限公司	0735	江苏省淮安市淮安区施河镇太平西路26号	李晓燕	
478	江苏东大科教设备有限公司	0702	江苏省淮安市淮安区施河镇条龙村	胡国政	
479	江苏盛达教学设备有限公司	0795	江苏省淮安市淮安区施河镇长江路1号	王国顺	
480	江苏双丰教学用品有限公司	0798	江苏省淮安市晃哪去施河镇德福路102号	沈卫国	
481	江苏容顺祥乐器有限公司	1152	江苏省淮安市涟水县经济开发区科创路东侧、兴业路南侧	刘家庆	
482	江苏雪峰科教设备有限公司	0817	江苏省淮安市清河区万达广场一期3号楼2单元1楼	单平平	
483	江苏华辰教学设备有限公司	0560	江苏省淮安市施河镇工业园区人民路南首	管益武	
484	淮安市福乐教学设备有限公司	0804	江苏省淮安市施河镇世纪大道	高云军	
485	江苏华睿科教设备有限公司	0805	江苏省淮安市施河镇世纪大道	周艾军	
486	江阴奇灵乐器有限公司	0705	江苏省江阴市申港镇澄路1597号	缪庆益	
487	江阴市孔声乐器有限公司	0523	江苏省江阴市祝塘镇工业集中区B区	孔真清	
488	无锡铃木乐器有限公司	0039	江苏省江阴市祝塘镇人民路1号	缪志兴	
489	中国大众音乐协会口琴专业委员会	0872	江苏省江阴市祝塘镇云顾路8号	孔文忠	
490	昆山德邦木业有限公司	0358	江苏省昆山市巴城镇正仪高科技术产业园富丽路	唐亮	
491	南京梦飞乐器贸易有限公司	0934	江苏省南京市江宁区东山街道宏远大道2298号秦淮绿洲东苑75 幢103室	刘飞	
492	南京乐言电子商务有限公司	1111	江苏省南京市江宁区东山街道潭园西路128号骆村大厦201室	彭涛	

续表

序号	企业名称	会员证号	地址	联系人	协会任职
493	南京音杰琴行有限公司	0948	江苏省南京市江宁区天元东路523号	安吉	
494	南京南淮文化传播有限公司	0953	江苏省南京市秦淮区中山南路315、313号1805、1806室	王艺耘	
495	南通市乐王琴业有限公司	0046	江苏省南通市环城东路93号	王夕林	
496	江苏三毛教仪成套设备有限公司	0696	江苏省沭阳县工业园区萧山路36号	徐兴俊	
497	江苏冠仪教学设备有限公司	0944	江苏省沭阳县公园东路155号	周立梅	
498	江苏金太阳科教设备有限公司	0789	江苏省沭阳县公园路20号金太阳科教	汤亚	
499	江苏省华茂科教设备有限公司	0565	江苏省沭阳县经济开发区永嘉路40号	祁霞	
500	江苏柠檬科教设备有限公司	0563	江苏省沭阳县章集工业园区柠檬3号	徐善才	
501	苏州市福合天韵乐器科技有限责任公司	0755	江苏省苏州市吴中区苏州工业园区星湖街328号创意产业园1-B601室	包伟康	
502	江苏浩派乙乐器有限公司	1092	江苏省宿迁市泗阳县李口镇全民创业园通达大道13号	柳云辉	
503	江苏威特诺乐器有限公司	0950	江苏省泰兴市黄桥镇金溪路东、通站路北	郭美霞	
504	泰兴市通灵乐器有限公司	0977	江苏省泰兴市黄桥镇溪桥华溪中路	殷建设	
505	泰兴琴艺乐器有限公司	0218	江苏省泰兴市溪桥镇华溪东路8号	吴建新	
506	江苏省苏创教学设备有限公司	0796	江苏省泰州市高港科技创业园	戴春喜	
507	江苏鸿星教学设备有限公司	0799	江苏省泰州市高港区力铺街道西工业区	吉荣进	
508	泰州市苏北实验仪器有限公司	0797	江苏省泰州市寿巷街道长太新村	芮锦成	
509	无锡市龙韵琴行	0984	江苏省无锡市梁溪区中山路金太湖国际城二楼	李子龙	
510	无锡市锡艺乐器厂	0194	江苏省无锡市新区梅村镇锡贤路149号	万建平	
511	无锡市新区古月琴坊	0101	江苏省无锡市新区梅村镇新南路10号	万其兴	
512	徐州市铜山区顺成乐器配件厂	0630	江苏省徐州市铜山区房村镇新庄	刘方盘	
513	盐城桐鹄堂琴行有限公司	0935	江苏省盐城市城南新区新都街道盐城金融城6幢1707室	张蓉蓉	
514	江苏玉河教玩具有限公司	0807	江苏省扬州市宝应县曹甸工业园区中央西路15号	唐素芳	
515	扬州云飞教学设备有限公司	0806	江苏省扬州市宝应县曹甸镇工业集中区	罗云谋	
516	江苏康乐玩具有限公司	0808	江苏省扬州市宝应县曹甸镇工业集中区	施乃凤	
517	江苏思礼实业有限公司	0809	江苏省扬州市宝应县曹甸镇工业集中区	李如星	
518	江苏金阳光游乐设备有限公司	0810	江苏省扬州市宝应县曹甸镇工业集中区	郝白强	
519	江苏宝乐实业有限公司	0801	江苏省扬州市宝应县草甸工业区	杨军勇	
520	扬州正和民族乐器厂	0615	江苏省扬州市广陵区头桥镇迎新村	杨越	
521	扬州箫韶天成乐器有限公司	1086	江苏省扬州市邗江区甘泉街道长塘村（琴筝产业园）F02幢02号	张峰	

续表

序号	企业名称	会员证号	地址	联系人	协会任职
522	江苏府中君文化产业有限公司	1128	江苏省扬州市邗江区杨庙镇扬冶路北	刘永发	
523	扬州泉声民族乐器有限公司	0870	江苏省扬州市邗江区杨庙镇杨庙村荷花组	颜正友	
524	江苏六鑫科教仪器设备有限公司	0648	江苏省扬州市江都区浦头镇工业园区	朱美馀	
525	江苏永创教学仪器有限公司	0838	江苏省扬州市江都区浦头镇工业园区	吴亚芹	
526	泰州永创教学仪器有限公司	0839	江苏省扬州市江都区浦头镇工业园区	吴亚芹	
527	江苏大鑫教育装备有限公司	0878	江苏省扬州市江都区浦头镇工业园区	薛建萍	
528	扬州市恒厚科技发展有限公司	0879	江苏省扬州市江都区浦头镇工业园区	董安	
529	江苏润宏科教设备有限公司	0880	江苏省扬州市江都区浦头镇工业园区	陆静	
530	扬州玲珑苑琴筝坊	0710	江苏省扬州市江都区武坚镇周西社区兴周路2号	陈后勇	
531	扬州清和文化发展有限公司	0611	江苏省扬州市江阳中路433号金天城519号	金峰	
532	南京海关轻工产品与儿童用品检测中心	0862	江苏省扬州市开发西路8号	吴斌	
533	扬州市开发区竹西琴坊	0913	江苏省扬州市泰州路保安巷14号	李全	
534	扬州市维扬区御声乐器厂	0322	江苏省扬州市西湖镇司徒庙路西首-胡场	杨国富	
535	扬州翔韵琴筝有限公司	0721	江苏省扬州市西区杨庙镇	刘永勤	
536	扬州太古琴坊有限公司	0586	江苏省扬州市仪征刘集镇盘古工业园1号	刘霄	
537	扬州离染文化发展有限公司	1164	江苏省仪征市345国道西侧、扬月路北侧二层202	陈永东	
538	镇江汉韵民族乐器厂	0968	江苏省镇江市京口区桃花坞支路八角亭42号	朱剑	
539	深圳黑森林文化艺术有限公司	1015	江西省赣州市章贡区稼轩路黑森林文化艺术有限公司	王兰娟	
540	江西美丽达乐器有限公司	1041	江西省九江市武宁县工业园区	余武生	
541	九江赛璐珞实业有限公司	0855	江西省九江市武宁县万福经济技术开发区万福大道6号	单成鹿	
542	江西省宏声文化艺术发展有限公司	0579	江西省南昌市国安路112号	刘宏	
543	余干县民族乐器有限公司	0319	江西省余干县玉亭镇沙窝大街	张仕先	
544	大连龙音乐器有限公司	0671	辽宁省大连市开发区辽河东路88号	王明瑜	
545	伊斯坦尼亚钢琴（大连）有限公司	1088	辽宁省大连市中山区友好广场6号中远海运洲际酒店4层	杨犀莹	
546	聆动乐器（锦州）有限公司	0996	辽宁省锦州市古塔区重观路2号	孟翔航	
547	辽阳德盛重工机械有限公司	1011	辽宁省辽阳市辽阳县首山镇黑牛庄村	李弘宇	
548	东北钢琴乐器有限公司	1166	辽宁省营口市西市区渤海大街西82号	张晓文	
549	营口西尔伯曼钢琴有限公司	0270	辽宁省营口市西市区民兴河北街	丁弘戬	
550	营口乐器协会	0503	辽宁省营口市沿海产业基地新联大街东1号，格林希尔乐器公司	郝峰	

续表

序号	企业名称	会员证号	地址	联系人	协会任职
551	内蒙古艺龙琴行商贸有限公司	0761	内蒙古自治区呼和浩特市赛罕区新华东街长安金座D座商业二楼204	靳英士	
552	呼和浩特市艺达乐器商贸有限公司	0742	内蒙古自治区呼和浩特市新城区兴安北路2号	林清端	
553	青海三益琴行有限公司	0794	青海省西宁市海湖新区新华联国际中心2号楼三益琴行	李永文	
554	潍坊大唐乐器发展有限公司	0869	山东省昌乐县唐吾镇乐器产业园	李华波	
555	昌乐县东方乐器厂	0417	山东省昌乐县鄌郚镇政府驻地	李凤英	
556	山东庆云国健教学设备制造有限公司	0783	山东省德州市庆云县经济开发区民营创业园	张建涛	
557	山东瑞世达体育器材有限公司	0854	山东省德州市庆云县崖口工业园	刘金财	
558	山东八音乐器有限公司	0469	山东省菏泽市牡丹区刘寨（原乡政府）	马宏川	
559	山东中艺音美器材有限公司	0767	山东省菏泽市鄄城县富春乡开发区999号	李洪强	
560	济南凯乐电子设备有限公司	1155	山东省济南市高新区沁园路1489号	邢西凯	
561	济南旭秋乐器有限公司	0441	山东省济南市高新区世纪大道理想嘉园2号楼19层1909室（小鸭集团）	董念春	
562	济南新泺港琴行有限公司	0824	山东省济南市历下区文化东路94号	宁春玉	
563	济南朗声商贸有限公司	1099	山东省济南市文化西路2-23	李群	
564	济南市金生源乐器厂	0849	山东省济南市章丘区水寨镇范家开发区	范育荣	
565	山东省济宁市颜氏调律工具有限公司	0453	山东省济宁市任城区南张工业园	颜婷婷	
566	山东省鄄城训福教学仪器有限公司	0768	山东省鄄城县什集镇工业园	刘建芳	
567	山东鄄城致远科教仪器有限公司	0769	山东省鄄城县什集镇工业园777号	陈海红	
568	山东山石麦尔乐器有限公司	0243	山东省聊城市兴华东路香格里文景小区	刘冰	
569	山东省华泰教学设备有限公司	0837	山东省临沂市高新区宝山路113号	李永彬	
570	临沂宗沛斋工贸有限公司	0518	山东省临沂市河东区华龙路	张宗沛	
571	临沂市楸旭木业有限公司	1007	山东省临沂市兰山区方城镇墩头村	曹素强	
572	山东奥尚体育产业有限公司	0716	山东省临沂市兰山区后十社区2号楼（聚财商务中心）704号	潘书杰	
573	山东省雷鸣教学设备有限公司	0841	山东省临沂市兰山区临西七路小商品城二期大卖场中国教育用品采购基地三楼3023号	胡晓艳	
574	山东吉诺尔体育器材有限公司	0651	山东省临沂市兰山区小商品城22号楼0767-0768号	李娟	
575	临沂市音之源乐器有限公司	0922	山东省临沂市兰山区中国临沂小商品城北区卖场三楼3012号	胡鲁南	
576	龙口市管乐器协会	0963	山东省龙口市东莱街道大李家村	钦永庆	
577	山东泰山管乐器制造有限公司	0131	山东省龙口市东莱街道大李家村	赵人兴	

续表

序号	企业名称	会员证号	地址	联系人	协会任职
578	龙口金鸣乐器有限公司	0738	山东省龙口市兰高工业园	李廷东	
579	秦皇岛和恩乐器有限公司	1019	河北省秦皇岛市经济技术开发区黄山路12号1984文化创意产业园A22	张迪	
580	山东劳立斯世正乐器有限公司	0108	山东省青岛市城阳区春阳路101号	邓莹	
581	青岛德隆五金制品有限公司	1103	山东省青岛市城阳区流亭街道京城路74号	曹妙霜	
582	青岛西海岸新区水木云欣艺术培训学校	1021	山东省青岛市黄岛区香江路3-1号一层	孙婷	
583	青岛美嘉乐器有限公司	1056	山东省青岛市黄岛区张家楼镇工业园松云路303号美嘉乐器	丁桂斌	
584	青岛吉森乐器有限公司	1172	山东省青岛市胶州铺集镇张家屯	李春阳	
585	青岛莫勒乐器有限公司	0952	山东省青岛市莱西夏格庄夏四村	李言明	
586	青岛帕蒂兰德乐器进出口有限公司	0766	山东省青岛市崂山区海尔路61号天宝国际银座2010	展丽	
587	青岛青大琴行有限公司	0400	山东省青岛市市南区宁夏路127-6号	周克岭	
588	青岛美德威教育科技有限公司	0771	山东省青岛市市南区银川西路67号 国际动漫游戏产业园A座	吴丹舟	
589	威海光威复合材料股份有限公司	1112	山东省威海火炬高技术产业开发区天津路130号	卢钊钧	
590	无棣县馨雅教学仪器设备有限公司	0842	山东省无棣县车王镇政府驻地	李风军	
591	济宁市兖州区声远乐器有限公司	0245	山东省兖州市谷村镇杨村	颜廷学	
592	枣庄奥森乐器有限公司	1089	山东省枣庄市市中经济开发区长江路29号	殷允夷	
593	山东黑木环保材料科技有限公司	0689	山东省淄博市桓台经济开发区泰山路30号	张玲玲	
594	定襄县金声科技有限公司	0951	山西省定襄县光明巷襄丰区	殷宝山	
595	临汾明星琴行有限公司	0758	山西省临汾市尧都区解放路辛寺街6号	卢青	
596	山西普晋琴行有限公司	0334	山西省太原市青年路12号	董武斌	
597	山西哆咕教育科技有限公司	1054	山西省太原市万柏林区南内环西街润景园著16号商铺	孙菊伟	
598	忻州市东韵琴行有限公司	0885	山西省忻州市七一北路精华写字楼底商	智建	
599	运城市管乐文化艺术协会	1102	山西省运城市盐湖区南城街道碧桂园3002号	赵凤云	
600	西安德馨汇教育科技有限公司	1022	陕西省西安市雁塔区长安路108号西安音乐学院东门北侧100米佩卓夫钢琴展馆	罗丽花	
601	西安音乐学院朱雀琴行	0744	陕西省西安市长安中路110号	徐胜利	
602	延安鲁艺文化艺术有限公司	0792	陕西省延安市师范路自来水公司一楼	文星月	
603	菲奥娜乐器（上海）有限公司	0629	上海市宝山区呼兰西路60号卓越时代广场709-710菲奥娜乐器	王幼妹	
604	上海口琴总厂	0025	上海市宝山区蕰川路510号	蒋林森	

续表

序号	企业名称	会员证号	地址	联系人	协会任职
605	上海凯恩乐器有限公司	0413	上海市崇明县合兴镇东首	张吉根	
606	上海滢万电子商务有限公司	1134	上海市奉贤区奉金路469号4幢第2层A区2030室	陈晨	
607	上海布戈乐器有限公司	0961	上海市奉贤区联合北路215号第5幢	唐雨晴	
608	上海萨瑟钢琴有限公司	0656	上海市奉贤区南桥镇张翁庙路525号 晨日科创园G幢302	王立功	
609	上海敦煌乐器有限公司	0185	上海市奉贤区运河北路1025号	王国振	
610	上海艺埠教育科技有限公司	1014	上海市虹口区曲阳路910号1708室	李轶	
611	精工电子商业（上海）有限公司	0681	上海市淮海中路138号上海广场2701室	濡木伸二	
612	上海海音乐器有限公司	0745	上海市黄浦区中山南路917号	叶晖	
613	上海东韵钢琴有限公司	0181	上海市嘉定区嘉罗公路2210号	马惠忠	
614	法兰山德乐器（上海）有限公司	0297	上海市金山区枫泾工业园区钱明东路1338弄35号	陈德鹏	
615	上海邦加琴业有限公司	0287	上海市金山区亭林镇亭东村4062号	张琳媚	
616	上海艺音乐器有限公司	0734	上海市金山区朱泾工业区东日路186号	曾香梅	
617	上海顶胜钢琴有限公司	0409	上海市闵行区都会路100号	顾名迈	
618	巨吉贸易（上海）有限公司	0435	上海市闵行区都会路1885号丽琴大厦1楼	司马健	
619	罗切尔钢琴（上海）有限公司	0906	上海市闵行区都会路2501号2栋2楼	张宇婷	
620	上海乐圣乐器有限公司	0412	上海市闵行区都市路451号	胡祖庭	
621	上海先韵乐器有限公司	0725	上海市闵行区联航路1188号1号楼东二层	岳倍先	
622	瑞宝乐器（上海）有限公司	0779	上海市闵行区七莘路182号B座301	韩军	
623	瑞宝乐器（上海）有限公司	0997	上海市闵行区七莘路182号B座301室	韩军	
624	上海华黎民族乐器厂（普通合伙）	0161	上海市南汇区大团镇永春北路88弄68号	唐华军	
625	上海神声民族乐器有限公司	1135	上海市浦东新区大团镇车站村340号	唐正华	
626	上海鼎韵乐器有限公司	0693	上海市浦东新区大团镇宣大路688号	唐正君	
627	于斯教育科技（上海）有限公司	0759	上海市浦东新区御北路385号5号楼	王维	
628	卡瓦依乐器（中国）有限公司	0349	上海市浦东新区张杨路500号28楼C座	小仓克夫	
629	上海市普陀区爱乐琴行	0317	上海市普陀区兰溪路119号	许俊	
630	上海晨川琴业材料有限公司	0320	上海市青浦区华新镇民兴工业园区徐华公路3029弄民兴一路59号	郑纪海	
631	清浦区简悦琴行	0882	上海市青浦区淮海南路23号府山时代广场	林宁	
632	上海胤兰乐器有限公司	0111	上海市青浦区莲溪公路3102号	徐建华	
633	上海中雅钢琴有限公司	0127	上海市青浦区清赵路6158号	叶振强	

续表

序号	企业名称	会员证号	地址	联系人	协会任职
634	欧贸乐器（上海）有限公司	0949	上海市青浦区崧泽大道6555号奥帛置业大厦1307室	倪丙占	
635	易弹乐器（上海）有限公司	0890	上海市青浦区新团路248号13撞	王昭阳	
636	中沃舜克管乐器（上海）有限公司	0762	上海市青浦区徐泾镇沪青平公路2152弄8号	谷攀峰	
637	上海凯笙钢琴有限公司	0780	上海市松江区嘉松南路408号9号商业广场北区3F（凯笙琴艺）	EDDIE NI	
638	上海翰森钢琴有限公司	0994	上海市松江区金都西路518号8幢2楼	周约翰	
639	上海伍韵钢琴有限公司	0942	上海市松江区申港路258号	姚启武	
640	上海柏德钢琴有限公司	0991	上海市松江区中山街道时亦大厦	张起龙	
641	菁音电子科技（上海）有限公司	1156	上海市徐汇区古美路1515号19号楼20层	何小学	
642	上海云乐文化发展有限公司	1004	上海市徐汇区天钥桥路380弄20号18层F座	李德俭	
643	通标标准技术服务（上海）有限公司	1168	上海市徐汇区宜山路889号3号楼4层	郝金玉	
644	上海戴氏琴弦制作社	1057	上海市徐汇区永康路185号、187号	戴卫	
645	上海施特劳斯钢琴有限公司	1052	上海市杨浦区惠民路927号	金文英	
646	贝希斯坦贸易（上海）有限公司	0902	上海市长宁区兴义路8号万都中心2609室	周翔昊	
647	达达里奥贸易（上海）有限公司	0708	上海市长宁区中山西路999号华闻国际大厦1305室	john daddario	
648	逻兰（上海）电子有限公司	0893	上海市长宁区紫云路421号SOHO天山广场T1 703-705	西泽晃	
649	施坦威钢琴亚太有限公司	0499	上海市自贸区朝鹏路147号	Werner Husmann	
650	成都云创新科技有限公司	0886	四川省成都市成华区一环路东一段电子信息产业大厦1106	刘德文	
651	成都黎杉文化传播有限责任公司（黎山吉他博物馆）	1175	四川省成都市都江堰市幸福街道新联社区永安 大道北一段36号（黎山吉他博物馆）	岑杰	
652	成都伟航科技有限公司	0677	四川省成都市高新区天府大道1480号高新孵化园德商国际B座	彭德伟	
653	四川华之艺教育科技有限公司	0925	四川省成都市青羊区光华东一路75号2幢3层301号	蒲丁	
654	成都朝阳浪琴乐器制品有限公司	0210	四川省成都市双流区东升镇永安路二段	黎明强	
655	天府新区成都片区新兴星韵乐器	0709	四川省成都市天府新区新兴镇凉水村4组306号	陈东兵	
656	成都豪兴泰科技有限公司	0791	四川省成都市武侯区簇锦街办聚龙路68号摩尔汽配城11幢10层41号	戢兴培	
657	成都好琴无忧钢琴有限公司	0888	四川省成都市武侯区普利大厦	张恩	

续表

序号	企业名称	会员证号	地址	联系人	协会任职
658	成都雅音乐器有限公司	1090	四川省成都市武侯区一环路南一段22号嘉宜大厦11层10号	赵卫国	
659	四川英才教学设备有限公司	0749	四川省绵阳市机场西路98号	张萃超	
660	自贡市贝尔吉教学仪器设备有限公司	0559	四川省自贡市国家高新技术产业区川南中小企业创业园金川路15号附10号	兰金	
661	天津市顶酷乐器有限公司	1142	天津市宝坻区塑料制品工业区福聚路17号	王立民	
662	天津三卫乐器有限责任公司	0637	天津市北辰区北辰西路联东U谷产业园区29-2号	李国华	
663	天津华一乐器有限公司	0787	天津市滨海新区大港小王庄镇小王庄村	陈宝展	
664	天津市东丽区乐林乐器厂	0491	天津市东丽区大毕庄工业区国信路10号	卢启恒	
665	天津乐威乐器有限公司	0724	天津市东丽区南何庄地铁站B出口南50米	苗永伟	
666	张俊国天琴坊（天津）文化传播有限公司	1167	天津市和平区河北路299号	钟洪波	
667	天津创丰乐器进出口贸易有限公司	0483	天津市河北区红星路万科城市花园F-409	贺天宝	
668	天津通宝乐器有限公司	0015	天津市河北区南口支路6号	真野太治	
669	天津市民族乐器厂	0018	天津市河北区南豉路1号	郭建文	
670	天津市佰笛乐器有限公司	0189	天津市河东区程林庄路华冠丝绸有限公司院内	赵景萱	
671	天津天同音工贸有限公司	0274	天津市河东区六纬路神州花园26-3-101	王琳	
672	天津市艳音乐器销售有限公司	0979	天津市河东区天津音乐艺术街30号	赵艳	
673	天津市万德弗劳乐器有限责任公司	0444	天津市河东区新开路春华里11-2-401	高志伟	
674	天津市溱音文化传媒有限公司	1062	天津市河西区解放南路富裕大厦2-1401A-39	周彤	
675	通宝国际贸易（天津）有限公司	0264	天津市河西区苏州道2号图书大厦1515室	真野泰冶	
676	天津渤轻进出口有限公司	0107	天津市河西区新围堤道5号	张洵廷	
677	天津康耐克斯商贸有限公司	0920	天津市河西区友谊南路海逸长洲恋海园2-802	张婧	
678	天津市静海县鸣鹏永兴乐器厂（普通合伙）	0786	天津市静海县子牙镇潘庄子	元景梅	
679	天津市静海县恒艺燕京乐器厂	0703	天津市静海县子牙镇潘庄子村	田树恒	
680	天津市恒诚工业用呢有限公司	0732	天津市空港经济区东九道八号	齐朝利	
681	天津扬昇国际贸易有限公司	0408	天津市南开区鞍山西道信诚大厦704室	许心缇	
682	天津乐海城乐器配件有限公司	0364	天津市塘沽区春风路紫云国际5栋1门201室	王锡华	
683	天津滨海琴行有限公司	0290	天津市塘沽区上海道1329号	刘祥清	
684	天津达姆特乐器有限公司	0752	天津市武清区大良镇蔡各庄	杜承柱	

续表

序号	企业名称	会员证号	地址	联系人	协会任职
685	天津劳伦斯乐器有限公司	0476	天津市武清区京津时尚广场7楼大厦1002室	刘瑞	
686	天津小七互联网科技有限责任公司	1094	天津市西青区大寺镇玛歌庄园悦景园17号别墅	刘小琴	
687	天津吉华国际贸易有限公司	0860	天津市西青区中北工业园阜盛道22号	Han-Peter Messner	
688	云南云芸智能科技有限公司	1159	云南省昆明市西山区环城西路文化空间D座1809-1810号	陈俊玮	
689	桐林独幽古琴艺术馆	0936	云南省玉溪市红塔区东风北路玉锦园A-3号二单元201室	施宏伟	
690	慈溪市叮当五金配件有限公司	0927	浙江省慈溪市新浦镇新胜东路358号	冯升科	
691	德清鲍尔钢琴有限公司	0895	浙江省德清洛舍镇工业区	沈国璋	
692	上海豪腾钢琴有限公司	1003	浙江省德清县洛舍镇东衡众创园B5幢	徐华锋	
693	德清县洛舍森玛钢琴配件厂	0728	浙江省德清县洛舍镇张陆湾工业区	姚小雄	
694	杭州黑星电子科技有限公司	1140	浙江省杭州市滨江区浦沿街道诚业路415号1楼105室	黄健恒	
695	杭州卡米莉娅琴业有限公司	0921	浙江省杭州市拱墅区丽水路166号F3	魏增荣	
696	杭州出蓝乐器有限公司	0989	浙江省杭州市钱塘新区下沙学正街189-2号出蓝琴行	马书诣	
697	杭州珞音乐器有限公司	1121	浙江省杭州市西湖区康乐新村2幢4单元101室-3	范振雷	
698	杭州雅马哈乐器有限公司	0212	浙江省杭州市萧山区瓜沥镇沙田头村	小林孝一	
699	杭州戴纳钢琴有限公司	0939	浙江省杭州市萧山区义桥镇御景蓝湾2幢3单元1202	蔡蓉蓉	
700	杭州知乐数码科技有限公司	0956	浙江省杭州市余杭区仓前街道海创科技中心4幢1111室	陈闻捷	
701	杭州声贝音响有限公司	0291	浙江省杭州市余杭区黄湖镇黄湖工业园区兴湖路19号	蔡忠伟	
702	杭州威勒乐器有限公司	0908	浙江省杭州市余杭区塘栖镇运溪路186号	陈永权	
703	杭州构悦文化传媒有限公司	1148	浙江省杭州市余杭区五常街道联胜路7号2号楼304室	郭锐	
704	杭州沃尔特数码钢琴有限公司	0267	浙江省杭州市余杭区闲林工业园闲兴路18号6号楼	赵为民	
705	杭州余杭区中泰街道竹霖生乐器厂	0930	浙江省杭州市余杭区中泰街道紫荆村17组竹弄里58号	李尔王	
706	杭州余杭鸣声乐器有限公司	0834	浙江省杭州市余杭区中泰街道紫荆村寺前头16-1号	丁小明	

续表

序号	企业名称	会员证号	地址	联系人	协会任职
707	上海音秋钢琴有限公司	1038	浙江省湖州市德清县洛舍镇东直街1号	姚积琦	
708	德清凯诚木业有限公司	1095	浙江省湖州市德清县洛舍镇杨树湾工业区	吴富林	
709	浙江美龙乐器有限公司	1087	浙江省湖州市吴兴区东林镇工业功能区南区B幢401	龙建兵	
710	吴兴东林星火钢琴配件厂	0727	浙江省湖州市吴兴区东林镇锦山工业区	施丽萍	
711	海湾乐器（嘉善）有限公司	0148	浙江省嘉善县惠民街道钱塘路8号	胡华丰	
712	浙江广承实业有限公司	1101	浙江省嘉兴市湖市新仓镇新衙线中华段258号	黄乔羚	
713	嘉兴优声乐器有限公司	1144	浙江省嘉兴市南湖区创业路泰德大楼B座2F	李嘉峰	
714	金华市金东区辰音琴行	0903	浙江省金华市金东区清照路828号保集外滩山谷而广场A4-201-212室	季春琴	
715	浙江韵乐电器有限公司	0166	浙江省乐清市淡溪镇石龙头工业区	柯应岳	
716	丽水括苍琴行	0344	浙江省丽水市括苍路222号	叶菊香	
717	丽水市琴府琴行	0983	浙江省丽水市莲都区花园路832-834号	应朝阳	
718	临海市均华乐器有限公司	0380	浙江省临海市古城街道聚景路9号	金云声	
719	宁波海宇科技有限公司	0926	浙江省宁波北仑区大碶徐洋峙山工业区道口南路6号	俞军	
720	河合乐器（宁波）有限公司	1145	浙江省宁波市北仑区庙前山路221号	北原 祐	
721	宁波韵声机芯制造有限公司	1104	浙江省宁波市北仑区小港街道安居路26号	竺韵德	
722	宁波典雅提琴有限公司	0911	浙江省宁波市北仑区新大路1069号	胡蕴子	
723	宁波立腾音频科技有限公司	0982	浙江省宁波市海曙区洞桥镇鱼山头村	童华春	
724	宁波奥创电子科技有限公司	1139	浙江省宁波市海曙区高桥秀丰工业区三成路76号	于春志	
725	浙江布咚音乐互联网科技有限公司	1055	浙江省宁波市海曙区环城西路南段481号二楼布咚音乐	沈永生	
726	宁波蓝奥电子科技有限公司	0914	浙江省宁波市鄞州区朝晖路188号民安路306号1115室	张文河	
727	宁波市鄞州正美电子元件厂	0853	浙江省宁波市鄞州区东兴工业区1号楼	赵屈正	
728	宁波市镇海磊磊音响器材厂	0605	浙江省宁波市镇海庄市兆龙路368号	徐佩红	
729	浙江子昊钢琴有限公司	0504	浙江省衢州市常山县金川街道创新东路5号	崔馨瑛	
730	瑞安市中联电声乐器有限公司	0803	浙江省瑞安市塘下罗凤北工业区万景路588号	林遵义	
731	绍兴飞达电声厂	0866	浙江省绍兴市袍江、三江环路110号	赵志刚	
732	苏州雅思乐电子科技有限公司	1176	浙江省台州市温岭市太平街道南泉二期工业区引发路1号	江晶晶	
733	台州狂飙琴行	0874	浙江省温岭市前溪路158号	刘佳	
734	浙江格莱姆乐器有限公司	0485	浙江省温州市瓯海区郭溪下屿工业区富泉路66号格莱姆乐器	陈小秋	

续表

序号	企业名称	会员证号	地址	联系人	协会任职
735	温州市汉克游乐设备有限公司	0981	浙江省温州市永嘉县桥下镇坪湾工业区（章曼游乐设备有限公司内）	林锐	
736	温州市欧洛乐器有限公司	1141	浙江省温州市长海路101号	陈松池	
737	新昌县七星街道双明民族乐器厂	0829	浙江省新昌县七星街道下石演60号	俞开明	
738	永康市新宝乐器有限公司	0863	浙江省永康市前仓镇工业区双丰路10号	池中贤	
739	永康市前仓永固乐器厂	0204	浙江省永康市前仓镇前仓村金鸡路156号	蒋学良	
740	浙江一恒教学仪器有限公司	0692	浙江省永康市前仓镇世纪路6号	章青华	
741	浙江学全科教仪器有限公司	0475	浙江省永康市石柱镇下里溪工业区百福临大道9号	蒋学全	
742	浙江康贝尔教学设备有限公司	0790	浙江省永康市总部中心金同大厦26楼	李泽林	
743	重庆卓音乐器有限公司	1149	重庆市沙坪坝区渝碚路119号文星大厦二层	段鐘淇	
744	上海各尧企业管理股份有限公司	0909	重庆市渝北区东湖南路力帆时代3栋12-5	肖龙成	
745	北京扬世正雅文化艺术传播有限公司	0892	重庆市渝中区大坪龙湖时代天街B馆3号楼2406	胡瑁	

年鉴

2024

CHINA MUSICAL INSTRUMENT YEARBOOK
2024

科技大会

推动乐器行业高质量发展 奏响乐器科技新时代华章 ——2023年乐器行业科技创新与产业发展大会专题综述

编者按：岁末时节，2023乐器行业科技创新与产业发展大会在珠海圆满闭幕，专家学者、业界领军人物、企业代表等齐聚一堂，共话创新科技与乐器行业深度融合，致力推动乐器行业高质量发展。复盘本次会议，王世成理事长立足行业发展全局，总结年度科技创新工作，谋划2024新战略；白春礼院士阐述未来科技趋势之洞见；69键家庭学习钢琴、智能演奏电吹管、敦煌低音筝和音乐密码学习机四件创新产品展现乐器科研创新方向与阶段性成果；“中国民族乐器大数据中心”“碳纤维复合材料在手风琴产品上的研究与应用”“基于大模型的多模态生成式AI智能谱曲电钢琴”产学研合作项目成功签约，积极助力器乐文化普及和行业创新发展。在互动交流中，业界同仁探讨科技创新成果转化为市场竞争力的发展共识，推动乐器行业迈向高质量发展新征程。

一、科技引领乐器行业高质量发展新路径

本届大会以“创新·融合　品质·品牌”为主题，聚焦乐器行业的科技创新与“三品”建设，旨在通过科技力量巩固产业发展基础。2023年，全行业在中国轻工业联合会领导下，实施了“两翼发力、六轮驱动”的工作思路，取得了实质性成果。王世成理事长在年度工作报告中对2023年度行业科技创新工作做了全面总结，并就构建科创新体系、优化融合新路径、提升品质新动能、塑造品牌新活力四个方面对未来行业科技工作和产业发展做了分析和部署。王世成理事长的报告综合分析了行业当前运行情况与发展特征，指出市场的波动性与内需恢复的挑战，同时强调科技创新和品牌建设的重要性，明确2024年“创新与品质提升年”新目标，并从优化体系建设、产业政策驱动、品质提升机制、品牌战略完善等方面，提出实现全年目标的详细策略，旨在提升乐器行业的综合竞争力，应对市场波动，激发创新潜力，以实现“十四五”规划的全面战略目标。

大会期间，白春礼院士和格力电器副总裁方祥建共同强调了科技创新在推动音乐文化和乐器产业发展中的核心作用。在《世界前沿科技发展趋势》报告中，白春礼院士从宇宙起源探索到量子技术、生命科学以及信息技术的飞速发展，全面解读了科技前沿的发展态势。他的讲座深入浅出，涵盖了科技在社会经济发展中的广泛应用，特别是人工智能技术如何推动经济社会向数字化转型。白院士还强调了新材料、先进机器人、工业互联网技术以及mRNA技术和脑科学研究的最新进展，为乐器制造业如何借鉴和应用创新技术提供了宝贵的启示。

格力电器作为中国家电行业的翘楚，其在技术创新、质量管理和环保责任方面的实践，从企业角度展示了高科技企业在推动行业创新中的重要作用。方祥建详细介绍了格力电器强劲的研发实力、严格的质量管理体系以及在标准创新方面的努力。近年来，格力电器通过不断探索新技术、新材料和新工艺，实现了自身的转型升级，同时推动了家电行业的进步。他的分享不仅展示了格力电器的发展

历程和未来计划，也为乐器制造业提供了转型升级的有益借鉴。

在科技迅猛发展的当下，乐器制造业面临着如何应用新科技、新材料、智能和数字技术的挑战。白院士的全面解读和格力电器的实践案例，为行业同仁开拓了思路，指明了乐器产业高水平融合和高质量发展的方向。这些洞见和实践无疑将激发行业内外更多的讨论和探索，推动乐器行业在科技创新的浪潮中锐意前行。

二、创新科技、用户体验驱动乐器产业新时代

聚焦本次大会四项新品创新成果展示，69键家庭学习钢琴、智能演奏电吹管、敦煌低音筝和音乐密码学习机，生动彰显科技在优化产品设计、提升用户体验和满足市场需求中的重要性，也预示着乐器制造业在迎接新技术、新材料、智能化和数字化领域的新挑战和机遇。创新家庭音乐消费体验，广州珠江钢琴集团股份有限公司和四川音乐学院合作推出的【珠江UP100】69键家用钢琴，成为家庭和琴房的理想选择，凭借其创新设计和实用功能，满足了现代家庭对音乐学习和欣赏的需求。通过减少键数，该款钢琴既节省了空间又降低了成本，同时保持了传统钢琴的优良音质和手感。可以说，这款钢琴不仅为家庭带来艺术美感，还体现出环保和资源节约的设计理念。

智能乐器引领银发经济新潮流，深圳市蔚科科技开发有限公司的NES-1智能演奏电吹管以其便携性、易学性和丰富音色获得了中老年群体的喜爱，标志着智能乐器在银发经济中的巨大潜力。电吹管的物理按键和扬声器系统，以及与移动设备的兼容性，为各年龄段用户提供了便利和乐趣。该款乐器的设计不仅满足了功能性和音质的双重需求，也展示了科技与艺术的创意融合。

聚焦民族低音乐器改革，上海民族乐器一厂李素芳和中央音乐学院的曹媛老师共同展示了敦煌低音筝新品，向与会代表汇报了民族低音乐器改革创新的阶段性成果。敦煌低音筝的设计理念和技术挑战，不仅扩展了传统古筝的音域，更提供了丰富和深沉的音效。这项研究不仅丰富了民族音乐的表现力，也为传统乐器的现代化和国际化开辟了新路径。

智能乐器创新研发助力器乐普及推广，北京视感科技有限公司的音乐密码学习机代表了智能乐器和音乐教育的创新方向。骆石川先生的讲话强调了人工智能和音乐交互方式在降低学习门槛、推动音乐普及方面的重要性。音乐密码学习机不仅使键盘乐器学习更加高效有趣，也预示了音乐教育和普及的未来趋势。

透过新品的展示，创意设计理念和多模态融合技术共同勾勒出乐器产业科技发展的未来轮廓，彰显了产业协同合作和创新思维在实现行业高质量发展中的重要性。新的创意设计理念共同勾勒出一个由科技驱动、以用户为中心的乐器产业新时代。

三、大数据、碳纤维和AI技术引领未来音乐发展

在“2023乐器行业科技创新与产业发展大会”上，三个重要的产学研合作项目路演签约仪式同步成功举行，旨在将高科技技术应用于乐器制造和音乐教育领域，推动传统艺术与现代科技的融合。

北京乐界乐与扬州生态科技城签署了建设“中国民族乐器大数据中心”的协议。这一创新项目将利用互联网、云计算和大数据技术，为民族乐器行业的数字化转型提供强有力的支持。通过广泛的数据收集、分析和应用，中心旨在推动产业协同合作、加快民族乐器的创新发展，并促进民族音乐文化的传承与普及。项目的成功实施将标志着中国民乐繁荣发展和产业生态升级的重要一步。

江阴金杯手风琴与江苏集萃碳纤维技术研究院签订了“碳纤维复合材料在手风琴产品上研究与应用”的合作协议。该项目致力于探索碳纤维这一高科技材料在手风琴制造上的应用，旨在通过提升手风琴的性能和生产效率，开创手风琴制造的新篇章。碳纤维的轻质、高强度和耐腐蚀性特点有望大幅提升手风琴的音质和耐用性，同时为乐器设计带来更多自由度，预示着手风琴及其他乐器的制造和演奏将迎来更多令人激动的可能性。

得理乐器（珠海）有限公司与北京理工大学珠海学院签署了“基于大模型的多模态生成式AI智能谱曲电钢琴”的合作协议。这一前沿项目将基于

大型语言模型和多模态输入技术，研究并开发一种能够理解并生成音乐的人工智能系统。通过这种技术，生成的音乐不仅将准确清晰，而且能够匹配不同情绪、曲风和场景，极大地丰富音乐创作的可能性。该项目的实施预示着AI在音乐创作和演奏中将发挥越来越重要的作用，引领音乐产业的创新发展。

可以说，三个项目的成功签约，不仅体现了乐器行业在追求更高性能和更佳音质方面的不懈努力，也展示了科技在推动传统艺术与现代创新融合中的巨大潜力。

结束语：复盘2023乐器行业科技创新与产业发展大会，大会强调科技创新在推动音乐文化普及和乐器产业发展中的核心作用，鼓励行业同仁共同努力，实现科技与艺术的高度融合。面向未来，乐器行业将扣创新主题，探索更多创新路径，融合音乐文化产业链，全面助力全行业高质量发展。

2023年科技创新工作报告

2023年，是中国乐器行业确立的“创新融合年”，全行业深入贯彻党的二十大和二十届一中、二中全会精神，按照中央经济工作会议和全国两会的决策部署，全面践行“科技是第一生产力、人才是第一资源、创新是第一动力”的发展理念，巩固和优化“两翼发力、六轮驱动”科技创新工作整体思路，围绕创新与融合各项工作出实招、求实效，科技创新体现了“五个进一步增强、两个进一步完善”。

一、调研与决策水平进一步增强

以习近平同志为核心的党中央高度重视调查研究工作。年初，中国乐器协会党支部根据中国轻工业联合会党委统一安排，紧紧围绕主题教育“学思想、强党性、重实践、建新功”的总要求，组织全体党员干部认真学习、深刻领会，并在务实践行上把行业调查研究作为重点抓落实。2月份和8月份两次组织为期1个月的行业调研活动，分别按照“四个聚焦”和“四个探讨”调研目标，分组奔赴全国乐器产业相对集聚的地区，深入企业、走进车间，了解数据、探讨市场，研判形势、支招献策。调研团队同志们先后到过16个省（区、市），参与调研活动的产业集群10个，走访企业近130家，专题座谈会议23场次，参与的企业290多家。在各调研组充分研究的基础上，形成了行业调研综合报告5篇，针对国内外经济动态性恢复增长的客观形势，对全行业工作提出了把握“六稳”的具体要求，并特别就创新融合稳投资、精益管理稳品质两大核心要素做了重点部署。有关政策诉求多角度向有关部委作了重点反映和具体衔接，取得一定效果，正密切跟进。

二、科技创新综合实力进一步增强

按照协会统筹布置和分会协调助力、专家委系统指导、企业创新机制配套的“三联动”原则务实推动，全行业科技创新综合实力进一步得到增强。据近期统计，全行业获得认定的科技平台46个，其中国家级2个、省级28个、地市级6个、院校合作平台10个（不含18个企业自建平台）；再加上协会与南京艺术学院共建的“产学研用合作基地”，以及今天下午签约的合作平台，总数达到68个，比上年增长23.6%。从科技投入方面分析，今年全行业企业综合效益波动很大，特别是传统乐器的效益下滑相对明显，企业科技创新投入受到一定影响。近期协会对21家骨干企业科技研发投入进行了抽样统计，虽然总量有所下降，但投入强度仍平均达到6.05%，比去年高出0.82个百分点，超过了年度6%的目标水平。

三、创新成果及转化率进一步增强

科技平台作用凸显，近二年来，由科技平台申报并已发布的发明专利50个，实用新型专利407项，软件著作权55项，各类（各级别）产品与创新成果奖项75项，参与标准制（修）订35项次。协会积极组织并指导企业申报中国轻工业科学技术奖，今年推荐的14个项目初审全部入围，从项目创新性来看，科技含量显著提升，涉及数字化、智能化、发明类的项目就有10个，占到71.5%，专家组评审及终审工作正在推进中。同时，行业科研成果鉴定工作今年正式启动，乐器已实现零的突破。4月底协会与南京艺术学院合作，圆满举办了全国乐器学研究高峰论坛，论坛议题涉及乐器学理论、乐器史学、乐器声学、乐器产业研究等十多个专业领域；征集论文103篇，经组委会初审和专家会审，遴选了86篇论文录入论文集并推荐参与论坛交流活动；乐器行业提供了28篇科研成果论文，占总数的32.6%，而且这些成果都已经完成转化并进入市场。

四、创新产品市场影响力进一步增强

2023年工业和信息化部、中国轻工业联合会组织开展的《升级和创新消费品指南（轻工 第十批）》工作，乐器33项新产品通过初审；经过专家评审，15项新品入选，其中升级消费品7项，创新消费品8项，入选比例大幅度提高，分别比去年增长66.7%、75%、60%，分别占整个轻工行业入选总量和各分项的14%、14.3%和13.7%，初审和入选数量排名轻工各行业首位，对促进我国中高端乐器消费市场发挥了积极的引导作用。在第二十届上海国际乐器展览会期间，协会组织征集的“全球首发新品”大幅增加，63家企业研发的111件新品参与评选，涵盖了钢琴、民乐、电鸣等九大类乐器产品。经专家委员会评审，最终35件首发新品荣获“最佳新品”称号，分别比上一届增长40.5%和34.6%。在文化和旅游部产业发展司指导下，协会与上海国展展览中心有限公司等共同主办了“多彩中国 佳节好物”文化和旅游贸易（乐器专题）促进活动，旨在贯彻落实文化强国、贸易强国，增强中华文明传播力影响力的使命任务，推动优秀文化和旅游产品及服务走出去，促进我国文化和旅游产业高质量发展。活动以“乐动中国，享受音乐”为主题，利用本届乐博会全球化贸易平台进行展示推广。活动共计征集到九大类80件精品乐器参与，经专家评审，70件产品入围展示，展示效果得到部委有关领导和与会各界朋友高度赞誉，并编辑成中英文对应的产品手册向全世界推广。

五、知识产权创新与保护意识进一步增强

国家知识产权局发布的专利成果统计，2023年度乐器行业累计授权专利2109项，同比增长45.1%，为历年之最；发明专利和实用新型专利两项达到1471项，占专利总量的69.7%，同比增长30.2%；涉及研究与创新类的专利739项，占总量的35%，同比增长53.3%。乐器行业专利创新水平再创历史新高。不仅如此，本年度软件著作权已有55件，同比增长37.5%，同样也为历年之最。

六、标准研发与推广体系进一步完善

全年修订行业标准9项、国家标准1项，制定标准5项，其中《键盘乐器智能功能等级评价》、《绿色设计产品评价技术规范（电子钢琴）》团体标准已正式发布。自去年下半年起，全国乐器标准化技术委员会（简称乐标委）按照工业和信息化部科技司对标准复审工作的要求，分两批集中对实施五年及以上时间的行业标准进行复审，落实继续有效、修订、废止的计划，全面有序推动标准复审工作。加大了标准宣贯力度，特别是强制性国家标准的宣贯，做到有计划、有重点的抓落实，5月份在长沙召开全行业理事大会期间，专门举办了《GB 28489—2022 乐器有害物质限量》标准专项培训班，确保全行业通晓、理解、执行。同时发动行业企业进行全产业链宣贯，确保供应商、配套商同步启动执行、同步消化库存、同步研发达标产品。

七、科技创新评价评优机制进一步完善

随着全行业科技创新工作逐步走向平台化、体系化、规范化，在行业专家委指导下，科技创新交流、推广评价机制也逐步完善。协会推动的旨在提升会员企业创新能力的各类奖项经过三年的修订、完善和优化，形成了定性与定量相结合评价细则、积分参数和积分统计方法。2023年共评出“科技创新平台”先进单位一等奖4家、二等奖7家、三等奖

8家；评出“创新融合年”先进单位20家；评出“专利成果”一等奖3家、二等奖9家、三等奖17家；行业“科技十强企业”评出15家，涉及钢琴、电鸣乐、打击乐、民乐、管乐、口琴六大类，可喜的是今年有4家中型企业也跻身其中，占26.7%，体现了全行业科技发展势头看好。

2024年，协会确立为乐器行业“创新与品质提升年”，把握“创新、融合，品质、品牌”主题定位，按照“构建科创新体系、优化融合新路径、提升品质新动能、塑造品牌新活力”的总体思路推动工作。

科技工作将全面围绕构建科创新体系扎实推进。

1．完善创新平台体系

要重点推进行业企业科技平台建设，对现有市级以上平台按照研究方向分类整合，通过专业交流与项目合作的方式，形成平台联动效应，关键是推进科技平台出成果、见效益。2024年科创平台建设增幅要达到10%左右，特别注重国家级平台的申报和校企合作平台搭建，使其切实成为科技平台的主力军。要对协会已认定的四个创新基地做好复评，同时优化行业创新基地评审标准，争取在新材料、电子音乐、大数据研究等领域引导行业企业积极参与，条件成熟的共建支持并认定授牌，目标是2～3家。要抓好各平台的“项目、成果、评价”三位一体管理机制，倡导科技创新“成果导向”。2024年成果鉴定数量努力倍增、成果转化率力求超过50%、成果评奖增幅20%以上，科技投入综合指标保持增长（含研发与技改投入），骨干企业、高新技术企业和电鸣行业要力争同比增长2个百分点以上，务必更好地发挥投资效能。

2．健全知识产权体系

要引导知识产权创新创意新模式，专利、版权、著作权、非遗传承、中华老字号、驰名商标等要统筹兼顾。2024年专利授权总量增幅要超过20%，其中发明专利和实用新型专利占比要超过75%；版权、著作权的增幅要超过20%。同时建议有条件的企业要建立健全知识产权内部管理体系，完善创新、申报、保护、使用、创效一条龙管理职能。2024年标准化工作要围绕重点求突破。在标准研发规划上，注重国家标准、行业标准、团体标准的协调性，提高国际标准一致性比重；在规范提升上，着重探讨标准自身的科学性、严谨性、广泛性、公正性和权威性；在融合创新上，关注新奇特、非遗传承、虚拟乐器、维修服务等市场，研发规范条例；在培优团队上，注重乐器品类的广泛性和新知识、新人才的扩增，新的乐标委委员要实施择优选拔制和末位淘汰制，到“十四五”末委员总数增加20%左右、分标委会新增1～3个。全年标准制修订总数保持25个以上的增量。标准的复审工作必须列为本年度重点任务，高质量完成。

3．构建数字转型联动体系

人工智能、数字技术的研究与应用已经成为乐器行业迫在眉睫的课题。随着电鸣乐器的普及、民乐电声化的推广、云音乐、云教育、虚拟乐器等产品问世，迫切需要传统制造业加快数字化转型的步伐，未来已来，不变则退。希望电鸣乐器分会、未来音乐专委会、骨干企业、高新技术企业要联合行动起来，发挥主动性和创造性，与协会共同研商转型思路，2024年上半年具体落实。这方面支持北京乐界乐与扬州软件园共建“民族乐器大数据中心”的做法，借力、借势、借资源，共同打造乐器行业数字化转型新标杆，并对整体“新模式新业态新产业”进行有益探索，不断提高数字赋能的运用程度。

4．强化国际技术经济合作体系

乐器协会与国际同业组织间的广泛交流与合作，为加快行业产品全球化进程发挥了积极作用，也为扩大中高端市场筑基培土。期待和推动行业企业在“十四五”后期两年中加大核心技术与创新人才的国际合作，在协会签署的中欧、中美行业等合作共识与备忘文件框架下，总结已有经验和做法，通过引进、合作、收购等多种途径创建国际技术经济合作新模式。

5．提升人才培育培优体系

要加快实施技能人才的考评、鉴定、认证工作，按照人社部的新规程，鉴定总站要强化各鉴定站的工作规范指导。正在编写的职业技能标准、教材、题库要抓紧在2024年上半年完成，并做好审定报批工作，成熟一项认定一批，争取年评价认证技能人才同比增加20%以上。要充分利用与高校、科研院所合作的资源优势，组织好乐器行业第三届“专业技术人才高级研修班”。认真研究和推进与南京艺术学院合作的“首届乐器创意设计大赛”，让“新理念、新视角、新材料、新工艺”在高标准、高品质、国际化的精品乐器中充分彰显魅力。要加大技能人才的评价评比表彰工作，2024年“科技之星”评选计划40人以上，“行业工匠”评选20人以上。为实现“十四五”末鉴定总人数达到1.5万人以上、培育行业科技之星超过300人、行业工匠超过100人、轻工大国工匠达到和超过3人的目标，坚持高标准培育、严要求评选的原则，为实现乐器行业高质量发展提供技能人才的有力保障。

提品质　稳增长　激发科技创新强基兴业新动能
——王世成理事长在2023年度中国乐器行业科技创新与产业发展大会上的讲话

（2023年12月13日）

尊敬的各位领导、各位专家、同事们、朋友们：

大家上午好！

北方已冰天雪地，南国正醉美秋色。岁末时节，大家相聚在我国最早经济特区之一的重要口岸城市——珠海，召开2023年乐器行业科技创新与产业发展大会，首先我代表中国乐协向到会的各位领导、专家，各位同事致以诚挚的问候！向珠海高新区领导和蔚科科技有限公司的同志们，为筹备本次大会的精心付出，表示衷心的感谢！蔚科科技作为中国乐器协会副理事长单位和中国电鸣乐器的领军企业之一，在推进科技创新、产品创优、品牌创高以及人才培养等方面走在前列，特别在技术研发特色化和自主品牌国际化上独树一帜，为促进企业效益提升和高质量发展奠定了坚实基础。承办本届大会，前期准备工作精细、精准，认真、高效，展示了以赵哲同志为代表的团队责任心和组织力，再次表示肯定和感谢。

本次会议，将深入贯彻党的二十大和二十届一中、二中全会精神，按照中央经济工作会议和全国两会的决策部署，认真总结回顾2023年行业科技创新和“创新融合年”工作成效，简要分析2023年1月至10月运行情况，系统表彰本年度在科技创新与融合发展方面取得成绩的企业和个人，组织相关新品项目的展示与评价，遴选几项产学研用合作项目路演并签约。会议还将围绕中国乐器行业《十四五发展规划》，统筹谋划乐器行业2024年及“十四五”中后期全行业科技创新与产业发展的目标举措，印发《2022年乐器行业年度报告》。特别邀请了白春礼院士作《世界前沿科技发展趋势》专题报告，邀请了格力电器方祥建副总裁就《科技自主创新 助力高质量发展》介绍格力电器创新经验，还精心安排了两家高科技企业的跨界参观和名家专场音乐会，相信大家一定会有所收获、借鉴提高、不虚此行。

第一部分　2023年科技创新与产业融合总体情况

一、科技创新方面

2023年，在中国轻工联的领导指导下，全行业贯彻落实“科技是第一生产力、人才是第一资源、创新是第一动力”的发展理念，巩固和优化“两翼发力、六轮驱动”科技创新工作整体思路，围绕创新与融合各项工作出实招、求实效，体现了“五个进一步增强、两个进一步完善”。

1．调研与决策水平进一步增强

以习近平同志为核心的党中央高度重视调查研究工作。年初，协会党支部根据中国轻工联党委统一安排，紧紧围绕主题教育“学思想、强党性、重实践、建新功”的总要求，组织全体党员干部认真学习、深刻领会，并在务实践行上把行业调查研究作为重点抓落实。2月份和8月份两次组织为期1个月的行业调研活动，分别按照“四个聚焦”和“四个探讨”调研目标，分组奔赴全国乐器产业相对集聚的地区，深入企业、走进车间，了解数据、探讨市场，研判形势、支招献策。调研团队同志们先后到过16个省（区、市），参与调研活动的产业集群10个，走访企业近130多家，专题座谈会议23场次，参与的企业290多家。在各调研组充分研究的基础上，形成了行业调研综合报告5篇，针对国内外经济动态性恢复增长的客观形势，对全行业工作提出了把握“六稳”的具体要求，并特别就创新融合稳投资、精益管理稳品质两大核心要素做了重点部署。有关政策诉求多角度向有关部委作了重点反映和具体衔接，取得一定效果，正密切跟进。

2．科技创新综合实力进一步增强

按照中国乐器协会统筹布置和分会协调助力、专家委系统指导、企业创新机制配套的“三联动”原则务实推动，全行业科技创新综合实力进一步得到增强。据近期统计，全行业获得认定的科技平台46个，其中国家级2个、省级28个、地市级6个、院校合作平台10个（不含18个企业自建平台）；再加上协会与南京艺术学院共建的“产学研用合作基地”，以及今天下午签约的合作平台，总数达到68个，比上年增长23.6%。从科技投入方面分析，今年全行业企业综合效益波动很大，特别是传统乐器的效益下滑相对明显，企业科技创新投入受到一定影响。近期协会对21家骨干企业科技研发投入进行了抽样统计，虽然总量有所下降，但投入强度仍平均达到6.05%，比去年高出0.82个百分点，超过了年度6%的目标水平。

3．创新成果及转化率进一步增强

科技平台作用凸显，近二年来由科技平台申报并已发布的发明专利50个，实用新型专利407项，软件著作权55项，各类（各级别）产品与创新成果奖项75项，参与标准制（修）订35项次。协会积极组织并指导企业申报中国轻工业科学技术奖，今年推荐的14个项目初审全部入围，从项目创新性来看，科技含量显著提升，涉及数字化、智能化、发明类的项目就有10个，占到71.5%，专家组评审及终审工作正在推进中。同时，行业科研成果鉴定工作今年正式启动，乐器已实现零的突破。4月底协会与南京艺术学院合作，圆满举办了全国乐器学研究高峰论坛，论坛议题涉及乐器学理论、乐器史学、乐器声学、乐器产业研究等10多个专业领域；征集论文103篇，经组委会初审和专家会审，遴选了86篇论文录入论文集并推荐参与论坛交流活动；乐器行业提供了28篇科研成果论文，占总数的32.6%，而且这些成果都已经完成转化并进入市场。

4．创新产品市场影响力进一步增强

2023年工业和信息化部、中国轻工业联合会组织开展的《升级和创新消费品指南（轻工 第十批）》工作，乐器33项新产品通过初审；经过专家评审，15项新品入选，其中升级消费品7项，创新消费品8项，入选比例大幅度提高，分别比去年增长66.7%、75%和60%，分别占整个轻工行业入选总量和各分项的14%、14.3%和13.7%，初审和入选数量排名轻工各行业首位，对促进我国中高端乐器消费市场发挥了积极的引导作用。在第二十届上海国际乐器展览会期间，协会组织征集的“全球首发新品”大幅增加，63家企业研发的111件新品参与评选，涵盖了钢琴、民乐、电鸣等九大类乐器产品。经专家委员会评审，最终35件首发新品荣获“最佳新品”称号，分别比上一届增长40.5%和34.6%。在文化和旅游部产业发展司指导下，协会与上海国展展览中心有限公司等共同主办了“多彩中国 佳节好物”文化和旅游贸易（乐器专题）促进活动，旨在贯彻落实文化强国、贸易强国，增强中华文明传播力影响力的使命任务，推动优秀文化和旅游产品及服务走出去，促进我国文化和旅游产业高质量发展。活动以“乐动中国，享受音乐”为主题，利用本届上海国际乐器展览会全球化贸易平台进行展示推广。活动共计

征集到9大类80件精品乐器参与，经专家评审，70件产品入围展示，展示效果得到部委有关领导和与会各界朋友高度赞誉，并编辑成中英文对应的产品手册向全世界推广。

5．知识产权创新与保护意识进一步增强

国家知识产权局发布的专利成果统计，2023年度乐器行业累计授权专利2109项，同比增长45.1%，为历年之最；发明专利和实用新型专利两项达到1471项，占专利总量的69.7%，同比增长30.2%；涉及研究与创新类的专利739项，占总量的35%，同比增长53.3%。乐器行业专利创新水平再创历史新高。不仅如此，本年度软件著作权已有55件，同比增长37.5%，同样也为历年之最。

6．标准研发与推广体系进一步完善

全年修订行业标准9项、国家标准1项，制定标准5项，其中《键盘乐器智能功能等级评价》《绿色设计产品评价技术规范（电子钢琴）》团体标准已正式发布。自去年下半年起，乐标委按照工业和信息化部科技司对标准复审工作的要求，分两批集中对实施五年及以上时间的行业标准进行复审，落实继续有效、修订、废止的计划，全面有序推动标准复审工作。加大了标准宣贯力度，特别是强制性国家标准的宣贯，做到有计划、有重点的抓落实，5月份在长沙召开全行业理事大会期间，专门举办了《GB 28489—2022　乐器有害物质限量》标准专项培训班，确保全行业通晓、理解、执行。同时发动行业企业进行全产业链宣贯，确保供应商、配套商同步启动执行、同步消化库存、同步研发达标产品。

7．科技创新评价评优机制进一步完善

随着全行业科技创新工作逐步走向平台化、体系化、规范化，在行业专家委指导下，科技创新交流、推广评价机制也逐步完善。协会推动的旨在提升会员企业创新能力的各类奖项经过二年的修订、完善和优化，形成了定性与定量相结合评价细则、积分参数和积分统计方法。2023年共评出“科技创新平台”先进单位一等奖4家、二等奖7家、三等奖8家；评出“创新融合年”先进单位20家；评出“专利成果”一等奖3家、二等奖9家、三等奖17家；行业“科技十强企业”评出15家，涉及钢琴、电鸣乐、打击乐、民乐、管乐、口琴六大类，可喜的是今年有4家中型企业也跻身其中，占26.7%，体现了全行业科技发展势头看好。

二、产业融合方面

1．产业链融合

按照“产、展、销、教、演、培”一体化融合联动的思路，全行业已逐步形成了全方位、立体式的产业链融合发展新体系。“6·21 国际乐器演奏日”进入中国已经第八年。今年协会围绕“玩乐器，交朋友”这一主题，继续在全国范围内举办此项国际性的“全民爱乐”活动。全国共有129家联合主办单位参与，覆盖城市超过200座，3000多场演出，直接参与人数近40万人次，现场观众超过300万人次，线上受众超过3亿人次，大大地超过了任何一届的规模，也反映出乐器市场的内生活力。另外，国际组委会面向全球主要参与国征集特色演奏项目，最终，包括中国在内29个国家的76所学校入选，协会推荐有10所学校入选。国际组委会高级顾问罗伯·盖斯特先生专门录制了视频向中国组委会表示感谢。今年的“国民音乐教育大会”在成都天府国际会议中心成功举办。3天的活动，引起了国内国际音乐教育、出版、乐器制造、培训及相关行业的广泛关注和热情参与，累计共有113场活动，156位演讲嘉宾，与会的1723名观众包括了体制内外、音教全产业链机构、全年龄段受众，其中琴行艺培人员占到50%以上，预计国外音教专家2023年后参与会稳增。大会以“学乐器、为生活增色”为主题，分别以主题演讲、工作坊、专题论坛、互动教学等形式举行。本届大会成为了国内规模最大、规格最高、涉及门类最广、内容最丰富的综合性音乐教育行业盛会。同时，与音乐艺术产业的融合已逐步浸润到骨干企业中，统计至目前，规模企业拥有自主艺培学校或艺术团（中心）的22家，琴行分会的头部企业发挥了示范和联动作用。从2022年底至今，各种跨年音乐会以及由企业主办和联办的各类音乐会、展示展演、艺术沙龙、专业论坛等活动已突破200场次。规模越来越大、层次越来越高、影响力越来越强，引导并挖掘了乐器客户群体。

2．产业集群融合

全行业11个产业集群，发展模式各有特色，政策措施各有千秋，都在集群的整体规划布局以及与产业全方位融合发展方面做出了不懈努力。围绕协会提出的持续建好“一平台六中心”的建议意见，各地积极出台特色政策，为集群做优做强融合发展保驾护航。江苏黄桥依托“中国提琴产业之都”的优势资源，在打造好“绿岛”项目的同时，率先推动乐器中小企业集聚区建设，进展顺利，目前部分企业已入驻投产；还融合协会及各方资源，成功推进音乐教育“三进工程”，全镇中小学在校学生音乐教育普及率达到100%，其中各类乐器普及率超过了75%；并连续7届承担“6·21国际乐器演奏日”中国主会场开幕式任务；较好地实现了产业扩量、创新增效、音教普及、艺术惠民的产业融合良性循环发展。河北肃宁规划了占地1000亩的国乐小镇和乐器工业园区，健全产业链，为企业发展提供税收和减轻负担等方面的服务；该地区利用“中国北方乐器之都”和“互联网小镇”的双重优势，将乐器产品纳入“肃心匠作”区域公共品牌，在淘宝、天猫，建立肃心匠作臻选商城，创新发展线下体验、线上销售相结合的乐器“新零售”，乐器产品线上销售率增长到60%，线上销售额同比增长25%。河南兰考全力打造“中国民族乐器之乡”，县委县政府分两期建设了乐器工业园区，健全产业链。政府还出资将原有的一期乐器产业园改造成为“前店后厂”的新型产业园区，取得了良好的成效；与中国乐协合作着力打造高质量发展产业链和音乐小镇建设，并精心组织“古琴制作大赛”、“桐花音乐节”等系列活动；“河南兰考百台古筝进央音”活动，弘扬传承了“焦裕禄精神”，焦桐的妙用慰藉了老书记、惠及了百姓，34家企业的产品精彩展示，央视全程录播，取得非常好的效果。江苏扬州围绕“中国琴筝产业之都”文化传承核心要素，着力打造中国民族器乐文化氛围和乐器类“非遗”产业，颇具特色、效果明显。贵州正安作为“中国吉他之都”，建设了A、B、C三个乐器产业园区，政府为入驻企业提供“保姆式”服务，减轻企业负担，提供良好的营商环境，吉他的发展为革命老区培育出特色产业，助力了乡村振兴。山东郿部作为“中国电声乐器产业基地”，镇政府近年来持续培植“跨境电商平台”加“物流综合体”，在美国、英国等13个国家设立代理商21家，建立海外仓48个。组织50多家乐器企业分别在淘宝、天猫、抖音等平台开设网店、开设直播间。联手著名演奏家着力做足中高端文章。河北饶阳县打造“饶阳民乐”高端品牌，建立饶阳高端民族乐器精品展厅，培育和打造一批知名工匠和非遗传承人，为产业高质量持续发展，提供技术与技能方面的有力支撑。

3．国内外市场融合

随着乐器市场国际化程度日趋提高，协会引导全行业主动深化内循环融合外循环，走出了乐器行业创新品、拓市场，去库存、稳增长的新路子。在国内市场融合方面，第二十届上海国际乐器展览会，来自23个国家和地区的1823家国内外企业携精品乐器参展，其中国际展商288家。本届展位面积12万平方米，十大室内展馆和三大室外展区的展品和互动项目琳琅满目、精彩纷呈，与特殊时期前的2019年相比，参展企业恢复到76%、展位面积恢复到83%，恢复性增长速度非常明显。另外，国内外企业以展团形式参展也逐步恢复常态，德国、意大利、捷克、西班牙、法国、日本等国均组织了国际展团，国内的扬州、正安、黄桥、确山、兰考、饶阳、肃宁、梅村等地都以产业集群的方式组团参展，产业影响大、品牌合力强。

在国外市场融合方面，协会始终保持与全球20多个乐器以及音乐制品的同业组织强化沟通交流，本着“平等互信、资源共享，合作共赢、促进发展”的原则，强化国外朋友圈的拓展与扩大，有计划、有目标的开展多边贸易与合作探讨，并就市场恢复增长与上海国际乐器展览会等事宜重点探讨，努力发挥好“民间大使”的功能作用。上海国际乐器展览会期间，分别与美国国际音乐制品协会、欧洲音乐产业联盟及德国英国法国捷克等乐器协会、美国MIDI制造商协会、巴西乐器工业协会等国际乐器行业组织举行了专题会谈，并就各方共同关注的促进乐器产业发展、合力拉动展会经济、推动产业科技创新、保持各方良性互动等问题分别形成“上海共识”或合作备忘录。始终鼓励和帮助企业主动走出去，加速恢复国际市场份额和覆盖率，今年美国NAMM国际乐器展会上，协会积极助力，中国近百家乐器企业参展。贵州正安由政府统一组团，组织了45家企业参加了NAMM乐器展会，并由政府负担40%的展位费和参展企业相关人员的费用，扩展国际贸易新途径。

4．地方协会互动融合

作为“中字头”行业组织，中国乐器协会始终坚守“为行业谋高质量发展、为企业谋竞争力提升、为协会谋公信力增强、为消费者谋美好生活”的初心使命，注重融合地方乐器行业组织的资源，聚合力服务于全行业。2021年“三位一体”工作会议后，全国20多家地方行业协会主动与中国乐器协会沟通交流，部分地方协会还成为了中国乐器协会的团体会员，按照协会统一部署并结合当地资源开展了一系列工作。北京乐器学会有系统的开展古琴、古筝、琵琶、京胡等民族乐器大师课，在全国产生很大影响力；广东省乐器协会组织提琴、吉他制作大赛，举办国家标准宣贯培训班、系统推进乐器系统“工艺美术大师”职称评定，助推行业高质量发展；上海市乐器协会围绕当前内销市场疲软状况，组织行业调研，召开专项座谈会，为长三角地区乐器产业把脉支招；江苏省乐器技术专业委员会致力服务于产业发展，在泰州黄桥、扬州、苏州、无锡等地都建立了以乐器特色为主题的市级乐器协会，形成特色化的集聚效益；深圳市乐器协会常年组织各类艺术展示、展演活动，并系统组织参与每年一度的“6·21”活动；在河南兰考、河北肃宁、天津静海、辽宁营口等几十个地区都形成了乐器行业组织的凝聚力，联动效果也在持续增值。

三、人才建设方面

科技的本质是创新，创新的关键在人才。2023年全行业人才建设工作务实推进。一是职业技能培训、考评、鉴定机制逐步完善，重点推动了考评团队建设，全年开展督导员培训、合格发证11人；考评员培训、合格发证60人；裁判员培训、合格发证47人。为全面实施职业技能考评、鉴定工作打好基础。二是钢琴调律师专业考评鉴定工作，各鉴定站积极组织培训与鉴定，全年考评鉴定达663人次，比上年增长11%；截止到目前已累计完成钢琴调律师专业考评、鉴定10973人次。三是乐器行业11个国家职业技能标准制定工作自去年底全面启动，今年9月15日，人社部更新了2023版技能类《国家职业标准编制规程》和申报条件，行业各编写小组均按新规程落实修订。截止到目前，已完成标准初稿编写和修订的有钢琴调律师、钢琴制作工、打击乐器、研琴师、管乐器制作工和民族弹拨及拉弦乐器制作工。并酌情邀请人社部专家指导初审。四是乐器行业第二届专业技术人员高级研修班在珠江创梦园成功举办，来自全行业的40多位企业负责人和专业技术人员参加进修。6位资深专家围绕乐器声学、材料学、数字化等领域精心授课，用新知识、新技能、新理念为乐器行业注入新活力。五是随着人才评价、评优机制的日趋完善，行业的人才评价、评优形成了定性与定量相结合的评价细则。在专家委的指导下，今年协会共评出年度科技之星35名。截至目前全行业科技之星193名，相信有这一批批科技创新精英与行家携手，行业的创新与发展必将迎来新的飞跃。

各位专家、各位同仁，乐器行业围绕全年目标，在科技创新、产业融合以及人才建设方面取得的成绩是客观的，也是来之不易的，不仅为今后的发展打下了基础，很大程度上也缓冲或对冲了行业经济下行的压力。2022年下半年以来，乐器行业总体处于低位运行区间，当前已进入触底回暖阶段，经济运行呈现出“三降、三增、双转正、两收窄”的特点。“三降”即规上企业前三季度营业收入累计同比下降21.28%，利润下降43.35%，出口下降5.31%（出口多元化、区域化特征明显，对美欧日出口下降，64个共建“一带一路”国家增长23.95%，15个RCEP 成员国增长6.09%，非洲、拉美等新兴市场均增21.66%和5.48%），经济运行仍处于承压状态，在这个周期中，钢琴销售影响最大、政策性因素不容小视，协会正在专题调研起草“钢琴制造业调整、转型、升级的对策与思考”，组织研究乐器适老创新产品、课堂乐器创新产品、乐器与心理健康创新产品等市场化拓展专题。“三增”是指三季度环比二季度，营收增长24.52%，利润增长50.69%，利润率增长1.85个百分点，呈现出更多积极趋势，回升势头明显。随着政策持续发力显效，节假日需求释放、‘双十一’网络购物拉动、上海乐器展订单增加等，10月的市场表现相对积极，呈现“双转正”的特点。即当月营收同比增长156.09%，企业效益逐步改善，利润也出现了较大的增幅，营收和利润均为本年度首次正增长。在10月市场的拉动下，1月至10月经济运行实现环比“两收窄”，即营收环比较1月至9月收窄6.36个百分点，利润收窄7.04个百分点，乐器行业低位运行的趋势得到缓解。

面对现状，展望未来。2024年一定是充满希望而又面临新的困难挑战之年，需要我们励精图治，承压前行，奋发才能有为!

第二部分　2024年科技创新与品质提升工作思路

同志们，纵观国内外形势与趋势，学习理解中感到：全球经济四个趋势明显，即进入快速加息周期，应对通胀大幅攀升；产业政策替代，政府对市场干预增加；全球供应链重构，本土化区域化明显；数字经济发力，成为经济对冲器稳定器。上海财经大学新模型预计，2024年中国经济GDP增速为4.82%，消费增长4.90%，投资增长5.02%，出口降低7.60%，进口降低8.36%，CPI增长0.96%，PPI降低1.02%。专家分析中国经济新预期，工业全面见底回升；电商促进消费恢复；价格库存判断供求关系；三重加力叠加尚待根本好转。四个持续新举措将助推中国经济恢复发展，即持续扩大国内有效需求；持续支持企业创新发展；持续营造良好投资环境；持续强化政策统筹落地。结合乐器行业的运行实际，深感政策的精准有力调控是经济恢复进程的关键！鉴于此，综合分析乐器行业发展趋势，五个特征走向明显：即市场敏感波动，总体走势向好；内需恢复慢热，外销多元提速；低端市场收缩，高端需求上扬；技创投入赋能，品牌优势彰显；娱乐取向明显、人均潜力巨大。

各位同事，习近平总书记指出，“科技是国家强盛之基，创新是民族进步之魂”，并要求我们要坚持把创新作为引领发展的第一动力，实现高水平科技自立自强。乐器全行业要落实总书记要求，始终坚持把科技自立自强作为乐器行业高质量发展的战略支撑。按照乐器行业“十四五”规划总体要求，努力实现乐器行业科技创新与产业发展新的跨越。

中国乐器协会将2024年确定为乐器行业“创新与品质提升年”，把握“创新、融合，品质、品牌”主题定位，按照“构建科创新体系、优化融合新路径、提升品质新动能、塑造品牌新活力”的总体思路推动工作。

一、构建科创新体系

1．科技创新平台体系

要重点推进行业企业科技平台建设，对现有市级以上平台按照研究方向分类整合，通过专业交流与项目合作的方式，形成平台联动效应，关键是推进科技平台出成果、见效益。2024年科创平台建设增幅要达到10%左右，特别注重国家级平台的申报和校企合作平台搭建，使其切实成为科技平台的主力军。要对协会已认定的4个创新基地做好复评，同时优化行业创新基地评审标准，争取在新材料、电子音乐、大数据研究等领域引导行业企业积极参与，条件成熟的共建支持并认定授牌，目标是2～3家。要抓好各平台的“项目、成果、评价”三位一体管理机制，倡导科技创新“成果导向”。2024年成果鉴定数量努力倍增、成果转化率力求超过50%、成果评奖增幅20%以上，科技投入综合指标保持增长（含研发与技改投入），骨干企业、高新技术企业和电鸣行业要力争同比增长2个百分点以上，务必更好地发挥投资效能。

2．健全知识产权体系

要引导知识产权创新创意新模式，专利、版权、著作权、非遗传承、中华老字号、驰名商标等要统筹兼顾。2024年专利授权总量增幅要超过20%，其中发明专利和实用新型专利占比要超过75%；版权、著作权的增幅要超过20%。同时建议有条件的企业要建立健全知识产权内部管理体系，完善创新、申报、保护、使用、创效一条龙管理职能。2024年标准化工作要围绕重点求突破。在标准研发规划上，注重国标、行标、团标的协调性，提高国际标准一致性比重；在规范提升上，着重探讨标准自身的科学性、严谨性、广泛性、公正性和权威性；在融合创新上，关注新奇特、非遗传承、虚拟乐器、维修服务等市场，研发规范条例；在培优团队上，注重乐器品类的广泛性和新知识、新人才的扩增，新的乐标委委员要推动择优选拔制和末位淘汰制，到“十四五”末委员总数增加20%左右、分标委会新增1～3个。全年标准制修订总数保持25个以上的增量。标准的复审工作必须列为本年度重点任务，高质量完成。

3．数字转型联动体系

人工智能、数字技术的研究与应用已经成为乐器行业迫在眉睫的课题。随着电鸣乐器的普及、民乐电声化的推广、云音乐、云教育、虚拟乐器等产品问世，迫切需要传统制造业加快数字化转型的步伐，未来已来，不变则退。希望电鸣乐器分会、未来音乐专委会、骨干企业、高新技术企业要联合行动起来，发挥主动性和创造性，与协会共同研商转型思路，2024年上半年具体落实。这方面支持北京乐界乐与扬州软件园共建“民族乐器大数据中心”的做法，借力、借势、借资源，共同打造乐器行业数字化转型新标杆和整体“新模式新业态新产业”的有益探索，不断提高数字赋能的运用程度。

4．国际技术经济合作体系

中国乐器协会与国际同业组织间的广泛交流与合作，为加快行业产品全球化进程发挥了积极作用，也为扩大中高端市场筑基培土。期待和推动行业企业在“十四五”后期两年中加大核心技术与创新人才的国际合作，在协会签署的中欧、中美行业等合作共识与备忘文件框架下，总结已有经验和做法，通过引进、合作、收购等多种途径创建国际技术经济合作新模式。

5．人才培育培优体系

要加快实施技能人才的考评、鉴定、认证工作，按照人社部的新规程，鉴定总站要强化各鉴定站的工作规范指导。正在编写的职业技能标准、教材、题库要抓紧在2024年上半年完成，并做好审定报批工作，成熟一项认定一批，争取年评价认证技能人才同比增加20%以上。要充分利用与高校、科研院所合作的资源优势，组织好乐器行业第三届“专业技术人才高级研修班”。认真研究和推进与南京艺术学院合作的“首届乐器创意设计大赛”，让“新理念、新视角、新材料、新工艺”在高标准、高品质、国际化的精品乐器中充分彰显魅力。要加大技能人才的评价评比表彰工作，2024年“科技之星”评选计划40人以上，“行业工匠”评选20人以上。围绕到“十四五”末鉴定总人数达到1.5万人以上、培育行业科技之星超过300人、行业工匠超过100人、轻工大国工匠达到和超过3人的目标，坚持高标准培育、严要求评选的原则，为实现乐器行业高质量发展提供技能人才的有力保障。

二、优化融合新路径

1．融合产业政策驱动

要继续推动与国家相关部委和政策研究单位的沟通，对“双减”“艺培”、综合素养测评等政策建议继续跟踪沟通落实，全方位关注、收集、整理、发布有关针对中小企业、文化特色产业、区域经济方面的各项税费、金融政策，包括国家和地方对知识产权、标准、著名品牌的激励政策。也希望全行业企业主动关心、关注协会的媒体平台，研究通晓政策，用活用好政策。

2．融合集群区域优势

协会要求已共建的11个产业集群所在地政府，科学定位和规划产业集群发展方向，加大园区的公共设施投入，有效调配各类资源，制定产业推进与扶持区域政策，助力产业恢复良性增长。协会将全方位配合各地政府和集群主体共同发力，推动集群内企业逐步回归高速度、高质量发展的快车道。

3．融合教演培全流程

每年一度的“6・21国际乐器演奏日”和“国民

音乐教育大会”，要紧密结合国家倡导的全民艺术素养提升方针政策，注重广泛性、特色点与受众面，为扩大乐器消费群体助力，为实现“音乐成为生活刚需，乐器成为家庭配备”愿景目标服务，助力区域文旅经济发展。要继续大力推进中高端乐器“进大赛、入殿堂”策略，以跻身高端艺术教育和演出市场为切入点，不断开发和展示乐器创新成果，让中国民族品牌和高端乐器持续绽放出创新的风采，全面实施“扩大中高端乐器比重”的中长期规划。要规范加快社会音乐教师的技能培训、艺术综合素养测评工作，鼓励会员企业兴办的培训学校、艺术院团（中心）积极参与合作，扩大对会员企业的服务面。

4．融合产学研好资源

据统计，全行业中已有26家骨干企业与国内25所综合类院校、九大专业音乐艺术院校开展技术创新、人才培育等项目合作；有58位演艺名家、院校教授、科研专家、制作大师分别受聘在企业担任顾问或首席专家；协会也结合行业全产业链发展需要和会员企业的要求，先后聘请了多位教育家、科学家、演奏家担任副理事长等职，在行业创新中高端发展和“产学研教演培”融合中，已经和正在发挥着重要的作用。全行业要高度重视这难得的带动效应，用心用力架好产业链价值链合作的桥梁，让校企合作、名家加盟为乐器产业转型升级注入内生动力，激发高质量发展新活力。

三、提升品质新动能

1．强化品质提升体制机制

围绕“创新与品质提升年”工作的总体思路，协会将加强引导和指导，会同分支机构、产业集群、地方协会联手推动。各会员单位要主动配合，强化品质管理体制机制，有条件的企业可成立专班，按照PDCA工作法全方位开展工作。鼓励企业开展质量认证、QC班组活动，支持和帮助企业参与各类重要评价活动，比如省长市长质量奖、专精特新“小巨人”、单项冠军等，争取政策奖励。协会将适时组织品质提升专项调研，推广先进经验，年底开展全行业评价。

2．激发中高端市场潜能

扩大中高端产品比重，提升全球中高端市场占有率，是推动“创新与品质提升年”工作根本目的，全行业企业要通过多种途径，加速中高端进程。品质是企业的根基，也是企业创新的重要保障，要通过对标对表国际高端产品和高端品牌，找准定位、努力赶超，最终实现高端化、高品质、高附加值、高市场占有率。

3．优化服务品质新模式

互联网时代客观上已颠覆了传统的供需模式，制造商、经销商、消费者之间的关系也随着电子商务、直播带货等各种平台的诞生而更迭，营销链不断缩短，消费观念也发生了质的改变。企业需要更加重视服务质量的提升，从管理顾客预期到满足顾客需求的全过程都需要研究服务品质。体验式、沉浸式、顾问式各种服务方式层出不穷，但无论哪种服务新模式，能够抓牢市场、助推企业可持续发展就是好模式。希望引起全行业共鸣。

4．探讨行业组织服务机制

转隶后，依据中共中央委员会社会工作部的总体部署，按照中国轻工联党委的具体要求，协会将进一步“强化党建引领、强化务实服务、强化规范运作、强化能力提升、强化持续发展”，全面优化提升服务机制，并紧紧围绕协会确立的“立足一个目标、突出二个重点、夯实三个基础、落实四个机制、提升五个能力、完善六大平台”工作总思路一以贯之、精心务实服务全行业。

四、塑造品牌新活力

1．不断完善品牌战略

品牌是企业的灵魂，没有品牌，就没有未来。全行业企业要以“创新与品质提升年”为契机，务实推行品牌战略，完善品牌管理体系。要大力推进“三品”战略，以创新驱动增强品牌活力，以品质提升夯实品牌基础，以文化赋能丰富品牌内涵。

2．实现品牌创建体系化

要建立品牌创建体系化的机制，各单位对中国驰名商标、省（区）直辖市著名商标、中华老字号、非遗传承等品牌的创争要不断发力。2024年全行业申报入选工信部《升级与创新消费品指南（轻工 第十一批）》精品数同比增加20%左右，行业企业获得省级以上质量奖再增加2～3个，市级质量奖再增加4～5个。协会要重点关注和支持省（区）直辖市级以上“专精特新‘小巨人’企业”和“专精特新中小企业”培育工作，2024年新增培育企业同比增长10%以上；积极配合地方工信部门培育制造业单项冠军企业，2024年力争新增国家级制造业单项冠军企业1家。

3．加速形成品牌国际影响力

面对当前国内外市场的波动性发展态势，全球乐器消费格局也随机而变，拼价格已成过去式，随之而来的是比品质、比品牌、比创新、比服务。全行业务必高度重视、快速应对，在优质产品与服务“走出去”的同时，带动名优品牌“走出去”，不断扩大中国乐器品牌国际影响力，推进品牌国际化。

4．互联网助推品牌建设

行业企业一定要务实了解、认真学习、深入研究当前互联网技术、理念对品牌建设的深度影响和新思路。全方位打造自主品牌的IP，并努力尝试充分挖掘公域数据流量，为我所用，助推品牌建设，积极构建强大的在线品牌形象。

各位同事，习近平总书记指出：“科技是国之利器，国家赖之以强，企业赖之以赢，人民生活赖之以好。中国要强，中国人民生活要好，必须有强大科技。”中国式现代化的关键是科技现代化。乐器行业肩负着为提升全民艺术素养服务、为传承民族文化技艺服务、为扩大中国民族品牌影响力服务的历史重任，靠科技实现乐器强国梦想，靠品质赢得全球市场，我们责无旁贷，务必要充满信心、勇毅前行。让我们更加紧密团结在以习近平同志为核心的党中央周围，以习近平新时代中国特色社会主义思想为指导，全面贯彻落实党的二十大精神。准确把握国际国内市场新趋势，科学研判产业发展策略，充分发挥“中字头”行业组织功能作用，精细服务、担当作为，扎实推进乐器行业“创新与品质提升年”的各项工作，为全面实现“十四五”规划目标而努力奋斗。为世界奉献精品乐器，为人类奏响美妙乐章。

创新融合年

2023年“创新融合年”工作报告

在中国轻工业联合会的领导指导下，2023年中国乐器协会按照“创新融合年”的整体目标，全面贯彻落实“科技是第一生产力、人才是第一资源、创新是第一动力”的发展理念，巩固和优化“两翼发力、六轮驱动”科技创新工作整体思路，围绕创新与融合各项工作出实招，创新工作有实效，融合工作有突破。

第一部分

一、注重全产业链融合

按照“产、展、销、教、演、培”一体化融合联动的思路，全行业已逐步形成了全方位、立体式的产业链融合发展新体系。“6・21国际乐器演奏日”进入中国已经第八年。2023年协会围绕“玩乐器，交朋友”这一主题，继续在全国范围内举办此项国际性的“全民爱乐”活动。全国共有129家联合主办单位参与，覆盖城市超过200座，3000多场演出，直接参与人数近40万人次，现场观众超过300万人次，线上受众超过3亿人次，大大地超过了任何一届的规模，也反映出乐器市场的内生活力。另外，国际组委会面向全球主要参与国征集特色演奏项目，最终，包括中国在内29个国家的76所学校入选，协会推荐的学校有10所入选。国际组委会高级顾问罗伯・盖斯特先生专门录制了视频向中国组委会表示感谢。我们今年的“国民音乐教育大会”在成都天府国际会议中心成功举办。3天的活动，引起了国内国际音乐教育、出版、乐器制造、培训及相关行业的广泛关注和热情参与，累计共有113场活动，156位演讲嘉宾，与会的1723名观众包括了体制内外、音教全产业链机构、全年龄段受众，其中琴行艺培人员占到50%以上，预计国外音教专家2023年后参与会稳增。大会以“学乐器、为生活增色”为主题，分别以主题演讲、工作坊、专题论坛、互动教学等形式举行。本届大会成为了国内规模最大、规格最高、涉及门类最广、内容最丰富的综合性音乐教育行业盛会。同时，与音乐艺术产业的融合已逐步浸润到骨干企业中，据统计，截至目前，规模企业拥有自主艺培学校或艺术团（中心）的22家，琴行分会的头部企业发挥了示范和联动作用。从2022年年底各种跨年音乐会以及有企业主办和联办的各类音乐会、展示展演、艺术沙龙、专业论坛等活动已突破200场次。规模越来越大、层次越来越高、影响力越来越强，引导和挖掘了乐器客户群体。

二、激发产业集群多元融合

全行业11个产业集群，发展模式各有特色，政策措施各有千秋，都在集群的整体规划布局以及与产业全方位融合发展方面做出了不懈努力。围绕协会提出的持续建好“一平台六中心”的建议，各地积极出台特色政策，为集群做优做强融合发展保驾护航。江苏黄桥依托“中国提琴产业之都”的优势资源，在打造好“绿岛”项目的同时，率先推动乐器中小企业集聚区建设，进展顺利，目前部分企业已入驻投产；还融合协会及各方资源，成功推进音乐教育“三进工程”，全镇中小学在校学生音乐教育普及率达到100%，其中各类乐器普及率超过了75%；并连续七届承担“6・21国际乐器演奏日”中国主会场开幕式任务；较好地实现了产业扩量、创新增效、音教普及、艺术惠民的产业融合良性循环发展。河北肃宁规划了占地1000亩的国乐小镇和乐器工业园区，健全产业链，为企业发展提供税收和减轻负担等方面的服务；该地区利用“中国北方乐器之都”和“互联网小镇”的双重优势，将乐器产品纳入“肃心匠作”

区域公共品牌，在淘宝、天猫，建立肃心匠作臻选商城，创新发展线下体验、线上销售相结合的乐器“新零售”，乐器产品线上销售率增长到60%，线上销售额同比增长25%。河南兰考全力打造“中国民族乐器之乡”，县委县政府分两期建设了乐器工业园区，健全产业链。政府还出资将原有的一期乐器产业园改造成为“前店后厂”的新型产业园区，取得了良好的成效；与中国乐协合作着力打造高质量发展产业链和音乐小镇建设，并精心组织“古琴制作大赛”、“桐花音乐节”等系列活动；“河南兰考百台古筝进央音”活动，弘扬传承了“焦裕禄精神”，焦桐的妙用慰藉了老书记、惠及了百姓，34家企业的产品精彩展示，央视全程录播，取得非常好的效果。江苏扬州围绕“中国琴筝产业之都”文化传承核心要素，着力打造中国民族器乐文化氛围和乐器类“非遗”产业，颇具特色、效果明显。贵州正安作为“中国吉他之都”，建设了A、B、C三个乐器产业园区，政府为入驻企业提供“保姆式”服务，减轻企业负担，提供良好的营商环境，吉他的发展为革命老区培育出特色产业，助力了乡村振兴。山东郿部作为“中国电声乐器产业基地”，镇政府近年来持续培植“跨境电商平台”+“物流综合体”，在美国、英国等13个国家设立代理商21家，建立海外仓48个。组织50多家乐器企业分别在淘宝、天猫、抖音等平台开设网店、直播间。联手著名演奏家着力做足中高端文章。河北饶阳县打造“饶阳民乐”高端品牌，建立饶阳高端民族乐器精品展厅，培育和打造一批知名工匠和非遗传承人，为产业高质量持续发展，提供技术与技能方面的有力支撑。

三、致力开拓国内外市场融合

随着乐器市场国际化程度日趋提高，协会引导全行业主动深化内循环融合外循环，走出了乐器行业创新品、拓市场，去库存、稳增长的新路子。在国内市场融合方面，第二十届上海国际乐器展览会，来自23个国家和地区的1823家国内外企业携精品乐器参展，其中国际展商288家。本届展位面积12万平方米，十大室内展馆和三大室外展区的展品和互动项目琳琅满目、精彩纷呈，与特殊时期前的2019年相比，参展企业恢复到76%、展位面积恢复到83%，恢复性增长速度非常明显。另外，国内外企业以展团形式参展也逐步恢复常态，德国、意大利、捷克、西班牙、法国、日本等国均组织了国际展团，国内的扬州、正安、黄桥、确山、兰考、饶阳、肃宁、梅村等地都以产业集群的方式组团参展，产业影响大、品牌合力强。

在国外市场融合方面，协会始终保持与全球20多个乐器以及音乐制品的同业组织强化沟通交流，本着“平等互信、资源共享，合作共赢、促进发展”的原则，强化国外朋友圈的拓展与扩大，有计划、有目标的开展多边贸易与合作探讨，并就市场恢复增长与上海展会等事宜重点探讨，努力发挥好“民间大使”的功能作用。上海国际乐器展览会期间，分别与美国国际音乐制品协会、欧洲音乐产业联盟及德国英国法国捷克等乐器协会、美国MIDI制造商协会、巴西乐器工业协会等国际乐器行业组织举行了专题会谈，并就各方共同关注的促进乐器产业发展、合力拉动展会经济、推动产业科技创新、保持各方良性互动等问题分别形成“上海共识”或合作备忘录。始终鼓励和帮助企业主动走出去，加速恢复国际市场份额和覆盖率，今年美国NAMM国际乐器展会上，协会积极助力，中国近百家乐器企业参展。贵州正安由政府统一组团，组织了45家企业参加了NAMM 乐器展会，并由政府负担40%的展位费和参展企业相关人员的费用，扩展国际贸易新途径。

四、推动地方协会互动融合

作为“中字头”行业组织，中国乐器协会始终坚守“为行业谋高质量发展、为企业谋竞争力提升、为协会谋公信力增强、为消费者谋美好生活”的初心使命，注重融合地方乐器行业组织的资源，聚合力服务于全行业。2021年“三位一体”工作会议召开后，全国20多家地方行业协会主动与中国乐器协会沟通交流，部分地方协会还成为了中国乐协的团体会员，按照协会统一部署并结合当地资源开展了一系列工作。北京乐器学会有系统地开展古琴、古筝、琵琶、京胡等民族乐器大师课，在全国产生很大影响力；广东省乐器协会组织提琴、吉他制作大赛，举办国家标准宣贯培训班、系统推进乐器系统“工艺美术大师”职称评定，助推行业高质量发展；上海市乐器协会围绕当前内销市场疲软状况，组织行业调研，召开专项座谈会，为长三角地区乐器产业把脉支招；江苏省乐器技术专业委员会致力服务于产业发展，在泰州、扬州、苏州、无锡等地都建立了以乐器特色为主题的市级乐器协会，形成特色化的集聚效益；深圳市乐器协会常年组织各类艺术展示、展演活动，并系统组织参与每年一度的“6·21”活动；在河南兰考、河北肃宁、天津静海、辽宁营口等几十个地区都形成了乐器行业组织的凝聚力，联动效果也在持续增值。

乐器行业将2024年确立为“创新与品质提升年”，按照“创新、融合，品质、品牌”主题定位，全面推进“构建科创新体系、优化融合新路径、提升品质新动能、塑造品牌新活力”的总体目标。

科技工作全面围绕构建科创新体系扎实推进，融合工作促进政策、集群、产学研、教演培全方位效应，品质提升工作研究“品质”与“品牌”双向发力。

第二部分

一、着力提升品质新动能

1．强化品质提升体制机制

围绕“创新与品质提升年”工作的总体思路，协会将加强引导和指导，会同分支机构、产业集群、地方协会联手推动。各会员单位要主动配合，强化品质管理体制机制，有条件的企业可成立专班，按照PDCA工作法全方位开展工作。鼓励企业开展质量认证、QC班组活动，支持和帮助企业参与各类重要评价活动，比如省长市长质量奖、专精特新“小巨人”、单项冠军等，争取政策奖励。协会将适时组织品质提升专项调研，推广先进经验，年底开展全行业评价。

2．激发中高端市场潜能

扩大中高端产品比重，提升全球中高端市场占有率，是推动“创新与品质提升年”工作根本目的，全行业企业要通过多种途径，加速中高端进程。品质是企业的根基，也是企业创新的重要保障，要通过对标对表国际高端产品和高端品牌，找准定位、努力赶超，最终实现高端化、高品质、高附加值、高市场占有率。

3．优化服务品质新模式

互联网时代客观上已颠覆了传统的供需模式，制造商、经销商、消费者之间的关系也随着电子商务、直播带货等各种平台的诞生而更迭，营销链不断缩短，消费观念也发生了质的改变。企业需要更加重视服务质量的提升，从管理顾客预期到满足顾客需求的全过程都需要研究服务品质。体验式、沉浸式、顾问式各种服务方式层出不穷，但无论哪种服务新模式，能够抓牢市场、助推企业可持续发展就是好模式。希望引起全行业共鸣。

4．探讨行业组织服务机制

转隶后，依据中共中央社会工作部的总体部署，按照中国轻工联党委的具体要求，协会将进一步“强化党建引领、强化务实服务、强化规范运作、强化能力提升、强化持续发展”，全面优化提升服务机制，并紧紧围绕协会确立的“立足一个目标、突出二个重点、夯实三个基础、落实四个机制、提升五个能力、完善六大平台”工作总思路一以贯之、精心务实服务全行业。

二、全面塑造品牌新活力

1．不断完善品牌战略

品牌是企业的灵魂，没有品牌，就没有未来。全行业企业要以“创新与品质提升年”为契机，务实推行品牌战略，完善品牌管理体系。要大力推进“三品”战略，以创新驱动增强品牌活力，以品质提升夯实品牌基础，以文化赋能丰富品牌内涵。

2．实现品牌创建体系化

要建立品牌创建体系化的机制，各单位对中国驰名商标、省（区）直辖市著名商标、中华老字号、非遗传承等品牌的创争要不断发力。2024年全行业申报入选工信部《升级与创新消费品指南（轻工 第十一批）》精品数同比增加20%左右，行业企业获得省级以上质量奖再增加2～3个，市级质量奖再增加4～5个。协会要重点关注和支持省（区）直辖市级以上“专精特新‘小巨人’企业”和“专精特新中小企业”培育工作，2024年新增培育企业同比增长10%以上；积极配合地方工信部门培育制造业单项冠军企业，2024年力争新增国家级制造业单项冠军企业1家。

3．加速形成品牌国际影响力

面对当前国内外市场的波动性发展态势，全球乐器消费格局也随机而变，拼价格已成过去式，随之而来的是比品质、比品牌、比创新、比服务。全行业务必高度重视、快速应对，在优质产品与服务“走出去”的同时，带动名优品牌“走出去”，不断扩大中国乐器品牌国际影响力，推进品牌国际化。

4．互联网助推品牌建设

行业企业一定要务实了解、认真学习、深入研究当前互联网技术、理念对品牌建设的深度影响和新思路。全方位打造自主品牌的IP，并努力尝试充分挖掘公域数据流量，为我所用，助推品牌建设，积极构建强大的在线品牌形象。

2023年“创新融合年”相关奖项

一、中国乐器协会创新融合年先进单位（2023）

吟飞科技（江苏）有限公司
广州珠江艾茉森数码乐器股份有限公司
广州珠江钢琴集团股份有限公司
海伦钢琴股份有限公司
乐海乐器有限公司
柏斯琴行（中国）有限公司
北京星海钢琴集团有限公司
深圳市蔚科电子科技开发有限公司
得理乐器（珠海）有限公司
长沙幻音电子科技有限公司
江苏天鹅乐器有限公司
宁波四海琴业有限公司
江阴金杯安琪乐器有限公司
上海民族乐器一厂有限公司
扬州金韵乐器御工坊有限公司
天津市津宝乐器有限公司
江苏奇美乐器有限公司
福州和声钢琴股份有限公司
江苏凤灵乐器有限公司
山东省雅特乐器股份有限公司

二、中国乐器行业专利成果奖（2023）

一等奖：

上海民族乐器一厂有限公司
广州珠江钢琴集团股份有限公司
天津市津宝乐器有限公司

二等奖：

宜昌金宝乐器制造有限公司
扬州金韵乐器御工坊有限公司
广州珠江艾茉森数码乐器股份有限公司
海伦钢琴股份有限公司
得理乐器（珠海）有限公司
江苏东方乐器有限公司
乐海乐器有限公司
福州和声钢琴股份有限公司
浙江乐韵钢琴有限公司

三等奖：

吟飞科技（江苏）有限公司
广州市罗曼士乐器制造有限公司
广州市威柏乐器制造有限公司
西安音乐学院
佛山市盈展乐器有限公司
龙口金鸣乐器有限公司
无锡斯坦梅尔钢琴有限公司
深圳市魔耳乐器有限公司
烟台金斯波格钢琴有限责任公司
河北华声乐器制造有限公司
宁波四海琴业有限公司
北京乐界乐科技有限公司
江苏凤灵乐器有限公司
江苏天鹅乐器有限公司
贵州正安娜塔莎乐器制造有限公司
长沙幻音电子科技有限公司
天津市佰笛乐器有限公司

三、乐器行业“科技之星”（2023）

王　卫　宁波韵声机芯制造有限公司
彭丽颖　北京轻工技师学院
姚培辉　深圳市蔚科电子科技开发有限公司

卢锐骞　广州珠江恺撒堡钢琴有限公司
陈智球　广州珠江艾茉森数码乐器股份有限公司
张小川　北京星海钢琴集团有限公司
骆石川　北京视感科技有限公司
沈　林　吟飞科技（江苏）有限公司
张　维　吟飞科技（江苏）有限公司
徐玉珠　广州珠江恺撒堡钢琴有限公司
唐笑枫　深圳市蔚科电子科技开发有限公司
翟清川　海伦钢琴股份有限公司
左美华　江苏天鹅乐器有限公司
张　敏　江苏奇美乐器有限公司
马传海　天津市津宝乐器有限公司
吴福林　宜昌金宝乐器制造有限公司
边士钦　乐海乐器有限公司
孙福生　得理乐器（珠海）有限公司
史　刚　得理乐器（珠海）有限公司
郑张刘　海伦钢琴股份有限公司
李晓晨　江苏凤灵乐器有限公司
张礼东　苏州民族乐器一厂有限公司
明　振　长沙幻音电子科技有限公司
童　磊　南京爱韵乐器有限公司
陈洁珺　长沙幻音电子科技有限公司
张　娜　乐海乐器有限公司
于孙传　福州和声钢琴股份有限公司
樊建能　宁波四海琴业有限公司
陈强强　西安朱雀乐器有限公司
徐超平　广州珠江艾茉森数码乐器股份有限公司
易桂林　得理电子（上海）有限公司
黄　正　菁音电子科技（上海）有限公司
张　雯　天津奥维斯乐器有限公司
郭东旭　北京珠江钢琴制造有限公司
张　涛　得理电子（上海）有限公司

科技奖项

2023年中国乐器协会推荐获得中国轻工业联合会等部委有关奖项名单

一、中国轻工业联合会科学技术奖（2023入围名单）

吟飞科技（江苏）有限公司 《基于RISC低延时高性能数字音频芯片及音乐器具研发》
江苏集萃碳纤维及复合材料应用技术研究院有限公司 《碳纤维复合材料哨笛系列产品研究与应用》
广州珠江恺撒堡钢琴有限公司 《高档钢琴新型弦槌关键技术的研发及应用》
广东创智智能装备有限公司 《基于数字技术的环保节能涂装装备在乐器生产中的研究与应用》
得理电子（上海）有限公司 《数字波形渐变合成器》
长沙幻音电子科技有限公司 《基于深度学习的音色模拟算法》
扬州金韵乐器御工坊有限公司 《数字科技赋能驱动下的古乐器复原制作技术与应用》
江苏天鹅乐器有限公司 《无膜半音阶音乐和弦贝斯口琴关键技术的研发与应用》
深圳市蔚科电子科技开发有限公司 《DM-8全网面专业电子套鼓》
北京星海钢琴集团有限公司 《央音监制系列钢琴的研制》
广州珠江艾茉森数码乐器股份有限公司 《具有断联手感的数码钢琴键盘结构及数码钢琴》
宁波四海琴业有限公司 《一种琴锁机构》
北京乐界乐科技有限公司 《音卓尔智慧练琴管理系统》
乐海乐器有限公司 《琵琶开榫机》

二、《升级和创新消费品（轻工 第十批）》（2023）

升级消费品：
吟飞科技（江苏）有限公司 《EFNOTE智能电子鼓》
深圳市蔚科电子科技开发有限公司 《蓝牙立体声数字无线音箱 MIGHTY SPACE》
乐海乐器有限公司 《海铭蓝演奏级琵琶（HM914-AAA）》
江苏天鹅乐器有限公司 《习惯式宽音域复音24孔口琴》
北京珠江钢琴制造有限公司 《德洛伊立式钢琴（125DT）》
广州珠江艾茉森数码乐器股份有限公司 《数码钢琴（P-60）》
上海民族乐器一厂有限公司 《何占豪限量联名款耄耋童心古筝（LMHZH-LZ梁祝）》
创新消费品：
得理乐器（珠海）有限公司 《便携面板鼓（DD325）》
天津市津宝乐器有限公司 《定音鼓（JBTC2208）》

长沙幻音电子科技有限公司 《综合数字效果器（GP-200）》
乐海乐器有限公司 《海之尊-柳梢青柳琴（HZ418-AA）》
北京星海钢琴集团有限公司 《央音系列钢琴（XY-6E、XY-6CE、G57）》
扬州民族乐器研制厂有限公司 《8932中音11弦轧筝》
扬州金韵乐器御工坊有限公司 《兼得古筝（Z100-21）》
广州珠江恺撒堡钢琴有限公司 《珠江PH系列高档钢琴》

三、中国轻工业科技百强企业（2022）

广州珠江钢琴集团股份有限公司

四、全国轻工行业优秀质量管理小组（2023）

广州珠江钢琴集团股份有限公司 腾飞QC小组

五、全国轻工行业质量信得过班组（2023）

广州珠江钢琴集团股份有限公司 KA艺术家班

六、中国轻工业联合会科学技术成果鉴定

碳纤维复合材料哨笛系列产品研究与应用

七、2023 Music China 全球业界新品首发活动“最佳新品”（按笔画排序）

公司名称	品牌	型号
人民音乐出版社	人音学琴	数字化学琴APP
上海民族乐器一厂有限公司	敦煌	联名款夏日艺境古筝
上海锣钹信息科技有限公司	锣钹	小小笛电吹管
广州珠江钢琴集团有限公司	珠江	UP100 69键学习型原声钢琴
天津市津宝乐器有限公司	津宝	JBTC-0529定音鼓
天津华韵乐器有限公司	罗尼	96贝斯巴扬海金手风琴
长沙幻音电子科技有限公司	幻音	Ampero II Stage音箱模拟效果器
功学社（天津）商贸有限公司	MAPEX	Saturn EVO鼓
功学社（天津）商贸有限公司	JUPITER	JAS1100异色萨克斯
卡瓦依乐器（中国）有限公司	KAWAI	CA450YB数码钢琴
北京视感科技有限公司	音乐密码	音乐学习机
北京星海钢琴集团有限公司	星海	央音EDUCATION系列XY-6E钢琴
北京家训马林巴文化艺术中心	家训	JV-KF37马林巴

续表

公司名称	品牌	型号
北京韵源天地文化有限公司	龙吟	低音琵琶
乐海乐器有限公司	乐海	601–AA云莺“便携式”扬琴
扬州金韵乐器御工坊有限公司	金韵	S163–21雪霎古筝
江阴金杯安琪乐器有限公司	格兰德	GH1880手风琴
江苏天鹅乐器有限公司	天鹅	DR2421H习惯式宽音域复音24孔口琴
江苏奇美乐器有限公司	奇美	QM24A/24键低音口风琴
江苏音律未来乐器科技有限公司	影弦悦动	非侵入式人工智能乐器辅学系统
汕头市粤升乐器实业有限公司	茉莉	低音扬琴
吟飞科技（江苏）有限公司	KURZWEIL	KA–E1电钢琴
河北金音乐器集团有限公司	瑞森	REU–V66立键上低音号
河南中州民族乐器有限公司	中州	R998紫檀中阮
柏斯音乐集团	长江	TCH–88钢琴
音王电声股份有限公司	录音大师	SM46自适应声场处理器
施坦威钢琴亚太有限公司	施坦威	“大师”系列8X8限量版钢琴
美得理电子（深圳）有限公司	美得理	MZ928电子鼓
深圳市伊诺乐器有限公司	伊诺	EMQ1天猫精灵节拍器
深圳市蔚科电子科技开发有限公司	纽克斯	N–LIVE 音频接口
深圳市魔耳乐器有限公司	魔耳	HORNET 05i智能电吉他音箱
惠州市恩雅乐器有限公司	恩雅	智能音响吉他2代
赛乐尔三益乐器（上海）有限公司	SEILER	VP–7数码钢琴
赛尔玛亚洲（北京）销售有限公司	SELMER	至尊次中音萨克斯
激声博韵（上海）乐器贸易有限公司	GIBSON	Les Paul Standard 50s / 60s电吉他

2023年中国乐器协会表彰“科技十强企业”等奖项获奖名单

一、乐器行业“科技十强企业”（2023）

柏斯琴行（中国）有限公司
得理乐器（珠海）有限公司
天津市津宝乐器有限公司
广州珠江钢琴集团股份有限公司
海伦钢琴股份有限公司
吟飞科技（江苏）有限公司

深圳市蔚科电子科技开发有限公司
长沙幻音电子科技有限公司
乐海乐器有限公司
北京星海钢琴集团有限公司
江苏奇美乐器有限公司
上海民族乐器一厂有限公司
广州珠江艾茉森数码乐器股份有限公司
江苏天鹅乐器有限公司
天津奥维斯乐器有限公司

二、乐器行业科技创新平台先进单位（2023）

一等奖：
广州珠江钢琴集团股份有限公司
得理乐器（珠海）有限公司
吟飞科技（江苏）有限公司
北京星海钢琴集团有限公司
二等奖：
乐海乐器有限公司
柏斯琴行（中国）有限公司
上海民族乐器一厂有限公司
天津市津宝乐器有限公司
江苏天鹅乐器有限公司
江苏凤灵乐器有限公司
深圳市蔚科电子科技开发有限公司
三等奖：
海伦钢琴股份有限公司
长沙幻音电子科技有限公司
广州珠江艾茉森数码乐器有限公司
福州和声钢琴股份有限公司
江阴金杯安琪乐器有限公司
扬州金韵御工坊乐器有限公司
山东省雅特乐器股份有限公司
宁波四海琴业有限公司

乐器检测

2023年国家轻工业乐器质量监督检测中心工作总结

国家轻工业乐器质量监督检测中心（简称中心）始终坚持“以质量促提升，助力产业健康发展”的理念，坚守质量底线，确保每一份报告的公正性及准确性。2023年在上级领导的关心和支持下，在全体职员的持续努力与不懈奋斗下，中心实验室各方面能力建设有了显著的进步与提升。

一、实验室名称变更及资质认证

中心在2023年3月向中国计量认证（CMA）、中国合格评定国家认可委员会（CNAS）提出了实验室名称变更的申请，并同步整理了实验室的质量手册、程序文件、管理制度和技术文件等，最终在5月取得了变更后的CMA、CNAS资质证书。

二、日常质量监督检测

中心人员严格执行资质标识使用、操作监督、风险监控、设备计量和公正性保密性检查等月度质量监督工作，并对发现的潜在风险和不符合项进行分析，制定纠正措施，确保质量体系的自我完善和有效性管理。截至12月底，完成了12批次监督工作。除常规检测工作外，还完成了星海钢琴集团有限公司、上海民族乐器一厂有限公司、海伦钢琴股份有限公司、宜昌金宝钢琴、福建亚东钢琴有限公司、北京珠江钢琴制造有限公司等企业的环保认证检测工作。包括现场检查和检测任务，确保企业产品符合环保标准。同时，与中国质量认证中心（CQC）就新版GB 28489—2022标准的影响和规则变化进行了多次沟通讨论，为新的认证活动打下了良好的基础。

本年度，中心高度重视并加强了对已出具报告的审核与纠错工作，通过更为严谨、细致的程序，旨在进一步提升报告的权威性与可靠性。

三、检测能力提升

对于相关检测能力的扩项工作，包括标准文件的采购、质量体系文件的相应变更、相关试验的准备工作、资质评审上报工作，已在2023年底全部完成。

为提升实验室的整体的检测/校准水平，中心完成了实验室升级设备购置的可行性分析及项目申报等工作，包括恒温恒湿系统、音准仪校准相关设备及新能力所需的一系列检测设备，使其能满足对于检测校准环境设施及仪器的要求。

应国家信息化发展规划要求，完成了实验室信息管理（LIMS）系统的需求分析及可行性研究报告的提交，完成了网站的互联网协议第六版（IPv6）改造工作及与一轻控股网站集约化建设的准备工作。

人员方面，根据年度培训计划，全年共组织了14次各类培训，提升了中心人员的专业能力和业务水平，增强了市场竞争力。

四、技术支持与服务

除常规检测任务外，中心向人民政府及市场监管部门提供了专业、详尽的乐器产品质量咨询及技术信息支持服务，并积极协助了公安部门，在针对当地破获的伪造检测报告团伙的案件中，提供了关键的取证支持、报告真伪的权威鉴定，以及费用评估等必要工作，以确保案件处理的公正性与准确性。

在国家/行业标准制定的工作中，中心作为第三方检测机构起到了积极作用，包括协助起草单位进行试验验证、提交标准审定稿的意见征集表，标准审定会的参与及提出相应问题等。

在接下来的一年里，中心将密切关注国内外相关行业的发展动态，通过参加行业会议、阅读专业期刊和与行业专家交流等方式，获取最新的行业信息。及时全面的对新标准进行更新扩项，及时购置、研发能满足要求的设备，确保能够和新标准进行能力的同步，以应对日益复杂的检测活动。

在人才培养方面，中心计划通过定期组织各类培训活动，确保团队成员能够及时了解并深入掌握最新的行业标准和相关法规。这些培训将涵盖各种关键领域，帮助员工不断提升自身的专业技能和知识水平。通过这种方式，我们旨在打造一个高效、专业的团队，以应对不断变化的市场需求和挑战。

在支持国家和行业标准的起草和编制方面，中心将积极参与相关工作组，贡献的专业知识和经验，推动标准的科学化和国际化。通过这些综合措施，我们相信能够为各企业提供更全面、更高质量的检测服务，助力他们在激烈的市场竞争中产品质量更上一层楼。

未来中心将继续秉持“质量为先，服务至上”的宗旨，不断提升自身实力与水平，积极应对行业变革与市场需求，为推动我国乐器行业的健康、持续发展贡献更大的力量。同时，也期待与更多合作伙伴携手共进，共创辉煌未来。

行业工匠

赵卫国——深耕民族品牌　塑造吉他文化IP

2022年末，山东郯部发布"吉他小镇"及"双招双引"发展规划，旨在打造"山东手造"文化IP，推动区域乐器产业化、国际化、数字化转型升级。作为郯部产业集群的龙头企业，雅特乐器品牌创始人赵卫国顺势而为，深耕吉他领域20余载，潜心吉他设计、制造，助力吉他艺术教育创新发展。在塑造电吉他民族自主品牌，推动产品从B2B向B2C转型路途上，奉献了自身的创业智慧与精神力量。

一、匠心精神　传承佳话

迄今，郯部作为我国特色乐器产业集群，共有乐器生产及配套企业108家，年产以吉他为主的各类乐器成品200余万把、乐器配件500余万套，主营业务收入超10亿元。2022年，郯部抢抓打造"山东手造"传统手工艺品牌机遇，全力推动乐器产业转型升级，"一把吉他带火一个小镇"传为佳话。

历经二十年风雨，雅特乐器作为郯部集群的骨干企业，拥有自主品牌，集设计、研发、生产销售、技术培训教育于一体，已成功举办"雅特杯"全国电吉他大赛十二届，中国电吉他"产学研用"高峰论坛十三届，全国《雅特吉他教室》加盟商已有837家。作为中国乐器协会电吉他技术研究会主任单位，雅特（EART）吉他于2018年入选"国礼品牌"，CCTV授予雅特吉他"国品优选"荣誉称号，企业于2021年荣登中国乐器行业前50强。"迄今，EART已成为响亮的中国电吉他品牌，改变了职业乐手对国产电吉他低质廉价的消费观念。"

赵卫国表示，为了更好地发展"雅特"自主品牌，企业力邀中国一级作曲家、演奏家卞留念先生作为签约艺术家入驻"雅特"乐器；同时邀请青年演奏家吴琳、廖仕伟、赵沛、太晓光、多里斯等作为"EART"品牌代言人助阵品牌推广。

谈及"雅特"的品牌佳绩，赵卫国表示，品牌创立之初确实是为了养家糊口，而随着品牌的不断发展，他对品牌的感情愈发厚重。为了更好地传承"雅特"品牌，在吉他设计及制造过程中，赵卫国始终强调匠心精神。"让品牌意识扎根在每位员工的脑海中"，赵卫国如是说。在设计和制造吉他时，"雅特"乐器的每位员工均以消费者出发，模拟用户的使用状态，对吉他的选料和制作进行严格把控。"我们追求的不是数量，而是质量，设计师和工艺技师需要不断地斟酌每一个细节"。

在严格的技术把控下，"雅特"乐器通过外观设计及实用新型等国家专利10余项，并获得业界人士的一致好评，企业成功研发的"探索者一号"创意新品吉他获得卞留念先生的首肯。

二、校企联动　教育先行

自2014年中国电吉他行业掀起全国电吉他教育培训加盟热潮以来，全国各大小城市电吉他教育培训机构体量迅速扩展，摇滚音乐盛行，音乐节四起，"电吉他学习热"成为青年一代文化消费的典型现象。随着"雅特"品牌的时间沉淀，赵卫国意识到品牌所承载的文化内涵与音乐传播责任。在品牌后续发展规划中，赵卫国开始探索如何通过系统教学活动提升粉丝音乐素养。

此情此景下，"雅特吉他教室"连锁教育培训机构便应运而生，目前在全国各地共计开设837家分店，以供吉他爱好者获得相应的音乐培训，雅特乐器由此在吉他艺术教育热潮中赢得了一席之地。

赵卫国表示，加盟"雅特吉他教室"必须经过如下三个步骤：其一，加盟"雅特吉他教室"的讲师需通过品德考察。教书先育人，教育一行，传播理论知识固然重要，但更重要的是通过良好的师德来塑造学生的音乐品性和修养；其二便是对讲师专业能力的考察："雅特吉他教室"主要通过已加盟讲师的推荐及介绍，将具备优秀品德并接受过高等教育（电吉他专业经过指定院校专业教授）教育教学法的培养及技能培训过关、具备专业资质的讲师招入麾下。讲师由中国乐器协会吉他专业委员会电吉他技术研究会颁发《中国电吉他教师资质认证证书》后，方具备专业资质认证资格；其三便是在持有"电吉他教师资质认证证书"并签订"学生用琴品质合格保障书协议"后，再由山东雅特教育咨询服务有限公司颁发"雅特吉他教室"教师资格证书后，方可入职任教。

谈及为何设置讲师的受聘门槛，赵卫国表示，他希望每一个喜欢吉他、喜欢音乐的孩子都能够通过讲师的教学，系统、科学地进行音乐学习，避免走弯路。他更希望这些孩子能够进入国家更高级的学府去深造理论知识，并在学成之后回馈社会，助力更多热爱音乐的人实现自己的音乐梦想。为此，赵卫国积极促进"雅特吉他教室"与四川音乐学院、沈阳音乐学院、天津音乐学院等51所高校的联动合作，并聘请罗大林、赵沛、太晓光等公立院校电吉他教授为"雅特"教育签约师资培训客座教授，校企专家资源强强联合，为中国音乐教育事业增砖添瓦。

三、诚信为本　国际视野

创业二十载，其中艰难险阻自不待言。但赵卫国先生坦言，正是自己及团队的诚信之心，才使"雅特"在吉他行业屹立至今。他表示，诚信是做人的根本，任何失去诚信的企业都不可能获得立足之地。他深感每一个消费者心中都有一杆秤，用以衡量商家是否真诚以及做出的许诺能否兑现。

2020年特殊时期，"雅特"乐器设计开发出多款爆款产品。其中无头电吉他W-1和W-2作为"雅特"开发新客户引流产品，成功打破销售僵局，引爆国外市场。代言人吴琳协同"雅特"技师推出"探索者一号"H6、H7，更在国内电声市场引发消费热点，"雅特"电吉他"EART"成为专业乐手青睐的吉他品牌。登陆国际市场后，"雅特"乐器的年销售高达万支以上，销售总额突破2000万元。国际著名演员、加勒比海盗的扮演者——约翰尼·德普先生在连续购买多把吉他后，也对"雅特"产品赞不绝口，并在社交媒体上极力推荐。

谈及企业未来发展，赵卫国认为，创新是一个企业发展的力量源泉和不竭动力，"雅特"未来产品设计需要随着时代发展更新迭代，切中消费者痛点，满足不断变化的市场需求，并以此为能量之源，促进产品的优化和完善。赵卫国表示，预计三年到五年内，以"雅特"这一自主品牌为历史根基，借助互联网与各国代理商友好合作，进一步完善全球销售渠道，在"150+"个国家及地区插上中国国旗，将其纳入"雅特"的市场版图。

赵卫国十分感念国内和国际音乐人对"雅特"自主吉他品牌的高度认可，他认为"雅特"在国际市场上大获成功是一份惊喜，"雅特"也会在未来的发展道路上拓宽全球化视野，以大国形象树立民族品牌。纵使吉他源于西洋，但赵卫国却以琴为信，以信托诚；纵使世间纷扰，亦不改素心，蕴一片赤诚于一弦一品之间。我们相信，凭借着对吉他艺术和音乐教育事业如磐石般无转移的坚定信念，赵卫国先生及其团队定能够引领"雅特"会当凌绝顶，展昭昭红旗于世界各地。

龚耀宗——四十余载谱写弓弦春秋

龚耀宗，1958年生，民族拉弦、弹拨乐器制作技师，上海市级非遗代表性传承人，上海民族乐器一厂有限公司二胡质量总监。1979年，21岁的龚耀宗接替退休的母亲进入上海民族乐器一厂工作，在二胡车间琴筒制作小组，开启了五年学徒生涯。由于学徒期表现优异，被二胡制作大师张龙祥收为关门弟子。

这一干就是四十三年，龚耀宗积累了丰富的拉弦类乐器制作经验，并且善于发现问题，有较强的思考能力和创新精神。一杆二弦，二胡构造看似简单，制作工艺却十分复杂。其部件大到琴筒、琴皮、琴杆，小到弦轴、琴码，无不需要精琢细磨。其中难度最高、最考验技艺的一道工序是鞔皮。鞔皮，又称蒙皮，将蟒蛇皮以六角形固定在琴筒一端。龚耀宗继承了张龙祥高超的鞔皮技艺，并发展出自己独特的处理手法。他认为，要想鞔好一张皮，必须先“读懂”这张皮，什么样的皮适合什么样的琴筒、皮质的松紧度如何通过鞔皮手法来调配等，这些没有统一的标准，全凭感觉、经验和悟性。除此之外，他在制作乐器的过程中，对油漆、扎线等工艺进行了创新改良，成效显著。

1999年，中国民族乐器制作大赛，龚耀宗所制的二胡获得工艺品质第三名，声学品质优胜奖。他制的琴，内外弦统一，上下把位通透，具有良好的声学品质。不仅制作工艺精湛，其调试也有独到之处。尤其在他学习了二胡演奏之后，对一把琴的调试更加得心应手，一把琴声音的好坏、哪里有瑕疵，龚耀宗一拉就能分辨出来。

作为上海二胡制作技艺代表性传承人，龚耀宗乐于传道授业，多年来，他培养出了曹荣、蔡洪贤等一批杰出的中青年骨干，“上海工匠”“上海市杰出技能能手”“闵行工匠”等殊荣都被徒弟们——斩获，成绩傲人，他们还多次在“敦煌杯”二胡制作比赛中夺得佳绩。

2012年，龚耀宗担任起了企业二胡质量总监。他在指出质量问题的同时，也悉心指导一线员工提高技术水平，辅导新员工制作、整理工夹具和设备等，为民族乐器二胡制作的传承和发展作出贡献。“既是一个质量检验员，也是一个辅导员。”这是龚耀宗的工作宗旨。他深知二胡制作的不易，不是一朝一夕就能做好的，必须要在平时制作的过程中不断刻苦钻研，不断积累经验，并通过不断的尝试，运用到自己的实际工作中才能取得成绩。为规范和推广二胡制作技艺，龚耀宗也多次参与编写专业著作，修订国家行业标准，为我国二胡制作行业的发展贡献了重要力量。

此外，龚耀宗还积极传播推广二胡文化，在企业组织搭建的平台上，积极向市民展示二胡制作技艺。近年来，在上海世博会宝钢大舞台的乐器制作坊，亚信峰会非遗技艺展示现场，世界文化与自然遗产日的展演现场，音乐厅民乐宣传活动中均有龚耀宗的身影，他为中国传统民族乐器制作技艺的传播与发展贡献了自己的力量。

2019年龚耀宗与徒弟曹荣一起，以“内置式双向振动”模式为基础，研发制作了新型低音拉弦乐器。目前该乐器已成形，声学品质已得到了专家的初步认可，并且申请了实用新型专利。下一步将进行深入的研究，力求呈现完美的音色与外观，呈现优秀的中国民族低音拉弦乐器研发成果。

与二胡相伴四十余载，使龚耀宗对中国民族拉弦乐器的发展怀有深深的使命感。由于中国民族乐器中低音拉弦乐器非常稀少，民族乐团主要由大提琴来承担低音拉弦部分，他希望自己跟徒弟一起，能够研制出适合民乐团使用的民族低音拉弦乐器，让中国的民族乐团彻底民乐化，这是他的夙愿，也是他努力的方向。

蔡天睿——用奋斗擦亮青春底色

2023年5月，广东省庆祝“五一”国际劳动节暨劳模表彰大会在广州举行。其中，珠江钢琴集团欧洲有限公司副总经理蔡天睿荣获“2023年广东省五一劳动奖章”。

蔡天睿，珠江钢琴集团欧洲有限公司副总经理。2014年入职珠江钢琴集团后，主动到生产车间参与一线工作，凭借自身努力快速成长为青年工匠人才，先后参加广东省、轻工业全国钢琴调律工种技能大赛并取得优异成绩，获得全国“优秀调律师”“全国轻工业技术能手”等荣誉称号。他以企业发展为己任，以精湛技术和匠心服务赢得国际认同，奋力开拓壮大欧洲乐器销售市场，让中国民族品牌发扬光大，为提升珠江钢琴国际化竞争力、稳固行业龙头地位、推进文化自信作出杰出贡献。

一、用奋斗擦亮青春底色

蔡天睿大学毕业后成为珠江钢琴的琴童实习生，他在生产一线中勤学善思、务实创新，业务知识和技能水平突飞猛进。为了更好发挥专长，他主动申请到公司高端琴KA车间工作，在锤炼中他经常以厂为家，充分学习掌握钢琴调律、整理、音色、外观油漆实操，对每一道工序、每一个细节都精益求精，期间还定期参加外国专家的调律培训。短短三年里，他以奋斗的姿态快速成长为一名青年工匠人才，也逐渐擦亮了自己的青春底色。他先后参加2015年广东省职业技能大赛和2016年全国调律师技能大赛均取得了优异成绩，成为"全国轻工行业技术能手"及行业内知名的优秀钢琴调律师。

二、以专业赢得国际认同

2017年外派欧洲公司担任技术质量负责人期间，他深入学习了解德国高端钢琴工艺技术，总结钻研出一套有创新性的钢琴调修整理方法，把劳模精神、劳动精神、工匠精神融入到生产一线，使欧洲公司的技术水平和产品质量大为提升。作为专业调律师，不管客户有"私人订制"般的需求，还是海外音乐会演出对钢琴的音准、触感、音色要求有多高，他均能以精湛的技术和超高的服务质量，一次又一次赢得外国专家、音乐家的一致好评，用行动让欧洲客户认识到中国的产品及其技术值得信赖。他在欧洲公司经销商中也树立了良好的口碑，经常有德国客户表示"蔡天睿整理的钢琴质量没得说"。

三、让民族品牌发扬光大

经过不懈奋斗，蔡天睿成为既懂技术又会管理的复合型人才。2020年5月至今先后担任欧洲公司总经理助理和副总经理职务。他深知珠江钢琴作为中国民族自主品牌想在全球钢琴之都——德国站稳脚跟，必须以质取胜。他强化产品出货的质量把控，制定出严谨又高效的检验流程，每天都坚持到车间严格检验待出货钢琴质量状态。为更好推广品牌，他深入市场调研，重新找准产品定位，组织产品推荐会，为集团公司及时调整海外经营策略提出宝贵意见和建议，推动欧洲公司生产经营效益实现稳步增长。

三年间，俄乌冲突爆发，市场信心萎靡，蔡天睿带领团队在西欧国家组织举办了多场公益音乐活动，积极践行"做人类和谐生活、高雅文化的使者"的企业使命，帮助西方疫区、战区人民消除紧张、焦虑的情绪，丰富他们的精神文化生活，为民族品牌树立了极好的国际形象。

赵哲——音乐与科技共舞，蔚科科技领航之旅

在快速变革的当代，科技不断地推动着各行各业的边界，而乐器行业亦在科技创新浪潮中锐意前行。作为蔚科科技的灵魂人物，赵哲不仅是一位技术革新者，也是一位深谙市场运营之道的企业家。作为公司的掌舵者，赵哲将自己对音乐的热爱和对科技的追求完美结合，引领蔚科科技在竞争激烈的市场中稳步前行。他的故事不仅是一段个人的奋斗史，更是一段科技与艺术交织共鸣的创业历程。

2023年，乐器科技行业迈进新的发展里程。在年度乐器行业科技创新与产业发展大会上，行业专家、企业家和音乐家共聚一堂，探讨音乐与科技的发展未来。作为大会承办方代表，蔚科科技董事长赵哲在致辞中不仅展示了他对行业的深刻理解和前瞻性，也凸显了蔚科科技在电鸣乐器行业的创新力和影响力。

赵哲强调，在数字技术迅猛发展的今天，乐器必须拥抱科技以保持活力。随着电子技术和人工智能的进步，乐器不仅是音乐创作的工具，也应成为智

能互联和情感交流的桥梁。赵哲以蔚科科技为例，阐明如何将传统乐器转化为现代电子乐器，强调公司在推出创新产品的同时，也致力于深化音乐与科技的融合。他认为，音乐与科技的结合旨在创造更多可能性，并丰富人类的情感与精神生活，因为音乐总能找到它的位置，为人们提供慰藉和精神力量。

透过企业人物洞察时代发展，梳理行业科技与艺术碰撞中的发展脉络，作为深圳蔚科科技的掌舵人，赵哲的故事是从北方小城到南方经济特区的华丽人生转型。在长春邮电学院（现吉林大学通信学院）和北京理工大学电子工程系接受教育，他为自己在科技与音乐交汇处的未来奠定了基础。起初在军工领域工作，后进入私营科技界，1997年创立深圳市蔚科电子科技开发有限公司。赵哲的转变，源于他对音乐的深爱和对科技的追求。这两种热情驱使他创立了蔚科科技，将先进科技与艺术气息结合，成为电鸣乐器行业的骨干力量。

赵哲强调："音乐与科技是一体，共同塑造人类情感和创造力。"他视音乐为艺术和情感共鸣，科技则是实现这共鸣的桥梁。这一理念驱动蔚科从小型调音器制造商发展为国际化视野下的创新型电鸣乐器制造企业，产品涵盖电子鼓、电钢琴、音箱等。作为工程师，他重视技术；作为企业家，他更重视创新和产品的文化及艺术价值。他鼓励团队创新，结合最新科技和纯粹音乐，提供独特用户体验。同时，他认为企业应追求社会进步和人类福祉，这些理念在蔚科科技的环保设计和公益活动上得到生动体现。

可以说，赵哲的个人历程与理念，不仅塑造了他自己，也塑造了蔚科科技的今天。他用自己的经历证明了，当热爱与追求交织在一起时，就能创造出无限的可能。正如他在多个场合分享的那句话："在音乐与科技的交汇处，我们不仅找到了商业的成功，更找到了生活的意义。"这不仅是赵哲的信念，也是蔚科科技的灵魂。

蔚科全球扩展与创新力量

近年来，在赵哲的带领下，深圳蔚科科技以其深厚的技术背景和敏锐的市场洞察力，在激烈的行业竞争中稳居领先位置。公司采取了针对性的市场运营策略，专注于细分市场深耕和全球市场拓展。通过精确定位，蔚科科技为不同用户群体提供满足其需求的产品，从专业音乐人使用的高端效果器和音箱，再到普通消费者的便携式音乐设备，每一款产品都基于深入的市场理解和对用户需求的准确把握。

蔚科科技的全球视野促使其在国内市场建立坚实基础的同时，也积极进军国际市场。通过参加国际展会、加强与海外分销商的合作，以及利用数字营销策略，蔚科成功将产品推广至全球各地，赢得了国际认可和好评。科技创新成为蔚科科技保持领先地位的核心。近年来，公司持续投入资源于研发，从调音器和节拍器到电子鼓和电钢琴，每一次产品的升级和创新都展示了蔚科的科技力量和创新精神。

蔚科不仅在产品创新上取得突破，更在生产过程和用户体验上进行革新。例如，引入自动化生产提升效率，运用大数据和AI技术优化产品设计，以及利用云技术实现远程升级和维护。此外，公司高度重视人才培养，年研发投入占比超过6%，致力于打造一流科技团队，并通过有竞争力的薪酬、良好的工作环境吸引并留住优秀人才。近年来，公司获评"中国乐器行业十强"等多项行业大奖，彰显了其行业领导地位及对国内音乐科技水平的推动。同时，蔚科科技也因其科技研发实力被连续认定为高新技术企业，展现了深厚的科技实力和广阔的发展潜力。可以说，通过精准的市场定位、全球化的市场拓展策略，以及持续的技术革新和人才培养，蔚科科技不仅在国内乐器科技领域树立了标杆，也在国际市场赢得了声誉。

面向未来，赵哲对蔚科科技以及整个乐器行业充满了信心和期待。他认为，随着科技的不断进步，未来的乐器将更加智能化、多功能化，能够更好地服务于音乐创作和表演。同时，他也相信，随着人们生活水平的提高和文化需求的增长，音乐以及音乐制作工具的市场将持续扩大，乐器行业的发展前景广阔。

赵哲强调，未来蔚科科技将继续坚持创新驱动，深入研究和开发更多前沿技术，如人工智能、物联网等，以推动产品和服务的升级。同时，公司也将进一步拓展国际市场，与更多的全球合作伙伴携手，共同推动全球乐器行业的发展。

结束语：赵哲和蔚科科技的故事，不仅是对过去成就的回顾，更是对未来的美好憧憬。赵哲和蔚科团队用实际行动证明了，当科技与音乐相遇时，将擦出怎样绚丽的火花。正如他在科技大会致辞最后诗意的结束语：“让我们不仅仅是弹起那心爱的土琵琶，唱起那动人的歌谣，更让我们在现代科技的时光里为乐器插上飞翔的翅膀，奏响更华美的乐章。”

宫铁城——二十载匠心铸魂，“菲尼克斯”国际赛场诠释中国制造力量

在第四十八届意大利卡斯特费达多国际手风琴比赛上，中国选手金垠廷使用国产菲尼克斯“无双”系列双系统键钮式手风琴，在古典C组比赛中夺得冠军。这不仅是中国选手在顶级国际赛事中斩获佳绩，更具深刻意义的是，这也是中国自主品牌手风琴首次荣登国际赛事冠军领奖台，预示着我国手风琴制造业在高端化转型发展中迈出了关键一步。作为产品的设计者宫铁城，为了这一刻的到来，足足等待了二十年……

一、国货“无双”，“菲尼克斯”跃上国际赛事舞台

众所周知，意大利卡斯特费达多国际手风琴比赛与德国克林根塔尔国际手风琴大赛、世界杯国际手风琴比赛并称为手风琴界的“三大国际赛事”，屡次被中国文化部认定为A类国际音乐赛事。在此前的比赛中，中国参赛选手主要使用欧洲知名品牌的手风琴，而国产品牌菲尼克斯“无双”手风琴助力中国选手夺冠，无疑是中国手风琴制造业在专业用琴领域的一次历史性突破。

本次赛事夺冠选手金垠廷在赛后访谈中表示，自高中开始便使用宫铁城老师的手风琴，并在老师的建议下选择“菲尼克斯”作为备赛专业用琴。“无双”系列手风琴相比同类型的国际知名品牌，具有独特的音色风格和充沛的音量，质量毫不逊色。在备赛期间，金垠廷不断地将使用体会反馈给宫铁城，促使“无双”品质不断提升，逐步对标世界一流水平。“我和‘无双’一同成长，最后一起站在了领奖台上。”金垠廷感慨道，“‘无双’对我个人来说意义非凡，也对中国手风琴界意义重大。它开创了国产自由低音手风琴充满希望的新未来。”

“赛场如战场，这不仅是选手琴艺的较量，也是‘武器’的比拼，中国制造经受住了考验。”宫铁城表示，菲尼克斯首次在国际赛事舞台上亮相，这证明“无双”系列作为国际专业赛事用琴是合格的、优秀的。它的出现不能说完全弥补了中国高端手风琴制造的空白，但却是国产手风琴迈向高端专业用琴领域的一个良好开端。

二、匠心铸魂，国货手风琴背后创业故事

2003年，当宫铁城在天津音乐学院毕业之际，他独立研发出自由低音传动系统，并在一年后获得国家发明专利。时任天津音乐学院副院长王域平看中了宫铁城在手风琴研发制造领域的天赋潜质，鼓励他从事这项事业。鉴于自身的演奏专业背景，宫铁城决定走上国产高端手风琴的研发之路。

2006年，宫铁城成功试制出第一台采用自主研发传动系统的双系统自由低音手风琴。到2009年，他创立了菲尼克斯乐器有限公司，希望将研发成果转化为实际产品。然而，由于产品设计细节尚不完善，并且公司运作面临各种挑战，宫铁城决定暂时关闭公司，全心投入到产品的技术研发中。

凭借不懈的努力，他对手风琴的内部结构进行了三次彻底改造，并进行了无数次微调和优化。2018年，当产品品质达到一定成熟度时，宫铁城重新启动业务，采取手风琴工作室与委托加工相结合的方式，推出了“菲尼克斯”中高端品牌。他采用

3D打印、CNC和激光等先进技术，实现了小批量高端手风琴生产。目前，“菲尼克斯”双系统手风琴比起国际上同类产品来说，更轻、更薄，并且有着独特的风格。

宫铁城表示，“无双”系列不仅包括键钮手风琴，还有键盘手风琴。产品在左手部分的厚度相较于现有的意大利品牌缩减了15毫米。以左手三排簧最大规格键钮琴为例，其重量不超过14.5公斤，而意大利同类顶级产品的重量通常超过15公斤。尽管如此，在其他性能方面并没有做出任何妥协。这种设计对于中国人的身体结构更加友好。他选择继续自主研发，而不是引进国外技术，就是希望能够开发出真正适合国人使用的高端手风琴。这条路走得很不容易，宫铁城曾多次怀疑自己的决定。但现在，“菲尼克斯”手风琴已经在国际赛事中得到了认可，证明了他的努力并非徒劳。他还表示，许多国内手风琴企业，如鹦鹉、佰迪、金杯和爱迪，都在关键时刻为他提供了支持。他感谢所有支持他的老师、行业同仁，以及那些在背后默默支持他的人。

三、摒弃模仿，民族手风琴高端转型之路

本次“菲尼克斯”手风琴夺冠，无疑是中国手风琴走向高端的重要标志。但行业内人士分析，中国手风琴在迈向中高端的道路上，仍然无法全方位地与欧洲进口琴的中高端产品展开竞争。

首先，国内手风琴制造业正处于从低质走量到高质量发展的过渡转型中。由于生产成本的压力，产品调整精度有待提高，老式琴体结构的琴仍占产量的大多数，新技术产品仍占少数。同时，高新技术和工艺的研发需要大量人力和资金投入，国内大厂已经在这方面加大力度，但在短期内仍然难以全方位升级换代。

其次，国产手风琴在国人心目中的形象依然局限于低端产品。由于过去一段时间中国手风琴制造业技术进步缓慢，国产品牌在消费者心中的信任度不高。即使目前已经有所改善，许多人购买高档手风琴仍然首选国外品牌。这也制约了国产手风琴向高端市场过渡的空间。

针对上述困境，业内专家指出，中国手风琴要走出一条自主创新的道路，而非简单跟随和模仿国外品牌。政府可以通过政策支持来鼓励手风琴核心技术的自主创新，并引导行业向中高端发展。厂商应调整产品结构，逐步淘汰落后工艺，并增加研发投入力度。同时，厂商还应主动邀请演奏家进行产品试用和评价，根据专业意见不断改进。消费者也应从支持国货的角度，给予国产品牌适当的时间进行积累和成长。

技术的提高是唯一的出路，不存在所谓的弯道超车。“虽然我的工作室能做出几台专业赛事用琴，但所占份额太小。谈到整个行业的提升，还是要依靠国内几个手风琴头部企业产品的不断提高。”宫铁城认为，中国手风琴走向高端的任务固然艰巨，但需要政府、企业和消费者的共同努力。而当前的方向是正确的，只要持之以恒，国产手风琴定能在国际舞台上绽放异彩。他表示，如同今天的华为，只要有足够的时间、投入、专注、技术研发和积累，中国制造走向高端只是时间问题。他也将继续致力于手风琴的技术创新，为中国手风琴的崛起做出自己的贡献。

本次比赛中，多位业内权威专家对国产手风琴的优异表现给予高度评价，认为这意味着中国手风琴制造水平达到了国际先进水平。

中国音乐家协会手风琴学会会长、联合国教科文组织国际手风琴联盟副主席李聪在贺信中写道：“在意大利卡斯特菲达多国际手风琴大赛中，中国选手金垠廷使用的并非国际知名品牌，而是源于中华古老传说的民族品牌——菲尼克斯手风琴，成功摘金，扬威国际。这一胜利背后的设计师是宫铁城——手风琴的制造痴迷者，他是制造与演奏之间的桥梁。二十年如一日地坚守与探索，他不仅是手风琴制造界的高端人才，更是该领域的‘悟道者’。现如今，宫铁城心中的‘凤凰’已经展翅高飞，登上了世界舞台。我们见证了中国高端民族手风琴品牌的崛起，期待着菲尼克斯及其他品牌在世界舞台上的更多悠扬琴声。”

天津音乐学院教授王树生在贺信中表示：“在意大利卡斯特费达多比赛中，金垠廷凭借中国制造的菲尼克斯‘无双’系列赢得冠军，这不仅是中国手风琴演奏的胜利，更标志着中国在高端手风琴制造

领域取得的历史性突破。让我们共同期待中国手风琴品牌的崛起。”

北京姜杰钢琴琴城董事长、国际键盘手风琴联盟执行主席姜杰在评语中写道：“本次比赛中国选手使用的‘菲尼克斯’手风琴受到各国专家的普遍赞誉。这说明中国手风琴在高端制造领域取得了突破性进展。设计者宫铁城经过长期的努力，其设计的产品得到了国内外专家的认可，这标志着中国手风琴制造达到了国际先进水平。”

上述专家均认为，乐器制造者宫铁城不断听取演奏家的建议，经过二十年的努力，锐意进取、刻意求新，他掌握了双系统自由低音制造的核心技术。左手核心部位并未采用意大利和俄罗斯的设计方案，他独立研发了传动系统，使得共鸣更佳，重量更轻，更便于演奏者使用。这款产品的问世标志着中国手风琴制造已达到国际先进水平。

结束语： 潜心研发二十载，宫铁城凭借他对手风琴事业的深沉热诚和不懈的自主创新，成功研制出具有自主知识产权的高端手风琴品牌，并在国际赛事上初次荣获冠军。宫铁城的坚韧与努力为行业同仁带来了极大的鼓舞，他的故事不仅证明了梦想的力量，还预示着中国手风琴行业正通过自主创新朝着高端化的方向稳步前行，国产品牌也必将在世界手风琴舞台上放射出璀璨的光芒。

新产品

2023年中国乐器行业科技创新成果巡礼

2023年，由中国乐器协会、上海国展展览中心有限公司、法兰克福展览（香港）有限公司共同主办的2023中国（上海）国际乐器展览会（Music China）全新升级，重磅回归。来自22个国家及地区的1800余家海内外企业将携新品参展，共聚盛会。

科技是国家强盛之基，创新是民族进步之魂。自2018年推出全球业界新品首发活动以来，Music China不仅为企业提供展示创新产品和技术改革的平台，更为整个行业的进步注入了强大的动力。复盘2023年度上海国际乐器展览会新品首发活动，聚焦乐器产品创新和技术创新，活动共计收到63家企业申报的111件产品，申报产品数较2020年增长26.13%。申报新品经由专家评审委员根据“创新理念”“产品设计”“产品工艺”“市场预期”四大维度，共评选出“最佳新品”35件，其中国际品牌8件，入围新品76件，涵盖钢琴、吉他、民乐、打击乐、管乐、口琴、手风琴、电声、音乐制作等诸多品类。纵观2023年乐器行业新品研发呈现出多元化特色与亮点。

1. 精准把握市场，深入研究消费者

乐器企业通过深入挖掘市场需求，研究消费者心理，不断推出满足消费者多样化需求的新品。广州珠江钢琴集团有限公司的UP100 69键学习型原声钢琴，对88键钢琴的若干技术指标和工程部件进行了改进，更适合琴童使用；天津市津宝乐器有限公司的JBTC-0529定音鼓主要面对专业院校以及专业乐团，演奏过程调音精准顺畅；江苏天鹅乐器有限公司与江苏奇美乐器有限公司的DR2421H习惯式宽音域复音24孔口琴与QM24A-24键低音口风琴，让学口琴变得更加简单；江阴金杯安琪乐器有限公司的GH1880手风琴，将琴的整体尺寸缩小10%，提升了手风琴弹奏的舒适度。

2. 民乐新品传承文化，展现创新精神

民乐新品承载了深厚的传统文化底蕴，展现了中国民族乐器制造业的开拓精神。上海民族乐器一厂有限公司携手英国国家美术馆打造的联名款夏日艺境古筝，将高更大师的《花瓶》中的魅力元素巧妙提取与再现；乐海乐器有限公司突破传统扬琴体积和琴码间距的限制，推出了601-AA云莺“便携式”扬琴；中州乐器的R998紫檀中阮采用紫檀抛光工艺，减轻琴头重量，让弹奏者使用更加舒适；金韵乐器的S163-21雪霙古筝面板处理采用获得发明专利的设备，在保证音色水平的前提下，增加了产品的使用寿命。

3. 新兴技术助力，推动乐器智能化

人工智能、物联网和虚拟现实等新兴技术正在为乐器行业注入新的活力，国产芯片领域的突破进一步提高乐器的性能和功能，创造出更加智能化和多样化的乐器产品。人民音乐出版社推出的人音学琴App，运用了琴音识别模型和演奏对齐算法等AI技术，为学琴者提供智能化功能；美得理电子（深圳）有限公司的MZ928电子鼓采用了全新的Pure Drum 2.0技术，突破了传统鼓的限制；深圳市蔚科电子科技开发有限公司的N-LIVE音频接口搭配NUX自主的压缩、EQ和混响，实现了高品质录音和直播；长沙幻音电子科技有限公司的Ampero Ⅱ Stage音箱模拟效果器搭载了三核心数字平台和Hi-Fi级独立AD/DA，带来更优美的音色；深圳市伊诺乐器有限公司与阿里天猫精灵语音团队合作开发的天猫精灵节拍器EMQ1，在传统电子节拍器基础上增加了数字化功能；北京视感科技有限公司“音乐密码”音乐学习机，通过磁吸拼接MIDI键盘和和弦胶囊，帮助用户理解音乐构成。

4．精湛设计，卓越工艺，助推行业高质量发展

精美的外观设计和精湛的工艺技术，不仅提高了乐器的观赏价值，也提升了其演奏性能和舒适度。星海的央音EDUCATION系列XY-6E钢琴更新工艺，提升音质和音色；柏斯音乐集团的TCH-88钢琴将实用与美学结合，让更多音乐爱好者享受专业级钢琴的手感；河北金音乐器集团有限公司的REU-V66立键上低音号针对中小学生需求打造；施坦威"大师"系列8X8限量版钢琴以高解析度自动演奏及录音系统带来全新体验；Gibson Les Paul电吉他通过全新颜色漆面赋予经典吉他新活力。

在当前全球经济形势下，乐器行业的发展面临着挑战。然而，通过自主研发和技术创新，企业不断提高产品质量和技术水平，从而赢得更多市场份额。新品的推出，为消费者带来全新的体验，更为行业注入新的活力，进一步激发整个乐器生态圈的创新潜能，推动行业不断向前发展。中国（上海）国际乐器展览会将继续发挥其引领作用，推动乐器行业的创新和进步，为全球乐器市场的繁荣做出更大的贡献。

2023 Music China 全球业界新品首发活动"最佳新品"

（按笔画排序）

1．人民音乐出版社

人音学琴·数字化学琴App

2．上海民族乐器一厂有限公司

敦煌·联名款夏日艺境古筝

3．上海锣钹信息科技有限公司

锣钹·小小笛电吹管

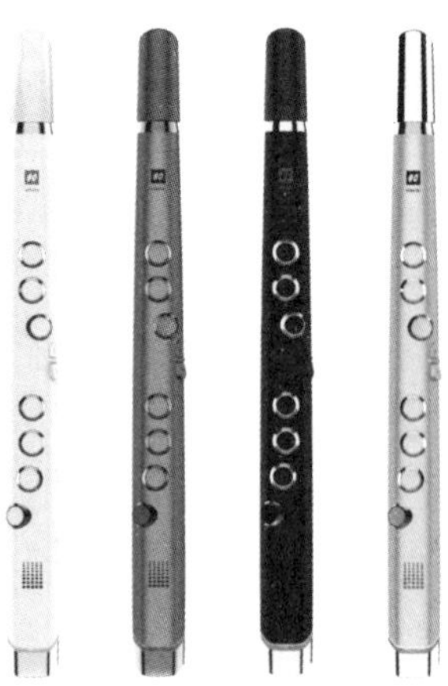

4．广州珠江钢琴集团有限公司

珠江·UP100 69键学习型原声钢琴

5．天津市津宝乐器有限公司

津宝·JBTC-0529定音鼓

6．天津华韵乐器有限公司

罗尼·96贝斯巴扬海金手风琴

7．长沙幻音电子科技有限公司

幻音·Ampero Ⅱ Stage音箱模拟效果器

8．功学社（天津）商贸有限公司

MAPEX·Saturn EVO鼓

9．功学社（天津）商贸有限公司

JUPITER · JAS1100异色萨克斯

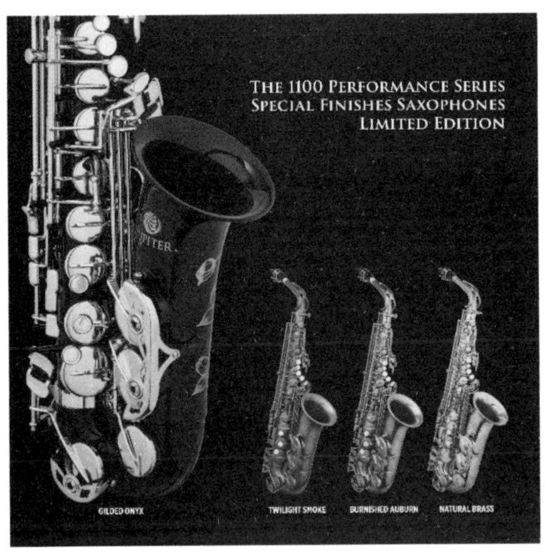

10．卡瓦依乐器（中国）有限公司

KAWAI · CA450YB数码钢琴

11．北京视感科技有限公司

音乐密码 · 音乐学习机

12．北京星海钢琴集团有限公司

星海 · 央音EDUCATION系列XY-6E钢琴

13．北京家训马林巴文化艺术中心

家训 · JV-KF37马林巴

14．北京韵源天地文化有限公司

曹卫东 · 龙吟低音琵琶

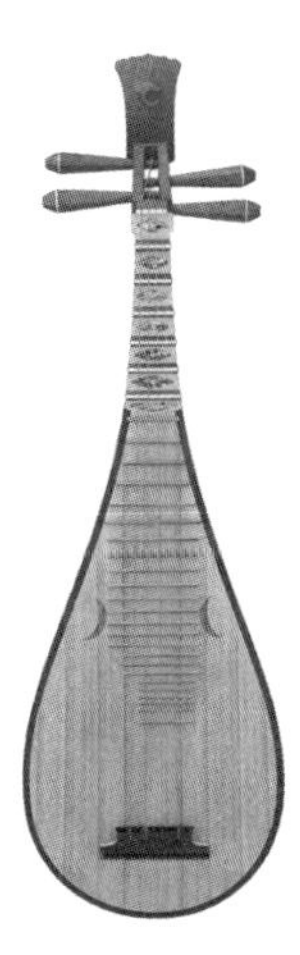

15．乐海乐器有限公司

乐海·海之尊“云莺”便携式601-AA扬琴

16．扬州金韵乐器御工坊有限公司

金韵·S163-21雪霙古筝

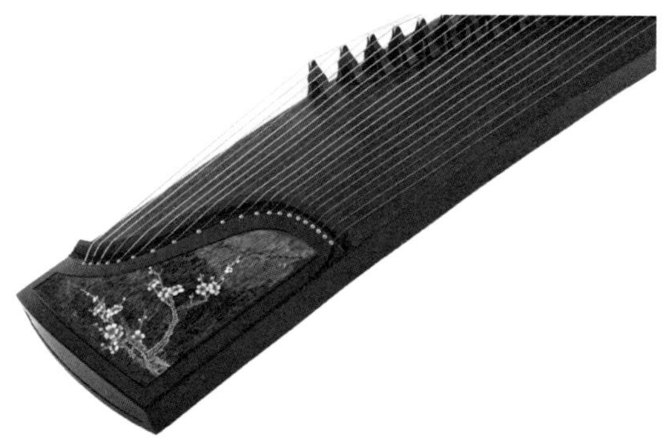

17．江阴金杯安琪乐器有限公司

格兰德·GH1880手风琴

18．江苏天鹅乐器有限公司

天鹅·DR2421H习惯式宽音域复音24孔口琴

19．江苏奇美乐器有限公司

奇美·QM24A/24键低音口风琴

20．江苏音律未来乐器科技有限公司

影弦悦动·非侵入式人工智能乐器辅学系统

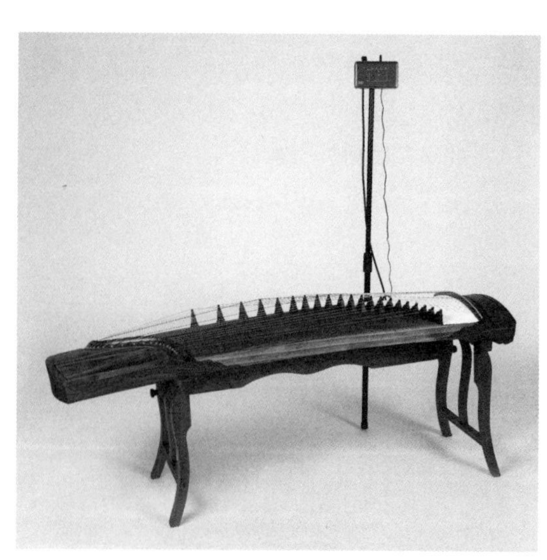

21．汕头市粤升乐器实业有限公司

茉莉・低音扬琴

22．吟飞科技（江苏）有限公司

KURZWEIL・KA-E1电钢琴

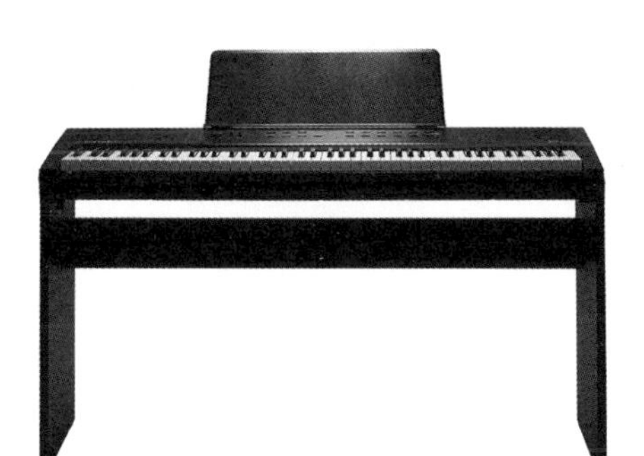

23．河北金音乐器集团有限公司

瑞森・REU-V66立键上低音号

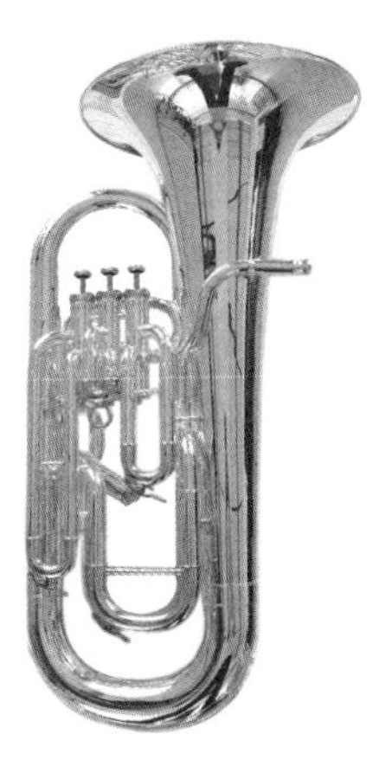

24．河南中州民族乐器有限公司

中州・R998紫檀中阮

25．柏斯音乐集团

长江・TCH-88钢琴

26．音王电声股份有限公司

录音大师・SM46自适应声场处理器

27．施坦威钢琴亚太有限公司

施坦威·“大师”系列8X8限量版钢琴

28．美得理电子（深圳）有限公司

美得理·MZ928电子鼓

29．深圳市伊诺乐器有限公司

伊诺·EMQ1天猫精灵节拍器

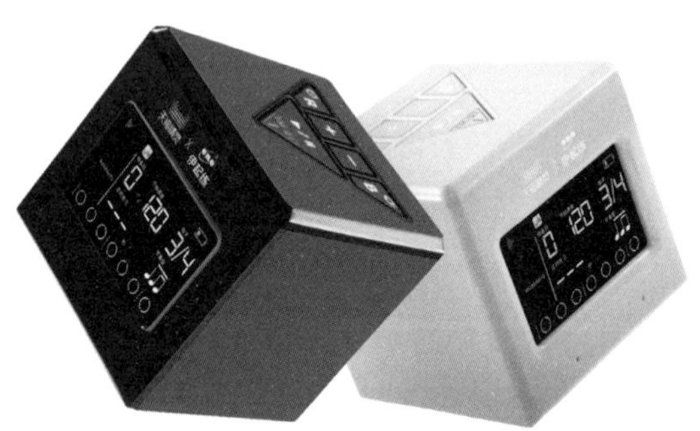

30．深圳市蔚科电子科技开发有限公司

纽克斯·N-LIVE 音频接口

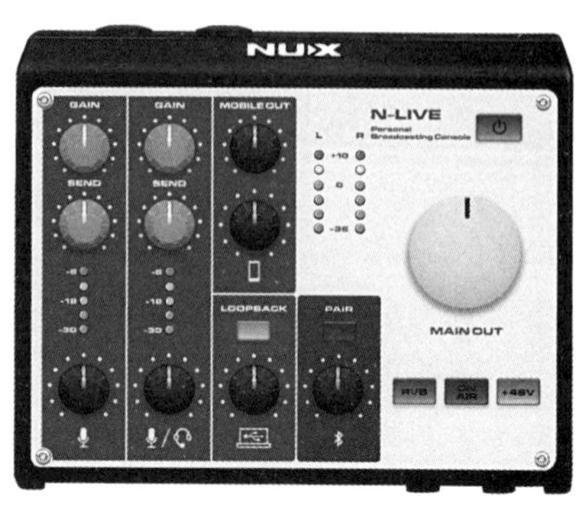

31．深圳市魔耳乐器有限公司

魔耳·HORNET 05i智能电吉他音箱

32．惠州市恩雅乐器有限公司

恩雅·智能音响吉他2代

33．赛乐尔三益乐器（上海）有限公司

SEILER · VP–7数码钢琴

34．赛尔玛亚洲（北京）销售有限公司

SELMER · 至尊次中音萨克斯

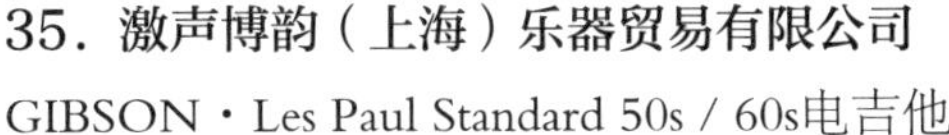

35．激声博韵（上海）乐器贸易有限公司

GIBSON · Les Paul Standard 50s / 60s电吉他

乐器标准

2023年全国乐器标准化技术委员会工作报告

一、乐器行业基本情况

乐器已成为提高国民素质教育和文化事业发展的重要组成部分。随着经济社会的不断发展，人们对于精神生活的追求逐步提高，乐器作为人类表达情感的重要工具，深受广大人民群众的喜爱。《深化标准化工作改革方案》《消费品标准和质量提升规划》《开展消费品工业“三品”专项行动营造良好市场环境的若干意见》等一系列政策与措施的颁布与出台，为深化消费品供给侧结构性改革，开展个性化产品定制，进一步加大中小学生文化用品投入力度，倒逼装备制造业转型升级，促进产品品质提升，加快构建推动适用高质量发展等国家发展战略，给乐器行业发展带来了难得的机遇。

实施的重大文化产业项目带动战略，加快了乐器产业基地和区域性特色文化产业集群的建设，培育了骨干企业，繁荣了文化市场，增强了国际竞争力。通过一系列相关政策、措施的出台和贯彻落实，乐器作为音乐教育的必要手段和工具，已经全面纳入到国家推行素质教育和大力发展文化事业的工作范畴之中。在推行音乐艺术教育、提高国民特别是青少年素质教育水平、活跃城乡人民文化娱乐活动、加强精神文明建设中，乐器起到了不可或缺的作用，显示出了强大的生命力。经过几十年的发展，我国乐器制造水平得到了长足进步，制造的乐器种类丰富，质量、制作工艺有了大幅度提升。同时随着大量引进的国外先进制作技术，国内外市场得到了进一步拓展，出口贸易快速增长，创造力和潜能被充分调动，从数量上在国际市场占领了主导地位，影响力和竞争力显著提升。目前我国已成为世界上最为活跃和最重要的乐器市场之一，逐渐形成和实现向全球化发展、与世界接轨和同步的态势，成为了全球最大的乐器生产基地和乐器消费市场。

经过多年的发展，我国乐器标准已取得了长足发展，形成了门类齐全、科学完善、协调配套的标准体系，有力支撑了我国乐器工业的发展。部分乐器类标准达到或超过了国际先进水平。随着产业升级加速，特别是智能化、网络化、跨领域等新产品、新模式的发展，乐器标准的适应性和时效性也亟待提升。根据国务院关于印发《深化标准化工作改革方案的通知》的要求，在突出政府标准的法规性、基础性和公益性的框架内，进一步加强乐器标准化总体规划和顶层设计，以先进标准引领消费品质量提升和市场自主制定标准协同发展、构建协调配套的新型标准体系，强化消费品标准和质量提升与装备制造升级紧密结合，引导带动消费市场向中高端发展，倒逼装备制造业转型升级，加快产品安全等重点标准的制定与实施，是加快建设乐器质量强国、制造强国的重要任务。

二、乐器标委会情况

全国乐器标准化技术委员会（简称乐器标委会），经国家标准化管理委员会（简称国家标准委）批准，于2008年10月正式建立，编号为SAC/TC371，现为第三届，委员有59名，其中主任委员1名，副主任委员3名，秘书长1名，副秘书长1名。委员所属相关方分别为生产者30人，占比50.8%；使用者6人，占比10.2%；经营者8人，占比13.6%；公共利益方15人，占比25.4%。第三届乐器标委会主要负责乐器产品领域（不含乐器维修、保养等服务领域）的国家标准、行业标准的制修订工作，并围绕乐器标准体系，开展乐器领域“管理、通用基础、方法、产品”标准的制修订及归口工作。

乐器标准化作为产业发展的关键环节，在主动融入国家创新体系建设，以产业、市场发展需求为导向的前提下，基本形成了标准化机构、企业及各相关方共同参与的工作机制。委员由生产者、经营者、使用者和公共利益方（包括教育机构、艺术院校、科研、检测机构、行业协会）组成。生产者、经营者委员的产生按乐器标准体系类属划分，由“弦鸣乐器、气鸣乐器、体鸣乐器、膜鸣乐器、电鸣乐器、乐器辅助、乐器用材”等领域中具有代表性，并掌握乐器专业知识和熟知标准化专业知识及热爱标准化事业等单位的工程技术人员组成。秘书处设置在北京轻工技师学院（北京乐器研究所）。

乐器标委会目前无下设分技术委员会，但为更好开展乐器标准化工作，本着“专业的事由专业人做”的原则，按照乐器类属划分，乐器标委会建议并已向中国轻工业联合会、国家标准化管理委员会提出组建电鸣乐器分技术委员会的申请，以满足电鸣乐器及产品因技术、应用更新快的发展趋势和电鸣乐器标准缺失及完善乐器标准体系的需求。

根据《中共北京市委机构编制委员会关于北京一轻控股有限责任公司所属事业单位改革有关事项》的批复（京编委〔2021〕39号），北京乐器研究所并入北京轻工技师学院，更名为“北京轻工技师学院（北京乐器研究所）”。新组成的北京轻工技师学院（北京乐器研究所）同意承担第三届全国乐器标准化技术委员会秘书处的各项工作，承诺和保证原秘书处工作人员、办公地点、资产设备、职责等保持不变，并继续给予支持。

根据乐器标委会运行情况和实际工作需要，并依据《全国专业标准化技术委员会管理办法》《全国乐器标准化技术委员会章程》的有关规定，经乐器标委会正、副主任委员、秘书长办公会议研究，对本届乐器标委会领导成员及部分委员进行了增补和解聘。

本届乐器标委会运行五年期间，共召开全体会议7次（包括年会，标准审定、复审、培训等），委员平均出席率为 86%。

本届乐器标委会运行五年期间，秘书处共形成38项提案，并提交全体委员审议、表决，表决投票平均率为90.6%。

按照《全国专业标准化技术委员会管理办法》之规定，秘书处对印章的使用严格限制在“上报材料、召开会议、工作请示、对外联络”等范围内。

为提高乐器标准与国际标准一致性，本届乐器标委会秘书处从2019年始，连续五年向国家标准委提交了乐器领域标准一致性程度报告。

为落实国家市场监督管理总局标准技术管理司“国家标准体系优化”的有关要求，本届秘书处主动报名参加了国家标准体系优化的工作，并被国家市场监督管理总局标准技术管理司列入第二批国家标准体系优化名单，并按国标委对此项工作的安排，着手制定乐器标准体系优化方案。

按照国家市场监督管理总局标准技术管理司《关于进一步规范工作组管理有关事项的通知》的要求，本届乐器标委会撤销了《电鸣乐器标准制修订工作组》等五个常设工作组。

本届乐器标委会接受国家标准委考核，评估结果为三级。

三、标准情况

截止到目前，本届乐器标委会目前所归口管理的乐器类现行标准共计123项（国标21项，行标102项），主要分为三类：

分类1：基础通用标准37项，占标准总数30%。作为基本要素主要规定了乐器分类、通用名称、通用技术条件、音乐性能评价人员等级、使用说明编制原则、安全、能耗、回收利用等方面技术要求与内容，适用所有乐器和与之相关的辅助品。

分类2：方法标准7项，占标准总数6%。主要规定乐器音乐性能评价、音名标注、规格划分与型号命名、质量等级划分、电声性能测量、环境试验、有害物质测定等。

分类3：产品标准79项，占标准总数64%。主要规定了不同乐器种类的音乐性能（包括：律制、音质、音准、音量），演奏性能（包括：发音灵敏性、几何尺寸、物理指标），工艺（包括：涂饰、装配、外观缺陷等），以及用材等方面的技术要求。

这些标准的实施，为乐器标准体系建设做出了有力的支撑。在出厂检验、国家监督检验、认证检验、采购检验中被广泛应用，部分标准也被其他行业引用。对产业发展起到了积极的促进作用，保证了质量监督部门有据可依，消费者有据可查，承担了政府采购、招投标等质量验收的工作与责任，起到了标准应有的作用。

本届乐器标委会向国家标准化各级管理部门申报标准计划共计60项，其中国家标准13项，国家标准外文版7项，行业标准32项，会同企业申报中国轻工业联合会团体标准8项，见表1。

表1　乐器标准计划申报汇总表

国家标准					
序号	标准名称	标准性质	制修订	申报年份	状态
1	乐器有害物质限量	强标	修订	2019	已批准
2	乐器声学品质评价方法（EN）	外文版	制定	2019	已批准
3	乐器声学品质评价方法（RU）	外文版	制定	2019	已批准
4	废弃乐器回收利用通用技术规范（EN）	外文版	制定	2019	已批准
5	废弃乐器回收利用通用技术规范（RU）	外文版	制定	2019	已批准
6	十二平均律的频率与音分的计算（EN）	外文版	制定	2019	已批准
7	十二平均律的频率与音分的计算（RU）	外文版	制定	2019	已批准
8	乐器有害物质限量（EN）	外文版	制定	2020	已批准
9	钢琴	推标	修订	2020	已批准
10	自由低音手风琴性能分级	推标	制定	2021	未批准
11	电子管风琴质量等级划分	推标	制定	2021	未批准
12	电鸣乐器单位产品碳排放限额	推标	制定	2021	未批准
13	电鸣乐器制造企业碳排放核查技术规范	推标	制定	2021	未批准
14	温室气体排放核算与报告要求 乐器生产企业	推标	制定	2021	未批准
15	乐器中文通用名称	推标	修订	2022	待批准
16	电鸣乐器音色与音乐风格中文通用名称	推标	修订	2022	待批准
17	乐器声学品质主观评价人员等级规范	推标	修订	2022	待批准
18	电子琴通用技术条件	推标	修订	2024	待批准
19	电子琴的环境试验要求和试验方法	推标	修订	2024	待批准
20	电鸣乐器教学系统配备及安装通用技术规范	推标	修订	2024	待批准
行业标准					
序号	标准名称	标准性质	制修订	申报年份	状态
1	民族弦鸣乐器通用技术条件	推标	修订	2019	已批准
2	琵琶	推标	修订	2019	已批准

续表

行业标准					
序号	标准名称	标准性质	制修订	申报年份	状态
3	筝	推标	修订	2019	已批准
4	阮	推标	修订	2019	已批准
5	三弦	推标	修订	2019	已批准
6	月琴	推标	修订	2019	已批准
7	京胡	推标	修订	2019	已批准
8	二胡	推标	修订	2019	已批准
9	柳琴	推标	修订	2019	已批准
10	扬琴	推标	修订	2019	已批准
11	琴	推标	修订	2019	已批准
12	手风琴通用技术条件	推标	修订	2020	已批准
13	电子钢琴	推标	修订	2020	已批准
14	大提琴	推标	修订	2020	已批准
15	大提琴弓	推标	修订	2020	已批准
16	电子鼓通用技术条件	推标	修订	2020	已批准
17	行进乐队用鼓	推标	制定	2020	已批准
18	电鸣乐器合成器通用技术条件	推标	制定	2020	已批准
19	钢琴质量等级划分与判定	推标	制定	2020	已批准
20	钢琴琴键盖缓降器	推标	制定	2021	已批准
21	钢琴击弦机	推标	修订	2021	已批准
22	电鸣乐器用效果器通用技术条件	推标	修订	2022	已批准
23	智慧钢琴	推标	制定	2022	未批准
24	民族气鸣乐器通用技术条件	推标	修订	2022	已批准
25	笛子	推标	修订	2022	已批准
26	笙	推标	修订	2022	已批准
27	箫	推标	修订	2022	已批准
28	唢呐	推标	修订	2022	已批准
29	埙	推标	制定	2022	已批准
30	电鸣乐器无线连接通用技术条件	推标	制定	2022	未批准
31	电吹管	推标	制定	2023	待批准
32	马头琴	推标	制定	2024	待批准

续表

团体标准					
序号	标准名称	标准性质	制修订	申报年份	状态
1	键盘乐器用智能系统通用技术条件	推标	制定	2018	已批准
2	绿色产品评价乐器	推标	制定	2018	已批准
3	键盘乐器智能功能等级评价	推标	制定	2019	已批准
4	绿色设计产品评价技术规范 口风琴	推标	制定	2020	已批准
5	绿色设计产品评价技术规范 竖笛	推标	制定	2020	已批准
6	乐器行业绿色工厂评价导则	推标	制定	2020	已批准
7	绿色设计产品评价技术规范 筝和琴	推标	制定	2021	已批准
8	电鸣乐器制造企业碳排放核查技术规范	推标	制定	2023	已批准

注：除待批准项目外，申报项目的通过率为86%

本届乐器标委会已完成43项乐器类标准的制修订工作，且已发布，其中国家标准4项，国家标准外文版6项，行业标准30项，中国轻工业联合会团体标准3项，见表2。53个单位、129人次参加了43项标准的起草与编制工作。

表2 乐器标准完成汇总表

国家标准			
序号	标准编号	标准名称	发布年份
1	GB/T 37878—2019	电鸣乐器能耗设计通用技术规范	2019
2	GB/T 40968—2021	乐器产品中多环芳烃的测试方法	2021
3	GB 28489—2022	乐器有害物质限量	2022
4	GB/T 23146—2008	十二平均律的频率与音分的计算（英文版）	2022
5	GB/T 31731—2015	废弃乐器回收利用通用技术规范（英文版）	2022
6	GB/T 31109—2014	乐器声学品质评价方法（英文版）	2022
7	GB/T 10159—2023	钢琴	2023
8	GB/T 31109—2014	乐器声学品质评价方法（俄文版）	2023
9	GB/T 23146—2008	十二平均律的频率与音分的计算（俄文版）	2023
10	GB/T 31731—2015	废弃乐器回收利用通用技术规范（俄文版）	2023
行业标准			
序号	标准编号	标准名称	发布年份
1	QB/T 2167—2019	小提琴	2019
2	QB/T 2168—2019	小提琴弓	2019
3	QB/T 2607—2019	提琴弓通用技术条件	2019

续表

行业标准			
序号	标准编号	标准名称	发布年份
4	QB/T 4015—2019	MIDI键盘通用技术条件	2019
5	QB/T 5380—2019	尤克里里	2019
6	QB/T 5530—2020	手风琴零部件名称	2020
7	QB/T 5531—2020	手风琴规格划分与型号命名方法	2020
8	QB/T 5532—2020	钢琴金属连接件、紧固件的形制与尺寸	2020
9	QB/T 1207.1—2021	民族弦鸣乐器通用技术条件	2021
10	QB/T 1207.2—2021	琵琶	2021
11	QB/T 1207.3—2021	筝	2021
12	QB/T 1207.4—2021	阮	2021
13	QB/T 1207.5—2021	三弦	2021
14	QB/T 1207.6—2021	月琴	2021
15	QB/T 1207.7—2021	京胡	2021
16	QB/T 1207.8—2021	二胡	2021
17	QB/T 1299—2021	口琴	2021
18	QB/T 1948—2021	柳琴	2021
19	QB/T 1949—2021	扬琴	2021
20	QB/T 4181—2021	琴	2021
21	QB/T 5644—2021	组合式效果器通用技术条件	2021
22	QB/T 5645—2021	乐句循环录音类音效器通用技术条件	2021
23	QB/T 1477—2023	电子钢琴	2023
24	QB/T 5811—2023	行进乐队用鼓	2023
25	QB/T 1298—2023	手风琴通用技术条件	2023
26	QB/T 2587—2023	大提琴	2023
27	QB/T 2663—2023	大提琴弓	2023
28	QB/T 4014—2023	电子鼓通用技术条件	2023
29	QB/T 5911—2023	电鸣乐器合成器通用技术条件	2023
30	QB/T 5967—2023	钢琴琴键盖缓降器	2023
团体标准			
序号	标准编号	标准名称	发布年份
1	T/CNLIC 0003—2020	智能键盘乐器通用技术条件	2020
2	T/CNLIC 0075—2023	键盘乐器智能功能等级评价	2023
3	T/CNLIC 0076—2023	绿色产品设计评价技术规范 电子钢琴	2023

注：完成的标准含上届申报延续至本届的项目。

按照国家标准化各级管理部门的部署，目前还有1项国家标准外文版、9项行业标准，5项中轻联团体标准在研，见表3。

表3　在研乐器标准汇总表

序号	计划编号	标准名称	制修订	计划下达及应完成日期
国家标准				
1	W20201484	乐器有害物质限量（英文）	制定	2020年8月下达，完成日期与中文版同步
行业标准				
序号	计划编号	标准名称	制修订	计划下达及应完成日期
1	2020—1778T—QB	钢琴质量等级划分与判定	制定	2020年12月下达，周期24个月，已报批
2	2022—0310T—QB	钢琴击弦机	修订	2022年5月下达，周期18个月，已报批
3	2022—1944T—QB	电鸣乐器用效果器通用技术条件	修订	2023年2月下达，周期18个月，已报批
4	2023—0456T—QB	埙	制定	2023年5月下达，周期24个月
5	2024—0254T—QB	民族气鸣乐器通用技术条件	修订	2024年4月下达，周期18个月
6	2024—0255T—QB	笙	修订	2024年4月下达，周期18个月
7	2024—0253T—QB	笛子	修订	2024年4月下达，周期18个月
8	2024—0257T—QB	箫	修订	2024年4月下达，周期18个月
9	2024—0256T—QB	唢呐	修订	2024年4月下达，周期18个月
团体标准				
序号	计划号	标准名称	制修订	计划下达及应完成日期
1	2020002	绿色设计产品评价技术规范　口风琴	制定	2020年4月下达
2	2020003	绿色设计产品评价技术规范　竖笛	制定	2020年4月下达
3	2020037	乐器行业绿色工厂评价导则	制定	2020年8月下达
4	2021003	绿色设计产品评价技术规范　筝和琴	制定	2021年1月下达
5	2023053	电鸣乐器制造企业碳排放核查技术规范	制定	2023年10月下达

（全国乐器标准化技术委员会秘书处　提供）

2022年，国家标准委批准发布了乐器领域第一个强制性国家标准：《GB 28489—2022　乐器有害物质限量》。

四、标准复审情况

（一）国家标准复审

按照国家标准委《关于开展推荐性国家标准复审工作的通知》（国标委发〔2022〕10号）及国家市场监督管理总局标准技术管理司《关于开展推荐性国家标准复审工作的通知》[市监标技（司）函〔2023〕277号]两个文件的要求，乐器标委会秘书处分别于2022年4月20日和2024年1月6日以公函的形式，将通知中列入本次复审范围的《GB/T 33723—2017　乐器声学品质主观评价人员等级规范》《GB/T 33726—2017　乐器中文通用名称》《GB/T 33722—2017　电鸣乐器音色与音乐风格中文通用名称》《GB/T 34838—2017　电鸣乐器教学系统配备及安装通用技术规范》《GB/T 12105—2017 电子琴通用技术条件》《GB/T 12106—2017 电子琴的环境试验要求和试验方法》6项标准的文本，以及由主要起草单位填写，并经秘书处初核的“推荐性国家标准复审工作表”给出的“复审意见”，一并转发乐器标委会各委员，提请各委员按通知要求对6项标准的“适用性、规范性、时效性、协调性、实施效果及其他情况”进行审查和评估，并于2022年4月22日和2024年1月10日在国家标准委网站公共服务平台中启动投票表决的程序，提请委员对6项标准按“继续有效或修订或废止”的复审结论进行选择性的投票表决。

依据表决结果，建议“继续有效”项目为3项；“修订”项目为3项；未有“废止”项目。复审程序合规，结论有效，两次表决平均投票率为94.9%。

按照两个“通知”中“复审结论与下达修订计划相结合，复审结论为修订的，归口单位应同步申报修订计划项目，确保国家标准复审与修订有效衔接”的要求，乐器标委会秘书处会同有关单位已于2024年1月对复审结论为“修订”的3项国家标准进行了修订计划的申报。

（二）行业标准复审

按照工业和信息化部科技司《关于印发2022年行业标准复审项目计划的通知》（工科函〔2022〕679号）和工业和信息化部科技司《关于印发2023年行业标准复审项目计划的通知》（工科函〔2023〕619号）的总体部署，乐器标委会秘书处对所归口并列入本次复审范围的70项乐器项行业标准的现状和实施情况逐项进行了初步审核，拟定了复审方案，并将上述两个通知及拟定的复审方案转发全体委员及相关单位，要求按照文件要求对70项乐器行业标准进行“是否符合相关法律法规、产业政策和强制性国家标准的要求，是否满足当前技术进步和产业发展的需要，是否被其他标准所替代或与之存在矛盾”等进行评估，同时要求委员对70项乐器行业标准提出初审复审意见，并按“继续有效、修订、废止”的结论反馈。

2023年3月31日和2023年11月15日，乐器标委会秘书处在北京及重庆组织召开70项乐器行业标准的复审工作会议。参加复审工作会议的委员和相关单位的代表，对列入本次复审范围的70项乐器行业标准的产业发展、技术内容、实效性、适用性以及市场需求等，逐项进行了审查后形成了最终复审结论的建议，并对复审结论的建议进行了现场表决。复审程序合规，结论有效。两次表决平均投票率为87.15%。

依据表决结果，建议“继续有效”项目为16项；“修订”项目为54项；未有“废止”项目。对属本次复审范围的70项乐器行业标准所提出复审结论建议，待得到上级主管部门批准后，乐器标委会秘书处将制订计划，并按行业发展、使用需求，分年度适时提出修订的申请与申报。

五、标准体系情况

本届乐器标委会按照行业发展及需求，对乐器标准体系进行了动态管理。乐器标准体系框架共分为4层。第一层列出的标准涵盖了乐器标准化对象间具有的共性特征，适用于所有乐器和与之相关的辅助品、零部件及用材，是乐器通用的最基本的要素，该层作为大类（编号01），包括乐器基础通用标准、方法标准。第二层作为中类，是以国际通行的现代乐器分类法并按乐器音源体的具体特征，将乐器按“弦鸣乐器（编号01）、气鸣乐器（编号02）、体鸣乐器（编号03）、膜鸣乐器（编号04）、电鸣乐器（编号05）”五类属进行划分。这层列出的标准是从众多同类属产品标准中提取其中具有共性的部分，多为一些通用技术条件或方法。同时依据类属关联，本层还并列列出了乐器辅助品和乐器用材两类的标准（编号06、07）。第三层是体系中的小类，为产品标准，除依据第二层音源体的具体特征外，主要以乐器激励方式进行划分（编号在类属框架下按数字顺序进行）。体系框图见下图。

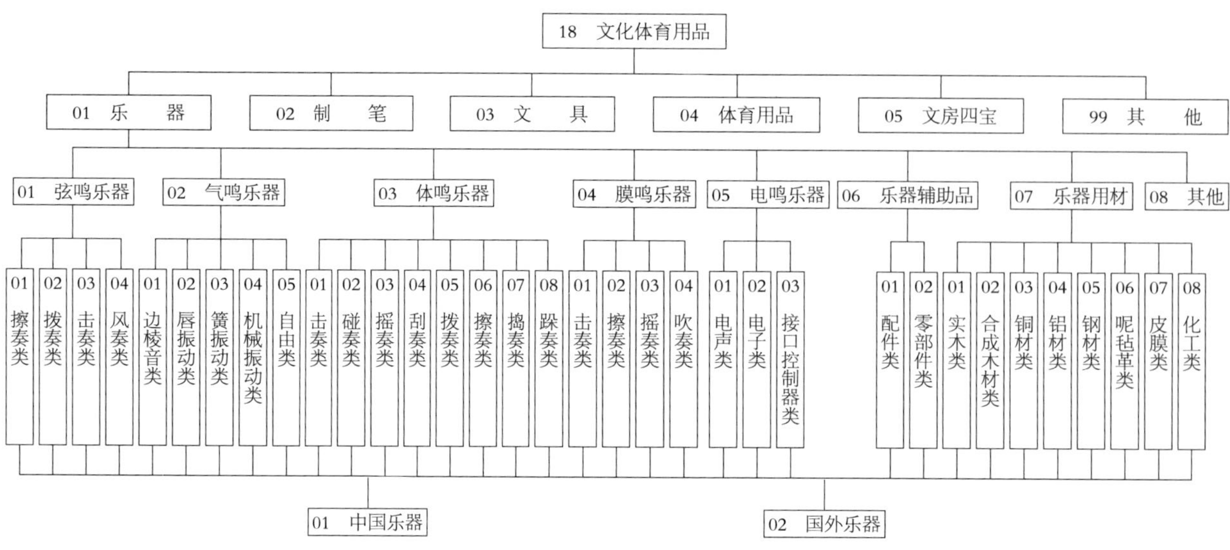

六、主要标准实施情况

国家标准委先后发布了《GB 28489—2022 乐器有害物质限量》《GB/T 31109—2014 乐器声学品质评价方法》《GB/T 31731—2015 废弃乐器回收利用通用技术规范》《GB/T 37878—2019 电鸣乐器能耗设计通用技术规范》。4项乐器类国家标准作为基础通用标准，涉及“人身健康，音乐性能评价，废物利用，节能”等领域，这些标准的实施为乐器产业调整和升级、可持续发展提供了技术支撑，获得了良好的社会、经济效益。

七、培训与服务情况

为更好适应乐器标准化工作新形势的需要，和尽可能提高乐器类标准制修订的技术水平和质量水平，乐器标委会成立初始，秘书处邀请国家标准技术审查部就《GB/T1.1—2020 标准化工作导则第一部分：标准化文件的结构和起草规则》，为第三届乐器标委会委员进行了标准化基础知识的讲解与培训。

针对2020—2021年度下达的标准制修订计划，秘书处协助企业起草编制了《钢琴》《行进乐队用鼓》《电子钢琴》《大提琴》《大提琴弓》《钢琴质量等级划分与判定》《电鸣乐器合成器通用技术条件》《手风琴通用技术条件》《钢琴琴键盖缓降器》等多项标准，并指导编制单位进行了计划申报、立项答辩等工作提供了与标准化有关的咨询与服务。

八、采用国际标准情况

乐器标准化工作在国际标准化组织（ISO、IEC）中未设置有TC（国内无对口单位），亦未颁布相应的乐器类国际标准。因此我国乐器标准的制定大多是剖析采用先进国家同种类产品的技术指标及参数的方法，在已正式颁布的我国各级、各类乐器标准中，采取的是既符合我国乐器生产实际和以市场化为原则、又切实可行能为我所用的指标及参数并标进行了覆盖，使其在标准层面不低于先进国家同类标准质量的水平，并收到了显著的效果。

全国乐器标准化技术委员会秘书处

2024年5月

乐器专利

2023年中国乐器专利发布分析

据国家知识产权局发布专利信息，2023年1月至12月，中国乐器行业共发布专利2217项，其中发明专利366项，实用新型1103项，外观设计748项。

按乐器门类划分，涵盖键盘乐器（钢琴、电钢琴）、弦乐器（吉他、提琴）、民族乐器（古筝、二胡、琵琶、月琴、箜篌）、管乐器、打击乐器（鼓、爵士鼓）、手风琴和口琴等。按具体品种分析，专利发布数量位居前十位的乐器是：钢琴、电子乐器、吉他、古筝、打击乐器、提琴、胡琴、管乐器、笛箫、口琴。

按申报企业发布专利数量分析，2023年度发布专利数量在10项（件）及以上的有15家乐器企业与个人：上海民族乐器一厂有限公司、雅马哈株式会社、卡西欧计算机株式会社、广州珠江恺撒堡钢琴有限公司、天津市津宝乐器有限公司、苏州礼乐乐器股份有限公司、海伦钢琴股份有限公司、广州蓝深科技有限公司、张建阳、扬州金韵乐器御工坊有限公司、乐海乐器有限公司、江苏天鹅乐器有限公司、江苏容顺祥乐器有限公司、张卫明、北京金三惠科技有限公司。

创新，作为引领发展的第一动力，其重要性不言而喻。专利，作为企业技术研发实力的直接体现，不仅保护了创新成果，更为市场竞争力的构建提供了坚实的基础。我们欣喜地看到，越来越多的企业加大了科技研发的投入，加强了自主研发能力，不断推动产品适应市场变化，保持行业领先地位。

在创新链、产业链、资金链、人才链深度融合的推动下，乐器行业的专利工作不再仅仅是技术的简单堆砌，而是成为了连接创新与市场的坚实桥梁，促进成果的快速转化与商业化应用。2023年乐器行业专利数量及质量均稳步增长，展现了中国乐器制造业在全球竞争中的坚定发展态势。

2022—2023年度中国乐器专利发布数量

类别	2023年/项	2022年/项	同比/%
发明专利	366	245	49
实用新型	1103	1226	−10
外观设计	748	638	17
总计	2217	2109	5

2023年中国乐器专利发布目录

类别	名称	专利类型	申请（专利）号	公开（公告）日	申请（专利权）人	发明（设计）人
钢琴	钢琴（UP118T）	外观设计	CN202230619916.0	2023.01.03	广州珠江恺撒堡钢琴有限公司	韩祎晴；潘启槟；招梓华
	按键面板（钢琴系列紧急求助）	外观设计	CN202230589642.5	2023.01.03	佛山市淇特科技有限公司	彭冠群
	按键面板（钢琴系列带屏幕）	外观设计	CN202230582218.8	2023.01.03	佛山市淇特科技有限公司	彭冠群
	一种钢琴键盘平整度检测装置	实用新型	CN202222613985.8	2023.01.03	河北艺术职业学院（河北艺术职业学院青年艺术团）	康雪；杨斐；王鑫
	一种钢琴调直背档	实用新型	CN202222481663.2	2023.01.03	海伦钢琴股份有限公司	陈海伦；戴旭东；李继苗
	一种立式钢琴琴底板支撑装置	实用新型	CN202222481661.3	2023.01.03	海伦钢琴股份有限公司	陈海伦；翟清川；沈春月；郑张刘
	一种钢琴训练用指法练习托架	实用新型	CN202222379285.7	2023.01.03	胡硕晨	胡硕晨
	一种特富龙材料的钢琴机械衬圈	实用新型	CN202222377747.1	2023.01.03	黑龙江省典匠乐器配件制造有限公司	李学杰
	一种轻量化的天然毡钢琴弦槌	实用新型	CN202222377705.8	2023.01.03	黑龙江省典匠乐器配件制造有限公司	李学杰
	钢琴顶杆组件装配装置	实用新型	CN202222300046.8	2023.01.03	广州珠江恺撒堡钢琴有限公司	林鸣亚；何玉坚；冯锦豪
	钢琴联动杆上料装置	实用新型	CN202222285581.0	2023.01.03	广州珠江恺撒堡钢琴有限公司	林鸣亚；何玉坚；冯锦豪
	钢琴联动器轴架装配装置	实用新型	CN202222285521.9	2023.01.03	广州珠江恺撒堡钢琴有限公司	林鸣亚；何玉坚；冯锦豪
	一种消除杂音的踏瓣结构	实用新型	CN202222494533.2	2023.01.03	海伦钢琴股份有限公司	陈海伦；贾国杰；沈春月
	一种可调节负荷的踏瓣结构	实用新型	CN202222482752.9	2023.01.03	海伦钢琴股份有限公司	陈海伦；郑之杰；翟清川；何剑
	一种应用于三角琴震奏杆上调节螺丝装置	实用新型	CN202222082957.8	2023.01.03	广州珠江恺撒堡钢琴有限公司	何建文；李浩柱
	一种基于音弦振动信号的钢琴音律校准装置及使用方法	发明专利	CN201810364927.1	2023.01.10	南阳理工学院	邹宓；邹玮；王侃
	机械节拍器（钢琴）	外观设计	CN202230628826.8	2023.01.10	黎娟秀	黎娟秀
	一种脱掉半纤维素的鱼鳞松材质钢琴音板	实用新型	CN202222377779.1	2023.01.10	黑龙江省典匠乐器配件制造有限公司	李学杰

续表

类别	名称	专利类型	申请（专利）号	公开（公告）日	申请（专利权）人	发明（设计）人
钢琴	一种钢琴盖的缓冲保护装置	实用新型	CN202222049494.5	2023.01.10	温州市鼎源教学仪器有限公司	丁崇元；刘小君
	一种自动开合的数码钢琴键盖装置	实用新型	CN202123028512.3	2023.01.10	广州珠江艾茉森数码乐器股份有限公司	卢毅明；刘春清
	一种采用红外采集的数码钢琴键盘	实用新型	CN202123012846.1	2023.01.10	广州珠江艾茉森数码乐器股份有限公司	卢毅明；刘春清
	钢琴键盖	外观设计	CN202230279628.5	2023.01.13	黔南民族师范学院	欧阳鹏婷
	一种可调节高度的钢琴辅助足台	实用新型	CN202222434258.5	2023.01.13	伊藤政（上海）贸易有限公司	咸碧玉；曹怡文；柴思逢
	一种具有隔热隔音功能的毛毡底钢琴橡胶脚垫	实用新型	CN202222385546.6	2023.01.13	伊藤政（上海）贸易有限公司	柴思逢；曹怡文；咸碧玉
	一种新型碳纤维材料的钢琴击弦机	实用新型	CN202222376725.3	2023.01.13	黑龙江省典匠乐器配件制造有限公司	李学杰
	一种便携可卷式钢琴练习键盘	实用新型	CN202222138320.6	2023.01.13	海口经济学院	李杰
	一种钢琴教学辅助装置	实用新型	CN202222049483.7	2023.01.13	玉溪师范学院	陈一矩
	一种电子钢琴乐谱支架	实用新型	CN202221537274.0	2023.01.13	粤田设计（珠海）有限公司	伍凯庆；张朝汉；周庭进；黄家良
	钢琴（2AS−125A）	外观设计	CN202230684580.6	2023.01.17	雅秦森乐器（上海）有限公司	杨兰
	钢琴（1AS−125）	外观设计	CN202230683991.3	2023.01.17	雅秦森乐器（上海）有限公司	杨兰
	一种钢琴兴趣培养装置	实用新型	CN202221317806.X	2023.01.17	燕山大学	赵悦
	一种钢琴脚轮	实用新型	CN202222676880.7	2023.01.24	宁波四海琴业有限公司	樊建能
	一种便于钢琴谱翻页的钢琴谱架	实用新型	CN202222502229.8	2023.01.24	李臻	李臻
	一种钢琴音色矫正装置	实用新型	CN202221938963.2	2023.01.24	黄溯	黄溯
	一种智能电子钢琴键盘数字信号输出系统	实用新型	CN202221762506.2	2023.01.24	晋江和祥盛电子科技有限公司	范家余
	一种立式钢琴琴谱自动翻页器	实用新型	CN202220831102.8	2023.01.24	山东管理学院	赛颖
	一种钢琴压键档的加固装置	发明专利	CN201811082034.4	2023.01.31	郑州幼儿师范高等专科学校	朱丽娟；马志飞
	一种可整体掀起钢琴式驾控台	实用新型	CN202223033489.1	2023.02.03	中船桂江造船有限公司	黎婉军；曾德智；高远祥；冉俊学；黄懿；董子玄
	一种钢琴压弦角度装置	实用新型	CN202222810710.3	2023.02.03	浙江乐韵钢琴有限公司	金亦成
	一种便于安装更换的钢琴踏板	实用新型	CN202222810681.0	2023.02.03	浙江乐韵钢琴有限公司	金亦成

续表

类别	名称	专利类型	申请（专利）号	公开（公告）日	申请（专利权）人	发明（设计）人
钢琴	一种能角度调节的钢琴调音扳手	实用新型	CN202221871743.2	2023.02.03	袁玥	袁玥
	一种可调节按压阻力的钢琴琴键	实用新型	CN202220696315.4	2023.02.03	石超	石超
	一种音板加工装置	实用新型	CN202222810831.8	2023.02.03	浙江乐韵钢琴有限公司	金亦成
	一种高效平整度检测装置	实用新型	CN202222810684.4	2023.02.03	浙江乐韵钢琴有限公司	金亦成
	一种钢琴盖缓冲装置	实用新型	CN202222632234.0	2023.02.07	阿坝师范学院	李静
	钢琴（KA6宝石琴）	外观设计	CN202230630778.6	2023.02.10	广州珠江恺撒堡钢琴有限公司	潘启槟；叶婉莹；韩祎晴
	钢琴（PL1）	外观设计	CN202230627165.7	2023.02.10	广州珠江恺撒堡钢琴有限公司	潘启槟；薛加俊；祝志文
	钢琴（KP123）	外观设计	CN202230627097.4	2023.02.10	广州珠江恺撒堡钢琴有限公司	潘启槟；薛加俊；叶婉莹
	一种钢琴琴键用的清洁结构	实用新型	CN202222388639.4	2023.02.10	李静	李静
	钢琴联动杆定位工装	实用新型	CN202222310361.9	2023.02.10	广州珠江恺撒堡钢琴有限公司	林鸣亚；何玉坚；冯锦豪
	一种钢琴踏板调节辅助装置	实用新型	CN202222191970.7	2023.02.10	江苏凤灵钢琴有限公司	李瑞林
	转击器凸轮加工设备	实用新型	CN202222333563.5	2023.02.10	广州珠江恺撒堡钢琴有限公司	林鸣亚；何玉坚；张继文
	一种基于深度学习的钢琴弹奏识别方法	发明专利	CN202110903752.9	2023.02.14	安徽多效信息科技有限公司	凌元庆；张静雅；姚晖；徐超巍
	钢琴（银灰）	外观设计	CN202230717152.9	2023.02.17	房力立	房力立
	钢琴铸铁板	外观设计	CN202230660429.9	2023.02.17	徐华锋	徐华锋
	一种用于钢琴教学的辅导教具	实用新型	CN202222600805.2	2023.02.17	铜川职业技术学院	郭美汝
	一种具有辅助翻页功能的钢琴演奏乐谱器	实用新型	CN202221646672.6	2023.02.17	刘蓓蓓	刘蓓蓓
	一种密封性好的组装型钢琴桌	实用新型	CN202222245386.5	2023.02.21	漾美家居集团有限公司	刘利军；王景萍
	一种具有除湿与防鼠虫功能的钢琴保护罩	实用新型	CN202221513891.7	2023.02.21	肖渊	肖渊；杨若婷；石超
	琴弦拉伸手柄	外观设计	CN202230723983.7	2023.02.21	惠州市琴刃工具乐器配件有限公司	宋华
	一种钢琴板烘干处理机构	实用新型	CN202222752743.7	2023.02.24	蒋睿青	蒋睿青
	钢琴（3AS-125R）	外观设计	CN202230683990.9	2023.02.28	雅秦森乐器（上海）有限公司	杨兰
	一种钢琴教学用指法练习设备	实用新型	CN202221631452.6	2023.02.28	广东海洋大学	李蕊

续表

类别	名称	专利类型	申请（专利）号	公开（公告）日	申请（专利权）人	发明（设计）人
钢琴	一种适用不同年龄段的钢琴手型练习器	发明专利	CN202011532036.6	2023.03.03	岭南师范学院	李瑾；李侠斌
	钢琴（复古）	外观设计	CN202230780694.0	2023.03.03	哈尔滨商业大学广厦学院	刘金玉
	新型的钢琴合页结构	实用新型	CN202222779256.X	2023.03.03	白靖哲	白靖哲
	一种可矫正水平的立式钢琴	实用新型	CN202222613457.2	2023.03.03	河北艺术职业学院（河北艺术职业学院青年艺术团）	康雪；杨斐；王鑫
	一种钢琴盖板夹持装置	实用新型	CN202221239005.6	2023.03.03	上海博尊钢琴有限公司	林洁
	一种可旋转钢琴支撑装置	实用新型	CN202222904899.2	2023.03.07	云南经济管理学院	李亚昂；姜旭昌；杨雨；荆帅；杨丽华
	一种带有共鸣板的立式钢琴中盘	实用新型	CN202222547715.1	2023.03.07	烟台金斯波格钢琴有限责任公司	柳振国；胡晓红；王风海；黄利军；武成侠
	一种用于琴键的防护自锁式配重铅块	实用新型	CN202221199951.2	2023.03.07	海伦钢琴股份有限公司	陈海伦；郑之杰；贾国杰；郑张刘
	钢琴（现代）	外观设计	CN202230780692.1	2023.03.10	哈尔滨商业大学广厦学院	刘金玉
	一种立式钢琴后健盖固定结构	实用新型	CN202222810795.5	2023.03.10	浙江乐韵钢琴有限公司	金亦成
	三角钢琴中带音梁的音板	实用新型	CN202021739607.9	2023.03.10	苏州礼乐乐器股份有限公司	金海鸥；吴念博；何新喜；朱信智；李碧英；杨萍
	立式钢琴中带音梁的音板	实用新型	CN202021738914.5	2023.03.10	苏州礼乐乐器股份有限公司	金海鸥；吴念博；何新喜；朱信智；李碧英；杨萍
	钢琴中带环形整体式音梁的音板	实用新型	CN202021738881.4	2023.03.10	苏州礼乐乐器股份有限公司	金海鸥；吴念博；何新喜；朱信智；李碧英；杨萍
	一种钢琴的谱架	实用新型	CN202223061007.3	2023.03.14	永城职业学院	朱晓彬
	一种新式钢琴发声装置	实用新型	CN202222621181.2	2023.03.14	乐工坊文化产业（江苏）有限公司	罗有航；王慧芳；徐爱南
	一种具有保护功能的钢琴	实用新型	CN202222614048.4	2023.03.14	河北艺术职业学院（河北艺术职业学院青年艺术团）	康雪；杨斐；王鑫
	一种便携式玩具钢琴	实用新型	CN202222593828.5	2023.03.14	广东众创时代咨询有限公司	陈烽
	用于钢琴琴销的调节装置	实用新型	CN202222341407.3	2023.03.14	南京艺术学院	宗德霖
	键盘类乐器键盘和手卷钢琴	实用新型	CN202222022293.6	2023.03.14	墨现科技（东莞）有限公司	丘继亮
	一种卧式钢琴键盘平整的稳定振奏装置	实用新型	CN202220947804.2	2023.03.14	常卉馨	常卉馨

续表

类别	名称	专利类型	申请（专利）号	公开（公告）日	申请（专利权）人	发明（设计）人
钢琴	三角钢琴中带音隧的音板	实用新型	CN202021739618.7	2023.03.14	苏州礼乐乐器股份有限公司	金海鸥；吴念博；何新喜；朱信智；李碧英；杨萍
	立式钢琴中带音隧的音板	实用新型	CN202021738888.6	2023.03.14	苏州礼乐乐器股份有限公司	金海鸥；吴念博；何新喜；朱信智；李碧英；杨萍
	一种三角琴顶盖缓冲结构	实用新型	CN202222035583.4	2023.03.14	海伦钢琴股份有限公司	陈海伦；戴旭东；沈春月
	一种钢琴自动记谱装置	发明专利	CN201910219635.3	2023.03.21	滨州学院	吴敬
	一种手动弱音档的控制结构	实用新型	CN202222346653.8	2023.03.21	海伦钢琴股份有限公司	陈海伦；翟清川；郑之杰；贾国杰；郑张刘
	一种钢琴谱架	实用新型	CN202221730014.5	2023.04.04	翟实	翟实
	一种钢琴装配槌柄长度切削的工具	实用新型	CN202222819304.3	2023.04.04	福州和声钢琴股份有限公司	陈新
	钢琴（华夏之声系列）	外观设计	CN202230713272.1	2023.04.04	福州和声钢琴股份有限公司	林建忠；于孙传
	钢琴低音弦铜丝缠绕装置	实用新型	CN202222990041.2	2023.04.04	福州和声钢琴股份有限公司	林建忠；于孙传
	一种无台阶升降钢琴辅助升降台	实用新型	CN202222715844.7	2023.04.07	伊藤政（上海）贸易有限公司	曹怡文；咸碧玉；柴思逢
	一种带翻页功能的钢琴琴谱放置架	发明专利	CN201810460262.4	2023.04.07	南阳理工学院	邹宓；刘帅；邹玮
	一种音乐用钢琴自动调音器	发明专利	CN201911302241.0	2023.04.07	邓磊	邓磊；李一岚
	一种方便调节的钢琴盖板支架	发明专利	CN202010125586.X	2023.04.07	商洛学院	毛奕丹
	三角钢琴	发明专利	CN201710911263.1	2023.04.07	株式会社河合乐器制作所	山下光夫
	一种钢琴琴键及其中档支撑	发明专利	CN201610445548.6	2023.04.07	刘宝利	刘宝利
	一种可调节高度的钢琴踏板辅助装置	发明专利	CN202010237668.3	2023.04.07	河南理工大学	仇博
	一种带有缓降功能的钢琴盖板	实用新型	CN202222156133.0	2023.04.07	湖南信息学院	白雪琳子
	一种共享钢琴控制系统	实用新型	CN202222913338.9	2023.04.07	广东来弹琴啦智能科技有限公司	梁海斌
	一种自动开闭钢琴键盘盖装置	实用新型	CN202222448278.8	2023.04.11	广东龙健乐器有限公司	梁勇
	具有断联手感的数码钢琴键盘结构及数码钢琴	发明专利	CN201610186801.0	2023.04.11	广州艾茉森电子有限公司	卢毅明；刘春清
	一种符合人体力学的钢琴教学用钢琴椅	实用新型	CN202222802049.1	2023.04.11	广西艺术学院	李晶

续表

类别	名称	专利类型	申请（专利）号	公开（公告）日	申请（专利权）人	发明（设计）人
钢琴	一种便于调节的钢琴配件自动喷砂设备	发明专利	CN202210490157.1	2023.04.11	山东大学	张纯梅；史海生；韩凉；徐德雷；王岩
	用于钢琴教学的指法训练装置	发明专利	CN202011371062.5	2023.04.14	湖州师范学院	周媛
	一种钢琴用音响共鸣钟	实用新型	CN202223416890.3	2023.04.14	梁晓燕	梁晓燕
	一种多功能台桌式钢琴	发明专利	CN201710376734.3	2023.04.18	田丰	田丰
	一种基于智能钢琴的音色契合度判断系统	发明专利	CN201911063068.3	2023.04.18	安徽踏极智能科技有限公司	周永潮
	一种钢琴用镀镍码钉	实用新型	CN202320187095.7	2023.04.18	上海丁锋标准件有限公司	施国庆；葛波
	一种钢琴弹奏掌关节训练装置以及使用方法	发明专利	CN202210217567.9	2023.04.21	闽江学院	高苗苗
	钢琴键盘调式尺	外观设计	CN202230867713.3	2023.04.21	韦音	韦音
	一种稳固型电钢琴机架	实用新型	CN202221576986.3	2023.04.25	泉州佳德美电子科技有限公司	曾华州
	一种用于加工钢琴铁板定位孔的定位装置	发明专利	CN202011339323.5	2023.04.25	德清方华琴业有限公司	陈道超
	一种钢琴弦钮方向调整工具	实用新型	CN202320139533.2	2023.04.25	广州珠江恺撒堡钢琴有限公司	郑际童；邵志超
	一种钢琴弦轴系统稳定结构	实用新型	CN202221626201.9	2023.04.28	上海布戈乐器有限公司	汉斯
	弹奏手型检测/展示方法、介质、钢琴、终端及服务端	发明专利	CN202010139729.2	2023.04.28	森兰信息科技（上海）有限公司	金立人；许楠；喻玮
	一种钢琴专用粗弦码钉	实用新型	CN202320179890.1	2023.04.28	上海丁锋标准件有限公司	施国庆；葛波
	一种钢琴琴键弹奏力度调整装置	发明专利	CN201811584878.9	2023.05.02	湖南城市学院	曹泓
	一种可调节角度的钢琴谱架	实用新型	CN202222808139.1	2023.05.02	孙爽	孙爽
	一种具有防水功能的钢琴传感器	实用新型	CN202221731353.5	2023.05.02	深圳市亿泽鑫科技有限公司	吴刚
	一种钢琴制音杆自动加工设备	实用新型	CN202222548209.4	2023.05.02	杭州优忆科技有限公司	孙江良；於祺杰；江三军
	一种可穿戴外骨骼钢琴练习辅具	发明专利	CN202210227254.1	2023.05.02	燕山大学	许秋健；原欣然；王小雨；杨丹；董津兢；李俊蕊；潘高明；王乙竹
	一种钢琴用挂弦钉	实用新型	CN202320178084.2	2023.05.02	上海丁锋标准件有限公司	施国庆；葛波
	一种钢琴立柱榫头自动加工设备	实用新型	CN202223245452.5	2023.05.02	宜昌金宝乐器制造有限公司	吴天延；李志洲

续表

类别	名称	专利类型	申请（专利）号	公开（公告）日	申请（专利权）人	发明（设计）人
钢琴	一种钢琴精准调律器	实用新型	CN202223157661.4	2023.05.02	南关区朱观泉二胡及配件制造维修中心	朱怡津；朱观泉
	一种跨界钢琴用立式击弦机	实用新型	CN202223127355.6	2023.05.02	宜昌金宝乐器制造有限公司	吴天延；李志洲
	钢琴	外观设计	CN202330067740.7	2023.05.05	小叶子（北京）智能科技有限公司	胥晓叶；姜婷婷；叶滨
	一种电子钢琴台	实用新型	CN202223185659.8	2023.05.05	临沂职业学院	胡莹莹
	立式钢琴	发明专利	CN201811311771.7	2023.05.09	雅马哈株式会社	深津圭一；吉田安住；驹田洋史；泉谷仁；筱原大志
	一种电钢琴黑白键的导向结构	实用新型	CN202223024908.5	2023.05.09	张建阳	张建阳
	电子钢琴用踏板	外观设计	CN202230840093.4	2023.05.09	雅马哈株式会社	山本信；西田贤一；中村亮介；水口贵弘；三田正彬
	一种避免出现跑弦的钢琴板	实用新型	CN202222665677.X	2023.05.12	呼和浩特民族学院	王雪莹
	一种多个连续钢琴撑杆夹持装置	发明专利	CN202010620247.9	2023.05.19	长春大学	万书亮；孟爽；李窦逗；董吉；沈雨洁
	一种三角钢琴用金属立柱	发明专利	CN201610300765.6	2023.05.19	福州和声钢琴有限公司	林建忠；黄苏东
	基于用户示范音频风格的钢琴辅助作曲系统及方法	发明专利	CN201910274110.X	2023.05.23	华南理工大学	曹燕；别碧耀；韦岗
	一种多功能钢琴凳	实用新型	CN202121126005.0	2023.05.23	浙江百艺新型装饰材料有限公司	陆嘉毅
	一种钢琴教学琴谱架	发明专利	CN202010116508.3	2023.05.26	许昌学院	徐赛飞
	一种具有防护功能的钢琴盖锁死结构	实用新型	CN202221140542.5	2023.05.26	上海耶声教育科技有限公司	胡芷萱；杨柳
	一种钢琴出声喇叭	实用新型	CN202223367142.0	2023.05.26	泉州市博兰仕电子科技有限公司	何伟聪
	一种钢琴立柱自动铣槽设备	实用新型	CN202223246754.4	2023.05.26	宜昌金宝乐器制造有限公司	吴天延；李志洲
	一种钢琴琴盖上漆装置	实用新型	CN202223290935.7	2023.05.26	泉州市博兰仕电子科技有限公司	何伟聪
	一种用于钢琴上的平板电脑支架	实用新型	CN202222044269.2	2023.05.30	那佳	那佳
	一种演奏者钢琴练习用手型矫正器	实用新型	CN202222100609.9	2023.05.30	胡艺	胡艺

续表

类别	名称	专利类型	申请（专利）号	公开（公告）日	申请（专利权）人	发明（设计）人
钢琴	一种钢琴弹奏演示系统及其演示方法	发明专利	CN201910472299.3	2023.05.30	福建工程学院	李天建；刘子健
	一种钢琴盖板夹持装置	实用新型	CN202320139467.9	2023.05.30	长沙师范学院	李宇涵
	智能钢琴的智能检测和反馈系统	发明专利	CN201710940859.4	2023.06.02	森兰信息科技（上海）有限公司	燕斌；刘晓露；童刚；朱哲
	可回收重复使用的钢琴中盘	发明专利	CN201810462346.1	2023.06.02	湖州华谱钢琴制造有限公司	姚小林；喻国平
	钢琴电子琴移调键盘尺	外观设计	CN202330096927.X	2023.06.02	韦音	韦音
	钢琴音击弦槌	外观设计	CN202230819779.5	2023.06.02	晋江市锦乐电子科技有限公司	俞亮生
	钢琴击弦机灵敏度测试仪	实用新型	CN202122003814.9	2023.06.06	戴昌贵	戴昌贵；密良金；戴康昕
	可用于机加工呢条的钢琴键子	发明专利	CN201711468795.9	2023.06.13	广州珠江恺撒堡钢琴有限公司	何建文；卢奇剑；龚承忠
	一种坐垫可拆卸更换的钢琴凳	实用新型	CN202222102572.3	2023.06.13	江苏新世纪乐器有限公司	仇新兰；何永进；钱庄胜；吴忠群
	一种组合式可调节使用高度的钢琴板	实用新型	CN202222928933.X	2023.06.13	太原学院	王飞宇
	一种基于钢琴全智能系统的采集还原方法	发明专利	CN202111165092.5	2023.06.16	湖南卡罗德音乐集团有限公司	赖志强；易吉华；黄煜；李炯
	立式钢琴铁板	发明专利	CN201310639390.2	2023.06.16	宜昌金宝乐器制造有限公司	吴天延
	用于矫正钢琴弦码的装置及弦码和音板的装配方法	发明专利	CN201810541918.5	2023.06.16	北京卡丹萨文化艺术有限公司	张庆海
	一种手卷式硅胶钢琴	发明专利	CN201910552817.2	2023.06.16	深圳市华芯康微科技有限公司	马明
	钢琴（KW1）	外观设计	CN202330125812.9	2023.06.16	广州珠江恺撒堡钢琴有限公司	潘启槟；薛文乐；韩祎晴
	伸缩式钢琴谱架	实用新型	CN202320683424.7	2023.06.16	洛阳文化旅游职业学院	何玲玉；蔡向怡；白静
	钢琴曲谱架	外观设计	CN202330091421.X	2023.06.16	河南经贸职业学院	加珊；刘雨燕；谢梦
	一种电子钢琴的键盘	发明专利	CN202010862820.7	2023.06.20	广州蓝深科技有限公司	温毅明；何海峰；黄鹏
	一种舞台专用钢琴自动翻谱装置	实用新型	CN202221105627.X	2023.06.20	袁晓君	袁晓君；陈曦
	一种单组分钢琴黑油漆及制备方法	发明专利	CN202210479609.6	2023.06.20	雅图高新材料股份有限公司	冯兆均；罗国庆；陈容爱；李守康；李锦源

续表

类别	名称	专利类型	申请（专利）号	公开（公告）日	申请（专利权）人	发明（设计）人
钢琴	一种钢琴的移位结构	实用新型	CN202223289942.5	2023.06.20	泉州市博兰仕电子科技有限公司	何伟聪
	一种辅助钢琴作曲设备	发明专利	CN202110819428.9	2023.06.23	南阳理工学院	周密
	一种基于指法规则和强化学习的钢琴指法自动生成方法	发明专利	CN202010371058.2	2023.06.23	华南理工大学	韦岗；袁都佳；曹燕
	一种钢琴调音方法	发明专利	CN201811317813.8	2023.06.23	江苏师范大学	章馨方
	一种钢琴重量演奏引导器	实用新型	CN202320690305.4	2023.06.23	王磊	王磊
	一种基于物联网的智能钢琴控制方法及系统	发明专利	CN202211427069.3	2023.06.27	广州珠江艾茉森数码乐器股份有限公司	陈智球；刘春清
	一种钢琴用调音器	实用新型	CN202320082800.7	2023.06.27	广东技术师范大学	邓昆
	一种电钢琴教室管理方法和系统	发明专利	CN202110868020.0	2023.06.30	北京金三惠科技有限公司	李现峰；魏宏惠；魏宏茹
	钢琴重量演奏引导器	外观设计	CN202330169935.2	2023.06.30	王磊	王磊
	一种通用型钢琴用钝头铁卡钉	实用新型	CN202320779600.7	2023.06.30	上海丁锋标准件有限公司	施国庆；葛波
	一种钢琴背板裁切装置	实用新型	CN202223540149.8	2023.07.04	何婧	何婧
	一种钢琴盖板夹持装置	实用新型	CN202320019679.3	2023.07.04	扬州市职业大学（扬州开放大学）	吴怡
	一种钢琴教学的音乐识谱板	实用新型	CN202223352062.8	2023.07.07	齐齐哈尔大学	李烨；韩傲天；关镜辰
	一种钢琴教学的音乐识谱板	实用新型	CN202222936284.8	2023.07.07	云南民族大学	张瑶；苏蓉
	钢琴	外观设计	CN202330195451.5	2023.07.18	吕定干	吕定干
	一种用于钢琴教学的光效引导装置	实用新型	CN202320176213.4	2023.07.18	广州蓝深科技有限公司	谭振林；向继遵；陈亮
	一种钢琴铁板	发明专利	CN201610859226.6	2023.07.21	嘉兴温克尔曼乐器有限公司	应利星
	一种钢琴踏板震奏机	发明专利	CN201910219633.4	2023.07.21	滨州学院	吴敬
	音箱（YX100钢琴）	外观设计	CN202330125809.7	2023.07.21	广州珠江钢琴集团股份有限公司	潘启槟；朱迪
	一种钢琴琴谱固定架	实用新型	CN202223367150.5	2023.07.25	泉州市博兰仕电子科技有限公司	何伟聪
	一种钢琴辅助踏板	实用新型	CN202223205457.5	2023.07.25	上海助童乐器科技有限公司	孙敏芬
	一种适配结构、适配方法以及一种钢琴键盘适配装置	发明专利	CN201610363889.9	2023.07.25	易弹信息科技（上海）有限公司	刘晓露
	钢琴键盖缓冲器的检测装置和检测方法	发明专利	CN201611107008.3	2023.07.28	广州珠江钢琴集团股份有限公司	梁志和；黄朝苑；廖勇
	一种钢琴自动翻谱装置	实用新型	CN202223221157.6	2023.07.28	合肥铁路工程学校	刘伟健；吴晓晓

续表

类别	名称	专利类型	申请（专利）号	公开（公告）日	申请（专利权）人	发明（设计）人
钢琴	一种康复训练用的钢琴水柱	实用新型	CN202320275820.6	2023.07.28	深圳市宝乐康健设备有限公司	李光照
	一种钢琴练习辅助器	发明专利	CN201910246242.1	2023.08.01	厦门大学嘉庚学院	李立
	钢琴平移减震装置	实用新型	CN202221523839.X	2023.08.01	张琦	张琦；桑影影；孙玉明
	一种改良型钢琴轴架拔针机	实用新型	CN202320422345.0	2023.08.01	浙江卡罗德钢琴制造有限公司	何宝祥
	一种自动弹奏钢琴的琴键力度调节装置	实用新型	CN202320086347.7	2023.08.01	上海岚心电子科技有限公司	车煜
	一种高亮度钢琴用尖头卡钉	实用新型	CN202320535902.X	2023.08.04	上海丁锋标准件有限公司	施国庆；葛波
	一种钢琴低音弦	实用新型	CN202223375067.2	2023.08.08	宁波四海琴业有限公司	樊建能
	一种便于升降调节的钢琴	实用新型	CN202320725751.4	2023.08.08	滁州学院	张婷婷
	一种钢琴调音装置	实用新型	CN202320233022.7	2023.08.08	西南科技大学	闵敏；陈闵悦；陈石勇
	一种阻力可调的钢琴弹奏手指力量辅助器	实用新型	CN202223106924.9	2023.08.11	曲阜师范大学	王子涵；刘爱玲
	一种钢琴合盖缓冲结构	实用新型	CN202320606163.9	2023.08.11	湖州华谱钢琴制造股份有限公司	姚小林
	钢琴整理保护套	外观设计	CN202330207874.4	2023.08.11	李宏全	李宏全
	钢琴串联架	外观设计	CN202330218401.4	2023.08.11	孙骁莉	孙骁莉；吴璋南
	一种产生钢琴音效的音乐警报器	实用新型	CN202223313383.7	2023.08.15	延边大学	金永镐；段奕初；衣晏均；包昊明；田富铭
	一种钢琴教学用手臂矫正装置	实用新型	CN202320368947.2	2023.08.15	济宁市技师学院	刘森
	一种可调节角度的钢琴谱架	实用新型	CN202321113140.0	2023.08.18	黑龙江省联宇乐器有限公司	任长军
	一种具有辅助翻页功能的钢琴演奏乐谱器	实用新型	CN202320853046.2	2023.08.18	梅玉燕	梅玉燕
	一种用于三角钢琴中盘的铣削设备	实用新型	CN202320524392.6	2023.08.22	广州珠江恺撒堡钢琴有限公司	杨展飞；董胜；林启东；周曾友；黄耿志
	一种钢琴键盖铰链孔钻孔机	实用新型	CN202320524418.7	2023.08.22	广州珠江恺撒堡钢琴有限公司	杨展飞；邵志超；周曾友；董胜；黄耿志
	一种钢琴谱架	实用新型	CN202320562557.9	2023.08.22	青海柴达木职业技术学院（海西蒙古族藏族自治州职业技术学校）	魏凤萍；赵峰

续表

类别	名称	专利类型	申请（专利）号	公开（公告）日	申请（专利权）人	发明（设计）人
钢琴	基于钢琴音节的诊疗质控文件传输方法及装置	发明专利	CN202210958249.8	2023.08.25	青岛美迪康数字工程有限公司	赖永航；崔元举；冯健
	一种石头钢琴	实用新型	CN202222802366.3	2023.08.25	储向东	储向东
	一种钢琴琴键位移检测装置	实用新型	CN202223155491.6	2023.08.25	南安源盛科技有限公司	杨雪玲；高铭胜；高泽培；高嘉滢；高子轩
	一种用于钢琴板材的喷漆机用翻转工装	实用新型	CN202321177821.3	2023.08.25	黑龙江省联宇乐器有限公司	任长军
	一种仿人钢琴演奏机器人	发明专利	CN202310676079.9	2023.08.25	之江实验室	宛敏红；顾建军；朱世强；严敏东；黄秋兰；钟灵；高广；张璞；方伟；姚运昌
	三角钢琴的动作机构	发明专利	CN201910238211.1	2023.08.29	株式会社河合乐器制作所	田口贵彬
	一种钢琴教学用手指指尖保护器	实用新型	CN202222568154.3	2023.08.29	陈洪伟	陈洪伟
	可调音质的钢琴	发明专利	CN201710695207.9	2023.08.29	北京库客音乐股份有限公司	姜荣涛
	一种钢琴垫板	实用新型	CN202320375702.2	2023.08.29	伊藤政（上海）贸易有限公司	柴思逢；曹怡文；咸碧玉
	一种钢琴专用细弦码钉	实用新型	CN202320548393.4	2023.08.29	上海丁锋标准件有限公司	施国庆；葛波
	一种多功能的钢琴教学装置	发明专利	CN202011536511.7	2023.09.05	西安石油大学	刘洁；赵英汗
	钢琴（F123CD）	外观设计	CN202330125810.X	2023.09.05	广州珠江钢琴集团股份有限公司	潘启槟；叶婉莹
	一种钢琴键盖缓降器安装孔的钻孔设备	实用新型	CN202320542345.4	2023.09.05	广州珠江恺撒堡钢琴有限公司	杨展飞；周曾友；董胜；邵志超；林启东
	一种智能化钢琴学习设备	实用新型	CN202320236976.3	2023.09.05	鲁玢珏	鲁玢珏
	一种钢琴座	实用新型	CN202320425571.4	2023.09.08	杜玉兰	杜玉兰
	一种钢琴手指力量训练装置	实用新型	CN202223546518.4	2023.09.12	山东青年政治学院	岳雨
	一种可防脱落的钢琴把手安装结构及钢琴的搬运方法	发明专利	CN202110253762.2	2023.09.12	福建亚东钢琴有限公司	洪亚东；李瑾娟；周文银
	不变形钢琴用中盘	发明专利	CN201810461983.7	2023.09.12	湖州华谱钢琴制造有限公司	姚小林；喻国平
	钢琴指法训练装置（gq140-45）	外观设计	CN202230094728.0	2023.09.12	陈奕文	陈奕文
	一种可以发光的钢琴按键组及其发光按键	实用新型	CN202321094590.X	2023.09.12	海伦钢琴股份有限公司	陈海伦；翟清川；沈春月；郑张刘；江雪英

续表

类别	名称	专利类型	申请（专利）号	公开（公告）日	申请（专利权）人	发明（设计）人
钢琴	一种可以快速复奏的立式钢琴击弦机	实用新型	CN202321094565.1	2023.09.12	海伦钢琴股份有限公司	陈海伦；郑之杰；翟清川；高策；贾国杰
	一种钢琴盖柔性压紧装置及其面板检测装置	实用新型	CN202320964580.0	2023.09.12	苏州精濑光电有限公司；武汉精测电子集团股份有限公司	郑海龙；肖治祥；朱涛；叶坤
	一种钢琴音律调节工具	实用新型	CN202320632518.1	2023.09.12	湖北第二师范学院	陈波
	一种钢琴压键档	实用新型	CN202320969659.2	2023.09.12	海伦钢琴股份有限公司	陈海伦；郑张刘；翟清川；江雪英；沈春月
	一种钢琴学习用指力用练习器	实用新型	CN202320191697.X	2023.09.12	梅阳	梅阳
	一种钢琴板喷漆翻转工装	实用新型	CN202320651914.9	2023.09.12	江心	江心；陈旭
	一种钢琴谱架	实用新型	CN202223540113.X	2023.09.15	贵州民族大学	蔡昌庆
	用于钢琴的制音器	发明专利	CN201910164201.8	2023.09.15	株式会社河合乐器制作所	寺井康志
	一种可折叠翻转式钢琴键盖	实用新型	CN202320882382.X	2023.09.15	浙江卡罗德钢琴制造有限公司	何宝祥
	一种立式钢琴的琴脚加工夹具	实用新型	CN202321128302.8	2023.09.15	黑龙江省联宇乐器有限公司	任长军
	一种跨界混合钢琴的静音消声装置	实用新型	CN202321267694.6	2023.09.19	浙江德清豪迈钢琴有限公司	施建国
	钢琴（HG-126T-D）	外观设计	CN202330268703.2	2023.09.22	福州和声钢琴股份有限公司	于孙传
	一种磁吸式钢琴演奏提示装置	实用新型	CN202320642777.2	2023.09.22	湖南卡罗德钢琴有限公司	赖志强；李炯；黄鹏
	一种用于钢琴大键盖的压键档	实用新型	CN202321364232.6	2023.09.26	宜昌金宝乐器制造有限公司	熊南方；吕露
	一种便携式的钢琴键位练习装置	实用新型	CN202320513801.2	2023.09.26	赣南师范大学	董铭
	钢琴乐谱架	外观设计	CN202330279285.7	2023.09.29	太原师范学院	夏有根
	一种用于钢琴马克的加工转运装置	实用新型	CN202321259027.3	2023.09.29	黑龙江省联宇乐器有限公司	任长军
	钢琴	发明专利	CN201811234686.5	2023.10.03	常州轻工职业技术学院	杨滢
	一种用于电钢琴的无线踏板	实用新型	CN202320478039.9	2023.10.03	赤峰学院	牛婷微
	钢琴本支架	外观设计	CN202330279746.0	2023.10.03	黑龙江大学	林奕康
	可折叠便携钢琴	外观设计	CN202330329392.6	2023.10.03	吴喜清	吴喜清
	立式钢琴	发明专利	CN201611240189.7	2023.10.10	北京乐器研究所	孙朝平；韩国芳；聂茂红

续表

类别	名称	专利类型	申请（专利）号	公开（公告）日	申请（专利权）人	发明（设计）人
钢琴	一种钢琴手指训练器	实用新型	CN202320394450.8	2023.10.13	济南职业学院	郭胜男
	一种钢琴钢琴指法辅助练习机	实用新型	CN202223205061.0	2023.10.17	陕西理工大学	郭益欣
	一种带风扇的钢琴凳	实用新型	CN202320898648.X	2023.10.17	江苏新世纪乐器有限公司	何永进；钱庄胜；吴忠群；仇新兰
	一种多功能便携式重锤数码钢琴	实用新型	CN202320560024.7	2023.10.17	晋江贝斯特电子科技有限公司	周勇；吴仔丽；周梦银；余明亮
	板材切割打孔设备	发明专利	CN201811121956.1	2023.10.20	浙江乐韵钢琴有限公司	章顺龙
	一种钢琴联动杆定位工装	实用新型	CN202321182349.2	2023.10.20	付禾	付禾；潘珅
	钢琴自动演奏测试装置及方法	发明专利	CN201710109967.7	2023.10.24	湖北工程学院	肖永军；彭祺；屠礼芬；李卫中；曾庆栋；方天红
	钢琴凳	外观设计	CN202330335419.2	2023.10.24	内江师范学院	于铭
	一种钢琴铁板支撑螺栓组件	实用新型	CN202321166169.5	2023.10.27	烟台金斯波格钢琴有限责任公司	武成侠；王风海；胡晓红；柳振国
	一种钢琴铁排弦列	实用新型	CN202321008423.9	2023.10.27	烟台金斯波格钢琴有限责任公司	胡晓红；王风海；柳振国；武成侠
	一种钢琴车间远距离移动工作台的装置	实用新型	CN202321008462.9	2023.10.27	烟台金斯波格钢琴有限责任公司	武成侠；王风海；胡晓红；柳振国
	一种立式钢琴的踏瓣杠杆重量调节装置	实用新型	CN202321008464.8	2023.10.27	烟台金斯波格钢琴有限责任公司	武成侠；王风海；胡晓红；柳振国
	一种钢琴谱台板防倾倒铰链组件	实用新型	CN202321166136.0	2023.10.27	烟台金斯波格钢琴有限责任公司	武成侠；王风海；胡晓红；柳振国
	一种钢琴弦轴调节工具	实用新型	CN202320430662.7	2023.10.27	鹿辰乐	鹿辰乐
	一种钢琴组装板存放架	实用新型	CN202321466329.8	2023.10.31	浙江珠江德华钢琴有限公司	周江英；魏天生；莫亚萍；姚旭
	一种钢琴学习与创作系统及方法	发明专利	CN202011429702.3	2023.10.31	青岛大学	赵东杰；李悦；李宪；潘亚磊
	折叠钢琴（PJ88D）	外观设计	CN202230577551.X	2023.10.31	广东科汇兴科技有限公司	孙菊化
	一种智能钢琴系统及使用方法	发明专利	CN202211468085.7	2023.11.03	广州珠江艾茉森数码乐器股份有限公司	林利平；刘春清
	一种钢琴乐谱支架	实用新型	CN202223415001.1	2023.11.03	漯河食品职业学院	刘静
	一种折纸钢琴造型结构	实用新型	CN202320600324.3	2023.11.03	无锡市文化印刷厂有限公司	胡贤庆
	一种新型钢琴床	实用新型	CN202320083205.5	2023.11.03	巢湖市空间缔造者家居有限责任公司	龙志斌；汪崇龙；程丽娟；龙有根
	一种免油漆钢琴板	实用新型	CN202321147174.1	2023.11.03	广东兆盈合成新材有限公司	刘国排；范善强
	一种三角钢琴止音铁丝弯制工具	实用新型	CN202321166212.8	2023.11.07	烟台金斯波格钢琴有限责任公司	胡晓红；王风海；柳振国；武成侠

续表

类别	名称	专利类型	申请（专利）号	公开（公告）日	申请（专利权）人	发明（设计）人
钢琴	一种钢琴弹奏指法的评估方法及装置	发明专利	CN202110842933.5	2023.11.07	广东科学技术职业学院	胡建华；魏嘉俊；唐浩鑫；郑燊浩；吴伟美
	钢琴轴架自动粘绳设备	发明专利	CN201711468576.0	2023.11.10	广州珠江恺撒堡钢琴有限公司	黄耿志；林鸣亚；林启东；何建文；何玉坚
	击弦点定位工装	发明专利	CN201711468515.4	2023.11.10	广州珠江恺撒堡钢琴有限公司	祝如娟；陈玉华；何健玮；何文宇
	钢琴油漆件平面抛光设备及其抛光方法	发明专利	CN201811560468.0	2023.11.10	广州珠江恺撒堡钢琴有限公司	陈日明；徐伟雄；徐洁瑞；林启东；黄耿志
	一种用于钢琴的竹板及钢琴	实用新型	CN202321359761.7	2023.11.10	广州珠江恺撒堡钢琴有限公司	潘启槟；薛加俊；祝志文；叶婉莹
	钢琴（DW123）	外观设计	CN202330383672.5	2023.11.10	北京珠江钢琴制造有限公司	于富瑜；傅锦泉；曹华军；丁娜；谷香
	钢琴（DW127Special）	外观设计	CN202330383653.2	2023.11.10	北京珠江钢琴制造有限公司	郭东旭；姜雨；张迪；吴明磊；白万顺
	立式宽背柱结构钢琴	实用新型	CN202320845644.5	2023.11.10	徐涛	徐涛
	一种具有缓冲保护的电子钢琴按键	实用新型	CN202321542606.9	2023.11.10	泉州市吉茂电子科技有限公司	车青松；谢庆；谢俊；杨秀棉
	转击器装配定位齿条	发明专利	CN201711469923.1	2023.11.14	广州珠江恺撒堡钢琴有限公司	何建文；卢奇剑；卢洁
	便携式钢琴（P50）	外观设计	CN202330389286.7	2023.11.14	深圳市特伦斯乐器有限公司	郑梓航
	折叠钢琴（V30）	外观设计	CN202330389291.8	2023.11.14	深圳市特伦斯乐器有限公司	郑梓航
	一种用于钢琴的乐谱支架	实用新型	CN202321492995.9	2023.11.14	营口职业技术学院	崔旭
	一种钢琴辅助扩音装置	实用新型	CN202321120076.9	2023.11.14	湖北第二师范学院	陈波
	斜式制音杆和击弦机	发明专利	CN201711468470.0	2023.11.17	广州珠江恺撒堡钢琴有限公司	卢洁；龚承忠；何建文
	一种立式钢琴顶盖撑杆结构	实用新型	CN202320637276.5	2023.11.21	湖州华谱钢琴制造股份有限公司	姚小林
	一种钢琴键盖联动系统	发明专利	CN202111089137.5	2023.11.21	宁波四海琴业有限公司	何四海
	钢琴（UP100）	外观设计	CN202330407008.X	2023.11.24	广州珠江恺撒堡钢琴有限公司	林戈尔；肖巍；薛文乐；潘启槟；龚承忠
	一种钢琴中盘加工装置	实用新型	CN202321692621.1	2023.11.28	北京珠江钢琴制造有限公司	郭东旭；于富瑜；姜雨；张迪；谷香

续表

类别	名称	专利类型	申请（专利）号	公开（公告）日	申请（专利权）人	发明（设计）人
钢琴	一种钢琴移动车	实用新型	CN202321476217.0	2023.11.28	浙江珠江德华钢琴有限公司	周江英；魏天生；莫亚萍；姚旭
	一种用于加工钢琴的移动装置	实用新型	CN202321641996.5	2023.11.28	浙江珠江德华钢琴有限公司	周江英；魏天生；莫亚萍；姚旭
	一种钢琴琴腿固定装置	实用新型	CN202321614200.7	2023.11.28	北京珠江钢琴制造有限公司	于富瑜；郭东旭；傅锦泉；曹华军；丁娜
	一种钢琴导板加工用拼缝胶缝装置	实用新型	CN202321625400.2	2023.11.28	福建亚东钢琴有限公司	吴春燕；洪亚东；汤灵辉
	一种开弦设备	实用新型	CN202321662706.5	2023.11.28	北京珠江钢琴制造有限公司	于富瑜；傅锦泉；张迪；吴明磊；白万顺
	一种钢琴生产用板材切割设备及切割用清理机构	发明专利	CN202210151184.6	2023.11.28	刘小青	刘小青
	一种立式钢琴内装定位装置	实用新型	CN202321553486.2	2023.11.28	宜昌金宝乐器制造有限公司	王军；黄维；吴有灿
	机械节拍器（钢琴）	外观设计	CN202330404263.9	2023.11.28	山西应用科技学院	付宸宾
	智能钢琴（88键折叠）	外观设计	CN202330455070.6	2023.12.01	北京星海钢琴集团有限公司	俞泓；孔皓；张小川；范宣波；董春华；李亚男
	钢琴手型矫正器	外观设计	CN202330158601.5	2023.12.01	琼台师范学院	吴心慧
	一种多功能三角钢琴录音架	实用新型	CN202321433689.8	2023.12.05	山东管理学院	赛颖
	用于钢琴键盘键子键片分锯的加工设备和加工方法	发明专利	CN201911409972.5	2023.12.08	广州珠江恺撒堡钢琴有限公司	李浩柱；黄耿志
	击弦机定位工装	发明专利	CN201711482821.3	2023.12.08	广州珠江恺撒堡钢琴有限公司	何文宇；何健玮；祝如娟
	一种钢琴键盘智能制动系统及其实现方法	发明专利	CN201910039955.0	2023.12.08	广东龙健乐器有限公司	梁勇
	一种钢琴书	实用新型	CN202320208737.7	2023.12.08	北京魔光文化发展有限公司	苏海峰
	一种钢琴坐姿辅助装置	实用新型	CN202321435209.1	2023.12.08	河南锐进文化传媒有限公司	李凉；郑新娟；张丽
	一种可调节角度的钢琴谱架	实用新型	CN202321653586.2	2023.12.12	湖北第二师范学院	杨柳青
	一种钢琴教学用钢琴椅	实用新型	CN202321659091.0	2023.12.12	湖北经济管理大学（长江职业学院）	何欣韵
	钢琴琴弦绕扣装置	发明专利	CN202011116211.3	2023.12.15	宁波四海琴业有限公司	何四海
	钢琴弹奏手指力量辅助器	发明专利	CN202210280857.8	2023.12.19	湖州师范学院	陈剑
	一种钢琴粘合用压紧装置	发明专利	CN202310084471.4	2023.12.22	湖州子贤钢琴有限公司	王琳琳；王震

续表

类别	名称	专利类型	申请（专利）号	公开（公告）日	申请（专利权）人	发明（设计）人
钢琴	一种钢琴加工用板材锯痕砂光装置	实用新型	CN202321975194.8	2023.12.22	福建亚东钢琴有限公司	洪亚东；汤灵辉；吴春燕
	筑琴锤	实用新型	CN202321758990.6	2023.12.22	北京星海钢琴集团有限公司；北京轻工技师学院（北京乐器研究所）	彭丽颖；张小川
	钢琴琴谱自动翻页装置	实用新型	CN202321998399.8	2023.12.22	赵雅萌	赵雅萌；胡会欣
	一种模组化钢琴脚踏	实用新型	CN202321873176.9	2023.12.22	浙江友谊电子有限公司	陈特
	一种钢琴谱支撑放置结构	实用新型	CN202321242917.3	2023.12.26	湖州华谱钢琴制造股份有限公司	姚小林
	一种用于钢琴背架生产加工的入榫机	实用新型	CN202321192587.1	2023.12.26	黑龙江省联宇乐器有限公司	任长军
	一种便于音乐教学使用的钢琴	发明专利	CN202011346548.3	2023.12.29	德清浦赛尔钢琴有限公司	姚冬
	一种便于使用的新型钢琴	发明专利	CN202011346537.5	2023.12.29	德清浦赛尔钢琴有限公司	姚冬
	一种古乐器装饰物的安装结构	实用新型	CN202321758538.X	2023.12.29	北京星海钢琴集团有限公司；北京轻工技师学院（北京乐器研究所）	彭丽颖；张小川
	一种钢琴盖板夹持装置	实用新型	CN202321194216.7	2023.12.29	淄博师范高等专科学校	焦静
吉他	一种高稳定性的吉他架	实用新型	CN202221728629.4	2023.01.03	珠海连青电子科技有限公司	李宁
	吉他胴体侧板热压成型机构	实用新型	CN202122355371.X	2023.01.03	台州市乐信科技股份有限公司	黄建钧
	吉他盒	外观设计	CN202230358689.0	2023.01.06	林漫凯	林漫凯
	一种吉他下码定位器	实用新型	CN202222216620.1	2023.01.06	广州市桐馨乐器制造有限公司	汪锋华
	吉他	外观设计	CN202230584416.8	2023.01.10	高焕雨	高焕雨
	一种用于吉他加工的快速开孔设备	实用新型	CN202222228101.7	2023.01.10	漳州市昱恒乐器有限公司	吴顺南
	一种用于吉他加工的表面抛光设备	实用新型	CN202222213200.8	2023.01.10	漳州市昱恒乐器有限公司	吴顺南
	一种吉他辅助按弦装置中的电机控制按弦结构	实用新型	CN202221910949.1	2023.01.10	徐正奇	徐正奇
	一种吉他自动弹线设备	实用新型	CN202220256110.4	2023.01.10	叶尔叶尼·努尔兰别克	萨伍列别克·马拉甫；吾木提·乌拉尔别克；叶尔叶尼·努尔兰别克；杨瑞；阿勒哈吾·加尔恒；

续表

类别	名称	专利类型	申请（专利）号	公开（公告）日	申请（专利权）人	发明（设计）人
吉他	一种吉他自动弹线设备	实用新型	CN202220256110.4	2023.01.10	叶尔叶尼·努尔兰别克	胡安什·卡德尔别克；热合买提·巴德力；邓文龙；阿美娜·阔合乃；朱丽德孜·胡尔曼别克；王学涛；冯家乐
	吉他	外观设计	CN202230544419.9	2023.01.13	彭进辉	彭进辉
	吉他琴体（3）	外观设计	CN202230671316.9	2023.01.17	边洪磊	边洪磊
	吉他琴体（5）	外观设计	CN202230671251.8	2023.01.17	边洪磊	边洪磊
	吉他琴体（4）	外观设计	CN202230671247.1	2023.01.17	边洪磊	边洪磊
	吉他支架	外观设计	CN202230657947.5	2023.01.17	青岛乐客乐器有限公司	徐超
	便于立放的吉他	实用新型	CN202222025306.5	2023.01.17	桂林智神信息技术股份有限公司	廖易仑；唐昌辉；苏晓
	吉他	实用新型	CN202221975839.3	2023.01.17	桂林智神信息技术股份有限公司	廖易仑；唐昌辉；苏晓
	一种尤克里里新型结构指板	发明专利	CN201810755782.8	2023.01.17	惠州市繁丰优嗦娜乐器有限公司	郭新庆
	一种免钻孔吉他挂钩	实用新型	CN202222229474.6	2023.01.20	罗健华	罗健华
	一种吉他防脱托架	实用新型	CN202222166795.6	2023.01.20	宁波立腾音频科技有限公司	梁雨春
	吉他琴体（1）	外观设计	CN202230671318.8	2023.01.24	边洪磊	边洪磊
	吉他琴体（2）	外观设计	CN202230671248.6	2023.01.24	边洪磊	边洪磊
	吉他琴桥	外观设计	CN202230601562.7	2023.01.24	吉伯生品牌公司	里奥·斯卡拉
	吉他挂钩（免钻孔）	外观设计	CN202230553149.8	2023.01.24	罗健华	罗健华
	一种吉他侧板分段式成型模具	实用新型	CN202222225102.6	2023.01.24	广州市桐馨乐器制造有限公司	汪锋华
	一种吉他专用的拾音棒	实用新型	CN202221922222.5	2023.01.24	惠州市丰铃音乐器材有限公司	汪全坤
	一种便于更换琴弦的吉他	实用新型	CN202221904398.8	2023.01.31	漳州市昱恒乐器有限公司	吴顺南
	一种吉他防变形琴颈结构	实用新型	CN202221307552.3	2023.01.31	惠州声柏乐器有限公司	张承君
	一种可调节音量的吉他	实用新型	CN202222236280.9	2023.02.03	江苏新世纪乐器有限公司	钱庄胜；何永进；吴忠群；仇新兰
	一种具有存放拨片功能的吉他变调夹	实用新型	CN202221543747.8	2023.02.10	肇庆市高要区盛悦乐器有限公司	陆家棉；周盛球
	一种吉他品线	实用新型	CN202222021517.1	2023.02.14	广州市罗曼士乐器制造有限公司	陈飞扬
	电吉他琴弦更换垫块	外观设计	CN202230723048.0	2023.02.21	惠州市琴刃工具乐器配件有限公司	宋华

续表

类别	名称	专利类型	申请（专利）号	公开（公告）日	申请（专利权）人	发明（设计）人
吉他	电吉他音箱旋钮拔取器	外观设计	CN202230723046.1	2023.02.21	惠州市琴刃工具乐器配件有限公司	宋华
	一种音色稳定的吉他结构	实用新型	CN202221843727.2	2023.02.21	惠州金宏乐器有限公司	黄剑明
	一种具备音效调节功能的吉他均衡棒	实用新型	CN202221843066.3	2023.02.21	惠州市丰铃音乐器材有限公司	汪全坤
	吉他琴头	外观设计	CN202230795012.3	2023.02.24	李华涛	李华涛
	一种吉他木板高效成型设备	实用新型	CN202221922267.2	2023.02.24	惠州金宏乐器有限公司	黄剑明
	一种吉他边缘全自动数控切削装置	实用新型	CN202221842978.9	2023.02.24	惠州金宏乐器有限公司	黄剑明
	一种吉他侧板数控热弯定型设备	实用新型	CN202221177823.8	2023.02.24	城固县两汉文创乐器有限公司	首汉军
	吉他架（半圆）	外观设计	CN202230781497.0	2023.02.28	青岛乐客乐器有限公司	徐超
	电吉他琴头	外观设计	CN202230678611.0	2023.02.28	湖南阳钦乐器有限公司	杨晓清
	木吉他琴头	外观设计	CN202230678510.X	2023.02.28	湖南阳钦乐器有限公司	杨晓清
	吉他（便携式）	外观设计	CN202230657289.X	2023.02.28	葛乘干	葛乘干
	一种具有分体式共鸣箱的吉他	实用新型	CN202222318202.3	2023.02.28	南京工业大学	潘思宇；戴勇
	一种吉他音梁高频加热贴附装置	实用新型	CN202221481042.8	2023.03.03	惠州声柏乐器有限公司	张承君
	吉他（随行无头电吉他）	外观设计	CN202230808146.4	2023.03.07	孙宝金	孙宝金
	无头电吉他双摇拉弦板	外观设计	CN202230729191.0	2023.03.07	林嘉铭	林嘉铭
	一种增加振动面积的吉他声板	实用新型	CN202221462263.0	2023.03.07	广州阿塔米得拉乐器有限公司	许志艺；姚欣
	吉他	实用新型	CN202222519084.2	2023.03.14	桂林智神信息技术股份有限公司	廖易仑；苏晓；唐昌辉
	一种吉他放置支架	实用新型	CN202222287470.3	2023.03.14	佛山市南海四海泰兴实业有限公司	李子昂
	一种吉他失真度动态调节装置	实用新型	CN202221885846.4	2023.03.14	许晓辉	许晓辉
	一种吉他生产用的滚胶机	实用新型	CN202221571204.7	2023.03.14	湖南南华乐器有限公司	邹建全；叶文诗；祝孟淇
	一种吉他拨片	实用新型	CN202220494269.X	2023.03.14	珠海赋能文化有限公司	刘静梅；刘庆松
	一种古他	实用新型	CN202223056389.0	2023.03.17	张敬阳	张敬阳
	一种双摇吉他用拉弦板	实用新型	CN202222358724.6	2023.03.21	余姚市博韵乐器有限公司	符金波
	吉他	外观设计	CN202230788034.7	2023.03.21	武汉科技大学	苏荷芬；王思懿
	一种吉他木板高效成型设备	实用新型	CN202222647358.6	2023.03.31	惠州市莱柏乐器有限公司	彭孝洁

续表

类别	名称	专利类型	申请（专利）号	公开（公告）日	申请（专利权）人	发明（设计）人
吉他	音视频转接线（吉他）	外观设计	CN202230815428.7	2023.03.31	吴道贵	吴道贵
	一种吉他琴弦调整结构	实用新型	CN202222542846.0	2023.04.07	泰兴市美音乐器有限公司	殷志荣；吕宏；殷飞
	一种新型吉他音梁结构	实用新型	CN202222644697.9	2023.04.07	赵茂林	赵茂林
	吉他练习器	实用新型	CN202222051752.3	2023.04.07	深圳市搜罗乐器有限公司	欧阳斌；张祎；陈建新
	吉他琴	外观设计	CN202230732992.2	2023.04.07	中山市展兴华五金制品有限公司	廖展波
	一种吉他放置架	实用新型	CN202222968752.X	2023.04.07	湖北理工学院	张俊
	一种便于防护的吉他音频放大器	实用新型	CN202222927944.6	2023.04.07	杭州声贝音响有限公司	程文胜；蔡忠伟
	一种新型轻质吉他	实用新型	CN202222704998.6	2023.04.14	江苏飞亚乐器有限公司	张正闯
	一种吉他侧边自喷漆装置	实用新型	CN202222433943.6	2023.04.14	江苏飞亚乐器有限公司	张正闯
	一种吉他平面自动抛光机	实用新型	CN202222492667.0	2023.04.14	江苏飞亚乐器有限公司	张正闯
	一种吉他琴柄刨面弧度加工设备	实用新型	CN202222549154.9	2023.04.14	江苏飞亚乐器有限公司	张正闯
	一种基于松紧线判断音准的吉他调音装置	实用新型	CN202222744398.2	2023.04.14	江苏飞亚乐器有限公司	张正闯
	吉他（3）	外观设计	CN202330039151.8	2023.04.14	张福坤	张福坤
	一种具有防尘结构的电子管单道吉他放大器	实用新型	CN202222933637.9	2023.04.14	杭州声贝音响有限公司	程文胜；蔡忠伟
	吉他琴头（卓虹）	外观设计	CN202330028373.X	2023.04.14	吴厚旺	吴厚旺
	一种防摔的外保护型吉他	实用新型	CN202222435209.3	2023.04.18	江苏新世纪乐器有限公司	何永进；钱庄胜；吴忠群；仇新兰
	吉他	外观设计	CN202330036995.7	2023.04.21	北京爱听雨晨科技有限公司	孙明明
	一种吉他支架	实用新型	CN202222628937.6	2023.04.25	青岛乐客乐器有限公司	徐超
	吉他琴柄指板琴头加强结构	实用新型	CN202222790803.4	2023.04.25	江苏飞亚乐器有限公司	张正闯
	一种吉他旋钮组件	实用新型	CN202121382532.8	2023.04.25	上海酱紫音乐文化传播有限公司	周晶；宋林林
	一种吉他面板声音振动结构	实用新型	CN202222876983.8	2023.04.25	江苏飞亚乐器有限公司	张正闯
	按压触发式琴颈和智能吉他	实用新型	CN202220882478.1	2023.04.28	未知星球科技（东莞）有限公司	唐文轩；黎上兴
	一种教学用吉他	发明专利	CN201911203828.6	2023.04.28	彭华友	彭华友
	一种可折叠式吉他支架	实用新型	CN202222793556.3	2023.04.28	赣州市美加好木业有限公司	郭建平
	吉他	外观设计	CN202230750661.1	2023.04.28	罗玉珍	罗玉珍

续表

类别	名称	专利类型	申请（专利）号	公开（公告）日	申请（专利权）人	发明（设计）人
吉他	吉他音梁结构及吉他	实用新型	CN202320066281.5	2023.04.28	武强嘉华乐器有限公司	颜彬
	民谣吉他（演奏）	外观设计	CN202330049507.6	2023.04.28	深圳市摩森智控技术有限公司	王云；朱伟健；任炳权；梁铭俊
	折叠吉他和乐器	实用新型	CN202220866255.6	2023.05.02	未知星球科技（东莞）有限公司	唐文轩；黎上兴
	吉他	外观设计	CN202330041468.5	2023.05.05	苏州科技大学	陈林
	吉他弦枕的加工装置	发明专利	CN201710386852.2	2023.05.09	贵州融合音源乐器有限公司	李仕勇
	吉他侧板固定静置装置	发明专利	CN201710391415.X	2023.05.09	贵州融合音源乐器有限公司	李仕勇
	一种新型全自动吉他抛光设备	实用新型	CN202223539033.2	2023.05.09	东莞市默欣电子科技有限公司	胡伟健
	吉他无线系统（PU01）	外观设计	CN202330083243.6	2023.05.09	深圳市欣普飞科技有限公司	刘圣佳
	一种古典吉他盒	实用新型	CN202223019970.5	2023.05.09	深圳市跨界音乐器材有限公司	王峰
	一种可拆装调音结构的吉他	实用新型	CN202221443319.8	2023.05.12	城固县两汉文创乐器有限公司	首汉军
	吉他指板自动加工生产线	发明专利	CN201711031485.0	2023.05.12	漳浦金盛智能科技有限公司	陈金在
	一种吉他生产木料裁切定形设备	发明专利	CN202210969139.1	2023.05.16	广东声凯乐器有限公司	黄志康；郭海华
	一种电吉他背带扣	实用新型	CN202320132996.6	2023.05.16	雅歌乐器（漳州）有限公司	黄秀娇
	手机支架背夹（吉他）	外观设计	CN202330097325.6	2023.05.19	郑奕康	郑奕康
	吉他加工用的粘合设备	发明专利	CN202211248295.5	2023.05.23	广东声凯乐器有限公司	黄志康；欧志浩；杨桂明
	一种吉他调节杆	实用新型	CN202222750347.0	2023.05.23	佛山市齐乐吉他乐器配件有限公司	刘雪群；李鸿章；谢镜新；黄福明
	一种吉他调节杆的安装结构	实用新型	CN202222750346.6	2023.05.23	佛山市齐乐吉他乐器配件有限公司	刘雪群；李鸿章；谢镜新；黄福明
	一种便于组装收纳的电吉他及其收纳箱	实用新型	CN202222158505.3	2023.05.23	张达林	张达林
	一种吉他喷漆装置	实用新型	CN202222532073.8	2023.05.23	贵州萨伽乐器有限公司	田家树；刘文杰
	一种吉他调节杆的侧边调节结构	实用新型	CN202222830410.1	2023.05.23	佛山市齐乐吉他乐器配件有限公司	刘雪群；李鸿章；谢镜新；黄福明
	一种五弦尤克里里	实用新型	CN202123312331.3	2023.05.23	周钟	周钟
	一种新型吉他打磨装置	实用新型	CN202222532082.7	2023.05.26	贵州萨伽乐器有限公司	田家树；刘文杰
	一种U型吉他头	发明专利	CN201710266647.2	2023.05.30	广西贺州市金海乐器有限公司	黄韶羡
	一种吉他生产加工用的声音检测装置	实用新型	CN202223275111.2	2023.05.30	泰兴市美音乐器有限公司	殷飞；吕宏；殷志荣

续表

类别	名称	专利类型	申请（专利）号	公开（公告）日	申请（专利权）人	发明（设计）人
吉他	吉他音阶线张紧力调节装置	实用新型	CN202223453376.7	2023.06.06	漳州宾玮五金配件有限公司	张琮闵；张琮勋
	吉他调弦装置	实用新型	CN202223183945.0	2023.06.06	漳州宾玮五金配件有限公司	张琮闵；张毓彬
	吉他展示架（三五七九组）	外观设计	CN202230803520.1	2023.06.06	高要区金利镇丰和乐器金属制造厂	黄斌
	吉他自动调弦装置	实用新型	CN202223230492.2	2023.06.06	漳州宾玮五金配件有限公司	张琮闵；张毓彬
	一种琴弦内嵌式防护的吉他	实用新型	CN202221478813.8	2023.06.09	青岛美乐克乐器有限公司	刘金龙；徐春吉
	一种半缺角吉他的音梁结构	实用新型	CN202223572248.4	2023.06.13	惠州市萨伽乐器有限公司	田家树
	一种吉他音阶线表面处理用清洗机构	实用新型	CN202320194922.5	2023.06.13	佛山市盈展乐器有限公司	何庆彬
	一种吉他的面板	实用新型	CN202220511100.0	2023.06.16	赵茂林	赵茂林
	可折叠吉他	发明专利	CN201910063919.8	2023.06.16	河南职业技术学院	胡娟；王志鹏；黄晶晶；胡平
	一种吉他琴桶侧板的开槽装置	实用新型	CN202223553589.7	2023.06.16	可尔特乐器（大连）有限公司	金东植
	一种吉他琴桶支柱的高频粘接装置	实用新型	CN202320000721.7	2023.06.16	可尔特乐器（大连）有限公司	金东植
	一种使民谣吉他产生颤音的装置	实用新型	CN202223553114.8	2023.06.16	深圳易弦文化传播有限公司	杨轲威；赵辰晓
	一种吉他的中心线中心定位眼加工及支柱精准切割装置	实用新型	CN202320018838.8	2023.06.16	可尔特乐器（大连）有限公司	金东植
	一种吉他音阶线表面喷涂机构	实用新型	CN202320194938.6	2023.06.16	佛山市盈展乐器有限公司	何庆彬
	乐器拨片（尤克里里心型毛毡拨片）	外观设计	CN202330134293.2	2023.06.16	广州皮咔音乐文化有限公司	汪舟
	吉他	外观设计	CN202230835474.3	2023.06.20	李庆波	李庆波
	吉他	外观设计	CN202330138366.5	2023.06.20	李庆波	李庆波
	一种夹板式吉他琴托	实用新型	CN202320713672.1	2023.06.23	刘弦桐	刘弦桐
	一种自动松紧方便换弦的吉他琴头	实用新型	CN202222099919.3	2023.06.27	惠州金宏乐器有限公司	黄剑明
	一种面板防潮效果好的吉他	实用新型	CN202320700381.9	2023.06.27	惠州市汤姆乐器有限公司	谢宝舰
	一种自动调音器及具有其的吉他	实用新型	CN202223162852.X	2023.06.27	桂林智神信息技术股份有限公司	廖易仑；岑富佳；唐昌辉；苏晓
	一种便于调节背带长度的圆背吉他	实用新型	CN202222542190.2	2023.06.30	泰兴市美音乐器有限公司	吕宏；殷志荣；吕亚芬
	一种竹材吉他制造设备及制造工艺	发明专利	CN202210606684.4	2023.06.30	贵州正安娜塔莎乐器制造有限公司	赵建峰；张维义；张荣

续表

类别	名称	专利类型	申请（专利）号	公开（公告）日	申请（专利权）人	发明（设计）人
吉他	一种用于吉他面板生产的裁切装置	实用新型	CN202222549118.2	2023.06.30	惠州市众辉乐器有限公司	唐义和；曾洪武
	一种吉他侧板修边器	实用新型	CN202320328157.1	2023.06.30	惠州市众辉乐器有限公司	唐义和；曾洪武
	吉他琴肩（梯形）	外观设计	CN202330135793.8	2023.06.30	广州珠江恺撒堡钢琴有限公司	邱晓泽；黄毅；薛加俊
	尤克里里	外观设计	CN202330104746.7	2023.06.30	惠州市多利亚乐器有限公司	朱伟
	一种半自动吉他琴箱两面粘合装置	发明专利	CN202210216100.2	2023.07.04	万俊涛	万俊涛
	琴颈（吉他2）	外观设计	CN202330168163.0	2023.07.04	崔久志	崔久志
	吉他颈部垫片	外观设计	CN202330073809.7	2023.07.11	邓庆阳	邓庆阳
	一种吉他侧框加工装置	实用新型	CN202223426541.X	2023.07.14	广东泰玛乐器科技有限公司	黄振熙；钟士弟
	吉他音孔打拍铃	外观设计	CN202330111851.3	2023.07.14	梁志辉	梁志辉
	吉他头（斗牛士琴头）	外观设计	CN202330173778.2	2023.07.14	何北	何北
	一种新型的吉他琴码结构	实用新型	CN202320391243.7	2023.07.18	惠州市汤姆乐器有限公司	谢宝舰
	一种具有侧部包边保护结构的吉他	实用新型	CN202320517169.9	2023.07.18	惠州市汤姆乐器有限公司	谢宝舰
	一种带有多角度夹持器的吉他调音器	实用新型	CN202320616203.8	2023.07.18	青岛美乐克乐器有限公司	刘金龙
	一种可活动拆卸吉他琴颈连接结构	实用新型	CN202320391175.4	2023.07.18	惠州市汤姆乐器有限公司	谢宝舰
	吉他音阶线润滑装置	实用新型	CN202320126041.X	2023.07.21	漳州宾玮五金配件有限公司	张琮闵；张琮勋
	吉他音阶线输料角度调节装置	实用新型	CN202320324350.8	2023.07.21	漳州宾玮五金配件有限公司	张琮勋；张琮闵
	吉他品丝料屑分离装置	实用新型	CN202320121593.1	2023.07.21	漳州宾玮五金配件有限公司	张毓彬；张琮闵
	吉他音阶线上料架	实用新型	CN202320102866.8	2023.07.21	漳州宾玮五金配件有限公司	张琮勋；张琮闵
	一种可自动松紧琴弦的吉他琴头	实用新型	CN202320736088.8	2023.07.21	济南原声社乐器制造有限公司	丁文飞
	吉他和弦练习装置	发明专利	CN201711465508.9	2023.07.25	广东工业大学	邓玮祎；叶凤华
	一种空间可调的吉他盒	实用新型	CN202320136550.0	2023.07.25	南京信息工程大学	童俊毅；张银胜；陈戈；单梦姣
	一种吉他喷涂支架	实用新型	CN202320573347.X	2023.07.25	珠海铭信塑料工业有限公司	张伟全；周小林；耿博
	一种增强共鸣效果的吉他琴桶	实用新型	CN202320034227.2	2023.07.28	可尔特乐器（大连）有限公司	金东植
	一种吉他琴桶自动抛光机	实用新型	CN202320003019.6	2023.07.28	可尔特乐器（大连）有限公司	金东植

续表

类别	名称	专利类型	申请（专利）号	公开（公告）日	申请（专利权）人	发明（设计）人
吉他	一种可调节指径孔大小的吉他拨片	实用新型	CN202320567789.3	2023.07.28	青岛美乐克乐器有限公司	刘金龙
	吉他琴托（夹式）	外观设计	CN202330173290.X	2023.07.28	刘弦桐	刘弦桐
	一种指板高度可调的吉他	实用新型	CN202320186874.5	2023.07.28	魔三音响科技（深圳）有限公司	尤丰；王明海
	尤克里里（羽）	外观设计	CN202330308813.7	2023.08.01	惠州市多利亚乐器有限公司	朱伟
	吉他墙架（KDD-030）	外观设计	CN202330145260.8	2023.08.04	广州中天鑫电子科技有限公司	符正惠
	吉他护板	外观设计	CN202330165837.1	2023.08.04	何冬君	何冬君
	吉他	外观设计	CN202330212209.4	2023.08.08	桂林智神信息技术股份有限公司	王馨
	吉他（清川）	外观设计	CN202330190596.6	2023.08.08	于祥勇	于祥勇
	吉他（型号4）	外观设计	CN202330276468.3	2023.08.08	李庆波	李庆波
	吉他架	外观设计	CN202330152969.0	2023.08.08	上海理工大学	李浩源
	琴颈（吉他1）	外观设计	CN202330146979.3	2023.08.11	崔久志	崔久志
	吉他弹奏辅助按弦装置	发明专利	CN201810619919.7	2023.08.15	徐正奇	徐正奇
	一种吉他自动喷漆装置	实用新型	CN202223601469.X	2023.08.15	广东泰玛乐器科技有限公司	黄振熙；钟士弟
	吉他	外观设计	CN202330234132.0	2023.08.15	惠州市海特商贸有限公司	黄丽燕
	吉他	外观设计	CN202330244813.5	2023.08.15	深圳市戴乐体感科技有限公司	牛亚锋；洪文博
	一种吉他节拍器临时固定支架	实用新型	CN202320567782.1	2023.08.15	青岛美乐克乐器有限公司	刘金龙
	吉他架（可折叠）	外观设计	CN202330237371.1	2023.08.15	罗志华	罗志华
	吉他弓	外观设计	CN202330246608.2	2023.08.15	邹旷怡	邹旷怡
	加湿器（吉他）	外观设计	CN202330200952.8	2023.08.18	惠州市钧琳乐器有限公司	白江林
	一种吉他合桶模具固定装置	实用新型	CN202320655535.7	2023.08.22	济南原声社乐器制造有限公司	丁文飞
	吉他（山海经乐器）	外观设计	CN202330247774.4	2023.08.22	深圳职业技术学院	杨爱君
	吉他	外观设计	CN202330220055.3	2023.08.22	张书旺	张书旺
	吉他头（名森电贝斯琴头）	外观设计	CN202330173851.6	2023.08.22	何北	何北
	便携式自锁吉他带头及其自锁方法	发明专利	CN201710368527.3	2023.08.25	东莞市华锦礼品有限公司	姜苏；姜平；陈可
	吉他支架（Ws-02J-1）	外观设计	CN202330271520.6	2023.08.25	赣州市美加好木业有限公司	朱帆
	吉他支架（Ws-02J）	外观设计	CN202330271516.X	2023.08.25	赣州市美加好木业有限公司	朱帆
	吉他音色优化改善扩展工具	外观设计	CN202330223516.2	2023.08.25	惠州市琴刃工具乐器配件有限公司	宋华

续表

类别	名称	专利类型	申请（专利）号	公开（公告）日	申请（专利权）人	发明（设计）人
吉他	吉他品丝脚打磨器	外观设计	CN202330223512.4	2023.08.25	惠州市琴刃工具乐器配件有限公司	宋华
	吉他（artskillerGuitar5-9厘米）	外观设计	CN202330339148.8	2023.08.29	艺力科技（深圳）有限公司	李川
	一种吉他加湿器	实用新型	CN202320594353.3	2023.08.29	惠州市钧琳乐器有限公司	白江林
	吉他无线发射器	外观设计	CN202330227109.9	2023.08.29	深圳市豪熠电子科技有限公司	黄攀
	琴体可交换变型吉他	实用新型	CN202320381717.X	2023.08.29	青岛柏思顿乐器有限公司	徐伟先
	一种全竹吉他的自动化循环烘干装置及烘干方法	发明专利	CN202210619453.7	2023.09.01	贵州正安娜塔莎乐器制造有限公司	赵建峰；张维义；张荣
	一种具有内部支撑件的吉他	实用新型	CN202223085756.X	2023.09.01	泰兴市美音乐器有限公司	殷志荣；殷飞；吕亚芬
	一种吉他琴码推槽尺	实用新型	CN202223553532.7	2023.09.05	可尔特乐器（大连）有限公司	金东植
	吉他（S81-D）	外观设计	CN202330293840.1	2023.09.05	广州珠江恺撒堡钢琴有限公司	黄毅；邱晓泽；黄朝苑
	一种吉他固弦锥	实用新型	CN202320457652.2	2023.09.08	惠州市众辉乐器有限公司	唐义和；曾洪武
	一种便于吉他表面喷涂的设备	实用新型	CN202321100965.9	2023.09.08	枣庄奥森乐器有限公司	高焕雨；李传军；陈丽丽；孔超；宋幸汇；董泽滨；边玉喜；张倩；李华超；王玲芝
	吉他调音器	外观设计	CN202330302261.9	2023.09.08	冯欣瑶	冯欣瑶
	一种吉他弦桥	实用新型	CN202320349286.9	2023.09.08	惠州市众辉乐器有限公司	唐义和；曾洪武
	一种吉他琴码	实用新型	CN202320457596.2	2023.09.08	惠州市众辉乐器有限公司	唐义和；曾洪武
	吉他琴体（1）	外观设计	CN202330185100.6	2023.09.12	崔久志	崔久志
	吉他侧边自喷漆装置	实用新型	CN202320655549.9	2023.09.12	济南原声社乐器制造有限公司	丁文飞
	一种用于吉他的锁止机构及电吉他	实用新型	CN202320804064.1	2023.09.12	名将设计定制（东莞）有限公司	宁凤
	吉他（斗牛士D2G）	外观设计	CN202330173729.9	2023.09.15	何北	何北
	一种吉他辅助按弦装置	实用新型	CN202320931168.9	2023.09.15	枣庄奥森乐器有限公司	高焕雨；李传军；陈丽丽；李华超；边玉喜；王玲芝；张倩；孔超；闫卓；武海艳；宋幸汇
	吉他挂钩（WH-11）	外观设计	CN202330254022.0	2023.09.15	胡涛	胡涛

续表

类别	名称	专利类型	申请（专利）号	公开（公告）日	申请（专利权）人	发明（设计）人
吉他	一种吉他表面喷涂设备	实用新型	CN202320930892.X	2023.09.15	枣庄奥森乐器有限公司	高焕雨；董泽滨；李传军；陈丽丽；李华超；边玉喜；王玲芝；张倩；孔超；闫卓；武海艳；宋幸汇
	吉他包装箱	外观设计	CN202330229125.1	2023.09.19	雷洪	雷洪
	一种吉他侧板热弯成型设备	实用新型	CN202321108749.9	2023.09.19	惠州市灏沣乐器科技有限公司	谢勇
	一种新型尤克里里支架	实用新型	CN202321029194.9	2023.09.19	南京爱韵乐器有限公司	童磊
	基于工业互联网的吉他合桶智能拼缝机械手	发明专利	CN202211678737.X	2023.09.22	广州市威柏乐器制造有限公司	贾刚
	一种吉他弦快速打结器	实用新型	CN202320722252.X	2023.09.22	青岛美乐克乐器有限公司	刘金龙
	一种吉他变调夹	实用新型	CN202320722324.0	2023.09.22	青岛美乐克乐器有限公司	刘金龙
	转向吉他展示架	发明专利	CN201810064344.7	2023.09.26	佛山市博蔚金属制品有限公司	王永敢
	吉他辅助器	实用新型	CN202222745025.7	2023.09.26	周俊如	周俊如
	一种组合拼装式的新型吉他	实用新型	CN202320073689.5	2023.09.26	泰兴市琴海乐器有限公司	申国青；蒋莹；何琴；翁剑；许小燕；翁志坚
	吉他柄头	外观设计	CN202330262345.4	2023.09.26	广州市领弦乐器商贸有限公司	李咸阳
	一种可自动调音吉他	实用新型	CN202321093245.4	2023.09.29	惠州市宏声乐器有限公司	曾金山
	吉他	外观设计	CN202330338216.9	2023.09.29	李振国	李振国
	电木吉他接口板安装机构	实用新型	CN202321162888.X	2023.09.29	广州蓝深科技有限公司	王如程；陈帅博
	一种吉他琴桥安装夹具	实用新型	CN202321105638.2	2023.10.03	珠海铭信塑料工业有限公司	张伟全；周小林；耿博
	吉他琴体（直角琴体）	外观设计	CN202330339545.5	2023.10.03	边洪磊	边洪磊
	电吉他无线发射器接收器（G1）	外观设计	CN202330270845.2	2023.10.03	恩平市宏博音响科技有限公司	岳磊
	吉他琴颈维修辅具底座	外观设计	CN202330279671.6	2023.10.13	惠州市琴刃工具乐器配件有限公司	宋华
	吉他	外观设计	CN202330272661.X	2023.10.13	高焕雨	高焕雨
	吉他	外观设计	CN202330329586.6	2023.10.13	郑州金音乐器有限公司	林纪明
	吉他挂钩（拨片型）	外观设计	CN202330169945.6	2023.10.13	余勇干	余勇干
	一种吉他自动磨框装置及其方法	发明专利	CN202311021511.7	2023.10.17	武强嘉华乐器有限公司	颜彬

续表

类别	名称	专利类型	申请（专利）号	公开（公告）日	申请（专利权）人	发明（设计）人
吉他	一种耐久吉他弦	发明专利	CN202310005160.4	2023.10.17	广州市威柏乐器制造有限公司	贾刚
	吉他	外观设计	CN202330329604.0	2023.10.17	郑州金音乐器有限公司	林纪明
	一种多功能吉他琴弓	实用新型	CN202321188587.4	2023.10.17	江苏新世纪乐器有限公司	钱庄胜；吴忠群；何永进；仇新兰
	一种带有效果的效果器吉他线	实用新型	CN202320856062.7	2023.10.20	深圳市卡铃科技有限公司	许燕平
	具有吸附功能的可折叠吉他架	实用新型	CN202320790040.5	2023.10.20	深圳市卓乐科技有限公司	李国飞；周卫星
	吉他包	外观设计	CN202330339542.1	2023.10.20	边洪磊	边洪磊
	吉他琴颈切削打磨托架	外观设计	CN202330223515.8	2023.10.20	惠州市琴刃工具乐器配件有限公司	宋华
	吉他支架（三卡位木）	外观设计	CN202330335128.3	2023.10.20	潘广	潘广
	一种吉他壳体焊接用定位夹持装置	实用新型	CN202321024706.2	2023.10.20	洛阳花冠办公家具有限公司	王洪波；冯利强
	吉他（圆孔-斗牛士D2G歌唱者民谣）	外观设计	CN202330249463.1	2023.10.20	何北	何北
	一种可折叠吉他架	实用新型	CN202320965826.6	2023.10.24	罗志华	罗志华
	吉他机器人	发明专利	CN202210187707.2	2023.10.24	林楚强	林楚强
	一种吉他专用的拾音棒	实用新型	CN202321100963.X	2023.10.24	枣庄奥森乐器有限公司	高焕雨；董泽滨；陈丽丽；李传军；李华超；边玉喜；张倩；王玲芝；宋幸汇；武海燕
	一种吉他调节杆的槽内限位结构	实用新型	CN202222830422.4	2023.10.27	佛山市齐乐吉他乐器配件有限公司	刘雪群；李鸿章；谢镜新；黄福明
	吉他支架	外观设计	CN202330260535.2	2023.10.27	贵州正安娜塔莎乐器制造有限公司	赵建峰
	吉他盒	外观设计	CN202330339543.6	2023.10.27	边洪磊	边洪磊
	吉他	外观设计	CN202330329594.0	2023.10.27	郑州金音乐器有限公司	林纪明
	吉他弹拨片（防滑吉他弹拨片）	外观设计	CN202330374116.1	2023.10.27	刘百昌	刘百昌
	缺角吉他	实用新型	CN202320076043.2	2023.10.31	广东泰坞乐器科技有限公司	黄振熙；钟上弟；曾凡正
	一种吉他侧板加工用定型器	实用新型	CN202321550602.5	2023.10.31	大连源淼木业有限公司	李建；沈艳彬；李超
	一种古典吉他制作用多板材打磨机	实用新型	CN202321520259.X	2023.10.31	大连源淼木业有限公司	李建；沈艳彬；李超

续表

类别	名称	专利类型	申请（专利）号	公开（公告）日	申请（专利权）人	发明（设计）人
吉他	一种吉他加工压合机	实用新型	CN202321520640.6	2023.10.31	大连源淼木业有限公司	李建；沈艳彬；李超
	吉他变调夹（JX-55）	外观设计	CN202330364274.9	2023.10.31	胡涛	胡涛
	一种带有无线音频系统的电声吉他	实用新型	CN202320434673.2	2023.11.03	深圳市兰锜科技有限公司	肖照气；肖国文
	折叠式吉他架	实用新型	CN202321564184.5	2023.11.03	深圳市卓乐科技有限公司	李国飞；周卫星
	一种吉他用变调夹上料机构	实用新型	CN202321201878.2	2023.11.14	青岛北方原野乐器有限公司	李现中；岳中岩
	一种吉他用变调夹钻孔机构	实用新型	CN202321294892.1	2023.11.14	青岛北方原野乐器有限公司	李现中；岳中岩
	吉他面板以及吉他	实用新型	CN202321489661.6	2023.11.17	河南豫乐佳音文化科技有限公司	余青平
	吉他（LIZARD）	外观设计	CN202330454719.2	2023.11.21	潍坊东浩祥商贸有限公司	玄祖英
	吉他专用弓弦	外观设计	CN202330441641.0	2023.11.21	孙卫	孙卫
	吉他放置架	外观设计	CN202330383740.8	2023.11.21	李晓茹	李晓茹
	一种便于夹持的吉他外框定型固定装置	实用新型	CN202321649769.7	2023.11.21	漳州市昱恒乐器有限公司	杨娟；陈妙良
	吉他墙架（KDD-030）	外观设计	CN202330362161.5	2023.11.21	广州中天鑫电子科技有限公司	符正惠
	吉他（六）	外观设计	CN202330454026.3	2023.11.21	殷震江	殷震江
	吉他（五）	外观设计	CN202330454008.5	2023.11.21	殷震江	殷震江
	一种可以适应各种吉他琴颈的变调夹	实用新型	CN202320336608.6	2023.11.24	南京机电职业技术学院	卢克
	一种吉他加工用打磨装置	实用新型	CN202321659386.8	2023.11.24	漳州市昱恒乐器有限公司	陶志兰；张火圣
	一种吉他分指力量功能训练器	实用新型	CN202321127146.3	2023.11.28	黄铁柱	黄铁柱
	吉他包	外观设计	CN202330232962.X	2023.11.28	成都吉吉商贸有限公司	陈军
	一种具有侧部包边结构的吉他	实用新型	CN202321431148.1	2023.11.28	江苏新世纪乐器有限公司	吴忠群；仇新兰；钱庄胜；何永进
	一种吉他共鸣箱气密性测试装置	实用新型	CN202321588825.0	2023.11.28	惠州市众辉乐器有限公司	唐义和；曾洪武
	吉他拨片盒	外观设计	CN202330401306.8	2023.11.28	吉安扬宏乐器有限公司	谭爱华
	电吉他指板装置及电吉他	实用新型	CN202320996145.6	2023.12.01	深圳市戴乐体感科技有限公司	牛亚锋；洪文博
	一种吉他包骨架板压合装置	实用新型	CN202321243578.0	2023.12.01	东莞市名品旅行用品有限公司	钟红梅
	吉他架（可折叠）	外观设计	CN202330432507.4	2023.12.01	农伟成	农伟成
	吉他（国粹・人生如戏）	外观设计	CN202330470048.9	2023.12.01	南京绿新能源研究院有限公司	潘政宇

续表

类别	名称	专利类型	申请（专利）号	公开（公告）日	申请（专利权）人	发明（设计）人
吉他	一种吉他琴身制造设备	发明专利	CN202210421203.2	2023.12.05	吴建新	吴建新
	一种高强度耐磨吉他面板音梁及其制备方法	发明专利	CN202310034875.2	2023.12.05	广州市威柏乐器制造有限公司	凌卓
	吉他（McCartyTulipDesign）	外观设计	CN202330558762.3	2023.12.05	吉伯生品牌公司	西奥多·麦卡蒂
	吉他支架（海豚）	外观设计	CN202330438113.X	2023.12.05	冯明	冯明
	吉他	外观设计	CN202330468773.2	2023.12.05	聂成明	聂成明
	一种具有助弹装置的木吉他	实用新型	CN202321550278.7	2023.12.08	惠州市萨伽乐器有限公司	田家树
	吉他（雨叶）	外观设计	CN202330394648.1	2023.12.12	贵州正安娜塔莎乐器制造有限公司	赵建峰
	多功能壁挂式吉他挂钩	外观设计	CN202330297974.0	2023.12.15	惠州市架力士乐器有限公司	贺森；梁旭
	壁挂式吉他挂钩	外观设计	CN202330298037.7	2023.12.15	惠州市架力士乐器有限公司	贺森；梁旭
	电吉他的头部	外观设计	CN202130416514.6	2023.12.19	星野乐器株式会社	吉村脩；加藤大贵
	可插接麦克风的吉他	实用新型	CN202320994907.9	2023.12.19	深圳市戴乐体感科技有限公司	牛亚锋；洪文博
	一种吉他侧板弯边加热定型结构	实用新型	CN202321520566.8	2023.12.19	大连源淼木业有限公司	李建；沈艳彬；李超
	吉他音箱（G5）	外观设计	CN202330421887.1	2023.12.22	深圳市麦威音响有限公司	陈承志；王倩
	一种吉他托架	实用新型	CN202321917923.4	2023.12.22	深圳市卓乐科技有限公司	李国飞；周卫星
	户外多功能吉他音箱	实用新型	CN202321772299.3	2023.12.22	东莞市龙健电子有限公司	刘登杰；李志远；陈逸
	吉他	外观设计	CN202330503267.2	2023.12.22	郑州金音乐器有限公司	林纪明
	落地吉他架	外观设计	CN202330473925.8	2023.12.22	贵州宇鸿工贸有限公司	谭爱华
	吉他	发明专利	CN201880073248.7	2023.12.26	泰勒-利斯图有限公司.DBA泰勒吉他	安德鲁·泰勒·鲍尔斯
	一种吉他加工用板材表面打磨装置	实用新型	CN202321862461.0	2023.12.29	大连源淼木业有限公司	李建；沈艳彬；李超
	乐器吉他支架	外观设计	CN202330310250.5	2023.12.29	鲍洪凯	鲍洪凯
	吉他排架	外观设计	CN202330386325.8	2023.12.29	鲍洪凯	鲍洪凯
提琴	一种抗形变的提琴的音柱结构	实用新型	CN202222444605.2	2023.01.03	吴钧成	吴钧成
	一种小提琴琴码振动检测装置	实用新型	CN202222149327.8	2023.01.06	谢友超；丁薇	谢友超；丁薇
	提琴制作弧度厚度微型刨	实用新型	CN202221248471.0	2023.01.10	上海文杉乐器有限公司	丁波
	小提琴盒	外观设计	CN202130704746.1	2023.01.10	陈致中	陈致中
	大提琴练习辅助提肘装置	实用新型	CN202222259342.8	2023.01.17	温州市实验中学；温州大学瑞安研究生院	胡忻然；张吴湖；赵剑

续表

类别	名称	专利类型	申请（专利）号	公开（公告）日	申请（专利权）人	发明（设计）人
提琴	一种适用于大批量生产的小提琴	实用新型	CN202221034631.1	2023.01.17	林颢哲	林颢哲
	大提琴起弦器	外观设计	CN202130705547.2	2023.01.17	张晓勉	请求不公布姓名
	小提琴无线麦克风（尚好SH−850）	外观设计	CN202230679282.8	2023.01.31	郑君贤	郑君贤
	挎包（小提琴）	外观设计	CN202230656854.0	2023.01.31	东莞市迪奥皮具有限公司	梁睿峰
	一种橡胶式弹性肩托结构的小提琴	实用新型	CN202221765722.2	2023.02.03	泰兴市通灵乐器有限公司	殷秀婷；唐惠芳；殷建设
	一种可调节小提琴使用手感的琴码	实用新型	CN202221736808.2	2023.02.03	泰兴市通灵乐器有限公司	唐惠芳；殷建设；殷秀婷
	一种具有学习动作矫正器的小提琴	实用新型	CN202221640635.4	2023.02.03	泰兴市通灵乐器有限公司	唐惠芳；殷建设；殷秀婷
	一种具有防滑装置的大提琴	实用新型	CN202221526205.X	2023.02.03	泰兴市通灵乐器有限公司	殷秀婷；唐惠芳；殷建设
	一种带有防护功能小提琴存放装置	实用新型	CN202221510573.5	2023.02.03	泰兴市通灵乐器有限公司	殷建设；殷秀婷；唐惠芳
	一种可保护小提琴面板的小提琴琴盒	实用新型	CN202222254029.5	2023.02.07	天津市玮苓乐器有限公司	戴清华
	一种使用寿命长的小提琴码	实用新型	CN202222246028.6	2023.02.07	天津市玮苓乐器有限公司	戴清华
	一种具有防护功能的小提琴塑料肩垫	实用新型	CN202222117809.5	2023.02.07	天津市玮苓乐器有限公司	戴清华
	一种均匀型小提琴面板加工用喷漆装置	实用新型	CN202222413892.0	2023.02.10	天津市玮苓乐器有限公司	戴清华
	一种小提琴运弓引导器	实用新型	CN202222401165.2	2023.02.10	天津市玮苓乐器有限公司	戴清华
	一种便于调节的大提琴撑脚装置	实用新型	CN202222117818.4	2023.02.10	天津市玮苓乐器有限公司	戴清华
	一种用于小提琴加工的辅助定位装置	实用新型	CN202222098233.2	2023.02.10	天津市玮苓乐器有限公司	戴清华
	一种具有防护结构的小提琴加工用夹持定位装置	实用新型	CN202221987568.3	2023.02.10	天津市玮苓乐器有限公司	戴清华
	大提琴止滑器	外观设计	CN202230825847.9	2023.02.24	陈辉	陈辉
	无音柱双音梁提琴	实用新型	CN202021679052.3	2023.03.10	苏州礼乐乐器股份有限公司	金海鸥；吴念博；何新喜；朱信智；李碧英；杨萍
	无音柱带音隧提琴	实用新型	CN202021678857.6	2023.03.10	苏州礼乐乐器股份有限公司	金海鸥；吴念博；何新喜；朱信智；李碧英；杨萍

续表

类别	名称	专利类型	申请（专利）号	公开（公告）日	申请（专利权）人	发明（设计）人
提琴	一种用于小提琴或中提琴的肩托	实用新型	CN202222773636.2	2023.03.14	张勇	张勇；颜欣；许兴文
	一种小提琴生产用具有除尘机构的打孔装置	实用新型	CN202222402220.X	2023.03.17	天津市玮苓乐器有限公司	戴清华
	琴盒（小提琴）	外观设计	CN202230671490.3	2023.03.21	深圳市跨界音乐器材有限公司	王锋
	一种具有脚支撑防脱落的大提琴	实用新型	CN202222986335.8	2023.03.21	谢亚历	谢亚历
	一种小提琴用的持琴提示器	发明专利	CN201710675901.4	2023.04.07	宋汉鑫	宋汉鑫；丁芷诺
	基本功练习提琴	实用新型	CN202220253913.4	2023.04.07	罗贞明	罗静
	大提琴止滑垫	外观设计	CN202230842171.4	2023.04.07	吉林艺术学院	胡春姣
	大提琴放置架	外观设计	CN202230847953.7	2023.04.07	罗丹丹	罗丹丹
	一种提琴琴马	实用新型	CN202222573909.9	2023.04.11	李腊	李腊
	小提琴托	外观设计	CN202230731731.9	2023.04.11	山东弗洛伦斯包装制品有限公司	马志强
	一种方便快速识别指位的新型小提琴结构	发明专利	CN201910540849.0	2023.04.18	九江学院	梁婧
	一种提琴弦自动缠绕排线机	发明专利	CN201910168328.7	2023.05.05	广州市罗曼士乐器制造有限公司	郑晓明
	提琴运弓练习器	实用新型	CN202223022165.8	2023.05.05	罗贞明	罗静
	小提琴肩托（注塑古典牧）	外观设计	CN202330023384.9	2023.05.16	泰兴市喜洋洋乐器配件厂	翁新忠
	小提琴肩托（如意牧枫木）	外观设计	CN202330023385.3	2023.05.16	泰兴市喜洋洋乐器配件厂	翁新忠
	小提琴架子	外观设计	CN202230813325.7	2023.05.16	龚裕丰	龚裕丰
	一种小提琴音准练习辅助装置	实用新型	CN202223457172.0	2023.05.26	安阳幼儿师范高等专科学校	刘馨月；刘靖波
	一种复合材料大提琴的尾柱固定结构	实用新型	CN202223075983.4	2023.06.02	中航复合材料有限责任公司；中航复材（北京）科技有限公司	陈旭；苑晓洁；肖志远；李轶；仝建峰
	小提琴演奏站姿辅助装置及方法	发明专利	CN202110460869.4	2023.06.23	湖南文理学院	蒋笑一
	大提琴收纳盒	外观设计	CN202330053099.1	2023.06.23	陈辉	陈辉
	一种用于小提琴共鸣箱的声音检测装置	实用新型	CN202223283311.2	2023.07.04	北京奥音贝科技有限公司	李浩；孟祥彬
	一种提琴肩垫	实用新型	CN202223478376.2	2023.07.04	李腊	李腊
	小提琴左手手型辅助器	实用新型	CN202320135717.1	2023.07.07	郭观志	郭观志；郭沛咏；郭宜洲

续表

类别	名称	专利类型	申请（专利）号	公开（公告）日	申请（专利权）人	发明（设计）人
提琴	一种多功能大提琴尾针支撑架	实用新型	CN202223483070.6	2023.08.04	谢亚历	谢亚历
	小提琴演奏家玻璃杯	外观设计	CN202230648454.5	2023.08.08	纪智坤	纪智坤
	一种小提琴弱音调节装置及方法	发明专利	CN202110437243.1	2023.08.15	湖南文理学院	蒋笑一
	大提琴	外观设计	CN202330253346.2	2023.08.18	南京爱韵乐器有限公司	童磊
	小提琴弓杆盒	外观设计	CN202330207202.3	2023.08.22	马越	马越
	小提琴肩托（多边形直板）	外观设计	CN202330023421.6	2023.08.29	泰兴市喜洋洋乐器配件厂	翁新忠
	一种具有保护结构的大提琴摆放装置	实用新型	CN202320917517.1	2023.09.15	山西工商学院	徐琛
	一种初学者训练用新型小提琴	实用新型	CN202223484680.8	2023.09.26	泰兴市琴海乐器有限公司	何琴；翁剑；申国青；翁志坚；许小燕；蒋莹
	一种小提琴腮托垫套	实用新型	CN202320376505.2	2023.09.29	江苏凤灵乐器有限公司	张文举；李晓晨；钱留荣；何莹贵
	一种具有保护功能的小提琴面板	实用新型	CN202320227407.2	2023.09.29	江苏凤灵乐器有限公司	李晓晨；张文举；钱留荣；何莹贵
	一种小提琴阻尼消音装置	实用新型	CN202320569094.9	2023.09.29	江苏凤灵乐器有限公司	李晓晨；张文举；钱留荣；何莹贵
	一种小提琴肩托	实用新型	CN202320435428.3	2023.10.10	酒泉职业技术学院（甘肃广播电视大学酒泉市分校）	董金玲；吴楚越；张丽娟；董叶；尚临轩
	小提琴握弓器	外观设计	CN202330355582.5	2023.10.17	燕山大学	杜小婉
	小提琴肩托脚	外观设计	CN202330241950.3	2023.10.20	泰兴市恒杰乐器有限公司	闾斌
	小提琴（原声音效混响电音）	外观设计	CN202330339181.0	2023.10.20	上海东音乐器有限公司	吴大旷
	大提琴防滑带	外观设计	CN202330204626.4	2023.10.20	泰兴市恒杰乐器有限公司	闾斌
	提琴尾柱	外观设计	CN202330374479.5	2023.10.24	程凤	程凤
	一种尺寸调节式小提琴肩托	实用新型	CN202321452267.5	2023.10.27	西安音乐学院	杜娟
	一种用于小提琴的可调节以及可折叠的肩部固定结构	发明专利	CN201911352226.7	2023.10.31	梁婧	梁婧
	小提琴琴架	外观设计	CN202330372502.7	2023.11.03	燕山大学	杜小婉
	一种小提琴琴码震动检测用支撑台	实用新型	CN202321425831.4	2023.11.07	确山强音乐器有限公司	王运良
	一种提升音质的声学提琴尾柱	实用新型	CN202321547591.5	2023.11.10	程凤	程凤
	一种小提琴左手训练用具	实用新型	CN202321593001.2	2023.11.14	黄诗梦	黄诗梦

续表

类别	名称	专利类型	申请（专利）号	公开（公告）日	申请（专利权）人	发明（设计）人
提琴	立体回声倍大提琴	外观设计	CN202330343194.5	2023.11.17	上海东音乐器有限公司	吴大旷
	大提琴机械弦轴	外观设计	CN202330434424.9	2023.11.17	余姚市精立机帆五金厂	张应杰
	提琴弦钩	外观设计	CN202330431542.4	2023.11.21	大城县富利西雅乐器配件有限公司	刘学仁
	一种便于调音的小提琴	实用新型	CN202321431852.7	2023.11.21	福建雪御音画文化发展有限公司	许君君
	一种双面板提琴	实用新型	CN202321677387.5	2023.11.28	江苏新世纪乐器有限公司	仇新兰；钱庄胜；何永进；吴忠群
	一种小提琴弦轴	实用新型	CN202320435432.X	2023.12.05	酒泉职业技术学院（甘肃广播电视大学酒泉市分校）	董金玲；吴楚越；张丽娟；董叶；尚临轩
	一种可调节的小提琴肩托脚	实用新型	CN202320553580.1	2023.12.15	泰兴市恒杰乐器有限公司	闾斌
	一种具备防偏移结构的小提琴琴码震动检测装置	实用新型	CN202321541824.0	2023.12.22	确山强音乐器有限公司	张建军
	一种带托架支撑稳固的小提琴	实用新型	CN202321723975.8	2023.12.22	河南豫乐佳音文化科技有限公司	王福；潘海伟；潘仲文；常建国
	一种新型提琴材料制作用配料装置	实用新型	CN202321739366.1	2023.12.22	河南昊韵乐器有限公司	李建明；段磊
	一种高精度小提琴琴码震动检测装置	实用新型	CN202321613756.4	2023.12.22	确山强音乐器有限公司	张建军
	一种小提琴练琴支架	实用新型	CN202321801771.1	2023.12.26	河北金音乐器集团有限公司	李承邦；刘洋
电声乐器	一种吹奏乐器的吹嘴及电子口琴、电吹管和吹奏乐器	实用新型	CN202222283440.5	2023.01.03	吟飞科技（江苏）有限公司	赵平；宋建平；陈国斌；张维；杨宗华
	一种带有安装导向的电子琴黑白键	实用新型	CN202220317512.0	2023.01.03	江苏弘道高新材料科技有限公司	洪融
	一种便携式电子琴	实用新型	CN202222259973.X	2023.01.03	广州蓝深科技有限公司	陈亮；谭雨良；王如程
	一种带有屏幕的智能钢琴	实用新型	CN202222303023.2	2023.01.10	扬州音视学教育科技有限公司	张鹏亚
	便携式电钢琴（SP-150W）	外观设计	CN202230576307.1	2023.01.10	深圳市时达尔贸易有限公司	陈宇东
	带语音控制功能的数码钢琴	实用新型	CN202123014182.2	2023.01.10	广州珠江艾茉森数码乐器股份有限公司	卢毅明；刘春清
	电子乐器、乐音发生方法及记录介质	发明专利	CN201810193370.X	2023.01.10	卡西欧计算机株式会社	田近义则
	电子乐器、电子乐器的控制方法以及存储介质	发明专利	CN201910302640.0	2023.01.10	卡西欧计算机株式会社	中村厚士；濑户口克；段城真；太田文章

续表

类别	名称	专利类型	申请（专利）号	公开（公告）日	申请（专利权）人	发明（设计）人
电声乐器	电钢琴（NPK-2）	外观设计	CN202230534640.6	2023.01.13	珠海市蔚科科技开发有限公司	王琳；张坤
	吉他综合效果器（MG-50）	外观设计	CN202230534767.8	2023.01.13	深圳市蔚科电子科技开发有限公司	李思文；邱剑锋
	吉他综合效果器（MG-1）	外观设计	CN202230534576.1	2023.01.13	深圳市蔚科电子科技开发有限公司	刘凯；邱剑锋
	一种侧板免开孔吉他拾音器	实用新型	CN202221696351.7	2023.01.13	惠州市丰铃音乐器材有限公司	汪全坤
	电子键盘乐器	外观设计	CN202230651405.7	2023.01.13	雅马哈株式会社	柘植秀幸
	电子键盘乐器	外观设计	CN202230343925.1	2023.01.13	卡西欧计算机株式会社	神出英；中村周平；荻野真佐辉
	一种低噪音二胡拾音器	实用新型	CN202222767367.9	2023.01.17	青岛柏思顿乐器有限公司	宋娜
	一种电子鼓乐器	实用新型	CN202222435561.7	2023.01.17	得理乐器（珠海）有限公司	张静；廖照华；张继波
	用于对演奏信号进行处理的电子设备	实用新型	CN202222224980.6	2023.01.17	黄志坚	黄志坚
	吉他拾音器环	外观设计	CN202230601585.8	2023.01.17	吉伯生品牌公司	里奥・斯卡拉
	电吉他用智能盒	外观设计	CN202230646922.5	2023.01.20	深圳市富了么电子科技有限公司	张艺
	一种光弦电子琴	实用新型	CN202222102259.X	2023.01.24	浙江警官职业学院	周俊勇
	一种低功耗超长续航拾音器	实用新型	CN202221842474.7	2023.01.24	惠州市丰铃音乐器材有限公司	汪全坤
	基于芯壳分离及按键全程滚滑联动的模块化电钢琴键盘	发明专利	CN202210453685.X	2023.01.31	广州丰谱信息技术有限公司	韦岗；曹燕；王一歌
	一种用于电钢琴琴键导电胶阻值测试的测试机	实用新型	CN202221997446.2	2023.01.31	晋江贝斯特电子科技有限公司	周勇；吴仔丽；周梦银；余明亮
	一种新型电钢琴琴键结构	实用新型	CN202222174874.1	2023.02.03	南安源盛科技有限公司	高铭盛；杨雪玲；高泽培；高嘉滢
	一种便携式可折叠电子钢琴	实用新型	CN202222174053.8	2023.02.03	晋江市富华玩具有限公司	余迎春；王水华；王慧娟；刘洋
	一种改进的钢琴电子功能面板装置	实用新型	CN202222145050.1	2023.02.03	马季平	马季平
	一种新型电吹奏乐器	实用新型	CN202222343308.9	2023.02.03	吟飞科技（江苏）有限公司	赵平；宋建平；陈国斌；杨宗华；张维；张鹏；沈啸云

续表

类别	名称	专利类型	申请（专利）号	公开（公告）日	申请（专利权）人	发明（设计）人
电声乐器	一种小学生专用的电子琴	实用新型	CN202222459628.0	2023.02.03	北京咖搭姆教育科技有限公司	滕一诺；张宇彤；张子辰
	一种音孔拾音器	实用新型	CN202222864353.9	2023.02.03	青岛柏思顿乐器有限公司	宋娜
	一种吸附式乐器拾音器	实用新型	CN202222845450.3	2023.02.03	青岛柏思顿乐器有限公司	宋娜
	一种调音器	实用新型	CN202222145847.1	2023.02.03	深圳市搜罗乐器有限公司	欧阳斌；张祎；陈建新
	一种拉弦板拾音器	实用新型	CN202222140835.X	2023.02.03	惠州市铭仕乐器有限公司	魏志荣
	电钢琴（DDP-80Plus款）	外观设计	CN202230671295.0	2023.02.10	广州蓝深科技有限公司	陈树宇
	吉他综合效果器（MG-400）	外观设计	CN202230534641.0	2023.02.10	珠海市蔚科科技开发有限公司	刘凯；邱剑锋
	一种新型激光虚拟电子竖琴	实用新型	CN202221568579.8	2023.02.17	聊城大学	刘燕；赵海军；杨先涛；杜海涛；张帅
	一种用光电传感器触发的电子鼓	实用新型	CN202222237016.7	2023.02.21	长春中国光学科学技术馆	王圣瑶；朱赫宇；张晚秋
	一种电子琴塑料外壳加工用的成型机	实用新型	CN202222147371.5	2023.02.24	青岛牧野信合电子科技有限公司	王清中；马明星；曾洽
	智能控制面板（钢琴）	外观设计	CN202230683816.4	2023.02.28	深圳市云鼎智能科技有限公司	陈海城
	一种电吉他面板与背板快速组装模架	实用新型	CN202222592396.6	2023.02.28	惠州市众辉乐器有限公司	唐义和；曾洪武
	一种带有内置扩音器的吉他	实用新型	CN202222099917.4	2023.02.28	惠州金宏乐器有限公司	黄剑明
	一种便携式插电木吉他	实用新型	CN202221218413.3	2023.02.28	惠州声柏乐器有限公司	张承君
	一种可编辑音色的效果电吉他	实用新型	CN202220978248.5	2023.02.28	惠州市优乐实业有限公司	首汉军
	电子乐器、发音控制方法以及记录介质	发明专利	CN201810185067.5	2023.02.28	卡西欧计算机株式会社	田近义则
	滤波器特性变更装置、滤波器特性变更方法、记录介质以及电子乐器	发明专利	CN201810212952.8	2023.02.28	卡西欧计算机株式会社	佐藤博毅；横田益男
	一种便于安装的拾音器	实用新型	CN202222684415.8	2023.03.03	广州峰火智能科技有限公司	刘肇升；周凡
	一种模块化可拆卸多功能键盘	实用新型	CN202222665838.5	2023.03.03	深圳市力度伟业科技有限公司	陈明
	立式电子钢琴（ST1028）	外观设计	CN202230519436.7	2023.03.07	深圳市时达尔贸易有限公司	陈宇东
	一种电子钢琴发音系统	实用新型	CN202222458254.0	2023.03.07	苏州井利电子股份有限公司	黄金；张建栋；孙建洪；胡凤鸣
	电吉他效果器	外观设计	CN202230748844.X	2023.03.07	黄秀华	黄秀华

续表

类别	名称	专利类型	申请（专利）号	公开（公告）日	申请（专利权）人	发明（设计）人
电声乐器	电吹管	外观设计	CN202230752012.5	2023.03.07	汝州市奥畅乐器有限公司	张飞
	一种用于电吹管的内置声学音腔音响结构	实用新型	CN202222340817.6	2023.03.07	杭州智歆科技有限公司	周学伟；肖宇枫；冯国东；潘勇
	一种用于电吹管弯音控制的调制轮装置	实用新型	CN202222335987.5	2023.03.07	杭州智歆科技有限公司	周学伟；肖宇枫；冯国东；潘勇
	一种用于电吹管的可快拆及精确颤音控制的吹嘴	实用新型	CN202222335148.3	2023.03.07	杭州智歆科技有限公司	周学伟；肖宇枫；冯国东；潘勇
	一种用于电吹管的带有滑音辅助键的八度控制器	实用新型	CN202222335143.0	2023.03.07	杭州智歆科技有限公司	周学伟；肖宇枫；冯国东；潘勇
	乐器拾音器	外观设计	CN202230434450.7	2023.03.07	湖南瑞声乐器制造有限公司	李尹
	一种电钢琴延音踏板	实用新型	CN202222729221.5	2023.03.10	晋江市富华玩具有限公司	吴海兰；余迎春；刘洋；刘秋妹
	一种马头琴电子拾音器	实用新型	CN202222425977.0	2023.03.10	内蒙古万物声科技有限责任公司	任少男；冯亮；郭媛媛；廖娜；于洋；高健；哈图
	电子钢琴	外观设计	CN202230862117.6	2023.03.14	吕晓燕	吕晓燕
	智能钢琴	外观设计	CN202230745247.1	2023.03.14	宁夏师范学院	陈亚男
	摄像头升降机构及钢琴教学系统	实用新型	CN202221673640.5	2023.03.14	桂林智神信息技术股份有限公司	廖易仑；唐昌辉；苏晓
	拾音器及具有其的吉他	实用新型	CN202222282170.6	2023.03.14	桂林智神信息技术股份有限公司	廖易仑；苏晓；唐昌辉
	一种用单传感器同时触发多个打击垫的激光电子鼓	实用新型	CN202222361505.3	2023.03.14	长春中国光学科学技术馆	王圣瑶；朱赫宇；张鹏
	带智能教学图形用户界面的触控一体机（电子琴）	外观设计	CN202230672756.6	2023.03.14	广州米糕智能科技有限公司	黄承凤
	电子乐器、演奏信息存储方法以及存储介质	发明专利	CN201910224296.8	2023.03.17	卡西欧计算机株式会社	小西友美
	一种数字电子钢琴	实用新型	CN202221498117.3	2023.03.21	广东厚吉教育科技有限公司	赖厚新；赖俊威；赖俊权
	一种吉他拾音器高度调节系统	发明专利	CN201810368771.4	2023.03.21	王一彩	肖德武；王一彩
	电吉他的机身及电吉他	发明专利	CN201880016465.2	2023.03.21	雅马哈株式会社	石坂健太
	电子鼓（DM2308）	外观设计	CN202230750253.6	2023.03.21	江西宝睿电子科技有限公司	张振
	数码管风琴（双侧触摸屏）	外观设计	CN202230646680.X	2023.03.21	上海枫琴工坊文化创意发展有限公司	陈玥见
	一种电磁拾音器的质检装置	发明专利	CN202110853041.5	2023.03.31	深圳市盈柯纳科技有限公司	吕劲毅；晋晓昱

续表

类别	名称	专利类型	申请（专利）号	公开（公告）日	申请（专利权）人	发明（设计）人
电声乐器	电子乐器和键盘装置	发明专利	CN201810220330.X	2023.03.31	雅马哈株式会社	田之上美智子
	一种便于收纳的多功能电子钢琴外罩	实用新型	CN202220896661.7	2023.03.31	常熟市新达模塑成型有限公司	周玮纬；刘显于；朱国平
	带无线传输、蓝牙和直播功能的智能电吹管	实用新型	CN202222052097.3	2023.03.31	深圳市卓乐科技有限公司	李国飞；李元勋
	一种电钢琴的按键结构	实用新型	CN202223024931.4	2023.03.31	张建阳	张建阳
	一种电钢琴重锤的安装结构	实用新型	CN202223025834.7	2023.03.31	张建阳	张建阳
	一种钢琴制音器	实用新型	CN202123445817.4	2023.03.31	全锋	全锋；刘丽杉
	电子乐器、其控制方法以及记录介质	发明专利	CN201810238752.X	2023.04.07	卡西欧计算机株式会社	中村厚士
	电子乐器	发明专利	CN201711480700.5	2023.04.07	瞿好冰	瞿好冰
	电钢琴（智能p1）	外观设计	CN202230868151.4	2023.04.07	东莞市乐弦电子科技有限公司	魏文生
	一种智能钢琴演奏乐谱	发明专利	CN201910849103.8	2023.04.07	河南理工大学	仇博
	电子管乐器及其控制方法以及记录介质	发明专利	CN201810213658.9	2023.04.07	卡西欧计算机株式会社	奥田广子；林龙太郎
	一种用于电吹管的气压感应吹嘴	实用新型	CN202223173668.5	2023.04.07	汝州市奥畅乐器有限公司	张飞
	电子键盘乐器	外观设计	CN202230869464.1	2023.04.07	卡西欧计算机株式会社	牧野仁志；中村周平；许真理子
	便携电子琴（ST1025）	外观设计	CN202230519336.4	2023.04.07	深圳市时达尔贸易有限公司	陈宇东
	一种电吹管及演奏方法	发明专利	CN201811636207.2	2023.04.11	东北大学	胡广兴；朱盼盼；王旗；朱雨莲
	一种具有自动控制吉他琴弦的电吉他	实用新型	CN202222703005.3	2023.04.14	江苏飞亚乐器有限公司	张正闯
	儿童电钢琴	外观设计	CN202230870834.3	2023.04.18	乐工坊文化产业（江苏）有限公司	罗有航
	具有自动控制吉他琴弦的电吉他	实用新型	CN202320003628.1	2023.04.18	雅歌乐器（漳州）有限公司	许凯杰
	一种用于电吹管的电阻感应吹嘴	实用新型	CN202223174837.7	2023.04.18	汝州市奥畅乐器有限公司	张飞
	一种新型电子乐器	发明专利	CN202010489184.8	2023.04.21	汪梦柔	汪梦柔
	电子吉他	外观设计	CN202230854874.9	2023.04.21	广东顺德意创设计有限公司	王蒙
	一种自带音响电声大提琴	实用新型	CN202120253775.5	2023.04.21	王大维	王大维
	新型具有加强音乐效果的电贝斯拾音器装置	发明专利	CN201910372839.0	2023.04.21	黑河学院	徐族屏；徐卫；孙晓飞；苏超；王飞

续表

类别	名称	专利类型	申请（专利）号	公开（公告）日	申请（专利权）人	发明（设计）人
电声乐器	电吹管	外观设计	CN202330008064.6	2023.04.21	浙江声扬电子科技有限公司	应利星；胡海平
	一种交互式电子扬琴及交互方法	发明专利	CN201910128610.2	2023.04.25	张达林	张达林
	键盘装置及电子键盘乐器	发明专利	CN201780018252.9	2023.04.28	雅马哈株式会社	市来俊介
	数码钢琴（S70）	外观设计	CN202230784151.6	2023.04.28	深圳市特伦斯乐器有限公司	郑梓航
	电子节拍器（DM1）	外观设计	CN202330072312.3	2023.04.28	深圳市特伦斯乐器有限公司	郑梓航
	一种电子尤克里里	实用新型	CN202222840326.8	2023.04.28	松翰科技（深圳）有限公司	陈尔铮
	一种可触控显示的钢琴	实用新型	CN202223058413.4	2023.05.02	得理乐器（珠海）有限公司	何景川；傅杰明；刘国宗
	一种无头电吉他	发明专利	CN201610020508.7	2023.05.02	瑞安市中联电声乐器有限公司	林瑞荣
	电子打击乐器	发明专利	CN201780054253.9	2023.05.02	罗兰株式会社	高崎量；森良彰；盛田贤二；吉国典宏
	一种折叠电子琴	实用新型	CN202223095459.3	2023.05.02	肇庆市洋鸣音乐器材有限公司	杜小珊
	可折叠电子琴	外观设计	CN202230874014.1	2023.05.02	肇庆市洋鸣音乐器材有限公司	杜小珊
	微音电子箫	实用新型	CN202122321834.0	2023.05.05	林飞阳	林飞阳
	一种拾音器	实用新型	CN202222314170.X	2023.05.09	广东玛丁尼乐器文化股份有限公司	汪宏齐
	音色设定装置、电子乐器系统以及音色设定方法	发明专利	CN201780038030.3	2023.05.12	雅马哈株式会社	冈野忠
	电吹管（Y8）	外观设计	CN202330035867.0	2023.05.12	深圳市文泰微电子有限公司	闻加海
	电子琴（61键）	外观设计	CN202330081283.7	2023.05.12	广州蓝深科技有限公司	陈树宇
	便于握持的电吉他	实用新型	CN202320132988.1	2023.05.16	雅歌乐器（漳州）有限公司	陈小灵
	一种多功能便携电吉他	实用新型	CN202223247139.5	2023.05.16	深圳市九洲智和科技有限公司	张天勇；曾强
	高性能电子鼓	实用新型	CN202223205511.6	2023.05.16	吟飞科技（江苏）有限公司	赵平；陈国斌；沈林；戴晓宇；张维；隋黎凡；汤仁武；张虹霞
	一种新型电子鼓	实用新型	CN202223107848.3	2023.05.16	吟飞科技（江苏）有限公司	赵平；陈国斌；沈林；戴晓宇；张维；隋黎凡；汤仁武；张虹霞
	一种电子吹管的吹嘴结构	实用新型	CN202223179402.1	2023.05.16	深圳市盛世八音电子科技有限公司	李志超

续表

类别	名称	专利类型	申请（专利）号	公开（公告）日	申请（专利权）人	发明（设计）人
电声乐器	电子乐器音源	外观设计	CN202330042327.5	2023.05.19	株式会社音符能德	森良彰
	电子乐器音源	外观设计	CN202330042328.X	2023.05.19	株式会社音符能德	森良彰
	电子乐器音源	外观设计	CN202330042317.1	2023.05.19	株式会社音符能德	森良彰
	数模转换装置、电子乐器、信息处理装置及数模转换方法	发明专利	CN201811048881.9	2023.05.23	卡西欧计算机株式会社	坂田吾朗
	电子钢琴	外观设计	CN202230099748.7	2023.05.23	雅马哈株式会社	风当将文
	电子马头琴	外观设计	CN202230802372.1	2023.05.23	苏德毕力格	苏德毕力格；李兴盛
	一种便于维护太阳能板的电子触摸琴	实用新型	CN202223326203.9	2023.05.26	中山市展兴华五金制品有限公司	廖展波
	一种具有防倾倒功能的电子触摸吉他	实用新型	CN202223355233.2	2023.05.30	中山市展兴华五金制品有限公司	廖展波
	一种具有导线固定结构的电子鼓	实用新型	CN202223310446.3	2023.05.30	中山市展兴华五金制品有限公司	廖展波
	电子管乐器	外观设计	CN202330112086.7	2023.05.30	雅马哈株式会社	柏濑一辉
	电子琴的集成电路	发明专利	CN201810667641.0	2023.05.30	宗仁科技（平潭）有限公司	张丹丹；陈孟邦；曹进伟；蔡荣怀；邹云根；雷先再
	电子吹奏乐器的吹嘴结构	实用新型	CN202223085174.1	2023.05.30	上海锣钹信息科技有限公司	余汉瑜
	一种电吹管的可移动指托结构	实用新型	CN202223245960.3	2023.05.30	上海锣钹信息科技有限公司	余汉瑜
	电吹管的可移动指托结构	实用新型	CN202223245762.7	2023.05.30	上海锣钹信息科技有限公司	余汉瑜
	电萨克斯	外观设计	CN202330104975.9	2023.06.02	刘洋	刘洋
	电子乐器	发明专利	CN201880015343.1	2023.06.06	雅马哈株式会社	松野浩一
	电子乐器、电子乐器的控制方法以及存储介质	发明专利	CN201910543252.1	2023.06.06	卡西欧计算机株式会社	段城真；太田文章；濑户口克；中村厚士
	电子乐器及控制方法	发明专利	CN201811114111.X	2023.06.09	卡西欧计算机株式会社	原田荣一；久野俊也
	电子乐器、电子乐器的控制方法及其存储介质	发明专利	CN201811103502.1	2023.06.09	卡西欧计算机株式会社	濑户口克
	一种利用5G信号传输软音源的数码钢琴	实用新型	CN202320079948.5	2023.06.09	广州珠江艾茉森数码乐器股份有限公司	刘春清；卢毅明；林祺沁
	D/A转换设备、方法、存储介质、电子乐器和信息处理装置	发明专利	CN201880007051.3	2023.06.13	卡西欧计算机株式会社	坂田吾朗

续表

类别	名称	专利类型	申请（专利）号	公开（公告）日	申请（专利权）人	发明（设计）人
电声乐器	电子乐器、电子乐器课程处理方法	发明专利	CN201910212229.4	2023.06.13	卡西欧计算机株式会社	石冈雪奈
	电子乐器	实用新型	CN202222186176.3	2023.06.13	桂林智神信息技术股份有限公司	廖易仑；郑庆伟；谭金龙
	智能电鼓的鼓架结构	实用新型	CN202320015053.5	2023.06.13	广州蓝深科技有限公司	黄国桂；王如程；汪林勇；胡强；雷军；马宁
	电子打击乐器	发明专利	CN201710077296.0	2023.06.13	罗兰株式会社	高﨑量；吉国典宏；长田武；森田豊
	乐音生成装置、乐音生成方法、记录介质及电子乐器	发明专利	CN201810244830.7	2023.06.16	卡西欧计算机株式会社	佐藤博毅；川岛肇
	电子管乐器及电子管乐器的控制方法及存储介质	发明专利	CN201810685459.8	2023.06.16	卡西欧计算机株式会社	春日一贵；滨中秀雄；原田荣一；外山千寿
	一种具有多个侧键的电子吹管	实用新型	CN202223121884.5	2023.06.16	张本占	张本占
	电子乐器、电子乐器的乐音产生方法以及存储介质	发明专利	CN201811131167.6	2023.06.20	卡西欧计算机株式会社	岩濑广
	一种拾音器的夹持装置	实用新型	CN202223520932.8	2023.06.27	云南睿辉科技有限公司	童文方；李富慧；童文军
	吉他拾音器升降结构	实用新型	CN202223250820.5	2023.06.27	桂林智神信息技术股份有限公司	廖易仑；岑富佳；唐昌辉；苏晓
	教学仪（电子乐器键盘指法对照演示）	外观设计	CN202330147438.2	2023.06.27	北京展天教学设备有限公司	王源源
	一种教学用电子钢琴	发明专利	CN201810861194.2	2023.06.27	赵智娟	赵智娟
	电钢琴重锤的安装结构	实用新型	CN202222540134.5	2023.06.27	张建阳	张建阳
	一种音乐用电子琴的固定装置	发明专利	CN201910095985.3	2023.06.27	郑州工程技术学院	尚明利；杜亮；路慧湘；郭利红；刘振江
	一种电吹管	实用新型	CN202320281280.2	2023.06.27	深圳市酷乐科技有限公司	吕仲达；盛靓
	电子乐器、电子乐器的控制方法以及存储介质	发明专利	CN201910213042.6	2023.06.30	卡西欧计算机株式会社	小西友美
	电子乐器无线接收发器（RT10）	外观设计	CN202230747053.5	2023.06.30	张天韵	张天韵
	电钢琴（DDP-200款）	外观设计	CN202330138465.3	2023.06.30	广州蓝深科技有限公司	陈树宇
	一种电钢琴琴谱板固定结构	实用新型	CN202320126047.7	2023.06.30	广州蓝深科技有限公司	徐耀星

续表

类别	名称	专利类型	申请（专利）号	公开（公告）日	申请（专利权）人	发明（设计）人
电声乐器	电吉他（GTL20-N）	外观设计	CN202330135808.0	2023.06.30	广州珠江恺撒堡钢琴有限公司	黄毅；邱晓泽；梁快光
	电吉他的主体	外观设计	CN202130814148.X	2023.06.30	雅马哈株式会社	伊藤雅文
	一种电子脚踏及架子鼓模拟器	实用新型	CN202320202023.5	2023.06.30	北京小米移动软件有限公司	尹彪
	一种电钢琴的折叠式推拉板组件	实用新型	CN202320168500.0	2023.07.04	广州蓝深科技有限公司	王如程；向继遵
	一种可拆装E调后置机械调音机构电箱吉他	发明专利	CN201911253344.2	2023.07.04	内蒙古科技大学	张巍；赵壮；许志伟；王伟；朱建国；张国芳
	电木吉他	实用新型	CN202223224895.6	2023.07.04	广州蓝深科技有限公司	王如程；谭雨良
	一种电鼓装置	发明专利	CN201510720974.1	2023.07.04	温州市中联异型紧固件有限公司	杜凌云
	一种电子琴防触碰电源开关	实用新型	CN202223290007.0	2023.07.04	泉州市博兰仕电子科技有限公司	何伟聪
	电子键盘乐器和键盘发光方法	发明专利	CN201810800456.4	2023.07.04	卡西欧计算机株式会社	川田辽平
	电子和弦器	外观设计	CN202330127932.2	2023.07.04	徐正奇	徐正奇
	基于电子乐器的伴奏生成方法、装置、设备及存储介质	发明专利	CN202310447630.2	2023.07.07	深圳视感文化科技有限公司	张博涵；叶俊达；赵岩；骆石川
	一种可折叠的便携式电钢琴	实用新型	CN202222906567.8	2023.07.07	晋江市富华玩具有限公司	吴海兰；余迎春；刘洋；刘秋妹
	一种带有音腔的电钢琴	实用新型	CN202223482719.2	2023.07.07	乐工坊文化产业（江苏）有限公司	罗有航；王慧芳；徐爱南
	低台低音打琴	外观设计	CN202230043327.2	2023.07.07	北京金三惠科技有限公司	李现峰；魏宏惠；魏宏茹
	蓝牙MIDI数据转换方法、电路及存储介质	发明专利	CN202011632991.7	2023.07.07	南京乐侠科技有限公司	朱骏；王博；欧玉平
	电子乐器、电子乐器的控制方法以及存储介质	发明专利	CN201910543741.7	2023.07.07	卡西欧计算机株式会社	段城真；太田文章；濑户口克；中村厚士
	电子乐器、电子乐器的控制方法以及存储介质	发明专利	CN201910543268.2	2023.07.07	卡西欧计算机株式会社	段城真；太田文章；濑户口克；中村厚士

续表

类别	名称	专利类型	申请（专利）号	公开（公告）日	申请（专利权）人	发明（设计）人
电声乐器	音频编码器和解码器	发明专利	CN201910177919.0	2023.07.07	杜比国际公司	L·维勒莫斯；J·克里萨；P·何德林
	吉他头（名森电吉他琴头）	外观设计	CN202330173918.6	2023.07.14	何北	何北
	一种应用于电吹管的气压传感器自动校准功能的电路	实用新型	CN202223131073.3	2023.07.14	东莞市美派电子科技有限公司	张超艺
	电子钢琴	外观设计	CN202330152429.2	2023.07.18	雅马哈株式会社	寺崎吉伸
	电吉他（GLP21-BD、HGLP30）	外观设计	CN202330159464.7	2023.07.18	广州珠江恺撒堡钢琴有限公司	邱晓泽；黄毅；梁快光；潘雄姿
	电吹管（I-9系列）	外观设计	CN202130433361.6	2023.07.18	深圳市文泰微电子有限公司	闻加海
	便携智能效果器	外观设计	CN202330046464.6	2023.07.18	深圳市魔耳乐器有限公司	张艺
	木吉他拾音器（GC-2）	外观设计	CN202330167296.6	2023.07.21	惠州市铭仕乐器有限公司	魏志荣
	一种方便升降的电钢琴踏板	实用新型	CN202223155760.9	2023.07.21	晋江贝斯特电子科技有限公司	周勇；吴仔丽；周梦银；余明亮
	一种连麦的电钢琴	实用新型	CN202223442264.1	2023.07.21	晋江贝斯特电子科技有限公司	周勇；吴仔丽；周梦银；余明亮
	一种具有重锤触感的电钢琴琴键	实用新型	CN202223323067.8	2023.07.21	南安源盛科技有限公司	杨雪玲；高铭胜；高泽培；高嘉滢；高子轩
	电钢琴主控盒	外观设计	CN202330142397.8	2023.07.21	晋江市锦乐电子科技有限公司	俞亮生
	一种发光电吉他	实用新型	CN202320413438.7	2023.07.21	雅歌乐器（漳州）有限公司	杨海文
	电子钢琴支架	外观设计	CN202330199582.0	2023.07.25	湖南涉外经济学院	张茵
	一种电吉他双摇机械结构	实用新型	CN202223572409.X	2023.07.25	惠州市萨伽乐器有限公司	田家树
	一种网状电子鼓	发明专利	CN201610952234.5	2023.07.28	宁波音王电声股份有限公司	钟发志；杜宗辉
	电子乐器、方法、存储介质	发明专利	CN201910195901.3	2023.07.28	卡西欧计算机株式会社	佐藤博毅；川岛肇
	电子乐器、电子乐器的控制方法、以及记录介质	发明专利	CN201810244499.9	2023.07.28	卡西欧计算机株式会社	中村厚士
	一种可以剪琴弦的变调器	实用新型	CN202320584825.7	2023.07.28	东莞市毛毛雨乐器有限公司	邓浩祺
	一种包络式导光琴键	实用新型	CN202320289001.7	2023.08.01	常州视感科技有限公司	叶俊达；王明晓；谭圣宾
	操作状态检测装置、操作状态检测用片以及电子乐器	发明专利	CN201811547175.9	2023.08.01	卡西欧计算机株式会社	儿玉雅彦；宗田天志；田锅浩之
	电子乐器及电子乐器的控制方法	发明专利	CN201811123526.3	2023.08.01	卡西欧计算机株式会社	濑户口克

续表

类别	名称	专利类型	申请（专利）号	公开（公告）日	申请（专利权）人	发明（设计）人
电声乐器	一种基于光电感应的琴键结构及电钢琴	实用新型	CN202320585824.4	2023.08.04	晋江市锦乐电子科技有限公司	俞亮生
	一种智能音乐演奏的装置	实用新型	CN202223286454.9	2023.08.04	广州感音科技有限公司	刘建；李文胜；钟广雄；成伟
	电子琴（TinyA）	外观设计	CN202330183268.3	2023.08.04	东莞市美派电子科技有限公司	贾逸可
	电子琴（TinyPlus）	外观设计	CN202330183266.4	2023.08.04	东莞市美派电子科技有限公司	贾逸可
	共鸣音信号产生装置及方法、介质以及电子音乐装置	发明专利	CN201910948850.7	2023.08.04	雅马哈株式会社	牧野贵昭；仲田昌史
	电子节拍器	外观设计	CN202330177900.3	2023.08.04	杜奕蒙	杜奕蒙
	电声吉他	外观设计	CN202330208760.1	2023.08.08	广东玛丁尼乐器文化股份有限公司	汪宏齐
	一种新型电吹管	实用新型	CN202222846271.1	2023.08.11	杭州智歆科技有限公司	周学伟；肖宇枫；冯国东；潘勇
	拾音器	实用新型	CN202320870852.0	2023.08.11	深圳市天盈隆科技有限公司	张飞；林雄扬
	电子琴（折叠NW3001）	外观设计	CN202330245555.2	2023.08.11	程刚	程刚
	反作用力产生装置和电子键盘乐器	发明专利	CN201810861836.9	2023.08.11	卡西欧计算机株式会社	久野俊也
	一种电咬管电子乐器	实用新型	CN202320320318.2	2023.08.15	张立国	张立国；张显烁
	电子琴（NM-8609）	外观设计	CN202330245568.X	2023.08.15	程刚	程刚
	信息处理装置的控制方法、电子设备、演奏数据显示系统	发明专利	CN202010145245.9	2023.08.15	卡西欧计算机株式会社	加福滋；奥田广子
	乐音发生装置、乐音发生方法、存储介质及电子乐器	发明专利	CN201810832678.4	2023.08.15	卡西欧计算机株式会社	佐藤博毅；川岛肇
	音阶转换装置、电子管乐器、音阶转换方法和存储介质	发明专利	CN201811119163.6	2023.08.18	卡西欧计算机株式会社	山本一人
	用于电子键盘乐器的琴槌装置和键盘装置	发明专利	CN201810235302.5	2023.08.18	株式会社河合乐器制作所	铃木昭裕；霜田义明
	电声吉他	外观设计	CN202330141506.4	2023.08.22	广州市拿火信息科技有限公司	陆子天；钟蔚；潘帅
	电声吉他	外观设计	CN202330141504.5	2023.08.22	广州市拿火信息科技有限公司	陆子天；钟蔚；潘帅
	电吉他琴头（名森LP）	外观设计	CN202330249405.9	2023.08.22	何北	何北
	电吉他（GS20-LYS、GS20-TCB）	外观设计	CN202330193884.7	2023.08.22	广州珠江恺撒堡钢琴有限公司	黄毅；黄朝苑；邱晓泽；薛加俊

续表

类别	名称	专利类型	申请（专利）号	公开（公告）日	申请（专利权）人	发明（设计）人
电声乐器	一种音乐演奏指挥棒	实用新型	CN202320268738.0	2023.08.22	广州感音科技有限公司	李文胜；成伟；钟广雄；刘建
	拾音器及弦乐器	实用新型	CN202320647348.4	2023.08.22	深圳市戴乐体感科技有限公司	洪文博；牛亚锋
	拾音器及弦乐器	实用新型	CN202320648941.0	2023.08.22	深圳市戴乐体感科技有限公司	洪文博；牛亚锋
	一种用于乐器校音的调音器	实用新型	CN202223559792.5	2023.08.22	金婷婷	金婷婷
	一种新型电钢琴琴键配重件	实用新型	CN202223558747.8	2023.08.25	南安源盛科技有限公司	杨雪玲；高铭胜；高泽培；高嘉滢；高子轩
	乐器（电吹管）	外观设计	CN202330255589.X	2023.08.25	王道文	王道文
	一种三分体可调拾音棒	实用新型	CN202320659896.9	2023.08.25	惠州市铭仕乐器有限公司	魏志荣
	一种发光电子钹镲	实用新型	CN202320218732.2	2023.08.25	得理乐器（珠海）有限公司	廖照华；张迎霞；梁诩韬
	基于音高的电声乐器的调式调整电路及包括该电路的电声乐器	实用新型	CN202222967859.2	2023.08.25	北京金三惠科技有限公司	李现峰；请求不公布姓名
	一种具有点位检测功能的电子打击乐器	发明专利	CN201910182559.3	2023.08.29	宁波座头鲸文化科技有限公司	王富国；张建杰；王志江；高琪文；苏定波
	检测装置、电子乐器及检测方法	发明专利	CN201810767951.X	2023.09.01	卡西欧计算机株式会社	外山千寿；春日一贵；林龙太郎
	电子键盘乐器、方法和存储介质	发明专利	CN201910891336.4	2023.09.01	卡西欧计算机株式会社	佐藤博毅；川岛肇
	立式数码钢琴（E51）	外观设计	CN202330236586.1	2023.09.01	深圳市特伦斯乐器有限公司	郑梓航
	一种压电陶瓷拾音器	实用新型	CN202320588665.3	2023.09.01	惠州市铭仕乐器有限公司	魏志荣
	智能型便携电声钢琴	外观设计	CN202330181570.5	2023.09.05	上海东音乐器有限公司	吴大旷；周耀军
	一种用于民谣吉他拾音的新型立体声电磁传感器	实用新型	CN202320477824.2	2023.09.05	哈尔滨师范大学	张伟光；王春来；尹燕宗；侯洪涛
	一种新型的电子二胡	实用新型	CN202321217342.X	2023.09.05	惠州市德博声学有限公司	黄世强；李琼；杨运良
	接口防尘的HDMI转换器	实用新型	CN202321010704.8	2023.09.05	深圳市久一电子有限公司	吴玖霞；吴肇明；肖世祥
	一种电子琴	实用新型	CN202320540985.1	2023.09.05	刘文炎	刘文炎
	一种器乐合奏用的拾音器装置	实用新型	CN202321295385.X	2023.09.05	肖漫宇	肖漫宇

续表

类别	名称	专利类型	申请（专利）号	公开（公告）日	申请（专利权）人	发明（设计）人
电声乐器	伸缩电吉他	外观设计	CN202330204336.X	2023.09.08	名将设计定制（东莞）有限公司	宁凤
	一种均匀发光电子鼓	实用新型	CN202320353568.6	2023.09.08	得理乐器（珠海）有限公司	廖照华；张迎霞；黎仕兄
	八度控制装置（电吹管）	外观设计	CN202230570311.7	2023.09.08	杭州智歆科技有限公司	周学伟；肖宇枫；冯国东；潘勇
	一种MIDI的节奏型识别方法及应用	发明专利	CN202010399290.7	2023.09.08	浙江大学；不亦乐乎科技（杭州）有限责任公司	李晨啸；张克俊
	音效模式的切换方法、电子设备以及存储介质	发明专利	CN201811636874.0	2023.09.08	深圳市蔚科电子科技开发有限公司	李伟君
	智能和弦器	外观设计	CN202330279362.9	2023.09.08	徐正奇	徐正奇
	一种立式电钢琴平板智能进出装置	发明专利	CN201610606994.0	2023.09.12	海伦钢琴股份有限公司	陈海伦；贺永辉；郑翠萍
	效果器板（VA002）	外观设计	CN202330128425.0	2023.09.12	深圳市快艺科技有限公司	史翰林；刘美潮
	电子琴（Tiny）	外观设计	CN202330183265.X	2023.09.12	东莞市美派电子科技有限公司	贾逸可
	数码吉他	实用新型	CN202320621514.3	2023.09.15	深圳市声动科技有限公司	张旭；肖僭
	一种新型电子钢琴	实用新型	CN202320196165.5	2023.09.15	晋江贝斯特电子科技有限公司	周勇；吴仔丽；周梦银；余明亮
	一种电子钢琴结构	实用新型	CN202320372612.8	2023.09.15	晋江贝斯特电子科技有限公司	周勇；吴仔丽；周梦银；余明亮
	电钢琴（8811）	外观设计	CN202330203335.3	2023.09.15	泉州市雄海电子科技有限公司	李宝珍
	电钢琴（8813）	外观设计	CN202330203324.5	2023.09.15	泉州市雄海电子科技有限公司	李宝珍
	电子架子鼓	外观设计	CN202330289224.9	2023.09.15	广州蓝深科技有限公司	胡强
	一种便携式电子琴	实用新型	CN202320943686.2	2023.09.15	深圳视感文化科技有限公司	张博涵；叶俊达；赵岩；骆石川
	一种电子琴白键	实用新型	CN202223162602.6	2023.09.19	江苏弘道高新材料科技有限公司	洪融
	一种便携式电吉他	发明专利	CN201910176615.2	2023.09.22	何彦博	何彦博
	电吉他（GTL60-N）	外观设计	CN202330324761.2	2023.09.22	广州珠江恺撒堡钢琴有限公司	黄毅；邱晓泽；梁快光
	一种吊镲精准调节支架及电子鼓吊镲	实用新型	CN202321214397.5	2023.09.22	惠州市阿诺玛科技有限公司	陈海华
	一种可拼接式电子琴	实用新型	CN202320943638.3	2023.09.22	深圳视感文化科技有限公司	张博涵；叶俊达；赵岩；骆石川

续表

类别	名称	专利类型	申请（专利）号	公开（公告）日	申请（专利权）人	发明（设计）人
电声乐器	一种具有带排线复位机构的可折叠电子琴	发明专利	CN202211306897.1	2023.09.22	盐城师范学院	顾西
	共鸣信号生成方法、共鸣信号生成装置、电子音乐装置、程序及记录介质	发明专利	CN201880007108.X	2023.09.22	雅马哈株式会社	仲田昌史；刘恩彩
	电子钢琴力度键盘按键电触片热处理装置	实用新型	CN202321105536.0	2023.09.26	泉州市吉茂电子科技有限公司	车青松；谢庆；谢俊；杨秀棉
	一种通过体感控制颤音与弯音的电子乐器	发明专利	CN202010453812.7	2023.09.26	刘洋	刘洋
	输入装置及电子乐器	实用新型	CN202320240595.2	2023.09.26	雅马哈株式会社	大田慎一
	电子钢琴挡板角铁固定孔工装	实用新型	CN202321105551.5	2023.09.29	泉州市吉茂电子科技有限公司	车青松；谢庆；谢俊；杨秀棉
	电子钢琴键盘用键程调节组件	实用新型	CN202321105531.8	2023.09.29	泉州市吉茂电子科技有限公司	车青松；谢庆；谢俊；杨秀棉
	可调节式电子钢琴配重装置	实用新型	CN202321181690.6	2023.09.29	泉州市吉茂电子科技有限公司	车青松；谢庆；谢俊；杨秀棉
	一种电子打击板的钹镲结构	实用新型	CN202320169379.3	2023.09.29	广州蓝深科技有限公司	汪林勇；卢方晓；黄永宁
	电子键盘乐器及电子键盘乐器的制造方法	发明专利	CN201910878696.0	2023.09.29	卡西欧计算机株式会社	今村尚人；大岛弘志；佐藤聪；石桥直也
	电子校音器	外观设计	CN202330442451.0	2023.10.10	长沙师范学院	蔡卓
	一种电子口琴吹嘴降噪结构	实用新型	CN202321283273.2	2023.10.13	成都墨兹卡科技发展有限公司	孙鸥；孙辉
	一种语音播报的智能电钢琴	实用新型	CN202223558813.1	2023.10.17	晋江贝斯特电子科技有限公司	周勇；吴仔丽；周梦银；余明亮
	一种调音器支架及电子调音器	实用新型	CN202320939461.X	2023.10.20	深圳市阿诺玛乐器有限公司	陈海华
	电声琴	外观设计	CN202330372720.0	2023.10.20	石玉华	石玉华；韦银；陈宇佳
	电子钢琴力度键盘乐器缓冲装置	实用新型	CN202321210232.0	2023.10.20	泉州市吉茂电子科技有限公司	车青松；谢庆；谢俊；杨秀棉
	电吹管（2）	外观设计	CN202330357672.8	2023.10.24	东莞市笙扬乐器有限公司	欧阳永升
	便携式数码钢琴	外观设计	CN202330267872.4	2023.10.24	深圳市科汇兴科技有限公司	孙菊化
	音响设备以及电子乐器	发明专利	CN201811585265.7	2023.10.27	卡西欧计算机株式会社	大城淳
	综合效果器	外观设计	CN202330329112.1	2023.10.31	深圳市魔耳乐器有限公司	张艺
	电声小提琴（无头静音）	外观设计	CN202330272777.3	2023.10.31	上海东音乐器有限公司	吴大旷

续表

类别	名称	专利类型	申请（专利）号	公开（公告）日	申请（专利权）人	发明（设计）人
电声乐器	一种电筝琴弦	实用新型	CN202321084489.6	2023.11.03	扬州金韵乐器御工坊有限公司	熊立群
	电子合成器、电子音乐处理方法和组合乐器	发明专利	CN201910112414.6	2023.11.03	李咏舟	李咏舟
	一种拾音器固定件	实用新型	CN202321633448.8	2023.11.03	深圳海姆科技有限公司	赖海燕
	一种便携式智能电子琴	实用新型	CN202321151264.8	2023.11.03	鞠小萌	李媛；鞠小萌；周季
	一种电钢琴力度键盘	实用新型	CN202321459549.8	2023.11.03	泉州市吉茂电子科技有限公司	车青松；谢庆；谢俊；杨秀棉
	电子乐器	发明专利	CN201780094999.2	2023.11.07	雅马哈株式会社	小松昭彦；大场保彦；田之上美智子
	一种用于电子打击乐演奏的外接键盘	实用新型	CN202122100143.8	2023.11.10	黄志坚	黄志坚
	一种乐器踏板及效果器	实用新型	CN202320069890.6	2023.11.14	得理电子（上海）有限公司	高超；张继波；李培坤；陆克明；葛兴华
	一种教学用乐理电子琴	实用新型	CN202220404929.0	2023.11.17	北京金三惠科技有限公司	李现峰；魏宏惠；王余；魏宏茹
	一种降噪效果好的拾音器	实用新型	CN202321529080.0	2023.11.21	武汉码率科技有限公司	骆鑫；李静；胡犇鑫
	电钢琴（Y16）	外观设计	CN202330447914.2	2023.11.21	晋江和祥盛电子科技有限公司	郭秀玲
	MIDI键盘（X8PRO）	外观设计	CN202330469907.2	2023.11.24	东莞市美派电子科技有限公司	贾逸可；黄健恒
	MIDI键盘（X4PRO）	外观设计	CN202330469908.7	2023.11.24	东莞市美派电子科技有限公司	贾逸可；黄健恒
	电子琴（2003）	外观设计	CN202330457937.1	2023.11.24	程刚	程刚
	电钢琴（2）	外观设计	CN202330466337.1	2023.11.24	武强嘉华乐器有限公司	颜彬
	电钢琴（1）	外观设计	CN202330466319.3	2023.11.24	武强嘉华乐器有限公司	颜彬
	电子吹管	外观设计	CN202330316448.4	2023.11.28	东莞市宝莱乐器有限公司	王莉莉
	数码古筝	实用新型	CN202321187732.7	2023.12.01	深圳市声动科技有限公司	张旭；肖僭
	电子小提琴	外观设计	CN202330320092.1	2023.12.01	刘文睿	刘文睿；李波
	电子乐器音效附加器用踏板台的主体	外观设计	CN202130359183.7	2023.12.05	罗兰株式会社	须藤哲；和田纪彦；福田康宏
	用于打击乐演奏的电子键盘及电子乐器	实用新型	CN202122100142.3	2023.12.08	黄志坚	黄志坚

续表

类别	名称	专利类型	申请（专利）号	公开（公告）日	申请（专利权）人	发明（设计）人
电声乐器	用于电子打击乐演奏的键盘及电子设备	实用新型	CN202122102086.7	2023.12.08	黄志坚	黄志坚
	用于电子打击乐演奏的琴键	实用新型	CN202122100144.2	2023.12.08	黄志坚	黄志坚
	一种发光鼓盘及其电子鼓	实用新型	CN202321505386.2	2023.12.08	音王电声股份有限公司	杜宗辉；张龙广；竺文斌；吴有；叶洪江
	电子乐器音效附加器用踏板台的主体	外观设计	CN202130359179.0	2023.12.08	罗兰株式会社	須藤哲；和田纪彦；福田康宏
	电钢琴（3）	外观设计	CN202330466399.2	2023.12.08	武强嘉华乐器有限公司	颜彬
	MIDI键盘（X6）	外观设计	CN202330469909.1	2023.12.12	东莞市美派电子科技有限公司	贾逸可；黄健恒
	MIDI键盘（X8HPRO）	外观设计	CN202330469906.8	2023.12.12	东莞市美派电子科技有限公司	贾逸可；黄健恒
	一种鼓盘及其电子鼓	实用新型	CN202321494789.1	2023.12.12	音王电声股份有限公司	杜宗辉；张龙广；竺文斌；吴有；叶洪江
	一种电子钢琴键盘力度测试装置	实用新型	CN202321459537.5	2023.12.12	泉州市吉茂电子科技有限公司	车青松；谢庆；谢俊；杨秀棉
	电子吉他	外观设计	CN202330361467.9	2023.12.12	贵州正安娜塔莎乐器制造有限公司	赵建峰
	一种方便携带的电子琴	实用新型	CN202320250354.6	2023.12.15	南安市豪威电子科技有限公司	郭长春；黄奉楷；司柳萍
	电子鼓	外观设计	CN202330508303.4	2023.12.19	音王电声股份有限公司	杜宗辉；张龙广；竺文斌；叶洪江
	一种混音器	实用新型	CN202321777617.5	2023.12.19	音王电声股份有限公司	周彦琼；章旭东
	电钢琴（音响款-2）	外观设计	CN202330508180.4	2023.12.19	泉州市智圆行方科技有限公司	邱爱白
	乐器用拾音器及乐器	发明专利	CN201910145541.6	2023.12.22	雅马哈株式会社	安部万律；山越哲也
	变调器	外观设计	CN202330358816.1	2023.12.22	青岛乐客乐器有限公司	徐超
	一种带Loop、分离式无线内录功能的吉他加振拾音器	实用新型	CN202321079473.6	2023.12.26	深圳市马克波罗智能科技有限公司	王恒源
	一种基于电子架子鼓数据的学习、评估和预测系统及方法	发明专利	CN202110403099.X	2023.12.29	上海叽喳网络科技有限公司	王瑞盘
	电吹管	外观设计	CN202330469824.3	2023.12.29	常和平	常和平
	拾音器固定件	外观设计	CN202330394034.3	2023.12.29	深圳海姆科技有限公司	赖海燕

续表

类别	名称	专利类型	申请（专利）号	公开（公告）日	申请（专利权）人	发明（设计）人
电声乐器	一种具有减震底座的电子琴	实用新型	CN202321786763.4	2023.12.29	晋江力达电子有限公司	吴希达；吴雅娟；吴清雅；吴婷婷
	电吉他（GTRS智能静音旅行无头款）	外观设计	CN202330471672.0	2023.12.29	深圳市魔耳乐器有限公司	刘舟
	一种电钢琴的防卡琴键	实用新型	CN202321731444.3	2023.12.29	晋江力达电子有限公司	吴希达；吴清雅；吴雅娟；吴婷婷
打击乐器	鼓皮	发明专利	CN201680079850.2	2023.01.03	雅马哈株式会社	桥本隆二
	一种适用不同大小的大鼓鼓皮压紧装钉装置	发明专利	CN202011316103.0	2023.01.06	钟敏霞	钟敏霞
	空灵鼓	外观设计	CN202230398841.8	2023.01.06	张卫明	张卫明
	架子鼓鼓凳托盘	外观设计	CN202230612919.1	2023.01.17	王兵	王兵
	大鼓支架（民族）	外观设计	CN202230579621.5	2023.01.17	北京箭丽辉煌商贸集团有限公司	赵剑平
	乐鼓	外观设计	CN202230422338.1	2023.01.17	王玲波	王玲波
	一种收纳搬运便捷的民族大鼓支架	实用新型	CN202222342323.1	2023.01.17	北京箭丽辉煌商贸集团有限公司	赵剑平
	一种嗵鼓架	实用新型	CN202221006899.4	2023.01.17	宁波海伦鼓尚教育科技有限公司	俞军；夏杰；王汉超
	一种鼓乐器制造用烤漆烘干装置	实用新型	CN202222042703.3	2023.01.20	信缘利众重庆实业有限公司	刘信华
	一种声光控自闭症音乐疗愈智能鼓	实用新型	CN202220294925.1	2023.01.20	重庆文理学院	葛缨；帅美琼；梁世华；魏茂波；叶静；欧尚文；张伟；袁菁嶷；鲁存洋
	防水防潮渔鼓乐器的加工方法	发明专利	CN202210161026.9	2023.01.24	湖南科技学院	左文；肖优；柏小剑；成艺；魏雅楠；吴姣；谢雨桦；文桢昊
	鼓凳托盘	实用新型	CN202222457213.X	2023.01.24	王兵	王兵
	打击乐垫（SY004）	外观设计	CN202230613995.4	2023.02.03	深圳市快艺科技有限公司	郑雄戈
	一种教学用可滑动鼓身的鼓架	实用新型	CN202222340738.5	2023.02.10	江苏容顺祥乐器有限公司	刘家庆
	手鼓	外观设计	CN202230724414.4	2023.02.17	吕名生	吕名生
	手鼓（033）	外观设计	CN202230724022.8	2023.02.17	屈倍姚	屈倍姚
	一种新型行进小军鼓	实用新型	CN202222750522.6	2023.02.28	天津市津宝乐器有限公司	刘珈旭；裴晓虎

续表

类别	名称	专利类型	申请（专利）号	公开（公告）日	申请（专利权）人	发明（设计）人
打击乐器	一种瓷福鼓	实用新型	CN202221699861.X	2023.02.28	景德镇学院	于芳；汪良俊
	手鼓	外观设计	CN202230741638.6	2023.03.03	新疆轻工职业技术学院	郭蓓蓓；李彩霞；王拥
	卡洪鼓（十二边形三合一旅行卡洪鼓）	外观设计	CN202230750580.1	2023.03.10	上海哼调调文化发展有限公司	郭蕊
	葫芦鼓	外观设计	CN202230796497.8	2023.03.14	厦门市朝吉塑胶工业有限公司	罗朝吉
	一种用于大鼓固定的夹持架	实用新型	CN202222982741.7	2023.03.14	桂林师范高等专科学校	蒋聂；郭泓希；付仁海；左薇薇；钟丽丽；张翔微；覃莉莉
	鼓的调音	发明专利	CN201680050477.8	2023.03.17	布拉姆·范登布罗克	布拉姆·范登布罗克
	一种发电机转轴振动监测预警鼓	实用新型	CN202221981381.2	2023.03.17	华能河南中原燃气发电有限公司	崔鹏
	一种新型音乐教具的金属打击乐器	实用新型	CN202222650705.0	2023.03.21	廊坊市歆雨琴蒙文体用品有限公司	孙令庚
	空灵鼓	外观设计	CN202230823727.5	2023.03.21	宫关	宫关
	一种复合材料鼓	实用新型	CN202221577356.8	2023.03.21	浙江百合航太复合材料有限公司	施磊；于亮亮；常红非；李晓磊
	一种便于调节打击力度的架子鼓踩锤	实用新型	CN202223267878.0	2023.04.07	南通余音乐器有限公司	柴通通
	击打乐器敲击模组和手卷鼓	实用新型	CN202222028163.3	2023.04.07	墨现科技（东莞）有限公司	丘继亮
	一种可调节音效的卡宏鼓	实用新型	CN202222368271.5	2023.04.11	江苏容顺祥乐器有限公司	刘家庆
	一种便于收纳的非洲鼓	实用新型	CN202222636198.5	2023.04.11	江苏容顺祥乐器有限公司	刘家庆
	手鼓	外观设计	CN202230865288.4	2023.04.14	王锐聪	王锐聪；柳静姊
	大型打击移动装置	外观设计	CN202230813491.7	2023.04.18	刘佳	罗羽涵
	手鼓	外观设计	CN202230853312.2	2023.04.21	东莞市部落乐器有限公司	张方辉
	一种适用于入门学习的非洲鼓	实用新型	CN202222505485.2	2023.04.25	江苏容顺祥乐器有限公司	刘家庆
	一种电子鼓支架	实用新型	CN202220953765.7	2023.04.28	宁波鲸鳞甲电子科技有限公司	王富国；黄磊
	一种可调节间距的组合架子鼓	实用新型	CN202223316605.0	2023.04.28	南通余音乐器有限公司	柴通通
	硅胶手卷鼓架	外观设计	CN202230874020.7	2023.05.02	肇庆市洋鸣音乐器材有限公司	杜小珊
	大鼓	外观设计	CN202330085219.6	2023.05.05	刘雷	刘雷

续表

类别	名称	专利类型	申请（专利）号	公开（公告）日	申请（专利权）人	发明（设计）人
打击乐器	一种嵌入式铃鼓	实用新型	CN202222782997.3	2023.05.09	梁志辉	梁志辉
	一种葫芦鼓	实用新型	CN202223175427.4	2023.05.23	厦门市朝吉塑胶工业有限公司	罗朝吉
	一种角度可调的大鼓结构	实用新型	CN202223385897.3	2023.05.30	江苏容顺祥乐器有限公司	刘家庆
	一种内置音响的鼓	实用新型	CN202320169454.6	2023.06.06	原鼓文化（深圳）有限公司	余恒
	手鼓	外观设计	CN202330052931.6	2023.06.09	汕头市港顽文化有限公司	陈灿浩
	架子鼓鼓槌	外观设计	CN202330129048.2	2023.06.13	深圳市新皓源科技有限公司	文斌
	打击乐器的琴键模块及打击乐器	实用新型	CN202320487810.9	2023.06.16	黄志坚	黄志坚
	一种集成式方箱鼓乐器	实用新型	CN202223333776.4	2023.06.20	沈阳艺达科技有限公司	张兴亚
	打击乐器（沙嘎）	外观设计	CN202330151546.7	2023.06.27	那顺巴雅尔	那顺巴雅尔
	军鼓	外观设计	CN202330067600.X	2023.06.27	小叶子（北京）智能科技有限公司	姜婷婷；胥晓叶；叶滨
	双音空灵鼓	外观设计	CN202230870781.5	2023.06.27	张卫明	张卫明
	空灵鼓	外观设计	CN202330149345.3	2023.06.27	张卫明	张卫明
	一种荆山盟乐打击乐演奏台	实用新型	CN202220527451.0	2023.06.30	保康县荆山玉文化研发中心	章茨伍
	多功能鼓架板切割台	发明专利	CN201810591017.7	2023.06.30	临清市森源博乐器配件制造有限公司	高继航；倪荣岐；高云红；倪景煜
	一种电子鼓盘的发光结构	实用新型	CN202320097329.9	2023.06.30	广州蓝深科技有限公司	汪林勇；靳怡；胡强
	一种放置稳定性强的架子鼓	实用新型	CN202223064905.4	2023.06.30	南通余音乐器有限公司	柴通通
	多边型卡洪鼓	外观设计	CN202330163618.X	2023.06.30	惠州市壁虎文化传播有限公司	赵进荣
	打击乐器	发明专利	CN201780067147.4	2023.07.04	雅马哈株式会社	桥本隆二；永井教崇；安部万律
	一种拆卸式鼓的组装方法	发明专利	CN201710871625.9	2023.07.04	洛阳鼓音文化传播有限公司	张宝胜
	铜鼓（瑶族文化乐器）	外观设计	CN202330169503.1	2023.07.04	黎庆保	黎庆保；黎桂才
	一种羯鼓鼓面张紧装置	实用新型	CN202320415701.6	2023.07.04	张东晓	张东晓
	打鼓戒指	外观设计	CN202330044350.8	2023.07.07	董晓佳	董晓仕
	一种架子鼓两用鼓槌	实用新型	CN202320203063.1	2023.07.14	南通余音乐器有限公司	柴通通
	一种打击垫	实用新型	CN202320023171.0	2023.07.18	深圳市快艺科技有限公司	刘美潮；曹灵
	音律可调式手打箱鼓	实用新型	CN202320713902.4	2023.07.18	霸州市威名乐器有限公司	张维仁；张洋；张锦
	空灵鼓（舒音）	外观设计	CN202330178312.1	2023.07.18	龙港市舒音工艺品有限公司	许益显

续表

类别	名称	专利类型	申请（专利）号	公开（公告）日	申请（专利权）人	发明（设计）人
打击乐器	空灵鼓（飞檐款）	外观设计	CN202330196435.8	2023.07.18	臧辉	臧辉
	空灵鼓（汉盘款）	外观设计	CN202330196433.9	2023.07.18	臧辉	臧辉
	一种带防滑定位并能上下左右旋转的鼓棒	实用新型	CN202222867274.3	2023.07.21	付成	付成
	手鼓	外观设计	CN202330158645.8	2023.07.21	唐月娣	蓝艳乐
	爵士鼓的鼓皮固定结构及固定方法	发明专利	CN202010058370.6	2023.07.25	温州天洲西洋乐文化产业股份有限公司	李萍；王凯铭；闫明明；李明善；朱清正
	一种移动式小鼓	实用新型	CN202223333387.1	2023.07.28	朱彤	朱彤
	鼓用内沙带装置	发明专利	CN201610599938.9	2023.08.04	天津市津宝乐器有限公司	吴定军；裴晓虎；戴永才
	一种架子鼓双档消音器	发明专利	CN202110760196.4	2023.08.04	南通余音乐器有限公司	余国杰；赵伟涛
	乐器包（空灵鼓）	外观设计	CN202330205637.4	2023.08.04	刘洋	刘洋
	空灵鼓（大）	外观设计	CN202330199545.X	2023.08.04	刘洋	刘洋
	用于打击乐器的触发器托盘	发明专利	CN201780078912.2	2023.08.08	鼓工场有限公司	鲁本·施泰因豪泽；斯坦豪瑟鲁本
	一种方便收纳的扇子鼓	实用新型	CN202223061708.7	2023.08.08	哈尔滨理工大学威海研究院	周雅婷
	空灵鼓（玲珑款）	外观设计	CN202330196452.1	2023.08.11	臧辉	臧辉
	户外打击乐器	外观设计	CN202330241178.5	2023.08.15	广州云燚科技有限公司	黄炽林
	一种摇鼓	实用新型	CN202223086884.6	2023.08.15	柳森林	柳森林
	一种鼓用鼓槌收纳装置	实用新型	CN202320607429.1	2023.08.18	山东技师学院	张鹂
	儿童空灵鼓	外观设计	CN202330258861.X	2023.08.18	王道文	王道文
	军鼓	外观设计	CN202230031565.1	2023.08.25	北京金三惠科技有限公司	李现峰；魏宏惠；魏宏茹
	海鼓	外观设计	CN202230043027.4	2023.08.25	北京金三惠科技有限公司	李现峰；魏宏惠；魏宏茹
	手鼓	外观设计	CN202230031605.2	2023.08.25	北京金三惠科技有限公司	李现峰；魏宏惠；魏宏茹
	一种木箱鼓	实用新型	CN202223288672.6	2023.08.25	北京金三惠科技有限公司	李现峰；郭达；王超
	一种具有边缘光圈的鼓盘	实用新型	CN202320362852.X	2023.08.25	得理乐器（珠海）有限公司；瓦纳卡（北京）科技有限公司	廖照华；李坤培；胥晓叶；姜婷婷
	一种架子鼓鼓架	实用新型	CN202320213886.2	2023.09.05	浙江广承实业有限公司	黄乔湘
	鼓耳（5号）	外观设计	CN202330306500.8	2023.09.08	天津市津宝乐器有限公司	刘珈旭；戴永才
	民族乐鼓	外观设计	CN202330302243.0	2023.09.08	冯欣瑶	冯欣瑶

续表

类别	名称	专利类型	申请（专利）号	公开（公告）日	申请（专利权）人	发明（设计）人
打击乐器	非洲鼓	外观设计	CN202330297658.3	2023.09.08	东莞市部落乐器有限公司	张方辉
	鼓耳（23号）	外观设计	CN202330306488.0	2023.09.12	天津市津宝乐器有限公司	刘珈旭；戴永才
	一种实木复合拼接乐器鼓及其鼓身	实用新型	CN202321253142.X	2023.09.19	廊坊韵迪乐器有限公司	王朝辉
	一种组装式鼓棒	实用新型	CN202320673513.3	2023.09.19	漳州汉旗乐器有限公司	林天福；许锴
	一种打击乐演奏棒	实用新型	CN202320979478.8	2023.09.22	桂林师范高等专科学校	蒋聂；笪方能；肖漫宇；吴俊菲；啜建新；黄宝乐；叶建强
	一种爵士鼓链条连接固定装置	发明专利	CN202010798880.7	2023.09.22	天津市顶酷乐器有限公司	王立民
	一种架子鼓演奏用支撑装置	实用新型	CN202321339455.7	2023.09.29	浙江格莱姆乐器有限公司	杜凌云
	空灵鼓（精灵）	外观设计	CN202330294337.8	2023.09.29	王道文	王道文
	拳击鼓	外观设计	CN202330052929.9	2023.10.03	汕头市港顽文化有限公司	陈灿浩
	一种用于架子鼓鼓腔生产的打磨装置	发明专利	CN202310475890.0	2023.10.13	浙江广承实业有限公司	黄乔湘
	一种哑鼓练习数据处理方法	发明专利	CN202111280340.0	2023.10.20	李红育	李红育
	户外打击乐器	外观设计	CN202330382554.2	2023.10.24	长沙基准机电产品设计有限公司	龚文兵
	一种架子鼓及其使用方法	发明专利	CN201811326424.1	2023.10.24	罗应星	罗应星
	鼓框夹持立架	实用新型	CN202321367053.8	2023.10.24	廖村淇	廖村淇
	电子鼓围栏结构	实用新型	CN202320370379.X	2023.10.31	浙江格莱姆乐器有限公司	杜凌云；翁柳宇
	一种脚踏鼓击器	实用新型	CN202321338657.X	2023.10.31	广州琴夫人科技有限公司	郭俊兴
	非接触式打击乐器	发明专利	CN201810975121.6	2023.11.03	张洋；张虎；姜柳	张洋；张虎；姜柳
	儿童桌面打击乐器玩具（2）	外观设计	CN202330342393.4	2023.11.03	廊坊市春芽乐器有限公司	孙威
	儿童桌面打击乐器玩具（1）	外观设计	CN202330342376.0	2023.11.03	廊坊市春芽乐器有限公司	孙威
	儿童桌面打击乐器玩具（风铃）	外观设计	CN202330342444.3	2023.11.03	廊坊市春芽乐器有限公司	孙威
	一种方便走线的鼓架	实用新型	CN202321617906.9	2023.11.03	音王电声股份有限公司	杜宗辉；张龙广；竺文斌；吴有；叶洪江
	敲击乐器（新型可调节音律）	外观设计	CN202330390189.X	2023.11.03	义乌茗枫工艺品有限公司	蒋至真
	敲击乐器（悬挂）	外观设计	CN202330390185.1	2023.11.03	义乌茗枫工艺品有限公司	蒋至真
	敲击乐器（立式）	外观设计	CN202330390184.7	2023.11.03	义乌茗枫工艺品有限公司	蒋至真
	敲击乐器（台式）	外观设计	CN202330390180.9	2023.11.03	义乌茗枫工艺品有限公司	蒋至真

续表

类别	名称	专利类型	申请（专利）号	公开（公告）日	申请（专利权）人	发明（设计）人
打击乐器	一种可调节式军鼓托架	实用新型	CN202321545199.7	2023.11.07	天津市津宝乐器有限公司	刘珈旭；马传海
	感应式可视化铜鼓系统	发明专利	CN201611024102.2	2023.11.10	广西南宁魔码文化传播有限责任公司	周旻昉；秦荣江；雷庆胜
	一种金属打击乐器	实用新型	CN202321526875.6	2023.11.14	通辽市蓝色天韵文化传媒有限公司	吉日木图；李波
	一种卡合装配的组合式拆装架子鼓	实用新型	CN202223113779.7	2023.11.14	南通余音乐器有限公司	柴通通
	非洲鼓	外观设计	CN202330426539.3	2023.11.14	淮北师范大学	王梦琳
	一种磁感应打击乐器	实用新型	CN202321453588.7	2023.11.17	得理乐器（珠海）有限公司	黄凯成；廖照华；肖明光
	一种定音鼓踏板侧拨调节结构	实用新型	CN202321408928.4	2023.11.17	天津市津宝乐器有限公司	刘珈旭；戴永才
	一种新型连鼓架	实用新型	CN202321433736.9	2023.11.17	天津市津宝乐器有限公司	刘珈旭；裴晓虎
	手鼓	外观设计	CN202330428201.1	2023.11.17	绍兴市柯桥区职业教育中心	盛山珊
	鼓棒	外观设计	CN202330430790.7	2023.11.17	王彭彭	王彭彭
	一种军鼓托架万向调节结构	实用新型	CN202321594865.6	2023.11.17	天津市津宝乐器有限公司	刘珈旭；马传海
	打击乐器及制作打击乐器的方法	发明专利	CN201710201118.4	2023.11.21	孙汝楹	孙汝楹
	卡宏鼓（音响结构）	外观设计	CN202330427580.2	2023.11.21	惠州市壁虎文化传播有限公司	赵进荣
	一种新型架子鼓悬挂装置	实用新型	CN202321555929.1	2023.11.21	天津市鹏威达乐器有限公司	王家鹏
	具有改进的放松机构的响弦鼓	发明专利	CN201780015851.5	2023.11.28	BD表演艺术	A·默里；S·约翰逊
	一种电子鼓音箱系统	实用新型	CN202321683939.3	2023.11.28	上海华新乐器有限公司	林伯龙；朱伟
	一种防滑组合式鼓棒	实用新型	CN202321476983.7	2023.11.28	漳州汉旗乐器有限公司	林天福
	钢舌鼓	外观设计	CN202330465462.0	2023.11.28	深圳市深湖商贸有限公司	钟小玉
	腰鼓	外观设计	CN202330466521.6	2023.12.01	石小乔	石小乔；王利青；丁治维；刘文慧；崔恩洁；杨程
	一种挂卧两式的敲击乐器	实用新型	CN202321616111.6	2023.12.01	义乌茗枫工艺品有限公司	蒋至真
	空灵鼓（HP01款）	外观设计	CN202330468797.8	2023.12.08	王志辉	王志辉
	一种台式敲击乐器	实用新型	CN202321616110.1	2023.12.08	义乌茗枫工艺品有限公司	蒋至真
	一种架子鼓脚踏板	实用新型	CN202321938707.8	2023.12.15	浙江格莱姆乐器有限公司	杜凌云
	一种新型可调节音律的敲击组合乐器	实用新型	CN202321616112.0	2023.12.19	义乌茗枫工艺品有限公司	蒋至真
	鼓棒（定位引导槽）	外观设计	CN202330511539.3	2023.12.22	漳州汉旗乐器有限公司	林天福；许锴

续表

类别	名称	专利类型	申请（专利）号	公开（公告）日	申请（专利权）人	发明（设计）人
打击乐器	一种装配式手鼓支架	实用新型	CN202321513107.7	2023.12.22	麦文良	麦文良
	一种架子鼓的踩锤组件	实用新型	CN202321786291.2	2023.12.26	浙江格莱姆乐器有限公司	杜凌云
	一种可调式平衡配重的鼓棒	实用新型	CN202321476554.X	2023.12.26	漳州汉旗乐器有限公司	林天福
口琴	口琴（12孔48音半音阶珍藏版银色）	外观设计	CN202230623003.6	2023.01.03	江苏天鹅乐器有限公司	陈滔；朱鹏；高云
	口琴（12孔48音半音阶珍藏版彩色）	外观设计	CN202230622953.7	2023.01.03	江苏天鹅乐器有限公司	陈滔；朱鹏；高云
	复音口琴	外观设计	CN202230664760.8	2023.01.03	无锡米派文化传播有限公司	杜卜
	一种11孔22音口琴	实用新型	CN202222147895.4	2023.01.13	尹鹏	尹鹏
	口琴	外观设计	CN202230743204.X	2023.02.28	李飞	李飞
	一种口琴收纳盒	实用新型	CN202222760391.X	2023.03.07	青岛吉燕乐器包装有限公司	赵双吉
	口琴（8孔）	外观设计	CN202230754671.2	2023.03.10	成都墨兹卡科技发展有限公司	孙鸥；孙辉
	一种口琴簧板及口琴	实用新型	CN202221468618.7	2023.03.10	李撰粱	李撰粱
	一种声音品质好的口琴	实用新型	CN202222685516.7	2023.04.07	无锡米派文化传播有限公司	杜卜
	口琴	外观设计	CN202230826017.8	2023.04.07	豪呐乐器有限公司	R·C·不来梅坎普
	一种可清洗口琴的超声波清洗机	实用新型	CN202222466059.2	2023.04.21	何礼明	何礼明
	键盘口琴	发明专利	CN201880011613.1	2023.04.28	雅马哈株式会社	野口佳孝
	音乐口琴	外观设计	CN202330056504.5	2023.04.28	黄玉翔	黄玉翔
	口琴（24孔）	外观设计	CN202330072346.2	2023.05.09	黄玉翔	黄玉翔
	口琴（逐梦人）	外观设计	CN202330072342.4	2023.05.09	黄玉翔	黄玉翔
	口琴外接智能伴奏设备	发明专利	CN201911292490.6	2023.05.12	刘钊	刘钊
	一种口琴簧板	实用新型	CN202222711372.8	2023.05.26	无锡米派文化传播有限公司	李撰粱
	一种方便拆卸安装的口琴	实用新型	CN202222978208.3	2023.06.06	江阴市孔声乐器有限公司	孔真清；许路路；孔湘成
	口琴（十孔）	外观设计	CN202330094751.4	2023.06.06	黄玉翔	黄玉翔
	口琴（RINGRING）	外观设计	CN202330094748.2	2023.06.06	黄玉翔	黄玉翔
	一种易维护的半音阶口琴	实用新型	CN202222976567.5	2023.06.06	江阴市孔声乐器有限公司	孔真清；许路路；孔湘成
	一种口琴变音板的安装结构	实用新型	CN202320068170.8	2023.06.20	江苏惠文乐器有限公司	孔焱琳
	一种方便使用的口琴加热器	实用新型	CN202223492244.5	2023.06.23	陈永祥	陈永祥
	一种口琴内嵌铜银合金簧片的辅助装置	实用新型	CN202223195669.X	2023.07.04	江阴嘉德瑞乐器有限公司	顾唯晖；宋继虎；徐挺

续表

类别	名称	专利类型	申请（专利）号	公开（公告）日	申请（专利权）人	发明（设计）人
口琴	一种口琴变音板降低键噪的结构	实用新型	CN202320068177.X	2023.07.04	江苏惠文乐器有限公司	孔焱琳
	口琴	外观设计	CN202330247090.4	2023.08.15	娄底技师学院	钟艳
	一种双联和弦口琴	发明专利	CN201710603234.9	2023.08.22	江苏天鹅乐器有限公司	陈滔
	数码口琴增加内置喇叭结构	实用新型	CN202321283125.0	2023.09.12	成都墨兹卡科技发展有限公司	孙辉；孙鸥
	一种便携式口琴	发明专利	CN202211500928.7	2023.09.19	江苏天鹅乐器有限公司	陈滔；陆敏；朱鹏；高云；左美华
	口琴放置架	实用新型	CN202223401828.7	2023.09.29	张忠孝	张忠孝
	儿童口琴	外观设计	CN202330498526.7	2023.10.13	台州临海嫣然塑胶制品有限公司	何叶飞
	一种演奏音域宽泛的十二孔口琴	实用新型	CN202223534205.7	2023.10.17	江苏惠文乐器有限公司	孔焱琳
	一种旋律贝斯口琴	发明专利	CN201811359640.6	2023.10.20	江苏天鹅乐器有限公司	陈滔
	一种口琴扁铝管滚切机	发明专利	CN202311049332.4	2023.11.03	江苏天鹅乐器有限公司	陈滔；陈红梅；朱鹏；左美华；高云
	口琴（12孔24音）	外观设计	CN202330272600.3	2023.11.07	尹鹏	尹鹏
	布鲁斯口琴	外观设计	CN202330380200.4	2023.11.07	吟飞科技（江苏）有限公司	赵平；宋建平；陈国斌；张维；杨宗华；眭黎凡；周海菲；张鹏；沈啸云
	一种口琴音簧片振动盘上料机构	实用新型	CN202321553455.7	2023.11.10	江苏天鹅乐器有限公司	陈红梅；陈滔；朱鹏；于靖；左美华；高云
	一种口琴音孔板与音簧片铆压机构	实用新型	CN202321705203.1	2023.11.10	江苏天鹅乐器有限公司	陈红梅；陈滔；朱鹏；于靖；左美华；高云
	一种24孔96音半音阶口琴	实用新型	CN202321632243.8	2023.11.24	泉州山外山科技有限公司	钟楠；吴东杨
	一种易拆的重音口琴	实用新型	CN202320638572.7	2023.12.05	江阴市孔声乐器有限公司	孔真清
	一种十二孔全音阶口琴	实用新型	CN202321527866.9	2023.12.26	陈新强	陈新强
	一种双工位口琴音孔板上料机构	实用新型	CN202321847316.5	2023.12.29	江苏天鹅乐器有限公司	陈红梅；陈滔；朱鹏；于靖；左美华；高云
	一种口琴成品取料机构	实用新型	CN202321413797.9	2023.12.29	江苏天鹅乐器有限公司	陈红梅；陈滔；朱鹏；于靖；左美华；高云

续表

类别	名称	专利类型	申请（专利）号	公开（公告）日	申请（专利权）人	发明（设计）人
手风琴	手风琴攻牙工装	实用新型	CN202222474650.2	2023.01.06	江苏精研科技股份有限公司	胡红宇；张明明；乔元元；程峰
	一种手风琴用防撞式收纳箱	实用新型	CN202222977719.3	2023.01.10	张馨月	张馨月
	一种手风琴演奏中的左手手腕保护装置	实用新型	CN202222135761.0	2023.01.24	长沙师范学院	夏佳
	一种手风琴演奏中的防驼背装置	实用新型	CN202222009288.1	2023.01.24	长沙师范学院	夏佳
	一种具有琴键防尘密封结构的手风琴	实用新型	CN202222636272.3	2023.02.03	江苏新世纪乐器有限公司	仇新兰；何永进；钱庄胜；吴忠群
	一种手风琴式空间展开机构	发明专利	CN202211660216.1	2023.02.28	中国科学院沈阳自动化研究所	刘金国；邓云凯；张荣鹏；韩洪业；刘开雨
	手风琴（HYK牌）	外观设计	CN202230595092.8	2023.03.21	黄永康	黄永康
	手风琴	外观设计	CN202230873076.0	2023.04.11	张苏	张苏
	一种手风琴练习装置	发明专利	CN202010278451.7	2023.04.14	黄淮学院	李臻
	琴箱（手风琴）	外观设计	CN202330033702.X	2023.04.14	崔弘毅	崔弘毅；郭瑞；张鹏；杨雨洲
	一种手风琴状木质素立方体碳材料及其制备与在超级电容器中的应用	发明专利	CN202210163985.4	2023.04.21	华南理工大学	杨东杰；赵博为；邱学青；符方宝；楼宏铭；黄锦浩；庞煜霞；刘伟峰；欧阳新平
	手风琴	发明专利	CN202010008722.7	2023.05.16	和莱乐器有限责任公司	U.瓦尔特；T.特拉普
	手风琴	发明专利	CN202010004321.4	2023.05.16	和莱乐器有限责任公司	K.霍耶；T.特拉普
	一种手风琴键盘防尘装置	实用新型	CN202223282860.8	2023.06.16	郑州理工职业学院	杨丰磊；张东东；陈顶
	一种手风琴防肩脱落背带	实用新型	CN202320713541.3	2023.06.20	香河天音乐器有限公司	曹振民
	手风琴（72贝司）	外观设计	CN202230808084.7	2023.06.27	天津市佰笛乐器有限公司	宋旭
	一种手风琴变音系统组件	实用新型	CN202223361875.3	2023.06.27	天津市佰笛乐器有限公司	宋旭；戴光霞
	一种手风琴键盘四排簧变音器	实用新型	CN202223362002.4	2023.06.27	天津市佰笛乐器有限公司	宋旭；段秀芝
	一种手风琴变音器传动系统安装结构	实用新型	CN202223362001.X	2023.06.27	天津市佰笛乐器有限公司	宋旭；段秀芝
	一种四排簧手风琴键盘音控板	实用新型	CN202223362003.9	2023.06.27	天津市佰笛乐器有限公司	宋旭；李秀春

续表

类别	名称	专利类型	申请（专利）号	公开（公告）日	申请（专利权）人	发明（设计）人
手风琴	贝司巴扬琴（小96）	外观设计	CN202230808101.7	2023.06.30	天津市佰笛乐器有限公司	宋旭
	一种键盘式手风琴携带箱	实用新型	CN202320143087.2	2023.06.30	崔弘毅	崔弘毅；郭瑞；张鹏；杨雨洲
	一种手风琴快接背带环	实用新型	CN202320713752.7	2023.07.11	香河天音乐器有限公司	曹振民
	手风琴音簧制造装置以及音簧合金基材	发明专利	CN202310541877.0	2023.08.01	江苏卓声乐器有限公司	殷国良
	一种手风琴降噪阻尼软管自动安装装置	实用新型	CN202320838489.4	2023.11.03	江阴金杯安琪乐器有限公司	刘超；时建明
	一种巴扬琴键盘传动铝盒	实用新型	CN202223362004.3	2023.12.19	天津市佰笛乐器有限公司	宋旭；戴光霞
	一种四排簧手风琴传动铝盒	实用新型	CN202223362005.8	2023.12.22	天津市佰笛乐器有限公司	宋旭；戴光霞
管乐器	小号（304降E调四立键）	外观设计	CN202230681687.5	2023.01.17	天津市津宝乐器有限公司	杨学民；刘珈旭；孙敏
	一种号口可拆卸的JBTR-1310型礼号	实用新型	CN202220295286.0	2023.01.17	天津市津宝乐器有限公司	齐金全；杨学民；孙敏
	一种新型的JBEP-1150型上低音号	实用新型	CN202220252341.8	2023.01.17	天津市津宝乐器有限公司	齐金全；杨学民；刘珈旭
	具有充分吸收管乐器内水分功效的气囊结构	实用新型	CN202221378156.X	2023.01.17	林德兴	林德兴
	一种用于管乐器的收纳装置	实用新型	CN202222203427.4	2023.01.24	衡水新星乐器有限公司	付云垒
	一种长笛的训练装置	实用新型	CN202221297613.2	2023.01.24	聊城大学	斯日古楞
	小号（704降B调四立键）	外观设计	CN202230684852.2	2023.02.17	天津市津宝乐器有限公司	杨学民；齐金全；孙敏
	一种基于序列音乐原理的管乐演奏器	发明专利	CN201710057831.6	2023.02.17	郑曲曲	郑曲曲；周乔
	一种单簧管管口清洁保护装置	实用新型	CN202222776580.6	2023.02.21	赵涓	赵涓
	音信号处理方法及音信号处理装置	发明专利	CN202110178067.4	2023.02.28	雅马哈株式会社	渡边隆行；桥本悌
	一种管弦乐器琴弦打磨装置	实用新型	CN202222358725.0	2023.03.07	余姚市博韵乐器有限公司	符金波
	一种用于长笛加工的打磨装置	发明专利	CN202211628951.4	2023.03.07	龙口金鸣乐器有限公司	李廷东
	管乐器中使用的附件环以及具有该附件环的管乐器	实用新型	CN202222820268.2	2023.03.10	雅马哈株式会社	足立启
	木管乐器的束圈	实用新型	CN202220695666.3	2023.03.10	郭志来	郭志来
	基于小号演奏训练用吸气换气训练设备	实用新型	CN202222903142.1	2023.03.14	吉林艺术学院	邢一林

续表

类别	名称	专利类型	申请（专利）号	公开（公告）日	申请（专利权）人	发明（设计）人
管乐器	一种竹制巴乌的音管套	实用新型	CN202120751589.4	2023.03.21	昆明西马格乐器有限公司	丁守利
	一种用于电吹管的电容感应吹嘴	实用新型	CN202223173712.2	2023.03.21	汝州市奥畅乐器有限公司	张飞
	一种吹管乐器的木质收纳盒	实用新型	CN202120125546.5	2023.03.21	昆明西马格乐器有限公司	丁守利
	一种便于检修的长笛	实用新型	CN202222308134.2	2023.04.14	王景泽	王景泽
	一种配备双吹管的上低音号	实用新型	CN202222970718.6	2023.04.18	河北华声乐器制造有限公司	张立国；张立根；张红梅；王青；王成；孟凡丽
	一种具有按压式放水键的JBTR−730型小号	实用新型	CN202220250438.5	2023.04.25	天津市津宝乐器有限公司	刘珈旭；齐金全；朱桂珍
	金属管乐器	外观设计	CN202330048171.1	2023.04.28	宫久令	宫久令；宫鹤菲
	高音小号（JBPT−620）	外观设计	CN202330045880.4	2023.04.28	天津市津宝乐器有限公司	齐金全；阎树立；朱桂珍
	管乐器	发明专利	CN201780012707.6	2023.05.02	雅马哈株式会社	末永雄一朗；村上齐
	小号哨管结构及小号	实用新型	CN202320066325.4	2023.05.12	武强嘉华乐器有限公司	颜彬
	一种小号用活塞加工装置	发明专利	CN202210666401.5	2023.05.26	天津市津宝乐器有限公司	刘运斌；刘珈旭
	一种管式乐器清洗装置	实用新型	CN202223437830.X	2023.06.02	方永生	方永生
	一种管乐教学辅助训练器	实用新型	CN202320144981.1	2023.06.16	赣南师范大学	周俊
	一种木管乐器辅助套筒	实用新型	CN202320121800.3	2023.06.20	乔正军	乔正军
	多曲调管乐乐器	实用新型	CN202223273375.4	2023.06.27	张先锋	张先锋；牛红梅；张晔；孙敏；张驰；张莉；过晓阳；姜琛；张先德；张坤；张怡婷；王衍茗；刘悠悠
	竖笛（笙笛）	外观设计	CN202330137175.7	2023.06.30	毕雅思	毕雅思
	竖向吹奏民族管乐器	实用新型	CN202222722774.8	2023.06.30	钱尊法	钱尊法
	一种多功能民族吹管乐器	实用新型	CN202222724174.5	2023.06.30	厦门工学院	刘自治
	一种可调节直径的竹制音管套	实用新型	CN202120751281.X	2023.08.01	昆明西马格乐器有限公司	丁守利
	一种管乐器转调演奏指法变换盘	实用新型	CN202222351047.5	2023.08.08	邱稷羽	邱稷羽
	音键单元以及管乐器	发明专利	CN201780012690.4	2023.08.22	雅马哈株式会社	末永雄一朗
	一种木管乐器放置装置	实用新型	CN202320529760.6	2023.08.22	江西师范大学	肖杨新；张强
	一种管身焊接桩头定位治具	实用新型	CN202320831397.3	2023.09.15	嘉华乐器（嘉善）有限公司	徐海霞

续表

类别	名称	专利类型	申请（专利）号	公开（公告）日	申请（专利权）人	发明（设计）人
管乐器	小号嘴子管成型齐口工装	发明专利	CN201711412643.7	2023.09.19	天津市津宝乐器有限公司	李宗瑞
	一种单簧管可调音的调音管	实用新型	CN202320052043.9	2023.09.22	吴宏伟	吴宏伟
	一种单簧管哨片固定组件	实用新型	CN202320129434.6	2023.10.03	吴宏伟	吴宏伟
	一种学生长号	发明专利	CN201611203261.9	2023.10.13	郑州学生宝电子科技有限公司	韩跃龙
	一种单簧管生产用打孔装置	实用新型	CN202321714116.2	2023.10.24	衡水罗菲乐器有限公司	李振锦
	单簧管箱	外观设计	CN202330343361.6	2023.10.31	谭政	谭政；胡瑞
	一种新型贝母式管乐器耐用螺丝结构	实用新型	CN202321529500.5	2023.11.24	乌子涵	乌子涵
	小号嘴子管抛光工装	发明专利	CN201711412631.4	2023.11.28	天津市津宝乐器有限公司	李宗瑞
	一种管乐器平坑整形维修工具	实用新型	CN202320330412.6	2023.12.05	衢州市江南乐器行有限公司	钟萍；肖博阳
	一种号调音管长度调节装置	实用新型	CN202321499822.X	2023.12.08	河北金音乐器集团有限公司	周俊岭；陈鹏
	一种铜管乐器小号箱	实用新型	CN202321674149.9	2023.12.12	赤峰学院	姚宏宇
	一种铜管乐器小号整体式活塞	实用新型	CN202321673843.9	2023.12.12	赤峰学院	姚宏宇
	一种管子哨片及其加工方法	发明专利	CN201810437470.2	2023.12.15	薛连喜	薛连喜
	套管哨片	外观设计	CN202330478554.2	2023.12.26	金永恒	金永恒
萨克斯	萨克斯弱音器（螺旋式）	外观设计	CN202230613482.3	2023.01.10	钱廷玉	钱廷玉
	一种萨克斯生产加工用定位打孔装置	实用新型	CN202221501105.1	2023.01.10	厦门市鹭达眼镜有限公司	张我正
	萨克斯管旋转升降辅助架	发明专利	CN202110687696.X	2023.01.24	日照职业技术学院	刘杰；董晓
	萨克斯管旋转升降辅助架	实用新型	CN202221109051.4	2023.02.03	聊城大学	斯日古楞
	一种萨克斯样式改装套件	实用新型	CN202222994042.4	2023.03.21	深圳市大科智能有限公司	赵科研
	萨克斯笛头卡子（金属）	外观设计	CN202230874882.X	2023.04.07	郭翠梅	郭翠梅
	一种鱿鱼形状的萨克斯笛头	实用新型	CN202222935633.4	2023.04.07	刘宇惠	刘宇惠
	一种中音直管萨克斯	实用新型	CN202222968887.6	2023.04.07	河北华声乐器制造有限公司	张立国；张立根；张红梅；王青；王成；孟凡丽
	萨克斯支架	外观设计	CN202230725499.8	2023.04.07	余勇干	余勇干
	萨克斯（弯管）	外观设计	CN202330015187.2	2023.04.11	连云港雅泽文化传播有限公司	周伟亮；高燕
	萨克斯（直管）	外观设计	CN202330014664.3	2023.04.11	连云港雅泽文化传播有限公司	周伟亮；高燕
	降半音萨克斯笛头	外观设计	CN202230811335.7	2023.04.25	陈国经	陈国经
	一种萨克斯抽屉式折叠支架	实用新型	CN202120703071.3	2023.05.16	张连顺	张连顺

续表

类别	名称	专利类型	申请（专利）号	公开（公告）日	申请（专利权）人	发明（设计）人
萨克斯	双向可调萨克斯按键	实用新型	CN202122878151.5	2023.05.16	陈鹏	陈鹏
	萨克斯螺旋式弱音器	实用新型	CN202222458018.9	2023.05.23	钱廷玉	钱廷玉
	用于支撑萨克斯管的装置萨克斯风支持装置	发明专利	CN201980005791.8	2023.05.26	马特奥·格拉尼奇	马特奥·格拉尼奇；格兰尼克马提欧
	折叠式萨克斯吊带	实用新型	CN202320493259.9	2023.07.18	天津庆泽乐器配件厂	宋清友；宋景刚
	萨克斯笛头哨卡	外观设计	CN202330145624.2	2023.07.18	解承亮	解承亮
	萨克斯指法练习器	外观设计	CN202330199473.9	2023.07.18	龙口特达经贸有限公司	刁树桥
	一种萨克斯指法练习器	实用新型	CN202320861079.1	2023.08.01	龙口特达经贸有限公司	刁树桥
	一种可拆卸便携式萨克斯支架	实用新型	CN202223403169.0	2023.08.08	余勇干	余勇干
	萨克斯演奏家玻璃杯	外观设计	CN202230648448.X	2023.08.08	纪智坤	纪智坤
	萨克斯（山海经乐器）	外观设计	CN202330247778.2	2023.08.22	深圳职业技术学院	杨爱君
	一种萨克斯喇叭口卷边结构	实用新型	CN202320858082.8	2023.10.03	嘉华乐器（嘉善）有限公司	徐海霞
	萨克斯大身铣孔去毛刺一体机	发明专利	CN201711412638.6	2023.11.07	天津市津宝乐器有限公司	李波
	萨克斯喇叭口的外表面打磨设备	发明专利	CN202311127349.7	2023.11.07	烟台黄金职业学院	姜晓
	一种新型萨克斯箱包	实用新型	CN202321404284.1	2023.11.17	胡安扬	胡安扬；陈展；赵冬梅
	一种萨克斯哨片箍	实用新型	CN202321261024.3	2023.12.12	南京师范大学	兰少广
	一种萨克斯风的音孔盖结构	实用新型	CN202321581978.2	2023.12.19	高孚嘉	高孚嘉；周勇
琵琶	五弦琵琶	外观设计	CN202230667620.6	2023.01.31	刘展	刘展
	练指琵琶	外观设计	CN202230311190.4	2023.01.31	石水珍	石水珍；项群华
	一种简易型初级琵琶	实用新型	CN202222456610.5	2023.01.31	林瑶	林瑶
	曲项琵琶	外观设计	CN202230372254.1	2023.02.17	西安音乐学院	赵张斌；张志强；高纯华
	带音隧琵琶	实用新型	CN202021678967.2	2023.03.10	苏州礼乐乐器股份有限公司	金海鸥；吴念博；何新喜；朱信智；李碧英；杨萍
	双音梁琵琶	实用新型	CN202021678756.9	2023.03.10	苏州礼乐乐器股份有限公司	金海鸥；吴念博；何新喜；朱信智；李碧英；杨萍
	儿童琵琶	外观设计	CN202230862285.5	2023.04.11	北京天昱文化发展有限公司	方思国
	琵琶弦柱	外观设计	CN202230835463.5	2023.04.25	任宏	任宏
	琵琶支架	外观设计	CN202230758688.5	2023.04.28	赣州市美加好木业有限公司	朱帆

续表

类别	名称	专利类型	申请（专利）号	公开（公告）日	申请（专利权）人	发明（设计）人
琵琶	一种可调节的琵琶	实用新型	CN202223423914.8	2023.05.09	王超慧	王超慧
	琵琶	外观设计	CN202130660636.X	2023.05.12	杨永康	杨永康
	一种用于琵琶练习的方便移动式辅助装置	实用新型	CN202122210148.6	2023.06.20	郑州财税金融职业学院	安艺；景晓悦；任双；王可
	一种可拆卸式琵琶	实用新型	CN202223423996.6	2023.06.23	王超慧	王超慧
	琵琶（满堂红韵）	外观设计	CN202230822597.3	2023.06.30	上海民族乐器一厂有限公司	周力；黄小明
	琵琶（浩瀚星河）	外观设计	CN202230822559.8	2023.06.30	上海民族乐器一厂有限公司	钱冰菁
	琵琶（盛唐韵彩）	外观设计	CN202230822560.0	2023.06.30	上海民族乐器一厂有限公司	吴姝蓉
	琵琶（鸿鹄高飞）	外观设计	CN202230822516.X	2023.06.30	上海民族乐器一厂有限公司	钱冰菁
	琵琶（锦花烂漫）	外观设计	CN202230822514.0	2023.06.30	上海民族乐器一厂有限公司	薛蕴思
	琵琶（唐风雅韵）	外观设计	CN202230822508.5	2023.06.30	上海民族乐器一厂有限公司	王琳琳
	琵琶（碧翎翠羽）	外观设计	CN202230822482.4	2023.06.30	上海民族乐器一厂有限公司	曹含英
	琵琶（生机秀逸）	外观设计	CN202230822465.0	2023.06.30	上海民族乐器一厂有限公司	吴姝蓉
	琵琶（三只小熊）	外观设计	CN202230822473.5	2023.06.30	上海民族乐器一厂有限公司	曹含英
	琵琶（浮光跃金）	外观设计	CN202230822471.6	2023.06.30	上海民族乐器一厂有限公司	吴姝蓉
	琵琶（五彩雀屏）	外观设计	CN202230822496.6	2023.06.30	上海民族乐器一厂有限公司	钱冰菁
	琵琶（筠雅藏真）	外观设计	CN202230822493.2	2023.06.30	上海民族乐器一厂有限公司	王琳琳
	琵琶（火红天竺）	外观设计	CN202230822463.1	2023.06.30	上海民族乐器一厂有限公司	吴姝蓉
	琵琶（蛱蝶戏舞）	外观设计	CN202230822614.3	2023.06.30	上海民族乐器一厂有限公司	钱冰菁
	琵琶（锦绣山河）	外观设计	CN202230822613.9	2023.06.30	上海民族乐器一厂有限公司	钱冰菁；翁纪军
	琵琶（金桂结香）	外观设计	CN202230822600.1	2023.06.30	上海民族乐器一厂有限公司	薛蕴思
	一种琵琶用变调辅助结构	实用新型	CN202223258353.0	2023.08.01	宋薇	宋薇；尚涛
	琵琶包	外观设计	CN202330118673.7	2023.08.25	高碑店市金川乐器箱包制造有限责任公司	李金祥
	一种用于琵琶的活动品安装结构	实用新型	CN202223457815.1	2023.08.29	宋薇	宋薇；尚涛
	一种用于琵琶音色变化的金属件	实用新型	CN202320084550.0	2023.08.29	宋薇	宋薇；尚涛
	琵琶（哈斯塔尔乐器）	外观设计	CN202330200285.3	2023.09.22	艾尼买买提	艾尼买买提
	琵琶（海浪）	外观设计	CN202330190243.6	2023.10.27	乐海乐器有限公司	宋营彬；许敏晓；沈正国；宋劲辉
	琵琶（玉璧）	外观设计	CN202330190244.0	2023.10.27	乐海乐器有限公司	宋营彬；许敏晓；沈正国；宋劲辉
	一种便携式琵琶练习器	实用新型	CN202321570575.8	2023.11.24	华东师范大学	李清阳；程雨阳；杨方圆；王鉴纯；邓立雯

续表

类别	名称	专利类型	申请（专利）号	公开（公告）日	申请（专利权）人	发明（设计）人
琵琶	低音琵琶	外观设计	CN202330504446.8	2023.12.15	北京韵源天地文化有限公司	杨靖；曹卫东
	具有练习指示功能的琵琶	实用新型	CN202321811067.4	2023.12.19	浙江财经大学	鲁娜
	琵琶包	外观设计	CN202330375831.7	2023.12.19	高碑店市金川乐器箱包制造有限责任公司	李金祥
古琴	一种改良的古琴	实用新型	CN202222522730.0	2023.01.17	江志明	江志明；江璇
	古琴桌	发明专利	CN201911299126.2	2023.01.24	湖北丝音科技有限公司	程瑜锋；王乔
	一种便于拾音的古琴	实用新型	CN202220886862.9	2023.01.31	陈乃峰	陈乃峰
	一种古琴弹奏用桌面支撑结构的加工用装置	发明专利	CN202210678729.9	2023.02.21	汨罗市华雅工艺美术品有限公司	苏文胜
	多元素采样噪声屏蔽质感补偿声场重合古琴增音琴台	发明专利	CN201710466944.1	2023.02.28	鲁润泽；林瑾；张风琴	鲁润泽
	古琴	外观设计	CN202230694871.3	2023.02.28	阳江职业技术学院	黄文通
	带音隧古琴	实用新型	CN202021679276.4	2023.03.10	苏州礼乐乐器股份有限公司	金海鸥；吴念博；何新喜；朱信智；李碧英；杨萍
	一种可独立调弦的古琴雁足	实用新型	CN202221923138.5	2023.03.14	青岛市崂山派古琴研究会	蔺学杰
	双音梁古琴	实用新型	CN202021679328.8	2023.03.14	苏州礼乐乐器股份有限公司	金海鸥；吴念博；何新喜；朱信智；李碧英；杨萍
	一种古琴包	实用新型	CN202222772975.9	2023.04.07	潘洪泉	潘洪泉
	一种古琴保湿膏的涂抹器	实用新型	CN202222776317.7	2023.04.07	潘洪泉	潘洪泉
	古琴（虞舜式）	外观设计	CN202230753279.6	2023.04.18	李加涛	李加涛
	古琴合琴靠板	实用新型	CN202223287703.6	2023.04.18	北京太和坊文化传播有限公司	孔德辉
	古琴	实用新型	CN202223496467.9	2023.04.25	李仝	李仝；李源鏸
	一种古琴琴弦安装方法	发明专利	CN201710258380.2	2023.05.23	杨致俭	杨致俭
	古琴（三秀式）	外观设计	CN202330108684.7	2023.05.23	南京交通职业技术学院	孙成东；李大伟
	古琴（焦尾式）	外观设计	CN202230854813.2	2023.05.23	袁野；赵鸿磊；徐雪莲	袁野；赵鸿磊；徐雪莲
	古琴	外观设计	CN202330029335.6	2023.05.26	山东儒释说文化创意有限公司	张焱
	古琴面板弧度造型尺	外观设计	CN202330184847.X	2023.06.13	北京太和坊文化传播有限公司	孔德辉
	古琴（绿绮）	外观设计	CN202330121301.X	2023.06.13	江苏唐人琴文化科技集团有限公司	王玉鹏
	古琴面板弧度造型尺	外观设计	CN202230823343.3	2023.06.13	北京太和坊文化传播有限公司	孔德辉

续表

类别	名称	专利类型	申请（专利）号	公开（公告）日	申请（专利权）人	发明（设计）人
古琴	一种便于调节的古琴雁足及古琴	实用新型	CN202221454385.5	2023.06.16	鞠小萌	周季；李媛；鞠小萌
	古琴（云和式/亚额式/伏羲式）	外观设计	CN202330108778.4	2023.06.20	南京交通职业技术学院	孙成东；李大伟
	古琴护理膏盒	外观设计	CN202330137473.6	2023.06.23	陈萍	陈萍
	琴（郭店楚式七弦琴）	外观设计	CN202230793066.6	2023.07.04	长江大学	杨蓉；李洲武；张贝贝
	用于优化音质的流线型古琴腹腔结构	发明专利	CN201710318870.7	2023.07.07	杨致俭	杨致俭
	古琴底板加强结构	发明专利	CN201710318450.9	2023.07.07	杨致俭	杨致俭
	一种古琴	实用新型	CN202223604514.7	2023.07.28	张学武	张学武
	古琴煞音检测装置以及试音方法	发明专利	CN201710322560.2	2023.08.01	杨致俭	杨致俭
	古琴面板三维曲面结构	发明专利	CN201710250040.5	2023.08.04	杨致俭	杨致俭
	一种生成可视化古琴琴谱的方法、装置及存储介质	发明专利	CN202010737051.8	2023.08.08	张驰	张驰
	一种古琴硅胶防滑垫	实用新型	CN202222725467.5	2023.08.22	上海圣弦琴业有限公司	刘蓓莹
	一种古琴琴轸	实用新型	CN202320009970.2	2023.08.22	上海乐圣乐器有限公司	吴荣平；胡丹越
	古琴（荷叶式）	外观设计	CN202330311707.4	2023.09.12	白景亮	白景亮
	古琴（崇岩式“剑胆琴心”）	外观设计	CN202330289776.X	2023.09.22	洪崇岩	洪崇岩
	一种古琴面板和古琴底板	实用新型	CN202321260304.2	2023.10.20	昆明市五华区牧雨琴行	杨晓明
	古琴（如意式）	外观设计	CN202330387183.7	2023.11.07	潍坊工程职业学院	肖明胜；冯亚男
	一种古琴掏膛加工用定位防护装置	实用新型	CN202321368501.6	2023.11.24	广州市聚欣盈复合材料科技股份有限公司	蔡骥；曾勇；胡海宾；马伟
	古琴（剑形）	外观设计	CN202330343721.2	2023.11.28	赵慧敏	赵慧敏
	古琴（崇岩式“莲品禅意”）	外观设计	CN202330285498.0	2023.12.01	洪崇岩	洪崇岩
	一种古琴雁足	实用新型	CN202320310896.8	2023.12.15	杨晓明	杨晓明
	一种古琴加工用铲刀	实用新型	CN202321461512.9	2023.12.15	薛迦莹	薛迦莹；陆长超；陈上渊
	一种古琴	实用新型	CN202321512989.5	2023.12.19	陆长超	陆长超
筝	古筝	外观设计	CN202230640215.5	2023.01.03	平湖市驰新塑胶有限公司	张学东
	古筝支架（云水禅架）	外观设计	CN202230507672.7	2023.01.03	扬州金韵乐器御工坊有限公司	薛磊
	一种具有快调和微调功能的古筝调音扳手	实用新型	CN202220710810.6	2023.01.03	宁夏大学	曹茗茗
	一种低音轧筝	实用新型	CN202222577103.7	2023.01.03	田步高；田泉；郭悦	田步高；田泉；郭悦

续表

类别	名称	专利类型	申请（专利）号	公开（公告）日	申请（专利权）人	发明（设计）人
筝	古筝（如丝如画–银河灰）	外观设计	CN202230677655.8	2023.01.10	炫音文化创意（东莞）有限公司	莫伟梁；吴梓澄；黄永杰
	古筝（如珠如宝）	外观设计	CN202230669135.2	2023.01.10	炫音文化创意（东莞）有限公司	莫伟梁；吴梓澄；黄永杰
	古筝支架	外观设计	CN202230685026.X	2023.01.24	许静	许静
	古筝（耄耋童心梁祝款）	外观设计	CN202230638162.3	2023.01.24	上海民族乐器一厂有限公司	钱铁士；钱冰菁
	古筝（耄耋童心茉莉花开款）	外观设计	CN202230638161.9	2023.01.24	上海民族乐器一厂有限公司	钱铁士；王琳琳
	基于近红外线结构光的古筝琴弦定位模具视觉检测方法	发明专利	CN202211130230.0	2023.01.31	扬州金韵乐器御工坊有限公司	熊立群；薛磊；吴开平；熊颖
	古筝（1）	外观设计	CN202230696156.3	2023.02.10	马欢	马欢
	古筝（2）	外观设计	CN202230696122.4	2023.02.10	马欢	马欢
	带古筝培训图形用户界面的显示屏幕面板	外观设计	CN202230676978.5	2023.02.21	唐美珍	唐美珍
	古筝（一念）	外观设计	CN202230809315.6	2023.02.24	李青阳	李青阳
	古筝（繁华如梦）	外观设计	CN202230807720.4	2023.02.24	李青阳	李青阳
	古筝（贝雕荷花）	外观设计	CN202230807715.3	2023.02.24	李青阳	李青阳
	古筝琵琶指甲收纳板（窗花）	外观设计	CN202230719215.4	2023.02.28	周晶	周晶
	古筝支架	外观设计	CN202230595106.6	2023.02.28	余勇干	余勇干
	古筝负重器	外观设计	CN202230582739.3	2023.02.28	徐健	徐健
	古筝挂钩	外观设计	CN202230708835.8	2023.03.03	深圳市酷乐窝科技有限公司	邓赣显
	古筝支架	外观设计	CN202230732837.0	2023.03.10	蒙桂英	蒙桂英
	双音梁古筝	实用新型	CN202021678799.7	2023.03.10	苏州礼乐乐器股份有限公司	金海鸥；吴念博；何新喜；朱信智；李碧英；杨萍
	带音隧日本筝	实用新型	CN202021679330.5	2023.03.10	苏州礼乐乐器股份有限公司	金海鸥；吴念博；何新喜；朱信智；李碧英；杨萍
	双音梁日本筝	实用新型	CN202021678867.X	2023.03.10	苏州礼乐乐器股份有限公司	金海鸥；吴念博；何新喜；朱信智；李碧英；杨萍
	带音隧古筝	实用新型	CN202021679237.4	2023.03.14	苏州礼乐乐器股份有限公司	金海鸥；吴念博；何新喜；朱信智；李碧英；杨萍
	凤首低音拉筝	实用新型	CN202121375629.6	2023.03.14	田步高	田步高；田泉；郭悦
	古筝（大四段）	外观设计	CN202230827606.8	2023.03.17	南京圣聆乐器有限公司	王海庚

续表

类别	名称	专利类型	申请（专利）号	公开（公告）日	申请（专利权）人	发明（设计）人
筝	古筝指甲	外观设计	CN202230821991.5	2023.03.17	潘娣	潘娣
	古筝	外观设计	CN202230714559.6	2023.03.17	刘宁	刘宁
	古筝练指手套掌心模型	外观设计	CN202230753363.8	2023.03.21	青岛茂林科国际商贸有限公司	沈青
	一种多功能古筝支撑架及其使用方法	发明专利	CN201911163601.3	2023.03.31	阜阳师范大学	张静嘉；宋延雷
	古筝（小四段）	外观设计	CN202230828235.5	2023.03.31	南京圣聆乐器有限公司	王海庚
	古筝转调轮	发明专利	CN201910085023.X	2023.04.07	郭雅志	郭雅志
	一种多功能古筝板式筝架	实用新型	CN202221948149.9	2023.04.11	西安音乐学院乐器厂	张小东；赵张斌；陈强强
	古筝（09A铜车马）	外观设计	CN202230482044.8	2023.04.11	西安音乐学院乐器厂	张小东；赵张斌；陈强强
	古筝（大三段）	外观设计	CN202230848459.2	2023.04.11	南京圣聆乐器有限公司	王海庚
	一种新型古筝转调三槽琴码	实用新型	CN202223237089.2	2023.04.11	北京多音文化传播有限公司	郭雅志
	古筝（如意）	外观设计	CN202330019192.0	2023.04.11	魏劲之	魏劲之
	古筝筝脚（云水）	外观设计	CN202230742728.7	2023.04.14	扬州金韵乐器御工坊有限公司	熊立群；薛磊；吴开平
	古筝调音器	外观设计	CN202230755169.3	2023.04.14	刘彦彤	刘彦彤
	一种古筝的自动调音和转调装置	发明专利	CN201911163885.6	2023.04.18	阜阳师范大学	张静嘉；宋延雷
	机械节拍器（古筝）	外观设计	CN202230629491.1	2023.04.18	黎娟秀	黎娟秀
	古筝（水墨丹青）	外观设计	CN202330005627.6	2023.04.28	李青阳	李青阳
	古筝（荷塘月色）	外观设计	CN202330001499.8	2023.04.28	李青阳	李青阳
	古筝	外观设计	CN202330026697.X	2023.05.02	山东儒释说文化创意有限公司	张焱
	一种古筝均匀烘烤面板装置	实用新型	CN202223088505.7	2023.05.12	河南中艺乐器有限公司	徐卫彪
	拨片（古筝）	外观设计	CN202230842174.8	2023.05.16	秦皇岛市吾筝教育科技有限公司	李君
	一种古筝面板花纹加工模具	实用新型	CN202223195152.0	2023.05.16	河南中艺乐器有限公司	徐卫彪
	一种筝码及古筝	实用新型	CN202222557298.9	2023.05.23	北京晨语筝业教育科技有限公司	李君
	古筝（竹）	外观设计	CN202330075022.4	2023.05.26	蔡红丽	蔡红丽
	古筝（梅花）	外观设计	CN202330075021.X	2023.05.26	蔡红丽	蔡红丽
	古筝弱音带	外观设计	CN202230759913.7	2023.06.02	刘玉平	刘玉平
	共用卡宏鼓共鸣箱的新型古筝	实用新型	CN202220841944.1	2023.06.06	江门市第一中学	罗逸琳；张海莲

续表

类别	名称	专利类型	申请（专利）号	公开（公告）日	申请（专利权）人	发明（设计）人
筝	古筝支架	外观设计	CN202330111233.9	2023.06.06	河南豫乐佳音文化科技有限公司	潘仲文；王福；潘海伟；常建国
	一种古筝面板成型机	发明专利	CN202210525223.4	2023.06.09	扬州金韵乐器御工坊有限公司	熊立群；薛磊；吴开平；李宏伟；王荣发
	古筝静音条（二合一）	外观设计	CN202330060467.5	2023.06.09	刘伟平	刘伟平
	一种带有古筝气眼的古筝扳手	实用新型	CN202223501037.1	2023.06.13	邵柯杰；程薛颖；肖智文；王芳艺	邵柯杰；程薛颖；肖智文；王芳艺
	古筝（如意）	外观设计	CN202330048068.7	2023.06.16	扬州市泓音文化发展有限公司	贾照；孙永文
	古筝（青丝）	外观设计	CN202330048066.8	2023.06.16	扬州市泓音文化发展有限公司	贾照；孙永文
	一种组合筝	实用新型	CN202223374498.7	2023.06.23	河南豫乐佳音文化科技有限公司	王福；潘海伟；潘仲文；常建国
	一种降低局促感的古筝支架	实用新型	CN202222831696.5	2023.06.23	郑州大学	邵新媛
	一种便携式少弦16弦小古筝	实用新型	CN202320070146.8	2023.06.27	南京汉小朕商贸有限公司	史健
	小筝（敦敦）	外观设计	CN202230825059.X	2023.06.30	上海民族乐器一厂有限公司	吴姝蓉
	古筝（群芳华贵）	外观设计	CN202230825040.5	2023.06.30	上海民族乐器一厂有限公司	王琳琳
	古筝（生机秀逸）	外观设计	CN202230825048.1	2023.06.30	上海民族乐器一厂有限公司	吴姝蓉
	古筝（金桂结香）	外观设计	CN202230825110.7	2023.06.30	上海民族乐器一厂有限公司	薛蕴思
	古筝（自然物语）	外观设计	CN202230825112.6	2023.06.30	上海民族乐器一厂有限公司	王传赡
	古筝（锦绣山河）	外观设计	CN202230825111.1	2023.06.30	上海民族乐器一厂有限公司	钱冰菁；翁纪军
	古筝（虎游太空）	外观设计	CN202230825113.0	2023.06.30	上海民族乐器一厂有限公司	聂草根
	古筝（花间流萤）	外观设计	CN202230825104.1	2023.06.30	上海民族乐器一厂有限公司	薛蕴思
	古筝（漫天星宇）	外观设计	CN202230825107.5	2023.06.30	上海民族乐器一厂有限公司	曹含英
	古筝（林中孔雀）	外观设计	CN202230825109.4	2023.06.30	上海民族乐器一厂有限公司	薛蕴思
	古筝（凌波独红）	外观设计	CN202230825108.X	2023.06.30	上海民族乐器一厂有限公司	王传赡
	古筝（双灵共生熊猫）	外观设计	CN202230825100.3	2023.06.30	上海民族乐器一厂有限公司	王传赡
	古筝（蛱蝶戏舞）	外观设计	CN202230825103.7	2023.06.30	上海民族乐器一厂有限公司	钱冰菁
	古筝（锦绣盛世）	外观设计	CN202230825102.2	2023.06.30	上海民族乐器一厂有限公司	钱冰菁；翁纪军
	古筝（飞鸟丛林）	外观设计	CN202230825130.4	2023.06.30	上海民族乐器一厂有限公司	聂草根
	古筝（百合窈影）	外观设计	CN202230825136.1	2023.06.30	上海民族乐器一厂有限公司	周力；黄小明
	古筝（华羽金翠）	外观设计	CN202230825126.8	2023.06.30	上海民族乐器一厂有限公司	钱冰菁
	古筝（孤芳傲雪）	外观设计	CN202230825128.7	2023.06.30	上海民族乐器一厂有限公司	聂草根
	古筝（鸿运当头）	外观设计	CN202230825121.5	2023.06.30	上海民族乐器一厂有限公司	薛蕴思

续表

类别	名称	专利类型	申请（专利）号	公开（公告）日	申请（专利权）人	发明（设计）人
筝	古筝（潮升鲸起）	外观设计	CN202230825122.X	2023.06.30	上海民族乐器一厂有限公司	薛蕴思
	一种古筝手型矫正器	实用新型	CN202223249001.9	2023.06.30	朱建钰	朱建钰
	古筝（芳兰飘香）	外观设计	CN202230825071.0	2023.06.30	上海民族乐器一厂有限公司	吴姝蓉
	古筝（霜序秋菊）	外观设计	CN202230825072.5	2023.06.30	上海民族乐器一厂有限公司	曹含英
	古筝（敦煌之音）	外观设计	CN202230825075.9	2023.06.30	上海民族乐器一厂有限公司	曹含英
	古筝（乐上梅梢）	外观设计	CN202230825077.8	2023.06.30	上海民族乐器一厂有限公司	吴姝蓉
	古筝（露月芙蓉）	外观设计	CN202230825076.3	2023.06.30	上海民族乐器一厂有限公司	曹含英
	古筝（春和景明）	外观设计	CN202230825079.7	2023.06.30	上海民族乐器一厂有限公司	周力；翁纪军
	古筝（吉瑞祥乐）	外观设计	CN202230825078.2	2023.06.30	上海民族乐器一厂有限公司	吴姝蓉
	古筝（筠雅藏真）	外观设计	CN202230825060.2	2023.06.30	上海民族乐器一厂有限公司	王琳琳
	古筝（御鉴斗彩）	外观设计	CN202230825062.1	2023.06.30	上海民族乐器一厂有限公司	曹含英
	古筝（玉兔探空）	外观设计	CN202230825066.X	2023.06.30	上海民族乐器一厂有限公司	王琳琳
	古筝（盛唐韵彩）	外观设计	CN202230825065.5	2023.06.30	上海民族乐器一厂有限公司	吴姝蓉
	古筝（散花飘落）	外观设计	CN202230825068.9	2023.06.30	上海民族乐器一厂有限公司	吴姝蓉
	古筝（玉瓣乔木）	外观设计	CN202230825067.4	2023.06.30	上海民族乐器一厂有限公司	曹含英
	古筝（拼花谱韵）	外观设计	CN202230825090.3	2023.06.30	上海民族乐器一厂有限公司	聂草根
	古筝（彤云泛枝）	外观设计	CN202230825092.2	2023.06.30	上海民族乐器一厂有限公司	王传赡
	古筝（盛唐雅歌）	外观设计	CN202230825095.6	2023.06.30	上海民族乐器一厂有限公司	聂草根
	古筝（朵朵花浪）	外观设计	CN202230825097.5	2023.06.30	上海民族乐器一厂有限公司	吴姝蓉
	古筝（夏日榴恋）	外观设计	CN202230825099.4	2023.06.30	上海民族乐器一厂有限公司	聂草根
	短筝（唐风雅韵135）	外观设计	CN202230825098.X	2023.06.30	上海民族乐器一厂有限公司	王琳琳
	古筝（白头傲雪）	外观设计	CN202230825080.X	2023.06.30	上海民族乐器一厂有限公司	曹含英
	古筝（秋藏逸趣）	外观设计	CN202230825082.9	2023.06.30	上海民族乐器一厂有限公司	王琳琳
	古筝（唐风雅韵）	外观设计	CN202230825081.4	2023.06.30	上海民族乐器一厂有限公司	王琳琳
	古筝（海贝拾趣）	外观设计	CN202230825083.3	2023.06.30	上海民族乐器一厂有限公司	王琳琳
	古筝（万福绵长）	外观设计	CN202230825085.2	2023.06.30	上海民族乐器一厂有限公司	曹含英
	古筝（桃红春意）	外观设计	CN202230825087.1	2023.06.30	上海民族乐器一厂有限公司	王琳琳
	古筝（双灵共生虎鲸）	外观设计	CN202230825089.0	2023.06.30	上海民族乐器一厂有限公司	王传赡
	钢丝筝（潮州）	外观设计	CN202330118798.X	2023.07.04	扬州金韵乐器御工坊有限公司	熊颖；吴开平；薛磊；李浦江；李宏伟；王荣发；孙荣庆；郑伟；潘义；严婷婷；林春娇

续表

类别	名称	专利类型	申请（专利）号	公开（公告）日	申请（专利权）人	发明（设计）人
筝	一种具有调音功能的古筝放置架	发明专利	CN202110036964.1	2023.07.07	九江学院	余宁春
	短筝（盛唐韵彩100）	外观设计	CN202230825086.7	2023.07.14	上海民族乐器一厂有限公司	吴姝蓉
	一种组合式古筝	实用新型	CN202320527597.X	2023.07.18	兰考县华韵乐器有限公司	徐振威
	一种古筝双边铣削调控固定装置	实用新型	CN202320758853.6	2023.07.25	兰考桐韵民族乐器有限公司	袁玉则；付凯杰；柳龙飞
	一种二十一弦古筝抬弦转调装置	发明专利	CN202110639999.4	2023.08.01	平顶山学院	魏波；马珊珊
	一种容纳古筝的箱包	实用新型	CN202320203793.1	2023.08.01	西安音乐学院乐器厂	陈强强；张小东；赵张斌
	古筝（筝鸣飘雪）	外观设计	CN202230482045.2	2023.08.01	西安音乐学院乐器厂	张小东；赵张斌；陈强强
	一种便于固定的古筝静音条	实用新型	CN202223294550.8	2023.08.04	王星懿	王星懿
	一种脚踏式翻页古筝乐谱架	实用新型	CN202221047255.X	2023.08.04	卢承志	卢承志；卢心砚
	一种古筝面板加工切割装置	实用新型	CN202320203604.0	2023.08.04	西安音乐学院乐器厂	陈强强；张小东；赵张斌
	古筝（荷塘清趣）	外观设计	CN202230714348.2	2023.08.08	杭州珞音乐器有限公司	范胜军
	一种古筝支架	实用新型	CN202223186143.5	2023.08.15	陆姿睿	陆姿睿；陆江山
	一种用于前期鉴别古筝音色的组合架	实用新型	CN202320414373.8	2023.08.18	贾洪流	贾洪流
	鱼筝	外观设计	CN202230781712.7	2023.08.18	河南豫乐佳音文化科技有限公司	王福；潘海伟；潘仲文；常建国
	一种古筝用的调音装置	实用新型	CN202320480508.0	2023.08.18	郑州大学	邵新媛
	古筝（山海经乐器）	外观设计	CN202330247777.8	2023.08.22	深圳职业技术学院	杨爱君
	古筝（蔷薇疏影）	外观设计	CN202330227234.X	2023.08.29	乐海乐器有限公司	宋营彬；许敏晓；宋少康；沈正国
	古筝（雪山春晓）	外观设计	CN202330227233.5	2023.08.29	乐海乐器有限公司	宋少康；许敏晓；宋营彬；沈正国
	一种古筝琴弦换弦辅助穿孔装置	实用新型	CN202320401726.0	2023.09.01	哈尔滨幼儿师范高等专科学校	周博；钟超；章晔
	一种具有防碰撞功能的古筝收纳装置	实用新型	CN202320818711.4	2023.09.05	东莞行知坊教育科技有限公司	肖波；张珂；柯招
	古筝	外观设计	CN202330154359.4	2023.09.08	张国民；张婧	张国民；张婧
	古筝架子	外观设计	CN202330303975.1	2023.09.08	汤少芬	汤少芬
	古筝	外观设计	CN202330303955.4	2023.09.08	汤少芬	汤少芬
	古筝（汴绣古筝）	外观设计	CN202330286396.0	2023.09.12	吴凤娟	吴凤娟

续表

类别	名称	专利类型	申请（专利）号	公开（公告）日	申请（专利权）人	发明（设计）人
筝	一种古筝的自动调音和转调装置	发明专利	CN201811463429.9	2023.09.19	咸阳师范学院	宋倩雯
	古筝（惊鸿）	外观设计	CN202330332422.9	2023.09.22	扬州市良匠古筝制作研究院有限公司	林加平；徐艳；陆盼盼；孔维
	古筝（星汉）	外观设计	CN202330332425.2	2023.09.22	扬州市良匠古筝制作研究院有限公司	林加平；徐艳；陆盼盼；孔维
	一种古筝侧板烘干固定架	实用新型	CN202321275165.0	2023.09.29	兰考桐韵民族乐器有限公司	袁玉则；付凯杰；柳龙飞
	古筝（扶光）	外观设计	CN202330332423.3	2023.09.29	扬州市良匠古筝制作研究院有限公司	林加平；徐艳；陆盼盼；孔维
	古筝（坤灵）	外观设计	CN202330332424.8	2023.09.29	扬州市良匠古筝制作研究院有限公司	林加平；徐艳；陆盼盼；孔维
	一种古筝立式支架	实用新型	CN202321279032.0	2023.10.03	赣州市美加好木业有限公司	朱帆
	一种新型的低音古筝	实用新型	CN202321283670.X	2023.10.13	朱浩	朱浩；刘煜辰；刘祎然
	古筝（鼓筝）	外观设计	CN202330358823.1	2023.10.17	河南豫乐佳音文化科技有限公司	潘仲文
	一种古筝弦眼钻孔设备工装	实用新型	CN202320203697.7	2023.10.24	西安朱雀乐器有限公司	陈强强；张小东；赵张斌
	一种双面竖筝	发明专利	CN201710333915.8	2023.10.24	张昌伦	张昌伦
	一种古筝烤面遮挡装置	实用新型	CN202321291314.2	2023.10.24	兰考桐韵民族乐器有限公司	袁玉则；付凯杰；柳龙飞
	一种古筝盒盖合页槽的开槽调节装置	实用新型	CN202321364882.0	2023.10.24	兰考桐韵民族乐器有限公司	袁玉则；付凯杰；柳龙飞
	一种古筝试音装置	实用新型	CN202320556257.X	2023.10.27	扬州金韵乐器御工坊有限公司	王荣发；熊立斌；熊颖；薛磊；吴开平；李宏伟；王学才；孙荣庆
	一种方便佩戴的古筝练习手型矫正器	实用新型	CN202222904634.2	2023.10.27	敖磊	敖磊
	一种古筝热压夹筝工装	实用新型	CN202320727864.8	2023.10.31	西安朱雀乐器有限公司	陈强强；张小东；赵张斌
	一种古筝底板开音孔装置	实用新型	CN202320648952.9	2023.10.31	西安朱雀乐器有限公司	张小东；陈强强；宁志远
	古筝面板防滑保护垫	实用新型	CN202321084507.0	2023.11.03	扬州金韵乐器御工坊有限公司	熊颖；薛磊；吴开平；李宏伟
	古筝指甲盒	外观设计	CN202330348850.0	2023.11.03	邢英博	邢英博

续表

类别	名称	专利类型	申请（专利）号	公开（公告）日	申请（专利权）人	发明（设计）人
筝	一种古筝岳山打磨装置	实用新型	CN202321665756.9	2023.11.03	兰考桐韵民族乐器有限公司	袁玉则；付凯杰；柳龙飞
	一种便于移动的古筝架	实用新型	CN202321264169.9	2023.11.03	海南桔子文化传媒有限公司	赵洁楠
	古筝展示架（圆融立式）	外观设计	CN202330338515.2	2023.11.10	扬州金韵乐器御工坊有限公司	熊立群；薛磊；熊颖；游爱华
	一种古筝面板表面花纹雕刻装置	实用新型	CN202321264179.2	2023.11.10	西安朱雀乐器有限公司	张小东；陈强强；宁志远
	一种古筝s弯一次成形装置	实用新型	CN202321264175.4	2023.11.10	西安朱雀乐器有限公司	张小东；陈强强；宁志远
	一种用于古筝面板蒸煮的装置	实用新型	CN202321264164.6	2023.11.10	西安朱雀乐器有限公司	张小东；陈强强；宁志远
	一种烤古筝面板幅度辅助装置	实用新型	CN202321565298.1	2023.11.14	河南上善乐器有限公司	张庆丽；杜鑫华
	一种古筝打磨除尘装置	实用新型	CN202321565293.9	2023.11.14	河南上善乐器有限公司	张庆丽；杜鑫华
	古筝架（立式移动可拆卸）	外观设计	CN202330299766.4	2023.11.17	海南桔子文化传媒有限公司	赵洁楠
	一种古筝指甲承装盒	实用新型	CN202321652267.X	2023.12.05	邢英博	邢英博
	古筝花板	外观设计	CN202330469147.5	2023.12.05	杜鑫华	杜鑫华
	一种古筝及其制作方法	发明专利	CN202011182356.3	2023.12.08	中昊乐器扬州有限公司	贾洪流
	古筝架	外观设计	CN202330460772.3	2023.12.12	肖勇	肖勇
	一种加工古筝面板下料装置	实用新型	CN202321937565.3	2023.12.15	兰考县韵音乐器有限公司	郭少云；张百森；郭凯
	一种古筝琴弦松紧调试装置	实用新型	CN202321857033.9	2023.12.19	河南上善乐器有限公司	张庆丽；杜鑫华
	一种多面古筝支架	实用新型	CN202321782693.5	2023.12.22	兰考桐韵民族乐器有限公司	袁玉则
	一种用于古筝生产的切割设备	实用新型	CN202321935800.3	2023.12.22	兰考县鸣韵乐器有限公司	徐会争；孔米鼎；闫卫磊；陈新兴
	一种弹拨类弦乐乐器拇指筝	实用新型	CN202321404341.6	2023.12.26	潘朝	潘朝
	一种古筝脚打磨装置	实用新型	CN202321735923.2	2023.12.29	河南上善乐器有限公司	张庆丽；杜鑫华
胡琴	一种二胡用便于加热的蒙皮装置	发明专利	CN202011496947.8	2023.01.06	钟敏霞	钟敏霞
	原木二胡（创意简化琴首）	外观设计	CN202230103795.4	2023.01.17	苏州吴音堂乐器有限公司	向帅镖；陆文忠
	多功能二胡千斤微调	外观设计	CN202230692686.0	2023.02.03	梁志辉	梁志辉
	二胡琴皮弱音减压器	实用新型	CN202222805255.8	2023.02.17	李志浩	李志浩
	二胡音窗	外观设计	CN202230821990.0	2023.02.28	李莉	李莉
	二胡音窗（花窗）	外观设计	CN202230802453.1	2023.03.10	山西枫韵乐器有限公司	郭建峰
	一种带有磁吸功能的胡琴	实用新型	CN202222389014.X	2023.03.10	黄自刚	黄自刚

续表

类别	名称	专利类型	申请（专利）号	公开（公告）日	申请（专利权）人	发明（设计）人
胡琴	带音隧三弦胡琴	实用新型	CN202021679055.7	2023.03.10	苏州礼乐乐器股份有限公司	金海鸥；吴念博；何新喜；朱信智；李碧英；杨萍
	双音梁三弦胡琴	实用新型	CN202021678922.5	2023.03.10	苏州礼乐乐器股份有限公司	金海鸥；吴念博；何新喜；朱信智；李碧英；杨萍
	板胡	外观设计	CN202230774722.8	2023.03.17	焦朝营	焦朝营
	二胡琴托组件	实用新型	CN202220800745.6	2023.03.21	黄河科技学院	胡宁；贾媛媛；铁静；石岩；蔡冉
	一种新型胡琴码	实用新型	CN202023268089.X	2023.03.21	朱观泉	朱观泉
	一种便于演奏的板胡	实用新型	CN202222848137.5	2023.03.31	乐海乐器有限公司	宋少康；陈莉芳；宋国宣；张艳雄
	一种改良二胡	实用新型	CN202222371073.4	2023.03.31	付晏铭	刘丹；付晏铭；郭旭莹；赵迪；霍云会；梁嘉航；华兴；张瑷麟；张兴；郭晨阳；龙万航
	二胡活动千斤	实用新型	CN202222506823.4	2023.04.07	连云港国音乐器有限公司	罗彩柱
	板胡配件（壳子1）	外观设计	CN202230645735.5	2023.04.07	张志刚	张志刚
	一种二胡结构	实用新型	CN202223109414.7	2023.04.07	孟萌	孟萌
	二胡千斤	外观设计	CN202330046993.6	2023.04.25	连云港国音乐器有限公司	罗彩柱
	二胡防滑垫	外观设计	CN202330051866.5	2023.04.28	连云港国音乐器有限公司	罗彩柱
	一种悬浮式移动千斤及设有悬浮千斤的胡琴	实用新型	CN202223373183.0	2023.05.02	张志建	张志建
	一种高精度二胡变调器	实用新型	CN202221310499.2	2023.05.05	卢国林	卢国林
	一种一体式青瓷京胡	实用新型	CN202222049418.4	2023.05.05	丽水学院	林梓
	具有内外弦独立千斤的二胡	实用新型	CN202320114248.5	2023.05.09	李辉	李辉
	二胡	外观设计	CN202230874073.9	2023.05.23	胡新民；胡云翔	胡新民；胡云翔
	二胡琴轴固定器	实用新型	CN202223457816.6	2023.05.26	魏希航	魏希航
	板胡（直项式韵和）	外观设计	CN202330025243.0	2023.05.26	乐海乐器有限公司	陈莉芳；宋少康；刘佳佳
	板胡（凤尾式韵和）	外观设计	CN202330025241.1	2023.05.26	乐海乐器有限公司	陈莉芳；宋少康；刘佳佳
	一种乐器二胡转调罗盘	实用新型	CN202222840651.4	2023.06.02	叶太海	叶太海
	二胡	外观设计	CN202330027036.9	2023.06.02	山东儒释说文化创意有限公司	张焱

续表

类别	名称	专利类型	申请（专利）号	公开（公告）日	申请（专利权）人	发明（设计）人
胡琴	一种二胡调音皮卡	实用新型	CN202223478124.X	2023.06.02	庞敏	庞敏；唐衡
	一种胡琴平直运弓辅助器	实用新型	CN202222688142.4	2023.06.06	农继存	农继存
	二胡音准定位器	实用新型	CN202223457170.1	2023.06.13	魏希航	魏希航；周少华
	一种新型板胡	实用新型	CN202223405581.6	2023.06.16	张志刚	张志刚
	一种二胡指位定位器	实用新型	CN202223477625.6	2023.06.20	庞敏	庞敏；唐衡
	二胡（锦绣山河）	外观设计	CN202230822592.0	2023.06.30	上海民族乐器一厂有限公司	钱冰菁；翁纪军
	二胡（迢迢星河）	外观设计	CN202230823475.6	2023.06.30	上海民族乐器一厂有限公司	薛蕴思
	二胡腰托	外观设计	CN202330156196.3	2023.06.30	辽阳职业技术学院	庞惠元；李博杨；杨岩；赵芳
	二胡（盛唐韵彩）	外观设计	CN202230822557.9	2023.06.30	上海民族乐器一厂有限公司	吴姝蓉
	二胡（海贝拾趣）	外观设计	CN202230822556.4	2023.06.30	上海民族乐器一厂有限公司	王琳琳
	二胡（腾焰飞芒）	外观设计	CN202230822568.7	2023.06.30	上海民族乐器一厂有限公司	王传赡
	二胡（盛唐风华）	外观设计	CN202230822570.4	2023.06.30	上海民族乐器一厂有限公司	王传赡
	二胡（皎皎玉兰）	外观设计	CN202230822506.6	2023.06.30	上海民族乐器一厂有限公司	周力；黄小明
	二胡（金桂结香）	外观设计	CN202230822500.9	2023.06.30	上海民族乐器一厂有限公司	薛蕴思
	二胡（唐风雅韵）	外观设计	CN202230822483.9	2023.06.30	上海民族乐器一厂有限公司	王琳琳
	二胡（蛱蝶戏舞）	外观设计	CN202230822491.3	2023.06.30	上海民族乐器一厂有限公司	钱冰菁
	二胡（万福绵长）	外观设计	CN202230822462.7	2023.06.30	上海民族乐器一厂有限公司	曹含英
	二胡（御鉴斗彩）	外观设计	CN202230822450.4	2023.06.30	上海民族乐器一厂有限公司	吴姝蓉
	一种便于清理的锡胡用清灰装置	实用新型	CN202320702866.1	2023.07.04	丹阳市赵氏二胡有限公司	赵军；王玉芳；眭杰
	一种增强音效的二胡	实用新型	CN202223263616.7	2023.07.14	苏州丁家彭文化艺术传播有限公司	丁胜
	板胡（龙首式韵和）	外观设计	CN202330025242.6	2023.07.25	乐海乐器有限公司	陈莉芳；宋少康；刘佳佳
	一种二胡琴弦微调器	实用新型	CN202320239922.2	2023.08.18	南昌工学院	徐少红
	一种具有安全防护功能的二胡烫皮装置	发明专利	CN202010167974.4	2023.08.22	刘如月	刘如月
	一种二胡琴筒加工上胶装置	发明专利	CN202010016348.5	2023.08.29	吴修贵	吴修贵
	二胡（上善若水）	外观设计	CN202330263745.7	2023.08.29	苏州民族乐器一厂有限公司	张礼东
	一种新型二胡	实用新型	CN202320707545.0	2023.08.29	张贵金	张贵金
	低音胡琴	发明专利	CN201710942212.5	2023.09.01	山东大学	张金娣
	一种定音二胡	实用新型	CN202320588175.3	2023.09.01	汪蓉	汪蓉
	一种双声道立体声二胡	实用新型	CN202320462630.5	2023.09.05	冯永平	冯永平
	二胡（祥云）	外观设计	CN202330308491.6	2023.09.19	苏州民族乐器一厂有限公司	张礼东

续表

类别	名称	专利类型	申请（专利）号	公开（公告）日	申请（专利权）人	发明（设计）人
胡琴	二胡	外观设计	CN202330373720.2	2023.10.17	徐建康	徐建康
	一种具有锁定效果的二胡放置结构	实用新型	CN202321678357.6	2023.11.03	芜湖市乐秦乐器有限公司	秦基超
	一种可发送蓝牙信号的二胡	实用新型	CN202223071701.3	2023.11.14	内蒙古民族大学	于佳
	一种二胡千金绕线调节装置	实用新型	CN202321076656.2	2023.11.21	郑金泽	郑金泽；郑金宇
	置物架（二胡）	外观设计	CN202330330428.2	2023.11.28	安徽信息工程学院	朱丽君；高雯雯
	一种二胡琴盒	实用新型	CN202321573704.9	2023.12.12	邯郸职业技术学院	赵树国；武宁慧；高丽平
	二胡包	外观设计	CN202330375818.1	2023.12.19	高碑店市金川乐器箱包制造有限责任公司	李金祥
	一种新型双筒二胡	实用新型	CN202321961077.6	2023.12.22	张志厚	张志厚
	一种二胡扩音装置	实用新型	CN202321573663.3	2023.12.22	邯郸职业技术学院	赵树国；高丽平；武宁慧
	二胡揉弦辅助器	外观设计	CN202330526170.3	2023.12.26	苏州市昂宏贸易有限公司	曾俊雄
笛箫	南箫	外观设计	CN202230485864.2	2023.01.06	汤小喜	汤小喜
	一种吹奏省力的陶笛	实用新型	CN202222480750.6	2023.01.17	王宝春	王宝春
	一种竹笛加工用钻孔打磨设备	发明专利	CN202210920939.4	2023.01.20	江苏旅游职业学院	秦忠亚
	一种便于演奏乐曲的溜溜笛	实用新型	CN202222160840.7	2023.01.20	马林	马林
	陶笛	外观设计	CN202230691703.9	2023.01.31	王宝春	王宝春
	笛头（竹笛玻纤钢仿玉窄笛头）	外观设计	CN202230723421.2	2023.02.17	胡斌；宋晓伟	胡斌；宋晓伟
	竹笛	外观设计	CN202230684541.6	2023.02.28	李方华	李方华
	一种笛子收纳用防潮箱	实用新型	CN202222761294.2	2023.03.07	青岛吉燕乐器包装有限公司	赵双吉
	一种竖吹竹笛	发明专利	CN201810953581.9	2023.04.07	昆明理工大学	郑伟
	对天然笛膜进行改性的方法	发明专利	CN202010097525.7	2023.04.14	山西大学	王英特
	组合式排箫	实用新型	CN202221690750.2	2023.04.14	郭新明	郭新明
	一种笛子音域增宽方法	发明专利	CN201610956832.X	2023.04.18	江南大学	茅正冲；屈百达；黄艳芳
	笛子（23-1）	外观设计	CN202330016142.7	2023.04.25	白顺丹	白顺丹
	一种新型竹笛膜保护设备	发明专利	CN202110326162.4	2023.05.26	商洛学院	宁兆卿
	一种排箫	发明专利	CN201610632518.6	2023.05.26	肖力群	肖力群
	一种快拆式组合排箫安装结构	实用新型	CN202223050716.1	2023.05.30	杭州美福科乐器有限公司	蒋冰泽；沈林；黄峰

续表

类别	名称	专利类型	申请（专利）号	公开（公告）日	申请（专利权）人	发明（设计）人
笛箫	一种笛子内部打磨设备	发明专利	CN202110555595.7	2023.06.02	李兆汉	不公告发明专利人
	一种盘管式笛子	实用新型	CN202223500196.X	2023.06.09	湖南民族职业学院	李畏
	哨笛	外观设计	CN202330100364.7	2023.06.16	胡颖	胡颖
	组合式排箫	外观设计	CN202330118556.0	2023.06.16	吴绍虎	吴绍虎
	一种古箫	实用新型	CN202221576356.6	2023.06.27	金沪星	金沪星；金琳涵
	一种笙苗支撑架	发明专利	CN201510950167.9	2023.06.30	涿州市赵家笙乐器制造有限公司	赵宏亮；赵广阔
	一种新型防蚀竹笛	实用新型	CN202320712001.3	2023.07.04	杭州余杭鸣声乐器有限公司	丁雨佳
	笛管（可扩展式）	外观设计	CN202330177154.8	2023.07.14	山东师范大学	陈泓汐
	一种排箫吹嘴防磨套以及排箫	实用新型	CN202223476657.4	2023.07.14	四川音乐学院	张莉
	弧形排箫（18管）	外观设计	CN202330198944.4	2023.07.25	丁鼎	丁鼎
	一种方槽打孔设备和木笛头固定装置	发明专利	CN202210889334.3	2023.07.28	乐工坊文化产业（江苏）有限公司	罗有航；王慧芳；徐爱南
	一种箫生产用夹紧机构	实用新型	CN202320603635.5	2023.08.01	南京艺术学院	高海翔
	一种笛子烤直装置	发明专利	CN201911352550.9	2023.08.11	聂润英	聂润英
	多层镶头笛子	外观设计	CN202330242298.7	2023.08.18	姚洪明	姚洪明
	一种竹笛架	实用新型	CN202320559186.9	2023.08.25	江苏护理职业学院	梁媛
	笛头（胶木与铜粉）	外观设计	CN202330020030.9	2023.08.29	深州市檀音乐器有限公司	王炫凯
	笛头（胶木与铜套）	外观设计	CN202330020031.3	2023.08.29	深州市檀音乐器有限公司	王炫凯
	竹笛	外观设计	CN202330204546.9	2023.09.05	邱万鹏	邱万鹏；陈星羽
	一种竹笛用弱音器	发明专利	CN202010097600.X	2023.09.08	商洛学院	宁兆卿
	一种薄孔竹笛	实用新型	CN202320847487.1	2023.09.12	南京礼乐文化发展有限公司	于东波
	笛子	外观设计	CN202330292388.7	2023.09.15	刘富国	刘富国
	一种新型笛子批量联动划线装置	发明专利	CN202010031279.5	2023.09.26	聂润英	聂润英
	和声笛（多功能）	外观设计	CN202330344573.6	2023.10.10	胡玉林；董雪华	胡玉林；董雪华
	竹笛（金属镶边笛头）	外观设计	CN202330334561.5	2023.10.27	石磊	石磊
	陶笛（教学型）	外观设计	CN202330362346.6	2023.10.31	王道文	王道文
	一种自动化竹笛毛坯校直机	发明专利	CN202010911252.5	2023.11.10	湘潭大学	黄石甫；秦衡峰；张浩然；钟世燊
	便于安装的学笛助吹辅助器	实用新型	CN202321558948.X	2023.11.21	鲁梦易	鲁梦易
	一种用于管乐器锻炼腹式呼吸的笛头	实用新型	CN202321081699.X	2023.11.21	孙锡林	孙锡林

续表

类别	名称	专利类型	申请（专利）号	公开（公告）日	申请（专利权）人	发明（设计）人
笛箫	短箫	外观设计	CN202330448394.7	2023.11.21	万强	万强
	一种小型可拓展音孔的陶笛	实用新型	CN202321596049.9	2023.11.24	倪志平	倪志平
	双管笙笛	实用新型	CN202320562286.7	2023.11.28	毕雅思	毕雅思
	笛头（竹笛不锈钢笛头）	外观设计	CN202330475117.5	2023.12.01	尧章彬	尧章彬
	海螺笛及其制备方法	发明专利	CN201711137992.2	2023.12.08	青岛海艺乐器有限公司	候立鹏
	笛头（竹笛不锈钢笛头）	外观设计	CN202330489859.3	2023.12.12	尧章彬	尧章彬
	一种笛子制作烤直器	发明专利	CN202010035594.5	2023.12.15	余可盈	余可盈
	一种卡哨笛	实用新型	CN202320341138.2	2023.12.22	王玉锁	王玉锁
葫芦丝	葫芦丝挂架（新形）	外观设计	CN202230673505.X	2023.01.20	范屹晨	范屹晨
	一种方便更换的葫芦丝嘴	实用新型	CN202222110249.0	2023.02.03	史晓光	史晓光
	一种多风格葫芦丝	实用新型	CN202222842896.0	2023.03.03	杜佳荫	杨媚；杜佳荫；李劲；杨丽霞；角升俊
	装葫芦丝布袋	外观设计	CN202230657049.X	2023.04.14	唐骏	唐骏
	葫芦丝（T-080）	外观设计	CN202330146626.3	2023.07.07	邹文华	邹文华
	一种演奏方便的宽音域葫芦丝	发明专利	CN201710595840.0	2023.07.11	赵新乐	赵新乐
	葫芦丝（T-084）	外观设计	CN202330173693.4	2023.07.21	邹文华	邹文华
	葫芦丝（推拉滑道式副管音扣）	外观设计	CN202330222711.3	2023.08.08	鲍学伟	鲍学伟
	葫芦丝（音符）	外观设计	CN202330222709.6	2023.08.08	鲍学伟	鲍学伟
	创新十孔葫芦丝	实用新型	CN202320500847.0	2023.09.29	陈东	陈东
	葫芦丝吹嘴	外观设计	CN202330391840.5	2023.11.10	岳俊廷	岳俊廷
	一种能够矫正持法的葫芦丝	实用新型	CN202321237780.2	2023.11.21	郑金泽	郑金泽；郑金宇
	葫芦丝	外观设计	CN202330450908.2	2023.11.21	孔祥龙	孔祥龙
	一种便于拆卸主管的葫芦丝	实用新型	CN202321283333.0	2023.11.21	郑金泽	郑金泽；郑金宇
	吹嘴（葫芦丝）	外观设计	CN202330443495.5	2023.11.28	孔祥龙	孔祥龙
扬琴	一种抗挤压性能更好的扬琴琴体	实用新型	CN202222460009.3	2023.01.03	汕头市粤升乐器实业有限公司	刘月宁；吴玲玲；陈芸芸；马诗恩
	扬琴	外观设计	CN202230454613.8	2023.02.03	汕头市粤升乐器实业有限公司	刘月宁；吴玲玲；陈芸芸；马诗恩
	带音隧的扬琴	实用新型	CN202021739814.4	2023.03.10	苏州礼乐乐器股份有限公司	金海鸥；吴念博；何新喜；朱信智；李碧英；杨萍
	变音槽（扬琴复合式）	外观设计	CN202230781915.6	2023.04.07	山东科技大学	刘鹏；史璇

续表

类别	名称	专利类型	申请（专利）号	公开（公告）日	申请（专利权）人	发明（设计）人
扬琴	儿童扬琴	外观设计	CN202230862283.6	2023.04.11	北京天昱文化发展有限公司	方思国
	可便捷更换多种竹头包裹材料的扬琴琴竹	实用新型	CN202221255808.0	2023.04.21	卞渝	卞渝
	弦钉（扬琴）	外观设计	CN202230772795.3	2023.04.25	山东科技大学	刘鹏；史璇
	扬琴琴竹手柄	外观设计	CN202230856727.5	2023.05.30	吴俐志	吴俐志
	扬琴琴竹手柄	外观设计	CN202230856728.X	2023.05.30	吴俐志	吴俐志
	扬琴琴码	外观设计	CN202230848669.1	2023.06.16	山东科技大学	耿琰
	便携式扬琴	发明专利	CN201610656301.9	2023.06.30	乐海乐器有限公司	宋营彬；刘寒立；宋恩辉
	一种限控扬琴琴弦折曲角度及稳音的装置	实用新型	CN202320161467.9	2023.07.14	乐海乐器有限公司	宋恩辉；徐阳；安子谦；边士钦
	一种可调式便携扬琴架	实用新型	CN202223477645.3	2023.08.01	唐衡	唐衡；庞敏
	一种可变形多功能扬琴箱	实用新型	CN202321249823.9	2023.09.15	南昌精研木业制品有限公司	祖春苟
	一种便于将皮管套设在扬琴琴竹上的辅助夹子	实用新型	CN202321189223.8	2023.09.19	汕头市粤升乐器实业有限公司	吴玲玲
	一种扬琴	实用新型	CN202321489678.1	2023.11.14	河南豫乐佳音文化科技有限公司	潘仲文
	一种能保护琴弦的止音扬琴	实用新型	CN202321627537.1	2023.11.21	汕头市粤升乐器实业有限公司	吴玲玲
	一种扬琴转调器	实用新型	CN202321431955.3	2023.12.12	佳木斯大学	王洪丽；韩岩岭；王清涛
箜篌	手拨单转调箜篌乐器	发明专利	CN201610601907.2	2023.04.07	成都新海星文化传播有限公司	何岳峰；陈漫丹；杨熙
	一种脚踏转调箜篌	发明专利	CN201610604841.2	2023.04.18	成都新海星文化传播有限公司	何岳峰；陈漫丹；杨熙
	箜篌	外观设计	CN202330095185.9	2023.06.30	成都新海星文化传播有限公司	陈漫丹
	一种箜篌转调变音器和应用该转调变音器的箜篌	发明专利	CN201710029799.0	2023.07.04	鲁璐	鲁璐；陶润
	箜篌（23弦双排）	外观设计	CN202330346292.4	2023.10.20	河南豫乐佳音文化科技有限公司	陈祥云；王福；常建国
	变调机构及箜篌	发明专利	CN202110713515.6	2023.12.01	深圳市佳音王科技股份有限公司	王福
阮	阮（大月亮）	外观设计	CN202230644249.1	2023.01.03	今日音乐（北京）文化传播有限公司	张安军；汪利生
	中阮（唐风雅韵）	外观设计	CN202230822484.3	2023.06.30	上海民族乐器一厂有限公司	王琳琳

续表

类别	名称	专利类型	申请（专利）号	公开（公告）日	申请（专利权）人	发明（设计）人
阮	阮（邑弘阮琴）	外观设计	CN202330107830.4	2023.07.18	陈文雯	陈文雯
	一种挖面结构的阮	实用新型	CN202320434782.4	2023.07.25	乐海乐器有限公司	徐阳；宋恩辉；安子谦；边士钦
	阮（中华民谣阮）	外观设计	CN202330163817.0	2023.09.01	王罡	王罡
	直头中阮琴	外观设计	CN202330289030.9	2023.09.05	黎豪	黎豪
	阮	外观设计	CN202330212938.X	2023.09.08	黎豪	黎豪
	五弦直头阮	外观设计	CN202330212973.1	2023.10.20	黎豪	黎豪
键盘	检测装置、键盘乐器、检测方法以及程序	发明专利	CN201780010504.3	2023.01.10	雅马哈株式会社	太田哲朗；古川令
	用于键盘乐器的冲程调整装置	发明专利	CN201710905693.2	2023.01.13	株式会社河合乐器制作所	日笠博隆
	键盘乐器的键盘盖装置和键盘盖的开闭设备	发明专利	CN201910526534.0	2023.02.17	株式会社河合乐器制作所	新町诚策
	键盘乐器	发明专利	CN201810571159.7	2023.02.17	卡西欧计算机株式会社	星野晓久
	键盘乐器及方法	发明专利	CN201811590551.2	2023.02.17	卡西欧计算机株式会社	段城真
	键盘装置以及键盘乐器	发明专利	CN201810212953.2	2023.02.21	卡西欧计算机株式会社	谷口弘和
	基于规整音程矩阵及人体特性的超音域数码简谱键盘琴	发明专利	CN201811260421.2	2023.02.28	广州丰谱信息技术有限公司	韦岗；王一歌；曹燕；赵明剑；聂文斐
	一种乐器键盘用塑胶五金组合支架及乐器键盘	实用新型	CN202222744081.9	2023.03.03	得理乐器（珠海）有限公司	周鹏；刘国宗；彭松林
	用于键盘乐器的键引导结构	发明专利	CN201710174570.6	2023.03.10	株式会社河合乐器制作所	铃木昭裕
	键盘乐器	发明专利	CN201910712314.7	2023.04.07	卡西欧计算机株式会社	赤石明人；谷口弘和
	键盘乐器	发明专利	CN201780068436.6	2023.06.06	雅马哈株式会社	蛭间正浩
	声音信号生成装置、键盘乐器以及程序	发明专利	CN201780095031.1	2023.07.04	雅马哈株式会社	田之上美智子
	键盘乐器	发明专利	CN201810557749.4	2023.07.14	卡西欧计算机株式会社	星野晓久
	键盘装置	发明专利	CN201780018253.3	2023.08.01	雅马哈株式会社	市来俊介
	转动机构及键盘装置	发明专利	CN201780018189.9	2023.08.08	雅马哈株式会社	市来俊介
	用于键盘乐器的枢转构件的支撑装置及其制造方法	发明专利	CN201710240250.6	2023.08.11	株式会社河合乐器制作所	田口贵彬
	键盘乐器	发明专利	CN201910878693.7	2023.08.11	卡西欧计算机株式会社	星野晓久；谷口弘和
	键盘乐器以及键盘乐器的计算机执行的方法	发明专利	CN202010182462.5	2023.08.15	卡西欧计算机株式会社	橘敏之

续表

类别	名称	专利类型	申请（专利）号	公开（公告）日	申请（专利权）人	发明（设计）人
键盘	键盘单元	实用新型	CN202320112433.0	2023.09.12	雅马哈株式会社	大庭聪斗；神谷浩继；山野裕之
	键单元及键盘乐器	发明专利	CN201811114000.9	2023.09.15	卡西欧计算机株式会社	久野俊也；谷口弘和；西村雄一
	滑动机构以及键盘装置	发明专利	CN201780090758.0	2023.11.07	雅马哈株式会社	小川贤人
	琴槌单元及键盘装置	发明专利	CN201810228102.7	2023.12.05	卡西欧计算机株式会社	谷口弘和；久野俊也
	键盘装置	发明专利	CN201780044842.9	2023.12.08	雅马哈株式会社	小川贤人；市来俊介
	键盘装置及发音控制方法	发明专利	CN202011441635.7	2023.12.29	雅马哈株式会社	奥山福太郎；新穗龙太朗；上原春喜
卡祖笛	卡祖笛	外观设计	CN202230452354.5	2023.01.06	东莞市华锦礼品有限公司	姜平；姜苏
	一种带阀门的卡祖笛	实用新型	CN202222054415.X	2023.01.10	马林	马林
	卡祖笛	外观设计	CN202230660926.9	2023.01.20	马林	马林
	卡祖笛	外观设计	CN202230727175.8	2023.03.03	深圳市羽伶乐器有限公司	余春明
	乐器（卡祖笛）	外观设计	CN202330020809.0	2023.04.28	李亚中	李亚中
	一种卡祖笛	实用新型	CN202222795309.7	2023.05.05	梁志辉	梁志辉
	卡祖笛笛膜（DKM-11）	外观设计	CN202330016854.9	2023.06.09	惠州市新界科技有限公司	陈江华
	双管卡祖笛（高低音）	外观设计	CN202330154639.5	2023.06.30	张卫明	张卫明
	卡祖笛（多孔多笛膜）	外观设计	CN202330166469.2	2023.07.25	潘广	潘广
	一种双拾音卡祖笛拾音器及卡祖笛	实用新型	CN202320182580.5	2023.08.22	惠州广利润发乐器有限公司	潘广
	一种卡祖笛专用笛膜结构	实用新型	CN202320068268.3	2023.08.22	惠州市新界科技有限公司	陈江华；陈小霞；廖志敏
	一种可双头吹奏且内置可变形共鸣腔的卡祖笛	实用新型	CN202320126182.1	2023.08.22	惠州市新界科技有限公司	陈江华；陈小霞；廖志敏
	卡祖笛（三）	外观设计	CN202330255590.2	2023.08.25	刘林山	刘林山
	卡祖笛（二）	外观设计	CN202330255588.5	2023.09.01	刘林山	刘林山
	卡祖笛（模块化号式）	外观设计	CN202330073780.2	2023.09.01	河南瑞昱阳电气服务有限公司	孙伟成
	一种卡祖笛	实用新型	CN202320587216.7	2023.09.08	惠州广利润发乐器有限公司	李兰
	卡祖笛（双音系列）	外观设计	CN202330504271.0	2023.12.15	张卫明	张卫明

续表

类别	名称	专利类型	申请（专利）号	公开（公告）日	申请（专利权）人	发明（设计）人
拇指琴	一种拇指琴	实用新型	CN202321128886.9	2023.10.03	郭坚毅	郭坚毅
	拇指琴（六芒星）	外观设计	CN202330466575.2	2023.11.24	张卫明	张卫明
	拇指琴（一体1）	外观设计	CN202230374543.5	2023.01.06	罗锦铠	罗锦铠
	拇指琴（一体2）	外观设计	CN202230373963.1	2023.01.06	罗锦铠	罗锦铠
	一种拇指琴支架及拇指琴	实用新型	CN202221532359.X	2023.01.06	罗锦铠	罗锦铠
	拇指琴（樱花兔）	外观设计	CN202230748647.8	2023.03.03	周晶	周晶
	指弹琴	外观设计	CN202230662708.9	2023.03.03	张卫明	张卫明
	一种拇指琴	实用新型	CN202221959003.4	2023.03.03	张珈硕	张珈硕
	拇指琴	外观设计	CN202230697186.6	2023.03.14	郑华	郑华
	拇指琴	外观设计	CN202230696776.7	2023.03.14	郑华	郑华
	一种拇指琴	实用新型	CN202222474801.4	2023.04.04	罗锦铠	罗锦铠
	拇指琴（星花）	外观设计	CN202230698469.2	2023.04.07	周晶	周晶
	一种拇指琴	实用新型	CN202222564111.8	2023.06.02	张卫明	张卫明
	卡林巴琴	外观设计	CN202330206879.5	2023.08.08	广州塔达国际贸易有限公司	谭子健；李长柱
	卡林巴琴	外观设计	CN202330206866.8	2023.08.15	广州塔达国际贸易有限公司	谭子健；李长柱
	拇指琴	外观设计	CN202330280353.1	2023.09.01	周梅娴	周梅娴
	拇指琴（贝壳）	外观设计	CN202330468311.0	2023.11.28	张卫明	张卫明
	拇指琴（21音）	外观设计	CN202330191557.8	2023.11.28	王智超	王智超
	拇指琴（小七角）	外观设计	CN202330483348.0	2023.12.05	张卫明	张卫明
口风琴	一种磁吸附式的高稳定口风琴	实用新型	CN202223165765.X	2023.09.08	江阴嘉德瑞乐器有限公司	顾唯晖；宋继虎；徐挺
	一种气囊式口风琴	实用新型	CN202222672364.7	2023.01.10	重庆师范大学附属实验小学校；重庆师范大学	郑钧元；徐靓；范元玲
	具有储气功能的口风琴	实用新型	CN202222250976.7	2023.06.06	张敏	张敏
	一种可快速清理簧板的口风琴	实用新型	CN202223025707.7	2023.06.06	江阴市孔声乐器有限公司	孔真清；许路路；孔湘成
	一种耐蚀多用式口风琴	实用新型	CN202223273569.4	2023.09.08	江阴嘉德瑞乐器有限公司	顾唯晖；宋继虎；徐挺
	一种手持式口风琴	发明专利	CN202211500864.0	2023.09.19	江苏天鹅乐器有限公司	陈滔；于靖；朱鹏；高云；左美华
埙	陶埙	外观设计	CN202230826476.6	2023.02.24	德州学院	王如意；宋书乐；李静捷；徐琦；杨金璀；樊昊；刘晓蕾；梁红红；张锦程；李鑫成；田海宁

续表

类别	名称	专利类型	申请（专利）号	公开（公告）日	申请（专利权）人	发明（设计）人
埙	埙（香料埙）	外观设计	CN202330187209.3	2023.07.14	庄毅云	庄毅云
	埙（竹埙）	外观设计	CN202330187224.8	2023.07.14	庄毅云	庄毅云
	陶笛（埙2）	外观设计	CN202330005648.8	2023.09.22	钟皓；李佳倩；叶梦萍；黄粲；黄铮；黄艳丽	钟皓；李佳倩；叶梦萍；黄粲；黄铮；黄艳丽
	音域宽且符合人体工程学的埙	实用新型	CN202320805253.0	2023.11.10	深圳市民族管弦乐学会	范睿
其他	琴键（敲击重锤结构）	外观设计	CN202230634887.5	2023.01.03	张建阳	张建阳
	一种方便携带的铝板琴	实用新型	CN202222581211.1	2023.01.03	廊坊市歆雨琴蒙文体用品有限公司	孙令庚
	直插式琴键的安装结构	实用新型	CN202222538913	2023.01.03	张建阳	张建阳
	外拆式琴键的安装结构	实用新型	CN202222534634.8	2023.01.03	张建阳	张建阳
	内拆式琴键的安装结构	实用新型	CN202222531505.3	2023.01.03	张建阳	张建阳
	一种立式琴击弦机的后手感增强结构	实用新型	CN202222486184.X	2023.01.03	海伦钢琴股份有限公司	陈海伦；翟清川；郑之杰；贾国杰；郑张刘
	吹奏乐器的漏水斗	实用新型	CN202222516362.9	2023.01.03	上海锣钹信息科技有限公司	余汉瑜
	乐器吹嘴的导流结构	实用新型	CN202222282719.1	2023.01.03	上海锣钹信息科技有限公司	余汉瑜
	一种音频传输电路	实用新型	CN202222820873.X	2023.01.06	惠州市铭仕乐器有限公司	魏志荣
	一种具有双向自锁功能的琴弦调节机构	实用新型	CN202222573936.6	2023.01.06	余李方	余李方
	乐谱架	实用新型	CN202222297702.3	2023.01.06	慢阶贸易有限公司	张传昊；付志晟；王箫；谢韫童；赵宇飞；罗旋；王子羽
	一种音乐教学用音调发音动作快慢可调的节拍器	实用新型	CN202221717531.9	2023.01.06	酒泉职业技术学院（甘肃广播电视大学酒泉市分校）	董金玲；董叶；张丽娟；尚临轩；吴楚越
	一种用于节拍器的响铃装置	实用新型	CN202222110168.0	2023.01.10	无锡市格利姆乐器科技有限公司	吴斌
	一种用于节拍器的摆动装置	实用新型	CN202222110134.1	2023.01.10	无锡市格利姆乐器科技有限公司	吴斌
	一种指套及拨片	实用新型	CN202221550167	2023.01.10	深圳市搜罗乐器有限公司	欧阳斌，张祎；刘佐军
	一种加湿装置	实用新型	CN202221487173.7	2023.01.10	深圳市搜罗乐器有限公司	欧阳斌；陈建新
	一种防滑落的乐谱用的支架	实用新型	CN202220068971.X	2023.01.10	上海哈利路亚乐器有限公司	陈山；张松
	立键按钮（刻花）	外观设计	CN202130719264.3	2023.01.10	天津市津宝乐器有限公司	杨学民；刘珈旭；朱桂珍

续表

类别	名称	专利类型	申请（专利）号	公开（公告）日	申请（专利权）人	发明（设计）人
其他	乐器支架	发明专利	CN201810156852.8	2023.01.10	雅马哈株式会社	山越哲也
	一种乐器制备用包装装置	发明专利	CN202110544647.0	2023.01.10	邵立民	不公告发明人
	乐器拨片（有切面弧度的三角形）	外观设计	CN202230671804.X	2023.01.10	薛佑垚	薛佑垚
	乐器拨片（有切面弧度的三角形）	外观设计	CN202230671800.1	2023.01.10	薛佑垚	薛佑垚
	弦乐器松香涂擦器	外观设计	CN202230273724.9	2023.01.10	刘长贺	刘长贺
	琴（01）	外观设计	CN202230597810.5	2023.01.10	广州优则仕贸易有限公司	陈文祥
	唢呐碗及其唢呐	实用新型	CN202222673374.2	2023.01.10	贾鹏	贾鹏
	一种防止震动干扰的节拍器	实用新型	CN202222177217.2	2023.01.10	山东拾穗信息科技有限公司	王甲奇；李占伟；张晴晴
	一种拾音棒安装调节装置	实用新型	CN202221696590.2	2023.01.13	惠州市丰铃音乐器材有限公司	汪全坤
	一种和弦及音阶练习装置	实用新型	CN202221550168.6	2023.01.13	深圳市搜罗乐器有限公司	欧阳斌；张祎；陈建新
	一种基于深度脉冲神经网络的乐器声音识别方法及系统	发明专利	CN202010572964.9	2023.01.13	之江实验室；浙江大学	唐华锦；文湘兰；潘纲
	一种可高度调节的升降靠背琴凳	实用新型	CN202222635890.6	2023.01.13	伊藤政（上海）贸易有限公司	柴思逢；曹怡文；咸碧玉
	一种升降琴桌	实用新型	CN202222512663.4	2023.01.13	段攀峰	段攀峰
	一种弦码加工用铣机	实用新型	CN202222478037.8	2023.01.17	余姚市博韵乐器有限公司	符金波
	一种琴架连接结构	实用新型	CN202222471466.2	2023.01.17	杭州爱尔科乐器有限公司	江万年；许瑞祥；彭广根；肖华
	一种曼陀铃一体成型的压合制造设备	实用新型	CN202221016786.2	2023.01.17	广州市威柏乐器制造有限公司	凌建聪
	声卡乐器音箱	实用新型	CN202222919293.6	2023.01.20	揭西县小天使电子电器有限公司	辛丕祥；彭启明；张晋谷
	琴弦阵列布局机构	发明专利	CN201811588487.4	2023.01.20	宁波迪比亿贸易有限公司	徐旭栋；叶红春；吴梦梦
	一种高保真音频拾音棒新型结构	实用新型	CN202221921889.3	2023.01.24	惠州市丰铃音乐器材有限公司	汪全坤
	一种装卸灵活无线贴片式拾音棒	实用新型	CN202221843117.2	2023.01.24	惠州市丰铃音乐器材有限公司	汪全坤
	一种小型化压电陶瓷拾音薄膜的拾音棒	实用新型	CN202221795261.3	2023.01.24	惠州市丰铃音乐器材有限公司	汪全坤
	马头琴	外观设计	CN202230395895.9	2023.01.24	朝路	朝路

续表

类别	名称	专利类型	申请（专利）号	公开（公告）日	申请（专利权）人	发明（设计）人
其他	一种音乐艺术用乐器摆放装置	实用新型	CN202222629115.X	2023.01.24	温冬薇	温冬薇
	可快拆替换的乐器支架	实用新型	CN202222564823.X	2023.01.24	廖村淇	廖村淇
	一种便于装配的琴键座	实用新型	CN202221378092.3	2023.01.24	东莞市美派电子科技有限公司	梁华聪
	一种电子琴自动演奏装置	实用新型	CN202122260472.9	2023.01.24	武汉黑天豆科技有限公司	周文
	一种用于乐器板材热压平整的装置	实用新型	CN202221294287.X	2023.01.31	佛山市南海音源乐器板材制造有限公司	黄长贤；邱伟丰
	一种用于板材定位的自动分中装置	实用新型	CN202123426831.X	2023.01.31	佛山市南海音源乐器板材制造有限公司	黄长贤；邱伟丰
	一种手指套乐器	实用新型	CN202222825087.9	2023.01.31	叶尔叶尼·努尔兰别克	叶尔叶尼·努尔兰别克；迪力热巴·热合曼；乃皮赛·依比不拉；叶尔兰纳特·亚力坤；帕丽达·保孔；穆耶赛尔·凯迪尔旦；江悦；图尔贡·艾力；管海冰；库来·吾山
	五弦柳琴	外观设计	CN202230667580.5	2023.01.31	刘展	刘展
	一种节拍器防护结构	实用新型	CN202222759952.4	2023.01.31	伊犁职业技术学院	杨永兰；刘芳；李旭杰
	一种内置于拨弦乐器的音箱	实用新型	CN202222788958.4	2023.02.03	深圳斯酷科技有限公司	许燕平
	一种便于使用的琴谱支架	实用新型	CN202222932008.4	2023.02.03	曹建强	曹建强
	螺旋式变调夹（XD-02）	外观设计	CN202230707720.7	2023.02.07	深圳小调乐器有限公司	黄锡水
	五线谱琴	外观设计	CN202230590801.3	2023.02.07	陈文雯	陈文雯；周永军
	架子（立式笛子架）	外观设计	CN202230657578.X	2023.02.10	范少康	范少康
	一种新型音频外置声卡	实用新型	CN202222741224.0	2023.02.10	恩平市易科乐器有限公司	郑健相
	一种方便收纳的乐器盒	实用新型	CN202222606852.8	2023.02.10	东莞市协宏塑胶制品科技有限公司	黎继忠；陈亮；黎嘉威
	一种便于调节的乐器谱架	实用新型	CN202222051446.X	2023.02.10	姜天澜	姜天澜
	一种可调节宽度的琴颈固定夹	实用新型	CN202222879830.9	2023.02.10	苏州卡哈雅网络科技有限公司	许娜
	一种凹型挤压式防脱落的琴弦固定装置	实用新型	CN202222342535.X	2023.02.17	青岛美乐克乐器有限公司	刘金龙；徐春吉

续表

类别	名称	专利类型	申请（专利）号	公开（公告）日	申请（专利权）人	发明（设计）人
其他	一种能够对弦码位置进行任意调节的琴桥	实用新型	CN202221302500.7	2023.02.17	青岛美乐克乐器有限公司	刘金龙；徐春吉
	混合现实乐器	发明专利	CN201980012935.2	2023.02.17	奇跃公司	A·A·塔吉克
	乐器配件（轴子4）	外观设计	CN202230647455.8	2023.02.17	张志刚	张志刚
	琴架	外观设计	CN202230686207.4	2023.02.17	甄振	甄振
	唐笙	外观设计	CN202230372257.5	2023.02.17	西安音乐学院	赵张斌；张志强；高纯华
	乐谱架	实用新型	CN202222308666.6	2023.02.17	慢阶贸易有限公司	张传昊；付志晟；王箫；谢韫童；赵宇飞；罗旋；王子羽
	智能乐器音箱	外观设计	CN202230695571.7	2023.02.21	深圳市魔耳乐器有限公司	许智君
	一种多工位高效班卓琴底座成型装置	实用新型	CN202221922249.4	2023.02.21	惠州金宏乐器有限公司	黄剑明
	一种应用于杂音环境的防干扰拾音棒	实用新型	CN202221922213.6	2023.02.21	惠州市丰铃音乐器材有限公司	汪全坤
	一种具有扩音结构的班卓琴	实用新型	CN202221921979.2	2023.02.21	惠州金宏乐器有限公司	黄剑明
	带乐器挑选图形用户界面的显示屏幕面板	外观设计	CN202230631204.0	2023.02.21	甘代军	甘代军
	一种琴谱架	实用新型	CN202222081893.X	2023.02.21	成都大学	廖红梅
	双面笛子架	外观设计	CN202230657563.3	2023.02.24	范少康	范少康
	一种全自动加工班卓琴实木内圈设备	实用新型	CN202222099594.9	2023.02.24	惠州金宏乐器有限公司	黄剑明
	包装盒	外观设计	CN202230827656.6	2023.02.28	广州市罗曼士乐器制造有限公司	郑晓明
	包装盒（琴弦GNAPB1253）	外观设计	CN202230827644.3	2023.02.28	广州市罗曼士乐器制造有限公司	郑晓明
	一种口琴琴格结构	实用新型	CN202222759259.7	2023.02.28	江阴市惠文乐器有限公司	孔文忠
	一种可拆分的转阀式活塞结构	实用新型	CN202222750650.0	2023.02.28	天津市津宝乐器有限公司	齐金全；刘珈旭；朱桂珍
	一种新型响弦调节器	实用新型	CN202222750563.5	2023.02.28	天津市津宝乐器有限公司	刘珈旭；裴晓虎
	显示屏幕面板的弹奏乐器图形用户界面	外观设计	CN202230723870.7	2023.02.28	迈彼境（香港）有限公司	赖伟栋；周琦；秦红玲；许轲
	一种乐器盒打孔机器人自动化生产线	实用新型	CN202223122927.1	2023.02.28	广州长仁工业科技有限公司	姚宇芜；杨勇；陈善彪；黄福；周铁伟；朱左发
	一种乐器包缝合去线头设备	实用新型	CN202222760392.4	2023.03.07	青岛吉燕乐器包装有限公司	赵双吉

续表

类别	名称	专利类型	申请（专利）号	公开（公告）日	申请（专利权）人	发明（设计）人
其他	一种分体式可调节接柄组合模具	实用新型	CN202221624997.4	2023.03.07	广州阿塔米得拉乐器有限公司	曾桂荣；姚欣
	带音隧瑟	实用新型	CN202021679279.8	2023.03.10	苏州礼乐乐器股份有限公司	金海鸥；吴念博；何新喜；朱信智；李碧英；杨萍
	双音梁五弦琴	实用新型	CN202021678981.2	2023.03.10	苏州礼乐乐器股份有限公司	金海鸥；吴念博；何新喜；朱信智；李碧英；杨萍
	双音梁柳琴	实用新型	CN202021678966.8	2023.03.10	苏州礼乐乐器股份有限公司	金海鸥；吴念博；何新喜；朱信智；李碧英；杨萍
	双音梁十弦琴	实用新型	CN202021678868.4	2023.03.10	苏州礼乐乐器股份有限公司	金海鸥；吴念博；何新喜；朱信智；李碧英；杨萍
	带音隧五弦琴	实用新型	CN202021678859.5	2023.03.10	苏州礼乐乐器股份有限公司	金海鸥；吴念博；何新喜；朱信智；李碧英；杨萍
	带音隧柳琴	实用新型	CN202021678797.8	2023.03.10	苏州礼乐乐器股份有限公司	金海鸥；吴念博；何新喜；朱信智；李碧英；杨萍
	双音梁瑟	实用新型	CN202021678796.3	2023.03.10	苏州礼乐乐器股份有限公司	金海鸥；吴念博；何新喜；朱信智；李碧英；杨萍
	一种通过变更琴弦张力角度以修正音色的装置	实用新型	CN202222339938.9	2023.03.10	霖岩电子（武汉）有限公司	刘灏
	唢呐	外观设计	CN202230503813.8	2023.03.10	河南质量工程职业学院	刘扬；杨远航
	一种PC/PCTG合金及其制备方法和应用	发明专利	CN202211636012.4	2023.03.14	广州市威柏乐器制造有限公司	贾刚
	一种碳纤维增强复合材料及其制备方法	发明专利	CN202211700734.1	2023.03.14	广州市威柏乐器制造有限公司	梁庆宝
	指力器（黑白键）	外观设计	CN202230732861.4	2023.03.14	赣州飞煌乐器有限公司	谢庆发
	带音隧十弦琴	实用新型	CN202021678800.6	2023.03.14	苏州礼乐乐器股份有限公司	金海鸥；吴念博；何新喜；朱信智；李碧英；杨萍
	双音梁伽倻琴	实用新型	CN202021678759.2	2023.03.14	苏州礼乐乐器股份有限公司	金海鸥；吴念博；何新喜；朱信智；李碧英；杨萍
	带音隧伽倻琴	实用新型	CN202021678757.3	2023.03.14	苏州礼乐乐器股份有限公司	金海鸥；吴念博；何新喜；朱信智；李碧英；杨萍

续表

类别	名称	专利类型	申请（专利）号	公开（公告）日	申请（专利权）人	发明（设计）人
其他	一种电控自动控制琴弦的弹拨乐器	实用新型	CN202222815648.7	2023.03.14	吉林大学	秦永泽
	一种木质乐器用防腐组件	实用新型	CN202222364782.X	2023.03.14	信阳仟胜电子科技有限公司	付胜强；罗先柱
	一种折叠式乐谱架	实用新型	CN202222497452.8	2023.03.14	程博	程博
	一种乐器消毒盒模块电路	实用新型	CN202223032902.2	2023.03.17	泉州市创新电子科技有限公司	刘建新；张文；尤祖模；萧福贵
	琴弦自动头拧系统及方法	发明专利	CN202110351231.7	2023.03.17	杭州晨龙智能科技有限公司	马宏瑞；陈金春；范日盛
	笙斗（芦笙）	外观设计	CN202230858885.4	2023.03.17	龙鸿飞	龙鸿飞
	钢琴凳	外观设计	CN202230850060.8	2023.03.21	蓝艳乐	蓝艳乐
	一种具有节拍器的钢琴灯	实用新型	CN202222587252.1	2023.03.21	东莞巨扬电器有限公司	陈明允；陈志宏
	一种组装式钢琴桌	实用新型	CN202222247160.9	2023.03.21	漾美家居集团有限公司	刘利军；王景萍
	一种钢琴用多功能调音锤	实用新型	CN202222114465.2	2023.03.21	马雁	马雁
	一种钢琴按键缝隙用清理工具	实用新型	CN202222047708.5	2023.03.21	陈亚娟	陈亚娟
	一种调节竹节打孔的箫头组件	实用新型	CN202222855156.0	2023.03.21	杭州美福科乐器有限公司	蒋冰泽；沈林；黄峰
	乐器配件（共振环）	外观设计	CN202230850596.X	2023.03.21	胡建华	胡建华
	乐器配件（弯脖传振夹）	外观设计	CN202230850254.8	2023.03.21	胡建华	胡建华
	一种乐器演奏辅助工具	实用新型	CN202222945252.4	2023.03.21	成都师范学院	马堃杰
	琴（03）	外观设计	CN202230867123.0	2023.03.21	广州优则仕贸易有限公司	陈文祥
	一种方便拆装的低磨损便携式天琴	实用新型	CN202222579376.5	2023.03.21	黎豪	黎豪
	手碟	外观设计	CN202230827373.1	2023.03.21	宫关	宫关
	一种新型班卓琴结构	实用新型	CN202221844354.0	2023.03.31	惠州金宏乐器有限公司	黄剑明
	琴键（808）	外观设计	CN202230759230.1	2023.03.31	张建阳	张建阳
	防水充电式多功能节拍器	实用新型	CN202223288645.9	2023.03.31	皇友科技股份有限公司	张立群
	琴键（带替弹簧）	外观设计	CN202230759886.3	2023.03.31	张建阳	张建阳
	琴键（808升级版）	外观设计	CN202230759887.8	2023.03.31	张建阳	张建阳
	礼乐弦歌调音器	外观设计	CN202330027809.3	2023.03.31	广州市晟雅教育培训有限公司	史培勇；张毅
	一种用于乐器的牙垫	实用新型	CN202222263384.9	2023.04.04	孙锡林	孙锡林
	一种用于竖琴琴弦码加工的打孔装置	实用新型	CN202222941581.1	2023.04.07	利川市合心乐器有限公司	蒋登高；张胜

续表

类别	名称	专利类型	申请（专利）号	公开（公告）日	申请（专利权）人	发明（设计）人
其他	一种音乐学习用琴谱固定装置	实用新型	CN202223066821.4	2023.04.07	边家乐	边家乐；徐天阳；辛永强；拓娜；周琦；张桓溥
	一种演奏乐谱翻谱器	实用新型	CN202221904658.1	2023.04.07	怀化学院	宋彦斌
	一种音乐教学节拍器	实用新型	CN202223411056.5	2023.04.07	杜杨	杜杨
	一种智能琴盒	发明专利	CN202110208073.X	2023.04.07	刘峰	刘峰
	一种无台阶单人升降琴凳	实用新型	CN202222797262.8	2023.04.07	伊藤政（上海）贸易有限公司	曹怡文；咸碧玉；柴思逢
	一种用于月牙琴加工的调音台	实用新型	CN202222940625.9	2023.04.07	利川市合心乐器有限公司	蒋登高；张胜
	一种用于三角琴键架的定位工装	实用新型	CN202223419007.6	2023.04.07	广州珠江恺撒堡钢琴有限公司	李浩柱；邵志超；黄树全；王建文；梁启沛
	拍板	外观设计	CN202230380690.3	2023.04.07	西安音乐学院	赵张斌；张志强；高纯华
	一种乐器加工用定位夹紧装置	实用新型	CN202222605696.3	2023.04.11	江苏容顺祥乐器有限公司	刘家庆
	一种音乐艺术表演用节奏拍打器	实用新型	CN202223301195.2	2023.04.11	温冬薇	温冬薇
	机动吹奏乐器	发明专利	CN201610281927.6	2023.04.14	于永学	于永学
	松香保护装置	实用新型	CN202123156579.5	2023.04.14	刘熙媛	刘熙媛
	琴夹（U型挂架）	外观设计	CN202230723388.3	2023.04.14	苏州卡哈雅网络科技有限公司	许娜
	一种音乐智能提示弹奏琴	发明专利	CN201811228953.8	2023.04.18	南阳理工学院；江西中医药大学	张慧；孙薇；胡青；徐玺；陈飞
	簧片	发明专利	CN201780013351.8	2023.04.18	雅马哈株式会社	桥本隆二；篠田亮
	乐器架	外观设计	CN202230734248.6	2023.04.21	毛立群	毛立群
	一种新结构琴	实用新型	CN202223360593.1	2023.04.21	施北宁；施洋	施北宁
	贝斯琴桥	外观设计	CN202230860169.X	2023.04.21	林嘉铭	林嘉铭
	音乐凳	外观设计	CN202330029980.8	2023.04.25	罗兰株式会社；冈本家具株式会社	藤森孝彦；岩端祐介；三石健太；村井崇浩
	一种乐谱自动翻页装置	实用新型	CN202222586372.X	2023.04.28	杨圆圆	杨圆圆
	带把手的机械节拍器	实用新型	CN202222872024.9	2023.04.28	深圳市搜罗乐器有限公司	欧阳斌；陈建新

续表

类别	名称	专利类型	申请（专利）号	公开（公告）日	申请（专利权）人	发明（设计）人
其他	一种压弦辅助器	实用新型	CN202222993830.1	2023.04.28	肇庆市高要区盛悦乐器有限公司	陈新华；覃庆才；李永和
	一种音乐用乐器放置架	实用新型	CN202223005854.8	2023.04.28	四川文化艺术学院	郑涵文
	乐器架	外观设计	CN202230873171.0	2023.04.28	张苏	张苏
	一种具有同步录音播放功能的四弦琴	实用新型	CN202221283763.8	2023.05.02	城固县两汉文创乐器有限公司	首汉军
	柳琴琴头（杏叶形）	外观设计	CN202330020457.9	2023.05.02	朱天烁	王红艺；朱天烁
	一种弹拨类乐器的音频输出方法、装置和一种弹拨类乐器	发明专利	CN201810564955.8	2023.05.05	程建铜	程建铜
	一种弦乐器的调音装置及其调音方法	发明专利	CN201910152015.2	2023.05.05	商洛学院	丁洁
	卡榫式琴颈	实用新型	CN202122930509.4	2023.05.05	赵茂林	赵茂林
	一种全方位琴键清洁的可拆卸设备	发明专利	CN202110374448.X	2023.05.05	济南盈晟商贸有限公司	黎法航
	一种节奏敲击乐器	实用新型	CN202223258415.8	2023.05.09	齐齐哈尔大学	孙培聪
	一种能被动均衡内部结构匀度的琴弦	实用新型	CN202222726229.6	2023.05.09	上海乐圣乐器有限公司	胡丹越
	一种高度可调节琴凳	实用新型	CN202223169398.0	2023.05.09	浙江肖恩电子科技有限公司	姜春伟；肖建文
	一种琴键力度感应结构	实用新型	CN202223387558.9	2023.05.09	大连艺术学院	李莉
	一种音乐艺术表演节奏拍打器	实用新型	CN202223176130.X	2023.05.12	张怡昕	张怡昕
	琴架	外观设计	CN202230832399.5	2023.05.12	郑华	郑华
	一种琴手长度测量装置	实用新型	CN202223495989.7	2023.05.16	广州珠江恺撒堡钢琴有限公司	郑际童；邵志超
	板材自动挖补装置	实用新型	CN202223246523.3	2023.05.16	成都川雅木业有限公司	张蕾；郝明生；商继红
	一种铝板琴生产加工用涂色装置	实用新型	CN202222938660.7	2023.05.16	江苏容顺祥乐器有限公司	刘家庆
	乐器之套接元件结构	实用新型	CN202223121117.4	2023.05.16	曾璧曜	曾璧曜
	一种机械式节拍器	实用新型	CN202223576549.4	2023.05.16	陕西财经职业技术学院	皮颖
	一种压三角琴键架的工装台	实用新型	CN202223574737.3	2023.05.16	广州珠江恺撒堡钢琴有限公司	李浩柱；邵志超
	模块式折叠琴架	实用新型	CN202220862374.4	2023.05.23	罗群香	罗群香
	唢呐制造用钻孔装置	实用新型	CN202222855609.X	2023.05.26	米脂县康育唢呐制造有限公司	常锦义

续表

类别	名称	专利类型	申请（专利）号	公开（公告）日	申请（专利权）人	发明（设计）人
其他	节拍器	外观设计	CN202330097758.1	2023.05.26	秦洪莲	秦洪莲；王玉伟；董蕾
	一种新型莱雅琴	实用新型	CN202222816108.0	2023.05.26	广州优则仕贸易有限公司	陈文祥
	一种具有挡灰装置的铝板琴	实用新型	CN202223323778.5	2023.05.30	江苏容顺祥乐器有限公司	刘家庆
	机械节拍器（AM–711）	外观设计	CN202330048538.X	2023.06.06	惠州市阿诺玛科技有限公司	陈海华
	延音踏板（DP–10）	外观设计	CN202330111535.6	2023.06.06	东莞市宝莱乐器有限公司	王莉莉
	一种浮动式乐器桶体自动打磨装置	实用新型	CN202223570563.3	2023.06.09	广州市威柏乐器制造有限公司	凌卓
	一种陶瓷复合材料琴弓弓杆、制备方法及应用	发明专利	CN202210216787.X	2023.06.09	西北工业大学	刘持栋；付志强；穆阳阳；成来飞
	一种三角琴弦槌钻孔装置	实用新型	CN202223368477.4	2023.06.13	广州珠江恺撒堡钢琴有限公司	黄树全；何建文；张荣津；熊秋容；卢沾；邓崇军；李伟奇
	乐器	发明专利	CN201780023731.X	2023.06.16	雅马哈株式会社	竹久英昭
	三角琴琴谱架	外观设计	CN202330123138.0	2023.06.16	广州珠江恺撒堡钢琴有限公司	潘启槟；韩祎晴
	琴谱架（DA125C）	外观设计	CN202330123145.0	2023.06.16	广州珠江恺撒堡钢琴有限公司	潘启槟；叶婉莹
	一种风琴式插边单层膜打易撕线连卷一体机	实用新型	CN202223507283.8	2023.06.16	江阴市仕旋机械有限公司	堵永；张君帅；张振波
	都塔尔（灼灼木华）	外观设计	CN202330139116.3	2023.06.16	乌鲁木齐职业大学	田予果；买吾兰·吐尼牙孜
	乐器及其零件和制造	实用新型	CN202221456158.6	2023.06.20	纽沃仪器（亚洲）有限责任公司	马克西米利安·斯潘塞·克利索尔德
	一种宽音域乐器	实用新型	CN202122731547.7	2023.06.23	王超群	王超群
	乐器琴颈托支架	外观设计	CN202330132986.8	2023.06.23	惠州市琴刃工具乐器配件有限公司	宋华
	和弦信息提取装置、和弦信息提取方法及和弦信息提取程序	发明专利	CN201780094416.6	2023.06.23	雅马哈株式会社	渡边大地
	弦轴防滑紧固结构及弦乐器	实用新型	CN202222919262.0	2023.06.23	张振青	张振青
	一种用于乐器柄头多维度自动加工设备	实用新型	CN202320045157.0	2023.06.23	广州市威柏乐器制造有限公司	凌卓
	和弦信息提取装置、和弦信息提取方法及和弦信息提取程序	发明专利	CN201780094405.8	2023.06.27	雅马哈株式会社	渡边大地

续表

类别	名称	专利类型	申请（专利）号	公开（公告）日	申请（专利权）人	发明（设计）人
其他	低台中音打琴	外观设计	CN202230043014.7	2023.06.27	北京金三惠科技有限公司	李现峰；魏宏惠；魏宏茹
	一种均匀发光按钮	实用新型	CN202320491739.1	2023.06.27	得理乐器（珠海）有限公司	傅杰明；梁伟民；杨祖光；刘国宗
	一种整体桥式子母减震托琴垫肩	实用新型	CN202223411646.8	2023.06.30	曾华兰	上官友福；曾华兰
	月琴（岸芷汀兰）	外观设计	CN202230825115.X	2023.06.30	上海民族乐器一厂有限公司	薛蕴思
	月琴（盛唐韵彩）	外观设计	CN202230825073.X	2023.06.30	上海民族乐器一厂有限公司	吴姝蓉
	一种带乐谱架与乐器支架的琴盒	发明专利	CN202111100836.5	2023.07.04	黄淮学院	朱峻峭；薛涵今；邱爽
	弦乐器的机身及弦乐器	发明专利	CN201910197468.7	2023.07.04	雅马哈株式会社	石坂健太
	一种琴弦绕线安装结构	实用新型	CN202223329689.1	2023.07.07	惠州市摩岩乐器有限公司	周野
	一种模块化的手指训练器	实用新型	CN202320479639.7	2023.07.07	济南职业学院	郭胜男
	一种新型都塔尔	实用新型	CN202222955531.9	2023.07.07	买尔旦·艾则孜	买尔旦·艾则孜
	共鸣音控制装置	发明专利	CN201810370444.2	2023.07.11	株式会社河合乐器制作所	松永郁
	一种桥拱式音棒及其弦乐器	实用新型	CN202222035194.1	2023.07.14	广州玛雅国际乐器有限公司	蔡昌守
	一种上弦枕组件及乐器	实用新型	CN202320288757.X	2023.07.14	邹曙光	邹曙光；邹婧
	乐器架	外观设计	CN202330181776.8	2023.07.14	任谦	任谦
	都塔尔（镀金金色旋钮）	外观设计	CN202230758060.5	2023.07.14	买尔旦·艾则孜	买尔旦·艾则孜
	弯曲板切割装置	实用新型	CN202223601470.2	2023.07.18	广东泰玛乐器科技有限公司	黄振熙；钟士弟
	一种薄片自动排片装置及其工作方法	发明专利	CN202111500848.7	2023.07.18	广州市罗曼士乐器制造有限公司	陈飞扬
	一种可调型乐谱架	实用新型	CN202223570031.X	2023.07.18	周静	周静
	一种音乐指挥训练平台及音乐指挥训练屋	实用新型	CN202320349537.3	2023.07.18	山东师范大学	贾若楠；杨凯光；王泽群；姚传崧
	一种品丝和弹拨类乐器	发明专利	CN201810564961.3	2023.07.18	程建铜	程建铜
	一种倾斜角度可调节式五线谱折叠架	实用新型	CN202320354877.5	2023.07.21	福建省永春第二中学	陈晓红
	琴弦式荧光微丝的翼型空间流场显示装置	发明专利	CN202310524551.7	2023.07.21	西北工业大学	惠增宏；孙佳旭；何林；邓磊；解亚军；焦予秦；肖春生；高永卫
	一种由两个半球体金属组装成的乐器	实用新型	CN202320727494.8	2023.07.25	东莞市曼珠沙华乐器制造有限公司	蔡晓金；龙飞宇
	一种木材的干燥处理工艺	发明专利	CN202211121512.4	2023.07.25	广东玛丁尼乐器文化股份有限公司	汪宏齐；汪洁；徐敏敏；汪飞；肖生军

续表

类别	名称	专利类型	申请（专利）号	公开（公告）日	申请（专利权）人	发明（设计）人
其他	乐器支架组件（大鹿型）	外观设计	CN202330168992.9	2023.07.25	深圳市思尚乐器有限公司	何尚烨
	乐器支架（小鹿型）	外观设计	CN202330169013.1	2023.07.25	深圳市思尚乐器有限公司	何尚烨
	乐器支架（大鹿型）	外观设计	CN202330169021.6	2023.07.25	深圳市思尚乐器有限公司	何尚烨
	一种便于演奏敲击定位的手碟	实用新型	CN202320293781.2	2023.07.25	东莞市曼珠沙华乐器制造有限公司	蔡晓金；龙飞宇
	乐器支架组件（小鹿型）	外观设计	CN202330168928.0	2023.07.25	深圳市思尚乐器有限公司	何尚烨
	乐器木工开孔器	外观设计	CN202330132981.5	2023.07.25	惠州市琴刃工具乐器配件有限公司	宋华
	振动板及乐器	实用新型	CN202223140737.2	2023.07.25	雅马哈株式会社	安部万律；大须贺一郎；冈崎雅嗣；澄野慎二；筱原大志；北川敬司；安部卓哉
	一种便于使用的节拍器	实用新型	CN202320859084.9	2023.07.25	林伟霞	林伟霞
	乐音数据播放装置及乐音数据播放方法	发明专利	CN201780093916.8	2023.07.25	雅马哈株式会社	金田凉美；山下司
	演奏分析方法、自动演奏方法及自动演奏系统	发明专利	CN201780044191.3	2023.07.25	雅马哈株式会社	前泽阳
	一种便于更换琴片的铝板琴	实用新型	CN202222557003.8	2023.07.28	江苏容顺祥乐器有限公司	刘家庆
	一种立式琴共鸣盘铁板装配工装	实用新型	CN202320228438.X	2023.07.28	广州珠江恺撒堡钢琴有限公司	卢锐骞；毛泳聪
	一种乐器弦轴塑料线柱自动套胶设备	实用新型	CN202320577461.X	2023.08.01	广州市罗曼士乐器制造有限公司	郑晓明
	竖琴	外观设计	CN202330212088.3	2023.08.01	南京爱青乐器有限公司	钱宇琪
	一种用于三角琴后顶盖的装配定位装置	实用新型	CN202320309954.5	2023.08.01	广州珠江恺撒堡钢琴有限公司	邵志超；郑际童
	一种电子琴用乐谱架	实用新型	CN202320119389.6	2023.08.01	晋江和祥盛电子科技有限公司	范家余
	踩镲	外观设计	CN202230613789.3	2023.08.01	惠州市阿诺玛科技有限公司	陈海华
	五线谱琴	实用新型	CN202223060561.X	2023.08.01	陈文雯	陈文雯；周弘渔
	节拍器	外观设计	CN202330198308.1	2023.08.01	李琛	李琛
	采用反馈和输入驱动器增强的原声乐器	发明专利	CN201780089922.6	2023.08.01	海维贝公司	阿德里恩·马毛-马尼
	一种剪板机切刀组件	实用新型	CN202320548588.9	2023.08.04	香河天音乐器有限公司	曹振民
	乐器的乐谱板支撑构造	实用新型	CN202223571102.8	2023.08.04	雅马哈株式会社	松下和弘

续表

类别	名称	专利类型	申请（专利）号	公开（公告）日	申请（专利权）人	发明（设计）人
其他	一种带柜体的节拍器	实用新型	CN202320099946.2	2023.08.04	齐齐哈尔大学	秦婉丽；孙培聪；张金石
	乐器弓	外观设计	CN202330219446.3	2023.08.04	王贺	王贺
	一种新型辅助脚踏	实用新型	CN202222561286.3	2023.08.08	肇庆市洋鸣音乐器材有限公司	杜小珊
	手拉乐器	发明专利	CN201810817904.1	2023.08.08	口琴乐器有限责任公司	T.特拉普；K.霍耶
	乐器加工专用多孔钻床	发明专利	CN202211203630.X	2023.08.08	广东声凯乐器有限公司	黄志康；郭海华
	一种涂装治具	实用新型	CN202320622110.6	2023.08.08	惠州市灏沣乐器科技有限公司	谢勇
	牛腿琴	外观设计	CN202330200230.2	2023.08.08	黔东南民族职业技术学院	蒋光辉；刘红梅
	一种方便使用的盲文乐器	实用新型	CN202320688764.9	2023.08.08	沈阳艺达科技有限公司	张兴亚
	一种半自动撑杆机构	发明专利	CN201710573563.3	2023.08.11	海伦钢琴股份有限公司	陈海伦
	一种音乐辅助用节拍器	实用新型	CN202222509123.0	2023.08.11	三门峡职业技术学院	姚丹阳
	乐器支架（套件）	外观设计	CN202330076754.5	2023.08.11	余勇干	余勇干
	声音合成方法、声音合成装置及程序	发明专利	CN201880085358.5	2023.08.11	雅马哈株式会社	大道龙之介
	簧片	发明专利	CN201880066357.6	2023.08.11	尼克・库克迈尔	尼克・库克迈尔
	乐器挂钩	外观设计	CN202330182526.6	2023.08.15	宁夏大学	张竞元
	用于弦乐器的调音机	发明专利	CN201980072624.5	2023.08.15	大卫・邓伍迪	奥利弗・约翰・皮奎特；大卫・邓伍迪
	声音合成方法	发明专利	CN201780068063.2	2023.08.15	雅马哈株式会社	若尔迪・博纳达；梅利因・布洛乌；才野庆二郎；大道龙之介；迈克尔・威尔逊；久凑裕司
	一种便携式谱架	发明专利	CN201811345747.5	2023.08.15	衡阳师范学院	谢小兰
	一种乐器加工用烘干柜	实用新型	CN202222691022.X	2023.08.18	江苏容顺祥乐器有限公司	刘家庆
	一种三维声音创作交互式系统	发明专利	CN201911074226.5	2023.08.18	上海音乐学院	翁若伦
	演奏辅助装置以及方法	发明专利	CN201880005224.8	2023.08.18	雅马哈株式会社	首田朱实
	一种笙苗的紧固结构	实用新型	CN202320096083.3	2023.08.22	涿州市赵家笙乐器科技有限公司	赵金阔
	一种安全型除尘式砂轮机	实用新型	CN202320548370.3	2023.08.22	香河天音乐器有限公司	曹振民

续表

类别	名称	专利类型	申请（专利）号	公开（公告）日	申请（专利权）人	发明（设计）人
其他	节拍器自动上紧装置及节拍器	实用新型	CN202321341337.X	2023.08.22	江苏琴旅文化艺术有限公司	李磊；戴昌贵；李君彤；戴康昕；李君辰
	一种用于多级加工的钻头	实用新型	CN202320711852.6	2023.08.22	广州珠江恺撒堡钢琴有限公司	吴汉辉；卢洁；王建文；黄树全；李俊辉；吕浩妥；万春宾
	一种稳定式电子琴撑起装置	实用新型	CN202320703676.1	2023.08.22	九江学院	王细梅
	共鸣箱音色调节器及带有音色调节器的共鸣箱	实用新型	CN202221075205.2	2023.08.22	张树岩	张树岩
	一种乐器调弦工具	实用新型	CN202223536368.9	2023.08.22	金婷婷	金婷婷
	一种节奏敲击乐器	实用新型	CN202321038782.9	2023.08.22	王婧	王婧
	一种收音装置	实用新型	CN202320367831.7	2023.08.22	刘申扬洋	刘申扬洋；申凤霞
	用于处理乐曲的演奏的信息处理方法和装置	发明专利	CN201980008431.3	2023.08.22	雅马哈株式会社	前泽阳
	一种高校音乐教室乐器摆放架	实用新型	CN202223494642.0	2023.08.25	廊坊市歆雨琴蒙文体用品有限公司	孙令庚
	一种五线谱乐理琴	实用新型	CN202320144655.0	2023.08.25	北京金三惠科技有限公司	李现峰；刘浩然；王山
	一种便捷安装的电子琴放置架	实用新型	CN202320678715.7	2023.08.25	大同师范高等专科学校	张晨阳
	一种教学用台式乐器支架	实用新型	CN202320515884.9	2023.08.25	新疆大学	王雪
	便于升降的翻谱器	实用新型	CN202320510471.1	2023.08.25	金华职业技术学院	钱登
	乐器声音渐变夹	外观设计	CN202330255585.1	2023.08.25	刘林山	刘林山
	一种音乐识谱板	实用新型	CN202320572224.4	2023.08.25	宣城职业技术学院	李秋硕；夏飞祥
	一种簧片智能整形设备	发明专利	CN202011143553.4	2023.08.25	安徽机电职业技术学院	赵文英；钱坤；李庆；黄欣欣
	声音信号处理装置、声音信号处理方法及存储有程序的存储介质	发明专利	CN202010061169.3	2023.08.25	雅马哈株式会社	齐藤康祐；铃木稔
	一种拨片自动数片包装设备	实用新型	CN202320577464.3	2023.08.29	广州市罗曼士乐器制造有限公司	郑晓明
	乐器架	外观设计	CN202330084586.4	2023.08.29	苏广群	苏广群；蔡楚汉；王楚楚
	弦乐器指法练习工具	实用新型	CN202320670165.4	2023.08.29	牡丹江师范学院	李心竹；张国柱；贾译然；李亚妮；刘闻宇；宋轩宇

续表

类别	名称	专利类型	申请（专利）号	公开（公告）日	申请（专利权）人	发明（设计）人
其他	沙带调节器	发明专利	CN201610777136.2	2023.09.01	天津市津宝乐器有限公司	戴永才；刘运斌
	琴架	外观设计	CN202330280352.7	2023.09.01	周梅娴	周梅娴
	调音器（芒果）	外观设计	CN202330166164.1	2023.09.01	徐超	徐超
	乐器	发明专利	CN201911116525.0	2023.09.01	卡西欧计算机株式会社	川田辽平；井上馨；中岛裕树；小寺雅也
	一种琴弦压弦设备	实用新型	CN202320373613.4	2023.09.05	广州珠江恺撒堡钢琴有限公司	邵志超；毛泳聪；黄耿志
	一种具有收卷结构的乐谱展示装置	实用新型	CN202320666033.4	2023.09.05	黔南民族师范学院	刘洋
	一种自动翻页的琴谱架	发明专利	CN201810100747.2	2023.09.05	江南大学	徐嫣；胡永强
	一种乐器弓	实用新型	CN202320815498.1	2023.09.05	王贺	王贺
	一种多功能乐器	发明专利	CN201811006832.9	2023.09.05	湖南师范大学	翁祖团；王贞；段苏栖
	一种新型组合式弓杆	实用新型	CN202320805596.7	2023.09.08	宜昌伊士特曼乐器有限公司	郑伟
	儿童专用琴	外观设计	CN202330166854.7	2023.09.08	内蒙古金杭盖民族手工艺品制作有限公司	白玉昆
	琴架	外观设计	CN202330152841.4	2023.09.08	张楠	张楠；王瑞强；焦译漫
	包装盒（乐器哨片02）	外观设计	CN202330037806.8	2023.09.08	谭乐	谭乐
	包装盒（乐器哨片03）	外观设计	CN202330037755.9	2023.09.08	谭乐	谭乐
	可折叠琴架（X型）	外观设计	CN202330120399.7	2023.09.12	肇庆市海得乐乐器科技有限公司	杜嘉俊
	一种碰钟生产加工用抛光设备	实用新型	CN202320137548.5	2023.09.12	江苏容顺祥乐器有限公司	刘家庆
	一种可以调节变形的中盘	实用新型	CN202320969657.3	2023.09.12	海伦钢琴股份有限公司	陈海伦；翟清川；郑之杰；郑张刘；江雪英
	镲片	外观设计	CN202330305235.1	2023.09.12	惠州市阿诺玛科技有限公司	陈海华
	一种基于LeapMotion的拇指弹琴触键动作测量平台及方法	发明专利	CN202111008491.0	2023.09.12	天津大学	丁伯慧；陈番兴；丁晨阳；林家洛；李铮
	琴键锤、键单元、键单元的制造方法	发明专利	CN201780088748.3	2023.09.12	雅马哈株式会社	加藤忠晴；二宫世理子
	定音辅助器（模块化可组装单侧弦琴）	外观设计	CN202330124229.6	2023.09.12	淮阴师范学院	刘养军

续表

类别	名称	专利类型	申请（专利）号	公开（公告）日	申请（专利权）人	发明（设计）人
其他	声音合成方法、声音合成装置及程序	发明专利	CN201880077081.1	2023.09.12	雅马哈株式会社	大道龙之介
	乐器练指器	外观设计	CN202330312695.7	2023.09.15	刘青	刘青
	一种脚踏式乐谱翻页装置	实用新型	CN202320518805.X	2023.09.15	哈尔滨幼儿师范高等专科学校	周博；钟超；章晔
	一种优化乐谱放置效果的新型乐谱架	实用新型	CN202320228142.8	2023.09.15	李娅娟	李娅娟
	一种便于调节使用的新型乐谱架	实用新型	CN202320228139.6	2023.09.15	李娅娟	李娅娟
	一种螺丝加工送料机构	实用新型	CN202321220019.8	2023.09.19	沈阳祥琴科技有限责任公司	赵艳秋；肇启迪
	一种识别语音的乐器	实用新型	CN202320275753.8	2023.09.19	彭志坚	彭志坚
	一种弦乐器的自动演奏方法	发明专利	CN202010899304.1	2023.09.19	广东工业大学	陈超艺；陈新度；吴磊，钟志强
	用于从乐器相对侧的两个音板产生声音的有弦的乐器及构造方法	发明专利	CN201810491432.5	2023.09.19	罗伯特·L·奥伯格	罗伯特·L·奥伯格
	一种自动绕弦机	实用新型	CN202320649250.2	2023.09.22	广州珠江恺撒堡钢琴有限公司	邵志超；黄耿志
	一种扬声器的悬挂结构	实用新型	CN202320933941.5	2023.09.22	嘉兴宇邦声学科技有限公司	周跃海；莫长满；闫建利；蒋春华
	一种乐谱识别方法及装置	发明专利	CN202010899308.X	2023.09.22	广东工业大学	陈超艺；陈新度；吴磊；李泽辉
	小号U形弯过珠齐口工装	发明专利	CN201711412624.4	2023.09.29	天津市津宝乐器有限公司	李宗瑞
	多档位沙带调节机构	发明专利	CN201811461532.X	2023.09.29	天津市津宝乐器有限公司	戴永才；吴定军；裴晓虎
	一种踩镲支架	实用新型	CN202321237199.0	2023.09.29	浙江格莱姆乐器有限公司	杜凌云
	一种双键盖板限位网罩结构	实用新型	CN202320744732.6	2023.09.29	嘉华乐器（嘉善）有限公司	徐海霞
	一种螺丝生产用油污清洗装置	实用新型	CN202321081143.0	2023.09.29	沈阳祥琴科技有限责任公司	赵艳秋；肇启迪
	琴弦调节器	外观设计	CN202330431895.4	2023.09.29	长沙师范学院	蔡卓
	乐谱架	外观设计	CN202330286546.8	2023.09.29	太原师范学院	王钟毓
	节拍器	外观设计	CN202330307654.9	2023.10.03	李智；梁舒	李智；梁舒
	琴头（凤雏）	外观设计	CN202330339548.9	2023.10.03	边洪磊	边洪磊
	一种自动翻页乐谱架	实用新型	CN202223337055.0	2023.10.03	北部湾大学	周峻宇；曾美良；王业成；黄大樑
	马头琴	外观设计	CN202330070274.8	2023.10.03	内蒙古蒙帝文化发展有限公司	旺盛

续表

类别	名称	专利类型	申请（专利）号	公开（公告）日	申请（专利权）人	发明（设计）人
其他	一种乐谱夹持固定装置	实用新型	CN202321274559.4	2023.10.03	段毅强	段毅强
	一种乐器自动开槽工艺	发明专利	CN202111595430.9	2023.10.10	钰丰乐器（福建）有限公司	陈志濬；陈志维
	具有可将指板分成独立可分离片段的相互连接琴格的弦乐器	发明专利	CN201880065251.4	2023.10.10	弗朗西斯科·哈维尔·阿朗索·希门尼斯；帕布罗·德莱阿尔·费尔南德斯	弗朗西斯科·哈维尔·阿朗索·希门尼斯；帕布罗·德莱阿尔·费尔南德斯
	乐器支架胶脚	外观设计	CN202330335887.X	2023.10.10	天津市津宝乐器有限公司	刘珈旭；马传海
	一种乐器存放盒	实用新型	CN202223511559.X	2023.10.13	许昌电气职业学院	翟冬倩；高鹏晨
	一种具有自锁功能的民族乐器安置盒	发明专利	CN202110770471.0	2023.10.13	洛阳师范学院	林乐飞
	一种乐器用修补修复锉刀	实用新型	CN202321187843.8	2023.10.13	石家庄双剑工具有限公司	徐霄然；陈晓杰
	乐器拨片	外观设计	CN202330347708.4	2023.10.13	潘娣	潘娣
	一种弦乐器拾音琴码	实用新型	CN202321215018.4	2023.10.13	惠州市德博声学有限公司	黄世强；李琼；杨运良
	多功能沙带快调机构	发明专利	CN201811461534.9	2023.10.13	天津市津宝乐器有限公司	戴永才；吴定军；裴晓虎
	马琴	外观设计	CN202330366645.7	2023.10.13	侍文明	侍文明
	一种音乐节拍器	实用新型	CN202320513434.6	2023.10.17	宣城职业技术学院	夏飞祥；李秋硕
	一种笙斗	实用新型	CN202221857983.7	2023.10.17	涿州市赵家笙乐器科技有限公司	赵宏亮；赵金阔
	乐器合成声音的生成系统	发明专利	CN201980052866.8	2023.10.20	威斯康国际股份有限公司；马尔凯理工大学	S·斯奎尔蒂尼；S·托马赛迪；L·加布里里
	乐器用板材及弦乐器	发明专利	CN201780065774.4	2023.10.20	雅马哈株式会社	松田亚寿美；宫田智矢；小林和幸
	一种卷弦器	实用新型	CN202321162760.3	2023.10.20	河南艺术职业学院	徐培芳
	校音器（AT-800）	外观设计	CN202330198249.8	2023.10.20	深圳市阿诺玛乐器有限公司	陈海华
	五线谱琴（软板）	外观设计	CN202230245087.4	2023.10.20	陈文雯	陈文雯
	五线谱琴（硬板）	外观设计	CN202230245088.9	2023.10.20	陈文雯	陈文雯
	琴架（可调节2）	外观设计	CN202330357198.9	2023.10.20	任宝龙	任宝龙
	琴架（可调节1）	外观设计	CN202330357199.3	2023.10.20	任宝龙	任宝龙
	琴（07）	外观设计	CN202330377254.5	2023.10.20	广州优则仕贸易有限公司	陈文祥
	一种面板、底板和百纳琴	实用新型	CN202321260357.4	2023.10.20	昆明市五华区牧雨琴行	杨晓明
	一种多功能合唱乐谱架	实用新型	CN202320109084.7	2023.10.20	通化师范学院	于涛

续表

类别	名称	专利类型	申请（专利）号	公开（公告）日	申请（专利权）人	发明（设计）人
其他	一种卷筒式乐谱架	发明专利	CN201910018019.1	2023.10.20	湖北理工学院	张俊
	一种指法练习装置	实用新型	CN202320734007.0	2023.10.20	周口职业技术学院	王莉；高飞
	簧片	实用新型	CN202320367503.7	2023.10.20	雅马哈株式会社	末永雄一朗；福田梨沙
	乐谱支架	外观设计	CN202330357200.2	2023.10.20	任宝龙	任宝龙
	马头琴	外观设计	CN202330382168.3	2023.10.24	内蒙古蒙帝文化发展有限公司	旺盛
	一种琴码、弦乐器及琴弦震动检测方法	发明专利	CN201810063875.4	2023.10.24	深圳视感文化科技有限公司	宋君；王松伟；涂金龙
	一种具有F调式的饮具形状埙兴陶乐器	实用新型	CN202320345738.6	2023.10.24	广西艺术学院	方如意；利江
	一种丝竹乐器的清洁装置	实用新型	CN202321521604.1	2023.10.27	张嘉冰	张嘉冰
	一种琴身加工用双工位打磨抛光装置及方法	发明专利	CN202311083299.7	2023.10.27	武强嘉华乐器有限公司	颜彬
	琴（08）	外观设计	CN202330377252.6	2023.10.27	广州优则仕贸易有限公司	陈文祥
	一种乐谱调节式放置架	实用新型	CN202321356395.X	2023.10.27	梁宁	梁宁
	一种音乐学习乐器摆放架	实用新型	CN202320572227.8	2023.10.31	宣城职业技术学院	李秋硕；夏飞祥
	一种乐器用辅助清洁设备及其使用方法	发明专利	CN202311055092.9	2023.10.31	山东中艺音美器材有限公司	赵香丽；董青平；陈琦
	乐器配件（摇把）	外观设计	CN202330276715.X	2023.10.31	佛山市盛悠五金制造有限公司	梁伟杰
	一种踩镲	发明专利	CN201810432857.9	2023.10.31	浙江格莱姆乐器有限公司	杜凌云
	一种节拍器外壳及节拍器	实用新型	CN202320871049.9	2023.11.03	深圳市阿诺玛乐器有限公司	陈海华
	弦乐器的调弦装置	实用新型	CN202321391421.2	2023.11.03	营口星源智慧科技有限公司	孙晨
	弦乐器调音器	发明专利	CN201880029064.0	2023.11.07	大卫·邓伍迪	奥利佛约翰·波凯特
	一种乐器用山毛榉锯材防霉节能干燥装置及方法	发明专利	CN202211026506.0	2023.11.07	宜昌金宝乐器制造有限公司	吴天延
	一种用于乐器品丝手持双向多功能倒角工具	实用新型	CN202321706633.5	2023.11.07	清华大学	赵萌；杨忠昌；张芯华；陈远洋；董宝光；高党寻；曹猛
	小号U形弯翻转上料机构	发明专利	CN201711412636.7	2023.11.07	天津市津宝乐器有限公司	李宗瑞
	一种巴松制造用除尘设备	实用新型	CN202321223923.4	2023.11.10	衡水罗菲乐器有限公司	李振锦
	机械弦轴	实用新型	CN202321373080.6	2023.11.10	乐清市乐林乐器有限公司	郑乐林
	一种墙挂式音乐琴	实用新型	CN202223148848.8	2023.11.10	金国强	金国强
	琴弦连接件	外观设计	CN202330279360.X	2023.11.10	徐正奇	徐正奇

续表

类别	名称	专利类型	申请（专利）号	公开（公告）日	申请（专利权）人	发明（设计）人
其他	一种微调调音器	实用新型	CN202321346459.8	2023.11.14	青岛柏思顿乐器有限公司	徐伟先
	一种弹拨乐器微调弦轴	实用新型	CN202321402060.7	2023.11.14	通辽市蓝色天韵文化传媒有限公司	李波；吉日木图
	一种音乐练习用移动曲谱架	实用新型	CN202320881137.7	2023.11.14	孙定海	孙定海
	鹿角吉他挂钩（WH-66）	外观设计	CN202330349508.2	2023.11.17	胡涛	胡涛
	变调夹（古典民谣通用）	外观设计	CN202330432736.6	2023.11.17	东莞市毛毛雨乐器有限公司	邓浩祺
	一种琴键导电胶结构	实用新型	CN202321731916.5	2023.11.17	常州视感科技有限公司	叶俊达；王明晓；谭圣宾
	可折叠的乐器支架	实用新型	CN202222949657.5	2023.11.21	深圳市伏荣科技开发有限公司	毛立群
	乐器凳	外观设计	CN202330343589.5	2023.11.21	徐州夏恩乐器有限公司	王硕
	一种一体式弦桥	发明专利	CN201710493503.0	2023.11.21	瑞安市中联电声乐器有限公司	林瑞荣
	护琴码	外观设计	CN202330431412.0	2023.11.21	高慧颖	高慧颖
	一种乐器生产加工用自动化打磨装置	发明专利	CN202311006695.X	2023.11.24	乐工坊文化产业（江苏）有限公司	罗有航
	一种乐器支架	发明专利	CN201910295725.0	2023.11.24	佛山安炜达金属制品有限公司	冯健恒
	一种谱架	实用新型	CN202320534920.6	2023.11.24	北京千年之声乐器有限公司	吉淑勤
	共鸣盘装配定位孔自动加工系统	实用新型	CN202321553462.7	2023.11.24	宜昌金宝乐器制造有限公司	罗扬；王军；黄维
	乃日琴	外观设计	CN202330388328.5	2023.11.24	巴音	哈勒珍
	可调变调夹（JX-95）	外观设计	CN202330463244.3	2023.11.28	胡涛	胡涛
	管接组件	发明专利	CN201910447735.1	2023.11.28	天津市津宝乐器有限公司	吴定军；戴勇才
	基于声学特征的练琴音准检测方法及系统	发明专利	CN202311153352.6	2023.12.01	杭州育恩科技有限公司	杨星星；严庆武；刘志敏；顾贤能；周萌；刘宁；严韩文；陈志
	一种音乐节拍器	实用新型	CN202321620488.9	2023.12.05	赤峰学院	满向溢
	一种可调节的音管固定器	实用新型	CN202321616118.8	2023.12.08	义乌茗枫工艺品有限公司	蒋至真
	筑	外观设计	CN202330414684.X	2023.12.08	扬州金韵乐器御工坊有限公司	熊立群；薛磊；陈彦宏；熊立斌；吴开平；王荣发；朱习松；葛春玲；严婷婷；朱磊；李宏伟
	硅胶拨片盒手环（WPB-21）	外观设计	CN202330491490.X	2023.12.12	胡涛	胡涛

续表

类别	名称	专利类型	申请（专利）号	公开（公告）日	申请（专利权）人	发明（设计）人
其他	一种乐器演奏键位提示方法、装置、电子设备及存储介质	发明专利	CN202110059224.X	2023.12.12	小叶子（北京）科技有限公司	夏雨；张彩蝶；周建民
	一种琴谱支撑板	实用新型	CN202321471432.1	2023.12.12	任宝龙	任宝龙
	一种音管可调位的立式敲击乐器	实用新型	CN202321616106.5	2023.12.15	义乌茗枫工艺品有限公司	蒋至真
	曼陀林	外观设计	CN202330167209.7	2023.12.15	青岛北方原野乐器有限公司	京盛幸介
	一种锁弦结构	实用新型	CN202321427566.3	2023.12.15	余姚市博韵乐器有限公司	符金波
	一种多功能琴谱架	实用新型	CN202320884288.8	2023.12.15	粤田设计（珠海）有限公司	伍凯庆；张朝汉；周庭进；黄家良
	一种器乐音阶练习指示架	实用新型	CN202320555249.3	2023.12.22	四川职业技术学院	王婷
	电子乐器音效附加器用踏板台的承载部位	外观设计	CN202130368390.9	2023.12.22	罗兰株式会社	护山康志；中川秀一
	乐器吹嘴	外观设计	CN202330452042.9	2023.12.22	深圳市诺依曼通讯科技有限公司	欧盛阳
	乐器手型训练矫正器	外观设计	CN202330408599.2	2023.12.22	深圳市酷登电子商务有限公司	付家财
	一种弦乐器的调弦机构	实用新型	CN202321707184.6	2023.12.22	袁世杰	袁世杰
	一种声乐节拍器	实用新型	CN202321602641.5	2023.12.22	裴泉礼	裴泉礼
	一种吊镲双球夹式调节结构	实用新型	CN202321450486.X	2023.12.22	天津市津宝乐器有限公司	刘珈旭；马传海
	通用型变调夹	实用新型	CN202321867956.2	2023.12.22	东莞市毛毛雨乐器有限公司	邓浩祺
	一种发光的抄锣	实用新型	CN202321949434.7	2023.12.22	武汉市海平乐器制造有限公司	王曙；王志平
	一种凹凸反镲片	实用新型	CN202321949437.0	2023.12.22	武汉市海平乐器制造有限公司	王志平；王曙
	可折叠的琴架装置	发明专利	CN201710180024.3	2023.12.22	天津潜宇塑胶制品有限公司	陆爱冬
	旋钮变调夹（JX−602）	外观设计	CN202330483218.7	2023.12.26	胡涛	胡涛
	乐器演奏评估方法、装置、设备及存储介质	发明专利	CN202111064034.3	2023.12.26	平安科技（深圳）有限公司	张剑；蒋慧军；徐伟；陈又新；韩宝强；肖京
	演奏乐器的选择方法、装置、设备及存储介质	发明专利	CN202110284980.2	2023.12.26	平安科技（深圳）有限公司	杨艾琳；蒋慧军；万欣茹；李剑锋；肖京
	一种高度可调的乐谱架	实用新型	CN202221636402.7	2023.12.26	珠海连青电子科技有限公司	李宁
	弦乐器辅助设备的辅助调音系统的图形用户界面的主体	外观设计	CN202130534645.4	2023.12.29	广州市拿火信息科技有限公司	陆子天；熊雄；陈芳芳

续表

类别	名称	专利类型	申请（专利）号	公开（公告）日	申请（专利权）人	发明（设计）人
其他	弦乐器辅助设备的辅助调音系统的图形用户界面的主体	外观设计	CN202130534363.4	2023.12.29	广州市拿火信息科技有限公司	陆子天；熊雄；陈芳芳
	一种自锁防脱落乐器背带	实用新型	CN202321818394.2	2023.12.29	惠州市乐之源电子有限公司	刘作朋
	瑟	外观设计	CN202330414701.X	2023.12.29	扬州金韵乐器御工坊有限公司	熊立群；赵越；薛磊；熊立斌；吴开平；王荣发；朱习松；葛春玲；严婷婷；朱磊；李宏伟

—— 2024 ——

CHINA MUSICAL
INSTRUMENT YEARBOOK
2024

职业技能考核

2023年全国钢琴调律师行业概况

2023年，钢琴调律师分会在中国乐器协会的领导与支持下，本着服务钢琴制造企业、调律师行业以及社会地方组织的宗旨和责任。开展了钢琴调律师分会技术交流大会暨年会、全国异地鉴定、校企、琴行分会合作以及职业技能赋能行业发展等工作。具体情况如下。

一、召开2023钢琴调律师分会技术交流大会暨年会

2023年2月26日至28日，中国乐器协会钢琴调律师分会技术交流大会暨年会在广州职业技能鉴定站隆重召开。本次会议的主要议题共六个：第一，关于2022年分会工作进行总结；第二，关于2023年工作计划以及未来3年工作设想；第三，召开了中国乐器协会钢琴调律师资格考试委员会（简称资考委）工作会议；第四，召开了《钢琴制作工》标准修订工作；第五，启动调律师分会与琴行分会合作，开展调律师职业能力评价工作；第六，制定协会授权调律师培训机构相关要求及管理办法。

二、《钢琴调律师国家职业标准》申报条件修订

2023年12月22日，钢琴调律师分会及资考委工作会议在中国乐器协会召开。资考委专家依据《国家职业标准编制技术规程》（2023版）对《钢琴调律师国家职业标准》中关于调律师申报的资质条件进行修订。尤其在五个级别申报年限上，以国家职业标准申报要求为基础，根据调律师职业特点修订了五个级别的申报年限以及破格申报条件。

三、调律师分会与琴行分会合作开展职业技能评价工作

中国乐器协会琴行分会与调律师分会在中国乐器协会行业总站的全力支持下，于2023年12月18日至20日首次开展合作。钢琴调律师分会常务副会长、秘书长秦敏静代表钢琴调律师分会与琴行分会副秘书长乔建津、周明、杨明、周约翰等具体统筹，以及钢的琴公司伍海波总经理全力支持，此次钢琴调律师职业等级评价活动通过多方共同努力圆满完成。

四、全力开展社会调律师职业技能认定工作

2023年，在中国乐器协会总站指导下的各鉴定站和基地，钢琴调律师分会不断加强与企业、职业学校以及高等教育机构以及琴行分会的合作，通过加强钢琴调律师的技能培训来壮大调律师从业队伍。在全国范围内开展953人次的职业技能认证，得到社会调律师的认可，取得良好的社会效益。

五、组织全行业参与中国轻工业联合会相关工作

1．全国裁判员培训

2023年，调律师分会为为贯彻落实人才强国战略，开展职业技能竞赛，培养高技能人才，办好2024全国竞赛，竞赛裁判员的能力提升和培训工作，积极参与中国轻工业联合会定于2023年6月11日至13日在西安市举办的2023全国行业职业技能竞赛——轻工大赛动员大会暨轻工行业裁判员培训。

2．全国督导员培训

2023年7月12日至14日，组织全国调律师参加全国轻工行业职业能力评价工作会议暨第二期督导员培训，中国乐器协会获得“2022年度轻工业职业能力评价工作先进单位”称号，中国乐器协会副秘书长、综合部主任刘金荣获得“2022年度轻工职业能力评价工作优秀个人”称号，沈阳音乐学院秦敏静获得“2022

年度轻工职业能力评价优秀考评员”称号。

3．全国考评员培训

2023年11月1日至3日，参加了中国轻工业联合会定于湖南长沙召开的2023年全国轻工行业职业技能评价考评员培训。

六、召开钢琴调律师分会及资考委工作会议

2023年12月22日，钢琴调律师分会及资考委工作会议在中国乐器协会召开，会议部署了2024年全国钢琴调律师职业技能竞赛工作，通过办赛为钢琴调律师职业发展赋能，并借助社会媒体加大调律师职业的社会认可度，在竞赛评分环节加大客观评分比重，从而促进调律师技术水平的全面提升。会议探讨了钢琴调律师网站平台管理工作，这将有利于调律师职业内涵的建设及队伍的迅速壮大，有利于快速提升职业影响力，有利于为企业为社会培养更多的专项人才。

2023年全国钢琴调律师职业能力等级评价统计表

鉴定站（基地）	鉴定日期	五级/初级技能	四级/中级技能	三级/高级技能	二级/技师	一级/高级技师	合计
北京鉴定站	2023年4月	8	5	15			28
	2023年4月		4	16			20
	2023年5月	12					12
	2023年6月	18	7	13			38
	2023年8月	1	1	13			15
	2023年9月	13					13
	2023年9月	3	3	9			15
	2023年10月		11	21			32
	2023年12月	7					7
	小计	62	31	87			180
广州鉴定站	2023年3月	7	7	41			55
	2023年6月	12	11	29			52
	2023年6月	19		2			21
	2023年7月	20	7	23			50
	2023年9月	7	8	6			21
	2023年10月	11	3	37			51
	小计	76	36	138			250
上海鉴定站	2023年4月	14	8	20			42
	2023年10月	12	39	11			62
	小计	26	47	31			104

续表

鉴定站（基地）	鉴定日期	五级/初级技能	四级/中级技能	三级/高级技能	二级/技师	一级/高级技师	合计
辽宁省钢琴调律师协会评价基地	2023年4月	4	18	50			72
	2023年10月	8	8	23			39
	小计	12	26	73			111
吉林省钢琴调律师协会评价基地	2023年4月	17	6	20			43
	小计	17	6	20			43
郑州铁路职业技术学院评价基地	2023年2月		28				28
	2023年5月		53	15			68
	小计	0	81	15			96
北京博爱盲人调律发展中心培训基地	2023年6月	2	3	20			25
	小计	2	3	20			25
南京艺术学院流行音乐学院职业技能评价基地	2023年6月			16			16
	小计			16			16
院校	2023年3月（珠海）	8	22	5			35
	小计	8	22	5			35
技师及以上评审通过	2023年6月			1	57	13	71
	2023年12月				20	2	22
	小计			1	77	15	93
2023年合计		203	252	406	77	15	953

2023年通过钢琴调律师职业能力等级评价考核名单

姓名	性别	证书号码	级别
褚晓鑫	女	H00171107000023I002717	一级/高级技师
戴建双	女	H00171107000023I002710	一级/高级技师
翟宁	女	H00171107000023I002711	一级/高级技师
何贤星	女	H00171107000023I002712	一级/高级技师
胡新明	女	H00171107000023I002709	一级/高级技师
雷水彬	女	H00171107000023I002706	一级/高级技师

续表

姓名	性别	证书号码	级别
柳洁	女	H00171107000023 1002716	一级/高级技师
孙进	女	H001711070000231002715	一级/高级技师
夏维佳	女	H001711070000231002714	一级/高级技师
谢磊	女	H001711070000231002708	一级/高级技师
应利星	女	H001711070000231002713	一级/高级技师
俞骞	女	H001711070000231002707	一级/高级技师
张忠宝	女	H001711070000231002705	一级/高级技师
许琳	女	H001711070000241000292	一级/高级技师
于喜明	男	H001711070000241000293	一级/高级技师
陈嘉滨	男	H001711070000232001340	二级/技师
陈莉华	女	H001711070000232001311	二级/技师
陈曦华	男	H001711070000232001299	二级/技师
戴唯青	女	H001711070000232001310	二级/技师
戴艺刚	男	H001711070000232001330	二级/技师
窦军强	男	H001711070000232001304	二级/技师
冯柏瀚	男	H001711070000232001296	二级/技师
傅建泽	男	H001711070000232001348	二级/技师
葛浩翔	男	H001711070000232001336	二级/技师
韩波	男	H001711070000232001333	二级/技师
郝强	男	H001711070000232001319	二级/技师
何乐	男	H001711070000232001337	二级/技师
洪芬	女	H001711070000232001302	二级/技师
胡良兵	男	H001711070000232001324	二级/技师
姜勇	男	H001711070000232001297	二级/技师
李兵	男	H001711070000232001349	二级/技师
李红科	男	H001711070000232001309	二级/技师
李韶康	男	H001711070000232001307	二级/技师
李帅军	男	H001711070000232001322	二级/技师
李云海	男	H001711070000232001321	二级/技师
梁成刚	男	H001711070000232001328	二级/技师
林列文	男	H001711070000232001345	二级/技师
刘建新	男	H001711070000232001347	二级/技师
刘朴	男	H001711070000232001308	二级/技师
刘晓宇	男	H001711070000232001329	二级/技师
刘一木	男	H001711070000232001351	二级/技师

续表

姓名	性别	证书号码	级别
卢俊	男	H001711070000232001312	二级/技师
罗倩	女	H001711070000232001320	二级/技师
曲韦华	男	H001711070000232001338	二级/技师
芮仲文	男	H001711070000232001346	二级/技师
石超	女	H001711070000232001352	二级/技师
孙辉	男	H001711070000232001350	二级/技师
孙瑱	男	H001711070000232001341	二级/技师
王超	男	H001711070000232001325	二级/技师
王海丰	男	H001711070000232001339	二级/技师
王建军	男	H001711070000232001343	二级/技师
王金龙	男	H001711070000232001318	二级/技师
王敏柔	女	H001711070000232001332	二级/技师
王瑶	女	H001711070000232001301	二级/技师
王勇	男	H001711070000232001317	二级/技师
王展	男	H001711070000232001315	二级/技师
严基逸	男	H001711070000232001326	二级/技师
杨健	男	H001711070000232001316	二级/技师
杨玉龙	男	H001711070000232001342	二级/技师
姚铁营	男	H001711070000232001331	二级/技师
于鹏	男	H001711070000232001305	二级/技师
于孙传	男	H001711070000232001335	二级/技师
张富强	男	H001711070000232001303	二级/技师
张继磊	男	H001711070000232001306	二级/技师
张景佩	男	H001711070000232001344	二级/技师
张军	男	H001711070000232001298	二级/技师
张昆	男	H001711070000232001323	二级/技师
张昇鹏	男	H001711070000232001314	二级/技师
张兴	男	H001711070000232001313	二级/技师
赵文婷	女	H001711070000232001327	二级/技师
周晨	女	H001711070000232001300	二级/技师
邹鸿乐	男	H001711070000232001334	二级/技师
欧阳钊	男	H001711070000242000366	二级/技师
徐照丛	男	H001711070000242000367	二级/技师
杨文龙	男	H001711070000242000368	二级/技师
黄俊球	男	H001711070000242000369	二级/技师

续表

姓名	性别	证书号码	级别
李震	男	H00171107000024200037O	二级/技师
任安石	男	H001711070000242000371	二级/技师
王路佳	男	H001711070000242000372	二级/技师
张发利	男	H001711070000242000373	二级/技师
金陶	男	H001711070000242000374	二级/技师
高玉燊	男	H001711070000242000375	二级/技师
林宝林	男	H001711070000242000376	二级/技师
倪丙占	男	H001711070000242000377	二级/技师
李方博	男	H001711070000242000378	二级/技师
林盛森	男	H001711070000242000379	二级/技师
杨勤峰	男	H001711070000242000380	二级/技师
谷庆	男	H001711070000242000381	二级/技师
王绍钰	男	H001711070000242000382	二级/技师
杨帆	男	H001711070000242000383	二级/技师
范占军	男	H001711070000242000384	二级/技师
赵世杰	男	H001711070000242000385	二级/技师
李景瑞	男	H001711070000233006740	三级/高级技能
谭恒伦	男	H001711070000233006741	三级/高级技能
雷俊飞	男	H001711070000233006742	三级/高级技能
张宇新	男	H001711070000233006743	三级/高级技能
赖启鸣	男	H001711070000233006744	三级/高级技能
贾宁	男	H001711070000233007426	三级/高级技能
黄润秋	男	H001711070000233007427	三级/高级技能
周园清	男	H001711070000233007428	三级/高级技能
张云洲	男	H001711070000233007429	三级/高级技能
钟洛传	男	H001711070000233007430	三级/高级技能
肖鑫	男	H001711070000233007431	三级/高级技能
刘智明	男	H001711070000233007432	三级/高级技能
陈紫诺	女	H001711070000233007433	三级/高级技能
段世龙	男	H001711070000233007434	三级/高级技能
韩亿源	男	H001711070000233007435	三级/高级技能
林航	男	H001711070000233007436	三级/高级技能
曹一帆	女	H001711070000233007437	三级/高级技能
胡红丽	女	H001711070000233007438	三级/高级技能
蔡嘉浩	男	H001711070000233007439	三级/高级技能

续表

姓名	性别	证书号码	级别
黄富文	男	H001711070000233007440	三级/高级技能
谢辉	男	H001711070000233007441	三级/高级技能
刘华卿	男	H001711070000233007442	三级/高级技能
张正康	男	H001711070000233007443	三级/高级技能
邹超超	男	H001711070000233007444	三级/高级技能
谢佳良	男	H001711070000233007445	三级/高级技能
杨柳	女	H001711070000233007446	三级/高级技能
谢志谋	男	H001711070000233007447	三级/高级技能
李国华	男	H001711070000233007448	三级/高级技能
朱昊睿	男	H001711070000233007449	三级/高级技能
黄金保	男	H001711070000233007450	三级/高级技能
章玲玲	女	H001711070000233007451	三级/高级技能
彭小峰	男	H001711070000233007452	三级/高级技能
黄元章	男	H001711070000233007453	三级/高级技能
潘宇	男	H001711070000233007454	三级/高级技能
夏艺珊	女	H001711070000233007455	三级/高级技能
崔晓炜	男	H001711070000233007456	三级/高级技能
欧启恒	男	H001711070000233007457	三级/高级技能
林松钦	男	H001711070000233007458	三级/高级技能
张雯洁	女	H001711070000233007459	三级/高级技能
杨京毅	男	H001711070000233007460	三级/高级技能
王贤泽	男	H001711070000233007461	三级/高级技能
龙智彬	男	H001711070000233007462	三级/高级技能
李兆成	男	H001711070000233007463	三级/高级技能
吉伟	男	H001711070000233007464	三级/高级技能
伍东杰	男	H001711070000233007465	三级/高级技能
游煌建	男	H001711070000233007466	三级/高级技能
孙家欣	男	H001711070000233007395	三级/高级技能
张博文	男	H001711070000233007396	三级/高级技能
赵金鑫	男	H001711070000233007397	三级/高级技能
焦成广	男	H001711070000233007398	三级/高级技能
何二辉	男	H001711070000233007399	三级/高级技能
辛世杰	男	H001711070000233007400	三级/高级技能
李开月	男	H001711070000233007401	三级/高级技能
郭玉芬	女	H001711070000233007402	三级/高级技能

续表

姓名	性别	证书号码	级别
王靖鹏	男	H001711070000233007403	三级/高级技能
董筱堃	男	H001711070000233007404	三级/高级技能
孟文杰	男	H001711070000233007405	三级/高级技能
黄荣兴	男	H001711070000233007406	三级/高级技能
付鸣九	男	H001711070000233007407	三级/高级技能
李萌	男	H001711070000233007408	三级/高级技能
赵艳利	男	H001711070000233007409	三级/高级技能
王旭	男	H001711070000233006745	三级/高级技能
翟瑞瑶	男	H001711070000233006746	三级/高级技能
王鑫	男	H001711070000233006747	三级/高级技能
郑汉川	男	H001711070000233006748	三级/高级技能
白雨涵	女	H001711070000233006749	三级/高级技能
吴延飞	男	H001711070000233006750	三级/高级技能
王小冬	男	H001711070000233006751	三级/高级技能
许行贵	男	H001711070000233006752	三级/高级技能
李曙阳	男	H001711070000233006753	三级/高级技能
陈佳锋	男	H001711070000233006754	三级/高级技能
王永刚	男	H001711070000233006755	三级/高级技能
何康	男	H001711070000233006756	三级/高级技能
李鹏博	男	H001711070000233006757	三级/高级技能
胡国梁	男	H001711070000233006758	三级/高级技能
杨浠铎	男	H001711070000233006759	三级/高级技能
王帅	男	H001711070000233006760	三级/高级技能
肖汉玺	男	H001711070000233006761	三级/高级技能
朱霄翔	男	H001711070000233006762	三级/高级技能
张志国	男	H001711070000233006763	三级/高级技能
张旭东	男	H001711070000233006764	三级/高级技能
陈文斐	女	H001711070000233010532	三级/高级技能
李路	男	H001711070000233010533	三级/高级技能
郝磊	男	H001711070000233010534	三级/高级技能
王珂	男	H001711070000233010535	三级/高级技能
郝名洋	男	H001711070000233010536	三级/高级技能
王绍潼	男	H001711070000233010537	三级/高级技能
冯海航	男	H001711070000233010538	三级/高级技能
王鹏周	男	H001711070000233010539	三级/高级技能

续表

姓名	性别	证书号码	级别
燕昱彤	女	H001711070000233010540	三级/高级技能
常晓桐	男	H001711070000233010541	三级/高级技能
张笑然	男	H001711070000233010542	三级/高级技能
陈浩	男	H001711070000233010543	三级/高级技能
刘玉蓉	女	H001711070000233010544	三级/高级技能
李晓钰	女	H001711070000233010545	三级/高级技能
姜茹潇	女	H001711070000233010546	三级/高级技能
梁黎明	男	H001711070000233010547	三级/高级技能
周冏	男	H001711070000233010548	三级/高级技能
姜志标	男	H001711070000233010549	三级/高级技能
李雨桐	男	H001711070000233010550	三级/高级技能
龚俊	男	H001711070000233010551	三级/高级技能
王圣兴	男	H001711070000233006765	三级/高级技能
陈海军	男	H001711070000233006766	三级/高级技能
李建志	男	H001711070000233006767	三级/高级技能
梁耀昌	男	H001711070000233006768	三级/高级技能
党博	男	H001711070000233006769	三级/高级技能
张月	女	H001711070000233006770	三级/高级技能
李杰	男	H001711070000233006771	三级/高级技能
丁娜	女	H001711070000233006772	三级/高级技能
姜宏	男	H001711070000233006773	三级/高级技能
田鹏	男	H001711070000233006774	三级/高级技能
刘岩	男	H001711070000233006775	三级/高级技能
张强	男	H001711070000233006776	三级/高级技能
任晟锋	男	H001711070000233006777	三级/高级技能
刘耀强	男	H001711070000233006778	三级/高级技能
赵勇	男	H001711070000233006779	三级/高级技能
陈启元	男	H001711070000233006780	三级/高级技能
贾丽琴	女	H001711070000233006781	三级/高级技能
韩瑞璋	男	H001711070000233006782	三级/高级技能
王鹏雯	女	H001711070000233006783	三级/高级技能
张帆	女	H001711070000233006784	三级/高级技能
陈雪萍	女	H001711070000233006785	三级/高级技能
孟岩	男	H001711070000233006786	三级/高级技能
邱佳炜	男	H001711070000233006787	三级/高级技能

续表

姓名	性别	证书号码	级别
王家琪	女	H001711070000233006788	三级/高级技能
王兆琳	男	H001711070000233006789	三级/高级技能
赵梓汐	女	H001711070000233006790	三级/高级技能
张学斌	男	H001711070000233006791	三级/高级技能
贾炳超	男	H001711070000233006792	三级/高级技能
张迪航	男	H001711070000233006793	三级/高级技能
徐建堂	男	H001711070000233006794	三级/高级技能
张泽	男	H001711070000233006795	三级/高级技能
何江娜	女	H001711070000233006796	三级/高级技能
卓亚景	男	H001711070000233006797	三级/高级技能
邵辉	男	H001711070000233006798	三级/高级技能
韩超	男	H001711070000233006799	三级/高级技能
史咏梅	女	H001711070000233006800	三级/高级技能
毕荣荣	女	H001711070000233006801	三级/高级技能
杨成钢	男	H001711070000233006802	三级/高级技能
李欣然	男	H001711070000233006803	三级/高级技能
闫玲君	女	H001711070000233006804	三级/高级技能
张宝	男	H001711070000233006805	三级/高级技能
许帆	男	H001711070000233006806	三级/高级技能
宋永毅	男	H001711070000233006807	三级/高级技能
杨成威	男	H001711070000233006808	三级/高级技能
向章	男	H001711070000233006809	三级/高级技能
陈冉燃	女	H001711070000233006810	三级/高级技能
王翔生	男	H001711070000233006811	三级/高级技能
刘涛	男	H001711070000233006812	三级/高级技能
王艺臻	女	H001711070000233006813	三级/高级技能
王克寿	男	H001711070000233006814	三级/高级技能
盛思涵	男	H001711070000233007410	三级/高级技能
杨以撒	男	H001711070000233007411	三级/高级技能
徐大明	男	H001711070000233007412	三级/高级技能
张恩杰	男	H001711070000233007413	三级/高级技能
杨亚兵	男	H001711070000233007414	三级/高级技能
刘连祥	男	H001711070000233007415	三级/高级技能
莫新新	女	H001711070000233007416	三级/高级技能
吴兆峰	男	H001711070000233007417	三级/高级技能

续表

姓名	性别	证书号码	级别
傅大册	女	H001711070000233007418	三级/高级技能
贺国庆	男	H001711070000233007419	三级/高级技能
陈德鹏	男	H001711070000233007420	三级/高级技能
田伟	女	H001711070000233007421	三级/高级技能
耿浩	男	H001711070000233007422	三级/高级技能
曹先壮	男	H001711070000233007423	三级/高级技能
田金虎	男	H001711070000233007424	三级/高级技能
陈丰	男	H001711070000233007425	三级/高级技能
邢进	男	H001711070000233010552	三级/高级技能
陈旭	男	H001711070000233010553	三级/高级技能
向铎远	男	H001711070000233010554	三级/高级技能
曹俊生	男	H001711070000233010555	三级/高级技能
王帅	女	H001711070000233010556	三级/高级技能
王坤	男	H001711070000233010557	三级/高级技能
白芳	女	H001711070000233010558	三级/高级技能
李会军	男	H001711070000233010559	三级/高级技能
王含光	男	H001711070000233010560	三级/高级技能
吕鹤强	男	H001711070000233010561	三级/高级技能
刘昱廷	男	H001711070000233010562	三级/高级技能
秦礼双	男	H001711070000233010563	三级/高级技能
赵卫红	男	H001711070000233010564	三级/高级技能
白永辉	男	H001711070000233010565	三级/高级技能
魏玉保	男	H001711070000233010566	三级/高级技能
杜子文	男	H001711070000233014564	三级/高级技能
孔铭	男	H001711070000233014565	三级/高级技能
郑浩钊	男	H001711070000233014566	三级/高级技能
刘津劭	男	H001711070000233014567	三级/高级技能
邹超	男	H001711070000233014568	三级/高级技能
石浩	男	H001711070000233014569	三级/高级技能
葛明磊	男	H001711070000233014570	三级/高级技能
童雪	女	H001711070000233014571	三级/高级技能
蔡雯雯	女	H001711070000233014572	三级/高级技能
郭海鹰	女	H001711070000233014573	三级/高级技能
王贺	男	H001711070000233014574	三级/高级技能
刘海洋	男	H001711070000233014575	三级/高级技能

续表

姓名	性别	证书号码	级别
柯蕾	女	H001711070000233014576	三级/高级技能
张凌雪	女	H001711070000233014577	三级/高级技能
姜涛	男	H001711070000233014578	三级/高级技能
王豪杰	男	H001711070000233014579	三级/高级技能
司佳平	男	H001711070000233014580	三级/高级技能
郑己禹	男	H001711070000233014581	三级/高级技能
李卓航	男	H001711070000233014582	三级/高级技能
刘畅	男	H001711070000233014583	三级/高级技能
徐畅	男	H001711070000243001265	三级/高级技能
杨帆	女	H001711070000243001266	三级/高级技能
李思萌	女	H001711070000243001267	三级/高级技能
李令中	男	H001711070000243001268	三级/高级技能
郝强	男	H001711070000243001269	三级/高级技能
李英文	女	H001711070000243001270	三级/高级技能
李紫延	女	H001711070000243001271	三级/高级技能
高海翔	男	H001711070000243001272	三级/高级技能
李默翔	男	H001711070000243001273	三级/高级技能
丁畅	男	H001711070000243001274	三级/高级技能
王欢	女	H001711070000243001275	三级/高级技能
吉星润	女	H001711070000243001276	三级/高级技能
杨振宇	男	H001711070000243001277	三级/高级技能
潘宁禾木	女	H001711070000243001278	三级/高级技能
袁启文	男	H001711070000243001279	三级/高级技能
张杰	男	H001711070000243001280	三级/高级技能
王天苏	男	H001711070000233014584	三级/高级技能
张正	男	H001711070000233014585	三级/高级技能
王永峰	男	H001711070000233014586	三级/高级技能
王成磊	男	H001711070000233014587	三级/高级技能
张子悦	男	H001711070000233014588	三级/高级技能
岑国宁	男	H001711070000233014589	三级/高级技能
乔杨	男	H001711070000233014590	三级/高级技能
杨建明	男	H001711070000233014591	三级/高级技能
张其宇	男	H001711070000233014592	三级/高级技能
牛志同	男	H001711070000233014593	三级/高级技能
王文	男	H001711070000233014594	三级/高级技能

续表

姓名	性别	证书号码	级别
李彬超	男	H001711070000233014595	三级/高级技能
李文锦	女	H001711070000233014596	三级/高级技能
许小东	男	H001711070000233014597	三级/高级技能
王博	男	H001711070000233014598	三级/高级技能
王康义	男	H001711070000233014599	三级/高级技能
李瑞园	男	H001711070000233014600	三级/高级技能
黄英炜	男	H001711070000233014601	三级/高级技能
何佳怡	女	H001711070000233014602	三级/高级技能
吕成刚	男	H001711070000233014603	三级/高级技能
周飞跃	男	H001711070000233014604	三级/高级技能
侯晓航	男	H001711070000233014605	三级/高级技能
杨嘉辉	男	H001711070000233014606	三级/高级技能
赖年生	男	H001711070000233014607	三级/高级技能
李晓坤	男	H001711070000233014608	三级/高级技能
王江波	男	H001711070000233014609	三级/高级技能
张晓峰	男	H001711070000233014610	三级/高级技能
施杨馨怡	女	H001711070000233014611	三级/高级技能
石鑫	男	H001711070000233014612	三级/高级技能
廖亮	男	H001711070000233014615	三级/高级技能
李连杰	男	H001711070000233014616	三级/高级技能
陈力晶	男	H001711070000233014617	三级/高级技能
白希帆	男	H001711070000233014618	三级/高级技能
欧祥买	女	H001711070000233014619	三级/高级技能
杨洪清	男	H001711070000233014620	三级/高级技能
陈光荣	男	H001711070000233014621	三级/高级技能
张展瑜	男	H001711070000233014622	三级/高级技能
李艳忠	男	H001711070000233014623	三级/高级技能
陈学文	男	H001711070000233014624	三级/高级技能
李学文	男	H001711070000233014625	三级/高级技能
王智	男	H001711070000233014626	三级/高级技能
刘特	男	H001711070000233014627	三级/高级技能
陈周发	男	H001711070000233014628	三级/高级技能
陶 岩	男	H001711070000233014629	三级/高级技能
王文	男	H001711070000233014630	三级/高级技能
邵发松	男	H001711070000233014631	三级/高级技能

续表

姓名	性别	证书号码	级别
文国华	男	H001711070000233014632	三级/高级技能
王承浩	男	H001711070000233014633	三级/高级技能
刘明辉	男	H001711070000233014634	三级/高级技能
李怀健	男	H001711070000233014635	三级/高级技能
李西城	男	H001711070000233014636	三级/高级技能
施宇	男	H001711070000233014637	三级/高级技能
周绍毅	男	H001711070000233014613	三级/高级技能
黄科	男	H001711070000233014614	三级/高级技能
孙石壮	男	H001711070000233011883	三级/高级技能
郑永超	男	H001711070000233011884	三级/高级技能
祝贺	男	H001711070000233011885	三级/高级技能
唐全兵	男	H001711070000233011886	三级/高级技能
关勇波	男	H001711070000233011887	三级/高级技能
刘鑫	女	H001711070000233011888	三级/高级技能
黄盼	男	H001711070000233011889	三级/高级技能
赖群阳	男	H001711070000233011890	三级/高级技能
肖军花	女	H001711070000233011891	三级/高级技能
柴永军	男	H001711070000233011892	三级/高级技能
冯军义	男	H001711070000233011893	三级/高级技能
蔡江江	男	H001711070000233011894	三级/高级技能
谢良齐	男	H001711070000233011895	三级/高级技能
王松	男	H001711070000233010793	三级/高级技能
关纪锁	男	H001711070000233013115	三级/高级技能
穆智豪	男	H001711070000233013116	三级/高级技能
陈丽静	女	H001711070000233013117	三级/高级技能
霍晓亮	男	H001711070000233013118	三级/高级技能
时明	男	H001711070000233013119	三级/高级技能
韩飞	男	H001711070000233013120	三级/高级技能
郝旺	男	H001711070000233013121	三级/高级技能
张昕	男	H001711070000233013122	三级/高级技能
李建益	男	H001711070000233013123	三级/高级技能
程家豪	男	H001711070000233013124	三级/高级技能
童凯	男	H001711070000233013125	三级/高级技能
郭勇勇	男	H001711070000233013126	三级/高级技能
王志新	女	H001711070000233013127	三级/高级技能

续表

姓名	性别	证书号码	级别
鲍文迪	男	H00171107000023301 6338	三级/高级技能
田帅	男	H00171107000023301 6339	三级/高级技能
杜建	男	H00171107000023301 6340	三级/高级技能
苏龙龙	男	H00171107000023301 6341	三级/高级技能
王颜	男	H00171107000023301 6342	三级/高级技能
宋书意	男	H00171107000023301 6343	三级/高级技能
苏强	男	H00171107000023301 6344	三级/高级技能
毛超宁	男	H00171107000023301 6345	三级/高级技能
李宗君	男	H00171107000023301 6346	三级/高级技能
刘建文	男	H00171107000023301 6367	三级/高级技能
张董	男	H00171107000023301 6368	三级/高级技能
张圣全	男	H00171107000023301 6369	三级/高级技能
吴琼媛	女	H00171107000023301 6370	三级/高级技能
韦志勇	男	H00171107000023301 6371	三级/高级技能
孙荣	女	H00171107000023301 6372	三级/高级技能
徐新宇	男	H00171107000023301 6373	三级/高级技能
张强强	男	H00171107000023301 6374	三级/高级技能
苏胜坡	男	H00171107000023301 6375	三级/高级技能
徐伟	男	H00171107000023301 6376	三级/高级技能
王志民	男	H00171107000023301 6377	三级/高级技能
张明乐	男	H00171107000023301 6347	三级/高级技能
薛 珍	女	H00171107000023301 6348	三级/高级技能
靳 值	男	H00171107000023301 6349	三级/高级技能
王海鸥	女	H00171107000023301 6350	三级/高级技能
徐珺珺	女	H00171107000023301 6351	三级/高级技能
李村夫	男	H00171107000023301 6352	三级/高级技能
陈学谦	男	H00171107000023301 6353	三级/高级技能
李佳衡	男	H00171107000023301 6354	三级/高级技能
黄连强	男	H00171107000023301 6355	三级/高级技能
焦永松	男	H00171107000023301 6356	三级/高级技能
王凌宇	男	H00171107000023301 6357	三级/高级技能
蒋云龙	男	H00171107000023301 6358	三级/高级技能
李明育	男	H00171107000023301 6359	三级/高级技能
任良志	男	H00171107000023301 6360	三级/高级技能
周如歌	女	H00171107000023301 6361	三级/高级技能

续表

姓名	性别	证书号码	级别
张劲松	男	H001711070000233016362	三级/高级技能
刘嫣之	女	H001711070000233016363	三级/高级技能
薛 雪	女	H001711070000233016364	三级/高级技能
刘士骏	男	H001711070000233016365	三级/高级技能
黄 皓	男	H001711070000233016366	三级/高级技能
邓杰	男	H001711070000243001222	三级/高级技能
陈圣典	男	H001711070000243001223	三级/高级技能
许方禹	男	H001711070000243001224	三级/高级技能
刘觐源	男	H001711070000243001225	三级/高级技能
万阜鑫	男	H001711070000243001226	三级/高级技能
王有康	男	H001711070000243001227	三级/高级技能
翟沛星	女	H001711070000243001228	三级/高级技能
谢坚银	女	H001711070000243001229	三级/高级技能
张存良	男	H001711070000243001230	三级/高级技能
罗淇锋	男	H001711070000243001231	三级/高级技能
朱志添	男	H001711070000243001232	三级/高级技能
赖洪日	男	H001711070000243001233	三级/高级技能
何展泓	男	H001711070000243001234	三级/高级技能
王雪彬	男	H001711070000243001235	三级/高级技能
林少华	男	H001711070000243001236	三级/高级技能
骆广亮	男	H001711070000243001237	三级/高级技能
郭志强	男	H001711070000243001238	三级/高级技能
马成仁	男	H001711070000243001239	三级/高级技能
刘绵飞	男	H001711070000243001240	三级/高级技能
杨玉维	男	H001711070000243001241	三级/高级技能
余志华	男	H001711070000243001242	三级/高级技能
徐志煌	男	H001711070000243001243	三级/高级技能
彭金	男	H001711070000243001244	三级/高级技能
罗兴	女	H001711070000243001245	三级/高级技能
王京祥	男	H001711070000243001246	三级/高级技能
赵越超	男	H001711070000243001247	三级/高级技能
李文亮	男	H001711070000243001248	三级/高级技能
潘启槟	男	H001711070000243001249	三级/高级技能
解军飞	男	H001711070000243001250	三级/高级技能
李伟奇	男	H001711070000243001251	三级/高级技能

续表

姓名	性别	证书号码	级别
阙以松	男	H001711070000243001252	三级/高级技能
谭锦泉	男	H001711070000243001253	三级/高级技能
彭宗翰	男	H001711070000243001254	三级/高级技能
陈伟洪	男	H001711070000243001255	三级/高级技能
梁家文	男	H001711070000243001256	三级/高级技能
刘伟	男	H001711070000243001257	三级/高级技能
任秋评	男	H001711070000243001258	三级/高级技能
张鹏	男	H001711070000243001259	三级/高级技能
叶磊	男	H001711070000243001260	三级/高级技能
周海城	男	H001711070000243001261	三级/高级技能
石磊	男	H001711070000243001262	三级/高级技能
朱海英	女	H001711070000243001263	三级/高级技能
张瑞雅	女	H001711070000243001264	三级/高级技能
李建福	男	H001711070000233016378	三级/高级技能
王冬	男	H001711070000233016379	三级/高级技能
刘晓丹	女	H001711070000233016380	三级/高级技能
李迪	男	H001711070000233016381	三级/高级技能
游才伦	男	H001711070000233016382	三级/高级技能
姜瓔益	女	H001711070000233016383	三级/高级技能
佟猛	男	H001711070000233016384	三级/高级技能
翟堃	男	H001711070000233016385	三级/高级技能
姜登祥	男	H001711070000233016386	三级/高级技能
章国臣	男	H001711070000233016387	三级/高级技能
刘洋	男	H001711070000233016388	三级/高级技能
王兴龙	男	H001711070000233016389	三级/高级技能
杨栋	男	H001711070000233016390	三级/高级技能
孙玉辉	男	H001711070000233016391	三级/高级技能
彭媛	女	H001711070000233016392	三级/高级技能
邸亚雄	男	H001711070000233016393	三级/高级技能
周末	男	H001711070000233016394	三级/高级技能
邵海雄	男	H001711070000233016395	三级/高级技能
彭达元	男	H001711070000233016396	三级/高级技能
田敏	男	H001711070000233016397	三级/高级技能
马传威	男	H001711070000233016398	三级/高级技能
潘科研	男	H001711070000233016399	三级/高级技能

续表

姓名	性别	证书号码	级别
张伟	男	H001711070000233016400	三级/高级技能
张素素	女	H001711070000234007311	四级/中级技能
苗鹏飞	男	H001711070000234007312	四级/中级技能
张一清	女	H001711070000234007313	四级/中级技能
苏莹莹	女	H001711070000234007314	四级/中级技能
赵笑笑	女	H001711070000234007315	四级/中级技能
薛珂	女	H001711070000234007316	四级/中级技能
李可欣	女	H001711070000234007317	四级/中级技能
刘怡涵	女	H001711070000234007318	四级/中级技能
刘璇	女	H001711070000234007319	四级/中级技能
张梦蝶	女	H001711070000234007320	四级/中级技能
李成林	男	H001711070000234007321	四级/中级技能
毛东贺	男	H001711070000234007322	四级/中级技能
李佳琦	男	H001711070000234007323	四级/中级技能
谢昆廷	男	H001711070000234007324	四级/中级技能
陈明帅	男	H001711070000234007325	四级/中级技能
季佳妮	女	H001711070000234007326	四级/中级技能
张玉洁	女	H001711070000234007327	四级/中级技能
王永兴	男	H001711070000234007328	四级/中级技能
张栗茹	女	H001711070000234007329	四级/中级技能
段正扬	男	H001711070000234007330	四级/中级技能
李志彤	女	H001711070000234007331	四级/中级技能
张晓博	男	H001711070000234007332	四级/中级技能
李梦萍	女	H001711070000234007333	四级/中级技能
王远	女	H001711070000234007334	四级/中级技能
王腾飞	男	H001711070000234007335	四级/中级技能
兰鹏宇	男	H001711070000234007336	四级/中级技能
张翰月	女	H001711070000234007337	四级/中级技能
曹润青	女	H001711070000234007338	四级/中级技能
苏乃杭	男	H001711070000234007339	四级/中级技能
王爵罡	男	H001711070000234007340	四级/中级技能
阮巧宁	女	H001711070000234007341	四级/中级技能
雷欣	女	H001711070000234007342	四级/中级技能
徐奕媚	女	H001711070000234007343	四级/中级技能
王硕	女	H001711070000234007344	四级/中级技能

续表

姓名	性别	证书号码	级别
施静雯	女	H001711070000234007345	四级/中级技能
李泳豪	男	H001711070000234007346	四级/中级技能
庞亚金	男	H001711070000234007347	四级/中级技能
官钰宗	男	H001711070000234007348	四级/中级技能
黄泳欣	女	H001711070000234007349	四级/中级技能
梁恒瑜	男	H001711070000234007350	四级/中级技能
朱诗淇	女	H001711070000234007351	四级/中级技能
苏颖妍	女	H001711070000234007352	四级/中级技能
丁婧芸	女	H001711070000234007353	四级/中级技能
莫嘉杰	男	H001711070000234007354	四级/中级技能
黎浩然	男	H001711070000234007355	四级/中级技能
曾义忠	男	H001711070000234007356	四级/中级技能
吴浩朋	男	H001711070000234007357	四级/中级技能
林芷妍	女	H001711070000234007358	四级/中级技能
黄予馨	女	H001711070000234007359	四级/中级技能
孔维伟	男	H001711070000234007360	四级/中级技能
邵阳	男	H001711070000234008562	四级/中级技能
李明芳	男	H001711070000234008563	四级/中级技能
韦一哲	男	H001711070000234008564	四级/中级技能
黄羿凉	男	H001711070000234008565	四级/中级技能
黄子柱	男	H001711070000234008566	四级/中级技能
帅泽炜	男	H001711070000234008567	四级/中级技能
郑夏宇	男	H001711070000234008568	四级/中级技能
高海娜	女	H001711070000234008553	四级/中级技能
阚尧译	男	H001711070000234008554	四级/中级技能
常萌萌	男	H001711070000234008555	四级/中级技能
秦凯	男	H001711070000234008556	四级/中级技能
王思达	男	H001711070000234008557	四级/中级技能
赵永信	男	H001711070000234007361	四级/中级技能
刘名欢	男	H001711070000234007362	四级/中级技能
刘春晓	女	H001711070000234007363	四级/中级技能
竺仁青	男	H001711070000234007364	四级/中级技能
许书克	男	H001711070000234007365	四级/中级技能
闫帅豪	男	H001711070000234007366	四级/中级技能
董大喜	男	H001711070000234007367	四级/中级技能

续表

姓名	性别	证书号码	级别
陈岩	男	H001711070000234007368	四级/中级技能
赵斐然	女	H001711070000234011257	四级/中级技能
刘建欣	男	H001711070000234011258	四级/中级技能
张美佳	女	H001711070000234011259	四级/中级技能
何祺康	男	H001711070000234011260	四级/中级技能
许胧月	女	H001711070000234011261	四级/中级技能
王楠	女	H001711070000234011262	四级/中级技能
高烨洋	男	H001711070000234007369	四级/中级技能
胡月	女	H001711070000234007370	四级/中级技能
段军毅	男	H001711070000234007371	四级/中级技能
俞圣林	男	H001711070000234007372	四级/中级技能
王博雅	女	H001711070000234007373	四级/中级技能
廖锦	男	H001711070000234007374	四级/中级技能
张广	男	H001711070000234007375	四级/中级技能
赖随	女	H001711070000234007376	四级/中级技能
张丹	女	H001711070000234007377	四级/中级技能
刘亦多	男	H001711070000234007378	四级/中级技能
谢馨庆	男	H001711070000234007379	四级/中级技能
马赫笛	女	H001711070000234007380	四级/中级技能
韩明澔	男	H001711070000234007381	四级/中级技能
牛雨宸	男	H001711070000234007382	四级/中级技能
杨凯淇	男	H001711070000234007383	四级/中级技能
王极越	男	H001711070000234007384	四级/中级技能
闫廷钰	男	H001711070000234007385	四级/中级技能
华天浩	男	H001711070000234007386	四级/中级技能
芦祺	男	H001711070000234008558	四级/中级技能
朱福康	男	H001711070000234008559	四级/中级技能
申海青	男	H001711070000234008560	四级/中级技能
朱晨啸	男	H001711070000234008561	四级/中级技能
刘志康	男	H001711070000234011263	四级/中级技能
党蔚蓝	女	H001711070000234011264	四级/中级技能
史少行	男	H001711070000234011265	四级/中级技能
孟想	男	H001711070000234011266	四级/中级技能
王瑞强	男	H001711070000234011267	四级/中级技能
张泽璐	女	H001711070000234011268	四级/中级技能

续表

姓名	性别	证书号码	级别
张晴	女	H001711070000234011269	四级/中级技能
付金鸽	女	H001711070000234011270	四级/中级技能
袁椿昊	男	H001711070000234011271	四级/中级技能
冯晨阳	男	H001711070000234011272	四级/中级技能
吕攀攀	女	H001711070000234011273	四级/中级技能
贾欣婷	女	H001711070000234011274	四级/中级技能
吴婉月	女	H001711070000234011275	四级/中级技能
赵启轩	男	H001711070000234011276	四级/中级技能
高梦瑶	女	H001711070000234011277	四级/中级技能
赵帅宁	女	H001711070000234011278	四级/中级技能
赵诗妍	女	H001711070000234011279	四级/中级技能
田艺雪	女	H001711070000234011280	四级/中级技能
杨光	男	H001711070000234011281	四级/中级技能
张梓怡	女	H001711070000234011282	四级/中级技能
李诗琦	女	H001711070000234011283	四级/中级技能
刘永涛	男	H001711070000234011284	四级/中级技能
侯骁哲	男	H001711070000234011285	四级/中级技能
张世龙	男	H001711070000234011286	四级/中级技能
王林超	男	H001711070000234011287	四级/中级技能
张凯月	女	H001711070000234011288	四级/中级技能
张一帆	男	H001711070000234011289	四级/中级技能
王雨霏	女	H001711070000234011290	四级/中级技能
李洋洋	女	H001711070000234011291	四级/中级技能
董晓雪	女	H001711070000234011292	四级/中级技能
郑雅兰	女	H001711070000234011293	四级/中级技能
殷世豪	男	H001711070000234011294	四级/中级技能
安聪	男	H001711070000234011295	四级/中级技能
殷小棠	女	H001711070000234011296	四级/中级技能
王成	男	H001711070000234011297	四级/中级技能
刘宸骅	男	H001711070000234011298	四级/中级技能
刘雅欣	女	H001711070000234011299	四级/中级技能
王帅	男	H001711070000234011300	四级/中级技能
刘昌雨	女	H001711070000234011301	四级/中级技能
刘一佳	女	H001711070000234011302	四级/中级技能
申润声	男	H001711070000234011303	四级/中级技能

续表

姓名	性别	证书号码	级别
王钰柯	女	H001711070000234011304	四级/中级技能
王淼	女	H001711070000234011305	四级/中级技能
杨紫云	女	H001711070000234011306	四级/中级技能
赵文龙	男	H001711070000234011307	四级/中级技能
袁培然	男	H001711070000234011308	四级/中级技能
戎祥卓	男	H001711070000234011309	四级/中级技能
赵博林	男	H001711070000234011310	四级/中级技能
张梓萌	女	H001711070000234011311	四级/中级技能
颉志龙	男	H001711070000234011312	四级/中级技能
丁瑞阳	男	H001711070000234011313	四级/中级技能
王誉典	女	H001711070000234011314	四级/中级技能
高雅欣	女	H001711070000234011315	四级/中级技能
陈秋艳	女	H001711070000234014058	四级/中级技能
张德明	男	H001711070000234014059	四级/中级技能
徐健	女	H001711070000234014060	四级/中级技能
向行之	男	H001711070000234014061	四级/中级技能
左开智	男	H001711070000234014062	四级/中级技能
陈意谱	男	H001711070000234014063	四级/中级技能
李雪旗	男	H001711070000234014064	四级/中级技能
黄智伟	男	H001711070000234014065	四级/中级技能
马宇潇	男	H001711070000234014066	四级/中级技能
王成纲	男	H001711070000234014067	四级/中级技能
吕卓奇	男	H001711070000234014068	四级/中级技能
葛宵	男	H001711070000234014069	四级/中级技能
冯桥	男	H001711070000234014070	四级/中级技能
刘韬	男	H001711070000234014071	四级/中级技能
肖颖	男	H001711070000234014072	四级/中级技能
杨华维	男	H001711070000234014073	四级/中级技能
姚佳	男	H001711070000234014074	四级/中级技能
马克辉	男	H001711070000234014075	四级/中级技能
陈海	男	H001711070000234014076	四级/中级技能
李剑伟	男	H001711070000234014077	四级/中级技能
潘墨博	男	H001711070000234014078	四级/中级技能
张齐明	男	H001711070000234012541	四级/中级技能
黄鹏辉	男	H001711070000234012542	四级/中级技能

续表

姓名	性别	证书号码	级别
王春立	男	H001711070000234012543	四级/中级技能
许雪勤	女	H001711070000234012544	四级/中级技能
史雯瑾	女	H001711070000234012545	四级/中级技能
吴奇林	女	H001711070000234012546	四级/中级技能
李龙	男	H001711070000234012547	四级/中级技能
杨益钢	男	H001711070000234013197	四级/中级技能
张鹤年	男	H001711070000234014748	四级/中级技能
邵丽	女	H001711070000234014749	四级/中级技能
陈斐	女	H001711070000234014750	四级/中级技能
董凤连	女	H001711070000234014762	四级/中级技能
王家柏	男	H001711070000234014763	四级/中级技能
朱艳	女	H001711070000234014764	四级/中级技能
杨蕾蕾	男	H001711070000234014765	四级/中级技能
储晔	女	H001711070000234014766	四级/中级技能
钱伟	男	H001711070000234014767	四级/中级技能
朱宇	男	H001711070000234014768	四级/中级技能
李文	男	H001711070000234014769	四级/中级技能
陆逸君	女	H001711070000234014770	四级/中级技能
欧阳方子	女	H001711070000234014771	四级/中级技能
刘京	男	H001711070000234014772	四级/中级技能
李相涛	男	H001711070000234014773	四级/中级技能
周胜利	男	H001711070000234014774	四级/中级技能
徐洪亮	男	H001711070000234014775	四级/中级技能
陈佳琦	女	H001711070000234014776	四级/中级技能
李迅	女	H001711070000234014777	四级/中级技能
陈玲	女	H001711070000234014778	四级/中级技能
夏美娟	女	H001711070000234014779	四级/中级技能
支林杰	男	H001711070000234014780	四级/中级技能
卫家梁	男	H001711070000234014781	四级/中级技能
胡继昌	男	H001711070000234014782	四级/中级技能
陈政	男	H001711070000234014783	四级/中级技能
李敏	女	H001711070000234014784	四级/中级技能
张鑫	男	H001711070000234014785	四级/中级技能
石弨龙	男	H001711070000234014786	四级/中级技能
张振宇	男	H001711070000234014787	四级/中级技能

续表

姓名	性别	证书号码	级别
盛利明	男	H001711070000234014788	四级/中级技能
冯韶辉	男	H001711070000234014789	四级/中级技能
陈飞	男	H001711070000234014790	四级/中级技能
张志永	男	H001711070000234014791	四级/中级技能
戴新宇	男	H001711070000234014792	四级/中级技能
沈唯一	男	H001711070000234014793	四级/中级技能
范智伟	男	H001711070000234014794	四级/中级技能
杨家辉	男	H001711070000234014795	四级/中级技能
何俊玮	男	H001711070000234014796	四级/中级技能
张念栋	男	H001711070000234014797	四级/中级技能
张晓天	男	H001711070000234014798	四级/中级技能
张主义	男	H001711070000234014799	四级/中级技能
陈允生	男	H001711070000234014800	四级/中级技能
刘云东	男	H001711070000234014751	四级/中级技能
李锋	男	H001711070000234014752	四级/中级技能
李浩然	男	H001711070000234014753	四级/中级技能
孟宪章	男	H001711070000234014754	四级/中级技能
张文喆	男	H001711070000234014755	四级/中级技能
范钦龙	男	H001711070000234014756	四级/中级技能
赵界航	男	H001711070000234014757	四级/中级技能
陈祉屹	男	H001711070000234014758	四级/中级技能
袁雅歌	男	H001711070000234014759	四级/中级技能
胡昊	男	H001711070000234014760	四级/中级技能
杨宪予	男	H001711070000234014761	四级/中级技能
张瀚文	女	H001711070000244001077	四级/中级技能
黄朝和	男	H001711070000244001078	四级/中级技能
李文元	男	H001711070000244001079	四级/中级技能
刘新科	男	H001711070000244001080	四级/中级技能
孙义龙	男	H001711070000244001081	四级/中级技能
史玖禾	男	H001711070000244001082	四级/中级技能
陈德开	男	H001711070000244001083	四级/中级技能
许杰	男	H001711070000244001084	四级/中级技能
高栋培	男	H001711070000244001085	四级/中级技能
罗天乐	男	H001711070000244001086	四级/中级技能
陈善伦	男	H001711070000244001087	四级/中级技能

续表

姓名	性别	证书号码	级别
黄庭锋	男	H001711070000234014801	四级/中级技能
冯家豪	男	H001711070000234014802	四级/中级技能
杨远东	男	H001711070000234014803	四级/中级技能
王永康	男	H001711070000234014804	四级/中级技能
聂红金	男	H001711070000234014805	四级/中级技能
江妮娜	女	H001711070000234014806	四级/中级技能
郑司琪	女	H001711070000234014807	四级/中级技能
张良宇	男	H001711070000234014808	四级/中级技能
姚力铭	男	H001711070000235001032	五级/初级技能
袁梦雪	女	H001711070000235001033	五级/初级技能
许婉炫	女	H001711070000235001034	五级/初级技能
邓雅慈	女	H001711070000235001035	五级/初级技能
李秋娴	女	H001711070000235001036	五级/初级技能
黄露莹	女	H001711070000235001037	五级/初级技能
王泱	女	H001711070000235001038	五级/初级技能
陈煜增	男	H001711070000235001039	五级/初级技能
韩唐鸣	女	H001711070000235001201	五级/初级技能
缪志财	男	H001711070000235001202	五级/初级技能
孙可人	女	H001711070000235001203	五级/初级技能
冯希	女	H001711070000235001204	五级/初级技能
薛涵滋	女	H001711070000235001205	五级/初级技能
黄紫豪	男	H001711070000235001206	五级/初级技能
夏正南	男	H001711070000235001207	五级/初级技能
杜豪爽	男	H001711070000235001181	五级/初级技能
刘子豪	男	H001711070000235001182	五级/初级技能
周牧一	男	H001711070000235001183	五级/初级技能
于海杰	男	H001711070000235001184	五级/初级技能
吴津宇	男	H001711070000235001185	五级/初级技能
瓮鑫刚	男	H001711070000235001186	五级/初级技能
谭昊然	男	H001711070000235001187	五级/初级技能
马川	男	H001711070000235001188	五级/初级技能
林多扬	男	H001711070000235001040	五级/初级技能
吴雄康	男	H001711070000235001041	五级/初级技能
陈美权	男	H001711070000235001042	五级/初级技能
杜曹园	男	H001711070000235001043	五级/初级技能

续表

姓名	性别	证书号码	级别
王瀛正	男	H00171107000023500l044	五级/初级技能
折加毅	男	H001711070000235001045	五级/初级技能
李超智	男	H001711070000235001046	五级/初级技能
王彦博	男	H001711070000235001047	五级/初级技能
应伍威	男	H001711070000235001048	五级/初级技能
张文杰	男	H001711070000235001049	五级/初级技能
桂东辉	男	H001711070000235001050	五级/初级技能
蒋宇宸	男	H001711070000235001051	五级/初级技能
陈曙光	女	H001711070000235001052	五级/初级技能
李金禄	男	H001711070000235001053	五级/初级技能
罗莹	女	H001711070000235001347	五级/初级技能
李明遥	女	H001711070000235001348	五级/初级技能
林营君	女	H001711070000235001349	五级/初级技能
张捷心	女	H001711070000235001350	五级/初级技能
于馥嘉	女	H001711070000235001351	五级/初级技能
于丽颖	女	H001711070000235001352	五级/初级技能
刘骏驰	女	H001711070000235001353	五级/初级技能
潘怡兵	女	H001711070000235001354	五级/初级技能
傅自然	男	H001711070000235001355	五级/初级技能
陈艺文	女	H001711070000235001356	五级/初级技能
王红英	女	H001711070000235001357	五级/初级技能
张国荣	男	H001711070000235001358	五级/初级技能
汪月泽	男	H001711070000235001359	五级/初级技能
姜宇	男	H001711070000235001360	五级/初级技能
郃鸿菲	女	H001711070000235001361	五级/初级技能
贾济同	男	H001711070000235001362	五级/初级技能
林冰玥	女	H001711070000235001363	五级/初级技能
马钰淳	男	H001711070000235001054	五级/初级技能
胡鑫鑫	女	H001711070000235001055	五级/初级技能
叶国铭	男	H001711070000235001056	五级/初级技能
肇杨杨	男	H001711070000235001057	五级/初级技能
胡建勋	男	H001711070000235001189	五级/初级技能
平笛辰	男	H001711070000235001190	五级/初级技能
王中昱	女	H001711070000235001191	五级/初级技能
李晨光	男	H001711070000235001192	五级/初级技能

续表

姓名	性别	证书号码	级别
伊雨辰	男	H00171107000023500 1193	五级/初级技能
林佳龙	男	H001711070000235001194	五级/初级技能
高帆	女	H001711070000235001195	五级/初级技能
王晓丰	男	H001711070000235001196	五级/初级技能
卢雅哲	女	H001711070000235001197	五级/初级技能
郭天亮	男	H001711070000235001198	五级/初级技能
席海	男	H001711070000235001199	五级/初级技能
郭浩文	男	H001711070000235001200	五级/初级技能
詹开	男	H001711070000235001942	五级/初级技能
韩玉龙	男	H001711070000235001943	五级/初级技能
郑晗筱	女	H001711070000235001944	五级/初级技能
曾煜聪	男	H001711070000235001945	五级/初级技能
郑启明	男	H001711070000235001946	五级/初级技能
吴家骏	男	H001711070000235001947	五级/初级技能
郭剑文	男	H001711070000235001948	五级/初级技能
龙玺	男	H001711070000235001949	五级/初级技能
徐强	男	H001711070000235001950	五级/初级技能
刘晋阳	男	H001711070000235001951	五级/初级技能
苏毅	男	H001711070000235001952	五级/初级技能
陈高添	男	H001711070000235001953	五级/初级技能
陈桂威	男	H001711070000235001954	五级/初级技能
徐冰冰	女	H001711070000235001955	五级/初级技能
徐登春	男	H001711070000235001975	五级/初级技能
黄永俊	女	H001711070000235001976	五级/初级技能
董海川	男	H001711070000235001977	五级/初级技能
刘明祥	男	H001711070000235001978	五级/初级技能
刀景锋	男	H001711070000235001979	五级/初级技能
余凯	男	H001711070000235001980	五级/初级技能
徐其飞	男	H001711070000235001981	五级/初级技能
胡钧	男	H001711070000235001982	五级/初级技能
汤亮	男	H001711070000235001983	五级/初级技能
安乾忠	男	H001711070000235001984	五级/初级技能
朱传景	男	H001711070000235001985	五级/初级技能
熊融	男	H001711070000235001986	五级/初级技能
袁磊	男	H001711070000235001987	五级/初级技能

续表

姓名	性别	证书号码	级别
欧阳武頠	男	H001711070000235001988	五级/初级技能
程保春	男	H001711070000235001989	五级/初级技能
黄翰	男	H001711070000235001990	五级/初级技能
王乔鹭	女	H001711070000235001991	五级/初级技能
李弋	男	H001711070000235001992	五级/初级技能
禹强	男	H001711070000235001993	五级/初级技能
马瑞芬	女	H001711070000235001994	五级/初级技能
龙安	男	H001711070000235001956	五级/初级技能
陆良凡	男	H001711070000235001957	五级/初级技能
邓诗淇	女	H001711070000235001958	五级/初级技能
韦俊宇	男	H001711070000235001959	五级/初级技能
李代锋	男	H001711070000235001960	五级/初级技能
覃文锋	男	H001711070000235001961	五级/初级技能
林智龙	男	H001711070000235001962	五级/初级技能
谢建华	男	H001711070000235001963	五级/初级技能
梁鸿	男	H001711070000235001964	五级/初级技能
陶丹迪	男	H001711070000235001965	五级/初级技能
容珊	女	H001711070000235001966	五级/初级技能
梁秀才	男	H001711070000235001967	五级/初级技能
李兴军	男	H001711070000235001968	五级/初级技能
卢婷婷	女	H001711070000235001969	五级/初级技能
郭小云	女	H001711070000235001970	五级/初级技能
许梅海	女	H001711070000235001971	五级/初级技能
赖家豪	男	H001711070000235001972	五级/初级技能
潘志勇	男	H001711070000235001973	五级/初级技能
廖俊霖	男	H001711070000235001974	五级/初级技能
任飞	男	H001711070000235001585	五级/初级技能
刘国辉	男	H001711070000235001586	五级/初级技能
赵艳旗	女	H001711070000235001587	五级/初级技能
刘向	男	H001711070000235001588	五级/初级技能
王芊颖	女	H001711070000235001589	五级/初级技能
李萌	女	H001711070000235001590	五级/初级技能
栗子恒	男	H001711070000235001591	五级/初级技能
倪利婕	女	H001711070000235001592	五级/初级技能
段欣	女	H001711070000235001593	五级/初级技能

续表

姓名	性别	证书号码	级别
余洲	男	H00171107000023500I594	五级/初级技能
唐志宇	男	H001711070000235001595	五级/初级技能
胡培涛	男	H001711070000235001596	五级/初级技能
陈亦晴	女	H001711070000235001597	五级/初级技能
李粲	女	H001711070000235001598	五级/初级技能
薛珂炀	女	H001711070000235001599	五级/初级技能
赵梓浚	男	H001711070000235001600	五级/初级技能
宋金博	男	H001711070000235001601	五级/初级技能
黄炎	男	H001711070000235001602	五级/初级技能
李尚骏	男	H001711070000235001768	五级/初级技能
张鹏	男	H001711070000235001769	五级/初级技能
郭琨	男	H001711070000235001770	五级/初级技能
王迅	男	H001711070000235001771	五级/初级技能
徐洋	男	H001711070000235001772	五级/初级技能
雷嘉昊	男	H001711070000235001773	五级/初级技能
赵晓刚	男	H001711070000235001774	五级/初级技能
赵鹏飞	男	H001711070000235001775	五级/初级技能
王茜	女	H001711070000235001776	五级/初级技能
郑雨濛	女	H001711070000235001777	五级/初级技能
张镇川	男	H001711070000235001778	五级/初级技能
梁梓康	男	H001711070000235001779	五级/初级技能
张宗琰	男	H001711070000235001780	五级/初级技能
徐博涵	男	H001711070000235001767	五级/初级技能
王伟震	男	H001711070000235002109	五级/初级技能
李馨阳	女	H001711070000235002110	五级/初级技能
李林俊	男	H001711070000235002111	五级/初级技能
赵若林	男	H001711070000235002112	五级/初级技能
陈宇	男	H001711070000235002113	五级/初级技能
华鸿宇	男	H001711070000235002114	五级/初级技能
肖晗	女	H001711070000235002115	五级/初级技能
万芯言	男	H001711070000235002116	五级/初级技能
杨婧婧	女	H001711070000235002117	五级/初级技能
李乐会	女	H001711070000235002118	五级/初级技能
周慧君	女	H001711070000235002119	五级/初级技能
藏一鸣	女	H001711070000235002120	五级/初级技能

续表

姓名	性别	证书号码	级别
张国华	男	H001711070000235002121	五级/初级技能
夏志光	男	H001711070000235002122	五级/初级技能
林俊逸	男	H001711070000235002123	五级/初级技能
高峰	男	H001711070000245000324	五级/初级技能
周图强	男	H001711070000245000325	五级/初级技能
许巨松	男	H001711070000245000326	五级/初级技能
许邦龙	男	H001711070000245000327	五级/初级技能
安永康	男	H001711070000245000328	五级/初级技能
李江云	男	H001711070000245000329	五级/初级技能
祁甫彪	男	H001711070000245000330	五级/初级技能
艾昕	女	H001711070000245000331	五级/初级技能
高其晖	男	H001711070000245000332	五级/初级技能
付淼	男	H001711070000245000333	五级/初级技能
郭春航	男	H001711070000245000334	五级/初级技能
赖永治	男	H001711070000245000335	五级/初级技能
杨诺	女	H001711070000245000336	五级/初级技能
黄奕绮	女	H001711070000245000337	五级/初级技能
黎汉杰	男	H001711070000245000338	五级/初级技能
张运祥	男	H001711070000245000339	五级/初级技能
王家钰	男	H001711070000245000340	五级/初级技能
吴灏诗	男	H001711070000245000341	五级/初级技能
李坤	男	H001711070000235002124	五级/初级技能
徐加申	男	H001711070000235002125	五级/初级技能
吴宗霖	男	H001711070000235002126	五级/初级技能
张立阳	男	H001711070000235002127	五级/初级技能
吴尧	男	H001711070000235002128	五级/初级技能
王娜	女	H001711070000235002129	五级/初级技能
尹鹏飞	男	H001711070000235002130	五级/初级技能
张暖苗	女	H001711070000235002131	五级/初级技能
杨家明	男	H001711070000245000342	五级/初级技能
苍志丰	男	H001711070000245000343	五级/初级技能
拉巴旺堆	男	H001711070000245000344	五级/初级技能
胡洋	男	H001711070000245000345	五级/初级技能
于兆南	男	H001711070000245000346	五级/初级技能
张醒鹏	男	H001711070000245000347	五级/初级技能
董宝琳	男	H001711070000245000348	五级/初级技能

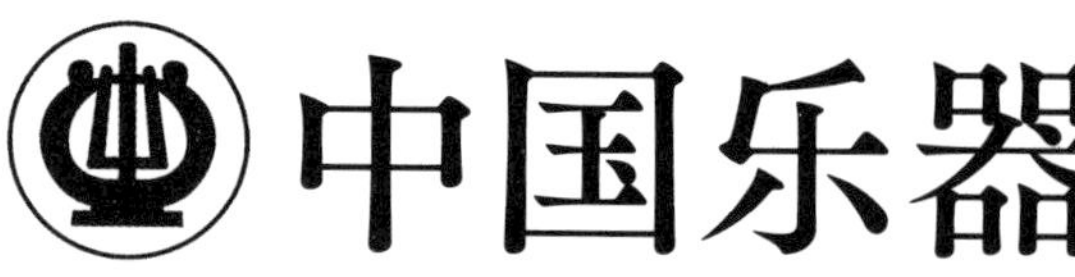

年鉴

——2024——

CHINA MUSICAL INSTRUMENT YEARBOOK 2024

集群信息

2023年乐器行业产业集群信息

2023年，中国乐器行业产业集群不仅促进了区域经济的繁荣，还推动了整个行业的技术进步和市场竞争力的提升。各产业集群通过加强企业间的协作、优化产业结构、提升产品品质，形成了具有国际竞争力的产业优势。成为了黄桥的提琴、扬州的琴筝、肃宁的民族乐器、正安的吉他等地区特色产业集群，通过参与国内外重要展会、举办文化交流活动、推动技术创新，不仅提升了自身的品牌影响力，也为推动中国乐器行业的整体发展做出了积极贡献。

产业集群的快速发展，得益于国家政策的支持和地方政府的积极作为，同时也离不开行业内外的共同努力。在全球化的背景下，中国乐器行业正逐步形成以创新为驱动、以质量为核心、以文化为灵魂的全新发展模式，展现出更加广阔的发展前景。展望未来，随着产业集群效应的进一步释放，中国乐器行业有望在全球市场中占据更加重要的地位。

一、中国提琴产业之都·黄桥

6月21日上午，2023“6·21国际乐器演奏日”黄桥主会场活动在“琴韵小镇”城市客厅广场正式启幕。活动由中国乐器协会、泰兴市人民政府主办，黄桥镇人民政府、泰兴市文体广电和旅游局承办。中国乐器协会专职副理事长孙瑞勇、江苏省旅游协会秘书长许家闻、泰兴市人民政府市长刘文荣、泰兴市委常委、黄桥镇党委书记蒋益公，长三角旅游协会等相关领导嘉宾及新闻媒体、旅游达人近万人，共同参加开幕式活动。

10月11日，2023中国（上海）国际乐器展览会在上海新国际博览中心启幕，黄桥镇52家企业参展，主打产品包括小提琴、大提琴、大贝斯、电子大提琴、电子小提琴、高级吉他系列、各类配件等，吸引了众多国内外经销商和音乐爱好者前来品鉴调试。

11月17日上午，由国家文化和旅游部、中国民用航空总局以及云南省人民政府共同主办的中国国际旅游交易会在云南昆明滇池国际会展中心拉开帷幕。黄桥镇旅游局和江苏黄桥文化旅游发展有限公司受邀参加本次展会，将吉他、小提琴等特色乐器、黄桥烧饼、肉渣、银杏奶茶等特色食品带到展会现场，充分展现具有黄桥地方特色的文旅资源以及文化底蕴。

二、中国琴筝产业之都·扬州

7月10日，“琴筝之都——扬州”2023印象国乐音乐交流活动在广陵区文化馆魔方剧场举办。本次活动由广陵区文化馆、全国印象国乐研学组委会主办，聚合扬州、内蒙古两地艺术文化与高校专家资源，推出扬州音乐之旅系列活动，旨在以“走出去、请进来”的创新理念推动两地音乐文化交流。

8月11日至14日，由扬州市文化广电和旅游局、扬州大学音乐学院主办，扬州晚报社、扬州市音乐家协会、扬州市文化馆、扬州市琴筝协会联合承办的第九届“广陵杯”青少儿国际古筝（中国·扬州）邀请赛成功举办，本次大赛以推动和发展中国民族文化，弘扬中华传统艺术，促进古筝艺术的交流学习与提高，给艺术人才提供交流和展示的平台为宗旨。来自全国各地的300多位选手齐聚扬州。

9月1日下午在扬州市文化馆，扬州市琴筝艺术协会召开第三次会员大会。大会审议并通过了第二届理事会工作报告和新修订的《扬州市琴筝艺术协会章程》，选举产生了第三届理事会。

11月2日至5日，第二十八届法国国际非物质文化遗产博览会在世界艺术宝库法国巴黎卢浮宫盛大举行，扬州4家琴筝厂家无弦堂古琴、金韵古筝、守仁古琴、玉振古筝组团参加。

三、中国北方乐器之都·肃宁

7月1日由肃宁县主办，肃宁县教育局、肃宁县文广旅局、乐海乐器有限公司承办的“文化复兴·美育先行——中小学美育建设暨文化艺术传承与发展主题活动”大会在肃宁成功举办。旨在推进中小学传统文化进校园美育建设，弘扬优秀传统文化，促进肃宁美育工作的高质量开展。

8月18日上午，2023“乐海杯”国乐艺术节在河北省沧州市肃宁县开幕。此次国乐艺术节囊括民族器乐展演决选、名师系列讲座、乐海杯颁奖音乐晚会、国乐研学之旅等丰富多彩的文化活动，全面展示“国乐进校园”项目推进和校园美育建设的重要成果。

8月16日上午，中国民族器乐艺术大赛京津冀赛区决赛在河北省沧州市肃宁县举办，来自京津冀地区的300多名选手齐聚肃宁参与角逐。

四、中国吉他之都·正安

1月11日，工业和信息化部公布《2022年度中小企业特色产业集群名单》。其中，正安县吉他产业集群入围上榜。

2月19日，遵义市正安县与重庆市江北区文化艺术交流座谈会在江北区观音桥成功举行。此次座谈会建立了遵义正安县与江北区文化艺术沟通的桥梁，也促成百年品牌德国SCHIRMER（席尔默）落户正安，打造品质吉他产业的初步合作意向。

3月28日，文化和旅游部在江苏省苏州市举行国家级文化产业示范园区授牌仪式，贵州省正安吉他文化产业园成功入选，成为贵州省首家被命名授牌的国家级文化产业示范园区。遵义市人大常委会副主任、正安县委书记吴起代表正安接受授牌。

4月11日，正安县吉他文化产业发展中心挂牌成立。正安县吉他文化产业发展中心为正安县人民政府直属财政全额预算管理正科级事业单位，内设综合股、市场开发股、推广股、项目股和财务股，旨在为吉他文化产业发展提供服务保障。

国庆期间，以“青春遇见贵州·吉他律动正安”为主题的音乐美食消费季活动在正安火热开展。遵义市校园吉他弹奏大赛、“摇滚之夜”展演专场、“青春遇见贵州”全国青少年吉他弹唱邀请赛等一系列主题丰富、形式多样的文娱活动正不断为这座地处中国西南腹地的小县城注入“音乐活力”。

五、中国提琴产业基地·东高村镇

8月3日至8日，北京市平谷区东高村镇，举办西班牙研学夏令营系列活动，特邀西班牙小提琴师Erzhan Kulibaev、SEBASTIAN.MULLER，钢琴师RUBEN TALON以及大提琴师JAIME DOMENCH等著名艺术家，在华东乐器有限公司上演公益交响音乐会。活动期间东高村镇特色美育基地的学员们与音乐大师面对面学习、交流，参与交响乐团的排练、表演。艺术家现场一对一教学、指导学员们掌握小提琴、大提琴、钢琴等乐器的演奏技巧和更多的专业知识，公益开放式的教学带给市民国际化的艺术感受。

六、中国乐器产业基地·静海

8月7日，“非同凡响的夏天”2023（中国·天津）第八届“鹦鹉杯”手风琴音乐节暨中意国际手风琴艺术人才交流活动在静海区国际青少年交流中心开幕。国内外著名手风琴专家、演奏家、导师，全国各地手风琴工作者、爱好者，共计6000余人参加。本次活动以手风琴艺术为媒，推介静海乐器产品，融入静海旅游线路推介、美食风味打卡、非遗产品展售、名特优品展销、书画作品展卖等一系列商贸活动，打造国内外知名音乐盛会，全面展示静海商贸文旅融合发展成效，持续扩大静海手风琴艺术活动影响力和城市文旅品牌形象。

七、中国竹笛之乡·杭州市余杭区中泰街道

1月19日，文化和旅游部、人力资源和社会保障部、国家乡村振兴局公布2022年“非遗工坊典型案例”名单，确定了66个2022年“非遗工坊典型案例”。其中，余杭中泰竹笛非遗工坊成功入选。中泰街道依托非遗工坊建设，不断推动非遗保护传承、

带动就业创业、巩固共富成果，实现了工坊得发展、群众得实惠、村集体经济得壮大的多赢局面。

5月19日，2023余杭区中泰街道“泰聚力”品牌发布暨大师小院启动仪式在紫荆村正式举行。中泰街道正式启用“中国竹笛第一村大师小院”，并成功招引国家一级演奏员、中国音乐协会竹笛协会副会长、浙江省民族管弦乐学会名誉会长蒋国基率工作室进驻、成立余杭区新联会基层实践联络点、开展“三乡人共话共富、泰聚力同心同向”主题共富论坛，激发基层统战活力，为服务大局凝聚社会各阶层力量。

6月11日晚，余杭区中泰街道举办第五届人民运动会暨竹笛文化艺术节开幕式，掀起全民运动热潮。现场，来自中泰中心小学百笛队的《等你来》、新生代青年竹笛演奏家郑迪的《艺术遇见亚运》等优秀节目精彩上演，集中展示了笛乡特色文化与亚运元素相结合的魅力，让观众沉浸式感受体育文化之美。

7月初，杭州市地方标准《地理标志产品 中泰竹笛》正式发布。这是《国家标准化发展纲要》实施以来，杭州发布的首个地理标志产品地方标准。在本次发布的标准中，首次对余杭区的地理标志产品“中泰竹笛”在材料、制作工艺、品质要求、标志使用等方面进行了明确规定。

8月21日，浙江省文物局公布了2023年浙江省第二批乡村博物馆名单，中泰竹笛展示馆成功上榜。中泰竹笛展示馆是展示余杭区中泰街道紫荆村竹笛文化与产业发展的场馆，于2020年12月开工建设，2021年6月完成布展并对外开放。展馆坐落在紫荆村竹笛文化核心区块内，馆内陈列“铜岭竹音 玉笛飞声”，主要介绍中泰竹笛文化与产业发展，包括中国竹笛历史、中泰竹笛产业发展史、中泰竹笛制作技艺以及中泰竹笛非遗传承人等内容。

八、中国钢琴之乡·洛舍

8月15日，德清县相关部门联合德清县钢琴制造行业协会发布了全国首个《绿色低碳钢琴评价技术规范》团体标准（标准编号：T/DQGX 001—2023），为钢琴产业绿色低碳发展之路提供了重要的标准化支撑。下一步，德清钢琴产品将以绿色低碳评价标准为依据，不断提升德清钢琴产业的技术创新水平和产业发展稳定性，进一步推动钢琴由传统工业制造向绿色低碳创造转变。

9月22日开始，德清县洛舍镇成人文化技术学校协同洛舍镇钢琴行业联合工会、洛舍镇总工会、浙江乐韵钢琴有限公司开展“2023年洛舍镇钢琴调律师技能培训”，为期3天，全镇30多位钢琴调律师参加培训。

九、中国民族乐器之乡·饶阳

12月9日，河北省文化和旅游厅发布《关于河北省文化产业赋能乡村振兴试点县名单的公示》，衡水饶阳县成功入选。饶阳县依托农村得天独厚的人力、闲置房屋等资源优势，将文化产业向农村倾斜，以乐器制造、创意设计、文艺演出、运营服务为重点，积极推广“公司+农户”经营模式，让农民更多分享产业增值收益，促进农民增收。

十、中国电声乐器产业基地·郿郚

1月19日晚，2023山东春节联欢晚会在山东卫视和各大视频平台播出。晚会重点展现家国情、家乡情、家庭情，打造山东特色、讲述中国故事、追求国际表达，艺术呈现齐鲁大地上的壮阔美景和人文特色，为观众献上一场春节文艺盛宴。其中，“郿郚吉他”首登山东春晚，动感的旋律在乐手的演绎下闪耀全场，给观众留下了深刻印象。

3月27日上午，第十五届全国电吉他高质量发展工作会议暨中国电声乐器产业基地品牌发展与创新战略交流会在潍坊昌乐开幕。30余位业内音乐大咖齐聚昌乐，以吉他会友，围绕乐器产业高质量发展畅议、交流。

为不断优化乐器行业服务环境，巩固拓展乐器产业链高质量发展态势，7月15日上午，昌乐县乐器产业链党委在乐器产业发展中心组织举办跨境电商业务交流会，郿郚镇辖区内28家跨境电商业户代表参加。

8月14日晚，“吉他小镇 魅力郿郚”“雅特杯”全国乐器展演汇报演出在潍坊举行。此次活动由中国乐器协会、潍坊市文化和旅游局、潍坊国际风筝会综合服务中心主办，山东省雅特乐器股份有限公司承办。活动旨在加力文化赋能，不断提高人民群众文化获得感、幸福感和满意度，推动公共文化服务高质量发展，助力建设实力强品质优生活美的更好潍坊。

9月14日至18日，第四届中国国际文化旅游博览会、第二届中华传统工艺大会在山东济南举办。郚部镇乐器企业组团参加。

11月30日，山东省商务厅、山东省委员会宣传部、山东省网络安全和信息化委员会办公室等11部门联合发布《关于公布山东省特色服务出口基地认定名单的通知》，公布全省特色服务出口基地。昌乐县郚部镇乐器产业文化服务出口基地榜上有名。

十一、中国民族乐器之乡·兰考

3月30日上午，苏州民乐一厂有限公司兰考生产基地签约仪式举行。兰考县地理位置优越，交通便利，具有丰富的原材料资源、良好的投资环境、深厚的民族乐器发展底蕴。苏州民乐一厂有限公司将以此次项目签约为契机，加快兰考生产基地项目施工建设，在日后的生产经营中，发扬焦裕禄精神和大国工匠精神，弘扬民族文化，为兰考县民族乐器产业发展做出贡献。

4月15日下午，中国民族乐器古琴制作大赛颁奖典礼在焦裕禄干部学院艺术中心举行。此次制作大赛受到了来自全国各地古琴生产企业、工坊、古琴研制人员的热烈欢迎，共收到了来自全国16个省（区、市）的169张古琴的参赛申请。大赛评委会由古琴制作家、教育家、演奏家以及材料学、声学专家共同组成。比赛共评选出单项奖、形制奖、铜奖、银奖、金奖等奖项。

8月25日，兰考县民族乐器产业园二期项目开工仪式在堌阳镇举行。仪式上，开封市委常委、兰考县委书记陈维忠强调，民族乐器产业是兰考的重要产业之一，要高标准做好民族乐器产业园二期项目建设，加快施工进度，确保按时完工。要以产业园为依托，不断完善产业链条，把产业做大做强，叫响兰考民族乐器品牌。

11月7日，兰考县民族乐器传承与发展论坛在兰考县堌阳镇召开。本次论坛以“民族乐器的传承发展”为主题，汇集兰考县数十家民族乐器企业代表，围绕产业引领、创新发展、文化传承、社会责任等议题献计献策。堌阳镇党委书记王旭鹤主持论坛并致辞。

11月15日，兰考县百筝百企进央音活动在中央音乐学院成功举行。活动由中央音乐学院、中国乐器协会、兰考县委、兰考县人民政府主办。中央音乐学院新时代文明实践兰考基地的文艺宣讲师带着兰考的孩子们来到现场演奏，展示了中央音乐学院文艺帮扶的实践成果。

经验分享

中国提琴产业之都·黄桥

一、2023年产业集群基本情况

黄桥镇是中国提琴产业之都，是江苏省重点提琴产业集群。截至2023年12月，全镇共有乐器及配套企业224家，年产值14.94亿元。其中，提琴生产企业及配套企业129家，年产量89万把，吉他生产企业共7家，年产量已达80万只。目前黄桥镇乐器产业有提琴、吉他、尤克里里、钢琴、电子琴、板舟等，已形成了乐器及乐器配套企业相互协作的多元化格局。

二、产业集群发展成就

1．健全组织体系，增强工作合力

一是加强组织领导。成立黄桥乐器文化产业工作领导小组，由党委主要负责人任组长，分管负责人任副组长，其他相关党政负责人和局室负责人任成员，全面领导黄桥乐器文化产业发展相关工作。二是加强规划引领。委托中国乐器协会就“中国提琴产业之都”产业提升提供咨询服务，聘请郑荃担任“琴韵小镇”名誉镇长并担任“提琴产业之都”总顾问，为提琴产业之都的未来发展提供战略支持；委托中国乐器协会编制黄桥乐器产业提升及中小企业集聚区整合规划；深入实施“琴韵小镇”建设、乐器中小企业集聚区建设，为提琴产业之都的未来发展提供战略支持。三是加强队伍建设。根据市促进就业相关优惠政策规定，举办了小提琴制作技能培训班，组织159名从事小提琴相关工作的人员参加培训，进一步提高小提琴制作从业人员技能水平，做好人才供给、技艺传承有效引导。

2．强化平台打造，提升服务水平

一是多链集聚激发活力。黄桥镇现有生产及配套企业220多家，其中各类规模的提琴生产企业96家，吉他企业12家，钢琴及其他乐器企业6家，另外弓杆、琴头、拉板、箱包、五金配件等乐器生产配套企业110多家。年产各类提琴100万把，吉他200万把，提琴产品占全国市场份额的70%以上、世界市场份额的30%以上，形成了集生产、销售、电商、教育培训、文化旅游、表演等多功能产业集群。二是多维平台赋能产业。由黄桥镇政府牵头打造绿岛项目公共服务平台，降低乐器企业的生产投入成本；连续七年承办“6·21国际乐器演奏日”中国主会场活动开幕式；10月11日组织52家乐器企业携产品参加2023中国（上海）国际乐器展览会，并开展相关招商宣传活动；打造黄桥琴韵小镇城市客厅，用于乐器博览、规划展示、游客接待等。三是多方组织助力教育。高度重视学生的乐器培训，主要在黄桥小学教育集团和东街小学以社团形式展开，先后成立了“小提琴社团”“葫芦丝社团”“军号队社团”等社团。社团先后培训学生超6000人次，现有成员近900人，分别来自不同的年级和班级，提高学生的乐器素养，培养学生的乐器兴趣和特长。

3．落实减负增效，持续释放活力

一是开展柔性执法。对乐器企业推行“首查不罚”制，坚持执法力度不减的同时，对首次轻微、无主观故意的违法行为且企业及时整改的，不予处罚。二是支持企业发展。党委主要负责人专题召开4次协调会，帮助企业完善公司法人治理结构，健全现代企业制度，协调整合凤灵集团资源，持续发挥凤灵品牌优势，切实巩固提升凤灵在乐器行业的龙头地位和影响力。三是释放政策红利。引导6家企业已与泰兴市兴黄综合投资开发有限公司签订房屋租赁协议入驻“中小乐器企业集聚区”，分别是：泰兴市鸿祥乐器有限公司、泰兴市东翼乐器厂、泰兴市鑫源乐器有限公司、泰兴市乐泰乐器有限公司、云羽之音智能乐器（武汉）有限公司、泰兴市通灵乐器有限公司，厂房租金远低于市场价格，帮助乐器企业减轻压力、安心发展。

三、推动产业集群高质量发展的经验

（一）规划引领，加快琴韵小镇推进速度

小镇规划面积为3170000平方米，重点建设“一湖一厅一街两片区”，即音乐湖、小镇客厅、乐器文化主题街、乐器产业集聚区和琴韵文化拓展区，其中核心区规划面积1320000平方米。小镇与古镇、新城、园区的产业规划和城市规划相衔接，与道路、水电气、交通组织以及管网配套等规划相衔接，体现规划的前瞻性、整体性和完整性。目前琴韵小镇PPP项目B地块已正式开工建设，总建筑面积214310平方米，规划建设乐器产业发展服务中心、创富中心、琴韵文化产业中心；A地块目前土地挂牌结束，已签订土地成交确认书，拟建设创客工坊、艺术家聚落、琴韵音乐厅、琴韵艺术中心。

（二）政府主导，加快绿岛项目建成运行

绿岛项目是黄桥镇政府为降低乐器企业的生产投入成本，牵头打造的公共服务平台。通过对乐器生产过程中的打磨、涂装等工艺实施精细化、集约化管理，提高乐器企业生产的效率和品质，年加工量可以达到30万只，给周边近百家中小微企业的提琴加工带来新的改变和升级，对当地的中小微企业、乐器企业、生产出口率会提升75%以上。

（三）聚焦“六化”，推动乐器产业转型升级

通过推动乐器传统产业“六化”（即集聚化、规模化、智能化、特色化、项目化、品牌化）转型升级，引导企业“松绑减负”、安心发展。

1．集聚化发展

将乐器文化产业园（老凤灵地块）、琴韵小镇（一湖一厅两片区）等资源实行整合联动，推进乐器产业从传统制造业向高端制造、教育培训、展销贸易 、文化旅游、数字经济等方面融合发展。琴韵小镇内规划“产业集聚区”，在凤灵、琴海、昌安、华歌等骨干企业基础上，招大引强，集聚一批大企业，2023年培育规模以上2家，分别是昌安乐器、浩成乐器。乐器文化产业园（老凤灵地块）结合乐器绿岛项目，打造“中小乐器企业集聚区”，产业园发展国际贸易平台（含跨境电商）、网络营销平台、乐器艺术教育平台等，老厂区目前已与6家企业签订意向入驻意向合同，涵盖小提琴、琴头、琴弓、琴板、琴盒等企业，与西边的绿岛联动，形成完整乐器产业链。

2．规模化发展

力争到“十四五”期末，乐器产业达到12亿元，亿元企业达3～5家，形成一批梯度发展企业集群。

3．智能化发展

凤灵乐器提琴车间投入200多万元引进机器人打磨，减少了用工近30人；雅韵乐器王茂自行设计制造数控智能琴头雕刻机和提琴面板抛光机，产品质量得到了显著提高；绿岛项目具备全自动打磨、抛光、喷涂等设备，是全国自动化程度最高的集中喷涂项目。

4．特色化发展

依托黄桥乐器产业现有基础及产业布局，积极提升和强化乐器文化产业园的功能，通过乐器文化产业创意研发中心的建设和“琴韵小镇”的打造，引导乐器产业进一步集聚发展，形成以政府投资建设为引导，其他投资为推动，打造一个集生产、研发、交易、会展、艺术、培训、接待、旅游等为一体的国家级乐器文化产业示范园区。

5．项目化发展

鼓励现有企业技术改造，把存量壮大，增加市场份额占比。大力招商引资，引进国内国际行业前三、央企、外企等大企业大品牌，增加新的血液。

6．品牌化发展

促进企业转型升级，提高产品含量，加大科技投入和品牌维护，由原来中低端市场向高端市

场进军。同时扩大产业延伸，不局限于提琴、吉他类产业，要加大古典乐器和打击乐器的引进。

四、发展中存在的问题

1．乐器产业大而不强

黄桥乐器产业虽然产量高，在国内有一定的声誉，但在国际并没有很强影响力。黄桥着重于乐器专业用品的生产，尚处于低端的乐器生产加工，无法满足高端市场的需求，且品牌效应不足，产品附加值不高。

2．市场未完全挖掘

黄桥绝大部分乐器产品以出口为主，出口导向依赖度高；而随着国内经济发展水平的提升和素质教育的推进，乐器内销市场潜力巨大，但黄桥乐器企业对内销市场的开拓程度不够。

3．文化创作较为单一

乐器文化产业在发展过程中存在“重产业轻文化”的现象，过于注重工业化制造模式，忽视了文化内容的多样性和丰富性，文化创作缺乏创新性和独特性。

五、未来发展计划及重点任务

一是构建乐器文化产业园，引导产业集聚发展。依托黄桥乐器产业现有基础及产业布局，积极提升和强化乐器文化产业园的功能，通过乐器文化产业创意研发中心的建设和“琴韵小镇”的打造，引导乐器产业进一步集聚发展，形成以政府投资建设为引导，其他投资为推动，打造一个集生产、研发、交易、会展、艺术、培训、接待、旅游等为一体的国家级乐器文化产业示范园区。

二是政府多维政策支持，引导产业蓬勃发展。针对乐器产业的发展，充分利用国家大力发展文化产业和省各级政府高度重视黄桥乐器产业发展的契机，制定出台多维政策对黄桥乐器产业发展加以扶持，以引导其蓬勃发展，提供良好的环境。

三是注重制琴人才培养，提升制作工艺水平。一方面要注重普及琴、学生琴等中低档乐器制作工艺的传承与推广，更要注重乐器制作大师的培养和高档乐器制作工艺技术的积淀。另方面通过建立专门的培训中心和提琴制作工艺学校；另外可以通过优惠政策吸引国内外培训机构和优秀提琴工艺人才来黄桥办学；也可以选送优秀人才赴国内外专业学校进修研习。

中国琴筝产业之都·扬州

一、2023年产业集群基本情况

截至2023年12月，扬州共拥有琴筝制造及配件企业258家，生产古筝40万台左右，古琴3万张，各类琴筝配件70多万套，占全国市场的30%以上；从业人员约2.45万人，产业年总产值超过13.5亿元。扬州琴筝产业取得自主经营进出口权的企业近20家，产品远销欧美、东南亚等国家及台湾、港澳地区。目前，扬州是我国琴筝产业集聚度最高的地区，拥有“天韵”“金韵”“龙凤”“雅韵”“中昊”等一批国内知名的琴筝品牌，形成了独特的区域产业发展集群，也成为扬州市的一张文化金名片。

二、产业集群发展成就

1998年、2002年扬州两度被文化部授予“中国古筝艺术之乡”称号；2015年中国轻工业联合会、中国乐器协会联合授予“中国琴筝产业之都·扬州”称号；2016年扬州古筝艺术列入江苏省级非遗项目。2008年，古琴技艺（广陵琴派）被列入第二批国家级非物质文化遗产代表性项目名录；自2007年起，扬州先后有35人列入国家级、省级和市级非物质文化遗产项目代表性传承人，其中现代琴家马维衡被列为第五批国家级非物质文化遗产古琴艺术（广陵琴派）项目代表性传承人。

琴筝产业的繁荣，同时带动了相关产业的兴起。据统计，每年来扬州学琴、买琴、听琴或参加有关琴筝活动的人近十万人次。2015年第一届“广陵杯”青少儿国际古筝邀请赛举办以来，现已成功举办七届，每届都吸引数千名青少年参加海选、约3000人在赛期来扬参加相关活动，带动了当地住宿、餐饮、娱乐等相关产业消费。

目前，扬州在全国范围内的连锁古筝培训点超过万个，代理经销商超过2.5万人，学习和演奏琴筝人员从2007年的5000多人发展到现在的近10万人；全世界正在学习琴筝的人约1000万人，其中近600万人受到扬州琴筝的影响，目前近20家扬州琴筝生产销售企业拥有自主经营进出口权。

三、推动产业集群高质量发展的经验

1．打造品牌活动、重振琴筝市场

为振兴市场，扬州琴筝企业加强各地的琴筝教师队伍的建设，提高他们的素质，重振艺术培训教师的信心。在全国重点城市、多层次、多频次的进行琴筝音乐演出，交流、比赛活动。如，扬州雅韵琴筝有限公司2023年6月举办第七届全国少儿古筝雅韵杯邀请赛。中昊乐器扬州有限公司2023年10月，文旅融合，筝味道古筝走进天山托木尔景区，并在各个音乐学院和各大城市聘请名师对琴筝老师进行培训。扬州金韵乐器御工坊有限公司熊立群携无弦堂古琴、金韵古筝应邀参加第二十八届法国国际非物质文化遗产博览会。扬州龙吟民族乐器厂远赴新加坡、马来西亚举办“华乐古琴艺术节”，会上来自世界十多个国家古琴爱好者进行了古琴艺术交流和古琴鉴赏活动。

2．强化企业品牌、深化技术创新

品牌是高质量的标志，品牌是企业的社会形象，品牌是企业文化的结晶。实践已经证明品牌将大大提升企业的核心竞争力。没有品牌，产品不值钱，卖不出去，只能处于低档次，低利润的困境甚至被淘汰出局。扬州市琴筝协会多次组织会员单位学习贯彻新国标和国家新环保标准。鼓励企业加强产品质量管理，优化产品工艺，提高加工技术，特别是在做“精”、做“细”、做“专”、做“深”上可以充分发挥自己的作用，保持“小而特、小而专、小而精、小而新”的优势。

3．发挥协会平台、繁荣琴筝文化

扬州市琴筝协会作为政府和行业的桥梁和纽带，充分发挥行业协会的职能作用，经常性安排行业间的交流，或跨地区、跨领域交流学习。组织会员企业参加各项文化艺术商贸活动，每年组团参加北京、上海、广州等地的“国际乐器展”“文博会”“非遗博览会”；积极参与“国际乐器演奏日”和各类“慈善爱心资助”等社会公益活动。

从2020年至今连续四年在扬州市市文化馆开办公益古筝、古琴培训班。在中小学校开办古筝、古琴、各类戏曲等非遗组合兴趣班，使琴筝艺术走进校园。扬州金韵御工坊乐器有限公司古琴研制基地、扬州龙吟民族乐器厂新建琴筝文化园。扬州民族乐器研制厂有限公司精心打造“琴筝博物馆”，复原唐宋以来琴、筝、瑟、琵琶著名仿品。各类琴筝文化展示馆，向社会有序开放。从1986年至今，每四年一届的“中国古筝艺术学术交流会”在扬州连续举办了八届。2023年8月举行第九届的中国扬州“广陵杯”青少儿国际古筝邀请赛，参赛选手和老师近700人，会上还举办了精品琴筝展览活动，对古筝艺术、产业的交流和发展起到了推动作用。

四、集群在发展中存在的问题

1．整体较为分散，规模化及规范化生产不足

扬州琴筝制造企业始于农村乡镇的木器加工企业，受自身及外部发展条件的制约，一部分琴筝制造企业尚未达到规模化、规范化生产要求。除了几家规模化企业，大部分企业基本布局较为分散，离规模化、规范化、标准化的要求还存在差距，不利于产业集群效应的发挥。

2．品牌效应不高，产品整体附加值不高

扬州琴筝产业整体上品牌效应不高，致使琴筝产品的整体附加值不高。扬州琴筝制造业一小部分企业没有自主品牌，一小部分企业依靠贴牌、外加工

生存，品牌效益的缺乏，使部分企业处于全行业价值链的低端。扬州琴筝产业在高档产品市场占有份额相对比较低，而中低档、普及品市场竞争激烈，也致使琴筝产品的整体附加值不高。中低档、普及品的利润率相对比较低，加上市场竞争激烈，原材料价格上涨，人力成本不断上升等，利润空间几乎为零。

3．琴筝产业结构单一，产业融合拓伸发展不足

目前，扬州琴筝的整体产业结构较为单一，以古筝、古琴生产为主，多元化的产品生产体系尚未形成。此外，扬州琴筝产业大部分企业仅局限于乐器的生产与销售，尚未涉及普及、培训、推广领域，产业链条缺乏延伸，琴筝产业的关联带动效应尚未充分发挥。服务于琴筝产业集群发展的原材料仓储、琴筝研发、技术培训、馆藏会展等产业延伸配套还相对缺乏。与琴筝产业紧密关联的旅游业、商贸业、会展业、教育培训业等现代服务产业及文化休闲产业融合有待拓展。

4．工艺传承缺乏保障，后继人才培养迫在眉睫

扬州琴筝产业主要还是采用传统的“师傅带徒弟”的传承方式，缺乏系统的教育培训，后续人才缺乏，造成琴筝手工制造工艺技术逐渐走下坡路，工艺技术传承的质量难以得到保障。同时，因有一部分企业工作环境差，距离城市中心区较远，年轻人大多不愿从事，老一辈技师的手艺面临失传的境地。此外，具备现代化企业的生产管理、外贸及其他相关业务知识的人才相对缺乏，大部分企业还是保持着传统乡镇企业乃至作坊式的生产操作模式，难以支撑产业进一步发展。

五、未来发展计划及重点任务

1．构建琴筝文化产业园和特色，引导产业集聚发展

依托扬州琴筝产业现有基础及产业布局，积极提升和强化建设琴筝文化产业园的功能，引导扬州琴筝产业进一步集聚发展，形成以政府投资建设为引导，其他投资为推动，打造一个集生产、研发、交易、会展、艺术、培训、接待、旅游等为一体的省级乐器文化产业示范园区。

2．政府多维政策支持，引导产业蓬勃发展

针对琴筝产业的发展，充分利用国家大力发展文化产业和江苏省各级政府高度重视扬州琴筝产业发展的契机，制定出台多维政策对扬州琴筝产业发展加以扶持，以引导其蓬勃发展。力争纳入江苏省重大文化产业项目范畴；对接国家和省市上级政府大力发展文化产业的方针，积极制定具体的文化产业政策，引导乐器产业转型升级发展；积极争取联合省市上级政府或相关部门，设立琴筝产业发展专项资金、文化产品发展基金等；在土地、税收、信贷等方面给予琴筝企业发展优惠政策，并设立其他奖励措施，鼓励琴筝企业进行技术创新、品牌建设；完善基础设施配套建设和政府服务职能，为琴筝企业发展提供良好的环境。

3．注重技术应用和创新，强化自主品牌建设

转变现有生产方式，加大科技研发力度，通过技术创新和科研开发将高新技术渗透到各个琴筝产品中去，提高琴筝产品的科技含量和附加值；其次，重视中高档琴筝的技术引进与技术研发，力求培育出有自主知识产权的中高档产品和系列名牌产品；第三，要重视乐器生产的自主创新，努力打造具有扬州琴筝产品的自主品牌，通过品牌建设，增加扬州琴筝产品的附加值和市场竞争力。

4．注重制琴人才培养，提升制作工艺水平

扬州琴筝产业进一步的提升发展需要源源不断的琴筝制造工艺人才。一方面要注重普及品等中低档乐器制作工艺的传承与推广，更要注重乐器制作大师的培养和高档乐器制作工艺技术的积淀。一方面通过建立专门的培训中心和制作工艺学校来培养人才。

5．推进市场多元开发，分散贸易经营风险

目前扬州琴筝生产以古筝、古琴为主，且以内销为主，产品结构较单一，发展和经营风险高，未来发展中将积极推进多元化市场的开发。一方面积极开拓、深度挖掘国内市场；另一方面要积极开拓除大中华文化区、如东亚、东南亚等传统地区的市场，并通过孔子学院等国际文化交流机构，开拓欧美市场。

6．发挥行业协会职能，引导行业规范发展

未来将进一步完善扬州琴筝行业协会的功能。进一步完善乐器协会提供信息、咨询服务、技术申报、国内外市场需求信息发布等的职能；协助技术研发、负责研究和制定行业标准，以及标准达标检测等工作；规范行业市场秩序，协调企业纠纷等工作；组织行业内的专项技术培训和人才培养，为乐器行业发展输送技术人才提供服务。

7．积极拓伸产业业态，融合关联产业发展

紧扣国家文化产业发展的大势，通过政府和行业协会的有效引导，以“产业融合”为核心理念，加强“组织融合、建设融合、品牌融合”的建设，积极推进扬州琴筝产业纵向拓伸，横向融合。一方面向琴筝产业上游拓展，发展琴筝科研、仓储物流及各类琴筝零配件产业；另一方面向下游拓展，对产品销售行业拓展，积极开发销售渠道；也要注重与旅游休闲、教育培训、商贸会展、文化创意等现代服务业的融合。

中国北方乐器之都 · 肃宁

一、2023年产业集群基本情况

截至2023年12月，中国北方乐器之都 · 肃宁，共有乐器原材料加工、生产制造、传统销售及网络销售等330企业家，从业人员1.58万人，主要生产钢琴、扬琴、琵琶、阮、二胡、古筝、柳琴、月琴等。其中，扬琴、琵琶、阮产销量居全国首位，扬琴国内市场占有率达70%以上，星海钢琴销量在国产品牌中名列前茅。

二、产业集群发展成就

目前肃宁县拥有“星海”“乐海”两个中国驰名商标，2023年企业发明专利30余项，在产业技术研发、品牌建设、标准化建设方面，建有全省唯一的乐器行业“河北省工业设计中心”“河北省民族乐器技术创新中心”“民族乐器研发基地”和“扬琴技术研究中心”，同时建立了省级乐器研发基地。2023年在中国乐器协会的大力支持下，肃宁县获评“中国乐器行业先进产业集群”荣誉称号。

三、推动产业集群高质量发展的经验

1．发力政策扶持，乐器发展土壤优渥

肃宁县实施乐器产业“链长”牵头负责制，建立“一个特色产业、一位链长、一个牵头部门、一个工作专班、一个产业链地图、一套产业链招商清单”的“六个一”工作模式，成立了以县委常委、政法委书记武栋鹤为链长的乐器产业链工作专班。同时针对民族乐器产业发展，肃宁县先后制定出台了《肃宁县特色产业精准招商“10+6”工作方案》《关于民族乐器产业高质量发展的实施方案》等政策措施。

2．助力乡村振兴，乐器产业富民增收

以乐器产业为切口，促进乡村经济文化共同振兴。充分发挥乐器产业的文化属性，在师素镇宋庄村、海市村等村庄产业集聚的基础上，建设打造肃宁县民族乐器产业园，成功引进乐海乐器、北京星海钢琴等龙头企业入驻。肃宁县乐器产业带动农民就业超1.5万人，年产各类乐器100多万件，年产值8亿元，产品畅销国内，并远销美国、日本、马来西亚等十几个国家和地区。乐器文化亮点纷呈。国乐小镇积极推动乐器生产向乐器文化拓展，接连举办“中国北方乐器之都名家名曲音乐会”“乐海杯 · 国乐艺术节”等活动，持续丰富人民群众精神文化生活。同时在县属19所小学推进“国乐进校园”项目，让民族乐器走进学生课堂，自觉传承和发展国乐文化。

3．借力网络平台，“乐器+电商”深度融合

近年来借助网络销售平台和线上直播等网络营

销方式，成功打开了全国线上交易市场，乐器产品线上销售量占比达55%以上。成立肃宁县电子商务行业协会和乐器行业协会，积极开展品牌乐器的网上个性化定制和展示，以及乐器博物馆展品的网上直播等，引导企业开展线上交易。目前，肃宁县乐器电商网店共计150余家，遍布淘宝、天猫、京东、拼多多、抖音、快手等电商平台。同时，乐海积极探索乐器电商与短视频推广“产教融合”项目，通过培训大学生短视频创作、发布，借助内容电商策略和“产教融合”模式，鼓励大学生创业就业的同时，提升品牌知名度、美誉度。

这些成绩的取得，离不开中国乐器协会的大力支持，得益于各位领导的关心指导，对此再度感谢各位领导长期以来对肃宁发展的关注与厚爱。

四、集群发展过程中存在问题

1．行业形势处于调整期

目前乐器行业正处于发展的“阵痛阶段”，由于“双减”政策等情况，导致了乐器行业产销总量严重下滑的困境。加快调整、练好内功、推动产品结构升级，尽量缩短阵痛周期并开启全新的征途是眼下的当务之急。

2．龙头带动作用不明显

产业布局总体呈“哑铃型”，拥有两家大型龙头企业，其余企业以小作坊式小企业为主，没有其他规模以上企业和中型企业，中小型企业有发展意愿，但是发展场地及资金受限。

3．科技创新能力不强

自动化、机械化水平不高，生产依靠大量人工。高端产品主要依靠进口配件和原材料，部分高端乐器所用原材料如蟒皮、蛇皮、白酸枝、阔叶黄檀类木材等由于政策限制、材料稀有、储存运输条件苛刻等原因，导致成本极高甚至材料短缺，缺乏受市场认可的替代材料。

4．文化融合程度不深

“音教融合”尚处于起步阶段，影响力不高，还没有上升到“音乐文化”层面。县域内音乐文化氛围不强，群众对器乐文化认同感不强，消费热情不高。同时，乐器生产专业村和高端乐器定制的文化价值没有得到充分发掘，品牌文化内涵不足，附加值低。

5．专业人才匮乏

一是高端人才不足，乐器有别于其他标准化工业品，其核心价值在于声学品质，需要经验丰富的技术人才，同时，替代材料研发、自动化建设均需要高端技术人才，人才不足限制了肃宁县乐器产业转型升级。二是基础人才断档，乐器制造属于劳动密集型产业，行业基础工人工资为4000～6000元，但乐器制造过程中卫生条件较差，异味、噪声较为严重，群众从业意愿不高。目前，基础工人数量不足，并且从业者大多在40岁以上，广宁乐器厂等企业有扩大生产的意愿，但受到人才不足的限制。

五、未来发展计划及重点任务

2024年是实施“十四五”规划的关键一年，是京津冀协同发展十周年，也是肃宁县获评“中国北方乐器之都”荣誉称号第三年。肃宁县将抢抓市场机遇，通过提升品质、塑造品牌、扩大招商等措施推动乐器产业高质量发展。

1．继续强化龙头带动，提升品质新动能

“两海”牵引门类，不断拓展民乐品种，丰富乐器市场的多样性，满足人民群众日益增长的文化需求。加大对本地乐器企业的指导帮扶力度，制定梯次培育计划，对重点企业实行一对一包联帮扶，培育一批龙头企业和规上企业，不断壮大产业规模。同时，引进一批有研发设计、有品牌基础、有市场前景的优质企业，推动龙头企业与其上下游配套中小企业在代工贴牌、工艺提升、研发设计等方面深入开展合作，辐射带动一批中小企业提升管理水平、工艺水平。

2．继续开展音教活动，塑造品牌新活力

继续大力推进“国乐进校园”活动，打造国乐特色幼儿园、中小学，开展国乐文化活动，举

办各种形式、规模的音乐会，民乐比赛，让高雅艺术走进学校、走进社区、走进人们生活，让人们感受中国民族乐器及国乐制造的艺术魅力；加强与中国乐器协会下留念、中央音乐学院郑荃等具有影响力的乐器制造大师对接联系，争取建立合作关系，提升肃宁乐器的品牌形象；依托沧州运河文化，在沧州市开展“运河文化·国乐传承”之中华国乐艺术传承发展计划活动，涵盖开幕式、论坛、研讨会、赛事、国乐进校园、音乐会等内容，打造高质量交流平台，传承弘扬运河文化，不断提升肃宁县乐器产业知名度和社会影响力，形成沧州大运河文化新名片，持续擦亮“中国北方乐器之都”名片。

3．立足基础优势，持续推进国乐小镇项目建设

依托肃宁乐器现有产业规模基础、品牌基础、科技创新基础、音乐文化基础和产业配套基础，以“国乐小镇”建设为载体，加快乐器产业集群化、高端化、品牌化发展。同时，以“两海”为龙头，以开展音乐教育为抓手，促进“乐器制造+文化+教育”融合发展，叫响肃宁乐器区域品牌。

4．加大招引力度，争取工匠学院项目尽快落地肃宁

2024年将积极与乐器协会对接，争取项目落地肃宁。工匠学院的落地建成，不仅满足本地乐器高端人才需求，同时，开创了面向全国招收乐器维修、高级蓝领技能人才的先河，实现了乐器产业人才济济遍满天的乐享，从而推动以人才促产业发展，以产业发展带动人才聚集，实现产业人才双带动。

5．继续完善要素支撑，不断优化乐器产业生态

加大政策扶持。积极争取国家和省市政府设立的文化项目资助基金及在土地、税收、信贷等方面给予的优惠政策，针对乐器产业招商引资、科技创新等不断健全完善产业扶持政策体系。注重培育人才。积极与高等艺术院校、技工学校联合，加强对乐器人才的技能培训。推动行业企业间开展横向交流，培训技术骨干，充实业务水平，不断提高制作水平，为产品高端化发展提供质量保障。做足资金保障。大力支持中小乐器企业发展，发挥政府性融资担保机构增信作用，有针对性地推出特色金融产品，扩大对传统乐器生产企业的信贷支持。

中国吉他之都·正安

一、2023年产业集群基本情况

截至2023年12月，入驻正安的吉他及配套生产企业共计131家（其中，吉他规模企业7家，吉他制造企业37家，吉他配套制造企业21家，销售企业56家，物流企业11家，培训企业6家），专精特新中小企业数量（集群内企业）2家，高新技术企业6家。2023年完成规上工业产值9.19亿元，规上工业增加值2.757亿元。具备外贸出口资质的企业有71家，1月至12月有出口数据的企业共50家，外贸出口额1.59亿美元（11.1524亿元）。近5年年均生产吉他225.6万把，解决就业近4000人，正安吉他文化产业园已建成全球集聚程度最高、产销规模最大的吉他生产基地。

二、产业集群发展成就

正安吉他产业坚持以“共同富裕”为导向、以吉他工业为基、以吉他文化为魂、以吉他旅游为翼，形成了“三位一体”融合互促、共生进化的发展新模式。“吉他工业”坚持有中生优、优中做强，不断完善吉他全产业链条，促进产业链与创新链融合，打造世界级吉他产业发展高地。“吉他文化”发挥文化价值引领与特色塑造功能，推动吉他文化与科技、教育、商业、城市建设、居民素养等领域深度融合。“吉他旅游”促进吉他工业和文化全面融入旅游发展要素，创新“吉他+”休闲、研学、康养的体验场景和旅游产品，打造具有国际影响力的吉他主题旅游目的地。

三、推动产业集群高质量发展的经验

1．坚持规划先行，明确功能定位

坚持高起点规划、高标准建设、高效率产出，创建规划定位好、创新平台好、产业项目好、体制机制好、发展形象好“五好”园区。

2．壮大首位产业，推动集群发展

紧紧围绕吉他工业、吉他文化、吉他旅游“三位一体”发展思路，大力推动吉他首位产业集群集聚发展，不断提升集群效应。

3．强化招商引资，提高集群质量

围绕地方党委、政府和开发区领导干部“金三角”带头招商引资工作机制，按照“好中选优，优中择强”的原则大力开展招大引强，切实发挥经开区招商引资主阵地作用，围绕补全补齐吉他上中下游产业链。

4．优化营商环境，强化要素保障

切实打造“贵人服务”品牌，当好企业经商办起的“店小二”。

四、发展中存在的问题

1．园区建设方面

一是用地指标不足。园区部分用地被县平台公司用于银行贷款抵押，短时间内无法解押，加之抵押以后再办理相关手续时比较困难，导致标准厂房的建设项目相关手续无法落地。二是要素保障不齐。基础设施建设相对滞后，产业配套能力不强，工业用电双回路还未建成。

2．产业发展方面

一是首位吉他产业优强企业不多。在36家吉他制造企业中，规上企业仅有7家，年产量20万把的企业仅有2家，年产量10万把的企业5家。自主品牌不强，自主品牌产量比重不足20%。二是产业链条不完整。吉他产业至今无生产弦线、拾音器企业，旋钮企业也是小型企业，自供率不高。

3．服务保障方面

一是贸易奖补资金未及时兑现，导致企业在本地出口的动力不足、积极性不高。二是对纾困惠企政策宣传有差距，导致企业在申报省、市项目时政策把握不精准。

五、未来发展计划及重点任务

（一）狠抓产业规划，全力提升承载能力

积极对接跟踪经开区各项规划的制作流程，加快推进园区中长期总体规划、经开区产业规划和控制性详细规划的编制工作，为经开区下一步招商引资、项目建设工作开展以及全县工业经济高质量发展提供支撑和依据。

想方设法打通项目建设过程中的难点、堵点，快速推进横琴正安国际吉他文化产业示范园区共建项目和园区ABC三区消防设施修缮工程建设，确保为园区营造安全的生产经营环境。

按照《经开区标准化厂房及配套用房清理盘活工作方案（试行）》文件要求，加大“腾笼换鸟”力度，对现有厂房优化管理，通过搬迁、整合优化配置，不断提升园区“亩产效益”。

（二）狠抓企业培育，全力做强吉他品牌

1．提升正安吉他标准世界影响力

紧盯“国际化、专业化、市场化”目标，大力推广使用《正安吉他》团体标准体系（标准编号：T/ZAJT—2020），进一步提升《正安吉他》标准体系在全省、全国乃至国际的地位。

2．提升正安吉他自主科研精深度

建立以娜塔莎乐器为中心的科研体系，支持企业围绕吉他产业关键环节、关键领域、关键产品开展技术研发、技术攻关，加强核心基础零部件（元器件）、先进工艺、关键材料与产业技术研制应用力度，加大对吉他产业全产业链、各环节的专利申请力度。支持企业创新产品包装设计，根据产品销售区域和对象，融入更多中国文化、地域特色、民族风情等元素，增强产品特性和附加值。

3．提升正安吉他自主品牌知名度

鼓励支持企业积极打造自主商标、自主品牌，巩固提升“正安吉他工匠”全国行业引领类优秀劳务品牌，强化“正安吉他”品牌外延和议价能力，全面提升“正安吉他”公共品牌的市场竞争力和占有率。

4．全力培育产业龙头企业

坚持龙头带动，大力开展吉他产业龙头企业培育行动。积极发挥产业集群集聚效应，坚持生产要素向重点龙头企业倾斜；扎实推进纾困惠企政策的落地，积极争取政策项目，鼓励支持企业扩规技改，提高企业核心竞争力，2024年力争培育吉他龙头企业1个。

中国乐器产业基地·静海

一、2023年产业集群基本情况

2023年，静海区共有乐器生产企业73家，产值4亿元。年生产成品西洋乐器34万支、迷你乐器255万套、乐器配件22万件，95%的产品出口到美国、英国、法国、德国等国家；手风琴产量达2万台，出口3710台，市场占有率达到了国内市场的60%。手风琴销售额全国排名第一，民族乐器所产“森雀牌”“精艺牌”等各品牌乐器产品产量约为233.7万件，葫芦丝、巴乌等民族管乐器占全国产销量50%以上。

二、产业集群发展成就

静海地处天津西南部，是北上京津、南下江浙、京津冀互通的“黄金走廊”，素有“津南门户”之称。乐器生产是静海区工业特色产业之一，历史悠久、中西乐器品种丰富，集中度和行业知名度很高，在国内外素有“乐器之乡”之称，以乐器制造为代表的文化产业已形成了具有浓郁地方特色的文化品牌。

“静海区·中国乐器产业基地”按照区域及产品分为三片，一是位于静海区中旺镇的手风琴产品，天津华韵乐器有限公司以生产著名品牌“鹦鹉”牌系列手风琴为主，是当今中国手风琴界的领军企业；二是位于静海区蔡公庄镇的西洋乐器产品，以天津奥维斯乐器有限公司、天津圣迪乐器有限公司为龙头，产品为萨克斯、小号、圆号等西洋乐器；三是位于静海区子牙镇的民族乐器产品，以天津盛兴乐器厂、天津市精艺笙乐器有限公司为龙头，产品为葫芦丝、巴乌、笙和架子鼓等特色乐器。

三、推动产业集群高质量发展的经验

1．积极培育文化产业示范，创建文化产业基地

目前，天津圣迪乐器有限公司、天津鹦鹉乐器有限公司、天津盛兴元乐器有限公司先后被命名为天津市文化产业示范基地。

2．提升静海乐器产业知名度

近年来连续开展的中国（天津）手风琴艺术节、“鹦鹉杯”全国手风琴大赛等，大大提升了静海乐器产业的知名度。

3．大力发展音乐教育

组织蔡公庄镇、子牙镇等单位编写校本教材，推广葫芦丝、竖笛等器乐进课堂，器乐教育融入音乐教学，推动全区学校艺术教育的不断发展。

4．发挥行业协会职能，促进行业企业交流与合作

以天津市乐器制造商会（原静海乐器协会）为依托，共建信息、科技、商贸、音教、展示、国内外交流与合作等服务项目，更好地规范行业行为，服务、引导和促进行业发展，有利促进了行业企业交流和合作。

5．支持重点龙头企业壮大发展

天津奥维斯乐器有限公司是全国生产西洋管乐

器规模最大的厂家之一，致力于革新技术，做强自主品牌，享有“国家级高新技术企业”“天津市科技型中小企业”“天津市专精特新中小企业”“天津市著名商标”等荣誉称号。天津圣迪乐器有限公司的“圣迪”牌乐器更是名誉全球，被评为“天津市名牌产品”“乐器制造强势公司”“国家文化出口重点企业”。天津华韵乐器有限公司是中华老字号“鹦鹉”牌手风琴的生产基地，获得乐器类有效专利30 件，其中有效发明专利4 件；乐器类商标 44 件，鹦鹉牌手风琴、提琴被国家商标局评为“中国驰名商标”。奥维斯、圣迪、华韵等龙头企业与其他乐器制造企业“抱团发力”，有效提升静海乐器产业的知名度和影响力。

四、发展中存在的问题

近年来，静海乐器企业集聚发展，整体实力不断发展壮大，产品在国内外知名度越来越高，同时，受成本和订单等影响，虽然发展很快也较稳定，仍存在一些薄弱环节，比如：中西乐器品种繁多，但单体规模仍偏小；市场营销手段单一，没有形成较成熟的营销网络；大部分企业没有自主品牌，技术含量比较低，创新与发展力度不够，导致产品附加值不高等。

五、未来发展计划及重点任务

下一步，静海区将着力从以下4方面推进乐器产业基地壮大发展：

1．重点打造独具静海特色的音乐小镇、乐器工业生产游

建设四党口村沿街店铺，建设音乐吧、音乐饰品屋、音乐制作室、静海乐器展览馆等娱乐休闲设施，努力把乐器小镇打造成全国知名乐器文化旅游景区。

2．推动互联网平台助力产品销售

依靠“互联网+”实现个性化定制，通过电商运营模式定制高端化的乐器产品，使企业成功实现与国内的文化需求对接。积极探索与“央视网城”、微商、阿里巴巴等平台的合作，实现网上销售新突破。

3．推进乐器文化产业发展

引导静海区的乐器制造业、出版印刷业在传统基础上向新兴业态转型，积极推动数字化营销渠道建设，培育形成文化产业发展新亮点，推进文化产业规模化发展，挖掘工业旅游项目，打造静海文旅产业品牌。

4．争取政策扶持，促进产业蓬勃发展

鼓励乐器生产企业加大技术改造、科技创新，梯次培育优质企业，争取制造业高质量发展专项资金政策支持，同时积极整合、配置和优化区内各类服务资源，构筑中小企业的服务体系，优化发展环境，推动静海乐器产业基地高质量发展。

六、产业发展规划及政策扶持措施

《天津市静海区高质量产业发展规划纲要（2018—2035年）》中，将乐器产业作为先进制造的一部分，对其未来发展进行了规划：重点开发中高端西洋乐器及民族乐器，增强钢琴等乐器音准的稳定性，提升民族乐器的音色音质，稳定乐器表面处理质量。调整产品结构，提高乐器产品的技术含量和附加值。积极开发打击乐、电子钢琴、电子鼓等产品，打造中外闻名的产品品牌。

2021年静海区政府发布《关于印发天津市静海区国民经济和社会发展第十四个五年规划和二〇三五年远景目标纲要的通知》，将乐器产业作为静海传统优势产业，明确了未来五年乐器产业高端化智能化绿色化发展的路径。

2023年4月，天津市政府办公厅印发《天津市推动制造业高质量发展若干政策措施》，支持轻工发展，对“三品”（增品种、提品质、创品牌）标杆企业，每家给予最高一次性200万元奖励。在今年三月份2024年第一批制造业高质量项目申报工作中，已推荐华韵乐器申报“三品”标杆项目，争取财政资金支持。

2023年11月，天津市政府办公厅印发《天津市轻工产业转型升级行动方案（2023—2027年）》，提

出：做优特色文旅子链，中西乐器产业领域，依托静海中西乐器产业聚合优势，做强中小学乐器和个性化、民族特性乐器细分赛道，补足乐器声学品质测评、声学新材料替代、乐器表层喷涂工艺研发应用等方面的短板。建设特色载体。加快推进静海“中国乐器产业基地”提质升级，打造集乐器制造、包装、营销与音乐教育为一体的民族、西洋乐器生产制造中心。”

中国提琴产业基地·平谷

一、2023年产业集群基本情况

截至2023年12月，“中国提琴产业基地·平谷”共有乐器企业5家，分别为北京华东乐器有限公司、北京航顺通金属制品厂、北京长安乐器有限公司等，生产小提琴、中提琴、大提琴等乐器。从业人员200余人。2023年，基地生产小提琴、中提琴、大提琴等乐器产品22.59万把，占全国同行业市场份额20%左右。80%以上销往欧、美、东南亚等30几个国家和地区，基地提琴出口5.31万把左右，出口额1470万元。乐器产业实现产值5231万元，占全镇工业总产值的近10%，实现利税103万元。华北最大的提琴生产企业北京华东乐器有限公司坐落在基地内，发展势头十分强劲，提琴产品在国际市场上有很强的影响力和竞争力。

二、产业集群发展成就

平谷区东高村镇的提琴产业源于20世纪80年代，自1988年开始发展提琴制造业，已有三十余年的历史。作为镇域支柱产业之一乐器产业基础雄厚，产品制造技艺精良，形成了成熟的产销一体化模式。尤其是提琴产业，更是驰名中外，产品销售网络遍布世界各个地区，在国内外乐器界享有有较高的声誉。年产量最高时可达30万把，产品遍布全球30多个国家和地区，年出口创汇近5000万美元。

2009年，中国轻工业联合会授予平谷区东村镇“中国提琴产业基地”称号，东高村镇借助本镇提琴产业和人力资源优势，积极引导，将初期的小作坊模式逐步扩张为成熟的集群乐器企业模式。以华东乐器有限公司为代表的提琴企业，积极推进企业实现高质量发展，增强企业创新活力，助力乡村振兴。

2017年，东高村镇积极响应国家高质量发展需求和北京市产业结构调整，淘汰低端产业。积极开展科技创新，基地内龙头企业北京华东乐器有限公司已发展成为中关村高新技术企业，实现了提琴上色的“绿色革命”一是提琴制造业提档升级。以华东为龙头的乐器制作企业，向以质为主的高附加值生产转型，打造自主品牌“华蕴”，大力发展提琴制作工作室，培养本土制琴名师，将提琴品质与国际品质相接轨。加速完成从“制造”向“智造”，从“数量”向“质量”，从“产品”向“品牌”的转变。二是延伸提琴制作产业链条。向音乐教育培训、音乐文化演艺、提琴制作体验、参与国际提琴制作比赛、国际文化交流等产业延伸，与旅游、音乐、文化等产业深度融合发展。

2020年以来，对东高村镇的乐器行业影响很大，一是进口原材料受限制，二是销售订单骤降，产值和销售收入较之前下降64%。镇域龙头企业华东乐器主动求变，入驻淘宝、抖音等新媒体平台直播间，发展“线上+线下”融合消费新模式，以此打破销售和服务的时间、空间限制。为传播提琴文化和工匠精神，公司开通了提琴制作“云”直播、“云”课堂，制琴师线上演示讲解制琴工艺，带领网民线上参观制琴操作间。开展线上音乐会、公益课堂，让广大音乐爱好者从面对面沟通转变为屏对屏交流，进一步促进企业从生产型向生产服务型转型，实现音乐文化企业多元化发展。

三、推动产业集群高质量发展的经验

1．提高中高端产品占比

积极疏解非首都核心功能，缓解企业首都经营成本压力，鼓励企业将部分中低端业务向全国二、三、四线城市转移，将生产制造业务转移至人力资源与基础环境良好的外地城市，将高端乐器工艺研发、提琴制作大师工作室、重点客户相关的业务及企业决策部门留在平谷，合理产业区域布局，拓宽企业新的发展空间。东高村镇航顺通金属制品厂，为保护首都生态环境，将生产线转移到河北地区，公司以研发为重心，研究生产高端琴盒、配件，目前生产的提琴配件已垄断北方琴盒市场。

2．提高提琴产品附加值

由以量为主的规模化生产向以质为主的高附加值生产转型，鼓励大型企业主动退出恶性价格竞争，转变批量化出口的营销方式，逐步提高产品的制作标准及装配工艺，以国际化的标准和工艺对产品进行细节上的改良，将平谷区提琴品质与国际产品品质相接轨，提高提琴产品附加值，用高质量的产品赢得消费者和客户的认可，获得中高端产品市场份额。北京华东乐器在乐器生产提升中高端产品比重，培养定制大工匠，着力提高提琴产品附加值，以生产高质量提琴为主，附加值由之前的300元提高到800元。

3．打造提琴自主品牌

由品牌代加工制作向打造自主品牌转型，多途径拓展国内外市场对“华蕴”品牌的认知与需求，大力培养本土制琴名师，通过名师效应提高平谷区提琴产品品牌影响力，鼓励本地企业和制琴师参加国际制琴比赛，将高端提琴制作标准及工艺“引进来”，使自主提琴品牌和提琴制作师“走出去”，提高企业核心竞争力和市场影响力。

4．成立专家工作室

近年来，“中国乐谷”陆续成立了4家知名专家的工作室，包括全国政协委员、中央音乐学院附中校长娜木拉，著名小提琴演奏家吕思清领衔的音乐、舞蹈人才工作室；北京舞蹈学院教育学院院长胡岩，国家一级演员、青年舞蹈家孙科领衔的舞蹈人才工作室，为平谷区及东高村镇音乐文化与交流提供智力支持。

5．建立国际友好城市

2017年，以华东乐器举办的中西音乐文化交流活动为契机，促进平谷区政府与西班牙瓦伦西亚市之间的友好关系，2024年将正式建立友好城市关系。定期邀请西班牙音乐教授到平谷区开展“音乐大师课”。也开展了多次交流、访问活动。

2022年，利丽亚市市长马努埃尔得知东高村镇与中央音乐学院、北京舞蹈学院建立了以音乐、舞蹈为特色的美育基地，愿意派遣老师展开国际艺术交流与合作，已有5位西班牙籍专业音乐教师达成意向，2023年8月到美育基地任教，开展出境交流互访活动。预计2024年8月，华东乐器公司将会带领本地学生去到利丽亚市进行演出活动，12月将邀请利丽亚市5名教授来到平谷区开展为期1周的大师课。

6．建立特色美育教育基地

2021年底，东高村镇在北京市委统一战线工作部、北京市归国华侨联合会、平谷区委统一战线工作部的支持和帮助下，与中央音乐学院附中、北京舞蹈学院教育学院签订《战略合作框架协议》，共建音乐、舞蹈特色美育基地。著名演奏家吕思清、娜木拉工作室、姜杰钢琴音乐舞蹈培训学校落地于此。为区域美育产业发展提供智力支持，并进一步带动高水平优秀教师来美育基地长期授课。

四、集群发展过程中存在问题

1．人才方面

仍需要大批的人才来镇进行指导和培训，形成完整成熟的培训模式。

2．资金方面

乐器产业转型升级带来产业成本增加，产业发展资金困难。

3．技术方面

某些关键生产技术还不成熟，需要专业人士指导。

五、未来发展计划及重点任务

1．举办各类音乐活动，激活乡村文化艺术活力

承办区委宣传部北京乡村文化艺术嘉年华之“桃醉平谷·乡村音乐嘉年华”；渔阳草坪音乐会；第二届“乐谷杯”青少年提琴大奖赛；吕思清、娜木拉专场音乐会；中央音乐学院附中“天才少年团”专场演出。打造更具吸引力和影响力的“世界休闲谷四季东高村”音乐文化品牌。

2．多元化发展特色美育基地

持续深化“镇校联建”模式，充分发挥中央音乐学院、北京舞蹈学院在文化创意、艺术人才等方面的优势，加大专项经费支持力度，与两所院校建立常态化艺术展演与人才交往机制。进一步加强与中央音乐学院的紧密合作，持续推进音乐人才工作室建设，加快音乐交流活动品牌项目落地平谷，定期举办高水平音乐会、普及性的儿童器乐比赛，给乡村教育带来新气象，为乡村教育振兴发展精准助力。

3．继续加强与高校合作

未来，东高村镇将依托美育基地资源继续加强与高校的合作，目前已与中国戏曲学院建立联系，下一步将签订框架合作协议，开展以戏曲美育为特色的多层次、多领域的战略合作。

4．依托“村播学院”，发展直播电商

东高村镇将紧紧抓住“中国乐谷·村播学院总部基地”建设契机，充分挖掘东高村镇区位、资源等优势，深耕“一村一品、一村一业、一村一主播”发展模式，将“农、文、旅”、“政、企、校”多方联合，汇聚直播电商“人、货、场”三要素，将“村播学院”打造成为“产业集聚、标准制定、政策催生、实效检验”的电商产业功能区。借助电商平台拓宽发展路径，探索多元化应用场景，线上赋能镇域农特产品、汽车后市场、休闲文旅、音乐美育等产业融合发展，让直播电商发展助力乡村振兴。

中国竹笛之乡·中泰

一、2023年产业集群基本情况

截至2023年12月，杭州市余杭区中泰乡共有竹笛生产加工企业160余家，电商100余家，从业人员1300余人，年产竹笛数量达到了400余万支，年产值超过3亿元，占据了全国市场份额的80%。

2023年，杭州竹笛行业协会牵头制定了杭州市地方标准——中泰竹笛和浙江制造团体标准——中泰竹笛。当地企业严格遵守国家和行业的生产标准，确保每一支竹笛都达到高品质的要求，从而为消费者提供稳定可靠的产品。政府在监管方面也下足了功夫，通过加强对竹笛产业的监管力度，保障产品质量与市场需求、消费者期望高度契合。

二、产业集群发展成就

1．产业发展历史

中泰竹笛的制作历史源远流长，可追溯到古代文献记载。南宋时期，中泰的苦竹已成为制作上等乐器的原材料，其中“尺八”所用的竹材更是享誉国内外。元、明、清历代，皇室都派乐匠到中泰伐竹制笛，证明了中泰竹笛在古代就享有崇高的地位。竹笛是具有7000年悠久历史的中国民族乐器，相传在古代，黄帝时期，就开始采用竹子制作竹笛。

2．产业地位成就

中泰乡，享有“中国竹笛之乡”的美誉，其竹笛制作业已发展成为当地独具特色的文化产业。在

全球竹笛制作领域中，中泰占据显著地位，据统计，全球每10支笛子中就有4支来自中泰，这充分展现了其在全球市场的影响力。为推动竹笛产业的规模化、标准化和专业化发展，规划建设了三大园区，包括苦竹笛竹材定向培育现代示范园区。该园区以国家级标准化示范园区为核心，积极向周边区域推广先进的定向培育技术，确保竹材的高品质供应。同时，园区内还增设了农家乐等旅游服务设施，丰富了游客的体验。

3．科技创新成就

中泰竹笛产业在科技创新领域取得了瞩目的成就。众多制笛工艺师和演奏家经过技术鉴定、专业的培训和持续的进修，极大地提升了竹笛的制作工艺与品质，使其更具艺术价值。在硬件设施方面，苦竹笛竹材定向培育现代示范园区不断完善，竹笛标准化生产技术示范园区则引进了先进的竹笛加工生产现代化设备和检测仪器，如烤竹机、雕刻机、水分检测仪器等，这些设备的引进不仅提高了竹笛制作的精度和效率，更确保了每一支竹笛都达到高品质的标准，进一步提升了中泰竹笛的市场竞争力。

4．品牌建设成就

中泰竹笛在品牌建设上取得了显著成果，彰显了其独特的文化魅力和市场竞争力。企业打造品牌效应，积极参与国内外展览，通过获得一系列奖项，极大地提升了品牌的知名度和美誉度。这些荣誉不仅是对企业实力的认可，更是对中泰竹笛品质的肯定。中泰街道积极投身于竹笛品牌的打造与推广之中。为了进一步提升品牌的影响力，政府推动品牌整合与统一宣传，将众多品牌凝聚成一个统一的旗帜，共同对外展示中泰竹笛的独特魅力。

5．绿色低碳成就

中泰竹笛产业中，在原材料采集、加工制作、废弃物处理等各个环节都积极采取环保措施，致力于推动产业的可持续发展。在苦竹笛竹材定向培育现代示范园区的建设中，始终遵循生态原则，大力推广生态经营措施和手段，旨在保护生物多样性，维护生态平衡。在苦竹材定向培育技术的应用过程中，注重科学规划，合理布局，确保不引起水土流失等生态问题，实现经济效益与生态效益的双赢。

6．人才培养成就

中泰竹笛产业注重人才培养和引进。通过定期举办竹笛制作与演奏培训班、邀请专家授课等方式培养了一批批优秀的制笛人才。为了普及竹笛演奏技巧，培养竹笛人才，中泰街道还与上海笛文化研究所联合建立了竹笛演奏培训基地。这一基地定期邀请名师大家传艺，为当地学生提供了学习竹笛演奏的优质资源。同时，中泰街道还积极组织苦竹制品生产厂家参加各类展览会，如北京、上海国际乐器展览会及杭州西湖国际博览会等，展示竹制产品的独特魅力，拓展市场销售渠道。同时，政府也加大了对竹笛产业人才的支持力度，为产业的发展提供了有力的人才保障。

三、推动产业集群高质量发展的经验

1．完善园区建设

为推动竹笛产业的规模化、标准化和专业化发展，中泰街道规划建设了三大园区。苦竹笛竹材定向培育现代示范园区采用先进技术，确保竹材的高品质供应；竹笛标准化生产技术示范园区整合企业资源，提升制作水平；这些园区的建设，不仅促进了竹笛产业的集聚发展，也为当地经济注入了新的活力。

2．注重品牌建设

当地企业积极参与国内外展览，荣获众多奖项，提升了品牌的知名度和美誉度。政府也加大品牌宣传力度，推动品牌整合与统一宣传，形成了具有强大市场竞争力的竹笛品牌集群。通过品牌建设，中泰竹笛不仅在国内市场占据重要地位，还逐步拓展到国际市场，赢得了广泛的认可和赞誉。品牌的成功打造，为中泰竹笛产业的持续发展和提升国际竞争力奠定了坚实基础。

3．公共服务平台搭建

近年来，中泰街道在竹笛产业公共平台搭建方

面取得了显著成果。余杭区中泰苦竹业协会的成立，为产业的组织化、规范化发展提供了有力支撑。同时，通过举办“笛子之约”“铜岭竹音”系列音乐会等全国性竹笛艺术展演活动，进一步扩大了竹笛文化的影响力。此外，中泰街道还紧跟时代步伐，积极利用现代网络手段搭建公共服务平台，“笛友之家”“竹笛吧”“笛箫网”等网站的开通，为竹笛产业的企业营销和宣传提供了新渠道。这些平台的建立，不仅促进了企业间的交流与合作，也推动了产业的信息化、网络化发展。截至目前，已有20余家企业注册了企业网站，充分利用网络平台展示企业形象和产品特色。

4．完善产业化组织架构

在产业化组织方面，中泰街道进一步完善了现有的组织架构。在原有余杭区中泰苦竹业协会的基础上，成立了竹笛专业合作社和竹笛产业协会等多种形式，将竹农、加工企业、销售商等各方紧密联系在一起，形成了一条完整的产业链。竹农入社率达到了60%以上，有效提升了产业的整体竞争力。

5．政府政策扶持

政府通过精心制定优惠政策、提供坚实的资金支持以及加强产业监管，为产业的持续、健康发展提供了强有力的保障和支持。政府充分认识到竹笛产业的重要性，因此给予了高度的重视和大力扶持。政府出台了一系列政策引导措施，旨在鼓励企业加大投入，推动技术创新和产业升级。这些政策不仅为企业提供了良好的发展环境，也激发了企业的创新活力，推动了竹笛产业的快速发展。

四、发展中存在的问题

1．市场拓展的局限

尽管中泰的竹笛产业在国内市场取得了显著的占有率，但在国际市场的拓展上仍面临诸多挑战。目前，中泰竹笛在国际市场的知名度和影响力相对有限，缺乏足够的国际市场推广策略和文化交流机制。此外，对于国际市场的消费习惯、审美偏好以及文化差异等方面的了解不足，也限制了中泰竹笛在国际市场上的竞争力。

2．产品同质化的困境

在中泰竹笛产业发展过程中，产品同质化现象日益凸显。由于多数企业缺乏创新意识和科技投入，导致市场上的竹笛产品在款式、材质、音质等方面缺乏明显的差异化。这不仅降低了消费者对产品的兴趣，也限制了产业的进一步发展。

五、未来发展计划及重点任务

1．制定营销策略，加大市场拓展

针对当前国际市场拓展的局限，制定更加全面和系统的国际市场营销策略。首先，将加大品牌宣传力度，通过在国外举办竹笛文化展览会、音乐交流会等活动，提升“中泰竹笛”品牌的国际知名度和影响力。同时，与国际知名乐器销售商建立合作关系，拓展销售渠道，让中泰竹笛更好地走进国际市场。此外，还将加强对国际市场需求的研究，根据不同国家和地区的消费者偏好，调整产品设计和营销策略，以满足不同市场的需求。

2．调整发展战略，促进产品创新

为解决产品同质化的问题，鼓励和支持企业进行产品创新。首先，将建立产品创新激励机制，对在产品设计、材质选择、音质提升等方面取得突破的企业给予奖励和支持。加强与高校、研究机构的合作，引入先进的设计理念和技术手段，推动竹笛产品的创新研发。关注市场趋势和消费者需求的变化，及时调整产品策略，开发具有特色和市场潜力的新产品。通过这些措施的实施，期望能够打造出更具竞争力和市场影响力的中泰竹笛产品系列。

3．拓展人才培养，提供队伍支持

加大对本地人才的培养力度，通过举办培训班、开展技能竞赛等方式，提升本地人才的技能和素质。积极引进国内外优秀人才，为产业发展注入新的活力和动力。此外，还将加强与高校、职业学校的合作，建立产学研合作机制，为产业发展提供源源不断的人才支持。

六、有关政策建议

1．政策扶持与资金支持

一是出台更多针对性的扶持政策，为竹笛产业的创新和发展提供有力保障。同时，对在竹笛产业中取得显著成绩的企业和个人给予税收减免、奖励等优惠政策，激发产业发展的积极性和创造力。二是加强金融服务支持，鼓励金融机构加大对竹笛产业的信贷支持力度，降低企业融资成本，为产业发展提供稳定的资金保障。

2．品牌保护与知识产权维护

品牌是竹笛产业的核心竞争力，建议加强对“中泰竹笛”品牌的保护力度。可以建立健全品牌保护机制，制定严格的品牌保护法规，打击假冒伪劣产品和侵权行为。同时，加强对知识产权的维护，鼓励企业申请专利、商标等知识产权，保护创新成果和知识产权的合法权益。

3．市场准入与贸易便利化

为提升竹笛产品的国际竞争力，可以简化出口流程，降低出口成本。具体而言，可以优化出口退税政策，提高退税比例和速度；简化出口检验检疫程序，提高通关效率；加强与国际市场的贸易合作，推动竹笛产品出口多元化。还应加强对外贸易法律法规的宣传和培训，提高企业应对国际贸易风险的能力。

4．文化推广与国际合作

竹笛文化作为中华优秀传统文化的代表之一，应得到更广泛的传播和推广。建议举办竹笛文化推广活动，如音乐节、艺术节、文化交流活动等，提升竹笛文化的国际影响力。同时，加强与国际竹笛文化组织的合作与交流，推动竹笛文化在全球范围内的传播和发展。此外，政府还应鼓励企业参加国际展览、文化节等活动，展示中泰竹笛的独特魅力和文化内涵。

中国钢琴之乡·洛舍

一、2023年产业集群基本情况

截至2023年12月，浙江省德清县洛舍镇拥有钢琴制造及配件企业130家，从业人员超3000人，钢琴产业年总产值突破5亿元，并打造了280亩钢琴众创园，形成了“抱团”集聚的发展优势。2023年，洛舍生产钢琴超过5万架，年产值超过2亿元，是长三角最大的钢琴制造中心。拥有“洛舍钢琴”区域商标，以及一批省、市著名商标和企业，产品出口欧洲、东南亚等几十个国家和地区。浙江乐韵有限公司、湖州华谱乐器股份有限公司是浙江省重点文化出口企业，并形成了独特的区域产业发展集群，也成为洛舍镇的特色产业和富民产业，是洛舍镇的一张文化金名片。

二、产业集群发展成就

1984年，洛舍镇办起了当时国内第五家钢琴制造厂——湖州钢琴厂。2014年，中国轻工业联合会和中国乐器协会授予洛舍镇“中国钢琴之乡”的荣誉称号。

1．科技创新，产业升级，建设公共服务平台——强化技术创新引领，向产业价值链高端迈进

2018年德清洛舍建立德清钢琴产业创新服务综合体，在新产品开发技术能力、向更高端产品拓展能力、设计技术能力、产品检测能力等方面进行研发服务。通过综合体建设，能够有效整合高端创新资源，加快攻克钢琴新产品研发技术难题，积极引进先进技术，和数控化生产等精密加工设备，建立钢琴制造过程的数据链，推动洛舍钢琴工业的标准化发展，提升洛舍钢琴整琴，以及琴弦列、音板、支架、键盘、踏板、外壳等零部件生产的整体品质。加快德清钢琴产品向高端领域升级，推动产业价值链向高端攀升。协助企业获评国家高新技术

企业两家，县市级技术中心、研发中心、科技型企业等。

2．品牌建设——积极打造“中国钢琴之乡”的品牌

洛舍镇现有钢琴制造及配件企业130家，拥有“拉奥特”“威腾”“瓦格纳”“洛德莱斯”“海尔”等一批省、市著名商标和企业，2010年“洛舍钢琴”区域商标成功注册。

2019年10月，浙江乐韵钢琴有限公司依托洛舍钢琴产业基础，通过长三角一体化引进百年品牌“施特劳斯”落户德清，推进钢琴制造与“互联网+”“服务+”的融合，提升产品品质，丰富产品和服务体系，推进洛舍钢琴精益化生产、个性化定制、电商化销售，推进发展团体采购、电商平台的定制、中小学定制钢琴。推进洛舍钢琴的音色评测和调音服务，提升钢琴的品质测评技术，依托德清钢琴艺术中心和钢琴大数据工作室，进行钢琴音质数据收集服务，并为镇上近百家钢琴企业提供现场录音棚场地及更专业的技术支持，鼓励钢琴生产企业从仿制为主向自主品牌知识产权拓展，提升“洛舍钢琴”品牌形象。

全镇现有钢琴专利60余项，一家县级专利示范企业。作为龙头企业的浙江乐韵钢琴有限公司，一方面注重品质的提升，另一方面更是注重钢琴品牌的宣传和推广，2019年积极融入长三角一体化，承担起复兴老字号的使命。举办2023年浙音·德清国际钢琴音乐节暨“德清洛舍杯”钢琴比赛，立足校地战略合作，用高品质艺术资源进一步提升文化软实力和对外影响力，扩大德清洛舍“国际钢琴文化小镇”的品牌知名度。

3．产品质量与安全、标准化建设、知识产权保护——规范洛舍钢琴制造业大环境，提升行业影响力

曾经的洛舍钢琴给外界的形象多以作坊制造为主，而如今在品质理念更加深入人心的今天。五年间洛舍钢琴业通过多次整改，淘汰老旧的作坊造琴方式，如今已在整体工艺上得到了极大提升，尤其以乐韵、华谱等为代表的企业，优先引进6S管理理念，进口钢琴生产设备，干净整洁的生产车间，机械化生产，降低人为制造误差，极大地提升了生产流程的规范标准化，从而提升了产品质量的稳定性。如今的洛舍钢琴行业，也更加重视专利技术、商标注册等知识产权的保护，“拉奥特”“威腾”“瓦格纳”“洛德莱斯”“海尔”等一批省、市著名商标的创立，正是洛舍钢琴行业对知识产权保护的正面印证，此外龙头企业在钢琴制造专利技术的应用，极大提升了洛舍钢琴对外的竞争力。

4．职业健康保护措施、节能减排、环境保护、绿色低碳——再造传统产业优势，加快振兴区域实体经济

2016年起，通过“散乱污”企业整治和老旧工业园区改造，引导钢琴企业向东衡钢琴众创园集聚，便于为钢琴企业提供广泛、专业的创新服务。同时建设钢琴展示中心，成为德清县钢琴文化的最佳展示窗口。计划引进钢琴检测中心，在县市场监管局的帮助下，钢琴检测中心项目正在积极对接洽谈，届时将对洛舍钢琴质量提升起到巨大推动作用。2019年浙江乐韵钢琴有限公司获评德清县政府质量奖。为推进加快行业绿色低碳环保体系建设，促进企业向绿色发展转型升级，在2023年全国生态日发布全国首个《绿色低碳钢琴评价技术规范》团体标准，为钢琴产业绿色低碳发展之路提供重要标准化支撑。

5．深化人才储备、加大人才队伍建设力度

洛舍镇钢琴产业经过长期的发展积累，现已拥有了一大批熟练的调音师、产业工人、技术开发、企业管理和市场营销等方面的人才。近几年来，洛舍镇通过技术扶持、人才引进、教育培训等各种手段，为钢琴生产企业解决了技术人才培养的后顾之忧。目前全镇拥有钢琴中高级职称人才75人，初级专业技术人员300余人，另外还有一大批职业技能人才和熟练工人，同时在钢琴领域有多项科研成果荣获县级以上科研成果奖。

6．普及音乐教育、传递钢琴之乡文化

洛舍钢琴产业的发展，孕育了本地独特的钢琴文化。钢琴已越来越多地步入洛舍的寻常百姓家，

富裕起来的洛舍人开始注重子女的钢琴教育。壮大起来的钢琴企业纷纷自发赠送钢琴给本地幼儿园和学校，对少年儿童的文化艺术教育给予帮助和支持。钢琴制造行业协会在发展上也突出“教育普及型钢琴生产基地”的定位，在进一步推动钢琴艺术普及的同时，让越来越多的人感受钢琴文化。造钢琴、学钢琴、弹钢琴、演钢琴，洛舍的钢琴文化依托钢琴制造业的发展而不断渗透，以其独特深厚的文化内涵，成为区域经济文化的代表，而洛舍独特的区域经济文化加快了钢琴产业的前进步伐。连续18年洛舍镇在杭州、上海、香港、澳门等地举办了钢琴文化节，用创新的办节形式和优秀的钢琴文化理念进入了上海、杭州市民的视野，一度被央视、学习强国、新华社、中新社、《中国日报》《浙江日报》《文汇报》《解放日报》《杭州日报》等媒体争相报道。洛舍钢琴影响力不断扩大，钢琴文化氛围和钢琴品牌效应不断加强。

三、推动产业集群高质量发展的经验

1．增加服务举措、减少企业烦恼

引入质量管家，由政府购买服务，委托第三方质量管理专业机构免费为企业提供个性化质量提升方案。实施梯次培育，将全县钢琴企业划分为基础、标准、示范三类，组织专家开展现场指导。筹建国家乐器检测中心分中心和省级钢琴产品质量检验中心，打通服务“最后一公里”。首创“信用管家”服务监管模式，构建“1+6+X”数字化企业信用服务体系，归集钢琴企业各项信用信息数据，实现企业全生命周期信用风险管理的预警监测，及时发现该领域苗头性、区域性、行业性风险。

2．增强监管效能，减轻企业压力

数智赋能发展，探索建设钢琴产业质量提升应用场景，推行记录产品质量信息的“浙品码”，让钢琴产品一“出生”就有“身份证”。全产业链品控，以检测溯源让企业及时掌握钢琴质量“病因”，倒逼完善制造工艺。大力推动钢琴产业自主品牌培育升级工程，通过举办钢琴文化节，带领企业抱团参加乐器展等方式加快打造全档次品牌矩阵，成功培育乐韵、华谱、杰士德等一批知名钢琴企业品牌，有效打破传统贴牌生产模式，每台钢琴利润提升30%以上。

3．优化营商环境，助力企业纾困提质

开展“送法律、促进经营规范，送服务、促进质量提升”普法两送，进一步优化法治化营商环境，助力钢琴企业纾困稳进提质。加强行业引导和部门协作，建立协调联动、齐抓共管的工作机制，充分发挥行业协会在调解知识产权纠纷、制止低价恶性竞争等方面的行业自律作用，严惩品牌侵权行为。

四、发展中存在问题

受经济下行影响，消费者收缩“非紧要开支”，行业需求转弱，库存压力持续上升，“双减”后艺术培训受阻，生育率持续下降等因素，德清钢琴产业由于针对国内中低端市场，国外客源市场中传统贸易伙伴出口负增长、新兴市场开拓困难，位于受冲击的最前线，碰到了前所未有的严冬。

1．钢琴产业竞争力弱

过去洛舍镇钢琴企业家庭式作坊经营模式多，产业规模普遍较小，缺乏整体意识，尚未形成梯级布局模式。产品同质化现象严重，缺乏差异化竞争。制造过程的数据链和设备工艺的精准度有待提高，产品品质较低。

2．钢琴产业品牌影响力弱

对品牌作用认识严重不足，品牌建设资金投入少。洛舍钢琴企业仍以仿制、贴牌为主，品牌运作缺失，缺乏自主品牌知识产权积累，影响力薄弱。在钢琴追求高品位、高质量的背景下，近40年均以宣传“农民造钢琴”为主要卖点，先天劣势大，市场认可度低。

3．钢琴产业内驱力弱

钢琴产业创新能力不足，缺乏核心技术创新能力，自主核心知识产权较少，制定或参与制定的标准数量缺失，制约了钢琴品质提升。专业人才严重匮乏，钢琴音源设计、研发和整音等环节的高端人

才储备不足。制琴工匠以本地村民为主，人才流动性大，优质企业难以集聚高端人才和制造工匠，人才队伍建设机制不完善。

4．钢琴产业延展力弱

洛舍钢琴企业依赖薄利多销、经销商转销的模式，营销渠道较窄，销售模式难以适应新市场运作需求。钢琴产业链延伸不足，洛社镇以钢琴制造为主，缺少上下游环节的融合，钢琴文创、会展、观光、体验等现代服务业态领域尚未成熟，产业链的长度及深度不够。

五、未来发展计划及重点任务

提升整合，打造德清“钢琴文化”名片；

品牌打造，提升品牌知名度；

品质创新，打造德清工匠精神；

面向市场，拓宽营销方式和渠道。

中国民族乐器之乡·饶阳

一、2023年产业集群基本情况

截至2023年12月，饶阳县现有生产经营企业及作坊摊点117家，其中乐器开料粗加工企业32家、乐器包装企业8家、琴弦生产企业6家、乐器制造机械设备生产企业5家、乐器配件加工企业12家、乐器精细加工及成品生产企业54家；电商平台及销售企业共128家。从业人员约6000人，总占地约250亩，主要集中分布在大官亭镇大官亭村及周边。饶阳民乐产品种类丰富，涵盖弹拨、拉弦、打击、吹管四大系列300多个品种，主导产品为系列扬琴、阮、琵琶、二胡、古筝、马头琴、柳琴、鼓等，远销北美、西欧、东南亚等国家和地区，其中扬琴、马头琴、阮、琵琶、二胡、中国鼓打击乐在全国市场占有率分别达到60%、70%、40%、30%、10%、17%。2023年民族乐器产业总值3.5亿元，其中高端产品产值占全县民族乐器总产值约30%。

二、产业集群发展成就

饶阳民族乐器产业发展始于20世纪80年代初，传承自北京民族乐器厂，饶阳县是中国民族乐器之乡、河北省十大文化产业集聚区，文化积淀、产业基础深厚。形成了以“全国二胡科研生产基地”“中国音协扬琴研制中心”为科研依托的民乐产业集群。被中国乐器协会评为“中国民族乐器之乡”，中国演艺设备技术协会授予饶阳县“中国民族乐器产业基地”荣誉称号，产业集群所在地官亭镇被评为“河北省十大文化产业集聚区”。

在中国民族乐器生产企业30强中，饶阳“乐之洋”公司排名第五位，“北方”公司排名第七位，好望角公司、振鹏民乐厂、珠峰民乐厂等企业在业界影响力较大。饶阳民族乐器产业经过几十年的传承发展，积淀了大量的工艺技术和优秀民间匠人，技术基础深厚，以龙头企业为引领，不断改进工艺，创新设计，优化性能，产品提质升级，制作出了很多优质产品，一些高端产品直供专业演奏家及专业院团。

三、推动产业集群高质量发展的经验

1．余政府大力扶持

县委县政府始终把加快文化产业发展作为经济转型升级、促进招商引资的重要载体，以民乐产业为主导，提出产业振兴战略，每年设立文化产业引导资金，在行政审批、政策支持、业务指导、资金扶持等方面加大支持力度。对饶阳民乐进行深入调研，精心制定民族乐器产业发展规划和发展方案，出台了一揽子支持举措。

2．重点项目带动

立足自身资源优势，积极对接国家重大发展战略，依托大官亭镇区民乐小镇建设，将产业发展、文化体验、服务销售进行深度融合，自2020年起，在官亭镇建设了民族乐器孵化基地，该基地占地48亩，将周边的摊点和作坊集中到基地，目前已有20多家小微企业入驻。

3．发挥协会作用

综合全县行业现状、短板问题、发展诉求多方因素，2020年重新评选成立了饶阳民族乐器产业协会，研究出台行业内管理和激励机制，规范企业生产经营行为，建立了内部良性竞争的发展环境。加大技术革新和产品开发，聘请行业专家进行技术指导，多次组织行业交流活动，参与行业评比和行业标准制定等，提升了饶阳民乐在全国的话语权。整合行业资源、政策信息，健全了民乐产品配套服务对外展示销售平台，组织民乐企业组团参加上海国际乐器展览会、北京国际乐器展览会、广州国际乐器展览会等业内展会以及厦门文化产业博览交易会、省文创产品比赛等各类展会，促进了产销连结。今年6月份北京国际乐器展览会上，中国演艺设备技术协会授予饶阳“中国民族乐器产业基地”荣誉称号，进一步提升了饶阳民乐区域品牌影响力。在刚刚结束的上海国际乐器展览会，饶阳近50家企业组团以“高端的布展、精细的宣传、丰富的演艺活动”精彩亮相，赢得了各地客商广泛关注和高度赞誉，被中国音乐家协会授予“产业集群贡献奖”。

4．强化品牌培育

民乐产业加快推进转型升级，追求高质量发展，围绕增品种、提品质、创品牌，潜力研发产业精品、高端产品，通过中高端产品拉动，提升企业品牌价值，涌现出了“海之韵”扬琴、“康喜”二胡、“鼓海”中国鼓，和“乐之洋”乐器、“艺海”乐器、“振鹏”乐器等品牌商标，“月壇”二胡商标被评为河北省著名商标，荣获“全国二胡科研生产基地”“中国音协扬琴研制中心”“中国少数民族乐器研究与试制中心”称号。

5．开展特色活动

依托民族乐器产业资源，积极邀请国家级、省级音乐组织举办各类民族乐器演出、培训、创作、赛事，提升饶阳民乐在全国乃至全世界的知名度、美誉度。2017年开始，连续举办两届“乐动中国”饶阳民族音乐大赛系列品牌活动，推动参与国际民族音乐交流巡演。2019年成功创下2024把二胡合奏吉尼斯世界纪录，2020年制作了饶阳系列文产纪录片《风物饶阳》之《中国民族乐器之乡》。受特殊时期影响，近三年开展活动较少。同时，饶阳民乐企业积极回馈社会，赞助中央音乐学院河北扶贫项目，无偿捐赠县内中小学校民族乐器，在县内承办鼓文化节、组织民乐展演等，通过喜闻乐见的文化活动，深化了人们对饶阳民乐、民乐文化的向往和认同。

四、发展中存在的问题

1．产业核心布局分散

饶阳民族乐器产业自发形成，大多分散在官亭镇，其他乡镇也有零星分布，配套环境基础较为薄弱，缺少整体规划、统一布局、规范发展的工业园区平台。生产企业、家庭作坊和摊点与居民区混插，既限制了自身发展，也不利于对外引进与招商，虽然建设了官亭民乐小镇和孵化基地，但进度缓慢，受搬迁资金等客观因素影响，孵化基地入驻销售型企业较多，生产型企业相对较少，还未形成高效集聚、良性互动的发展循环。

2．高端知名品牌欠缺

乐器产品质量参差不齐，以中低端为主，高端制造、精品制造欠缺，产品附加值低，虽然涌现出了一批如北方公司“月壇”、乐之洋公司“乐之洋”等品牌商标，但行业知名度与影响力远远不及“敦煌”“星海”等品牌，一些产品贴牌销售，或是价格恶性竞争，导致企业利润微薄，品牌战略不足，产业发展创新的支撑匮乏。

3．人才流动性过大

民族乐器生产属于劳动密集型产业，生产制造各个环节需要大量手工劳动力的承接，厂家之间因为业务竞争，互挖墙脚，使技术人员和熟练工人频繁流动，劳务市场无序。特别三年防控，企业频繁停工减产，企业人员纷纷出走，部分技工，尤其是高级技工掌握经验后自立门户，人才流失率过高成为企业发展不稳定因素。

4．创新发展意识不强

经营管理上仍以家族经营模式为主，缺少集团管理等现代企业管理模式，相当企业管理者思想上保守谨慎，做事讲求稳妥、崇尚务实，缺乏大刀阔斧的拓意识和战略发展眼光。个体作坊经过发展，已经形成固定的生产仓储空间和配套环保设备，暂时定位于恢复经营，扩大再生产意愿不强烈，有等待观望心理。部分有意改革的企业独木难支，民乐行业突破发展涉及问题较多，实际操作难度较大。

5．展示资源整合不足

企业产品展示各自为战，县内展示或面积小，内容单一，或以元素标识为主，缺少专门的综合性产品展示和民乐文化普及平台。演艺资源欠缺，近年一些企业和个体作坊虽然也重视了演艺人员培养，但人数仍然不足，水平还需提升，多数企业参加展会现场展示环节仍以外聘演艺人员为主，受限较多。

五、未来发展计划及重点任务

根据饶阳民族乐器产业实际情况，综合分析现状优势和存在问题，着力从“做强品质、做精高端，加强融合，借船出海”入手，推动民乐产业的跨越升级、高质量发展。

1．壮大市场主体，提振企业创新发展活力

积极发挥政府部门引导作用，制定政策、营造环境，促进资源要素流动，激发企业活力动力。

推进官亭民族乐器产业基地建设，培育壮大龙头和骨干企业，加快推进“北方”“乐之洋”“好望角”等企业转型升级，高质量发展，围绕增加品种、提升品质、创建品牌，潜力研发产业精品、高端产品，通过中高端产品拉动，提升企业品牌价值。

在政策允许的范围内，积极引进龙头企业，吸收外来资金和民间资本多种形式投资，计划与星海集团合作扩大产业效应，目前已赴京与星海集团进行了一次对接，预期良好。

规划建设饶阳民族乐器产业园，已与县领导沟通形成初步意向，确定规划建设面积150亩，正在进行投资预算评估，下一步将调整产业规划、土地规划。建成后产业园将选取部分优质企业入驻，采用县文投公司牵头形式，整合资源扩大产业优势，规范运营销售做强区域品牌，为饶阳民乐创新突破提供坚实支撑。

2．改进经营模式，扩大产业聚合发展效应

多措并举，规范企业生产经营行为，整合行业资源、政策信息，拓展民乐产品对外展示销售渠道。

协会及各企业发挥作用，规范企业生产经营行为，完善协会产品标准和定价规则，整合行业资源、政策信息，拓展民乐产品对外展示销售渠道。

顺应网络化、电商化、信息化发展趋势，着力培育个性定制、制作体验、文化创意等新模式新业态，增值“直播带货平台”，推进电商赋能，线上、线下同步发力，推动饶阳民乐创新发展。推动民乐产业与文化、旅游等资源连接，在活动开展、外观创意、品牌创新等方面，突出饶阳特色文化元素，做好融合文章。

持续组织企业抱团营销，组团参加展销活动，尤其是深圳文博会、上海国际乐器展等的参展工作，促进产销连结，为饶阳民乐产业聚合发展提供有效助力。

3．拓展交流培训，夯实行业高质量发展人才支撑

以民乐协会为主体，充分整合技术资源，整合培训、演艺、师资等各方面资源，通过请进来、走出去、县内交流等形式，推动县内民乐技术队伍整体壮大、水平提升。

积极对接国字头行业协会，寻求技术指导，深化行业交流与合作，掌握行业发展趋势。定期开展培训、座谈、研讨，为乐器行业相关人士提供学习和实践的平台，促进提高专业知识与技能，推动县内民乐人才建设。

增进活动交流，开展“民族乐器制作大赛”“民族乐器大师品评会”等相关活动，邀请国内外一流的民乐演奏及乐器制作大师进行品评，同时，利用县内外媒体和网络资源，对民乐名牌产品、大师工匠进行宣传报道，弘扬工匠精神，扩大行业影响。

探索校企合作模式，通过学术交流、演出活动、提供乐器演艺方面的活动支持，积极开展民乐进学校进课堂，鼓励民乐企业参与专业院校、专业剧团等赛事活动，推进“名人代言”“音乐会冠名”，推广饶阳民族乐器，提高饶阳民乐知名度。

中国民族乐器之乡·兰考

一、2023年产业集群基本情况

2023年，兰考县民族乐器及配套企业共219家，其中规上企业13家，吸纳县域周边从业人员1.8万人。园区生产古筝、古琴、琵琶、柳琴、阮等20多个品种、30多个系列，年产各种民族乐器70万台，年产值21亿元，出口额达到2900万元。桐木音板产量占全国的90%。

二、产业集群发展成就

兰考的悠久历史，使得兰考的音乐文化源远流长，其民族乐器的制作与演奏都有较高的造诣，是宝贵的文化遗产，更为现代民族乐器的制作提供了丰厚的文化底蕴。

河南省兰考县民族乐器文化产业园位于兰考县堌阳镇，占地321公顷。兰考民族乐器知名品牌主要由中州、焦桐、敦煌、弘音、三好、龙音、君谊、大河、鸣韵、祥音等30多个品牌。其中，“敦煌”牌民族乐器已成为国家名牌产品；“中州”牌文琴获得“世界器乐艺术节”金奖，“中州”牌整木挖筝技术获得国家发明专利；“弘音”牌新型转调筝是国家专利产品。

“中州牌”“弘音牌”“三好牌”民族乐器被评为河南省著名商标。目前，已自主研发并注册了316个自主品牌，拥有发明专利1个，品牌创新能力和品牌建设能力得到极大增强。此外“兰考民族乐器”还先后在北京、上海、广州、西安、厦门、济南等地参加民族乐器产品展览，取得了极好的效果。

三、推动产业集群高质量发展的经验

1．人才培养方面

兰考县成立民族乐器发展服务中心，已引进专业演奏人才7人，专门负责服务民族乐器产业，帮助企业培养演奏人才，组织规划民乐赛事活动，帮助企业宣传推广提升企业品牌影响力。

2．支持创新研发设计方面

提高一体化设计和集成创新能力，加强引进和培育高水平设计师，提升产品市场契合度。对研发费用增量部分进行奖励，企业研发费用较上一年度实现增长并且上一年度研发费用不少于200万元的，按照增量的10%对企业进行奖励，每家企业每年最高奖励20万元。

3．支持品牌建设方面

对积极参与乐器展销的企业（限广州国际乐器展览会、北京国际乐器展览会、上海国际乐器展览会），参展企业根据实际需求面积产生的展位费及装修费用，参与政府集体展团的企业展位费政府补贴50%，装修由政府统一设计，费用由企业承担；不参与政府集体展团的企业，展位费政府补贴25%，装修费不予补贴；政府展位费年度补贴不超100万元。鼓励企业加大“中国民族乐器之乡”“好乐器·兰考造”宣传力度。

4．优化产业发展环境方面

与中央音乐学院签订战略合作协议，共建中国兰考民族乐器发展研究院和乡村音乐教室，同时派驻新时代文明实践文艺宣讲师开展民族乐器制作研究，演艺演奏人才培养等方面深度合作。与河南职业艺术学院签订战略合作协议共同谋划兰考分院建设，为兰考定制化培养乐器专业人才，邀请业界领军人物进行技术指导。

四、发展中存在的问题

1．基础设施和公共服务平台方面

随着兰考民族乐器产业的快速发展，虽然大部分企业每年都在增加产能，但是，产业园区停车场、污水管网、亮化等基础设施建设配备已不能满足当前发展需要，需进一步完善。公共服务平台种类较少，体系较单一，服务面窄，需要进一步扩展和完善。另外，服务人员的服务意识、服务水平和素质还有待进一步提高。

2．品牌建设方面

一是就兰考民族乐器生态而言，全县民族乐器生产企业品牌开发人才匮乏、研发技术相对薄弱、品牌宣传投入不足，以致品牌建设成效不高。二是虽然县委、县政府出台了各种支持品牌建设的相关政策和奖励措施，但总的来说支持政策还不够全面和系统化，园区还缺乏知名自主品牌，品牌综合竞争能力还不强。三是宣传力度不够，品牌影响力还有待进一步提高。

3．科技创新方面

大部分企业整体实力较弱，对科技创新资金投入不足，导致科技成果较少。企业大多侧重生产制造，在产品设计、工艺传承、新品研发、产品销售及售后服务等方面都缺乏创新精神。

4．产品质量与安全方面

200多家生产企业规模有大有小，企业内部标准有高有低，企业愿景有长有短，导致有些产品质量参差不齐。消防安全风险较大。园区部分消防管网设施老化，需要进一步维护更新；部分企业在落实“安全生产责任”上还有待进一步提高。

5．知识产权方面

一是总体来说，数量相对较少，还未形成专利体系；二是从结构上看，多为外观设计和实用新型专利，发明型专利较少；三是支持知识产权的政策还有待进一步系统化，奖励措施还有待进一步细化；四是企业在知识产权维权意识方面有待加强。

6．节能减排和环境保护方面

兰考县在民族乐器产业的发展上也紧守生态环境发展底线。但在实施的过程中还是存在一些问题，如：园区承载量逐年增加，环保基础设施需要进一步扩容维护；部分企业生产设备落后老旧，需要升级改造；少部分企业环境保护意识不强，需要进一步提升。

7．职业健康方面

职业健康方面还存在一定的漏洞。一是缺乏系统的监督检查制度，企业未建立健康台账，不能随时了解企业职工职业健康动态；二是部分企业职业健康意识不强，还存在疏忽和侥幸心理，把必要当可要；三是基层工人普遍文化程度不高，对自己身心健康重视程度不够。

8．人才培养方面

由于人才培育的特殊性，还存在一些问题，一是在时间上，人才培育周期较长，需要长期坚持，常抓不懈才有量变到质变的提升；二是由于地理、地区经济、人文环境等基础条件与上海、扬州等地还有较大差距，引进人才并长期留住人才有一定难度；三是对人才培育的政策措施还不够灵活、方式还不够多样，有待进一步科学化和系统化，使实施更具操作性。

9．抗市场风险能力方面

兰考县大多数企业还处在起步发展阶段，从企业的管理水平、技术水平、机械化程度、资金投入等方面看，抗市场风险的能力弱，极易受到外部因素的影响。另外，兰考县民族乐器企业数量较多，但龙头企业占比较少，且引领带动作用发挥不够。企业在国内外电商销售方面面临低价竞争、利润偏低、政策不确定性影响等问题。在国内线下销售方面存在零售市场、培训市场布局不足，且在综合文化产业方面的运营能力较弱等问题。

五、未来发展计划及重点任务

1．制定发展战略，确立发展目标

充分发挥好新“三位一体”良性互动作用，突出企业创新主体地位，完善技术创新体系，突破产业关键共性难题，激发创新活力，引领民族乐器产业持续健康发展。计划到“十四五”末，年产销民族乐器100万把以上，实现民族乐器工业、民族乐器文化、民族乐器旅游综合产值50亿元以上，带动就业2.5万人以上。把兰考打造成规模效应显著、竞争优势突出、技术创新能力强、国际化程度高的中国知名民族乐器生产聚集区。

2．进一步夯实基础，做大做强民族乐器产业

桐木资源是促进民族乐器产业持续发展的根本保障，下一步将继续流转土地强化植树造林，做好管护工作，保障民族乐器产业可持续发展。加快推进民族乐器特色园区二期、三期工程建设，打造展示展销中心。进一步完善功能配套，抓好基础设施建设、打造民族乐器产业、民族乐器文化、民族乐器旅游“三位一体”融合发展的民族乐器产业园区。把“泡桐”内涵做深、外延做大、品牌做强，打造集民族乐器研发制造、展示展销、培训交流、旅游体验为一体的民族乐器产业集群。

支持企业积极申报专项资金和政策补助、创新金融信贷产品；加大企业外贸业务服务力度，依托会展服务搭建兰考产业展示平台。培育以民族乐器教育和文化为主题的综合性龙头企业，发展基于互联网的展会新业态，扩大网上交易规模，发挥会展产业对产业发展的促进作用，积极推介兰考民族乐器企业和产品。

紧密结合“新时代美育”，积极鼓励企业开发新时代美育产品、积极出台符合新时代美育要求的产业政策，充分发挥民族乐器特色产业优势，为国家“新时代美育”工作推进作贡献。

3．进一步丰富内涵，做大做强民族乐器文化

夯实民族乐器元素基础设施。完成标准化厂房的招商入驻和产业园新区建设，加快建好民族乐器商业街、音乐厅、博物馆等公共文化设施。丰富民族乐器元素文化内涵，打造民族乐器活动知名品牌；创作民族乐器文化优秀作品，逐年推出一批站位高、有深度、接地气的宣传作品，积极向中央和省市融媒体平台推送。 逐年发布原创民族乐器优秀作品，进一步吸引民乐创作者加入；通过自媒体渠道、多层次多角度立体化打造兰考民乐的名片形象，不断提升兰考知名度。

4．进一步优化结构，做大做强民乐旅游

出台民乐文化旅游扶持政策，打造民乐产业旅游。按照专一化、特色化、个性化的要求，积极推进体制机制创新，逐步形成更加科学、规范完备的兰考县民族乐器产业园区。整合中央音乐学院·兰考县人民政府民族乐器发展研究院、民族乐器博览中心、堌阳民族乐器专业村、黄河湾风景区、焦裕禄纪念园、焦裕禄干部学院、文化交流中心、焦桐广场和梦里张庄等资源，完善研学旅行产业体系，创响兰考研学旅行品牌，打造红色文化传承和党性教育基地、全国知名研学基地及民乐文化产业旅游目的地。

建设音乐小镇，形成民族乐器“产业+文化+旅游”融合发展新业态；将发展民族乐器特色产业与传承弘扬焦裕禄精神、实施乡村振兴战略有机结合。培育民族乐器创作基地，设立中国·兰考民族乐器艺术创作基金，资助有志愿来兰考进行民族乐器艺术创作的工作者，逐步培养一批民乐制造及演艺人员，以他们精湛的生产技艺和高超的演奏水平，吸引更多游客驻足。

中国电声乐器产业基地·郚部

一、2023年产业集群基本情况

2023年郚部电吉他、电贝斯等电声乐器产量达210万把、配件520万套，实现营业收入10.3亿元，利税1.3亿元。郚部镇现有乐器生产及配套企业108家，电商企业240家，全产业链从业人员8000多人。电吉他年产量占全国40%以上份额，产品远销欧美、日韩等30多个国家（地区），形成出口导向型特色产业集群。

二、产业集群发展成就

郚部乐器源于20世纪70年代，经过五十多年发展，目前郚部镇精心打造了“雅特”“飞灵”“德鲁拉”等近40个本土品牌，为美国芬达、德国哈佛纳等国际品牌固定代理生产。

唐朝乐队、卞留念、齐秦、郑钧、约翰尼·德普等40余个知名乐队、音乐人成为郚部吉他代言人或使用过郚部吉他。雅特乐器创新“乐器+培训”模式，在国内32个省、市开设837处吉他教室，公司2款吉他入选2022“山东手造·潍有尚品”名录。雅特乐器单体产品“无头吉他”在亚马逊网站销售热度国际排行第二名。

2022年6月，依托昌乐县乐器行业协会，注册“郚部”牌吉他区域公用品牌，意味着郚部吉他从贴牌代工、B2B贸易向自主品牌生产、B2C贸易转变；11月4日在济南举办“郚部吉他”新闻发布会、主题展，品牌知名度、影响力、竞争力进一步提升。

郚部镇依托乐器产业先后获评“中国电声乐器产业基地”“山东省特色产业镇”“山东省电声乐器产业基地”“全国特色景观旅游名镇”等荣誉称号。郚部乐器产业园被评为山东省重点文化产业园。同时，产业园不断推进乐器产业向文化产业延伸，连续举办了十三届产学研用高峰论坛、十二届全国电吉他大赛、两届魅力郚部音乐节，通过一系列赛事的举办，让外界了解了郚部，认识了郚部电声乐器，提升了郚部电声乐器的知名度。2019年，“中国电声乐器产业基地·郚部”被中国乐器协会授予“功勋单位”称号。

三、推动产业集群高质量发展的经验

（一）发挥党建引领、推动乐器高质量发展

牢固树立“围绕行业抓党建，抓好党建促发展”工作理念，探索形成了“三链接一保障”党建工作法，把党委设在行业上，支部建到企业上，党员干在车间里。使党建工作成为推动乐器产业高质量发展的“红色引擎”。党组织链接产业同频共振。以乐器产业发展中心为阵地，依托“1+X”红色矩阵，链接党建办、经贸办、应急办等职能站所，进一步扩大区域化党建“服务圈”，为乐器企业发展提供优质高效服务。

（二）坚持产业化发展、产业链条不断完善

积极探索“规模化生产+个性化定制”发展模式，以雅特、昌韵达等52家生产企业为引领，引育木材加工、配件生产、销售等配套企业56家，本地化零件配套率达到35%，琴钮（弦）等外地配套商均设有办事处，实现吉他生产所需要原材料“一镇式”配齐，形成完整的产业链条。各企业根据不同客户的需求，企业技术研发和职工生产技术的熟练情况，生产自己的主打产品，逐步形成企业各自的产品特色。

（三）突出品牌化引领、产品影响力不断提升

自2009年起，连续举办十三届全国产学研用高峰论坛、十二届全国电吉他大赛、两届魅力郚部音乐节，与四川音乐学院、山东艺术学院、天津音乐学院等51家高校开展产学研合作，原中国乐器协会电吉他技术研究会就设在雅特乐器公司，专门研发电吉他新技术，开发新产品。2022年6月，依托昌乐县乐器行业协会，注册“郚部”牌吉他区域公用品牌，意味着郚部吉他从贴牌代工、B2B贸易向自主品牌生产、B2C贸易转变；11月4日在济南举办“郚部

吉他”新闻发布会、主题展，品牌知名度、影响力、竞争力进一步提升。

（四）开拓多元化市场、订单份额不断扩大

推动“线上+线下”营销扩张，线下，大多数生产企业从国内贸易公司接订单代工生产，12家生产企业有国外直接客户的订单，自主品牌销售企业5家，开展网络销售、直播带货的企业、店铺196家；在欧、美等13个国家设立代理商21家，建立海外仓48个；2021年年出口乐器约170万把，其中本土品牌销售占比10%、贴牌占比90%。线上，国内销售主要依托淘宝、京东、抖音、1688电商平台等，迪生乐器连续7年蝉联天猫电声乐器销售单品冠军；国外销售B2B端依托阿里国际站、中国制造网平台，B2C端依托亚马逊、易贝、速卖通等网络平台，雅特乐器亚马逊独立站平台首年销售即破万只，销售收入突破2000万。

（五）加快园区化建设、平台支撑不断增强

立足镇域产业发展实际，由党委政府牵头，引入社会资本参与，搭建乐器产业发展中心、乐器产业园、跨境电商产业园“一中心两园区”发展服务体系。2011年投资2000万元建设乐器产业发展中心，配套乐器展示、研发孵化、仓储配送等功能于一体，为企业提供创新创业服务，被评为“山东手造·潍有尚品”五进示范点。自2014年开始，先后投资5.6亿元建设乐器产业园，一期已入驻迪生、卡洛斯、雷宗3家乐器企业；二期已入选省新旧动能转换优选项目，进一步增强了园区平台吸引力和承载力。2022年8月，在市商务部门支持下，成立昌乐跨境电商产业园，县政府出资80万元，聘请潍坊市博易孵化器运营管理有限公司帮助运营管理，培训企业人员运营跨境电商业务，帮助企业办理各项手续。出资100万元。对乐器发展中心办公场所、设施进行提升改造。镇政府腾出3000平方米行政服务中心大厅，作为跨境电商办公场所。经过1年发展，引育电商企业53家，新开设网店86家，预计年贸易额将突破1亿元。

（六）加强全方位宣传、展现电声乐器魅力

1. 举办鄌郚吉他新闻发布会，开展吉他小镇“央媒采风行”，邀请了人民日报、新华社、光明日报等中央级媒体进行现场参观，持续宣传报道鄌郚乐器产业。

2. 筹办鄌郚音乐节，对接山东演艺集团承接，采取商业化运营，结合宝石、火山等资源，综合宣传昌乐特色产业。组建乐队，开展巡演，依托镇域现有音乐人才、音乐资源、联合雕刻时光乐队等，组建鄌郚乐队，每月组织小规模巡回演出。

3. 成立鄌郚文联，举办了第一届昌乐（鄌郚）金秋艺术节，继续聚合县域内音乐教室、音乐人才等，常态化组织开展活动。

四、发展中存在的问题

1. 基础设施和功能配套薄弱

随着鄌郚镇电声乐器产业的快速发展，大部分企业每年都在增加产能，但是，产业园区停车场、污水管网、亮化等基础设施建设配备不能满足当前发展需要，需进一步完善。

2. 品牌宣传需加大力度

总的来说支持政策还不够全面和系统，园区还缺乏知名自主品牌，品牌综合竞争能力还不强。近些年，虽然先后举办过高峰论坛、电吉他乐器学术交流会等大型活动推介鄌郚镇，也取得了一定的社会关注度，但品牌影响力还有待进一步提高。

3. 科技创新有待提高

由于产业发展时间较短，大部分企业整体实力较弱，对科技创新资金投入不足，导致科技成果较少。

企业大多侧重生产制造，在产品设计、工艺传承、新品研发、产品销售及服务保障等方面都缺乏创新精神。

4. 知识产权方面

总体来说，数量相对较少，还未形成专利体系。

从结构上看，多为外观设计和实用新型专利，发明型专利较少。

支持知识产权的政策还有待进一步系统化，奖

励措施还有待进一步细化。

企业在知识产权维权意识方面有待加强。一方面，公共服务平台建立时间较短，职能作用发挥还不够。

5．人才培养方面

由于人才培育的特殊性，还存在一些问题。人才培育周期较长，需要长期坚持、常抓不懈才会有量变到质变的提升，想要通过短时间培育本土人才难度较大；由于地理、地区经济、人文环境等基础条件与发达地区还有较大差距，引进人才并长期留住人才有一定难度；对人才培育的政策措施还不够灵活，有待进一步科学化和系统化，使实施更具操作性。

6．企业融资贷款渠道欠缺

存在融资难问题。目前，许多企业租用厂房，未能形成有效的固定资产，无法实现银行抵押贷款。

贷款周期普遍较短，企业投资还未收效时就需偿还贷款，导致企业压力较大。

五、未来发展计划及重要任务

推进产业融合。推动乐器产业与昌乐火山、蓝宝石、特色农业等资源连接发展，推进吉他进学校、进课堂，做好“工农文教旅”多业态融合发展文章。

加大招商力度。组织企业参加中国上海、美国NAMM、德国法兰克福等国际知名展会，接洽国内外客商。招引乐器配件生产等上下游配套企业，设立乐器产业发展基金，形成完整产业生态。

开启吉他音乐小镇建设。与山东文旅集团、演艺集团达成战略合作，依托现有资源引入投资，打造特色文化项目，延伸发展音乐文化产业链，打造吉他音乐小镇。

借助“鄌郚吉他”区域公用品牌，充分发挥乐器协会作用，组织企业大力发展“网红直播”带货，加快跨境电商赋能，探索提高产品利润的新路径。

持续加强与行业协会、高校院所产学研合作，加大营销、技术人才培养引育力度，以更高水平推动技术创新、产品更新。提高产业创新力和竞争力。

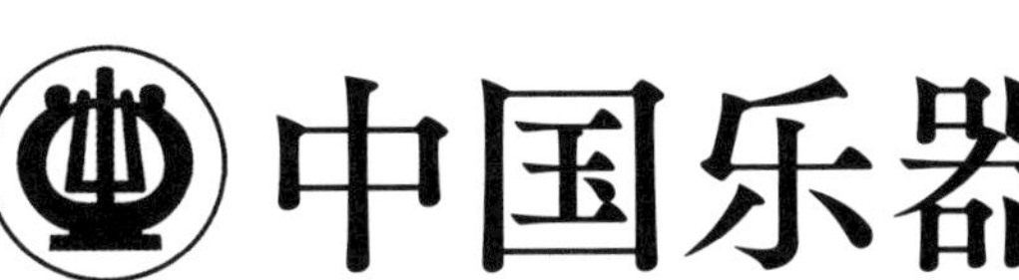

年鉴

2024

CHINA MUSICAL INSTRUMENT YEARBOOK 2024

全球乐器报告

日本

一、2022年乐器产值大幅增长

日本乐器协会调查数据显示，2022年键盘、打击乐器、吉他和数字乐器出口额大幅上升。不少制造商表示，与2021年数据相比，许多乐器门类出口额增幅大于销量增幅。2022年报告的70个类别中，24类销售额增幅大于销量。而在2021年调查中，只有7个类别销售额增长超过销量增长。

过去两年，许多制造商都提高了产品价格，除此之外，美元兑日元汇率上升，客观上也导致营业收入增加。2021年，日元兑美元汇率处于110～115日元，一年后跌至130～140日元。2022年10月，该汇率进一步跌至150日元，为三十多年来最低水平。这一货币贬值趋势持续到2023年4月，预计2024年出口似乎仍将继续增长。

二、大多数类型钢琴销量都有所增加

2022年，立式钢琴、三角钢琴和自动钢琴的出口和内销额4.41亿美元，增长8%。

数码钢琴出口和国内销售额5.853亿美元，增长14%。钢琴总销售额占市场45%，占比乐器细分市场份额最大。

2022年，日本共销售13077架声学钢琴，同比增长9%，总销售额4910万美元超过2019年销售额。声学钢琴内销情况为：立式钢琴9744架，同比增长11%，三角钢琴3276架，同比增长3%。

三角钢琴和自动演奏钢琴内销和出口增长5%～60%，而立式钢琴内销和出口分别下降4%和17%。立式钢琴出口量下降，但销售额有所上升。

日本共销售18.2万架数码钢琴，比前年减少16%，总销售额8440万美元，下降10%。国内电子键盘销量19.2万台，增长21%。部分归因于一些老年人对乐器重新产生了兴趣。总销售额1950万美元，增长35%。

2022年，自动钢琴和数字钢琴的国内销售额有所下降。

三、管乐器出口增势迅猛

管乐器的内销和出口总额2.237亿美元，销量增长23%，达到39.7万支，几乎赶上2019年40万支。销售额增长32%。管乐器占乐器出口比重10%。

国内销售额比前年增长9%，但销量4.2万台，下降1%。

几乎所有类别乐器均未恢复到2019年前的销量水平，但萨克斯销量翻了一番，达到1.9万支，同比增长35%，创下过去8年来最大的增幅，销售增长18.9亿日元。学生和成年人对入门级款式的特别需求似乎促成了这一销量佳绩。

按照细分品类看，木管乐器和铜管乐器出口量分别从13%和2%增长至31%和67%。销售额也从30%增加到60%。单位销量方面，管乐器几乎恢复至2019年前水平。

小提琴等家庭乐器的国内销售额190万美元，小幅增长2%，但销量为4017把，下降14%。曼陀林、五弦琴和竖琴等其他弦乐器的国内产量同比激增151%，内销量也在去年激增193%。过去几年这一类别异常波动，因此很难从单价和同比数据中获知市场真实情况。

四、打击乐器连续第三年实现增长

打击乐器国内销售和出口额1.758亿美元，增长22%，这是继2016年创纪录的销售额之后连续第三年增长。国内销售额2330万美元，增长4%。出口1.525

亿美元，增长25%。与许多其他产品类别的情况一样，全年销售额增长超过销量增长。

国内销售额增长类别还有架子鼓（7%）、教学打击乐器（9%）、钹（13%）、鼓槌（75%）和其他打击乐器（59%）。

行进鼓出口增长54%，教学打击乐器增长181%，其他打击乐器增长83%。以上数据表明该类别几乎已经完全恢复，甚至超过之前出口水平。

随着特殊时期居家需求逐渐减弱，占打击乐器总量35%的电子鼓销量已放缓。国内销量下降30%，销售额下降21%。出口额增长7%，但销量下降20%。

占打击乐器总量14%的其他电子打击乐器出口销量增长16%，销售额增长104%。国内销量下降13%，但销售额增长20%。

五、电吉他销售持续增长

声学吉他、电吉他、贝斯、功放、效果器、调音器和琴弦的总销售额及出口额达到638亿日元，占乐器出口总额18%。

2020年至2021年，市场对声学吉他和电吉他需求不断增长，近年来这一趋势已放缓；原声吉他国内销量和出口量分别下降33%和35%。电声吉他国内销量下降10%，出口量下降25%。

2022年日本电吉他和电贝斯出口58.6万把，与上年持平，国内销量则下降3%。鉴于2021年出口量和国内销量分别增长37%和137%，销售远远超过2020年。可以肯定地说，与2019年前销售相比，该品类依然保持出色的市场表现。

2022年吉他销量大幅增长，部分归因于一个流行的日本电视节目，在其影响下，从年底到次年春季，民众对入门级吉他需求持续飙升。

数据显示，吉他和贝斯琴弦的国内销售额430万美元，同比大幅增长720%；尽管销售额成绩亮眼，但与前年相比销量变化并不明显。

六、簧乐器持续复苏

包括簧乐器、竖笛、陶笛和大正琴的其他乐器国内销量略高于2019年前表现。口琴出口增长52%，国内销售额大幅攀升130%。口风琴出口增长172%，但其国内销量下降2%。手风琴销量恢复至之前水平。此外，竖笛国内销量和出口量几乎都恢复至2019年之前水平。

七、合成器国内销量超过2021年水平

带键盘合成器与其他电子乐器出口量及出口金额分别增长35%和50%。销售额增长37%，但销量下降9%。

带键盘合成器国内销量增长8%，但销售额下降1%。其他电子乐器出口量和国内销量下降12%～22%，销售额增长37%～50%。

八、扩音产品出口增加

随着现场音乐演出活动恢复，2021年市场对扩音系统需求恢复增长。2022年扩音系统和扬声器出口大幅攀升。有线麦克风、数字MTR、便携式数字录音机、声卡和相关硬件产量及销量均大幅增加。

九、日本乐器行业趋势——当前乐器行业的亮点

尽管市场趋势因产品类别而异，但日本乐器行业总体正在恢复到2019年前正常水平。市场普遍担忧通货膨胀，消费者正在缩紧日常开支。而防控封锁期间对数码钢琴的高需求在逐渐回落，产品销售已逐步趋缓。

另一方面，虽然学生群体和音乐学校的需求仍然疲软，但在成人业余演奏者强劲需求支持下，管乐器和打击乐器业绩斐然。价格昂贵的产品款式销路畅旺。

2023年市场趋势也有积极一面。受流行动画电视节目《孤独摇滚》影响，市场对电吉他及相关产品需求不断增长。昂贵的高品质电吉他近期销售十分火爆。海外游客造访乐器琴行并充分利用日元疲软特点，这些也对日本音乐产品市场起到提振作用。

十、当前乐器行业低谷

由于日元兑其他货币汇率跌至历史低位，日本乐器行业受到极大冲击。乐器经销商和零售商正在竭力应对进口产品价格上涨，这对消费者感知产生负面影响。此外，材料、分销、运输和其他因素通胀成本不仅抬升了产品价格，而且降低了制造商利润率。

十一、乐器行业预测

由于人口出生率下降，人口老龄化程度加深，校园音乐产品业务正在萎缩，预计随着包括老年人在内的更广泛年龄段人口对音乐演奏产生兴趣，长远来看，需求将会增长。

未来，难以控制的货币汇率、通货膨胀以及可自由支配收入不稳定，都是需要关注的问题。（资料来源：《日本音乐贸易》杂志）。

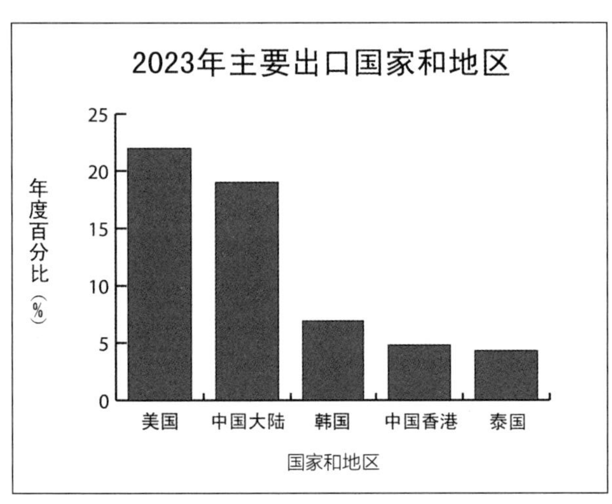

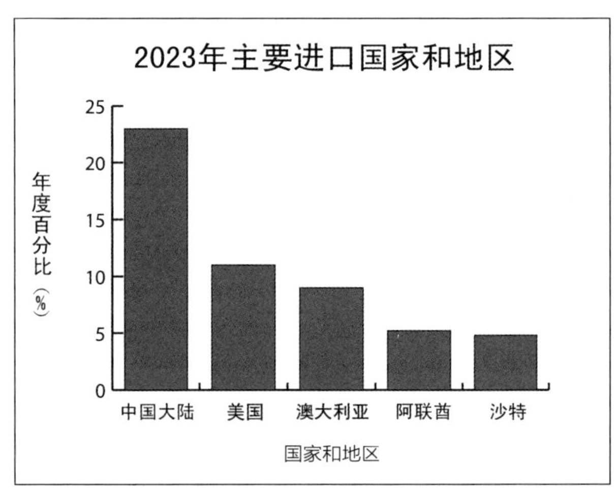

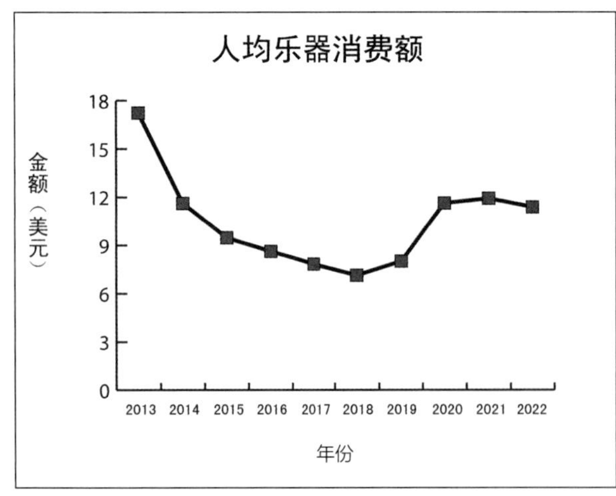

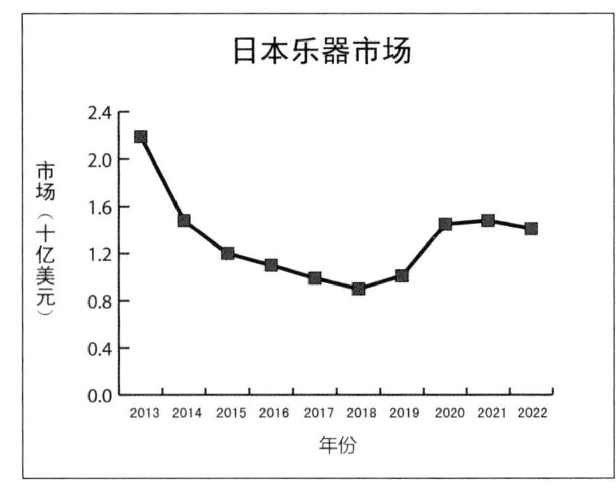

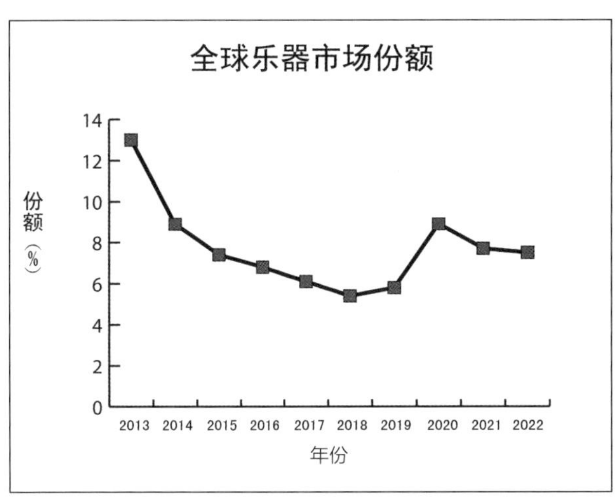
全球乐器市场份额
份额（%）
14
12
10
8
6
4
2
0
2013 2014 2015 2016 2017 2018 2019 2020 2021 2022
年份

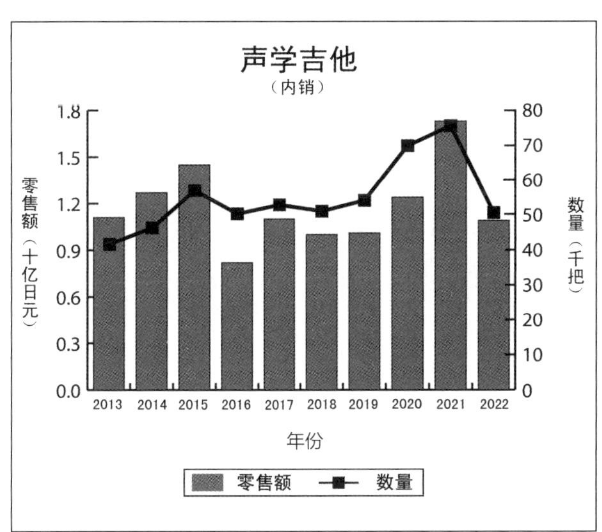
声学吉他
（内销）
零售额（十亿日元）
数量（千把）
1.8
1.5
1.2
0.9
0.6
0.3
0.0
80
70
60
50
40
30
20
10
0
2013 2014 2015 2016 2017 2018 2019 2020 2021 2022
年份
零售额
数量

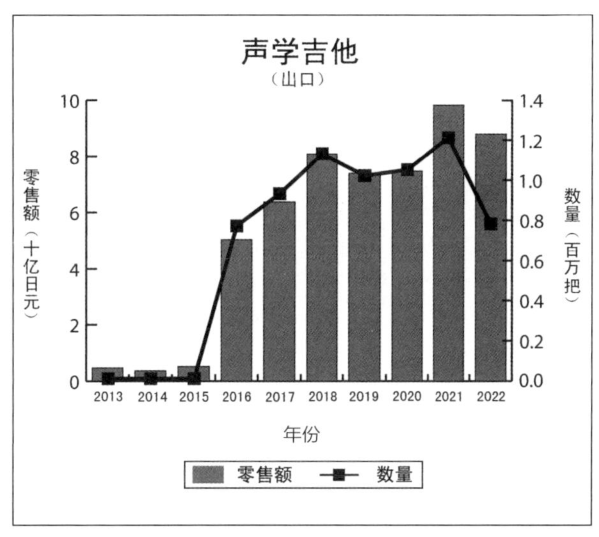
声学吉他
（出口）
零售额（十亿日元）
数量（百万把）
10
8
6
4
2
0
1.4
1.2
1.0
0.8
0.6
0.4
0.2
0.0
2013 2014 2015 2016 2017 2018 2019 2020 2021 2022
年份
零售额
数量

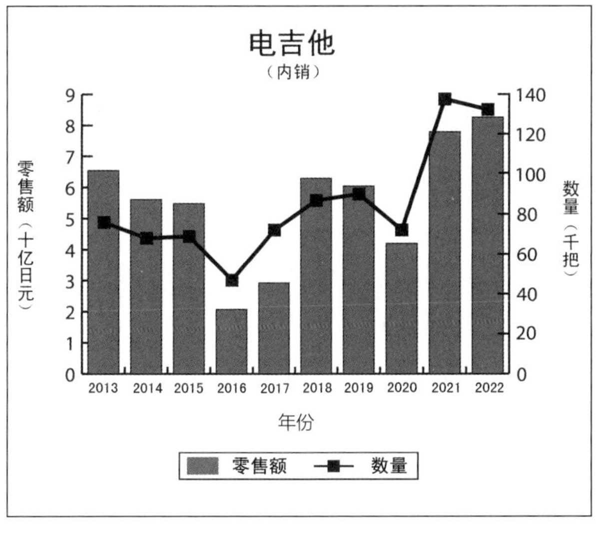
电吉他
（内销）
零售额（十亿日元）
数量（千把）
9
8
7
6
5
4
3
2
1
0
140
120
100
80
60
40
20
0
2013 2014 2015 2016 2017 2018 2019 2020 2021 2022
年份
零售额
数量

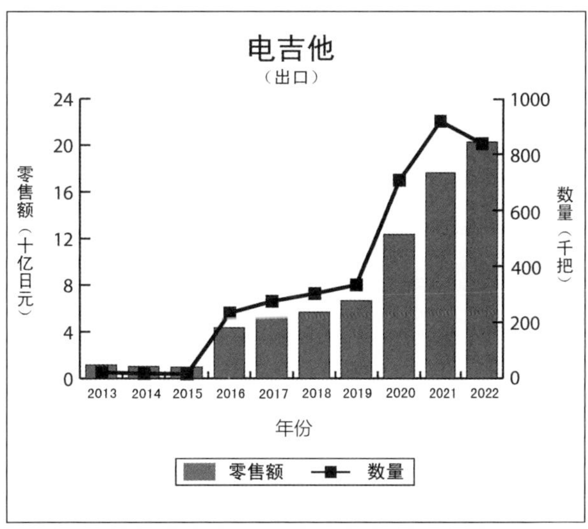
电吉他
（出口）
零售额（十亿日元）
数量（千把）
24
20
16
12
8
4
0
1000
800
600
400
200
0
2013 2014 2015 2016 2017 2018 2019 2020 2021 2022
年份
零售额
数量

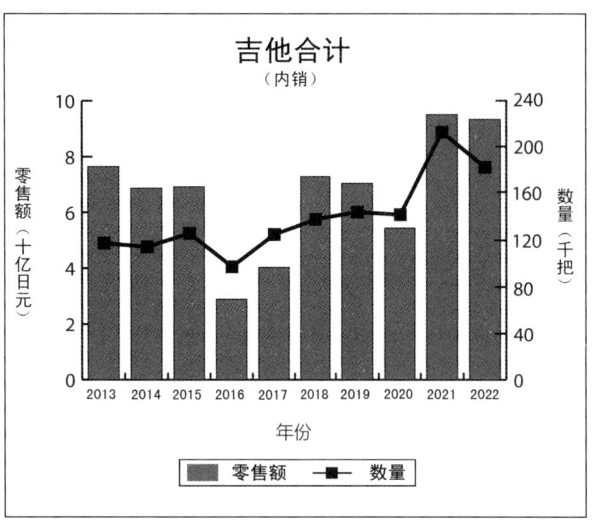
吉他合计
（内销）
零售额（十亿日元）
数量（千把）
年份
零售额
数量

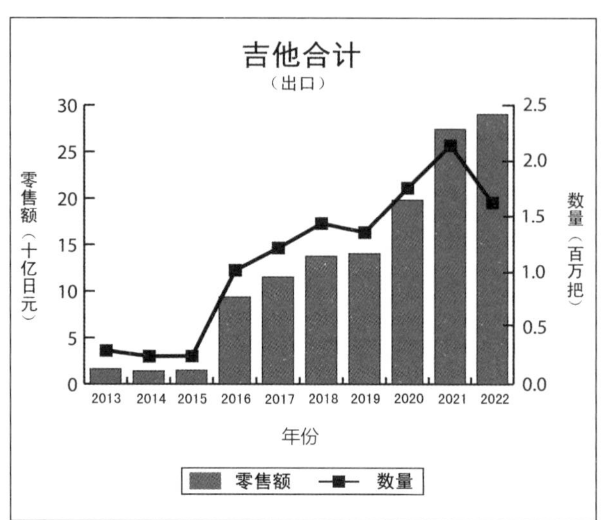
吉他合计
（出口）
零售额（十亿日元）
数量（百万把）
年份
零售额
数量

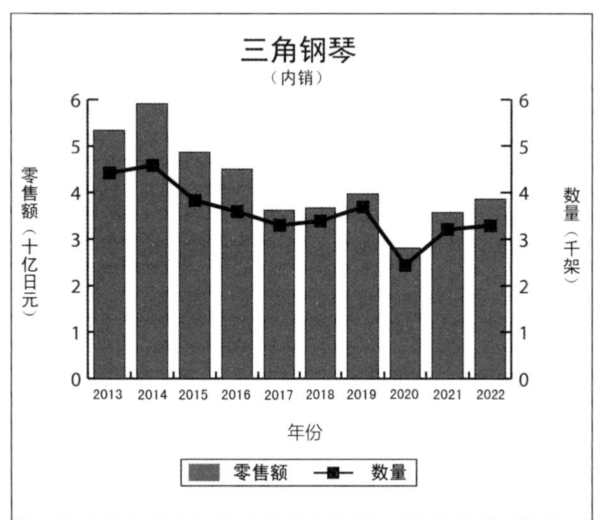
三角钢琴
（内销）
零售额（十亿日元）
数量（千架）
年份
零售额
数量

三角钢琴
（出口）
零售额（十亿日元）
数量（千架）
年份
零售额
数量

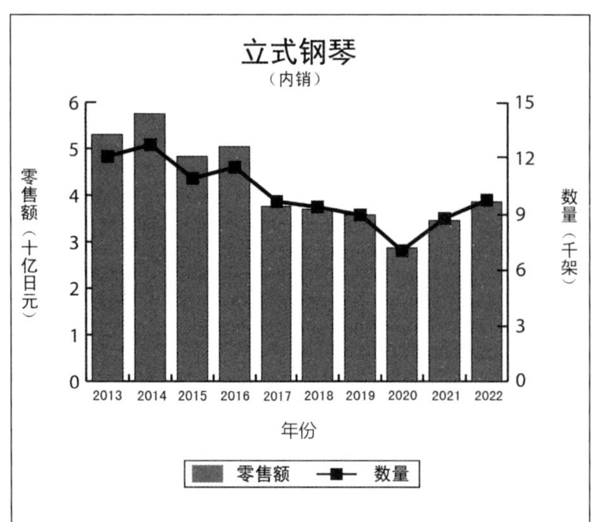
立式钢琴
（内销）
零售额（十亿日元）
数量（千架）
年份
零售额
数量

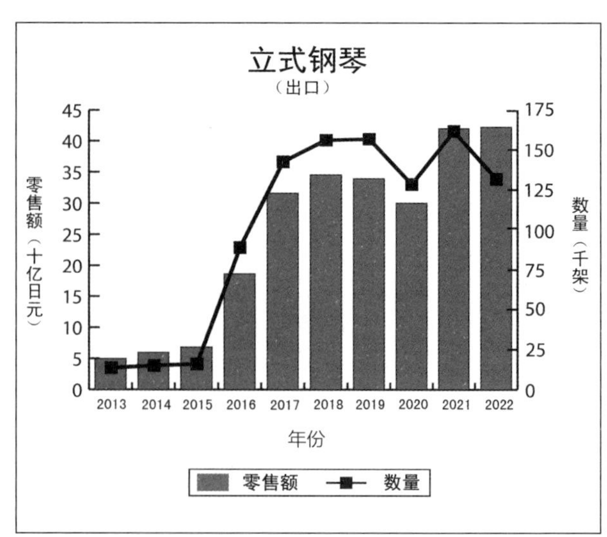
立式钢琴
（出口）
零售额（十亿日元）
数量（千架）
年份
零售额
数量

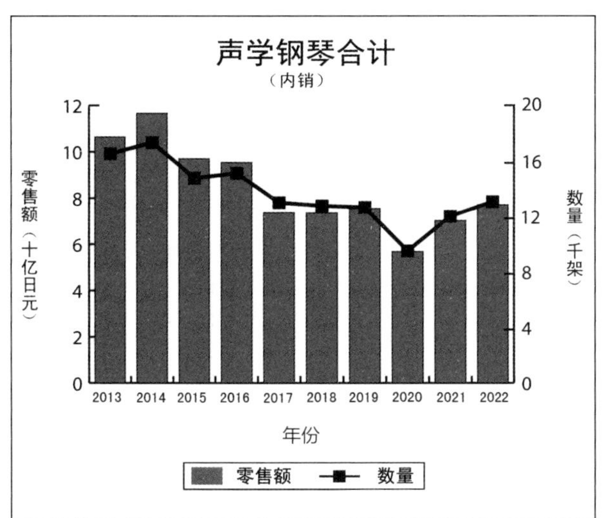
声学钢琴合计
（内销）
零售额（十亿日元）
数量（千架）
0
2
4
6
8
10
12
0
4
8
12
16
20
2013
2014
2015
2016
2017
2018
2019
2020
2021
2022
年份
零售额
数量

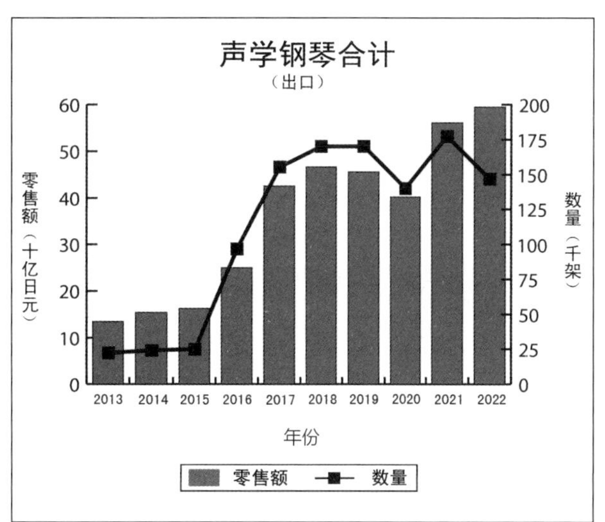
声学钢琴合计
（出口）
零售额（十亿日元）
数量（千架）
0
10
20
30
40
50
60
0
25
50
75
100
125
150
175
200
2013
2014
2015
2016
2017
2018
2019
2020
2021
2022
年份
零售额
数量

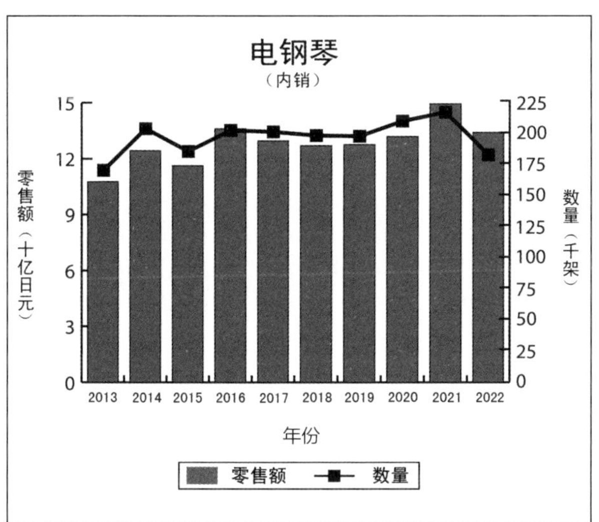
电钢琴
（内销）
零售额（十亿日元）
数量（千架）
0
3
6
9
12
15
0
25
50
75
100
125
150
175
200
225
2013
2014
2015
2016
2017
2018
2019
2020
2021
2022
年份
零售额
数量

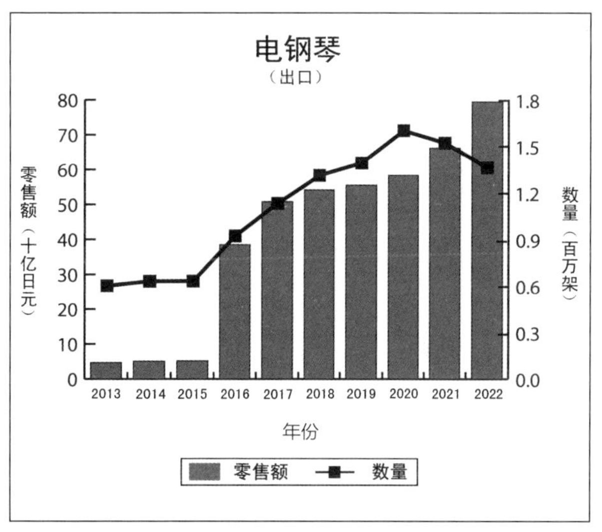
电钢琴
（出口）
零售额（十亿日元）
数量（百万架）
0
10
20
30
40
50
60
70
80
0.0
0.3
0.6
0.9
1.2
1.5
1.8
2013
2014
2015
2016
2017
2018
2019
2020
2021
2022
年份
零售额
数量

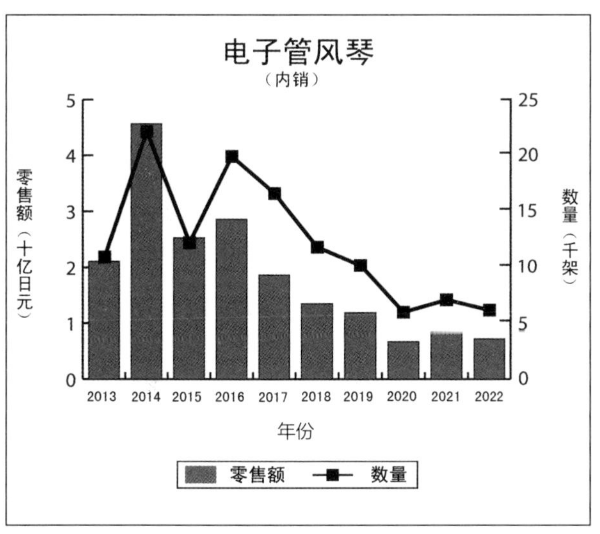
电子管风琴
（内销）
零售额（十亿日元）
数量（千架）
0
1
2
3
4
5
0
5
10
15
20
25
2013
2014
2015
2016
2017
2018
2019
2020
2021
2022
年份
零售额
数量

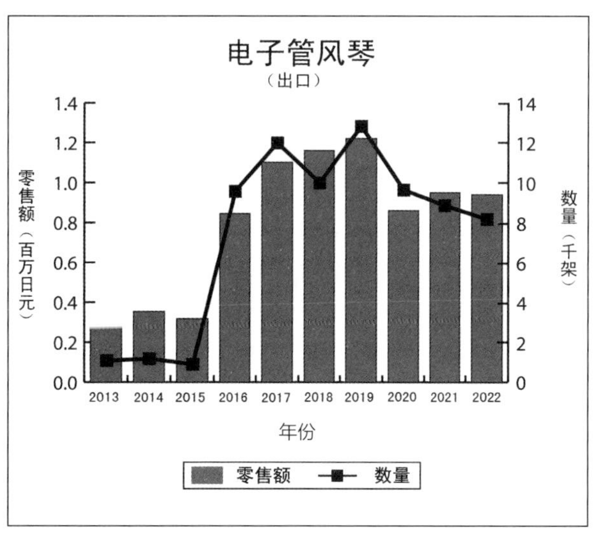
电子管风琴
（出口）
零售额（百万日元）
数量（千架）
0.0
0.2
0.4
0.6
0.8
1.0
1.2
1.4
0
2
4
6
8
10
12
14
2013
2014
2015
2016
2017
2018
2019
2020
2021
2022
年份
零售额
数量

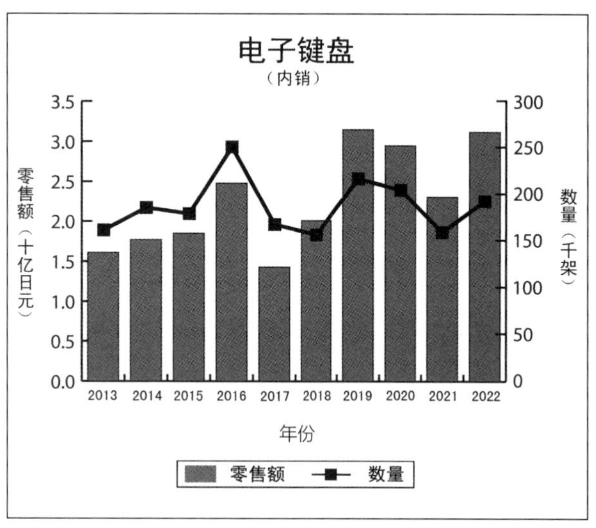
电子键盘
（内销）
零售额（十亿日元）
数量（千架）
0.0 0.5 1.0 1.5 2.0 2.5 3.0 3.5
0 50 100 150 200 250 300
2013 2014 2015 2016 2017 2018 2019 2020 2021 2022
年份
零售额 数量

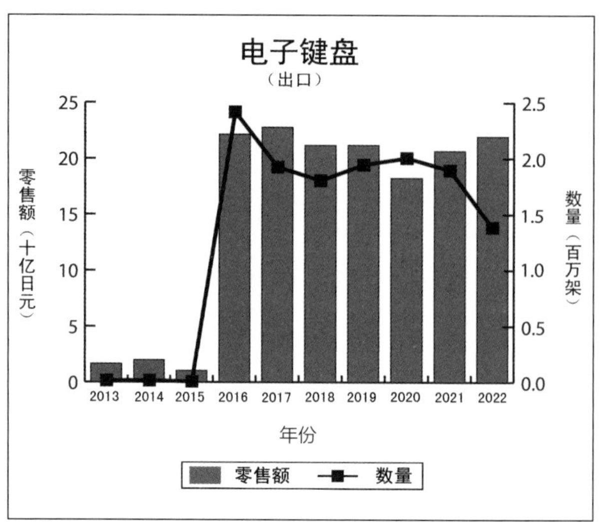
电子键盘
（出口）
零售额（十亿日元）
数量（百万架）
0 5 10 15 20 25
0.0 0.5 1.0 1.5 2.0 2.5
2013 2014 2015 2016 2017 2018 2019 2020 2021 2022
年份
零售额 数量

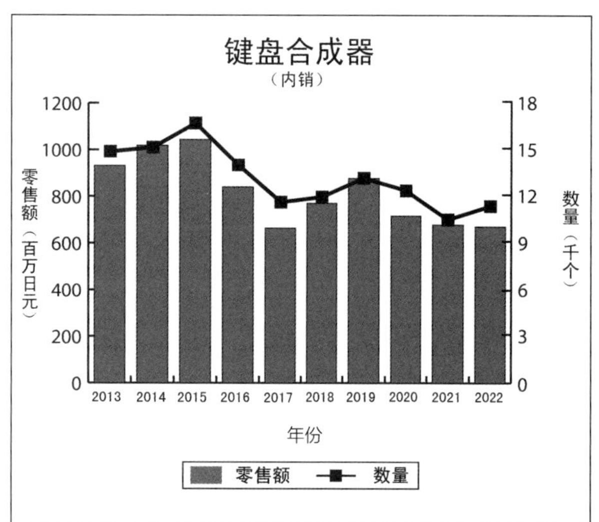
键盘合成器
（内销）
零售额（百万日元）
数量（千个）
0 200 400 600 800 1000 1200
0 3 6 9 12 15 18
2013 2014 2015 2016 2017 2018 2019 2020 2021 2022
年份
零售额 数量

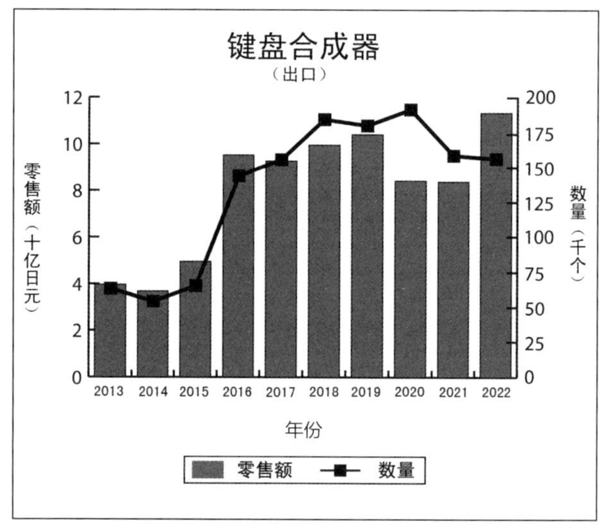
键盘合成器
（出口）
零售额（十亿日元）
数量（千个）
0 2 4 6 8 10 12
0 25 50 75 100 125 150 175 200
2013 2014 2015 2016 2017 2018 2019 2020 2021 2022
年份
零售额 数量

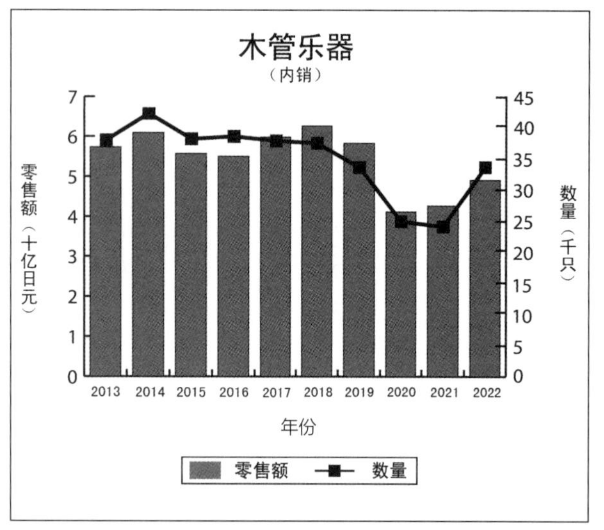
木管乐器
（内销）
零售额（十亿日元）
数量（千只）
0 1 2 3 4 5 6 7
0 5 10 15 20 25 30 35 40 45
2013 2014 2015 2016 2017 2018 2019 2020 2021 2022
年份
零售额 数量

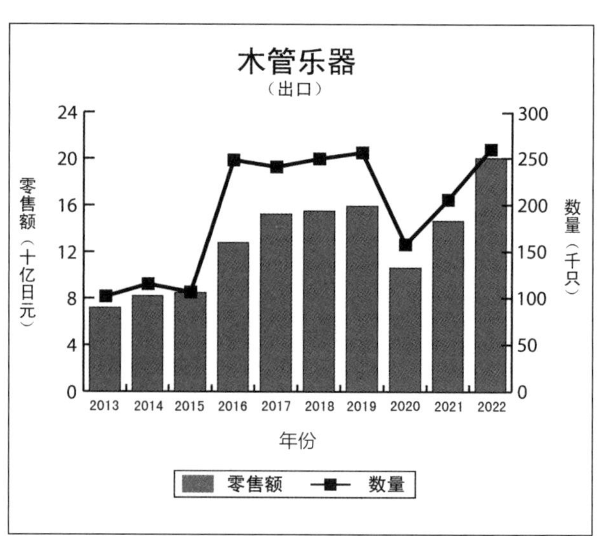
木管乐器
（出口）
零售额（十亿日元）
数量（千只）
0 4 8 12 16 20 24
0 50 100 150 200 250 300
2013 2014 2015 2016 2017 2018 2019 2020 2021 2022
年份
零售额 数量

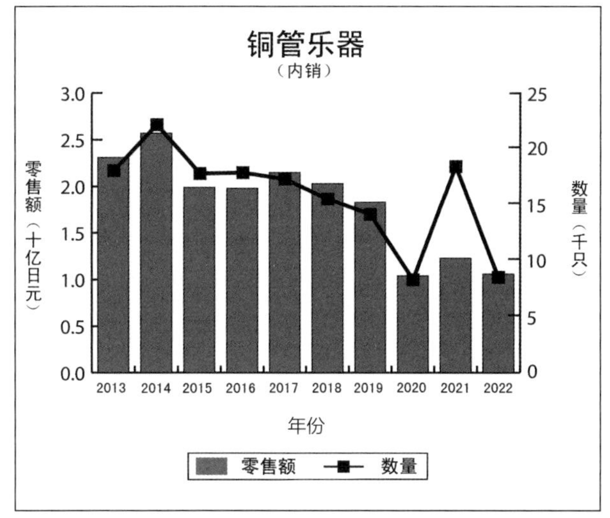

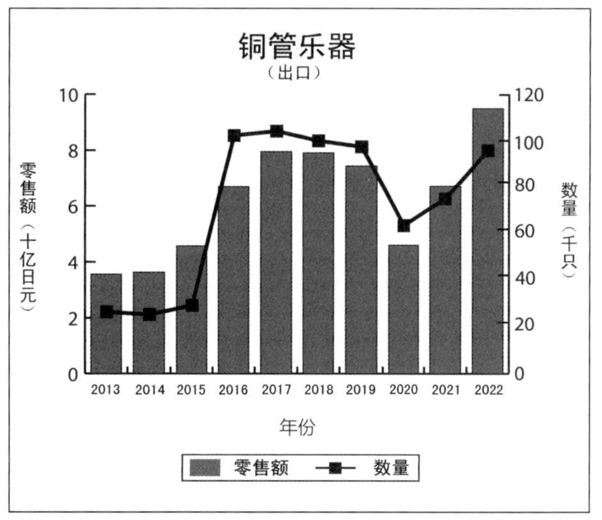

德国

一、名义营业额保持不变，实际营业额有所下降

2023年，德国员工人数20名以上的公司有56家，营业总额为5.071亿欧元。员工总数3927人，数量与2022年同比略减0.3%。

2023年，德国国内乐器销售额41.957亿美元，增长1.5%。由于对非欧盟国家出口下降，海外销售额3.526亿美元，下降1.3%。

二、出口额占总销售额64.3%

总体结果可以这样理解：与其说销量增长，不如说价格大幅上涨。2023年生产价格平均上涨8.9%，其中钢琴和三角钢琴上涨8.7%，乐器零配件上涨9.4%。

乐器生产从统计来看，德国60家公司报告的产值为4.479亿美元，同比增长1.8%。产值增长率最高的品类包括竖笛（增长20.4%，销量上升81.8%）；打击乐器（增长16.1%，销量上升17.3%）；三角钢琴（增长10.6%，销量减少1.7%）；节拍器、音叉、定调管（增长12.7%，销量上升9.7%）；法国圆号、高音号、次中音号、中音号（增长5.8%，销量减少6.4%）；其他木管乐器（增长4.5%）；管乐零配件（增长3.2%）；小号、短号、富鲁格号（增长1.1%）；其他乐器的其他配件（增长0.8%）以及弦乐器、吉他和无键盘弦乐器（增长0.7%，销量减少6.5%）。

产值下降品类有：手风琴和口琴降幅最大，达25.7%。钢琴下降18.2%（销量减少33.6%），弦乐器的零件与配件下降5.6%，风琴及类似乐器的零配件下降4.7%，钢琴零配件下降2.3%。长号等其他铜管乐器下降2.1%（销量增长3.1%）。

三、乐器进口大幅下降，外贸顺差十分显著

2023年，德国乐器出口额10.4亿欧元，突破10亿大关，增长5.5%，以美元计价则增长8.5%至11.2亿美元。

进口7.63亿欧元，下降9.2%，以美元计价为8.25亿美元，减少6.7%。2023年外贸顺差创下纪录，约2.787亿欧元。

出口额与海外销售额之间的显著偏差可用不同的调查统计方式解释。上述海外销售额数据仅来自于员工人数超过50人的公司。而另一方面，出口统计数据则是基于对跨境货物贸易的全面调查，其中欧盟内部贸易限额为每年20万欧元，与第三国贸易限额为每批货物1000欧元。这意味着，统计调查数据来源不仅涵盖制造公司的海外销售金额，还包括贸易公司提供的数据。

过去两年，促成德国乐器出口大幅增长的因素较多，尤其是占出口总额约30%的电子乐器增长近三分之二，这可能是由于流向欧盟的货物登记方式发生了变化：现已不在荷兰进行转口记录，而是直接在德国统计。

2023年，各门类出口增长最强劲的产品依次为小提琴（增长11.7%），三角钢琴（增长11.6%），管乐器和其他乐器的零配件（增长11%），琴弦（增长7.8%），吉他（增长7%），打击乐器（增长6.4%），铜管乐器（增长5.9%）以及木管乐器（增长5.8%）。

德国出口目的地涵盖许多国家。最重要的出口国仍是法国，其次是美国和中国。2023年，德国对法国出口增长5.4%，对中国和美国出口则分别下降9.1%和1.4%。

紧随其后的是奥地利、荷兰、西班牙、英国、波兰、瑞士、意大利和捷克共和国。除对英国出口量下降两位数之外，其他国家都实现了两位数增长。

四、进口

德国乐器进口总额近三分之二来自中国、中国台湾地区和印度尼西亚。2023年，德国从上述三个国家和地区的乐器进口大幅下降，分别下跌20%、25%和7%。

五、未来展望

2024年很难达到2023年水平。德国消费者意愿和动力仍然不强。中国等重要海外市场也在走弱。总体而言，挑战越来越多。各大公司在面临官僚主义障碍和不必要监管的同时，还要受能源价格高企和大宗商品价格波动的影响。熟练工人短缺和工资成本上升的困扰更使市场形势雪上加霜。

与此同时，来自海外的竞争压力日趋严峻。在高端领域，质量、服务和“德国制造”仍将赢得大量需求；在大众产品领域，来自亚洲制造的竞争压力持续增加，其与德国品质差异也在逐步缩小。

扩大乐器整体份额，或者至少防止市场萎缩至关重要。因此，必须通过现场音乐演出、音乐会、社交媒体活动、幼儿音乐教育等方式唤醒和增强人们对音乐的兴趣，从而激发市场对乐器和配件需求。（资料来源：德国乐器制造商协会会长温弗莱德。）

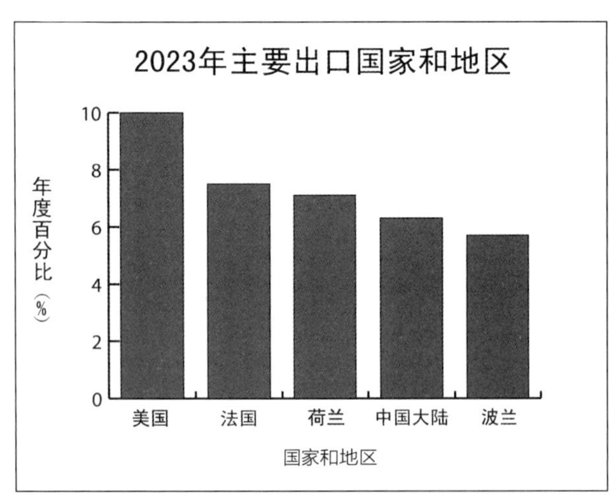

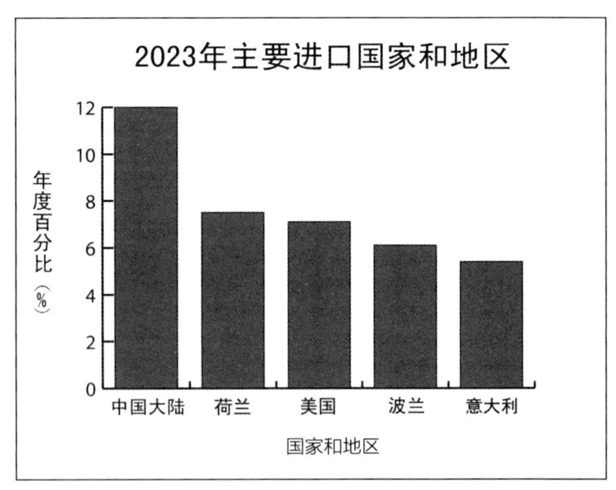

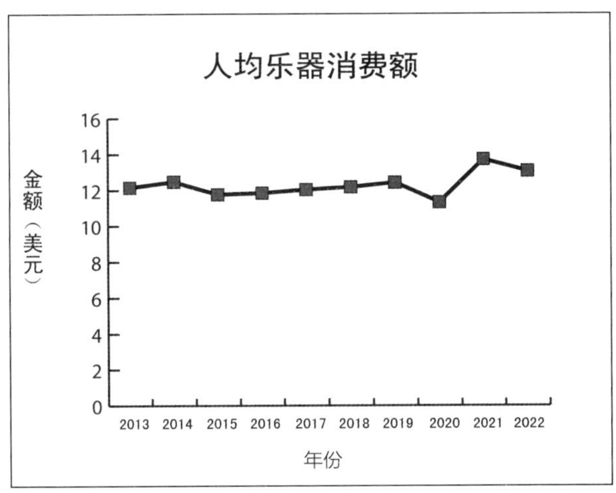
人均乐器消费额
金额（美元）
16
14
12
10
8
6
4
2
0
2013 2014 2015 2016 2017 2018 2019 2020 2021 2022
年份

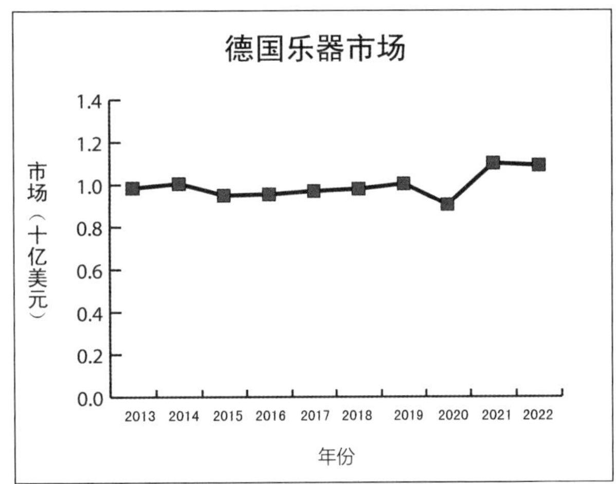
德国乐器市场
市场（十亿美元）
1.4
1.2
1.0
0.8
0.6
0.4
0.2
0.0
2013 2014 2015 2016 2017 2018 2019 2020 2021 2022
年份

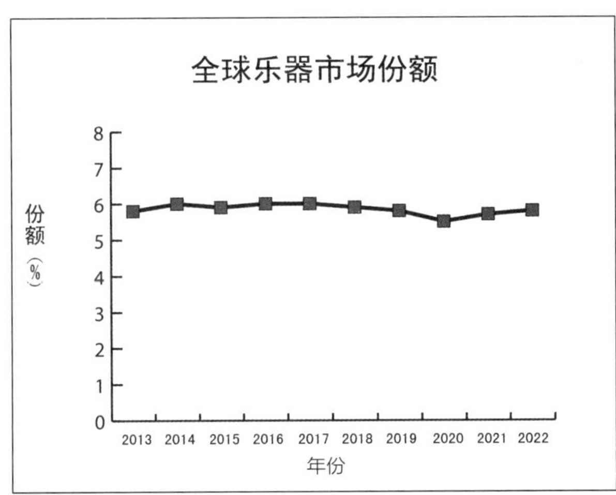
全球乐器市场份额
份额（%）
8
7
6
5
4
3
2
1
0
2013 2014 2015 2016 2017 2018 2019 2020 2021 2022
年份

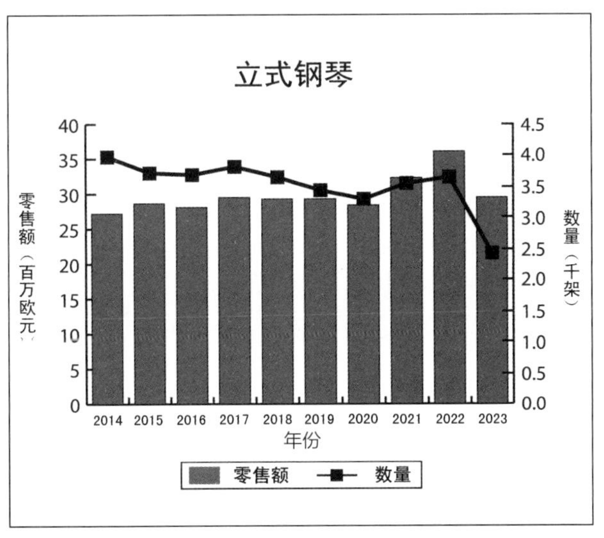
立式钢琴
零售额（百万欧元）
40
35
30
25
20
15
10
5
0
数量（千架）
4.5
4.0
3.5
3.0
2.5
2.0
1.5
1.0
0.5
0.0
2014 2015 2016 2017 2018 2019 2020 2021 2022 2023
年份
零售额
数量

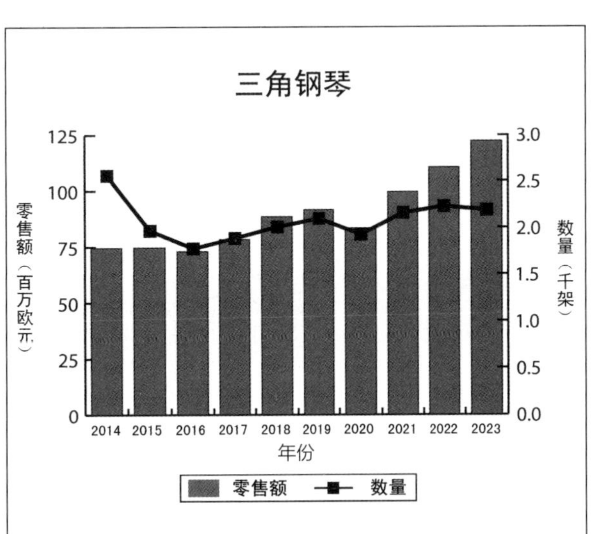
三角钢琴
零售额（百万欧元）
125
100
75
50
25
0
数量（千架）
3.0
2.5
2.0
1.5
1.0
0.5
0.0
2014 2015 2016 2017 2018 2019 2020 2021 2022 2023
年份
零售额
数量

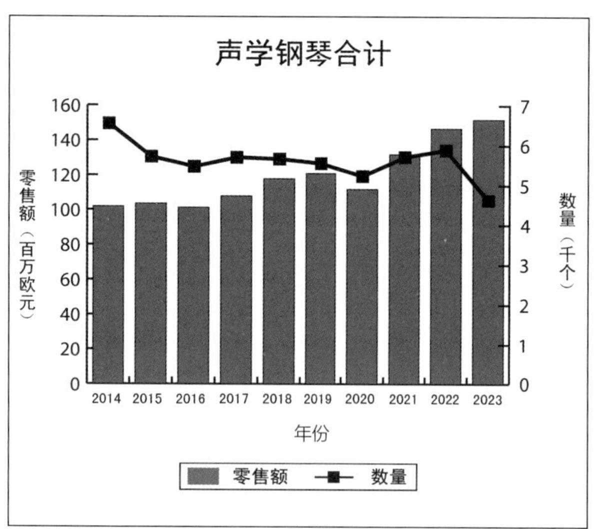
声学钢琴合计
零售额（百万欧元）
数量（千个）
年份
零售额
数量
160
140
120
100
80
60
40
20
0
7
6
5
4
3
2
1
0
2014 2015 2016 2017 2018 2019 2020 2021 2022 2023

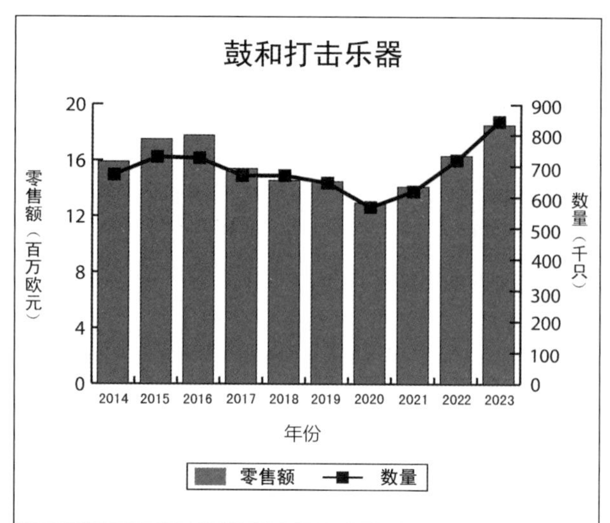
鼓和打击乐器
零售额（百万欧元）
数量（千只）
年份
零售额
数量
20
16
12
8
4
0
900
800
700
600
500
400
300
200
100
0
2014 2015 2016 2017 2018 2019 2020 2021 2022 2023

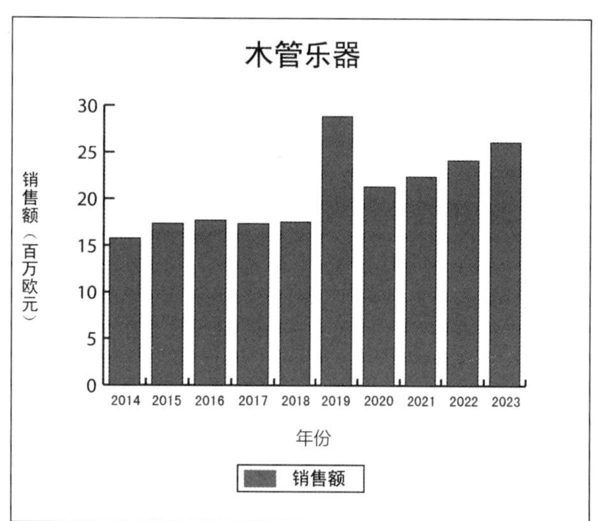
木管乐器
销售额（百万欧元）
年份
销售额
30
25
20
15
10
5
0
2014 2015 2016 2017 2018 2019 2020 2021 2022 2023

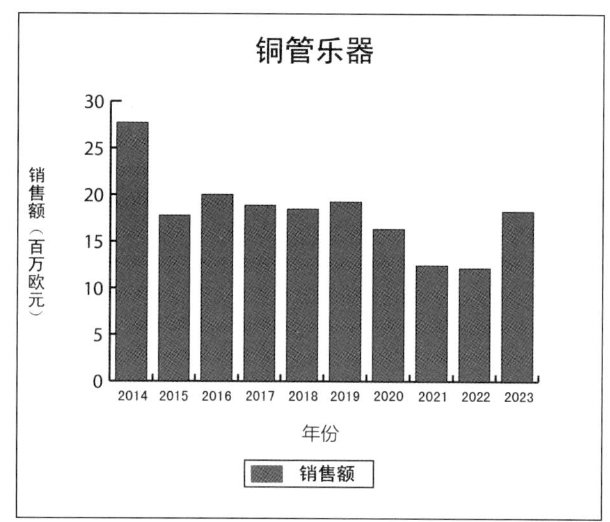
铜管乐器
销售额（百万欧元）
年份
销售额
30
25
20
15
10
5
0
2014 2015 2016 2017 2018 2019 2020 2021 2022 2023

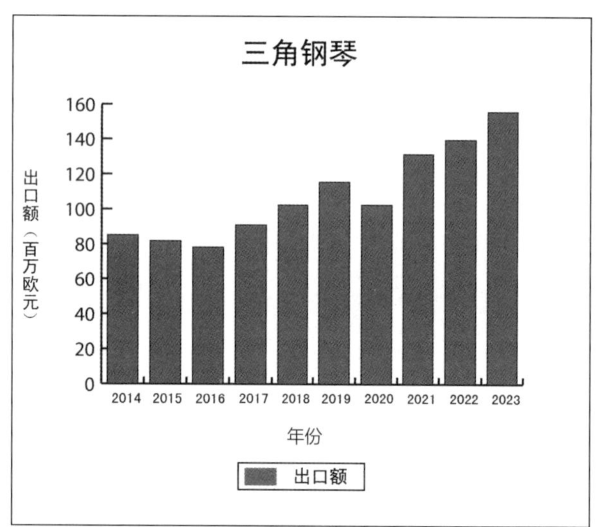
三角钢琴
出口额（百万欧元）
年份
出口额
160
140
120
100
80
60
40
20
0
2014 2015 2016 2017 2018 2019 2020 2021 2022 2023

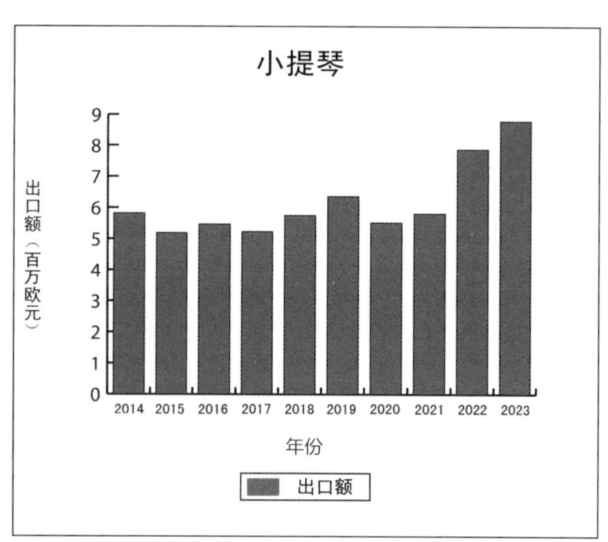
小提琴
出口额（百万欧元）
年份
出口额
9
8
7
6
5
4
3
2
1
0
2014 2015 2016 2017 2018 2019 2020 2021 2022 2023

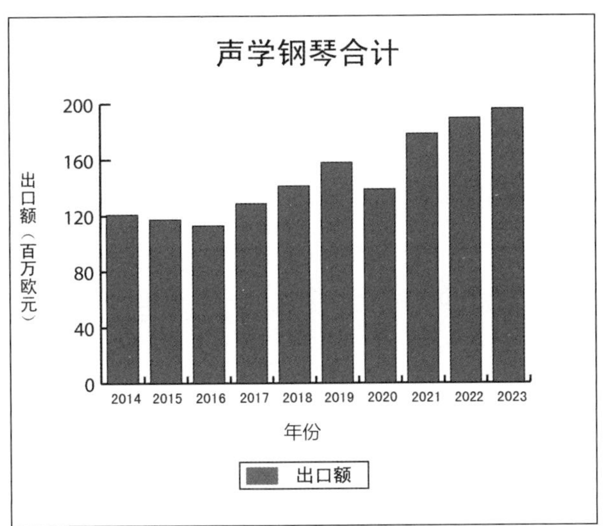
声学钢琴合计
200
160
120
80
40
0
出口额（百万欧元）
2014 2015 2016 2017 2018 2019 2020 2021 2022 2023
年份
出口额

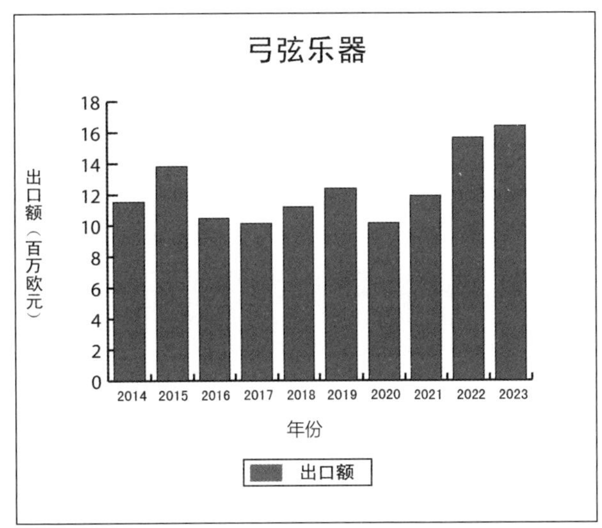
弓弦乐器
18
16
14
12
10
8
6
4
2
0
出口额（百万欧元）
2014 2015 2016 2017 2018 2019 2020 2021 2022 2023
年份
出口额

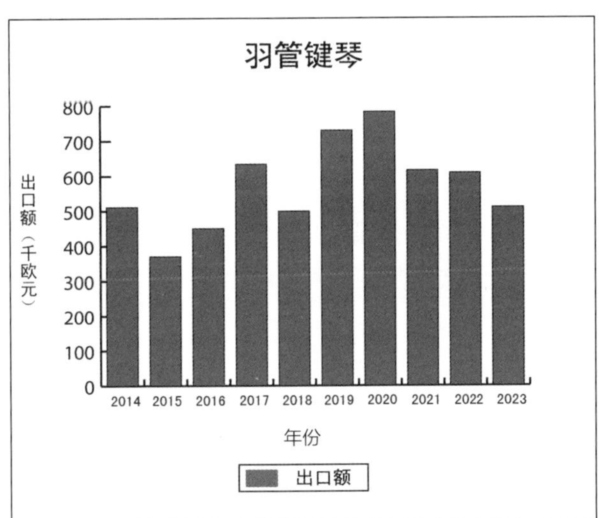
羽管键琴
800
700
600
500
400
300
200
100
0
出口额（千欧元）
2014 2015 2016 2017 2018 2019 2020 2021 2022 2023
年份
出口额

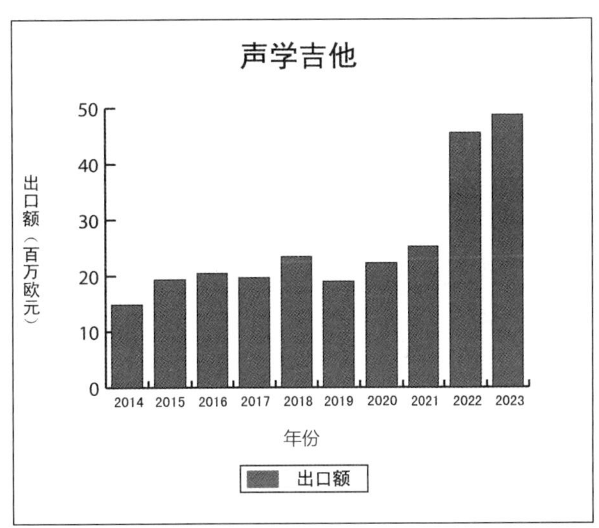
声学吉他
50
40
30
20
10
0
出口额（百万欧元）
2014 2015 2016 2017 2018 2019 2020 2021 2022 2023
年份
出口额

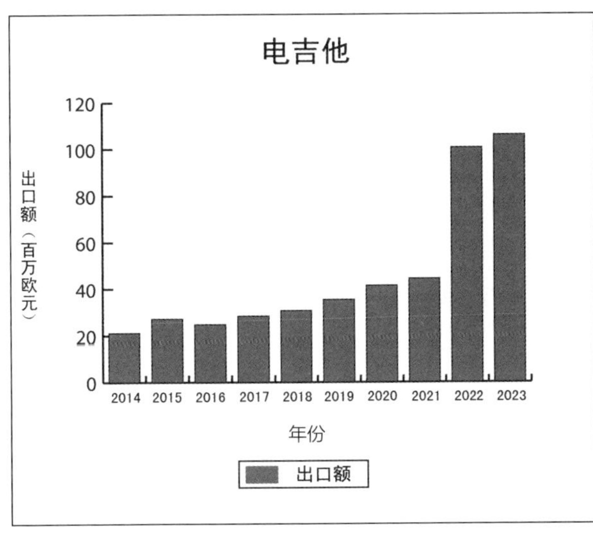
电吉他
120
100
80
60
40
20
0
出口额（百万欧元）
2014 2015 2016 2017 2018 2019 2020 2021 2022 2023
年份
出口额

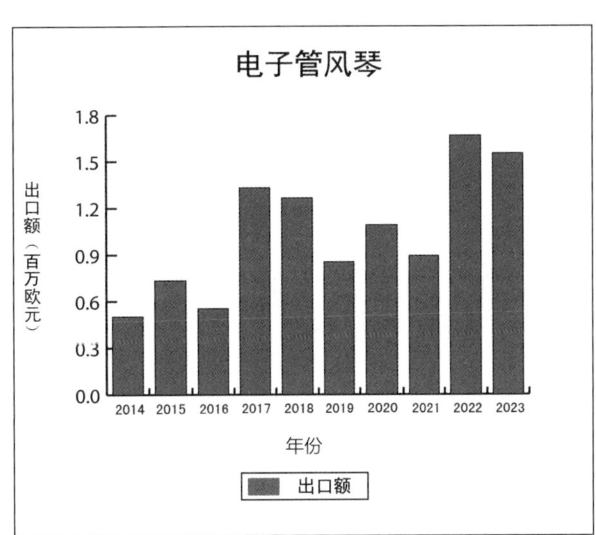
电子管风琴
1.8
1.5
1.2
0.9
0.6
0.3
0.0
出口额（百万欧元）
2014 2015 2016 2017 2018 2019 2020 2021 2022 2023
年份
出口额

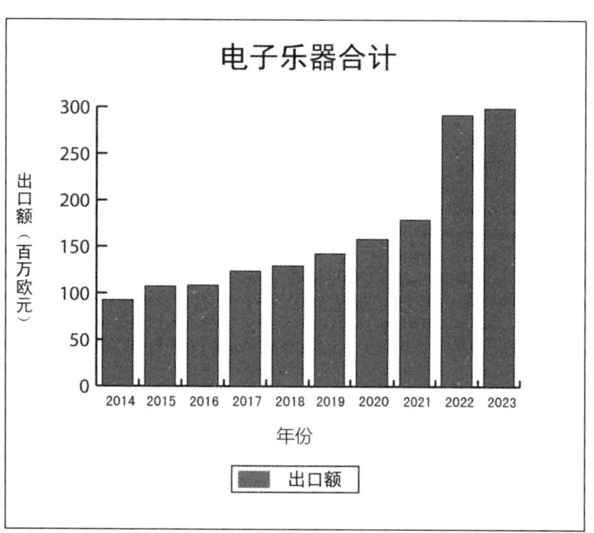
电子乐器合计
300
250
200
150
100
50
0
出口额（百万欧元）
2014 2015 2016 2017 2018 2019 2020 2021 2022 2023
年份
出口额

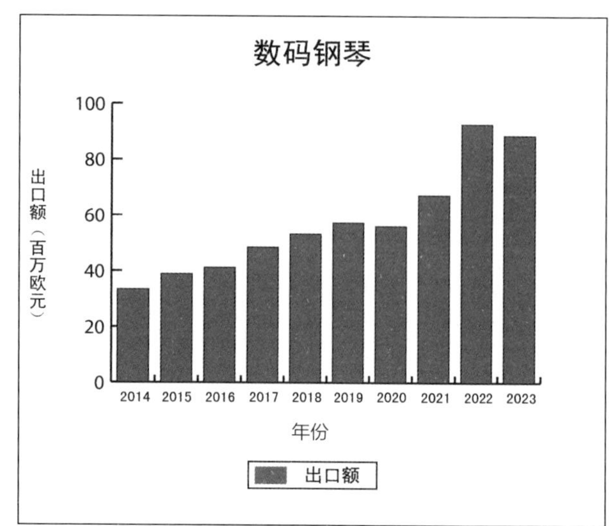
数码钢琴
100
80
60
40
20
0
出口额（百万欧元）
2014 2015 2016 2017 2018 2019 2020 2021 2022 2023
年份
出口额

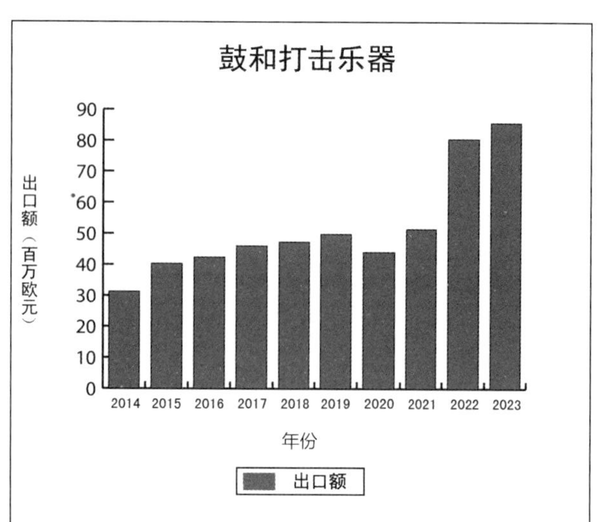
鼓和打击乐器
90
80
70
60
50
40
30
20
10
0
出口额（百万欧元）
2014 2015 2016 2017 2018 2019 2020 2021 2022 2023
年份
出口额

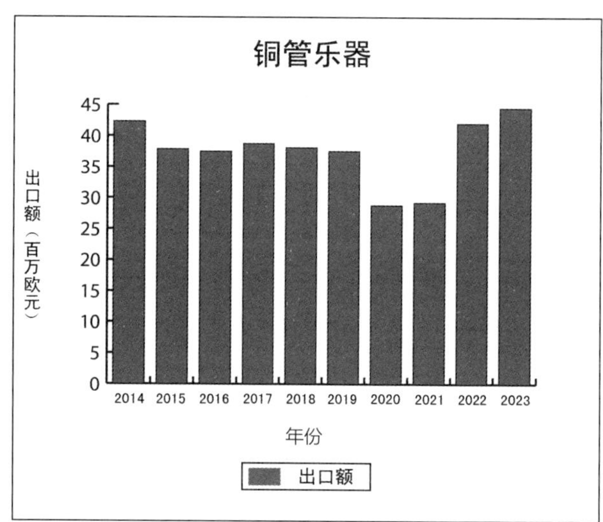
铜管乐器
45
40
35
30
25
20
15
10
5
0
出口额（百万欧元）
2014 2015 2016 2017 2018 2019 2020 2021 2022 2023
年份
出口额

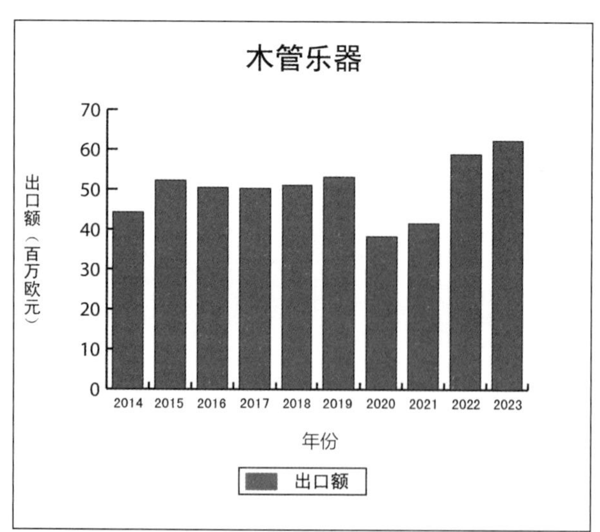
木管乐器
70
60
50
40
30
20
10
0
出口额（百万欧元）
2014 2015 2016 2017 2018 2019 2020 2021 2022 2023
年份
出口额

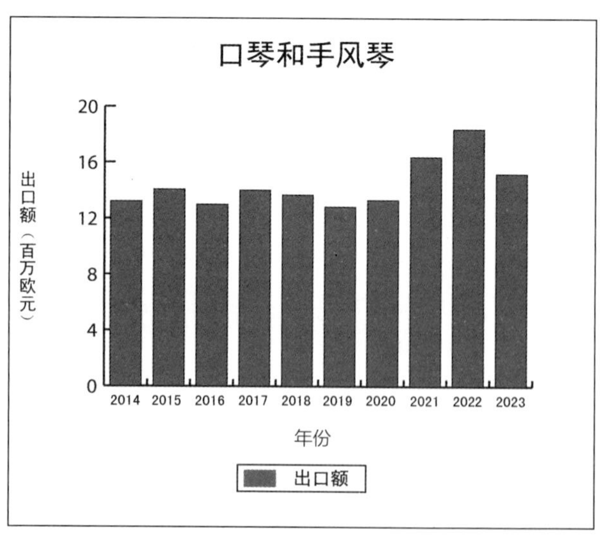
口琴和手风琴
20
16
12
8
4
0
出口额（百万欧元）
2014 2015 2016 2017 2018 2019 2020 2021 2022 2023
年份
出口额

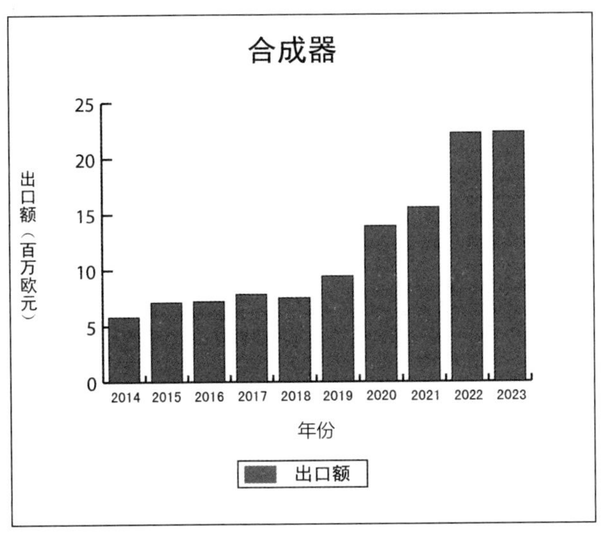

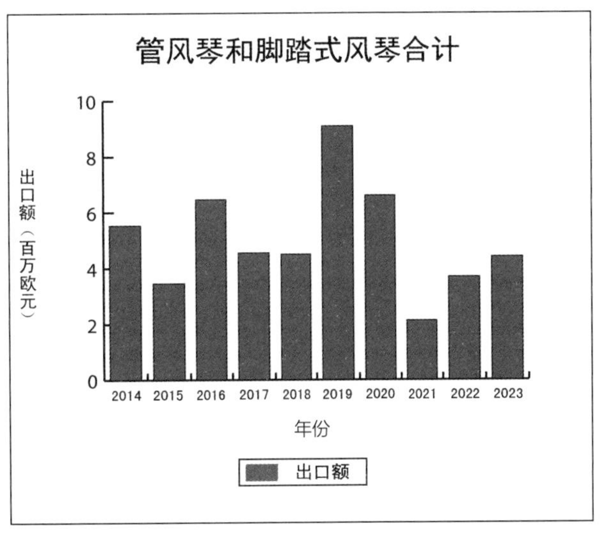

加拿大

一、乐器市场

加拿大消费者可以通过乐器琴行、音乐学院、百货公司、电子产品零售商、电脑商店、礼品店和电商网站选购各种乐器。此类电商网站主要位于加拿大和美国，分为独立运营和实体音乐零售商运营两种。

在加拿大国内销售的大多数乐器均由美国、中国和欧洲进口，注重创新的加拿大本土乐器制造业基地也在不断壮大。

加拿大乐器制造商、经销商、批发商、乐谱出版商、零售商以及音乐教育工作者同为乐器行业供应链上下游相关者，他们均已表达并重申拓展加拿大乐器业务和网络机会的强烈需求。加拿大乐器协会曾每年举办加拿大乐器和音响技术展。但自2014年该协会终止后，加拿大乐器行业再未举行类似活动，行业贸易展会仍处于空白状态。

在相关制造领域，EXPO-SCENE成为加拿大最大的制造行业贸易展览会，其规模也在稳步扩大。因特殊时期中断两年后，该展会于2022年4月重返加拿大蒙特利尔。2023年和2024年，来自加拿大各地观众赴会共襄盛举，获得成功。

加拿大乐器协会终止后，直到2020年健康危机爆发之前，加拿大参加美国NAMM乐器展和NAMM夏季展的人数稳步增长。纵观过去五年，2016年美国NAMM国际乐器展吸引2521名加拿大观众，到2020年参加展会的加拿大观众达3100名。

展商方面，2016年有54家加拿大展商参展，2020年展会迎来68家展商。然而受特殊时期影响，2022年美国NAMM展只有不到30家加拿大公司参展。2023年，展会共有50多家加拿大参展商。2024年美国NAMM展上，加拿大观众人数1150名，人数较2023年增加46%。

面向加拿大乐器和制造领域的专业人士，美国NAMM乐器展还特别举办加拿大招待会，成为加拿大业界人士规模最大的年度聚会。下次招待会将于2025年1月22日举行。

近年来，加拿大乐器供应链同质化趋势十分普遍。不少制造商和经销商取得成功，但仍有许多大中型经销机构或停止运营，或被大型实体收购，导致运作知名品牌的专业营销琴行乏善可陈。

2018年，总部位于英国的Exertis收购了北美最大乐器、专业音响、照明和消费音乐产品经销商–总部设在加拿大蒙特利尔的Jam Industries公司。

2023年6月，加拿大最成功的乐器、专业音响和照明经销商之一SFM公司也被英国Midwich集团收购。

总体而言，随着越来越多的年轻人进入就业市场，加拿大乐器行业的发展日趋多元化；然而，很大程度上这仍是一个以男性为主导的行业。此外，加拿大乐器销售代表绝大多数已年过50，选择进入并留在该行业的30岁以下年轻人相对较少，这种状况甚至在10年前就已存在。

加拿大开设3家以上门店的乐器琴行数量不断增长。Long & McQuade是加拿大最大的乐器零售连锁琴行，目前已在加拿大各地开设105家分店。

最近几个月与加拿大乐器零售商定期访谈中获得一些观察证据，与整个美国乐器行业所反馈的信息不谋而合。据零售商反映，用于家庭录音和表演的产品需求出现大幅增长，例如USB麦克风、接口、吉他、键盘和电子鼓，甚至还有班卓琴、手风琴等小众乐器。

令人欣慰的是，受特殊时期限制影响最严重的产品销售量已开始反弹，包括扩音系统和其他现场音乐产品及乐队乐器。总体而言，加拿大在取消学校和公共场所的安全限制方面落后美国4～6个月，因此这些受影响最严重的产品市场恢复有所延迟。

尽管对乐器和相关产品的需求已增长至之前水平，但供应链问题导致销售低于预期。某些情况下零件和成品延误长达数月，致使零售和经销层面的延期交货数量创下纪录，2024年上半年情况已有所缓解。

二、音乐教育

与世界许多地区的情况一样，加拿大公共音乐教育体系因政府和教育委员会财政压力而缩减。加拿大音乐项目数量减少，已有一部分被私人音乐教育取代。

大多数学院、大学和私立学院均提供各个音乐领域的培训活动。许多乐器琴行也提供音乐课程。加拿大最大的乐器连锁琴行Long & McQuade目前在全加105家分店拥有3.5万名学员。

此外，加拿大音乐教师联合会代表加拿大各省的音乐教师协会，可为寻求私教的民众提供信息帮助。加拿大音乐学院总部位于安大略省布罗克维尔，已创办二十五年，加拿大皇家音乐学院是世界上最受尊崇的音乐教学机构之一，拥有500多万名学员。该学院认证的音乐教师遍布加拿大各省。

三、现场音乐演奏

加拿大多伦多被誉为世界现场音乐之都。特殊时期过后，这座城市的现场音乐活动已逐渐恢复并蓬勃发展，每周日晚都举行各种类型音乐演出活动。

作为世界最大的音乐行业展会之一，加拿大音乐周于2023年6月在多伦多举行了自特殊时期以来的第二次现场活动。为期三天的活动中，加拿大音乐周、音乐节堪称一场重头戏，数百名艺术家在多伦多市中心几十家俱乐部内登台献艺。

2024年加拿大音乐周于6月3日至5日举行。

四、业内观点

加拿大Long & McQuade乐器连锁琴行总裁斯蒂夫・朗恩表示，“过去几年，加拿大音乐市场面临诸多挑战。我们需应对高通胀、高利率和房地产危机的影响。尽管如此，人们仍然希望寻找音乐产品，租用演出系统，以及通过音乐培训来学习新的乐器。我们将致力于继续改进在线推广和线下体验，期待迎接美好未来。”

雅马哈加拿大公司副总裁斯蒂夫・巴特沃斯表示，“可以肯定地说，2023年对于许多人来说是充满挑战的一年，但我仍然乐观地认为，人们正在通过音乐为自己带来些许安慰和激励。许多人在询问我学校音乐和乐队的回归时都持悲观论调。加拿大公立学校的许多音乐课程在特殊时期都有所减少，并且尚未恢复。但我可以告诉大家的是，现在全国各地正在举行许多学校音乐节，如果你去参与其中任何一个，会看到成千上万的年轻人与他们的音乐教育工作者一起，创造了多么伟大的音乐记忆。充满激情的音乐教育者和富有动力共同创造美好事物的学生们相结合，没有什么比这更激动人心了。音乐季也是他们展现协同工作和创作成就的时刻。作为乐器行业从业者，我们需要继续努力，促进更多的人学习音乐，并持续与他人一起演奏音乐。对于那些了解这种感觉的人来说，你们一定知道为什么这一点如此重要。我鼓励业内所有人关注NAMM基金会的口号：‘更多关注，更少退出。’大家可以问问自己，‘每一天，我能做些什么来体现自身的行业价值?’”

罗兰集团美洲业务战略执行副总裁布莱恩·杜帕斯:“2023年对加拿大来说是充满挑战的一年，供应商和零售商库存都出现严重积压情况。由于零部件采购和供应链物流持续面临挑战性的环境，供应商与工厂的交货时间比特殊时期前要长得多。

消费需求从2022年开始疲软，许多人都在焦急地等待情况有所好转。进入2024年，罗兰正以谨慎乐观的态度进入市场。高价商品销售呈上升趋势，现场音乐活动继续复苏。然而，加拿大经济一直停滞不前，仍然落后于美国。人们对通货膨胀和高负债率也有很大担忧。罗兰将继续通过推出令人兴奋的新产品来引领乐器市场、激励客户，为我们的经销合作伙伴带来新的流量。”

加拿大SFM首席执行官兼总裁兰德尔·塔克认为，“对公司而言，2023年是一个过渡年，市场表现继续保持原有水平。我们看到供应链终于开始正常化运作，但2021年至2022年对家庭和个人使用居家专业音乐产品的巨大需求已大幅回落，取而代之的是成套综合系统产品持续强劲，这有些出乎意料。不过，特别令人欣喜的是，现场音乐活动强势回归加拿大市场，并与正常化供应链一起，为乐器制造公司营造了一个我们久违的良好投资环境。

有一点毋庸置疑：特殊时期挑战不仅无助于缓解熟练劳动力危机，反而加剧了用人短缺局面，这仍然是我们行业在为终端用户提供可靠和优质服务体验遇到的主要阻力之一。”（资料来源：加拿大《娱乐营销》杂志总裁、评论人吉姆·诺里斯。）

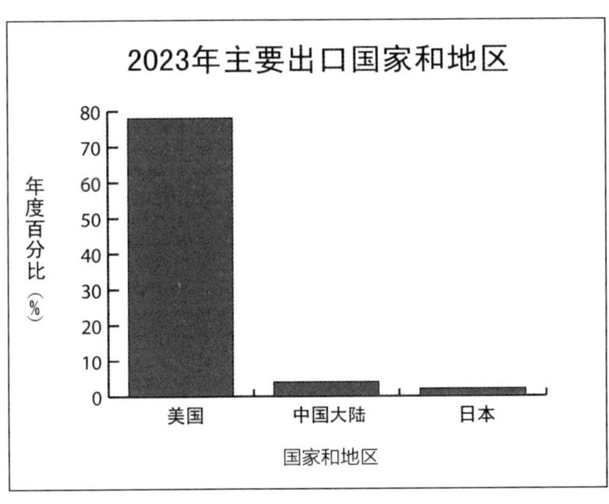

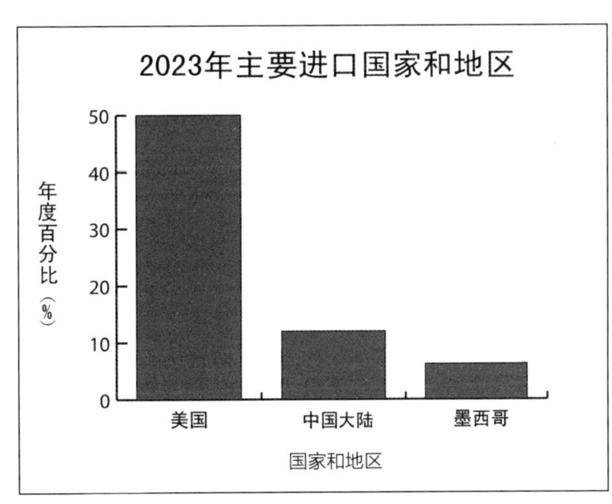

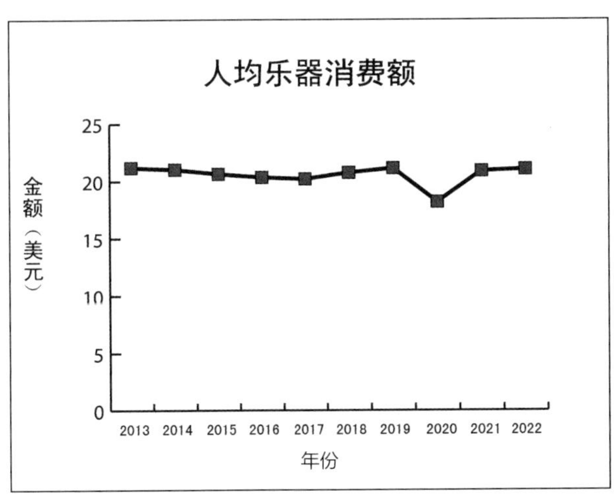

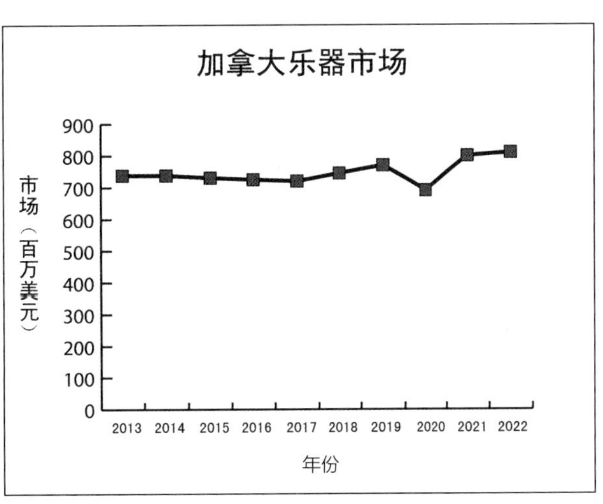

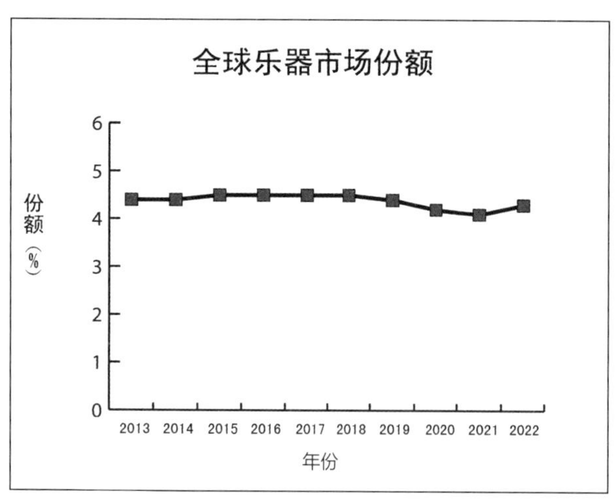
全球乐器市场份额
份额（%）
6
5
4
3
2
1
0
2013 2014 2015 2016 2017 2018 2019 2020 2021 2022
年份

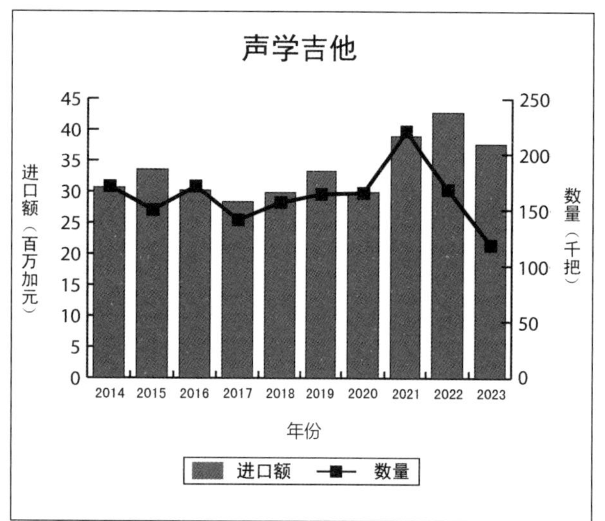
声学吉他
进口额（百万加元）
45
40
35
30
25
20
15
10
5
0
数量（千把）
250
200
150
100
50
0
2014 2015 2016 2017 2018 2019 2020 2021 2022 2023
年份
进口额 数量

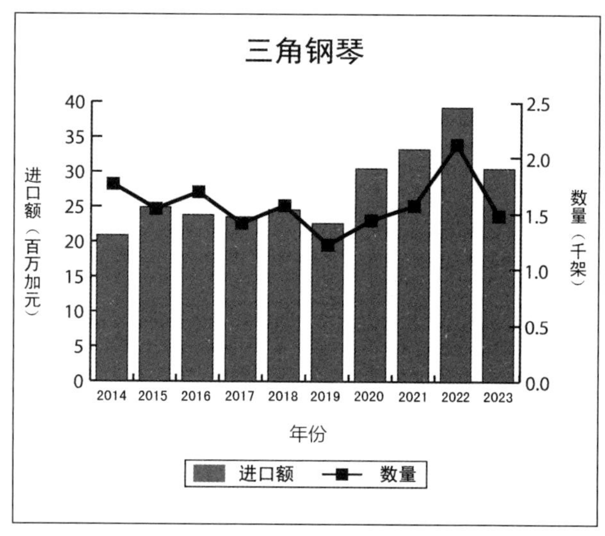
三角钢琴
进口额（百万加元）
40
35
30
25
20
15
10
5
0
数量（千架）
2.5
2.0
1.5
1.0
0.5
0.0
2014 2015 2016 2017 2018 2019 2020 2021 2022 2023
年份
进口额 数量

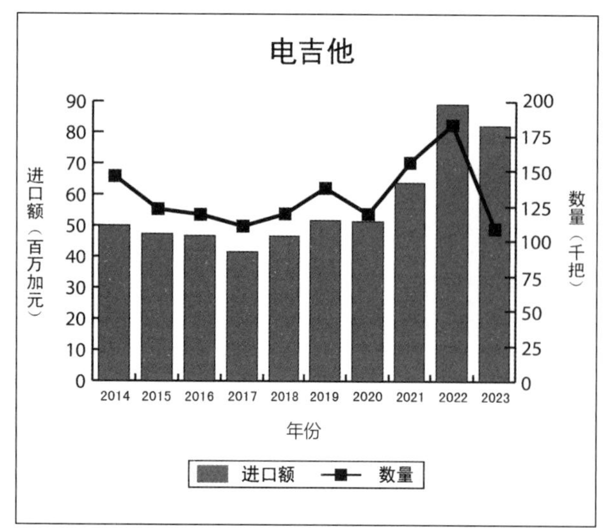
电吉他
进口额（百万加元）
90
80
70
60
50
40
30
20
10
0
数量（千把）
200
175
150
125
100
75
50
25
0
2014 2015 2016 2017 2018 2019 2020 2021 2022 2023
年份
进口额 数量

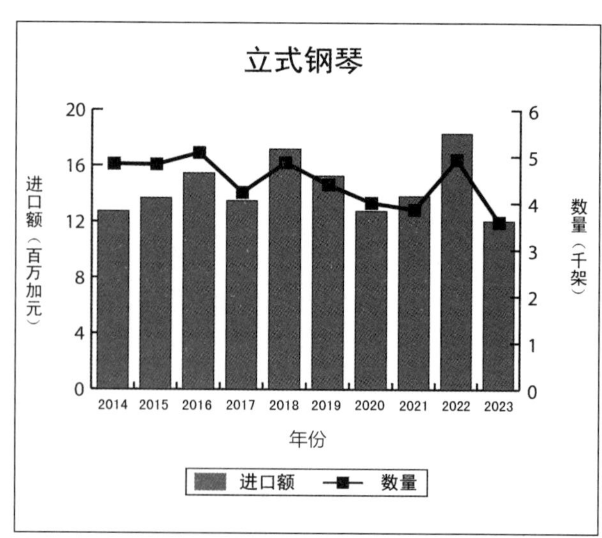
立式钢琴
进口额（百万加元）
20
16
12
8
4
0
数量（千架）
6
5
4
3
2
1
0
2014 2015 2016 2017 2018 2019 2020 2021 2022 2023
年份
进口额 数量

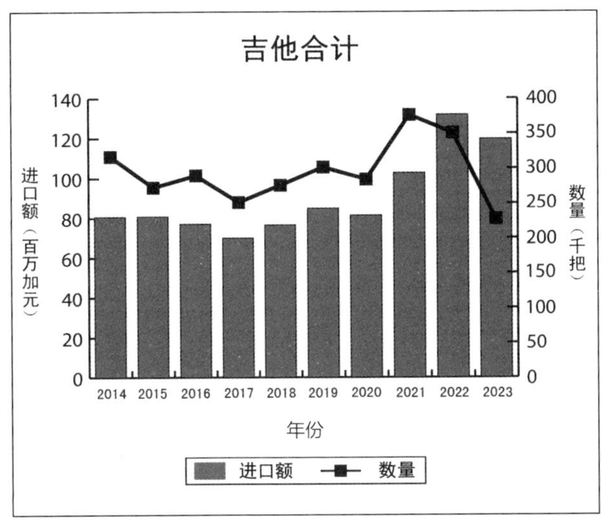

吉他合计
进口额（百万加元）
数量（千把）
140
120
100
80
60
40
20
0
400
350
300
250
200
150
100
50
0
2014 2015 2016 2017 2018 2019 2020 2021 2022 2023
年份
进口额 数量

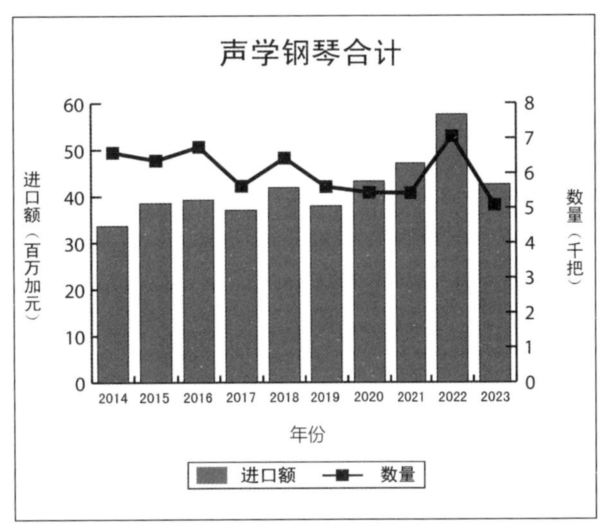

声学钢琴合计
进口额（百万加元）
数量（千把）
60
50
40
30
20
10
0
8
7
6
5
4
3
2
1
0
2014 2015 2016 2017 2018 2019 2020 2021 2022 2023
年份
进口额 数量

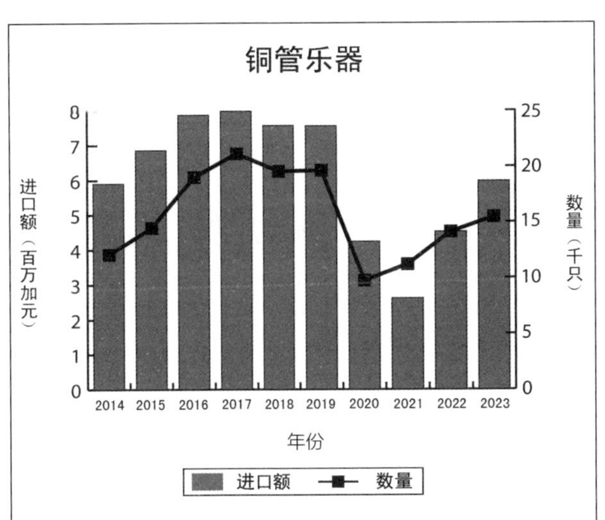

铜管乐器
进口额（百万加元）
数量（千只）
8
7
6
5
4
3
2
1
0
25
20
15
10
5
0
2014 2015 2016 2017 2018 2019 2020 2021 2022 2023
年份
进口额 数量

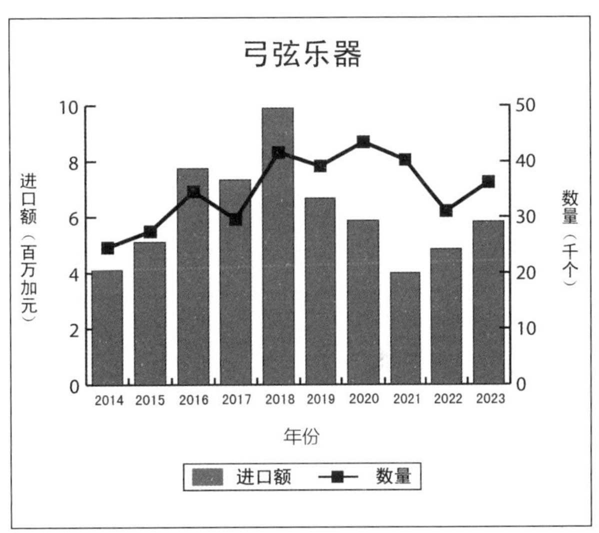

弓弦乐器
进口额（百万加元）
数量（千个）
10
8
6
4
2
0
50
40
30
20
10
0
2014 2015 2016 2017 2018 2019 2020 2021 2022 2023
年份
进口额 数量

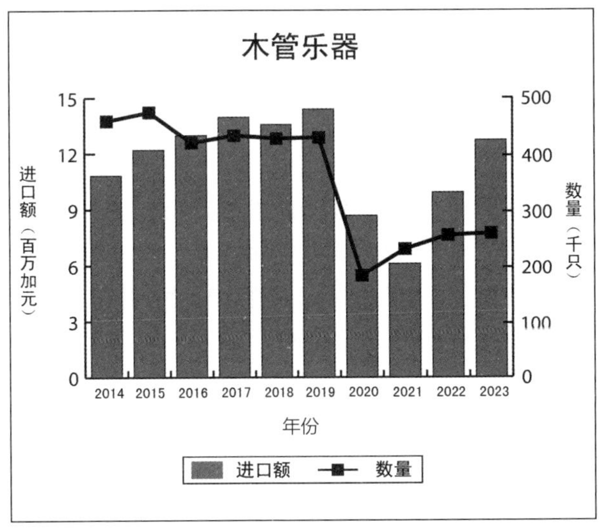

木管乐器
进口额（百万加元）
数量（千只）
15
12
9
6
3
0
500
400
300
200
100
0
2014 2015 2016 2017 2018 2019 2020 2021 2022 2023
年份
进口额 数量

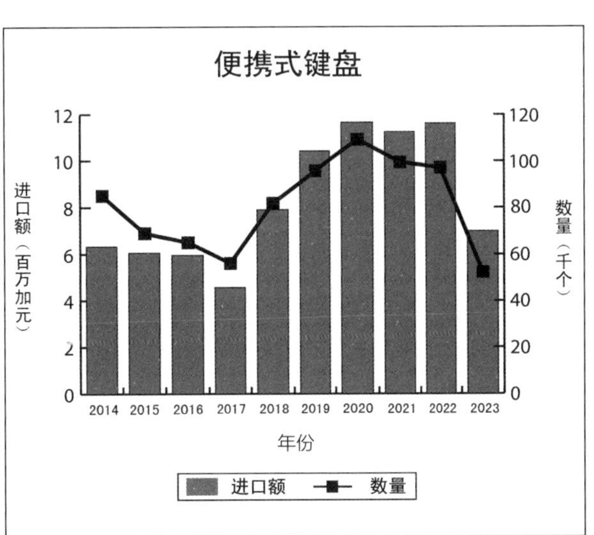

便携式键盘
进口额（百万加元）
数量（千个）
12
10
8
6
4
2
0
120
100
80
60
40
20
0
2014 2015 2016 2017 2018 2019 2020 2021 2022 2023
年份
进口额 数量

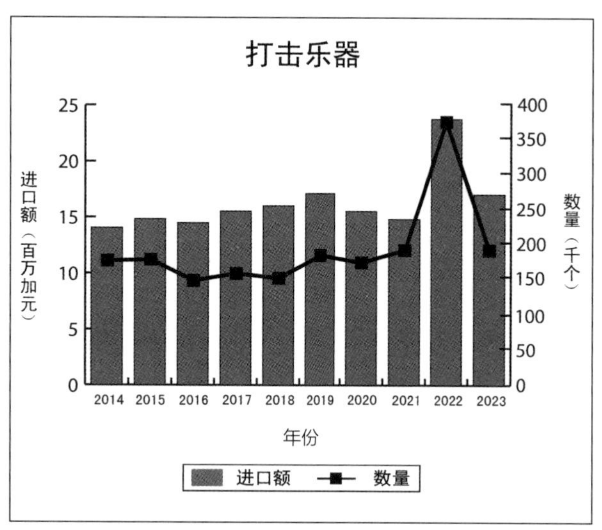

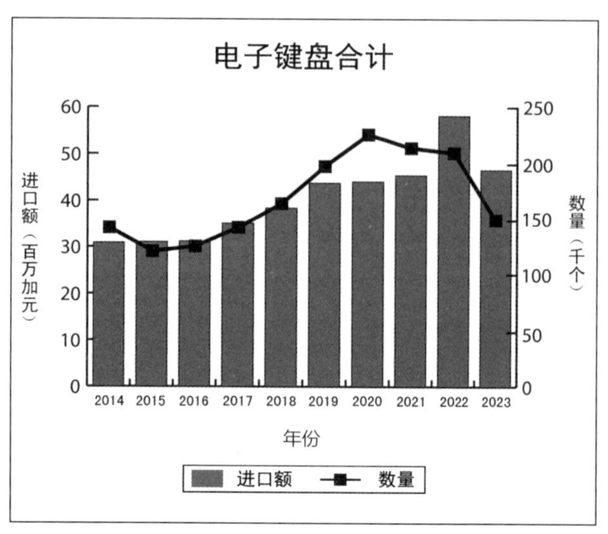

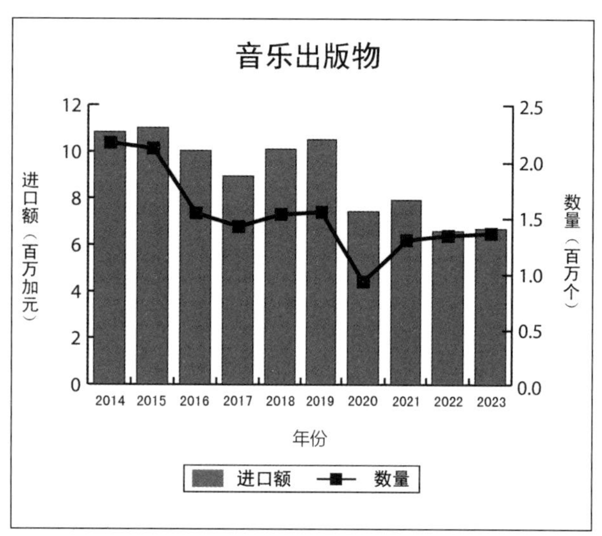

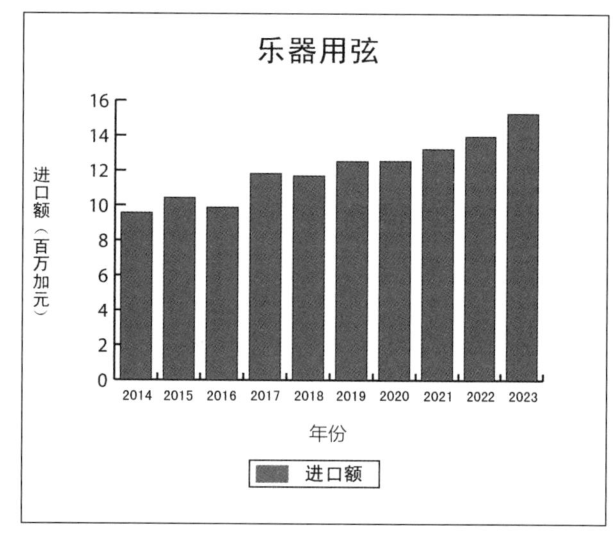

英国

一、当前乐器行业的亮点

如果你到了一定年龄（就像我这样），而且也有那么一点政治情怀（还是如我这般），那么你肯定会熟悉连任三届的英国首相——托尼・布莱尔。1997年，当他竞选最高职位时，在被问及如果当选，他的优先事项是什么，布莱尔的回答是："教育，教育，教育。"

快进到2024年的春天，你也可以用同样的短语来回答关于我们行业亮点的问题。事实上，音乐教育是目前英国乐器行业真正的焦点。其根本原因是，英国中央政府正在构建相关目标的财政支付方式、未来十年的计划以及资金的来源。

政府在转向更为集中的拨款支付模式，通过43个组织（而非迄今为止已成立的150多个组织）来管理目标的交付。此外，英国2022年6月发布修订后的《国家音乐教育计划》制定了最新蓝图。除以上两项变化之外，政府还承诺未来两年内在乐器领域投资2500万英镑。

介绍音乐教育的三个变化后，让我阐述下三个积极的方面。首先，结构层面上，乐器行业可以更轻松地与规模更大的组织合作。我们已看到正在行动中落实。预计中短期内，我们将拥有更加整合、更具战略性的枢纽型行业关系网络。其次，《国家计划》涉及一些非常精彩内容，乐器行业在相关合作中可发挥作用，例如音乐技术、音乐欣赏及职业发展路径等主题。最后是资金投入。这笔开支在体系内的流通，未来两年肯定会使许多乐器公司业务受益。

二、当前音乐产品行业的低谷

除音乐教育外，整体市场有点像车祸般惨不忍睹。英国音乐产业协会会员都在报告中表示，自2023年下半年以来，贸易环境可谓困难重重。

英国零售商协会3月和4月数据显示，非食品类别消费比上年度下降2.8%，这一趋势自2023年年中以来始终存在。在你反驳“低于3%也没那么糟糕”之前，先要记住这些趋势是基于单位销售额而不是销量。让我换一种方式来说明：过去的18个月，大多数产品价格大幅上涨，我们乐器销量要少得多，但价格却贵了很多。

这次经济衰退最明显的原因是我们在过去一年半的时间里陷入了“生活成本”危机。简单地说，当居民抵押贷款、能源燃料、食品和服务成本增加时，可用于自由支配购买的资金就会面临压力。可支配收入减少意味着花在乐器上的消费会减少。事实上，特殊时期过后，英国商业街的客流量从未完全恢复，目前也未出现任何回暖迹象。

雪上加霜的是，对零售商来说，当市场形势艰难时，商业犯罪率会有所增加。例如基于交付的欺诈，犯罪者利用零售商、快递公司和支付提供商之间的系统漏洞，为“在运输过程中丢失”的货物申请退款。我们已注意到，此类犯罪活动报告数量明显增多。

最后我想说的是错失机会。英国在乐器空间设计和产品制造方面有着深厚传统，这些产品在世界各地倍受认可并有大量需求。但问题是，我们没有投入公共资金来帮助新一代英国制造商建立海外市场网络。过去，专项资金可用于补贴首次参加美国NAMM展的乐器公司，并助力这些公司产品和品牌打入国际市场。如今，这笔资金几近枯竭。虽然这些公司进军全球市场的步伐并未停歇，但实现目标可能需要比预期更长的时间。

三、主要机遇和增长领域

我们似乎没有专注于拓展市场，这是我们真正应该做的事情。对许多人来说，重点应是尽可能多地找出并抓住现有需求，而不是刺激更多新客业务和熟客业务。

学习演奏乐器是一项艰苦工作；在最初的热情消退后，最开始的几周和几个月可能会非常令人沮丧。我不知道各位情况如何，我本人学琴时花了很长时间才让F#m和弦在所有6根弦上听起来准确无误。如果这还不够令人泄气的话，整个学习过程还可能带来一种非常孤独的挫败感，这可能解释了为什么那么多新手会在学习最初几个月后选择放弃。

我们都知道与音乐相伴一生的好处；我们要做得更好，让音乐融入人们生活。提供各种音乐体验，避免器乐爱好者们心灰意冷，让音乐和表演使人们欢聚一堂。作为团体，我们有机会在这方面发挥作用。

当然，说起来非常容易，我并不确定实践起来会是什么样子。毕竟我们都是消费者，更多的音乐爱好者意味着对产品和服务的需求也会更大。如果没有音乐活动，对于一把在床下闲置六个月的吉他来说，没有人会再去购置一个新的踏板效果器。

让我们释放音乐的无尽潜力，携手开启美妙音乐之旅，并让旅程的每一步都使我们选择乐器的初心更加坚定，助力音乐再次大放异彩！

四、当前面临的挑战

我不确定我要给出的答案是否仅仅只是独特的英国现象（老实说：如果要我选出一个英国独有的挑战，我可能不得不说是英国脱欧——这一影响将长久存在）。相反，我将对一个更具结构性的挑战提出一些观察意见，这个挑战从本质上来看更宏观一些。我确实很想知道乐器市场上是否已经存在太多产品，以及这种情况实际有多少效率可言。早在高中的时候，我就被传授了有关供需的基本知识，深知任何一种极端都不利于达到最佳结果。

我们似乎确实花了很多时间、金钱和精力制造产品，而这仅仅是因为我们有这样的生产能力。许多产品系列有各种款式、硬件和颜色选择。大多数情况下，一小部分款式销售数量可观，而其余产品如同鸡肋根本无法获得消费者青睐。在其他行业，最小库存单位（SKU）以近乎冷酷的效率保持着产品组合的井井有条和均衡稳定。而我们的运作结构则似乎是以数量驱动模式为指标，忽略了保持其可行性真正所需的数量。

这种规模庞大的商品选择使音乐爱好者们难以在所提供的多种可能性中找到心仪产品，也使经销商同样难以打造轻松自在的音乐旅程。我最近与英国一家重要零售商董事总经理交谈时，他哀叹只有15%到20%的店内库存真正实现了投资回报率。早些时候，我曾经负责过一家多门店乐器经销商的采购部门，即使在当时，提供统一产品供应的最大挑战就是超过40%的库存已经上架一年多了。在一个习惯于短供应和高效响应补货模式的商业世界里，我们的流程在反映消费者预期方面似乎远远落后。

五、音乐产业发展预测

我认为整个产业将更可持续、更专业、更互联。但我无法预知这种转变是来自政府战略决策的结果，还是市场自行调节的驱动。眼下最大的问题是，我们能否为未来音乐爱好者们提供他们期望和应得的那种体验。（资料来源：英国乐器行业协会（MIA）执行董事安东尼·肖特。）

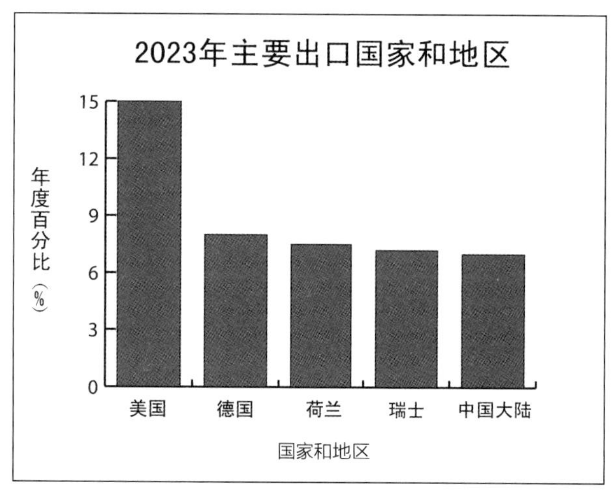

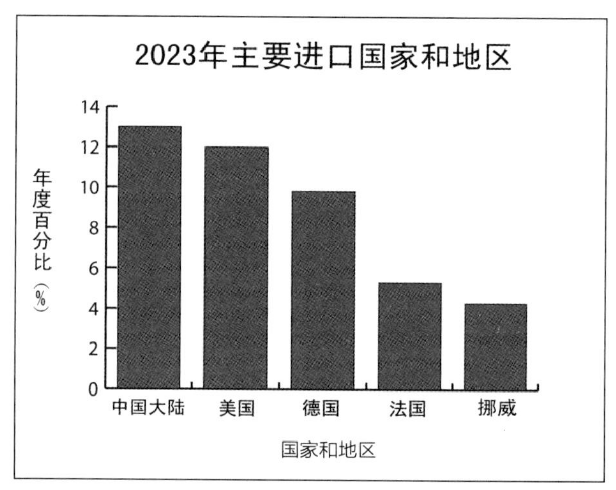

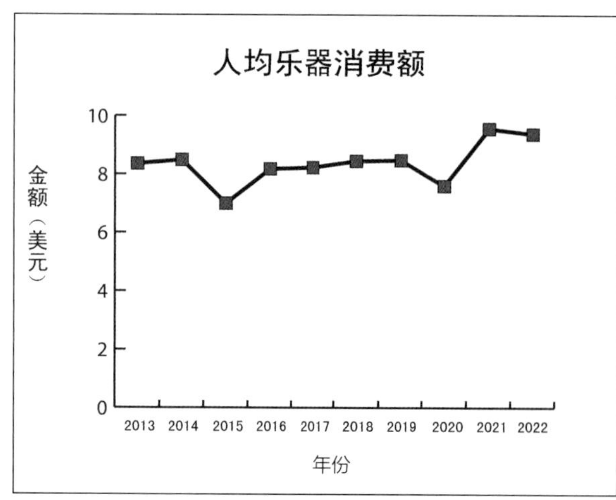

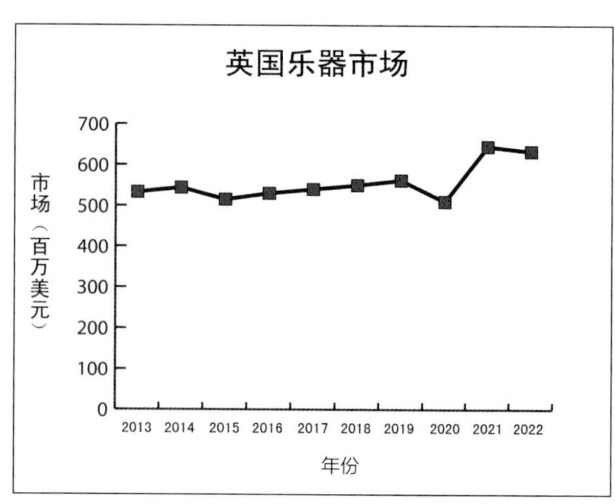

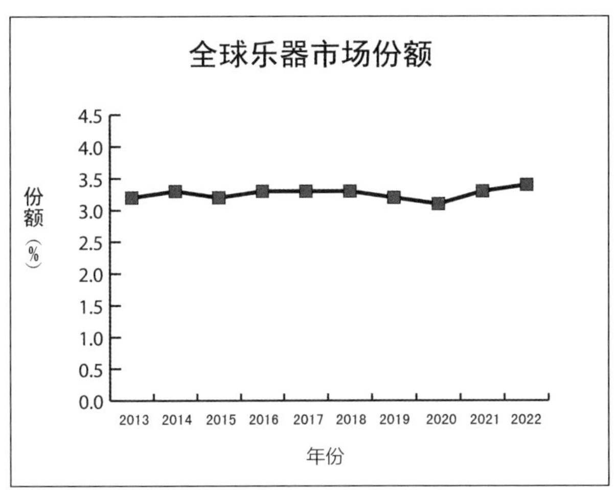
全球乐器市场份额
份额（%）
4.5
4.0
3.5
3.0
2.5
2.0
1.5
1.0
0.5
0.0
2013 2014 2015 2016 2017 2018 2019 2020 2021 2022
年份

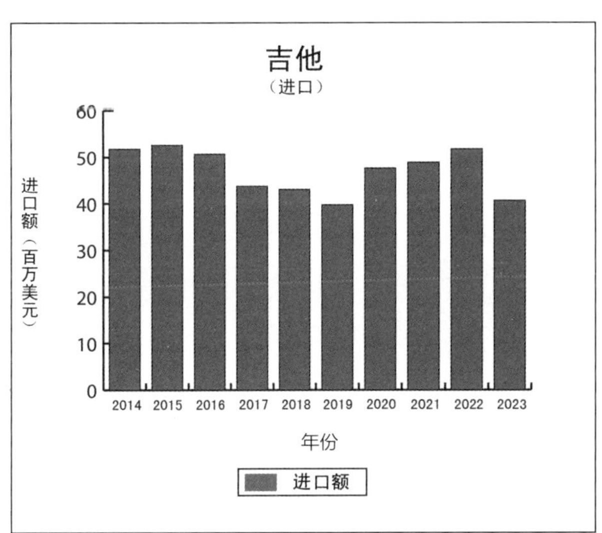
吉他
（进口）
进口额（百万美元）
60
50
40
30
20
10
0
2014 2015 2016 2017 2018 2019 2020 2021 2022 2023
年份
进口额

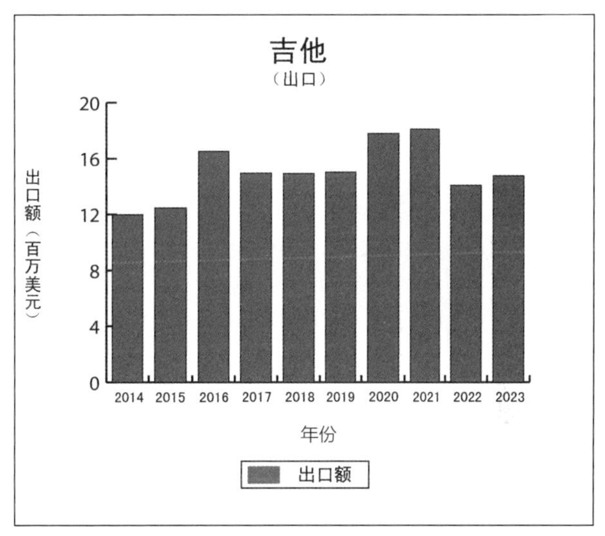
吉他
（出口）
出口额（百万美元）
20
16
12
8
4
0
2014 2015 2016 2017 2018 2019 2020 2021 2022 2023
年份
出口额

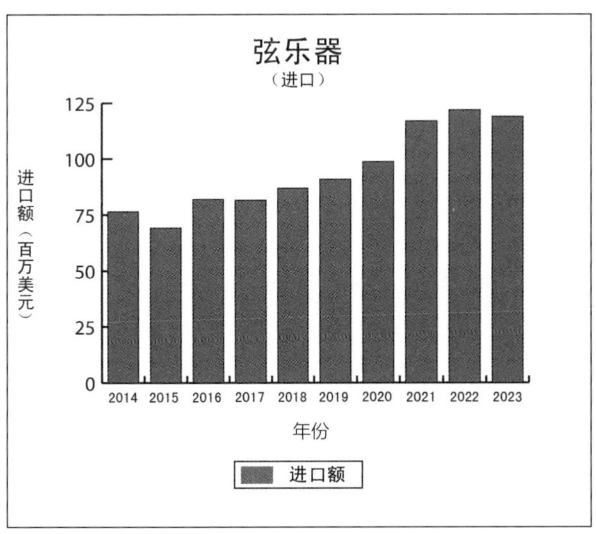
弦乐器
（进口）
进口额（百万美元）
125
100
75
50
25
0
2014 2015 2016 2017 2018 2019 2020 2021 2022 2023
年份
进口额

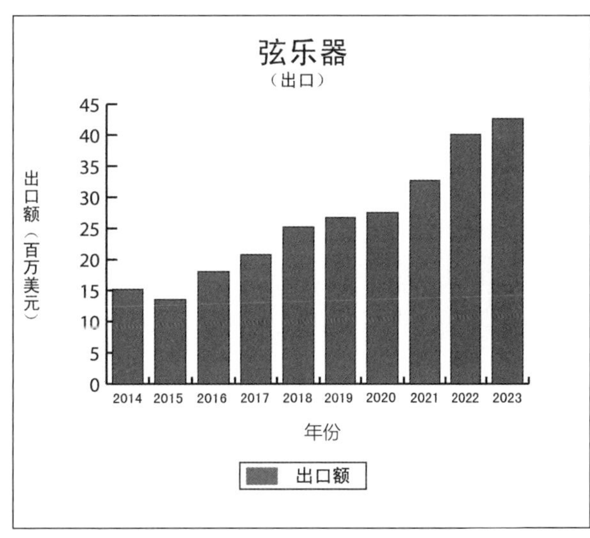
弦乐器
（出口）
出口额（百万美元）
45
40
35
30
25
20
15
10
5
0
2014 2015 2016 2017 2018 2019 2020 2021 2022 2023
年份
出口额

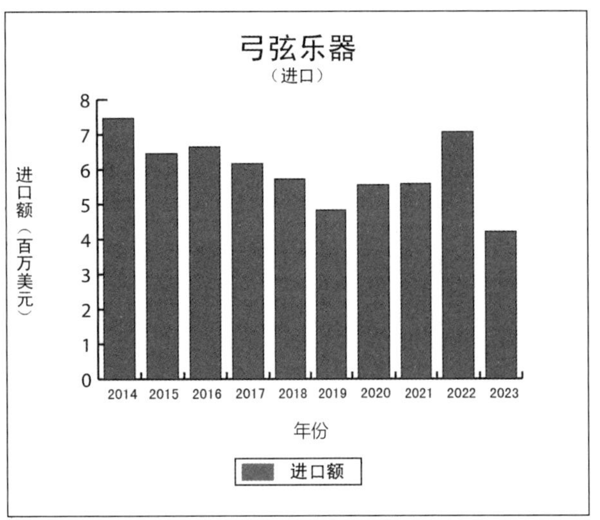
弓弦乐器
（进口）
进口额（百万美元）
8
7
6
5
4
3
2
1
0
2014 2015 2016 2017 2018 2019 2020 2021 2022 2023
年份
进口额

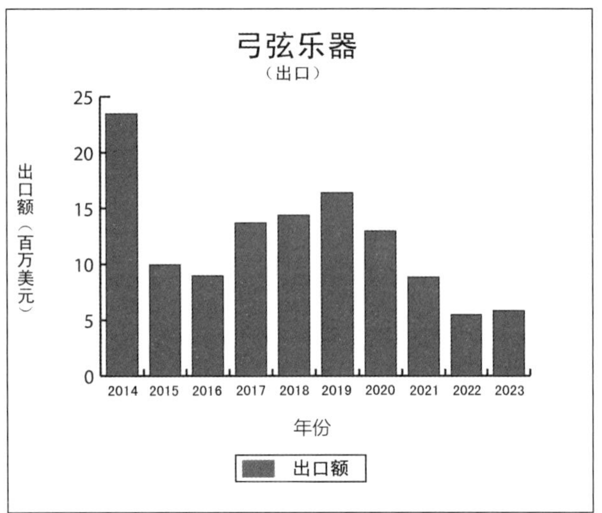
弓弦乐器
（出口）
出口额（百万美元）
25
20
15
10
5
0
2014 2015 2016 2017 2018 2019 2020 2021 2022 2023
年份
出口额

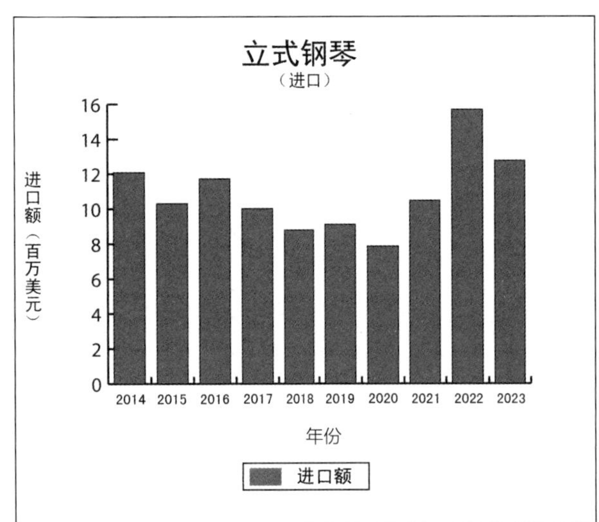
立式钢琴
（进口）
进口额（百万美元）
16
14
12
10
8
6
4
2
0
2014 2015 2016 2017 2018 2019 2020 2021 2022 2023
年份
进口额

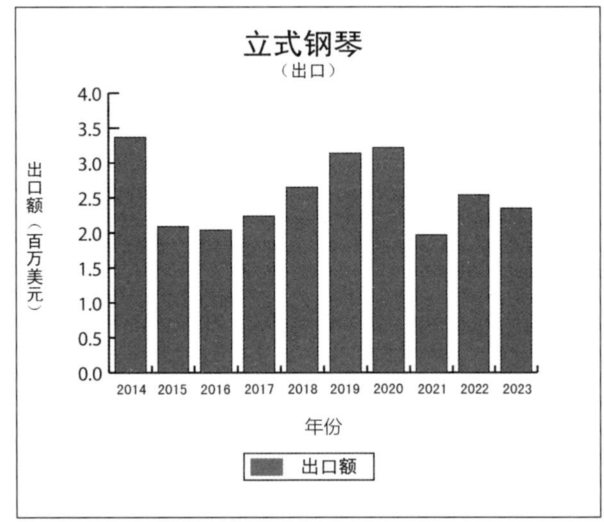
立式钢琴
（出口）
出口额（百万美元）
4.0
3.5
3.0
2.5
2.0
1.5
1.0
0.5
0.0
2014 2015 2016 2017 2018 2019 2020 2021 2022 2023
年份
出口额

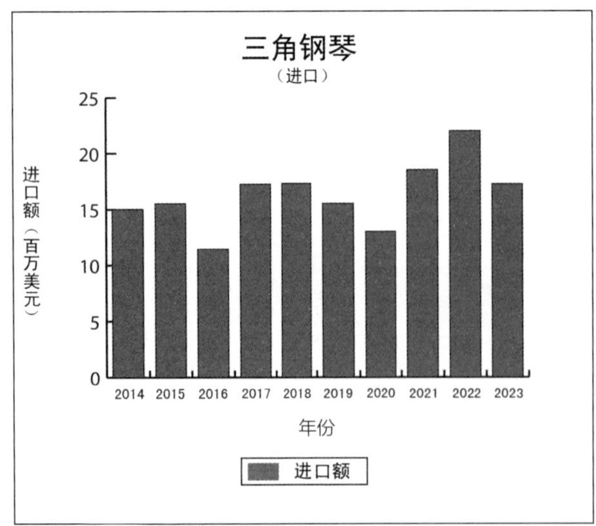
三角钢琴
（进口）
进口额（百万美元）
25
20
15
10
5
0
2014 2015 2016 2017 2018 2019 2020 2021 2022 2023
年份
进口额

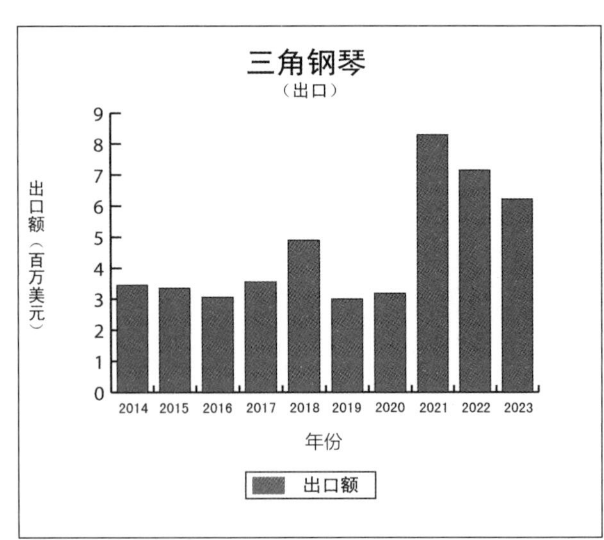
三角钢琴
（出口）
出口额（百万美元）
9
8
7
6
5
4
3
2
1
0
2014 2015 2016 2017 2018 2019 2020 2021 2022 2023
年份
出口额

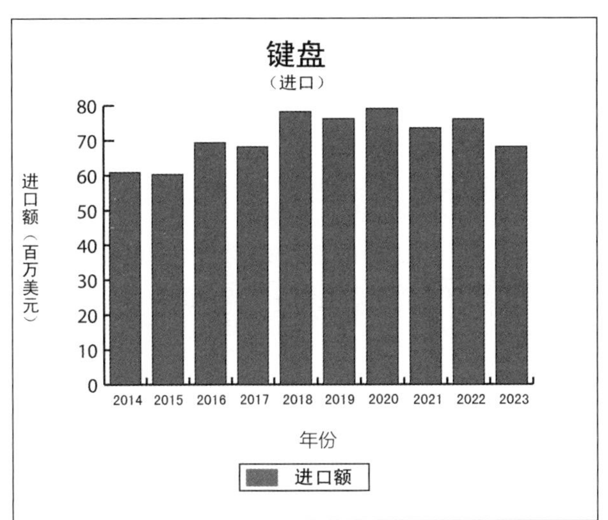
键盘
（进口）
进口额（百万美元）
80
70
60
50
40
30
20
10
0
2014 2015 2016 2017 2018 2019 2020 2021 2022 2023
年份
进口额

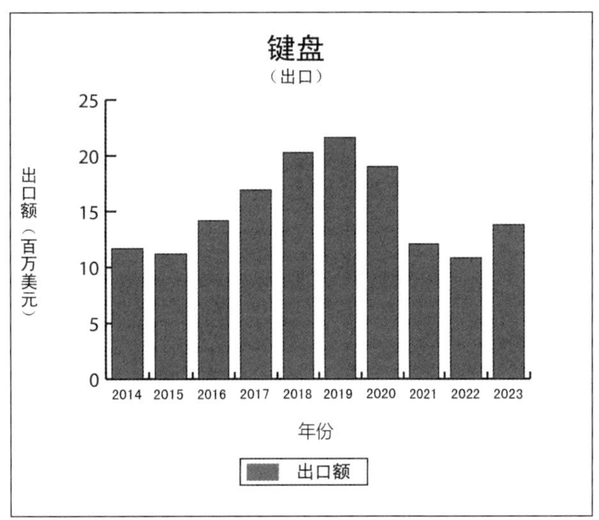
键盘
（出口）
出口额（百万美元）
25
20
15
10
5
0
2014 2015 2016 2017 2018 2019 2020 2021 2022 2023
年份
出口额

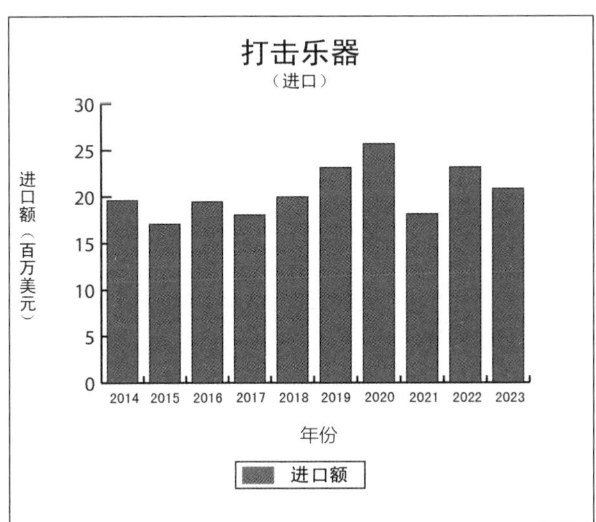
打击乐器
（进口）
进口额（百万美元）
30
25
20
15
10
5
0
2014 2015 2016 2017 2018 2019 2020 2021 2022 2023
年份
进口额

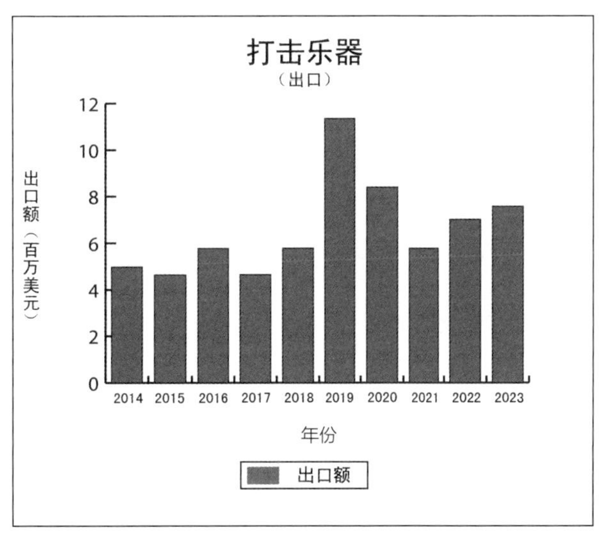
打击乐器
（出口）
出口额（百万美元）
12
10
8
6
4
2
0
2014 2015 2016 2017 2018 2019 2020 2021 2022 2023
年份
出口额

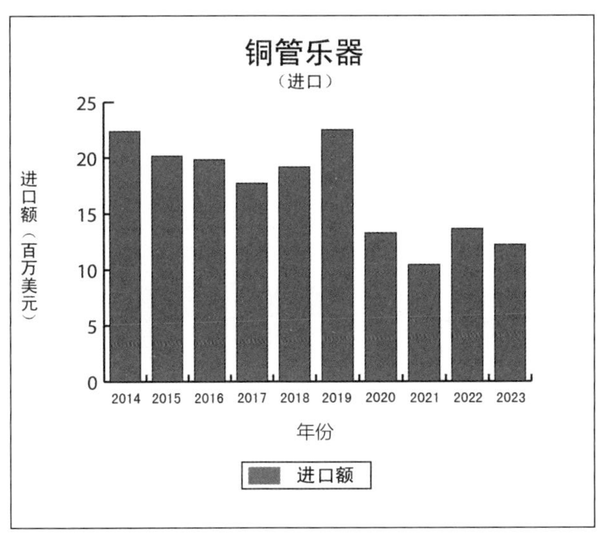
铜管乐器
（进口）
进口额（百万美元）
25
20
15
10
5
0
2014 2015 2016 2017 2018 2019 2020 2021 2022 2023
年份
进口额

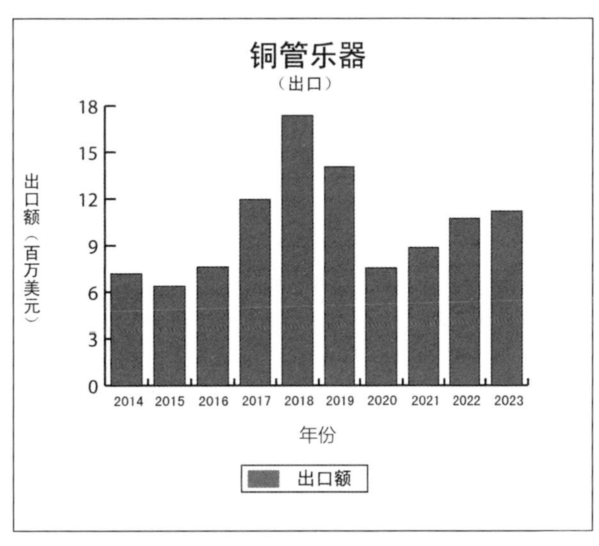
铜管乐器
（出口）
出口额（百万美元）
18
15
12
9
6
3
0
2014 2015 2016 2017 2018 2019 2020 2021 2022 2023
年份
出口额

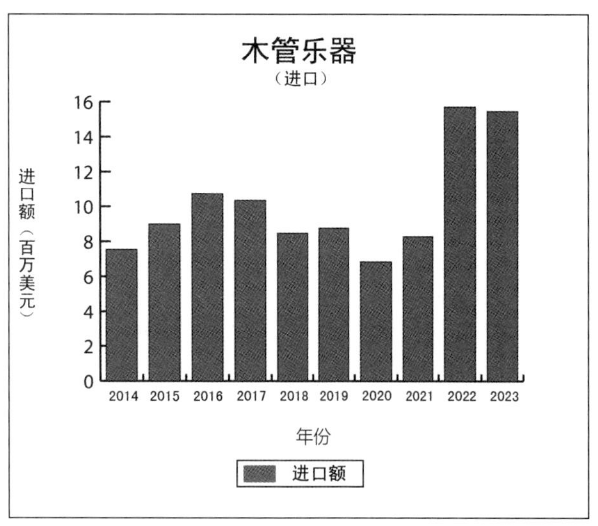

木管乐器
（进口）
进口额（百万美元）
16
14
12
10
8
6
4
2
0
2014 2015 2016 2017 2018 2019 2020 2021 2022 2023
年份
进口额

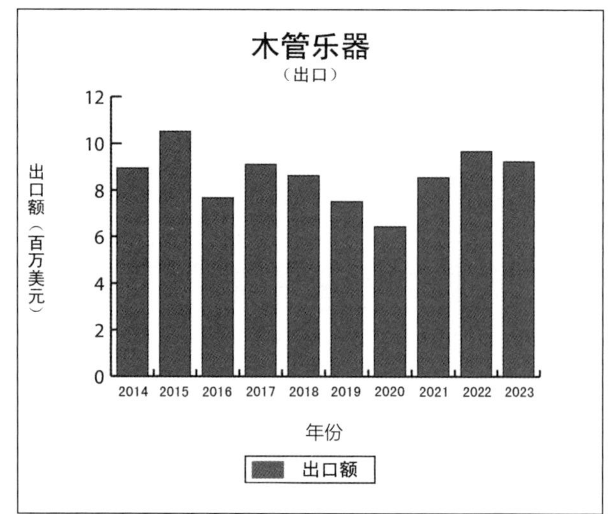

木管乐器
（出口）
出口额（百万美元）
12
10
8
6
4
2
0
2014 2015 2016 2017 2018 2019 2020 2021 2022 2023
年份
出口额

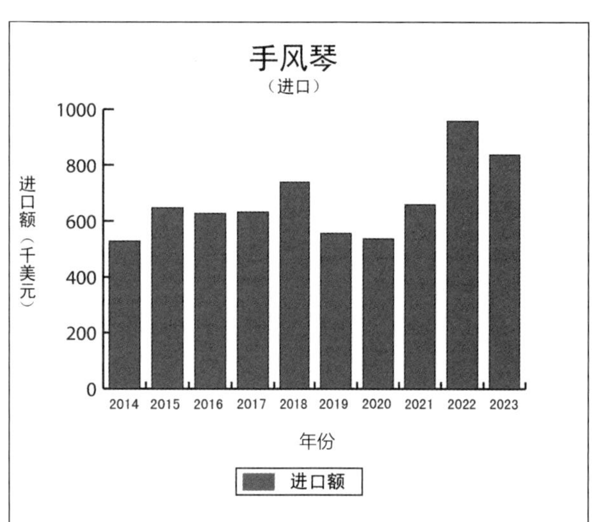

手风琴
（进口）
进口额（千美元）
1000
800
600
400
200
0
2014 2015 2016 2017 2018 2019 2020 2021 2022 2023
年份
进口额

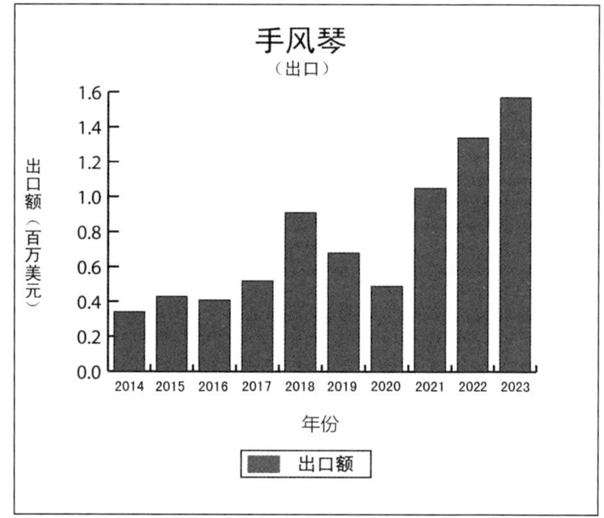

手风琴
（出口）
出口额（百万美元）
1.6
1.4
1.2
1.0
0.8
0.6
0.4
0.2
0.0
2014 2015 2016 2017 2018 2019 2020 2021 2022 2023
年份
出口额

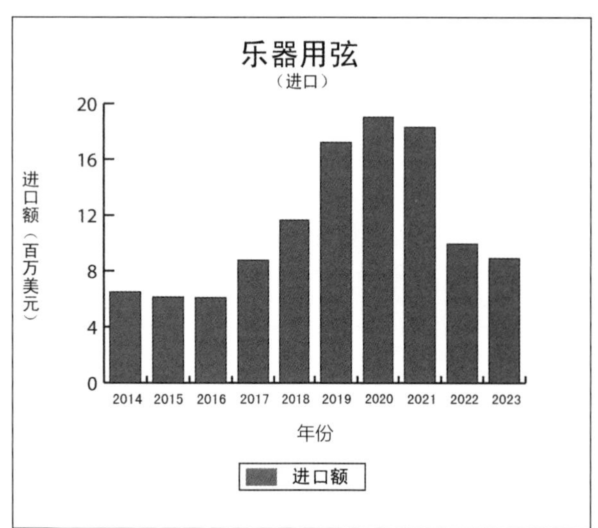

乐器用弦
（进口）
进口额（百万美元）
20
16
12
8
4
0
2014 2015 2016 2017 2018 2019 2020 2021 2022 2023
年份
进口额

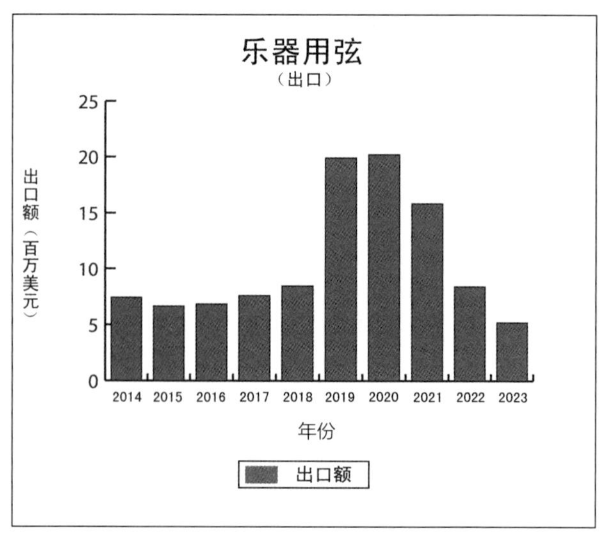

乐器用弦
（出口）
出口额（百万美元）
25
20
15
10
5
0
2014 2015 2016 2017 2018 2019 2020 2021 2022 2023
年份
出口额

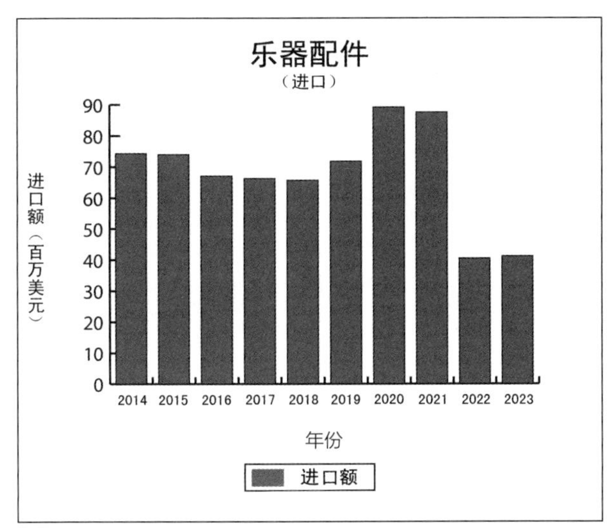

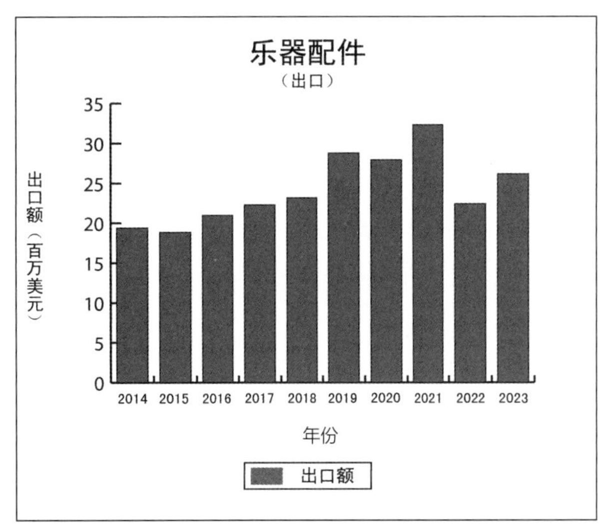

法国

一、当前音乐产品行业的亮点

法国乐器市场保持稳定状态。尽管法国经济起起落落，能源价格大幅上涨，但专业人士仍坚守立场。法国顶级乐器制造公司正从危机中逐步恢复，产品大部分以出口为主，这场危机对他们影响巨大。

钢琴和吉他仍是法国销路最好的乐器。据可考的最新数据，2021年钢琴风琴（29%）和弹拨弦乐器（28%）占法国乐器销售57%。法国乐器工艺师的主要业务是乐器修理和维护，小企业数量每年在增加。二手乐器销售正在增加。据估计，2021年已售乐器中三分之一是二手乐器。

“文化通”（Pass Culture）是法国推出的一种文化类代金券，价值300欧元，发放给每个18岁青年人用于文化支出。2019年以来在法国逐步实施，已成为一种非常有效的推广工具。乐器是该项目重要组成部分：2023年，在文化通所有13项支出记录中，音乐会排第三，乐器位列第四。

二、当前乐器行业的低谷

2023年，通货膨胀和高能源成本削弱了消费者购买力。运输成本上涨也对市场产生影响。所有这些因素都对零售和贸易产生了冲击，导致零售业略有萎缩。

与其他国家一样，我们看到吉他和键盘市场在经历新冠危机期间激增之后出现下滑，家庭录音设备产品情况更是如此。

另外，为遵守《濒危野生动植物种国际贸易公约》规定，法国和欧洲乐器专业人士正在应对原材料采购等困难问题。

三、主要机遇和增长领域

过去几年，法国乐器行业整体得到大力发展。专业人士和各种乐器组织正共同努力，继续拓展音乐演奏者视野，壮大音乐圈活动力量。

四、当前挑战

乐器行业的生态转型及其音乐行业向全球化转变之间的关系，既是潜在资产，也是真正挑战。所面临的问题因乐器品种而异，但原材料尤其是木材的来源、可追溯性和跨国运输都是主要关注的议题。整个行业需要齐心协力向前迈进。

五、乐器行业未来预测

首先，未来3到5年内二手市场可能继续增长并将占据更大市场份额。这一趋势也将出现在公立采购领域，例如音乐院校购买乐器。

其次，消费者努力延长乐器使用寿命；预计乐器维护、维修和保养业务将继续增长。

最后，我们设想乐器原材料的生态转型将出现变化，特别是木材资源，本国木材使用量可能会有所增加。（资料来源：法国乐器制造协会主席弗兰尼・雷耶・梅纳德。）

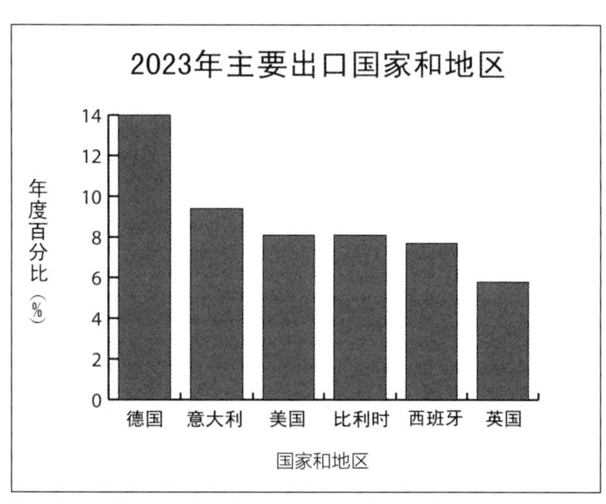

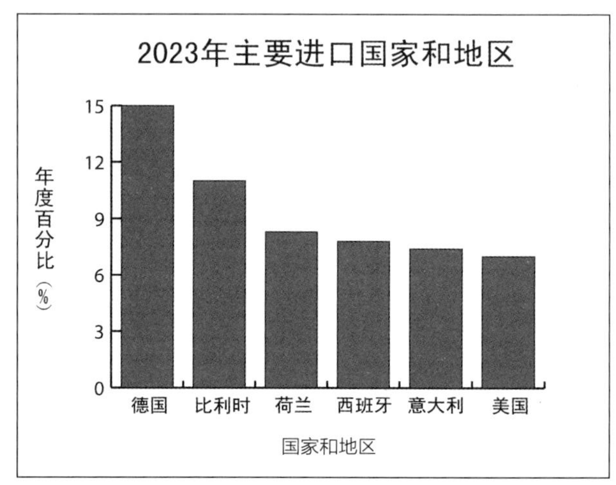

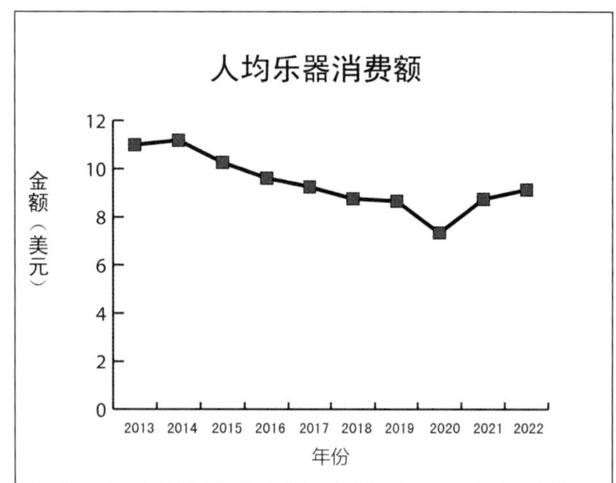

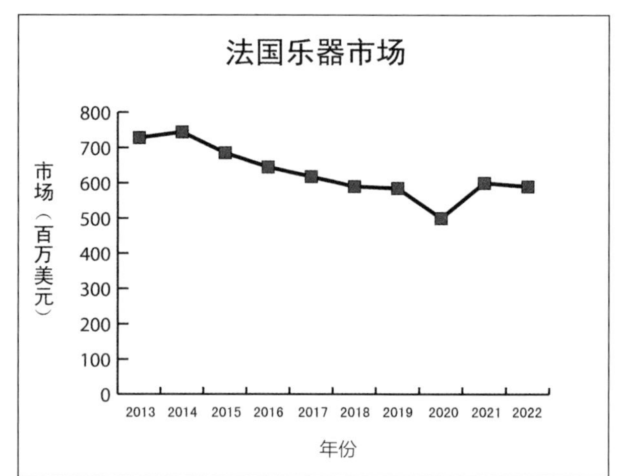

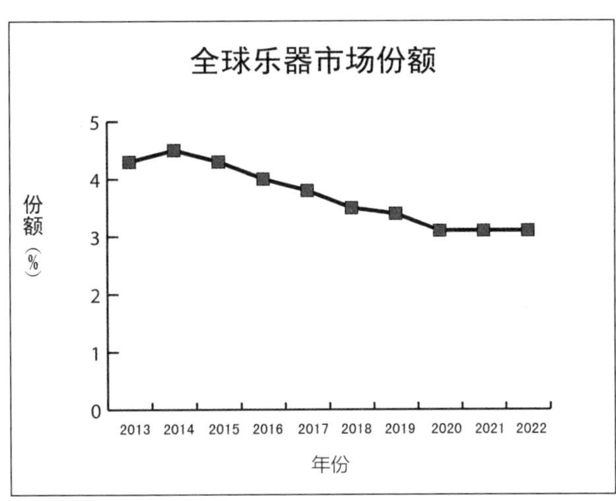
全球乐器市场份额
份额（%）
5
4
3
2
1
0
2013 2014 2015 2016 2017 2018 2019 2020 2021 2022
年份

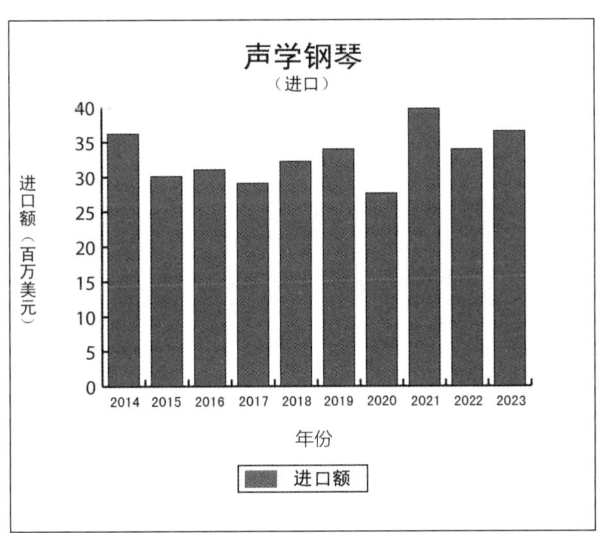
声学钢琴
（进口）
进口额（百万美元）
40
35
30
25
20
15
10
5
0
2014 2015 2016 2017 2018 2019 2020 2021 2022 2023
年份
进口额

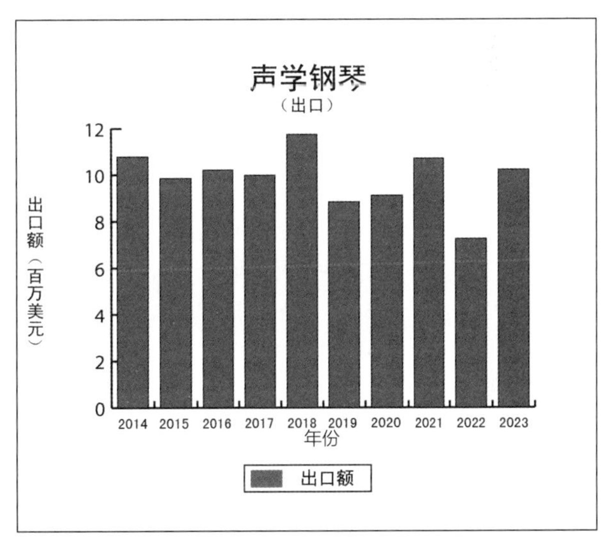
声学钢琴
（出口）
出口额（百万美元）
12
10
8
6
4
2
0
2014 2015 2016 2017 2018 2019 2020 2021 2022 2023
年份
出口额

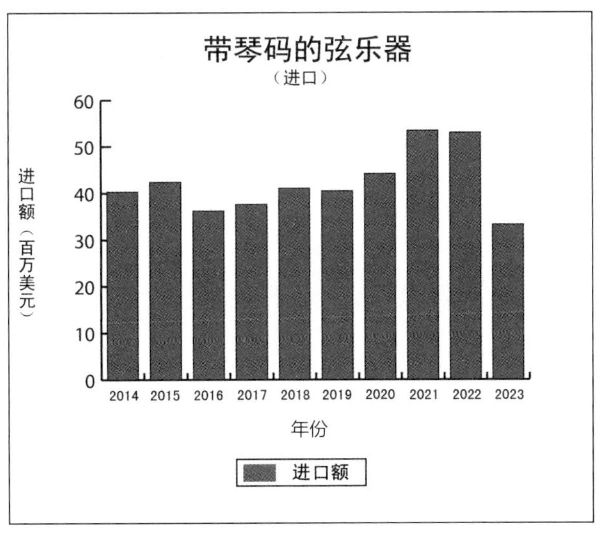
带琴码的弦乐器
（进口）
进口额（百万美元）
60
50
40
30
20
10
0
2014 2015 2016 2017 2018 2019 2020 2021 2022 2023
年份
进口额

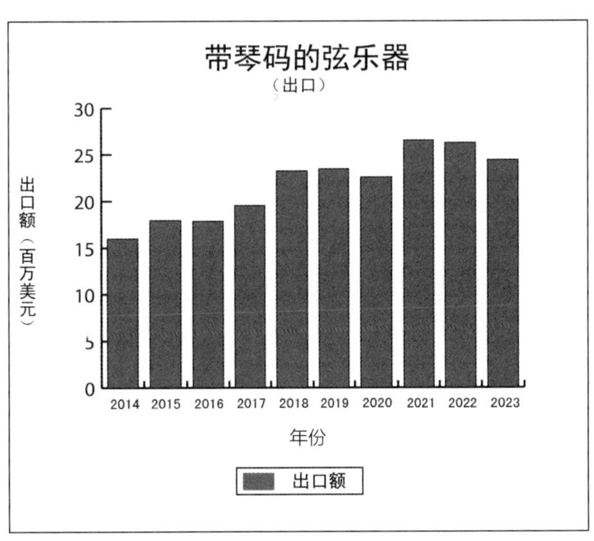
带琴码的弦乐器
（出口）
出口额（百万美元）
30
25
20
15
10
5
0
2014 2015 2016 2017 2018 2019 2020 2021 2022 2023
年份
出口额

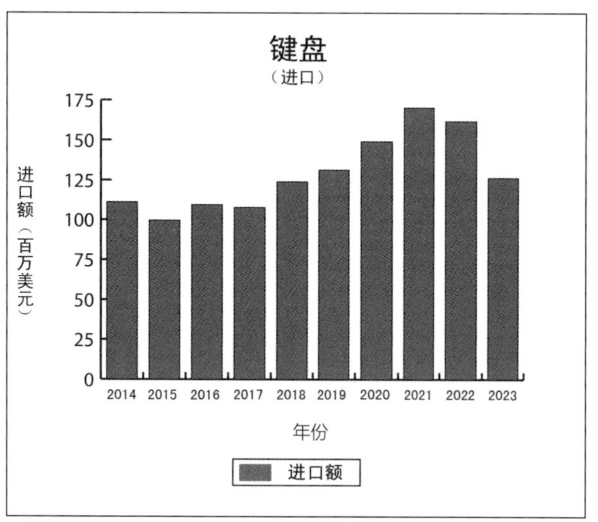
键盘
（进口）
进口额（百万美元）
0
25
50
75
100
125
150
175
2014 2015 2016 2017 2018 2019 2020 2021 2022 2023
年份
进口额

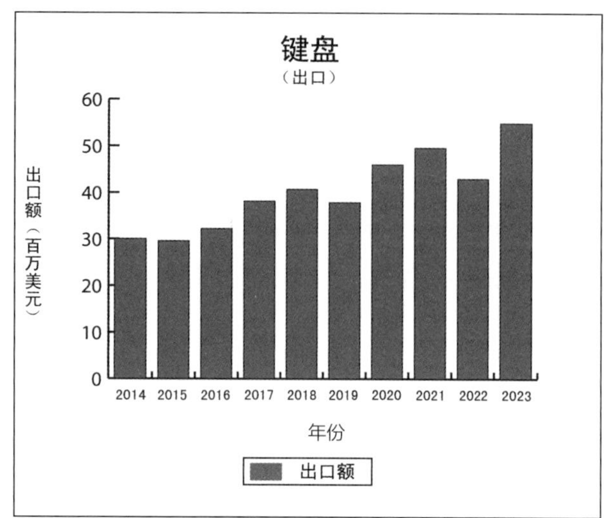
键盘
（出口）
出口额（百万美元）
0
10
20
30
40
50
60
2014 2015 2016 2017 2018 2019 2020 2021 2022 2023
年份
出口额

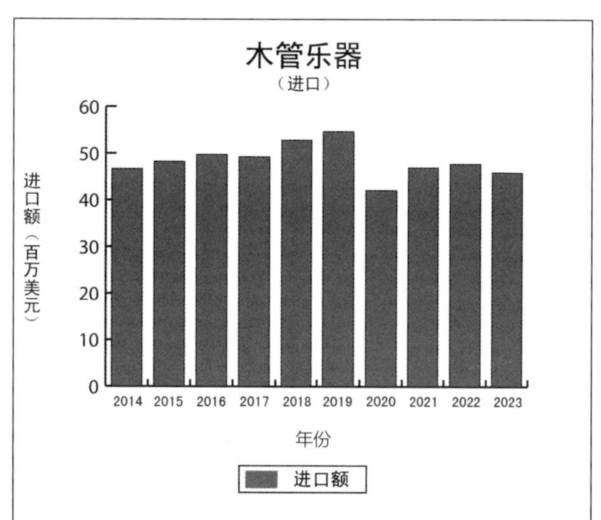
木管乐器
（进口）
进口额（百万美元）
0
10
20
30
40
50
60
2014 2015 2016 2017 2018 2019 2020 2021 2022 2023
年份
进口额

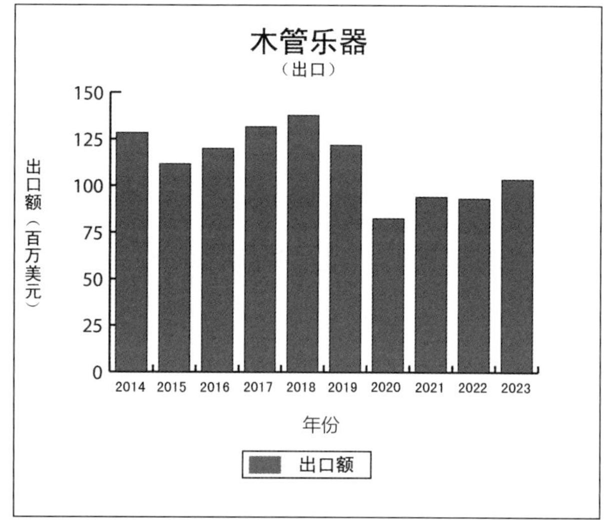
木管乐器
（出口）
出口额（百万美元）
0
25
50
75
100
125
150
2014 2015 2016 2017 2018 2019 2020 2021 2022 2023
年份
出口额

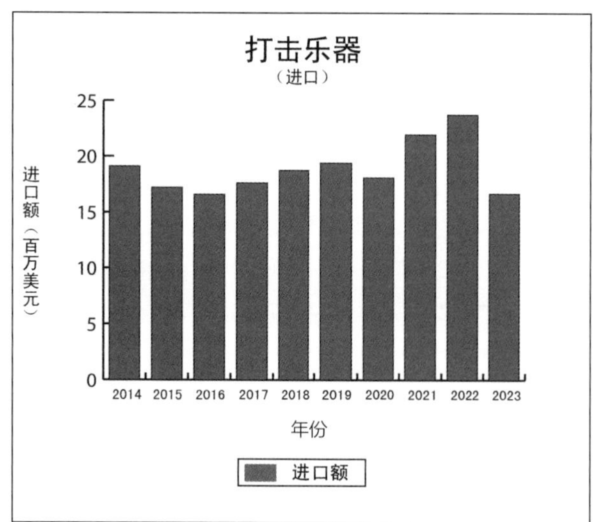
打击乐器
（进口）
进口额（百万美元）
0
5
10
15
20
25
2014 2015 2016 2017 2018 2019 2020 2021 2022 2023
年份
进口额

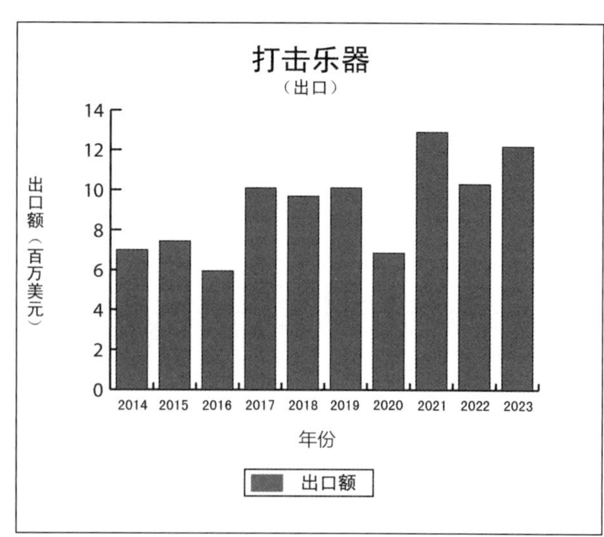
打击乐器
（出口）
出口额（百万美元）
0
2
4
6
8
10
12
14
2014 2015 2016 2017 2018 2019 2020 2021 2022 2023
年份
出口额

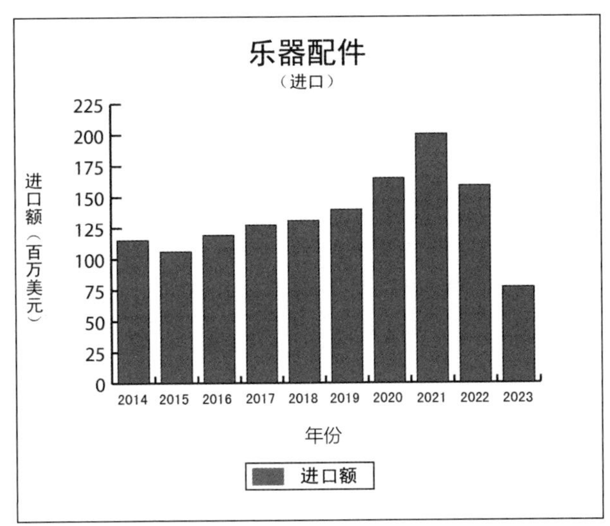

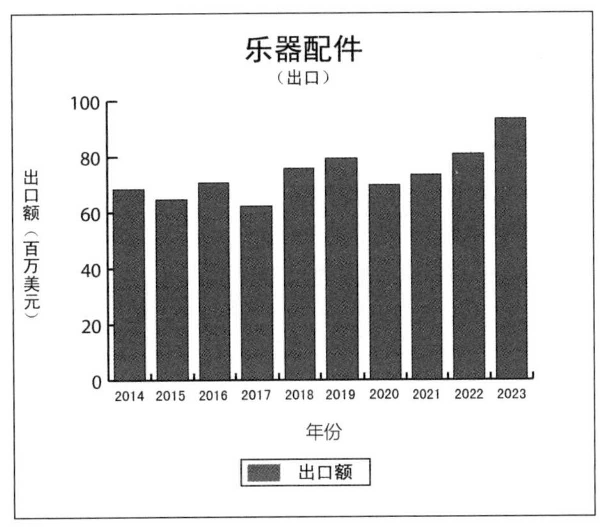

意大利

一、市场研究分析

2022年意大利有1061家乐器制造公司，小幅攀升2.6%。同年，意大利乐器制造商、乐谱及经销商销售总收入估计约为2.01亿欧元，比2021年各大公司收入高出3%。（这些数据不包括增值税。）

销售方面，共有842家意大利零售公司参与其中，增长2.1%，我们认为活跃公司不超过600家。根据分别面向零售商市场和消费者的两项调查数据，2022年零售商销售额约为3.8亿欧元，比2021年增长3%。其中线下销售额2.55亿欧元，线上销售额1.25亿欧元，电商约占总销售额的33%。数据含22%增值税。

乐器维修店趋势饶有意味。由于电商发展，许多线下零售店关闭，过去七年维修店数量不断增加。2015年164家，2021年260家，2022年达290家，增加10.3%。

二、消费研究分析

2022年超过200万意大利人（3.3%）购买了乐器、配件、相关设备、音频和DJ产品，其中购买乐器的约100万人（1.7%）。乐器购买群体中，62%是业余爱好者，32%是为孩子购买乐器的父母，6%是专业音乐家。

乐器租赁方面，100万意大利人曾租过乐器，其中60万人购买了最初租用乐器。购买或租用乐器、音响设备及配件的意大利人约250万。

三、当前意大利乐器行业特点

市场停滞不前。乐器销售并未实现真正增长，因为没有出现能够影响新一代的音乐实践文化。尽管我们确实注意到人们对廉价键盘产品和非常便宜的吉他越来越感兴趣（可能是对入门音乐基础知识的在线音乐课程或应用程序的需求有所增加），但几乎所有乐器类别销售都没有增长。

四、意大利乐器行业低谷

由于音乐实践文化遭遇严重危机，新一代人觉得演奏乐器既不好玩也无乐趣，与此同时社会上可能也没有出现能够激发新一代兴趣的推广实例。年轻人在运动和电子游戏领域的兴趣不断增长，客观上对音乐市场造成挤压。

五、主要机遇和增长领域

目前，很难看到任何可以帮助我们实现行业增长的机会。通过电子商务不断增长的乐器市场，实际正在侵蚀通过线下销售乐器的利润和市场份额。

六、当前挑战

最大的挑战是如何激励各大机构制作可以影响年轻人（以及曾经想演奏乐器但从未获得机会的成年人）的广告。

面向公立学校实施重要的政府计划是必要的，相关立法已到位，但很难筹措到实施该计划的资金。

七、意大利行业预测

得益于协会或业内多家公司开展的各项活动，深耕音乐教育领域，为传播音乐文化服务，未来五年整个意大利乐器行业可能会略有增长。

这种增长不会由技术创新所驱动，而是源于音乐学校开发出简单、有趣和实用的音乐教学方法，能够通过在线方式满足年轻人和成年人的音乐需求。（资料来源：意大利乐器零售商协会会长拉斐尔·沃尔佩。）

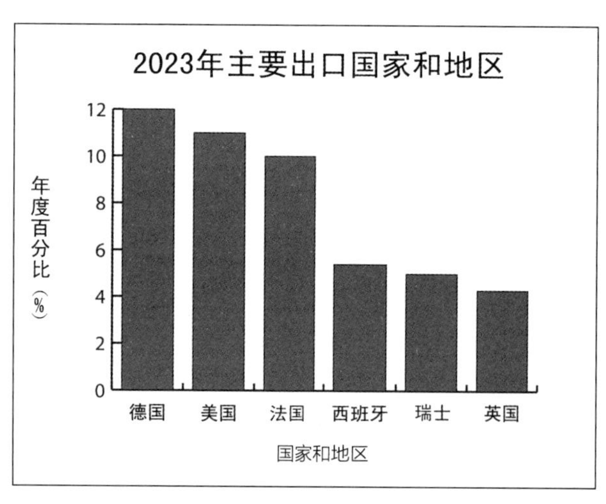

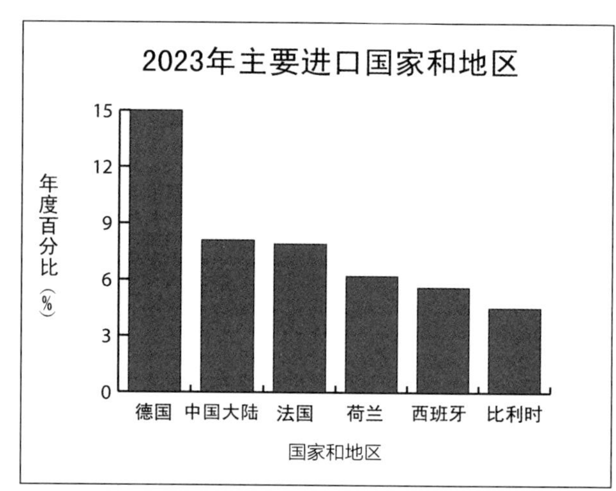

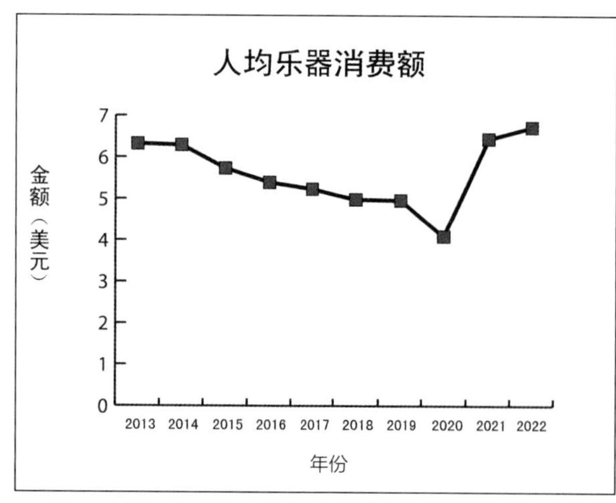

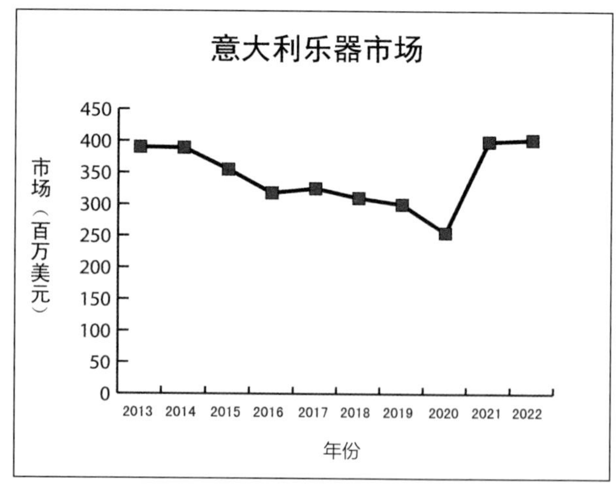

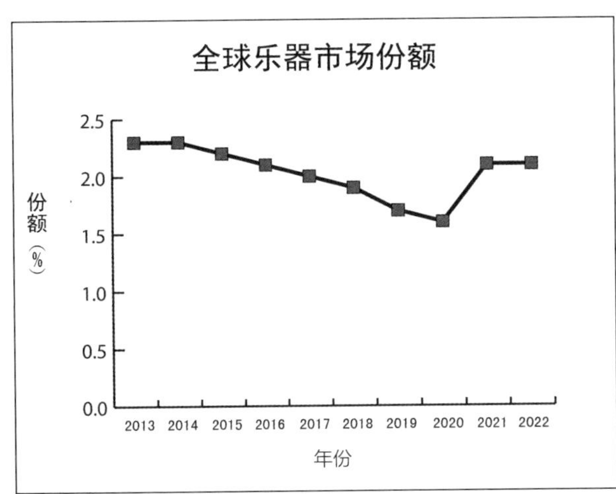
全球乐器市场份额
2.5
2.0
1.5
1.0
0.5
0.0
份额（%）
2013 2014 2015 2016 2017 2018 2019 2020 2021 2022
年份

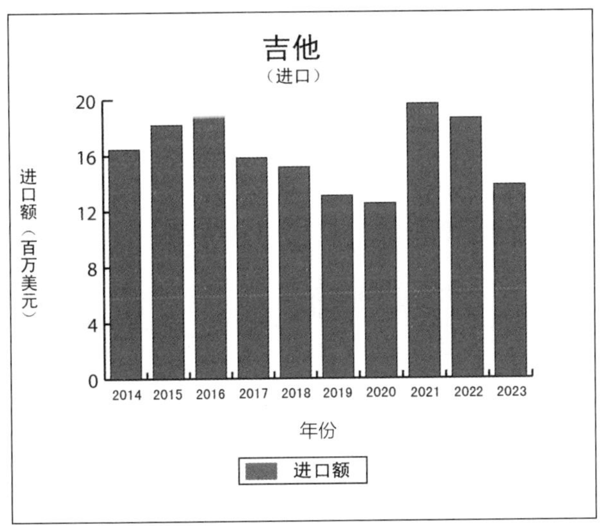
吉他
（进口）
20
16
12
8
4
0
进口额（百万美元）
2014 2015 2016 2017 2018 2019 2020 2021 2022 2023
年份
进口额

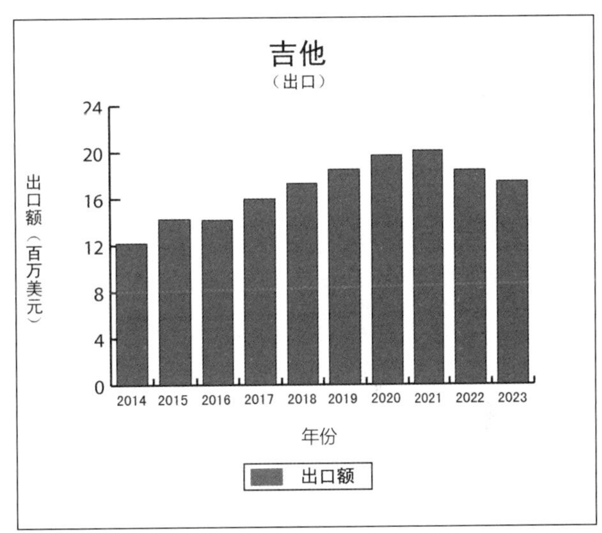
吉他
（出口）
24
20
16
12
8
4
0
出口额（百万美元）
2014 2015 2016 2017 2018 2019 2020 2021 2022 2023
年份
出口额

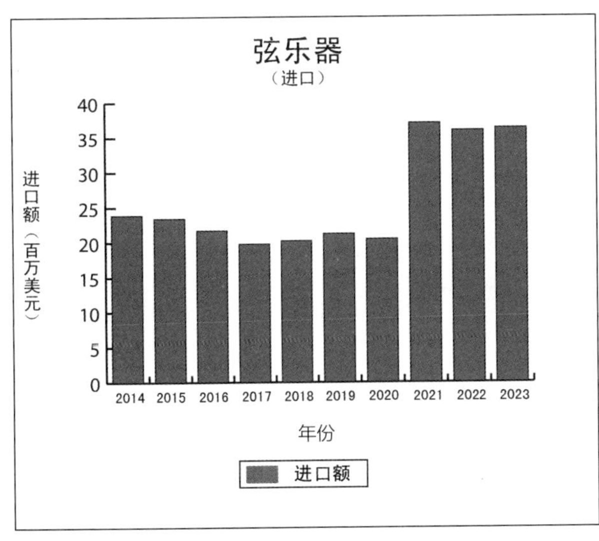
弦乐器
（进口）
40
35
30
25
20
15
10
5
0
进口额（百万美元）
2014 2015 2016 2017 2018 2019 2020 2021 2022 2023
年份
进口额

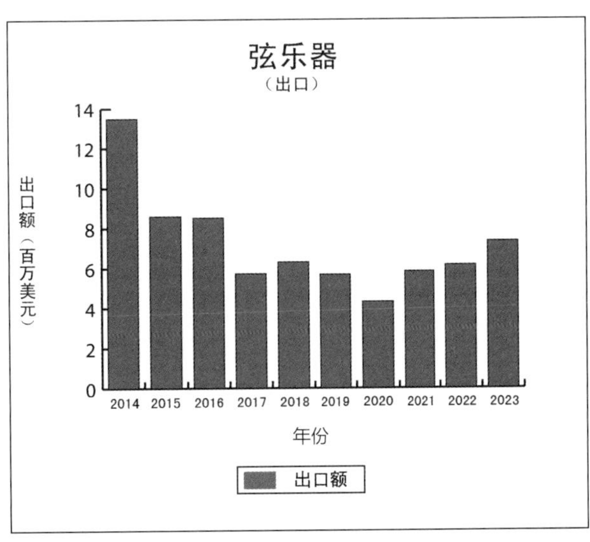
弦乐器
（出口）
14
12
10
8
6
4
2
0
出口额（百万美元）
2014 2015 2016 2017 2018 2019 2020 2021 2022 2023
年份
出口额

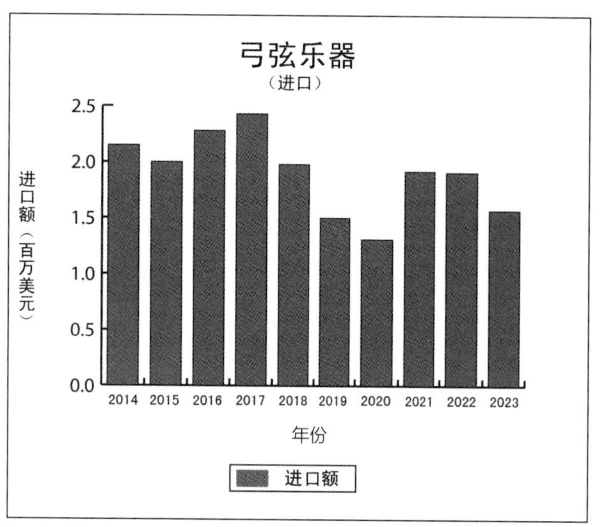
弓弦乐器
（进口）
进口额（百万美元）
2.5
2.0
1.5
1.0
0.5
0.0
2014 2015 2016 2017 2018 2019 2020 2021 2022 2023
年份
进口额

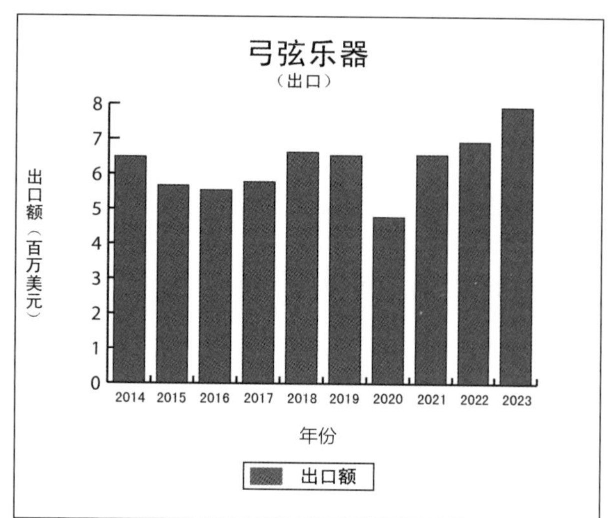
弓弦乐器
（出口）
出口额（百万美元）
8
7
6
5
4
3
2
1
0
2014 2015 2016 2017 2018 2019 2020 2021 2022 2023
年份
出口额

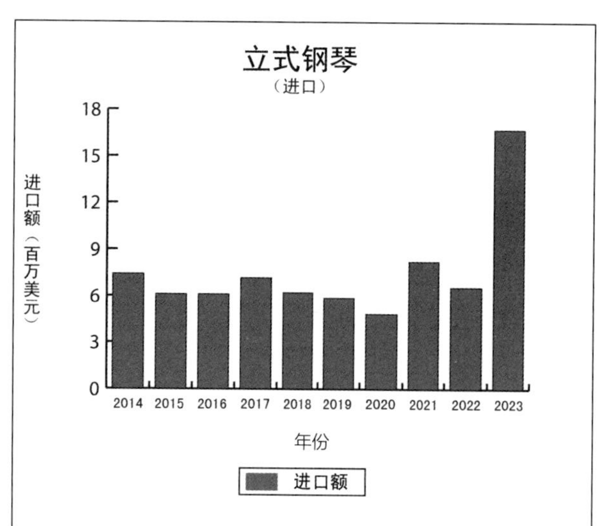
立式钢琴
（进口）
进口额（百万美元）
18
15
12
9
6
3
0
2014 2015 2016 2017 2018 2019 2020 2021 2022 2023
年份
进口额

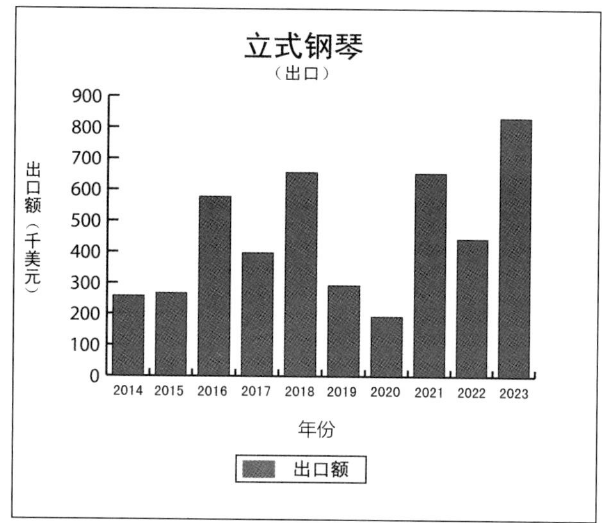
立式钢琴
（出口）
出口额（千美元）
900
800
700
600
500
400
300
200
100
0
2014 2015 2016 2017 2018 2019 2020 2021 2022 2023
年份
出口额

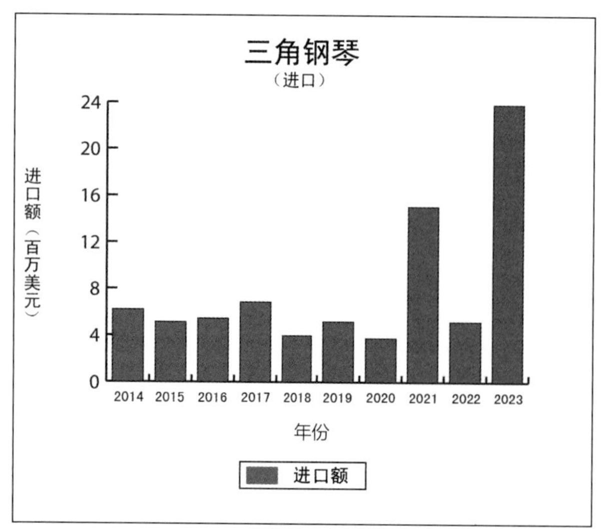
三角钢琴
（进口）
进口额（百万美元）
24
20
16
12
8
4
0
2014 2015 2016 2017 2018 2019 2020 2021 2022 2023
年份
进口额

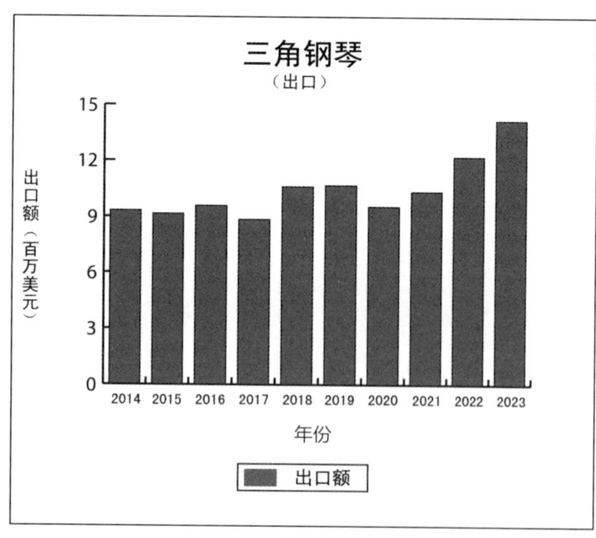
三角钢琴
（出口）
出口额（百万美元）
15
12
9
6
3
0
2014 2015 2016 2017 2018 2019 2020 2021 2022 2023
年份
出口额

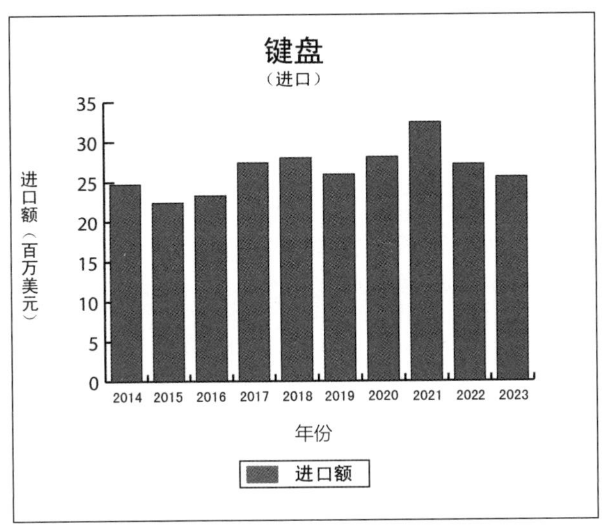
键盘
（进口）
进口额（百万美元）
35
30
25
20
15
10
5
0
2014 2015 2016 2017 2018 2019 2020 2021 2022 2023
年份
进口额

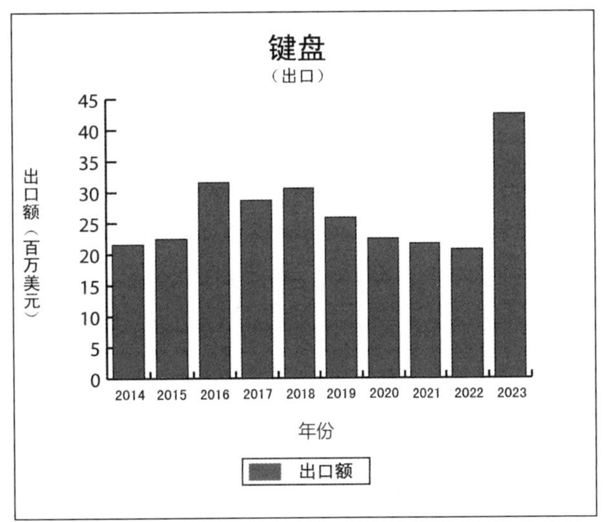
键盘
（出口）
出口额（百万美元）
45
40
35
30
25
20
15
10
5
0
2014 2015 2016 2017 2018 2019 2020 2021 2022 2023
年份
出口额

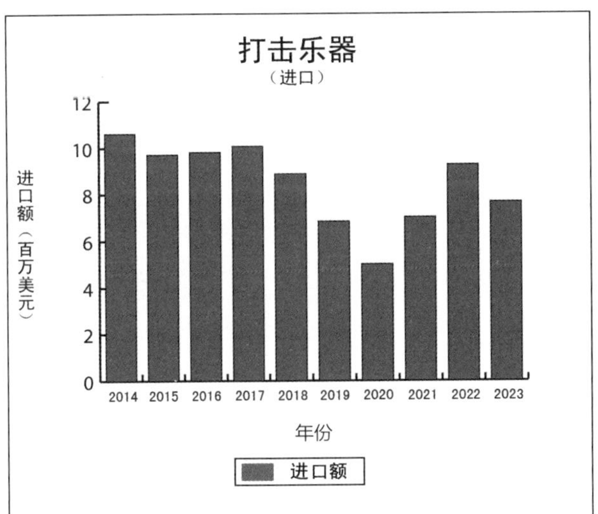
打击乐器
（进口）
进口额（百万美元）
12
10
8
6
4
2
0
2014 2015 2016 2017 2018 2019 2020 2021 2022 2023
年份
进口额

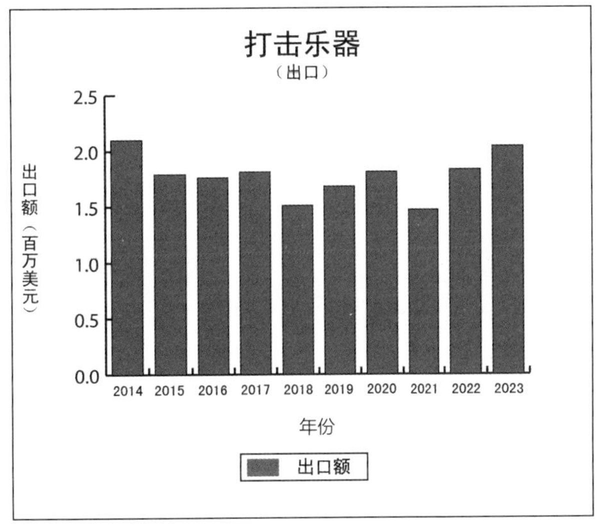
打击乐器
（出口）
出口额（百万美元）
2.5
2.0
1.5
1.0
0.5
0.0
2014 2015 2016 2017 2018 2019 2020 2021 2022 2023
年份
出口额

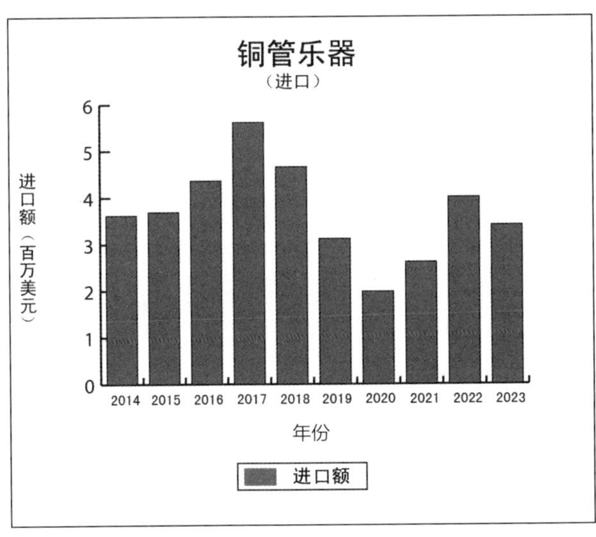
铜管乐器
（进口）
进口额（百万美元）
6
5
4
3
2
1
0
2014 2015 2016 2017 2018 2019 2020 2021 2022 2023
年份
进口额

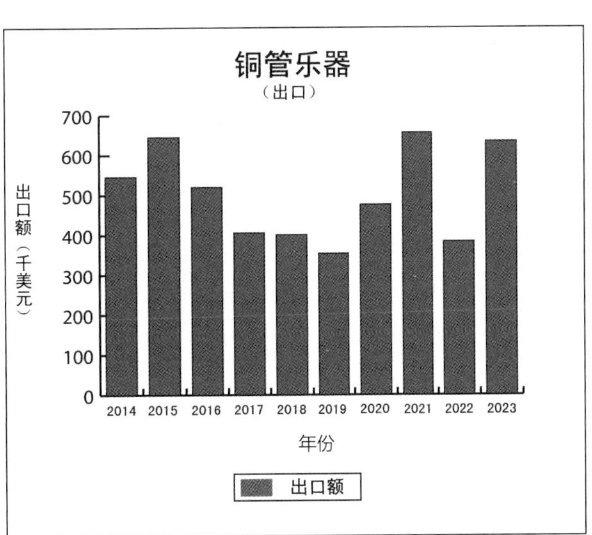
铜管乐器
（出口）
出口额（千美元）
700
600
500
400
300
200
100
0
2014 2015 2016 2017 2018 2019 2020 2021 2022 2023
年份
出口额

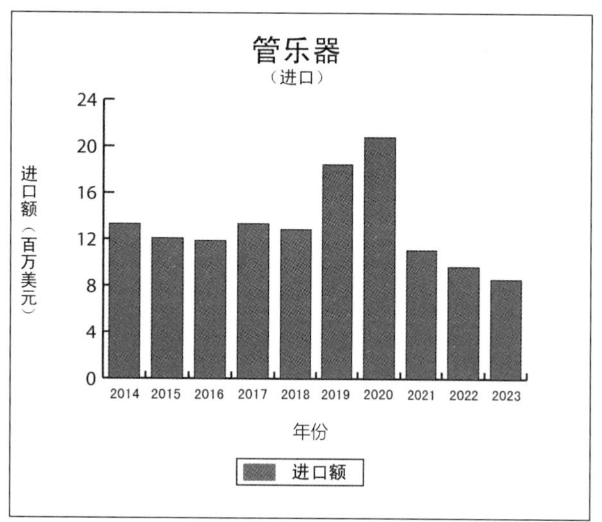
管乐器
（进口）
进口额（百万美元）
24
20
16
12
8
4
0
2014 2015 2016 2017 2018 2019 2020 2021 2022 2023
年份
进口额

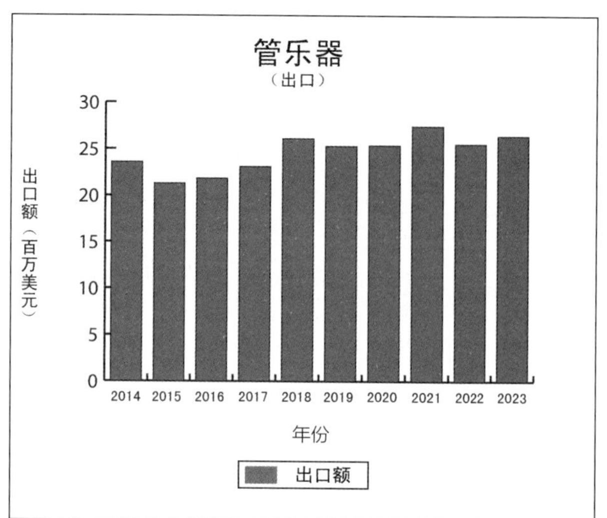
管乐器
（出口）
出口额（百万美元）
30
25
20
15
10
5
0
2014 2015 2016 2017 2018 2019 2020 2021 2022 2023
年份
出口额

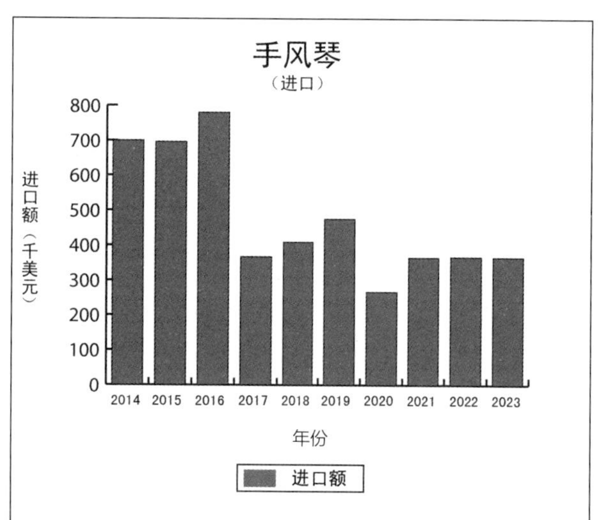
手风琴
（进口）
进口额（千美元）
800
700
600
500
400
300
200
100
0
2014 2015 2016 2017 2018 2019 2020 2021 2022 2023
年份
进口额

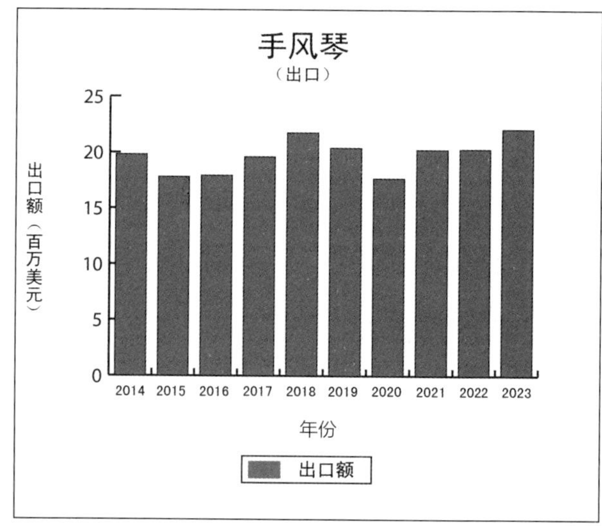
手风琴
（出口）
出口额（百万美元）
25
20
15
10
5
0
2014 2015 2016 2017 2018 2019 2020 2021 2022 2023
年份
出口额

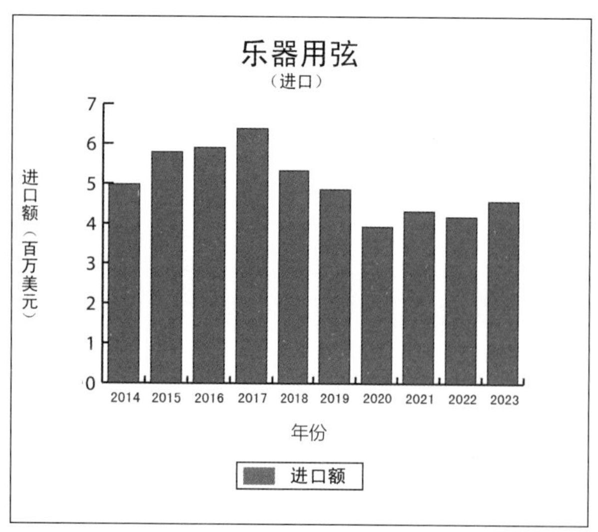
乐器用弦
（进口）
进口额（百万美元）
7
6
5
4
3
2
1
0
2014 2015 2016 2017 2018 2019 2020 2021 2022 2023
年份
进口额

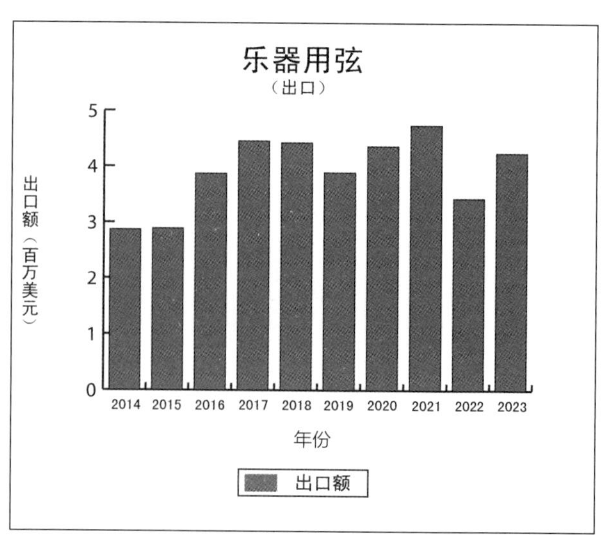
乐器用弦
（出口）
出口额（百万美元）
5
4
3
2
1
0
2014 2015 2016 2017 2018 2019 2020 2021 2022 2023
年份
出口额

乐器配件
（进口）
35
30
25
20
15
10
5
0
进口额（百万美元）
2014 2015 2016 2017 2018 2019 2020 2021 2022 2023
年份
进口额

乐器配件
（出口）
60
50
40
30
20
10
0
出口额（百万美元）
2014 2015 2016 2017 2018 2019 2020 2021 2022 2023
年份
出口额

韩国

2023年主要出口国家和地区
25
20
15
10
5
0
年度百分比（%）
中国大陆 美国 越南 日本 中国香港
国家和地区

2023年主要进口国家和地区
25
20
15
10
5
0
年度百分比（%）
中国大陆 美国 日本 澳大利亚 沙特
国家和地区

人均乐器消费额
7
6
5
4
3
2
1
0
金额（美元）
2013 2014 2015 2016 2017 2018 2019 2020 2021 2022
年份

韩国乐器市场
400
350
300
250
200
150
100
50
0
市场（百万美元）
2013 2014 2015 2016 2017 2018 2019 2020 2021 2022
年份

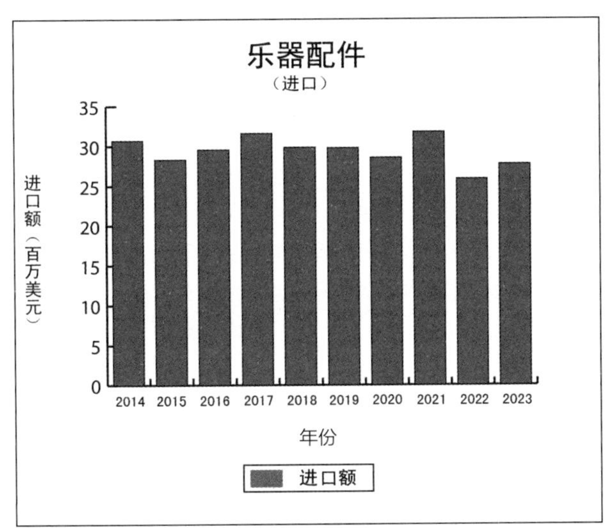

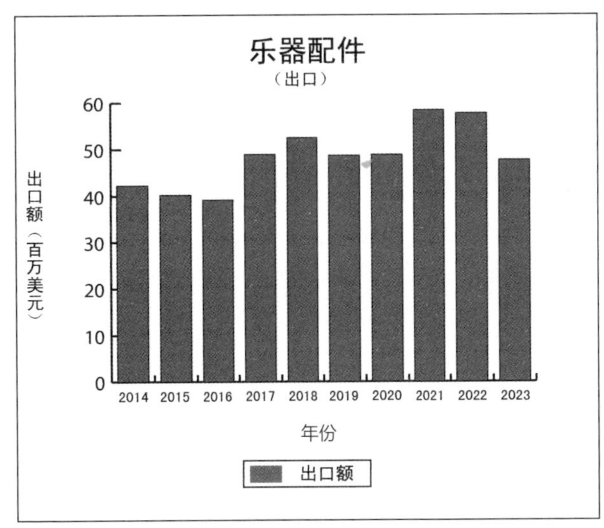

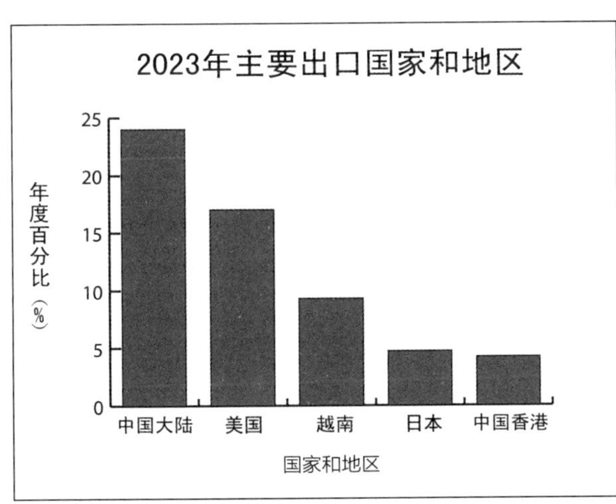

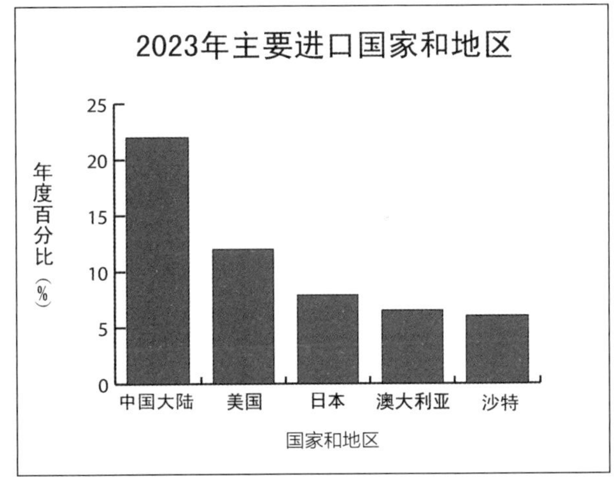

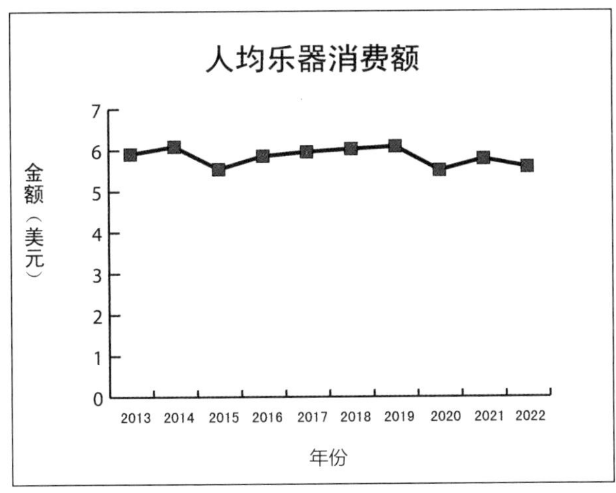

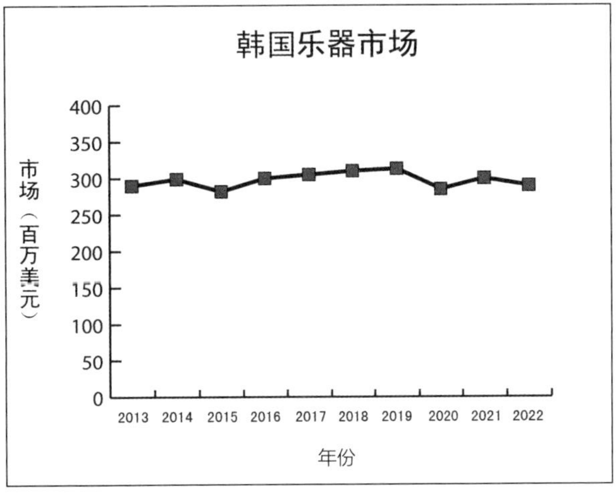

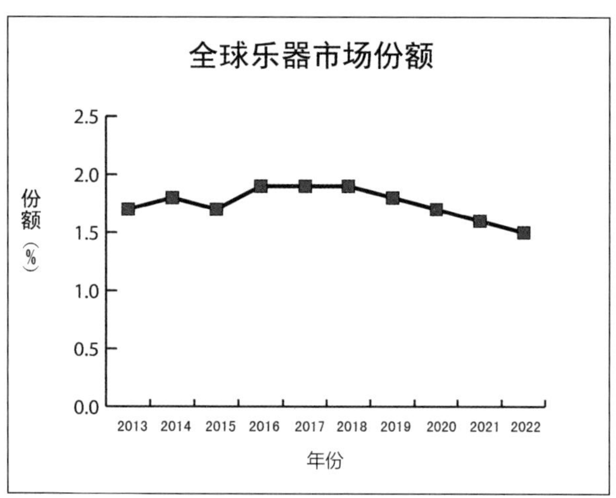
全球乐器市场份额
份额（%）
2.5
2.0
1.5
1.0
0.5
0.0
2013 2014 2015 2016 2017 2018 2019 2020 2021 2022
年份

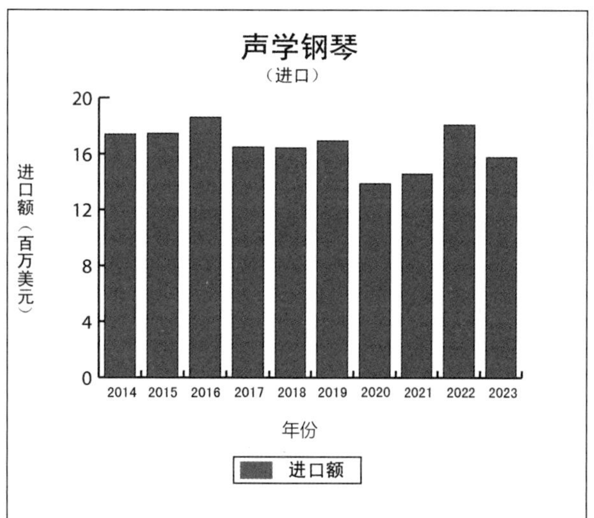
声学钢琴
（进口）
进口额（百万美元）
20
16
12
8
4
0
2014 2015 2016 2017 2018 2019 2020 2021 2022 2023
年份
进口额

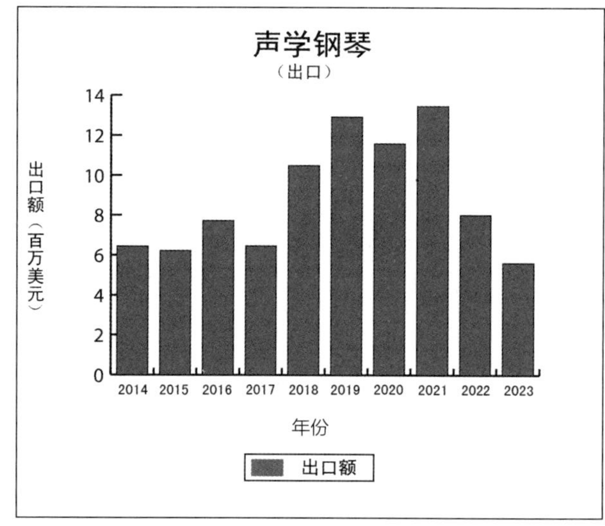
声学钢琴
（出口）
出口额（百万美元）
14
12
10
8
6
4
2
0
2014 2015 2016 2017 2018 2019 2020 2021 2022 2023
年份
出口额

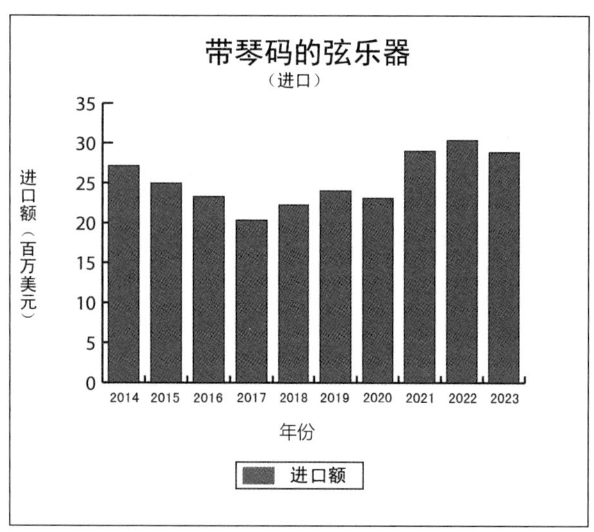
带琴码的弦乐器
（进口）
进口额（百万美元）
35
30
25
20
15
10
5
0
2014 2015 2016 2017 2018 2019 2020 2021 2022 2023
年份
进口额

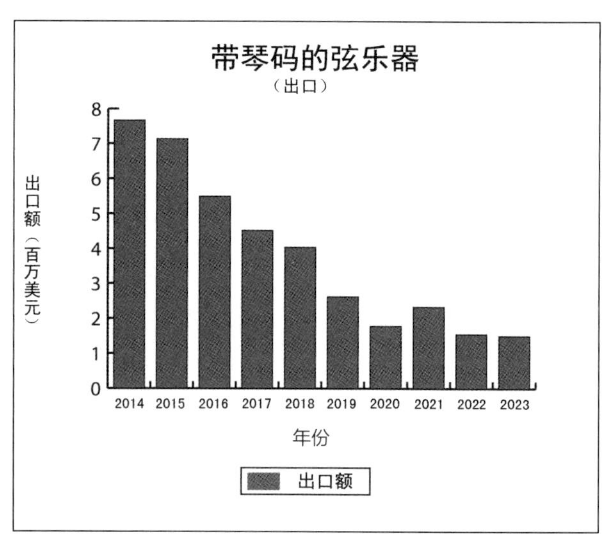
带琴码的弦乐器
（出口）
出口额（百万美元）
8
7
6
5
4
3
2
1
0
2014 2015 2016 2017 2018 2019 2020 2021 2022 2023
年份
出口额

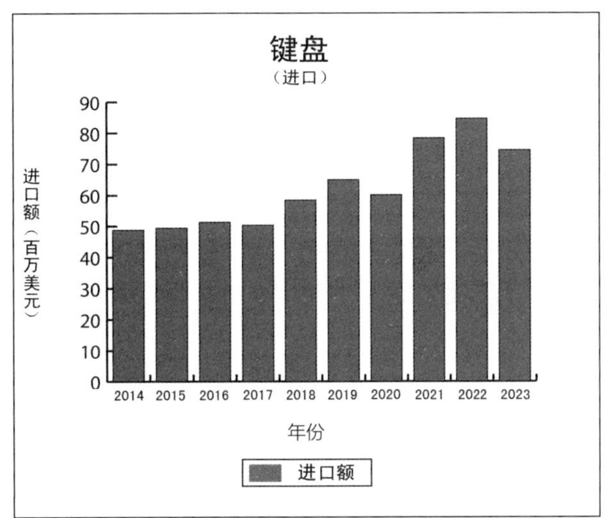
键盘
（进口）
进口额（百万美元）
90
80
70
60
50
40
30
20
10
0
2014 2015 2016 2017 2018 2019 2020 2021 2022 2023
年份
进口额

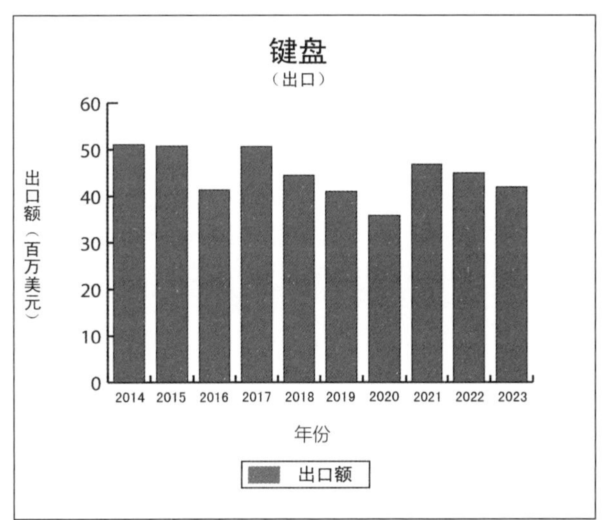
键盘
（出口）
出口额（百万美元）
60
50
40
30
20
10
0
2014 2015 2016 2017 2018 2019 2020 2021 2022 2023
年份
出口额

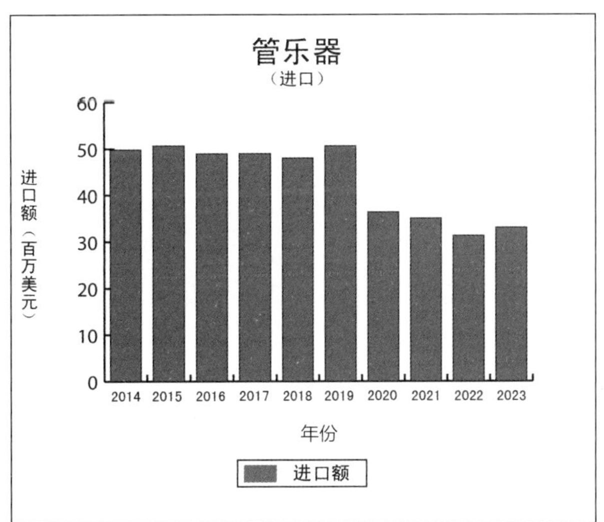
管乐器
（进口）
进口额（百万美元）
60
50
40
30
20
10
0
2014 2015 2016 2017 2018 2019 2020 2021 2022 2023
年份
进口额

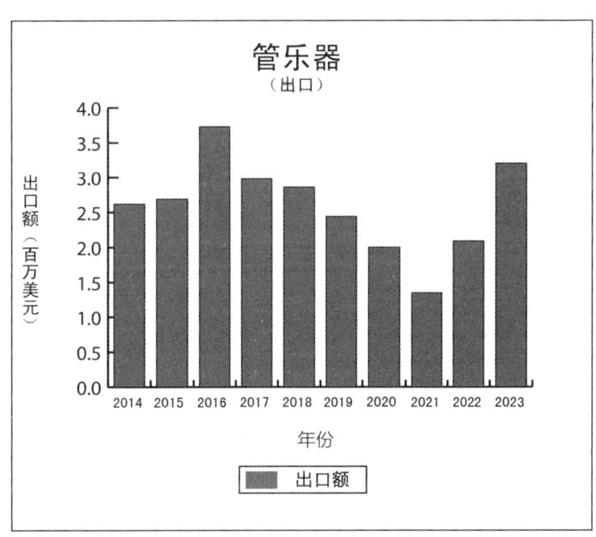
管乐器
（出口）
出口额（百万美元）
4.0
3.5
3.0
2.5
2.0
1.5
1.0
0.5
0.0
2014 2015 2016 2017 2018 2019 2020 2021 2022 2023
年份
出口额

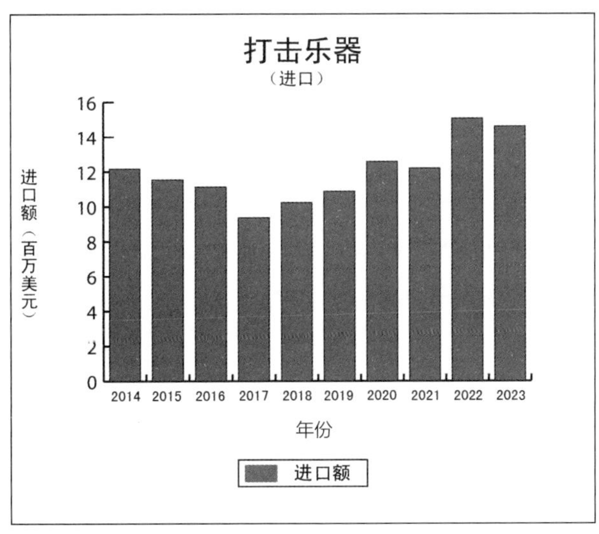
打击乐器
（进口）
进口额（百万美元）
16
14
12
10
8
6
4
2
0
2014 2015 2016 2017 2018 2019 2020 2021 2022 2023
年份
进口额

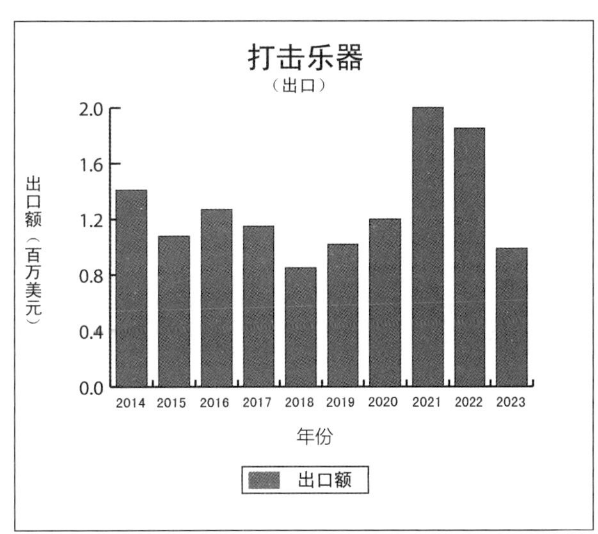
打击乐器
（出口）
出口额（百万美元）
2.0
1.6
1.2
0.8
0.4
0.0
2014 2015 2016 2017 2018 2019 2020 2021 2022 2023
年份
出口额

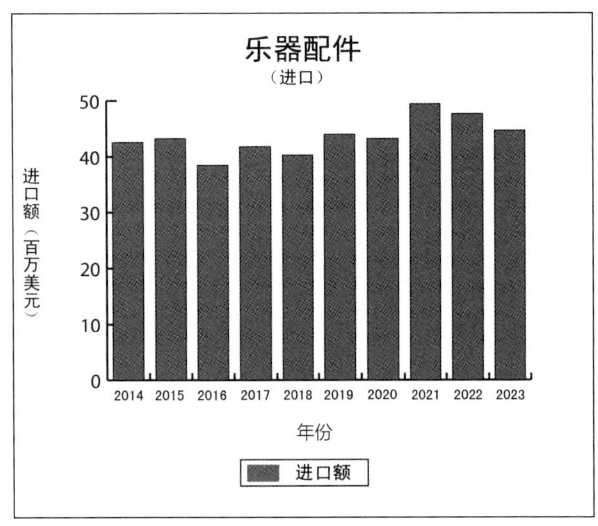

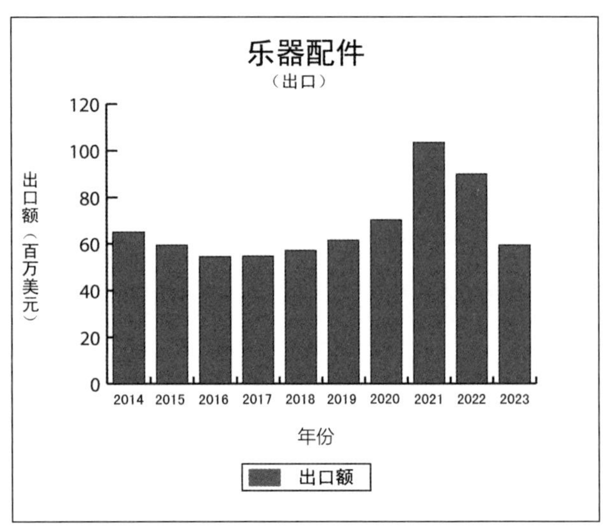

俄罗斯

鉴于当前俄罗斯政治气候，2023年乐器数据不可用。本报告包括了目前可用的最新数据，即2022年数据和行业分析。

2021年，俄罗斯仍存在一些有关特殊时期的限制措施，但已从经济危机中恢复过来。乐器需求开始缓慢增长，俄罗斯市场也出现一些新的趋势。

自俄乌冲突以来，2022年俄罗斯发生了许多变化。变化的特点是，从西方国家进口的产品减少了50%以上。一般来说，乐器行业未受到制裁的影响，但一些相关因素形成掣肘。

使用美元和欧元支付商品的过程变得更复杂。

交付开始需要通过第三国来完成，大大增加了终端产品成本。

一些欧美公司自行决定停止向俄罗斯发货。

有些商品因为担心可能作为军民两用产品而没有进行出口。例如，擦拭吉他的柠檬油可能会被视为是一种军民两用的化学物质。

与此同时，俄罗斯自产乐器及从亚洲（进口增长超过50%）和拉丁美洲的进口也有所增加，这意味着市场上并不短缺商品，但不同类别的乐器产品品牌发生了巨大变化。

举例来说，曾占据俄罗斯市场近50%份额的雅马哈和卡西欧暂停供应，致使键盘类进口份额出现了显著的重新分配格局。由于相关产品短缺，来自中国的新品牌数码钢琴与合成器于2022年下半年大量进入俄罗斯市场。虽然雅马哈和卡西欧随后引入了少量平替进口产品，但由于与新竞争对手的价格差距较大，因此很难在价格竞争上取得优势。

原声吉他和电吉他类别减少15%，整体降幅最小，主要得益于从亚洲进口的产品有所增加。衰退最明显的主要是教学乐器类别，包括原声钢琴、铜管乐器、风琴和专业手风琴等，降幅从70%到90%不等，导致俄罗斯市场相关产品短缺。

乐器配件类下滑并不显著，因为市场很快被价格更便宜但质量相差不大的中国同类产品所占据。总的来说，这些变化带来了销量增长。

销售渠道方面，俄罗斯网上销售通过与亚马逊类似的网络渠道进行，其中最大的几家有Wildberries、OZON、YandexMarket和SberMegaMarket，并实现了持续增长。

与此同时，零售店自营网站销售却日趋减少。由于上述网络市场销售的大多是廉价商品，经济制裁对销售几乎没有影响。

2022年，俄罗斯的乐器生产也发生了变化。2022年在全球复杂形势影响下，俄罗斯乐器和音频设备产量均有所下降。乐器产量减少1%，音频设备产量减少了28%。同样值得注意的是，由于传统出口市场对俄罗斯制造商增加关税，以及卢布兑美元汇率低迷，俄罗斯乐器和音频设备出口减少约45%，出现大幅下降。

总而言之，自2022年2月以来，俄罗斯市场发生了重大变化。消费者从最初对未知新品牌持谨慎态度，到慢慢感到产品质量有保证，此类产品需求开始增长。到年底时，尽管市场上出现了受制裁的商品，但对这些商品总体需求远低于2021年，亚洲产品已占据空置市场，俄罗斯消费者也逐渐认可了这些新产品质量。（资料来源：Dynatone音乐公司首席执行官阿莱玛斯、品牌经理阿斯米克；MIR-MIO公司首席执行官马克西姆。）

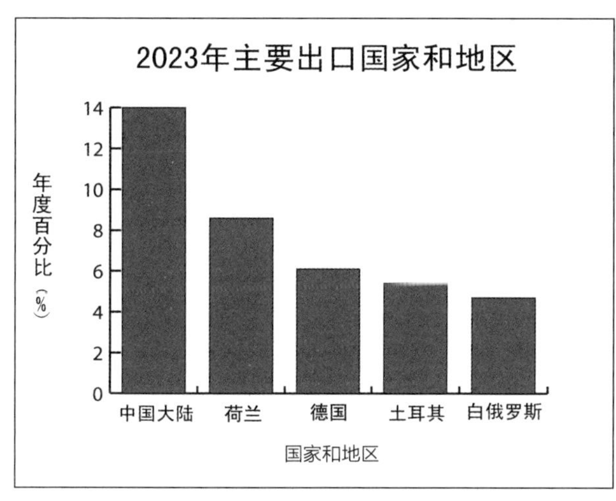

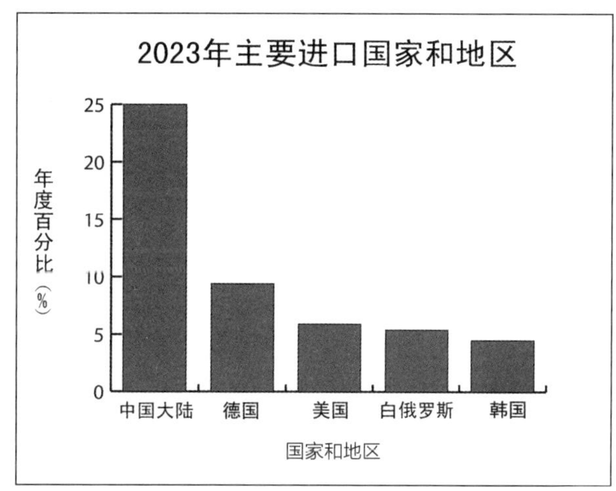

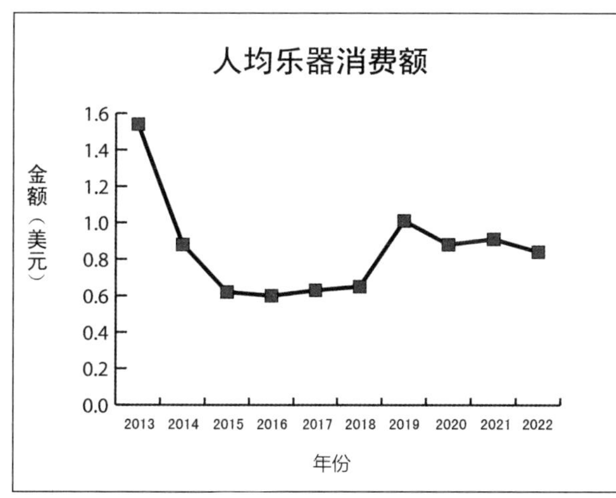

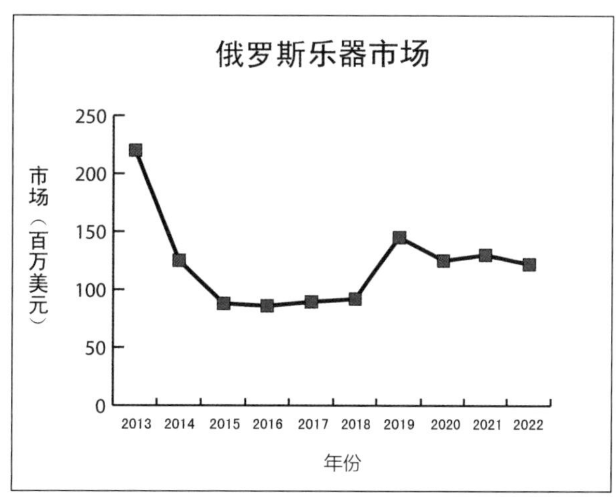

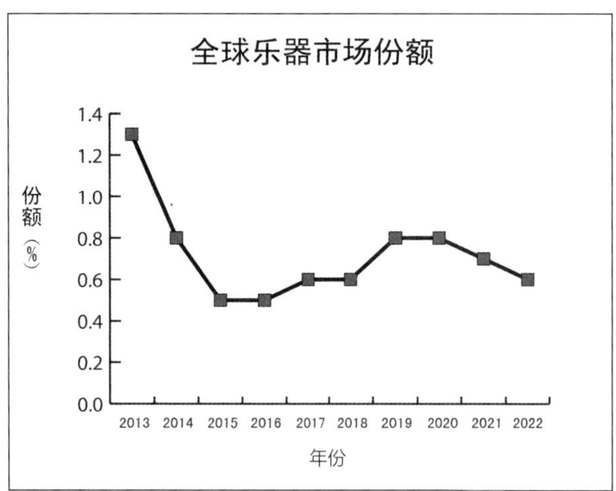
全球乐器市场份额
份额（%）
1.4
1.2
1.0
0.8
0.6
0.4
0.2
0.0
2013 2014 2015 2016 2017 2018 2019 2020 2021 2022
年份

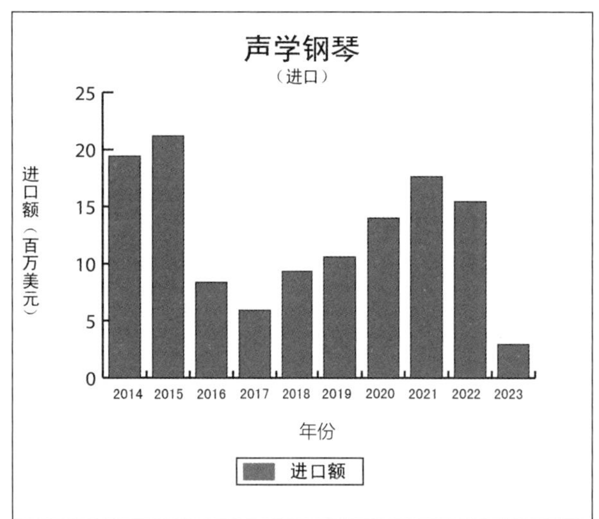
声学钢琴
（进口）
进口额（百万美元）
25
20
15
10
5
0
2014 2015 2016 2017 2018 2019 2020 2021 2022 2023
年份
进口额

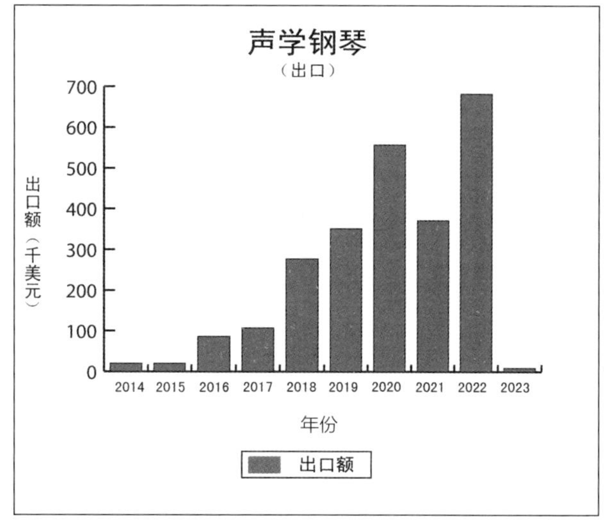
声学钢琴
（出口）
出口额（千美元）
700
600
500
400
300
200
100
0
2014 2015 2016 2017 2018 2019 2020 2021 2022 2023
年份
出口额

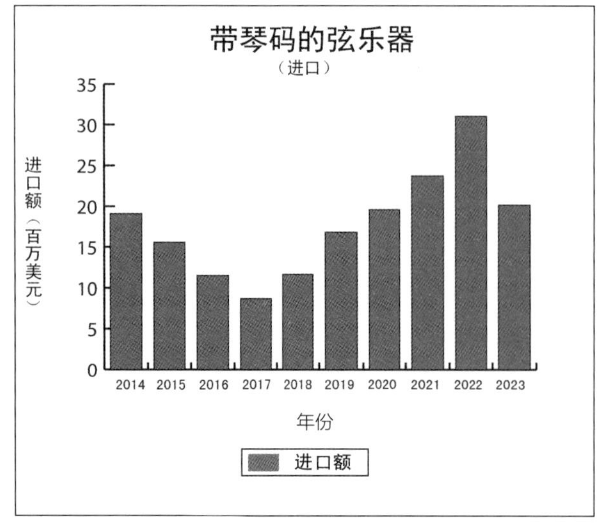
带琴码的弦乐器
（进口）
进口额（百万美元）
35
30
25
20
15
10
5
0
2014 2015 2016 2017 2018 2019 2020 2021 2022 2023
年份
进口额

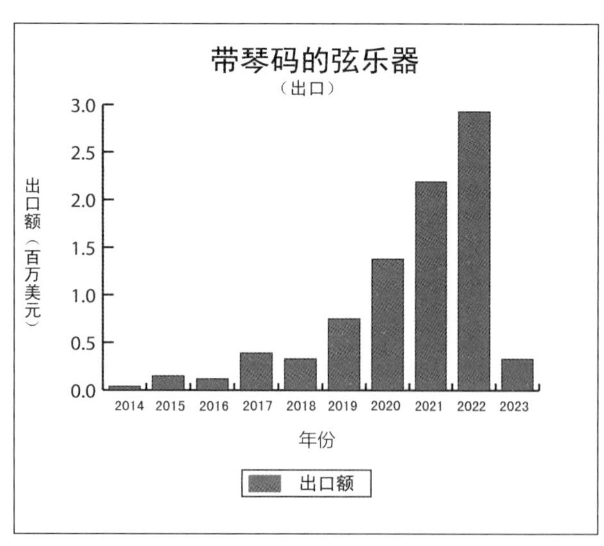
带琴码的弦乐器
（出口）
出口额（百万美元）
3.0
2.5
2.0
1.5
1.0
0.5
0.0
2014 2015 2016 2017 2018 2019 2020 2021 2022 2023
年份
出口额

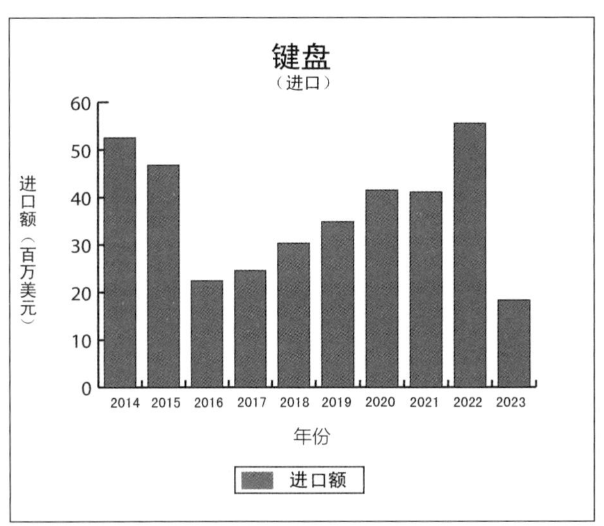
键盘
（进口）
进口额（百万美元）
60
50
40
30
20
10
0
2014 2015 2016 2017 2018 2019 2020 2021 2022 2023
年份
进口额

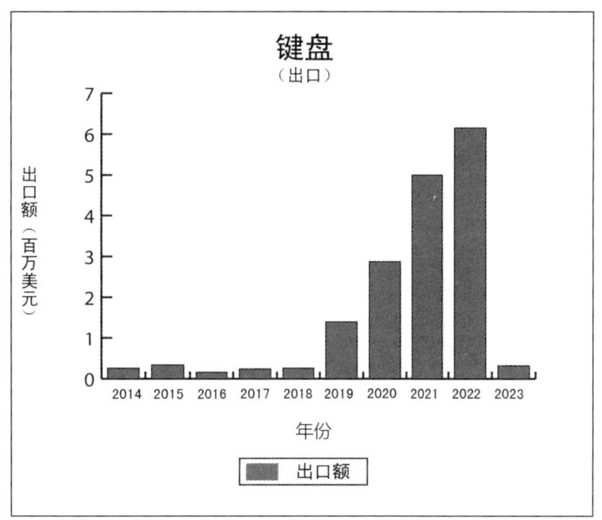
键盘
（出口）
出口额（百万美元）
7
6
5
4
3
2
1
0
2014 2015 2016 2017 2018 2019 2020 2021 2022 2023
年份
出口额

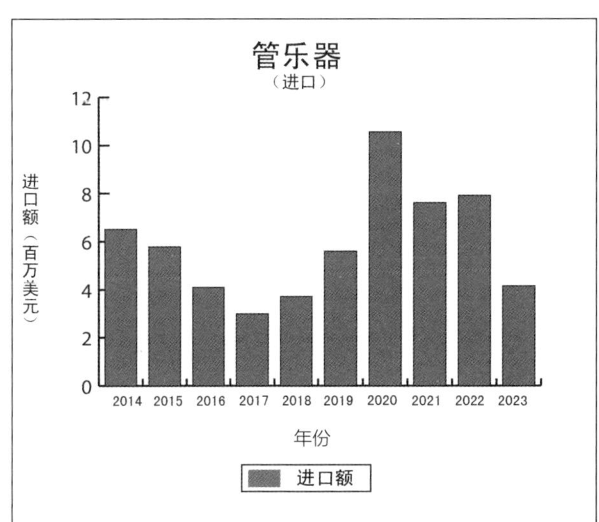
管乐器
（进口）
进口额（百万美元）
12
10
8
6
4
2
0
2014 2015 2016 2017 2018 2019 2020 2021 2022 2023
年份
进口额

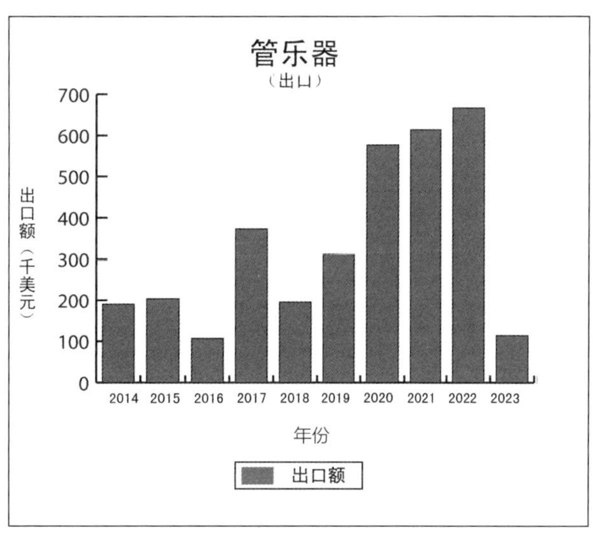
管乐器
（出口）
出口额（千美元）
700
600
500
400
300
200
100
0
2014 2015 2016 2017 2018 2019 2020 2021 2022 2023
年份
出口额

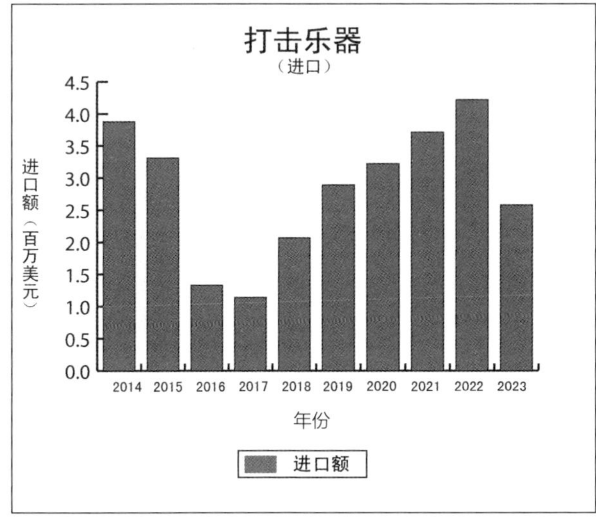
打击乐器
（进口）
进口额（百万美元）
4.5
4.0
3.5
3.0
2.5
2.0
1.5
1.0
0.5
0.0
2014 2015 2016 2017 2018 2019 2020 2021 2022 2023
年份
进口额

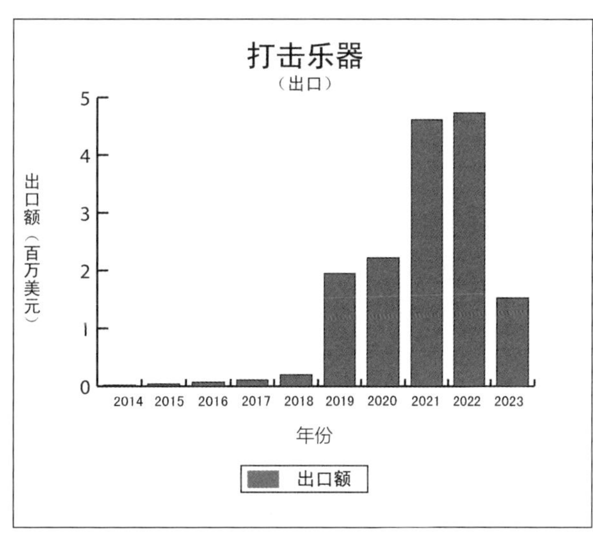
打击乐器
（出口）
出口额（百万美元）
5
4
3
2
1
0
2014 2015 2016 2017 2018 2019 2020 2021 2022 2023
年份
出口额

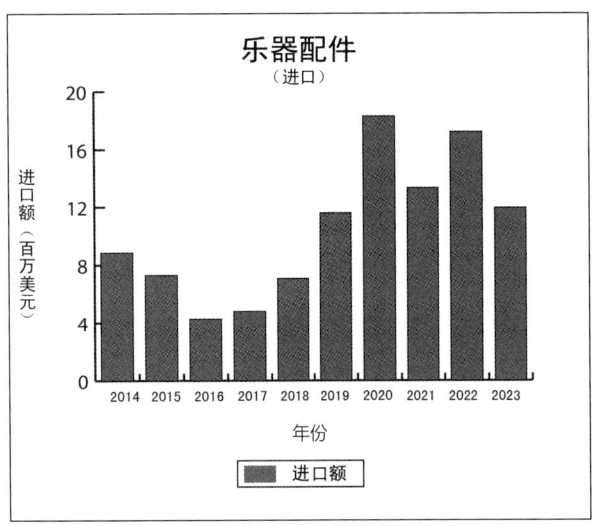

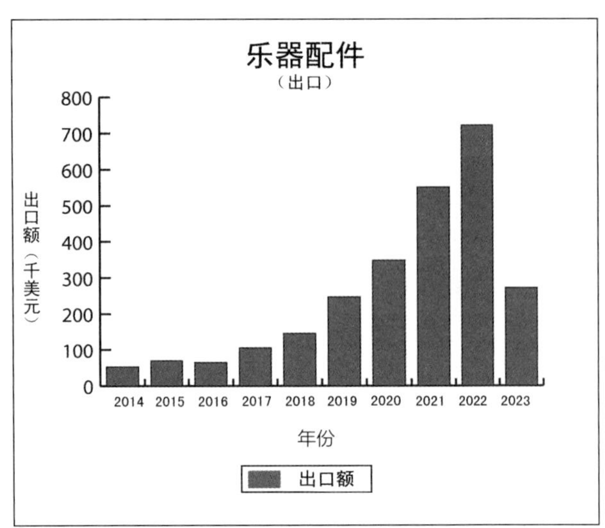

巴西

一、经济形势和行业影响

巴西音频和乐器行业正面临严峻经济形势。预计2024年和2025年巴西高通胀将降低消费者购买力，对产品销售也将产生负面影响。音频设备和乐器通常被认为是非必需品，因此随着消费者优先考虑基本需求，这些产品的市场需求可能会有所减少。

此外，基本利率高企使厂商难以获取银行信贷，乐器和音频设备等项目融资成本变得更高，导致消费者推迟购买或选择更便宜产品。

然而，巴西雷亚尔兑美元的预期汇率稳定（到2024年底为1美元兑5.00雷亚尔），有助于保持进口产品价格的可预测性。对于严重依赖外国进口的巴西乐器行业来说，价格稳定至关重要。雷亚尔货币的稳定性允许行业制定更可靠的价格规划，并有助于降低商品成本波动造成的震荡。

预计2024年巴西国内生产总值将增长2.09%，适度经济增长，加上强劲就业市场释放出一种积极的信号。经济增长通常会带来更多的就业机会和更高家庭收入，不仅可以增强消费者信心，也能够刺激对音频和乐器产品的市场需求。巴西外国直接投资预计将从672.7亿美元增至2024年的700亿美元，通过整体改善基础设施和降低运营成本，间接使行业受益。

二、巴西选举和民众节日的影响

2024年巴西市政选举可能会对音频和照明行业产生重大积极影响。竞选期间，选举活动所使用的音频、照明和舞台设备租赁服务需求将会高涨，从而为出租相关设备和提供相关服务的公司带来更多收入。

此外，竞选期间，由市政当局资助的巴西民众节日活动往往更为活跃（遭洪水严重破坏的南部地区除外）。在巴西各州，预计这些节庆活动对音频和照明服务的需求会增加，从而推动行业进一步增长。

三、当前乐器行业亮点

巴西乐器行业目前在数字和电子设备方面实现显著增长。Trap和嘻哈等流派越来越受年轻人青睐，带动了数字乐器和制作设备的市场需求。这一趋势有利于吸引对现代音乐创作和表演工具感兴趣的新客户。

四、零售面临的挑战和变化

巴西音频和乐器市场似乎面临着新的挑战，这一挑战与实体和数字商务平台之间的博弈息息相关。在这个竞争的销售领域，线下的试弹试奏已让位于网上产品评价中出现的星级数字。与此同时，新一代人逐渐失去了对知名艺术家及其乐器的关注。

除少数几家一直致力于宣传推广并将沟通重点放在Z世代消费者身上的公司外，巴西传统品牌正逐渐被中国等其他国家品牌所取代。

一方面，巴西传统零售业正在萎缩，闭店率每年约为15%。商业经营本身其实并未暴跌，而是处于转手状态。来自亚洲市场的小型产品越来越受消费者青睐，继而影响了巴西本国乐器、音频及零配件的销售。

由于缺乏与网络在线竞争的能力，加之部分市场份额被亚洲厂商抢走，能够创造线下体验感的实体销售点正在减少，巴西市场正在失去货架空间和对乐器进行人文体验的场所，而Z世代普遍选择网上消费，根据产品星级、交货时间和技术属性做出购买选择。

五、营销与宣传

少一些情绪，多一些理智。全球品牌营销往往通过众多知名艺术家来影响消费者对产品的选择。但是除极少数个例之外，这种宣传方式很难让新一代消费者产生共鸣，他们更倾向于听从网上“数字意见领袖”的看法。这些意见领袖提供的更多是解决方案而不是情绪，越来越多有营销才华的人在镜头前与公众直播交流。每个知名品牌、每个新创品牌都拥有自己的数字意见领袖。

六、税收——首选借口

一些全球品牌认为之所以无法在巴西销售是由于税收太高。但巴西人并不这么觉得，在他们看来，对喜欢的奢侈品，巴西消费者愿付出任何代价。然而，一些公司只在欧美国家拥有面向特定年龄层的品牌，但对于巴西而言，这些品牌只是婴儿潮一代的回忆；在Z世代眼中，它们只是一个没有任何附加值的名字。缺乏远见可能导致老品牌无法与新世代建立关系。

七、巴西乐器演奏日

2024年“乐器演奏日”是一个把Z世代与音乐设备、乐器联系起来的重要活动。该活动由巴西乐器工业协会联手多座城市共同组织，预计将有100多万学生参加，他们将在6月21日在巴西各地学校同时开展乐器演奏和音乐创作活动。对于促进新一代体验音乐，这 活动实属重大进步。

八、巴西乐器行业的未来展望

未来3到5年，巴西乐器行业预计将越来越关注与移动设备和数字平台相连接的乐器。这与年轻消费者的偏好保持一致，他们会优先考虑技术整合与产品的数字可连接性。拥抱这一趋势并作出相应创新的公司将能更好立足于不断发展的市场。

九、结论

巴西音频和乐器行业面临经济挑战、不断变化的消费者行为等错综复杂的局面。然而，汇率稳定、温和的经济增长率、市政选举带来的机遇以及“乐器演奏日”等活动为行业复苏和增长赋予了希望。那些善于调整营销策略以满足数字市场新需求和Z世代成员偏好的公司，将在这个充满活力的环境中更好发展壮大。（资料来源：巴西《乐器市场》杂志总编丹尼尔·内维斯。）

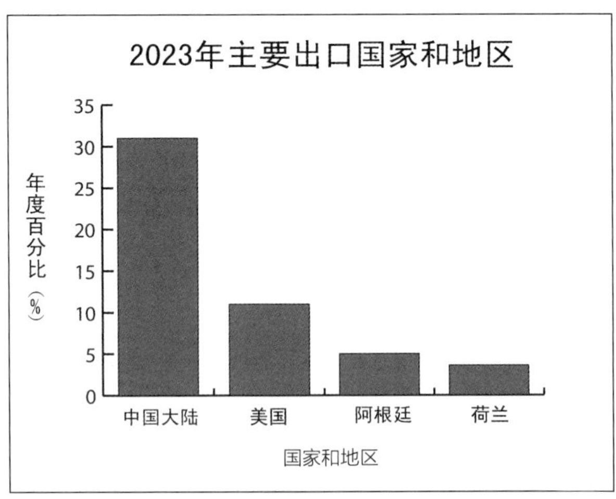
2023年主要出口国家和地区
年度百分比（%）
35
30
25
20
15
10
5
0
中国大陆
美国
阿根廷
荷兰
国家和地区

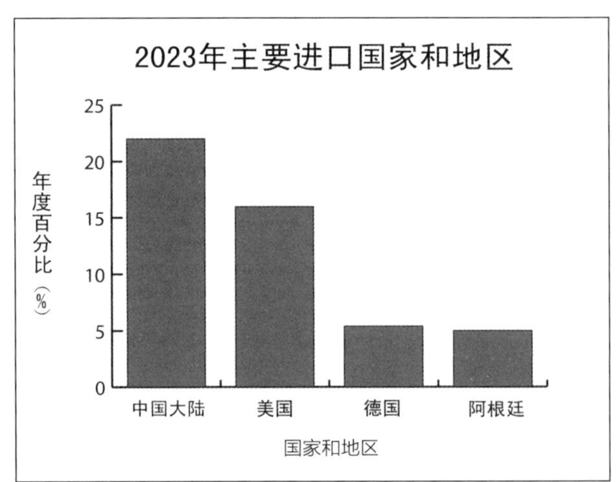
2023年主要进口国家和地区
年度百分比（%）
25
20
15
10
5
0
中国大陆
美国
德国
阿根廷
国家和地区

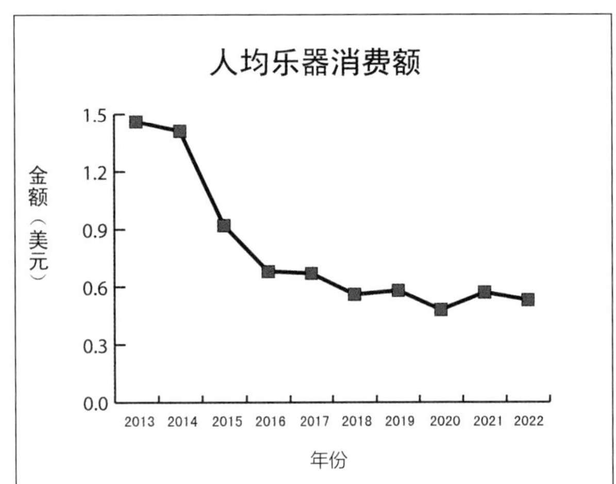
人均乐器消费额
金额（美元）
1.5
1.2
0.9
0.6
0.3
0.0
2013 2014 2015 2016 2017 2018 2019 2020 2021 2022
年份

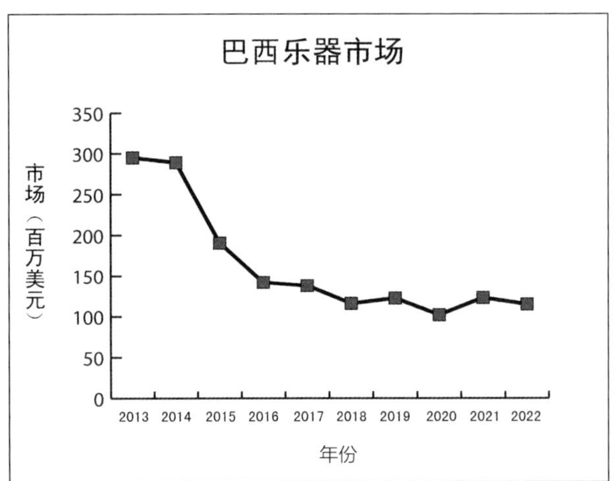
巴西乐器市场
市场（百万美元）
350
300
250
200
150
100
50
0
2013 2014 2015 2016 2017 2018 2019 2020 2021 2022
年份

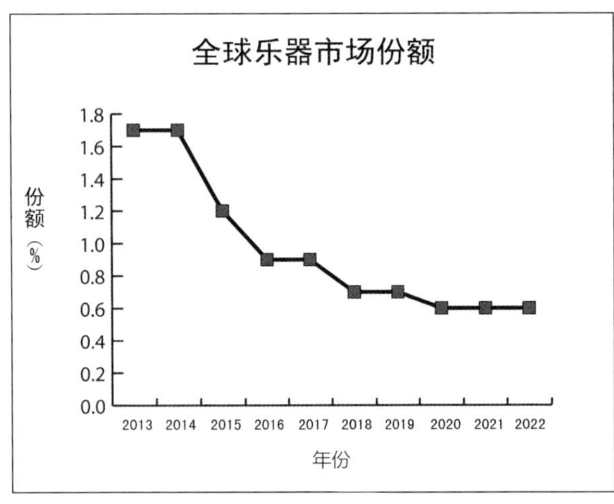
全球乐器市场份额
份额（%）
1.8
1.6
1.4
1.2
1.0
0.8
0.6
0.4
0.2
0.0
2013 2014 2015 2016 2017 2018 2019 2020 2021 2022
年份

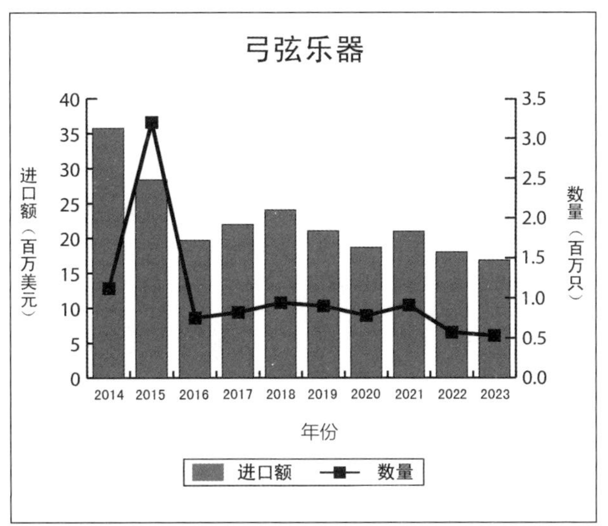
弓弦乐器
进口额（百万美元）
数量（百万只）
40
35
30
25
20
15
10
5
0
3.5
3.0
2.5
2.0
1.5
1.0
0.5
0.0
2014 2015 2016 2017 2018 2019 2020 2021 2022 2023
年份
进口额 数量

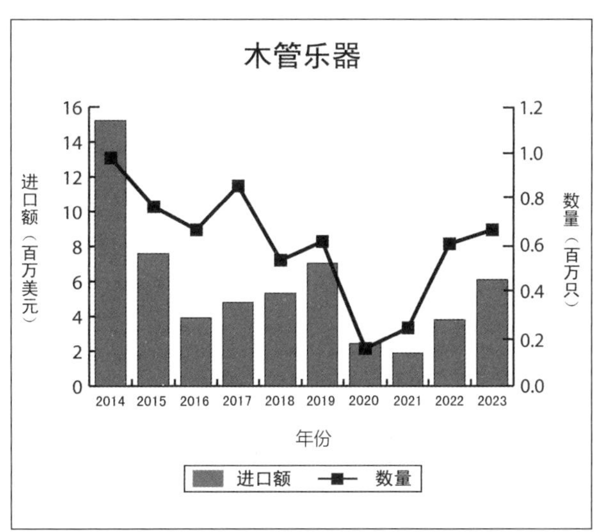
木管乐器
进口额（百万美元）
数量（百万只）
16
14
12
10
8
6
4
2
0
1.2
1.0
0.8
0.6
0.4
0.2
0.0
2014 2015 2016 2017 2018 2019 2020 2021 2022 2023
年份
进口额 数量

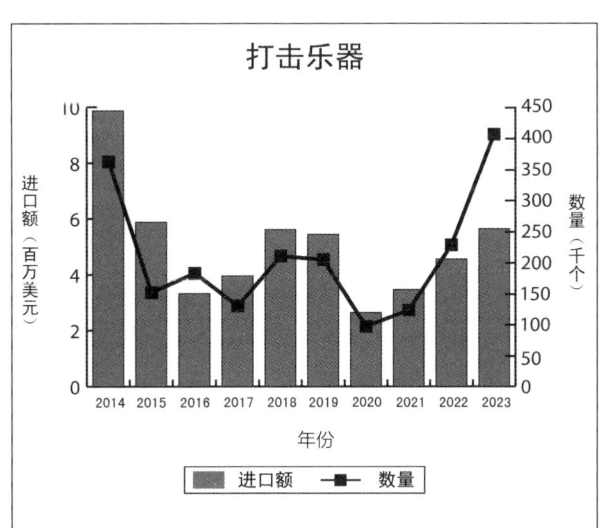
打击乐器
进口额（百万美元）
数量（千个）
10
8
6
4
2
0
450
400
350
300
250
200
150
100
50
0
2014 2015 2016 2017 2018 2019 2020 2021 2022 2023
年份
进口额 数量

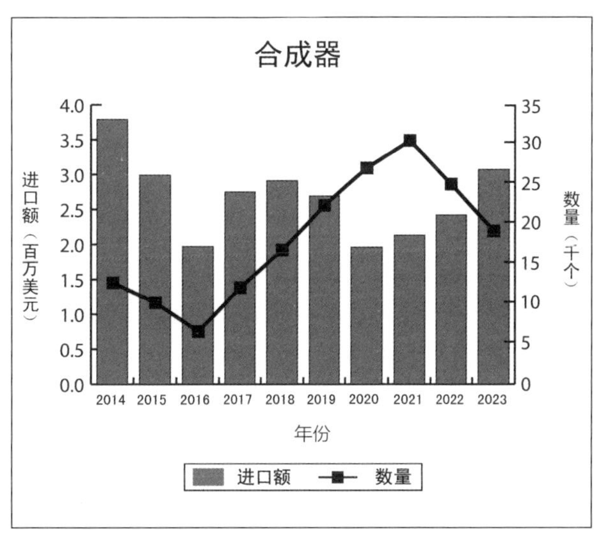
合成器
进口额（百万美元）
数量（千个）
4.0
3.5
3.0
2.5
2.0
1.5
1.0
0.5
0.0
35
30
25
20
15
10
5
0
2014 2015 2016 2017 2018 2019 2020 2021 2022 2023
年份
进口额 数量

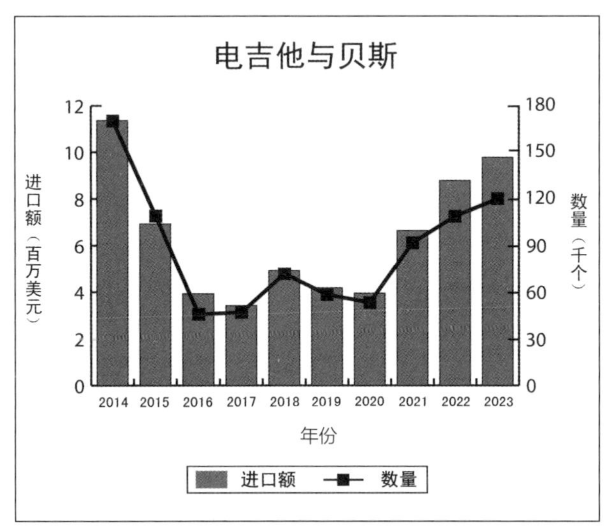
电吉他与贝斯
进口额（百万美元）
数量（千个）
12
10
8
6
4
2
0
180
150
120
90
60
30
0
2014 2015 2016 2017 2018 2019 2020 2021 2022 2023
年份
进口额 数量

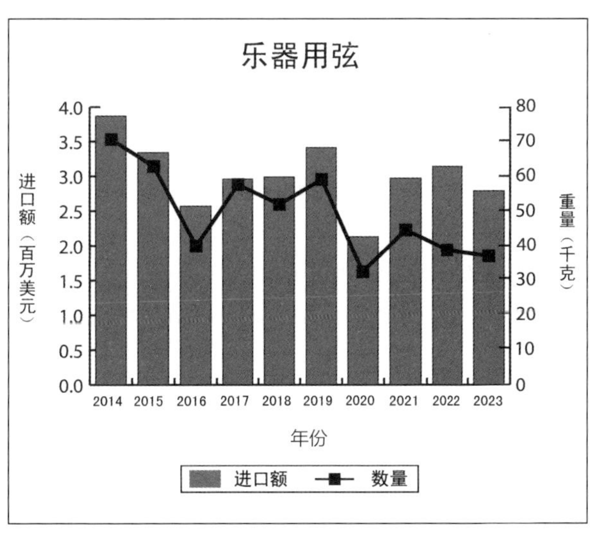
乐器用弦
进口额（百万美元）
重量（千克）
4.0
3.5
3.0
2.5
2.0
1.5
1.0
0.5
0.0
80
70
60
50
40
30
20
10
0
2014 2015 2016 2017 2018 2019 2020 2021 2022 2023
年份
进口额 数量

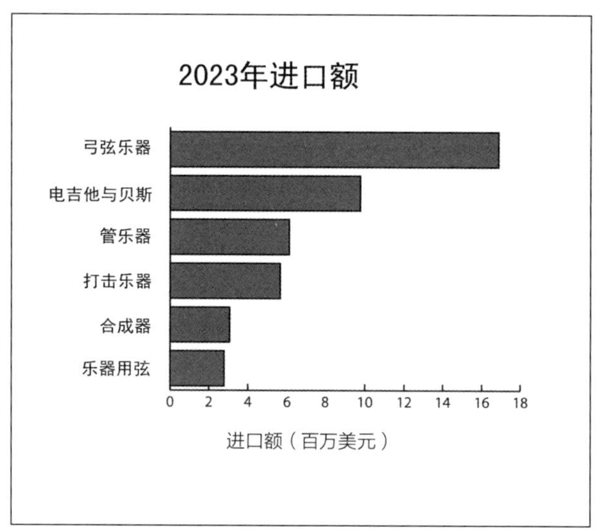

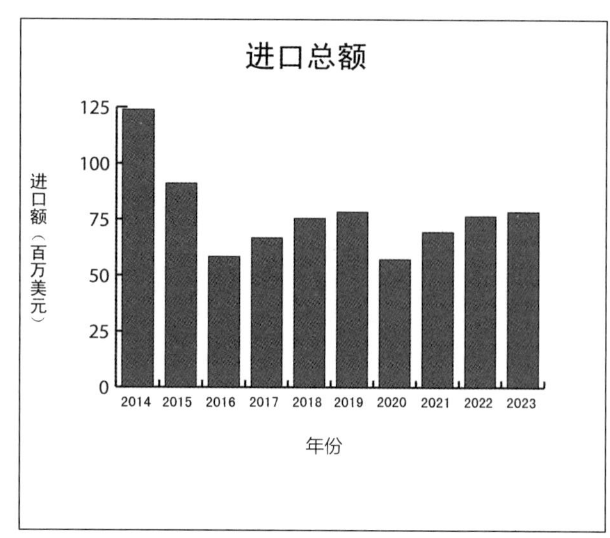

澳大利亚

2023年澳大利亚音乐产品市场经历了艰难一年，销量比2022年下降19%，销售额下降14%。与特殊时期高峰期相比，总体趋势似乎处于持续下降状态。

就市场背景而言，2023年澳大利亚利率高企，零售额下降，现场音乐活动面临重重挑战。“创意澳大利亚”最近一份报告显示，自20世纪80年代初开始记录从业情况以来，专业音乐家从业（与总就业的比例）已降至最低水平。然而，2023年发布关于艺术参与情况报告发现，澳大利亚民众音乐参与度仍保持稳定，乐器演奏人口比例占比10%，自上次报告以来保持不变。

在报告的主要类别中，其他管乐器是唯一一个销量出现实质性增长的类别，增幅32%，其他几个乐器类别也略有增长（合成器3%，管弦乐3%，无线麦克风2%），而其余十七类别音乐制品均下降20%以上。

从销售额来看，市场整体减少14%。DJ与电子产品（−26%）、吉他（−24%）、专业音频（−11%）、钢琴和键盘（−10%）、铜管、管弦乐器（−6%）以及打击乐器（−4%）总体呈下降趋势。

只有配件部分销售额增加3%。销售额同比高于上年度的产品类别较多，包括无线麦克风（37%）、麦克风零配件（26%）、混音器（25%）、琴弦（3%）以及钹、麦克风、电动混音器和三角钢琴（3%）。

如果使用不同衡量标准进行比较，情况并不都是糟糕的。我们可对比此前两三年来审视当前市场表现。2023年与2022年相比，十一个类别总销售额有所增加，平均增幅9%；与过去五年平均水平相比，2023年有十八类出现增长（平均增长3%；另5类与5年的平均水平完全相当）；与2019年相比，2023年有25类产品出现增长，平均增幅20%。换言之，自2019年以来一直处于增长态势。但总体而言，2022年到2023年大多数品类的销量和销售额均有所下降。

一、钢琴与键盘

尽管钢琴与键盘销售额创造了本报告十年来的第二高点，但三角钢琴、立式钢琴、数码钢琴、键盘、风琴等销量总数处于2015年以来最低水平。2022年至2023年，三角钢琴表现最稳定。数码钢琴和电子键盘跌幅最大。

二、吉他

2023年澳大利亚吉他门类（包括电吉他、贝斯、声学吉他、放大器、尤克里里、琴弦）的整体市场表现不佳，销量下降28%，销售额下降24%。

2023年不少产品销售业绩之所以表现低迷，是由于前一两年的数据高于通常水平。而与之不同的是，吉他门类与五年平均水平和十年平均水平相比，销量下降幅度更大，分别下降33%和32%。

整体看，如不包括过去两年，该类别喜忧参半：销量处于十年来最低水平，但销售额几乎与2020年持平，这是一个颇为强劲的结果，比2019年增加近1700万澳元（1130万美元）。总体趋势是销量减少，平均销售额增加，导致总销售额增加。2023年该类别总销售额仍比2022年有所下降，可能是两年强劲走势之后的一次调整。

2023年声学吉他销量延续下降趋势，尤其是来自印尼的进口量大幅下降，2023年来自西班牙的进口也在上年激增后有所下降。吉他主要类别中，原学吉他和低音吉他销量降幅最大，分别下降36%和41%。

三、铜管乐器、管乐器和弦乐器

作为一个整体，铜管乐器、管乐器和弦乐器市场表现更接近2021年。整体而言该类别销量增长18%，但销售额较低的“其他管乐器”（竖笛等）类别影响了整体表现，因此其他铜管乐器和管乐器的销售额均有所下降。

四、打击乐器

与报告其他部分一样，2023年打击乐器四个类别进口额为1600万澳元，同比上年仅低4%，远高于2019年和2020年的1400万澳元。2023年澳大利亚政府取消了对这些产品的“滋扰性关税”，这对打击乐器进口环节是一大好消息。

五、电子乐器

以鼓为主的“其他”电子乐器，尽管其总销售额与五年平均水平持平，但销量和销售额方面同比均下降20%以上。与此同时，原声架子鼓的销量和销售额也出现下跌；合成器销量略有增加，但平均销售额较低，因此总销售额同比2022年减少8%。

六、专业音频

专业音频整体销售额下降11%，明显低于2022年2500万澳元（约合1660万美元），与本报告其他品类相比变动幅度较小。

2022年销量同比2021年峰值有所回落，2023年进一步下降17%，但从长远来看，十年平均销售水平仍增长6%。与十年平均水平相比，销售额增长43%，增幅更大43%。自2018年以来，无动力混音器首次超过麦克风，实现销售最高峰值。

扬声器平均成本翻了一番，销量下降58%，但总销售额仅下降15%。麦克风销售额大幅增加43%，销量则有所下降，减少30%。该类别总销售额与2022年以及五年平均销售水平相比没有变化。无线麦克风销量相对温和下降8%，总销售额增加14%。

与2022年相比，功放销量和销售额均有所下降，但与五年平均水平（8%）和十年平均水平（24%）相比，该类别销售额呈合理增长态势。

2023年混音器销量增长9%，略低于2022年。

信号处理器销售额高于五年和十年平均水平，但从所有指标看，2023年销售额均低于2022年，销售下降50%以上。

七、零配件

零配件不仅为零售商提供利润机会，而且能显示出即使在乐器销量较低情况下，音乐设备仍在使用之中。因此，配件销售数据能在一定程度反映出市场活跃迹象。2023年配件整体销售额同比增长3%，与五年平均水平（9%）相比呈增长态势，与十年平均水平（40%）相比增幅更大。配件数据仅限于销售额，市场总体表现积极。

吉他琴弦和贝斯琴弦同比2022年下跌9%。鉴于近年来吉他销量大幅飙升，这一数字出现增长令人鼓舞。拉长时间维度，在长期比较中我们也能获得些许安慰：2023年吉他琴弦和贝斯琴弦销售额比五年平均水平高出2%，比十年平均水平高出15%。

节拍器和其他零配件增长9%，而钢琴零配件下跌7%，几乎与五年平均水平持平。

电子乐器零配件大幅下降23%，但这看起来似乎是在几年高进口量之后恢复到之前的水平。麦克风零配件增长最快，总销售额增长26%。（资料来源：澳大利亚乐器协会董事阿列克斯。）

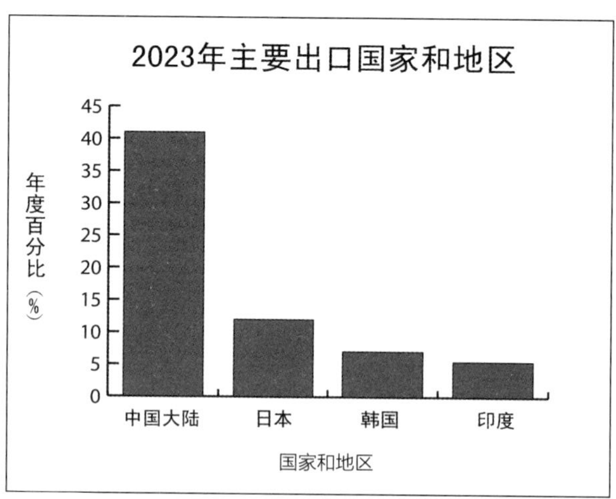
2023年主要出口国家和地区
年度百分比（%）
45
40
35
30
25
20
15
10
5
0
中国大陆
日本
韩国
印度
国家和地区

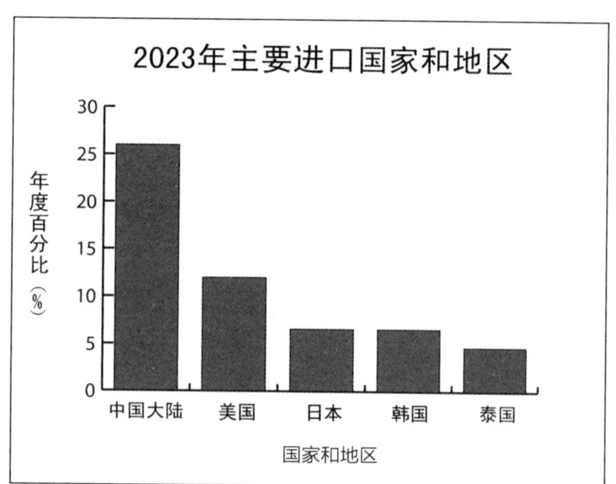
2023年主要进口国家和地区
年度百分比（%）
30
25
20
15
10
5
0
中国大陆
美国
日本
韩国
泰国
国家和地区

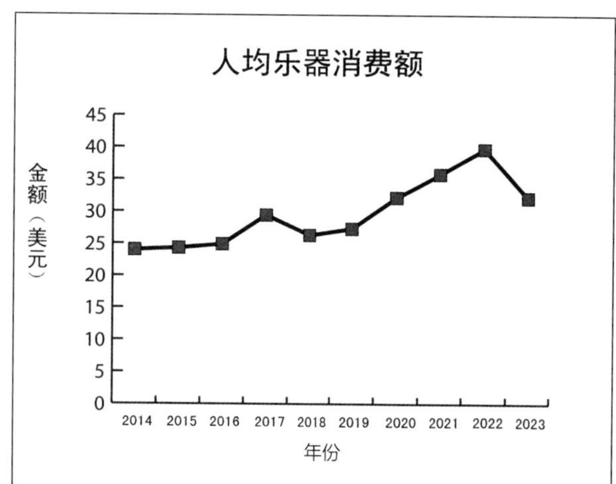
人均乐器消费额
金额（美元）
45
40
35
30
25
20
15
10
5
0
2014
2015
2016
2017
2018
2019
2020
2021
2022
2023
年份

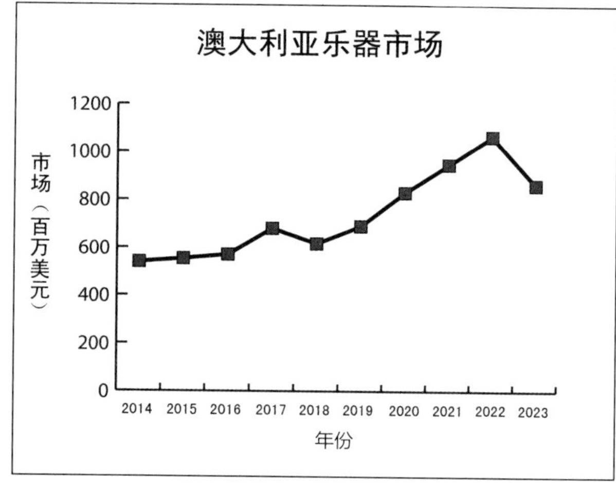
澳大利亚乐器市场
市场（百万美元）
1200
1000
800
600
400
200
0
2014
2015
2016
2017
2018
2019
2020
2021
2022
2023
年份

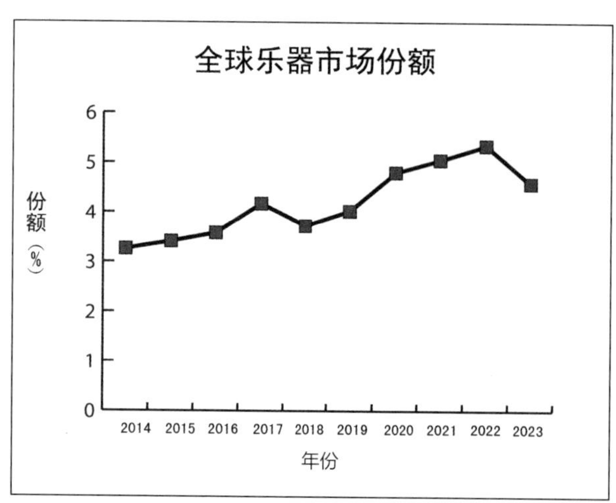
全球乐器市场份额
份额（%）
6
5
4
3
2
1
0
2014
2015
2016
2017
2018
2019
2020
2021
2022
2023
年份

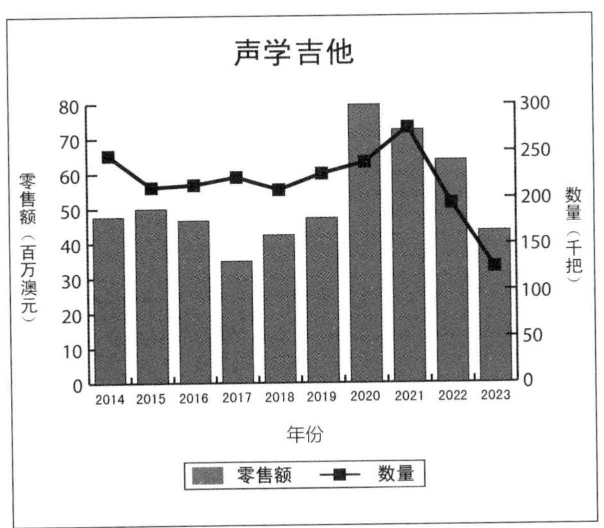
声学吉他
零售额（百万澳元）
数量（千把）
80
70
60
50
40
30
20
10
0
300
250
200
150
100
50
0
2014 2015 2016 2017 2018 2019 2020 2021 2022 2023
年份
零售额 数量

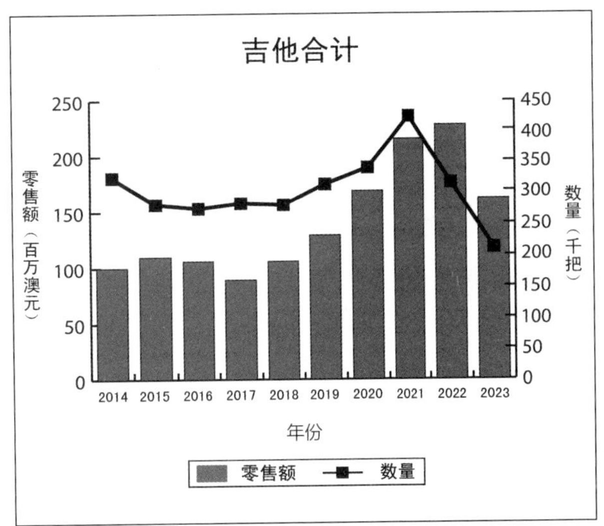
吉他合计
零售额（百万澳元）
数量（千把）
250
200
150
100
50
0
450
400
350
300
250
200
150
100
50
0
2014 2015 2016 2017 2018 2019 2020 2021 2022 2023
年份
零售额 数量

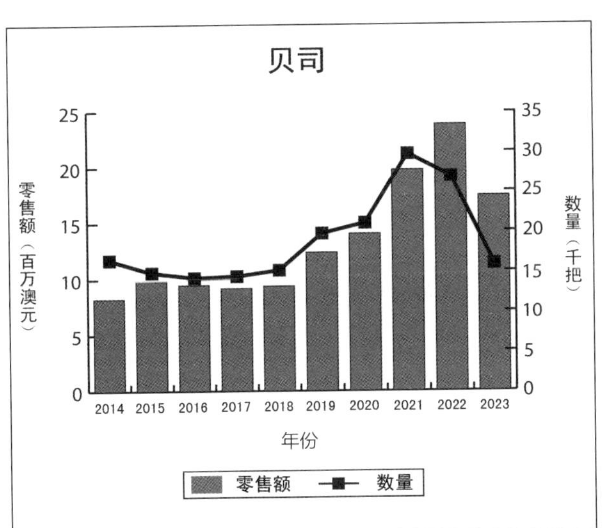
贝司
零售额（百万澳元）
数量（千把）
25
20
15
10
5
0
35
30
25
20
15
10
5
0
2014 2015 2016 2017 2018 2019 2020 2021 2022 2023
年份
零售额 数量

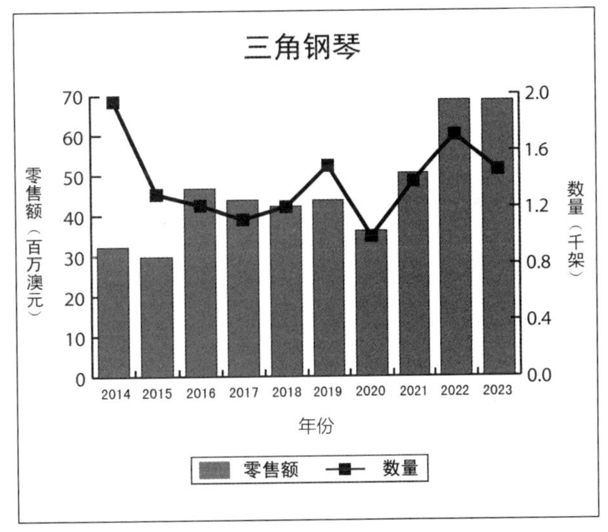
三角钢琴
零售额（百万澳元）
数量（千架）
70
60
50
40
30
20
10
0
2.0
1.6
1.2
0.8
0.4
0.0
2014 2015 2016 2017 2018 2019 2020 2021 2022 2023
年份
零售额 数量

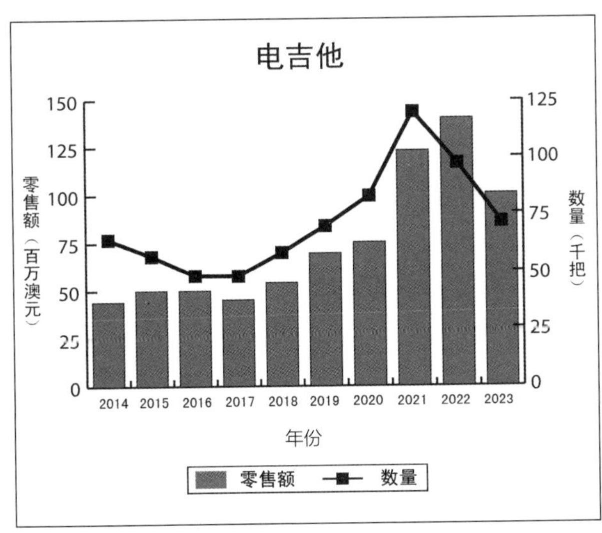
电吉他
零售额（百万澳元）
数量（千把）
150
125
100
75
50
25
0
125
100
75
50
25
0
2014 2015 2016 2017 2018 2019 2020 2021 2022 2023
年份
零售额 数量

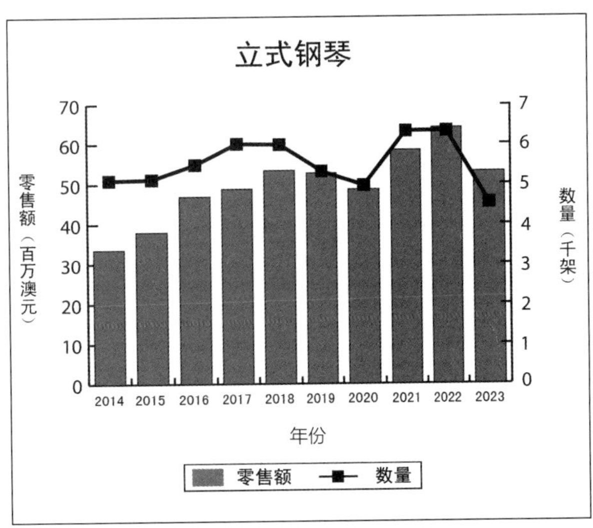
立式钢琴
零售额（百万澳元）
数量（千架）
70
60
50
40
30
20
10
0
7
6
5
4
3
2
1
0
2014 2015 2016 2017 2018 2019 2020 2021 2022 2023
年份
零售额 数量

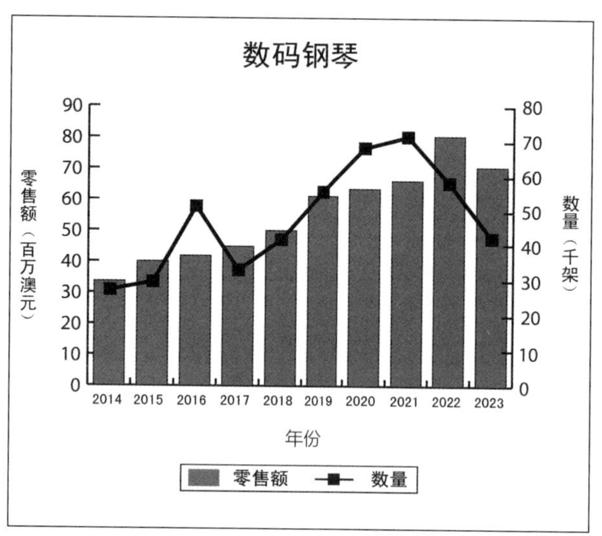
数码钢琴
90
80
70
60
50
40
30
20
10
0
零售额（百万澳元）
80
70
60
50
40
30
20
10
0
数量（千架）
2014 2015 2016 2017 2018 2019 2020 2021 2022 2023
年份
零售额 数量

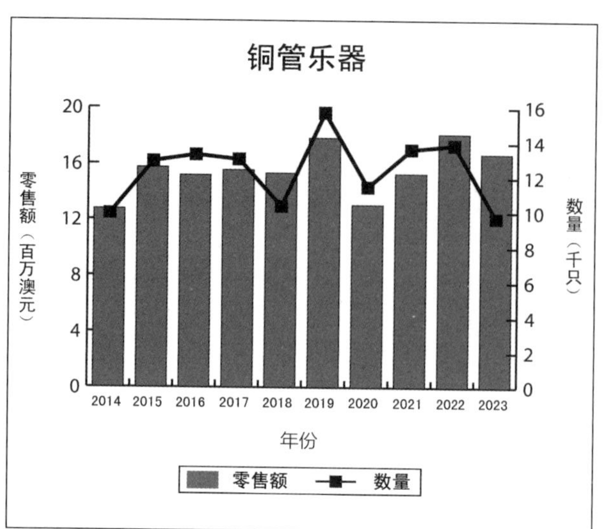
铜管乐器
20
16
12
8
4
0
零售额（百万澳元）
16
14
12
10
8
6
4
2
0
数量（千只）
2014 2015 2016 2017 2018 2019 2020 2021 2022 2023
年份
零售额 数量

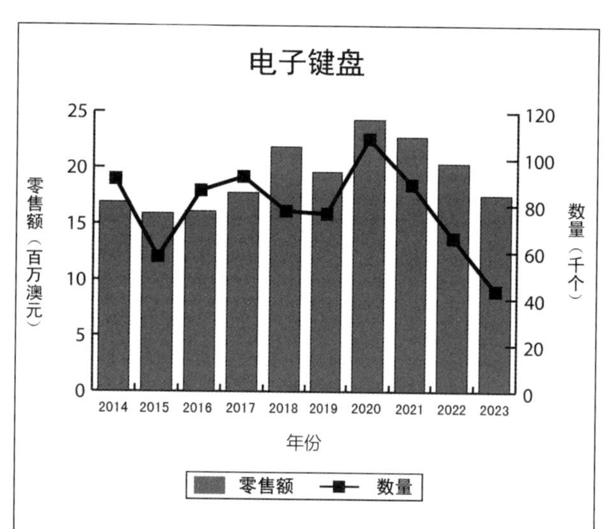
电子键盘
25
20
15
10
5
0
零售额（百万澳元）
120
100
80
60
40
20
0
数量（千个）
2014 2015 2016 2017 2018 2019 2020 2021 2022 2023
年份
零售额 数量

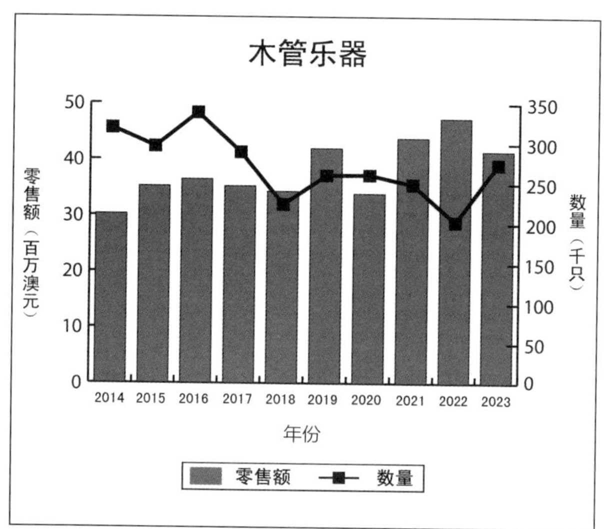
木管乐器
50
40
30
20
10
0
零售额（百万澳元）
350
300
250
200
150
100
50
0
数量（千只）
2014 2015 2016 2017 2018 2019 2020 2021 2022 2023
年份
零售额 数量

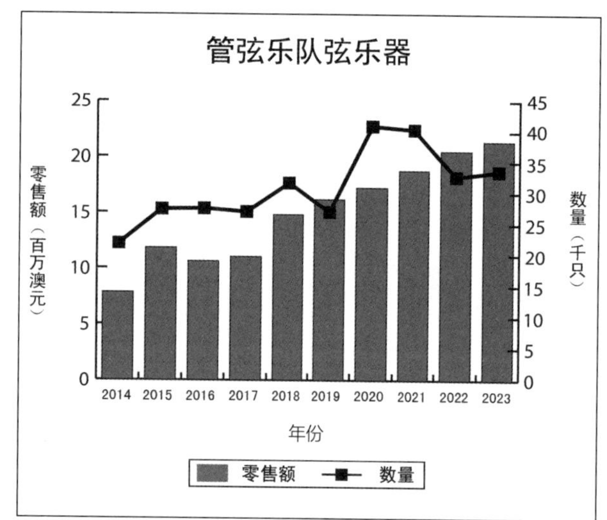
管弦乐队弦乐器
25
20
15
10
5
0
零售额（百万澳元）
45
40
35
30
25
20
15
10
5
0
数量（千只）
2014 2015 2016 2017 2018 2019 2020 2021 2022 2023
年份
零售额 数量

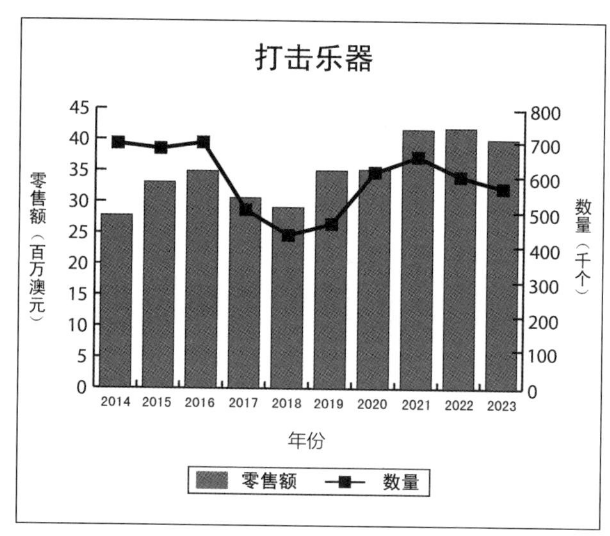
打击乐器
45
40
35
30
25
20
15
10
5
0
零售额（百万澳元）
800
700
600
500
400
300
200
100
0
数量（千个）
2014 2015 2016 2017 2018 2019 2020 2021 2022 2023
年份
零售额 数量

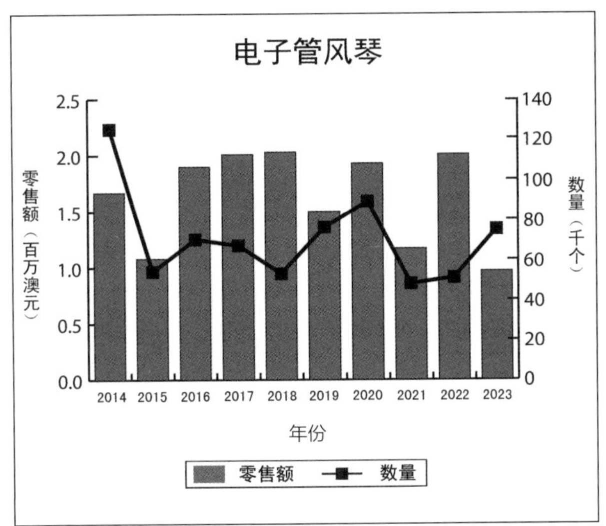
电子管风琴
零售额（百万澳元）
数量（千个）
年份
零售额
数量

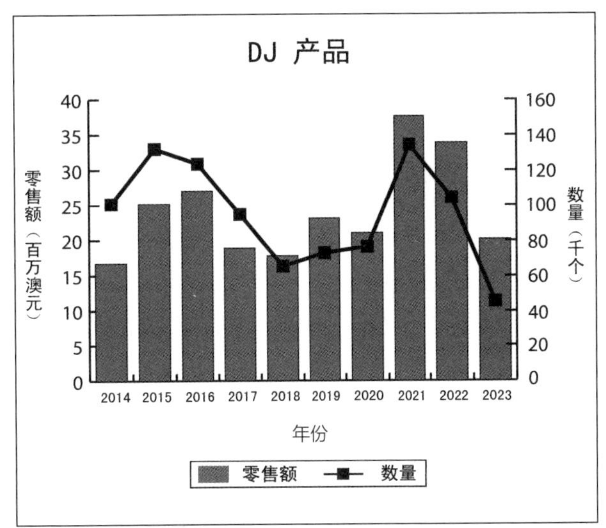
DJ 产品
零售额（百万澳元）
数量（千个）
年份
零售额
数量

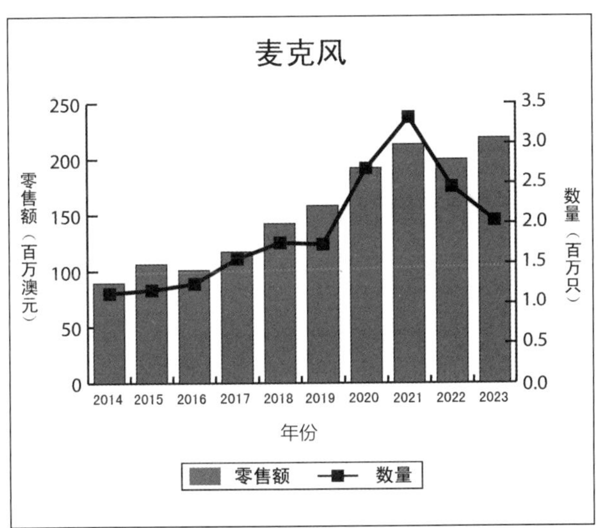
麦克风
零售额（百万澳元）
数量（百万只）
年份
零售额
数量

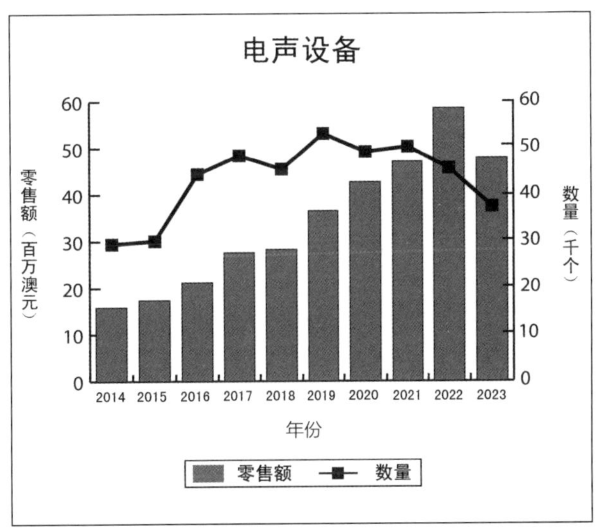
电声设备
零售额（百万澳元）
数量（千个）
年份
零售额
数量

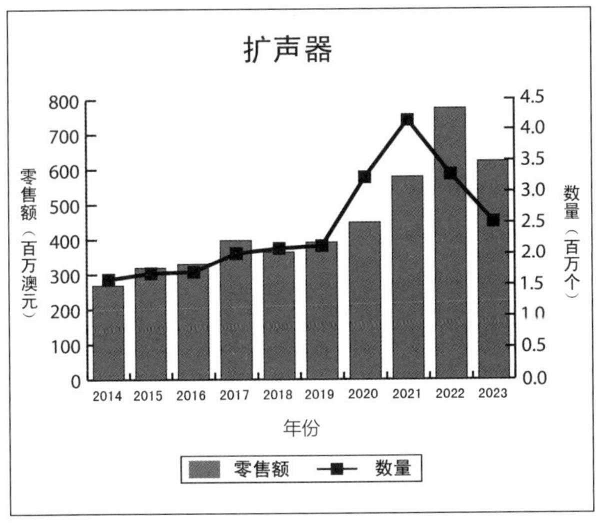
扩声器
零售额（百万澳元）
数量（百万个）
年份
零售额
数量

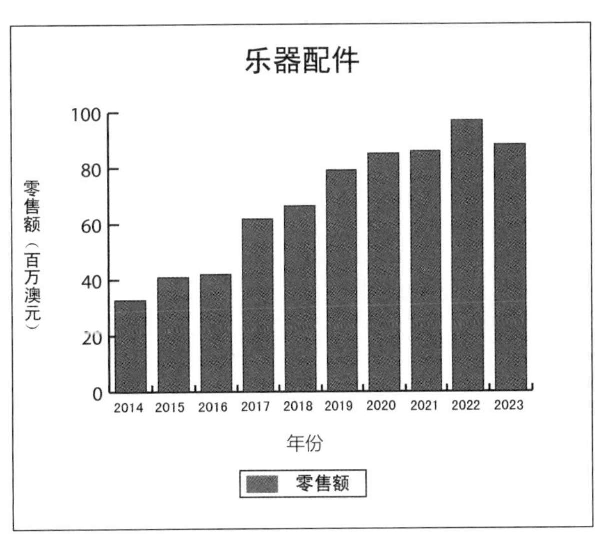
乐器配件
零售额（百万澳元）
年份
零售额

图书在版编目（CIP）数据

中国乐器年鉴. 2024 / 中国乐器协会编. -- 北京 ：中国轻工业出版社，2024.12. --ISBN 978-7-5184-5163-0

Ⅰ. TS953-54

中国国家版本馆 CIP 数据核字第 2024DW8199 号

责任编辑：杜宇芳

文字编辑：刘梓萱　　责任终审：劳国强　　整体设计：锋尚设计

策划编辑：杜宇芳　　责任校对：朱燕春　　责任监印：张京华

出版发行：中国轻工业出版社（北京鲁谷东街5号，邮编：100040）

印　　刷：艺堂印刷（天津）有限公司

经　　销：各地新华书店

版　　次：2024年12月第1版第1次印刷

开　　本：889 × 1194　1/16　印张：31.25

字　　数：890千字　插页：24

书　　号：ISBN 978-7-5184-5163-0　定价：450.00元

邮购电话：010-85119873

发行电话：010-85119832　010-85119912

网　　址：http://www.chlip.com.cn

Email：club@chlip.com.cn

241328Z1X101HBW